4.9	Zusammenfassung zu computerbasierten Prozessleitsystemen	77

5	**Bedienen und Beobachten von Chemieanlagen mithilfe von Prozessleitsystemen**	**80**
5.1	Vorbetrachtungen	80
5.2	Informationsbereitstellung auf dem Monitor	80
5.3	Anlagenübersichtsdarstellung	80
5.4	Fließbilddarstellung	82
5.5	Faceplate-Darstellung	88
5.6	Detaildarstellung	92
5.7	Gruppendarstellung	93
5.8	Trenddarstellung	94
5.9	Alarmdarstellung	96
5.10	Historische Darstellung	99
5.11	Bedienaktivitäten	101

6	**Grundlagen der Elektrotechnik**	**104**
6.1	Vorbetrachtungen	104
6.2	Elektrischer Strom	104
6.2.1	Gleichspannung und Wechselspannung	104
6.2.2	Der Stromkreis	105
6.2.3	Mehrere Stromkreise – Zusammenfassung von Minuspolen	106
6.2.4	Der Schutzleiter	108
6.3	Reihen- und Parallelschaltung	109
6.4	Widerstand und Leistung	112
6.5	Die Impedanz als Wechselstromwiderstand	115
6.6	Elektrische Verbraucher im Prozessleitsystem	115
6.7	Sicherungsmaßnahmen zum Leitungsschutz	116
6.8	Sicherungsmaßnahmen zum Personenschutz	117
6.8.1	Schutzisolierung	117
6.8.2	Verwendung von Kleinspannung	117
6.8.3	Fehlerstrom-Schutzschaltung	118
6.9	Transformation von elektrischem Strom	119
6.10	Gleichrichten und Glätten einer Wechselspannung	120
6.11	Galvanische Trennung und Eigensicherheit von Stromkreisen	121
6.12	Leiterplatten als servicefreundliches Bauteil im Prozessleitsystem	123
6.13	Modulation von elektrischen Größen zur Signalübertragung	123
6.13.1	Binärsignale durch Ein-/Aus-Modulation	124
6.13.2	Analogsignal durch Strommodulation	125
6.13.3	Digitale Signale durch Ein-/Aus-Modulation	126

6.13.4		Digitale Signale durch Frequenzmodulation	127
6.13.5		Das HART-Protokoll als Kombination von Strom- und Frequenzmodulation	128
6.14		**Messen und Prüfen von elektrischen Größen**	129
6.14.1		Spannungsprüfung	129
6.14.2		Durchgangsprüfung und Widerstandsmessung	129
6.14.3		Spannungsmessung und Strommessung	130
6.14.4		Leistungsmessung	131
6.14.5		Frequenzmessung	132
6.15		**Relais-Schaltungen**	132

7 Messtechnik 137

7.1	**Vorbetrachtungen**	137
7.2	**Temperaturmessung**	140
7.2.1	Thermoelement	140
7.2.2	Widerstandsthermometer	144
7.2.3	Strahlungspyrometer	146
7.3	**Druckmessung**	146
7.3.1	Federmanometer	147
7.3.2	Kapazitive Drucksensoren	147
7.3.3	Induktive Drucksensoren	149
7.3.4	Dehnungsmessstreifen (DMS)	149
7.3.5	Piezoresistive Drucksensoren	150
7.4	**Füllstandsmessung**	151
7.4.1	Behälterwägung	151
7.4.2	Bodendruckmessung	152
7.4.3	Einperlung	152
7.4.4	Schwimmermessverfahren (Magnetoresistives Messverfahren)	153
7.4.5	Kapazitive Füllstandsmessung	154
7.4.6	Radiometrische Füllstandsmessung	155
7.4.7	Füllstandsmessung mit Ultraschall, Radar oder Laser	155
7.4.8	Mechanische Lotsysteme (Füllstandsmessung mit Fühlgewicht oder Fühlschwimmer)	157
7.4.9	Füllstands-Grenzwertüberwachung	158
7.5	**Durchflussmessung des Massen- oder Volumenstromes**	158
7.5.1	Ovalradzähler	159
7.5.2	Birotorzähler	160
7.5.3	Drehschieberzähler	160
7.5.4	Drehkolbengaszähler	160
7.5.5	Flügelradzähler	161
7.5.6	Turbinenzähler und Woltmannzähler	161
7.5.7	Wirbelzähler (Vortexzähler)	162
7.5.8	Wirkdruckmessverfahren mit Messblende, Messdrossel oder Messdüse	163

7.5.9	Schwebekörpermessverfahren (Rotameter)	165
7.5.10	Ultraschall-Durchflussmessung	166
7.5.11	Magnetisch induktive Durchflussmessung (MID)	167
7.5.12	Thermische Durchflussmessung mit Hitzdraht oder Thermistor	168
7.5.13	Coriolis-Massenstrommessung	169
7.5.14	Bandwaage	170
7.5.15	Strömungsüberwachung	172
7.6	**Analysenmessverfahren**	173
7.6.1	Gaschromatografie (GC)	173
7.6.2	pH-Wert-Messung	175
7.7	**Sonstige Messverfahren**	177

8	**Steuerungen in Chemieanlagen**	179
8.1	**Vorbetrachtungen**	179
8.2	**Vorwärtssteuerung (Offene Steuerung)**	179
8.3	**Verknüpfungssteuerung**	181
8.4	**Ablaufsteuerung**	185
8.5.	**Darstellungsformen von Steuerungsaufgaben**	188

9	**Regelungen in Chemieanlagen**	198
9.1	**Vorbetrachtungen**	198
9.2	**Stetige Regelungen**	200
9.3	**Unstetige Regelungen**	208
9.3.1	Zweipunktregelung	209
9.3.2	Dreipunktregelung	210
9.4	**Fuzzy-Regelung**	211
9.5	**Charakteristiken von Regelstrecken**	215
9.5.1	Durchflussregelstrecke an einer offenen Rohrleitung	216
9.5.2	Flüssigkeitsspeicher mit Zu- und Abfluss	216
9.5.3	Rührbehälter mit Rohrschlangenheizung	217
9.5.4	Rührbehälter mit Mantelheizung	219
9.6	**Beispiele für Regelungsaufgaben in Chemieanlagen**	221
9.6.1	Füllstandsregelung eines durchströmten Vorratsbehälters	221
9.6.2	Druckregelung an einem Gasspeicher	222
9.6.3	Durchflussregelung durch Drosselung des Volumenstromes	222
9.6.4	Durchflussregelung mit Rücklaufstrom	223
9.6.5	Durchflussregelung mit Drehzahlverstellung	223
9.6.6	Temperaturregelung an einem Wärmetauscher	224
9.6.7	Temperaturregelung an einem Rührreaktor	225
9.6.8	Druckregelung an einem Kreiselverdichter	225
9.6.9	Kaskadenregelung zur Behältertemperierung	226

9.6.10	Produktqualitätsregelung am Kopf einer Rektifikationskolonne	227
9.6.11	Kaskadenregelung zur Kolonnentemperierung	227
9.6.12	Split-Range-Druckregelung an einem Tank oder einem Gasspeicher	229
9.6.13	Kombinierte Split-Range- und Kaskadenregelung zur Reaktortemperierung	229
9.6.14	Umsatzregelung an einem Gasphasenreaktor	230
9.6.15	Split-Range-Regelung zur kontinuierlichen Neutralisation einer Flüssigkeit	231
9.6.16	Durchflussverhältnisregelung zweier Stoffströme	231
9.6.17	Folgeregelung eines Gas-Luft-Gemisches an einem Industrieofen	232
9.6.18	Komplexe Regelung einer Rektifikationskolonne	233

10	**Typische Aktoren in Anlagen der stoffwandelnden Industrie**	**238**
10.1	**Vorbetrachtungen**	238
10.2	**Stellorgane (Klappen, Hähne, Schieber, Ventile)**	240
10.3	**Antriebe für Stellorgane**	244
10.3.1	Pneumatische Stellantriebe	245
10.3.2	Hydraulische Stellantriebe	249
10.3.3	Elektrische Stellantriebe	251
10.3.3.1	Elektromagnetische Stellantriebe	251
10.3.3.2	Elektromotorische Stellantriebe	252
10.4	**Zusammenwirken von Stellventil und Rohrleitung**	255
10.5	**Relais und Schütze**	258
10.6	**Antriebsmotoren**	260
10.6.1	**Wichtigste Motortypen**	260
10.6.1.1	Drehstrom-Asynchronmotor	261
10.6.1.2	Drehstrom-Synchronmotor	262
10.6.1.3	Gleichstrommotor	263
10.6.1.4	Vergleich von Drehstrom-Asynchron- und Gleichstrommotor	264
10.6.2	**Drehrichtungs- und Drehzahländerung von Elektromotoren**	266
10.6.2.1	Drehrichtungsänderung	267
10.6.2.2	Drehzahländerung	269

11	**Automatisierte Rezeptursteuerung (Batch-Prozesse)**	**279**
11.1	**Vorbetrachtungen**	279
11.2	**Von der Teilaktivität zum Rezeptabschnitt**	279
11.3	**Die Grundfunktionen als Hauptbausteine der Rezepte**	280
11.4	**Zusammensetzen der Grundfunktionen zu größeren Rezeptbausteinen**	282
11.5	**Komplexbeispiel**	285
11.6	**Batch-Prozesse und Computersoftware**	291
11.7	**Die innere Logik der Grundfunktionen**	294

Vorwort

Mit dem Einzug der modernen Computerhardware und -software in die Automatisierungssysteme von industriellen stoffwandelnden Prozessen ist aus der konventionellen MSR-Technik die **Prozessleittechnik** geworden. Sie eröffnet dem Bediener völlig neue Möglichkeiten der Informationsgewinnung, -verarbeitung und -verdichtung. Auf Grund ihrer Komplexität und der Vielzahl der Systeme auf dem Markt erscheint es sinnvoll, die wesentlichen herstellerunabhängigen Funktionsprinzipien zusammenzufassen und leicht verständlich darzustellen.

Das Buch „**Prozessleittechnik in Chemieanlagen**" verfolgt das Anliegen, Auszubildende, Berufsanfänger und Umzuschulende im Bereich der stoffwandelnden Industrie, speziell der chemischen Industrie, mit den elementaren Grundlagen der Prozessleittechnik vertraut zu machen. Als einführendes Lehrbuch stellt es eine Hilfe speziell im Rahmen der Erstausbildung zum **Chemikanten, Pharmakanten, Chemielaboranten, Lacklaboranten** sowie zum **Biologielaboranten** dar. Darüber hinaus ist es dazu geeignet, dem **Elektroniker für Automatisierungstechnik** den Einstieg in die Prozessleittechnik zu erleichtern.

Der Autor legt besonderen Wert auf eine leicht verständliche und praxisorientierte Darstellung der Fakten und Zusammenhänge. Auf eine wissenschaftliche Durchdringung der Themengebiete wird im Interesse der Verständlichkeit bewusst verzichtet. Dies bezieht sich sowohl auf den konventionellen Teil der Prozessleittechnik als auch auf den computerbasierten digitalen Teil. Das Verständnis der Lernenden wird durch zahlreiche anschauliche Bilder und praxisrelevante Beispiele unterstützt. Aufgaben erleichtern die Lernkontrolle.

Auf diese Weise ermöglicht das Buch dem Nutzer, aufbauend auf einem begrenzten Grundwissen, die selbstständige Erweiterung und Vertiefung der Kenntnisse für sein konkretes Arbeitsgebiet. Diese Herangehensweise entspricht der mit den neuen Lehrplänen und Ausbildungsordnungen angestrebten Förderung der Methodenkompetenz.

Die Schwerpunkte des Buches liegen in der Darstellung:

- von **Aufbau und Funktion** von dezentralen Leitsystemen (Kapitel 4),
- der am häufigsten anzutreffenden **Messprinzipien** (Kapitel 7),
- am häufigsten verwendeten **Stellorgane** und **Verstellprinzipien** (Kapitel 10) sowie der Vorgänge bei einer stetigen **Regelung** (Kapitel 9),
- der Funktionsprinzipien einer logischen **Ablaufsteuerung** von **Batchprozessen** (Kapitel 11), die über die herkömmliche **SPS-Steuerungstechnik** hinausgeht,
- der **elektronischen Grundprinzipien** der digitalen Datenübertragung und -verarbeitung (Kapitel 12), soweit sie für die Prozessleittechnik von Bedeutung sind.

Eine Abrundung der Inhalte erfolgt durch eine Einführung in das erforderliche Grundwissen der **Elektrotechnik** (Kapitel 6), in die Abläufe bei **Planung** und **Konfigurierung** von Prozessleitsystemen (Kapitel 13) und in die Aktivitäten des Anlagenfahrers beim Bedienen und Beobachten der Anlage (Kapitel 5).

In die **3. Auflage** wurden einige Korrekturen sowie die Hinweise von Fachkollegen und Lesern eingearbeitet.

Dem Leser wünschen wir viel Freude und Erfolg beim Einstieg in die moderne Prozessleittechnik. Kritische Hinweise und Vorschläge, die der Weiterentwicklung des Buches dienen, nehmen wir dankbar entgegen.

Sommer 2008   Autor und Verlag

Inhaltsverzeichnis

	Vorwort	3

1	Definition des Begriffes „Prozessleittechnik" (PLT)	11

1.1	Vorbetrachtungen	11
1.2	Begriffsteil „Prozess"	11
1.3	Begriffsteil „Leiten"	12
1.4	Begriffsteil „Technik"	14
1.5	Zusammenführung der Begriffsteile	14
1.6	Prozessleittechnik und Automatisierungstechnik	16
1.7	Abgrenzung von Prozessindustrie und Fertigungsindustrie	16
1.8	Fachliche Teilgebiete der Prozessleittechnik	19

2	Historische Entwicklung der Prozessleittechnik	21

3	Hauptfunktionen, die vom Prozessleitsystem auszuführen sind	27

3.1	Vorbetrachtungen	27
3.2	Signalaufnahme- und Signalwandlungsfunktion	28
3.3	Signalaufbereitungsfunktion	31
3.4	Regelungsfunktion	33
3.5	Steuerungsfunktion	39
3.5.1	Vorwärtssteuerungsfunktion	40
3.5.2	Ablaufsteuerungsfunktion	40
3.6	Überwachungsfunktion	43
3.7	Dokumentationsfunktion	46
3.8	Signalausgabefunktion	48

4	Aufbau und Funktion von computerbasierten Prozessleitsystemen	50

4.1	Vorbetrachtungen	50
4.2	Einfaches Prozessleitsystem ohne Controller als Einplatzstation	50
4.3	Einfaches Prozessleitsystem ohne Controller als Mehrplatzsystem	55
4.4	Prozessleitsystem mit externem Controller als Mehrplatzsystem	60
4.5	Prozessleitsystem mit mehreren externen Controllern als Mehrplatzsystem	63
4.6	Prozessleitsysteme mit Remote-I/Os	68
4.7	Prozessleitsysteme mit Feldbus	70
4.8	Das Ebenenmodell der Prozessleittechnik	74

12	**Grundlagen der Digitaltechnik**	**301**
12.1	Vorbetrachtungen	301
12.2	Die Bedeutung des Begriffes „digital"	301
12.3	Paralleler und serieller Transport digitaler Daten	303
12.4	Nullen und Einsen zum Verschlüsseln	305
12.5	Busse und Speicherzellen	308
12.6	Logische Grundschaltungen ohne Speicherverhalten	310
12.7	Schaltungen mit Speicherverhalten	313
12.8	Die Addition eines Bits	315
12.9	Logische Funktionen im speicherprogrammierbaren Steuerungsgerät (SPS-Gerät)	317
12.10	Analog-Digital-Umsetzer	321
12.11	Digital-Analog-Umsetzer	323
13	**Planung, Konfigurierung und Inbetriebnahme von Prozessleitsystemen**	**326**
13.1	Vorbetrachtungen	326
13.2	Fließbilderstellung	326
13.3	Apparatedimensionierung	328
13.4	Ermittlung von Anzahl und Typ der I/Os	328
13.5	Auswahl der Feldtechnik	329
13.6	Wahl des digitalen Teils des Prozessleitsystems	330
13.7	Leistungsabschätzung des Bus-Systems und der Controller	331
13.8	Detailplanung	332
13.9	Konfigurierung der Software	333
13.10	Kopieren und Laden	342
13.11	Der Loop-Check	343
13.12	Zusammenfassung der Teilschritte	343
14	**Erstellung von Anlagensimulationen**	**345**
14.1	Vorbetrachtungen	345
14.2	Vorgehensweise bei der Erstellung von Simulationen	345
15	**Instandhaltung und Fehlersuche in der Prozessleittechnik**	**352**
15.1	Vorbetrachtungen	352
15.2	Fehlerursachen	352
15.2.1	Prozessbedingte Fehler	353
15.2.2	Verschleißbedingte Fehler	353
15.2.3	Alterungsbedingte Fehler	353

15.2.4	Hardwarefehler		354
15.2.5	Softwarefehler		354
15.2.6	Subjektive Fehler		354
15.3	**Eingrenzung der Fehlerursachen**		**355**
15.4	**Fehlersuche unter Nutzung der Loop-Darstellung**		**357**

16 Sicherheitsaspekte der Prozessleittechnik ... 369

16.1	**Vorbetrachtungen**	**369**
16.2	**Die Prozessleittechnik im Sicherheitskonzept der Anlage**	**371**
16.3	**Zuverlässigkeit von Prozessleitsystemen**	**375**
16.4	**Redundanz bei den Schlüsselbaugruppen des Prozessleitsystems**	**376**
16.5	**Prozessleittechnik und Explosionsschutz**	**380**
16.5.1	Voraussetzungen für Explosionen	381
16.5.2	Einführung wichtiger Begriffe	382
16.5.3	Explosionsschutz	383
16.5.4	Zündschutzarten	385
16.5.5	Die Zündschutzart „Erhöhte Sicherheit"	386
16.5.6	Die Zündschutzart „Eigensicherheit"	387
16.5.7	Kennzeichnung von Betriebsmitteln hinsichtlich des Explosionsschutzes	391
16.6	**Datensicherheit, Datenschutz und Bedienberechtigung**	**394**
16.6.1	Datensicherheit und Bedienberechtigung	394
16.6.2	Datenschutz	396

17 Die Verantwortung der Beschäftigten der Chemieindustrie ... 398

Englische Fachbegriffe ... 400

Verzeichnis der für das Fachgebiet wichtigsten Normen und Standards ... 403

Stichwortverzeichnis ... 405

Bildquellenverzeichnis ... 415

1 Definition des Begriffes „Prozessleittechnik" (PLT)

1.1 Vorbetrachtungen

Die Bedeutung des Begriffes „Prozessleittechnik" wird deutlich, wenn man das Wort in seine Bestandteile zerlegt. Danach ist die **Prozessleittechnik** die gesamte Technik, die dazu dient, einen stoffwandelnden Prozess zu leiten.

Nun ist jedoch zu klären, was die Teilbegriffe bedeuten. Die Definitionen der Begriffsteile sind in DIN 19222 enthalten. Sie werden in den folgenden Kapiteln sinngemäß verwendet.

1.2 Begriffsteil „Prozess"

Der erste Wortbestandteil des Begriffes „Prozessleittechnik" ist der Begriff **Prozess**.

> **Merksatz**
>
> Ein **Prozess** ist ein Verlauf oder Ablauf in einem System, in dem **Materie**, **Energie** oder auch **Informationen** umgeformt, transportiert oder auch gespeichert werden (DIN 19222). Prozesse dienen der Änderung stofflicher Eigenschaften.

Charakteristisch für einen Prozess sind die vorkommenden Ströme von Materie, Energie und Information. Bild 1 veranschaulicht die Definition in grafischer Form.

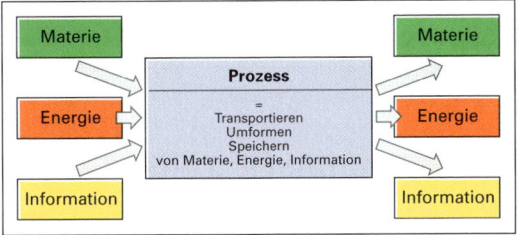

Bild 1: Charakterisierung des Prozess-Begriffes

Stets werden bestimmte Ausgangsstoffe, also **Materie**, in einen Prozess hineintransportiert. Im Prozessverlauf werden sie hinsichtlich ihrer Eigenschaften umgewandelt, um danach den Prozess zu verlassen.

Oft erfolgt eine vorübergehende Speicherung, d. h. Lagerung, von Zwischen- oder Endprodukten.

Diese Aussagen zum Materialfluss treffen analog auch für den Fluss der **Energie** zu. Auch hier gibt es die Vorgänge des Transports, der Umformung oder Zwischenspeicherung.

Informationen werden ebenfalls transportiert, umgeformt oder gespeichert. Dies trifft für eingestellte Sollwerte ebenso zu wie für angezeigte Messwerte oder für Alarmmeldungen. Ein Beispiel soll dies näher verdeutlichen.

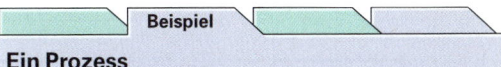

Ein Prozess

In einem Wärmeübertragersystem mit Temperaturregelung (Bild 2) findet ein Wärmeübergangsprozess statt.

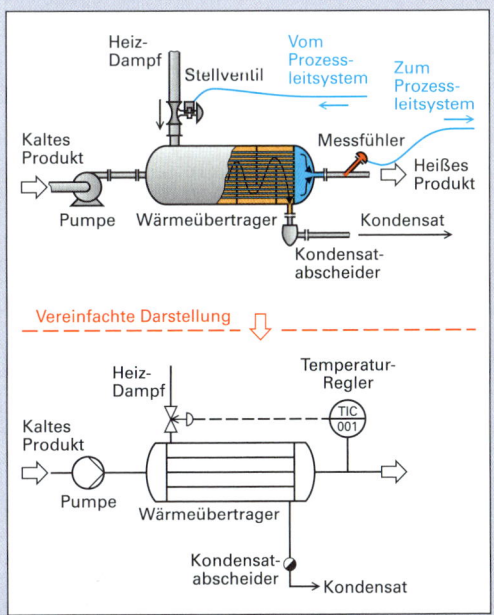

Bild 2: Typischer Wärmeübertragungsprozess

Dampf und aufzuheizendes Medium werden hineintransportiert. Kondensat und aufgeheiztes Medium werden heraustransportiert. Im Kondensatabscheider wird der durch Wärmeabgabe verflüssigte Dampf als Kondensat gespeichert und periodisch in die Kondensatsammelleitung abgelassen. Die Pumpe wandelt Elektroenergie in eine Bewegungsenergie des aufzuheizenden Mediums um.

Die Information über die Produkttemperatur wird in ein elektrisches Signal umgewandelt und zu einem Anzeigegerät „transportiert".

1 Definition des Begriffes „Prozessleittechnik" (PLT)

Die stoffliche Eigenschaft „Temperatur" wird damit geändert. Dieser Prozess dient als Hilfsvorgang der Änderung von weiteren wesentlichen Stoffeigenschaften bestimmter, hier nicht erkennbarer Hauptprodukte.

Nach der Prozess-Definition von Seite 11 handelt es sich bei jeglichem Transportieren, Umformen und Speichern von Materie, Energie und Information um einen **Prozess**. Demnach stellen nicht nur die industriellen Vorgänge zur Stoffwandlung Prozesse dar, sondern auch die Fertigung und Montage von Gegenständen. **Fertigungsprozesse** und **stoffwandelnde Prozesse** gehören als **Produktionsprozesse** zu den **technischen Prozessen**. Daneben gibt es die **Bewegungsprozesse**. Selbst auf biologische und geologische Vorgänge ist der Prozessbegriff streng genommen anwendbar. Letztere sind **natürliche Prozesse**.

Bild 1 zeigt eine Einteilung der verschiedenen Prozesse, die unter die Definition nach DIN 19222 fallen.

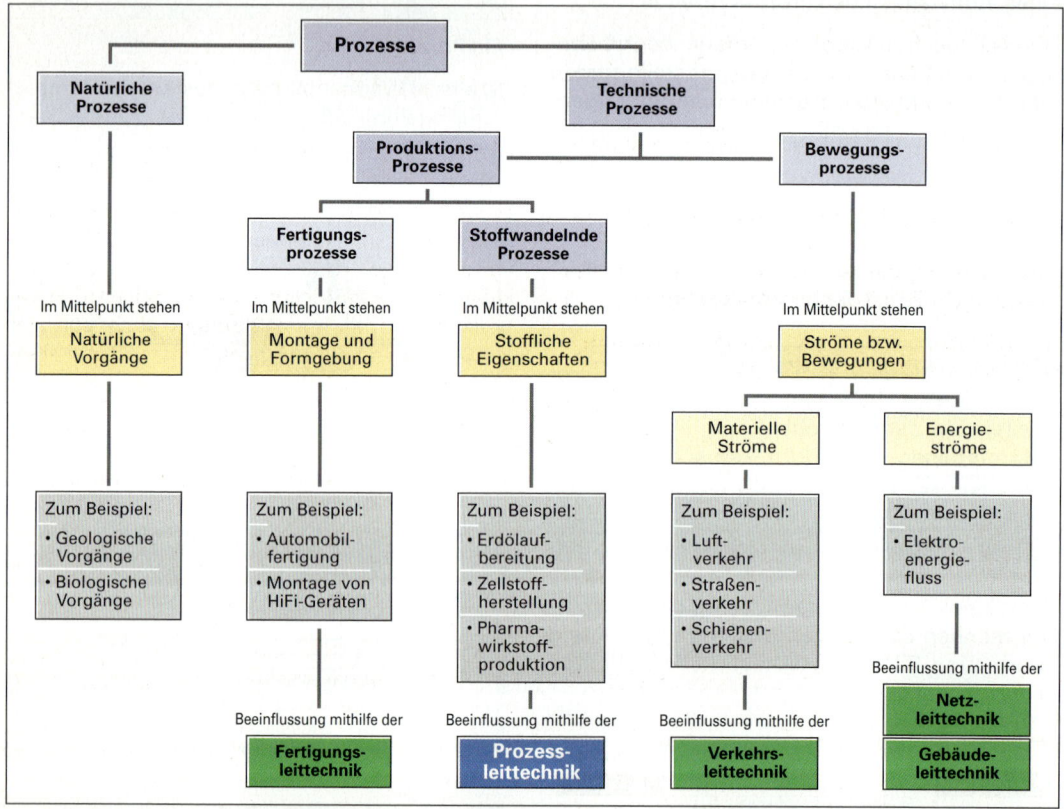

Bild 1: Struktur der unterschiedlichen Prozess-Begriffe

In Kapitel 1.7 (Abgrenzung von Prozessindustrie und Fertigungsindustrie) wird näher ausgeführt, dass im Umgangssprachgebrauch der Begriff **Prozessleittechnik** jedoch lediglich dem Bereich der **Stoffwandlungsprozesse** zugeordnet wird. Im Bereich der Fertigungstechnik ist trotz der eindeutigen Prozess-Definition nach DIN 19222 nicht von **Prozessleittechnik**, sondern von der **Fertigungsleittechnik** die Rede. Diese Tatsache zeigt, dass die technische Praxis nicht immer mit deren Normung übereinstimmt.

1.3 Begriffsteil „Leiten"

Der zweite Wortbestandteil des Begriffes „Prozessleittechnik" ist der Begriff des Leitens. **Leiten** bedeutet, alle Maßnahmen zu treffen, um den Prozess gemäß den gewünschten Zielen zu beeinflussen.

> **Merksatz**
>
> „**Leiten**" bedeutet, Maßnahmen zum Erreichen bestimmter **Ziele** zu ergreifen.

1.3 Begriffsteil „Leiten"

Die vom Menschen bei den unterschiedlichen Prozessen angestrebten Ziele lassen sich zu bestimmten übergeordneten und immer wieder zu findenden Punkten zusammenfassen:

- **Realisierung** der materiellen Produktion,
- Verbesserung der **Qualität** und Erhöhung der Quantität der Produktion mit geringstmöglichem Einsatz an Material, Energie und Personal,
- Verminderung des **Betriebsrisikos** für Mensch, Anlage und Umwelt,
- Erhöhung der **Anlagenzuverlässigkeit** und **-verfügbarkeit**,
- Sicherung von leistungsfördernden **Arbeitsbedingungen** und angemessenen **Arbeitsbeanspruchungen** für das Bedienpersonal,
- Verbesserung der **Anpassungsfähigkeit** an geänderte Marktbedingungen.

Einige wesentliche Maßnahmen zum Erreichen dieser Ziele können bereits in der Phase der Anlagenplanung und -errichtung realisiert werden. Dies sind die **konstruktiven Maßnahmen**.

Die **leittechnischen Maßnahmen** betreffen jedoch die Phase des Betriebs der Anlage.

Die Maßnahmen im laufenden Anlagenbetrieb lassen sich schlagwortartig charakterisieren mit den Begriffen

- **Steuern**,
- **Regeln**,
- **Überwachen**,
- **Dokumentieren**.

Beispiel

Maßnahmen zum Leiten

In dem Wärmeübertragersystem von Bild 2, S. 11, steht das Ziel, das aufzuheizende Produkt mit einer Temperatur von 60 °C austreten zu lassen.

Maßnahmen dazu sind:

Die Software des Prozessleitsystems ist so zu konfigurieren, dass bei zu hoher Temperatur das Dampfventil weiter geschlossen und bei zu niedriger Temperatur weiter geöffnet wird. Das bedeutet, es ist vom Konstrukteur eine Regelung vorzusehen (Maßnahme: **Regelung**).

Der künftige Bediener hat am Bildschirm des Prozessleitsystems den Sollwert von 60 °C für den Regler einzustellen (Maßnahme: **laufende Bedienung**).

Bei Fehlfunktionen muss der Bediener in zweckmäßiger Weise eingreifen (Maßnahme: **Überwachung**). Dabei helfen ihm geeignete Geräte. Wenn beispielsweise das Regelventil defekt ist und ständig geöffnet bleibt, ist es von Nutzen, wenn die Konstrukteure ein 2. Ventil vorgeschaltet haben, das im Überhitzungsfall im Sinne eines Noteingriffs automatisch schließt.

Oft werden solche Ereignisse dann auch automatisch protokolliert, das heißt, deren Uhrzeit wird auf einer Festplatte des Prozessleitsystems zur späteren Auswertung dauerhaft gespeichert (Maßnahme: **Dokumentieren**).

Der Begriff des Leitens findet nicht nur in den Industrien der materiellen Produktion Verwendung, sondern auch in der Kraftwerkstechnik, in der Kommunikationsindustrie, in der Energieverteilung, im Facility Management und im Verkehrswesen. Dementsprechend spricht man neben der **Produktionsleittechnik** auch von der **Netzleittechnik**, **Gebäudeleittechnik** und **Verkehrsleittechnik**.

Eine sinnvolle Gruppierung dieser Leittechnik-Begriffe ist in Bild 1 dargestellt. Der Begriff der **Kraftwerksleittechnik** ist dort nicht mit aufgeführt, da in der Elektroenergieerzeugung die Prozessleittechnik eine Rolle spielt, während bei der Energieverteilung die Netzleittechnik Anwendung findet.

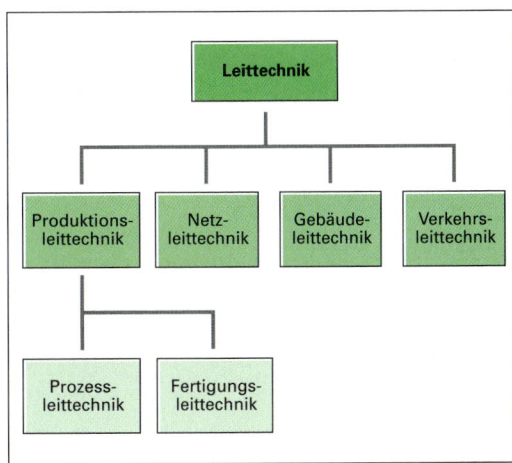

Bild 1: Gruppierung der gebräuchlichsten Leittechnik-Begriffe

1.4 Begriffsteil „Technik"

Der dritte Wortbestandteil des Begriffes „Prozessleittechnik" ist der Begriff der Technik. Unter **Technik** versteht man die vom Menschen geschaffenen komplexen künstlichen Produkte, die er unmittelbar zur Nutzung oder aber indirekt zur Durchführung der Produktion verwendet. Zur Entwicklung und Herstellung dieser Produkte werden naturwissenschaftliche Erkenntnisse praktisch umgesetzt. Eine besondere Rolle spielen dabei die naturwissenschaftlichen Erkenntnisse auf den Fachgebieten der Elektrotechnik, der Mechanik, des Maschinenbaus und der Informationsverarbeitung.

> **Merksatz**
>
> Unter dem Begriff „**Technik**" versteht man vom Menschen geschaffene komplexe künstliche Produkte.

> **Beispiel**
>
> **Komplexe künstliche Produkte**
>
> **Personenkraftwagen** oder **Hifi-Anlagen** sind künstliche Produkte, die der Mensch unmittelbar zur Nutzung verwendet.
>
> Ein **beheizbarer Rührapparat** ist ein künstliches Produkt, das vom Menschen zum Beispiel zur Produktion eines pharmazeutischen Wirkstoffes verwendet wird.
>
> Ein **Computer** ist ein künstliches Produkt, das vom Menschen sowohl unmittelbar zur Konsumtion (zum Beispiel für Computerspiele) oder aber mittelbar für die Produktion verwendet werden kann. Die Verwendbarkeit hängt in erster Linie von der eingesetzten Software ab. Diese ist damit ein wesentlicher Bestandteil der Computertechnik.
>
> Die **Software** in einem Computer zur Steuerung einer Chemieanlage ist ein vom Menschen geschaffenes künstliches Produkt, das er zur Produktion verwendet.
>
> Das **Dampfregelventil** im Bild 2, S. 11, stellt ebenso wie die **Datenübertragungsleitungen** ein künstliches Produkt dar, das zur Produktion verwendet werden kann.

Die Technik hilft dem Menschen bei der Erleichterung, Beschleunigung und Intensivierung der Arbeitsprozesse oder dient der Unterhaltung und Wiederherstellung seiner Arbeitskraft.

1.5 Zusammenführung der Begriffsteile

Nach den Vorbetrachtungen der Kapitel 1.1 bis 1.4 lässt sich der Begriff **Prozessleittechnik** folgendermaßen definieren:

> **Merksatz**
>
> Unter dem Begriff **Prozessleittechnik** und unter einem **Prozessleitsystem im weiteren Sinne** versteht man alle Anlagenteile inklusive der Software, die dazu dienen, einen chemischen Prozess:
>
> 1. zu **steuern**,
> 2. zu **regeln**,
> 3. zu **überwachen**,
> 4. zu **dokumentieren**.

Dem Sinn nach ist diese Definition in der deutschen Norm DIN 19222 (Messen, Steuern, Regeln, Leittechnik-Begriffe) zu finden.

Zur Lösung der in der Definition angegebenen Aufgaben enthält die in einer chemischen Anlage vorhandene **Prozessleittechnik** bzw. das **Prozessleitsystem** (PLS im weiteren Sinne) folgende Einrichtungen:

- **Messeinrichtungen** (z. B. Temperaturmessfühler mit Signalverstärker und -umformer),
- **Stelleinrichtungen** (z. B. Ventile oder Drehzahlverstell-Elektronik),
- **Informationsverarbeitende und -transportierende Einrichtungen** (z. B. Computer und Verbindungskabel).

Die in der Definition des Begriffes „Prozessleittechnik" enthaltenen vier Kernaufgaben lassen sich in weitere Teilaufgaben untergliedern. So setzt sich beispielsweise allein die Aufgabe **Regeln** aus den folgenden Teilaufgaben zusammen:

- **Messen**, z. B. der Produktaustrittsstemperatur,
- **Registrieren**, z. B. der Produktaustrittstemperatur (also Speichern von deren zeitlichem Verlauf, des so genannten Trends),
- **Berechnung**, z. B. Ermittlung der erforderlichen Ventilöffnung,

1.5 Zusammenführung der Begriffsteile

- **Melden**, z. B. durch ein Alarmsignal, falls die Temperatur einen einprogrammierten Grenzwert überschreitet,
- **Schutzmaßnahmen** ergreifen, z. B. Notabschaltung der Dampfzufuhr bei zu hoher Produktaustrittstemperatur infolge eines defekten Dampfregelventils,
- **Anzeigen** des momentanen Temperaturmesswertes, des eingestellten Temperatursollwertes und der aktuellen Ventilöffnung,
- **Optimierungsmaßnahmen ergreifen**, z. B. Optimierung der Reglerarbeitsweise (Ist es vielleicht günstiger für den Dampfverbrauch, den Regler künftig etwas schneller oder vielleicht etwas träger arbeiten zu lassen? Moderne Regler sind in der Lage, selbstständig ihre günstigsten Parameter zu ermitteln.),
- **Auswertungen durchführen**, z. B. Ermittlung der Durchschnittstemperatur oder des Dampfverbrauches als zeitlichen Mittelwert,
- **Verwaltung ermöglichen**, z. B. Planung der nächsten Wartung des Regelventils in Abhängigkeit von dessen Beanspruchung durch die insgesamt zurückgelegte Spindelwegstrecke,
- **Bedienung ermöglichen**, z. B. eine Eingabemöglichkeit des Temperatursollwertes oder einer vom Bediener gewählten festen Ventilöffnung vorsehen.

In einer konkreten Chemieanlage kann für die Gesamtheit der **Prozessleittechnik** auch der Begriff **Prozessleitsystem** (im weiteren Sinne) völlig identisch verwendet werden.

Die Umgangssprache versteht unter einem Prozessleitsystem jedoch nur den computergestützten Teil der Prozessleittechnik. Nach dieser eingebürgerten umgangssprachlichen Verwendung des Begriffes „**Prozessleitsystem**" gibt es eine weitere Definitionsmöglichkeit:

> **Merksatz**
>
> Unter einem **Prozessleitsystem im engeren Sinne** versteht man den computergestützten, digital arbeitenden Teil der Prozessleittechnik mit seiner Hard- und Software.

Bei modernen größeren Prozessleitsystemen ist dies nicht ein einzelner Computer, sondern ein Computernetzwerk mit mehreren Arbeitsstationen. Diese werden auch als **Operator Stations**, **Leitstationen**, **Workstations** oder **Anzeige- und Bedienkomponenten** bezeichnet.

Bild 1 trifft eine grobe Unterteilung der Bestandteile eines Prozessleitsystems in einen computerbasierten, digitalen Teil, und einen nicht computerbasierten, konventionellen Teil. Entsprechend werden auch die Prozessleittechnik-Begriffe im **engeren Sinne** und im **weiteren Sinne** zugeordnet.

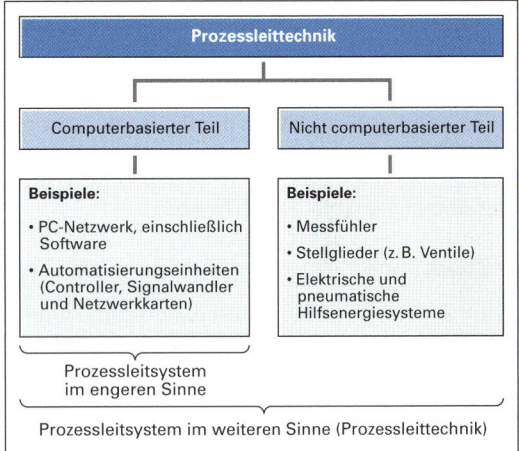

Bild 1: Hauptbestandteile eines Prozessleitsystems

Bild 2 veranschaulicht schematisch das Zusammenwirken von Mensch und Prozess. Es ist ersichtlich, dass die Leittechnik das Bindeglied zwischen dem Menschen (in der Regel dem Bediener) und dem Prozess darstellt.

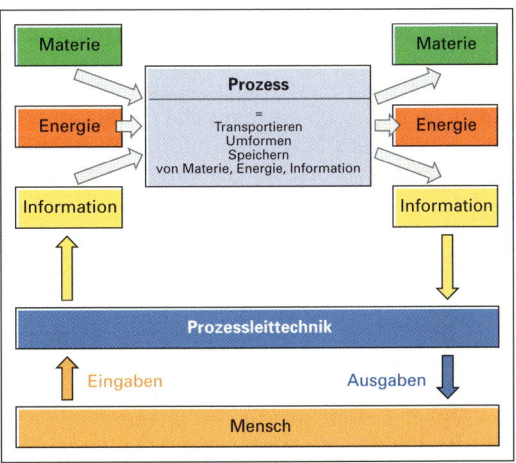

Bild 2: Stellung der Prozessleittechnik als Bindeglied zwischen Mensch und Prozess

Die Leittechnik nutzt nach Bild 2, S. 15, die Informationsströme vom und zum Prozess, um die Stoff- und Energieströme sowie die Prozessbedingungen zu beeinflussen. Dazu werden vom Menschen bestimmte **Eingaben** getätigt und bestimmte **Ausgaben** des Leitsystems von ihm aufgenommen.

1.6 Prozessleittechnik und Automatisierungstechnik

Oft werden die Begriffe „**Prozessleittechnik**" und „**Automatisierungstechnik**" synonym, also gleichbedeutend verwendet, da die Prozessleittechnik letztlich das Ziel verfolgt, die Prozesse weitestgehend automatisch, also nahezu ohne Zutun des Menschen ablaufen zu lassen.

> **Merksatz**
>
> Unter dem Begriff **Automatisierungstechnik** versteht man die vom Menschen geschaffenen technischen Einrichtungen zum Ersatz menschlicher Arbeitsfunktionen.

Dies bedeutet, dass die **Automatisierungstechnik** dem Bediener die Arbeitsfunktionen des Steuerns, Regelns, Überwachens und Dokumentierens abnimmt.

Auch die **Prozessleittechnik** nimmt dem Bediener diese genannten Funktionen ab. Das ist der Grund, weshalb beide Begriffe oft gleichbedeutend verwendet werden.

Die Prozessleittechnik nimmt jedoch außer der Aufgabe der Prozessautomatisierung auch noch die Aufgabe eines Verbindungsgliedes zwischen Mensch und Prozess wahr. Sie ermöglicht dem Bediener also auch die **manuelle** Einflussnahme auf den Prozess sowie die Informationsgewinnung aus dem Prozess. Die Inhalte beider Begriffe sind jedoch im Endeffekt nicht scharf abgrenzbar.

> **Merksatz**
>
> Die Begriffe **Prozessleittechnik** und **Automatisierungstechnik** werden in der Umgangssprache oft gleichbedeutend verwendet, um technische Einrichtungen zu charakterisieren, die dem Menschen bestimmte Aufgaben beim Leiten der Produktionsprozesse abnehmen oder erleichtern.

Von „Automatisierungstechnik" als Ingenieurwissenschaft und als Lehrinhalt im Rahmen der Berufsausbildung spricht man in den Industrien der **Fertigungstechnik** und der **Verfahrenstechnik**. Beides sind Bereiche der materiellen Produktion in der menschlichen Gesellschaft. Ein weiterer Bereich ist die **Kraftwerkstechnik**, welche hinsichtlich ihrer Automatisierungslösungen mehr der Verfahrenstechnik ähnelt als der Fertigungstechnik.

1.7 Abgrenzung von Prozessindustrie und Fertigungsindustrie

Wie Bild 1 zeigt, unterscheidet man in der materiellen Produktion zwei grundlegende Teilbereiche, nämlich die **Verfahrenstechnik** und die **Fertigungstechnik**. Diese Unterscheidung geht konform mit der Einteilung der Produktionsprozesse in stoffwandelnde Prozesse und Fertigungsprozesse gemäß Bild 1, S. 12.

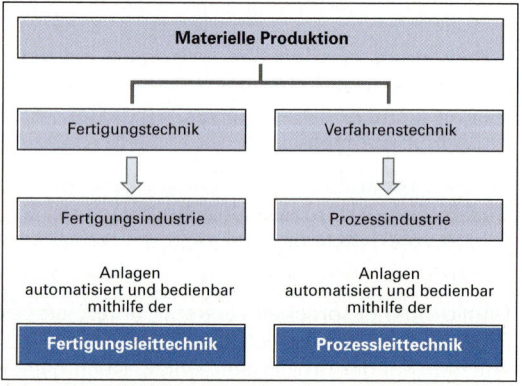

Bild 1: Einteilung der materiellen Produktion nach technologischen Aspekten

Die Ingenieurwissenschaft, die sich mit Planung und Betrieb von stoffwandelnden Anlagen beschäftigt, ist die **Verfahrenstechnik**. Der Begriff der Verfahrenstechnik wird daher auch oft synonym für die Gesamtheit aller stoffwandelnden Industriezweige verwendet. Für diese stoffwandelnden Industriezweige ist auch der Begriff **Prozessindustrie** üblich. Dieser Begriff hat sich umgangssprachlich eingebürgert, obwohl gemäß der Definition nach DIN 19222 (vgl. Seite 11) auch in der Fertigungsindustrie Prozesse ablaufen.

1.7 Abgrenzung von Prozessindustrie und Fertigungsindustrie

> **Merksatz**
>
> Der Begriff der **Verfahrenstechnik** als Technik der Stoffwandlungsprozesse wird oft auch synonym für die Gesamtheit aller stoffwandelnden Industriezweige verwendet.

Der Begriff der **Fertigungstechnik** steht sowohl für die ingenieurtechnische Fachdisziplin als auch für die Gesamtheit der fertigungstechnisch orientierten Industriezweige. Diese Industriezweige werden unter dem Begriff **Fertigungsindustrie** zusammengefasst.

> **Merksatz**
>
> Der Begriff der **Fertigungstechnik** als Technik der Formgebungs- und Montageprozesse wird auch synonym für den Begriff der Fertigungsindustrien verwendet.

Das Charakteristikum der Prozessindustrie sind die ablaufenden stoffwandelnden Prozesse. Diese werden durch die im vorliegenden Buch beschriebene **Prozessleittechnik** bedient, beobachtet und automatisiert.

> **Merksatz**
>
> Der Begriff **Prozessleittechnik** wird nur auf den Bereich der Verfahrenstechnik angewendet, obwohl auch auf dem Gebiet der Fertigungstechnik Prozesse durchgeführt werden. Hier spricht man jedoch von **Fertigungsleittechnik**.

Bild 1 zeigt eine typische Fabrikationsstätte zur Durchführung von Stoffwandlungsprozessen.

Beispiele für **stoffwandelnde Prozesse** sind:

- Herstellung von Benzin und Dieselkraftstoff aus Erdöl durch Destillation,
- Herstellung eines Lackes aus Bindemitteln, Lösungsmitteln, Pigmenten und Hilfsstoffen durch Mischen,
- Herstellung von Ammoniak aus Stickstoff und Wasserstoff durch chemische Reaktion,
- Rösten von Kaffeebohnen zur Aromaänderung.

Bei den vorstehend genannten Prozessen steht also die Stoffwandlung, das heißt eine Änderung der stofflichen Eigenschaften, im Vordergrund.

Die wichtigsten Messgrößen an den entsprechenden Apparaten sind Temperaturen, Drücke, Durchflüsse und Füllstände. Als Stellorgane findet man hauptsächlich Ventile, Klappen und Relais.

Typische Industriezweige, in denen Stoffwandlungsvorgänge überwiegen, sind:

- Chemische Industrie,
- Pharmazeutische Industrie,
- Zellstoff- und Papierindustrie,
- Nahrungs- und Genussmittelindustrie,
- Farben- und Lackindustrie,
- Futtermittelindustrie.

Charakteristisch für die **Fertigungstechnik** hingegen ist die Formgebung und Montage von Werkstücken. Diese Vorgänge werden durch die **Fertigungsleittechnik** bedient, beobachtet und automatisiert.

Beispiele für **fertigungstechnische Abläufe** sind:

- Zusammenschweißen einer Automobilkarosserie aus Einzelblechen,
- Verpacken von Tabletten in Tiefziehfolien und Pappschachteln,
- Bestücken und Löten einer elektronischen Leiterplatte,
- Formung einer Getränkeflasche aus einer Glasschmelze.

Bild 1: Blick in eine verfahrenstechnische Anlage zur Durchführung von Stoffwandlungsprozessen

1 Definition des Begriffes „Prozessleittechnik" (PLT)

Bild 1: Anlage zur Durchführung fertigungstechnischer Abläufe

Typische Industriezweige, in denen Fertigungsvorgänge überwiegen, sind:

- Automobilindustrie,
- Elektrotechnische und Elektronische Industrie,
- Konsumgüterindustrie.

Daneben gibt es Industriezweige, in denen sowohl stoffwandelnde Prozesse als auch fertigungstechnische Abläufe eine Rolle spielen. Dazu zählen unter anderem:

- Glas- und Keramikindustrie,
- Metallurgie,
- Holz- und Möbelindustrie,
- Baustoffindustrie.

Tabelle 1 zeigt einen Vergleich der Charakteristika der stoffwandelnden Verfahrenstechnik und der formgebenden Fertigungstechnik.

Bei diesen Abläufen stehen Fügeoperationen und mechanische Bearbeitungen im Vordergrund. Die wichtigsten Messgrößen in den Fertigungsanlagen sind Positionen, Geschwindigkeiten und Stückzahlen. Als Stellorgane kommen vorwiegend Servomotoren und Pneumatik- oder Hydraulikzylinder zum Einsatz.

Viele leittechnische Ausrüstungen sind sowohl in der Verfahrenstechnik als auch in der Fertigungstechnik zu finden. Es ist zu beobachten, dass sich die Fertigungsleittechnik und die Prozessleittechnik einander annähern. Deshalb gibt es mittlerweile auch das einheitliche Berufsbild des Elektronikers für Automatisierungstechnik.

Tabelle 1: Vergleich von Fertigungstechnik und Verfahrenstechnik

	Formgebende Fertigungstechnik	Stoffwandelnde Verfahrenstechnik
Charakteristische Vorgänge	Mechanische Bearbeitungen, Formgebung, Positionierung, Montage	Chem. Reaktionen, Mischen, Trennen, strömungstechn. und wärmetechn. Vorgänge
Typische Messgrößen	Positionen, Geschwindigkeiten, Stückzahlen	Temperaturen, Drücke, Durchflüsse, Füllstände
Typische Stellorgane	Servomotoren, Hydraulik- und Pneumatikzylinder	Ventile, Klappen, Pumpen, Relais
Charakter der Automatisierung	Überwiegend steuerungsorientiert	Überwiegend regelungsorientiert
Reaktionszeiten der Leittechnik	Infolge der schnellen Bewegungsabläufe sehr kurz	Etwas länger als in der Fertigungstechnik
Räumliche Realisierung des Bedienens und Beobachtens	Überwiegend von dezentralen Leitständen aus	Weitestgehend von zentralen Messwarten aus
Sicherer Zustand	Anhalten des Fertigungsablaufes	Herunterfahren nach einem definierten Notprogramm

Gelegentlich werden die fertigungstechnischen Abläufe und Vorgänge ebenfalls als Prozesse bezeichnet. Unter dem Begriff „**Prozessindustrie**" wird jedoch immer die stoffwandelnde, also verfahrenstechnische Industrie verstanden. Demzufolge hat die **Prozessleittechnik** auch immer die Führung der **stoffwandelnden Vorgänge** zum Gegenstand.

> **Merksatz**
>
> **Gegenstand der Prozessleittechnik** ist stets die manuelle sowie automatisierte Führung **stoffwandelnder Prozesse**.

1.8 Fachliche Teilgebiete der Prozessleittechnik

Der Begriff der Prozessleittechnik wurde in den siebziger Jahren eingeführt, als die digitale Kommunikationstechnik, also die neu entstandene digitale Computer-Hardware und -Software, zur konventionellen Mess-, Steuer- und Regelungstechnik hinzugetreten ist.

Seitdem wird die digitale Technik immer enger in die Bedienungs- und Automatisierungvorgänge der Prozessindustrie integriert. Damit sind die historisch gewachsenen Teilgebiete der traditionellen MSR-Technik um ein sehr umfangreiches und dynamisch wachsendes Gebiet erweitert worden.

Bild 1 veranschaulicht die Teilgebiete der Prozessleittechnik mit ihrem traditionellen und dem historisch jüngeren Teil.

Die Gesamtheit von **M**ess-, **S**teuer- und **R**egelungstechnik (traditionelle MSR-Technik) gemeinsam mit der Prozess-**E**lektrotechnik wird als **EMSR**-Technik bezeichnet. Aus dieser ergab sich nach dem Hinzutreten der digitalen Informationstechnologie die **Prozessleittechnik (PLT)**.

Der Begriff **Prozessleittechnik** wurde von führenden Persönlichkeiten der „Interessengemeinschaft Prozessleittechnik der chemischen und pharmazeutischen Industrie" (**NAMUR**) eingeführt. Die NAMUR ist eine Interessengemeinschaft, welche die Anwender von prozessleittechnischen Geräten und Systemlösungen vereint. Sie arbeitet mit den Herstellern der Prozessleittechnik zusammen, um Erfahrungen zusammenzutragen, zweckmäßige technische Lösungen weiter zu verbessern, Empfehlungen zu erarbeiten oder neuen Standards den Weg zu bereiten. Die noch heute gültige Namenskurzform resultiert aus der früheren Bezeichnung „**N**orme**n**arbeitsgemeinschaft **M**ess- **u**nd **R**egelungstechnik".

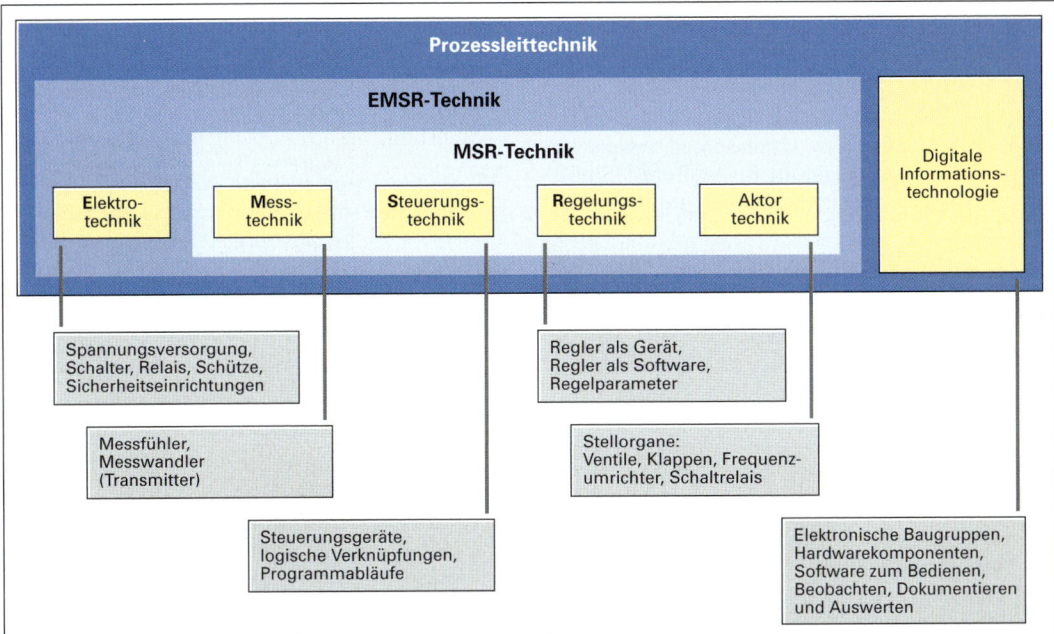

Bild 1: Fachliche Teilgebiete der Prozessleittechnik

1 Definition des Begriffes „Prozessleittechnik" (PLT)

Wie Bild 1, S. 19, zeigt, setzt sich die Prozessleittechnik aus folgenden abgegrenzten Teilgebieten zusammen:

- **Messtechnik,**
- **Steuerungstechnik,**
- **Regelungstechnik,**
- **Elektrotechnik,**
- **Aktortechnik,**
- **Digitale Informationstechnologie.**

An diesen integralen Bestandteilen orientiert sich auch die Gliederung des vorliegenden Buches.

Aufgabe

1. Durch welche drei Ströme ist der Begriff des „Prozesses" charakterisiert? Was geschieht mit diesen drei Strömen im Prozessgeschehen?

2. Was beinhaltet der Begriff des „Leitens"?

3. Durch welche vier wichtigen leittechnischen Maßnahmen wird der laufende Anlagenbetrieb realisiert?

4. Welche Leittechnik-Begriffe existieren neben dem Begriff der „Produktionsleittechnik"?

5. Worin besteht der Unterschied zwischen dem Prozessleitsystem im weiteren Sinne und dem Prozessleitsystem im engeren Sinne?

6. Welche Aufgabe nimmt die Prozessleittechnik gegenüber der Automatisierungstechnik zusätzlich wahr?

7. Worin besteht der wesentliche Unterschied der Prozessindustrie zur Fertigungsindustrie?

8. Nennen Sie die Unterschiede zwischen Stoffwandlungstechnik und Fertigungstechnik hinsichtlich der Messgrößen und der eingesetzten Stellorgane.

9. Diskutieren Sie, ob die Herstellung von Elektroenergie durch die Ströme von Materie, Energie und Information gekennzeichnet ist und damit als Prozess bezeichnet werden kann.

10. Diskutieren Sie, ob auch natürliche Vorgänge, wie der des biologischen Lebens, unter die Definition des Begriffes „Prozess" fallen.

11. Wie werden bei technischen Prozessen Informationen von außen zugeführt und nach außen abgegeben?

12. Diskutieren Sie, inwieweit in den Gebieten der Netzleittechnik, der Gebäudeleittechnik und der Verkehrsleittechnik Maßnahmen zum Erreichen bestimmter Ziele getroffen werden.

13. Nennen Sie je zehn Beispiele für technische Produkte, die als Konsumgüter bzw. als Produktionsgüter Verwendung finden.

14. Diskutieren Sie die inhaltlichen Gemeinsamkeiten und Unterschiede der Begriffe „Automatisierungstechnik" und „Prozessleittechnik".

15. Diskutieren Sie Gemeinsamkeiten und Unterschiede zwischen Prozessindustrie und Fertigungsindustrie.

16. Aus welchen fachlichen Teilgebieten setzt sich die Prozessleittechnik zusammen?

17. Welche Teilgebiete gehören zur MSR-Technik und welche zur EMSR-Technik?

18. Durch welches fachliche Teilgebiet unterscheidet sich die konventionelle EMSR-Technik von der modernen Prozessleittechnik?

19. Versuchen Sie, in Ihrem Betrieb prozessleittechnische Geräte zu finden. Ordnen Sie diese in einer Liste den Teilgebieten der Prozessleittechnik gemäß Bild 1, S. 19, zu.

2 Historische Entwicklung der Prozessleittechnik

Entsprechend der Begriffsdefinition gehören zur Prozessleittechnik alle Anlagenteile, die einen chemischen Prozess steuern, regeln, überwachen und dokumentieren.

Philosophisch gesehen liegen alle vier Aufgaben natürlich letztlich in der Verantwortung des Menschen. Im Laufe der historischen Entwicklung hat sich dieser zu seiner Entlastung eine zunehmend komplexer gewordene Technik geschaffen. Da ihn aber auch schon die ersten simplen, nicht computerbasierten Entwicklungen dieser Technik dabei unterstützt haben, Prozesse zu leiten, ordnet man diesen heute ebenfalls den Begriff „Prozessleittechnik" zu.

Der Begriff der Prozessleittechnik hat den bis in die 80er Jahre gängigen Begriff der **MSR-Technik** verdrängt. Anlass und Ursache war die Erweiterung der traditionellen Mess-, Steuer- und Regelungstechnik um die neue digitale, computergestützte Technik, die im Laufe ihrer kurzen, aber explosionsartigen Entwicklung immer neue, bisher unglaubliche Möglichkeiten der Informationsgewinnung und -verarbeitung eröffnete. Der relativ junge Begriff **Prozessleittechnik** soll dieser neuen Qualität in der Automatisierungstechnik Rechnung tragen.

Betrachtet man die Entwicklung der Prozessleittechnik im Laufe des letzten Jahrhunderts, so kann man sie in folgende technische Hauptetappen aufteilen, wobei sich die Übergänge natürlich nicht exakt abgrenzen lassen.

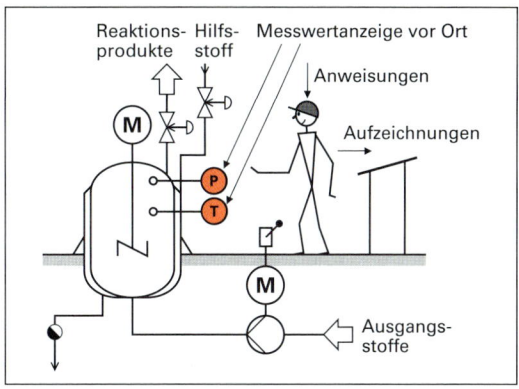

Bild 1: Prozessleittechnik bis ca.1915

Der Anlagenfahrer ist bis ca. 1915 in der Regel **vor Ort**, das heißt im so genannten **Feld** tätig. Zentrale Messwarten gibt es noch nicht. Es gibt jedoch bereits zentrale Leitstände vor Ort als Vorläufer der zentralen Messwarten.

Bis ca. 1915

Der Bediener steuert den chemischen Prozess in **Handfahrweise**. Er selbst arbeitet als Regler. Insofern muss er die gemessenen Prozesswerte vor Ort ablesen und auf Grund seiner Erfahrungen die erforderlichen Stellgrößen, z. B. die Heizdampfventilöffnung, selbst festlegen und einstellen.

Neben seiner überwachenden Tätigkeit führt der Bediener ein **handschriftliches Protokoll** über die erhaltenen Anweisungen, über die gemessenen Werte und seine eigenen Schalthandlungen.

Bild 2: Zentraler Leitstand zur Prozessbedienung und -beobachtung vor Ort

Es existieren auch heute noch chemische Verfahren, bei denen nicht das Erfordernis von zentralen Messwarten besteht. Speziell in der Chargenchemie gibt man dem örtlichen Leitstand auch heute noch den Vorzug.

2 Historische Entwicklung der Prozessleittechnik

> **Merksatz**
>
> Mit dem Begriff **Feld** wird der apparatetechnische Teil der Chemieanlage bezeichnet. Dieser Begriff existierte bereits lange vor der beginnenden Entwicklung der Prozessleittechnik. Auch heute noch wird er selbst dann verwendet, wenn sich die Apparate in Gebäuden befinden.

Bild 1: Prozessbedienung direkt vor Ort im „Feld"

1915 bis ca. 1935

Charakteristisch für diesen Zeitabschnitt ist die Errichtung von **zentralen Messwarten**.

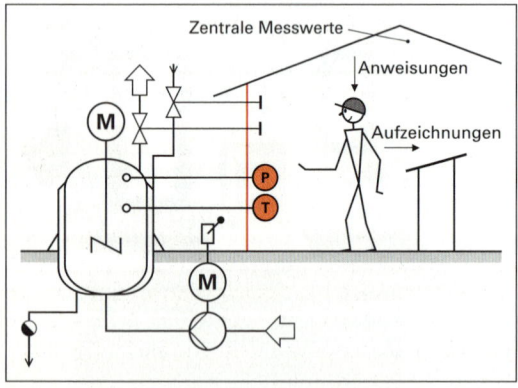

Bild 2: Prozessleittechnik von 1915 bis ca. 1935

Dies setzt eine Fernübertragung von Messwerten voraus. Zunächst ist dies nicht immer auf elektrischem Wege möglich gewesen. Deshalb werden zum Beispiel zur Druckmessung, zur druckbasierten Füllstands- oder Durchflussmessung oder aber auch zur Konzentrationsmessung gasförmige Stoffe in Leitungen oder Schläuchen aus dem Prozess bis direkt in die Messwarte hineingeführt. Problematisch und sicherheitstechnisch bedenklich ist dies bei giftigen oder korrosiven Medien wie CO, H_2S, NH_3 oder Cl_2.

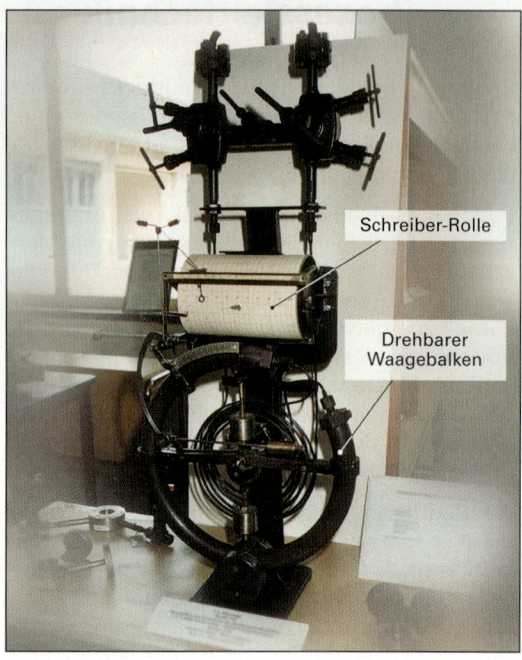

Bild 3: Ringwaage zur Druckmessung und -registrierung per Schreiber

Bild 3 zeigt eine Ringwaage als älteres Druckmessgerät. Sie ist geeignet zum Einsatz vor Ort oder in einer Messwarte. Die Signalfernübertragung kann mit Druckleitungen oder -schläuchen erfolgen.

Die Stellorgane bekommen nach und nach die Möglichkeit der Fernbedienung, oft mit einfachen mechanischen Konstruktionen.

Farbige Lampen weisen als Melde- oder Alarmsignale den Anlagenfahrer auf gefährliche Zustände hin.

1935 bis ca. 1945

Dort, wo es gewünscht ist, werden Prozessgrößen wie Temperatur, Füllstand, Druck oder Durchfluss jetzt vielfach durch **Regler mit pneumatischer Hilfsenergie** konstant gehalten. Diese befinden sich vorerst meist vor Ort im Feld.

Durch geeignete mechanische oder elektrische Fernbedienungseinrichtungen kann der Anlagenfahrer den Regler auch von der Warte aus in einen Handmodus schalten, um selbst die Stellorgane zu bedienen.

2 Historische Entwicklung der Prozessleittechnik

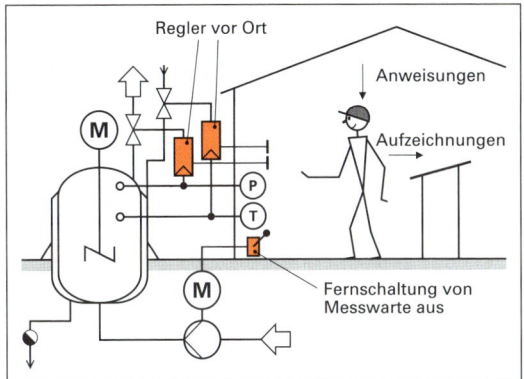

Bild 1: Prozessleittechnik von 1935 bis ca. 1945

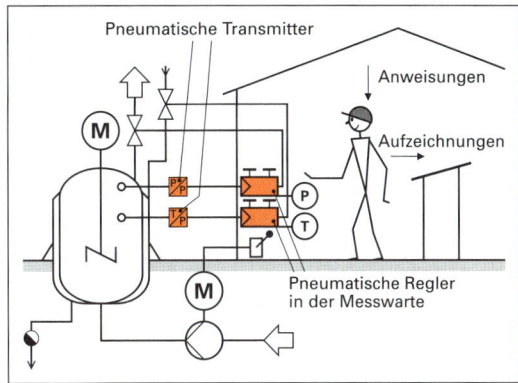

Bild 3: Prozessleittechnik von 1945 bis ca.1955

Das Bild 1 zeigt, dass die gemessenen Werte (*p:* Druck; *T:* Temperatur) jeweils zwei Mal verwendet werden, zum einen zur Anzeige in der Warte und zum anderen innerhalb des Reglers zur Ermittlung der Stellgröße.

Nach wie vor gibt es eine Vielzahl stoffführender Leitungen zur Messwarte. Bild 2 zeigt eine zentrale Messwarte in den dreißiger Jahren.

Bild 2: Zentrale Messwarte in den dreißiger Jahren

1945 bis ca. 1955

Wo es möglich ist, werden die Messsignale durch Transmitter noch innerhalb der Chemieanlage in das genormte Drucksignal von **0,2 bis 1,0 bar** umgewandelt, das auch als **pneumatisches Einheitssignal** bezeichnet wird. Über Schläuche werden die Messwerte zur Warte übertragen und dort als originäre Werte zur Anzeige gebracht.

Die Regler befinden sich nun allesamt in der Messwarte und arbeiten mit einer ausgereiften **pneumatischen Feinmechanik** (Waagebalken, Faltenbälge und Düse-Prallplatte-Systeme).

Bild 4: Zentrale Messwarte mit pneumatischen Regelgeräten und elektrischen Papierschreibern

Die pneumatischen Regler werden direkt zur Ansteuerung der pneumatischen Regelventile benutzt. Die Signale von den Messwerten und den Stellbefehlen pflanzen sich in den pneumatischen Leitungen mit Schallgeschwindigkeit fort. Bestimmte Messwerte werden auch in elektrische Signale umgewandelt, ehe sie in die Messwarte übertragen werden.

1955 bis ca. 1965

Man ist bestrebt, statt der pneumatischen Signale genormte elektrische Signale zur Messwertübertragung und zur Stellgeräteansteuerung zu verwenden. Die genormten elektrischen Signale heißen **elektrische Einheitssignale** und haben einen Strombereich von **4 bis 20 mA**, einen Spannungsbereich von **0 bis 10 V** oder

Spannungsstufen von **0 oder 24 V**. Elektrische Signale lassen sich vielseitiger verwenden, mit weniger Aufwand übertragen und mit Elektrotechnik und Elektronik universell verarbeiten.

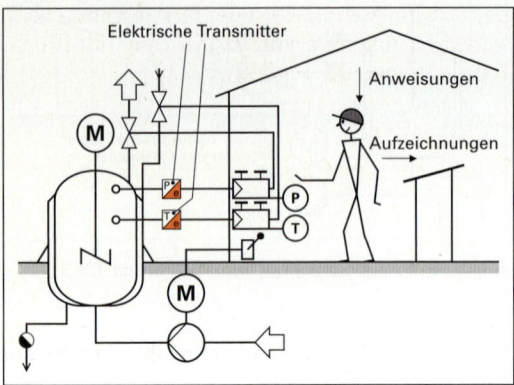

Bild 1: Prozessleittechnik von 1955 bis ca. 1965

In dieser Zeit werden auch hochkomplexe Chemieanlagen vollständig von zentralen Messwarten aus ferngedient. Vor-Ort-Eingriffe sind nur noch bei Störungen notwendig. Bild 2 zeigt einen Blick in eine solche Messwarte.

Bild 2: Blick in eine zentrale Messwarte der sechziger Jahre

1965 bis ca. 1975

Erste **Prozessrechner** werden eingeführt. Sie arbeiten anfänglich langsam und sind weniger leistungsfähig.

Die Prozessrechner erfüllen zunächst hauptsächlich die Aufgaben der Dokumentation und der Registrierung von Messwerten und Prozessdaten. Nur in ausgewählten Messungen oder Regelungen sind sie für die Berechnung von Stellgrößen zuständig. Als Speichermedien werden Ferritkernspeicher und Magnetbandrollen eingesetzt.

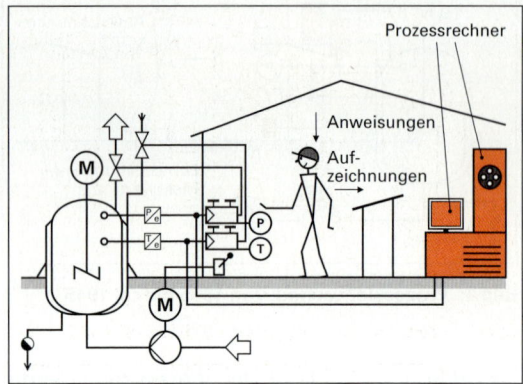

Bild 3: Prozessleittechnik von 1965 bis ca. 1975

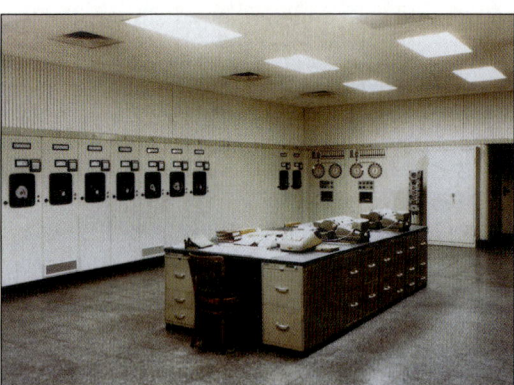

Bild 4: Messwarte zur rechnerbasierten Prozesssteuerung, mit Magnetbandspeichern im Hintergrund

1975 bis ca. 1985

Verteilte **computerbasierte Prozessleitsysteme** halten Einzug in die Prozessleittechnik. Der Begriff **Verteiltes Prozessleitsystem**, oft auch als **Dezentrales Prozessleitsystem** bezeichnet, beinhaltet die Tatsache, dass eine zweckmäßige Aufgabenteilung zwischen den verschiedenen Hardware- und Software-Elementen des Systems erfolgt.

Ein zwischen Messwarte und Feld befindlicher Computer-Hardware-Teil (**prozessnahe Komponente, PNK**) übernimmt die Signalwandlung in digitale Signale und zurück sowie die Aufrechterhaltung der automatischen Regelungen und der Rezeptsteuerung.

2 Historische Entwicklung der Prozessleittechnik

Die prozessnahe Komponente übernimmt die Aufgaben der Prozessführung, die ohne Zutun des Bedieners erfolgen sollen.

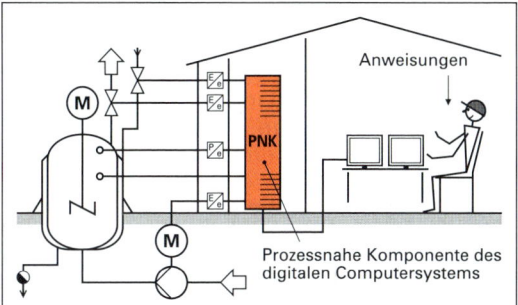

Bild 1: Prozessleittechnik von 1975 bis ca.1985

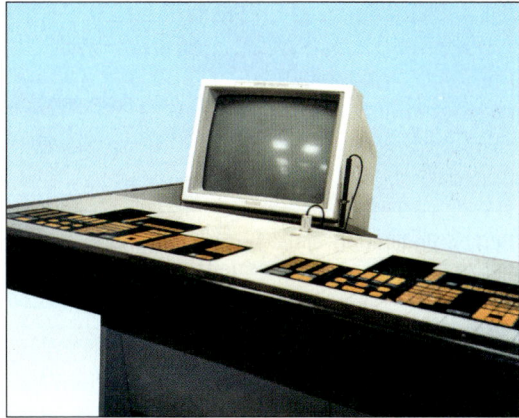

Bild 2: Anzeige- und Bedienkomponente eines der ersten verteilten Prozessleitsysteme

Ein an die prozessnahe Komponente gekoppeltes Computernetzwerk ist dabei für die Visualisierung und Bedienung des Prozesses sowie für die Beschickung der prozessnahen Komponente mit Daten verantwortlich.

Bild 3: Prozessnahe Komponente im digitalen Schaltschrank eines modernen Prozessleitsystems

Ca. 1985 bis ca. 1995

Dieser Zeitabschnitt ist geprägt durch zunehmende Digitalisierung und Miniaturisierung aller Komponenten des Leitsystems. Bild 4 zeigt den Controller eines modernen Prozessleitsystems, der hunderte von Regelkreisen im Bruchteil einer Sekunde bearbeiten kann.

Bild 4: Moderne leistungsfähige Controllerbaugruppe

Programmierung, Konfigurierung und Bedienung des Prozessleitsystems erfolgen zunehmend in der einfachen, weil intuitiv zu bedienenden Fensterwelt mit den **Betriebssystemen WINDOWS, UNIX oder LINUX**. Die vom Personalcomputer her vertrauten Technologien, wie Linksklick, Rechtsklick und Drag-and-Drop erleichtern den Umgang mit dem Prozessleitsystem.

Die Prozessleitsysteme erhalten vielfach **Schnittstellen zu den Bürocomputern** in den Verwaltungen, sodass die Produktionsdaten direkt für betriebswirtschaftliche Zwecke verarbeitet werden können.

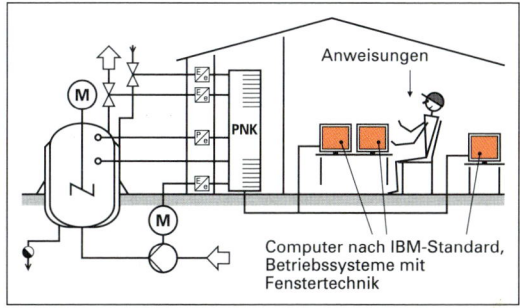

Bild 5: Prozessleittechnik von ca. 1985 bis ca.1995

Seit ca. 1995

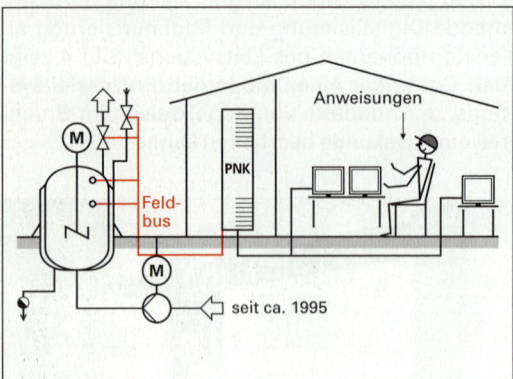

Bild 1: Tendenz in der Prozessleittechnik seit ca. 1995

Zunehmend erfolgt eine konsequente Digitalisierung der gesamten Prozessleittechnik einschließlich der Messfühler und Stellorgane mit Hilfe der **Feldbus-Technologie**.

Bei der Feldbus-Technologie werden die elektrischen Einheitssignale durch digitale Signale ersetzt. Damit fällt die aufwändige Parallelverdrahtung von den Sensoren und Aktoren zur prozessnahen Komponente weg. Statt dessen verwendet man mehr und mehr Feldbuskabel, welche die prozessnahe Komponente mit jeweils mehreren Messfühlern und Stellorganen verbinden. In diesen Buskabeln werden die Daten in schneller Folge nacheinander übertragen.

Es ist nicht absehbar, dass diese dynamische Entwicklung der Prozessleittechnik irgendwann zum Stillstand kommt. Der Chemikant oder Pharmakant als Anlagenbediener muss deshalb künftig außer in seinem eigenen Fachgebiet auch im benachbarten Ressort, der Prozessleittechnik, nicht nur Kenntnisse haben, sondern auch die **Methodik** der Aneignung und Erweiterung dieser Kenntnisse beherrschen. Das Gleiche trifft zunehmend auch für den Elektroniker für Automatisierungstechnik und sein fachlich benachbartes Gebiet der Chemietechnik zu.

Die Fähigkeit der selbstständigen Aneignung neuen Wissens und neuer fachübergreifender Zusammenhänge wird in den seit 2001 gültigen Ausbildungsordnungen mit dem Begriff der **Methodenkompetenz** umschrieben.

Bild 2: Bedienung einer Technikumsanlage mit einem modernen Kleinprozessleitsystem

Aufgaben

1. Durch welche Entwicklung ist aus dem Begriff der traditionellen Mess-, Steuer- und Regelungstechnik (MSR-Technik) der Begriff der Prozessleittechnik (PLT) geworden?

2. Welche Signalform war der Vorläufer der elektrischen Einheitssignale?

3. Welche Signalform wird seit den 90er Jahren durch die digitalen Signale verdrängt?

4. Wodurch kann seit den 90er Jahren die aufwändige Parallelverdrahtung zu den Sensoren und Aktoren ersetzt werden?

3 Hauptfunktionen, die vom Prozessleitsystem auszuführen sind

3.1 Vorbetrachtungen

Die Definition des Begriffes „Prozessleittechnik" aus Kapitel 1 enthält bereits Hinweise auf den Zweck und das Ziel dieser Technik, nämlich zu **steuern**, zu **regeln**, zu **überwachen**, zu **dokumentieren**.

Der Begriff „**Steuern**" hat zwei Bedeutungen:

- eine Prozessvariable in Abhängigkeit von einer anderen Prozessvariablen zu beeinflussen, ohne die Erstere selbst zu messen (offene Steuerung),
- einen logischen Programmablauf in einer Teilanlage Schritt für Schritt zu realisieren (Rezeptsteuerung).

„**Regeln**" heißt, eine Prozessvariable konstant zu halten. Sie muss zu diesem Zweck gemessen werden, um die Auswirkungen ihrer Beeinflussung festzustellen.

Den Prozess bzw. die in ihm messbaren Prozessgrößen zu **überwachen** heißt, sie in einem gewünschten sicheren Bereich zu halten.

Den Prozess zu **dokumentieren** heißt, den zeitlichen Verlauf der Messwerte sowie der Schalthandlungen (durch den Menschen oder das System selbst) zur späteren Auswertung zu speichern.

Zur Durchführung aller dieser Aufgaben müssen **Messwerte** ermittelt und umgeformt (gewandelt), umgerechnet oder mit vorgegebenen Werten verglichen werden. Dabei berechnet das Computersystem zweckmäßige **Stellwerte**, wie z. B. Ventilöffnungen. Nach dieser **Verarbeitung** der Messwerte müssen die vom Computersystem ausgegebenen Stellwerte wieder so umgewandelt werden, dass sie den Aktoren in der Anlage als elektrische Größen zugeführt werden können. Dies entspricht dem grundlegenden Arbeitsprinzip eines Datenverarbeitungssystems: **Eingabe** → **Verarbeitung** → **Ausgabe** (EVA-Prinzip, vgl. Bild 1). Infolge der ausgegebenen Werte, z. B. der veränderten Ventilverstellungen, erfolgen Veränderungen innerhalb des Prozesses, wie z. B. eine Temperaturveränderung, sodass danach neue veränderte Messwerte erfasst werden.

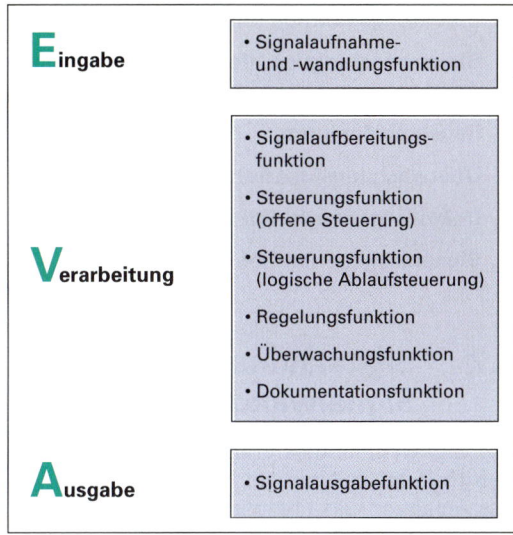

Bild 1: Das EVA-Prinzip der Elektronischen Datenverarbeitungsanlagen

> **Merksatz**
>
> Prozessleitsysteme arbeiten wie alle elektronischen Datenverarbeitungsanlagen nach dem **EVA-Prinzip** (Eingabe – Verarbeitung – Ausgabe).

Charakteristisch für jedes Prozessleitsystem ist die Notwendigkeit, dass die Aufnahme und Verarbeitung der Messsignale zusammen mit der Ausgabe der Stellwerte stets schnell genug erfolgt. Das Prozessleitsystem muss in der Lage sein, schneller als der verfahrenstechnische Prozess zu reagieren, um diesen sicher beherrschen zu können. Diese Eigenschaft der Prozessleitsysteme wird als **Echtzeitverarbeitung** bezeichnet.

> **Merksatz**
>
> Signalverarbeitung in **Echtzeit** bedeutet, dass die Signalaufnahme, -verarbeitung und -ausgabe zusammen immer mindestens genauso schnell oder schneller erfolgen kann, wie die Änderungen im Prozess stattfinden.

Die Teilaufgaben, die jedes Prozessleitsystem in Echtzeit zu lösen hat, sind:

- **Signalaufnahme- und -wandlungsfunktion,**
- **Signalaufbereitungsfunktion,**

- Steuerungsfunktion (offene Steuerung),
- Steuerungsfunktion (logische Ablaufsteuerung),
- Regelungsfunktion,
- Überwachungsfunktion,
- Dokumentationsfunktion,
- Signalausgabefunktion.

3.2 Signalaufnahme- und Signalwandlungsfunktion

Die Signalaufnahme- und -wandlungsfunktion betrifft in erster Linie die Messsignale, die von der Anlage in das Prozessleitsystem gelangen, um dort weiterverarbeitet zu werden.

Entsprechend dem oben angegebenem EVA-Prinzip ist beispielsweise das Aufnehmen der Bedienereingaben eine Signalaufnahmefunktion. Diese Signale haben bereits ab der Tastatur oder Maus digitalen Charakter und müssen nicht gewandelt werden. Die Messwerte, die direkt aus dem Prozess zum Computersystem gelangen, unterliegen im Gegensatz zu den Bedienereingaben einer mehrfachen Umwandlung hinsichtlich ihrer physikalischen Eigenschaften und ihrer Verschlüsselung.

Handelt es sich bei der Messung beispielsweise um eine Temperaturmessung mit einem Widerstandsthermometer, so durchläuft das Signal in der Regel die im Beispiel dargestellten Stufen der Wandlung.

Beispiel

Stufen der Signalwandlung bei einer Temperaturmessung

1. Zunächst bewirkt eine Temperaturänderung die Änderung des Wertes eines elektrischen Widerstandes, der sich in der Spitze des Widerstandsthemometers befindet. Dies allein ist noch kein Signal im eigentlichen Sinne, sondern nur die Änderung einer physikalischen Größe (z. B. 100 Ω bei 0 °C sowie ca. 107 Ω bei 20 °C in einem Pt100-Widerstandsthermometer). Von einem Signal spricht man erst, wenn die Information über diese physikalische Größe fortgeleitet werden kann. Bild 1 zeigt ein solches Messprinzip.

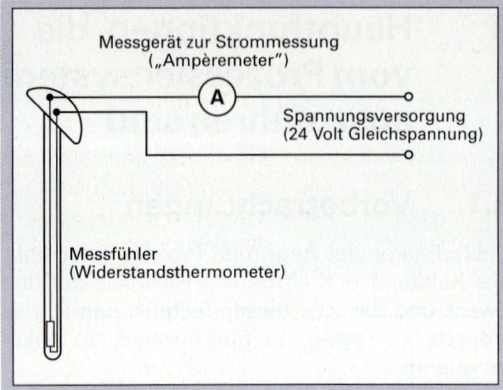

Bild 1: Prinzip der Temperaturmessung mit einem Widerstandsthermometer

2. Da der Widerstand des Widerstandsthermometers in einen elektrischen Stromkreis eingebaut ist, fließt ein messbarer, temperaturabhängiger Strom. Dieser sinkt mit steigender Temperatur, weil die Teilchenbewegung im Widerstand intensiver wird. In der gezeigten Darstellung nach Bild 2 misst das Amperemeter beispielsweise bei 20 °C einen Stromfluss von 220 mA.

3. In der Prozessleittechnik wird mit genormten elektrischen Signalen gearbeitet, den so genannten **Einheitssignalen**. Genormt ist der Stromsignalbereich von 4 bis 20 mA. Also muss das 220 mA Signal umgewandelt werden in ein Signal innerhalb dieses etwas niedrigeren Bereiches. Statt des Amperemeters wird deshalb nun ein Signalwandler in den Stromkreis eingebaut (Bild 2).

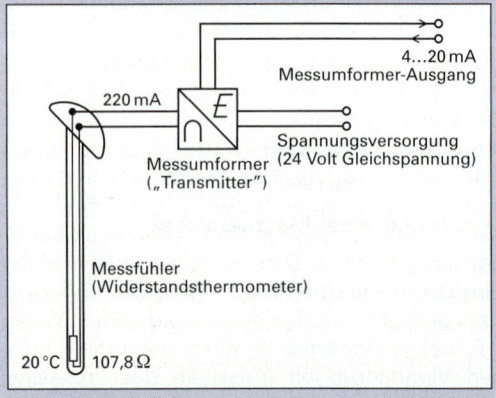

Bild 2: Messumformer zur Signalwandlung bei einer Temperaturmessung

3.2 Signalaufnahme- und Signalwandlungsfunktion

Doch welcher Wert entspricht nun den 220 mA aus dem vorangegangenen Beispiel? Sind es 4, 5, 6 oder 20 mA? Dies hängt vom gewünschten Messbereich ab. Will man Temperaturen im Minusbereich messen, sind 20 °C eine relativ hohe Temperatur und der Messumformer sollte den 220 mA (entspricht +20 °C) den Endwert von 20 mA zuordnen. Den kalten Minustemperaturen (zum Beispiel –60 °C) entsprechen dann zum Beispiel 4 mA. Das heißt, dem Einheitssignalbereich von 4 bis 20 mA entspricht ein gemessener Temperaturbereich von –60 °C bis +20 °C. Anders sieht es aus, wenn man Temperaturen im Plusbereich messen will, z. B. zwischen 0 °C und 100 °C. Dann soll der Messumformer bei 0 °C, also 100 Ω Widerstand, 4 mA liefern und bei 100 °C, also 138,5 Ω Widerstand, 20 mA. Dies lässt sich am Messumformer einstellen („Kalibrieren").

Dies wird in Bild 1 veranschaulicht.

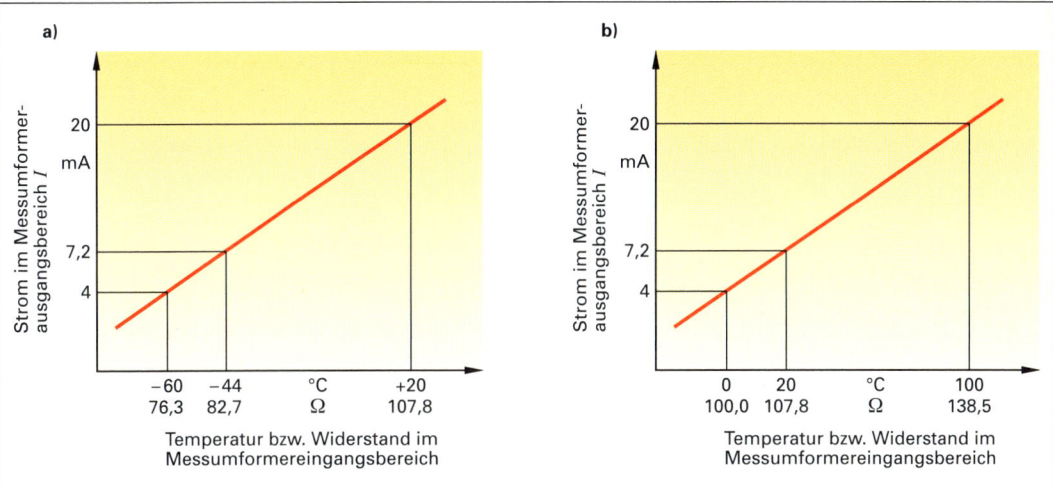

Bild 1: Zweckmäßige Kalibrierung von Null- und Endpunkt eines Temperatur-Messkreises
a) für Messungen zwischen –60 °C und +20 °C   b) für Messungen zwischen 0 °C und 100 °C

Der Messumformer befindet sich oft in einem separaten Schaltschrank. Er liefert an seinen Ausgängen stets ein Einheitssignal von 4 ... 20 mA. Das Verhältnis zwischen der eingehenden und der ausgehenden Stromstärke kann am Messumformer z. B. durch das Verstellen einer Nullpunkt- und einer Endpunkt-Schraube eingestellt werden.

In der Regel verlaufen die Kennlinien der Messumformer zwischen Anfangs- und Endpunkt linear. Die Möglichkeit einer Messbereichsanpassung an die konkrete Messaufgabe zeigt das folgende Beispiel.

Beispiel

Kalibrieren eines Messbereiches

Es soll ein Messbereich zwischen 0 und 100 °C an einem schon funktionierenden Prozessleitsystem kalibriert werden.

Die einfachste Möglichkeit besteht darin, das Widerstandsthermometer auszubauen und in ein Glas Eiswasser zu halten. Am Messumformer, der sich in einem der Schaltschränke befindet, ist nun von einem Helfer die Null-Punkt-Schraube zu verstellen, bis am Monitor des Prozessleitsystems 0 °C angezeigt werden. Alternativ können auch an der Rückseite des Transmitters die Signalleitungen abgezogen werden und statt dessen ein Amperemeter angeschlossen werden, das nun 4 mA anzeigen sollte.

Hält man das Widerstandsthermometer in ein Bad mit kochendem Wasser, ist an der Endpunkt-Schraube des Transmitters ein Stromfluss von 20 mA einzustellen. Nach wieder aufgesteckten Signalleitungen sollten die Prozessleitsystem-Monitore 100 °C anzeigen (wenn alle nachfolgenden Signalumformungen und Aufbereitungen richtig funktionieren).

Bei einer Füllstandsmessung geht man ebenso vor:

1. Justieren des Messkreises bei leerem Behälter,
2. Justieren bei vollem Behälter.

Dieses experimentelle Vorgehen ist zwar sehr anschaulich, lässt sich aber in der Praxis oft nicht so realisieren. Deshalb verwendet man statt Eiswasser und siedendem Wasser in der Regel elektronische Kalibriergeräte, die statt des Temperaturfühlers angeschlossen werden und die einen bestimmten Widerstand simulieren können. In Bild 1 wird der Kalibrator auf +20 °C eingestellt, sodass sein Innenwiderstand wie beim Widerstandsthermometer 107,8 Ω beträgt. Dies führt zu einem Stromfluss von 220 mA zum Transmitter. Ein auf den Messbereich 0 bis 100 °C kalibrierter Messumformer (was einem Strombereich zwischen 4 und 20 mA entspricht) wandelt diese 220 mA dann in einen Wert von 7,2 mA um.

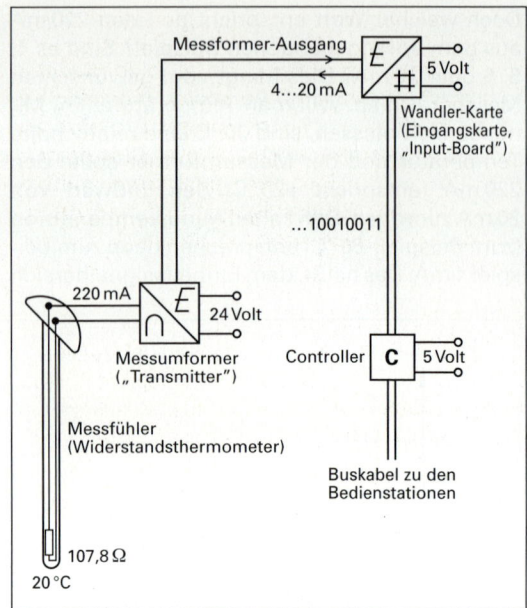

Bild 2: Temperaturmesskette mit zweitem Signalwandler zum Digitalisieren der Messwerte

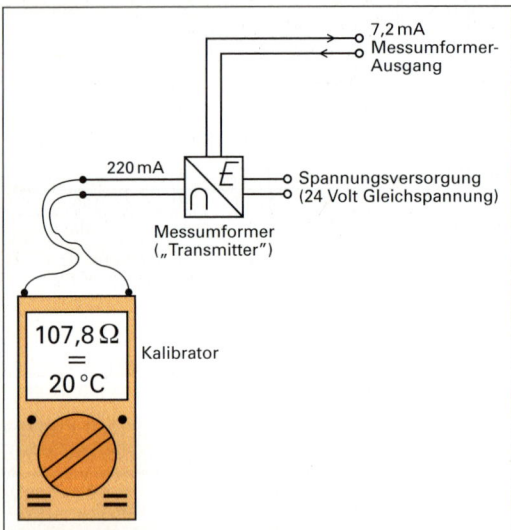

Bild 1: Anschluss eines Kalibrators an einen Temperatur-Messkreis

Das vom Messfühler aufgenommene und durch den Transmitter umgeformte Signal muss digitalisiert werden, ehe es in den computerbasierten Teil des Prozessleitsystems eingebracht werden kann. Dies geschieht in elektronischen Baugruppen, den so genannten Eingangsmodulen oder Eingangskarten. Streng genommen wird das Messsignal nicht direkt in das Computersystem eingebracht, sondern es wird im Speicher der Eingangskarte gespeichert. Von dort wird es vom Computersystem „abgeholt", also ausgelesen, was ca. ein Mal pro Sekunde, das heißt ein Mal pro Verarbeitungszyklus des Prozessleitsystems, geschieht. Bild 2 veranschaulicht das Prinzip dieses Signalflusses.

Da alle Messsignale unabhängig von ihrem physikalischen Ursprung (also Temperatur, Druck, Füllstand, Durchfluss, Drehzahl usw.) in einen genormten Einheitssignalbereich (meist 4 ... 20 mA) umgewandelt werden, ist das Prinzip der Digitalisierung bei allen Messstellen gleich. Die Digitalisierung kann daher in mehrkanaligen Eingangskarten parallel für mehrere Kanäle realisiert werden.

Aus dem Milliampere-Signal wird durch die Digitalisierung eine schnelle Folge von Spannungsimpulsen, die fortgeleitet werden können oder in Speicherzellen gespeichert werden können. Das Messsignal, das im Messumformer ständig vorhanden ist, wird nun einmal pro Zyklus, das heißt ca. ein Mal pro Sekunde vom Prozessleitsystem in eine digitale Zahl, das heißt in eine Folge von Spannungsimpulsen umgewandelt. Dies geschieht mit allen Messsignalen, die dann der Reihe nach vom Computersystem aus ihren Speicherplätzen in den Eingangskarten abgeholt, weiter verarbeitet und aufbereitet werden.

Nach der Digitalisierung entspricht zum Beispiel die Digitalzahl 00000000 dem Wert 4 mA und die 01111111 dem Wert 20 mA. Der Zwischenwert von 7,2 mA hätte dann die digitale Form 01110011 (vgl. Kapitel 12.4, Nullen und Einsen zum Verschlüsseln).

> **Hinweis**
>
> Meist sind die digitalen Signale in der Realität nicht achtstellig, sondern sechzehnstellig. In der Regel besteht die Bit-Folge aus mehreren Gruppen zu je acht oder sechzehn Bits und enthält außer dem Messwert auch noch weitere Bits als Kontrollinformationen und auch die so genannten Adress-Informationen.

> **Merksatz**
>
> Gemessene Prozesswerte müssen mehrfach umgewandelt werden, ehe sie zur digitalen Weiterverarbeitung zur Verfügung stehen.

3.3 Signalaufbereitungsfunktion

Die Verarbeitung der erhaltenen digitalen Signale obliegt dem Computernetzwerk. Dazu gehören auch die in größeren Systemen enthaltenen separaten, externen „Controller" in den prozessnahen Komponenten des Leitsystems. Damit unterliegen alle ankommenden Signale einer Behandlung durch die Software des Prozessleitsystems.

Die Software kann in Abhängigkeit von ihrer Konfiguration Folgendes mit den ankommenden Prozesswerten tun:

- **Maßeinheiten zuordnen.**

Die 7,2 mA aus dem vorigen Abschnitt (das heißt die Digitalzahl 01110011) können 20 °C im Signalbereich von 0 bis 100 °C bedeuten oder aber –44 °C im Signalbereich von –60 bis +20 °C. Wenn es sich um eine Füllstandsmessung handelt, welche den Wert von 7,2 mA liefert, und der Füllstandsbereich zwischen 0 und 5 Meter kalibriert wurde, so entspricht dieser Messwert exakt 1,00 Meter. Bei einer Drehzahlmessung zwischen 0 und 3000 min^{-1} entsprechen 7,2 mA einer Drehzahl von 600 min^{-1}. Man sagt deshalb, dass somit der eigentliche Prozesswert, unabhängig von seinem Charakter, auf einen Milliampere-Wert „abgebildet" wird.

- **Werte korrigieren.**

Die Kennlinien der Messumformer verlaufen in der Regel linear. Dies ist jedoch nicht immer so, wie das folgende Beispiel zeigt.

> **Beispiel**
>
> **Korrektur von Messwerten**

Zur Durchflussmessung werden oft Messblenden eingesetzt (Bild 1). Diese sind im Prinzip speziell geformte Lochscheiben, die die Stromlinien einschnüren und einen Druckverlust durch Reibung bewirken. Damit ist die Druckdifferenz vor und nach der Messblende ein Maß für die Durchflussmenge.

Leider ist die Abhängigkeit dieser Druckdifferenz vom Durchfluss nach den Gesetzen der Strömungsmechanik nicht linear. Es liegt eine quadratische Abhängigkeit vor. Das bedeutet, dass eine Verdoppelung der Strömungsgeschwindigkeit nicht zur Verdoppelung der Druckdifferenz führt, sondern zu ihrer Vervierfachung. Die gemessene Druckdifferenz, und damit auch die vom Messumformer gelieferte Stromstärke, ist damit proportional zum Quadrat der Strömungsgeschwindigkeit. Dies verdeutlicht die gestrichelte rote Kurve in Bild 1, S. 32.

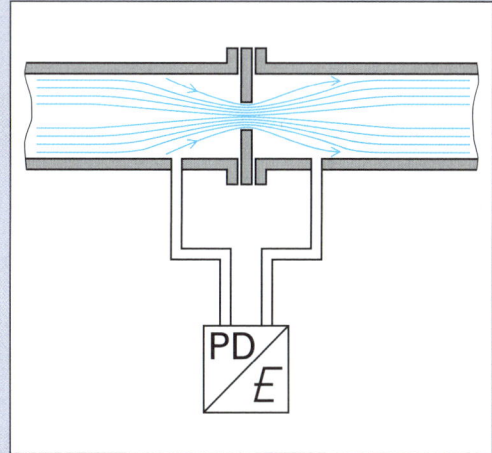

Bild 1: Messblendenverfahren zur Durchflussmessung

Die Anzeigen des Prozessleitsystems funktionieren jedoch stets linear. Folglich muss die Kurvenkrümmung ausgeglichen werden, was eine Aufgabe der Prozessleittechnik ist. Das kann im Transmittergerät selbst erfolgen oder aber durch die Software des Prozessleitsystems. Im konkreten Fall hilft Wurzelziehen (Radizieren) zum Linearisieren weiter. Bild 1, Seite 32, veranschaulicht das Prinzip dieser so genannten Linearisierungsaufgabe mit Hilfe der roten Pfeile. Die Kennlinie wird also „verbogen".

3 Hauptfunktionen, die vom Prozessleitsystem auszuführen sind

Die Rechenoperationen sind kompliziert, da nebenbei auch eine Streckung der Kurve erfolgen muss. Am Ende jedoch folgt eine lineare Kennlinie, d. h. in einem Diagramm stellt sich die Kennlinie als Gerade dar, wie die durchgehende rote Linie in Bild 1 zeigt.

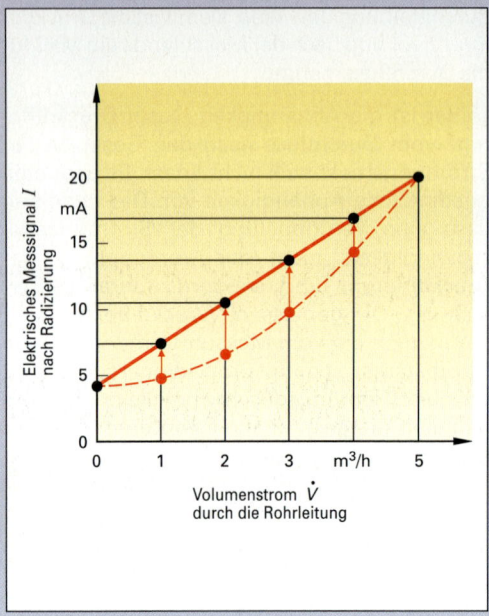

Bild 1: Ausgleich einer gekrümmten Kennlinie mittels Linearisierung

- **Berechnung eines Mittelwertes aus mehreren Messwerten durchführen.**

Gelegentlich ist es erforderlich, aus einer Messreihe oder aus einem zeitlichen Trend den Mittelwert zu berechnen.

Beispiel
Mittelwertberechnung

Der Heizdampfbedarf einer Chemieanlage schwankte im Verlaufe des Tages stark (Bild 2). Mit Hilfe der Prozessleittechnik ist es kein Problem, den zeitlichen Mittelwert zu ermitteln. Der Heizdampfbedarf nach Bild 2 lag im Tagesmittel bei nur 3,6 Tonnen pro Stunde, obwohl er zeitweilig bis zu 5,4 Tonnen pro Stunde anstieg. Die Mittelwertbildung erfolgt rechnerisch durch den digitalen Teil des Prozessleitsystems. Er kann für betriebswirtschaftliche Auswertungen von Bedeutung sein.

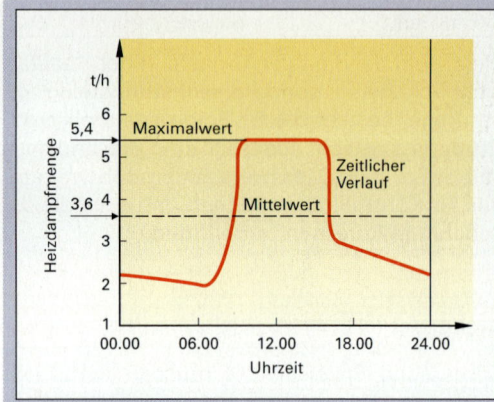

Bild 2: Tagesmittelwert einer schwankenden Heizdampfmenge

- **Verknüpfen von Werten durch arithmetische oder logische Funktionen oder durch das Vornehmen von Vergleichen.**

Beispielsweise eine Regelungsfunktion Regler zyklisch, also ca. ein Mal pro Sekunde, die Differenz zwischen Soll-Wert und Ist-Wert und errechnet daraus den Wert der Stellgröße.

Dies ist einer der wichtigsten Rechenprozesse innerhalb des Prozessleitsystems. Diese Rechenoperation wird von einem Softwareteil innerhalb des Controllers erledigt. Diese Software wird periodisch in einem Zyklus je einmal auf alle Regelkreise angewendet, und zwar für jeden Regelkreis mit anderen Zahlenwerten.

Ein weiteres Beispiel für Berechnungsfunktionen innerhalb eines Prozessleitsystems ist die Verhältnisregelung, wie sie in Bild 1, S. 33, dargestellt ist.

Beispiel
Verhältnisregelung zur mathematischen Verknüpfung von Messwerten

An einem Brenner (Bild 1, S. 33) soll in Abhängigkeit vom Brenngasstrom ständig die vierfache Luftmenge zudosiert werden. Der Brenngasstrom x_1 wird an der Brenngasleitung gemessen und der Messwert dem Verhältnisregler FFC 001 als Sollwert zugeführt. Vom Prinzip her ist der in die Luftstromleitung eingebaute Regler FFC 001 ein normaler Durchflussregler, welcher die Luftmenge reguliert. Seinen Sollwert erhält er jedoch nicht vom Bediener, sondern vom vorgeschalteten Messinstrument FI 001. Deshalb ist er zunächst bestrebt, den Luftstrom auf denselben Wert einzuregulieren, wie ihn der Brenngasstrom momentan hat.

Der eingestellte Faktor „vier" sorgt jedoch dafür, dass FFC 001 eine viermal so hohe Luftmenge einreguliert. Er multipliziert deshalb den Brenngasstrom mit dem Faktor „vier". Es ergibt sich dann der Sollwert, auf den er den Luftstrom schließlich einstellt.

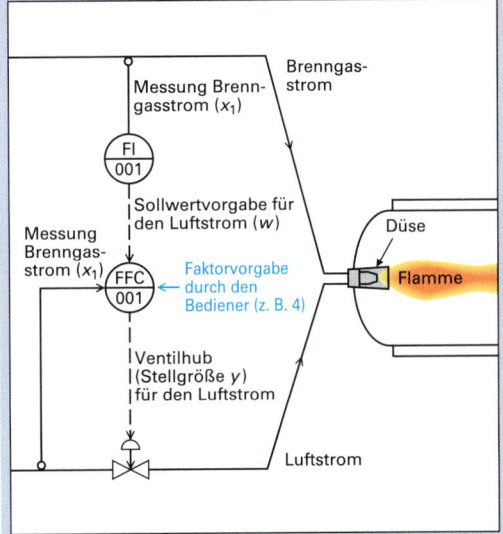

Bild 1: Volumenstrom-Verhältnisregelung an einem Gasbrenner (Luftstrom/Brenngasstrom = 4/1)

Der Faktor „vier" wird also intern im Prozessleitsystem durch eine Rechenoperation realisiert. Das Prozessleitsystem hält an den Bildschirmen die Möglichkeit bereit, den Faktor zu ändern.

- **Sonstige Signalaufbereitungs- und -verarbeitungsfunktionen durchführen.**

Die Möglichkeiten der weiteren Aufbereitung und Bearbeitung sowie Verarbeitung sind nahezu unbegrenzt. Einige Beispiele dafür sind:

– Auswahl bzw. Ausfilterung von Extremwerten mit dem Ziel, diese bei Auswertungen als so genannte Ausreißer nicht zu berücksichtigen,

– Glättung von zeitlich schwankenden Messwerten zur Gewinnung von Kurven mit annähernd konstantem Verlauf,

– Vergleich von Messwerten mit vorgegebenen Alarmgrenzen mit dem Ziel des Auslösens von Alarmen.

Das Verändern von Prozesswerten für bestimmte Zwecke heißt **Signalaufbereitung**.

3.4 Regelungsfunktion

Regelung bedeutet, eine Prozessvariable an einen vorgegebenen **Sollwert** anzugleichen und dann **konstant** zu halten.

In kontinuierlich betriebenen Prozessen wird die zu regelnde Variable meist über längere Zeiträume hinweg konstant gehalten. In den diskontinuierlich arbeitenden Chargenanlagen gibt es jedoch oft den Fall, dass eine solche Regelung nur zeitlich befristet aktiviert werden soll.

Wenn beispielsweise im Rahmen eines Rezeptes zur Herstellung eines Pharmawirkstoffes der Reaktorinhalt fünf Stunden lang auf einer Temperatur von 5 °C zu halten ist, wird der Temperaturregelkreis nur in dieser Zeit in Betrieb genommen.

Ein weiterer Spezialfall wäre zum Beispiel der, dass der Reaktor langsam mit einer bestimmten Geschwindigkeit aufzuheizen ist, zum Beispiel mit 0,1 K pro Minute (Aufheizen „nach Rampe"). Dabei wird der Sollwert des Reglers schrittweise verändert. Dies kann je nach der geforderten Genauigkeit zum Beispiel durch eine Sollwerterhöhung um 1 K jeweils nach 10 Minuten erfolgen, durch eine Sollwerterhöhung von 6 K nach Ablauf jeweils einer Stunde oder aber auch durch eine Erhöhung von 0,00166 K pro Sekunde.

Diese Aufgabe stellt eine Kombination aus Steuerung und Regelung dar. Der Sollwert muss in regelmäßigen Abständen um ein bestimmtes Maß erhöht werden (Steuerung). Während der Zeiten, in denen der Sollwert konstant ist, muss die Prozessvariable, d. h. die Temperatur des Reaktorinhalts, an den Sollwert angeglichen werden.

3 Hauptfunktionen, die vom Prozessleitsystem auszuführen sind

Um eine Regelung zu realisieren, ist erstens eine Messung der jeweiligen Prozessvariable nötig, und zweitens ist eine Möglichkeit zu ihrer Beeinflussung vorzusehen.

Beispiel

Regelungsaufgabe

In einem bereits mit Ausgangsstoffen befüllten diskontinuierlichen Chargenreaktor (Bild 1) wird Wärme durch eine chemische Reaktion frei. Zu Beginn der Reaktion ist die entstehende Wärmemenge größer als gegen Ende der Reaktion. Die Temperatur soll trotz dieses veränderlichen, also die Temperaturkonstanz störenden Einflusses konstant gehalten werden. Man spricht auch von der „Ausregelung einer Störgröße".

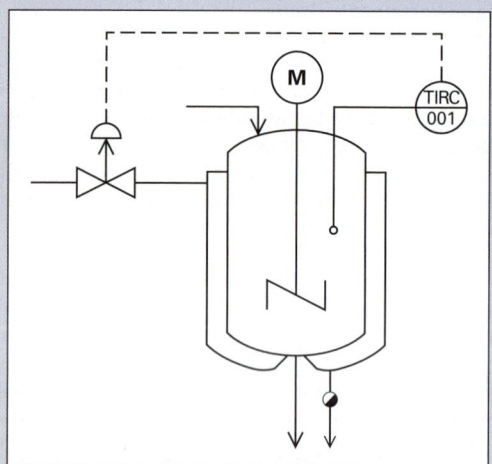

Bild 1: Temperaturregelung an einem mantelgekühlten Reaktor

Mit Hilfe der Prozessleittechnik erfolgt eine Messwerterfassung. Als Möglichkeit zur Beeinflussung der Reaktortemperatur ist eine Mantelkühlung mit einem Regelventil vorgesehen. Die Öffnung des Regelventils sowie eine erforderliche Änderung der Öffnung wird vom digitalen Teil des Prozessleitsystems berechnet. Dazu vergleicht die Software ungefähr einmal pro Sekunde den Istwert mit dem vorgegebenen Sollwert. Natürlich werden sowohl der Messwert als auch der Ventilöffnungsgrad auf den Monitoren des Prozessleitsystems angezeigt.

Die Messstelle, die in Bild 1 als Messstellen-Kreis mit der Beschriftung TIRC 001 dargestellt ist, wird auch als **PLT- Stelle** bezeichnet.

Hinweis

Sowohl in den Fließbildern auf dem Monitor als auch in den Planungsunterlagen werden die PLT-Stellen mit genormten Kennbuchstaben versehen. Zum Verständnis der weiteren Ausführungen sind nachstehend die wichtigsten Buchstaben gemäß DIN 19227 aufgeführt.

Der erste Buchstabe im PLT-Stellenkreis gibt Aufschluss über die gemessene und verarbeitete Prozessgröße; der zweite Buchstabe sagt aus, was mit der gemessenen Größe getan wird.

Wichtige Erstbuchstaben	Bedeutung
T	Temperatur
P	Druck (engl. „pressure")
L	Füllstand (engl. „level")
F	Durchfluss (engl. „flow")

Wichtige Folgebuchstaben	Bedeutung
I	Nur einfache Anzeige (engl. „indication")
A	Alarmierung
S	Ein- oder Abschaltung (engl. „switch")
C	Regelung

Eine ausführliche Aufstellung der Kennbuchstaben ist auf Seite 85 zu finden.

In den Zeiten der nicht digitalen Prozessleittechnik entsprach ein PLT-Stellen-Kreis auf dem Fließbild in der Regel einer Gerätegruppe (Sensor, Messumformer, Messinstrument mit Beschriftung der Skala in Grad Celsius, Papierschreiber, Regler). Davon sind im Zeitalter der computerbasierten Prozessleittechnik nur noch der Sensor und der Messumformer übrig geblieben.

Statt des Papierschreibers und des Messinstrumentes findet man heute Terminals. Statt des Reglers existiert in den prozessnahen Komponenten ein so genannter Controller, der in der Lage ist, dutzende Regelkreise nahezu gleichzeitig zu bearbeiten. Bei größeren Anlagen werden auch mehrere Controller eingesetzt, von denen jeder für einen Anlagenteil zuständig ist.

3.4 Regelungsfunktion

Das Objekt der Regelung ist im vorangegangenen Beispiel (Bild 1, S. 34) nicht nur der Reaktorinhalt, sondern der gesamte Behälter einschließlich des Kühlmantels und des Rührwerkes. Die Abkühlgeschwindigkeit bzw. der erforderliche Kühlwasserstrom hängt deshalb auch von der Wandstärke des Behälters und des Mantels sowie von der Rührintensität ab. Dieses gesamte Regelungsobjekt wird als **Regelstrecke** bezeichnet.

Da die von der Regelungsfunktion des Prozessleitsystems errechnete Ventilöffnung den Messwert seinerseits wieder verändert, spricht man von einem geschlossenen Wirkungskreis. Dies wird auch oft wie in Bild 1 symbolisiert. Bildteil a) enthält die konkreten Objekte und Funktionen aus dem Beispiel des Reaktors von Bild 1, S. 34. Im Bildteil b) werden die in der Automatisierungstechnik allgemein üblichen Bezeichnungen verwendet.

Den Sollwert gibt dabei der Bediener vor. Der Regler (bzw. die Regelungsfunktion des Prozessleitsystems) vergleicht ständig Soll- und Ist-Wert und errechnet die erforderliche Änderung der momentanen Stellgröße.

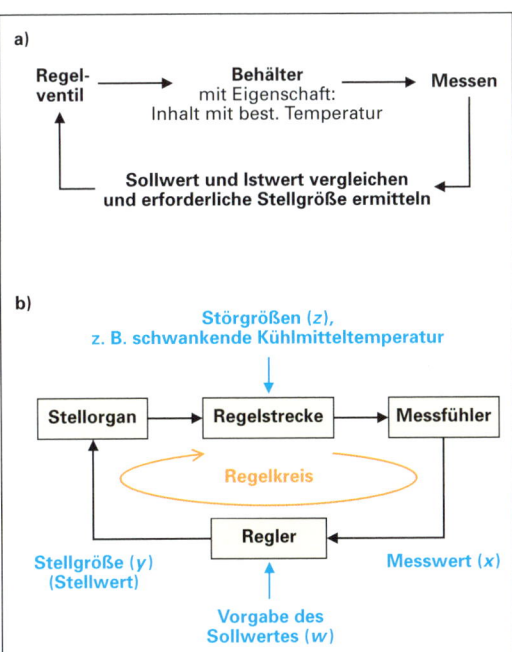

Bild 1: Veranschaulichung der Funktion eines Regelkreises

Werden für die Regelungsaufgabe Binärventile (Auf-Zu-Ventile) verwendet, so ermittelt der Regler, wie lange und wie oft das Ventil geöffnet oder geschlossen werden soll. Bei stetigen Regelventilen (Ventile, die jede beliebige Zwischenstellung einnehmen können) berechnet er die erforderliche momentane Ventilöffnung. Im ersten Fall spricht man von Zweipunkt-Reglern und im zweiten Fall von stetigen Reglern.

Dabei muss berücksichtigt werden, dass heutzutage kaum Regler als separate Geräte verwendet werden. Ihre Funktion wird durch die Software des Prozessleitsystems realisiert.

> **Merksatz**
>
> **Regler:** Funktionseinheit, z. B. ein Gerät oder ein Software-Baustein
> **Regelung:** Fortlaufender Vorgang, ausgeführt durch einen Regler.

Regelungen sind dort erforderlich, **wo Störgrößen** die beabsichtigte Konstanz eines Prozesswertes beeinträchtigen. Im Beispiel des Reaktors nach Bild 1, S. 34, könnte es sich dabei z. B. um eine zeitlich schwankende Kühlmitteltemperatur handeln (äußere Störgröße) oder aber um die zeitliche Änderung der Wärmeentstehung infolge der allmählichen Verlangsamung der Reaktion (innere Störgröße).

Auf das geregelte Objekt einwirkende Störgrößen bewirken Veränderungen des Messwertes, sodass der Regler erneut eine erforderliche Veränderung der Stellgröße errechnen muss.

> **Hinweis**
>
> Für die im Regelkreis wirkenden Größen sind die folgenden **Kennbuchstaben** gebräuchlich.

Kennbuchstabe	Bedeutung
x	Aktueller Messwert
y	Stellwert (bzw. Stellgröße)
w	Sollwert, auch Führungsgröße genannt
z	Störgröße

In Kapitel 9.5 (Charakteristiken von Regelstrecken) wird verdeutlicht, dass es sehr unterschiedliche Regelstrecken mit unterschiedlichem Zeitverhalten gibt. Bei trägen Regelstrecken, z. B. Destillationskolonnen, darf die Regelung nicht zu schnell arbeiten. Bei schnellen Regelstrecken, z. B. bei durchströmten Rohrleitungen, sollte auch der Regler etwas flinker arbeiten. Durch Einstellung dreier charakteristischer Parameter für jede Regelung kann dies erreicht werden.

Weitergehende Ausführungen dazu enthält das Kapitel 9.2 (Stetige Regelungen).

Welches sind nun die **häufigsten Prozessgrößen**, die in der verfahrenstechnischen Industrie Objekt einer Regelung sind? Die folgenden Beispiele verschaffen darüber einen Überblick. Weitere Beispiele sind im Kapitel 9.6 (Beispiele für Regelungsaufgaben in Chemieanlagen) zu finden.

Beispiel

Füllstandsregelung

Füllstandsregelungen sind häufig in Anlagenbereichen zu finden, wo Flüssigkeitsmengen bevorratet werden oder schwankende Durchflüsse auszugleichen sind. Bestimmte Apparate funktionieren nur dann, wenn bestimmte Füllstände eingehalten werden. Dazu gehören Verdampfer und Kondensatoren ebenso wie Destillations- und Extraktionskolonnen.

Bild 1 zeigt zwei Varianten der Füllstandsregelung an einem Flüssigkeitsvorratsbehälter. In beiden Bildteilen hat der Füllstandsregler LIC 001 die Aufgabe, den Behälterfüllstand konstant zu halten. Die Regelung betätigt das Stellventil LV 001. Im Bildteil a) schließt sie bei zu hohem Füllstand das Ventil etwas weiter. Dies wird als **gegensinnige Wirkungsrichtung** der Regelung bezeichnet. Sie wird auch **indirekt** bzw. **invers** genannt. Im Bildteil b) öffnet die Regelung bei zu hohem Füllstand das Ventil etwas mehr, was als **gleichsinnige oder direkte Wirkungsrichtung** bezeichnet wird.

Bei der Betrachtung der Wirkungsrichtung einer Regelung geht es um den Zusammenhang zwischen der beobachteten Messwertänderung und der erforderlichen Stellgrößenänderung. Wenn die Regelung auf einen **größer** gewordenen Messwert mit einer **Vergrößerung** der Stellgröße, d. h. einer Ventilöffnung, reagiert, spricht man von einer gleichsinnigen (direkten) Wirkung; im umgekehrten Fall von einer gegensinnigen (indirekten oder inversen) Wirkung.

Die Wirkungsrichtung ist bei der Konfigurierung der Regelungsfunktion im Prozessleitsystem vom Automatisierungsingenieur unbedingt richtig einzuprogrammieren, weil ansonsten der Regler die Wirkung der Störgröße verstärkt.

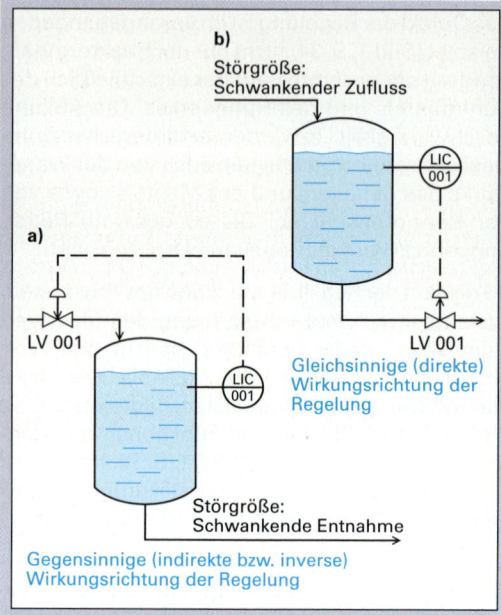

Bild 1: Zwei Varianten einer Füllstandsregelung an einem durchflossenen Behälter

Beispiel

Temperaturregelung an einer Destillationskolonne, ausgeführt als Kaskadenregelung

Kontinuierlich arbeitende Destillationskolonnen, wie sie in der Petrochemie zu finden sind, sind bezüglich der Temperatur sehr empfindliche Regelstrecken. Geringste Temperaturänderungen haben große und lange anhaltende Produktqualitätsänderungen zur Folge. Die Kolonne in Bild 1, S. 37, wird mit Dampf aus dem firmeneigenen Dampfnetz beheizt, in dem der Druck häufig schwankt.

Wenn der Regler TIC 001 ohne Verwendung des Durchflussreglers FIC 002 direkt auf das Regelventil wirken würde, so würde er erst dann reagieren, wenn in Folge des zu geringen Dampfdruckes zu wenig Dampf durch den Wärmeübertrager strömt und die Temperatur der Kolonne gesunken ist. Die Differenz zwischen Soll- und Istwert der Kolonnentemperatur wäre dann für den Regler Anlass, das Heizdampfventil weiter zu öffnen. Mittlerweile hätte sich jedoch wegen der großen Trägheit der Kolonne eine auch nach dem Reglereingriff lang anhaltende Verschlechterung der Produktqualität eingestellt.

3.4 Regelungsfunktion

Die in Bild 1 dargestellte Struktur vermindert diesen Effekt. Bei der dort dargestellten Kaskadenregelung (Kaskade: Hintereinanderschaltung) gibt TIC 001 dem nachgeschalteten Durchflussregler FIC 002 lediglich den Sollwert für den Dampfdurchfluss vor.

TIC 001 „sagt" dem Durchflussregler gewissermaßen, er soll eine bestimmte Dampfmenge selbstständig konstant halten. Der Durchflussregler FIC 002 misst diese Dampfmenge und hält sie unter Verwendung des Regelventils auf dem vorgegebenen Sollwert.

Sinkt nun der Druck im Heizdampfnetz, wie es in den betrieblichen Dampfnetzen öfter der Fall ist, sinkt auch der Dampfdurchfluss. Dies ist für FIC 001 der Anlass, das Regelventil ein Stück weiter zu öffnen, bis der ursprüngliche vorgegebene Durchflusswert wieder erreicht ist. So bleibt die Temperatur und damit die Produktqualität innerhalb der Destillationskolonne nahezu unbeeinflusst.

> **Merksatz**
>
> Von einer **Kaskadenregelung** spricht man, wenn ein Regler den Soll-Wert für einen nachgeschalteten Regler vorgibt. Der erste Regler heißt **Führungsregler**, der zweite Regler heißt **Folgeregler**.

> **Beispiel**
>
> ### Durchflussregelung
>
> Durchflussregelungen sind dort zu finden, wo konstante Mengen pro Zeiteinheit fließen sollen. Durchflussregelstrecken sind dadurch gekennzeichnet, dass sie sehr schnell reagieren. Erhöht sich beispielsweise der Vordruck in der in Bild 2 gezeigten Leitung, wird der Durchfluss zu hoch. Dies stellt der Regler FIC 001 fest und reagiert darauf mit einer Verringerung der Ventilöffnung. Abgesehen vom Zeitbedarf des Ventilantriebes selbst gleicht sich jedoch der Messwert augenblicklich wieder an den vorgegebenen Sollwert an. Weil die Regelstrecke somit nahezu ohne Verzögerung arbeitet, sollten die Reglerparameter der Reglersoftware so eingestellt sein, dass auch der Regler selbst sehr schnell reagieren kann.

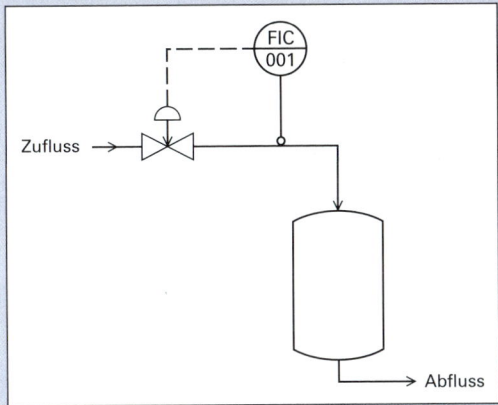

Bild 2: Durchflussregelung mit Stellventil

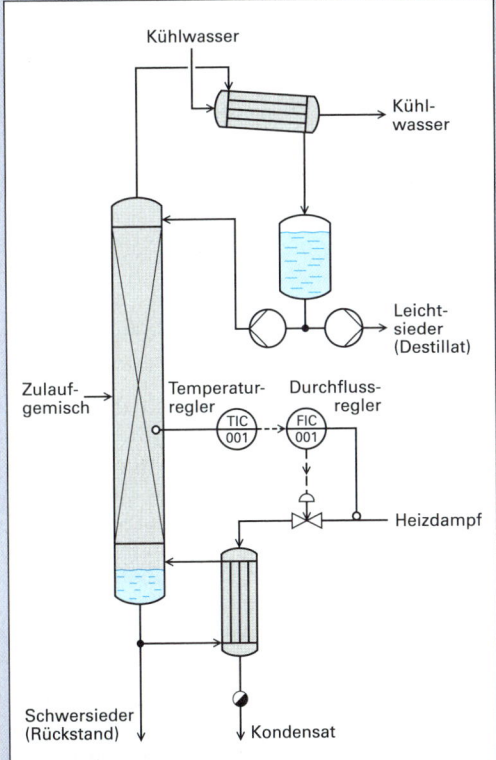

Bild 1: Kaskadenregelung an der Sumpfbeheizung einer Destillationskolonne

> **Beispiel**
>
> ### Druckregelung an einem Gasspeicher
>
> So wie sich beim Flüssigkeitstank eine höhere Speichermenge als höherer Füllstand auswirkt, so entspricht beim Gasspeicherbehälter (manchmal auch Windkessel genannt) eine höhere Speichermenge an Gas einem höheren Druck. Bild 1, Seite 38, zeigt das Prinzip einer Druckregelung an einem kontinuierlich durchflossenen Gasspeicher.

Ähnlich wie bei der Füllstandsregelung nach Bild 1, S. 36, muss die Druckregelung zum Konstanthalten des Druckes jetzt entweder mehr Druckgas in den Behälter hineinlassen (Bildteil a) oder mehr Gas herauslassen (Bildteil b). Entsprechend spricht man von gegensinniger bzw. von gleichsinniger Arbeitsweise.

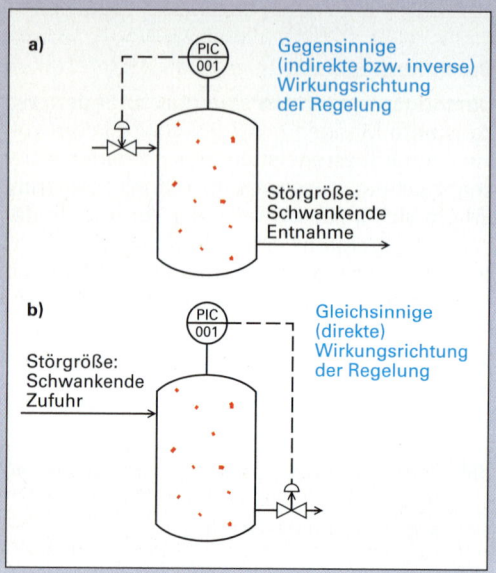

Bild 1: Zwei Varianten einer Druckregelung an einem durchströmten Gasspeicher

Temperatur des Wärmeträgermediums am Mantelaustritt.

Der Folgeregler TIC 002 betätigt die beiden Stellorgane TV 001 und TV 002. Dies wird als **Split-Range-Regelung** bezeichnet.

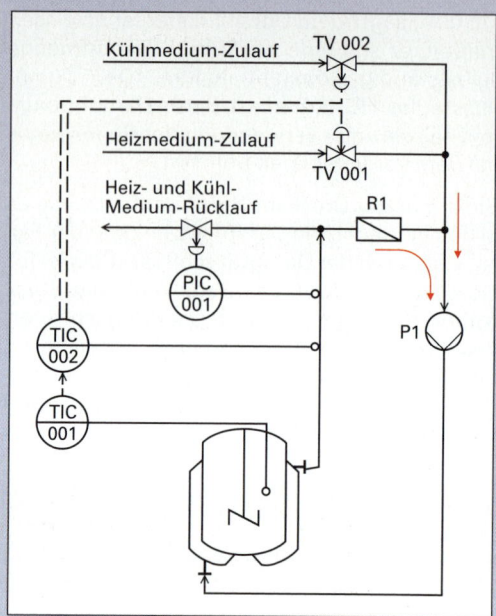

Bild 2: Temperaturregelung als Kombination von Split-Range- und Kaskadenregelung an einem Rührapparat

Beispiel

Temperaturregelung eines Rührapparates mit Split-Range-Regelung kombiniert mit einer Kaskadenregelung

Bild 2 zeigt einen Rührapparat, der über einen Doppelmantel verfügt, in welchen wahlweise Heiz- oder Kühlmedium eingebracht werden kann. Beide Medien sind mischbar. Der Rücklauf wird einer Nebenanlage zur Wärmerückgewinnung zugeführt.

Am Reaktor ist eine **Kaskadenregelung** angebracht, die aus Führungs- und Folgeregler besteht.

Der **Führungsregler TIC 001** misst die Temperatur im Reaktor, die konstant zu halten ist. Er gibt, in Abhängigkeit des Unterschiedes zwischen Soll- und Istwert, dem nachgeschalteten **Folgeregler TIC 002** einen Temperatursollwert für den Heiz-Kühl-Mantel vor. Der Folgeregler ist bestrebt, die Manteltemperatur auf diesem vorgegebenen Wert zu halten. Dazu misst er die

Zur Erhöhung der Temperatur öffnet der Folgeregler TIC 002 das Ventil TV 001, zum Erniedrigen öffnet er TV 002. In beiden Fällen gelangt neues Heiz-Kühl-Medium in den Heiz-Kühl-Kreislauf. Dieses wird durch die Pumpe P 1 sofort verteilt, da Letztere einen großen Teil des Heiz-Kühl-Mediums im Kreislauf fördert.

Die Rückschlagklappe R1 verhindert, dass das neu hinzugekommene Heiz-Kühl-Medium den kurzen Weg zum Heiz-Kühl-Medium-Rücklauf nimmt, ohne vorher in den Zirkulationskreislauf zu gelangen. Stimmt der vom Bediener vorgegebene Sollwert für TIC 001 mit dem im Reaktor gemessenen Istwert überein, so gibt TIC 001 für TIC 002 als Sollwert vor, er möge den derzeitigen Temperaturwert im Mantel so belassen wie er ist.

Als Folge dessen öffnet TIC 002 weder das Heiz- noch das Kühlmediumeintrittsventil. So wird das Heiz-Kühl-Medium nur im Kreislauf gepumpt, ohne dass auch nur ein Teil davon in den Heiz-Kühl-Rücklauf gelangt.

> **Merksatz**
>
> Der Begriff **Split-Range-Regelung** beinhaltet die Tatsache, dass ein Regler zwei Stellorgane wechselseitig bedient.

Beispiel

Temperaturregelung mit Vier-Wege-Mischer

Ein Medium, dessen Temperatur konstant gehalten werden soll, strömt zum Temperieren je nach Ventilstellung mit mehr oder weniger großem Strom durch einen Wärmeübertrager (Wärmetauscher). Dabei ist es unerheblich, ob dieser zum Aufheizen oder Abkühlen des Mediums dient.

Vom regelungstechnischen Prinzip her entspricht die in Bild 1 dargestellte Schaltung einer üblichen Temperaturregelung. Als Besonderheit ist in diesem Fall jedoch als Stellorgan ein Vier-Wege-Mischer eingebaut, der über einen elektromotorischen Antrieb verfügt.

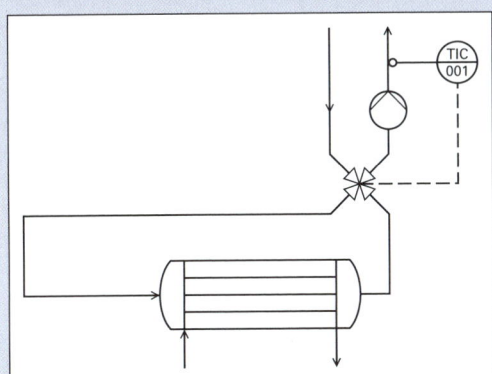

Bild 1: Prinzip einer Temperaturregelung mit Vier-Wege-Mischer

Der Vorteil dieser Struktur besteht in einer Entlastung der Pumpe. Bei einer herkömmlichen Schaltung, d. h. bei einem Drosselventil hinter der Pumpe (Bild 2), arbeitet die Pumpe bei fast geschlossenem Ventil ohne nennenswerten Durchfluss.

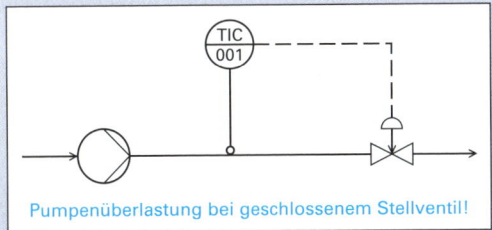

Bild 2: Durchflussregelung durch Drosselung von Druck und Volumenstrom

Die entstehende Wärme wird dann nicht abgeführt. Dadurch kann die Pumpe überhitzt werden oder an ihren Dichtungen Schaden nehmen. Außerdem wird am Ventil sehr viel mechanische Energie in Wärme umgewandelt und geht damit dem System verloren. Ein Blick ins Innere des Vier-Wege-Mischers (Bild 3) macht das alternative Stellprinzip deutlich. Im Bildteil a) wird das Medium durch den Wärmetauscher geführt, während im Bildteil b) das Medium im Kreislauf gefördert wird.

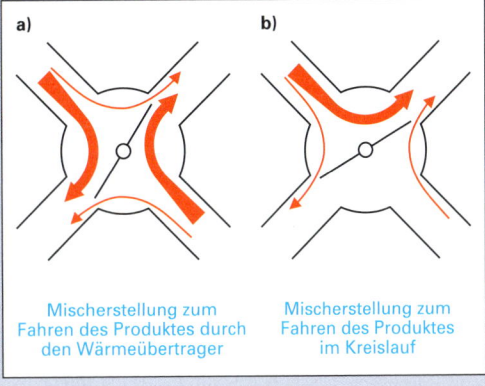

Bild 3: Blick ins Innere des Vier-Wege-Mischers

> **Merksatz**
>
> **Regelung** bedeutet, eine Prozessvariable an einen vorgegebenen Sollwert anzugleichen und dann konstant zu halten. Dazu wird ein Regelkreis eingesetzt. Seine Teilfunktionen sind das **Messen**, die **Berechnung** eines Stellwertes und das **Verstellen** eines Stellorgans.
>
> Dazu muss die Regelung fortlaufend die Abweichung zwischen dem aktuellen Messwert und dem vorgegebenen Sollwert ermitteln. Diese Abweichung wird als **Regeldifferenz** bezeichnet.

3.5 Steuerungsfunktion

Aufgabe der Steuerungsfunktion des Prozessleitsystems ist es, die Stellwerte von Stellorganen nach bestimmten vorgegebenen Algorithmen automatisch zu verändern. Bei den Algorithmen handelt es sich um mathematisch beschreibbare Zusammenhänge. Dies können kontinuierlich durchzuführende Rechenoperationen sein. Dann spricht man von **Vorwärtssteuerungen** oder **offenen Steuerungen**. Sind es logische Funktionen für die Gestaltung von Rezepturabläufen, spricht man von **Ablaufsteuerungen**.

3.5.1 Vorwärtssteuerungsfunktion

Die offene Steuerung ist eine Sonderform der Regelung, bei der auf die Messung der eigentlichen Prozessvariablen verzichtet wird. Dies ist nur dann möglich, wenn die Auswirkungen der Hauptstörgrößen auf den Prozess bekannt sind. Die offene Steuerung hat, ebenso wie die Regelung, zum Ziel, eine Prozessvariable auf einem bestimmten Wert konstant zu halten.

> **Beispiel**
>
> **Offene Steuerung**
>
> Von dem kontinuierlich durchströmten Reaktionsbehälter in Bild 1 ist aus Erfahrungen bekannt, dass er bei einer geringen Außentemperatur etwas mehr beheizt werden muss als bei einer höheren.
>
>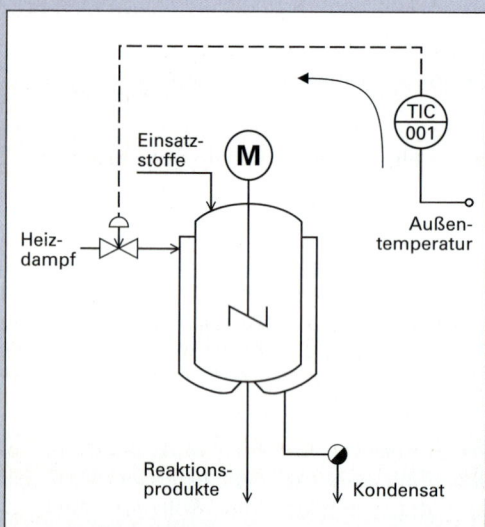
>
> Bild 1: Reaktor mit gesteuerter Beheizung

Ohne die Behältertemperatur zu messen, wird das Messsignal der Außentemperatur dazu verwendet, das Heizdampfventil mehr oder weniger zu öffnen. Die Auswirkungen dieser Aktion auf die Behälterinnentemperatur bleiben jedoch unerkannt.

Solche selten angewendeten Steuerungen mit offenem Wirkungskreis setzen einen bekannten Zusammenhang zwischen den einzelnen Größen, hier der Außentemperatur und der erforderlichen Ventilstellung, voraus. Diese Zusammenhänge werden als Kennlinien dargestellt. Bild 2 zeigt eine mögliche Kennlinie für das Beispiel des Reaktors von Bild 1.

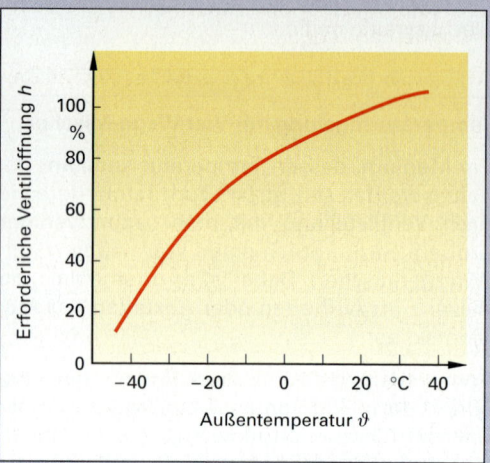

Bild 2: Kennlinie für die erforderliche Ventilöffnung in Abhängigkeit von der Außentemperatur

Offene Steuerungen in Verbindung mit Reglern sind in der Gebäudeautomatisierung zu finden, wenn es zum Beispiel darum geht, in Abhängigkeit von der Außentemperatur eine bestimmte Kesselvorlauftemperatur aufrecht zu erhalten. Weitere Aussagen zur offen Steuerung sind im Kapitel 8.2 (Vorwärtssteuerung – Offene Steuerung) enthalten.

> **Merksatz**
>
> Unter einer **offenen Steuerung** versteht man die Einflussnahme auf einen Prozesswert, ohne das Ergebnis der Einflussnahme direkt zu messen. Deshalb spricht man auch von einem „offenen Wirkungskreis".

3.5.2 Ablaufsteuerungsfunktion

Bei logischen Ablaufsteuerungen besteht der zu realisierende Algorithmus in einer zeitlichen Abfolge von bestimmten Schritten, die an bestimmte Bedingungen gebunden ist.

Während in der Fertigungstechnik logische Ablaufsteuerungen in der Regel zur bedingten Positionierung von Werkstücken und Werkzeugen verwendet werden, spielen sie in der Verfahrenstechnik und in der chemischen Industrie eine große Rolle bei der Rezeptfahrweise von Chargen-Prozessen.

3.5 Steuerungsfunktion

> **Beispiel**
>
> **Ablaufsteuerung in der Fertigungstechnik**
>
> Das Abfüllen einer Spülmittelflasche geschieht in der Reihenfolge:
>
> 1. Nachschieben einer Plastikflasche in den Abfüllspalt.
> 2. Dosieren von einem Liter Spülmittel.
> 3. Aufdrücken des Deckels.
>
> Die Flasche kann selbstverständlich erst gefüllt werden, nachdem sie sicher positioniert ist. Eine Lichtschranke muss dies erfassen. Der Deckel kann erst aufgedrückt werden, wenn ein Liter Spülmittel abgefüllt worden ist. Eine Waage kann dieses Signal geben. Nach jedem Schritt muss also eine Bedingung erfüllt sein, ehe der nächste Schritt starten kann. Im einfachsten Fall kann dies das Verstreichen einer bestimmten Zeit sein.

Derartige Programmabläufe werden in der Fertigungstechnik oft von SPS-Geräten gesteuert (**S**peicher**p**rogrammierbare **S**teuerung), in der Verfahrenstechnik werden sie vom Prozessleitsystem realisiert. Gelegentlich werden SPS-Geräte an die Prozessleittechnik angekoppelt. Genormte digitale Schnittstellen machen dies möglich. Dabei spielt die Verwendung von digitalen Bussystemen eine große Rolle.

> **Beispiel**
>
> **Grafische Darstellung einer logischen Ablaufsteuerung**
>
> In einem chemischen Reaktor soll ein Arzneimittelwirkstoff als Chargenprodukt aus den Stoffen A und B hergestellt werden. Zur Verfügung steht ein Rührapparat mit Heiz-Kühl-Mantel, Rührwerk und Dosiervorrichtung (Bild 1).

> **Beispiel**
>
> **Ablaufsteuerung in der Verfahrenstechnik**
>
> Die Herstellung einer Limonade soll nach folgendem Rezept geschehen:
>
> 1. Dosieren von 100 Liter Konzentrat in einen Rührapparat.
> 2. Einschalten des Rührers.
> 3. Dosieren von 1000 Liter Wasser in den Rührapparat.
> 4. Pasteurisieren durch Aufheizen auf 85 °C.
> 5. Eine Stunde bei 85 °C halten.
> 6. Abkühlung auf 30 °C.
> 7. Aufdrücken von Kohlendioxid bis zum Druck von 1,5 bar.
> 8. Zehn Minuten bei diesem Druck halten.
> 9. CO_2-Druckventil schließen.
> 10. Rührer ausschalten.
>
> Es ließen sich hier exakte Bedingungen formulieren, wann das Rezept zum nächsten Schritt springen kann. Gelegentlich, z. B. nach dem Anschalten des Rührers, kann auf eine Bedingung verzichtet werden, so dass der Rezeptablauf sofort zum nächsten Schritt übergeht.

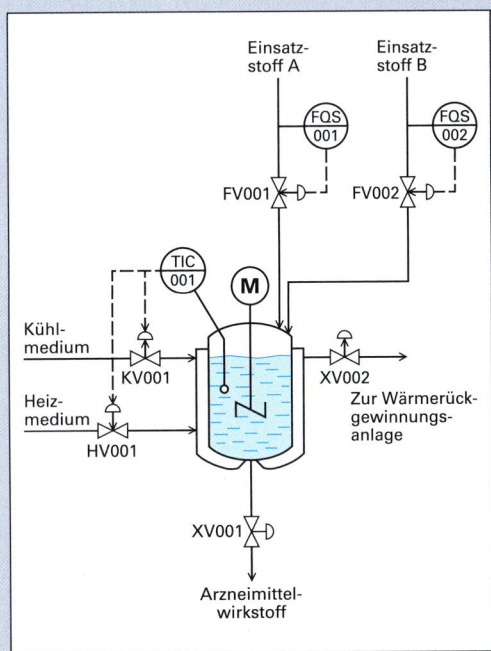

Bild 1: Rührwerksapparat mit Heizung, Kühlung und Dosierung zur Chargenproduktion

Heiz- und Kühlmedium sind untereinander mischbar. Dabei kann es sich beispielsweise um Wärmeträgeröle handeln. Das Rezept besteht aus einer Abfolge der Schritte: Mischen, Aufheizen, Reagieren lassen, Kühlen und Entleeren.

3 Hauptfunktionen, die vom Prozessleitsystem auszuführen sind

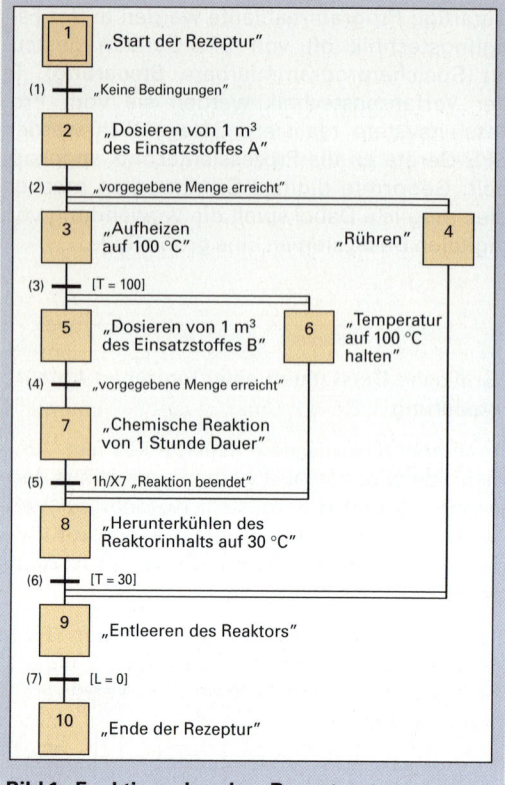

Bild 1: Funktionsplan einer Rezeptursteuerung

In Bild 1 wird die Abfolge der einzelnen Aktivitäten grafisch in Form eines **Funktionsplanes** veranschaulicht.

Ein Funktionsplan wird auch als „function chart" oder **PFC** bezeichnet (engl. **p**rocedural **f**unction **c**hart: prozeduren-orientierter Funktionsplan), weil sich hinter jedem Rechteck wiederum ein Ablauf, also eine Prozedur, verbirgt. Beispielsweise setzt sich das Dosieren des Stoffes A zusammen aus: dem Rücksetzen des Mengenzählers FQS 001, dem Öffnen des Dosierventiles FV 001, dem Start des Zählers FQS 001, dem Warten bis zum Erreichen der voreingestellten Menge von 1,0 m³ und dem Schließen des Dosierventiles FV 001.

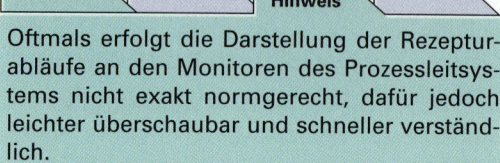

Oftmals erfolgt die Darstellung der Rezepturabläufe an den Monitoren des Prozessleitsystems nicht exakt normgerecht, dafür jedoch leichter überschaubar und schneller verständlich.

Bild 2 zeigt einen Auszug aus einem ausführlich strukturierten Funktionsplan gemäß den Normen IEC 1131-3, DIN EN 60848 sowie DIN 40719, wie er bei der SPS-Programmierung Verwendung finden könnte.

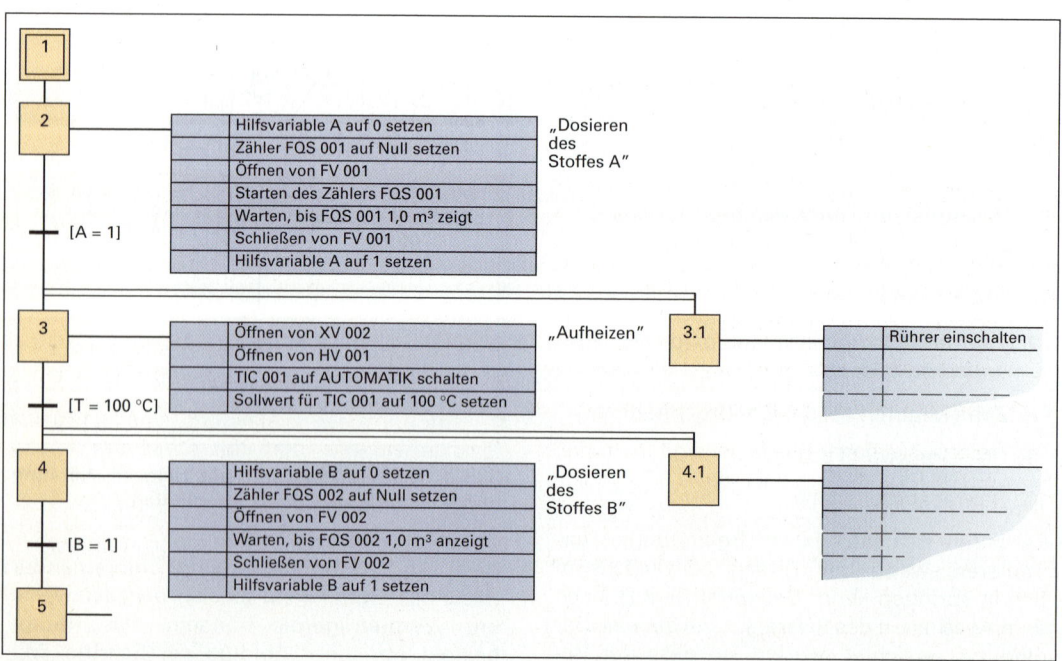

Bild 2: Ausschnitt aus dem Funktionsplan einer Rezeptursteuerung mit ausführlicher Darstellung der elementaren Einzelaktivitäten

Bei sehr umfangreichen Rezepten wird diese Darstellung in Papierform recht unübersichtlich. Dieser Nachteil lässt sich jedoch durch die Verwendung entsprechender Computerprogramme umgehen.

> **Merksatz**
>
> **Logische Ablaufsteuerungen** stellen eine schrittweise Abfolge von Teilaktivitäten dar. Der nachfolgende Schritt wird erst ausgeführt, wenn eine bestimmte Bedingung erfüllt ist.
>
> Man findet sie in der Prozessindustrie vor allem bei Rezeptursteuerungen.

3.6 Überwachungsfunktion

Wie die Praxis zeigt, gibt es leider beim Betrieb von Chemieanlagen gelegentlich Störungen infolge von technischen Problemen oder menschlichen Fehlhandlungen. Die Prozessleittechnik hat u. a. die Aufgabe, solche Störungen zu verhindern oder ihre Auswirkungen zu minimieren. Damit leistet sie einen wesentlichen Beitrag zur Erhaltung der materiellen, vom Menschen geschaffenen Werte und seiner natürlichen Umwelt.

In erster Linie geht es aber darum, Gesundheit und Leben der im Chemiebetrieb arbeitenden Beschäftigten und der Anwohner in der Umgebung zu schützen und zu erhalten.

Um zu sehen, wo die Prozessleittechnik zur Erfüllung dieser Aufgabe ansetzen muss, soll untersucht werden, wodurch Gefährdungen des Menschen, seiner materiellen Werte und der Umwelt auftreten können. Gefährdungen können in erster Linie auftreten durch:

- **Austritt gesundheitsgefährdender Stoffe,**
- **Austritt brennbarer oder explosiver Stoffe.**

Das Freisetzen solcher Stoffe passiert im laufenden Betrieb der Anlage in der Regel als Folge von:

- Druckerhöhung über ein bestimmtes Maß,
- Temperaturerhöhung über ein bestimmtes Maß,
- Vorschädigung der Ausrüstung, z. B. durch Korrosion oder Nichtfunktionieren der Sicherheitseinrichtung,
- menschlichem Fehlverhalten oder Irrtümern.

Aus Statistiken geht hervor, dass viele Unfälle oder Havarien nicht bei laufender Anlage geschehen, sondern bei Wartungs- und Instandhaltungsarbeiten. Durch Einhaltung der Arbeitsschutznormen und -vorschriften kann das Gefährdungsrisiko minimiert werden. Die Prozessleittechnik wird in der Regel nur im laufenden Betrieb oder beim An- und Abfahren einer Anlage zur Überwachung der Prozesse aktiv.

Die Intelligenz des Menschen, seine Erfahrung und Verantwortung kann die Prozessleittechnik dem Menschen nicht abnehmen, jedoch kann sie ihn beim Beobachten und Auswerten der Vielzahl von Prozessgrößen entlasten, gefährliche Zustände zuverlässiger erkennen und schneller darauf reagieren.

Die Prozessvariablen, von denen die größten Gefährdungen ausgehen, sind Druck und Temperatur, gelegentlich auch die Drehzahl als Ausdruck mechanischer Energie.

Druck- oder Temperaturüberwachungen findet man deshalb in jeder Chemieanlage am häufigsten, denn bei Druck- oder Temperaturerhöhungen über ein bestimmtes Maß gibt an irgendeiner Stelle das Material nach, sodass es zum Stoffaustritt kommen kann. Die Prozesswerte sind also mit Hilfe der Leittechnik zu begrenzen.

> **Merksatz**
>
> **Druck** und **Temperatur** sind die Prozesswerte, von deren Über- oder auch Unterschreitung die größten Gefahren in Chemieanlagen ausgehen. Dadurch kann es zum Austritt gefährlicher Stoffe kommen. Ein solcher Austritt ist jedoch auch infolge anderer Ursachen möglich.

Im Folgenden werden einige Beispiele zur Begrenzung von Prozesswerten genannt.

- In der Destillationskolonne einer konkreten Chemieanlage darf der Druck nicht über 18 bar ansteigen. Die Temperatur darf nicht über 200 °C liegen.
- In einem Hochdruckpolymerisationsreaktor für Polyäthylen darf der Druck nicht über 1 100 bar ansteigen und die Temperatur nicht über 100 °C.
- In einem chemischen Reaktor zur Hydrierung darf der Druck nicht über 11 bar ansteigen und die Temperatur nicht über 200 °C.

- In einer Glasanlage zur Herstellung eines pharmazeutischen Wirkstoffes darf der Überdruck nicht mehr als 0,5 bar betragen und die Temperatur darf nicht über 150 °C steigen.
- In einem Ammoniak-Reaktor beim Haber-Bosch-Verfahren darf die Temperatur nicht über 620 °C und der Druck nicht über 270 bar liegen.
- Das Lager einer Kreiselpumpe darf nicht heißer als 80 °C werden.
- Ein Elektromotor darf nicht heißer als 80 °C werden.

Meist werden Temperaturen und Drücke durch Regelungen konstant gehalten, die beim Einwirken von Störgrößen durch Verändern von Stellgrößen dem „Ausreißen" entgegenwirken.

Bild 1 verdeutlicht ein einfaches Beispiel für das Konstanthalten einer Prozessvariablen mithilfe einer Regelung durch das Prozessleitsystem. Das Wesentliche an dieser Regelung ist das Zusammenwirken einer Messeinrichtung, eines Reglers und eines Stellventils. Der Regler kann ein pneumatisches oder ein elektronisches Gerät oder die Sofwarefunktion eines Prozessleitsystems sein.

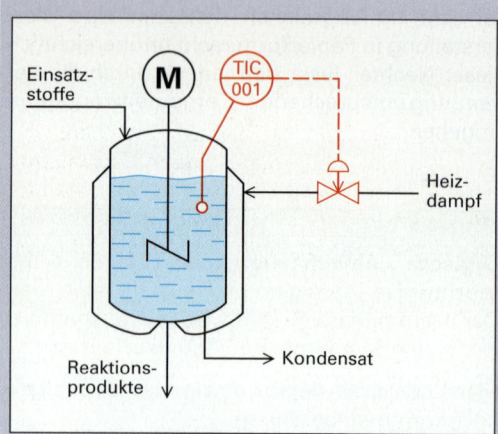

Bild 1: Prozesswertbegrenzung durch Regelung

Prozesswertbegrenzung durch Regelung der Temperatur

Bild 1 zeigt einen kontinuierlich betriebenen Reaktor für eine schwach exotherme Reaktion, die auf einer bestimmten Temperatur gehalten werden soll.

Im Normalbetrieb ist die Kühlung durch das neu einströmende Medium ausreichend. Die freiwerdende Wärmemenge reicht selbst im Gefahrenfall nicht aus, den Reaktor bis zu gefährlichen Temperaturen zu erwärmen.

Um das Reaktionsgemisch zu temperieren, ist eine Dampfbeheizung und ein Temperaturregler TIC 001 vorgesehen. Dieser schließt das Heizdampfventil, falls die Temperatur zu sehr ansteigt.

Die Reaktion wird dadurch langsamer oder kommt zum Erliegen, da die freiwerdende Wärme durch die zu- und abströmenden Produkte ausgetragen wird. Selbst bei Ausfall der Produktströmung kann kein Gefahrenfall eintreten. Dafür sorgt die Temperaturregelung durch das Prozessleitsystem.

Prozesswertbegrenzung durch Temperaturregelung mit Heizungs- und Kühlmöglichkeit

Bei bestimmten Reaktionen ist es jedoch unter dem Sicherheitsaspekt erforderlich, gleichzeitig Heizungs- und Kühlungsmöglichkeiten vorzusehen.

Bild 2 zeigt einen Reaktor mit Temperierung durch wahlweise Beheizung oder Kühlung über den Mantelraum. Es existiert die Möglichkeit der Beheizung mit heißem Wärmeträgeröl und einer zusätzlichen Kühlung durch kaltes Wärmeträgeröl.

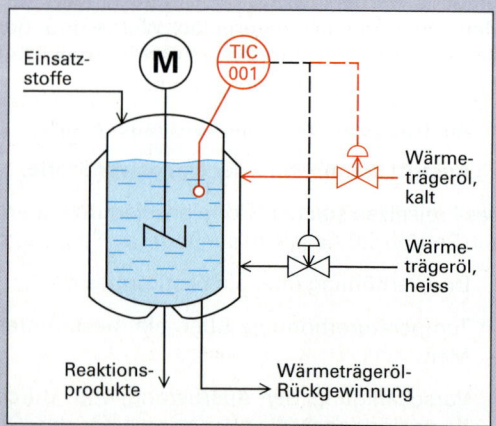

Bild 2: Prozesswertbegrenzung durch Kühlmöglichkeit

3.6 Überwachungsfunktion

Prinzipiell könnte die Beheizung auch mit Heizdampf, und die Kühlung mit Kühlwasser oder Kühlsole erfolgen. Dabei ist jedoch zu beachten, dass Kühlwasser oder Kühlsole nicht gemeinsam mit dem Heißdampf eingeleitet werden dürfen, da dieser dann schlagartig kondensiert. Dies führt zu örtlichen Vakuumbildungen und macht sich als knallendes Geräusch (Kavitationsknall) bemerkbar. Eine solche **Verriegelung** beider Temperierventile gegeneinander zu gewährleisten ist ebenfalls eine der Überwachungsfunktonen des Prozessleitsystems.

Ist die vom Reaktor ausgehende Gefahr groß, wird man zusätzliche Sicherheitseinrichtungen anbringen. Schließlich könnte es z. B. sein, dass das Ventil für das kalte Wärmeträgeröl defekt ist und nicht öffnet. Um eine Überhitzung des Reaktors in diesem Fall zu vermeiden, sind verschiedene zusätzliche Sicherheitseinrichtungen erforderlich.

Merksatz

Die vorzusehenden **Sicherheitseinrichtungen** sind zum Teil solche, die an das Prozessleitsystem geknüpft sind, und zum Teil solche, die ohne Prozessleitsystem, teilweise sogar ohne Hilfsenergie wirken.

Anlagensicherung ohne Prozessleitsystem

Diese wird z. B. dann aktiv, wenn das gesamte Prozessleitsystem funktionslos sein sollte. Ein solches Szenario ist beispielsweise bei einem kompletten Spannungsausfall denkbar. Dann werden sicherheitstechnische Einrichtungen wirksam wie z. B.:

- Berstscheiben,
- Sicherheitsventile zur Druckentlastung.

Anlagensicherung mit Mitteln der Prozessleittechnik

Dies sind Maßnahmen, die vom Prozessleitsystem, falls erforderlich, auch unter Umgehung des Bedieners ausgelöst werden, z. B.:

- Einschalten einer Zusatzkühlung,
- Dosieren eines Stoppers (Inhibitors) zum Anhalten der chemischen Reaktion.

Beispiel

Anlagensicherung mit und ohne die Mittel der Prozessleittechnik

Der Reaktor aus dem vorstehenden Beispiel (Bild 2, S. 44) sollte aus sicherheitstechnischen Erwägungen heraus durch zusätzliche PLT-Stellen sowie Ausrüstungsteile erweitert werden.

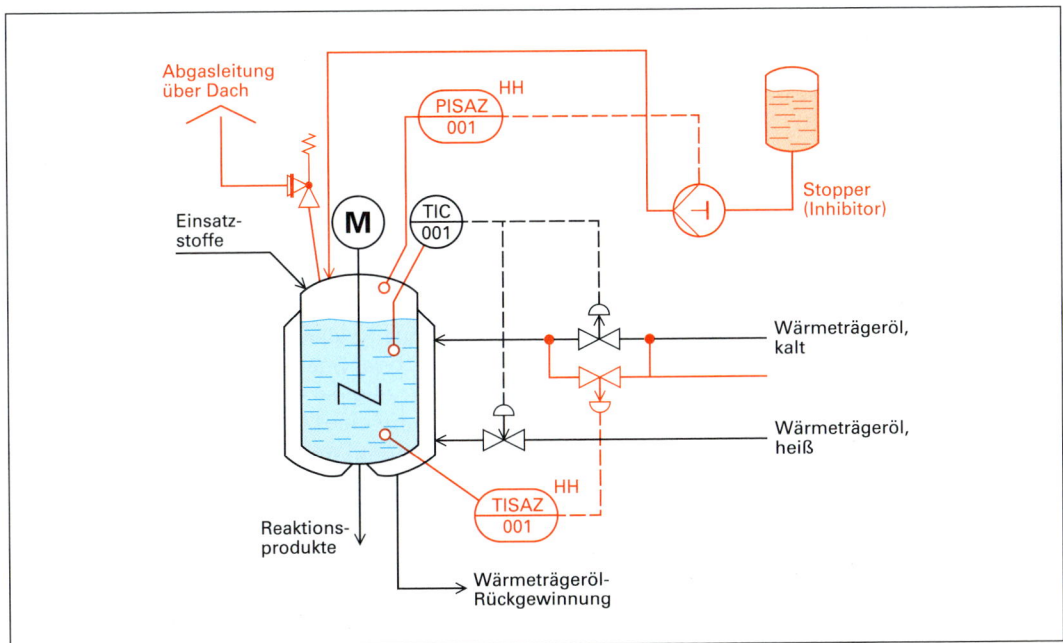

Bild 1: Beispiel für Möglichkeiten der Anlagensicherung (rot) mit konventionellen und prozessleittechnischen Mitteln

Bild 1, S. 45, zeigt die Erweiterungsmöglichkeiten z. B. durch ein Sicherheitsventil sowie durch zusätzliche PLT-Stellen, hier die im Gefahrenfall schaltenden Noteingriffe TISE 001 und PISE 001 (S: engl. switch: schalten; E: engl. emergency: Noteingriff).

Es wurde die Möglichkeit der extremen Erhöhung des Zusatzkühlstromes durch ein zweites Kühlventil vorgesehen, sowie die Möglichkeit der Zudosierung einer Substanz, welche die Reaktion zum Erliegen bringt (Inhibitor). Dabei ist zu berücksichtigen, dass durch Zudosieren eines Inhibitors die gesamte Charge unbrauchbar wird.

Solche Fehlchargen stellen in jedem Fall einen wirtschaftlichen Verlust für das Unternehmen dar.

Bevor das Leitsystem automatische Noteingriffe auslöst, die erheblichen wirtschaftlichen Schaden bedeuten können, werden die Bediener durch **Alarmmeldungen** auf den kritischen Zustand aufmerksam gemacht, um vorher mit anderen Mitteln gegensteuern zu können. Die Alarmmeldungen können optisch oder akustisch erfolgen. Früher ertönte eine mechanische Alarmhupe, die mit einem Blinklicht kombiniert war. Diese Funktion erfüllt heute ein Lautsprecher am Computer in Kombination mit einem Anzeigefeld auf dem Monitor.

> **Merksatz**
>
> **Alarmmeldungen** weisen den Bediener auf kritische Situationen hin, bevor automatische Noteingriffe erfolgen.

Im computerbasierten Teil des Prozessleitsystems werden durch die Software unsichtbar im Hintergrund ständig die einkommenden Messwerte mit den einprogrammierten Alarmgrenzen verglichen.

Falls auch nur einer der Messwerte seine vorgesehenen Grenzen überschreitet oder unterschreitet, wird ein Alarm ausgelöst, d. h. zunächst wird eine Hupe eingeschaltet.

In modernen Prozessleitsystemen werden dabei über die eingebaute PC-Sound-Karte Lautsprecher angesteuert. Der Hupton ist vom Systemadministrator aus einer Reihe von .wav-Dateien auswählbar. Gleichzeitig wird auf dem Monitor ein Hinweisfeld erscheinen und dabei meist in roter Farbe blinken. Die konkrete Gestaltung ist bei den einzelnen Herstellern unterschiedlich.

3.7 Dokumentationsfunktion

Den Prozess zu dokumentieren heißt, den zeitlichen Verlauf der Messwerte sowie der automatischen und manuellen Schalthandlungen zur späteren Auswertung festzuhalten.

In der Zeit vor Einführung digitaler Prozessleitsysteme geschah dies in der Regel durch Papierschreiber. Eine der Hauptaufgaben der MSR-Mechaniker früherer Tage war das Nachfüllen von Schreibertinte an Messwartenwänden, die zahlreich mit solchen Schreibern bestückt waren.

In modernen Systemen werden die festzuhaltenden Werte auf Festplatten innerhalb des Computernetzwerkes gespeichert. Diese sind in der Lage, die Daten von Monaten oder gar Jahren aufzunehmen. Von Zeit zu Zeit müssen diese Daten vom Administrator gelöscht werden. Oft sorgt die Software aber auch selbstständig dafür, dass die ältesten Daten gelöscht werden, um ein Füllen der Platte zu vermeiden.

Folgende Daten werden in der Regel mindestens festgehalten:

- **Trends**, z. B. zeitliche Verläufe von Prozesswerten. Um Speicherplatz zu sparen, werden nur die Trends festgehalten, die der Administrator dafür vorgesehen hat. Bild 1, S. 47, zeigt dafür ein Beispiel.

- **Bedienereingaben**, wie z. B. Öffnen eines Ventils, Einschalten eines Rührwerkes, Umschalten eines Reglers von Hand- auf Automatikbetrieb, Einstellen eines neuen Sollwertes am Regler, Quittieren eines Voralarms, Quittieren eines Hauptalarms oder Starten eines automatischen Rezeptes (Batch-Prozess).

- **Ereignisse** im Verlaufe eines automatischen Rezeptes, z. B. Öffnen eines Ventils, Umschalten eines Reglers von Hand- auf Automatikbetrieb oder Starten eines Dosierzählers. Bild 2, S. 47, zeigt an einem Beispiel, wie der spätere Abruf eines Ereignisprotokolls am Monitor angezeigt werden kann. In diesem Beispiel erfolgt die Anzeige der Ereignisse zusammen mit den Bedienereingaben in einem gemeinsamen Monitorbild.

Die Software-Teile zum Auswerten der dokumentierten Daten heißen bei einigen Herstellern **Ereignismonitor**, **Trendmonitor** oder **Historie**, bei anderen einfach nur **Protokoll** oder **Trenddarstellung**.

3.7 Dokumentationsfunktion

Bild 1: Monitordarstellung gespeicherter Trend-Daten

Datum	Uhrzeit	Teilanlage	Ereignis	Ausgelöst durch
02:02:04	07:01:59	Wärmerückgew.	Sollwertänderg. TIC001	Bedienstation 4
02:02:04	07:02:31	Pumpstation	Ausfall P4004	P4004
02:02:04	07:02:50	Destillation	TIC006 auf „Manuell"	Bedienstation 3
02:02:04	07:05:10	Destillation	Ventil TV006 auf 40% Hub	Bedienstation 3
02:02:04	07:05:42	Destillation	Ventil TV006 auf 35% Hub	Bedienstation 3
02:02:04	07:14:20	Pumpstation	Einschalten P4005	Bedienstation 2
02:02:04	07:17:30	PLT-System	Ausfall Kanal 12-PIC1034	Systemüberwachung
02:02:04	07:21:19	Chargenanlage	Einschalten Rührer	Batch Rezept 400456
02:02:04	07:29:57	Chargenanlage	Start Dosierung (A)-Ventil V1	Batch Rezept 400456
02:02:04	07:49:00	Destillation	Voralarm (Hoch) TIC006	TIC006
02:02:04	07:49:01	Wärmerückgew.	Schließen Ventil TV010	Verriegelung zu P4001
02:02:04	07:54:04	Destillation	Automat. Probenahme	Zeitablauf QIC507
02:02:04	07:55:11	Pumpstation	Notabschaltung P4005	??????????
02:02:04	07:57:58	Pumpstation	Einschalten P4005	Bedienstation 2

Bild 2: Monitordarstellung gespeicherter Ereignis-Daten

3 Hauptfunktionen, die vom Prozessleitsystem auszuführen sind

> **Merksatz**
>
> Vom Prozessleitsystem werden **Trends, Bedienereingaben** sowie **Ereignisse** dauerhaft auf einer der Festplatten des Prozessleitsystems gespeichert.

Die Dokumentationsfunktion des Prozessleitsystems spielt unter anderem eine Rolle bei der Umsetzung der **GMP-Richtlinien** (engl. **G**ood **M**anufactoring **P**ractice: gute, qualitätsgerechte Herstellungspraxis).

Die internationalen und europäischen GMP-Richtlinien bilden ein Produkt-Qualitätssicherungssystem, das insbesondere bei der Herstellung von Arzneimitteln angewendet wird. Seine Anwendung ist unter anderem eine Voraussetzung für den Export in andere Länder. Der Kerngedanke der GMP-Richtlinien ist, dass die Qualität nicht ausschließlich über die Prüfung des Endproduktes allein gesichert werden darf. Qualität muss durch gezielte Maßnahmen vor, während und nach der Herstellung gesichert werden.

Die Bestandteile der GMP-Richtlinien betreffen neben den Anforderungen an die **Produktionsbedingungen**, **Personalqualifikation** und **Selbstinspektion** auch die **Dokumentation** des Herstellungsprozesses. Dies bezieht sich auch auf die Zwischen- und Vorprodukte.

In diesem System kommt der Prozessleittechnik eine erhebliche Bedeutung zu. Alle Arbeitsschritte, produktionsorganisatorische Maßnahmen und Prozessbedingungen sind so zu dokumentieren, dass eine spätere **lückenlose Nachvollziehbarkeit** des Herstellungsprozesses gegeben ist.

Aus den Herstellungsprotokollen muss hervorgehen, **wer, was, wann, warum und womit** gemacht hat. Gleichzeitig werden hier die Grenzen der Prozessleittechnik deutlich, denn bestimmte manuelle Arbeitsschritte und subjektive Entscheidungen sowie die Verantwortung kann auch die modernste Technik dem Bediener nicht abnehmen.

3.8 Signalausgabefunktion

Vom digitalen Teil des Prozessleitsystems werden Signale berechnet, die dazu bestimmt sind, das Prozessleitsystem wieder zu verlassen. Gemeint sind damit die Stellsignale für die Stellorgane, die Aktoren. Dies sind in erster Linie Ventile, Schieber, Klappen, Relais oder aber auch Frequenzumrichter zur Drehzahlveränderung von Drehstrommotoren. Die zu ihnen gesandten Stellsignale sind an den Monitoren vom Bediener als Stellgrößeninformation abrufbar, d. h. die Informationen über diese Signale verlassen am Monitor das System in Richtung Bediener. Die eigentliche Signalausgabe erfolgt jedoch in Richtung der Anlage zum Ansteuern der Aktoren. Da diese mit Hilfsenergie (pneumatisch, hydraulisch oder elektrisch) angetrieben werden, muss eine Signalumwandlung erfolgen.

> **Beispiel**
>
> **Signalausgabefunktion mit vorheriger Signalwandlung**
>
> Bild 1 zeigt die Signalwandlungsstufen zum Ansteuern eines Motors. Der Motor wird von einem Relais geschaltet, das ihn mit der 400 V Spannungsversorgung verbindet.
>
>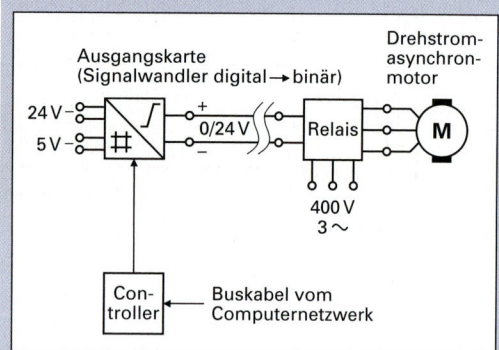

Bild 1: Signalausgabe aus dem Prozessleitsystem auf ein Relais

Das Relais schaltet die Speisespannung von 400 V zum Motor durch, wenn es einen 24 V Impuls vom Prozessleitsystem erhält.

Außerdem kann das Relais auch Impulse zur Abschaltung des Motors erhalten, z. B. wenn ein Überhitzungskontakt am Motor schließt. Dies funktioniert unter Umgehung des Prozessleitsystems auf direktem elektrischen Wege und ist hier nicht dargestellt.

Der 24 V Impuls zum Relais kommt von einer Ausgangskarte (elektronisches Ausgangsmodul, auch „Output-Board" genannt), welche das digitale Signal vom Controller des Prozessleitsystems in ein binäres Signal umwandelt (0 oder 24 V). Damit nimmt das Ausgangssignal folgenden Weg:

Computernetzwerk → Controller → Ausgangskarte → Relais → Motor

3.8 Signalausgabefunktion

Ein ähnlicher Signalausgabeweg ist bei der Ansteuerung eines Binärventils (Auf-Zu-Ventil) zu finden. Handelt es sich um ein pneumatisches Ventil, wird mit den 24 V aus dem Prozessleitsystem ein kleines Magnetventil betätigt, das den Druckluftweg zum Pneumatikventil freischaltet oder wieder verschließt.

> **Merksatz**
>
> Vom Prozessleitsystem ausgehende Signale müssen oft mehrfach gewandelt werden. Eine der Aufgaben der dafür erforderlichen Transmitter ist die leistungsmäßige Verstärkung der Signale.

Beispiel

Signalwandlung zur Ansteuerung eines Regelventils

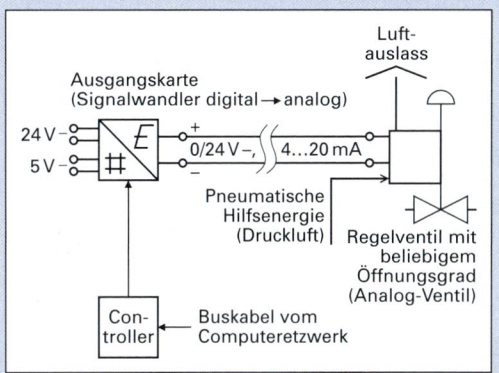

Bild 1: Signalausgabe und -wandlung zur Ansteuerung eines stetigen Regelventils

Bild 1 zeigt die Signalwandlungsstufen zum Ansteuern eines stetigen Regelventils.

Das vom Controller kommende digitale Signal wird pro Zyklus, also ca. 1 Mal pro Sekunde, in ein elektrisches Einheitssignal umgewandelt.

Das Einheitssignal wird als stetiges 4 ... 20 mA Signal zum Regelventil geschickt. Die 5 V Spannungsversorgung dient der Elektronik innerhalb der Ausgangskarte, während die 24 V Ebene der Ansteuerung des Ventils dient.

Das Regelventil enthält elektronische und pneumatische Bauteile inklusive eines pneumatischen Stellungsreglers, der beispielsweise dafür sorgt, dass es bei einem konstanten Steuerstrom von 12 mA in der 50 % Position verharrt (12 mA ist genau die Mitte zwischen 4 und 20 mA).

Aufgaben

1. Mit welchen vier Begriffen lassen sich die Funktionen des Prozessleitsystems zusammenfassend beschreiben?
2. Welchem Grundprinzip der elektronischen Datenverarbeitung entspricht die Informationsverarbeitung in einem Prozessleitsystem?
3. Was geschieht mit einem Messsignal, nachdem es von einem Transmitter in ein elektrisches Einheitssignal umgewandelt wurde?
4. Nennen Sie einige Beispiele für die Signalaufbereitungsfunktion des PLS.
5. Worin besteht das Ziel einer Regelung?
6. Welche beiden Regelungstypen unterscheidet man hinsichtlich der Wirkungsrichtung einer Regelung?
7. Was unterscheidet die Vorwärtssteuerung („offene Steuerung") von der Regelung?
8. Wozu werden logische Ablaufsteuerungen in der Verfahrenstechnik hauptsächlich angewendet?
9. Worin besteht das Hauptziel der Überwachungsfunktionen der Prozessleittechnik?
10. Welche drei Arten von Daten werden im Rahmen der Dokumentationsfunktion eines Prozessleitsystems festgehalten?
11. Erläutern Sie den Begriff „GMP-Richtlinien".
12. Was bewirkt die Signalausgabefunktion des Prozessleitsystems? Geben Sie Beispiele an.

4 Aufbau und Funktion von computerbasierten Prozessleitsystemen

4.1 Vorbetrachtungen

Moderne computerbasierte Prozessleitsysteme bestehen im Wesentlichen aus folgenden vier Komponenten:

- **Computernetzwerk** (Anzeige- und Bedienkomponente),
- spezialisierte Computerhardware für die laufende Prozessüberwachung, Steuerung und Regelung (**prozessnahe Komponente** mit Controllern und Signalwandlern),
- elektrotechnische und elektronische **Schaltschränke**,
- **Feldtechnik** (Messfühler und Stellorgane).

Bei Prozessleitsystemen für kleinere Anlagen, wie Molkereien, kommunale Kläranlagen, Eisfabriken usw. kommt das Computernetzwerk auch ohne eine prozessnahe Komponente aus.

In den meisten Prozessleitsystemen jedoch gibt es spezielle Baugruppen, welche die aus der Anlage kommenden Messsignale in digitale Computersignale und die zur Anlage geschickten Signale in konventionelle elektrische Signale umwandeln. Die moderne Feldbustechnik kommt jedoch ohne diese Signalwandlung aus.

In den folgenden Kapiteln wird der Aufbau von typischen Prozessleitsystemstrukturen beschrieben sowie der zugehörige Signalfluss diskutiert. Die gewählte Reihenfolge der Strukturen entspricht dem Prinzip: vom Einfachen zum Komplexen. Das einfachste Leitsystem ist - das Einplatzsystem ohne externen Controller.

4.2 Einfaches Prozessleitsystem ohne Controller als Einplatzstation

Im einfachsten Fall besteht ein Prozessleitsystem aus einem einzelnen Computer, der die Messsignale aus dem Feld verarbeitet und die Stellsignale zum Feld sendet (Bilder 1, S. 50 und 51).

Bild 1: Einfaches Klein-Prozessleitsystem

Dabei steht der Begriff **Feld** für den apparatetechnischen Teil der Chemieanlage, der sich außerhalb der zentralen Messwarte befindet.

Da der Computer mit digitalen Signalen arbeitet, also mit Millionen Impulsen pro Sekunde, müssen die ununterbrochen vom Feld kommenden Messsignale digitalisiert werden. Die vom Computer ins Feld geschickten Signale müssen dementsprechend umgekehrt analogisiert werden.

Dies geschieht in **Analog-Digital-Umsetzern** bzw. **Digital-Analog-Umsetzern**. Dies sind schmale Leiterplatten oder schlanke elektronische Baugruppen, die sich nebeneinander in Einschüben von Schaltschränken befinden. Sie werden auch als **Input-Output-Boards** oder einfacher nur **I/Os** bezeichnet (sprich Ei-Ohs). In der Umgangssprache ist für sie auch der Begriff **Wandlerkarten** gebräuchlich.

Die Bilder 2 und 3, S. 51, zeigen solche Bauelemente, die bei jedem Hersteller äußerlich ein wenig anders aussehen. Bei manchen Herstellern haben sie die Gestalt von extrem flachen elektronischen Leiterplatten. Dann werden sie auch als **Eingangs-** bzw. **Ausgangskarten** bezeichnet.

4.2 Einfaches Prozessleitsystem ohne Controller als Einplatzstation

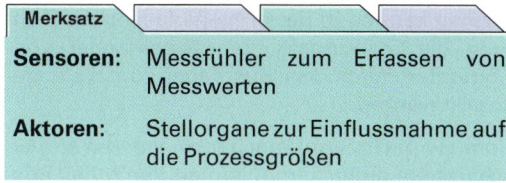

Sensoren: Messfühler zum Erfassen von Messwerten

Aktoren: Stellorgane zur Einflussnahme auf die Prozessgrößen

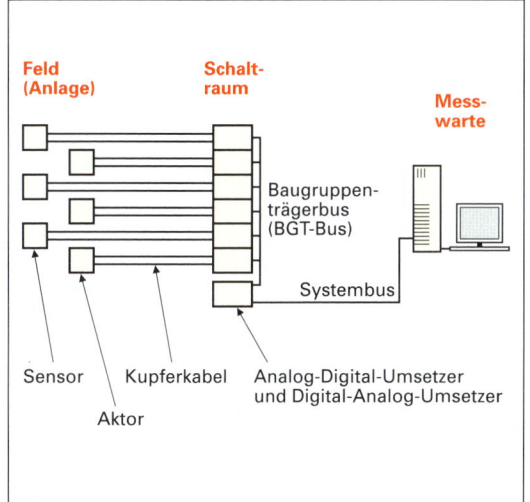

Bild 1: Einfaches Prozessleitsystem als Einplatzstation

Wenn die Zahl der an eine Karte anschließbaren Kanäle für die konkrete Chemieanlage nicht ausreichend ist, finden mehrere, Seite an Seite montierte Eingangs- bzw. Ausgangskarten Verwendung. Computerseitig sind diese über ein einziges Kabel, das so genannte **Bus-Kabel**, mit dem Einplatzrechner gekoppelt.

Allerdings gibt es nicht von jedem I/O-Modul aus ein Buskabel zum Computer, sondern lediglich immer nur von einer zusammengefassten Gruppe von I/O-Modulen. Eine solche Gruppe ist in Bild 2 dargestellt.

Merksatz

Das Bindeglied zwischen dem Computersystem und den Messfühlern und Stellorganen der Chemieanlage stellen die **Input-Output-Bauelemente** dar, auch **I/Os** genannt.

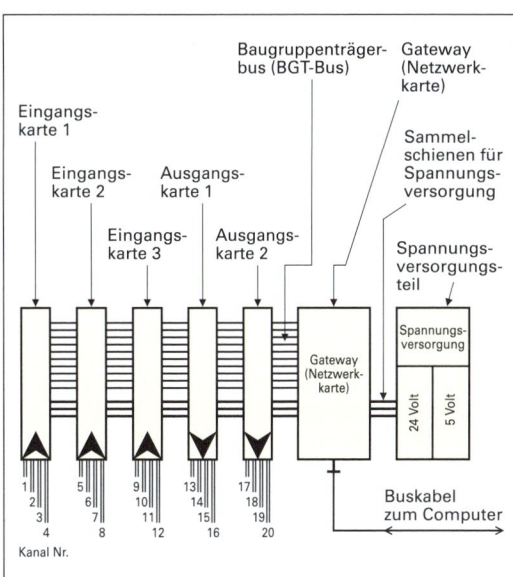

Bild 2: Eingangs- und Ausgangskarten mit Netzwerkkarte

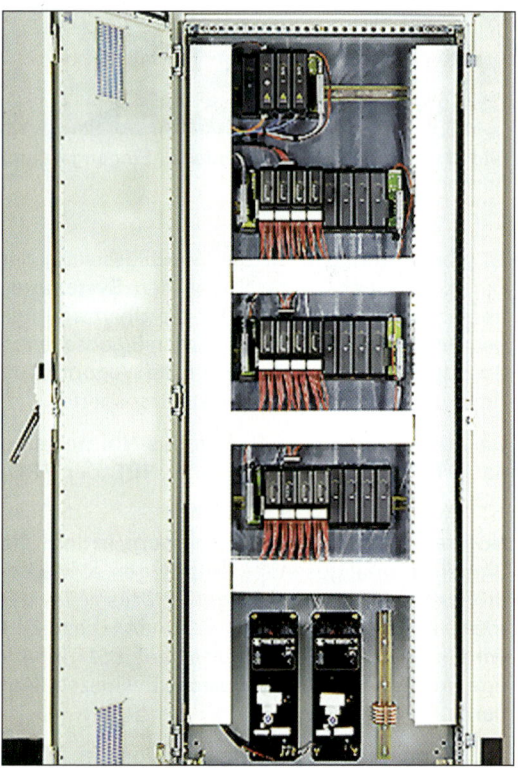

Bild 3: Eingangs- und Ausgangskarten in einem digitalen Schaltschrank

Diese I/Os sind mit den feldseitigen Sensoren bzw. Aktoren über Kupferkabel verbunden. Je nach Hersteller ist eine Eingangs- oder Ausgangskarte in der Lage, 4, 8, 16 oder 32 Sensoren oder Aktoren gleichzeitig zu bearbeiten.

Das Charakteristische ist, dass die Messsignale, die ja ständig an der Feldseite der Eingangskarten anliegen, nur nacheinander, also **seriell** über dieses Bus-Kabel übertragen werden können.

51

Ebenso können in der entgegengesetzten Richtung die Stellsignale nur nacheinander vom Computer durch das Bus-Kabel zum Feld geschickt werden.

Somit wird ein Signal nach dem anderen als verschlüsselte digitale Impulsfolge durch das Bus-Kabel geleitet. An den Stellorganen liegen die Stellsignale nach der Ent-Digitalisierung in der Regel ständig an.

Bild 1: Nebeneinander montierte Eingangs- und Ausgangskarten

Es gibt Normungen für die Verschlüsselung der Daten, die über das Buskabel, den **Systembus**, übertragen werden, sowie für die Übertragungsgeschwindigkeiten, die elektrischen Eigenschaften der zugehörigen Kabel und für die Algorithmen zur laufenden Kontrolle des Datentransportes.

Die meistverwendeten Systembus-Normen sind das **ETHERNET**, das **CONTROL NET**, der **PROFIBUS DP** und der **NODEBUS**.

Normalerweise beträgt der Zeitraum, in dem alle Signale einmal gesendet, empfangen sowie bearbeitet werden, in heutigen Prozessleitsystemen zwischen $1/100$ und 1 Sekunde. Diese Zeit wird auch als **Zykluszeit** bezeichnet. Die für heutige Prozessleitsysteme typische Zykluszeit liegt bei ca. $1/10$ Sekunde.

Jede Signalübertragungsleitung von den Messfühlern bzw. zu den Stellorganen stellt einen **Kanal** dar.

> **Merksatz**
>
> Ein **Kanal** ist ein Signalweg von einem Sensor zum Computersystem oder vom Computersystem zu einem Aktor.

> **Beispiel**
>
> **Kanäle**
>
> Ein einfaches Prozessleitsystem verfügt über 12 Messstellen und 8 Aktoren. An die Ein-/Ausgangskarten des Herstellers sind je 4 Kanäle anschließbar. Dies bedeutet, dass über das Bus-Kabel 20 Kanäle zu übertragen sind (12 Eingänge zum Computer und 8 Ausgänge zum Feld). Dafür sind 3 Eingangskarten und 2 Ausgangskarten erforderlich.

> **Beispiel**
>
> **Zykluszeit**
>
> In einem Einplatz-Prozessleitsystem sind 30 Messungen von Prozessgrößen vorhanden. Es gibt also 30 Eingangskanäle. 20 Ventile, Motorschalter und Pumpen können manuell automatisch verändert oder geschaltet werden. Dafür existieren 20 Ausgangskanäle. Dies sind insgesamt 50 I/O-Kanäle.
>
> Die Zykluszeit, die von der Art der Hard- und Software abhängt, beträgt eine Sekunde. Damit steht für jeden der Kanäle eine Übertragungszeit von 0,02 Sekunden zur Verfügung, denn:
>
> 1 Sekunde : 50 Kanäle = 0,02 Sekunden pro Kanal
>
> In diesen 0,02 Sekunden sind jedoch außer den eigentlichen Messsignalen auch Adressen- und Kontrollinformationen zu übertragen.
>
> Der Planer eines Prozessleitsystems führt diese Rechnung etwas anders durch: Gegeben sei die Zykluszeit von einer Sekunde und die im Durchschnitt erforderliche Übertragungszeit für einen Kanal von 0,001 Sekunden.
>
> Daraus berechnet der Planer die Zahl der möglichen bearbeitbaren Kanäle:
>
> 1 Sekunde : 0,001 Sekunden pro Kanal = 1000 Kanäle
>
> Die Informationen dieser 1000 Kanäle können zyklisch über das Buskabel übertragen werden.
>
> Diese Rechnung berücksichtigt jedoch noch nicht, dass über die Bus-Leitung außer den Mess- und Stellsignalen auch andere wichtige Informationen, wie zum Beispiel Alarm- und Störungsmeldungen, vom Prozess zu übertragen sind. Auch dies ist in derartige Betrachtungen einzubeziehen.

4.2 Einfaches Prozessleitsystem ohne Controller als Einplatzstation

> **Merksatz**
> Die **Zykluszeit** ist die Zeit, in der alle Kanäle der Sensoren und Aktoren vom Prozessleitsystem einmal bearbeitet werden

Bei Abweichungen vom Normzustand muss unter Umständen ein Mehrfaches der normalen Datenmenge über das Bus-Kabel übertragen werden. Auf Grund der seriellen Nacheinanderübertragung der Daten stellt das Bus-Kabel den Engpass im Informationsfluss des Prozessleitsystems dar. Im Fachjargon spricht man vom **Flaschenhals** des Signaltransportes im Prozessleitsystem.

> **Merksatz**
> Die Buskabel stellen aufgrund der seriellen Datenübertragung einen Engpass für den Signalfluss im Prozessleitsystem dar.

Da die Signale auf der einen Seite der I/O-Karten ständig ohne Unterbrechung anliegen, aber über das Bus-Kabel zyklisch ca. 1 Mal pro Sekunde ankommen oder abgehen, müssen sie zwischengelagert werden. Dies geschieht sowohl in digitalen Speicherzellen innerhalb der I/O-Karten als auch im Speicher des so genannten **Gateway**.

Diese Baugruppe wird von manchen Herstellern auch als **Buskoppler** oder **Netzwerkkarte** bezeichnet.

> **Merksatz**
> Das **Gateway** ist das Bindeglied mehrerer I/Os zum Systembus. Es trägt auch die Bezeichnung Buskoppler- oder Netzwerkkarte.

Alle I/O-Karten sind über Steckerstifte und stromführende Sammelschienen rückwärtig mit dem Gateway verbunden. Diese Leiterbahnen heißen **Baugruppenträger-Bus bzw. BGT-Bus**.

> **Merksatz**
> Der **BGT-Bus** ist die Verbindung zum Datentransport zwischen den I/Os und dem Gateway.

Die Messsignale werden in den Eingangskarten digitalisiert. Sie werden dort kurz gespeichert und gelangen danach durch den Baugruppenträgerbus zum Gateway. Dort werden sie ebenfalls zwischengespeichert, ehe sie durch das Systembuskabel zum Computer gelangen.

Die Hauptaufgaben des Gateways sind somit:

- Aufteilung der aus dem Systembus kommenden Ausgangssignale zu dem Kanälen der Stellorgane,
- Steuerung der Reihenfolge der in den Systembus hineinzuschickenden Signale von den Messfühlern.

Bild 1 zeigt eine Reihe von I/O-Modulen mit zwei zugehörigen Gateways, von denen eines als Reserve dient.

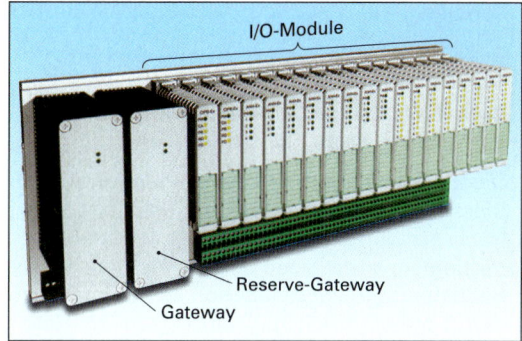

Bild 1: I/O-Karten mit Gateway und Reserve-Gateway

In der Praxis werden die Messsignale nicht von selbst von den Eingangskarten zum Gateway und vom Gateway zum Computer geschickt, sondern sie „warten" in digitalen Zwischenspeichern, bis sie vom übergeordneten Bauelement „abgeholt" werden.

> **Hinweis**
> Nicht jedes digitale Bauelement, das an einem Bus-Kabel angeschlossen ist, kann nach Belieben Signale senden. Es gibt in der Regel übergeordnete Bauelemente, die den elektronischen Austausch der Daten kontrollieren. Für das Buskabel in Bild 2, S. 51, ist dies die nicht mit dargestellt Buskopplerkarte des Computers. Sie wird auch als „Netzwerkkarte" bezeichnet. Dies ist dann der so genannte **Master** („Herrscher"), während das Gateway der **Slave** („Sklave") im Bussystem ist.

Auch die digitale Verbindung der einzelnen I/O-Karten über die Sammelschiene mit dem Gateway stellt ein Bus-System dar, den BGT-Bus

(Baugruppenträgerbus). Hier ist das Gateway der Master und die I/O-Karten sind die Slaves.

Bei allen Bussystemen gilt das Prinzip, dass die digitalen Daten in einem Speicher auf ihre Abholung durch den Master oder aber auf ihre Verschickung durch den Master warten.

> **Beispiel**
>
> **Signalfluss in einem Prozessleitsystem**
>
> Ein Prozessleitsystem hat 3 Eingangskarten zu je 4 Kanälen sowie 2 Ausgangskarten zu je 4 Kanälen.
>
> Das Gateway als Master im BGT-Bus holt die Messdaten aus den Speichern der drei Eingangskarten. Es sammelt alle 12 Messdaten der 3 Eingangskarten.
>
> Der Computer holt sich nacheinander alle 12 Messdaten aus dem Speicher des Gateways. Nach der Verarbeitung der Signale sendet er nacheinander die 8 neu berechneten oder vom Bediener neu vorgegebenen Stellsignale zu den 8 reservierten Speicherplätzen im Gateway.
>
> Das Gateway speichert diese Werte kurzzeitig und teilt die Stellsignale auf die beiden Ausgangskarten auf. Die Stellsignale werden also vom Gateway über den BGT-Bus zu den Ausgangskarten geschickt.

Die übertragenen Datenpakete enthalten in digital verschlüsselter Form nicht nur das Mess- oder Stellsignal selbst, sondern auch die Adressinformationen, also die Informationen, woher sie kommen und wohin sie geleitet werden sollen, sowie Kontrollinformationen. Diese werden durch die verschiedenen Baugruppen automatisiert hinzugefügt.

In der Praxis sorgen die in den Bauelementen gespeicherten Routinen (kleine Software-Programme) dafür, dass nur die Daten übertragen werden, die sich gegenüber dem letzten Zyklus nennenswert geändert haben. Dies schont die beschränkte Übertragungskapazität des seriellen Bus-Systems.

Die Eingangs-/Ausgangskarten gibt es bei jedem Hersteller in zwei Grundtypen:

- **I/Os für binäre Signale** (auch **diskrete Signale** genannt),
- **I/Os für analoge Signale**.

Beispiele für **binäre** (diskrete) **Eingangssignale** (also Meldesignale) sind:

- Motor läuft / läuft nicht,
- Pumpe ist ausgeschaltet / eingeschaltet,
- Störung am Antriebsmotor / keine Störung am Antriebsmotor.

Beispiele für **binäre** (diskrete) **Ausgangssignale** (also Schaltsignale) sind:

- Schaltimpuls zum Ventil öffnen / Ventil schließen,
- Schaltimpuls Motor ein / Motor aus.

Beispiele für **analoge Eingangssignale** (also Messsignale) sind:

- Temperaturmessung im Bereich von −50 °C bis +150 °C, entsprechend einem Stromsignal von 4 … 20 mA,
- Temperaturmessung im Bereich von 0 °C bis 30 °C, entsprechend einem Stromsignal von 4 … 20 mA,
- Drehzahlmessungen im Bereich von 0 bis 3000 Umdrehungen pro Minute, entsprechend einem Stromsignal von 4 … 20 mA.

Beispiele für **analoge Ausgangssignale** (also Stellsignale) sind:

- Stellventil soll 30 % öffnen! (entsprechend 30 % des Stromsignalbereiches von 4 … 20 mA, also 8,8 mA [4 mA + 30 % · (20−4) mA],
- Die Drehzahl eines Motors soll auf „Maximal" gestellt werden, entsprechend 100 % des Stromeinheitssignalbereiches 4 … 20 mA, also 20 mA.

> **Merksatz**
>
> **Analoge Signale** sind Von-Bis-Signale.
>
> **Binäre** oder **diskrete Signale** sind Ein-/Aus- oder Ja-/Nein-Signale.

> **Hinweis**
>
> **Binäre Signale** haben nur zwei mögliche Zustände. **Diskrete Signale** können auch mehr als zwei Zustände annehmen, jedoch immer eine abzählbare Anzahl von Zuständen. Somit stellen die Binärsignale streng genommen eine Sonderform der diskreten Signale dar. Die Hersteller der I/O-Module bezeichnen ihre Produkte deshalb oft als „diskrete" Karten statt als „binäre" Karten.

Die Verschiedenartigkeit der Signaltypen ist der Grund, weshalb bei jedem PLS-Anbieter folgende **zwei Grundtypen von I/Os** bzw. Eingangs-/Ausgangskarten existieren:

- **Eingangskarten** für **binäre** (diskrete) Signale (Herstellerabkürzung meist DI..., BI..., DE..., EB... oder ähnlich),
- **Eingangskarten** für **analoge** Signale (Herstellerabkürzung meist AI..., EA... oder ähnlich),
- **Ausgangskarten** für **binäre** (diskrete) Signale (Herstellerabkürzung meist DO..., BO..., DA..., AD... oder ähnlich),
- **Ausgangskarten** für **analoge** Signale (Herstellerabkürzung meist AO... oder AA..., gelegentlich auch AI...; A: analog, I: Formelzeichen für den elektrischen Strom, also das Einheitssignal von 4...20 mA).

Bild 1 zeigt, dass unterschiedliche Typen von I/O-Modulen nebeneinander montiert werden können.

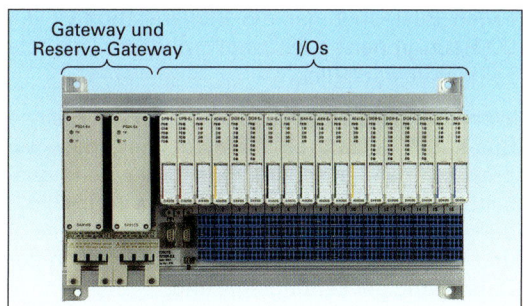

Bild 1: Verschiedene Typen von I/Os mit gleichen Abmessungen (links Gateway und Reserve-Gateway)

Die Konfiguration des einfachen Prozessleitsystems in Bild 1 auf Seite 51 ist gut zum Verständnis des Signalflusses und der Signalwandlung geeignet. Jedoch unterscheiden sich Prozessleitsysteme größerer Industrieanlagen meist in folgenden Punkten von diesem einfachen Grundaufbau:

- Statt eines einzelnen Computers gibt es mehrere Bedienstationen.
- Bestimmte Funktionen, die der Computer von Bild 1, S. 51, allein ausführt, werden in ein spezielles Gerät verlagert, den so genannten **Controller** oder das **Computermodul**. Diese Baugruppe hat oft die gleiche Größe wie die Eingangs- und Ausgangskarten sowie das Gateway und befindet sich deshalb räumlich neben ihnen. Bild 2 zeigt ein Montagebeispiel dazu.

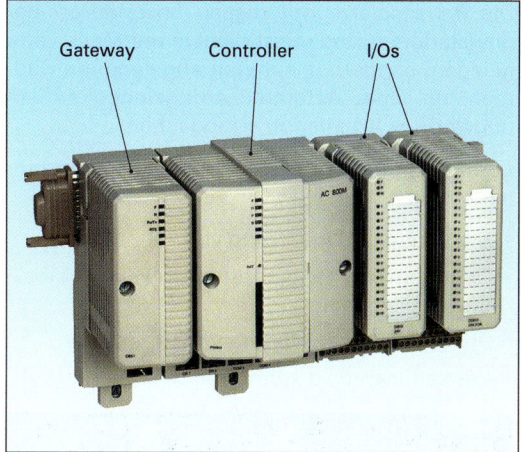

Bild 2: Controller-Baugruppe

- Eine einzelne Gruppe von Eingangs- und Ausgangskarten mitsamt Gateway und Controller ist für industrielle Anlagen oft nicht ausreichend. Auch genügt eine einzelne Bedienstation oft nicht für komplexe Bedien- und Beobachtungskapazitäten mehrerer Anlagenfahrer gleichzeitig.

Deshalb sollen in den folgenden Kapiteln 4.3 bis 4.7 die erweiterten Strukturen näher betrachtet werden.

4.3 Einfaches Prozessleitsystem ohne Controller als Mehrplatzsystem

Charakteristisch für Prozessleitsysteme ist das Vorhandensein mehrerer Bedienstationen (auch **Workstations, Operator Stations, Leitstationen** oder **Anzeige- und Bedienstationen** genannt). Dabei handelt es sich heute fast ausnahmslos um Personalcomputer nach dem IBM-Standard. Sie befinden sich meist in einer zentralen Messwarte. Sie können jedoch auch als örtliche Leitstände direkt in der Anlage gelegen sein.

Meist ist eine dieser Stationen als **Konfigurierungs-** oder **Engineering-Station** ausgeführt. Das bedeutet, dass diese gegenüber den normalen Bedienstationen noch zusätzliche Software-Teile auf der Festplatte gespeichert hat. Dabei handelt es sich vorrangig um Software zum Ändern der Konfiguration. Bei manchen Leitsystemherstellern wird diese Station auch als **Managementstation** bezeichnet.

4 Aufbau und Funktion von computerbasierten Prozessleitsystemen

Die Arbeitsplätze mit diesen besonderen Bedienstationen sind meist nicht in der Messwarte gelegen, sondern in ruhigen abgelegenen Räumen, um dem Automatisierungsingenieur ein ungestörtes Arbeiten zu ermöglichen.

Zur Konfigurierung des Prozessleitsystems zählen Arbeiten wie:

- Erstellung und Änderung von Fließbildern,
- Definition und Verknüpfung von Melde-, Mess- und Stellsignalen,
- Erstellung und Änderung von Rezepturen,
- Verwaltung von dokumentierten Daten.

Bild 1: Messwarte mit mehreren Bedienstationen (Foto: STEAG AG)

Die vorhandene Anzahl der Computer bildet gemeinsam mit dem Gateway im Systemschrank ein typisches Computernetzwerk.

An dieses Computernetzwerk sind sowohl die Bedienstationen als auch das Gateway, d. h. die Netzwerkkarte der I/Os, angeschlossen. Vom Einplatzprozessleitsystem unterscheidet sich das Mehrplatzsystem also nur durch die Zahl der Teilnehmer am Systembus.

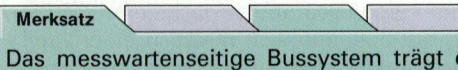

Das messwartenseitige Bussystem trägt den Namen **Systembus** und arbeitet nach dem ETHERNET-Standard. Weitere bei Prozessleitsystemen vorkommende Bussysteme sind der **Feldbus** sowie der **Baugruppenträgerbus**.

Alle Teilnehmer dieses Systembusses, also alle Netzwerk-Teilnehmer, sind mit Hilfe des Buskabels elektrisch miteinander verbunden. Nur einer dieser Teilnehmer darf das Buskabel jeweils zum Senden von Daten nutzen. Die Teilnehmer stimmen sich deshalb untereinander ab, wer im Moment gerade senden darf. Dies geschieht per verschlüsselter Stromimpulse, die neben den eigentlichen Messsignalen über das Bus-Kabel übertragen werden. Bei einigen Millionen Impulsen pro Sekunde ist noch genügend Kapazität frei, um auch diese zusätzlichen Daten zur Koordinierung noch über das Bus-Kabel übertragen zu können.

Die Bedienstationen des Prozessleitsystems bilden ein Computernetzwerk. Sie kommunizieren untereinander über das Systembuskabel, das an die Netzwerkkarten angeschlossen ist.

Die prinzipielle Funktion eines Bussystems soll im Folgenden etwas ausführlicher erklärt werden. Diese prinzipielle Funktionsweise ist unabhängig davon, ob es sich um den Systembus, einen Baugruppenträgerbus oder um einen Feldbus handelt. Damit ist sie auch prinzipiell die Gleiche, unabhängig davon, ob die angeschlossenen Busteilnehmer die Bedienstationen, die I/O-Baugruppen oder aber moderne digitale Feldgeräte darstellen.

Wenn mehrere digitale Baugruppen das gleiche Bus-Kabel nutzen, so bedeutet dies, dass sie praktisch parallel an eine Plus- und eine Minus-Leitung angeschlossen sind. Dies wird in Bild 2 durch Glühlampen symbolisiert. Die Bildteile a) und b) unterscheiden sich dabei lediglich in der Darstellung der Leitungsführung.

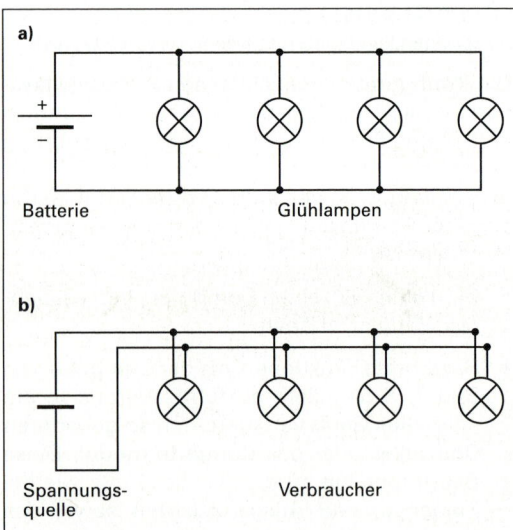

Bild 2: Beispiel für parallel geschaltete Verbraucher mit Spannungsquelle

4.3 Einfaches Prozessleitsystem ohne Controller als Mehrplatzsystem

Ersetzt man nun gedanklich die Glühlampen als parallel geschaltete Empfänger sowie die Stromquelle durch symbolische Kästen (Bild 1, S. 57), so erhält man eine gebräuchliche Darstellungsform von digitalen Netzwerken (Bildteil b). Nach diesem Prinzip sind die parallel geschalteten Nutzer des Bus-Kabels miteinander verbunden. Ein zweipoliger T-Stecker sorgt dafür, dass die Spannung sowohl in den Teilnehmer hineingeleitet, als auch zum Nachbarn weitergeleitet wird. Bild 2 zeigt einen solchen T-Stecker.

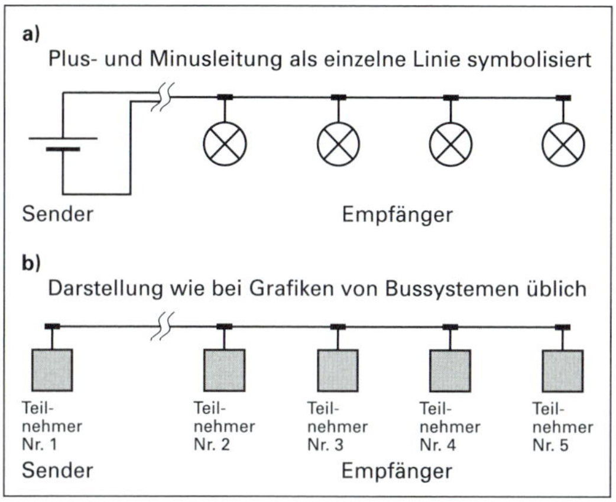

Bild 1: Vereinfachte Darstellungsmöglichkeiten für parallel geschaltete Verbraucher mit Spannungsquelle

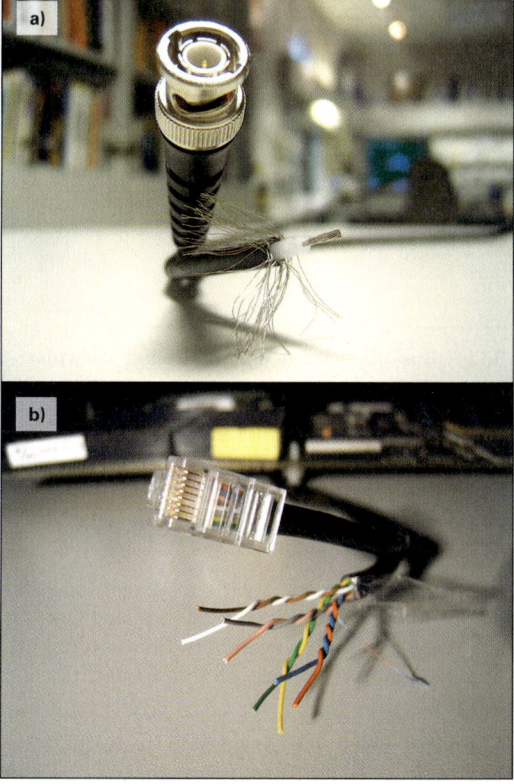

Bild 2: T-Stecker zur Realisierung einer Parallelschaltung mehrerer Bus-Teilnehmer

Die Besonderheit des Bus-Systems gegenüber der Batterie-Lampen-Schaltung ist die, dass beim Bus-System der Strom nicht ständig von einem Sender zum Empfänger fließt, sondern dass jeder Teilnehmer in der Lage ist, Stromimpulse zu senden, und zwar einige Millionen Stromimpulse pro Sekunde. Das bedeutet, dass jeder Teilnehmer am Bussystem in schnell wechselnder Folge Spannungsquelle und Verbraucher ist.

Deshalb stellt jeder Teilnehmer gelegentlich einen Sender dar, meist jedoch ist er aber nur Empfänger.

Es gibt internationale Standards, die sowohl den Verschlüsselungs-Algorithmus (das **Bus-Protokoll**) als auch die Anforderungen an die Kabel exakt definieren und normen. Die bekanntesten Standards für Bus-Systeme im Messwartenbereich der Prozessindustrie sind das **ETHERNET**, das **CONTROL NET** und der **PROFIBUS DP**.

Das Kabel der Bus-Leitungen ist meist als **Koaxialkabel**, aber auch als **Twisted-Pair-Leitung** (paarweise verdrillte Leitung) ausgeführt (Bild 3).

Bild 3: a) Koaxialkabel mit BNC-Stecker, b) Twisted-Pair-Kabel mit RJ45-Westernstecker

Die in Bild 1, S. 57, dargestellte Parallel-Schaltung aller Bus-Teilnehmer des Prozessleitsystems gibt es in drei Grundversionen, den so genannten **Topologien**.

> **Merksatz**
>
> Unter dem Begriff **Topologie** versteht man die verdrahtungstechnische Zusammenschaltung der Netzwerkteilnehmer.
>
> Dabei weist jede Topologie aber auch spezifische Besonderheiten des Datentransports auf. Dies betrifft sowohl die Verschlüsselung der Daten als auch die Abstimmung der Busteilnehmer untereinander.

Man unterscheidet folgende **Hauptformen von Netzwerktopologien:**

- die **Bus**- oder **Linien**-Topologie,
- die **Stern**-Topologie,
- die **Ring**-Topologie.

Daneben existieren auch Mischtopologien.

> **Merksatz**
>
> Charakteristisch ist für jede Topologie, dass alle Netzwerkteilnehmer elektrisch parallel geschaltet sind, und jeder Teilnehmer zeitlich nacheinander Sender oder Empfänger sein kann.

Bus- oder Linien-Topologie

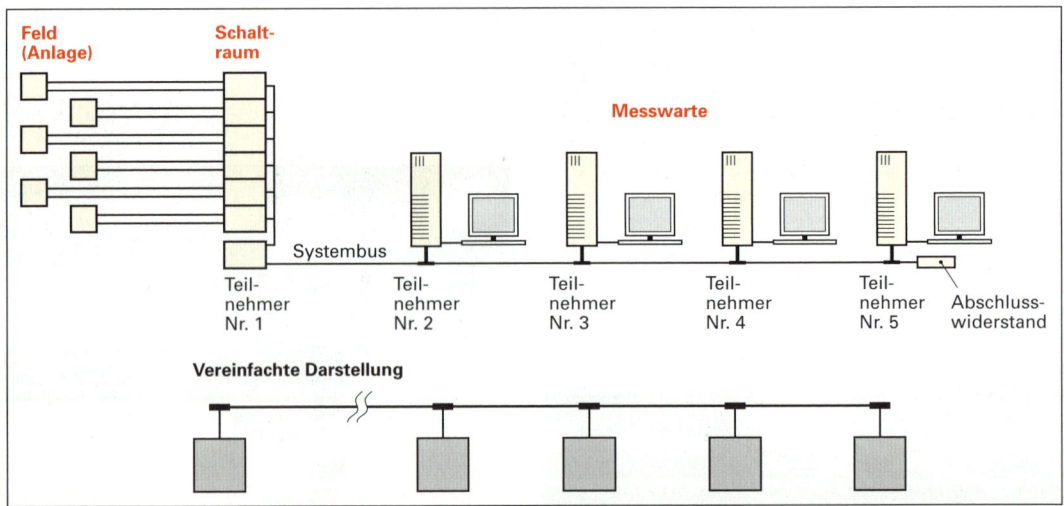

Bild 1: Bus- oder Linien-Topologie eines Mehrplatz-Systems

Bei der Bus- oder Linientopologie bilden alle Teilnehmer einen einzelnen Strang, an den ihre Bus-Kopplerkarten (Netzwerkkarten) mittels eines T-Steckers angeschlossen sind. Dies wird in Bild 1 veranschaulicht.

Das Bus-Kabel endet in einem Abschlusswiderstand, wie er in Bild 2 erkennbar ist. Der Abschlusswiderstand verhindert Reflexionen der hochfrequenten Signale an den Enden der Leitungen.

Charakteristisch ist, dass eine Leitungsunterbrechung oder ein Defekt des Abschlusswiderstandes zum Ausfall des gesamten Netzwerkes führt.

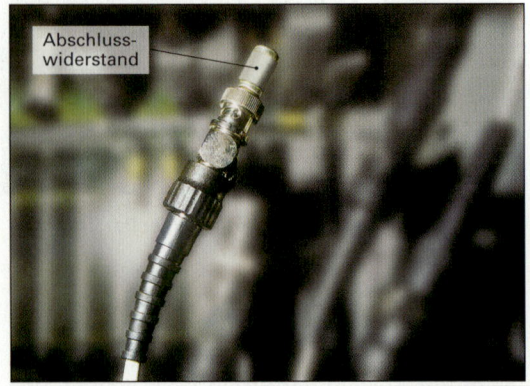

Bild 2: Abschlusswiderstand

Stern-Topologie

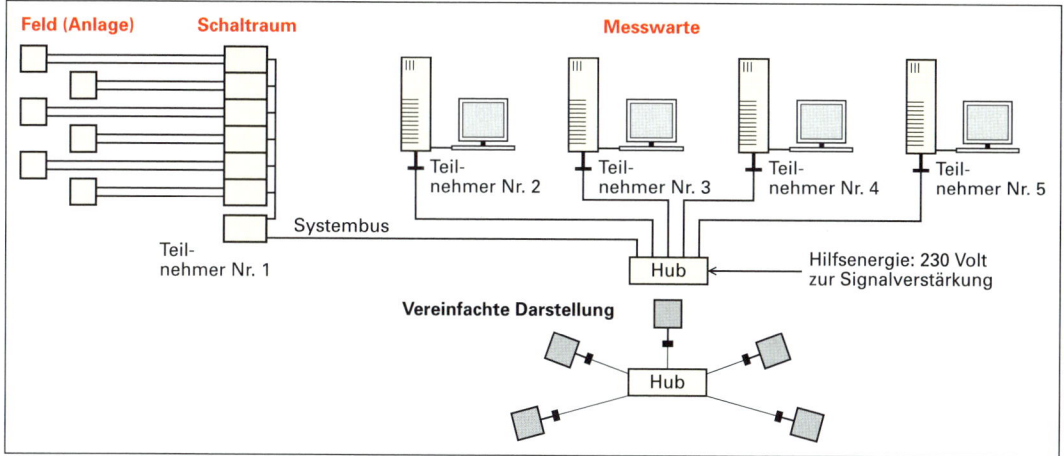

Bild 1: Stern-Topologie eines Mehrplatzsystems

Bei der Stern-Topologie wird die Parallel-Schaltung durch einen Kabelverbinder, das so genannte **Hub** (sprich: „hab" – engl. „Nabe") bewirkt. Wenn dieses mit einer Signalverstärkung arbeitet (aktives Hub), können längere Verbindungen als bei der Bus- oder Ring-Struktur realisiert werden. Bild 1 enthält die Prinzipdarstellung einer Stern-Topologie. Eine Leitungsunterbrechung zwischen dem Hub und einem der PCs führt nicht zum Ausfall des gesamten Netzwerkes. Neue Teilnehmer können angeschlossen werden, ohne dass das Netzwerk zwischenzeitlich still gelegt werden muss. Allerdings ist der Verkabelungsaufwand etwas höher als bei der Bus-Topologie.

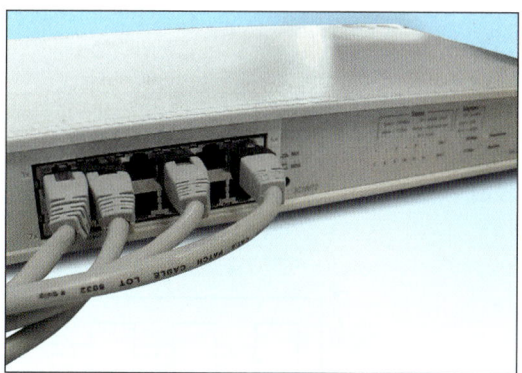

Bild 2: Praktische Ausführung eines Hubs

Ring-Topologie

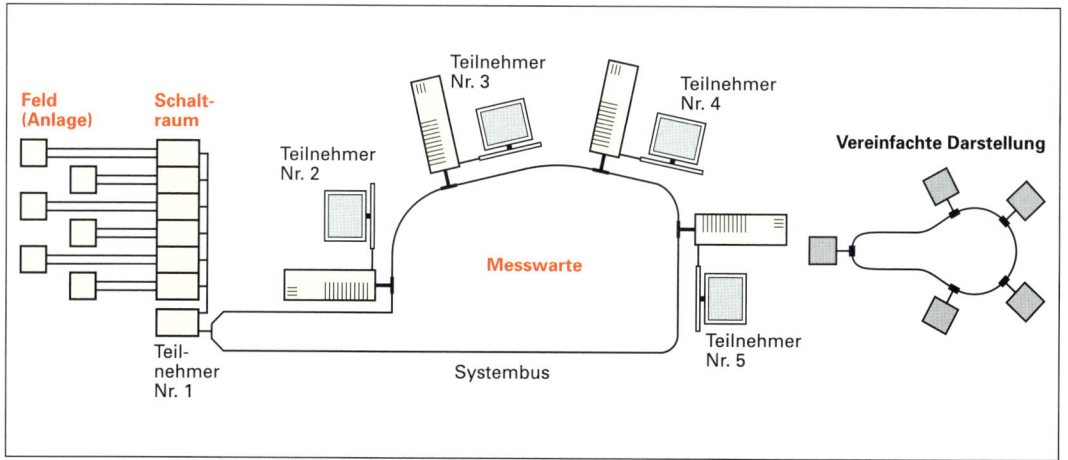

Bild 3: Ring-Topologie eines Mehrplatzsystems

Bei der Ring-Topologie (Bild 3, S. 59) bildet die Bus-Leitung einen geschlossenen Ring. Der Verkabelungsaufwand ist damit etwas höher als bei der Bustopologie. Bei Defekt eines Bus-Kabels kommt das Gesamtsystem zum Erliegen. Zum Anfügen eines weiteren Teilnehmers muss das Gesamtsystem unbedingt still gelegt werden.

4.4 Prozessleitsystem mit externem Controller als Mehrplatzsystem

Einige wichtige Funktionen lässt man bei Prozessleitsystemen der chemischen Großindustrie nicht durch den bzw. durch die Computer ausführen, sondern man lagert sie in spezielle Baugruppen aus. Diese werden als **Controller** oder **Computer-Module** bezeichnet.

Sie haben in der Regel die gleiche Größe wie die I/O-Module und das Gateway der I/Os. Die Controller werden parallel neben den I/Os in einem Baugruppenträger im Schaltschrank montiert.

Bild 1 zeigt schematisch eine der üblichen Montageformen des Controllers direkt neben den I/O-Baugrupen.

Bild 1, S. 61, zeigt eine industrielle Ausführung einer Controller-Baugruppe mit den zugehörigen I/Os. Dabei ist der Controller das Bauelement ganz links im Bild. Rechts sind acht I/O-Module erkennbar. Das gerippte Bauelement ist ein Spannungsversorgungsteil.

Die Controller werden von einigen Herstellern auch als **Control Prozessor** oder **Field Controller** bezeichnet.

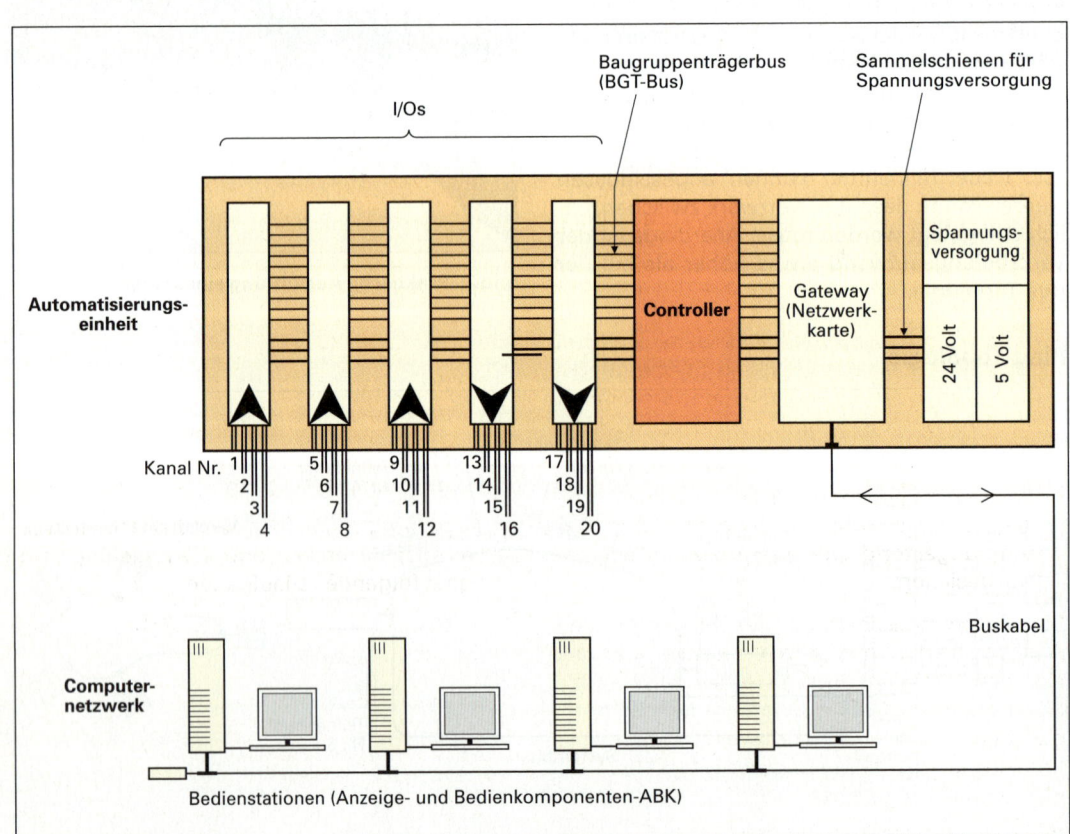

Bild 1: Schematische Darstellung der üblichen Montageform eines Controllers

4.4 Prozessleitsystem mit externem Controller als Mehrplatzsystem

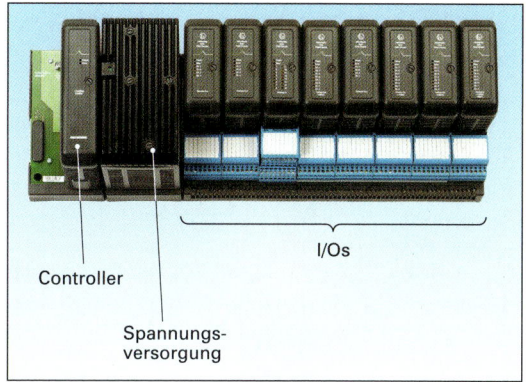

Bild 1: Controller-Baugruppe mit acht I/Os für ein Prozessleitsystem

Der Controller ist durch seinen Steckanschluss am Baugruppenträgerbus Teilnehmer am BGT-Busverkehr. Er wird so konfiguriert, dass er als Master gegenüber dem Gateway fungiert. Somit passieren alle Messsignale zuerst den Controller, ehe sie über das Gateway zum Computernetzwerk übertragen werden.

Ebenso laufen alle Stellbefehle von der Messwarte zuerst durch den Controller, ehe sie zum Aktor (Ventil) ins Feld gelangen.

Der Einsatz von externen Controllern bietet folgende Vorteile.

- Ein Teil der Messsignale wird direkt im Controller verarbeitet, ohne dass sie ins Computernetzwerk geschickt werden müssen. Wenn sie sich gegenüber dem vorhergehenden Zyklus nicht wesentlich geändert haben, kann das Computersystem mit den Werten aus dem vorhergehenden Zyklus weiterarbeiten. Dies schont die beschränkten Übertragungskapazitäten des Bus-Systems und stellt damit den Hauptvorteil eines externen Controllers dar.

- Falls es Probleme im Computernetzwerk geben sollte, ist durch den externen Controller eine ungestörte Weiterverarbeitung der Daten gesichert.

Die Zusammenschaltung der Eingangs- und Ausgangskarten mit dem Controller und der Netzwerkkarte wird auch als **Automatisierungseinheit** oder **Funktionseinheit** bezeichnet. Auch die Bezeichnungen **Field Control Station** oder **Prozessstation** sind dafür gelegentlich bei einigen Herstellern zu finden.

Bei einigen PLS-Herstellern ist das Gateway direkt im Controller integriert.

Bild 2: Automatisierungseinheit eines Prozessleitsystems

Innerhalb einer Automatisierungseinheit findet man oft zwei Stromversorgungsgeräte mit den Spannungsebenen 5 V und 24 V. Einige PLS-Hersteller führen die Spannungsversorgung aus externen Netzteilen über Kabel an die Automatisierungseinheit heran.

Die externen Controller nehmen folgende **Hauptaufgaben** wahr:

- Einfaches **Weiterleiten der Messwertsignale** vom Feld in das Computernetzwerk.

- Einfaches **Weiterleiten der Stellbefehle** (z. B. Bedienereingabe zum Öffnen eines Ventils) vom Computernetzwerk zum Feld.

- Ständiges **Überwachen von Prozesswerten** mit dem Ziel, bei Verlassen des sicheren Bereiches Alarmmeldungen auszugeben oder Noteingriffe vorzunehmen.

- **Überwachung** der Funktionsfähigkeit des Prozessleitsystems selbst.

- **Regelung** der konstant zu haltenden Prozesswerte der Chemieanlage. Die Regelung beinhaltet folgende Teilaufgaben:

  – Speicherung des vom Bediener vorgegebenen Soll-Wertes,

  – Vergleichen dieses Sollwertes mit dem gemessenen Ist-Wert; wenn der Messwert vom Sollwert abweicht, sendet der Controller einen Befehl zum mehr oder weniger schnellen Öffnen oder Schließen des zugehörigen Regelventils (oder zum Verändern einer anderen Stellgröße).

- Realisieren von automatisch ablaufenden **Rezeptsteuerungen**. Diese Aufgabe wird vom Controller nur in bestimmten Industriezweigen ausgeführt, nämlich dort, wo keine kontinuierlichen Prozesse geführt werden, sondern diskontinuierliche Chargenprozesse, die so genannten Batch-Prozesse.

Beispiel

Regelungsaufgabe des Controllers

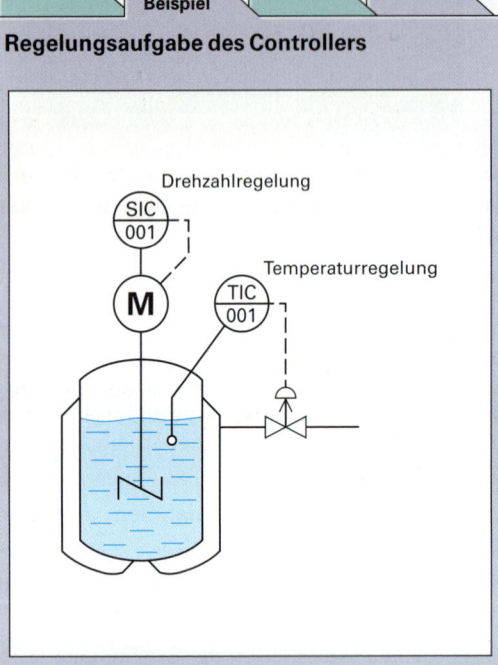

Bild 1: Gleichzeitige Temperatur- und Drehzahlregelung durch einen einzigen Controller

Am chemischen Reaktor von Bild 1 vergleicht der Controller ständig die Rührerdrehzahl und die Temperatur mit dem vom Bediener vorgegebenen und im Inneren des Controllers gespeicherten Soll-Wert. Bei Temperaturabweichungen öffnet oder schließt er das Kühlventil. Bei Drehzahlabweichungen verändert er die Erregerfrequenz des Antriebsmotors.

Zum Rührapparat gehören zwei Regelkreise. Ihre Funktionen werden jedoch von einem einzigen Controller ausgeführt. Er verarbeitet abwechselnd die beiden gemessenen Prozesswerte der Regelkreise.

Oftmals sind an chemischen Reaktoren weitere Regelkreise zu finden, wie z. B. Durchfluss- und Füllstandsregelungen. Sie werden dann ebenfalls vom gleichen Controller realisiert.

Beispiel

Rezeptursteuerungsaufgabe des Controllers

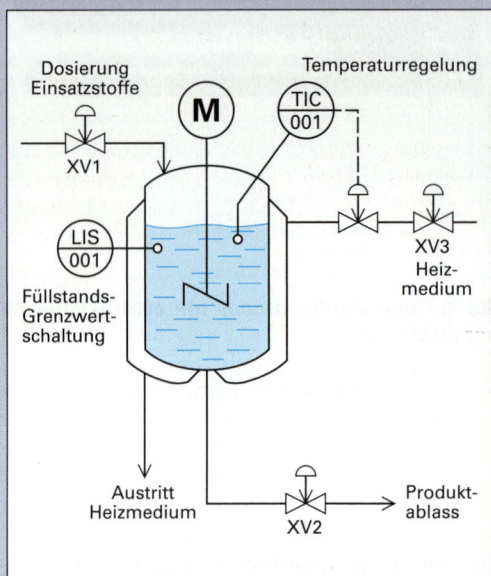

Bild 2: Rührkesselreaktor zur Durchführung eines Chargenprozesses

In einem Rührreaktor zur Arzneimittelproduktion (Bild 2) wird ein Produkt nach folgender Rezeptur hergestellt:

1. Befüllen des Reaktors.
2. Inbetriebnahme des Rührers.
3. Aufheizen und Inbetriebnahme der Temperaturregelung.
4. Nach einer Reaktionszeit von vier Stunden Außerbetriebnahme von Rührer und Temperaturregelung.
5. Ablassen des Reaktionsproduktes.

Die zugehörigen Schalthandlungen, wie z. B. das Öffnen oder Schließen der Ventile, werden vom Controller gesteuert. Der nächste Schritt wird immer erst dann eingeleitet, wenn der vorherige abgeschlossen ist. Falls erforderlich, wird die Abarbeitung des Rezeptes unterbrochen, um den Bediener zur Eingabe von notwendigen Werten aufzufordern.

Dieser vorher programmierte Ablauf von Aktionen befindet sich als Computerprogramm gespeichert im Inneren des Controllers. Es wird vor dem Start der Rezeptur vom Computernetzwerk aus über den Systembus in den Controller hineingeladen.

Die Teilaufgaben des Controllers im Rahmen der Rezeptursteuerung sind somit:

- **Erfassen von Messdaten**,
- **Betätigen von Stellorganen**,
- **Übergang zum nächsten Schritt**, wenn bestimmte Bedingungen erfüllt sind,
- **Meldung des derzeitigen Standes** der Rezeptbearbeitung an das Computernetzwerk, eventuell Anforderung ergänzender Bedienereingaben.

Der Controller ist somit unter anderem als ein umfangreicher Computerspeicher für Daten und Werte, wie er aus dem Personalcomputer bekannt ist. In seinen Speicherchips sind die Programmteile digital gespeichert, die ihn dazu bringen, die oben genannten Aufgaben allesamt zu erfüllen.

Zusätzlich enthält er Prozessor-Chips für die Durchführung der Berechnungsfunktionen.

Die meisten Programmteile werden nach dem Hochfahren des Prozessleitsystems von einer der Festplatten des Computernetzwerkes aus, meist von der Konfigurierungsstation, über den Systembus in den Speicher des Controllers hineingeladen. Dieser Vorgang wird als **Download** bezeichnet.

4.5 Prozessleitsystem mit mehreren externen Controllern als Mehrplatzsystem

Aufgrund seiner begrenzten Speicher- und Rechenkapazität ist ein einzelner Controller in der Lage, nur eine bestimmte Anzahl von Ein- oder Ausgangskanälen zu verarbeiten. Diese Zahl variiert von Hersteller zu Hersteller.

Ist die Zahl der zu bearbeitenden Mess- und Stellsignale zu groß, wird das Prozessleitsystem mit mehr als einem Controller ausgestattet. Diese sind untereinander, ähnlich wie die PCs im Computernetzwerk, durch ein Buskabel verbunden, über das sie ihre Daten austauschen.

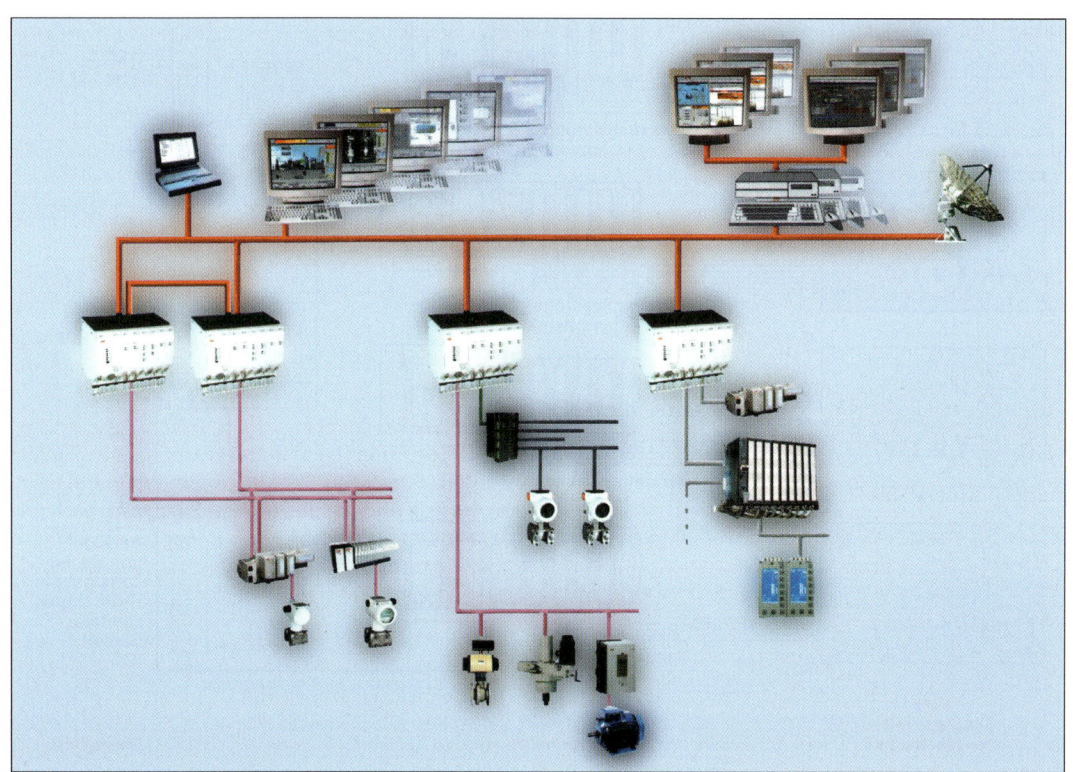

Bild 1: Darstellung eines Mehr-Contoller-Systems in den Herstellerunterlagen

4 Aufbau und Funktion von computerbasierten Prozessleitsystemen

> **Beispiel**
>
> **Leistungsgrenze eines einzelnen Controllers**
>
> Ist bauartbedingt die Grenze der Leistungsfähigkeit des Controllers bei 256 Kanälen erreicht, könnte er über die zugehörigen I/Os z. B. maximal verbunden werden mit:
>
> - 6 binären Eingangskarten mit je 16 Kanälen: zusammen 96 Kanäle,
> - 4 analogen Eingangskarten mit je 8 Kanälen: zusammen 32 Kanäle,
> - 6 binären Ausgangskarten mit je 16 Kanälen: zusammen 96 Kanäle,
> - 4 analogen Ausgangskarten mit je 8 Kanälen: zusammen 32 Kanäle.
>
> Das sind 20 Karten mit insgesamt 256 Kanälen.

In der Praxis muss diese Rechnung noch einige Faktoren mehr berücksichtigen. Jedoch verdeutlicht sie das Prinzip der Kanalaufteilung und -zuordnung zu einem einzelnen Controller.

Falls diese, mit Controller, Netzwerkkarte und zwei Stromversorgungsmodulen insgesamt 24 Karten keinen Platz nebeneinander auf einem einzelnen Baugruppenträger finden, gibt es auch die Möglichkeit der Anordnung auf zwei miteinander elektrisch verbundenen Baugruppenträgern. Alle diese Baugruppen oder Steckkarten sind an ihrer Rückseite elektrisch miteinander durch den **Baugruppenträgerbus (BGT-Bus)** verbunden, über den sie elektronisch digital miteinander kommunizieren.

Benötigt der Planer für seine konkrete Anlage mehr als die zur Verfügung stehende Obergrenze an Kanälen, muss er mehr als eine Automatisierungseinheit, d. h. auch mehr als einen Controller einsetzen. Diese werden dann in das Bus-System eingebunden, also parallel zu den anderen Teilnehmern im digitalen Bus-Verkehr angeschlossen.

Schematisiert können die entstehenden Strukturen zum Beispiel so aussehen, wie in den Bildern 1, S. 64, bis 1, S. 66, dargestellt.

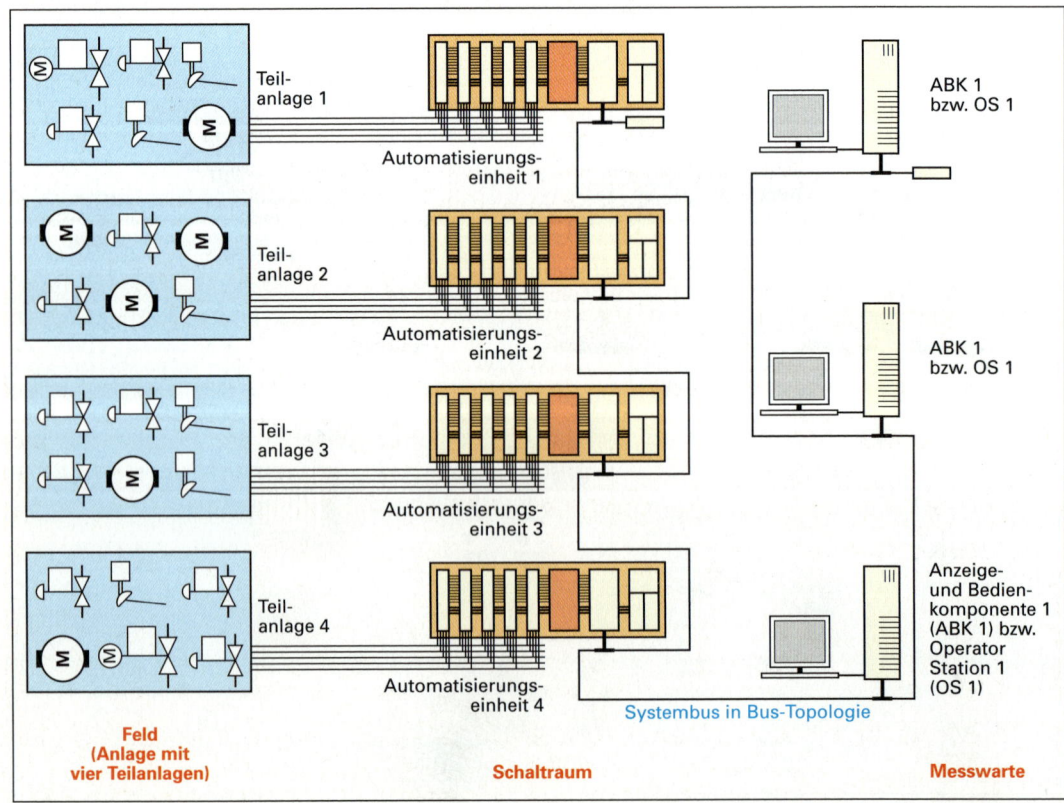

Bild 1: Mehrplatz- und Mehrcontrollersystem in Bus-Topologie

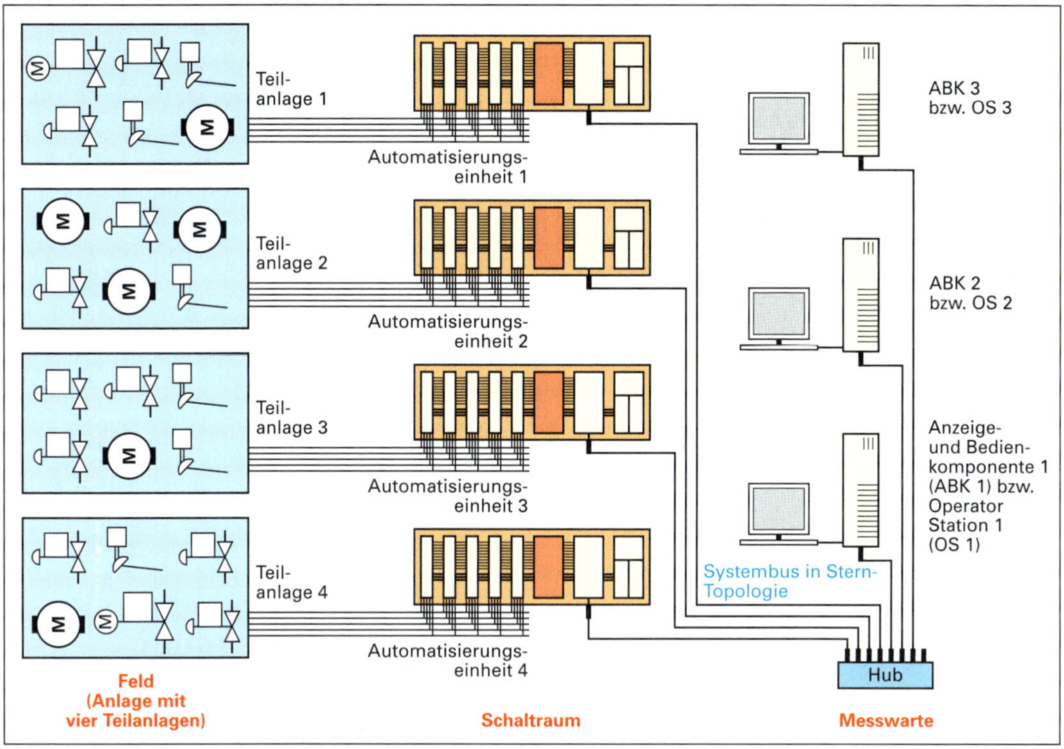

4.5 Prozessleitsystem mit mehreren externen Controllern als Mehrplatzsystem

Bild 1: Mehrplatz- und Mehrcontrollersystem in Stern-Topoloie

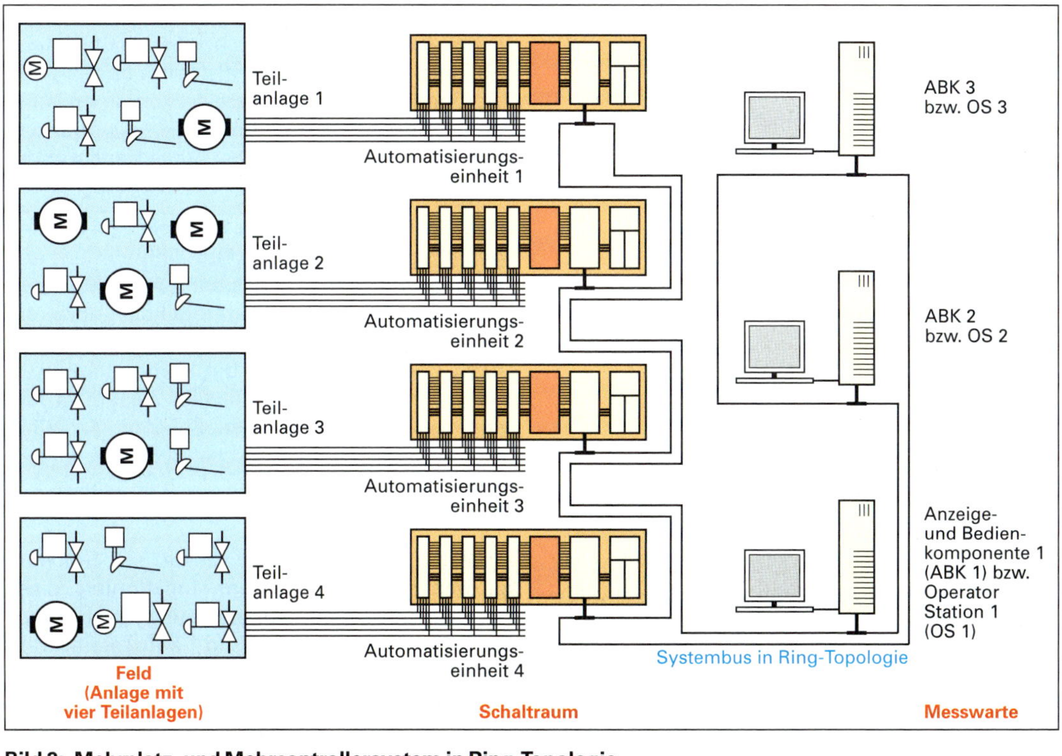

Bild 2: Mehrplatz- und Mehrcontrollersystem in Ring-Topologie

65

4 Aufbau und Funktion von computerbasierten Prozessleitsystemen

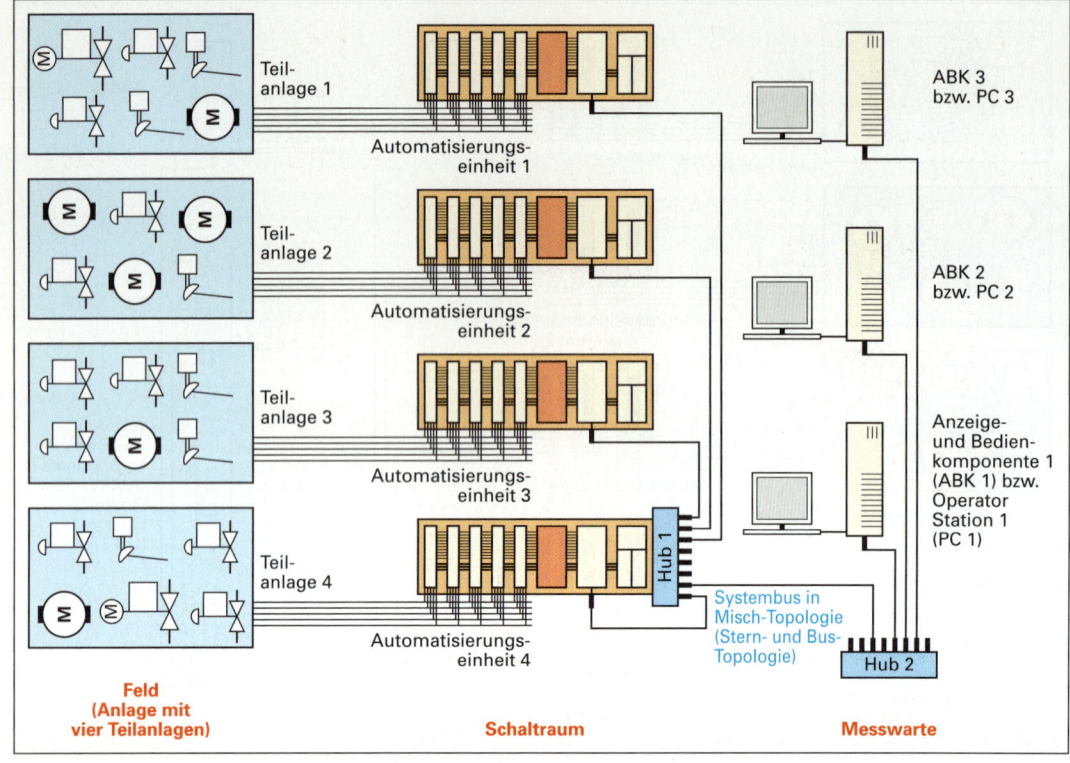

Bild 1: Mehrplatz- und Mehrcontrollersystem in Mischtopologie

Zur Einsparung von Verkabelungsaufwand wurde in Bild 1 eine Mischtopologie gewählt. Einerseits sind alle Automatisierungseinheiten sternförmig mit dem Verbindungsgerät Hub 1 verbunden, andererseits sind alle räumlich benachbarten Bedienstationen ebenfalls mit einem zentralen Punkt, dem Verbindungsgerät Hub 2 verbunden.

Das folgende Beispiel charakterisiert einen möglichen Signalfluss im Prozessleitsystem unter Bezugnahme auf Bild 1.

Beispiel

Signalfluss

Die Bedienereingabe zum Einschalten eines Rührwerksmotores, der sich in der Teilanlage 4 befindet, nimmt im Bild 1 als Signal folgenden Weg:

PC1 → **Hub2** → **Hub1** → **Gateway** der Automatisierungseinheit 4 → **Controller Nr. 4** → binäre **Ausgangskarte** Nr.... in der 4. Automatisierungseinheit → **Schütz** (Relais), das zum Rührermotor gehört (hier nicht mit dargestellt) → **Rührermotor**.

Die Software muss hier Schwerstarbeit leisten, denn das Schaltsignal, welches nur aus einigen wenigen Spannungsimpulsen von einer Millionstel Sekunde Länge besteht, muss über die Bus-Leitungen zur richtigen Stelle transportiert werden.

Das Bediensignal kommt über die Bus-Leitungen gleichzeitig bei allen Bus-Teilnehmern an. Da aber die Software des sendenden Computers einen Adresscode angefügt hat, ignorieren all jene Bus-Teilnehmer das Signal, für die es nicht bestimmt ist. Nur die Komponente, für welche die Signalfolge jeweils bestimmt ist, speichert sie im digitalen Speicher für eine Weiterverarbeitung im nächsten Zyklus.

Trotz der Kompliziertheit dieses per Software automatisierten Verfahrens funktioniert diese Art der Informationsübertragung sehr zuverlässig, auch wenn, wie in Bild 1 dargestellt, komplizierte Mischtopologien vorhanden sind. Bild 1, S. 67, zeigt eine solche Mischtopologie im Informationsmaterial eines Leitsystem-Anbieters.

4.5 Prozessleitsystem mit mehreren externen Controllern als Mehrplatzsystem

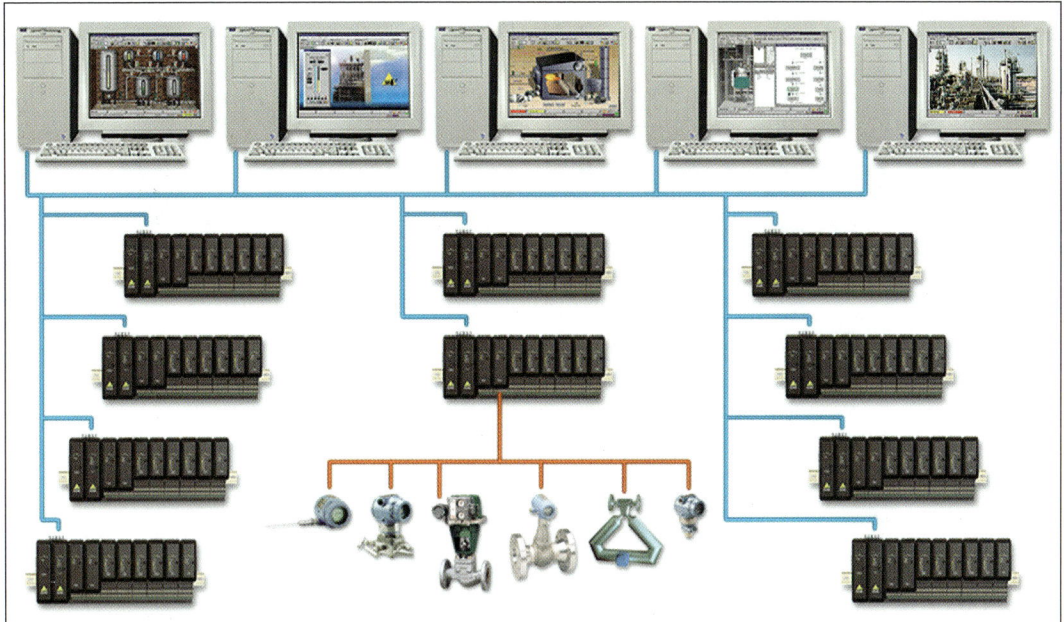

Bild 1: Mehrplatz- und Mehrcontroller-Prozessleitsystem in Mischtopologie

Durch die Software werden an die eigentlichen Daten noch Kontrollcodes angehängt, mit denen der Empfänger überprüfen kann, ob ein unverfälschtes Signal angekommen ist.

Die hier dargestellten Mehrplatz- und Mehrcontroller-Leitsysteme werden auch als **verteilte Prozessleitsysteme** oder **dezentrale Prozessleitsysteme** bezeichnet. Bei ihnen sind die zu lösenden Aufgaben funktionell und örtlich auf mehrere Hardware-Komponenten aufgeteilt.

> **Merksatz**
> Prozessleitsysteme, bei denen es eine funktionelle und örtliche Aufgabenteilung gibt, werden auch als **verteilte Prozessleitsysteme** oder **dezentrale Prozessleitsysteme** bezeichnet.

> **Beispiel**
> **Aufgabenverteilung in einem Prozessleitsystem**
>
> Die Struktur des Leitsystems von Bild 1, S. 66, zeigt die typische Aufgabenteilung eines dezentralen Prozessleitsystems. Solche Systeme werden deshalb auch als **verteilte Prozessleitsysteme** bezeichnet. Die einzelnen Teile haben folgende Aufgaben:
>
> - **PCs 1 bis 3:**
>   Visualisierung (bildliche Darstellung) des Prozessgeschehens und Ermöglichung der Bedienung
>
> - **Controller 1 bis 4:**
>   Aufrechterhaltung der Regelungen und der automatisierten Rezeptabläufe, Weiterleitung der Mess- und Stellsignale
>
> - **Eingangs- und Ausgangskarten in den Automatisierungseinheiten 1 bis 4:**
>   Digitalisierung der Messwerte und Dedigitalisierung der Bedieneingaben
>
> - **Hubs 1 und 2:**
>   Weiterleitung der Messsignale zu allen PCs und Weiterleitung der Bedienereingaben zum richtigen Stellorgan

Bild 1, S. 68, zeigt eine Montagemöglichkeit bei der Verwendung von zwei externen Controllern. Diese sind mit den zugehörigen I/Os jedoch nicht Seite an Seite gesteckt. Deshalb sind sie mit ihnen auch nicht über gemeinsame Steckkontakte an der Rückseite, also den Baugruppenträgerbus, verbunden.

Stattdessen verläuft ein Buskabel (an violetter Farbe erkennbar) vom Controller zu den I/Os. Die I/Os werden gewissermaßen fernbedient. Man bezeichnet diese Struktur deshalb als Remote-I/O-Struktur. Die I/Os können sich dabei trotz der „Fernbedienung" in der Nähe des Controllers oder aber entfernt von ihm befinden.

4 Aufbau und Funktion von computerbasierten Prozessleitsystemen

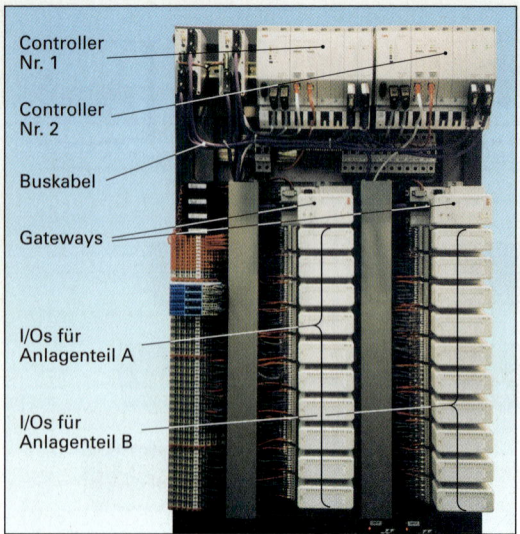

Bild 1: Zwei Controller mit ihren zwei zugehörigen Reihen von I/Os

4.6 Prozessleitsysteme mit Remote-I/Os

Prozessleitsysteme mit Remote-I/Os stellen eine relativ junge Entwicklung der digitalen Prozessleittechnik dar. Dieser Struktur liegt der Gedanke zugrunde, die I/Os räumlich von den Controllern zu trennen und sie durch ein peripheres Bussystem zu verbinden. Dieses stellt die Vorstufe des echten Feldbusses dar.

In den Bildern 1, S. 64, bis 1, S. 67, fällt auf, dass von den Automatisierungseinheiten ausgehend sehr viele Kupferkabel parallel zu den Sensoren und Aktoren im Feld führen.

Diese Verkabelung verkörpert einen hohen Aufwand an Material und Arbeitskraft. Speziell dann, wenn sich die Schaltschränke mit den Automatisierungseinheiten nahe bei der Messwarte, also weit entfernt von der Feldtechnik befinden, reduziert man heute öfter den Verkabelungsaufwand durch den Einsatz eines **peripheren Bus-Systems**.

Da sich dieses von den Controllern aus gesehen feldseitig befindet, wird dieses periphere Bussystem auch als **Feldbus** bezeichnet.

Es ist jedoch zu unterscheiden von dem echten Feldbus-System, das im nächsten Kapitel 4.7 (Prozessleitsysteme mit Feldbus) beschrieben wird. Hier soll deshalb besser von einem peripheren Bus-System mit **Remote-I/Os** gesprochen werden. Dieser Begriff wird im Folgenden näher erklärt.

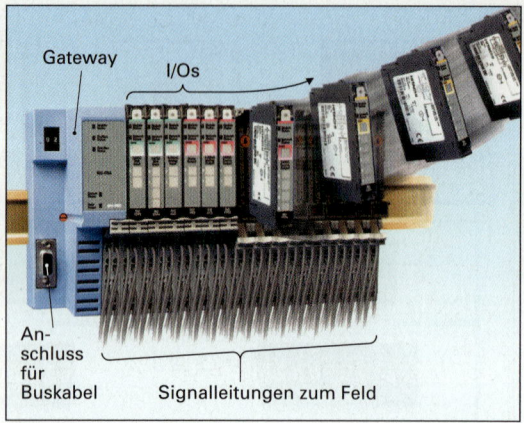

Bild 2: Remote-I/O-Baugruppe eines Prozessleitsystems

Bei der Verwendung eines peripheren Bus-Systems werden die Ein- und Ausgangskarten nicht auf den gleichen Baugruppenträger, wie die Controller montiert. Sie befinden sich stattdessen in separat angeordneten Schaltschränken weit entfernt von den Controllern. Diese Schaltschränke stehen in Feldnähe. Die Pakete der Eingangs- und Ausgangskarten werden somit gewissermaßen über den peripheren Bus „ferngesteuert". In Übernahme aus dem englischen Sprachgebrauch spricht man von **Remote-I/Os**. Bild 3 zeigt einen künftigen Schaltschrank mit Remote-I/Os in der Montagephase eines Prozessleitsystems.

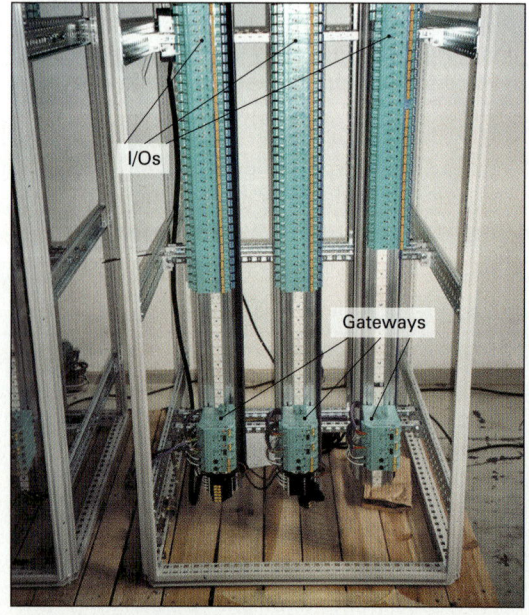

Bild 3: Remote-I/Os in der Montagephase eines Prozessleitsystems

4.6 Prozessleitsysteme mit Remote-I/Os

Die Verbindung zwischen den Controllern und den dazugehörigen Paketen von Ein- und Ausgangskarten wird bei Einsatz von Remote-I/Os durch den peripheren Bus realisiert. Bild 1 zeigt, wie eine derartige Struktur aussehen kann.

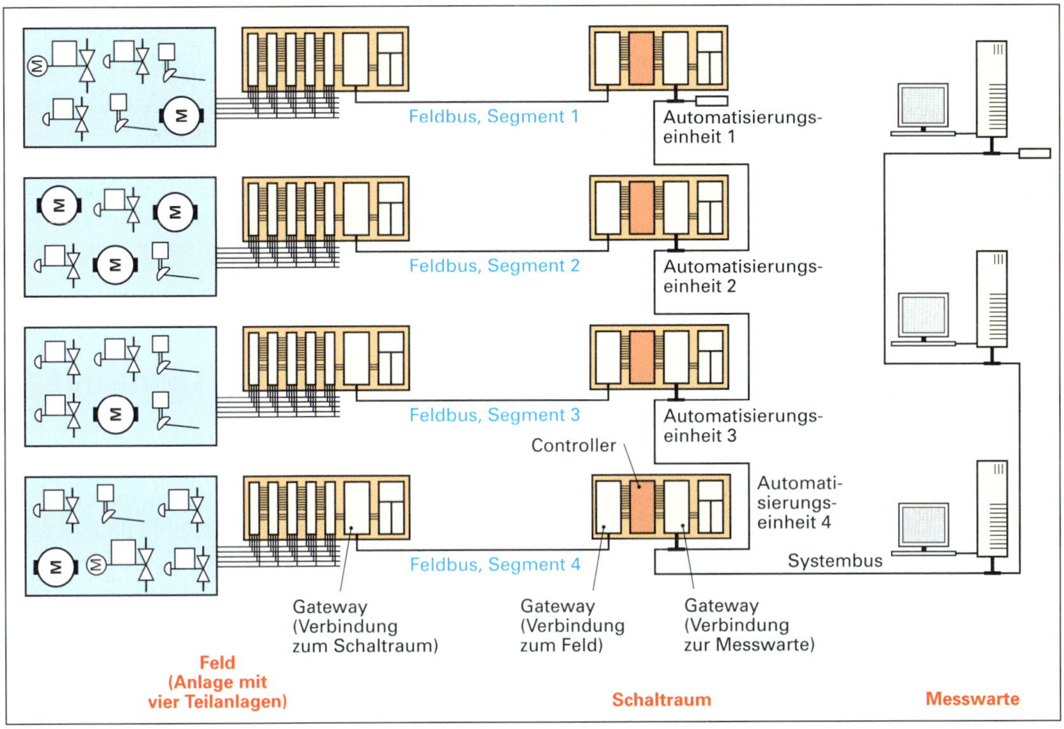

Bild 1: Mehrplatz-Mehrcontroller-Prozessleitsystem mit Remote-I/Os

Die Automatisierungseinheiten werden dadurch räumlich etwas kleiner, da sie die I/O-Baugruppen nicht mehr enthalten.

Die Bilder 2 und 3 zeigen spezialisierte Controllerbaugruppen zur Ansteuerung von Remote-I/Os. Sie enthalten messwartenseitige und feldseitige Gateways, die aus Sicherheitsgründen doppelt (redundant) ausgeführt sind.

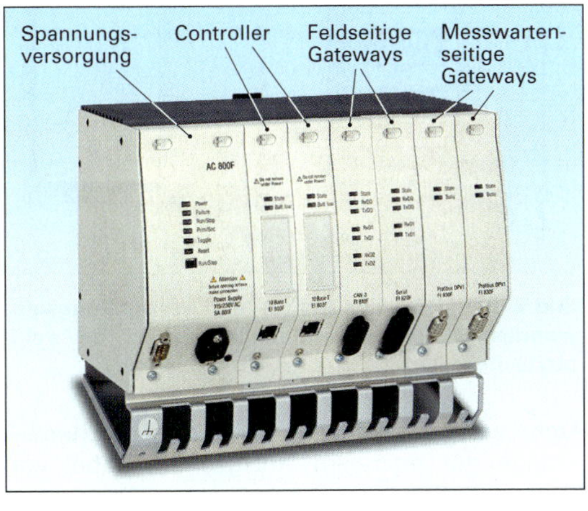

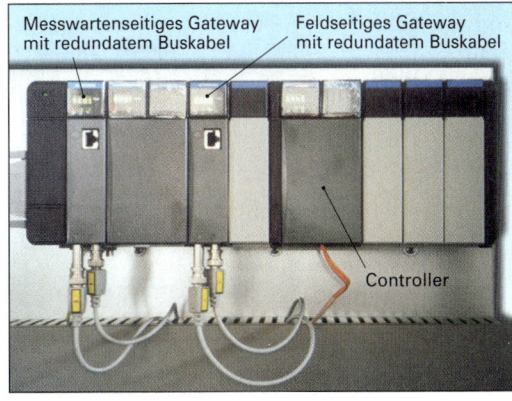

Bild 2: Controllerbaugruppe mit angebauten und jeweils doppelt vorhandenen Gateway-Modulen

Bild 3: Controllerbaugruppe mit angebauten Gateway-Modulen, die den Anschluss zweier Buskabel ermöglichen

4 Aufbau und Funktion von computerbasierten Prozessleitsystemen

Zur Verbindung der Automatisierungseinheiten mit den Paketen der Ein- und Ausgangskarten werden zusätzliche Gateways, also Netzwerkkarten, erforderlich. In Bild 3, S. 69, sind diese im linken Bildteil erkennbar.

Bei Beschädigung der Bus-Kabel ist kein Datenaustausch mehr mit der Feldtechnik möglich. Deshalb werden diese Bus-Verbindungen oftmals redundant, also mehrfach ausgeführt. Die Gateways besitzen dann zum Beispiel zwei Anschlüsse für zwei Bus-Kabel, oder sind doppelt, d. h. redundant, ausgeführt, wie in Bild 1 als doppelte grüne Kabel erkennbar. Dies ergibt Vorteile hinsichtlich der Zuverlässigkeit des Gesamtsystems.

Die Remote-I/O-Struktur bringt zwar gewisse Vorteile hinsichtlich des Verkabelungsaufwands, jedoch sind die Möglichkeiten der digitalen Technik noch nicht bis zum konsequenten Ende ausgeschöpft. In den Gruppen der Ein- und Ausgangskarten erfolgt immer noch eine Signalwandlung der digitalen Signale in 24 V Schaltsignale oder in analoge Einheitssignale (4 ... 20 mA bzw. 0 ... 10 V) bzw. umgekehrt. Damit verbunden gibt es immer noch die aufwändige Parallelverdrahtung zwischen der Vielzahl der Sensoren/Aktoren und den Ein-/Ausgangskarten. Der Verdrahtungsaufwand lässt sich durch den Einsatz der Feldbustechnik verringern.

4.7 Prozessleitsysteme mit Feldbus

Wenn man den Gedanken der digitalen Signalübertragung per Bus-System konsequent zu Ende denkt, kommt man zwangsläufig darauf, dass es auch möglich sein müsste, alle Sensoren und Aktoren an eine gemeinsame Leitung, also das Bus-Kabel, anzuschließen. Dies setzt voraus, dass ihnen die zugehörigen Signale zeitlich nacheinander zu schicken sind bzw. nacheinander deren Messwerte abzufragen sind.

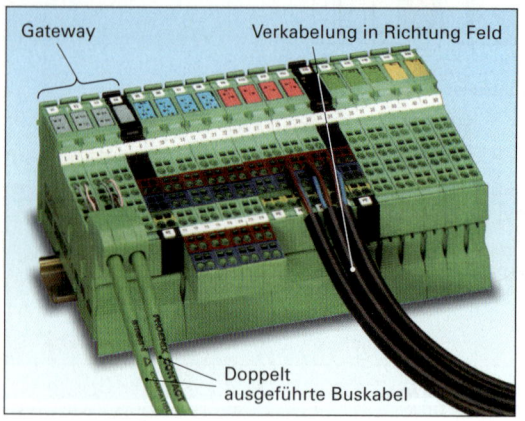

Bild 1: Redundante Buskabel-Anschlüsse am Gateway von Remote-I/Os

Bild 2: Remote-I/Os mit Gateway und Buskabel-Stecker im linken Bildteil

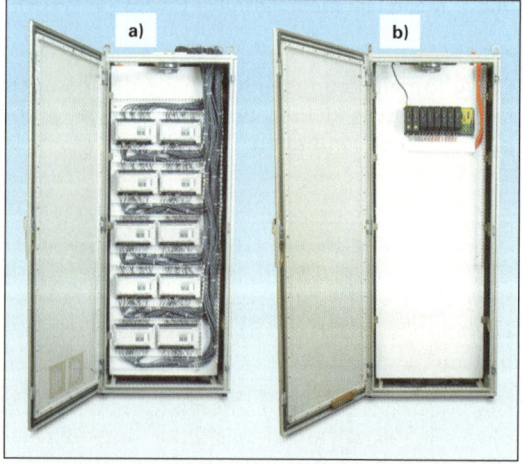

Bild 3: Vergleich des Geräte- und Verkabelungsaufwandes a) bei konventioneller und b) bei Feldbustechnik

Dann wird im Idealfall in der gesamten Chemieanlage nur noch ein einziges Bus-Kabel von Sensor zu Sensor und von Aktor zu Aktor gezogen. Zumindest reduziert sich der Verkabelungsaufwand erheblich, wie Bild 3 veranschaulicht.

4.7 Prozessleitsysteme mit Feldbus

Die elektrischen Einheitssignale von 4 ... 20 mA und 0 ... 10 V spielen in diesem Fall keine Rolle mehr. Damit entfallen nicht nur die Kosten für die Vielzahl der parallelen Kabel, sondern auch deren erheblicher Montageaufwand.

Allerdings entsteht dadurch ein neuer Aufwand, nämlich die erforderliche Programmierung der Sensoren und Aktoren. In erster Linie muss ihnen eine digitale Adresse eingespeichert werden, d. h. eine Art Hausnummer, unter der sie für die Datenpakete erreichbar sind. Dies wird in der Praxis durch Spezialisten von der Engineering-Station des Leitsystems aus realisiert oder aber direkt vor Ort im Feld mit Hilfe eines Notebooks.

Eine solche Feldbus-Struktur könnte zum Beispiel wie in Bild 1 dargestellt aussehen.

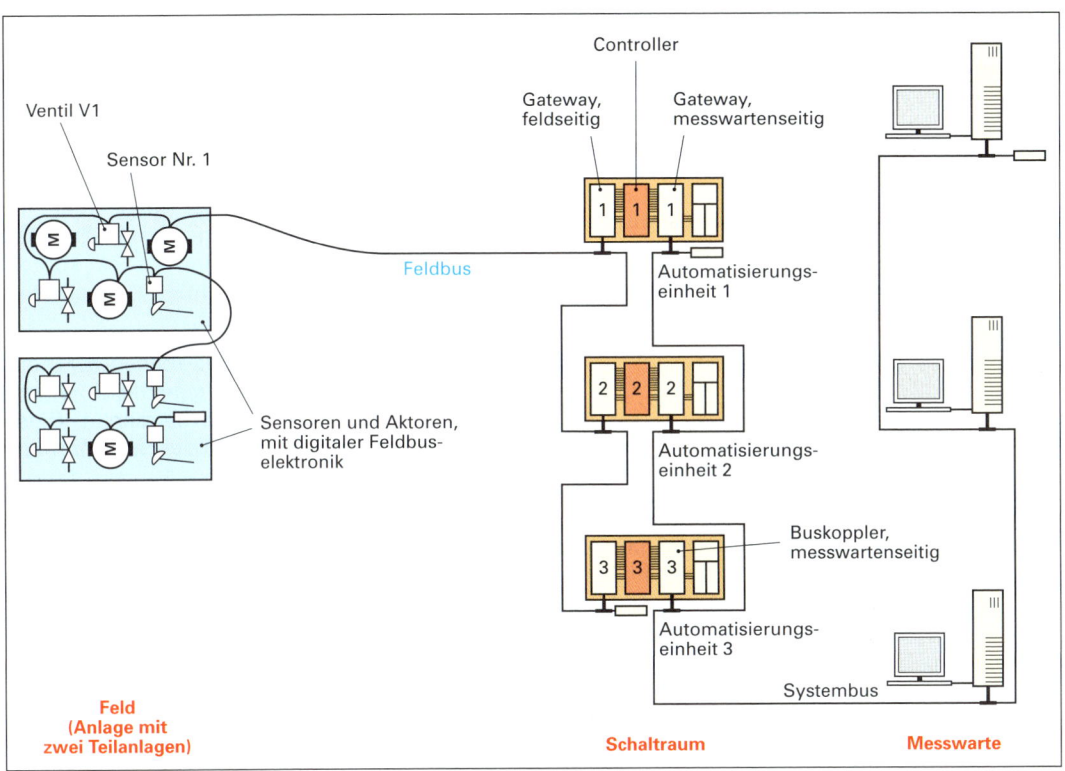

Bild 1: Mögliche Struktur eines Mehrplatz-Mehrcontroller-Prozessleitsystems mit Feldbus

Bild 1 zeigt deutlich, dass alle Sensoren und Aktoren ein gemeinsames Bus-Kabel nutzen. Dieses ist räumlich lediglich von einem Teilnehmer zum anderen zu ziehen.

Das Signal, z. B. vom Messfühler 1, wird nun direkt in einer am Messfühler befindlichen Elektronikbox von einem elektrischen Widerstandssignal in ein digitales Signal umgewandelt.

Das Messsignal nimmt folgenden Weg, bevor es als Prozessinformation zum Bediener gelangt:

Messfühler 1 → **feldseitiges Gateway 2** → **Controller 2** → **messwartenseitiges Gateway 2** → **alle PCs** (zur Visualisierung).

Ein solcher Signalweg wird im folgenden Beispiel näher untersucht.

Beispiel

Signalfluss

Der nachfolgend betrachtete Messwert gehört zu einem Regelkreis im oberen Anlagenteil von Bild 1. Es handelt sich um eine Prozesstemperatur, die mit Hilfe des Ventils **V1** konstant zu halten ist. Das Signal der gemessenen Temperatur unterliegt der folgenden Behandlung:

1. Der **Messfühler 1** versieht den Messwert mit seiner eigenen Adresse und sendet ihn nach Aufforderung auf den Feldbus. Der

Messwert erreicht die feldseitigen Gateways 1 bis 3. Die Gateways 1 und 3 ignorieren das Signal, da es auf Grund der mitgesandten Adresse zum Gateway 2 gehört.

2. Das **feldseitige Gateway 2** stellt auf Grund der mitgesendeten Adresse fest, dass der gesendete Messwert zum Controller 2 gehört, deshalb wird der Messwert angenommen, kurz zwischengespeichert und dann mit der eigenen Adresse versehen über den Baugruppenträgerbus an den Controller 2 und das messwartenseitige Gateway 2 gesendet.

3. Das **messwartenseitige Gateway** ignoriert das Signal, da es auf Grund der angehängten Adresse weiß, dass es vom feldseitigen Gateway 2 stammt. Weil ein Querverkehr zwischen den Gateways nicht direkt statthaft ist, sondern nur über den Controller als Master abgewickelt werden darf, wird das gesendete Signal nur vom Controller akzeptiert und weiter verarbeitet.

4. **Controller 2** akzeptiert das gesendete Messsignal und berechnet nach einem Vergleich mit dem im Controller gespeicherten Temperatur-Sollwert die erforderliche Öffnung des zugehörigen Regelventils. Er versieht das eingegangene Messsignal zuerst mit den Adressen für das messwartenseitige Gateway 2 und anschließend mit den Adressen aller 3 PCs, weil das Signal auf diesem Weg zum Bediener gelangen soll.

5. Außerdem versieht der **Controller 2** den berechneten Ventilöffnungswert mit der Adresse des zugehörigen Regelventils V1, mit der Adresse des messwartenseitigen Gateways 2 sowie mit den Adressen aller drei PCs. Dies ist der Weg, den die Information über die Stellventilöffnung nehmen soll.

6. Beide adressversehenen Werte, also den Messwert und den Ventilöffnungswert, sendet **Controller 2** nacheinander auf den Baugruppenträgerbus.

7. Das **feldseitige Gateway 2** akzeptiert nur das Stellgrößensignal, speichert es zwischen und schickt es dann auf den Feldbus.

8. **Alle Feldbusteilnehmer**, außer V1, ignorieren das Signal. Ventil V1 akzeptiert das Signal und geht unter Nutzung der angeschlossenen Hilfsenergieversorgung in die berechnete Stellposition.

9. Das **messwartenseitige Gateway 2** akzeptiert sowohl das Messwertsignal als auch das Stellgrößensignal, speichert die Werte zwischen und schickt sie dann über den Systembus zu den Bedienstationen.

10. **Alle PCs** akzeptieren sowohl das Messsignal, als auch das neue Stellgrößensignal und verarbeiten es weiter zur Visualisierung auf dem Bildschirm.

Die Darstellung dieses Beispiels mag kompliziert erscheinen, sie stellt jedoch noch eine starke Vereinfachung der Realität dar. Es wurde nicht berücksichtigt, welcher Bus-Teilnehmer von sich aus senden darf und welcher Teilnehmer nur empfangen darf (das so genannte Zugriffsverfahren). Darüber hinaus muss exakt koordiniert werden, wer an ein Signal die Quell- und Zieladressen anhängen darf.

Auch die Frage, welche Bus-Teilnehmer Kontrollinformationen an das eigentliche Signal anhängen, wurde hier nicht betrachtet. Diese Details sind in den Standards der Bus-Spezifikation exakt festgelegt.

Weltweit standardisierte und zunehmend häufiger installierte Feldbussysteme sind: **PROFIBUS PA, FOUNDATION FIELDBUS, INTERBUS, ModBus, AS-i-Bus** (Aktuator-Sensor-Interface), **DEVICENET**. Dies sind andere Normen als sie bei den Systembussen in der Messwarte Anwendung finden (vgl. Seite 57).

> **Merksatz**
>
> Der in der Prozessindustrie am meisten zur Anwendung kommende Feldbusstandard ist der **PROFIBUS PA**.

Wenn im Fall von Bild 1 auf Seite 71 jeder der drei Controller aufgrund seiner Konstruktion 256 Sensoren und Aktoren bearbeiten kann, so sind dies 768 Kanäle (3 × 256 = 768), die pro Zyklus, also ca. 1 Mal pro Sekunde bearbeitet werden müssen. Die zugehörigen Signale sind nacheinander über die Bus-Leitungen zu verschicken.

Diese Datenmenge wird in der Praxis dadurch reduziert, dass immer nur die Signale verschickt werden, die sich gegenüber dem vorhergehenden Zyklus nennenswert geändert haben.

4.7 Prozessleitsysteme mit Feldbus

In kritischen Situationen kann es jedoch vorkommen, dass sich nahezu alle Werte schnell ändern, daher müssen die Bus-Systeme so ausgelegt sein, dass sie auch in diesem Fall alle Informationen sicher übertragen können. Ein Versagen des Bussystems aufgrund zu hohen Datenanfalls bezeichnet der Praktiker als „Verstopfen" des Busses.

> **Merksatz**
>
> Die Bussysteme in der Prozessleittechnik kommen in Zeiten starken Datenanfalls, z. B. in Alarmsituationen, an ihre Leistungsgrenze. Aufgrund der Nacheinander-Übertragung aller Daten stellen sie einen Flaschenhals im Datenaustausch dar.

Um auch bei einem solchen starken Datenanfall das Bussystem nicht zum Erliegen zu bringen, werden mehrere Feldbuskabel parallel installiert. Damit wird die theoretische Möglichkeit, alle Sensoren und Aktoren über ein einziges Feldbuskabel anzusprechen, aus Sicherheitsgründen nicht ausgeschöpft.

So findet man in der Praxis häufig auch solche Konfigurationen, wie sie in Bild 1 dargestellt sind.

Man erkennt, dass es in Bild 1 pro Controller einen eigenen Feldbuszweig gibt, ein so genanntes **Bus-Segment**. Somit sind vier Feldbusleitungen vorhanden (bei redundanter Auslegung aus Sicherheitsgründen acht Feldbusleitungen).

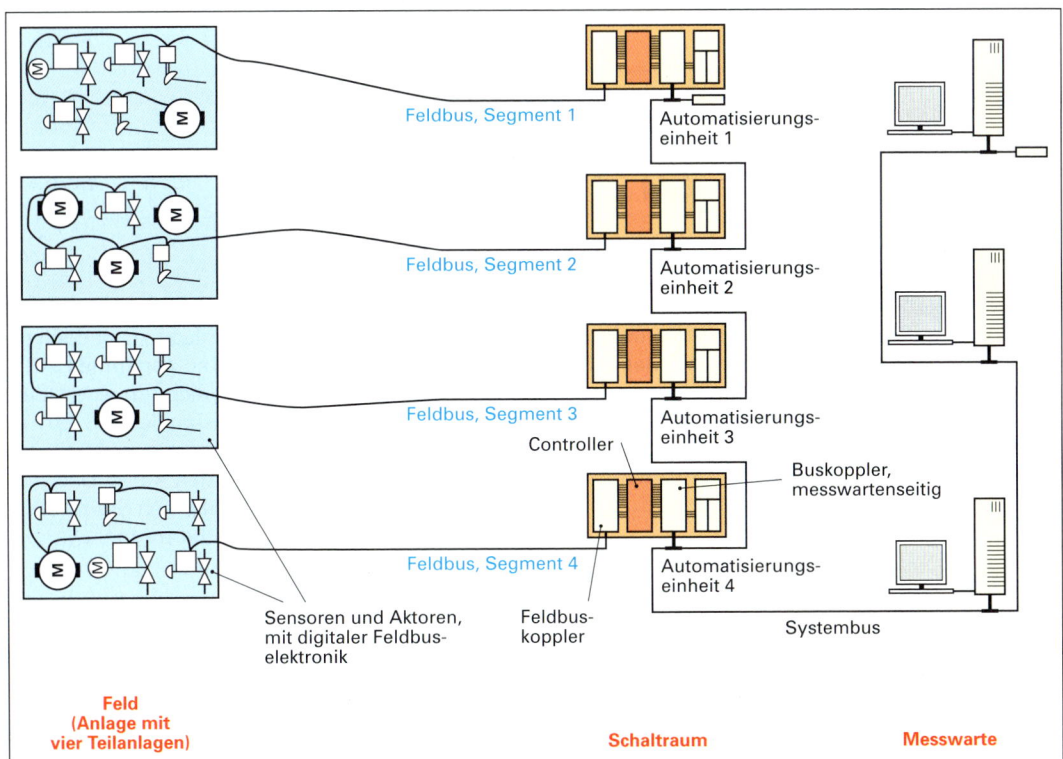

Bild 1: Mögliche Struktur eines Prozessleitsystems mit Feldbus-Segmenten

Bild 1, S. 74, enthält die Darstellung eines Feldbussystems mit drei Segmenten aus dem Prospekt eines Prozessleitsystem-Anbieters.
Eine solche Aufteilung in Feldbussegmente mit maximal 10 Bus-Teilnehmern pro Segment wird vor allem dann eingesetzt, wenn es sich um explosionsgefährdete Anlagen handelt. Bei mehr als 10 Teilnehmern pro Segment könnte es vorkommen, dass sich die übertragenen Energien summieren. Bei Leitungsdefekten kann hier eine Funkenbildung nicht hundertprozentig ausgeschlossen werden.

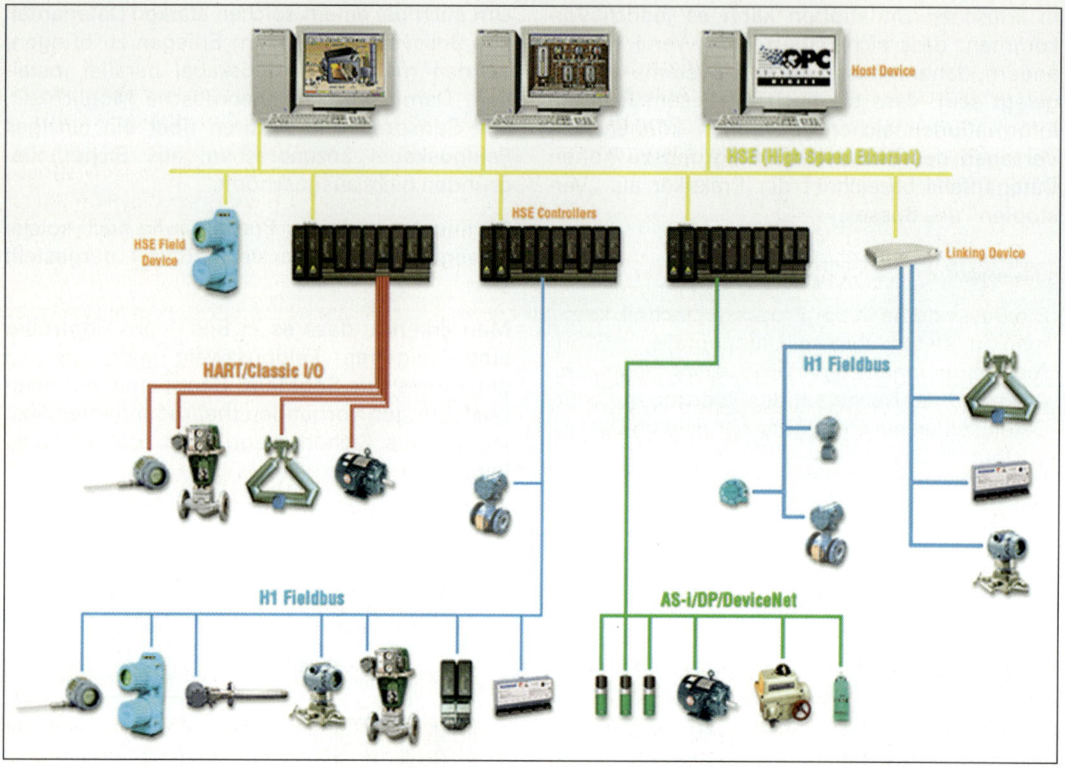

4 Aufbau und Funktion von computerbasierten Prozessleitsystemen

Bild 1: Mehrplatz-Mehrcontroller-Prozessleitsystem mit Feldbus-Segmenten

Über das Feldbuskabel erfolgt auch oft eine Versorgung der Sensor- und Aktorelektronik mit spannungskonstanter Hilfsenergie. Betrachtet man deshalb den zeitlichen Spannungsverlauf im Bus-Kabel, so erkennt man die Überlagerung von konstanter Speisespannung mit Millionen von Signalimpulsen pro Sekunde, den Bits (Bild 2).

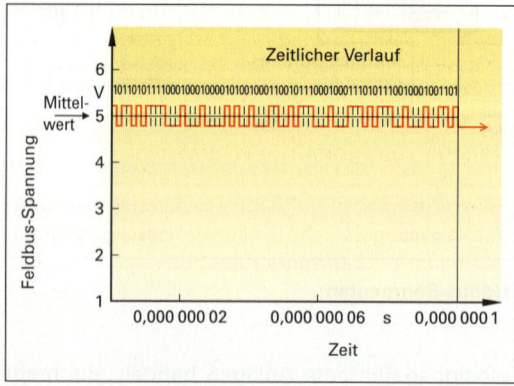

Bild 2: Signalübertragung in Form von Bits über den Feldbus, überlagert mit der Geräte-Speisespannung

Bei konsequenter Anwendung der Feldbustechnik werden die Einheitssignale 4 ... 20 mA und 0 ... 10 V weder als Messsignal noch als Stellsignal verwendet. In einigen Anlagen ist jedoch eine Mischform zu finden, das so genannte HART-Protokoll. Hierbei handelt es sich um eine Überlagerung des Strom-Einheitssignales 4 ... 20 mA mit einer elektrischen Frequenz, die ca. 1 000-mal pro Sekunde verändert werden kann. Dadurch lassen sich zusätzlich zum analogen Signal auch noch digitale Informationen übertragen.

4.8 Das Ebenenmodell der Prozessleittechnik

Das Prozessleitsystem, mit dem der Bediener seine Anlage steuert, stellt im **engeren Sinn** ein digital arbeitendes Computersystem dar.

Zu diesem Computersystem gehören neben den Leitstationen (Operator-Stationen, Anzeige- und Bedienkomponenten, PCs, Work Stations u. ä. Bezeichnungen) auch die Baugruppen der prozessnahen Komponente. Dies sind in erster Linie die Controller mit den Wandlerkarten zum Aufrechterhalten der Regelungen in den Regelkreisen und zur Durchführung der automatischen Rezeptursteuerung.

Im weiteren Sinne besteht das Prozessleitsystem neben der Rechnerhard- und -software auch aus der Feldtechnik, also den Messfühlern und den Stellgeräten, die sich direkt in der Anlage befinden. Entsprechend ihrer Entfernung von der realen Anlage kann man diese drei Elemente folgendermaßen sortieren:

1. Feldebene

Messfühler (Sensoren) und Stellgeräte (Aktoren).

2. Funktionsebene

Controllerkarten zur Durchführung der Regelungen und der Rezeptabläufe, einschließlich der Analog-Digital- und der Digital-Analog- Wandlerkarten.

3. Prozessleitebene

Leitstationen, das heißt die PCs zur Bedienung und Beobachtung des Prozesses.

In der Prozessleitebene werden unter anderem Daten gespeichert, die zur technischen und betriebswirtschaftlichen Auswertung des Betriebsgeschehens nutzbar sind. Dazu gehören:

- Verbrauch an Einsatzstoffen,
- produzierte Mengen,
- verbrauchte Energien,
- erreichte Umsätze,
- Stillstands- und Störungszeiten,
- verschiedene zeitliche Verläufe (Trends),
- Alarme und alle Bedienerhandlungen.

Die Auswertung dieser Daten obliegt neben dem Bediener in erster Linie den Mitarbeitern in den Planungs- und Verwaltungsabteilungen der Fabrik und des Gesamtunternehmens. Auf der Grundlage der gespeicherten Daten können verschiedenste Schlussfolgerungen gezogen und Entscheidungen getroffen werden, wie z. B.:

- Sollen die Prozessbedingungen, wie Temperatur und Druck, künftig anders gewählt werden, um höhere Umsätze zu erzielen?
- Lässt sich mit einer anderen Reihenfolge beim Anfahren die Normalfahrweise schneller erreichen?
- Durch welche Maßnahmen kann die Produktqualität verbessert werden?

- Wodurch traten in der Vergangenheit kritische Zustände auf?
- Welche Bediener zeigten zu wenig Aufmerksamkeit und Verantwortungsbewusstsein?
- Durch welche organisatorischen Maßnahmen lassen sich Stillstandszeiten von Apparaten, z. B. bei rezepturgesteuerten Prozessen, künftig verringern?
- Wie viel Einsatzstoffe mussten pro Tonne Endprodukt im Durchschnitt aufgewendet werden und was kostete dies das Unternehmen?
- Können die Abweichungen von der angestrebten Produktqualität z. B. durch Einstellung anderer Reglerparameter verringert werden?
- Welche Schwankungen der Hilfsenergiebereitstellung (z. B. Heißdampfversorgung) gab es und welche Auswirkungen hatte dies auf die Produktmenge und -qualität?
- Welche Chargen sollen künftig in welcher Reihenfolge und in welchen Apparaten produziert werden, um eine maximale Auslastung der Technik zu erreichen?
- Welche Wartungsintervalle sind künftig anzustreben?

Die optimale Beantwortung der meisten dieser Fragen obliegt dem Personal der Fabrik- oder Betriebsleitung.

Dieses kann in modernen Prozessleitsystemen deshalb direkt auf die langzeitig auf Festplatten gespeicherten Daten der Prozessleitebene zugreifen und diese nach Wunsch auch in speziellen für solche Auswertungen existierenden Anwendungsprogrammen verarbeiten.

Ein komplexes und flexibles Softwaresystem zur Verarbeitung solcher ökonomisch, planungstechnisch und administrativ bedeutender Daten ist das Programm R3 des deutschen Softwareherstellers SAP.

Die Verarbeitung der Daten und die darauf basierenden Entscheidungen sind zum einen Aufgabe der Mitarbeiter, die für die Planung, Steuerung und Verwaltung der unmittelbaren Produktion verantwortlich sind, also der Fabrik- oder Betriebsleitung.

4 Aufbau und Funktion von computerbasierten Prozessleitsystemen

Zum anderen ist die Verarbeitung der Produktionsdaten auch Sache der nächst höheren Leitungsebene, die das Zusammenwirken mehrerer Fabriken und Teilbetriebe steuert, koordiniert und auswertet, also der Leitungsebene des Gesamtunternehmens.

Gestaffelt nach ihrer Entfernung vom Prozess in der Anlage existieren also weitere zwei Ebenen, deren Datenverarbeitungsgeräte mit dem Prozessleitsystem verbunden werden können:

4. Betriebsleitebene

5. Unternehmensleitebene

Diese beiden Ebenen können in modernen Unternehmen auf die gespeicherten Daten aus den verschiedenen Prozessleitsystemen zugreifen und in begrenztem Umfang auch Daten in diese Systeme schicken. Dies ist durch elektronische Verbindungen über Bus- bzw. Netzwerkkabel technisch möglich.

Die Entwicklung der weiteren Jahre könnte dahin gehen (heute schon bei einigen Unternehmen realisiert), dass alle Prozessleitsysteme mit ihrem computerseitigen digitalen Teil untereinander vernetzt sind und die Daten in der Unternehmensleitebene zusammenfließen.

Damit werden die Betriebsleitebene und die Unternehmensleitebene Teil eines jeden Prozessleitsystems. Sie fungieren gewissermaßen als Kopf des Prozessleitsystems.

Die im Text genannten fünf Ebenen lassen sich, hierarchisch sortiert, auch als Dreieckschema darstellen (Bild 1).

> **Hinweis**
>
> In einigen Quellen wird die Betriebsleitebene nochmals unterteilt in die **Produktionsleitebene** und die eigentliche **Betriebsleitebene**.
>
> Dieses **Ebenenmodell der Prozessleittechnik** ist nicht zu verwechseln mit dem Schema der Anlagen- und Teilanlagenhierarchien bei der Rezeptsteuerung von Batch-Prozessen.

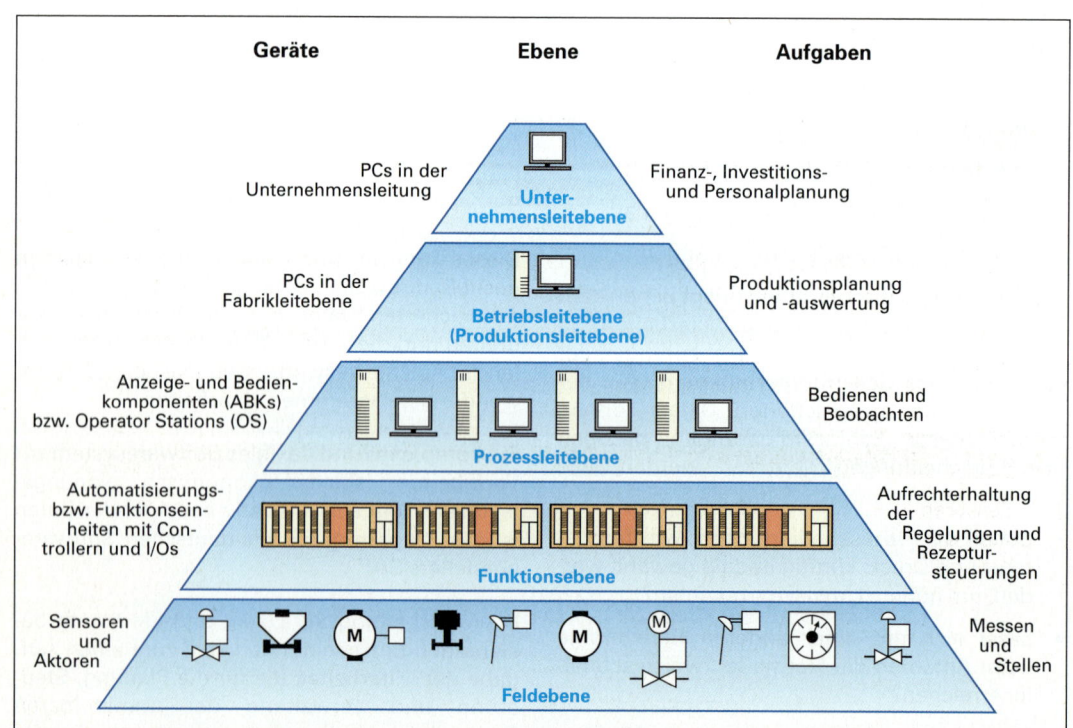

Bild 1: Schematische Darstellung des Ebenenmodells der Prozessleittechnik

4.9 Zusammenfassung zu computerbasierten Prozessleitsystemen

Moderne computerbasierte Prozessleitsysteme bestehen im Wesentlichen aus folgenden vier Komponenten:

- **Computernetzwerk** (Anzeige- und Bedienkomponente)
- **Prozessnahe Komponente**
- Elektrotechnische und elektronische **Schaltschränke**
- **Feldtechnik**

Diese bei allen Prozessleitsystemen anzutreffende Grundstruktur verdeutlicht Bild 1.

Aufgabe des **Computernetzwerkes** ist es, dem Bediener Informationen über den Prozesszustand zu geben, eine Eingabemöglichkeit für den Bediener bereitzustellen sowie Trends, Ereignisse und Rezepturen digital zu speichern.

Die Computerarbeitsplätze heißen auch **Leitstationen**, **Workstations**, oder **Operator Stations**. Sie können sich in einer Messwarte, in deren Nebenräumen oder in örtlichen Leitständen befinden.

Die wichtigsten Funktionen, also das Regeln, die Rezeptursteuerung und die Überwachung des Prozesses, werden von der dafür spezialisierten **prozessnahen Komponente** ausgeführt. Zu diesem Zweck enthält diese einen oder mehrere Controller, welche sowohl die Messwerte aus der Anlage als auch die Bediener-Eingaben verarbeiten.

Die Controller enthalten, ähnlich der Hauptplatine im Computer, Speicher- und Prozessor-Mikrochips, welche gemeinsam digitale Programme abarbeiten.

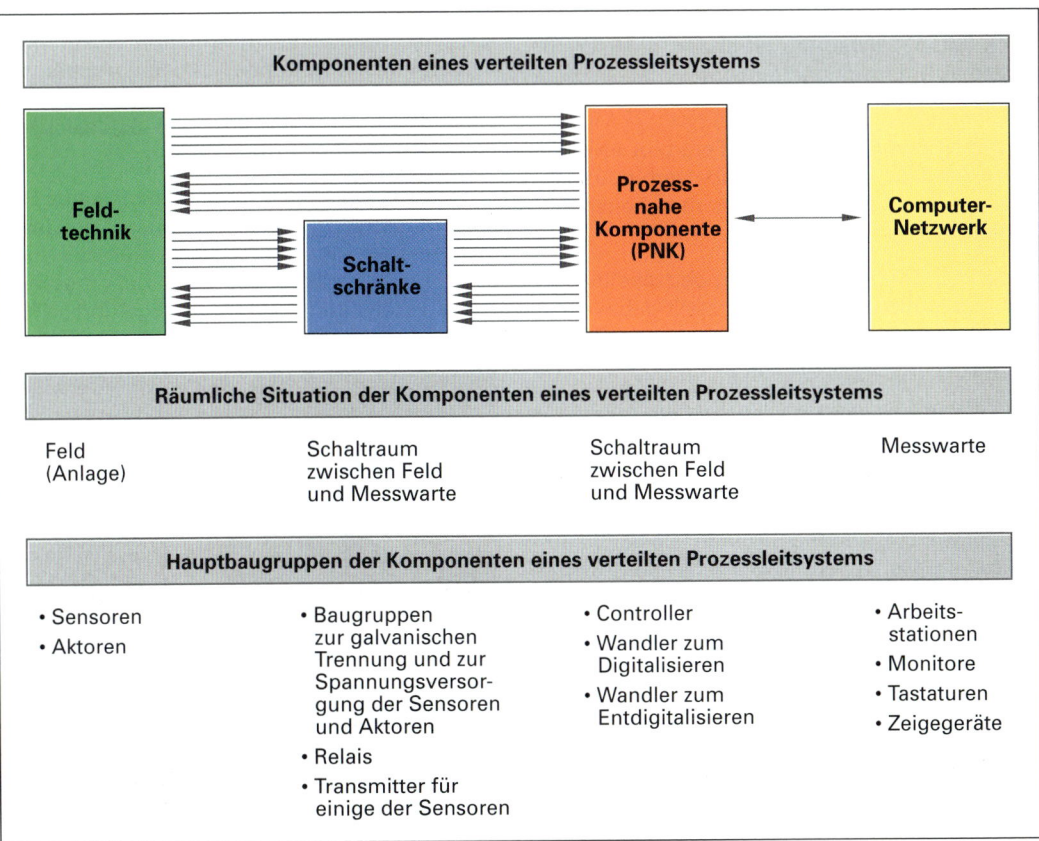

Bild 1: Grundstruktur digitaler Prozessleitsysteme

Jeder Controller ist für einen abgegrenzten Anlagenteil zuständig. Da er mit digitalen Computersignalen arbeitet, sind neben ihm mehrere Wandler-Baugruppen in Form von Steckkarten montiert (die so genannten I/Os). Diese digitalisieren die Messwerte aus der Anlage und entdigitalisieren die Stellwerte für die Anlage.

Eine zusammengehörige Einheit von Controller und seinen I/Os heißt **Funktionseinheit** oder **Automatisierungseinheit**.

Zwischen den I/Os und den Controllern der prozessnahen Komponente werden die digitalen Daten über den **Baugruppenträgerbus** ausgetauscht. Zwischen den Controllern und dem Computernetzwerk werden die Informationen in beiden Richtungen über den **Systembus** übertragen, wobei die Richtungsumkehr durch die Software kollisionsfrei gesteuert wird.

Über den Systembus werden alle Daten, wie zum Beispiel Messwerte, Stellbefehle oder Sollwertvorgaben des Bedieners für die Regelungen, aber auch die vom Controller erzeugten Alarmmeldungen, in schneller Folge nacheinander übertragen. Diese nacheinander erfolgende, serielle Datenübertragung ist charakteristisch für jeglichen Informationstransport über längere Bus-Leitungen.

Zwischen den I/Os und dem Feld gibt es meist hunderte von parallelen Kabelverbindungen, über die ein ständiger, ununterbrochener Signalfluss erfolgt.

Jeder Messfühler oder Grenzwertschalter mit der zugehörigen Verkabelung stellt dabei einen **Eingangskanal** dar. Jedes Stellorgan mit Verkabelung entspricht einem **Ausgangskanal**.

Vom Controller werden die Signale aller PLT-Stellen **zyklisch** nacheinander verarbeitet.

Die Zeit, in der die Informationen aller PLT-Stellen einmal vom Controller verarbeitet werden, beträgt weniger als eine Sekunde. Sie heißt auch **Zykluszeit**. Bei vielen Prozessleitsystem-Anbietern liegt sie im Bereich von ca. $1/10$ Sekunde. Aufgrund der sehr schnellen seriellen Bearbeitung aller PLT-Stellen hat der Bediener das Empfinden der Gleichzeitigkeit.

Bei Prozessleitsystemen mit **Remote-I/Os** befinden sich die Wandler-Steckkarten nicht in den digitalen Schaltschränken der prozessnahen Komponente, sondern weit von ihr entfernt in Anlagennähe. Dann erfolgt der Datenaustauch zwischen Controllern und I/Os nicht über den Baugruppenträgerbus, sondern über einen peripheren Bus. Dieser stellt historisch gesehen die Vorstufe des Feldbusses dar. Zwischen I/Os und Anlage gibt es dabei nach wie vor hunderte von Kabelverbindungen.

Beim echten **Feldbussystem** existiert nur eine einzige Kabelverbindung zwischen dem Controller und dem zugehörigen Teil der Chemieanlage.

An diese Verbindungsleitung, also das Feldbuskabel, sind sowohl die Messfühler als auch die Stellorgane elektrisch parallel angeschlossen. Messfühler und Stellorgane beinhalten jetzt die erforderliche digitale Elektronik, die das nacheinander erfolgende Verschicken der Messwerte zum Controller und den nacheinander erfolgenden Empfang der Stellbefehle vom Controller ermöglicht. Hier gibt es also eine ähnlich serielle Arbeitsweise wie beim Systembus.

Zwischen der prozessnahen Komponente und der Feldtechnik in der Anlage befinden sich **Schaltschränke**, die für einen Teil der Eingangs- und Ausgangskanäle besondere Baugruppen enthalten. Dies sind elektrische Schaltrelais, spezielle Transmitter, gesonderte Spannungsversorgungsbaugruppen und Baugruppen zur galvanischen Stromkreistrennung für die Gewährleistung der Sicherheit in explosionsgefährdeten Anlagen.

Diese Schaltschränke werden bei manchen Herstellern von Prozessleitsystemen als **Interfaceschränke** bezeichnet. Ihre räumlich Lage kann je nach baulicher Situation mehr messwertenseitig oder mehr feldseitig ausgeführt sein.

Bild 1: Arbeit an einem modernen digitalen Prozessleitsystem

4.9 Zusammenfassung zu computerbasierten Prozessleitsystemen

Bei der konventionellen MSR-Technik ohne digitale Bauelemente, wie sie teilweise bis in die siebziger Jahre errichtet wurde, gibt es keine digitale prozessnahe Komponente und kein Computernetzwerk. Die Signalflüsse begannen und endeten an den Wänden von langgestreckten Messwarten, in denen elektrische Schreiber, pneumatische Regler, verschiedenartige Signallampen sowie Schalter eingebaut waren. Deshalb gab es hier noch keine zyklisch nacheinander erfolgende Signalverarbeitung, sondern eine ständig gleichzeitige, **parallele Verarbeitung**.

Bild 1: Durch Prozessleitsystem komplett automatisierte komplexe Chemieanlage

Bei modernen digitalen Prozessleitsystemen gibt es hinsichtlich der Hardware zweckmäßige Aufgabenteilungen. Dies bedeutet, dass den einzelnen gerätetechnischen Elementen des Leitsystems konkrete Aufgaben zugewiesen sind. Dies bedeutet weiterhin, dass es eine strukturierte räumliche Gliederung des Prozessleitsystems gibt.

Aus funktionellen Gesichtspunkten betrachtet ist die **Anzeige- und Bedienfunktion** dem Computernetzwerk zugewiesen. Die **Regelungsfunktionen** werden von den Controllern der prozessnahen Komponente ausgeführt. Die **Rezeptursteuerungsfunktionen** werden ebenfalls von den Controllern, oder aber von speziellen SPS-Geräten ausgeführt.

Vom räumlichen Gesichtspunkt her gibt es eine Gliederung in Anlagenbereiche, für die jeweils ein Controller zuständig ist. Aufgrund dieser Aufgabenspezialisierung und -verteilung, bezeichnet man die heutigen Leitsysteme auch als **verteilte Prozessleitsysteme** oder **dezentrale Prozessleitsysteme**.

Aufgaben

1. Welche Baugruppen des Prozessleitsystems übernehmen die Aufgabe der Digitalisierung der Messwerte und der Dedigitalisierung der Stellwerte?
2. Was versteht man unter dem Begriff der Zykluszeit?
3. Warum stellen die Bus-Kabel die „Flaschenhälse" eines Prozessleitsystems dar?
4. Können alle digitalen Bauelemente, die an einem Bus-Kabel angeschlossen sind, gleichzeitig Signale nach Belieben senden?
5. Wie sind die I/O-Karten untereinander zum Datenaustausch verbunden?
6. Welche Informationen werden von den verschiedenen elektronischen Baugruppen den über Bus-Kabel übertragenen digitalen Datenpaketen automatisch hinzugefügt?
7. Worin besteht die Aufgabe eines Gateways?
8. Welche vier Grundtypen von I/Os gibt es?
9. Was bilden die Bedienstationen, einschließlich der Konfigurierungs- und Engineering-Station, gemeinsam mit den Gateways oder Netzwerkkarten im Systemschrank?
10. Welche drei Haupttopologien gibt es bei Computernetzwerken?
11. Welche Hauptaufgaben nehmen die Controller in den Systemschränken wahr?
12. Warum werden bei größeren Anlagen mehrere Controller eingesetzt?
13. Was versteht man unter einem „dezentralen Prozessleitsystem"?
14. Was ist das Charakteristische an einem Prozessleitsystem mit Remote-I/Os im Unterschied zu den einfachen konventionellen Systemen?
15. Erläutern Sie das Charakteristische an einem Prozessleitsystem mit echtem Feldbussystem im Unterschied zu einem Prozessleitsystem mit Remote-I/Os.
16. In welche Bereiche teilt das Ebenenmodell die Hard- und Software von Prozessleitsystemen ein?
17. Skizzieren Sie den Signalfluss eines Temperaturregelkreises in einem Prozessleitsystem mit Remote-I/Os.

5 Bedienen und Beobachten von Chemieanlagen mithilfe von Prozessleitsystemen

5.1 Vorbetrachtungen

Im Laufe der letzten drei Jahrzehnte ist der Umgang mit dem computerbasierten Teil der Prozessleittechnik nicht nur für den Automatisierungsingenieur, sondern auch für den Bediener, den Anlagenfahrer, immer einfacher und übersichtlicher geworden. Bei der Programmierung sind mittlerweile auch psychologische Grundsätze berücksichtigt worden, sodass ein intuitiver gefühlsorientierter Umgang mit dem Prozessleitsystem möglich geworden ist. Die äußere Gestaltung des Informationsangebotes auf dem Bildschirm sowie das Design der Eingabemöglichkeiten spielen auch bei der Bewältigung von Störungen und gefahrdrohenden Situationen eine Rolle; oft bleibt kaum Zeit für das Nachdenken über den nächsten Bedienschritt. Insofern kommt der ergonomischen Gestaltung und der zweckmäßigen Funktionalität der Monitordarstellung eine besondere Bedeutung bei der Programmierung und Konfigurierung von Leitsystemen zu.

5.2 Informationsbereitstellung auf dem Monitor

Das Bedienen und Beobachten von Chemieanlagen erfolgt heute fast ausnahmslos mithilfe von computerbasierten Prozessleitsystemen. Oft sind dabei mehrere Bedienplätze räumlich zu einer sogenannten Konsole zusammengefasst.

> **Merksatz**
>
> Unter dem Begriff **Konsole** versteht man einen größeren Bedientisch mit mehreren Computer-Arbeitsplätzen in einer Leitwarte. Sie dient der Bedienung und Beobachtung eines abgegrenzten Teils der gesamten Chemieanlage. Sie kann auch zusätzliche nicht computerbasierte Anzeige- und Bedienelemente enthalten, wie Kontrolllampen, Anzeigefelder, Hupen oder Not-Aus-Buttons.

Dem Bediener von Prozessleitsystemen stehen in der Regel folgende Softwareteile zur Verfügung, die je nach Hersteller etwas abweichende Namen haben können:

- **Anlagenübersichtsdarstellung** (Overview-Menü, Hauptmenü, Anlagenmenü, Anlagenauswahl oder ähnliche Bezeichnungen)
- **Fließbilddarstellung** (R&I-Schema, Rohrleitungs- und Instrumentendarstellung, Fließschema, Anlagenbild oder ähnliche Bezeichnungen)
- **Detaildarstellung** (Zoom, Teilanlagenbild, Anlagenteilbild, Teilschema oder ähnliche Bezeichnungen)
- **Faceplate-Darstellung** (Bedien-Fenster, Bedien-Dialog)
- **Gruppendarstellung** (MSR-Gruppenfenster oder ähnliche Bezeichnungen)
- **Trenddarstellung** (Prozessgrößenverlauf oder ähnliche Bezeichnungen)
- **Alarmdarstellung** (Alarmfenster, Alarmübersicht, Alarm Summary Review, Alarmreport, Alarmhistorie oder ähnliche Bezeichnungen)
- **Historische Darstellung** (Protokoll, Ereignismonitor, Monitoring, Report-Monitor, Event-Monitor oder ähnliche Bezeichnungen)

5.3 Anlagenübersichtsdarstellung

Oft sind die vom Prozessleitsystem zu bedienenden Chemieanlagen so groß und unübersichtlich, dass bestimmte Abschnitte von unterschiedlichen Bedienern überwacht und gesteuert werden. Mit anderen Worten, die Gesamtanlage wird in **Teilanlagen** aufgeteilt. Auch bei kleineren Anlagen erhöht eine Untergliederung die Übersichtlichkeit.

Deshalb gibt es auf dem Monitor ein übergeordnetes Hauptbild oder Menübild, wo der Bediener durch Maus-Klick auf ein bestimmtes Feld die von ihm gewünschte Teilanlage auswählen kann. Nach der Auswahl durch einen Mausklick öffnet sich das zur untergeordneten Teilanlage gehörige Fließbild (vgl. Bild 1, S. 81).

Die Menübilder können sehr unterschiedlich gestaltet sein und unter Umständen auch wiederum Teil- oder Untermenüs enthalten.

> **Beispiel**
>
> **Anlagenübersichtsdarstellung**
>
> Nach Anklicken des Knopfes „Reaktionsstufe 1" öffnet sich ohne ein weiteres Untermenü das zugehörige Fließbild dieser Reaktionsstufe, das unter anderem den chemischen Reaktor und die zugehörigen Stellorgane enthält (Bild 1 S. 81).

5.3 Anlagenübersichtsdarstellung

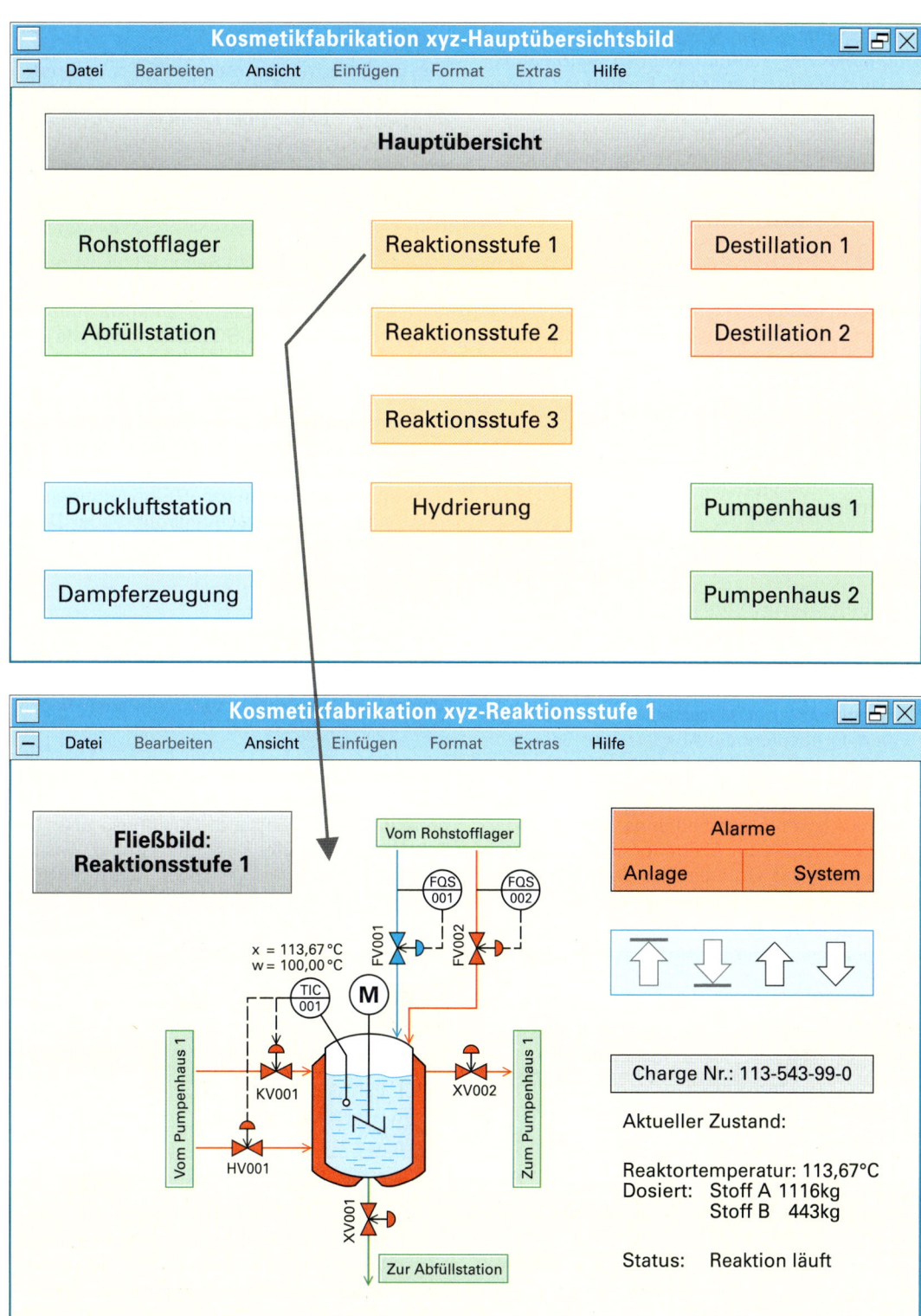

Bild 1: Durch Mausklick vom Menübild zum Teilanlagen-Fließbild

5 Bedienen und Beobachten von Chemieanlagen mithilfe von Prozessleitsystemen

Die Gestaltung der Auswahlknöpfe ist dem Empfinden des konfigurierenden Automatisierungsingenieurs überlassen. Es gibt dafür keine Normung. Die Möglichkeiten reichen von einfachen geometrischen Formen bis zu verkleinerten Fotos oder Thumbnails des Anlagefließbildes.

5.4 Fließbilddarstellung

Die Fließbilddarstellung zeigt die Teilanlage oder den Anlagenteil in einer Form, die sich an den R&I-Darstellungen (Rohrleitungs- und Instrumentenschema) nach DIN EN ISO 10628, DIN 2429 und DIN 19227 orientiert. Wenn daraus keine sicherheitsrelevanten Nachteile entstehen, wird auch von den DIN-Normen abgewichen.

Ein Beispiel dazu zeigt Bild 1.

Folgende Informationen gehen aus dem Fließbild eindeutig hervor:

- Maschinen, Apparate und ihre Bezeichnungen,
- der prinzipielle Rohrleitungsverlauf inklusive der vom Prozessleitsystem aus bedienbaren Armaturen (z. B. Ventile),
- die wichtigsten EMSR-Stellen (Messstellen, Regelkreise mit Messstellen und Stellorganen, fernbedienbare Absperr- und Schalteinrichtungen).

Absperr- und Schalteinrichtungen, die nicht vom Prozessleitsystem aus bedienbar sind (z. B. Bypass-Handventile für Umgehungsleitungen vor Ort) werden aus Gründen der Übersichtlichkeit oft nicht mit dargestellt.

> **Merksatz**
>
> Das Fließbild mit Informationen über Apparate, Rohrleitungen und prozessleittechnische Einrichtungen heißt **Rohrleitungs- und Instrumentenschema (R&I-Schema)**. Es wird auf dem Monitor mit Symbolen dargestellt, die sich an der **DIN EN ISO 10628, DIN 2429** und **DIN 19227** orientieren.

Die Übersichten auf den Seiten 83 bis 84 zeigen die in den Fließbildern am häufigsten verwendeten grafischen Symbole verfahrenstechnischer Anlagen nach DIN EN ISO 10628 sowie alle üblichen Kennbuchstaben der Mess- und Regelgrößen nach DIN 19227.

Die **Kennbuchstaben** in den Bildern 1, S. 85 bis 1, S. 87 dienen der Beschriftung der so genannten **EMSR-Stellen**, oft auch PLT-Stellen genannt, also der prozessleittechnischen Einrichtungen mit Mess-, Regel-, Überwachungs- und/oder Dokumentationsaufgaben.

> **Merksatz**
>
> Im Fließbild werden die EMSR-Stellen gemäß **DIN 19227** als **EMSR-Stellen-Kreise** symbolisiert, wobei in der Monitordarstellung abweichend von der Norm manchmal auch Rechtecke verwendet werden.

Der **Erstbuchstabe** kennzeichnet den physikalischen Charakter der Prozessvariablen, z. B. Temperatur, Druck, Füllstand, Durchfluss usw. Der **Folgebuchstabe** gibt Auskunft darüber, was mit diesem Prozesswert geschieht. Zum Beispiel wird er einfach nur angezeigt (I: engl. indication:

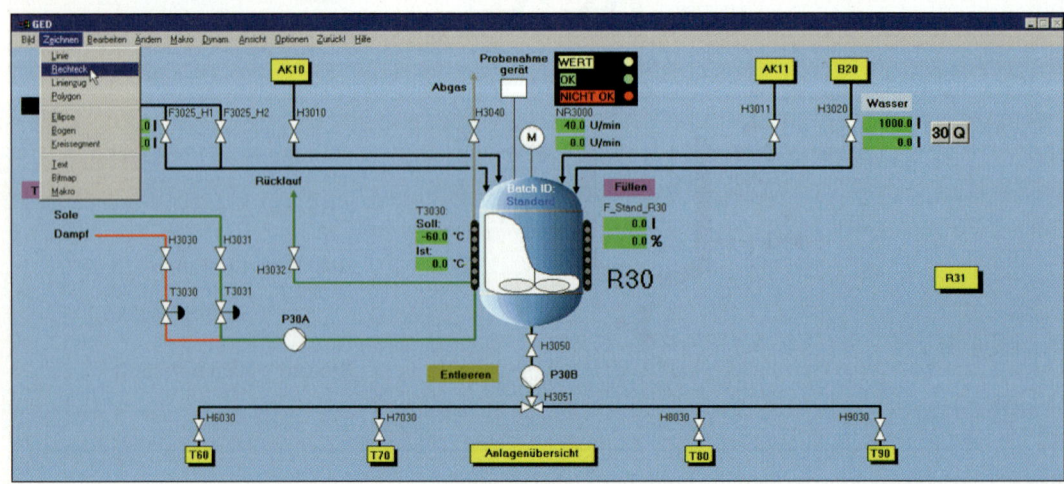

Bild 1: Fließbilddarstellung auf dem Monitor eines Prozessleitsystems

5.4 Fließbilddarstellung

Anzeige), oder er wird zu Regelungszwecken verwendet (C: engl. control: Regelung), oder es erfolgen Alarmmeldungen bei Über- oder Unterschreitung bestimmter Grenzwerte (A: engl. alarm: Alarm). Auch Kombinationen von Zweitbuchstaben sind möglich.

Zwischen Erst- und Folgebuchstaben kann (aber muss nicht) ein **Ergänzungsbuchstabe** auftreten, der den Erstbuchstaben näher kennzeichnet, z. B. PD**I** ... zur Anzeige einer Druck**differenz**. Einige Beispiele dazu sind im unteren Teil von Bild 1, S. 85, enthalten.

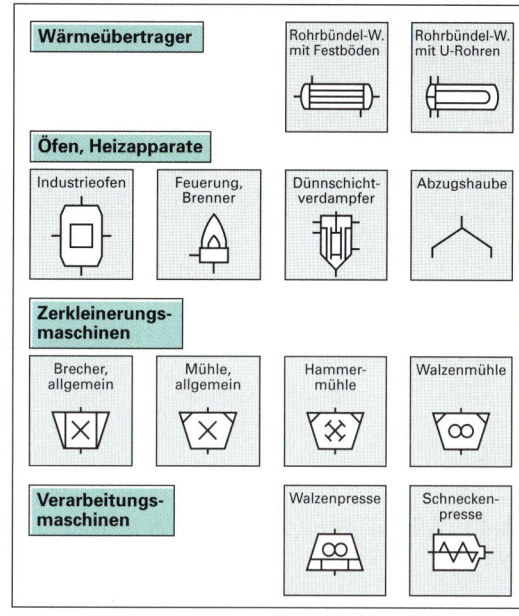

Bild 1: Wichtige Fließbildsymbole für Pumpen, Verdichter und Fördereinrichtungen

Bild 2: Wichtige Fließbildsymbole für spezielle Apparate

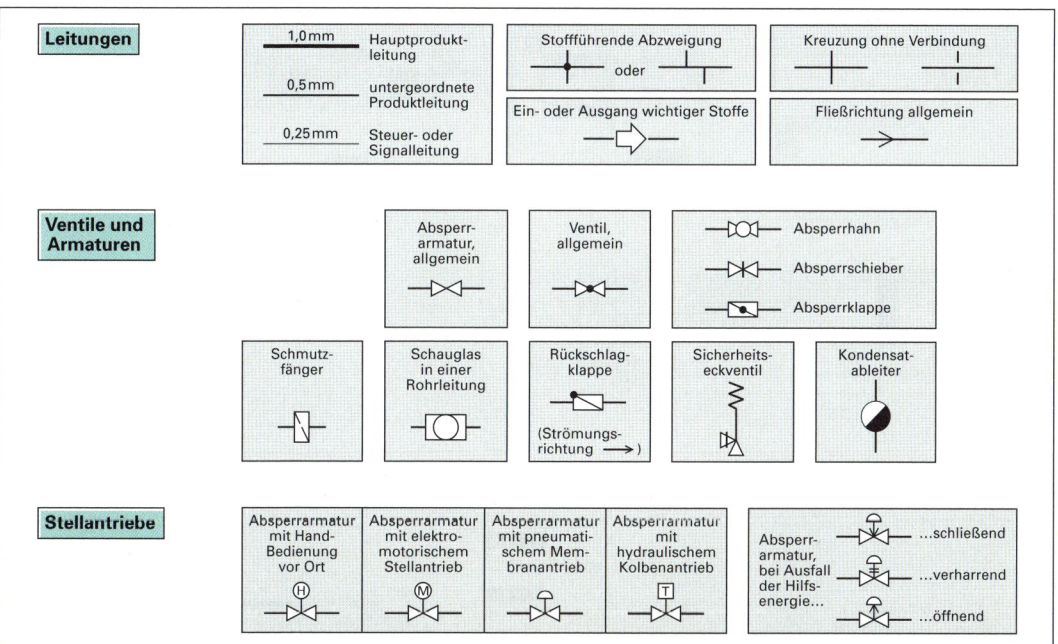

Bild 3: Wichtige Fließbildsymbole für Rohrleitungen und Armaturen

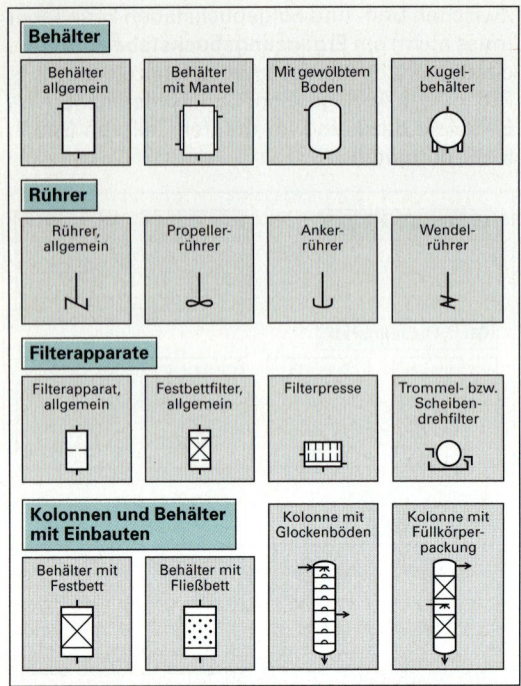

Bild 1: Wichtige Fließbildsymbole für Behälter und Apparate

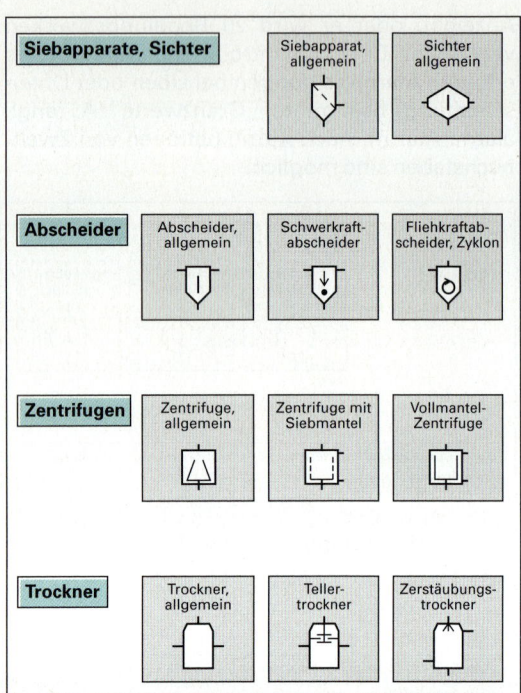

Bild 2: Wichtige Fließbildsymbole für Stofftrennapparate

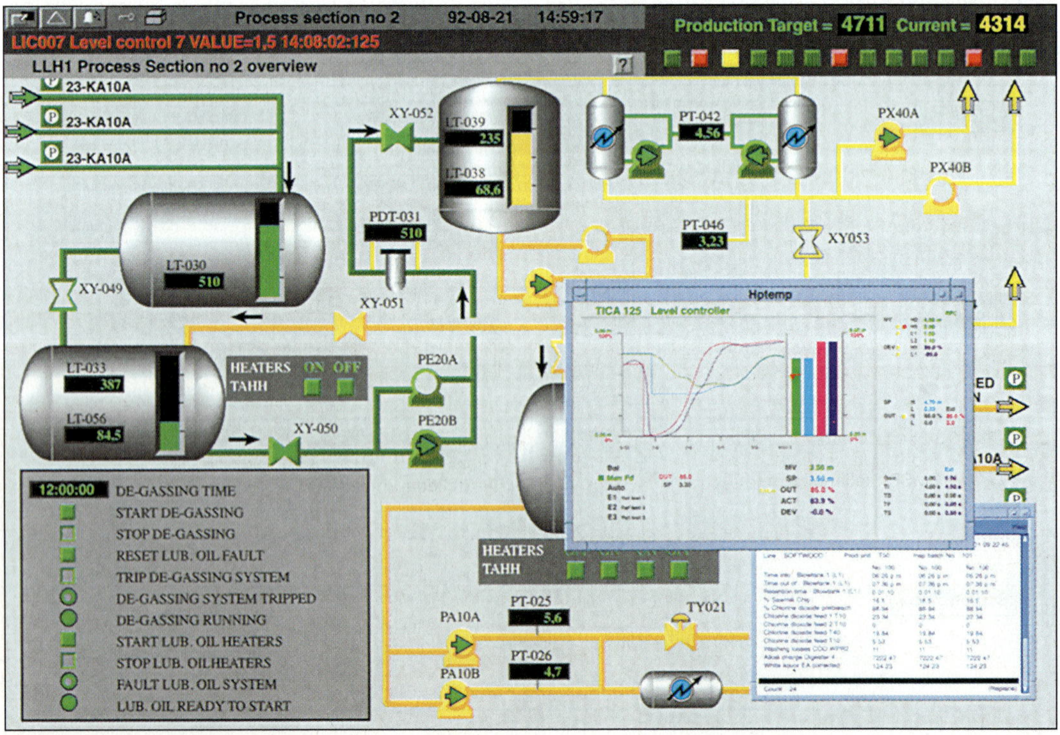

Bild 3: Strukturierte Fließbilddarstellung mit Behältern, Rohrleitungen und Pumpen

5.4 Fließbilddarstellung

Kennbuchstabe		
Erstbuchstabe	**Ergänzungsbuchstabe**	**Folgebuchstabe**
D Dichte	D Differenz	A Alarmierung, Grenzwertmeldung
E Elektrische Größe (z. B. Spannung, Strom)	F Verhältnis (engl. factor)	C Regelung, Konstanthaltung
F Durchfluss (engl. flow)	J Messstellenabfrage, -umschaltung	I Anzeige
G Abstand, Länge, Stellung, Getriebestellung, Hub (engl. gear)	Q Integral, Summierung (engl. quotilization)	O Optisches Sichtzeichen
		R Registrierung, Speicherung des Verlaufs
L Füllstand oder Stand einer Trennschicht (engl. level)		T Messaufnehmerfunktion (Transmitter)
M Feuchtigkeit (engl. moisture)		S Schaltung, Ablaufsteuerung
P Druck (engl. pressure)		Y Rechenfunktion
Q Stoffeigenschaft, Qualitätskenngröße		Z Noteingriff
R Strahlungsgrößen (radio)		
S Geschwindigkeit, Drehzahl, Frequenz (engl. speed)		
T Temperatur		
U Zusammengesetzte Größe		
V Viskosität (Zähigkeit)		
W Gewicht (engl. weight)		
X, Y Sonstige Größen (betriebsintern festlegbar)		

Darüber hinaus ist es üblich, ein „H" als Erstbuchstabe für „Handeingaben" oder „Handeingriffe" zu verwenden, obwohl es sich dabei um keinen Messwert bzw. um keine Prozessgröße handelt. Darüber hinaus bedeuten die Symbole

+ oder **H**:   … bei zu hohem Wert
− oder **L**:   … bei zu niedrigem Wert

Hinweise:
- Fehlt der Querstrich im EMSR-Stellen-Symbol, erfolgt keine Fernübertragung, sondern nur eine örtliche Anzeige.
- Kennbuchstaben für die EMSR-Stellen sind nicht zu verwechseln mit den Ausrüstungsbezeichnungen wie z. B. HV 11 für Handventil Nr.11.
- Sie sind ebenfalls nicht zu verwechseln mit den üblichen Formelzeichen für Sollwert (*w*), Stellwert (*y*) und Störgröße (*z*).

Beispiele

 Temperaturanzeige mit Grenzwertmeldung bei zu hohem und zu niedrigem Wert, EMSR-Stellennummer 11

 Schaltung per Hand, EMSR-Stellennummer 406

 Anzeige einer Stoffeigenschaft (pH-Wert), EMSR-Stellennummer 01

 Durchfluss-Summierung mit Anzeige und Abschaltfunktion (aus z. B. 3 Liter pro Sekunde werden durch die Summierung über 60 Sekunden ⟶ 180 Liter), EMSR-Stellennummer 304.C

 Druckdifferenz-Anzeige, EMSR-Stellennummer 23

 Anzeige, Registrierung und Regelung eines Druckes. Alarmierung bei zu hohem und bei zu niedrigem Wert. Notabschaltung bei extrem zu hohen oder zu niedrigen Werten, EMSR-Stellennummer 02.301.A

Hinweis: Der Aufbau der EMSR-Stellennummer ist nicht genormt, sondern wird betriebsintern festgelegt.

Bild 1: Benennung der prozessleittechnischen Einrichtungen (der „EMSR-Stellen") in den verfahrenstechnischen Fließbildern und in den Monitordarstellungen der Prozessleitsysteme, gemäß DIN 19227

5 Bedienen und Beobachten von Chemieanlagen mithilfe von Prozessleitsystemen

EMSR-Stellen-Kennzeichnung nach DIN 19227

Allgemein

Messstellenbezeichnung → TIRCA-
Messstellennummer → 002

Berücksichtigung des Ausgabe- und Bedienorts durch die innere Liniengestaltung

- Ausgabe/Bedienung vor Ort
- Ausgabe/Bedienung in Messwarte
- Ausgabe/Bedienung am örtlichen Leitstand

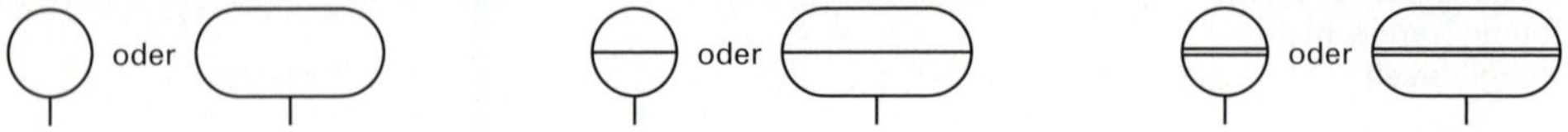

Berücksichtigung der realisierenden technischen Einrichtung durch die Symbolgestalt

- Realisierung mit konventioneller MSR-Technik
- Realisierung durch einzelnen Prozessrechner
- Realisierung durch Prozessleitsystem

Hinweis:
Bei Bildschirmanzeigen sind die normgerechten Symbole selten zu finden. Dort werden im Gegensatz zu den Konstruktionszeichnungen oft alle Funktionen nur mit runden oder nur mit eckigen Symbolen gekennzeichnet.

Beispiele

- FQI 001: Dosiermengenanzeige durch Prozessrechner am örtlichen Leitstand 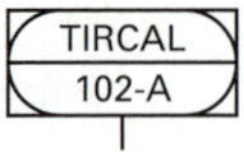
- SI: Örtliche Drehzahlanzeige ohne Berücksichtigung im Nummerierungssystem
- WI 001: Anzeige einer Gewichtskraft (z. B. einer dosierten Menge) am örtlichen Leitstand
- QI / QI 003, O_2: Anzeige des Sauerstoffgehaltes eines Gases vor Ort mit gleichzeitiger Fernübertragung in eine Messwarte
- TIRCAL 102-A: Temperaturanzeige in der Messwarte mit PLS-gestützter Registrierung und Regelungsfunktion sowie Alarmfunktion bei Unterschreitung
- USI 1: Zeitliche Ablaufsteuerung mehrerer Größen mit Kontrollmöglichkeit in der Messwarte
- FFIC 3300-4: Regelung des Durchflussverhältnisses zweier Stoffströme mit Messwertanzeige in einer Messwarte
- PICAHZHH 102-A: Druckregelung mit Alarmierungs- und Noteingriffsfunktion bei Überschreitung eines Grenzwertes 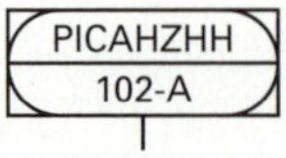

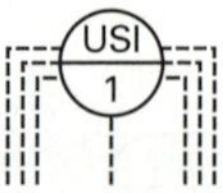

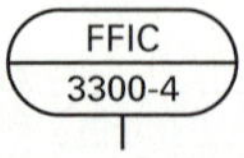

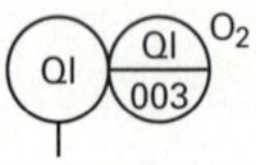

Bild 1: Unterschiedliche Gestalt der EMSR-Stellen-Kennzeichnung gemäß DIN 19227

5.4 Fließbilddarstellung

Möglichkeiten der Kennzeichnung von Alarm- und Noteingriffsfunktionen nach DIN 19227

L	oder −	... bei zu niedrigem Messwert
LL	oder −−	... mit Vor-Alarm bei zu niedrigem Messwert
H	oder +	... bei zu hohem Messwert
HH	oder ++	... mit Vor-Alarm bei zu hohem Messwert

Beispiele für Regelungen mit Alarmierungsfunktionen (Anzeige/Bedienung von Messwarte aus)

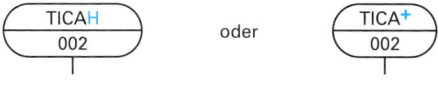

Temperaturregelung mit Anzeige- und Alarmfunktion, Alarm bei zu hoher Temperatur

Druckregelung mit Anzeige- und Alarmfunktion, Alarm und Noteingriff mit vorangehendem Vor-Alarm bei zu hohem Druck

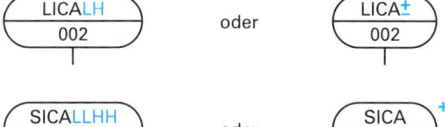

Füllstandsregelung mit Anzeige- und Alarmfunktion, Alarme bei zu hohem und bei zu niedrigem Füllstand

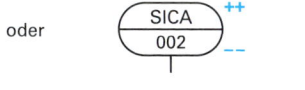

Drehzahlregelung mit Anzeige- und Alarmfunktion, Alarme mit vorangehenden Vor-Alarmen, jeweils bei zu hoher und bei zu niedriger Drehzahl

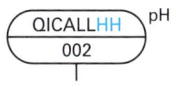

Regelung eines Qualitätskennwertes (hier konkret des pH-Wertes) mit Anzeige- und Alarmfunktion, Alarme mit vorangehenden Vor-Alarmen, jeweils bei zu hohem und bei zu niedrigem pH-Wert

Beispiele für selten anzutreffende EMSR-Stellen-Kennzeichnungen

 Anzeige eines per Hand eingestellten Wertes, z. B. einer Ventilöffnung, im Prozessleitsystem

 Anzeige und fortlaufende Registrierung einer radioaktiven Strahlung mit Alarmierungs- und Noteingriffsfunktion bei Grenzwertüberschreitung

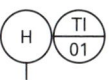 Handverstellung eines zum Prozessleitsystem fernübertragenen Temperaturwertes vor Ort

 Anzeige und fortlaufende Registrierung eines Viskositäts-Messwertes

 Regelung einer Gutfeuchte, z. B. bei einer Trocknung mit Fernübertragung des Messwertes zur Messwarte

 Regelung einer elektrischen Größe (hier konkret einer Spannung)

 Zeitliche Ablaufsteuerung oder Verknüpfungssteuerung

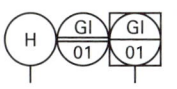 Anzeige des vor Ort und per Prozessleitsystem verstellbaren Hubs einer Kolbenpumpe an einem örtlichen Leitstand und im PLS

Bild 1: Ergänzende Angaben in den EMSR-Stellen-Kennzeichen gemäß DIN 19227

Die DIN 19227 regelt in erster Linie die Darstellung in den Konstruktions- und Planungszeichnungen. Sie ist aber sinngemäß auch für die Darstellung auf den Computermonitoren gültig.

Nun bieten Computermonitore andere Möglichkeiten, aber auch andere Beschränkungen der grafischen Darstellung als eine Papierzeichnung. Deshalb weicht die Monitordarstellung in der Praxis häufig von den genormten schwarz-weißen Strichsymbolen der DIN-Normen ab. Dies gilt sowohl für die Apparate- und Ausrüstungssymbole als auch für die EMSR-Stellen. Stattdessen findet man oft räumlich gestaltete farbige Symbole für die Apparate und Ausrüstungen. Sie bilden dann das tatsächliche Aussehen realistischer ab als eine Strichzeichnung.

Solche Abweichungen von der Norm sind vertretbar, wenn dadurch die Bedien-Ergonomie nicht beeinträchtigt wird und die schnelle und zielsichere Informationsaufnahme durch den Bediener gefördert wird.

Auf dem Monitor-Fließbild gibt es sensitive Bereiche (meist die EMSR-Stellen oder schaltbare Ausrüstungsteile, wie Motoren, Pumpen, Binärventile), die per Mausklick anwählbar sind. Werden sie angeklickt, öffnet sich ein spezielles Bedienfenster, auch Faceplate genannt.

5.5 Faceplate-Darstellung

Nach Aufruf durch Anklicken stellt sich jede EMSR-Stelle (Messung, Regler, Stellorgan) als **Faceplate** (frei übersetzt: „Bedienfenster") dar.

Die Faceplate-Darstellung trägt bei manchen Leitsystem-Herstellern auch die Bezeichnung **Loop-Detail** oder **Bediendialog**.

Die Faceplate-Darstellung bietet dem Bediener Informationen aus der Anlage, z. B. Messwerte, oder enthält Bedienelemente zur Prozessbeeinflussung.

> **Merksatz**
>
> Das Faceplate ist das Bedienfenster einer prozessleittechnischen Einrichtung, der **EMSR-Stelle** (umgangssprachlich auch als „PLT-Stelle" bezeichnet).

Ein Beispiel dazu zeigt Bild 1. Das im Bild gezeigte Faceplate wird verwendet, um ein Binärventil (Ventil mit zwei Stellungsmöglichkeiten) zu öffnen oder zu schließen.

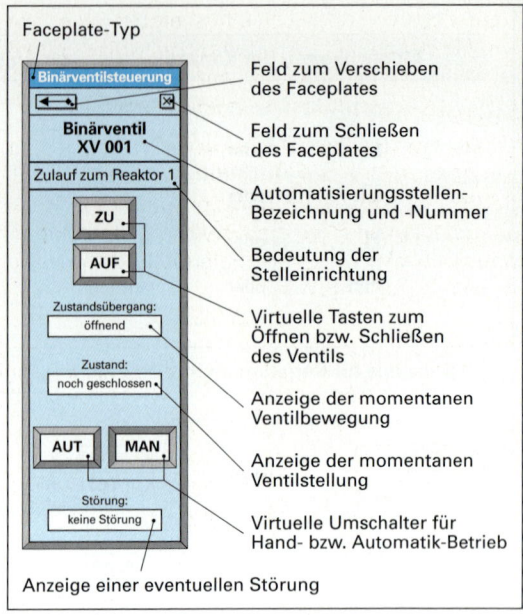

Bild 1: Faceplate eines Binärstellers

Die gleiche Gestalt hätten (beim gleichen Hersteller) zum Beispiel die Faceplates einer Pumpenschaltung oder der Ein-Aus-Schaltung eines Rührwerks-Motors. Die wichtigsten Bedienelemente sind der Ein- und der Ausschalter. Vorgesehen sind gleichfalls Anzeigefelder, die dem Bediener signalisieren, ob das Ventil momentan geöffnet oder geschlossen ist, bzw. ob der Motor gerade läuft oder still steht.

> **Hinweis**
>
> Nicht alle Ventile liefern Rückmeldesignale zum Prozessleitsystem. Die Rückmeldungen „geöffnet" oder „geschlossen" beanspruchen jeweils einen zusätzlichen Signalweg im Prozessleitsystem, einen so genannten Kanal.
>
> Vom Ventil bis zur Binär-Eingangskarte stellen diese Kanäle ein oder zwei Drahtpaare dar; im computerbasierten Teil des Prozessleitsystems sind es reservierte Speicherplätze bzw. Datenpakete im Bus-System. Bei Ventilen ohne Rückmeldesignal sind die Anzeigefelder der momentanen Ventilstellung inaktiv. Es ist auch möglich, dass beim Fehlen des Rückmeldekanals die Anzeigefelder unabhängig von der wirklichen Ventilstellung die zuletzt angewählte Schaltstellung anzeigen.

5.5 Faceplate-Darstellung

Neben dem in Bild 1, S. 88 gezeigten Faceplate zur Ein-Aus-Schaltung (**Binär-Steller-Faceplate**) ist eines der am meisten anzutreffenden Faceplates das **Faceplate der stetigen Regelung**.

Im Design der **Regler-Faceplates** verfolgt jeder Hersteller seine eigenen Philosophien. Ein Teil der Bedienfenster auf den Computermonitoren ist gestalterisch an die Fronten der früheren pneumatischen Regler angelehnt. Bild 1 zeigt eine solche Regler-Front.

Die Bilder auf den Seiten 88 bis 90 verdeutlichen, wie Reglerfaceplates in der PLT-Software typischerweise gestaltet sein können.

Die anzuzeigenden Werte können entweder als Säulen oder als Dreiecke veranschaulicht werden. Unabhängig vom konkreten Design sind folgende Anzeigen und Bedienelemente im Faceplate immer vorhanden:

- Anzeige des aktuellen Messwertes, des so genannten **Istwertes**,
- Anzeige des eingestellten **Sollwertes**,
- Anzeige des momentanen **Stellwertes**,
- Anzeige, ob der Regler momentan im **Automatik**-Betrieb oder im **manuellen** Betrieb oder im **Kaskaden**-Betrieb arbeitet,
- Knopf zum Schalten in den **Automatikbetrieb** („AUT", „A", oder „Auto"),
- Knopf zum Schalten in den **manuellen Betrieb** („MAN", „M" oder „Hand"),
- Knopf zum Schalten in den **Kaskadenbetrieb**, („Ext", „E", „Casc", „C", „Remote" oder „R"),
- Knopf für **Regler-Einstellungen**, die sogenannten Reglerparameter („Init" oder „Param").

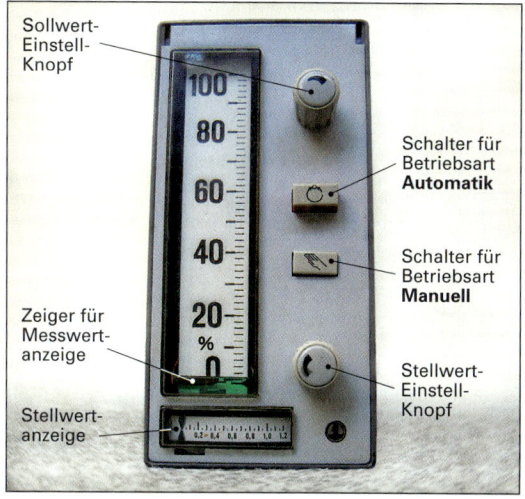

Bild 1: Bedienfront eines pneumatischen Reglers

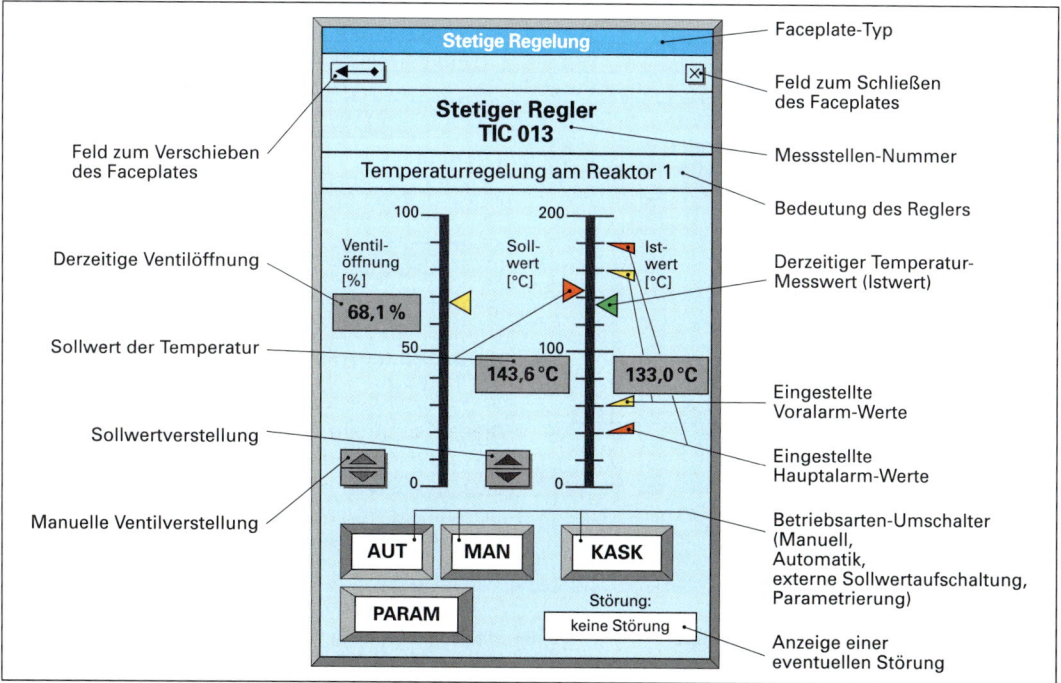

Bild 2: Typische Gestaltung eines Regler-Faceplates mit Dreieck-Anzeigen (Stellwertanzeige links vertikal)

5 Bedienen und Beobachten von Chemieanlagen mithilfe von Prozessleitsystemen

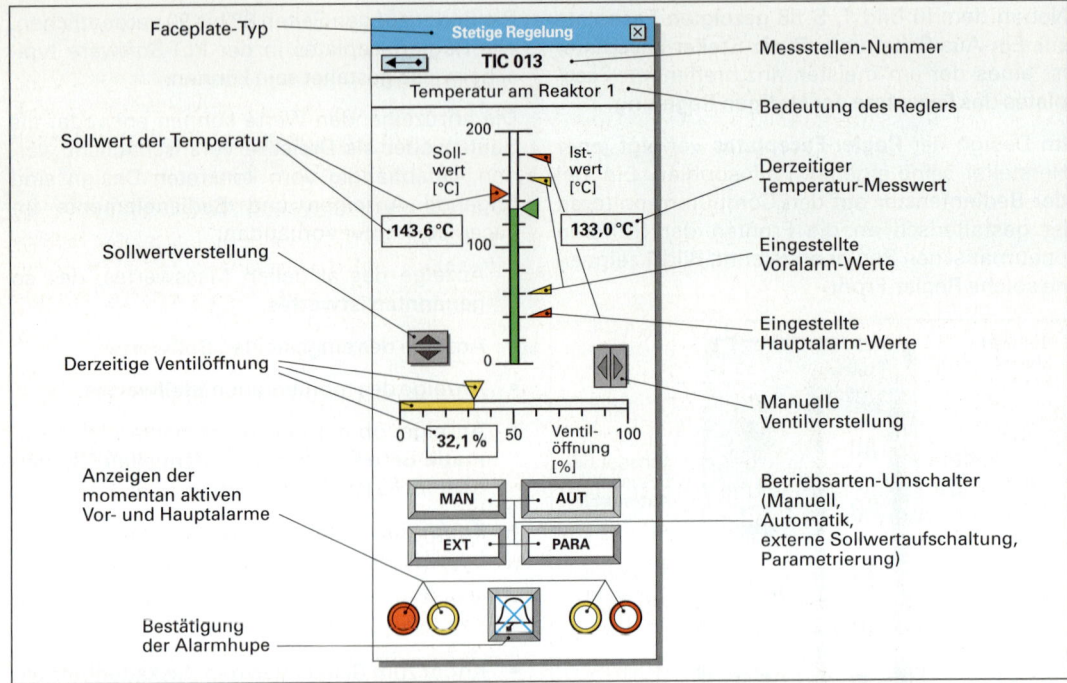

Bild 1: Typische Gestaltung eines Regler-Faceplates mit Dreieck-Anzeigen (Stellwertanzeige unten horizontal)

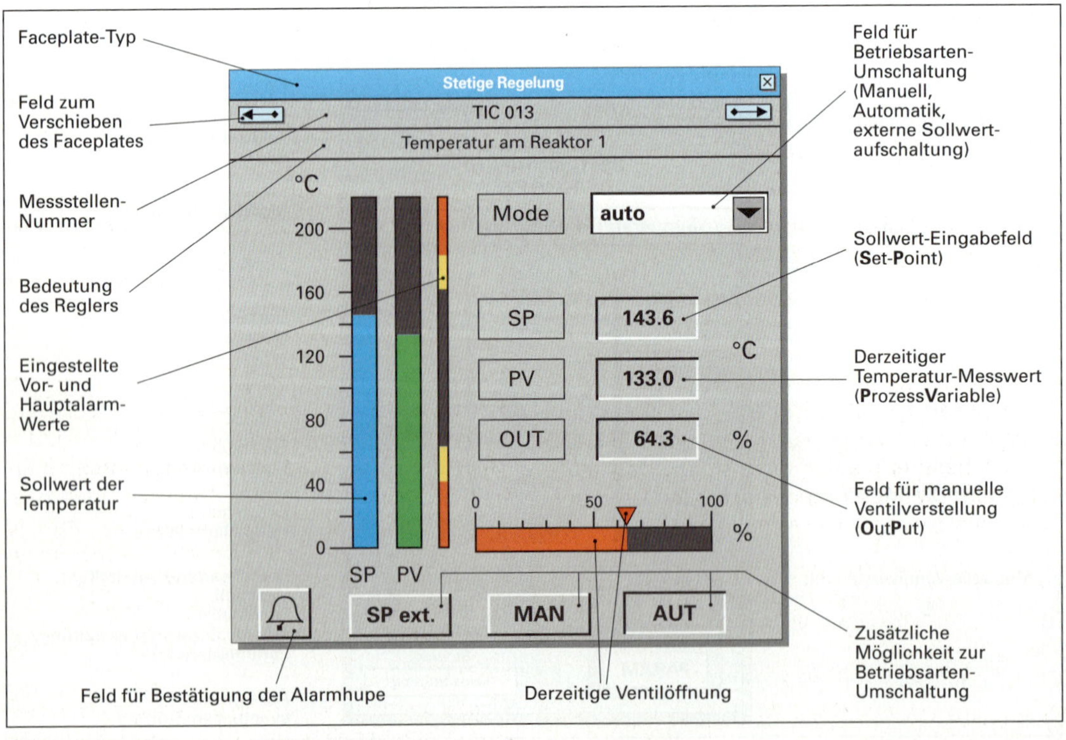

Bild 2: Typische Gestaltung eines Regler-Faceplates mit Säulen-Anzeige

5.5 Faceplate-Darstellung

> **Merksatz**
>
> Für die Bezeichnung von Istwert, Sollwert und Stellwert sind in den Faceplates folgende Abkürzungen international üblich, die der Bediener unbedingt beherrschen sollte:
>
> w: **Sollwert**
> x: **Istwert**
> y: **Stellwert**

> **Hinweis**
>
> Die Knöpfe zur Betriebsarten-Einstellung sind oft auch als **Umschalter** ausgeführt, da der Regler immer nur in einer der drei Betriebsarten arbeiten kann. Speziell bei der Umschaltung zwischen Handbetrieb und Automatikbetrieb ist stets nur eine Alternative möglich.

Die in den Bildern auf den Seiten 89 und 90 enthaltenen Betriebsartenschalter haben folgende Bedeutung:

- **Automatikbetrieb (Auto-Modus)**

Der Regler vergleicht ständig den gemessenen Wert mit dem Sollwert und verändert automatisch den Stellwert, meist eine Ventilöffnung, um den Messwert an den Sollwert anzugleichen. Der Stellwert ändert sich demzufolge automatisch. Deshalb hat der Bediener im Automatikmodus keine Möglichkeit, das Regelventil per Hand zu öffnen oder zu schließen. Es reagiert demzufolge nicht auf seine Bedienereingabe, weil es automatisch vom Regler angesteuert wird.

- **Manueller Betrieb (Hand-Modus)**

Der Bediener betätigt das Stellorgan manuell, zum Beispiel öffnet oder schließt er das zum Regelkreis gehörende Stellventil per Hand. Es wird also nicht automatisch vom Regler angesteuert. Das automatische Angleichen des Istwertes an den Sollwert ist außer Betrieb. Deshalb ist der Sollwert durch den Bediener auch nicht einstellbar, das heißt er reagiert nicht auf die Bedienereingaben. Die Messung des aktuellen Istwertes funktioniert aber nach wie vor.

> **Merksatz**
>
> Im **Automatik-Modus** wird der Sollwert vom Bediener vorgegeben, und das Stellorgan wird vom Regler **automatisch** verstellt.
>
> Im **manuellen** Modus eines Reglers wird das Stellorgan **von Hand** verstellt.

Schaltet man einen Regler vom Automatik-Modus in den manuellen Modus, könnte der Sollwert-Einsteller eigentlich in seiner alten Stellung verbleiben. Er wird ja vom Moment der Umstellung an nicht mehr benötigt, weil das Stellorgan nun per Hand bedient wird.

Dies birgt jedoch folgende Gefahr: Während des manuellen Betriebs verändert sich der Istwert meist stark, weil der Bediener das Stellorgan **per Hand** betätigt. Sollwert und Istwert weichen nun stark voneinander ab.

Wird später wieder zurückgeschaltet in den Automatik-Modus, so versucht der Regler sofort, den mittlerweile veränderten Istwert an den immer noch in der alten Position stehenden Sollwert **anzugleichen**, indem er das Stellorgan heftig betätigt. Dieses heftige Betätigen kann zum Verlassen des sicheren Bereiches des Messwertes führen, verbunden mit einer nur langsamen Rückkehr zum eigentlich gewünschten Sollwert, den der Bediener nun nachträglich versucht einzustellen.

Der beschriebene Effekt tritt nicht auf, wenn der Sollwert vor dem Umschalten von Hand- auf Automatikbetrieb jenen Wert hätte, den der aktuelle Messwert momentan gerade hat. Dann gibt es im Moment des Umschaltens keinen Grund für den Regler, das Stellorgan zu betätigen, weil keine Abweichung zwischen Soll- und Ist-Wert vorliegt.

Vor der Rückschaltung auf Automatikbetrieb sollte der Bediener also möglichst den Sollwert an den Istwert angleichen.

Die modernen Prozessleitsysteme nehmen dem Bediener den genannten **Abgleich des Sollwertes an den Istwert** während des gesamten manuellen Betriebes ab, denn es wäre durchaus denkbar, dass dieses Angleichen vom Bediener vergessen wird.

Solange der Regler auf **manuell**, also im Handbetrieb, steht, wird der Sollwert von der Software automatisch an den Istwert angeglichen. Im Faceplate ist dies optisch meist dadurch zu erkennen, dass zwei farbige Dreiecke oder zwei farbige Säulen auf gleicher Höhe stehen. Im manuellen Modus hat der Bediener dann auch keine Möglichkeit, den Sollwert zu verändern. Die Bedienereingabe wird von der Software nicht angenommen, das heißt, der eingegebene Sollwert springt zurück.

Dieses automatische Anpassen des Sollwertes an den Istwert während des manuellen Betriebes des Reglers nennt sich **stoßfreies Umschalten**, weil nach dem Umschalten von Hand- auf Automatikbetrieb keine plötzlichen Sprünge der Stellgröße zu erwarten sind.

- **Externer Betrieb (Kaskadenmodus)**

Der Regler erhält seinen Sollwert nicht vom Bediener vorgegeben, sondern von einem vorgeschalteten Regler oder einer anderen Automatisierungsfunktion, beispielsweise durch eine automatische Rezeptursteuerung.

Hat man also den Regler in „**Casc**" oder „**Ext**" oder „**Remote**" geschaltet, kann man weder seinen Sollwert einstellen, noch das dazugehörige Stellorgan bedienen. Dessen Stellung ergibt sich automatisch in Abhängigkeit von dem von außerhalb erhaltenen Sollwert. Versucht man trotzdem einen Zugriff auf Sollwert oder Stellorgan, so wird der Zugriff abgewiesen, indem der geänderte Wert auf den alten Wert zurückspringt.

Zur Kaskadenregelung siehe auch Kapitel 9.6.11 (Kaskadenregelung zur Kolonnentemperierung)

- **Comp-Betrieb (Computer- oder Simulationsmodus)**

Der Messwert kann am Computer in ein spezielles Feld eingegeben werden. Damit wird die tatsächliche Messung ausgeschaltet oder softwareseitig „abgeklemmt", und der Regelkreis arbeitet mit dem per Hand eingegebenen, scheinbaren Messwert. Dazu sind Administratorrechte erforderlich, weil ein solcher Modus im laufenden Betrieb zu nicht zum Prozess passenden Stellgrößenänderungen führt, was gefährliche Zustände zur Folge haben kann.

5.6 Detaildarstellung

> **Merksatz**
>
> Die **Detaildarstellung** zeigt vergrößerte Ausschnitte aus dem Fließbild, wobei mehr Einzelheiten sowie weitere EMSR-Stellen erkennbar werden.

In die Detaildarstellung werden hauptsächlich solche Informationen aufgenommen, die auf der eigentlichen Fließbilddarstellung eventuell keinen Platz mehr finden, oder die aus Gründen der Ergonomie zusammen dargestellt werden sollen.

Hinsichtlich der Darstellungsweise unterscheidet sich die Detaildarstellung nicht wesentlich vom eigentlichen Fließbild oder vom ursprünglichen Design der Faceplates.

Bild 1 zeigt ein Beispiel, bei dem die Dosiereinrichtung eines Reaktors als Ausschnitt aus einem Fließbild auswählbar ist.

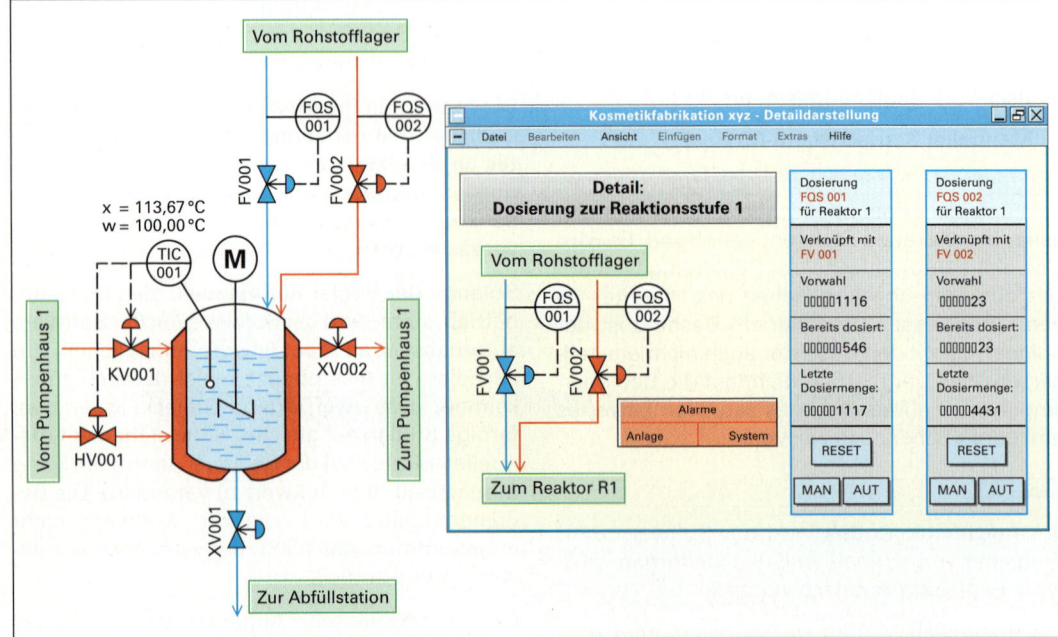

Bild 1: Detailbild als Fließbild-Ausschnitt mit zusätzlichen Informationen

5.7 Gruppendarstellung

Merksatz

In der **Gruppendarstellung** sind Informationen über eine Gruppe zusammengehöriger EMSR-Stellen zusammengefasst. Meist werden dazu mehrere Faceplates auf dem Display dargestellt.

Beispiel

Gruppendarstellungen

- Die Faceplates der zu einem Rührkessel gehörenden Messstellen und Regler (Temperatur, Druck, Füllstand, Zufluss, Abfluss, Rührerdrehzahl) können zweckmäßig zu einer Gruppendarstellung zusammengefasst werden.

- Ein Reaktor für Chargenprozesse verfügt über Dosierventile für 8 Einsatzstoffe. Die zugehörigen Dosiereinrichtungen bilden eine Gruppe von Stellorganen, deren Faceplates in einem gemeinsamen Gruppenbild dargestellt werden können.

- In einer Anlage gibt es 5 Polymerisationsreaktoren, von denen 4 immer gleichzeitig laufen. Die 5 Temperaturmessungen sollten vom Automatisierungsingenieur, der das Prozessleitsystem konfiguriert, zu einer Gruppe von Temperaturmessungen zusammengefasst werden. Die 5 zugehörigen Druckmessungen könnten eine weitere Gruppe bilden.

Bild 1 zeigt vier gruppierte Ventilsteuerungen.

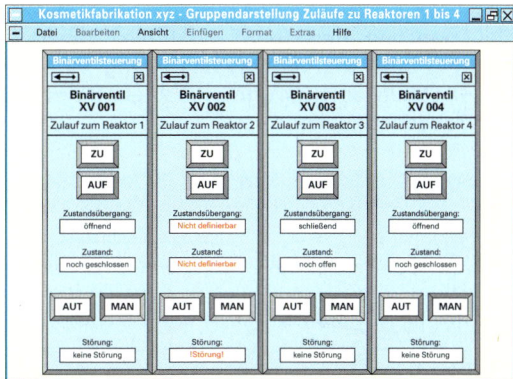

Bild 1: Gestaltungsprinzip der Gruppendarstellung

Derartige Gruppendarstellungen bilden immer nur eine zusätzliche Möglichkeit der Informationsgewinnung. Der gewöhnliche Aufruf eines einzelnen Faceplates vom Fließbild aus ist nach wie vor ebenfalls möglich. Bild 2 zeigt ein weiteres Beispiel für eine Gruppendarstellung.

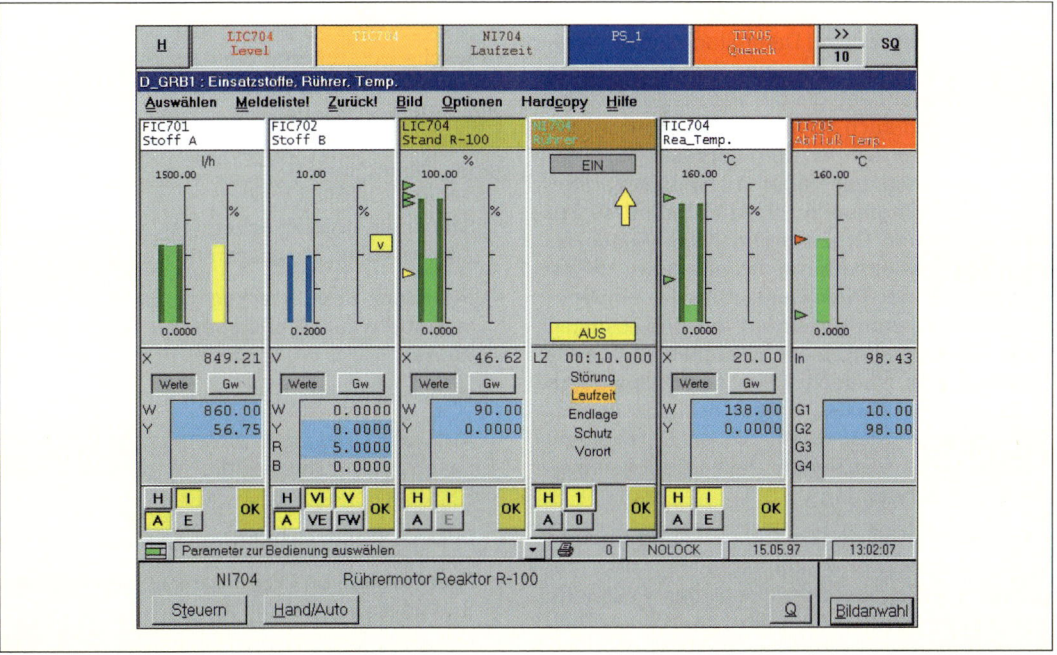

Bild 2: Beispiel für eine Gruppendarstellung

5.8 Trenddarstellung

> **Merksatz**
>
> Die **Trenddarstellung** zeigt als Grafikbild den zeitlichen Verlauf von Messwerten, Sollwerten oder Stellgrößen in der Vergangenheit.

Bei manchen Herstellern wird die Trenddarstellung auch als **Verlaufsdarstellung** bezeichnet. Die Bilder auf S. 94 und S. 95 zeigen Beispiele für Trenddarstellungen.

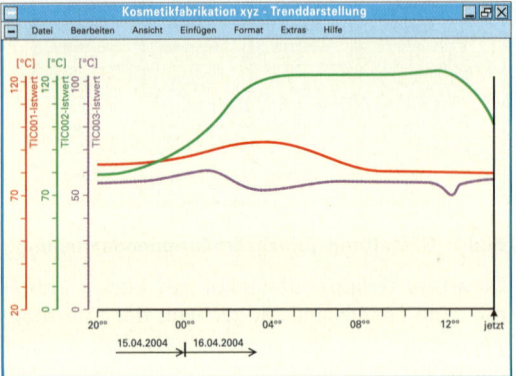

Bild 1: Trenddarstellung mit Datumswechsel

Die Darstellung erfolgt in **Diagramm-Form**, wobei die x-Achse immer die Zeitachse ist. Voraussetzung für eine solche Darstellung ist die Speicherung der Daten auf einer Festplatte. Diese können sich abhängig vom Prozessleitsystem-Hersteller und auch abhängig von der Konfiguration im Hauptrechner, dem **Server**, in einer der Bedienstationen oder aber in einer separaten **Trend- oder Engineering-Station** befinden. Zur Verwaltung und Organisation dieser Daten arbeiten Prozessleitsysteme unsichtbar im Hintergrund mit einer **Datenbank**. Dies ist ein Softwarebaustein zum Speichern der Prozessdaten in der Geschwindigkeit wie sie anfallen. Auch das Auslesen und Überschreiben der Daten durch neue Werte sowie das Herauslöschen der ältesten Daten werden durch diesen Softwareteil bewerkstelligt. Man spricht deshalb auch von einer **Daten-Verwaltung**.

Nach dem Aufruf der Trenddarstellung müssen tausende Messwerte (abhängig von dem gewünschten Zeitabschnitt) von der Festplatte ausgelesen werden. Deshalb kann der Aufbau der Trenddarstellung einige Sekunden in Anspruch nehmen.

Trenddarstellungen für eine einzelne Messstelle oder einen Regelkreis werden vom Faceplate aus aufgerufen. Dieses verfügt oft über einen entsprechenden Knopf. Danach wird der zeitliche Verlauf von Sollwert, Istwert oder Stellwert bzw. eine Kombination dieser drei Werte sichtbar.

Trenddarstellungen für mehrere zusammengehörige Messstellen oder Regler, oft auch als **Trendgruppen** bezeichnet, können vom Automatisierungsingenieur, manchmal sogar auch vom Bediener, bei Bedarf für Vergleichszwecke individuell zusammengestellt werden. In Bild 1 wird eine solche Gruppierung von drei Temperatur-Messwerten gezeigt.

Viele Prozessleitsysteme unterteilen die Trenddarstellungen in einen **Kurzzeit-** und einen **Langzeit-Trend**.

Der **Kurzzeit-Trend** zeigt nur die letzten Minuten des Prozessgrößenverlaufes an, wobei die Aufzeichnung vom Zeitpunkt des Aufrufens an zu laufen beginnt. Die Länge des angezeigten Zeitabschnittes lässt sich nicht ändern. Die Kurve wird ständig um die aktuellen Werte ergänzt, sie läuft also weiter (**dynamische Darstellung**).

Der **Langzeittrend** zeigt beliebige, wählbare Ausschnitte aus der Vergangenheit, entweder als abgeschlossene Bereiche der Vergangenheit (**statische Darstellung**) oder als weiter laufende Bereiche bis hin zum momentanen Augenblick (**dynamische Darstellung**). Zweckmäßige Bedienelemente ermöglichen dem Operator folgende Aktivitäten:

- **Stauchen und Strecken** der **x**-Achse, d. h. Zoomen des Zeitausschnittes,
- **Stauchen und Strecken** der **y**-Achse, d. h. Verändern des Maßstabes der dargestellten Werte,
- **Verschieben** des Zeitausschnittes,
- **Auswahl** eines bestimmten Tages und einer bestimmten Uhrzeit, die in der Mitte des Fensters liegen soll,
- farbiges **Kennzeichnen** von Kurven,
- **Hinzufügen** von Werten aus anderen EMSR-Stellen als Vergleich,
- vorübergehendes **Herauslöschen** von momentan dargestellten Trends.

5.8 Trenddarstellung

Bild 1: Beispiel für eine Trenddarstellung

Von Zeit zu Zeit werden die ältesten Prozessdaten vom Prozessleitsystem automatisch gelöscht.

Wie groß der Zeitraum ist, dessen Daten aufbewahrt werden sollen, hängt von der zur Verfügung stehenden Festplattenkapazität und von der Anzahl der zu speichernden Werte ab.

Der Speicherzeitraum sowie die Auswahl der festzuhaltenden Werte können vom Systemadministrator eingestellt werden. Nicht alle Messwerte, Sollwerte und Stellgrößen sind so wichtig, dass sie gespeichert werden müssen.

Wenn Werte mit verschiedenen Maßeinheiten anzuzeigen sind, wird dies vom Prozessleitsystem durch mehrere Achsen-Bezeichnungen dargestellt.

Beispielsweise hat eine Temperaturmessung die Maßeinheit „Grad Celsius", während die Maßeinheit des zugehörigen Stellventils „Prozent" oder „Prozent-Hub" ist. Somit sind zwei y-Achsen nebeneinander nötig. Beide Werte sind nicht direkt miteinander vergleichbar, da sie völlig unterschiedlichen Charakter haben. Der Vergleich ihres Trends, also ihrer Änderungen, ist aber dennoch prinzipiell möglich.

Das Beispiel einer Temperaturmessung am Rührkesselreaktor nach Bild 1, S. 96, soll dies verdeutlichen. Wenn bei dem stetigen Temperaturregelkreis an einem Reaktor mit angeschlossenem Kühlwasserventil vom Bediener beispielsweise der Sollwert erniedrigt wird, so wird der Regler mit einer gewissen Zeitverzögerung das Kühlwasserventil weiter öffnen.

Dies kann in der Trenddarstellung des Temperaturreglers gut verfolgt werden. Im Bild gehört die Temperaturskala in Grad Celsius sowohl zum Sollwert als auch zum gemessenen Wert (Istwert). Die Prozentskala gehört zur Ventilöffnung (Stellwert). Genau genommen wird auch der Temperaturmessbereich den Prozentstufen von 0 % bis 100 % zugeordnet.

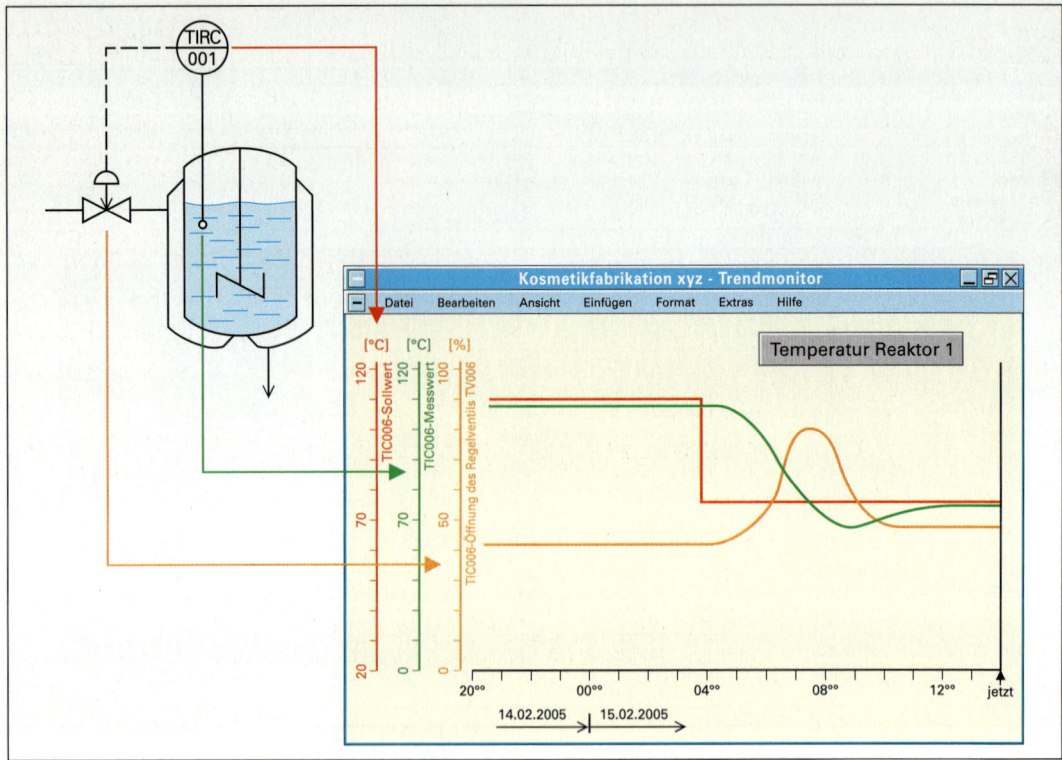

Bild 1: Vereinigung verschiedenartiger Größen mit unterschiedlicher Maßeinheit zur Anzeige in einer gemeinsamen Trenddarstellung

Trenddarstellungen als grafisch basierte Darstellungen bieten dem Bediener oder dem mit der Auswertung des Prozessgeschehens beauftragten Personal verschiedene Besonderheiten:

- Änderungen und Änderungsrichtungen werden grafisch veranschaulicht.
- Oft wird ersichtlich, welchen Endwerten der Prozessverlauf entgegenstrebt.
- Der Kurvenverlauf lässt sich zeitlich und räumlich stauchen und strecken und damit an die gewünschte Genauigkeit anpassen.
- Verschiedenartige Messwerte und andere Größen lassen sich direkt untereinander vergleichen. Dies betrifft nicht nur ihre momentane Größe, sondern auch ihre zeitliche Änderung.

Vorteilhaft wirkt sich bei den Trenddarstellungen aus, dass man durch die grafische Darstellung eine anschauliche, weil räumlich orientierte und farbig differenzierte Vorstellung erhält.

Zeitlich konstante Vorgänge stellen sich in der Trenddarstellung als waagerechte Linien dar. Der erfahrene Anlagenfahrer spricht dann davon, dass die Anlage „strich läuft".

5.9 Alarmdarstellung

Im computerbasierten Teil des Prozessleitsystems wurden vom konfigurierenden Automatisierungsingenieur oder vom Systemadministrator in Zusammenarbeit mit den Planern der Chemieanlage bestimmte **Normalbereiche** der zu überwachenden Messgrößen im System hinterlegt.

Dies bedeutet, die Werte wurden an der dafür vorgesehenen Stelle eingegeben und auf Festplatte gespeichert.

Im laufenden Betrieb des Prozessleitsystems liegen diese Werte darüber hinaus im **Speicher des Controllers**. Die Software im Controller des Prozessleitsystems vergleicht nun ständig, 1-mal pro Zyklus, jeden eingehenden Messwert mit dem für ihn vorgegebenen, sicherheitsrelevanten

5.9 Alarmdarstellung

Alarmwert. Dieses Vergleichen muss in **Echtzeit** erfolgen, d. h. das laufende Einlesen, Verarbeiten und Reagieren auf die Werteveränderungen darf nicht langsamer erfolgen als die Werteveränderung im Prozess selbst.

Ist eine solche gespeicherte Grenze überschritten oder unterschritten, wird zusätzlich zum Einschalten einer Alarmhupe ein farbiges Hinweisfeld auf dem Display aktiviert. Dieses ist das optische Zeichen für den Alarm.

Die konkrete Gestaltung dieses Hinweisfeldes differiert von Hersteller zu Hersteller. Meist jedoch zeigt ein blinkendes Info-Feld am Rande oder inmitten der Fließbilddarstellung immer einen neuen, noch nicht zur Kenntnis genommenen Alarm an.

> **Merksatz**
>
> Die sicherheitsrelevanten Prozesswerte werden vom Prozessleitsystem ständig überwacht. Beim Verlassen des Normalbereiches werden **Alarmmeldungen** erzeugt und auf den Bediener-Monitoren zur Anzeige gebracht.

In der Regel endet das Blinken des Info-Feldes, wenn alle neu aufgetretenen Alarme durch den Bediener zur Kenntnis genommen worden sind.

Mit einem Klick auf dieses Info-Feld gelangt man in der Regel zu einem Alarm-Display, in welchem die kürzlich aufgelaufenen und noch nicht vom Bediener zur Kenntnis genommenen Alarmmeldungen aufgelistet sind. Bild 1 zeigt ein Beispiel für ein Alarm-Display.

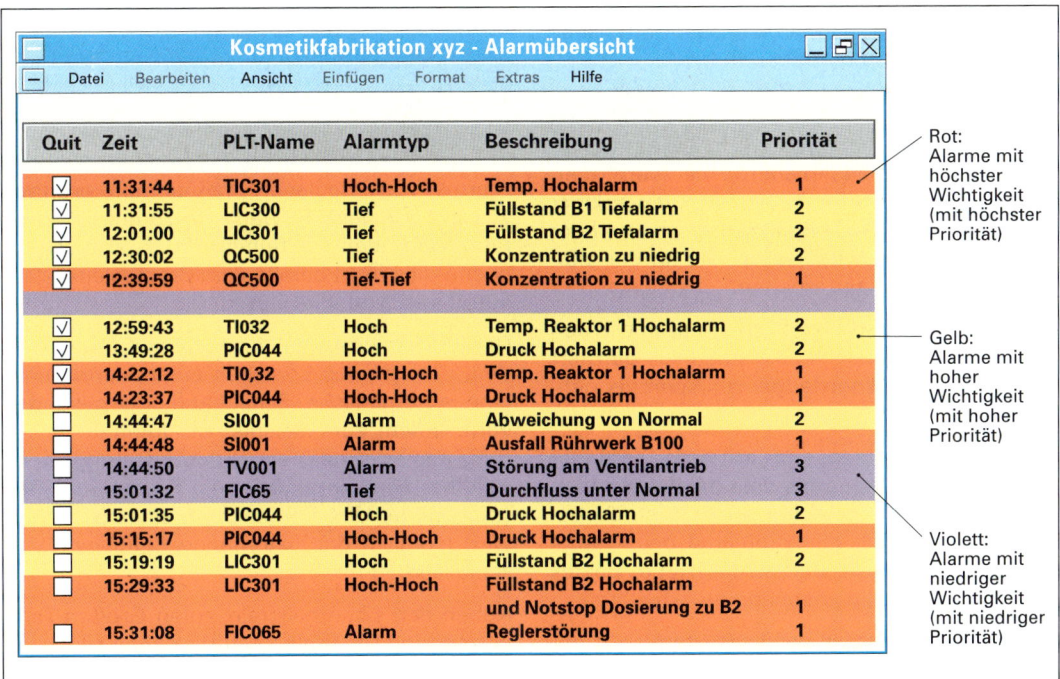

Bild 1: Typische Gestaltung eines Alarm-Displays

Alle Hersteller von Prozessleitsystemen sehen für die im Alarmdisplay anzuzeigenden Alarme mindestens zwei **Prioritäten** (Wichtigkeitsstufen) in zwei Farben vor:

- **Gelb: Voralarm** (nur Hinweis), niedrigere Priorität.
- **Rot: Hauptalarm** (eigentlicher Alarm), hohe Priorität.

Diese Farbgebung wird in Bild 1 verdeutlicht. Darüber hinaus existiert dort eine dritte Alarm-Priorität, die violett gekennzeichnet ist.

Steigt zum Beispiel eine Reaktortemperatur allmählich über den sicherheitstechnisch bedenklichen Wert an, so wird zuerst der **Voralarm (hoch)** und später der **Hauptalarm (hoch-hoch)** auf den Monitoren erscheinen. Dieses Prinzip verdeutlicht Bild 1, S. 98.

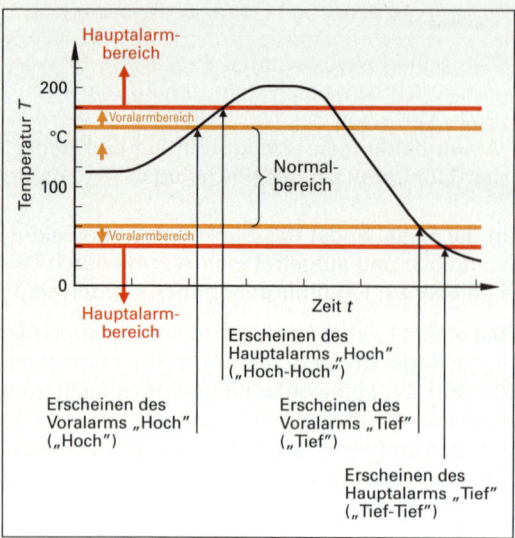

Bild 1: Alarmbereiche beim Über- oder Unterschreiten bestimmter Prozesswerte

Es obliegt dem Administrator in Zusammenarbeit mit den Anlagenplanern, die Alarmüberwachung so zu konfigurieren, dass ein solcher Alarm an **allen Bedienplätzen** erscheint oder aber nur bei jenen Bedienern, die an der alarmierenden **Teilanlage** arbeiten.

Die Hupe und die Alarme selbst müssen von den Bedienern, an ihren Arbeitsstationen **quittiert** werden (engl. acknowledge: zur Kenntnis nehmen).

Dabei ist zu beachten, dass mit dem Quittieren die Hupe zwar verstummt, dass damit aber noch nicht der Alarm als solcher quittiert ist. Umgekehrt bewirkt auch das Quittieren des Alarms noch nicht das Verstummen der Hupe. Beides sind demnach völlig unabhängige Aktivitäten.

Falls im Ausnahmefall das Leitsystem so konfiguriert wurde, dass mit dem Quittieren des Alarms auch die Hupe ausgeschaltet wird, so darf sie auf jeden Fall erst dann verstummen, wenn alle zugehörigen Alarme quittiert wurden.

Mit dem Quittieren des Alarmes bestätigt der Bediener, dass er diesen zur Kenntnis genommen hat und dass ihm bewusst ist, dass ein vom Normalzustand abweichender Zustand vorliegt, auf den er angemessen reagieren muss.

Diese Kenntnisnahme wird deshalb auch vom Prozessleitsystem protokollarisch festgehalten, das heißt auf einer der Festplatten des Computernetzwerkes gespeichert. Sollte es zu kritischen Situationen oder gar Havarien kommen, lassen sich so die zeitlichen Abläufe später wieder rekonstruieren.

Mit dem Quittieren allein ist der Alarm noch nicht beseitigt, er verschwindet weder vom Monitor noch aus der Anlage selbst. Auf dem Monitor erhält er nur ein Quittungskennzeichen (ein „Häkchen" oder „Ack"), und die optische Signalanzeige hört auf zu blinken. Solange der Prozesswert außerhalb des Normalbereiches liegt, bleibt die Alarmmeldung in der Liste des Alarm-Displays erhalten.

> **Hinweis**
>
> Die Alarme verschwinden nach dem Wiedereintritt der Prozessvariablen in den Normalbereich auf den Monitoren des Prozessleitsystems erst, nachdem sie **quittiert** wurden. Der englischsprachige Begriff für dieses Quittieren lautet **acknowledge** („zur Kenntnis nehmen").

In der Anlage müssen nach dem Quittieren des Alarms vom Bediener Maßnahmen ergriffen werden, um beispielsweise die zu hohe Temperatur oder den zu hohen Druck abzusenken (wenn dies nicht bereits vom Prozessleitsystem automatisch erledigt wurde).

Das Prozessleitsystem kann so konfiguriert werden, dass an das Erreichen einer Alarmgrenze eine automatische Schalthandlung gekoppelt wird, indem zum Beispiel die Inhibitor-Dosierung gestartet oder ein Druckentlastungsventil geöffnet wird. In einfacheren Fällen, zum Beispiel bei der Überfüllsicherung eines Behälters, wird lediglich das betreffende Befüllventil geschlossen.

Neben den sicherheitsrelevanten Größen Temperatur und Druck sind natürlich auch alle anderen Prozessgrößen überwachbar, insbesondere Füllstände, Konzentrationen sowie Vibrationen (zum Beispiel bei Zentrifugen).

Die moderne Prozessleittechnik eröffnet unbegrenzte Möglichkieten wobei sich der konfigurierende Automatisierungsingenieur nach den Aufgabenstellungen der verfahrenstechnischen Planer richtet.

Bild 1 auf Seite 99 zeigt ein weiteres Beispiel für die mögliche Gestaltung eines Alarm-Displays. Darin fällt auf, dass nicht nur die verfahrenstechnischen Prozesswerte überwacht werden und als Alarme erscheinen, sondern dass auch

Störungen im Prozessleitsystem selbst als Alarme angezeigt werden. Manche Leitsystemhersteller unterscheiden deshalb auch die Kategorien **Prozessalarme** und **Systemalarme** und stellen diese in getrennten und völlig unterschiedlich gestalteten Alarm-Displays dar.

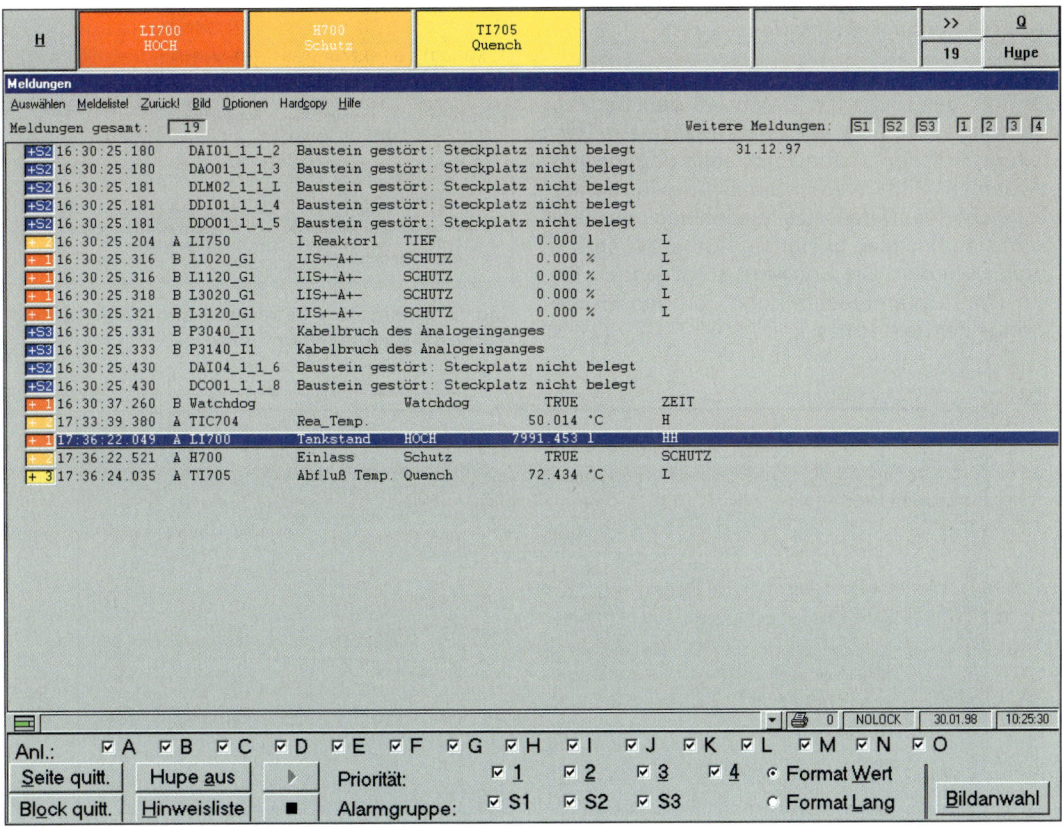

Bild 1: Alarmmeldungen in einem Prozessleitsystem

5.10 Historische Darstellung

Wie in Kapitel 3.7 (Dokumentationsfunktion) bereits dargestellt, führt das Prozessleitsystem im Hintergrund eine **Überwachung** und **Protokollierung** aller **Bedieneraktivitäten** durch.

Protokolliert werden ebenfalls alle Aktivitäten, die vom **Prozessleitsystem** aus automatisch erfolgen, sei es das Auslösen einer Alarmmeldung im kontinuierlichen Betrieb oder das automatische Einschalten eines Rührwerkes im Rahmen eines automatischen Rezeptablaufes (**Batch-Prozess**).

Außerdem werden aufgetretene **Anlagen- oder Systemfehler** protokolliert.

Ähnlich wie die Trendwerte als Zahlen in bestimmten Zeitabständen gespeichert werden, werden auch diese „**historischen Ereignisse**" auf der Festplatte konserviert und bei Bedarf wieder ausgelesen.

Der Bediener kann sie als zeitliche Textliste abrufen oder als halbgrafische Darstellung anzeigen lassen. Bild 2 zeigt beispielhaft, wie eine textbasierte Anzeige von Ereignissen am Monitor erfolgen kann.

Datum	Uhrzeit	Teilanlage	Ereignis
02.02.03	07:01:59	Wärmerückgew.	Sollwertänderg. TIC001
02.02.03	07:02:31	Pumpstation	Ausfall P4004
02.02.03	07:02:50	Destillation	TIC006 auf „Manuell"
02.02.03	07:05:10	Destillation	Ventil TV006 auf 40% Hub
02.02.03	07:05:42	Destillation	Ventil TV006 auf 35% Hub
02.02.03	07:14:20	Pumpstation	Einschalten P4005
02.02.03	07:17:30	PLT-System	Ausfall Kanal 12-PIC1034
02.02.03	07:21:19	Chargenanlage	Einschalten Rührer
02.02.03	07:29:57	Chargenanlage	Start Dosierung (A)-Ventil V1
02.02.03	07:49:00	Destillation	Voralarm (Hoch) TIC006

Bild 2: Ereignis-Darstellung am Monitor

5 Bedienen und Beobachten von Chemieanlagen mithilfe von Prozessleitsystemen

Das Abspeichern, Auslesen und Überschreiben der Daten durch neue Werte sowie das Herauslöschen der ältesten Daten wird genau wie bei den Trenddaten durch eine im Hintergrund bearbeitete **Datenbank-Software** realisiert.

Die dort gespeicherten Daten würden bei Betrachtung ohne eine geeignete Maske zur Darstellung auf den ersten Blick sehr ungeordnet erscheinen. Bild 1 veranschaulicht, wie die abgespeicherten Datensätze erscheinen würden, wenn sie ohne eine geeignete Aufbereitung angezeigt würden. Die Software sorgt jedoch für eine betrachtergerechte und ergonomische Anzeige der Datensätze.

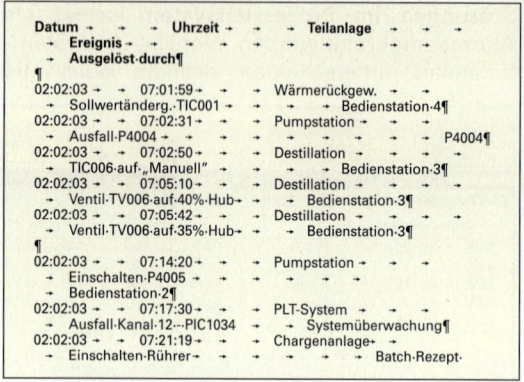

Bild 1: Datensätze, betrachtet ohne die Anzeigemaske der Datenbank-Software

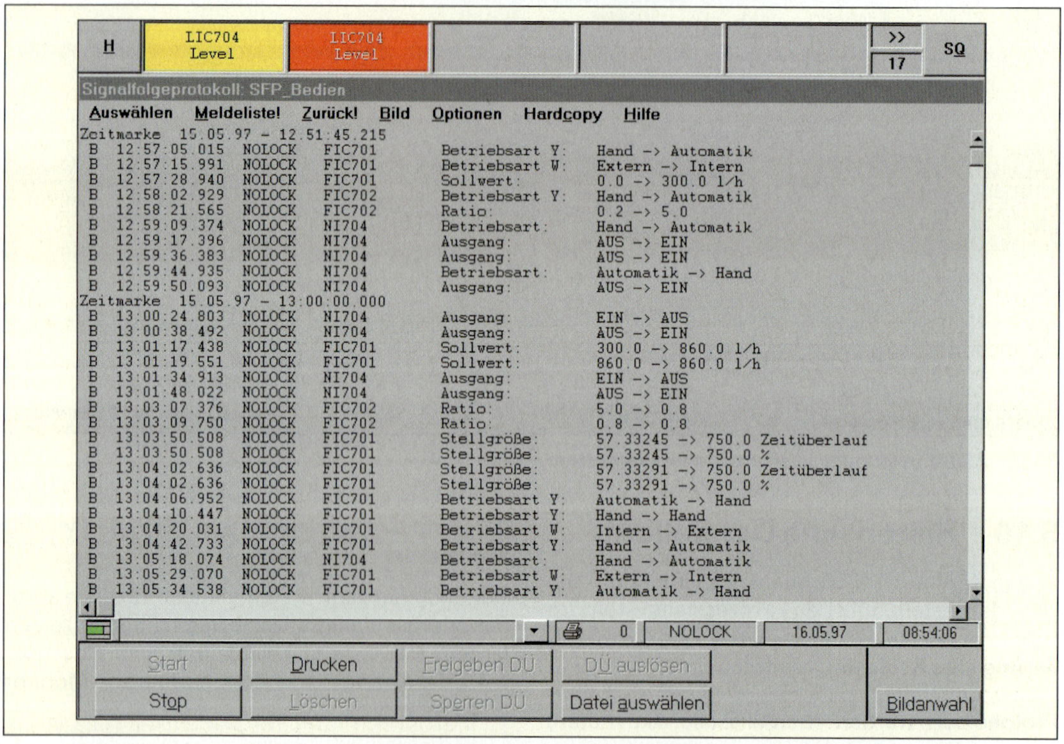

Bild 2: Historische Darstellung als Signalfolgeprotokoll (herstellerspezifische Bezeichnung)

Eine praktische Ausführung der Anzeige von historischen Daten zeigt der Screenshot in Bild 2. Die dort gezeigte Darstellung trägt die Bezeichnung **Signalfolgeprotokoll**. Je nachdem, welche Typen von historischen Ereignissen in welcher konkreten Darstellungsform veranschaulicht werden, nutzen die verschiedenen Leitsystem-Anbieter unterschiedliche Bezeichnungen. Üblich sind Begriffe wie **Historie**, **History**, **Historische Darstellung**, **Ereignis-Monitor**, **Protokoll**, **Signalfolgeprotokoll**. Die unterschiedlichen Bezeichnungen ändern nichts an der Tatsache, dass es sich stets um gespeicherte Daten aus der Vergangenheit handelt, die darin angezeigt und zur Auswertung gebracht werden.

Ein Beispiel zur halbgrafischen Darstellung von historischen Ereignissen wird in Bild 1, S. 101, gezeigt. Aus der Darstellung sind Aktivitäten im Rahmen einer Rezeptursteuerung entnehmbar.

5.11 Bedienaktivitäten

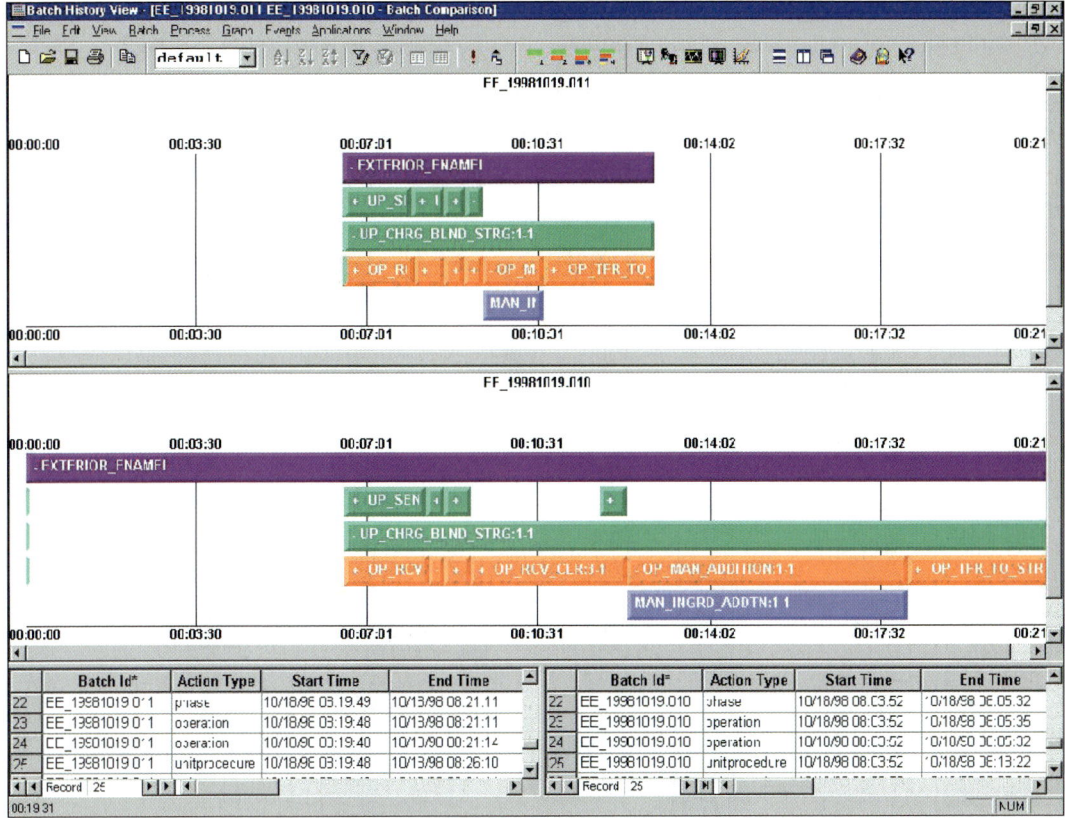

Bild 1: Halbgrafische Darstellung von historischen Ereignissen

5.11 Bedienaktivitäten

Die Kommunikation des Bedieners mit dem Prozessleitsystem im laufenden Betrieb erfolgt in zwei Richtungen:

- **Eingabe** von Befehlen an das Prozessleitsystem, identisch mit der Aufnahme von Befehlen durch das Prozessleitsystem,
- **Ausgabe** von Informationen des Prozessleitsystems, identisch mit der Aufnahme von Informationen durch den Bediener.

Als Schnittstelle zwischen Bediener und Leitsystem wirken verschiedene Hardwarekomponenten in Verbindung mit der geeigneten Software.

> **Merksatz**
>
> Die Begriffe **Bedienen** und **Beobachten** kennzeichnen die beiden Richtungen des Signalflusses an den Schnittstellen des Prozessleitsystems zum Anlagenfahrer.

Die eine Richtung, also die **Beobachtung** des Prozessgeschehens, vollzieht sich optisch und akustisch durch Signale vom Monitor oder von den Lautsprechern.

Die vom Leitsystem ausgegebenen Signale oder Informationen sind in verschiedenen Darstellungsarten auf dem Display enthalten (Kapitel 5.2 bis 5.10).

Die andere Richtung, also die Eingabe von **Bedienungs-Befehlen,** vollzieht sich durch die computertypischen Fingeraktivitäten, wie:

- Mausklick mit der linken Maustaste,
- Mausklick mit der rechten Maustaste,
- Doppelklick mit der linken oder rechten Maustaste,
- Ziehen der Maus mit gedrückter linker oder rechter Maustaste und Loslassen am Zielort (Drag & Drop),
- Tastendruck an der Tastatur,
- Mausklick bei gehaltener Taste an der Tastatur.

Bild 1, S. 102, zeigt ein Bedienbild, welches aus einer Fließbilddarstellung und einer Vielzahl zusätzlich eingefügter Buttons mit spezifischen

Sonderfunktionen besteht. Der Hersteller hat hier durch clevere Konfigurierung die Möglichkeit des ergonomisch günstigen und schnellen Zugriffs auf die wichtigsten anlagen- und leitsystemspezifischen Aktivitäten geschaffen. Rechts unten ist das Alarm-Hinweisfeld erkennbar.

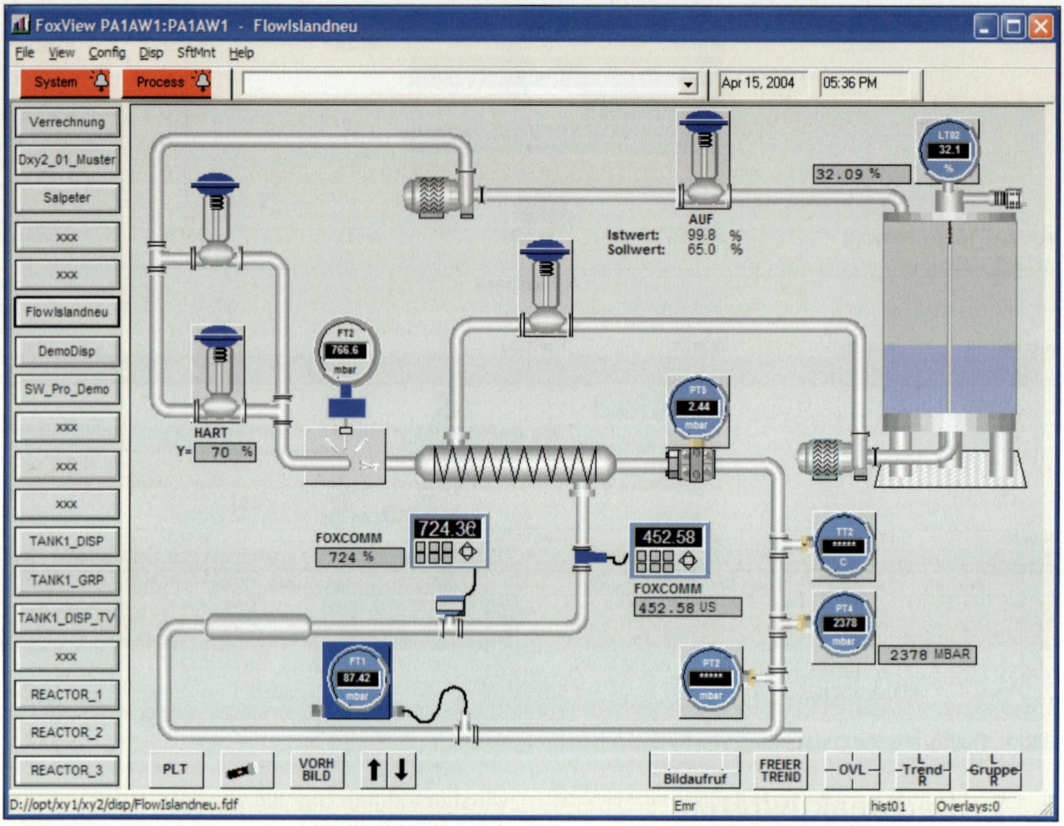

Bild 1: Fließbilddarstellung mit Buttons und Schnellzugrifftasten für spezielle Funktionen

Bei jeder Bedienaktivität kontrolliert das Leitsystem die Sinnhaftigkeit der Bedienerhandlung und stellt das Ergebnis am Monitor dar. Nur sinnvolle Eingaben werden vom Leitsystem angenommen und weiterverarbeitet. So würde beispielsweise die Eingabe des Stellbefehls für eine Ventilöffnung von 1 000 % nicht akzeptiert werden. In der Regel erscheint ein Hinweis darauf, dass bei der Eingabe der zulässige Wertebereich überschritten wurde.

Die Software des Prozessleitsystems hat also die Aufgabe, jede Bediener-Eingabe auf ihre logische Richtigkeit zu überprüfen, ehe die entsprechenden Werte zum Controller in der prozessnahen Komponente geschickt werden. So wird beispielsweise eine Sollwert-Eingabe von 1 000 °C statt 100 °C abgewiesen.

Der Bedienablauf erfolgt somit in den Schritten **Anwählen, Eingeben, Prüfen, Aktualisieren.** Dieser Ablauf wird in Bild 2 veranschaulicht.

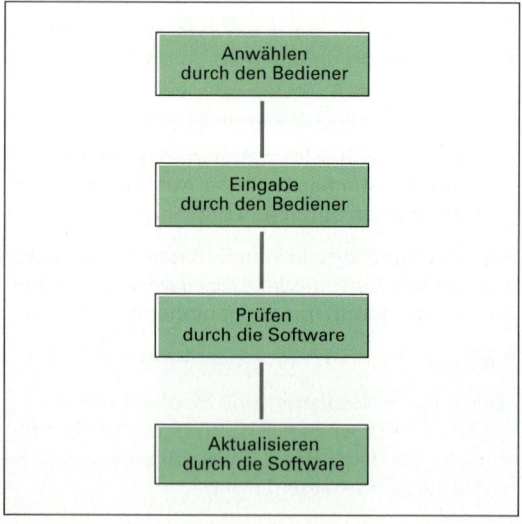

Bild 2: Ablauf einer Bedienaktivität

Die meisten der Bedienaktivitäten lassen sich einer der folgenden Gruppen zuordnen:

- Heranholen und **Ablesen** von Werten zur Kenntnisnahme (zur Kontrolle oder zum Vergleich),
- **Einstellen oder Schalten** eines Stellorgans (Ventilöffnung, Drehzahlsteller, Motorschalter),
- **Einstellen** eines Sollwertes an einem Regler,
- **Umschalten der Betriebsart** eines Reglers (Hand, Automatik, Kaskade),
- **Starten** eines automatischen Rezeptes nach Eingabe der gewünschten Rezepturparameter,
- **Beantworten** von Fragen des Prozessleitsystems, z. B. nach bestimmten Parametern im Rahmen eines automatischen Rezeptablaufes.

Aufgaben

1. Wozu dient dem Bediener die Anlagenübersichtsdarstellung?
2. Welche drei Informationsgruppen gehen aus der Fließbilddarstellung hervor?
3. Mit welcher Buchstabenfolge wird in der Fließbilddarstellung eine Differenzdruckregelung (mit Anzeige auf dem Bildschirm) gekennzeichnet, wenn sie Hoch- und Tief-Alarme jeweils als Vor- und Hauptalarme liefert?
4. Nennen Sie die drei wichtigsten Größen, die an der Faceplate-Darstellung eines Reglers ablesbar sind.
5. Welche beiden Größen sind vom Bediener an einem Reglerfaceplate einstellbar und in welchem Modus sind sie nur verstellbar?
6. Wodurch wird bei einer Regelung ein stoßfreies Umschalten vom manuellen in den Automatikmodus gewährleistet?
7. Was zeigt die Trenddarstellung auf dem Monitor?
8. Auf welchem Speichermedium werden „historische Daten" festgehalten?
9. In welchen Farben werden die Vor- und Hauptalarme auf dem Monitor dargestellt? Warum gibt es diese farbliche Unterscheidung?
10. Ist das Quittieren der Hupe gleichzusetzen mit dem Quittieren des zugehörigen Alarms?
11. Wann verschwinden Alarme aus der auf dem Monitor sichtbaren Alarmliste?
12. Skizzieren Sie die Druckregelung an einem Gasbehälter mit Regelventil im Zustrom und erklären Sie an diesem Beispiel das Wesen und den Sinn der stoßfreien Reglerumschaltung vom manuellen zum Automatikmodus.
13. Finden Sie heraus, mit welchen gerätetechnischen Einrichtungen in Ihrem Betrieb bzw. in Ihrer Anlage Trenddaten gespeichert werden.
14. Lassen Sie sich von autorisierten Anlagenbedienern in Ihrem Betrieb die Protokollierung von historischen Ereignissen am Monitor zeigen.
15. Diskutieren Sie mit Kollegen, die direkt am Prozessleitsystem arbeiten, welche gestalterischen Verbesserungsmöglichkeiten und welche ergonomischen Mängel diese an ihrem Leitsystem sehen.
16. Warum wird die Monitordarstellung gelegentlich auch als „Fenster zum Prozess" bezeichnet?
17. Welche Vorteile und Nachteile sehen Sie bei der Prozessbedienung mit digitaler Prozessleittechnik, wenn Sie diese mit der herkömmlichen Prozessbedienung an langgestreckten Messwartenwänden vergleichen?
18. Welche Gründe gibt es für die Strukturierung einer Chemieanlage in untergeordnete Teilanlagen?
19. Welche Normen regeln die Fließbilddarstellung von Chemieanlagen?
20. Warum wird bei den Monitordarstellungen von stoffwandelnden Anlagen oft von den genormten Fließbildsymbolen abgewichen, und weshalb ist dieses Vorgehen statthaft?
21. Erklären Sie den Inhalt der Begriffe Erstbuchstabe, Folgebuchstabe und Ergänzungsbuchstabe.
22. Nennen und erläutern sie je ein PLT-Stellen-Beispiel, in dem die Ergänzungsbuchstaben D, F bzw. Q Verwendung findet.

6 Grundlagen der Elektrotechnik

6.1 Vorbetrachtungen

Ein Leben ohne Elektroenergie ist in den modernen Industrienationen nicht mehr vorstellbar. Die ausgereifte Technik, die heute zu ihrer Erzeugung und zur Umwandlung in andere Energieformen zur Verfügung steht, speziell aber ihre unproblematische Fortleitung und Verteilung, machen die Elektroenergie zum unverzichtbaren Energieträger in allen Industriezweigen.

> **Merksatz**
>
> Die **Elektroenergie** ist in den Anlagen der stoffwandelnden Industrie neben dem Heißdampf der wichtigste Energieträger.

Im privaten Bereich dient die Elektroenergie vorrangig für Zwecke des Beleuchtens und Heizens sowie zum Betrieb der verschiedensten Konsumgüter. Selbst Heizungsanlagen auf Erdgas- oder Heizölbasis funktionieren nicht ohne elektrischen Strom.

Die Elektroenergie dient in der Industrie zum Antrieb aller Arten von Motoren, wird für Heiz- und Beleuchtungszwecke verwendet, aber auch für chemische Reaktionen mit Lichtbögen oder in galvanischen Prozessen. Darüber hinaus ist sie die Energiequelle zum Betrieb der gesamten Elektronik des Prozessleitsystems.

Als Träger von aufgeprägten oder aufmodulierten Signalen dient die Elektroenergie dort unter anderem auch dem Transport von Informationen zwischen der Feldseite und dem Bediener sowie umgekehrt.

Auf Grund der Gefährlichkeit der Elektroenergie, speziell bei höheren Spannungen, ist die Errichtung, Wartung und Reparatur von elektrotechnischen Anlagen in der chemischen Industrie autorisiertem Fachpersonal vorbehalten.

Deshalb erfolgt in den meisten Betrieben auch eine strikte Trennung der Aufgabenbereiche des Elektronikers für Automatisierungstechnik von denen anderer Elektroniker.

Die folgenden Kapitel enthalten deshalb nur einige wesentliche Wissensgrundlagen, die zur Abrundung der Kenntnisse über die Prozessleittechnik dienen sollen.

6.2 Elektrischer Strom

Elektrischer Strom ist die Bewegung von freien Elektronen (also solchen, die momentan gerade nicht einen Atomkern umkreisen) durch einen elektrischen Leiter.

Elektrischer Strom kann nur fließen, wenn eine elektrische Spannungsquelle vorhanden ist, ebenso, wie eine Flüssigkeit nur dann durch einen Schlauch fließt, wenn sie durch eine Pumpe gefördert wird.

> **Merksatz**
>
> **Elektrischer Strom** ist eine Elektronenbewegung, angetrieben von einer Spannungsquelle und gebremst von Verbrauchern, die ihm einen Widerstand entgegensetzen.

Spannungsquellen können chemischer Natur sein (Batterie) oder aber mechanischer Natur (Generator bzw. Dynamo).

Der Leiter kann, wie meistens der Fall, aus Metall bestehen, dann setzt er dem Stromfluss einen geringen Widerstand entgegen, oder aus einem anderen Stoff, wie zum Beispiel feuchter Luft. Im letzteren Fall setzt er dem Stromfluss einen wesentlich größeren Widerstand entgegen. Der Stromfluss (die so genannte Stromstärke) ist dann geringer.

6.2.1 Gleichspannung und Wechselspannung

Man unterscheidet **Gleichspannung** und **Wechselspannung**, in der Umgangssprache auch als Gleichstrom und Wechselstrom bezeichnet. Die Gleichspannung, im einfachsten Fall von einer elektrischen Batterie geliefert, ist zeitlich gleichbleibend. Deshalb ist auch der Stromfluss durch einen Verbraucher zeitlich konstant (Bild 1, S. 105). Er erfolgt stets vom technischen Pluspol zum Minuspol.

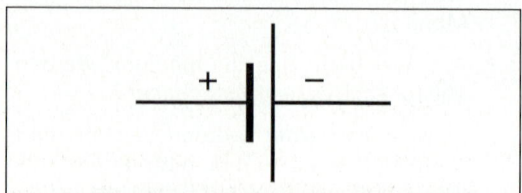

Bild 1: Symbol einer Gleichspannungsquelle

6.2 Elektrischer Strom

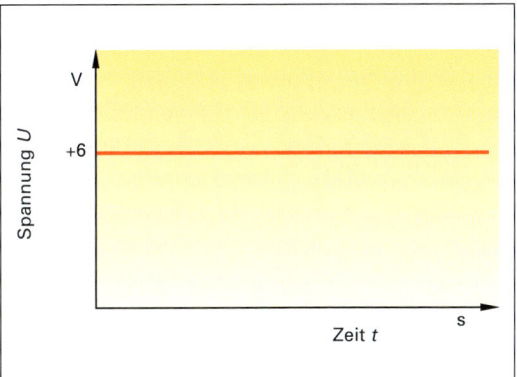

Bild 1: Zeitlicher Verlauf einer Gleichspannung

Bei der Wechselspannung, die in der Regel von einem Generator (Dynamo) erzeugt wird, kehrt sich die Richtung des Stromflusses periodisch, meist 50-mal pro Sekunde um, da sich Plus- und Minus-Pol ebenso oft vertauschen. Dies hängt mit der Drehbewegung des Spulensystems im Generator zusammen.

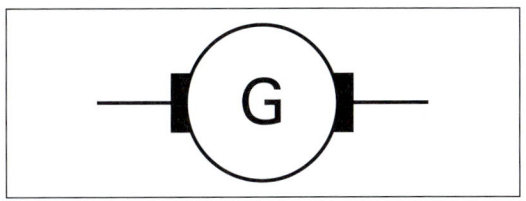

Bild 2: Symbol einer Wechselspannungsquelle

Es ergibt sich deshalb die folgende sinuskurvenähnliche Abhängigkeit von Spannung und Zeit (Bild 3).

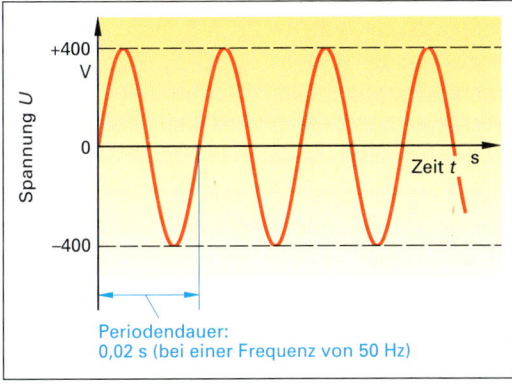

Bild 3: Zeitlicher Verlauf einer Wechselspannung

Mit mathematischen Mitteln oder mit geeigneten Messinstrumenten kann man ermitteln, dass der zeitliche Durchschnittswert der Spannung 230 V beträgt, wenn die Spannungsspitzen bei 400 V liegen, wie Bild 4 veranschaulicht. Dieser Durchschnittswert heißt **Effektivwert**. Die unteren Bereiche der Sinuskurve erscheinen nach oben gekippt, da bei der Ermittlung des Effektivwertes nur der absolute Betrag der Spannung betrachtet wird. Auch die negativen Spannungsanteile tragen ja ihren Anteil zur Versorgung des Verbrauchers mit Energie bei.

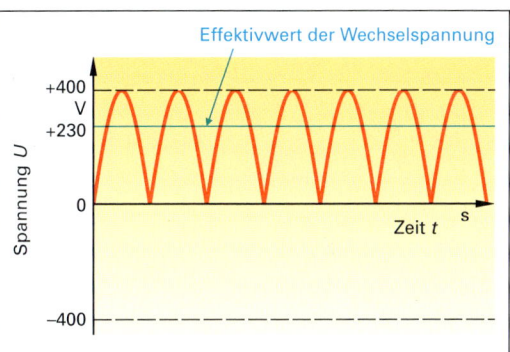

Bild 4: Spannungsspitzen und Effektivwert einer Wechselspannung

Diese 230 V sind es, die auch der computerbasierte Teil der Prozessleitsysteme verwendet, um sie in eine andere Spannungsebene wie 24 V oder 5 V Gleichspannung umzuwandeln. Wenn auf den Typenschildern von Geräten **230 V** als Spannungshöhe der Versorgungsspannung angegeben ist, ist damit der Effektivwert gemeint.

> **Merksatz**
>
> Die üblichen Spannungen im Prozessleitsystem sind:
> - **230 oder 240 V** Wechselspannung
> - **24 V** Gleichspannung
> - **5 V** Gleichspannung

6.2.2 Der Stromkreis

Durch Anschluss eines elektrischen Verbrauchers an den Plus-Pol und Rückführung des aus ihm austretenden zweiten Leiters zum Minus-Pol entsteht ein geschlossener elektrischer Stromkreis. Dies wird im Teil a) von Bild 1, S. 106, veranschaulicht. Der Schalter dient dabei zum Unterbrechen des Stromflusses. Batterie und Glühlampe stellen Spannungsquelle und Verbraucher dar.

6 Grundlagen der Elektrotechnik

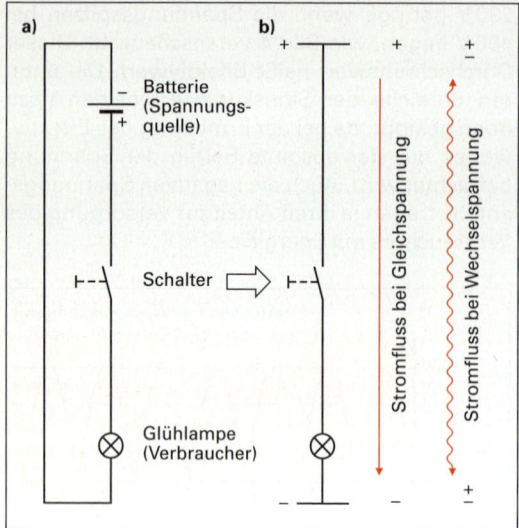

Bild 1: Elektrischer Stromkreis, a) als Schaltplan und b) als Stromlaufplan

In den Plänen der technischen Dokumentation verzichtet man oft auf die Darstellung der Spannungsquelle. Stattdessen wird der Pluspol als Sammelleitung oben im Bild dargestellt, der Minuspol als Sammelleitung unten (Bild 1 b). Diese Darstellung wird **Stromlaufplan** genannt.

Somit ergibt sich im Stromlaufplan beim Gleichstrom stets ein **Stromfluss von oben nach unten**, beim Wechselstrom hingegen eine **ständige Umkehr** der Stromrichtung. Beim Lesen dieser Stromlaufpläne ist es jedoch anschaulicher, wenn man sich auch beim Wechselstrom vorstellt, dass der Strom nur in einer Richtung fließen würde.

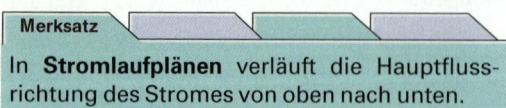

In **Stromlaufplänen** verläuft die Hauptflussrichtung des Stromes von oben nach unten.

6.2.3 Mehrere Stromkreise – Zusammenfassung von Minuspolen

Hat man mehrere Spannungsquellen zur Verfügung, können deren Minuspole schaltungstechnisch miteinander vereinigt werden. Dies ist sogar dann möglich und üblich, wenn es sich um unterschiedliche Spannungshöhen (auch **Potenziale** genannt) oder gar gemischte Gleich- und Wechselspannungsquellen handelt. Bild 2 zeigt dazu eine Prinzipdarstellung.

Die von den Verbrauchern zurückkehrenden Ströme fließen bildlich gesehen zum **gemeinsamen Minus-Pol** und teilen sich dann von selbst auf die jeweiligen Spannungsquellen auf, aus denen sie „herausgekommen" sind. Dem gemeinsamen Minus-Pol fließen also Ströme zu, die aus unterschiedlichen Spannungshöhen resultieren.

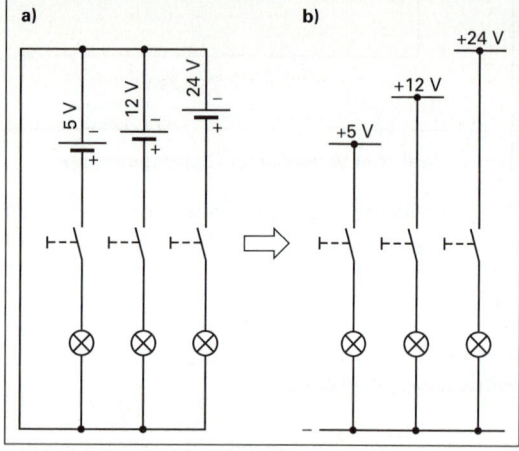

Bild 2: Zusammenfassung von Minuspolen, a) im Schaltplan und b) im Stromlaufplan

Vergleichbar ist dies mit Wassereimern, die aus unterschiedlichen Höhen in einen See geschüttet werden. Der See fängt das gesamte Wasser auf, unabhängig davon, aus welcher Höhe es kommt. Der Vorteil solcher Schaltungen besteht unter anderem in der Einsparung von Kabeln für mehrere Minuspole.

Auch der in der stoffwandelnden Industrie und in vielen privaten Haushalten verwendete **Drehstrom** ist eine Schaltung mit zusammengefasstem Minuspol, der hier als **Null-Leiter** bezeichnet wird. Als Spannungsquelle dienen die drei Wicklungsspulen des Generators im Kraftwerk, die einen Leiter gemeinsam haben (Bild 3).

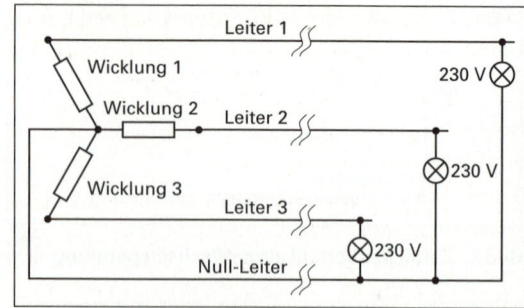

Bild 3: Zusammenfassung der Minuspole beim Drehstrom zum Nullleiter

6.2 Elektrischer Strom

Zwischen jedem der drei Leiter und dem Null-Leiter liegt eine Spannung von 230 V (Effektivwert) an. Dies ist praktisch die Spannungsdifferenz zwischen dem entsprechenden Leiter und dem gedachten Minuspol, dem Null-Leiter. Zwischen den drei Leiterpaaren untereinander liegt jedoch eine 400 V Spannung an (Bild 1).

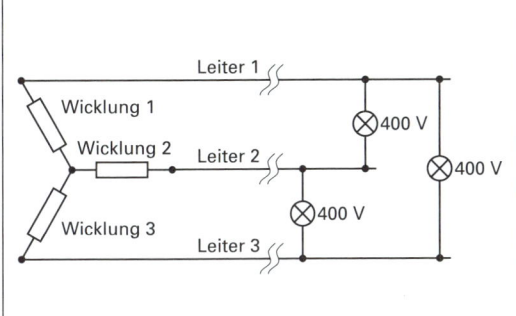

Bild 1: Spannungsdifferenzen beim Drehstrom ohne Nutzung des Nullleiters

Als Rückleitung, d. h. als Minuspol des elektrischen Stromkreises, kann der Bodengrund verwendet werden. Die Erde kann, bildlich gesehen, gewissermaßen unendliche Mengen an elektrischer Energie „aufsaugen".

Dies bedeutet, dass die Spannungsdifferenz zwischen dem **Null-Leiter** und der **Erde** normalerweise zu jedem Zeitpunkt 0 V beträgt. Um dies auch bei Leitungsdefekten oder Fehlschaltungen im Leitungsnetz der Verbraucher zu gewährleisten, wird der Null-Leiter im Kraftwerk zusätzlich durch Stab-Erder oder andere Maßnahmen mit der Erde, d. h. dem Baugrund, verbunden.

Auch auf der Verbraucherseite, also in der Chemieanlage oder den privaten Haushalten, schafft man eine solche Erdung. Sie wird im Schaltplan durch die Dreifach-Striche angedeutet.

Nicht nur zwischen jedem der drei Leiter und dem Null-Leiter, sondern auch zwischen den Leitern untereinander, ist eine Spannung messbar. Ihr Effektivwert im Fall von Bild 1, S. 107, beträgt 400 V. Diese Spannungshöhe wird oft auch als **Kraftstrom** bezeichnet.

Beide Spannungen sind also am gleichen Leitungsnetz abgreifbar. Leistungsstarke Motoren werden deshalb in der Regel an die drei einzelnen Leiter angeschlossen. Sie arbeiten mit dreimal 400 V. Der Null-Leiter ist dann ohne Bedeutung. Dies verdeutlicht Bild 2. **L1 bis L3** sind die eigentlichen Leiter. **N** ist der Null-Leiter.

> **Merksatz**
>
> Im Drehstromnetz der privaten Haushalte sind zwei unterschiedliche Effektivwerte der Spannung abgreifbar:
>
> - **230 V** zwischen jedem der Leiter und dem Nullleiter,
> - **400 V** jeweils zwischen zwei Leitern.

Für kleinere Verbraucher reicht die Spannungshöhe von 230 V. Sie werden vom Elektromonteur so angeschlossen, dass sie das Spannungspotenzial zwischen einem der Leiter und dem Null-Leiter nutzen, wie es Bild 1 zeigt.

Auch die üblichen Haushaltssteckdosen sind auf diese Art an der Hauptzählertafel angeschlossen.

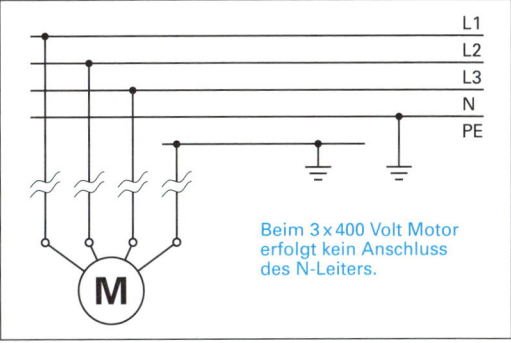

Bild 2: Anschluss eines 3×400 Volt Motors nur an die drei Phasen des Drehstromes, ohne Nutzung des Nullleiters

Bild 3: Elektromotoren zum Antrieb von Chemie-Kreiselpumpen

Bild 3 zeigt eine industrietypische Ausführung von leistungsstarken Drehstrommotoren zum Pumpenantrieb.

6 Grundlagen der Elektrotechnik

> **Hinweis**
>
> - Die drei elektrischen Leiter des Drehstromnetzes werden in der Fachsprache auch als **Phasen** bezeichnet.
>
> - Die Spannungswerte 230 V und 400 V sind durch den Faktor „Wurzel aus Drei" miteinander verknüpft:
>
> $400\,\text{V} \approx \sqrt{3} \cdot 230\,\text{V}$
>
>   Der Wert „Wurzel aus Drei" rührt aus der Kreisbewegung des Rotors im Generator her.

In Industrieanlagen sind oft auch höhere Spannungsebenen als 400 V vertreten, z. B. die Spannungshöhe von 1 000 V.

Spannungshöhen lassen sich mit Hilfe von Transformatoren umformen. Der Überland-Transport von Elektroenergie erfolgt meist mit hoher Spannung (z. B. 110 kV), wodurch sich niedrige Stromstärken ergeben. Niedrige Stromstärken bewirken niedrige Leistungsverluste. Die Leistungsverluste hängen nur von der Stromstärke ab, nicht von der Spannung. Die im Chemiebetrieb und in den privaten Haushalten verwendeten Spannungshöhen resultieren aus einer Heruntertransformation der Spannung aus den Überlandleitungen.

Betrachtet man den zeitlichen Verlauf der drei Spannungen beim Drehstrom, so sind wegen der Drehbewegung des Rotors im Generator drei sinusförmige Verläufe festzustellen (Bild 1).

Da die Wicklungen im Generator um je 120 Grad versetzt angeordnet sind, sind auch die drei Sinuskurven zeitlich gegeneinander versetzt, wie Bild 1 zeigt. Dieser zeitliche Versatz ist nutzbar beim Antrieb von Elektromotoren, denn deren Wicklungen weisen wie die des Generators wiederum einen Winkelabstand von 120 Grad auf.

6.2.4 Der Schutzleiter

Im Bild 2, S. 108, ist zusätzlich ein weiterer Leiter erkennbar, die **potenzialfreie Erde PE**. Diese Erdleitung hat eigentlich das gleiche elektrische Potenzial wie der Null-Leiter N (oftmals sind beide sogar mit dem gleichen Erder, mit dem Erdboden oder dem Grundwasser verbunden). Zum Zweck der Personensicherung wird der Schutzleiter PE jedoch als zusätzliche Sicherheitsleitung separat geführt. In der Regel hat die Isolierung von PE eine grün-gelbe Farbe.

Mit dieser Leitung werden alle Metallgehäuse von Maschinen und Apparaten verbunden. Die einzelnen, von den Gehäusen abgehenden Schutzleiter werden vom Monteur gemeinsam an eine **Potenzialausgleichsschiene** geklemmt (Bild 2 und Bild 1, S. 109) und von dort zur Boden- oder Grundwasser-Erd-Verbindung geführt. Ein solcher Potenzialausgleich ist somit eine Schutzmaßnahme im System des elektrischen Berührungsschutzes.

Ein Potenzialausgleich wird auch als Maßnahme des Explosionsschutzes durchgeführt.

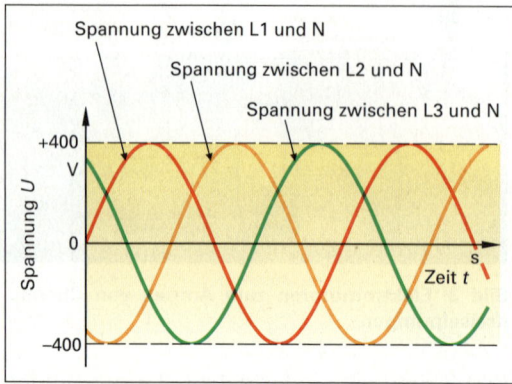

Bild 1: Zeitliche Spannungsverläufe im Drehstromnetz

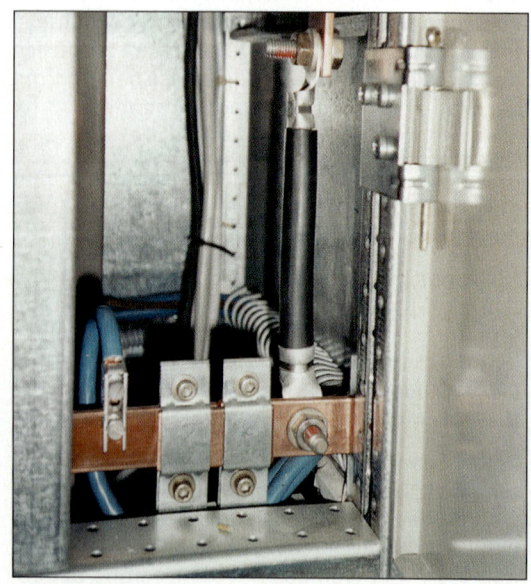

Bild 2: Leiterschiene für Potenzialausgleich und Erdung in einem Schaltschrank

6.3 Reihen- und Parallelschaltung

Bild 1: Kleinere örtliche Sammelschiene zum Potenzialausgleich in einer explosionsgefährdeten Chemieanlage

Durch den Potenzialausgleich wird in explosionsgefährdeten Chemieanlagen eine Funkenentstehung durch statische Aufladung vermieden (Bild 1).

Im privaten Haushalt stellt der Schutzkontakt der Gerätestecker über den grün-gelben Leiter der Anschlussleitung eine Verbindung zwischen Gehäuse und Erde her (Bild 2). Sinn und Wirkungsweise dieser Maßnahme werden im Kapitel 6.8 (Sicherungsmaßnahmen zum Personenschutz) erläutert.

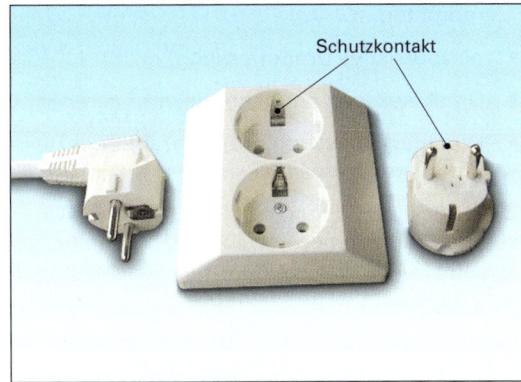

Bild 2: Schutzkontaktstecker und Schutzkontaktsteckdose im privaten Haushalt

Bild 3 zeigt einen industriellen Steckverbinder mit Schutzkontakt.

Bei der Installation fest verdrahteter Schaltungen werden folgende farbliche Kennzeichnungen der Leiterisolierungen verwendet:

- **L 1, L 2, L 3:** braun oder schwarz,
- **Null-Leiter N:** blau,
- **Schutzleiter PE:** grün-gelb,
- **informationsführende Signalleitungen im Schwachspannungsbereich:** weiß oder grau oder eine Vielzahl anderer einfarbiger oder mehrfarbiger Isolierungen.

Bild 3: Industrieller Steckverbinder mit Schutzkontakt

6.3 Reihen- und Parallelschaltung

> **Merksatz**
>
> Sollen mehrere Verbraucher mit der gleichen Spannung betrieben werden, so werden sie in **Parallelschaltung** installiert.

In Bild 4 sind die Verbraucher als Glühlampen symbolisiert. An jeder der vier Glühlampen liegt eine Spannung von 230 V an, und an jeder entsteht durch den Verbrauch an elektrischer Energie ein Spannungsabfall von 230 V. Der Stromfluss durch die vier Lampen ist jedoch nur dann gleich, wenn alle Glühlampen den gleichen elektrischen Widerstand haben.

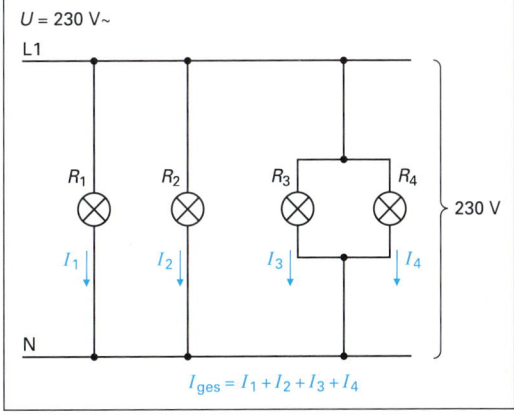

Bild 4: Parallelschaltung von vier Verbrauchern

6 Grundlagen der Elektrotechnik

Wenn die Verbraucher jedoch unterschiedliche elektrische Widerstände und damit unterschiedliche Leistungen haben, fließen durch jeden der vier Zweige auch unterschiedliche Stromstärken.

Deshalb gilt:

$U_1 = U_2 = U_3 = U_4 = U_{gesamt}$

$I_1 \neq I_2 \neq I_3 \neq I_4$ falls $R_1 \neq R_2 \neq R_3 \neq R_4$

Die einzelnen Stromstärken addieren sich zur Gesamtstromstärke:

$I_{gesamt} = I_1 + I_2 + I_3 + I_4$

Die verwendeten Symbole bedeuten:

U Spannung in V

R Widerstand in Ω

I Stromstärke in A

P Leistung in W

Ein wenig anders sieht es bei der in der Praxis seltener vorkommenden Reihenschaltung von Verbrauchern aus (in Bild 1 wiederum als Glühlampen symbolisiert).

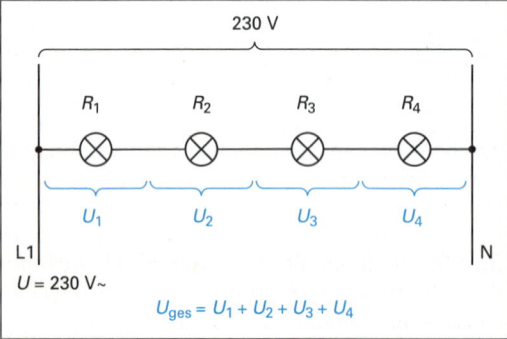

Bild 1: Reihenschaltung von vier Verbrauchern

> **Merksatz**
>
> Bei einer **Reihenschaltung** steht jedem Verbraucher nur ein Bruchteil der angelegten Spannung zur Verfügung.

In Bild 1 steht jedem Verbraucher je ein Viertel der Spannung zur Verfügung, falls alle Verbraucher den gleichen elektrischen Widerstand und damit die gleiche elektrische Leistung haben.

Damit beträgt der **Spannungsabfall**, den jeder der Verbraucher verursacht, genau ein Viertel der Gesamtspannung. Alle Teilspannungsabfälle addieren sich. Der gesamte, durch alle Leitungsstücke fließende Strom ist jedoch überall gleich. Deshalb gilt hier:

$U_{gesamt} = U_1 + U_2 + U_3 + U_4$

$I_{gesamt} = I_1 = I_2 = I_3 = I_4$

Wheatstonesche Brückenschaltung als kombinierte Reihen- und Parallelschaltung

Ein in prozessleittechnischen Geräten häufig anzutreffender Anwendungsfall einer kombinierten Reihen- und Parallel-Schaltung ist die **Wheatstonesche Brückenschaltung**.

> **Merksatz**
>
> Die **Wheatstonesche Brückenschaltung** ist die Basisschaltung zur elektrischen Auswertung all jener Messprinzipien, bei denen der Messfühler einen **veränderlichen Widerstand** darstellt.

Wie in Kapitel 7 (Messtechnik) weiter ausgeführt wird, ist dies in erster Linie bei folgenden Messprinzipien der Fall:

- Temperaturmessung mit Widerstandsthermometer,
- piezoresistive Druckmessung,
- Druckmessung mit Dehnungsmessstreifen,
- Durchflussmessung mit Hitzdraht oder Heißfilmanemometrie.

Die Brückenschaltung besteht aus vier Widerständen, von denen jeweils zwei in Reihe geschaltet sind. Die beiden Reihenschaltungen sind dann parallel geschaltet.

Gewöhnlich wird die Brückenschaltung in Fachbüchern wie in Bild 2 dargestellt.

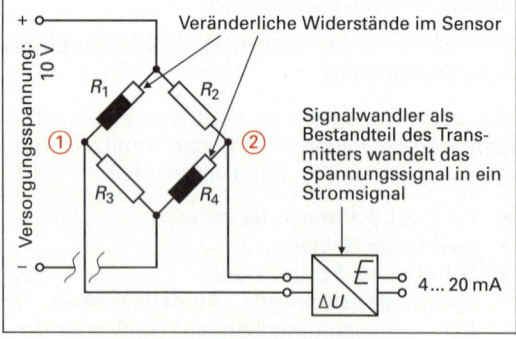

Bild 2: Häufigste Darstellungsform der Wheatstoneschen Brückenschaltung

Anschaulicher ist jedoch die Darstellung nach dem folgenden Bild 1, in dem die Widerstände gerade statt schräg gezeichnet sind. Die Verdrahtung ist exakt die Gleiche wie im Bild 2, S. 110.

und drei konstante Widerstände verwendet werden. Dann werden entsprechend weniger Leiterzüge zwischen dem Messfühler und der Auswerteelektronik im Messumformer benötigt.

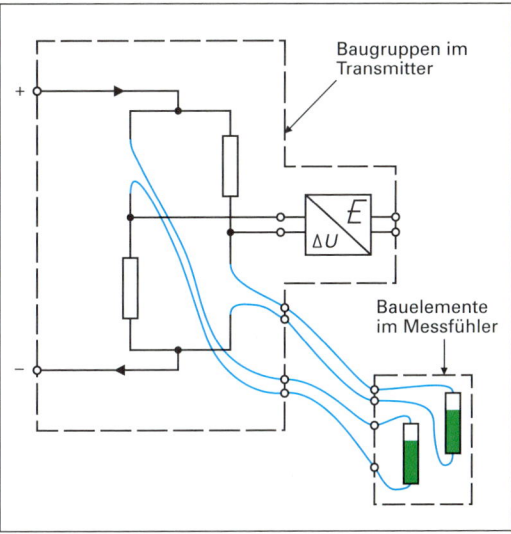

Bild 1: Alternative Darstellungsart der Wheatstoneschen Brückenschaltung

Bild 2: Räumliche Lage der veränderlichen Messwiderstände einer Wheatstoneschen Brückenschaltung

Das Messprinzip der Wheatstoneschen Brückenschaltung beruht darauf, dass sich der Widerstand eines elektrischen Leiters proportional zur Temperatur ändert. Je höher die Temperatur, desto höher der elektrische Widerstand. Die schnellere Bewegung der Teilchen bewirkt mehr Zusammenstöße mit den bewegten Elektronen.

Die Brückenschaltung findet auch Verwendung bei der Auswertung aller Messverfahren, die auf Widerstandsänderungen beruhen. Dies ist insbesondere der Fall bei Dehnungsmessstreifen zur Druck- oder Gewichtskraftmessung, bei Hitzdraht-Durchflussmessungen und bei verschiedenen Füllstandsmessprinzipien.

Bei einer Wheatstoneschen Brückenschaltung befinden sich beide in den Grafiken nur teilweise gefüllten Widerstände im Messfühler. Ihre räumliche Lage zeigt symbolisch Bild 2.

Die beiden vollständig in weißer Farbe gefüllten Widerstände sind unveränderlich. Sie sind nicht dem zu messenden Prozesswert ausgesetzt. Sie befinden sich im Transmittergerät nahe beim Sensor oder weiter entfernt auf der Leiterplatte eines Schaltschrankes.

Die Schaltung funktioniert vom Prinzip her auch dann, wenn nur ein veränderlicher Widerstand

Zweileiter- und Dreileiterschaltungen haben wegen des temperaturabhängigen Widerstandes der Übertragungsleitungen gewisse Messungenauigkeiten. Bei der hier betrachteten Vierleiterschaltung heben sich diese gegenseitig auf.

Nachfolgend soll das Funktionsprinzip der Wheatstoneschen Brückenschaltung näher betrachtet werden. Die Erklärung bezieht sich auf Bild 1, S. 112.

Im Normalzustand haben alle Widerstände, auch die beiden Messwiderstände, den gleichen Wert, zum Beispiel 600 Ω. Der Gesamtwiderstand jedes Zweiges beträgt infolge der Reihenschaltung 1 200 Ω. Durch jeden der beiden Zweige fließt der gleiche Strom vom Plus- zum Minuspol.

In jedem Zweig entsteht bei der Temperaturmessung ein Spannungsabfall von 10 V. Davon entsteht an den beiden oberen Widerständen ein Spannungsabfall von 5 V und an den beiden unteren ebenfalls ein Abfall von weiteren 5 V.

Da die Verhältnisse in beiden Zweigen der Schaltung gleich sind, ist somit zwischen den Punkten 1 und 2 eine Spannungsdifferenz von 0 V messbar.

Der angeschlossene Signalwandler (als elektrische Zusatzschaltung ein Bestandteil des

Transmitters) formt diese Spannungsdifferenz in ein Einheitssignal von 4 mA um.

Ändern sich die beiden Messwiderstände (z. B. durch Temperaturerniedrigung am Messfühler), z. B. von 600 Ω auf 595 Ω, hat in beiden Zweigen einer der Widerstände einen abweichenden Wert. Dadurch, dass sich beide Widerstände am Messort befinden, ändern sich beide veränderliche Widerstände um denselben Wert. Im linken Zweig ist es der untere und im rechten Zweig der obere Widerstand.

> **Merksatz**
>
> Bei der **Wheatstoneschen Brückenschaltung** wird die Spannungsdifferenz zwischen den Mittelpunkten zweier parallelgeschalteter Widerstandszweige gemessen. Die spannungsmessenden Bauteile dürfen den Widerstandszweigen möglichst keinen Strom entziehen, um nicht ihrerseits die Messbrücke aus dem Gleichgewicht zu bringen.

Natürlich müssen die elektrischen Schaltungen zusätzliche Möglichkeiten zur Kalibrierung, das heißt zur Justierung des gewünschten Messbereiches, und zum Eichen enthalten.

Messfehler können dadurch entstehen, dass die elektrischen Leitungen selbst auch elektrische Widerstände darstellen, die ihrerseits temperaturabhängig sind.

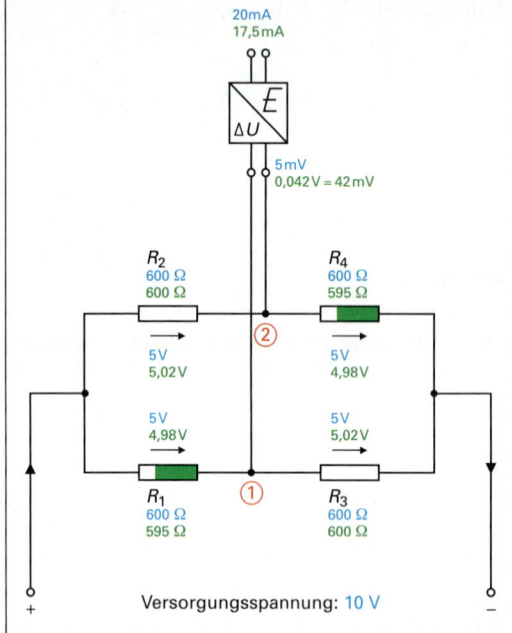

Bild 1: Wheatstoneschen Brückenschaltung während des Messvorganges

6.4 Widerstand und Leistung

Jeder Verbraucher von elektrischer Energie setzt dem Fluss der Elektronen einen bremsenden Widerstand entgegen. Dieser hat bei jedem elektrischen Gerät oder Bauteil bzw. bei jeder elektronischen Baugruppe eine andere spezifische Größe, die auch etwas über seine aufgenommene elektrische oder abgegebene mechanische, thermische oder akustische Leistung aussagt.

Es gilt: Je kleiner der Widerstand ist, desto größer ist die aus dem Stromnetz aufgenommene Leistung.

Hat ein Verbraucher beispielsweise einen Widerstand von 1 Ω, fließt durch ihn, wenn man ihn an eine Spannungsquelle von 1 V anschließt, ein Strom von 1 A. Verdoppelt man die angelegte Spannung, fließt ein Strom von 2 A.

So hat im linken Zweig der untere Widerstand nur noch 595 Ω und im rechten Zweig der obere ebenfalls nur noch 595 Ω. Somit entstehen im rechten Zweig oben nur noch 4,979 V Spannungsabfall und unten dafür 5,021 V, zusammen aber wieder 10,0 V. Im linken Zweig sieht es genau umgekehrt aus.

Dadurch, dass die Verhältnisse im linken Zweig anders sind als im rechten Zweig, ist zwischen den Punkten 1 und 2 nun nicht mehr 0 V als Spannungsdifferenz messbar, sondern 0,042 V, also 42 mV. Man sagt, die Brücke ist nun „aus dem Gleichgewicht".

Die Spannungsdifferenz wird vom Signalwandler nun in ein Einheitssignal umgewandelt, welches nach einer Digitalisierung dem Prozessleitsystem zugeführt werden kann.

Das Verhältnis aus Strom und Spannung bleibt also stets gleich. Dieses konstante Verhältnis ist deshalb ein Maß für den Ohmschen Widerstand des Verbrauchers.

Diesen Zusammenhang beschreibt das Ohmsche Gesetz:

$$R = U/I$$

Die Maßeinheit für den Widerstand ist:

$$1\,\Omega = 1\,V/A$$

6.4 Widerstand und Leistung

Nach dem Ohmschen Gesetz gilt z. B.:

1 Ω = 1 V/1 A

1 Ω = 2 V/2 A

> **Merksatz**
>
> Nach dem **Ohmschen Gesetz** ist der Stromfluss durch einen Widerstand direkt proportional zur Spannung.

Das Ohmsche Gesetz drückt aus, dass sich der Stromfluss durch einen elektrischen Widerstand erhöht, wenn man die angelegte Spannung erhöht. Andererseits vergrößert sich der im Stromkreis fließende Strom auch dann, wenn ein Verbraucher mit geringem Widerstand eingesetzt wird. Der fließende Strom ist also direkt proportional zur angelegten Spannung. Somit ist das Verhältnis aus Spannung und Stromstärke konstant.

Stromführende Leiter (Drähte und Kabel) haben elektrische Widerstände, die außer vom Material und dem Querschnitt auch von der Länge abhängen. Deshalb werden diese in der Maßeinheit $\Omega \cdot mm^2/m$ angegeben.

So beträgt der spezifische Widerstand einer Kupferleitung zum Beispiel $0{,}017\ \Omega \cdot mm^2/m$.

Das heißt nichts anderes, als dass eine Kupferleitung von einem Meter Länge und einem Quadratmillimeter Durchmesser einen Widerstand von 0,017 Ω aufweist.

> **Beispiel**
>
> **Einsatz eines Widerstandes in einem Stromkreis zur Signalübertragung in einem Prozessleitsystem**
>
> Ein Stromkreis zur Übertragung des Signals einer Temperaturmessung im Prozessleitsystem ist stark vereinfacht in Bild 1 dargestellt. Der Transmitter im Interfaceschrank wirkt dabei als veränderliche Spannungsquelle. Dadurch entstehen infolge der konstanten angeschlossenen Widerstände veränderliche Stromstärken, die ein Maß für die gemessene Temperatur darstellen.

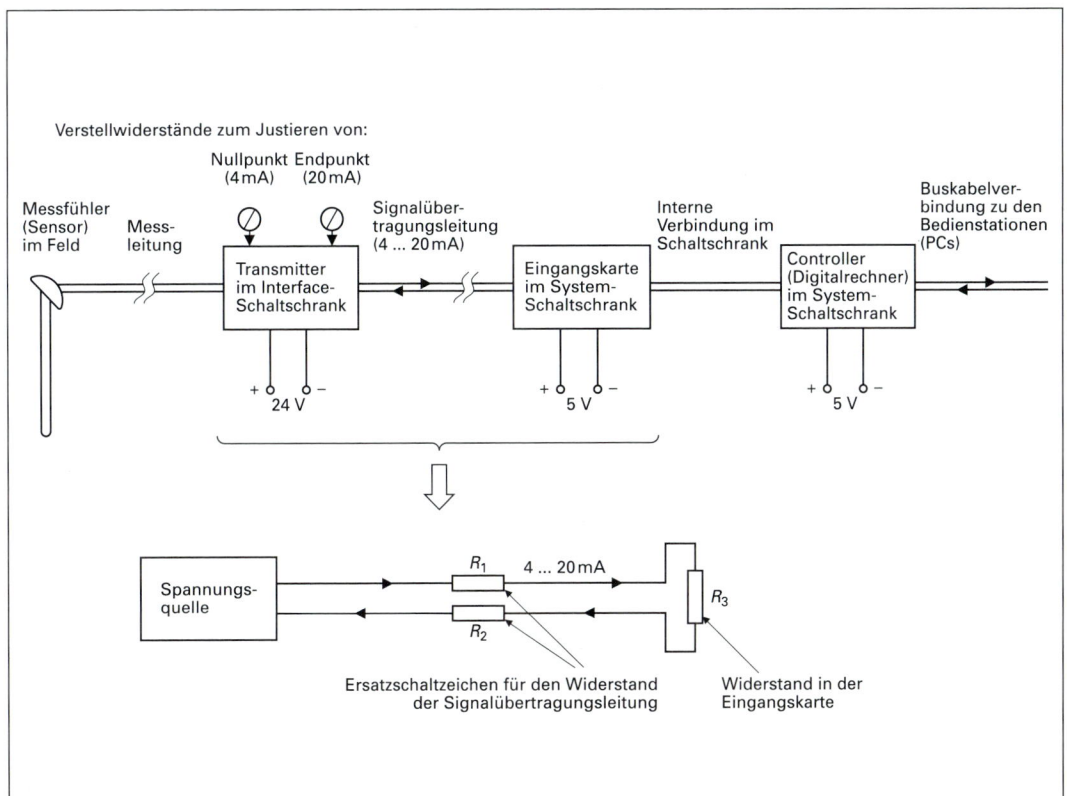

Bild 1: Stromkreis zur Signal-Fernübertragung (die Leitungswiderstände und der Widerstand der Eingangskarte als sogenannte „Bürde" des Transmitters)

Das vom Messfühler temperaturabhängig erzeugte Thermospannungssignal (wenn der Messfühler ein **Thermoelement** ist) oder die temperaturabhängige Widerstandsänderung (wenn der Messfühler ein **Widerstandsthermometer** ist) bewirkt, dass der Messumformer („Transmitter") ein temperaturabhängiges genormtes Messsignal zwischen 4 und 20 mA zur Eingangskarte im Systemschrank sendet.

Somit ist der Transmitter für die im rechten Teil von Bild 1, S. 113, dargestellte Eingangskarte die Spannungsquelle.

Die Übertragungsleitungen haben einen bestimmten, nahezu konstanten elektrischen Widerstand. Er ist geringfügig von der Umgebungstemperatur abhängig. Im Inneren der Eingangskarte befindet sich ebenfalls ein elektrischer Widerstand. Diese drei Widerstände addieren sich zu einem Gesamtwiderstand:

$R_{gesamt} = R_1 + R_2 + R_3$

Diesen konstanten Widerstand muss der stromliefernde Transmitter als Last oder „Bürde" überwinden.

Merksatz

Unter dem Begriff „Bürde" versteht man in der Prozessleittechnik den Gesamtwiderstand, den ein Messumformer (Transmitter) überwinden muss, um einen Stromfluss zur Signalübertragung zu realisieren.

Die Transmitter der Prozessleitsysteme sind in der Regel so konstruiert, dass sie mit **Bürden bis maximal 1 200 Ω** zusammenarbeiten können.

Soll der Transmitter von Bild 1, S. 113, temperaturabhängig die genormten Messströme zwischen 4 mA und 20 mA liefern, so muss er an seiner Plus- und Minus-Klemme variable Spannungen erzeugen und anlegen.

Dafür sorgt die enthaltene Elektronik, die sich einer Hilfsspannung von 24 V Gleichstrom bedient.

Beträgt die Bürde beispielsweise 660 Ω, so müssen 13,2 V angelegt werden, damit ein Strom von 20 mA fließt, denn es gilt:

$R = U/I$

$U = I \cdot R$

$U = 20\,mA \cdot 660\,\Omega$

$U = 0{,}020\,A \cdot 660\,\Omega$

$U = 13{,}2\,A \cdot V/A$

$U = 13{,}2\,V$

Die Bürde, also der Gesamtwiderstand von Übertragungsleitungen und Eingangswiderstand der Wandlerkarte, soll den genormten Wert von 1200 Ω nicht übersteigen.

Unterschiedliche Bürden infolge unterschiedlicher Drahtlängen lassen sich mit Hilfe einer Nullpunkt- und Endpunkt-Verstellschraube am Transmitter kompensieren.

Hinweis

Je kleiner der **Widerstand** ist, desto größer ist die **Leitfähigkeit** bzw. der **Leitwert** eines elektrischen Verbrauchers. Der Leitwert ist der Kehrwert des Widerstandes mit der Maßeinheit 1/Ω bzw. A/V.

Die von einem elektrischen Verbraucher aufgenommene und in andere Energieformen umgewandelte elektrische **Energie W pro Zeiteinheit t** wird als elektrische **Leistung P** bezeichnet:

$P = W/t$

Sie lässt sich im Gleichstromnetz als Produkt aus dem durch den Verbraucher fließenden Strom und dem von ihm erzeugten Spannungsabfall berechnen:

$P = U \cdot I$

Unter Verwendung des elektrischen Widerstandes ist die Leistung im Gleichstromnetz auch:

$P = I^2 \cdot R$ bzw.

$P = U^2/R$

Die Maßeinheit der Leistung ist das Watt bzw. Kilowatt. Die im Laufe eines bestimmten Zeitraumes aus dem Netz entnommene Energie hat den physikalischen Charakter einer Arbeit und errechnet sich als Produkt aus Leistung und Zeit:

$W = P \cdot t$

Dementsprechend hat sie die Maßeinheit Kilowatt · Stunde (kWh) bzw. Watt · Sekunde (Ws):

$1\,Ws = 1\,W \cdot 1\,s$

$1\,kWh = 1\,kW \cdot 1\,h$

6.5 Die Impedanz als Wechselstromwiderstand

Bestimmte elektrische und elektronische Bauelemente weisen gegenüber einfachen Widerständen, wie zum Beispiel Glühlampen oder Heizanlagen, eine Besonderheit auf: Ihr Widerstand ist nur bei angelegter Gleichspannung eine bauteilspezifische konstante Größe. Wenn man sie in einen Stromkreis mit einer Wechselspannungsquelle einbaut, ist ihr Widerstand abhängig von der **Frequenz**, d. h. der Zahl der Stromrichtungsumkehrungen pro Sekunde.

Dieser Effekt, der oft für spezielle elektronische Schaltungen genutzt wird, tritt insbesondere bei Spulen und Kondensatoren auf bzw. bei Baugruppen, die Spulen oder Kondensatoren enthalten.

Der frequenzabhängige Widerstand wird als **Impedanz** bezeichnet und trägt ebenfalls die Maßeinheit Ω.

> **Merksatz**
>
> Spulen und Kondensatoren haben im Wechselstromnetz oder bei periodisch veränderlicher Spannung keinen konstanten, sondern einen **frequenzabhängigen Widerstand**. Dieser wird als **Impedanz** bezeichnet.

Im Wechselstrom- oder Drehstromnetz haben Verbraucher, die **Spulen** oder **Kondensatoren** enthalten, die unangenehme Eigenschaft, hin und her pendelnde Ströme zu erzeugen. Der Fachmann spricht von **Blindströmen** und **Blindleistungen**. Sie sind im Verbraucher nicht elektrisch nutzbar, sondern belasten nur das Leitungsnetz. Verbraucher dieser Art werden als **induktive** bzw. **kapazitive Lasten** bezeichnet.

Vor allem induktive Elektroenergieverbraucher mit Spulen, z. B. Motoren und Transformatoren, erzeugen derartige Effekte, wenn eine Vielzahl von ihnen zusammengeschaltet ist. Durch Zwischenschaltung von kapazitiven Lasten, wie Kondensatoren, können die Blindströme wieder ausgeglichen werden.

Unter Berücksichtigung der Blindleistung berechnet sich die Leistung eines elektrischen Verbrauchers im Wechseltromnetz wie folgt:

$P = U \cdot I \cdot \cos \Psi$

Der Wert $\cos \Psi$ ist ein Maß für die Größe der Blindleistung.

6.6 Elektrische Verbraucher im Prozessleitsystem

Das Prozessleitsystem enthält in seinen unterschiedlichen Ebenen (vgl. Kapitel 4, Aufbau und Funktion von computerbasierten Prozessleitsystemen) eine Vielzahl von elektrischen Verbrauchern.

Ohne elektrische Spannungsversorgung funktioniert kein Teil des Prozessleitsystems mehr. Deshalb wird durch spezielle Sicherungsmaßnahmen wie **Batteriepufferung** in Kombination mit selbst anlaufenden **Notstromaggregaten** oft für eine unterbrechungsfreie Stromversorgung gesorgt, speziell für den computerbasierten elektronischen Teil des Prozessleitsystems.

Als Stromverbraucher des Leitsystems sind anzusehen:

In der Feldebene

- Sensoren und ihre Transmitter
- Aktoren, falls sie elektronische Baugruppen besitzen, wie z. B. Stellungsregler oder Tyristorsteuerungen, oder falls sie direkt mit Elektroenergie betrieben werden, wie z. B. Magnetventile, Verstellmotoren oder Relais/Schütze

In der Funktionsebene

- Controllerkarten und Computermodule in den Automatisierungseinheiten
- Eingangs- und Ausgangskarten (I/O-Bauelemente)
- Netzwerk- bzw. Buskopplerkarten
- Hilfsbaugruppen, wie z. B. Überwachungsmodule (Watchdog-Baugruppen, engl. watchdog: Wachhund)

In der Prozessleitebene

- Leitstationen (Computer) zum Anzeigen und Bedienen
- Bildschirme zum Visualisieren

In der Betriebsleitebene und Unternehmensleitebene

- Personalcomputer

Die gebräuchlichen **Spannungsebenen** und **Spannungsformen** sind:

- **400 V** oder **230 V** Wechselstrom für den Antrieb von elektrischen Ventilen und Motoren,
- **24 V** zum Ansteuern von Relais und Schützen,
- **24 V** als Hilfsspannung für die Elektronik der Sensoren und ihrer Transmitter,
- **24 V** als Signalträger für binäre Stell- und Meldesignale,
- **5 V** für die digitale Computerelektronik der Controller in den Automatisierungseinheiten und in den Leitstationen.

> Merksatz
>
> Die meistverwendeten Spannungsebenen im Prozessleitsysten sind:
>
> - **230 V** Wechselspannung
> - **24 V** Gleichspannung
> - **5 V** Gleichspannung

6.7 Sicherungsmaßnahmen zum Leitungsschutz

In einem elektrotechnischen System entnimmt jeder Verbraucher kontinuierlich eine bestimmte Energiemenge pro Zeiteinheit, was sich als Stromfluss bemerkbar macht.

Sind zu viele Verbraucher an einen Stromkreis angeschlossen, kann die Summe der fließenden Ströme zu hoch werden. Dies führt zur Überlastung der Kabel oder Leitungen, die sich dann meist an den verbindenden Klemmstellen erwärmen, schmoren und gar einen Brand verursachen können. Dies wird durch **Leitungsschutzschalter** (Bild 1) oder im einfachsten Fall durch auswechselbare **Schmelzsicherungen** (Bild 2) vermieden, die bei zu hohen Strömen den Stromkreis unterbrechen.

Solche Sicherungen sind an zentraler Stelle, z. B. an Schaltschränken oder Verteilertafeln, jeweils zugehörig zu einem Stromkreis eingebaut. So ist ein schnelleres Lokalisieren von Störungen möglich.

Diese Sicherungen reagieren auch dann, wenn sich in Folge eines Defektes oder einer falschen Verdrahtung Plus- und Minuspol bzw. zwei Phasen im Drehstromnetz berühren oder bei Instandhaltungs- oder Montagearbeiten fälschlicherweise miteinander verbunden wurden. Einen solchen Fall zeigt Bild 1, S. 117.

Durch den fehlenden Widerstand des Verbrauchers ergibt sich eine zu hohe Stromstärke. Je nachdem, wie schnell diese Sicherungen auf den zu hohen Stromfluss reagieren, werden sie als **träge** oder **flink** bezeichnet.

> Merksatz
>
> **Schmelzsicherungen** und **Leitungsschutzschalter** sind die meistverwendeten Bauelemente zum elektrischen Leitungsschutz.

Bild 1: Leitungsschutzschalter mit 16 A Auslösungsstrom

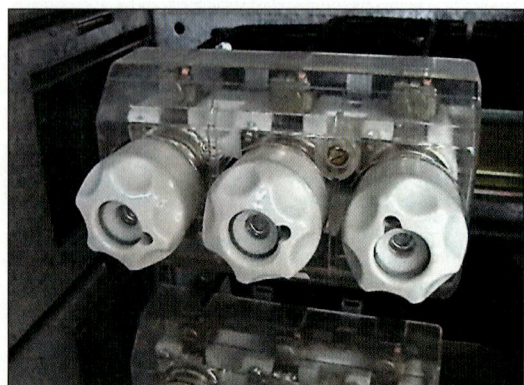

Bild 2: Schmelzsicherungen zum Leitungsschutz

Leitungsschutzschalter arbeiten meist mit einem Bimetallstreifen, der sich durch Wärmeentwicklung bei Überlastung verformt, da er mit einem langen Hitzdraht umwickelt ist. Schmelzsicherungen enthalten ebenfalls einen Hitzdraht, der jedoch bei Überlastung schmilzt. Die Schmelzsicherung ist im Gegensatz zum Leitungsschutzschalter nach ihrem Auslösen nicht mehr brauchbar.

6.8 Sicherungsmaßnahmen zum Personenschutz

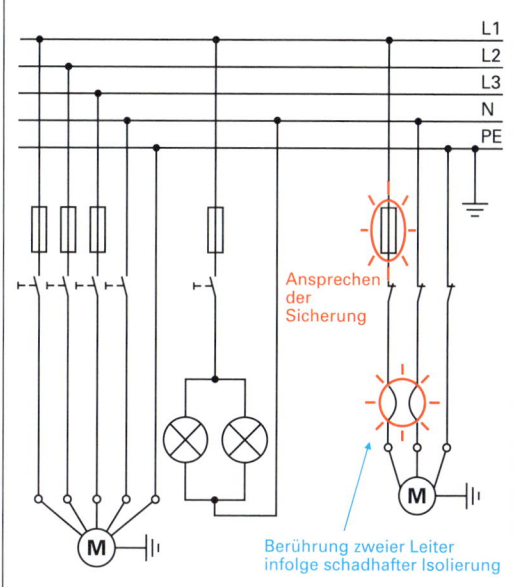

Bild 1: Wirksamkeit des Leitungsschutzes bei Berührung zweier Leitungen mit unterschiedlichem Potenzial (Kurzschluss)

6.8 Sicherungsmaßnahmen zum Personenschutz

In den Anlagen der stoffwandelnden Industrie existiert ein hohes Gefährdungsrisiko nicht nur durch das Vorhandensein gefährlicher Stoffe sowie hoher Drücke und Temperaturen, sondern auch durch die Verwendung elektrischer Energie.

Aus den Gefahren, die vom elektrischen Strom für Gesundheit und Leben des Menschen ausgehen, resultiert die Notwendigkeit, einen schädigenden Einfluss auszuschließen. Dies kann außer durch betriebsorganisatorische Maßnahmen in erster Linie durch vorbeugende konstruktive Maßnahmen oder aber durch Schutzmechanismen erfolgen, die eine automatische Abschaltung im Gefahrenfall veranlassen. Solche Maßnahmen dienen in jedem Fall der Vermeidung gefährlicher Ströme durch den menschlichen Körper infolge zu hoher Berührungsspannungen.

6.8.1 Schutzisolierung

Die einfachste Möglichkeit zum elektrischen Personenschutz ist die konstruktive Maßnahme der **Schutzisolierung**. Dabei sind die Geräte so gekapselt und gegen mechanische Fehler wie beispielsweise Drahtbrüche gesichert, dass gefährliche Berührungsspannungen ausgeschlossen sind. Derartige konstruktive Maßnahmen finden meist bei ortsveränderlichen Geräten Anwendung.

In den stationären Prozessleitsystemen mit ihren System- und Interface-Schränken sind Schutzisolierungen weniger geeignet. Dort wird, genau wie in privaten Haushalten, in aller Regel die in Kapitel 6.8.3 (Fehlerstrom-Schutzschaltung) erläuterte **Fehlerstrom-Schutzschaltung** (FI-Schutzschaltung) als zuverlässige und universelle Schutzmaßnahme eingesetzt.

6.8.2 Verwendung von Kleinspannung

Ebenso wie die elektrischen Verbraucher hat auch der menschliche Körper einen elektrischen Widerstand. Er beträgt ca. 1 300 Ω.

Berührt man einen spannungsführenden Leiter oder das bei Defekten spannungsführende Gehäuse eines Gerätes, fließt ein Strom durch den Körper zum Boden. Selbst elektrisch isolierendes Schuhwerk kann dies nicht verhindern, da es keinen unendlich großen Widerstand besitzt.

Aus einer Vielzahl von Unfällen weiß man, dass Ströme durch den menschlichen Körper von unter 30 mA in der Regel ungefährlich sind, vor allem dann, wenn sie eine geringere Zeit als 50 Millisekunden fließen.

Aus dem Ohmschen Gesetz kann man errechnen, dass bei Spannungen von weniger als 40 V in der Regel keine Gefahr für die Menschen ausgeht, denn:

$R = U/I$

$U = I \cdot R$

$U = 30 \, \text{mA} \cdot 1\,300 \, \Omega$

$U = 39 \, \text{A} \cdot \Omega$

$U = 39 \, \text{A} \cdot \text{V/A}$

$U \approx 40 \, \text{V}$

Aus diesem Grund geht von den 24 V und 5 V Kleinspannungsstromkreisen der Prozessleitsysteme keine Gefahr für den Menschen aus. Diese Spannungen liegen unter der Grenze von ca. 40 V.

> **Merksatz**
>
> Von Spannungen unter ca. 40 V geht kaum eine Gefährdung für den Menschen aus.

6 Grundlagen der Elektrotechnik

Da diese Spannungsebenen jedoch durch Transformation aus der 230 V Spannungsebene erzeugt werden, finden sich in den Schaltschränken auch Klemm- und Verzweigungsstellen, von denen Gefährdungen für Personen ausgehen. Dann sind zusätzliche Schutzmaßnahmen erforderlich. Wo es möglich ist, wird die **Fehlerstrom-Schutzschaltung** eingesetzt, um einen Schutz vor gefährlichen Körperströmen infolge zu hoher Berührungsspannungen zu gewährleisten.

Ein Schutz des menschlichen Körpers vor einem elektrischen Schlag erfolgt dabei durch sofortiges Abschalten der Spannungsversorgung bei zu hohen Körperströmen.

6.8.3 Fehlerstrom-Schutzschaltung

Die Entwicklung der Elektronik hat es ermöglicht, spezielle Schutzschalter (Bild 1) zu konstruieren, die den Stromkreis genau dann unterbrechen, wenn ein Strom von mehr als 30 mA für mehr als 50 Millisekunden durch den menschlichen Körper zum Erdboden fließt. Dies sind die Werte, mit denen der durchschnittliche menschliche Körper ohne bleibende Schäden elektrisch belastet werden kann. Die Werte sind aus den Erfahrungen mit vielen Elektrounfällen der Vergangenheit bekannt.

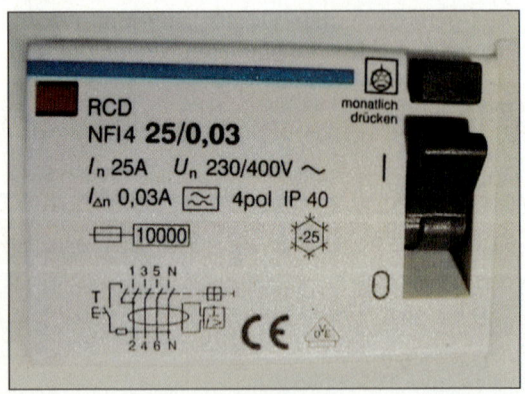

Bild 1: Fehlerstrom-Schutzschalter für 230/400 V und 25 A maximale Belastbarkeit

Dazu vergleicht ein **Fehlerstrom-Schutzschalter**, auch **FI-Schutzschalter** genannt, ständig die zu den Verbrauchern hinfließenden Ströme und die zum Stromnetz zurückfließenden Ströme. Diese sind im Normalfall in jedem Moment gleich groß.

> **Merksatz**
>
> Die **Fehlerstrom-Schutzschaltung** ist die wirkungsvollste und am weitesten verbreitete Maßnahme zum Personenschutz vor gefährlichen Berührungsströmen.

Den Fehlerfall zeigt Bild 2. Durch eine fehlerhafte Isolierung liegt ein Draht am Motorgehäuse an. Ein Teil des Stromes fließt durch das geerdete Gehäuse zum Erdboden. Eine Personengefährdung würde dann auftreten, wenn das Gehäuse berührt wird. Dies wird durch die Auslösung des Fehlerstrom-Schutzschalters von vornherein verhindert.

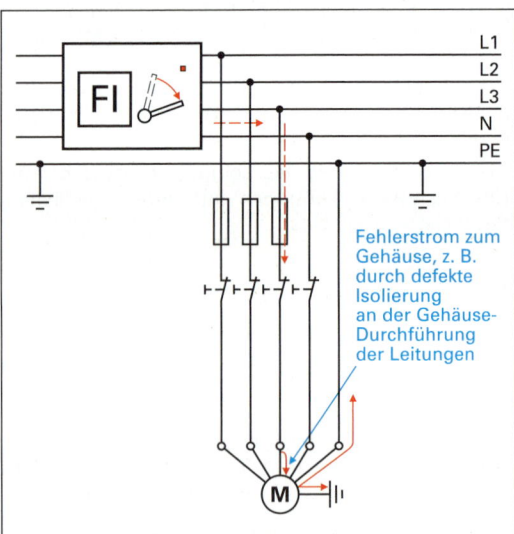

Bild 2: Auslösen eines Fehlerstrom-Schutzschalters bei einem Gehäuseschluss

Wenn der Fehlerstrom von L3 über das Gehäuse zur Erde nicht so groß ist, dass der Leitungsschutzschalter wegen Überlastung abschaltet, trennt doch zumindest der Fehlerstrom-Schutzschalter in weniger als 50 Millisekunden die Stromzufuhr. Anlass dafür ist die Tatsache, dass der vom Motor ins Netz zurückfließende Strom geringer ist als der zum Motor hinfließende Strom.

Einen zweiten Fehlerfall zeigt Bild 1, S. 119. Eine Person berührt eine spannungsführende Klemmstelle. Durch den Körper fließt ein Strom von mehr als 30 mA zur Erde ab. Jedoch trennt der Fehlerstrom-Schutzschalter in weniger als 50 Millisekunden die zugehörigen Stromkreise vom Netz.

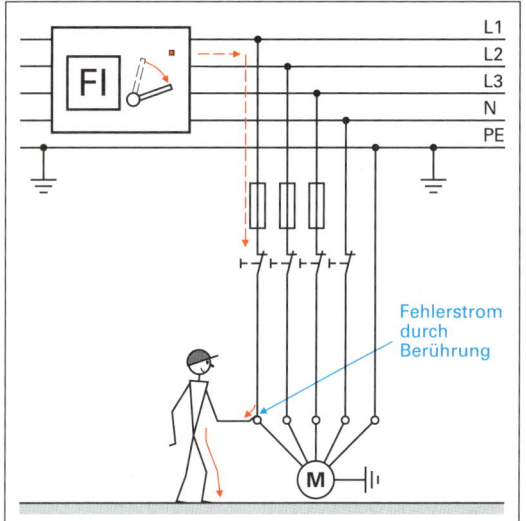

Bild 1: Auslösen eines Fehlerstrom-Schutzschalters bei Berührung eines spannungsführenden Anlagenteils

Die Fehlerstrom-Schutzschalter sind monatlich durch Drücken einer Prüftaste auf ihre Funktion zu kontrollieren.

6.9 Transformation von elektrischem Strom

Um eine Spannungsebene in eine andere umzuformen, z. B. 230 V Wechselspannung in eine 24 V Wechselspannung, werden in der Regel **Transformatoren** eingesetzt. Ihr Sinnbild enthält zwei verschlungene Kreise (Bild 2).

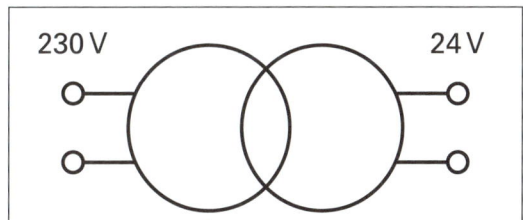

Bild 2: Sinnbild für einen Transformator

Sie bestehen im einfachsten Fall aus einem Eisenkern, auf den zwei Spulen unterschiedlicher Drahtstärke und -länge gewickelt sind. Die **Primärspule** erzeugt ein magnetisches Feld mit periodisch wechselnder Richtung (bei 50 Hz Wechselspannung, also 50-mal pro Sekunde).

Bild 3 zeigt den prinzipiellen Aufbau eines Transformators.

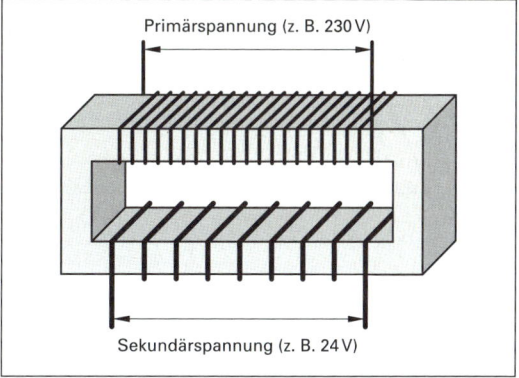

Bild 3: Aufbau eines Eisenkern-Transformators

Dieses sinusförmige magnetische Wechselfeld induziert in der zweiten Spule, der **Sekundärspule**, wiederum eine Wechselspannung. Das Übersetzungsverhältnis, also das Verhältnis beider Spannungen, hängt vom Verhältnis der Wicklungszahlen und der Drahtstärken in den Spulen ab.

Bild 4: Typische Ausführung eines kleineren Transformators zur Erzeugung einer Relais-Hilfsspannung im Prozessleitsystem

> **Hinweis**
>
> Neuere Transformatoren für kleine Leistungen arbeiten ohne Spulen und Eisenkerne, sondern mit Hilfe von elektronischen Bauelementen.

Die an der Sekundärseite des Trafos abnehmbare Spannung ist wiederum eine Wechselspannung,

6 Grundlagen der Elektrotechnik

deren Spannungsverlauf eine Sinuskurve bildet (Bild 1, S. 120).

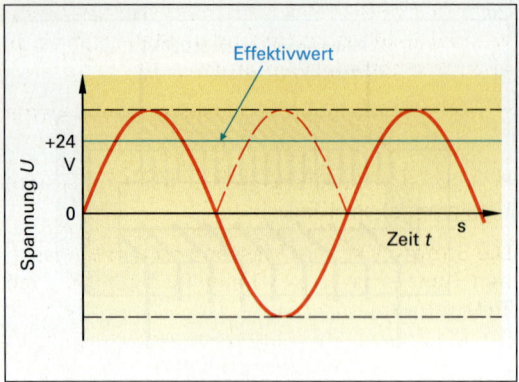

Bild 1: Zeitlicher Verlauf einer auf 24 V heruntertransformierten Wechselspannung

Um daraus eine Gleichspannung zu machen, wie sie im Prozessleitsystem benötigt wird, sind zwei weitere Schritte erforderlich, nämlich das **Gleichrichten** und das **Glätten**.

6.10 Gleichrichten und Glätten einer Wechselspannung

Um die Wechselspannung zunächst in eine **pulsierende Gleichspannung** umzuformen, verwendet man eine Schaltung mit vier Dioden. Dies sind elektronische Halbleiterbauelemente, die den Strom nur in eine Richtung passieren lassen. Die Schaltung und ihre Funktion werden in Bild 2 veranschaulicht.

Das Ergebnis der Gleichrichtung ist im Bild 3 dargestellt.

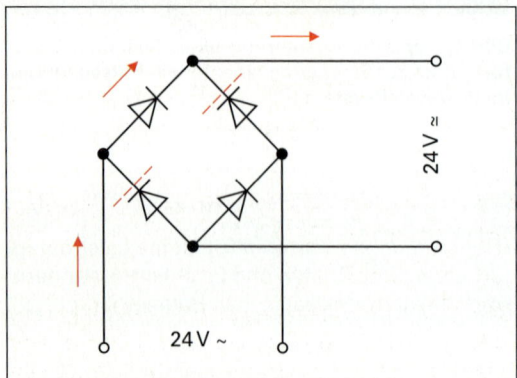

Bild 2: Gleichrichterschaltung mit vier Dioden

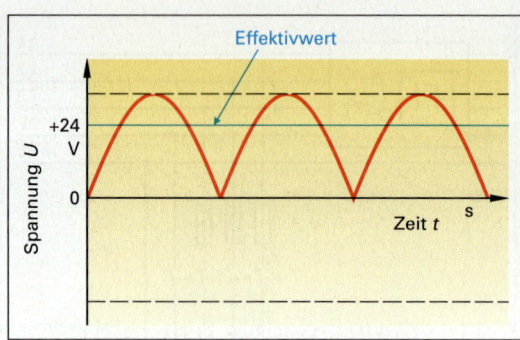

Bild 3: Pulsierende Gleichspannung im Ergebnis der Gleichrichtung

Diese pulsierende Gleichspannung lässt sich unter Verwendung von Spulen und Kondensatoren gleichförmig machen, in dem die Wellenberge geglättet werden. Die erforderliche Schaltung zeigt Bild 4.

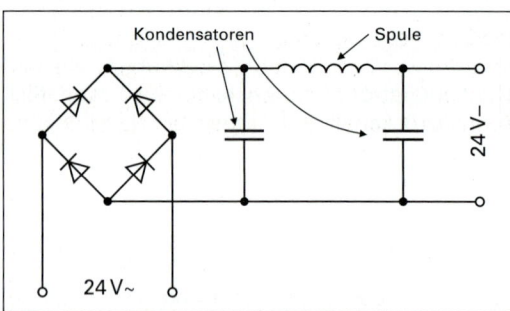

Bild 4: Prinzip einer einfachen Glättungs-Schaltung

Das Ansteigen der Spannung wird durch das Aufladen der Kondensatoren gehemmt. Der Spannungsabfall wird durch deren Entladung verzögert. Das Resultat eines relativ glatten Gleichstromes zeigt Bild 5. Durch weitere Bauelemente lässt sich eine perfekte Linearität erzielen.

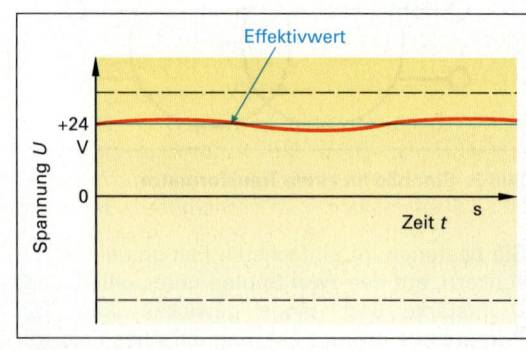

Bild 5: Ergebnis der Glättung einer pulsierenden Gleichspannung

> **Merksatz**
>
> Für die meisten mit Gleichspannung betriebenen prozessleittechnischen Präzisionsgeräte ist eine pulsierende Gleichspannung nicht ausreichend. Daher es muss eine **Glättung** der nach der **Gleichrichtung** verbliebenen Spannungsschwankungen erfolgen.

6.11 Galvanische Trennung und Eigensicherheit von Stromkreisen

In explosionsgefährdeten Anlagen muss dafür Sorge getragen werden, dass selbst bei elektrischen Defekten keine **Zündfunken** entstehen können, die ein eventuell auftretendes zündfähiges Gasgemisch zur Explosion bringen könnten.

Wenn sich die Entstehung von Funken nicht vermeiden lässt, kann man durch geeignete Kapselung der Geräte zumindest dafür sorgen, dass sie nicht in Kontakt mit einem zündfähigen Gemisch kommen können (vgl. dazu Kapitel 16.5, Prozessleittechnik und Explosionsschutz).

Sind die Stromkreise jedoch so ausgelegt, dass sie von sich aus nicht in der Lage sind, Zündfunken zu bilden, nennt man sie **eigensichere Stromkreise**. Die zugehörige Explosionsschutzart heißt **Eigensicherheit**.

Man erreicht die Eigensicherheit, indem man nur mit sehr geringen Stromstärken und Spannungen arbeitet.

> **Merksatz**
>
> In **eigensicheren Stromkreisen** kann es auch im Fall eines Defektes keine Funkenbildung geben. In explosionsgefährdeten Bereichen werden diese Stromkreise als elementare Maßnahme des Explosionsschutzes eingesetzt.

In den Schaltschränken, wie z. B. in den Systemschränken mit den Automatisierungseinheiten und den Controllern sowie in den Interface-Schränken mit den Transmittern, ist diese Eigensicherheit nicht möglich. Hier werden Ströme und Spannungen verwendet, die bei Defekten zur Funkenbildung führen können. Deshalb befinden sich diese Schränke meist entfernt von der eigentlichen explosionsgefährdeten Anlage, also weit entfernt von der Feldtechnik.

Im Feld, d. h. in der Anlage, sollen jedoch Strom und Spannung begrenzt werden. Somit müssen die informationsführenden Messstromkreise sowie die befehlsübertragenden Stellstromkreise elektrisch getrennt werden in:

- einen feldseitigen, eigensicheren und damit explosionsgeschützten Teil,
- einen messwartenseitigen, nicht unbedingt eigensicheren Teil.

Die Stromkreise zum Messen und Stellen bestehen dann aus zwei miteinander gekoppelten Teilstromkreisen, die unter Umständen auch getrennte Stromversorgungen haben.

Die Kopplung oder Trennung, je nachdem wie man es betrachtet, kann mit Schaltungen, die Spulen, Kondensatoren, optische Bauelemente oder Transformatoren enthalten, erfolgen.

Die erforderlichen elektronischen Schaltungen befinden sich entweder in den Transmittern (Signalwandler in Feldnähe), in separaten Steckkarten oder sie sind bereits Bestandteil der Eingangs- und Ausgangskarten. Bild 1 zeigt ein separates Trennungs-Bauelement zur Hutschienen-Montage für ein Prozessleitsystem.

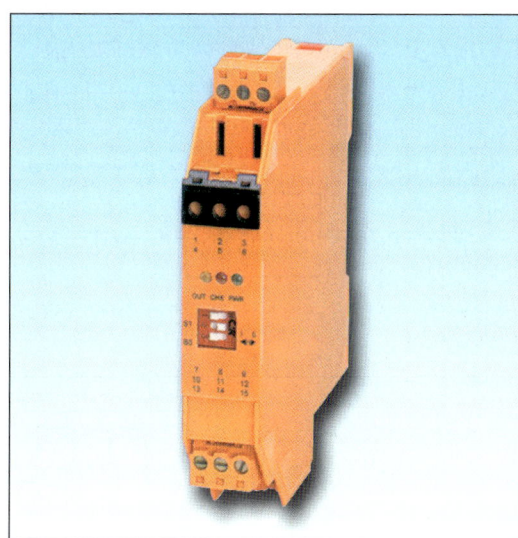

Bild 1: Bauelement zur galvanischen Trennung zweier Stromkreise für binäre Meldesignale

Bild 1, S. 122, veranschaulicht das Prinzip der galvanischen Trennung, wobei auf die Darstellung der exakten elektronischen Schaltung verzichtet wurde. Im Bild sind die Trenn-Schaltungen im Transmitter in Feldnähe enthalten.

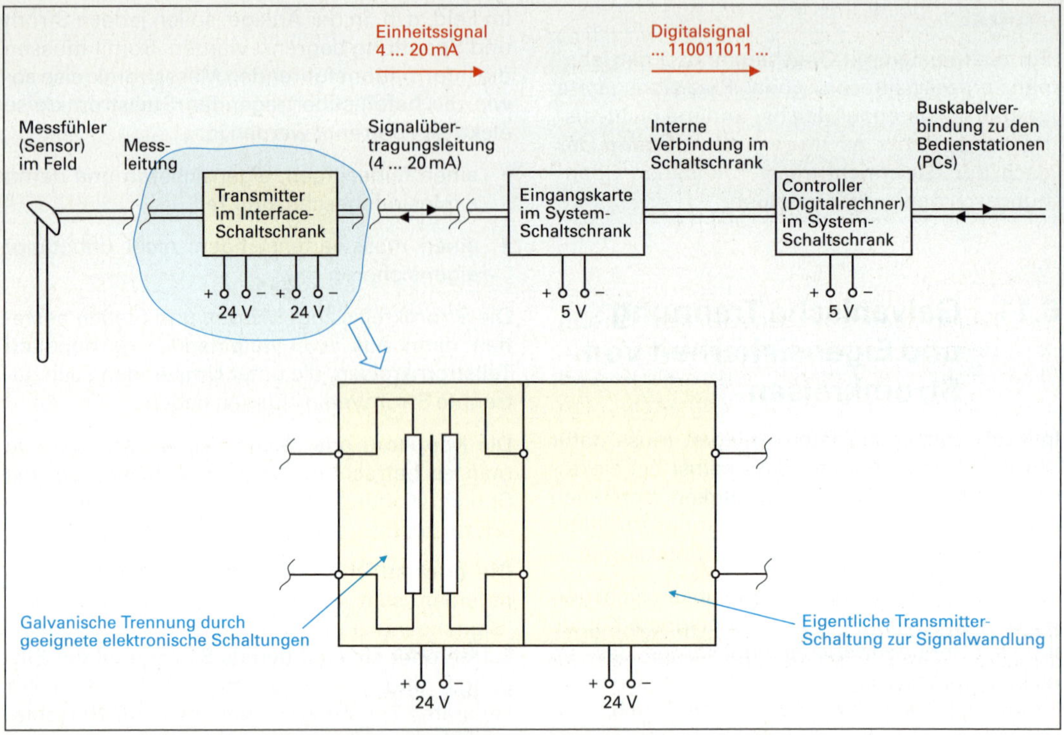

6 Grundlagen der Elektrotechnik

Bild 1: Galvanische Stromkreistrennung im Transmitter in Feldnähe

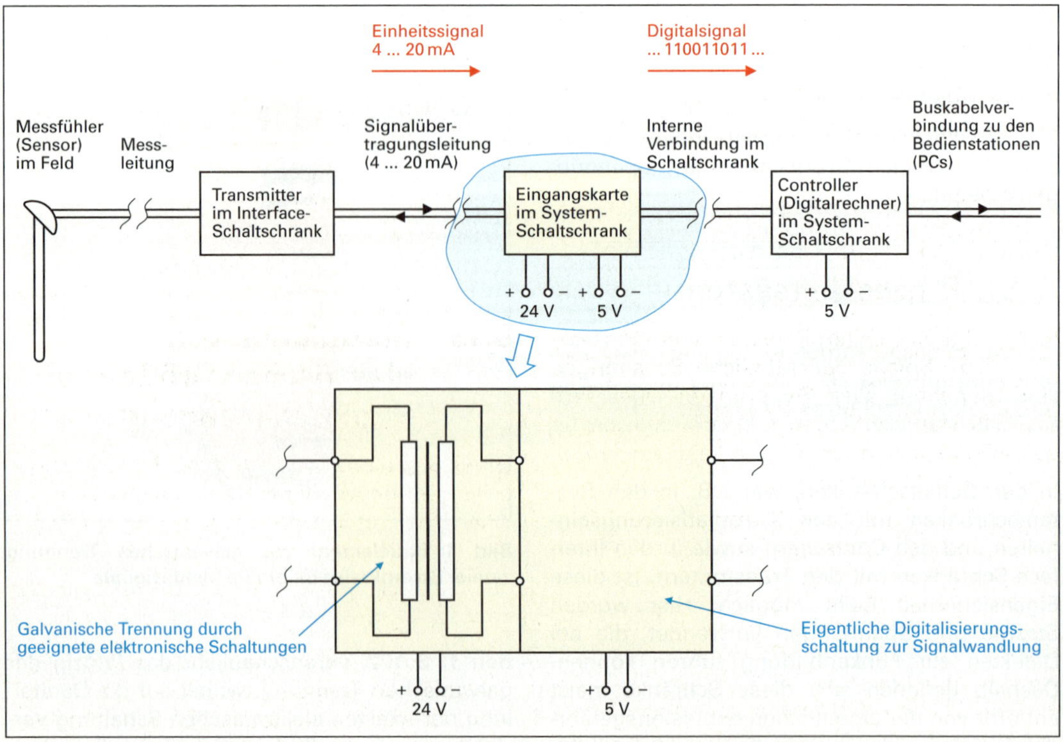

Bild 2: Galvanische Stromkreistrennung in einer Eingangskarte in Messwartennähe

Wenn die Eigensicherheit von den Eingangs- und Ausgangskarten selbst realisiert wird, lässt sich die galvanische Trennung, wie in Bild 2, S. 122, dargestellt, veranschaulichen.

Ähnliche Darstellungen wie für die Eingangssignale, also die Messsignale, lassen sich auch für die Stromkreise der Ausgangssignale, d. h. der Signale der Stellbefehle, zeichnen.

Merksatz
Die Baugruppen zur **galvanischen Stromkreistrennung** in einen eigensicheren und einen nicht eigensicheren Teilstromkreis sind meistens in den I/O-Karten enthalten. Man spricht dann von **eigensicheren I/Os**. In manchen Prozessleitsystemen gibt es dafür spezielle Trennkarten als separate Baugruppen.

Die Baugruppen, welche die Schaltungen für die galvanische Trennung enthalten, sind selbst **nicht eigensicher**, weil sie einen Teilstromkreis enthalten, nämlich den messwartenseitigen, der nicht eigensicher ist.

Deshalb müssen diese Baugruppen, z. B. die entsprechenden I/O-Karten, in einem Teil der Chemieanlage untergebracht werden, der **nicht explosionsgefährdet** ist. Dies ist vor allem dann zu berücksichtigen, wenn die Verbindung zwischen den I/O-Karten und dem Controller über eine periphere Busverbindung erfolgt (vgl. Kapitel 4.6, Prozessleitsysteme mit Remote-I/Os).

6.12 Leiterplatten als servicefreundliches Bauteil im Prozessleitsystem

Bild 1 zeigt eine Leiterplatte aus einem Prozessleitsystem. Solche oder ähnliche Schaltungen sind in nahezu allen Baugruppen eines Prozessleitsystems zu finden (z. B. im Controller, in den I/O-Wandlerkarten, in den Leitstationen, in den Transmittern usw.).

Entwurf und Reparatur solcher komplexer Schaltungen sind dem spezialisierten Fachmann vorbehalten.

Leiterplatten lassen sich sowohl in größeren als auch in kleineren Stückzahlen kostengünstig erstellen. Im Fall eines Defektes lässt sich die gesamte Platte zügig gegen eine Ersatzplatine austauschen. Damit wird die zeitaufwändige Suche nach dem defekten Einzelbauteil in den Werkstattbereich verlagert, und die Anlage kann ohne größere Unterbrechung weiter laufen.

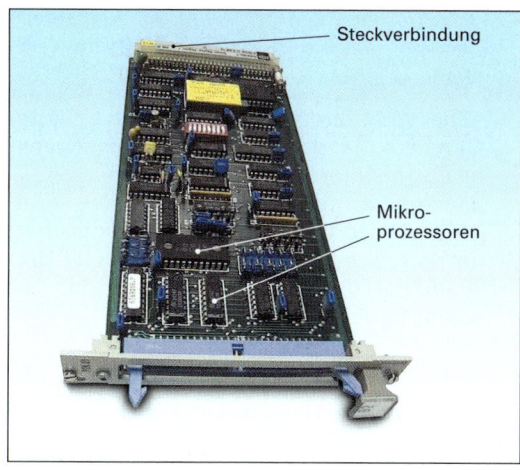

Bild 1: Leiterplatte aus einem Prozessleitsystem

Als häufigste Bauelemente sind enthalten:

- **Transistoren**,
- **Widerstände**,
- **Spulen**,
- **Kondensatoren**,
- **Transformatoren**,
- **Dioden**,
- **Schwingquarze**,
- **Sicherungen**,
- **Relais**,
- **integrierte Schaltkreise** in Form von Prozessorchips und Speicherchips.

6.13 Modulation von elektrischen Größen zur Signalübertragung

Unter **Signalen** innerhalb eines Prozessleitsystems sind **Informationen** zu verstehen, die von einem Ort zum anderen zu transportieren sind.

Beispiel
Signalbegriff
• Ein vom Bediener eingegebenes **Stellsignal** ist eine Information über den gewünschten Ist-Zustand einer Stellgröße, wie z. B. einer Ventilöffnung. Diese Information wird von

6 Grundlagen der Elektrotechnik

der Tastatur zur Leitstation und von dort zu allen anderen Leitstationen sowie zum Controller in der Automatisierungseinheit transportiert. Von dort wird sie zum Interface-Schrank und zum Stellorgan im Feld weitergeleitet.

- Eine vom Temperaturmessfühler erfasste Temperaturänderung ist ein **Messsignal**, also eine Information über den Prozesszustand. Sie wird vom Messfühler zum zugehörigen Transmitter (im Messkopf oder im Interface-Schrank), zum Controller der Automatisierungseinheit und von dort zu allen Leitstationen transportiert.

Zeitlich unveränderliche elektrische Größen, wie eine Gleichspannung oder eine Wechselspannung mit konstanter Frequenz, können keine Informationen transportieren. Erst durch die **Veränderung** einer elektrischen Größe, wie Strom, Spannung oder Frequenz, wird es möglich, Informationen zu transportieren. Erst durch die Bindung der **Information** an einen der drei genannten elektrischen Parameter und dessen zeitliche Änderung wird aus der Information ein **Signal**, das an einen anderen Ort geleitet werden kann. In der Umgangssprache werden die Begriffe Information und Signal oft nicht exakt unterschieden.

> **Merksatz**
>
> Ein elektrisches **Signal** ist ein zeitlich veränderter elektrischer Parameter zum Zweck des **Informationstransportes**.

Die Veränderung einer **elektrischen** Größe durch eine Information zum Zwecke des Informationstransportes wird auch als **Modulation** bezeichnet.

Informationen können auch an nichtelektrische Größen gebunden werden, wie z. B. die Veränderung eines pneumatischen Druckes, der über Schläuche weitergeleitet werden kann. Dieses Prinzip wurde bei den früher häufiger als heute verwendeten pneumatischen Mess- und Regelsystemen angewendet.

Im Gegensatz zu den elektrischen Signalen, die sich in elektrischen Leitungen mit nahezu Lichtgeschwindigkeit ausbreiten, erfolgt die Signalübertragung in pneumatischen Instrumentenluft-Leitungen mit Schallgeschwindigkeit.

> **Merksatz**
>
> Die Veränderung einer **elektrischen** Größe durch eine Information zum Zwecke des Informationstransportes wird auch als **Modulation** bezeichnet.

Der Begriff **Modulation** stammt aus dem Gebiet der drahtgebundenen und drahtlosen Nachrichtentechnik. Dort gibt es neben den im Folgenden dargestellten Modulationsverfahren weitere Varianten, wie die Amplituden-Modulation und die Pulscode-Modulation, die in der Prozessleittechnik nur eine untergeordnete Rolle spielen und deshalb im vorliegenden Buch nicht beschrieben werden.

6.13.1 Binärsignale durch Ein-Aus-Modulation

Ein **Binärsignal** drückt aus, welchen von **zwei** möglichen Zuständen eine **Prozessvariable** gerade hat oder welchen von zwei möglichen Zuständen ein **Stellorgan** einnehmen soll.

> **Beispiel**
>
> **Binärsignale**
>
> **Binäre Meldesignale sind:**
>
> - Motor läuft / läuft nicht.
> - Pumpe läuft / läuft nicht.
> - Füllstand ist zu hoch / ist nicht zu hoch (Alarmsignal).
> - Ventilantrieb ist gestört / nicht gestört.
>
> **Binäre Stellsignale sind:**
>
> - Auf-Zu-Ventil soll öffnen / schließen.
> - Motor anschalten / ausschalten.
> - Verstellmotor zwei Sekunden lang betätigen / Verstellmotor nicht betätigen.

Das einfachste Modulationsverfahren zum Erzeugen binärer Signale ist das **Ein- oder Ausschalten** einer elektrischen Spannung, wie in den Bildern 1 und 2, S. 125, gezeigt ist. Im Zeitraum t_2, also für die Zeitdauer von insgesamt einer Stunde, war der Füllstand zu hoch und der Grenzwertgeber lieferte eine Spannung von 24 V. Die zeitliche Änderung der Spannung innerhalb einer Stunde von 0 auf 24 V zeigt an, dass eine Füllstandsalarmmeldung vorlag.

6.13 Modulation von elektrischen Größen zur Signalübertragung

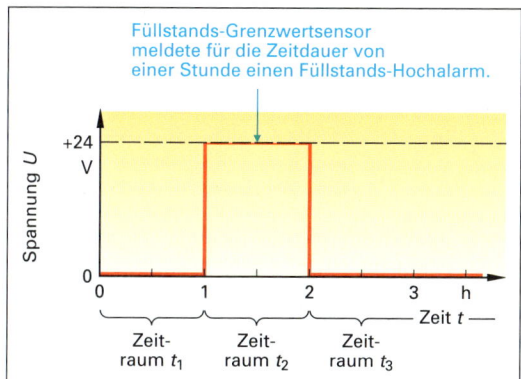

Bild 1: Ein- und Ausschalten einer Überwachungsspannung als einfachste Modulationsform zur Erzeugung eines Melde-Signals

Die zeitliche Änderung der Spannung nach Ablauf einer weiteren Stunde von 24 auf 0 V ist die Information darüber, dass der anliegende Alarm wieder verschwand.

Bild 2 verdeutlicht, wie durch ein kurzes 24 V Signal ein Motor eingeschaltet wird.

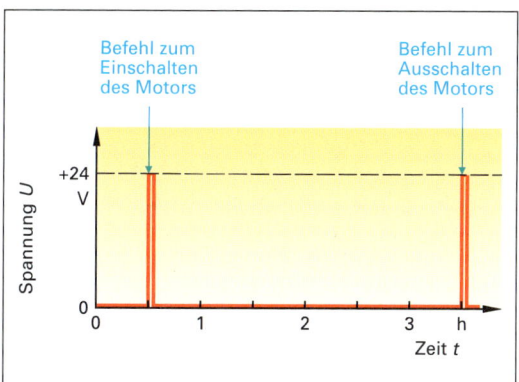

Bild 2: Ein- und Ausschalten einer Schaltspannung als einfachste Modulationsform zur Erzeugung eines Befehl-Signals

Der erste Impuls (theoretisch eigentlich nur der Anfang des Impulses, also die Spannungsänderung von 0 auf 24 V, die **steigende Flanke**), ist die Information zum Einschalten des Motors, also zum Umschalten des vorgeschalteten Relais. Nach weiteren drei Stunden erfolgt ein Spannungsimpuls, der das Zurückschalten des Relais bewirkt.

Man erkennt, dass die Informationsübertragung an die zeitliche Änderung der Spannungshöhe gekoppelt ist.

> **Merksatz**
>
> Das gebräuchlichste **Binärsignal** in der Prozessleittechnik ist das **0/24 V Signal**, das durch Ein-Aus-Modulation entsteht.

6.13.2 Analogsignal durch Strommodulation

Analogsignale sind Signale, die in einem bestimmten Bereich alle denkbaren Zwischenwerte annehmen können. Sie können vereinfacht auch als **Von-Bis-Signale** bezeichnet werden.

> **Merksatz**
>
> **Analogsignale** sind Signale, die in einem bestimmten Bereich alle denkbaren Zwischenwerte annehmen können.

Analogsignale enthalten die Information darüber, welchen genauen Zustand eine Prozessvariable gerade hat oder welche exakten Werte eine Stellgröße annehmen soll.

> **Beispiel**
>
> **Analoges Messsignal**
>
> Durch ein Prozessleitsystem wird u. a. eine Reaktortemperatur im Bereich zwischen 0 und 200 °C erfasst (Bild 3). Der zugehörige Transmitter formt den ursprünglichen Messwert in ein genormtes Einheitssignal im Bereich zwischen 4 mA und 20 mA um. 4 mA entsprechen den 0 °C; 20 mA entsprechen den 200 °C. Jeder Temperaturzwischenwert entspricht einer bestimmten Stromstärke im Bereich zwischen 4 und 20 mA.

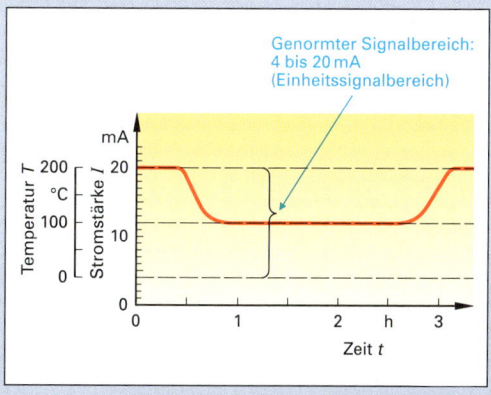

Bild 3: Analogsignal (hier Stromsignal) zum Übertragen eines Temperatur-Messwertes von einem Messfühler

Aus Bild 3, S. 125, lässt sich folgende Aussage entnehmen: Für ca. zwei Stunden fiel die Temperatur langsam von ca. 200 °C (entsprechend 20 mA) auf 100 °C (entsprechend 12 mA) ab, um danach langsam wieder anzusteigen. Die dazu erforderlichen veränderlichen Spannungshöhen werden vom Temperaturtransmitter mit Hilfe einer konstanten Hilfsenergie von 24 V erzeugt.

Das Fließen unterschiedlicher, d. h. veränderlicher Ströme in einem Stromkreis setzt veränderliche Spannungshöhen voraus. Mit elektronischen Schaltungen in den Ausgangskarten ist eine Spannungsänderung kein Problem.

> **Merksatz**
>
> Das gebräuchlichste **Analogsignal** in der Prozessleittechnik ist das Einheitssignal im Bereich zwischen **4 mA** und **20 mA**. Dieses entsteht durch eine Modulation des elektrischen Stromes.

Beispiel

Analoges Stellsignal

Ein Dampfmengenstellventil erhält zum Konstanthalten einer Kolonnentemperatur nach Bild 1 Befehle über den erforderlichen Öffnungsgrad (entweder manuell direkt vom Bediener oder im Automatikmodus vom Temperaturregelungs-Softwareblock des Controllers im Prozessleitsystem).

Es wird mit einem Stellsignal im Bereich zwischen 4 und 20 mA beaufschlagt. 4 mA entsprechen 0 % Ventilöffnung, 20 mA entsprechen 100 % Ventilöffnung. Jeder denkbare Zwischenwert entspricht einer konkreten Stellung zwischen 0 und 100 %. Bild 1 zeigt, dass nach $1/2$ Stunde das Ventil kurz bis zum Maximalwert öffnen sollte, um danach ca. weitere $1\ 1/2$ Stunden in halber Stellung zu verharren. Daraufhin wurde es vom Bediener oder vom automatischen Regler völlig geschlossen.

Das Stellsignal im Bereich zwischen 4 und 20 mA ist zu der gewünschten Ventilöffnung proportional. Es verändert sich analog der gewünschten Veränderung der Ventilöffnung. Deshalb wird es als Analogsignal bezeichnet.

In einem Stromkreis zur Übertragung eines Analogsignals im Prozessleitsystem fließen an der Untergrenze des Signalbereichs daher 4 mA und an der Obergrenze 20 mA. Ein Stromfluss von 0 mA lässt auf einen Geräte- oder Leitungsdefekt schließen. Dieses Verhalten wird als **lebender Nullpunkt** bezeichnet.

Diese gegebene Diagnosemöglichkeit beim 4 bis 20 mA Signal ist der Grund, weshalb sich das gleichfalls genormte Einheitssignal von 0 bis 10 V in der Prozessleittechnik nicht durchsetzen konnte. Hier kann eine übertragene Spannung von 0 V sowohl einen niedrigen Mess- oder Stellwert bedeuten oder aber auch auf einen Defekt hinweisen.

6.13.3 Digitale Signale durch Ein-Aus-Modulation

Mit Hilfe der Ein-Aus-Modulation einer elektrischen Größe in schneller Folge können Informationen sowohl mit binärem als auch mit analogem Charakter verschlüsselt werden.

Die so entstehenden **digitalen Signale** können sowohl Informationen von Messwerten als auch Informationen von Stellwerten beinhalten. Sie können darüber hinaus auch andere Informationen tragen, zum Beispiel Alarmmeldungen oder Kontrollinformationen.

Digitale Signale lassen sich mit hoher Geschwindigkeit übertragen und in großer Menge speichern.

Ein digitales Signal, z. B. die Information über einen Messwert, besteht aus Einsen und Nullen, meistens entsprechend einer **zeitlichen Abfolge von Spannungsänderungen**. So setzt sich beispielsweise die Dezimalzahl 20 aus der Folge 00101 zusammen, denn:

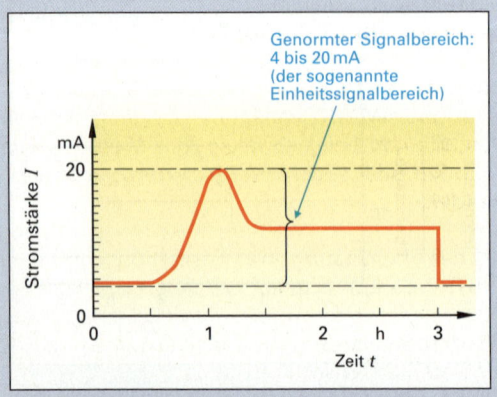

Bild 1: Analogsignal (hier ein Stromsignal) zum Übertragen eines Stellsignales für ein Ventil

6.13 Modulation von elektrischen Größen zur Signalübertragung

$20 = 0 \cdot 2^0 + 0 \cdot 2^1 + 1 \cdot 2^2 + 0 \cdot 2^3 + 1 \cdot 2^4$

$= 4 + 16$

Grundlage dieser Modulation ist das duale Zahlensystem. Unter seiner Nutzung lassen sich alle gebräuchlichen dezimalen Zahlenwerte in eine Folge aus Nullen und Einsen umwandeln.

In den digitalen Übertragungsleitungen wird die Aufprägung der Nullen und Einsen auf eine elektrische Größe durch Ein- und Ausschalten einer maximal 5 V großen Spannung realisiert. Dies ist eine schnelle Ein-Aus-Modulation. Die einzelnen Impulse dauern nur Bruchteile einer Millionstel Sekunde, sodass sich in sehr kurzer Zeit sehr viele Informationen verschlüsseln und übertragen lassen. Bild 1 zeigt das Prinzip.

6.13.4 Digitale Signale durch Frequenzmodulation

Die „Einsen und Nullen" eines digitalen Signals können auf ein elektrisches Signal auch aufmoduliert werden, indem auf elektronischem Wege eine eigentlich konstante Sinusschwingung von einigen Tausend oder einigen Millionen Schwingungen pro Sekunde (z. B. 10 MHz) zeitlich verändert wird.

Frequenzerhöhung bedeutet „Null". Eine unverändert niedrige Trägerfrequenz bedeutet „Eins". So könnte die Aufmodulation der Zahl 20, also die Folge 00101, aussehen wie im Bild 2 dargestellt.

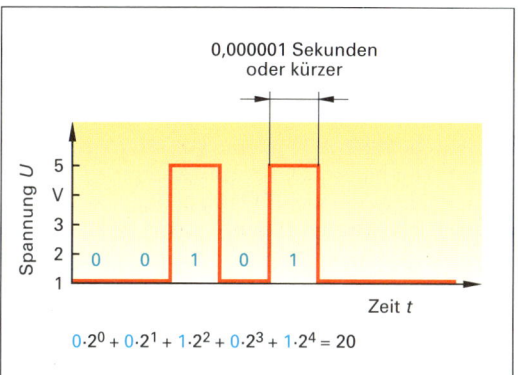

Bild 1: Ein-Aus-Modulation zur Erzeugung eines digitalen Signals

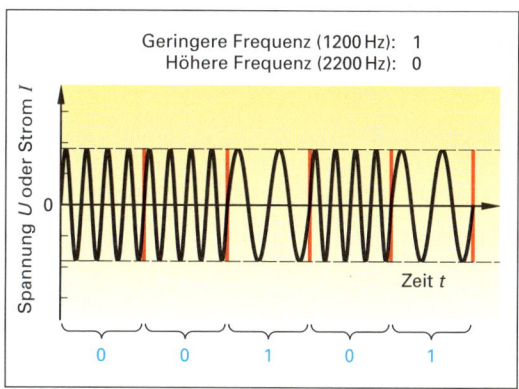

Bild 2: Frequenzmodulation zur Erzeugung eines digitalen Signals

Hinweis

Digitale Signale sind vom Charakter her binäre Signale, da eine elektrische Größe zwischen zwei Zuständen verändert wird. Zur Verschlüsselung von Zahlenwerten wird das Dualzahlensystem genutzt, das auch binäres Zahlensystem heißt.

Von den binären Signalen des Prozessleitsystems (0/24 V als Melde- oder Schaltbefehlsignal) unterscheiden sich die digitalen Signale durch:

- die schnelle Abfolge beim Signaltransport,
- die verwendete Spannung (nicht 24 V, sondern 5 V),
- die Tatsache, dass digitale Signale zur Verschlüsselung von Mess- und Stellwerten sowie anderer Größen genutzt werden.

Die Begriffe **Binärsignal** und **digitales Signal** sind also nicht ohne Weiteres gleichzusetzen.

Bei den in der Prozessleittechnik verwendeten **SMART-Transmittern** (engl. smart: clever, intelligent) erfolgt die Umschaltung zwischen den Frequenzen von 2 200 Hz und 1 200 Hz (2 200 Hz = 0; 1 200 Hz = 1). Die zugehörige internationale Norm heißt **HART-Protokoll**.

Mit Hilfe von Daten, die mit dieser Modulationsart in die SMART-Transmitter eingebracht werden, können beispielsweise ihre Messbereiche kalibriert oder andere Werte „einprogrammiert" werden.

Bei der Übertragung von Informationen mit dem HART-Protokoll handelt es sich nicht um ein Bussystem, obwohl digital verschlüsselte Daten übertragen werden. Nur für zwei Teilnehmer ist ein Datenaustausch vorgesehen.

Man spricht auch von einem **„Point-to-Point-Datenaustausch"** (engl. point-to-point: Punkt zu Punkt).

6.13.5 Das HART-Protokoll als Kombination von Strom- und Frequenzmodulation

Das **HART-Protokoll** ermöglicht die gleichzeitige Übertragung analoger und digitaler Signale. Die Bezeichnung ist die englische Kurzform für **Highway Adressable Remote Transducer**, was sinngemäß übersetzt bedeutet: „per Datenkabel ansprechbare ferngesteuerte Transmitter". Analoge und digitale Signale sind beim Hart-Protokoll deshalb gemeinsam übertragbar, weil langsame Stromänderungen und schnelle Frequenzänderungen kombiniert werden.

Das HART-Protokoll bildet historisch gesehen die Vorstufe der digitalen Feldbussysteme. Es ermöglicht, neben der eigentlichen Übertragung von Mess- und Stellsignalen auch andere Informationen zu den Messfühlern oder Stellorganen zu schicken oder von ihnen abzurufen.

So können die Messbereiche direkt per Notebook in die Transmitter oder in die Feldgeräte (Sensoren und Aktoren) einprogrammiert werden. Ebenso können Informationen über notwendige Wartungsarbeiten ausgelesen werden. Bild 1 veranschaulicht dieses Prinzip.

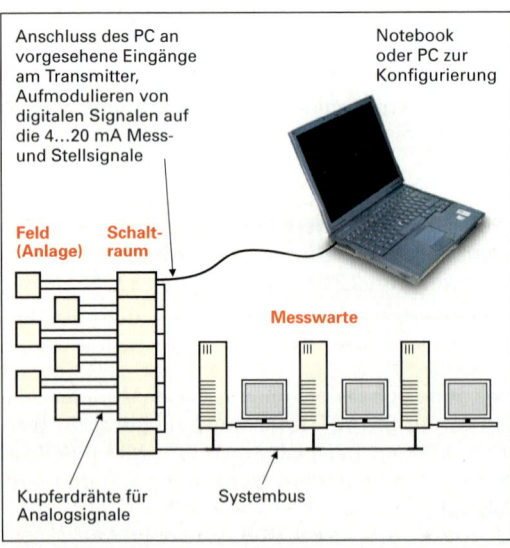

Bild 1: Versenden oder Anfordern von digitalen Signalen zur bzw. von der ansonsten analog arbeitenden Feldtechnik mit Hilfe des HART-Protokolls

Das Programmieren der Transmitter-Elektronik ist möglich, weil auf die 4 mA bis 20 mA Mess- oder Stellsignale noch zusätzliche digital verschlüsselte Informationen aufgeprägt werden.

Mit Hilfe des HART-Protokolls können die Transmitter mit den Feldgeräten oder einem angeschlossenen PC Daten austauschen.

> **Merksatz**
>
> Transmitter sowie Sensoren und Aktoren, die mit dem HART-Protokoll arbeiten, werden wegen ihrer vielfältigen Zusatzfunktionen und ihrer flexiblen Programmierbarkeit auch als **SMART-Sensoren/Aktoren**, als **SMART-Transmitter**, oder als „intelligente Feldgeräte" bezeichnet (engl. smart: clever, intelligent).

Der Strom-Zeit-Verlauf in den Verbindungsleitungen zwischen den intelligenten Sensoren bzw. Aktoren und den zugehörigen Transmittern sieht demnach aus wie in Bild 2 dargestellt (nicht maßstäbliche Grafik).

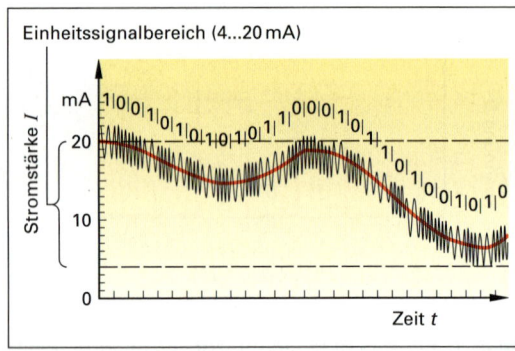

Bild 2: Strom- und Frequenzmodulation beim HART-Protokoll zur Überlagerung eines analogen Mess- oder Stellsignals mit digitalen Signalen

Die Nullen und Einsen des digitalen Signals werden hier nicht als rechteckige Spannungsschwankungen addiert, sondern als Umschaltungen zwischen zwei Frequenzen eines Hochfrequenzsignales. Das Hochfrequenzsignal, das dem 4 ... 20 mA Signal überlagert ist, entspricht aufgeprägten Schwankungen von periodischen ± 0,5 mA.

Die Frequenz von **1 200 Hz** bedeutet **1**; **2 200 Hz** bedeuten **0**. Es werden 1 200 bit pro Sekunde übertragen, d. h. eine logische 1 benötigt exakt die Zeitdauer von $1/_{1200}$ Sekunde. Dies entspricht einer einzelnen vollen Sinusschwingung.

Damit stellt das HART-Protokoll eine elegante Variante der Informationsübertragung dar, bringt jedoch speziell hinsichtlich des Wegfalls von Verkabelungsaufwand nicht die Vorteile, wie die echten Feldbussysteme (vgl. Kapitel 4.7, Prozessleitsysteme mit Feldbus).

6.14 Messen und Prüfen von elektrischen Größen

Die Verfahren zum Messen und Prüfen elektrischer Größen spielen vor allem bei der Instandhaltung und Reparatur von Prozessleitsystemen eine Rolle. Deshalb sind im Kapitel 15.3 (Eingrenzung der Fehlerursache) einige weiter führende Aussagen und Beschreibungen zu diesem Thema zu finden.

> **Merksatz**
>
> Unter **Prüfen** versteht man das Herausfinden, **ob** eine bestimmte Bedingung erfüllt ist.

> **Beispiel**
>
> **Prüfen**
>
> Mittels eines Spannungsprüfers kann ermittelt werden, ob zwischen zwei Klemmen z. B. eine Spannung von 400 V, 230 V, 24 V, 12 V bzw. 6 V anliegt oder ob eventuell keine Spannung anliegt.

> **Merksatz**
>
> Unter **Messen** versteht man das Herausfinden, welchen exakten Wert eine elektrische Größe hat.

> **Beispiel**
>
> **Messen**
>
> Mit Hilfe eines Spannungsmessers kann der Spannungsabfall über einem elektrischen Verbraucher gemessen werden. Auch kann damit z. B. ermittelt werden, welchen konkreten Wert die Netzspannung momentan hat.

6.14.1 Spannungsprüfung

Zum Prüfen der Tatsache, ob zwischen zwei Leitern eine Spannung anliegt, dient der Spannungsprüfer. Eine einfache Ausführung hiervon zeigt Bild 1. Obwohl die enthaltenen Leuchtdioden bestimmte vorgesehene Spannungshöhen anzeigen, handelt es sich nicht um ein Messgerät. Exakte Spannungswerte mit Zwischenstufen sind nicht ablesbar.

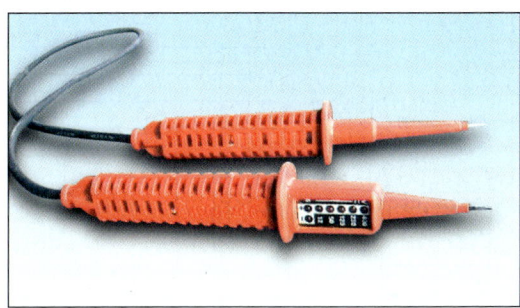

Bild 1: Einfache Ausführung eines Spannungsprüfers

Bild 2 zeigt das Prinzip der Prüfung. Der Spannungsprüfer zeigt an, ob zwischen den Klemmen L1 eines Motors und dem Null-Leiter eine Spannung von 230 V anliegt, nachdem der Spannungprüfer unter Beachtung der vorgeschriebenen Sicherheitsmaßnahmen in Kontakt mit den Anschlussklemmen des Motors gebracht wurde.

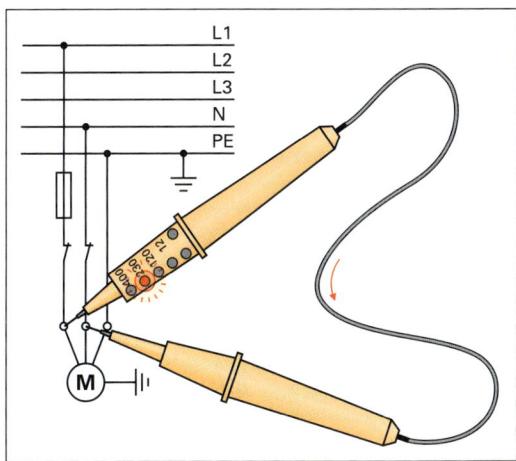

Bild 2: Prinzip der Spannungsprüfung

6.14.2 Durchgangsprüfung und Widerstandsmessung

Bild 1, S. 130, zeigt das Prinzip der Durchgangsprüfung. Zum Herausfinden, ob das Kabel zwischen der L1-Netzanschlussklemme und dem Motor unterwegs unterbrochen ist, kann ein **Durchgangsprüfer** in Verbindung mit einem langen Kabel verwendet werden.

Der Durchgangsprüfer legt zwischen beide Klemmen eine Spannung an, sodass ein Stromfluss zustande kommt. Ist das Kabel nicht unterbrochen, ertönt ein Signalton.

6 Grundlagen der Elektrotechnik

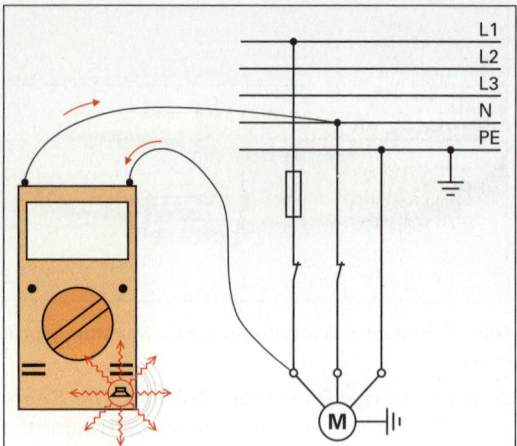

Bild 1: Prinzip der Durchgangsprüfung

Dabei gilt es zu beachten, dass ein solches Messgerät bei der Messung eines Stromes **in Reihe** mit dem Verbraucher zu schalten ist (Bild 3). Bei der **Spannungsmessung** oder der Messung eines **Spannungsabfalls** ist es hingegen **parallel** zum Verbraucher zu schalten (Bild 1, S. 131). Vor der Messung ist das Messgerät in jedem Fall entweder auf Strom- oder auf Spannungsmessung umzuschalten.

Wenn das Messgerät auf Strommessung geschaltet ist (Bild 3), hat es einen geringen Innenwiderstand, denn es soll während des Messvorganges in Reihenschaltung den Stromfluss nicht behindern.

Statt des Durchgangsprüfers kann auch das in Bild 2 gezeigte **Vielfach- oder Universalmessgerät** Verwendung finden. Mit der gleichen Schaltung ist dieses in der Lage, den konkreten Widerstand des geprüften Kabels anzuzeigen. Es wird umgangssprachlich auch als **Multimeter** bezeichnet.

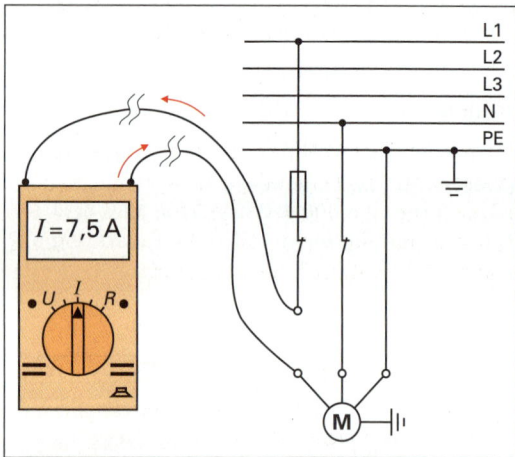

Bild 3: Prinzip der Strommessung

Bild 2: Vielfachmessgerät zum universellen Prüfen und Messen elektrischer Signale

> **Merksatz**
>
> Vielfachmessgeräte haben in der Schalterstellung **Strommessung** einen geringen Innenwiderstand.

Wird das Messgerät nun in der Schalterstellung Strommessung versehentlich parallel zum Verbraucher angeschlossen, wie es bei einer Spannungsmessung notwendig wäre, würde ein hoher Strom über das Instrument fließen, der zum Kurzschluss führt. Eine Schmelzsicherung im Messgerät schützt das Gerät wie auch den zu messenden Stromkreis deshalb vor Beschädigungen.

6.14.3 Spannungsmessung und Strommessung

Die Messung der elektrischen Größen Strom und Spannung geschieht ebenfalls mit dem in Bild 2 gezeigten Vielfachmessgerät.

Das Prinzip der Spannungsmessung, bei der das Gerät einen hohen Innenwiderstand hat, zeigt Bild 1, S. 131. Das Messgerät ist parallel zum Verbraucher zu schalten.

6.14 Messen und Prüfen von elektrischen Größen

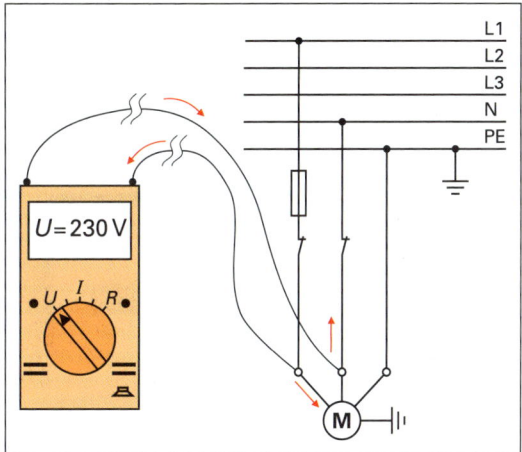

Bild 1: Prinzip der Spannungsmessung

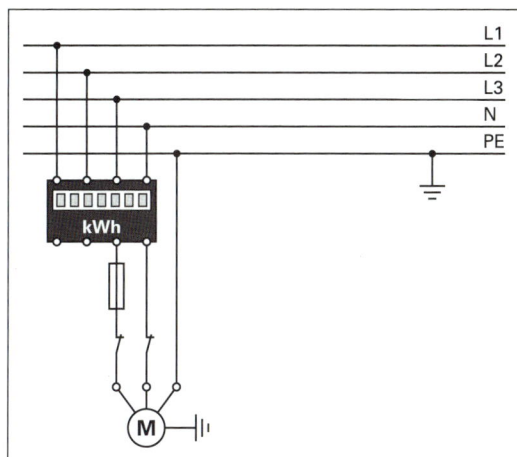

Bild 3: Prinzip der Energiemessung

6.14.4 Energie- und Leistungsmessung

Die Energie- und Leistungsmessung wird in der Regel nicht mit mobilen, sondern mit stationären Geräten durchgeführt, die in der Umgangssprache als Zähler (Bild 2) bekannt sind.

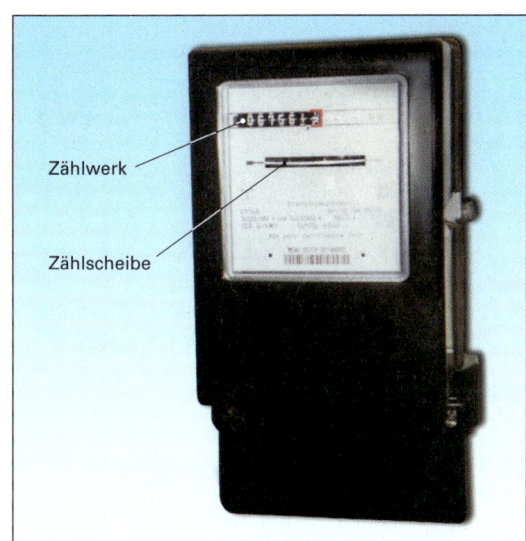

Bild 2: Drehstromzähler zur Energiemessung

Diese sind in Reihe mit dem oder den Verbrauchern zu schalten, wie es Bild 3 für die Energiemessung an einem einfachen Wechselstrommotor zeigt. Der Motor wird dabei an den Zähler angeschlossen. Der Motorstrom muss zunächst über den Zähler fließen. Lediglich der Schutzleiter ist direkt mit dem Netz verbunden.

Die momentan aus dem Netz gezogene Leistung, also das Produkt aus Spannung und Stromstärke, wird in die Drehgeschwindigkeit einer Aluminiumscheibe umgesetzt. Dadurch wird bei herkömmlichen Energiemessern ein mechanisches Zählwerk betätigt. So ermittelt das Gerät die im Laufe der Zeit insgesamt aus dem Netz bezogene Energie in Wattsekunden (Ws) oder Kilowattstunden (kWh). Die aus dem Netz entnommene Energie ist das Produkt aus Leistung (in Watt) und der Zeit (in Sekunden oder Stunden).

> **Hinweis**
>
> Die Maßeinheit der momentanen Leistung ist das Watt, während die Maßeinheit der Energie die Wattsekunde bzw. die Kilowattstunde ist.

Bei höheren Leistungen werden die Energiemessgeräte mit speziellen Kopplungsgeräten an die stromführenden Leitungen gekoppelt. Diese werden auch als Stromwandler bezeichnet.

Bei Zählern für höhere Leistungen fließt nicht der gesamte Messstrom durch das Gerät. Der durch genormte Kupferschienen außerhalb des Zählers fließende Strom induziert in aufgesetzten **Wandlern** eine sekundäre Messpannung, die einem angeschlossenen Leistungsmesser zugeführt wird. Bild 1, S. 132, zeigt im rechten Teil drei Wandler auf ihren Messschienen zusammen mit einem rein elektronischen Leistungsmesser auf der linken Seite.

6 Grundlagen der Elektrotechnik

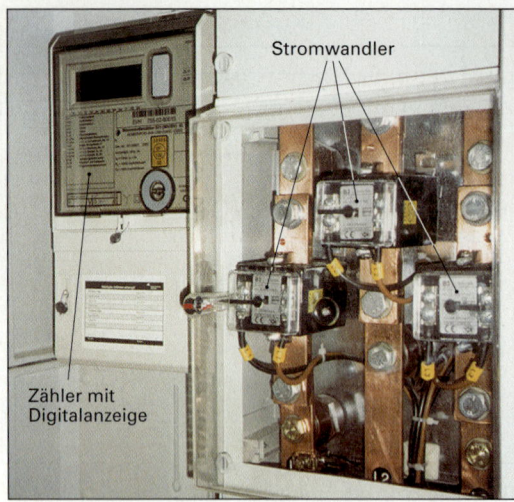

Bild 1: Elektronischer Drehstromzähler mit drei Wandlern und Wandlerschienen zur Leistungsmessung und Anzeige der bezogenen Energie

6.14.5 Frequenzmessung

Frequenzen können durch Zungenfrequenzmesser ermittelt werden, bei denen wechselstromdurchflossene Magnete auf Metallzungen unterschiedlicher Länge wirken. Infolge ihrer unterschiedlichen Längen haben die Zungen verschiedene Schwingfrequenzen. Die Zunge, deren Eigenfrequenz am nächsten an der antreibenden Schwingfrequenz liegt, hat die größte Schwingweite. Sie zeigt somit den Wert der aktuellen Erregerfrequenz an (in Wechselspannungsnetzen meist 50 Hz).

> **Merksatz**
>
> Die Maßeinheit der **Frequenz** ist das Hertz. Der Wert von 1 Hz besagt, dass die Schwingungszahl bei einer Schwingung pro Sekunde liegt:
>
> $1\,\text{Hz} = 1/\text{s} = 1\,\text{s}^{-1}$

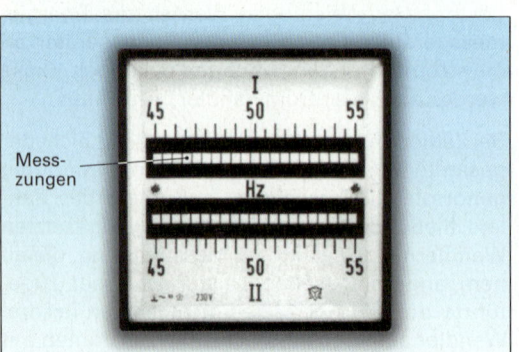

Bild 2: Zungenfrequenzmesser zum Festeinbau

Moderne Frequenzmesser arbeiten auf rein elektronischer Basis. Bild 3 zeigt einen vollelektronischen Frequenzmesser mit Ziffernanzeige.

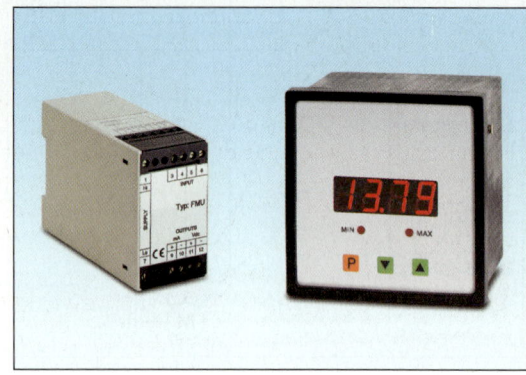

Bild 3: Elektronischer Frequenzmesser zum Festeinbau

Die Form und Frequenz von periodisch veränderlichen elektrischen Größen kann mit **Oszilloskopen** (Bild 4) auf einem Bildschirm als Sinuskurve oder anders geformte Kurve grafisch dargestellt und ausgewertet werden.

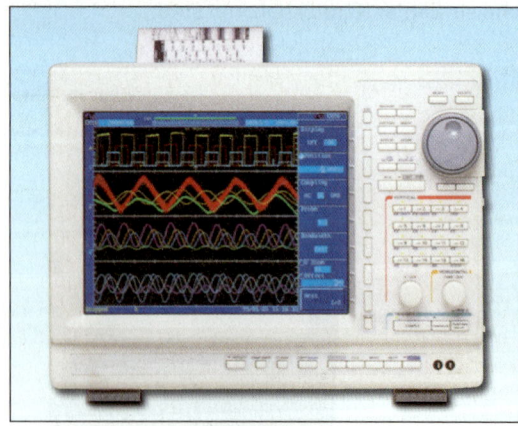

Bild 4: Tragbares Oszilloskop

6.15 Relais-Schaltungen

Die Ausgangssignale der Prozessleitsysteme liegen stets im Niederspannungsbereich, d. h. sie übersteigen in der Regel nicht die Spannung von 24 V.

Mit solchen niedrigen Spannungen und damit auch niedrigen Stromstärken können keine größeren Leistungen übertragen werden, denn die Leistung ist das Produkt aus Spannung und Stromstärke:

$P = U \cdot I$

6.15 Relais-Schaltungen

> **Merksatz**
>
> Um mit Niederspannungssignalen, speziell den Binärsignalen, leistungsstarke Verbraucher ein- und auszuschalten, müssen **Relais** vorgeschaltet werden.

Das Schwachleistungssignal aus den Ausgangskarten des Prozessleitsystems wird dabei einer Spule zugeführt, deren Magnetkraft in der Lage ist, einen größeren Schaltkontakt zu betätigen. Deshalb werden Relais auch als Schaltverstärker bezeichnet.

Ein kleines Relais zeigt Bild 1. Die Magnetspule sowie der Schaltkontakt sind dabei gut zu erkennen.

Prinzipiell sind auch Schaltungen möglich, bei denen die Kontakte im Normalfall geschlossen sind und durch das Signal aus dem Prozessleitsystem geöffnet werden. Dann wirkt das Relais als **Öffner**.

Eine Schaltungsvariante zur Ansteuerung eines Motors mit Hilfe eines 24 V Signals aus dem Prozessleitsystem und einem Relais bzw. Schütz ist in den Bildern 1, S. 134, bis 1, S. 135 dargestellt.

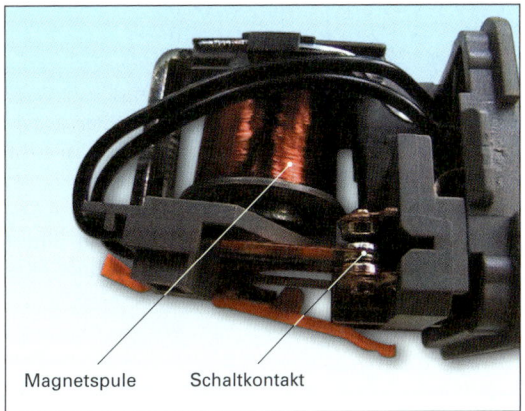

Bild 1: Kleines Niederspannungs-Relais

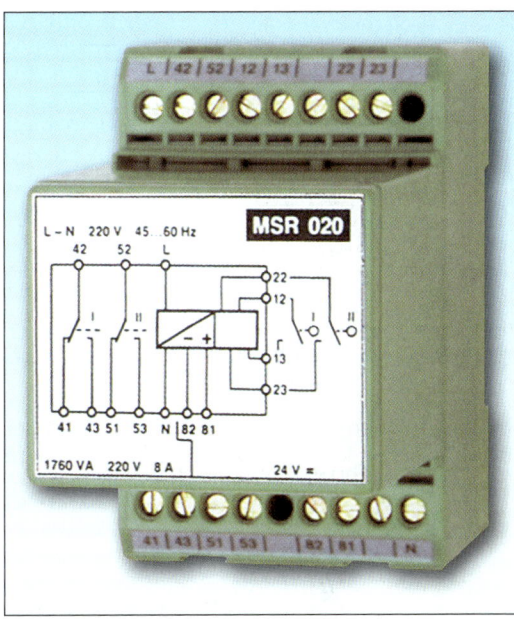

Bild 2: Hutschienen-Relais zur Schaltung von Verbrauchern bis zur Leistungsaufnahme von ca. 1,7 kW

Bild 2 zeigt ein Relais mit genormten Abmessungen für die Montage in einem Schaltschrank. An seiner Rückseite hat es Aussparungen zum Aufsetzen auf eine **Hutschiene**. Aus diesem Grund ist es gut für den Einsatz im konventionellen Teil des Prozessleitsystems geeignet.

Kräftigere Relais zum Schalten von Spannungen ab 230 V aufwärts und von Leistungen im Kilowatt-Bereich werden auch als Schütze bezeichnet.

Bild 3 zeigt eine Reihe solcher Schütze zum Schalten von kleineren Drehstrommotoren.

Wie im Bild 1, S. 134, veranschaulicht, werden die Relais-Kontakte bei Anliegen einer Spannung am Relais geschlossen. Ist das Spannungssignal nicht mehr vorhanden, öffnen sich die Kontakte wieder. Das Relais wirkt als **Schließer**, da es bei Anlegen der Schaltspannung den Leistungsstromkreis schließt.

Bild 3: Schütze (in der Mitte) zum Ansteuern kleinerer Drehstrommotoren

6 Grundlagen der Elektrotechnik

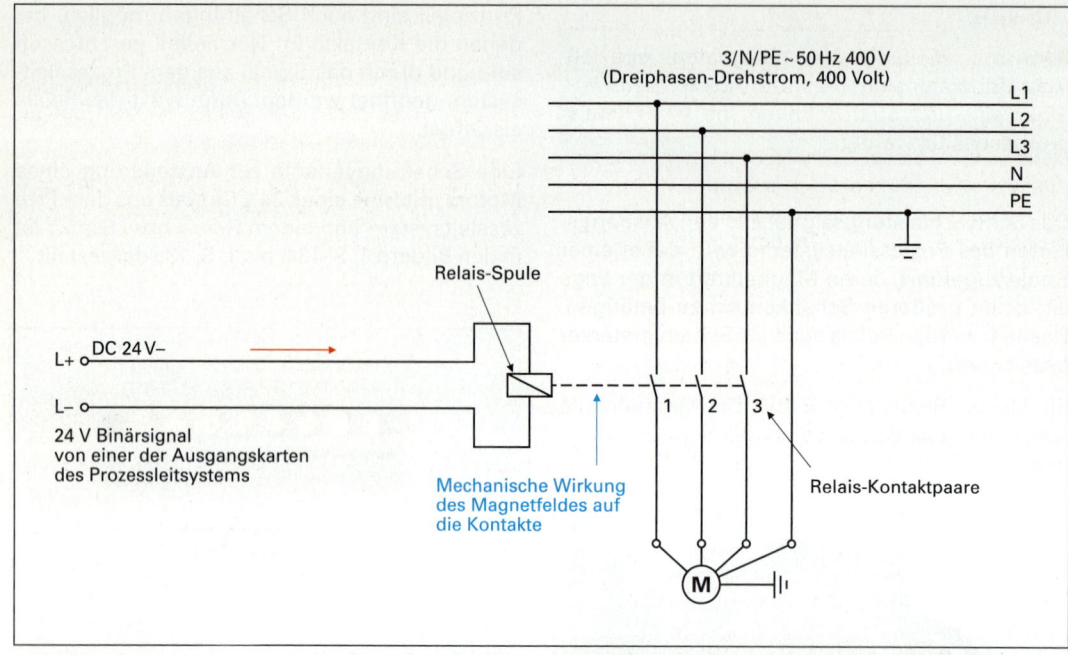

Bild 1: Schalten eines Leistungsverbrauchers durch ein Niederspannungssignal mit Hilfe eines Relais

In Schaltplänen wird oft auf die Darstellung der mechanischen Verbindung und des räumlichen Zusammenhanges zwischen der Spule und den Kontakten verzichtet. Die Schaltung aus Bild 1 erhält dann ohne die Angabe der Wirklinie eine Gestalt wie in Bild 2 dargestellt.

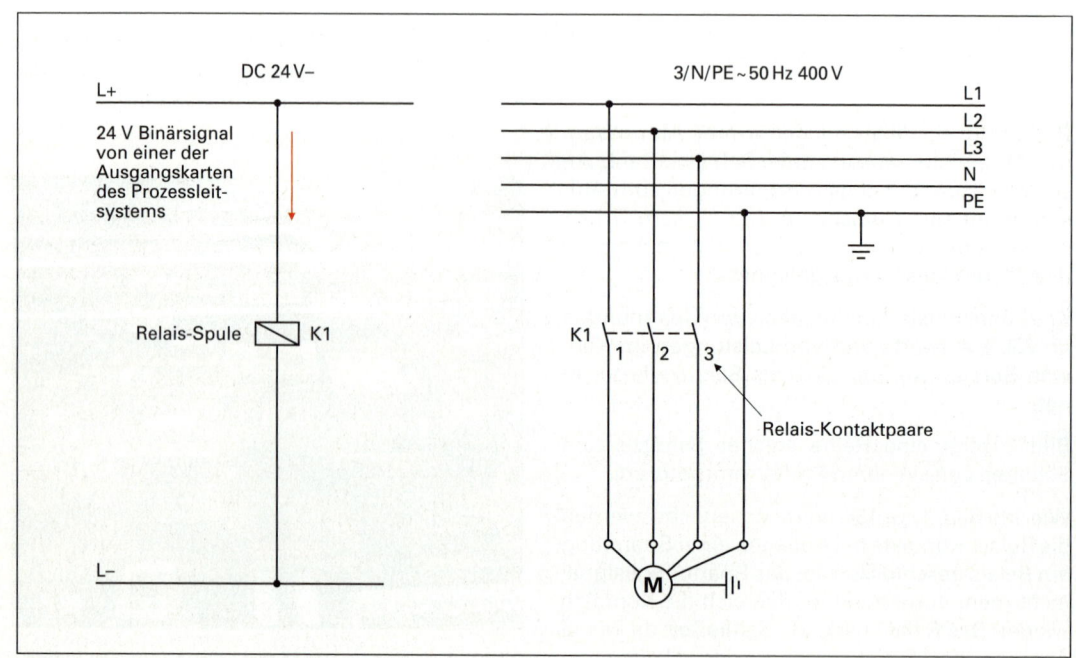

Bild 2: Einfache Relaisschaltung in der Darstellungsform als Stromlaufplan

6.15 Relais-Schaltungen

In Bild 2, S. 134, erkennt man an der Beschriftung **K1**, dass die Spule **K1** zu den Kontaktpaaren 1 bis 3 gehört. Das bedeutet, dass sie deren Schließen bewirkt.

Der Nachteil dieser Schaltung ist die Tatsache, dass die Kontaktpaare 1 bis 3 nur solange geschlossen sind, wie das Binärsignal von 24 V aus dem Prozessleitsystem anliegt.

Wenn die Relais-Kontakte nur durch einen kurzen **Impuls** aus dem Prozessleitsystem geschlossen werden sollen und danach geschlossen bleiben sollen, muss sich das Relais seinen Schaltzustand gewissermaßen merken.

Dies erreicht man durch Verwendung eines weiteren Schalters, des **Haltekontaktes**. Das Funktionsprinzip zeigt Bild 1.

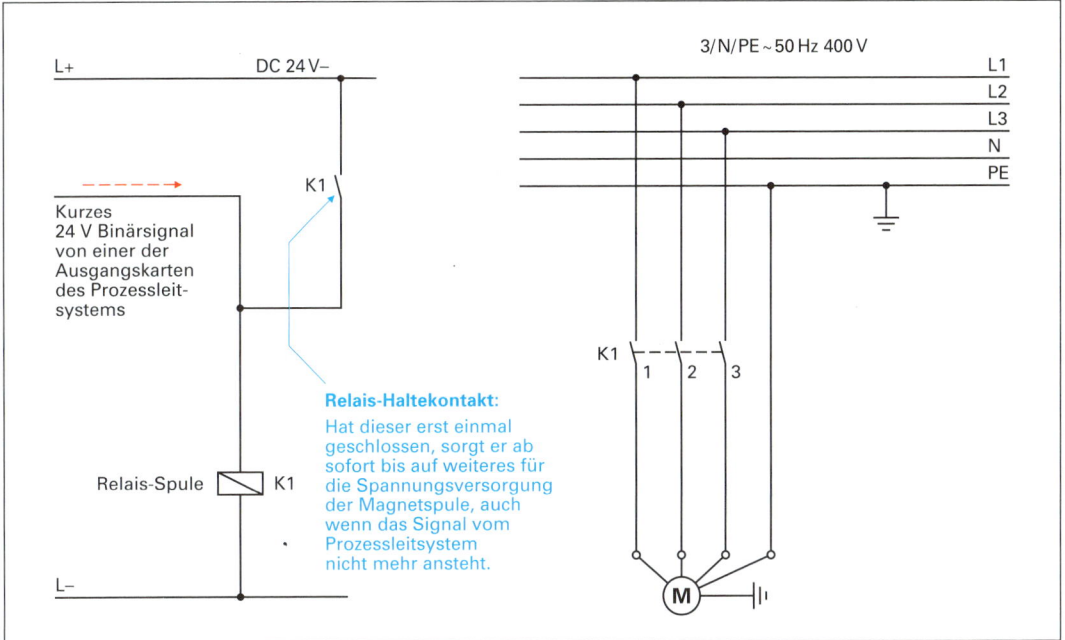

Bild 1: Relaisschaltung mit Haltekontakt (ohne Abschaltmöglichkeit)

Sobald die Spule auch nur für einen kurzen Moment vom Strom durchflossen wird, schalten nicht nur die Kontaktpaare 1 bis 3 zur Motoransteuerung um, sondern auch der zusätzliche Schalter mit dem Kontaktpaar 4. Dieses sorgt ab jetzt dafür, dass die Spule weiterhin mit 24 V Spannung versorgt wird und deshalb angezogen bleibt.

Will man eine Schaltung aufbauen, die durch den nächsten Spannungsimpuls wiederum den Motor ausschaltet, muss man dafür sorgen, dass dieser Impuls den Stromfluss zum Relais wieder unterbricht. Dafür bietet sich eine Schaltung nach Bild 1, S. 136, an.

Die Unterbrechung des Stromflusses erfolgt dabei durch ein zweites Binärsignal aus dem Prozessleitsystem.

Ein kurzer Signalimpuls sorgt für das Anziehen der zweiten Spule **K2**, die allerdings auf ein im Normalfall geschlossenes und jetzt öffnendes Kontaktpaar 5 wirkt.

Diese kurze Unterbrechung des Stromflusses zur Spule **K2** bewirkt, dass diese von diesem Moment an keine Spannung mehr zum Anziehen der Motorkontakte erhält und deshalb sofort in den Ausgangszustand zurückkehrt, also „abfällt".

Zum Schalten der unterschiedlichsten Verbraucher gibt es in jedem Prozessleitsystem eine Vielzahl von Relais-Schränken, in denen zwei Spannungsebenen, nämlich die **24 V Steuerspannung** aus dem Prozessleitsystem und die **230/400 V** (oder höher) **Leistungsspannung** für die Verbraucher verwendet werden. Errichtungs- und Instandhaltungsarbeiten in diesem System sind nicht vordergründig das Aufgabengebiet des Prozessleitelektronikers, sondern das des für solche Arbeiten qualifizierten und autorisierten Elektronikers.

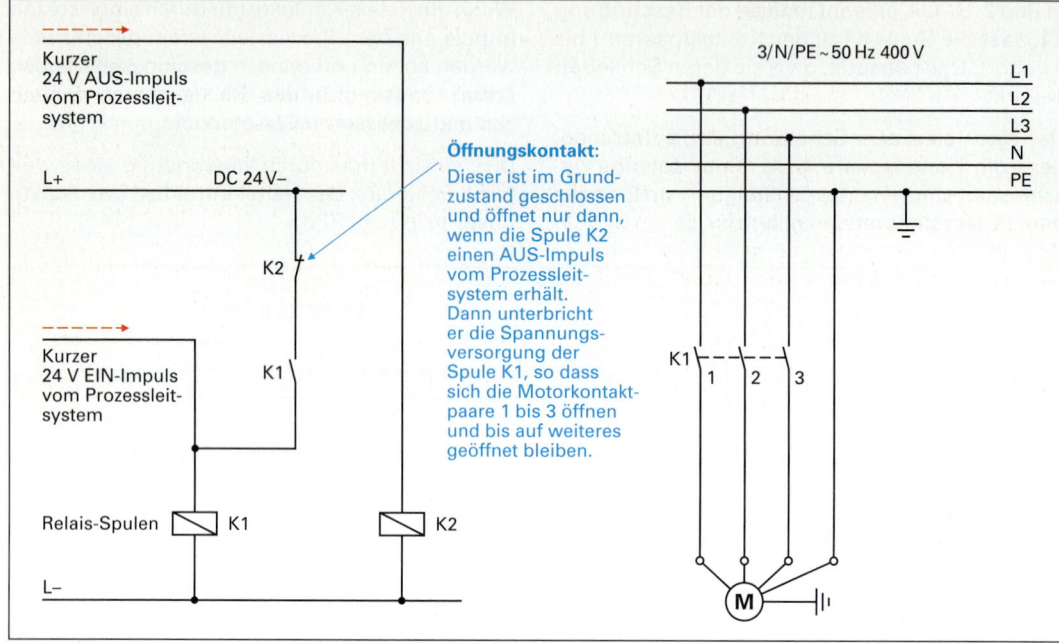

Bild 1: Relaisschaltung mit Haltekontakt und Öffnungskontakt

Aufgaben

1. Welche drei Spannungsebenen spielen im Prozessleitsystem eine Rolle?
2. Wie groß ist im Drehstromnetz der Effektivwert der Spannung zwischen jedem der drei Leiter und dem Null-Leiter?
3. Wie groß ist im Drehstromnetz der Effektivwert der Spannung zwischen jeweils zwei von den vorhandenen drei Leitern?
4. Welcher Leiter im Drehstromnetz hat das gleiche elektrische Potenzial wie der Null-Leiter, wird aber zum Zwecke der Personensicherung separat geführt?
5. Was geschieht mit dem Stromfluss bei einer Parallelschaltung von Verbrauchern?
6. Was geschieht mit der Spannung bei einer Reihenschaltung von Verbrauchern?
7. Wie errechnet sich, vereinfacht dargestellt, die Leistung eines elektrischen Verbrauchers?
8. Was ist unter der Impedanz eines elektrischen Verbrauchers zu verstehen?
9. Wozu wird die 24 V Spannungsebene im Prozessleitsystem benötigt?
10. Welche Sicherheitsmaßnahmen dienen dem Schutz von Personen vor gefährlichen Berührungsspannungen und vor gefährlichen Körperströmen?
11. Welche Strom- bzw. Spannungsart wird aus einer Wechselspannung nach dem Gleichrichten?
12. Welche Strom- bzw. Spannungsart wird aus einer pulsierenden Gleichspannung nach dem Glätten?
13. Erklären Sie den Begriff der Bürde in der Prozessleittechnik.
14. Wie erreicht man die Eigensicherheit von Baugruppen oder Stromkreisen zur Vermeidung einer Funkenbildung?
15. Worin besteht der Hauptvorteil beim Aufbau von elektrischen Baugruppen des Prozessleitsystems aus steckfähigen Leiterplatten?
16. Erklären Sie den Begriff des Signals.
17. Wie werden Signale in der Prozessleittechnik transportiert?
18. Was ist ein elektrisches Signal in der Prozessleittechnik?

7 Messtechnik

7.1 Vorbetrachtungen

Die messtechnische Erfassung der verschiedenen physikalischen Größen, die in den Produktionsprozessen der chemischen Industrie auftreten, ist die Voraussetzung für das sachgerechte Betreiben der Anlagen. Die gewonnenen Messwerte geben Aufschluss über den Zustand und die tendenzielle Änderung der Situation im stoffwandelnden Prozess.

Deshalb stellen die Messwerte Informationen dar, die den Ausgangspunkt für erforderliche Eingriffe in diesen Prozess bilden. Diese Aussage gilt unabhängig davon, ob die Entscheidung über diese Eingriffe vom Bediener selbst, von einem Regelungs- bzw. Steuergerät oder durch die Software getroffen wird.

Messtechnische Einrichtungen sind vergleichbar mit den **menschlichen Sinnen**. Letztere sind in der Lage, einige wenige physikalische Größen zu erfassen, z. B. die Temperatur (**fühlen**), einige stoffliche Konzentrationen (**riechen** und **schmecken**), mechanische Schwingungsfrequenzen (**hören**) oder Frequenzen von elektromagnetischen Wellen (**sehen**).

Dabei können die menschlichen Sinne ähnlich wie die technischen Messeinrichtungen nur bestimmte Messbereiche erfassen. So bleibt z. B. das Licht im Infrarot-Bereich und im ultravioletten-Bereich für das menschliche Auge unsichtbar. Auch lassen sich Temperaturen unter 0 °C und über 80 °C von den menschlichen Sinnen nicht mehr erfassen.

> **Merksatz**
>
> Die **messtechnischen Einrichtungen** des Prozessleitsystems bilden mit technischen Mitteln die **menschlichen Sinne** nach.

Tabelle 1 listet die in der stoffwandelnden Industrie am häufigsten gemessenen Größen auf. Der Zweit- oder Folgebuchstabe „I" steht dabei für Indication (engl.: Anzeige). Tabelle 1, S. 138 zeigt die physikalischen Größen, die bei der Messung eine Rolle spielen.

Tabelle 1: Wichtige zu messende Prozessvariablen in der stoffwandelnden Industrie gem. DIN 19227

Messgröße (Prozessvariable)	Englischsprachige Bezeichnung	Formelzeichen	Sinnbild im Fließbild
Temperatur	temperature	T	(TI)
Druck	pressure	p	(PI)
Druckdifferenz	pressure difference	Δp	(PDI)
Volumenstrom	flow	$\dot{V}$	(FI)
Massenstrom	mass flow	$\dot{m}$	(FI)
Füllstand	level	h l	(LI)
pH-Wert	pH-value	pH	(QI)
Leitfähigkeit	conductivity	χ	(QI)χ
Feuchtigkeit	moisture	ρ	(MI)
Sauerstoffgehalt	oxygen content	c_{O_2}	(QI)O_2
Dichte	density	ϱ	(DI)

7 Messtechnik

Tabelle 1: Wichtige physikalische Größen, die bei den häufigsten Messprinzipien eine Rolle spielen

Physikalische Größe	Formelzeichen	Einheit	Kurzzeichen der Einheit
Elektrischer Widerstand	R	Ohm	Ω
Elektrische Leitfähigkeit	χ	Siemens pro Meter	S/m bzw. $1/(\Omega \cdot m)$
Impulszahl, Drehzahl	n	Umdrehungen pro Sekunde	s^{-1}
Längenänderung, Länge	Δl l	Meter	m
Kraft	F	Newton	N
Zeit, Laufzeit	t	Sekunde	s
Druck	p	Pascal	Pa bzw. N/m^2
Radioaktive Strahlungsintensität	I	Kernzerfälle pro Sekunde	s^{-1}
Elektrische Induktivität	L	Henry	H bzw. $(m^2 \cdot kg)/(s^2 \cdot A^2)$
Elektrische Kapazität	C	Farad	F

Merksatz

Die Messwerte von einem technischen Prozess werden mit Hilfe von **Signalen** vom Messort zur Anzeige oder zum Verarbeitungsort übertragen.

Zur Signalübertragung dienen beispielsweise veränderliche elektrische Ströme oder eine Abfolge von codierten elektrischen Impulsen. Diese Signale sind deshalb Träger der Informationen über den Messwert. In der Prozessleittechnik unterscheidet man drei grundlegende **Signaltypen**:

- **Analoge Signale**

  Sie können in einem bestimmten Bereich jeden beliebigen Zwischenwert annehmen. Man kann sie auch als **Von-Bis-Signale** bezeichnen. Bild 1 zeigt das Beispiel eines analogen Stromsignals.

  Die meisten Messwerte von Anlagen der chemischen Industrie werden in das standardisierte elektrische Stromsignal von 4...20 mA umgewandelt (gelegentlich auch in das Spannungssignal von 0...10 V). Diese Signale werden wegen ihrer internationalen Standardisierung auch als **Einheitssignale** bezeichnet.

  Früher wurde meist das standardisierte pneumatische Einheitssignal des Druckes (0,2 bar bis 1,0 bar) verwendet.

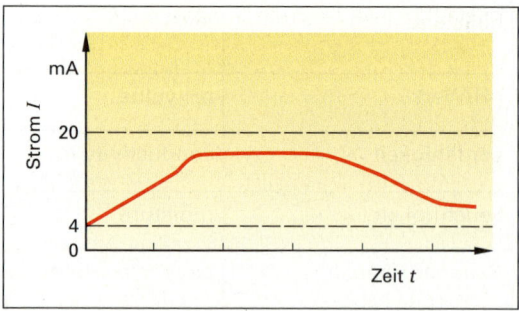

Bild 1: Stufenlos verändertes Stromsignal als Beispiel für Analogsignale

- **Binäre Signale (diskrete Signale)**

    Sie geben Aufschluss über eine Situation im Prozess, wenn dieser nur zwei Zustände haben kann, z. B. Motor läuft/läuft nicht, Ventilantrieb ist gestört/ist nicht gestört, Auf-Zu-Ventil ist geöffnet/ist geschlossen. Bild 1 zeigt ein Beispiel.

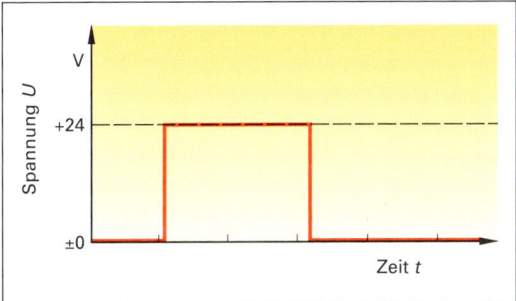

Bild 1: 24 V Meldesignal als Beispiel für binäre Signale

In Chemieanlagen wird dazu üblicherweise eine elektrische Spannung verwendet, die entweder den Wert 0 V oder den Wert 24 V haben kann. Trotz der internationalen Normung wird dieser Signaltyp aber nicht als Einheitssignal bezeichnet.

> **Hinweis**
>
> Streng genommen sind **diskrete Signale** solche Signale, die im Gegensatz zu den binären Signalen **mehr als zwei Zustände** annehmen können. So wie eine Verkehrsampel die Signale „Rot", „Gelb" oder „Grün" annehmen kann, könnte ein dreistufiges Rückmeldesignal von einem Ventil z. B. die Zustände „Offen", „Geschlossen" oder „Gestört" annehmen. Die Prozessleittechnik arbeitet jedoch in der Regel mit reinen Binärsignalen; im Beispiel des Ventiles also mit den drei Binärsignalen:
> Offen? – Ja/Nein,
> Geschlossen? – Ja/Nein,
> Gestört? – Ja/Nein.

- **Digitale Signale**

    Sie stellen eine schnelle Abfolge von Spannungsimpulsen dar, die zum Transport von Messwerten und anderen Informationen innerhalb des Computersystems verwendet werden.

    Es erfolgt eine schnelle Umschaltung zwischen zwei Spannungswerten, meist zwischen 0 V und 5 V. Insofern sind die digitalen Signale eine spezielle Art der binären Signale mit der Besonderheit der schnellen Abfolge des Wechsels. Dieser beträgt beispielsweise 10 Millionen Wechsel pro Sekunde (10 Megabit pro Sekunde) bei der Signalübertragung über Koaxialkabel von Bussystemen.

    So werden die Messwerte durch die Software mithilfe digitaler Signale verschlüsselt, und in kürzester Zeit werden nacheinander eine Vielzahl von Werten an einen anderen Ort übertragen.

Wenn es sich um Signale handelt, die an elektrische Größen wie Strom oder Spannung gebunden sind, erfolgt die digitale Signalübertragung mit Hilfe von abgeschirmten elektrischen Leitungen.

Digitale Signale können auch in optische Signale (eine schnelle Folge von schwachen Lichtblitzen) umgewandelt und dann über Glasfaserlichtleitkabel übertragen werden.

Analoge und binäre Signale wurden früher (und werden in manchen Anlagen auch heute noch) teilweise in **pneumatische Signale** gewandelt (0,2 bar bis 1,0 bar), die durch gereinigte Instrumentenluft über Schlauchverbindungen weitergeleitet werden. Die anschließenden Betrachtungen beziehen sich jedoch ausschließlich auf die **elektrischen Signale**.

Die vom Messfühler, dem Sensor, aufgenommenen physikalischen Größen müssen in übertragbare elektrische Signale umgewandelt werden. Dies geschieht durch elektronische Baugruppen, die entweder am Messfühler selbst (bzw. in seiner Nähe) untergebracht sind oder sich als separates Gerät in speziellen Schaltschränken entfernt von der Anlage befinden.

Diese Baugruppen zur Signalwandlung heißen **Transmitter** bzw. **Messumformer**. Für ihre Arbeit benötigen sie eine Hilfsenergie, meist elektrische Energie. In der Umgangssprache wird oft die gesamte Baueinheit aus Messfühler und Transmitter als Transmitter bezeichnet.

7 Messtechnik

> **Merksatz**
>
> **Transmitter** sind elektronische Geräte, welche die Messsignale so umformen, dass sie über längere Wege übertragen werden können. In bestimmtem Umfang sind sie auch zur Anpassung des Messsignals an die Auswertegeräte zuständig. Andere Ausdrücke für Transmitter sind **Messumformer** und **Messwandler**.

Zur Messung von Prozesswerten kommen nur physikalische Größen in Frage, für die nach dem Stand der Technik geeignete Sensoren bereitstehen. Eine Übersicht über die wichtigsten physikalischen Größen, die üblicherweise zum Messen von Prozesswerten herangezogen werden, enthält Tabelle 1, S. 138.

Im Folgenden werden die in der Chemieindustrie gebräuchlichsten Messprinzipien vorgestellt.

7.2 Temperaturmessung

> **Merksatz**
>
> Die Temperatur ist die am häufigsten messtechnisch erfasste physikalische Größe in der stoffwandelnden Industrie.

Die gebräuchlichsten Temperatursensoren sind das **Thermoelement** und das **Widerstandsthermometer**.

7.2.1 Thermoelement

Bild 1 zeigt den prinzipiellen Aufbau eines Thermoelement-Sensors mit den am Kopf angebrachten Leitungsanschlüssen. Zwei lange Drähte aus zwei unterschiedlichen Metallen führen im Inneren der Hülse vom Kopf bis hinunter zur Spitze, wo sie miteinander verlötet oder durch eine Pressung verbunden sind.

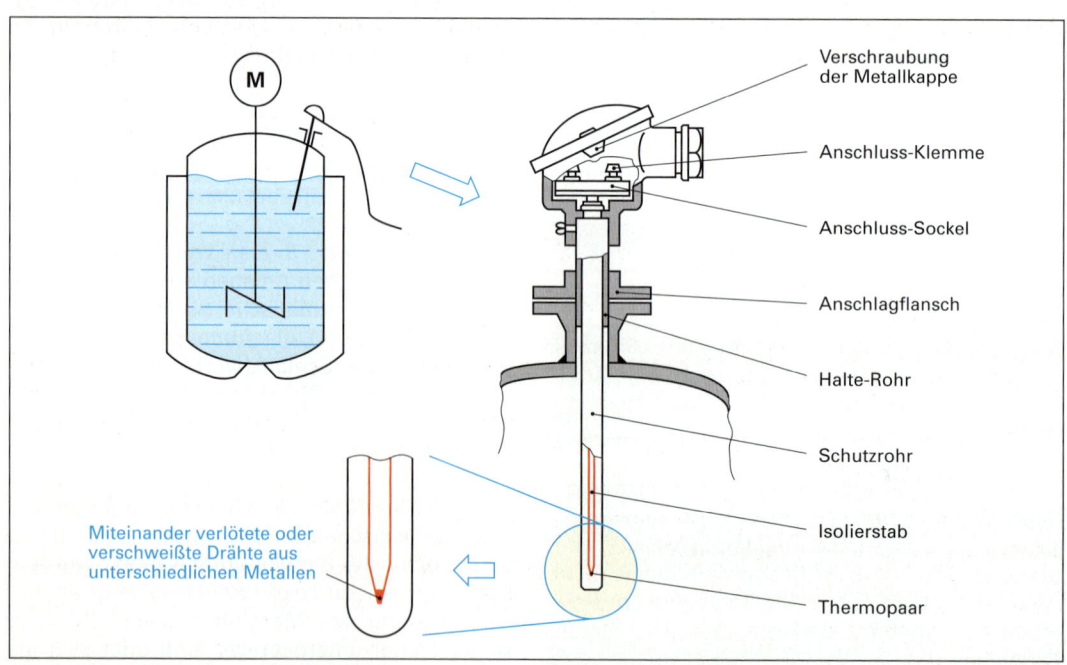

Bild 1: Aufbau eines Thermoelements

Das Thermoelement wird in ein am Messort montiertes Schutzrohr eingeführt, welches beim Austausch des Thermoelementes am Messort verbleiben kann. Bild 1, S. 141, zeigt Thermoelemente aus einem Herstellerprospekt. Das Thermoelement macht sich die Gesetzmäßigkeit zunutze, dass an der Verbindungsstelle zweier unterschiedlicher Metalle eine elektrische Spannung entsteht. Diese hängt von der Temperatur an der Verbindungsstelle ab. Daneben ist sie abhängig von der Art der verbundenen Metalle oder Metall-Legierungen.

7.2 Temperaturmessung

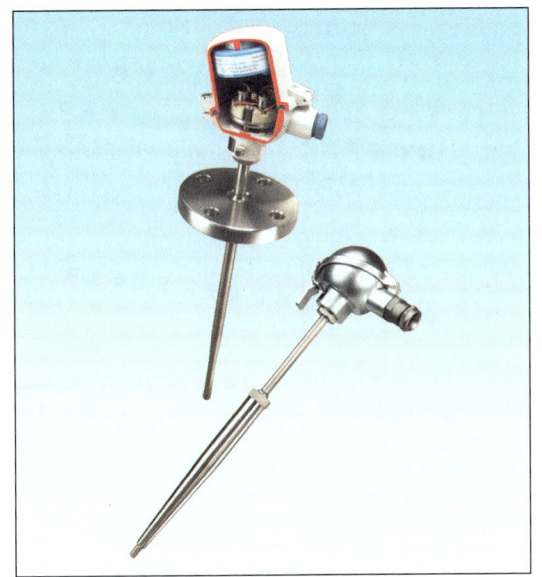

Bild 1: Thermoelemente in einem Herstellerprospekt

Tabelle 1 zeigt eine Übersicht der in DIN EN IEC 60584 als Thermopaare eingesetzten standardisierten Metalle.

Die erste Spalte enthält den genormten Typ-Kennbuchstaben.

Die zweite und dritte Spalte geben Auskunft über die Art der Metalle oder ihrer Legierungen. Dabei werden die Kurzzeichen aus dem Periodensystem der Elemente genutzt. So steht **Fe** für reines Eisen, **NiAl** für eine Nickel-Aluminium-Legierung oder **PtRh** für eine Platin-Rhodium-Legierung.

Die dritte Tabellenspalte enthält die zugehörigen Temperaturbereiche bei Dauereinsatz.

Tabelle 1: Nach DIN EN IEC 60584, Teil 1 spezifizierte Thermopaare

Typ-kenn-zeich-nung	Material (+)	Material (−)	Temperaturbereich bei Dauerbetrieb
J	Fe	CuNi	−180 °C bis +750 °C
K	NiCr	NiAl	−180 °C bis +1 350 °C
T	Cu	CuNi	−250 °C bis +400 °C
E	NiCr	CuNi	−40 °C bis +900 °C
R	Pt13Rh	Pt	−50 °C bis +1 700 °C
S	Pt10Rh	Pt	−50 °C bis +1 750 °C
B	Pt30Rh	Pt6Rh	+100 °C bis +1 820 °C

Für jedes Thermopaar existieren genormte Abhängigkeiten der Thermospannung von der gemessenen Temperatur. Der genormte Grundzustand des Thermoelementes ist die Temperatur von Null Grad Celsius. Bei exaktem Abgleich des gesamten Messkreises am zugehörigen Transmitter entsteht dann eine Thermospannung von 0 V.

Tabelle 2 sowie Bild 2 verdeutlichen die Temperaturabhängigkeit der Thermospannung bei dem häufig eingesetzten Thermoelement des **Typs J**, also eines Elements mit der Werkstoffpaarung **Fe/CuNi**.

Die Legierung aus Kupfer (Cu) und Nickel (Ni) wird auch als **Konstantan** bezeichnet. Fe steht für das chemische Element Eisen. Daher trägt die Thermopaarung des Typs J auch die Bezeichnung **Eisen-Konstantan**.

Tabelle 2: Genormte Thermospannungsreihe eines Eisen-Konstantan-Thermoelementes (Typ J) nach DIN EN IEC 60584-1

Temperatur	Thermospannung	Temperatur	Thermospannung
−200 °C	−7,890 mV	300 °C	16,325 mV
−100 °C	−4,632 mV	400 °C	21,864 mV
0 °C	0 mV	500 °C	27,388 mV
20 °C	1,019 mV	600 °C	33,096 mV
50 °C	2,585 mV	800 °C	45,498 mV
100 °C	5,268 mV	1 000 °C	57,942 mV
200 °C	10,777 mV	1 200 °C	69,536 mV

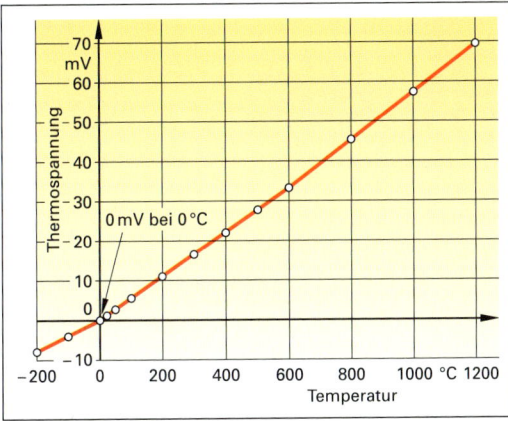

Bild 2: Abhängigkeit der Thermospannung von der Temperatur bei einem Thermoelement des Typs J (Eisen-Konstantan)

Die erzeugte Thermospannung muss in ein transportfähiges elektrisches Signal umgewandelt werden. Zu diesem Zweck existiert für jeden Temperaturmessfühler, sei es das Thermoelement oder das im nächsten Kapitel behandelte Widerstandsthermometer, ein Messumformer. Dieser trägt auch die Bezeichnung **Temperaturtransmitter**. Er stellt ein Gerät dar, das die vom Messfühler kommenden Signale in ein genormtes Einheitssignal, meist ein Stromsignal zwischen 4 mA und 20 mA, umwandelt.

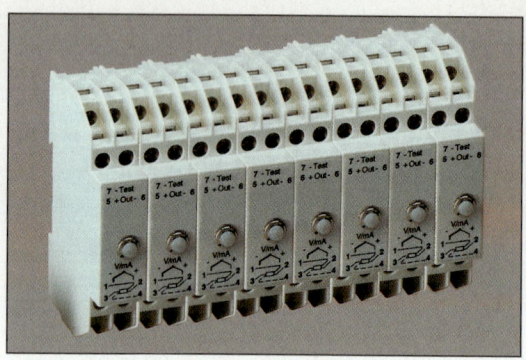

Bild 1: Mehrere Temperaturtransmitter für eine Etage eines Schaltschranks

Hinweis

Temperaturtransmitter befinden sich meist weit entfernt vom Messfühler, während Drucktransmitter oft eine bauliche Einheit mit dem Sensor bilden.

Merksatz

Bei **Thermoelementen** nutzt man das temperaturabhängige Spannungspotenzial zwischen zwei verbundenen Metallen. Auch die Klemmstellen von Drähten erzeugen ein solches Spannungspotenzial, das die eigentliche Messspannung verfälscht.

Bild 1 zeigt eine Reihe von Temperaturtransmittern in einem Schaltschrank.

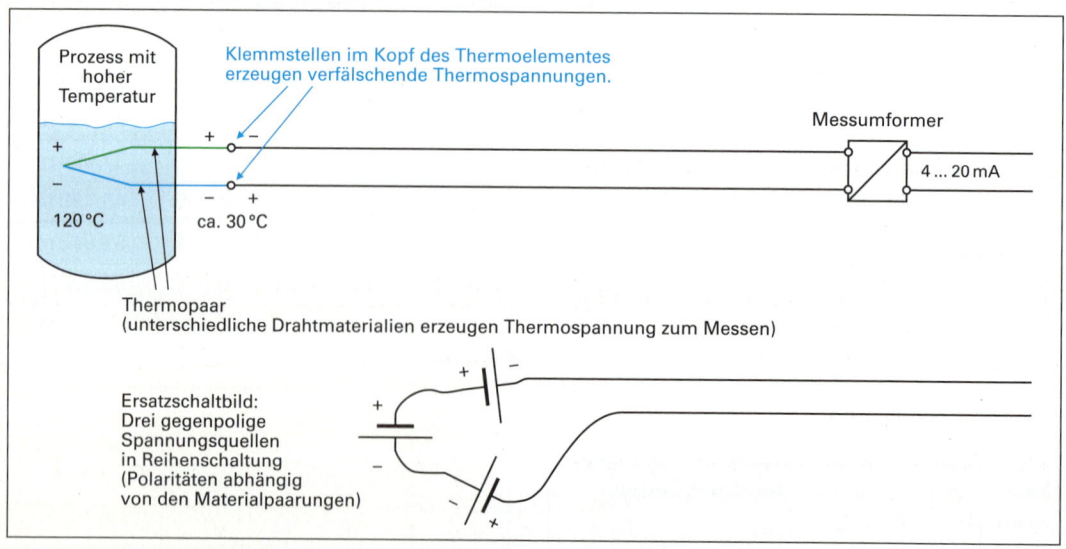

Bild 2: Thermoelement ohne Korrekturmaßnahmen

Im Gegensatz zum weiter unten beschriebenen Widerstandsthermometer ist beim Thermoelement folgende Eigenart zu beachten:

Da in der Messspitze zwei Drähte aus hochwertigen Spezialmetallen miteinander verbunden sind, muss es stets Klemmstellen geben, an denen diese Drähte mit dem Kupferdraht zur Signalfernübertragung verbunden sind. Jede dieser Klemmstellen stellt naturgemäß wiederum ein Thermoelement dar, weil auch dort zwei unterschiedliche Metalle verbunden sind. Die Klemmstellen erzeugen demnach Thermospannungen, die ebenfalls temperaturabhängig sind und der eigentlichen Messspannung entgegen gerichtet sind.

7.2 Temperaturmessung

In Bild 2 erkennt man, dass es sich um eine Reihenschaltung (vgl. Kapitel 6.3) dreier Spannungsquellen handelt, die sich addieren bzw. aufgrund ihrer gegensätzlichen Polung subtrahieren.

Die Messspannung wird demnach durch die Klemmstellenspannung verfälscht, und zwar um so mehr, je höher die Temperatur an der Klemmstelle ist. Deshalb gilt es, diesen verfälschenden Einfluss in Grenzen zu halten oder ganz auszuschließen.

Die einfachste, aber bei großen Leitungslängen teuerste Variante zur Korrektur des verfälschenden Effekts zeigt Bild 1. Dort erfolgt die Signalübertragung mit Spezialdrähten (Ausgleichsleitungen), die nahezu die gleichen Eigenschaften wie die Drähte im Thermoelement haben.

An den warmen Klemmstellen in Prozessnähe sind deshalb gleichartige Materialien verbunden, die keine Thermospannungen erzeugen. Die Verbindung zwischen unterschiedlichen Materialien wurde in die Nähe des Transmitters, also in eine kühlere Umgebung verlegt, wodurch die verfälschenden Thermospannungen verringert, aber nicht vollständig beseitigt werden.

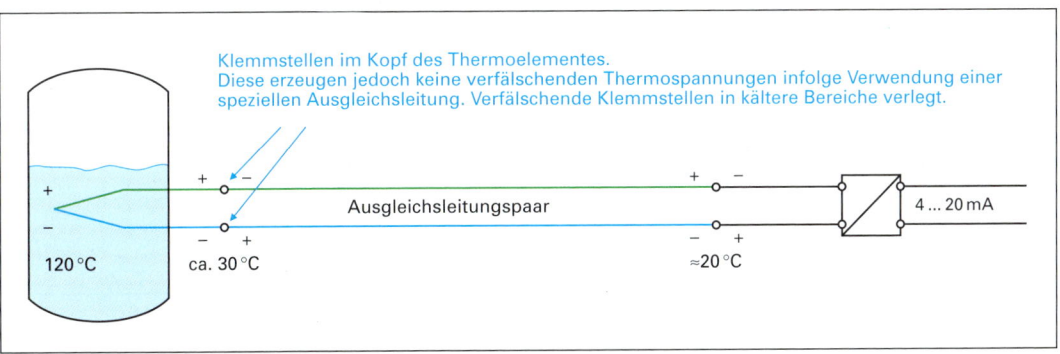

Bild 1: Thermoelement mit Ausgleichsleitung

Eine nahezu vollständige Eliminierung der Verfälschung ist in der Struktur des Bildes 2 möglich. Hier sind nur kurze Ausgleichsleitungen vom Kopf des Thermoelementes bis zu den Klemmstellen vorhanden, die sich in einem temperierten Isoliergefäß mit konstanter Temperatur befinden. Dazu existiert am Gefäß eine Heiz- oder Kühleinrichtung.

An den Klemmstellen im Kopf des Thermoelementes entsteht keine Verfälschung der Spannung, da dort wieder gleichartige oder ähnliche Metalle verbunden sind.

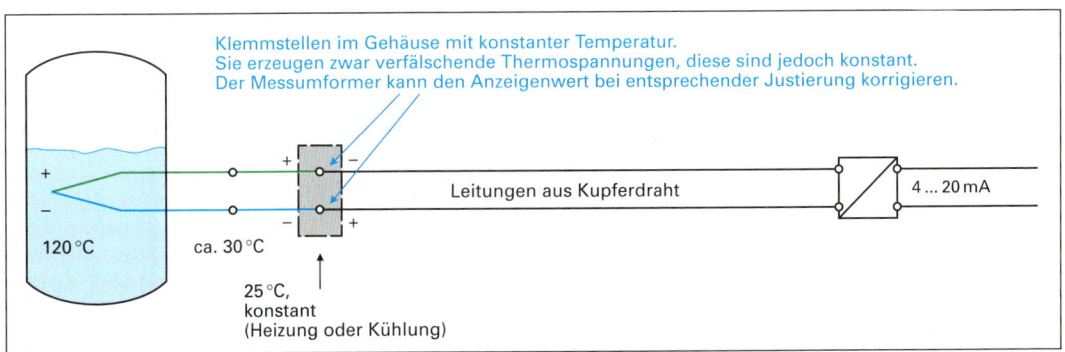

Bild 2: Thermoelement mit Thermostat

7 Messtechnik

Die verfälschenden Klemmstellenspannungen entstehen im temperierten Gefäß und sind deshalb konstant. Bei entsprechender Justierung des Messumformers wird ihr gleichbleibender Einfluss mit berücksichtigt und damit dauerhaft eleminiert.

Bild 1 zeigt die eleganteste Lösung, bei der die Ausgleichsleitung des Thermoelementes direkt an einen Messumformer mit elektronischer Temperaturkompensation angeschlossen ist.

Die dortigen Klemmstellen erzeugen nun zwar wiederum eine verfälschende temperaturabhängige Spannung, jedoch befindet sich im Messumformer ein temperaturabhängiger Widerstand auf gleichem Temperaturniveau wie die Klemmstellen. Sein Einfluss wird in einer elektronischen Schaltung so ausgenutzt, dass er direkt die temperaturabhängige Klemmstellenspannung kompensiert.

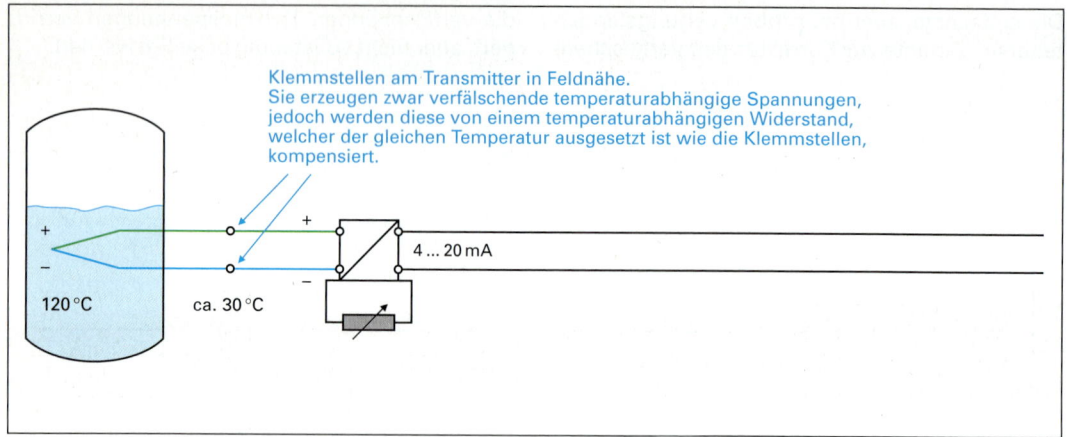

Bild 1: Thermoelement mit elektronischer Korrektur

In modernen Prozessleitsystemen werden die Planungsingenieure der letztgenannten Möglichkeit den Vorzug geben, wenn es auf besondere Genauigkeit ankommt.

7.2.2 Widerstandsthermometer

Äußerlich ähnelt das Widerstandsthermometer (Bild 2) dem Thermoelement.

Den inneren Aufbau veranschaulicht Bild 1, S. 145. Im Inneren der Hülse befindet sich am Ende ein elektrischer Widerstand in Form einer Drahtwicklung oder einer auf ein Trägerplättchen aufgebrachten schmalen gewendelten Metallbeschichtung. Der elektrische Widerstand ist temperaturabhängig. Er wird von einem elektrischen Strom durchflossen.

Da sich bei höheren Temperaturen die Teilchen schneller bewegen, wird der elektrische Stromfluss durch Zusammenstöße zwischen den fließenden Elektronen und den schwingenden Teilchen gebremst. Deshalb erhöht sich der elektrische Widerstand bei höherer Temperatur.

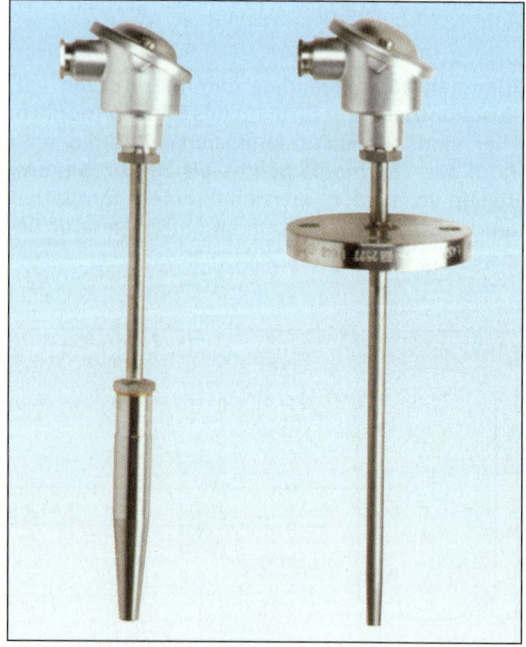

Bild 2: Industrielle Ausführungen von Widerstandsthermometern

7.2 Temperaturmessung

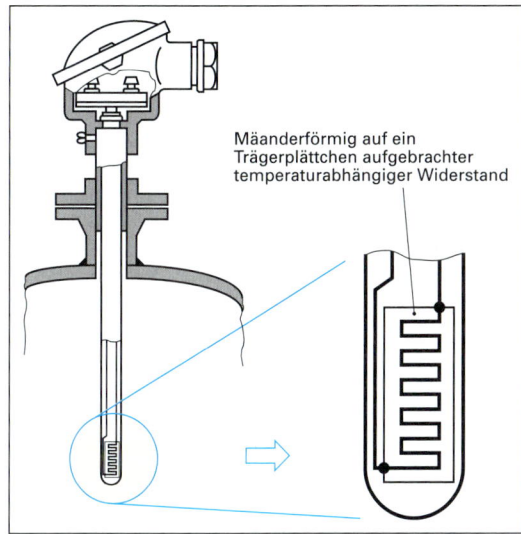

Bild 1: Aufbau eines Widerstandsthermometers

> **Merksatz**
>
> Bei **Widerstandsthermometern** nutzt man den Effekt, dass der elektrische Widerstand mit steigender Temperatur zunimmt.

Diese Widerstandserhöhung wird vom Transmitter ausgewertet und in ein analoges Einheitssignal oder in ein digitales Signal umgeformt.

Bild 2 zeigt das Einbauprinzip von Widerstandsthermometer und Thermoelement in einer Rohrleitung einer kleineren Industrieanlage.

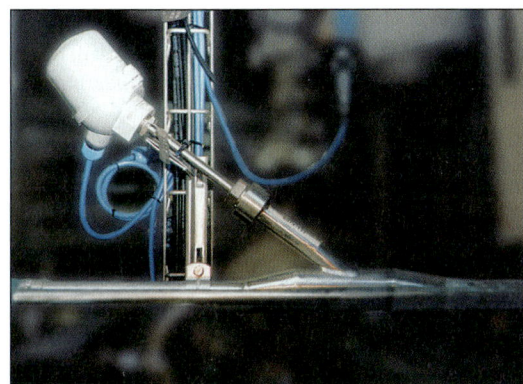

Bild 2: Einbauprinzip von Widerstandsthermometer und Thermoelement in einer dünnen Rohrleitung

Als gebräuchlichstes Widerstandsmaterial wird **Platin** (Pt) eingesetzt. Auch **Nickel** (Ni) sowie elektronische Halbleitermaterialien mit positivem oder negativem Anstieg der Widerstands-Temperatur-Kennlinie (PTC- oder NTC-Widerstände)

sind üblich. Der Platin-Widerstand ist jedoch kein Halbleiterwiderstand, sondern ein herkömmlicher elektrischer Leiter. Er wird fertigungsseitig so dimensioniert, dass er bei 0 °C einen Wert von 100 Ω hat. Deshalb werden die genormten Platin-Sensoren auch kurz **Pt 100** genannt.

Tabelle 1 sowie Bild 3 verdeutlichen die Temperaturabhängigkeit des Ohmschen Widerstandes bei einem Pt100-Messfühler.

Tabelle 1: Genormte Widerstandsreihe eines Pt100-Messfühlers nach DIN EN IEC 60751

Temperatur	Widerstand	Temperatur	Widerstand
−200 °C	19,52 Ω	300 °C	212,05 Ω
−100 °C	60,34 Ω	400 °C	247,09 Ω
0 °C	100,00 Ω	500 °C	280,98 Ω
20 °C	107,79 Ω	600 °C	313,71 Ω
50 °C	119,40 Ω	700 °C	345,28 Ω
100 °C	138,51 Ω	800 °C	375,70 Ω
200 °C	175,86 Ω	900 °C	390,48 Ω

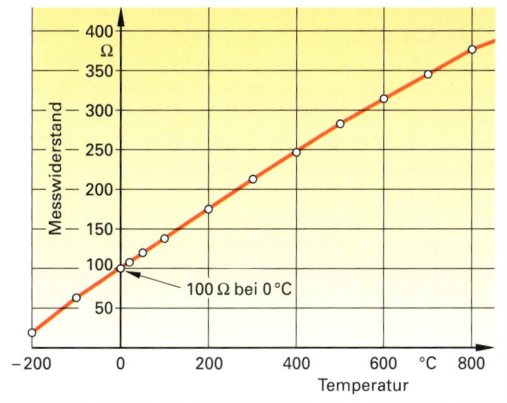

Bild 3: Temperaturabhängigkeit eines genormten Pt100-Messwiderstandes

Aus Bild 3 ist erkennbar, dass es im gesamten dargestellten Messbereich eine nahezu lineare Abhängigkeit des Messwiderstandes von der Temperatur gibt. Dies ist eine der Voraussetzungen für eine hohe Messgenauigkeit.

Der Vorteil des Widerstandsthermometers gegenüber dem Thermoelement besteht in der höheren Genauigkeit. Nachteilig ist der etwas geringere Messbereich von −250 °C bis maximal 1 000 °C.

7.2.3 Strahlungspyrometer

Strahlungspyrometer sind für das berührungslose Messen besonders hoher Temperaturen bis ca. 3000 °C geeignet, wie sie beim Metallschmelzen oder in Brennöfen auftreten. Gegenüber anderen Messverfahren arbeiten Strahlungspyrometer wesentlich ungenauer.

Strahlungspyrometer sind optische Geräte, die ähnlich wie ein Fernglas auf das heiße Objekt gerichtet werden.

Vom heißen Objekt geht nicht nur Lichtstrahlung, sondern auch Wärmestrahlung (die Infrarotstrahlung) aus, welche gemeinsam mit der Lichtstrahlung von einer Sammellinse gebündelt wird. Bild 1 zeigt das Funktionsprinzip.

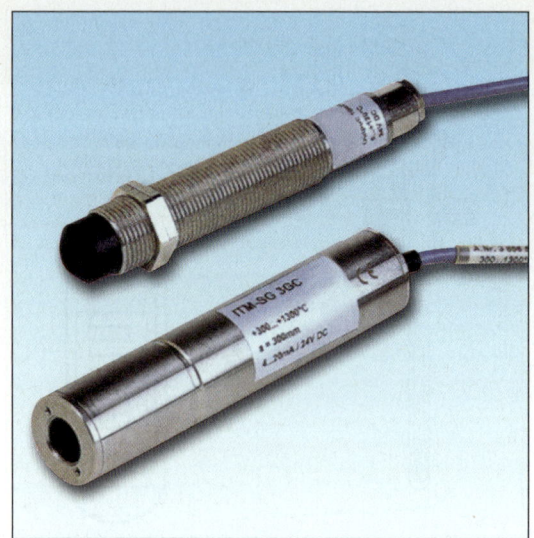

Bild 2: Infrarot-Strahlungssensoren

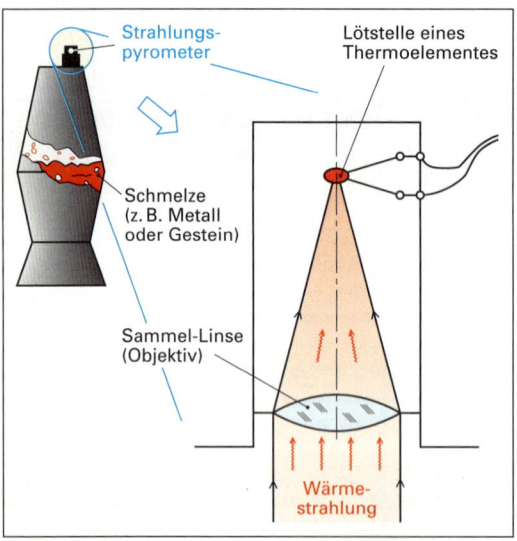

Bild 1: Funktionsprinzip des Strahlungspyrometers

Im Ort der Strahlenkreuzung entsteht durch die starke Bündelung eine sehr hohe Temperatur, die von der Temperatur des heißen strahlenden Objektes abhängig ist.

Die Temperatur in diesem Sammelpunkt wird durch ein Mikrowiderstandsthermometer oder ein Mikrothermoelement gemessen und nach einer Signalverstärkung und -umformung zur Anzeige gebracht oder ins Prozessleitsystem weitergeleitet.

Zwei Bauformen von Strahlungspyrometern zum Einbau in eine Apparatewandung zeigt Bild 2.

7.3 Druckmessung

> **Merksatz**
>
> Der Druck ist nach der Temperatur die zweitwichtigste und zweithäufigste Messgröße in der stoffwandelnden Industrie. Der Druck ist eine Größe, von der viele Reaktionsgeschwindigkeiten und die meisten Fließgeschwindigkeiten abhängen, und die von sicherheitstechnischer Bedeutung ist.

Außer zur Überwachung von Druckbehältern mit Gasinhalt oder Flüssigkeitsinhalt mit Gaspolster dient diese Messgröße der Erfassung des Betriebsverhaltens von Pumpen und Verdichtern.

Indirekt dienen Druckmessungen auch:

- zur Erfassung von Durchflüssen, z. B. in Form der Druckdifferenz vor und nach einer Messblende,

- zur Erfassung von Flüssigkeitsfüllständen in Form der so genannten Bodendruckmessung und beim Einperlmessverfahren.

Die Drucksensoren werden auch als **Manometer** bezeichnet. In der Praxis ist es üblich, die Drucksensoren gemeinsam mit der angeschlossenen Auswerteelektronik als **Transmitter** zu bezeichnen, obwohl dieser Begriff im strengen Sinne eigentlich nur der Auswerte- und Signalumformungs-Elektronik vorbehalten ist.

7.3 Druckmessung

7.3.1 Federmanometer

Im Inneren des vielfach verwendeten **Rohrfedermanometers** befindet sich ein gebogenes elastisches Rohr mit abgeflachtem Profil. Sein Inneres ist mit dem druckführenden Anlagenteil direkt oder über ein Anschlussrohr indirekt verbunden.

Bei Druckerhöhung streckt sich der elastische Rohrbogen, bei Druckabnahme zieht er sich wieder zusammen. Zur örtlichen Anzeige wird die Biegung durch ein Präzisionsgetriebe in einen Zeigerausschlag umgesetzt. In Bild 1 zeigt der Bildteil a) dieses Prinzip.

Zum Anschluss an ein Prozessleitsystem werden Rohrfedermanometer mit elektrischem Abgriff eingesetzt. Entweder wird statt der Zeigerachse ein Verstellwiderstand (ein Potenziometer) angebracht oder aber am Ende der Rohrfeder eine Spule montiert, in den ein mit dem Rohrfederende verbundener Tauchkern aus Eisen mehr oder weniger weit eintaucht, wie es Bild 1, Bildteil b), zeigt.

Bild 2: Industriespezifische Ausführung eines Rohrfedermanometers

Bei dem ebenfalls gebräuchlichen **Plattenfeder-** oder **Kapselfedermanometer** drückt der Messdruck auf eine kreisförmige federnde Platte oder in das Innere einer flachen kreisförmigen Kapsel, wie Bild 3 veranschaulicht.

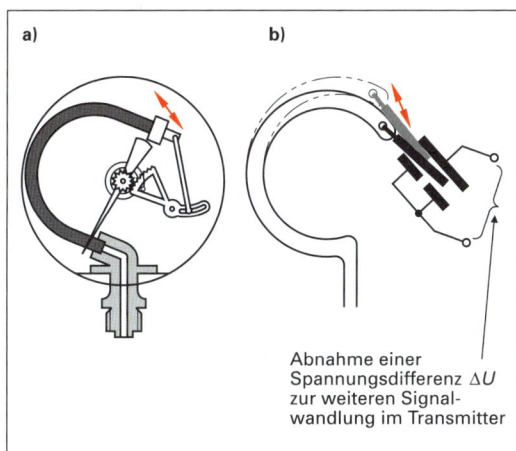

Bild 1: Funktionsprinzip eines Rohrfedermanometers
a) mit örtlicher Anzeige
b) mit elektrischem Signalabgriff

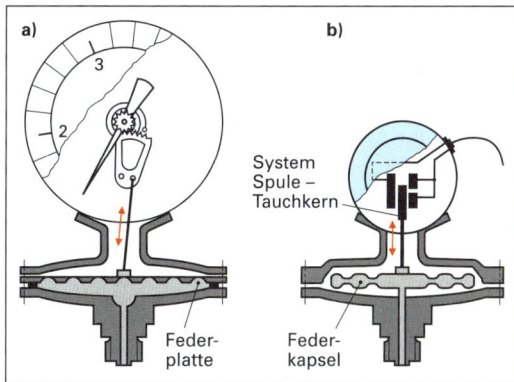

Bild 3: Funktionsprinzip von Federmanometern
a) Plattenfedermanometer mit örtlicher Anzeige
b) Kapselfedermanometer mit elektrischem Signalabgriff

Bei beiden Manometertypen erfolgt eine reversible Verbiegung oder Durchdrückung einer Membran, die wiederum über ein Präzisionsgetriebe in eine Zeigerbewegung, eine Potentiometerverstellung oder eine Tauchspulenverschiebung umgesetzt wird.

Eine elektronische Schaltung mit Wechselspannung erfasst die veränderliche Induktivität der Spule. Sie ist ein Maß für den gemessenen Druck.

Das Signal kann nach Verstärkung und Umformung in ein Einheitssignal dem Prozessleitsystem zugeführt werden.

7.3.2 Kapazitive Drucksensoren

Eine industriespezifische Ausführung des Rohrfedermanometers zeigt Bild 2.

Bei einem kapazitiven Drucksensor ist eine metallene Messmembran von ca. 2 bis 5 cm

Durchmesser zwischen zwei massiven, aber innen hohlen Gehäusekörpern so eingespannt, dass sich zwei Kammern ergeben.

Die Innenseiten der Gehäusekammern sind mit einer Metallbeschichtung belegt, die mit nach außen führenden Elektroden verbunden ist, wie es Bild 1 zeigt.

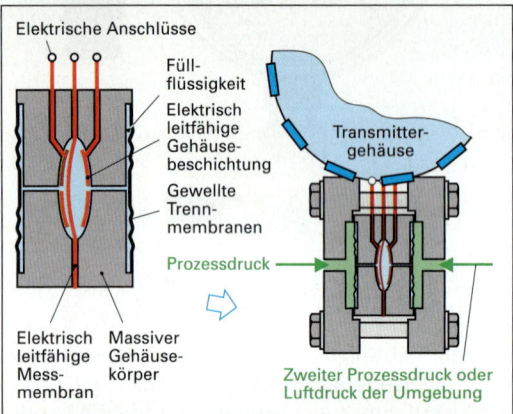

Bild 1: Aufbau eines kapazitiven Drucktransmitters

Die Außenseiten der beiden Gehäusekörper sind mit gewellten Trennmembranen aus einem keramischen oder metallischen, jedoch immer elastischen Material belegt, während das Innere beider Kammern mit einer Spezialflüssigkeit gefüllt ist, die den rechts oder links der Membran wirkenden Druck auf die Messmembran überträgt.

Elektrisch gesehen ergeben sich auf diese Art zwei Kondensatoren: Ein Kondensator zwischen der Messmembran und der linken Gehäusehälftenbeschichtung, der zweite Kondensator zwischen der Membran und der rechten Gehäusehälftenbeschichtung. Dieses Prinzip verdeutlicht Bild 2.

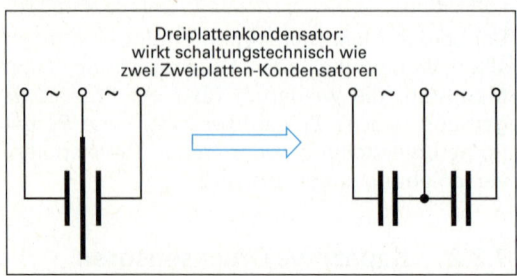

Bild 2: Ersatzschaltbild der beiden Membranen eines kapazitiven Drucksensors

Die Kapazität, also der elektrische Kennwert beider Kondensatoren, verändert sich, wenn sich die mittlere Trennmembran durchbiegt.

Dies kann geschehen, weil die gesamte Anordnung zwischen zwei robusten Gehäusebacken gespannt wird, in die von links oder von rechts der Prozessdruck mit Rohrverbindungen eingeführt wird.

Wenn die Messung einer **Differenz** zwischen zwei Drücken gewünscht wird, wird das System sowohl von links und von rechts mit den unterschiedlichen Prozessdrücken beaufschlagt, wodurch die Membrandurchbiegung den Druckunterschied widerspiegelt. Die unter Umständen aggressiven Medien können nur bis zur keramischen bzw. metallischen Trennmembran vordringen, jedoch nicht bis zur Messmembran.

Einen Drucktransmitter für den industriellen Einsatz zeigt Bild 3.

Eine **Auswerteelektronik** sorgt wiederum für eine Umformung und Verstärkung des von der Druckmessdose gelieferten Signals. Das ursprüngliche Signal ist der Unterschied der Kapazitäten beider Kondensatoren. Durch die angelegte Wechselspannung kann dieser Kapazitätsunterschied ausgewertet und nach einer Signalumformung und -verstärkung dem Prozessleitsystem zugeführt werden.

Bild 3: Industrielle Ausführung eines Differenzdrucktransmitters

Ein Einsatz eines kapazitiven Drucktransmitters zur **Druckdifferenzmessung** kann schematisch so aussehen, wie in Bild 1, S. 149, dargestellt. Dabei werden die Prozessdrücke vor und hinter der Pumpe mit Kapillarrohrleitungen in beide Seiten des Transmitters hineingeführt.

7.3 Druckmessung

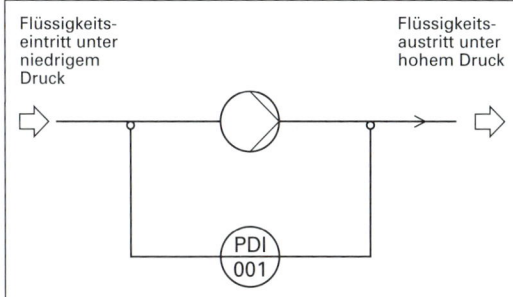

Bild 1: Prinzip der Differenzdruckmessung zur Ermittlung des Pumpendruckes

Wenn nur der **tatsächliche** Druck und nicht der **Differenzdruck** ermittelt werden soll, wird einer der Schenkel mit der Druckseite des Prozesses verbunden, während der andere offen bleibt, d. h. Verbindung zum umgebenden Luftdruck hat (Bild 2).

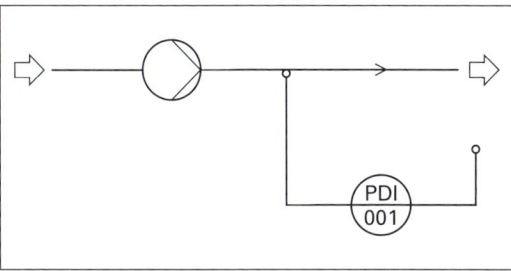

Bild 2: Messung des Absolutdrucks in Form einer Messung der Druckdifferenz zum atmosphärischen Druck

So wird der absolute Druck letztlich auch als Differenzdruck gemessen, nämlich als Differenz zum umgebenden Luftdruck. Als Messwert ergibt sich der Überdruck gegenüber dem Atmosphärendruck.

7.3.3 Induktive Drucksensoren

Der Aufbau der induktiven Drucksensoren ähnelt dem der kapazitiven Drucksensoren. Auch hier biegt sich eine mittig im Gehäuse eingespannte Messmembran einseitig durch.

Diese Messmembran ist jedoch beidseitig mit Ferritkörpern (gepresstes und zu einem Festkörper gesintertes Eisenpulver) verbunden, deren Eintauchen in zwei Miniaturspulen sich durch die Biegung geringfügig ändert.

Damit ändert sich die Induktivität beider Spulen, was die angeschlossene Elektronik mittels angelegter Wechselspannung auswerten kann.

Der Aufbau eines induktiven Drucktransmitters entspricht prinzipiell der Darstellung von Bild 3, Seite 147, Bildteil b).

7.3.4 Dehnungsmessstreifen (DMS)

In der Umgangssprache werden Dehnungsmessstreifen nur mit ihrer Abkürzung **DMS** benannt. Dehnungsmessstreifen sind vom Prinzip her dünnste Metallbeschichtungen, die in Mäanderform auf einen dünnen Kunststoffträger von einigen Quadratmillimetern oder Quadratzentimetern Größe aufgedampft werden oder aber aus einer Metallfolie herausgeätzt werden.

Prinzipielle Möglichkeiten der Form zeigt Bild 3.

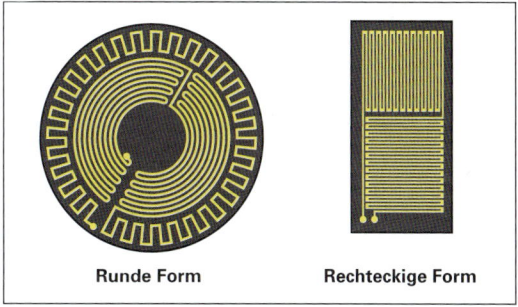

Bild 3: Dehnungsmessstreifen mit einem mäanderförmig aufgedampften Widerstandsmaterial

Diese gewendelte Metallbeschichtung wird an ihren Enden mit Anschlussdrähten verlötet und beidseitig in dünnen Kunststoffschichten eingeklebt oder eingegossen.

Einen extrem miniaturisierten Dehnungsmessstreifen zeigt Bild 4 im Größenvergleich mit einem Streichholz. Die einzelnen Mäander sind auf dem Plättchen ohne optische Hilfsmittel nicht mehr erkennbar.

Bild 4: Dehnungsmessstreifen im Größenvergleich

Solche Plättchen werden unter anderem auch in Druckmesssensoren (**Druckmessdosen**) so eingebaut, dass sie, wie in Bild 1 gezeigt, durch den zu messenden Druck geringfügig verbogen werden. Sie können analog zu den kapazitiven und induktiven Drucksensoren zwischen zwei konkaven, flüssigkeitsgefüllten Gehäusehälften platziert werden.

> **Hinweis**
>
> Das Einsatzgebiet von Dehnungsmessstreifen ist nahezu unbeschränkt. So können mit ihnen beispielsweise auch Drehmomente gemessen werden, indem sie auf Antriebswellen aufgeklebt werden, die sich unter Belastung geringfügig verdrehen. Auch Wägungen können mit ihrer Hilfe durchgeführt werden, indem unter die zu wiegenden Behälter eine Anzahl von Druckmessdosen montiert werden.

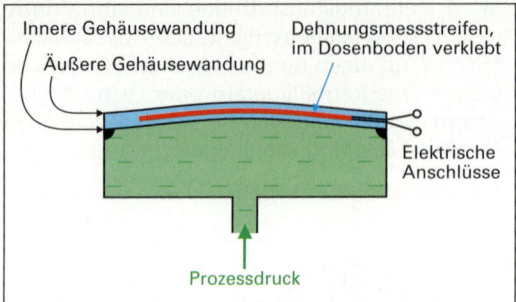

Bild 1: Funktionsprinzip einer Druckmessdose

Bild 2 zeigt einen Blick in das Innere einer Druckmessdose mit Dehnungsmessstreifen.

Bild 3: Industrietypische Ausführung eines Drucktransmitters

Mit elektronischen Präzisionsschaltungen lassen sich die Widerstandsänderungen durch die Streckung der Leiterzüge in elektrische Signale umwandeln, die nach Verstärkung und Umformung dem Prozessleitsystem zugeführt werden können.

7.3.5 Piezoresistive Drucksensoren

Die Druckmessgeräte mit piezoresistiven Sensoren gleichen den Geräten mit Dehnungsmessstreifen. Der Unterschied besteht lediglich im Charakter des Dehnungsplättchens.

Statt einer mäanderförmigen Metallschicht wird ein Siliziumhalbleiterplättchen in mikroskopisch feiner Struktur mäanderförmig mit Materialien versetzt, die in das Innere des Materials diffundieren und dort Gefügeänderungen im Molekularbereich hervorrufen.

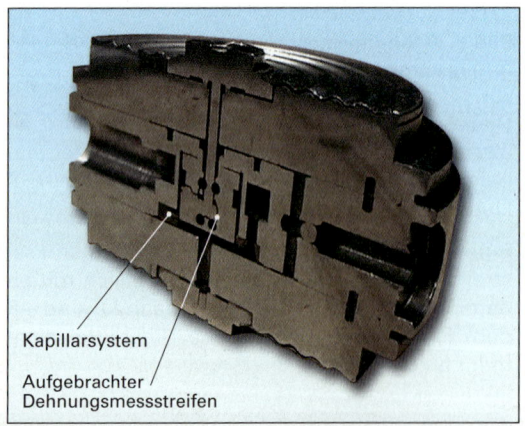

Bild 2: Druckmessdose mit Dehnungsmessstreifen und kompliziertem Kapillarsystem im Schnitt

Bild 3 gibt eine Vorstellung von der industrietypischen Ausführung von Drucktransmittern.

Die Wirkungsweise von Dehnungsmessstreifen beruht darauf, dass sich durch die Verformung des Plättchens die Spiralen etwas strecken und dadurch länger und dünner werden. Dies führt zu einer **Widerstandsänderung**, die allerdings extrem gering ist.

Dadurch entsteht wie bei den Dehnungsmessstreifen ein Plättchen, welches an zwei Drahtenden anschließbar ist und, eingebaut in einen Messsensor, bei Biegung seinen Widerstand ändert. Die Auswerteelektronik sorgt auch hier für eine Signalverstärkung und -umformung.

7.4 Füllstandsmessung

> **Merksatz**
>
> **Piezoresistive** Drucksensoren enthalten ähnlich wie solche mit Dehnungsmessstreifen dünne Plättchen, deren elektrischer Widerstand sich bei geringster Biegung erhöht.

Im Gegensatz zu den Dehnungsmessstreifen altern die piezoresistiven Sensoren nicht so schnell. Nachteilig ist die etwas höhere Sprödigkeit und die damit verbundene Bruchgefahr bei Überlastung durch plötzliche Druckschläge.

7.4 Füllstandsmessung

Füllstandsmessungen spielen insbesondere dort eine Rolle, wo Flüssigkeiten oder Schüttgüter zwischengespeichert oder gelagert werden. Der Füllstand ist dann ein Maß für das gespeicherte Volumen und die gespeicherte Masse, so wie bei Gasbehältern der Druck ein Maß für die gespeicherte Masse ist.

7.4.1 Behälterwägung

Eine Variante der Füllstandsmessung ist die Wägung des gesamten Behälters, der mit seinen Tragpratzen auf Druckmessdosen ruht, in denen das Dehnungsmessstreifen- (DMS-) Prinzip oder das piezoresistive Prinzip Verwendung findet. Dieses Füllstandsmessprinzip ist nicht nur bei Flüssigkeiten, sondern auch bei Schüttgütern anwendbar. Das Messprinzip veranschaulicht Bild 1. Eine Druckmessdose, auf der ein mehrere Tonnen schwerer Behälter ruhen kann, zeigt Bild 2 in aufgeschnittener Form.

Da die Leermasse des Behälters mitgewogen wird, muss der Nullpunkt entsprechend kalibriert werden.

Die Behälterwägung ist dann vorteilhaft, wenn z. B. durch Schaumbildung andere Messverfahren versagen.

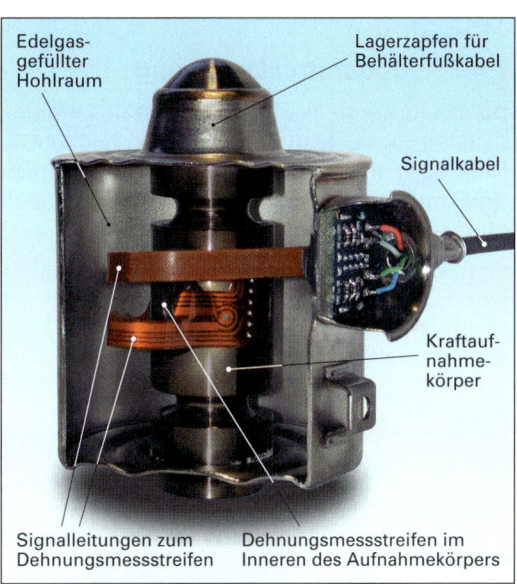

Bild 2: Druckmessdose zur Behälterwägung im Schnitt

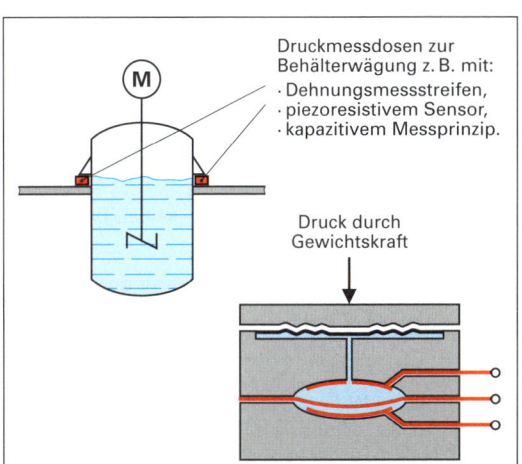

Bild 1: Prinzip der Füllstandsmessung durch Behälterwägung

Bild 3: Praxislösung der Lagerung eines Behälterfußes auf einer Druckmessdose

7 Messtechnik

Die Behälterwägung führt zunächst zur **Masse** des Behälterinhaltes. Diese ist proportional zum Volumen des Behälterinhaltes und somit zum Füllstand. Eine reproduzierbare Anzeige des Füllstandes setzt deshalb eine konstante Dichte und Temperatur des Behälterinhaltes voraus.

7.4.2 Bodendruckmessung

Der Druck am Boden eines flüssigkeitsgefüllten Behälters ist ein Maß für die darüber befindliche Flüssigkeitshöhe. Dieser Druck kann durch Druckmesssensoren abgegriffen werden. Einen Bodendrucktransmitter zeigt Bild 1.

Reproduzierbare Werte sind jedoch nur messbar, wenn sich im Behälter stets Stoffe mit gleicher Dichte befinden, da der hydrostatische Druck von der Dichte abhängt.

$$p = \varrho \cdot g \cdot h$$

Bild 1: Ausführung eines Bodendrucktransmitters

Für die Bodendruckmessung kommen nahezu alle Messprinzipien in Frage, die bei der Druckmessung besprochen wurden. Die entsprechenden Geräte sind mit Anschlüssen für Rohrverbindungen ausgestattet.

Bei Einsatz von **Differenzdruckmessgeräten** kann eine der beiden Rohrseiten offen bleiben, so dass die Druckdifferenz zwischen dem Behälterboden und dem Umgebungsdruck gemessen wird. Dieses Prinzip veranschaulicht Bild 2.

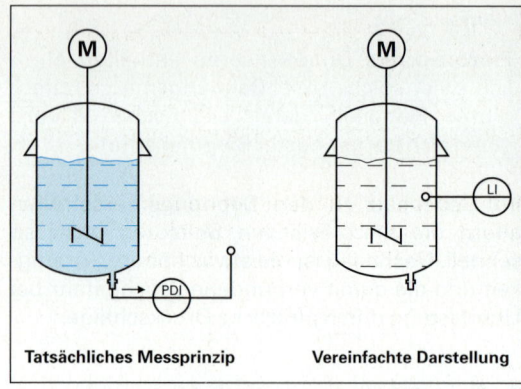

Tatsächliches Messprinzip · Vereinfachte Darstellung

Bild 2: Prinzip der Bodendruckmessung mit einem Differenzdrucktransmitter

7.4.3 Einperlung

Die **Einperlmethode**, umgangssprachlich oft auch als Sprudelmessung bezeichnet, ist ein einfaches und elegantes Verfahren der Füllstandsmessung, das bei dünnflüssigen und nicht schäumenden Medien in offenen Behältern Verwendung finden kann. Es handelt sich dabei um ein **abgeleitetes Messverfahren**, das heißt, die Füllstandsmessung erfolgt indirekt mit Hilfe eines Differenzdrucksensors (Bild 3).

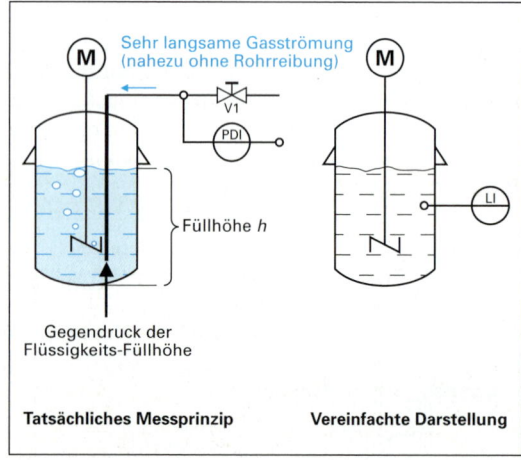

Tatsächliches Messprinzip · Vereinfachte Darstellung

Bild 3: Prinzip der Füllstandsmessung nach der Einperlmethode unter Nutzung eines Differenzdrucktransmitters

Das Ventil V1 wird so eingestellt, dass ein Messgas, z. B. Instrumentenluft, gerade noch mit geringer Blasenzahl aus dem Tauchrohr austritt.

Damit ist der Druck hinter dem Ventil V1, also an der Messstelle, gerade so groß, dass er in der

7.4 Füllstandsmessung

Lage ist, den Gegendruck der Flüssigkeitshöhe h zu überwinden.

Dieser Druck ist nun messbar als **Überdruck**, das heißt als Druckdifferenz gegenüber dem Atmosphärendruck.

Verfälschungen der Messwerte können sich ergeben, wenn durch Rührorgane die Perlblasen gewissermaßen weggesaugt werden.

> **Merksatz**
>
> Bei der Einperlung und dem Bodendruckverfahren zur Füllstandsmessung liefern die Sensoren ein Druck-Signal, welches ein Maß für den Füllstand darstellt. Sie werden deshalb als **abgeleitete Messverfahren** bezeichnet.

7.4.4 Schwimmermessverfahren (Magnetoresistives Messverfahren)

Ein **Schwimmkörper** gleitet entlang eines in die Flüssigkeit eintauchenden Rohres in Abhängigkeit vom Füllstand nach oben oder unten. Dieses Messverfahren ist nur dann anwendbar, wenn das flüssige Medium nicht zu Anbackungen und Verkrustungen neigt.

Der elektrische Abgriff der Schwimmerhöhe kann mit Hilfe einer Kette von Magnetschaltern (**Reed-Kontakten**) erfolgen, die von einem im Schwimmer befindlichen ringförmigen Magneten betätigt werden. Bild 1 veranschaulicht die Wirkungsweise.

Je nach Höhe des Schwimmers wird einer der Kontakte geschlossen, so dass der Widerstand der gesamten Widerstandskette proportional zum Füllstand ist.

Bild 2 zeigt die technische Ausführung eines Schwimmer-Messgerätes zum Direktaufbau auf einen Apparat.

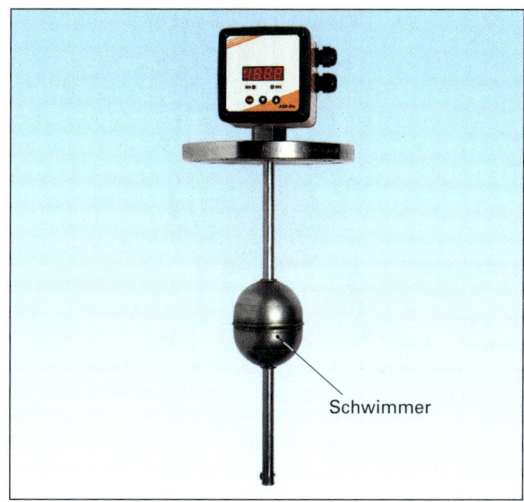

Bild 2: Schwimmer-Füllstandsmessgerät

Gelegentlich finden auch seitlich am Gefäß angebrachte, mit dem Behälterfüllstand kommunizierende Bypassrohre Anwendung, in denen sich der gleiche Füllstand wie im Behälter selbst einstellt. Auch dabei wird der Füllstand durch Schwimmer und durch magnetische Reed-Kontakte abgegriffen. Eine solche Ausführung zeigt das Bild 3 sowie Bild 1, S. 154.

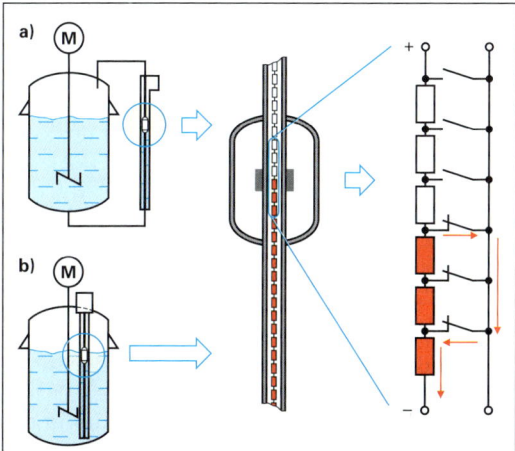

Bild 1: Magnetoresistive Füllstandsmessung
a) mit Kontaktkette im kommunizierenden Rohr
b) mit Kontaktkette im Behälter

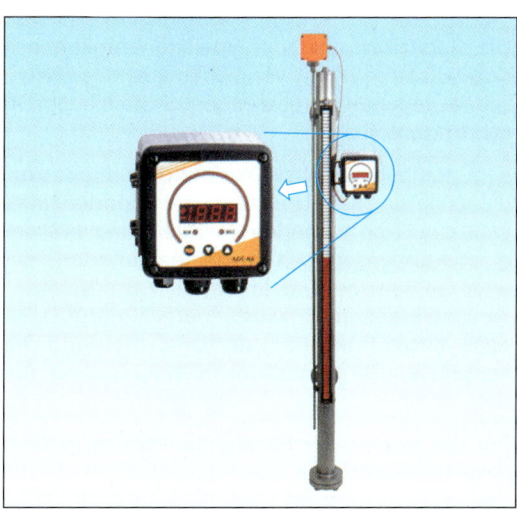

Bild 3: Bypass-Füllstandsmessgerät mit Schwimmer und Reedkontaktkette

7 Messtechnik

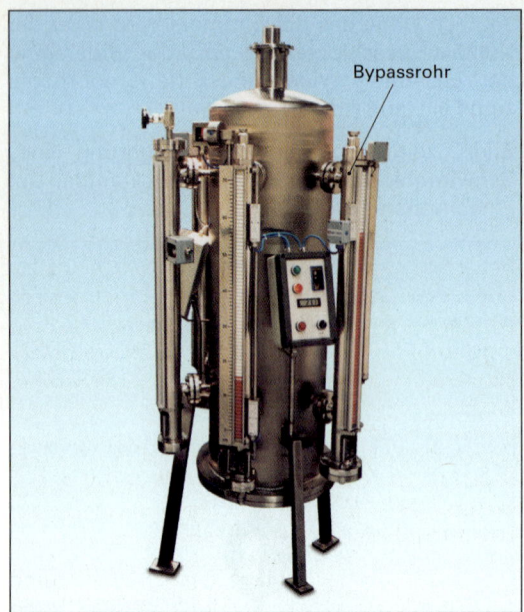

Bild 1: Vorführung einer industriellen Ausführung einer magnetoresistiven Füllstandsmessung an einem Messestand

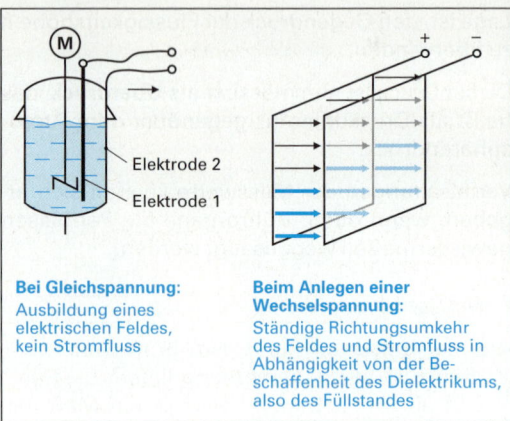

Bei Gleichspannung:
Ausbildung eines elektrischen Feldes, kein Stromfluss

Beim Anlegen einer Wechselspannung:
Ständige Richtungsumkehr des Feldes und Stromfluss in Abhängigkeit von der Beschaffenheit des Dielektrikums, also des Füllstandes

Bild 2: Prinzip der kapazitiven Füllstandsmessung

7.4.5 Kapazitive Füllstandsmessung

Aus der Physik ist bekannt, dass sich zwischen den zwei Platten eines Kondensators, an die eine elektrische Gleichspannung angelegt wird, ein elektrisches Feld aufbaut. Die Form des Kondensators ist dabei in der Praxis nicht auf parallele Platten beschränkt.

Die **Kapazität**, also die Speicherfähigkeit des Kondensators hängt vom Charakter des dazwischen liegenden isolierenden Stoffes, des **Dielektrikums**, ab.

Legt man eine Wechselspannung an, fließt trotz der Isolierung ein Strom durch den Kondensator, weil eine sich verändernde Spannung auf der einen Kondensatorseite auch eine Aufladung der anderen Seite bewirkt. Im Kapitel 7.3.2 (Kapazitive Drucksensoren) wurde bereits dargestellt, dass dieses Prinzip bei der Druckmessung mit kapazitiven Druckmessdosen Verwendung findet.

Bei der kapazitiven Füllstandsmessung jedoch wird die elektrische Spannung sowohl an die Behälterwandung als auch an eine in die Flüssigkeit eintauchende Stabelektrode angelegt (Bild 2).

Da es sich um Spannungen im Niedervoltbereich handelt, besteht keine Personengefährdung durch Berührung des Behälters. Damit zwischen den Elektroden kein elektrischer Kurzschluss entsteht, ist die Stabelektrode zusätzlich mit einer Isolierschicht aus Kunststoff umhüllt.

Diese Isolierschicht bildet gemeinsam mit der Behälterflüssigkeit das Dielektrikum zwischen den Kondensatorplatten. Dass diese Platten zum einen aus der zylindrischen Behälterwandung und zum anderen aus dem Tauchstab bestehen, spielt für die Wirkungsweise keine prinzipielle Rolle.

Die Kapazität des so entstandenen Kondensators hängt davon ab, in welchem Maße das Dielektrikum aus Flüssigkeit oder aus dem darüber befindlichen Gaspolster besteht. Insofern ist die Kondensatorkapazität direkt proportional zum Füllstand.

> **Merksatz**
>
> Bei der **kapazitiven Füllstandsmessung** stellt das Medium in einem Behälter gemeinsam mit der Elektrodenisolierung das veränderliche Dielektrikum eines großen Kondensators dar.

Die auf das konkrete Stoffsystem und die Behältergröße abgestimmten und geeichten Transmitter sorgen für eine Umwandlung der in der Auswerteelektronik ermittelten Kondensatorkapazität in ein elektrisches Einheitssignal oder in ein digitales Signal, das dem Prozessleitsystem zugeführt wird.

7.4.6 Radiometrische Füllstandsmessung

Radiometrische Füllstandsmessungen werden nur in bestimmten Ausnahmefällen angewendet, z. B.:

- bei extrem hohen Drücken oder Temperaturen,
- bei zu Verkrustungen bzw. Auskristallisierungen neigenden Medien,
- bei Schüttgütern,
- bei aggressiven und toxischen Medien.

So einfach, wie das Messprinzip zu beschreiben ist, so aufwändig ist das Verfahren hinsichtlich Preis, Kalibrierung und schließlich auch hinsichtlich des Umganges mit den radioaktiven Substanzen, obwohl es sich nur um schwach strahlende Produkte handelt.

Bild 1 zeigt das Funktionsprinzip einer solchen berührungslos arbeitenden Messanordnung.

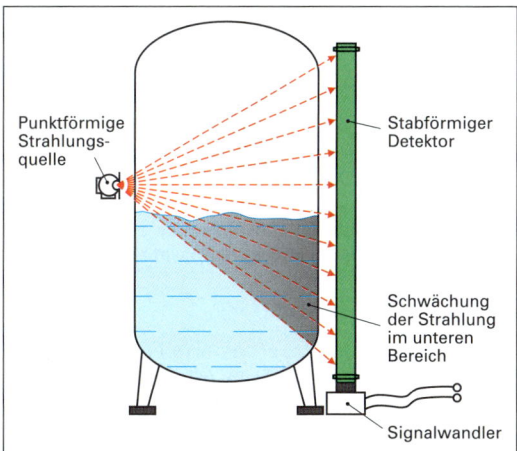

Bild 1: Prinzip der radiometrischen Füllstandsmessung

Der Behälter wird von außen her mit einer radioaktiven Strahlungsquelle bestrahlt. Diese sendet eine schwache Gammastrahlung aus, die durch radioaktive Zerfallsprozesse zustande kommt. Meist werden die Isotope Cäsium 137 oder Kobalt 60 verwendet.

> **Hinweis**
>
> Ein nicht dauernder Aufenthalt von Personen in der Nähe von Apparaten mit radiometrischer Füllstandsmessung ist ungefährlich.

Die Kernstrahlung durchdringt den Behälter und wird dabei je nach Füllstand mehr oder weniger geschwächt.

Deshalb registriert ein hinter der gegenüberliegenden Behälterwandung befindlicher Sensor (Geiger-Müller-Zähler oder Szintilationszähler) nur eine mehr oder weniger große Anzahl von Kernzerfällen pro Zeiteinheit.

Bei einem leeren Behälter wird die Strahlung nur durch die Behälterwandung geschwächt, sodass der Detektor fast alle der zur Behälterrichtung abgestrahlten Kernzerfälle registriert. Es handelt sich nur um einige Dutzend Kernzerfälle pro Sekunde.

Prinzipiell ist es möglich, eine punktförmige Strahlungsquelle und einen Stabdetektor einzusetzen, aber auch ein Stabstrahler und ein Punktdetektor sind möglich.

Die Strahlungsquelle wird nach hinten durch eine Bleikapselung abgeschirmt, die auch nach einem Schmelzen im Brandfall intakt bleibt, da sie speziell gekapselt ist. Diese Strahlungsquelle darf nur von autorisiertem Personal ausgewechselt werden.

Die Strahlungsintensität der Isotope nimmt im Laufe von Jahren bzw. Monaten ab, sodass die Messeinrichtungen gelegentlich nachzueichen und das Produkt auszutauschen ist.

7.4.7 Füllstandsmessung mit Ultraschall, Radar oder Laser

Bild 2 zeigt das Funktionsprinzip, das für die drei Messverfahren ähnlich ist.

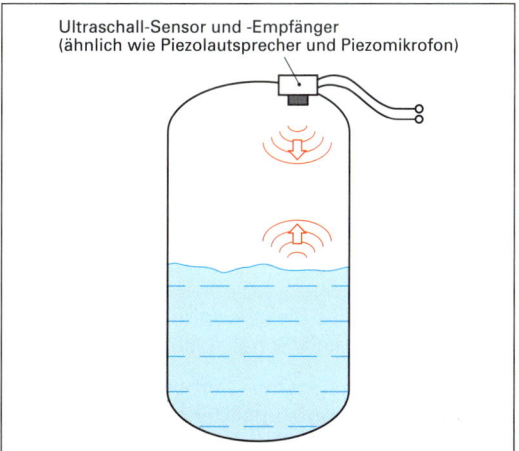

Bild 2: Prinzip der laufzeitbasierten Füllstandsmessung mit Ultraschall, Radar oder Laser

Alle drei Messungen sind so genannte Laufzeitmessungen.

Bei der **Ultraschallmessung** werden mit **piezokeramischen Bauelementen** periodische Schallimpulse im nicht hörbaren Bereich zur Flüssigkeitsoberfläche abgestrahlt. Die piezokeramischen Bauelemente ähneln den Hochtonlautsprechern aus der HiFi-Technik.

Das Piezoelement ist ein Kristall, der seine Dicke im Rhythmus der angelegten Wechselspannung ändert. Diese Dickenänderung gibt er an die Umgebungsluft bzw. die über der Flüssigkeit befindlichen Dämpfe als Schallschwingung ab.

Der nach einiger Zeit zurückkehrende reflektierte Schall wird meist nicht durch separate Mikrofone aufgenommen, sondern durch das gleiche piezokeramische Element, das sofort nach dem Impuls auf Empfang umgeschaltet wird. Dann wirkt es wie ein Mikrofon aus der HiFi-Technik.

Im Bereich der seemännischen Wassertiefenmessung wird dieses Verfahren auch als **Echolot** bezeichnet. Dort erfolgen die Schallreflexionen allerdings nicht durch die Flüssigkeitsoberfläche, sondern durch den Meeresgrund.

Die Laufzeit bis zum Empfang des reflektierten Impulssignales ist ein Maß für den Behälterfüllstand. Die Elektronik im Transmitter sorgt für die Berechnung des Füllstandes aus der Laufzeit und wandelt den Messwert in ein Einheitssignal um.

> **Merksatz**
>
> Füllstandsmessungen nach dem **Ultraschall**- oder **Radarprinzip** sowie nach dem **Lasermessprinzip** werten die Zeiten aus, die ein Schallimpuls, ein elektromagnetischer Impuls oder ein Lichtimpuls vom Messgerät zur Flüssigkeitsoberfläche und zurück benötigt. Diese Zeit wird als **Laufzeit** bezeichnet.

Mit Ultraschallmessungen sind mit Einschränkungen auch Füllstände von Schüttgütern messbar. Flüssigkeitsoberflächen dürfen nicht schaumbedeckt sein.

Im Vakuum ist das Messverfahren nicht einsetzbar, da sich dort kein Schall ausbreitet.

Ultraschallmesssysteme arbeiten ungenau, wenn die Gasdämpfe über der Flüssigkeit veränderliche Zusammensetzungen haben, z. B. wenn gefüllte Behälter mit Luft oder Inertgasen gespült werden oder wenn sich die Behältertemperatur stark verändert. Alle Bedingungen, die zur Veränderung der Schallgeschwindigkeit führen, bewirken mehr oder weniger starke Messfehler.

Bild 1 zeigt einen industriellen Ultraschall-Füllstandssensor. Er ist sowohl für die Anzeige vor Ort als auch zur Fernübertragung des Messignals zum Prozessleitsystem geeignet.

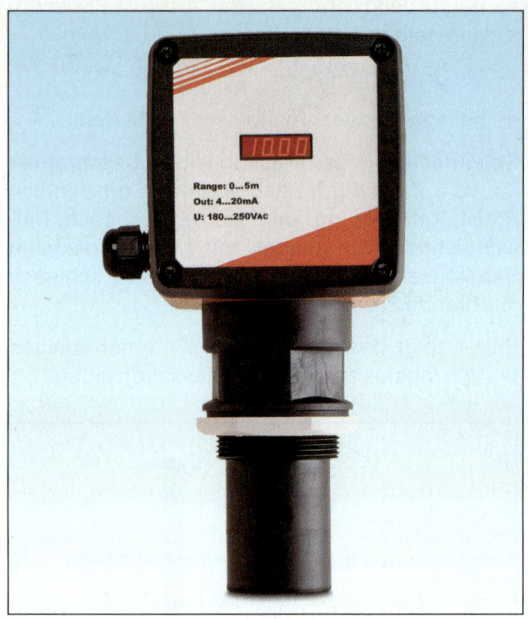

Bild 1: Ultraschall-Füllstandssensor zur Verschraubung im oberen Boden eines Apparates

Radarbasierte und **laserbasierte Füllstandsmessungen** arbeiten ebenfalls mittels Auswertung einer Laufzeit. Anstatt der Ultraschallimpulse werden jedoch kurze elektromagnetische Impulse, also Funkwellen bzw. Lichtwellen, abgestrahlt. Die Zeit bis zum Empfang des reflektierten Impulses ist wiederum proportional zum Füllstand.

Auf Grund des großen Unterschiedes zwischen der Schallgeschwindigkeit und der Geschwindigkeit der elektromagnetischen Wellen (0,330 km/s gegenüber 300 000 km/s) muss die Elektronik der Radarfüllstandsmessung und der laserbasierten Füllstandsmessung wesentlich schneller und genauer arbeiten als die der Ultraschallmessung.

Die Leistung der elektromagnetischen Strahlung ist äußerst gering. So beträgt die Sendeleistung des Radars zur Füllstandsmessung nur ca. 1/1 000 der eines gewöhnlichen Handys.

Bild 1 zeigt ein Füllstandsmessgerät nach dem Radar-Prinzip, aufgebaut auf dem oberen Boden eines Flüssigkeitsbehälters.

Bild 1: Radar-Füllstandsmessgerät an einem Flüssigkeitsbehälter

Bild 2 zeigt eine Firmenpräsentation zur Füllstandsmessung mit Laser-Licht bei grobkörnigem Schüttgut. Die Messung ist ebenso einsetzbar bei Flüssigkeiten.

Bild 2: Präsentation einer laserbasierten Füllstandsmessung an einem Behältermodell

7.4.8 Mechanische Lotsysteme

Bei den mechanischen Lotsystemen handelt es sich um Füllstandsmessverfahren mit einem Fühlgewicht oder Fühlschwimmer. Bild 3 veranschaulicht dieses Messprinzip. Die Messeinrichtung ist dabei fest mit dem oberen Boden des Behälters verbunden.

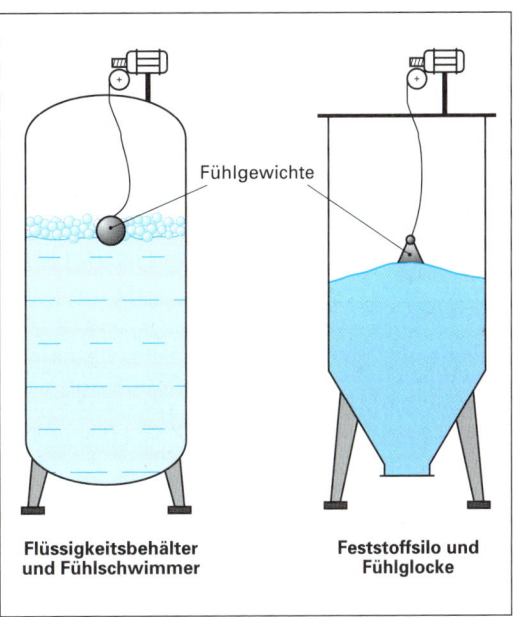

| Flüssigkeitsbehälter und Fühlschwimmer | Feststoffsilo und Fühlglocke |

Bild 3: Prinzip des mechanischen Lotsystems

Mithilfe eines Motors mit Servogetriebe wird bei feststoffgefüllten Behältern (Silos) ein glockenförmiges Fühlgewicht, bei Flüssigkeitstanks ein zylindrischer oder kugelförmiger Schwimmer abgesenkt.

Beim Auftreffen auf die zu bestimmende Oberfläche lässt die Ketten- oder Seilspannung nach, was die Elektronik der Motorsteuerung durch eine Veränderung der Motorleistung registriert. Danach wird das Gewicht wieder um einen bestimmten Betrag angehoben, um dann erneut abgesenkt zu werden.

Diesen Vorgang bewirkt die Motorsteuerungselektronik. Diese registriert letztlich die abgewickelte Länge der Kette oder des Seiles. Sie wandelt dieses Signal in ein elektrisches Signal um, das zur Füllstandshöhe proportional ist und dem Prozessleitsystem zugeführt werden kann.

Dieses Messverfahren ist außer bei Schüttgütern auch bei Flüssigkeiten anwendbar, die zu starker Schaumbildung neigen.

7.4.9 Füllstands-Grenzwertüberwachung

Auch das Über- oder Unterschreiten bestimmter Füllstände lässt sich mit Hilfe der beschriebenen Messverfahren überwachen.

Die Software der Prozessleitsysteme kann so konfiguriert werden, dass bei bestimmten Füllständen Alarme bzw. zunächst Voralarme ausgelöst werden oder bestimmte Schalthandlungen erfolgen.

Wenn es der Prozess jedoch nicht erfordert, eine genaue Messung des Füllstandes vorzunehmen, können einfache Grenzwertsensoren eingesetzt werden. Diese preiswerten Sensoren liefern binäre Signale wenn der Behälter zum Beispiel voll oder nicht voll bzw. leer oder nicht leer ist.

> **Merksatz**
>
> **Füllstands-Grenzwertschalter** liefern als binäres Signal eine Information darüber, ob sich Flüssigkeit in der Nähe des Sensors befindet oder nicht.

Grenzwertschalter werden aufgrund von Sicherheitsaspekten oft auch zusätzlich zur eigentlichen Füllstandsmessung eingesetzt.

Eine vielfach verwendete Form sind seitlich eingeschraubte **Schwimmergrenzschalter** mit kurzem Hebelmechanismus. Außerdem gibt es berührungslos arbeitende **kapazitive** oder **induktive Füllstandssensoren**, bei denen ein spulenartiges System oder ein „aufgeklappter" Kondensator in einer Kunststoffhülse vergossen sind.

Allein durch die Annäherung der Flüssigkeit an einen solchen Sensor ändert sich dessen Induktivität bzw. Kapazität, was die angeschlossene Auswerteelektronik veranlasst, ein angelegtes 24 V Spannungssignal entweder hindurchzulassen oder zu sperren.

Daneben sind **optoelektronische Grenzschalter** im Einsatz, die den unterschiedlichen Brechungsindex von Flüssigkeit und Gas ausnutzen, sowie **Vibrationsgrenzschalter**. Diese gleichen elektrisch betriebenen Stimmgabeln, deren periodische Auslenkungen bei Flüssigkeitsbenetzung stark gedämpft werden. Dies erhöht den nötigen Stromfluss, um den elektrischen Antrieb der Stimmgabeln zu realisieren. Das letztgenannte Verfahren wird auch zur Dichtemessung verwendet.

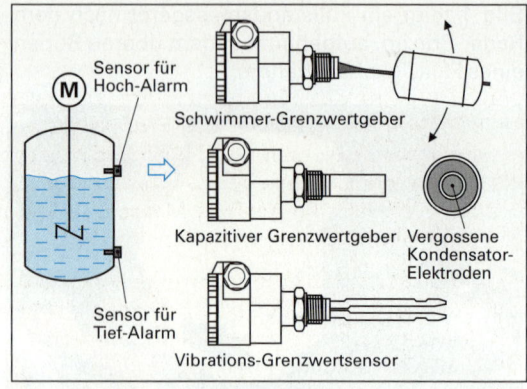

Bild 1: Funktionsprinzipien von Grenzwertsensoren

Bild 1 veranschaulicht drei Signalaufnahme-Prinzipien, während Bild 2 vier unterschiedliche industrielle Ausführungen von Füllstands-Grenzwertschaltern zeigt.

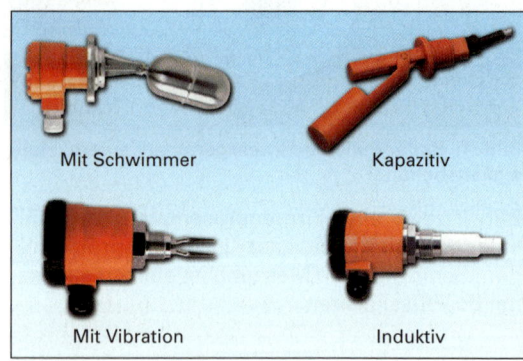

Bild 2: Vier Ausführungsformen von Grenzwertschaltern

7.5 Durchflussmessung des Massen- oder Volumenstromes

Durchflussmessgeräte werden bei Flüssigkeitsströmen, bei Gasströmen und aber auch bei Strömen von Schüttgütern eingesetzt.

> **Merksatz**
>
> Durchflussmessungen ermitteln den momentan durch eine Rohrleitung strömenden **Massenstrom** oder **Volumenstrom**.

Die entsprechende, vom Prozessleitsystem angezeigte Größe trägt demnach die SI-Maßeinheit **kg/s** oder **m³/s**. Die abgeleiteten Maßeinheiten

7.5 Durchflussmessung des Massen- oder Volumenstromes

können zum Beispiel auch in **t/h, l/min** oder auch in **mol/s** angegeben sein.

Wenn der gemessene Stoffstrom vom Transmitter oder von der Software des Prozessleitsystems mit der Zeit multipliziert wird, ergibt sich die Menge, die im Laufe der Zeit bereits durchgeströmt ist, also die **dosierte Masse** oder das **dosierte Gesamtvolumen**.

Im Fließbild trägt die zugehörige Messstelle dann statt der Buchstabenkombination **FI** die Bezeichnung **FQI** (engl. flow quotilization and indication: Durchflusszerlegung und Anzeige). Statt der Einheit **kg/s** ergibt sich dann zum Beispiel nur **kg**.

Die folgenden Kapitel beschreiben die wichtigsten Messprinzipien der Durchflussmessung.

7.5.1 Ovalradzähler

Im Ovalradzähler zur Durchflussmessung werden zwei miteinander kämmende ovale Zahnräder durch den Druck des strömenden Mediums in eine Drehbewegung versetzt.

Die verzahnte Außenseite der Ovalräder läuft sehr dicht an der speziell geformten Gehäuseinnenwand entlang. Dies zeigt Bild 1.

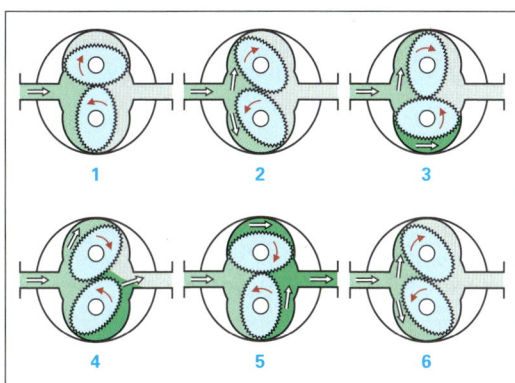

Bild 1: Prinzip der Durchflussmessung mit einem Ovalradzähler

Durch die Außenseite der Zahnräder und die Innenseite des Gehäuses wird die Flüssigkeit in Teilvolumina zerlegt, die in Bild 1 bei jeder Umdrehung von der Einströmseite links zur Ausströmseite rechts bewegt werden.

Je größer der Volumenstrom ist, der durch die Messeinrichtung gefördert wird, desto mehr Teilvolumina müssen bewegt werden und desto schneller dreht sich das Ovalradpaar.

Mindestens eines der Zahnräder enthält kleine Permanentmagnete, sodass an einem an der Außenseite des Gehäuses angebrachten induktiven Sensor elektrische Impulse erzeugt werden, deren Anzahl pro Zeit ein Maß für die Drehzahl und damit für den Volumenstrom ist. Als Sensoren finden dabei kleine Spulen Verwendung, die im beweglichen Magnetfeld eine Spannung induzieren.

Nach geeigneter Signalumformung im angebauten oder im Schaltschrank befindlichen Transmitter kann das Signal dem Prozessleitsystem zugeführt werden.

> **Merksatz**
>
> Ovalradzähler enthalten zwei drehbar gelagerte ellyptische Zahnräder, die durch den Strömungsdruck in Drehbewegung versetzt werden.

Bild 2 zeigt eine industrietypische Ausführung eines Ovalradzählers.

Bild 2: Ausführung eines Ovalradzählers

Das Prinzip der Umwandlung des Volumenstromes in eine Drehzahl findet auch bei anderen Volumenmessgeräten Verwendung, bei denen die rotierenden Bauelemente lediglich eine andere Gestalt haben. Dazu gehören die in den Kapiteln 7.5.2 bis 7.5.6 dargestellten Messgeräte:

- Birotorzähler,
- Drehschieberzähler,
- Drehkolbengaszähler,
- Flügelradzähler,
- Turbinenzähler.

Bei einigen dieser Bauformen kann keine hundertprozentige Abdichtung der rotierenden Bauelemente gegenüber dem Gehäuse erfolgen, sodass sich speziell bei geringeren Volumenströmen oder nach allmählichem Verschleiß der Rotoren zunehmende Messfehler einstellen.

Wenn diese Zähler von außen motorisch angetrieben werden, also nicht indirekt durch den Druck des strömenden Mediums, wirken sie nicht nur als Messeinrichtung, sondern gleichzeitig als Fördereinrichtung, d. h. als Pumpe oder Gebläse. Die Drehzahl des Antriebsmotors ist dann gleichzeitig ein Maß für den geförderten Mengenstrom.

7.5.2 Birotorzähler

Auch der Birotorzähler enthält zwei ineinandergreifende Rotoren, die gemeinsam mit der Behälterwand kammerähnliche Teilvolumina bilden. Die Rotoren führen eine Drehbewegung aus. Dabei befördern sie die Teilvolumina zur Ausströmseite des Gerätes. Dies veranschaulicht Bild 1.

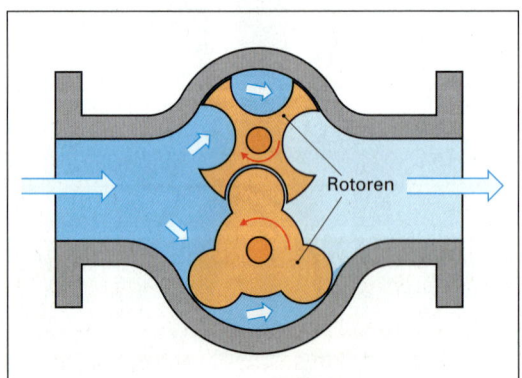

Bild 1: Funktionsprinzip des Birotorzählers

Auch hier werden durch Magnete in den angebrachten Spulen Impulse induziert, deren Frequenz ein Maß für die Drehzahl und damit für den Volumenstrom ist.

> **Merksatz**
>
> In der Umgangssprache werden viele Durchflussmesseinrichtungen als **Zähler** bezeichnet. Der Grund liegt in der Tatsache, dass viele von ihnen den Durchfluss in Teilvolumina zerlegen, deren geförderte Anzahl mithilfe einer Drehzahlmessung ermittelt wird.

7.5.3 Drehschieberzähler

Ein im Gehäuse des Drehschieberzählers exzentrisch gelagerter Rotor enthält in eingefrästen Schlitzen bewegliche Schieber. Diese **Drehschieber** werden durch Federn oder durch die Fliehkraft stets an die Außenseite des Gehäuses gedrückt, wie es Bild 2 zeigt.

Der im Bild 2 gezeigte Drehschieberzähler ist nur für Gase geeignet, da sich die Teilvolumina nach oben vergrößern, wodurch der Druck absinkt.

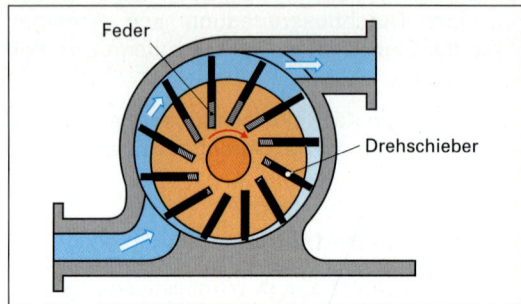

Bild 2: Funktionsprinzip des Drehschieberzählers

Infolge der speziellen Form des Gehäuses bilden sich Teilvolumina, die durch die Drehbewegung zur gegenüberliegenden Gehäuseseite gefördert werden.

Der Antrieb des Rotors erfolgt durch den Druck des zugeführten Mediums. Der Messwertabgriff erfolgt wiederum magnetisch-induktiv.

7.5.4 Drehkolbengaszähler

Die spezielle Rotorform des Drehkolbengaszählers ermöglicht dessen Einsatz speziell für die Volumenstrommessung von gasförmigen Substanzen.

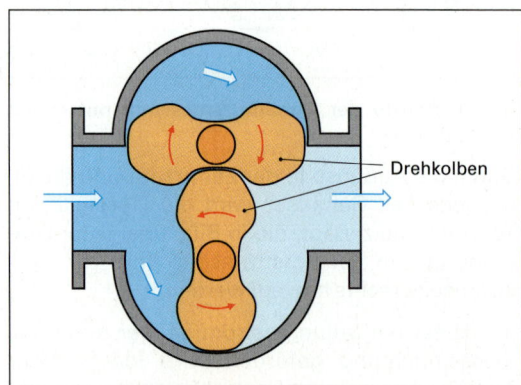

Bild 3: Funktionsprinzip des Drehkolbengaszählers

7.5 Durchflussmessung des Massen- oder Volumenstromes

Die beiden in Bild 3, S. 160, gezeigten Rotoren stehen außerhalb des Messgehäuses mithilfe von Zahnrädern untereinander in Verbindung, sodass sie sich stets mit einer gleichbleibenden Geschwindigkeit relativ zueinander bewegen.

Wenn dieses Wirkprinzip nicht nur zur Messung von Volumenströmen, sondern gleichzeitig zur Förderung von Gasen angewendet wird, spricht man auch von einem **Roots-Gebläse**. Die Drehzahl ist dann ein direktes Maß für die geförderte Gasmenge.

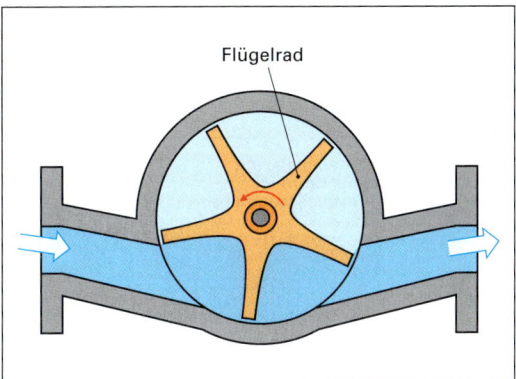

Bild 2: Funktionsprinzip des Flügelradzählers

Eine Ausführung für kleinere Volumenströme zeigt Bild 3.

Bild 1: Drehkolbengaszähler in industrieller Bauform

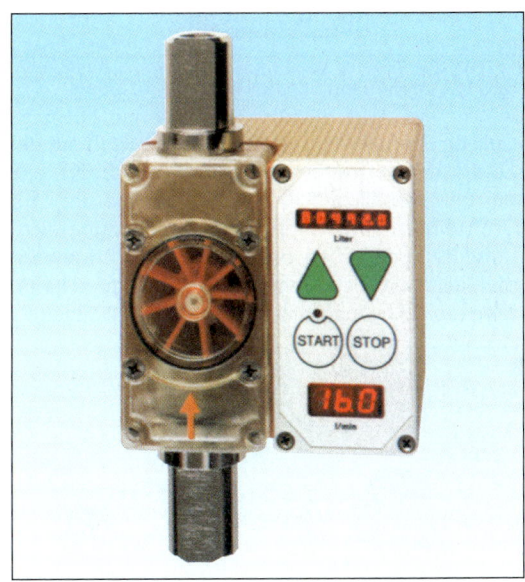

Der Messwertabgriff erfolgt auch hier magnetisch-induktiv mit gleichzeitiger Zählung der Impulse pro Zeiteinheit.

7.5.5 Flügelradzähler

Wie beim Schaufelrad einer Wassermühle, werden beim Flügelradzähler die in den Flüssigkeitsstrom eintauchenden Paddel eines Flügelrades durch den Flüssigkeitsstrom in Bewegung versetzt (Bild 2).

Obwohl keine Zerlegung des Fluidstromes in Teilvolumina erfolgt, ist auch hier die magnetisch-induktiv abgegriffene Drehzahl ein Maß für den Volumenstrom.

Bild 3: Flügelradzähler für kleine Volumenströme

7.5.6 Turbinenzähler und Woltmannzähler

Bei diesen Messprinzipien muss der Fluidstrom ein Turbinenrad passieren, das die Form eines Propellers hat.

> **Merksatz**
>
> **Flügelradzähler** sind Durchflussmesseinrichtungen, bei denen Schaufelräder durch die kinetische Energie des strömenden Mediums in eine Drehbewegung versetzt werden.

> **Merksatz**
>
> Der **Woltmannzähler** ist eine Durchflussmesseinrichtung, bei der durch das strömende Medium ein Turbinenrad in Drehbewegung versetzt wird.

Bild 1 zeigt das Funktionsprinzip eines **Woltmannzählers**, bei dem das Turbinenrad die Gestalt eines extrem dicken, liegenden Propellers hat.

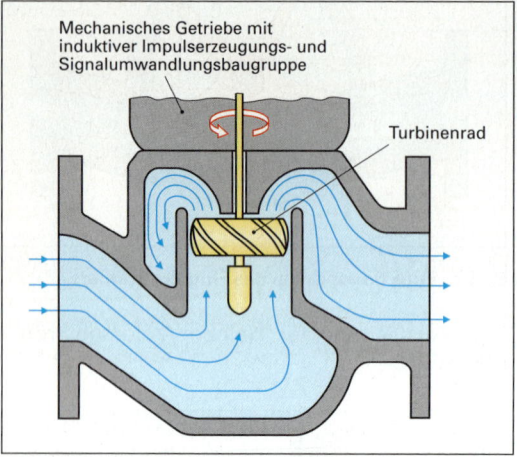

Bild 1: Funktionsprinzip des Woltmannzählers

Dessen Drehbewegung wird mechanisch auf ein Zählwerk übertragen und entweder vor Ort, wie bei der überall gebräuchlichen Wasseruhr, mit Drehzeigern angezeigt oder aber magnetisch-induktiv abgegriffen und in Signale umgewandelt, die das Prozessleitsystem verarbeiten kann. Eine typische Ausführung wird in Bild 2 gezeigt.

Bild 2: Typische äußere Gestalt eines Woltmannzählers

Beim Woltmannzähler wird der Stoffstrom im Gehäuse des Zählers in seiner Strömungsrichtung umgelenkt, damit der Eingangsstutzen in einer Linie mit dem Ausgangsstutzen zu liegen kommt. Somit kann der Einbau des Zählers ohne Rohrleitungsversatz erfolgen.

Daneben gibt es Ausführungen von Turbinenzählern, bei denen der Stoffstrom eine geradlinige Rohrleitung durchfließt, indem er ein Turbinenrad mit geeignet geformten Flügeln antreibt. Eine solche Bauart zeigt Bild 3.

Bild 3: Turbinenraddurchflussmesser mit örtlicher digitaler Anzeige

7.5.7 Wirbelzähler (Vortexzähler)

In die Rohrleitung des Wirbelzählers ist ein scharfkantiger Körper fest eingebaut, der den Stromfluss stört und zur vermehrten Bildung von Wirbeln führt (Bild 4).

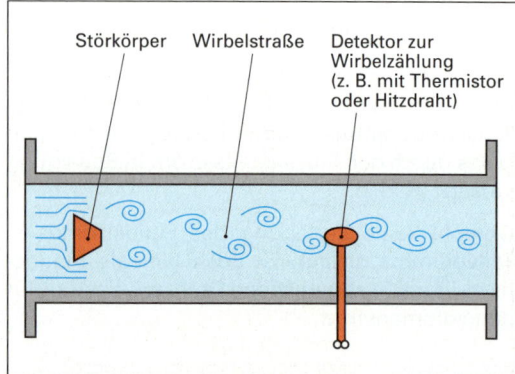

Bild 4: Prinzip der Durchflussmessung nach dem Wirbelverfahren

Die Zahl der Wirbel ist dabei proportional zur Durchflussmenge. Interessanterweise ist die

7.5 Durchflussmessung des Massen- oder Volumenstromes

Zahl der Wirbel relativ unabhängig von den Stoffeigenschaften wie Viskosität oder Dichte.

Die Zahl der Wirbel kann durch ein in den Flüssigkeitsstrom eingebautes Halbleiterbauelement (Thermistor) gemessen werden. Dieser wird durch eine angelegte Spannung auf eine Temperatur aufgeheizt, die über der Temperatur des strömenden Mediums liegt.

Ein auftreffender Wirbel kühlt den sehr schnell reagierenden Thermistor mehr als der normale Flüssigkeitsstrom. Dies führt zu einer Verminderung des Widerstandes des Thermistors und wird als kurzzeitige Erhöhung des elektrischen Stromflusses registriert.

> **Merksatz**
>
> Vortex-Durchflussmesser werden auch als **Wirbelstraße** bezeichnet.

Die Zahl der so gemessenen elektrischen Stromänderungen pro Zeiteinheit wird von der Auswerteelektronik in ein Einheitssignal oder direkt in ein digitales Signal umgewandelt, das dem Prozessleitsystem zugeführt werden kann, um es dort weiter zu verarbeiten.

Die Bilder 1 und 2 zeigen industrietypische Ausführungen von Vortex-Zählern.

Bild 2: Komplette Wirbelstraße mit eingebautem Störkörper und Wirbelsensor

Neben der Wirbelzählung durch Thermistoren gibt es auch ultraschallbasierte Zählverfahren.

7.5.8 Wirkdruckmessverfahren mit Messblende, Messdrossel oder Messdüse

Das Wirkdruckmessverfahren ist wegen des einfachen Aufbaues der verwendeten Baugruppen das in der chemischen Industrie am weitesten verbreitete Messprinzip für die Durchflussmessung. Es kann bei Flüssigkeiten und Gasen gleichermaßen Anwendung finden und kommt ohne bewegliche Teile aus. Andere Durchflussmessprinzipien liefern jedoch meist genauere Werte.

> **Merksatz**
>
> Das **Wirkdruckmessverfahren (Messblendenverfahren)** ist das in der chemischen Industrie am weitesten verbreitete Durchflussmessverfahren.

Zwischen zwei Rohrleitungssektoren ist als Störkörper eine Verengungsstelle (Drossel) eingebaut. Im einfachsten Fall ist dies eine simple Lochscheibe. Die Strömung muss sich nun durch den verengten Querschnitt hindurchzwängen, was zu verstärkter Wirbelbildung in seiner Nähe führt. Dies verdeutlicht Bild 1, S. 164.

Diese Wirbelbildung führt dazu, dass sowohl im Medium als auch zwischen Medium und dem Einbauteil verstärkt Reibung auftritt. Diese Reibung bewirkt einen Energieverlust des strömenden Mediums.

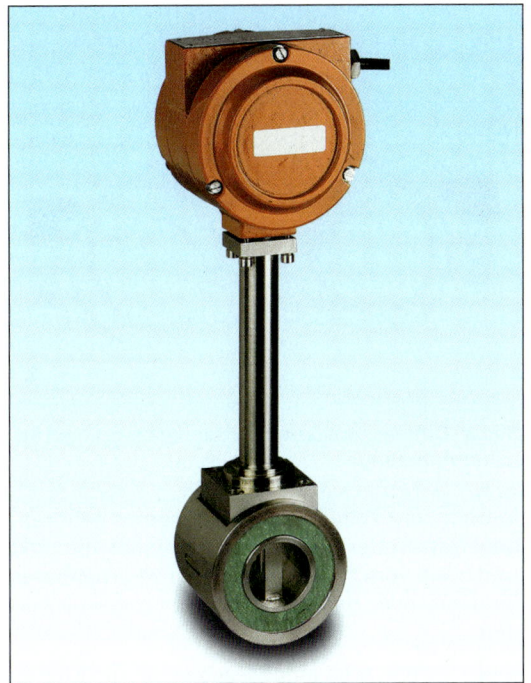

Bild 1: Industrielle Ausführung eines Vortex-Wirbelsensors

7 Messtechnik

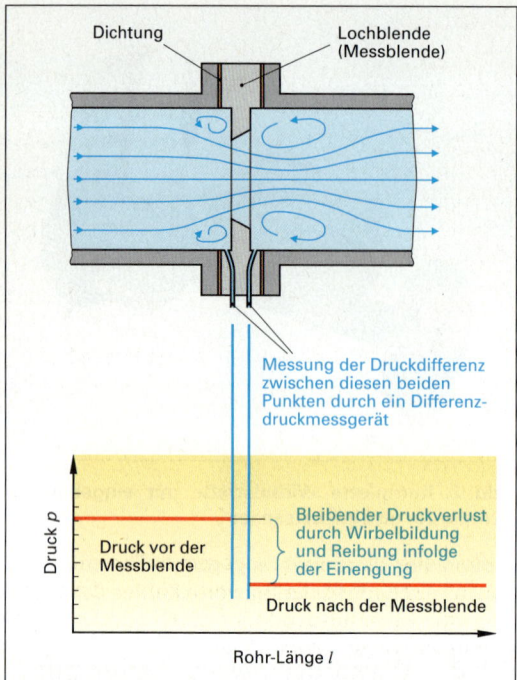

Bild 1: Durchflussmessung nach dem Wirkdruckverfahren

Dem Energiegehalt des strömenden Mediums entspricht der statische Druck. Dieser ist eine Art von gespeicherter potenzieller Energie. Im Endeffekt wird der Energieverlust des strömenden Mediums also messbar als Druckdifferenz des statischen Druckes des Mediums vor und hinter der Drosselscheibe.

Die Drosselorgane müssen nicht immer die Form einer einfachen Lochscheibe haben, sondern sie können je nach Medium und Betriebsbedingungen unterschiedliche Formen haben. Übliche Formen sind die Normblende, die Venturidüse und die Normdüse. Ihre Gestalt zeigt Bild 2.

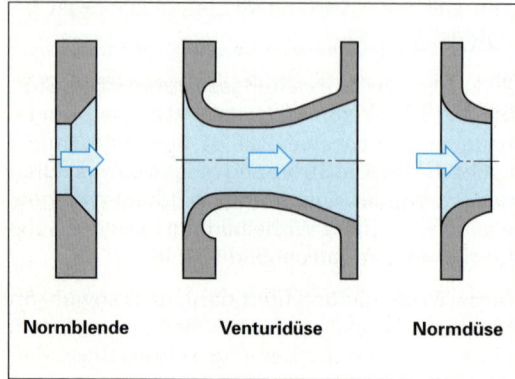

Bild 2: Bauformen von Messblenden

Ein Teil des statischen Drucks wandelt sich durch die Drosselung unwiederbringlich in Reibungswärme um, die jedoch infolge der Kühlung durch das strömende Medium nicht effektiv als Temperaturerhöhung messbar ist. Hingegen ist der resultierende Druckverlust mit Druckdifferenzmessgeräten gut messbar.

Die beiden Anschlüsse dieser Messgeräte werden einfach in genügendem Abstand vor und hinter der Drosselscheibe mit vorgesehenen Rohrstutzen verbunden. Die Messanordnung muss durch Vergleichsmessungen kalibriert werden.

Bei der Montage der Messstelle ist auf ausreichenden Abstand zu Stellorganen und Rohrbögen zu achten, da diese das Messergebnis beeinträchtigen können.

> **Merksatz**
>
> Beim **Wirkdruckmessverfahren (Messblendenverfahren)** wird der Druckunterschied vor und nach einer Verengungsstelle als Maß für den Durchfluss herangezogen.

Ein Druckmessgerät mit Kapillarrohrleitungen zum Anschluss an eine Messblende zeigt Bild 3.

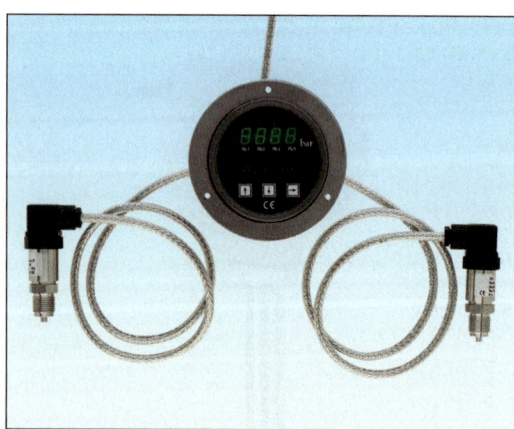

Bild 3: Differenzdrucktransmitter mit biegsamen Kapillarrohrleitungen

In dem zum Differenzdruckmessgerät gehörenden Transmitter muss das Messsignal verstärkt und in ein vom Prozessleitsystem verarbeitbares Einheits- oder digitales Signal umgeformt werden.

Bild 1, S. 165, zeigt eine Messblende zum Einbau zwischen zwei Rohrflansche. An der Messblende ist der Differenzdrucktransmitter starr angebaut.

7.5 Durchflussmessung des Massen- oder Volumenstromes

Bild 1: Messblende, kombiniert mit dem zugehörigen Differenzdrucktransmitter

Die gemessene Druckdifferenz hängt quadratisch vom Volumenstrom ab. Eine Verdopplung des Volumenstromes resultiert also in einer Vervierfachung der Druckdifferenz.

Um am Bildschirm des Prozessleitsystems die realen Werte anzeigen zu können, müssen die zu stark steigenden gemessenen Druckdifferenzen durch Wurzelziehen (Radizieren) entweder im Drucktransmitter oder aber von der Software des Prozessleitsystems wieder auf die richtigen ursprünglichen Volumenstromwerte zurück gerechnet werden (vgl. Kapitel 3.3, Signalaufbereitungsfunktion).

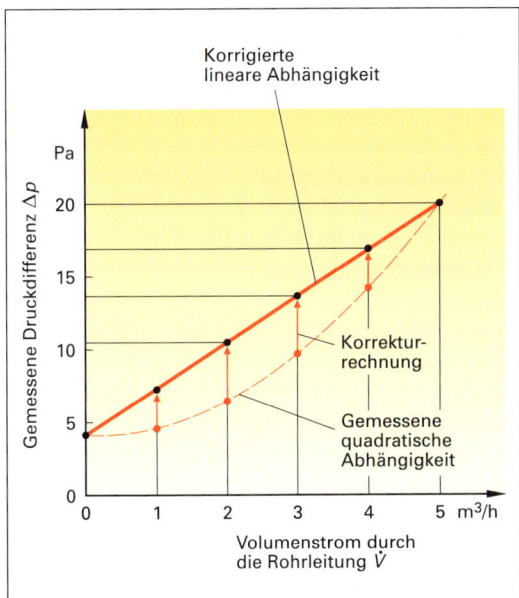

Bild 2: Korrektur der quadratischen Abhängigkeit der Druckdifferenz vom Durchfluss

> **Merksatz**
>
> Die beim Wirkdruckmessverfahren gemessene Druckdifferenz erhöht sich in Abhängigkeit vom Volumenstrom nicht linear, sondern **quadratisch**. Dieser Effekt muss vom Transmitter oder von der Software des Leitsystems korrigiert werden. Dazu wird die dem Quadrieren entgegengesetzte Rechenoperation, das **Radizieren** (Wurzelziehen), angewendet.

7.5.9 Schwebekörpermessverfahren (Rotameter)

In ein senkrecht stehendes und etwas konisch geformtes Glasrohr strömt von unten her das Fluid (Gas oder Flüssigkeit) ein und hebt einen Schwebekörper nach oben.

Je größer die Strömungsgeschwindigkeit ist, desto weiter wird der Schwebekörper durch die Kraft der Strömung mitgenommen. Bild 3 veranschaulicht dieses Wirkprinzip.

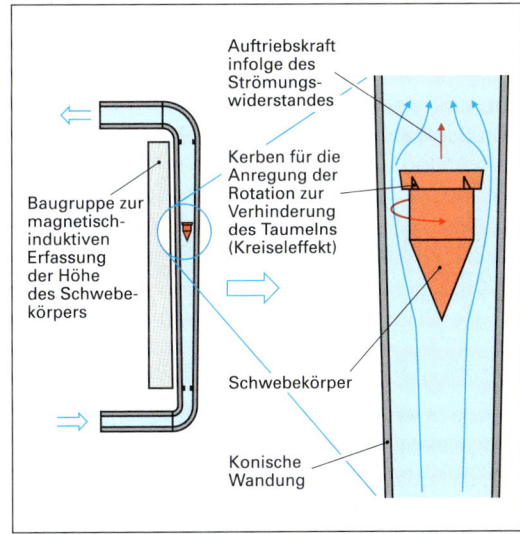

Bild 3: Funktionsprinzip des Schwebekörperdurchflussmessers (Rotameter)

> **Merksatz**
>
> Beim **Schwebekörperdurchflussmesser** hebt die Kraft einer aufwärtsgerichteten Strömung einen Strömungskörper an. Dessen rotierende Bewegung gibt dem Messgerät den umgangssprachlichen Namen **Rotameter**.

Obwohl dieses Messprinzip in der Regel nur zum örtlichen Ablesen von Messwerten eingesetzt wird, gibt es auch Ausführungen, bei denen die Schwimmerhöhe ähnlich wie beim Schwimmermessverfahren (Kapitel 7.4.4) durch eine Kette von Magnetschaltern in Verbindung mit einer Reihe von Widerständen in elektrische Signale umgeformt wird. Auch optische Erfassungen der Schwebekörperhöhe sind gebräuchlich. Bild 1 zeigt industrietypische Ausführungen. Der linke Teil des Bildes zeigt Rotameter zum Ablesen vor Ort, während der rechte Teil ein Gerät mit Zeigeranzeige und Fernübertragungsmöglichkeit enthält.

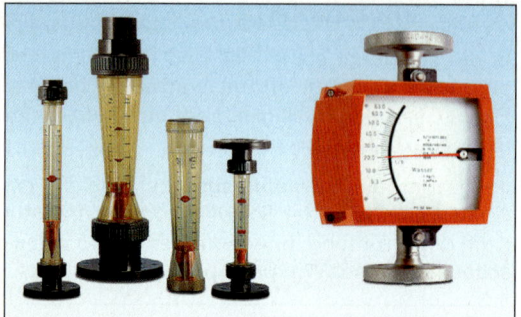

Bild 1: Rotameter in verschiedenen Größen

Um ein unkontrolliertes Tanzen des angehobenen Schwebekörpers zu verhindern, besitzt dieser entlang des oberen Randes schräge Kerben, die ihn zu einer rotierenden Kreiselbewegung anregen, was ihm eine stabile Lage verleiht. Diese Bewegung hat den Namen des Messgerätes geprägt.

7.5.10 Ultraschall-Durchflussmessung

Das in Bild 2 dargestellte Laufzeitverfahren ist das gebräuchlichste Durchfluss-Messprinzip, das auf Ultraschall basiert. Daneben existieren noch einige pfiffige ultraschallbasierte Sonderverfahren (Doppler-Verfahren, Drift-Verfahren, Stroboskop-Verfahren), auf die hier aber nicht näher eingegangen werden soll.

Ultraschall-Durchflussmessungen sind sowohl für gasförmige als auch für flüssige Medien geeignet.

Bei der **laufzeitbasierten Ultraschall-Durchflussmessung** befindet sich in zwei Messköpfen entlang eines Rohrleitungsabschnittes je ein Piezokristall. Diese Piezokristalle können bei einer angelegten Wechselspannung periodisch ihre Dicke ändern, wodurch sie ähnlich eines Piezo-Lautsprechers Schallimpulse abstrahlen, die aber im hochfrequenten, nicht hörbaren Bereich liegen.

Auch beim Auftreffen einer Schallschwingung ändern die Piezokristalle ihre Dicke geringfügig und erzeugen dadurch eine Wechselspannung. Sie wirken also nicht nur als Lautsprecher bzw. Sender, sondern auch als Mikrofon, wenn die Elektronik sie auf Empfang schaltet.

Die Kristalldetektoren müssen blasenfrei mit den Rohrwandungen verklebt sein, um störende Schallbrechungen und Echos zu vermeiden.

Das Laufzeitverfahren macht sich die Tatsache zunutze, dass die in das Medium eingebrachten Schallschwingungen von der Strömung mitgenommen werden. Deshalb ist die messbare Schallgeschwindigkeit in Strömungsrichtung scheinbar größer und entgegen der Strömungsrichtung scheinbar geringer. Anders ausgedrückt ist die Laufzeit eines Schallimpulses vom Sender A zum Empfänger B geringer als die Laufzeit des Impulses vom Sender B zum Empfänger A.

Die Laufzeit von Schallimpulsen, die von außen in ein strömendes Medium eingebracht werden, ist in Strömungsrichtung kürzer als entgegen der Strömungsrichtung.

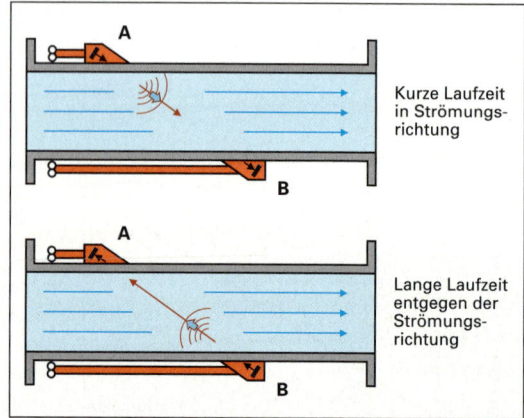

Bild 2: Funktionsprinzip der Durchflussmessung nach dem Ultraschall-Laufzeitverfahren

Die Steuerelektronik lässt deshalb zunächst am Punkt A einen Schallimpuls abstrahlen und ermittelt die Zeit, bis dieser bei B empfangen wird. Danach wird von B ein Impuls abgestrahlt und die Laufzeit ermittelt, bis er bei A eintrifft. Dies wiederholt sich einige Male pro Sekunde.

Bild 2, S. 166, zeigt das Messprinzip, wenn sich beide Sensoren auf den entgegengesetzten Seiten der Rohrwandung befinden. Bild 1 veranschaulicht hingegen das Messprinzip, wenn die Sensoren auf einer gemeinsamen Seite der Rohrleitung montiert sind. Dabei werden die Schallreflexionen der Gehäusewandung ausgenutzt.

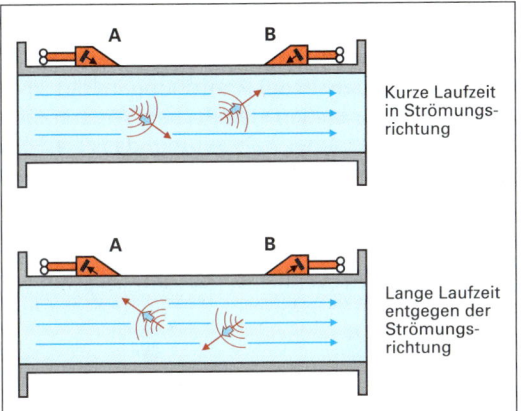

Bild 1: Funktionsprinzip der Durchflussmessung nach dem Ultraschall-Laufzeitverfahren unter Ausnutzung der Wandreflexionen

Der Laufzeitunterschied, dessen Messwert periodisch einige Male pro Sekunde anfällt, wird durch Mittelwertbildung in ein stetiges Signal umgewandelt, das nach weiterer Umformung dem Prozessleitsystem zugeführt werden kann.

Bild 2 zeigt die industrietypische Ausführung einer Ultraschall-Durchflussmessung an einer Glasrohrleitung.

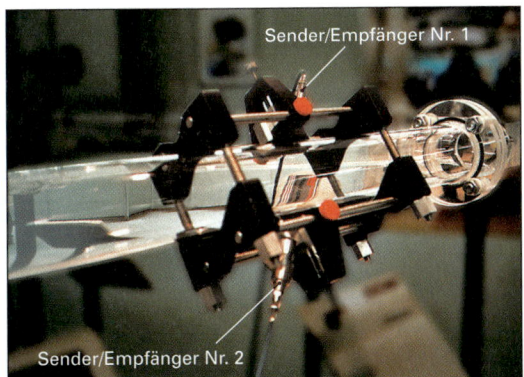

Bild 2: Ultraschall-Durchflussmessung an einer Glasrohrleitung

Lärm von außen kann zu Fehlmessungen führen, da dieser neben hörbaren Frequenzen auch Schallanteile im nicht hörbaren Bereich enthalten kann, in dem die Ultraschallsensoren arbeiten.

7.5.11 Magnetisch-induktive Durchflussmessung (MID)

Die magnetisch-induktive Durchflussmessung nutzt die Tatsache aus, dass in einem elektrischen Leiter, der sich in einem Magnetfeld bewegt, eine elektrische Spannung entsteht. Ihre Richtung steht senkrecht zu den magnetischen Feldlinien und senkrecht zur Bewegungsrichtung.

Dabei wird ein Teil der Bewegungsenergie in elektrische Energie umgewandelt. Die Anwendung des MID-Messverfahrens setzt voraus, dass das Fluid elektrisch leitfähig ist. Dies ist jedoch bei organischen Flüssigkeiten oft nicht der Fall.

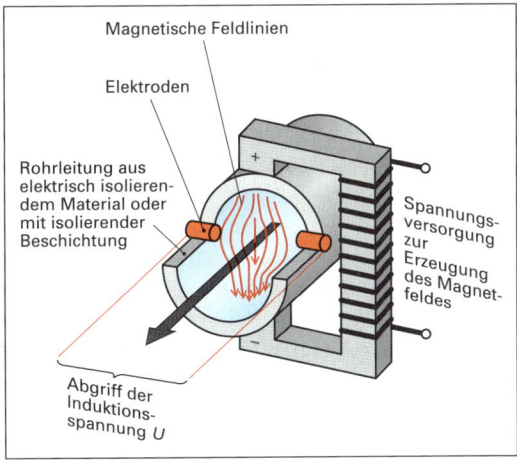

Bild 3: Funktionsprinzip der magnetisch-induktiven Durchflussmessung (MID)

Die MID-Messeinrichtung besteht, wie in Bild 3 gezeigt, aus einem Rohr mit nicht magnetischer Wandung, aus einer oder mehreren mit Strom durchflossenen Spulen zum Aufbau des Magnetfeldes und aus zwei Elektroden zur Aufnahme der induzierten Spannung.

Den bewegten elektrischen Leiter bildet das strömende Fluid selbst. Die magnetischen Feldlinien verlaufen von oben nach unten bzw. umgekehrt.

Die leitende Flüssigkeit strömt in Bild 3 von hinten rechts nach vorn links. An den Elektroden wird eine Messspannung zwischen linker und rechter Elektrode induziert.

7 Messtechnik

> **Merksatz**
>
> Bei der **MID-Messung** strömt ein Fluid durch ein Magnetfeld. Dabei wird an zwei Elektroden, die in das Fluid hineinragen, eine durchflussabhängige Spannung erzeugt.

Diese Spannung schwankt, wenn sich die stofflichen Eigenschaften des Fluids kurzzeitig ändern. Ihr Mittelwert ist ein Maß für den Durchfluss des Fluids.

Das kontinuierlich anstehende Messsignal kann nach Verstärkung und Umformung in ein Einheitssignal oder ein digitales Signal dem Prozessleitsystem zugeführt werden.

Die Bilder 1 und 2 zeigen magnetisch-induktive Durchflussmesser in industrietypischer Ausführung.

Bild 1: Magnetisch-induktiver Durchflussmesser speziell für die Lebensmittelindustrie

Bild 2: Magnetisch-induktiver Durchflussmesser für aggressive Chemikalien

7.5.12 Thermische Durchflussmessung mit Hitzdraht oder Thermistor

Für diese Messprinzipien hat sich auch der Begriff **Anemometer** eingebürgert, obwohl dieser vom Wortstamm her nichts weiter bedeutet als „Windmesser", also eigentlich für alle Arten von Durchflussmessungen speziell bei Gasen stehen könnte.

Den thermischen Anemometern ist gemeinsam, dass sie mit der Abkühlung beheizter elektrischer Widerstände arbeiten, die in die Strömung eingebracht werden. In der Anordnung in Bild 3 befinden sich die beiden elektrischen Widerstände R_1 und R_2 so in einer Rohrleitung, dass sie vom Medium von vorn nach hinten angeströmt werden können.

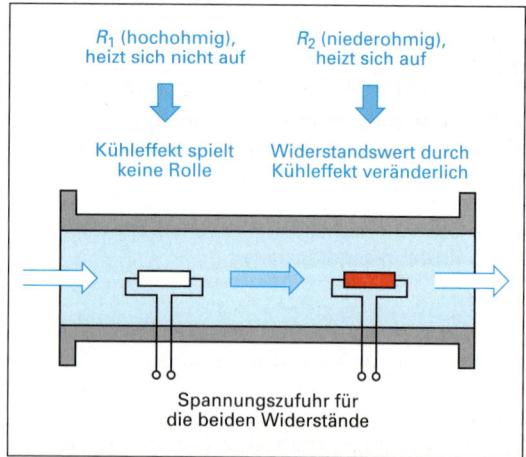

Bild 3: Funktionsprinzip der thermischen Durchflussmessung mit Hitzdraht

> **Merksatz**
>
> **Hitzdraht-Durchflussmesser** arbeiten mit elektrisch aufgeheizten Widerständen, die durch die Strömung des Mediums gekühlt werden.

Das Messprinzip beruht auf der Tatsache, dass Widerstände ihren Wert in Abhängigkeit von der Temperatur ändern. Zunächst ruht das Fluid noch in der Rohrleitung. An beide Widerstände wird eine elektrische Spannung angelegt. R_2 ist so dimensioniert, dass er sich durch den elektrischen Stromfluss aufheizt, während sich R_1 fast nicht aufheizt, also nahezu die gleiche Temperatur wie das umgebende Medium hat.

Erreicht wird dies dadurch, dass R_2 einen niedrigen Widerstandswert, z. B. 100 Ω, hat, also von einem sehr großen elektrischen Strom durchflossen wird. R_1 hat hingegen einen sehr hohen Widerstandswert, z. B. 10 kΩ, sodass er fast nicht vom elektrischen Strom durchflossen wird.

Lässt man nun das Fluid strömen, beginnt es, den aufgeheizten Widerstand R_2 zu kühlen, wodurch sich dessen Wert erniedrigt, z. B. von 100 Ω auf 90 Ω.

Der Widerstand R_1 ändert sich nicht nennenswert, da er sich nahezu auf der Temperatur des umgebenden Mediums befindet. Jedoch führt die Änderung des Widerstandswertes von R_2 bei gleichbleibender angelegter Spannung zu einer bleibenden Erhöhung des elektrischen Stroms, der durch ihn hindurchfließt.

Diese Erhöhung des elektrischen Stromflusses durch R_2 infolge der erhöhten Strömungskühlung ist ein Maß für die Strömungsgeschwindigkeit des Fluids. Die sich ergebende Stromstärkeänderung wird im Transmitter verstärkt und zweckmäßig aufbereitet, ehe sie dem Prozessleitsystem zugeführt werden kann.

Bild 1 zeigt eine industriell gebräuchliche Ausführungsform eines Hitzdraht-Massendurchflussmessers.

7.5.13 Coriolis-Massenstrommessung

Die Massendurchflussmessung nach dem Coriolis-Prinzip gehört zu den historisch jüngeren Messverfahren.

Coriolis-Kräfte treten auf, wenn sich eine Masse in einem rotierenden System bewegt. Auch unsere Erde ist ein solches rotierendes System, in dem z. B. Winde, die direkt von Norden nach Süden strömen, eine Ablenkung durch die Coriolis-Kraft nach Westen erfahren. Dies ist auch die Ursache dafür, dass sich Abflusswirbel auf der nördlichen Halbkugel immer im Uhrzeigersinn drehen.

Ein weiteres Beispiel für die Coriolis-Kraft ist der Autoanhänger, der sich durch periodische Bodenwellen am rechten Fahrbahnrand nur einseitig nach oben und unten bewegt. Die Folge können gefährliche periodische Deichselkräfte von links nach rechts an der Anhängerkupplung sein.

Lässt man im Gedankenexperiment eine durchflossene Rohrschleife rotieren (Bild 2), so verbiegt die Coriolis-Kraft die Rohrschleife ein wenig, da die Kraft im vorderen Schenkel nach unten gerichtet und im hinteren nach oben gerichtet ist.

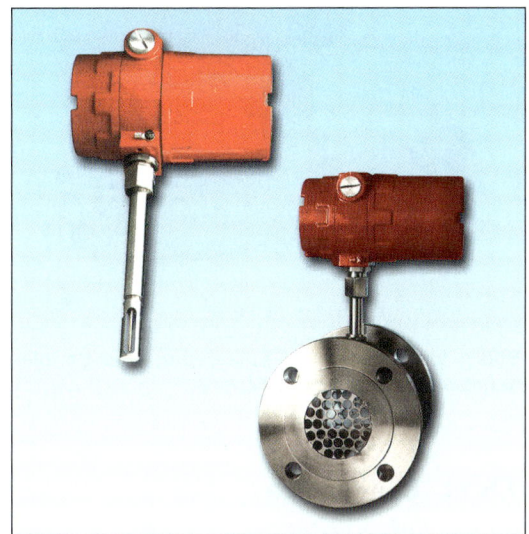

Bild 1: Hitzdraht-Massendurchflussmesser für Gase zum Einbau zwischen zwei Rohrleitungsflanschen

Hitzdraht-Massendurchflussmesser finden insbesondere bei der Volumenstrommessung gasförmiger Medien Verwendung.

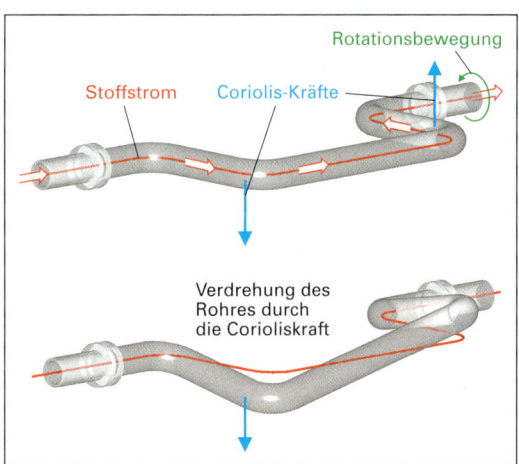

Bild 2: Verbiegung einer durchflossenen rotierenden Rohrschleife im Gedankenexperiment

Im drehenden System ist diese Biegung schwierig messbar, weshalb man in der Praxis die Rohrschleife nur eine Auf- und Ab-Schwingungsbewegung ausführen lässt, also nur den Teil einer vollen Drehbewegung, dafür aber mit periodischer Änderung (ca. 100 Hz, angetrieben von einer wechselstromdurchflossenen Magnetspule). Dies veranschaulicht Bild 1.

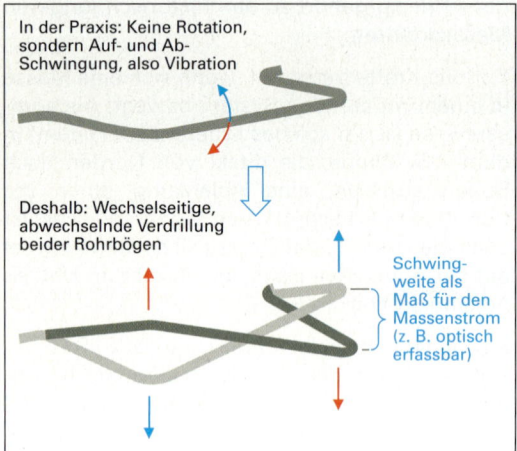

Bild 1: Verbiegung einer durchflossenen Rohrschleife, die auf und ab vibriert

Bei jeder Auf- und Ab-Schwingung kehrt sich die Richtung der Coriolis-Kraft im vorderen und hinteren Schenkel um, sodass sich die Verbiegung der Schleife periodisch ändert.

> **Merksatz**
>
> **Coriolis-Messgeräte** arbeiten mit einer oder mit mehreren periodisch schwingenden, stoffdurchflossenen Rohrschleifen. Mit Coriolis-Messgeräten sind nur **Massenströme** messbar. Diese können durch das Prozessleitsystem in **Volumenströme** umgerechnet werden, wenn die Dichte bekannt ist.

Wenn kein Massenstrom durch die Rohrschleife fließt, schwingen beide Schenkel symmetrisch und gleichmäßig, und zwar auch völlig zeitgleich mit der Anregung durch die Magnetspule.

Fließt ein Massenstrom durch die Schleife, beginnen beide Schenkel gegeneinander versetzt zu schwingen, wie Bild 1 verdeutlicht.

Den Winkel der Verkippung oder Verdrehung könnte man mit optischen Sensoren erfassen, da er ein Maß für den Massenstrom darstellt. In der Regel erfassen die Sensoren jedoch den zeitlichen Unterschied, mit dem die beiden verdrehten Schenkel die Null-Lage passieren.

Auch dieser kleine Zeitunterschied ist ein Maß für die Verdrillung der Rohrschleife und damit für den Massenstrom.

Nach einer Signalverstärkung und -umformung kann der Messwert dem Prozessleitsystem zugeführt werden.

Industrietypische Ausführungen von Coriolis-Massenstrommessgeräten zeigen die Bilder 2 und 3.

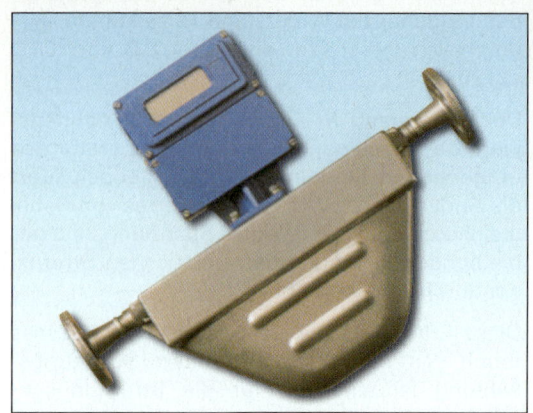

Bild 2: Industrietypische Ausführung eines Coriolis-Massenstrommessers, Variante 1

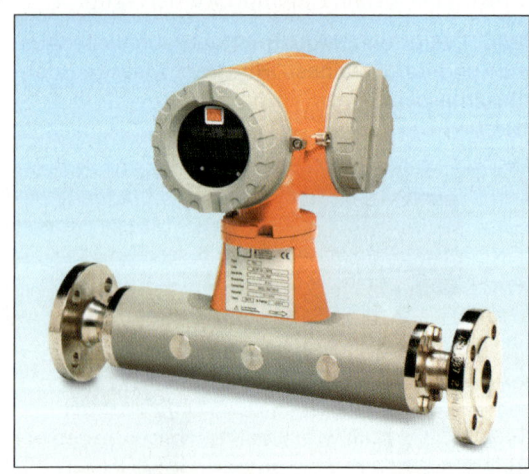

Bild 3: Industrietypische Ausführung eines Coriolis-Massenstrommessers, Variante 2

7.5.14 Bandwaage

Die Bandwaage ist eine Messeinrichtung zur Ermittlung des Massenstromes von Schüttgütern. Streng genommen stellt sie jedoch eine Fördermaschine dar, welche die Massenstrommessung nur als Nebenaufgabe erfüllt.

Das Funktionsprinzip der Bandwaage geht aus Bild 1, S. 171, hervor.

7.5 Durchflussmessung des Massen- oder Volumenstromes

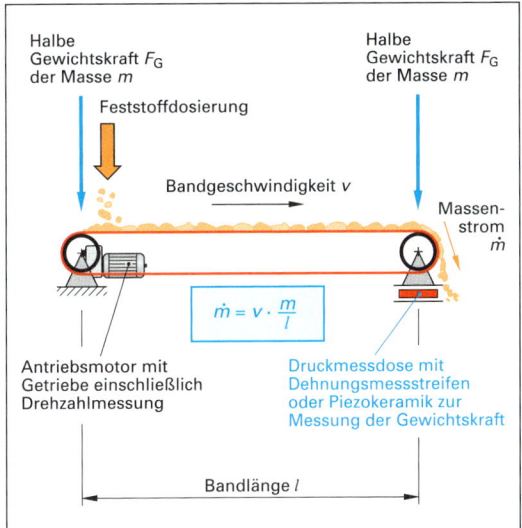

Bild 1: Prinzip der Massenstrommessung mit einer Bandwaage

Bild 2: Montagesituation der Lagereinrichtung einer Bandwaage zur Ermittlung der Masse eines begrenzten Bandabschnitts

Zwischen zwei drehbar gelagerten Umlenkrollen läuft, wie aus Bild 1 ersichtlich, ein Fördergurt aus elastischem Material. Eine der Umlenkrollen wird von einem Elektromotor mit Drehzahlverstellung angetrieben, sodass sie den Fördergurt in Bewegung versetzt. Die Drehzahlveränderung kann über ein Verstellgetriebe oder mittels eines Frequenzumrichters realisiert werden.

Von dem Aufgabetrichter aus werden durch eine Zellenradschleuse oder einen Verstellschieber veränderbare Massenströme auf die Bandwaage dosiert.

Der momentane Massenstrom wird gemessen, indem die gesamte Bandwaage auf Druckmessdosen ruht. Oft wird, wie im rechten Teil von Bild 1 dargestellt, nur eines der beiden Enden der Bandwaage auf Druckmessdosen gelagert. Es gibt auch Fälle, bei denen nur ein Teilabschnitt des Bandes über die Messeinrichtung läuft (Bild 2).

Bild 2 veranschaulicht, wie die Lagereinrichtung montiert sein kann, um eine laufende Messung der Gewichtskraft eines begrenzten Band-Abschnittes zu ermöglichen. Die Schwankungen des Produktstromes müssen dann von der Auswerte-Elektronik durch Mittelwertberechnung geglättet werden.

Bild 3 zeigt die Lagereinrichtung mit Laufrollen und integrierten Druckmessdosen für einen Bandförderer mit elastischem Laufgurt.

Bild 3: Lagereinrichtung zur Messung der Gewichtskraft einer Bandwaage

Die so ermittelte Gewichtskraft F_G ist ein Maß für die momentan auf dem Band befindliche Schüttgut-Masse. Vorher muss die Auswerteeinheit je nach Montagesituation die Eigenmasse der leeren Fördereinrichtung oder des Fördergurtes subtrahieren, da diese mitgewogen werden. Für die angeschlossene Elektronik ist diese rechnerische Korrektur nach entsprechender Justierung kein Problem.

Bei ruhendem Band kann mit diesem Prinzip die auf dem Band befindliche Schüttgutmasse ermittelt werden. Bei laufendem Band ergibt sich auf diese Art die bewegte Masse, d.h. der Massenstrom mit der Maßeinheit Masse pro Zeit.

7 Messtechnik

> **Merksatz**
>
> Die **Bandwaage** ist eine Fördermaschine, die gleichzeitig als Messeinrichtung dient.

Der Massenstrom ergibt sich rechnerisch als Produkt aus der Bandgeschwindigkeit und der aufliegenden Masse. Dies verdeutlichen die folgenden Formeln mit den in eckigen Klammern stehenden Maßeinheiten. Die auf dem Band aufliegende Masse ist dabei nach einem der Newtonschen Gesetze der Physik das Produkt aus gemessener Gewichtskraft und der Erdbeschleunigung. Die Motordrehzahl wird als Maß für die Geschwindigkeit des Bandes benutzt. Es wird gerechnet:

Massenstrom	=	Geschwindigkeit	·	Masse pro Bandlänge		
$\dot{m}$ [kg/s]	=	v [m/s]	·	m [kg/m]		
Massenstrom	=	Geschwindigkeit	·	Gewichtskraft pro Bandlänge	:	Erdbeschleunigung
$\dot{m}$ [kg/s]	=	v [m/s]	·	F_G [N/m]	:	g [m/s^2]

Hinsichtlich der Maßeinheiten gilt:

$1\,N = 1\,kgm/s^2$

Diese Berechnungen führt die Auswerteeinrichtung der Bandwaage laufend durch, sodass der Massenstrom kontinuierlich angezeigt und der Wert dem Prozessleitsystem zur weiteren Auswertung zugeführt werden kann.

Wird vom Bediener ein bestimmter gewünschter Massenstrom vorgegeben, so sorgt eine angeschlossene Regelung dafür, dass die Bandgeschwindigkeit, die auf das Band dosierte Menge oder aber auch beide Werte im richtigen Maße verändert werden, bis der gemessene Massenstrom mit dem Vorgabewert übereinstimmt.

Eine in der Praxis selten anzutreffende Massenstrom-Messeinrichtung ist die **Rohrwaage**. Hier wird, ähnlich wie bei der Bandwaage, die Gewichtskraft einer lose aufgehängten durchströmten Rohrleitung gemessen. Sie eignet sich zur Bestimmung von Flüssigkeits-Massenströmen.

7.5.15 Strömungsüberwachung

Die in den voranstehenden Kapiteln dargestellten Messverfahren zur Durchflussmessung haben die Aufnahme eines genauen Durchflusswertes zum Ziel.

Wenn es stattdessen lediglich darum geht zu überwachen, ob eine Strömung vorhanden ist oder nicht, werden oft sogenannte **Strömungswächter** eingesetzt, die gegenüber den exakt messenden Analoggeräten wesentlich preiswerter sind.

Sie liefern dem Prozessleitsystem nur Binärwerte, d. h. 1 oder 0 bzw. Signal oder kein Signal, entsprechend den Zuständen: Medium fließt oder Medium fließt nicht. Die unterschiedlichen Hersteller bieten zahlreiche Bauformen an. Eine übliche Bauform zeigt Bild 1.

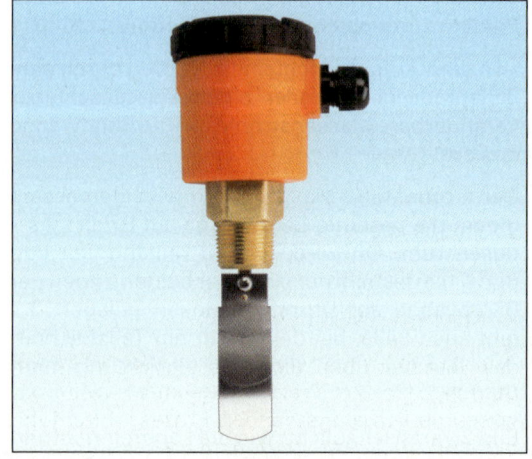

Bild 1: Strömungswächter zum Rohrleitungseinbau

Bild 1 lässt zugleich das bei Strömungswächtern meistverwendete Wirkprinzip erkennen. Es nutzt bewegliche Klappen oder Paddel, die in den Stromfluss hineinragen und die durch den Strömungsdruck umgelegt oder gegen eine Federkraft verdreht werden.

Diese Winkeländerung wird magnetisch oder mechanisch erfasst und zur Stellungsänderung eines elektrischen oder elektronischen Schalters genutzt.

7.6 Analysenmessverfahren

> **Merksatz**
>
> Im Mittelpunkt der **Analysenmessverfahren** steht in der Regel die Qualität eines Zwischen- oder Endproduktes. Kriterium für die Qualität ist in der Regel die **Konzentration** eines oder mehrerer Stoffe im untersuchten Produkt.

Es gibt eine Reihe von **Analysenmessverfahren**, die nicht am laufenden Prozess durchgeführt werden können. Hierzu zählen die Verfahren der laborgebundenen **klassischen Analytik**, wie z. B. die Titration.

Auch Laboruntersuchungen mit hochwertigem apparatetechnischen Aufwand, wie die Massenspektrometrie, zählen zu den Analysenmessverfahren, die nicht kontinuierlich am laufenden Prozess durchgeführt werden. Sie liefern die Messergebnisse nur in periodischen Abständen.

Aufgrund dieser Besonderheiten zählen **Analysenmessverfahren** nur bedingt zum Fachgebiet der Messtechnik als Teilgebiet der Prozessleittechnik. Häufig eingesetzte instrumentelle Analysenmessverfahren sind:

- **Gaschromatografie,**
- **IR-Spektroskopie,**
- **VIS-Spektroskopie,**
- **UV-Spektroskopie,**
- **Massenspektrometrie.**

Analysenmessverfahren sind nur dann von Bedeutung für die Prozessleittechnik, wenn sie kontinuierlich am laufenden Prozess durchführbar sind oder aber wenn eine vollautomatische Messwertgewinnung aus periodisch genommenen Proben erfolgen kann.

> **Merksatz**
>
> Die Messwertgewinnung mit Mitteln der (Prozess-)Messtechnik als Teilgebiet der Prozessleittechnik ist abzugrenzen von der Messwertgewinnung durch Laboranalysen.

Nur wenige laborgestützte Verfahren zur Messwertgewinnung sind automatisierbar. Diese lassen sich dann bedingt in das Gebiet der Prozessleittechnik einordnen. Dazu gehören die Gaschromatografie und der Einsatz von Messsonden z. B. zur pH-Wert-Messung.

7.6.1 Gaschromatografie (GC)

Die Gaschromatografie ist ein Analysenmessverfahren, das Informationen über die Zusammensetzungen von Flüssigkeits- oder Gasgemischen liefert. Dazu ist eine extrem geringe Probemenge in den Gaschromatografen manuell oder automatisch einzubringen.

Der **Gaschromatograf** als Gerät enthält ein weniges Millimeter dickes und bis zu einigen Metern langes, spiralförmig gewickeltes und meist mit porösem Material gefülltes Metallröhrchen, das sehr langsam von einem heißen Gas durchströmt wird. Dieses Gas, meist ein Edelgas, heißt **Trägergas**. Das Röhrchen wird als **Säule** bezeichnet. Die Art des Füllmaterials hängt vom zu untersuchenden Stoffsystem ab. Es gibt auch ungefüllte Säulen, bei denen die innere Oberfläche speziell beschichtet ist.

Bild 1 zeigt den prinzipiellen Aufbau einer gaschromatografischen Messeinrichtung.

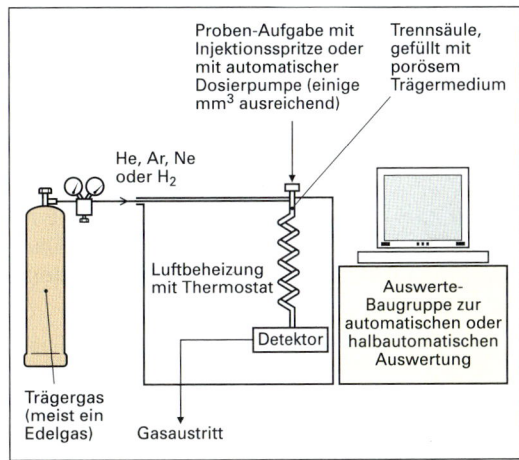

Bild 1: Aufbau einer gaschromatografischen Messeinrichtung

Die Probenmenge beträgt nur einige wenige Kubik-Mikrometer. Wenn es sich bei der zu analysierende Probe um eine Flüssigkeit handelt, wird diese im Gaschromatografen verdampft und mit dem Gasstrom durch die Säule bewegt. Die gesamte Säule befindet sich in einer temperierten Kammer des Gerätes, sodass die verdampfte Flüssigkeit gasförmig bleibt.

Zusätzlich zum „Mitgeschlepptwerden" durch die Trägergasströmung bewegen sich die Moleküle der Probe auch durch Diffusion im porösen Material. Die unterschiedliche Form und Größe der Moleküle der einzelnen Gemischbestandteile bewirkt, dass deren Eigenbewegung unterschiedlich schnell ist. Auch werden die Moleküle im porösen Trägermaterial unterschiedlich stark und unterschiedlich lange festgehalten (adsorbiert). Dieser Effekt hängt ebenfalls von der Größe und der Gestalt der Moleküle ab.

Die komponentenspezifisch unterschiedlich verzögerte Eigenbewegung der Moleküle überlagert sich mit der gleichmäßigen Bewegung des Trägergasstroms, durch den die Moleküle mitgezogen werden. Am Austritt der Säule kommen somit die Bestandteile zeitlich nacheinander an.

> **Merksatz**
>
> Die **Gaschromatografie** nutzt die Eigenschaft von Stoffen, sich unterschiedlich schnell in porösem Material fortzubewegen. Dadurch kommen sie am Ende einer langen, mit porösem Material gefüllten Säule zeitlich nacheinander an.

Die Moleküle strömen nach der Bewegung durch die Säule in einen **Detektor**. Dies kann beispielsweise eine Miniaturgasflamme sein, die zwischen zwei Elektroden brennt. An diesen Elektroden liegt eine elektrische Spannung an. Dann spricht man von einem **Flammenionisationsdetektor**.

In der Flamme werden die Moleküle ionisiert, sodass ein elektrischer Strom von einer Elektrode zur anderen fließt. Die geringe Stromstärke ist mit einer empfindlichen Elektronik messbar. Da die verschiedenen Molekültypen zeitlich nacheinander eintreffen, ist der gemessene elektrische Strom veränderlich.

Zeichnet man diesen Stromfluss mit einem Schreiber auf, ergeben sich Kurven mit charakteristischen Spitzen, die den im Gemisch enthaltenen Stoffen zugeordnet werden können. Die spitzen Kurven werden auch **Peaks** genannt.

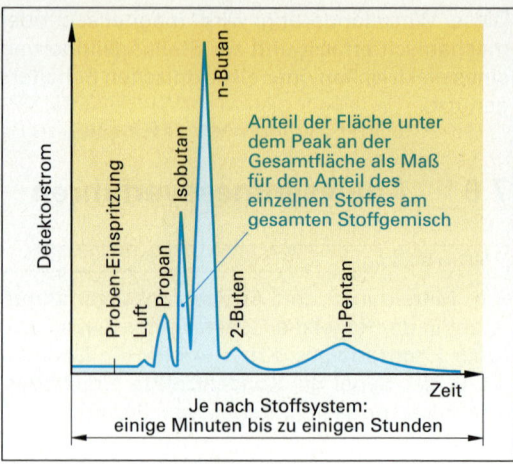

Bild 1: Gaschromatogramm

Die Teilfläche unter einer einzelnen Kurve ins Verhältnis gesetzt zur Summe aller Teilflächen entspricht der Konzentration des einzelnen Stoffes. Dies veranschaulicht Bild 1.

Früher wurden die Kurven auf Papierschreiberrollen aufgezeichnet und per Hand ausgewertet. Heute erfolgt die Auswertung mit einem im Gaschromatograf integrierten Rechner oder einem angekoppelten Personalcomputer.

> **Merksatz**
>
> Bei der Auswertung der gaschromatografischen Kurven wird die Tatsache genutzt, dass die **Teilfläche** unter einer einzelnen Kurve, ins **Verhältnis** gesetzt zur **Gesamtfläche**, proportional zur Konzentration des zur Teilfläche gehörigen Stoffes ist.

Da der Transport der Probesubstanz durch die Säule einige Minuten oder gar Stunden dauert, können die Analysenmesswerte dem Prozessleitsystem nur periodisch zugeführt werden. In der Zwischenzeit muss das Prozessleitsystem die Analysenwerte der vorhergehenden Probe zur weiteren Verwendung nutzen.

Neben dem hier beschriebenen **Flammenionisationsdetektor** gibt es andere Detektorprinzipien zur Ermittlung der Konzentrationen der einzelnen Stoffe bei der Gaschromatografie. Dies sind:

- **Wärmeleitfähigkeitsdetektoren**,
- **Gasdichtewaagen**,
- **Betastrahlenionisationsdetektoren**,
- **Elektroneneinfangdetektoren**.

7.6 Analysenmessverfahren

Bild 1 zeigt einen modernen Gaschromatografen ohne die zugehörige computerbasierte Auswerteeinheit. Die dort dargestellte Bauform ist trotz der Möglichkeit der Probebevorratung und der automatischen Probenahme nur für den Einsatz im Labor geeignet.

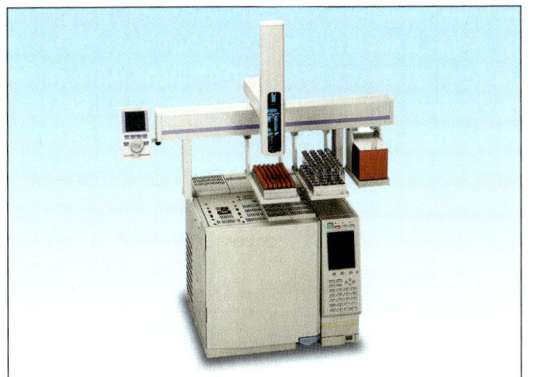

Bild 1: Labor-Gaschromatograf ohne angeschlossene PC-basierte Auswerteeinheit

Eine besonders robuste Bauform eines Gaschromatografen zeigt Bild 2. Dieser Gaschromatograf ist für den Einsatz vor Ort in der Anlage konzipiert. Er liefert automatisch und periodisch die gewünschten Messwerte. Er wird deshalb auch als **Prozess-Gaschromatograf** bezeichnet.

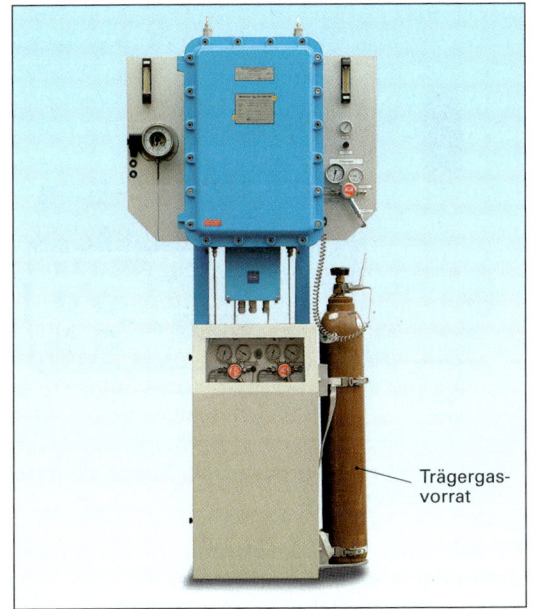

Bild 2: Robuster Prozessgaschromatograf für den Einsatz vor Ort

7.6.2 pH-Wert-Messung

Die Messung des pH-Wertes ist die in der chemischen Industrie am häufigsten anzutreffende Konzentrationsmessung.

> **Merksatz**
>
> Der pH-Wert gibt an, ob eine wässrige Lösung sauer, basisch oder neutral ist. Der pH-Wert ist ein Maß für die Konzentration der Hydroniumionen (H_3O^+) in einer Lösung.

Die Wassermoleküle zerfallen durch Dissoziation zu einem sehr kleinen Anteil in Wasserstoffionen (H^+) und Hydroxidionen (OH^-). Die Wasserstoffionen liegen hydratisiert vor, d. h. sie lagern sich an Wassermoleküle an und bilden Hydroniumionen (H_3O^+). Gleichzeitig lagert sich ein Teil der entstehenden Ionen wieder zu Wassermolekülen zusammen. Das symbolisiert der Doppelpfeil in der Reaktionsgleichung.

Dissoziation von **Wasser**:
$$2\,H_2O \;\rightleftarrows\; H_3O^+ \;+\; OH^-$$

1 Liter Wasser enthält $1 \cdot 10^{-7}$ mol/l H_3O^+-Ionen, die eine saure Reaktion bewirken, und ebenso viele OH^--Ionen, die eine basische Reaktion hervorrufen. Weil aber beide Ionenarten in gleicher Anzahl im Wasser vorhanden sind, heben sich ihre Wirkungen nach außen auf. Reines Wasser reagiert deshalb neutral.

Die Anwesenheit einer Säure erhöht die H_3O^+-Ionenkonzentration, denn ihre Dissoziation liefert zusätzliche H_3O^+-Ionen.

Dissoziation einer **Säure** (z. B. Schwefelsäure):
$$H_2SO_4 \;+\; 2\,H_2O \;\rightleftarrows\; 2\,H_3O^+ \;+\; SO_4^{2-}$$

Die Anwesenheit einer Base (Lauge) in Wasser erniedrigt die H_3O^+-Ionen-Konzentration, denn ein Teil der H_3O^+-Ionen des Wassers wird durch die OH^--Ionen der Base neutralisiert.

Dissoziation einer **Base** (z. B. Natronlauge):
$$NaOH \;\rightleftarrows\; Na^+ \;+\; OH^-$$

Die H_3O^+-Ionenkonzentration kann Werte zwischen 10^{-0} mol/l (hohe Konzentration: sauer) und 10^{-14} mol/l (niedrige Konzentration: basisch) annehmen. Zur Vereinfachung gibt man nicht die H_3O^+-Konzentration selbst, sondern den negativen Zehnerlogarithmus ihres Zahlenwertes an. Diese Kennzahl nennt man pH-Wert:

$$pH = -\log \frac{c(H_3O^+)}{1\,\text{mol}\cdot l^{-1}}$$

7 Messtechnik

> **Merksatz**
>
> Der pH-Wert ist der negative Zehnerlogarithmus des Zahlenwertes der H_3O^+-Ionenkonzentration einer Lösung.

Der pH-Wert kann Werte zwischen 0 und 14 annehmen:

- Eine **neutrale Lösung** hat den pH-Wert 7.
- Der pH-Wert von **Säuren** ist kleiner als 7.
- Der pH-Wert von **Basen** ist größer als 7.

Dies veranschaulicht Bild 1.

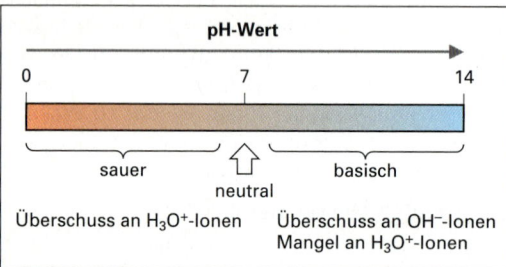

Bild 1: pH-Wert-Skala

> **Merksatz**
>
> Hohe Konzentration an H_3O^+-Ionen
> → niedriger pH-Wert → Säure
>
> Geringe Konzentration an H_3O^+-Ionen
> → hoher pH-Wert → Base

Die Ermittlung des pH-Wertes mithilfe von Indikatorpapier ist keine Methode der Prozessleittechnik. Statt dessen werden Elektrodensysteme verwendet, die in den ruhenden oder fließenden Stoffstrom eingebracht werden.

Dabei handelt es sich um zwei Glaselektroden: eine **Messelektrode** und eine **Bezugselektrode**. Bild 2 zeigt dieses Prinzip.

Die Messelektrode enthält einen Platindraht in einer Salzsäurelösung. Im unteren Teil befindet sich eine empfindliche, dünne Glasmembran, die mechanisch durch eine Abschirmung gegen Bruch gesichert ist.

Die Bezugselektrode enthält einen mit Silberchlorid beschichteten Silberdraht in einer gesättigten Kaliumchloridlösung, die durch eine halbdurchlässige Membran (Diaphragma) von der zu messenden Flüssigkeit getrennt ist.

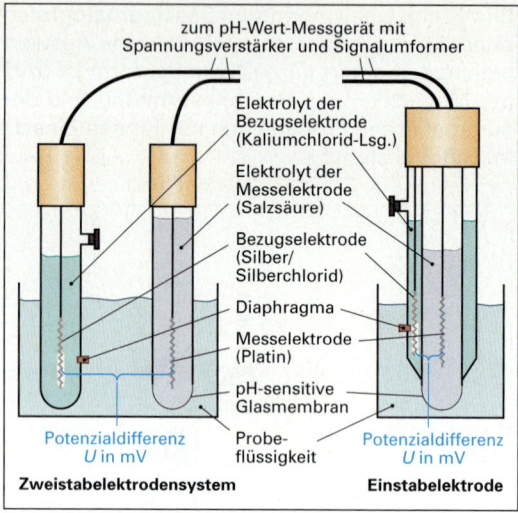

Bild 2: Elektrodensystem zur pH-Wert-Messung

Durch Diffusionsprozesse und galvanische Effekte, die hier nicht im Detail beschrieben werden sollen, entsteht zwischen den beiden Elektroden eine elektrische Spannungsdifferenz, die zur H_3O^+-Ionenkonzentration bzw. zum pH-Wert proportional ist.

Als pH-Wert-Messsysteme für die Prozessleittechnik werden von den Herstellern **Tauchelektroden** angeboten. oder aber als kontinuierlich durchströmte **Durchflussmesszellen** angeboten. Bild 3 zeigt ein Tauchelektrodensystem mit Auswertegerät.

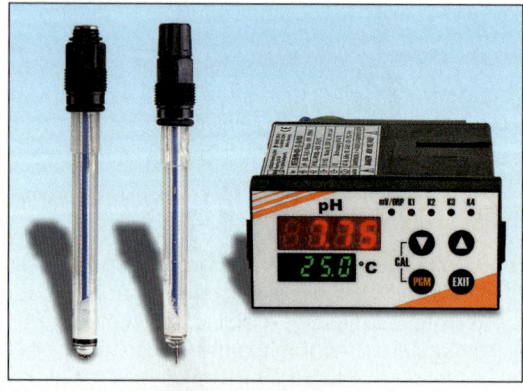

Bild 3: pH-Wert-Messsystem mit Tauchelektroden und Auswertegerät

Oft sind auch die Messelektrode und die Bezugselektrode in einer **Einstabmesszelle** integriert. Bild 1, S. 177, zeigt die Montagemöglichkeit einer kontinuierlichen pH-Wert-Messung mit eingebauter Einstabelektrode an einer Rohrleitung.

7.7 Sonstige Messverfahren

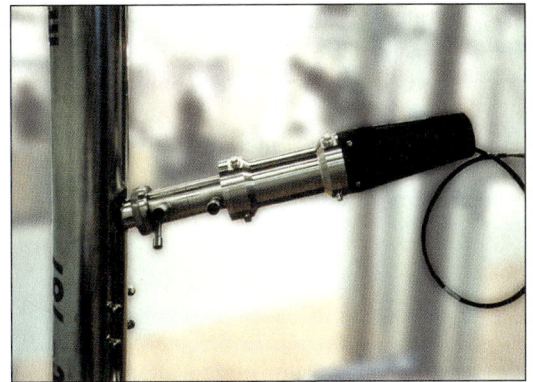

Bild 1: Wechselarmatur, bestückt mit einem pH-Wert-Sensor in industrieller Ausführung an einer durchströmten Rohrleitung

Die Auswerteelektronik eines pH-Wert-Messsystems führt zusätzlich zur Signalverstärkung und -umformung auch eine Temperaturkorrektur durch, bevor der berichtigte Messwert dem Prozessleitsystem zugeführt wird. Dazu ist neben den Messelektroden ein Temperaturmessfühler (z. B. ein Pt 100) erforderlich, der in die Messflüssigkeit eintaucht.

7.7 Sonstige Messverfahren

Die weiteren üblichen Messverfahren sind oft so kompliziert, dass sie hier nur kurz genannt werden sollen. Die Messungen folgender Größen sind in der chemischen Industrie häufig anzutreffen. Zusätzlich zur Messgröße sind die jeweiligen Messprinzipien angegeben:

- **Salzgehalt**: elektrische Leitfähigkeit

- **Sauerstoffgehalt**: Reaktivität und magnetische Eigenschaften des Sauerstoffes

- **Dichte**: Eintauchtiefe eines Auftriebskörpers; hydrostatischer Druck; Schwingungsdämpfung einer vibrierenden Stimmgabel

- **Feuchtigkeit (Wassergehalt)**: Vielzahl von Verfahren, je nach Aggregatzustand, gasförmig/fest/flüssig; meist unter Nutzung der elektrischen Leitfähigkeitseigenschaften; bei bewegten Schüttgütern auch durch Schallmessungen

- Verschiedene **Konzentrationen**: Brechungsindex (Refraktometrie), Trübung, Strahlungsabsorption

- **Viskosität**: Strömungsgeschwindigkeiten durch definierte Düsen bei bestimmtem Vordruck, Mitnahmeeffekt eines Zylinders durch einen in ihm rotierenden zweiten Zylinder und dazwischen fließende Probeflüssigkeit

Die Bilder 2 und 3 zeigen Sonden zur Messung der elektrischen **Leitfähigkeit** sowie ein in der Lebensmittelindustrie eingesetztes Messgerät zur **Trübungsmessung**.

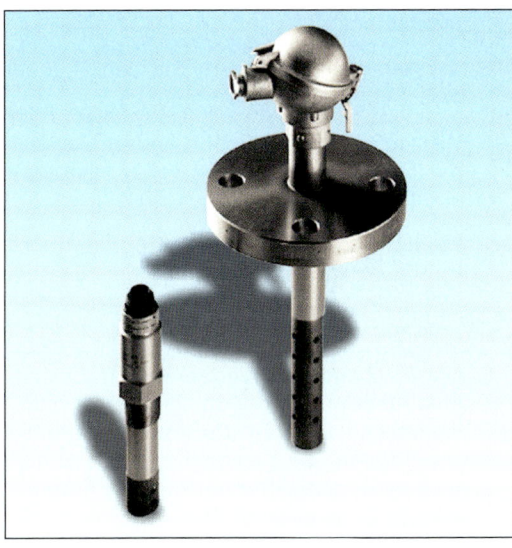

Bild 2: Sonden zur Messung der elektrischen Leitfähigkeit

Bild 3: Trübungsmessgerät mit örtlicher Anzeige und Möglichkeit der Signal-Fernübertragung

7 Messtechnik

Aufgaben

1. Was ist das Wesen eines Analogsignals?
2. Was ist ein Binärsignal?
3. Erläutern Sie den Begriff des digitalen Signals.
4. Was befindet sich in der Spitze eines Thermoelementes?
5. Skizzieren und erläutern Sie den Aufbau eines Widerstandsthermometers.
6. Welche elektrische Größe ändert sich bei der Durchbiegung eines Dehnungsmessstreifens in einer Druckmessdose?
7. Wodurch können sich bei der Bodendruckfüllstandsmessung und bei der Einperlungsfüllstandsmessung Messwertverfälschungen ergeben?
8. Die Füllstandsmessverfahren mit Einperlung und mit Bodendruckmessung sind eigentlich Differenzdruckmessverfahren. Als Differenz zu welchem anderen Druck wird dabei der statische Druck der Flüssigkeitshöhe gemessen?
9. Welche Bauteile bilden in der Regel die beiden Kondensatorplatten bei einer kapazitiven Füllstandsmessung?
10. Welches empfangene Signal wertet der Sensor einer radiometrischen Füllstandsmessung aus?
11. Was haben Füllstandsmessungen mit Ultraschallmessungen und mit Radarmessungen gemeinsam?
12. Bei welchen Medien werden mechanische Lotsysteme zur Füllstandsmessung angewendet?
13. Worin unterscheiden sich die Turbinen- und Flügelradzähler zur Durchflussmessung von den Ovalrad-, Birotor- und Drehschieberzählern?
14. Mit welchem Bauteil aus der Konsumgüterelektronik ist der Sender und Empfänger einer Ultraschall-Durchflussmessung vergleichbar?
15. Welche Form hat die senkrechte Röhre eines Rotameters?
16. Welchen Effekt nutzt die magnetisch-induktive Durchflussmessung (MID)?
17. In welcher Form hängt bei einer Wirkdruck-Durchflussmessung die Druckdifferenz vor und hinter der Messblende vom Durchfluss ab?
18. Welches Messprinzip wird bei einem Anemometer im Rahmen der Prozessleittechnik angewendet?
19. Beantworten Sie folgende Fragen zur Coriolis-Massenstrommessung:
    a) Was geschieht ganz allgemein mit einer durchflossenen Rohrschleife, die man theoretisch im Kreis rotieren lassen würde?
    b) Was geschieht mit der durchflossenen Rohrschleife, die man im Coriolis-Messgerät auf- und abschwingen lässt?
    c) Wozu ist der Massenstrom durch die schwingende Rohrschleife eines Coriolis-Messgerätes proportional?
20. Welche Eigenschaften, die bei unterschiedlichen Stoffen unterschiedlich stark ausgeprägt sind, nutzt man bei der Gaschromatografie als Analysenmessverfahren aus?
21. Skizzieren Sie eine Tabelle mit den Spalten: Gase, Flüssigkeiten und Schüttgüter. Ordnen Sie danach die in Kapitel 7 beschriebenen Messverfahren der Verwendbarkeit für diese drei Stoffklassen zu.
22. Diskutieren Sie, wodurch die technischen Sensoren im praktischen Betrieb geschädigt werden können. Diskutieren Sie die möglichen Einflüsse und ihre Wirkungen an zehn ausgewählten konkreten Messverfahren.
23. Überlegen Sie, welche Füllstandsmessprinzipien für schäumende Flüssigkeiten in Frage kommen.
24. Überlegen Sie, ob die Messgenauigkeit der Temperaturmessfühler von der Wandstärke des Schutzrohres abhängt. Begründen Sie Ihre Aussage.
25. Nennen Sie die Bezeichnungen der beiden Temperaturmessfühlerarten, die sich hinsichtlich der äußeren Gestalt exakt gleichen.
26. Erläutern sie, warum bei einem Thermoelement herstellerseitig spezielle Maßnahmen zur Messwertkorrektur nötig sind.

8 Steuerungen in Chemieanlagen

8.1 Vorbetrachtungen

> **Merksatz**
>
> Bei Steuerungen werden **Stellgrößen** in Abhängigkeit von bestimmten Prozessgrößen oder von der Zeit nach einem vorgegebenen **Algorithmus** beeinflusst. Ziel der Steuerung ist die Realisierung vorgegebener **Prozesszustände** oder **Prozessabläufe**.

Die nach einem vorgegebenen Algorithmus beeinflussten **Stellgrößen** sind meist Ventilstellungen oder elektrische Schalterstellungen.

Die **Prozessgrößen** spiegeln sich in der Regel als Messwerte wieder.

Bei den vorgegebenen **Algorithmen** handelt es sich entweder um gespeicherte Kennlinien, um Programmabläufe oder um logische Verknüpfungen von bestimmten Eingangssignalen.

Je nach dem der Steuerung zugrundeliegenden Algorithmus unterscheidet man prinzipiell folgende Arten der Steuerung:

- die **Vorwärtssteuerung** bzw. **offene Steuerung**,
- die **Verknüpfungssteuerung**,
- die **Ablaufsteuerung**.

Das Charakteristische für jede Art der Steuerung ist die offene Wirkungskette. „Offen" bedeutet, dass es keine ständige Rückführung von Informationen über das konkrete Ergebnis der Steuerung zum Steuergerät bzw. zur steuernden Software gibt.

Steuerung bedeutet aber nicht, dass es überhaupt keine Rückmeldungen vom Prozess über die derzeitigen Prozesszustände gäbe. Es gibt nur keine ständige Rückführung. Deshalb fällt es dem Anfänger manchmal schwer, Steuerung und Regelung zu unterscheiden.

Charakteristisch für die Steuerung ist in jedem Fall das Fehlen eines ständig geschlossenen Wirkungskreises. Um diese Aussage näher zu verstehen, sollen in den folgenden Kapiteln 8.2 bis 8.4 die Arten der Steuerungen anhand von Beispielen näher untersucht werden.

8.2 Vorwärtssteuerung (Offene Steuerung)

Wie für jede Art der Steuerung gilt auch für die **Vorwärtssteuerung**, dass bestimmte Stellgrößen in Abhängigkeit von Eingangsgrößen auf der Grundlage gespeicherter Algorithmen verändert werden.

Das Ziel der Vorwärtssteuerung besteht meist darin, bestimmte Prozesszustände trotz des Wirkens von Störungen frei von Schwankungen zu halten.

> **Merksatz**
>
> Im Prozessleitsystem werden **Vorwärtssteuerungen** in der Regel von den Controllern der prozessnahen Komponente realisiert.

Bei der Vorwärtssteuerung beeinflusst das Prozessleitsystem die Stellgröße in Abhängigkeit von einem fremden **Messwert**. Die Abhängigkeit der Stellgröße vom Messwert wird vom Ingenieur fest vorgegeben, d. h. als **Kennlinien** oder **Verstärkungsfaktoren** dauerhaft einprogrammiert. Es gibt dann aufgrund der offenen Wirkungskette keine Rückmeldung vom Erfolg der Steuerung auf die Prozessvariable.

> **Merksatz**
>
> Bei der Vorwärtssteuerung beeinflusst das Prozessleitsystem die **Stellgröße** in Abhängigkeit von einem fremden **Messwert**. Die Abhängigkeit der Stellgröße vom Messwert wird vom Programmierer oder vom Automatisierungsingenieur fest vorgegeben.

> **Beispiel**
>
> **Temperatursteuerung für ein Produkt, das einen Wärmetauscher verlässt**
>
> In Bild 1, S. 180, wird mithilfe des Rohrbündel-Wärmetauschers ein heißes Produkt abgekühlt. Erhöht sich der Volumenstrom des heißen Produktes, wird automatisch die Kühlwassermenge erhöht. Vermindert sich der Produktstrom, wird die Kühlwassermenge vermindert.

8 Steuerungen in Chemieanlagen

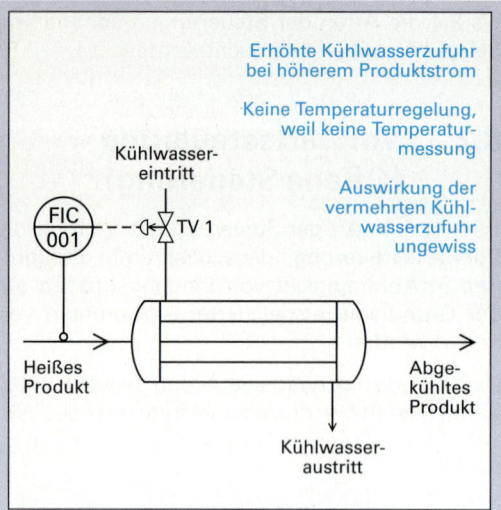

Bild 1: Steuerung der Austrittstemperatur an einem Wärmetauscher nur in Abhängigkeit vom Produktdurchfluss

Diese Funktion wird in Bild 1 durch das Symbol „FI 001" gekennzeichnet. Eigentlich bedeutet die Bezeichnung „FI" lediglich: „Durchflussmessung mit Anzeige des Produktstromes" (Flow, Indication). Für die Steuerungsfunktion existiert in der DIN 19227 kein gesonderter Buchstabe. Ihre Funktion ist lediglich aus der gestrichelten Wirkungslinie zum Ventil TV1 und dem technologischen Zusammenhang zu ersehen.

Das Charakteristische an dieser Steuerung ist, dass es keine Rückmeldung von der Wirkung, d. h. vom Erfolg der Stellgrößenänderung gibt.

So wird im Schema in Bild 1 also nicht die erreichte Endtemperatur des kalten Produktes gemessen, sondern nur deren Durchflussmenge. Die Steuerung verlässt sich gewissermaßen darauf, dass die Veränderung des Kühlwasserstromes ungefähr zur gewünschten Produkttemperatur führt.

Deshalb spricht man bei der Steuerung nicht von einem geschlossenen Wirkungskreis, sondern von einer **offenen Kette**.

Der Signalfluss erfolgt nur in einer Richtung, also vorwärts, daher auch der Name **Vorwärtssteuerung**. Die Intensität der Kühlung kann am Steuergerät bzw. in der Software des Prozessleitsystems eingestellt werden.

Bild 2 zeigt den Signalfluss einer Steuerung an dem Rohrbündel-Wärmetauscher nach Bild 1.

> **Merksatz**
>
> Das Charakteristische an einer **offenen** bzw. **Vorwärtssteuerung** ist der nicht geschlossene Wirkungskreis, also die fehlende Rückführung des beeinflussten Prozesswertes zum steuernden Gerät.

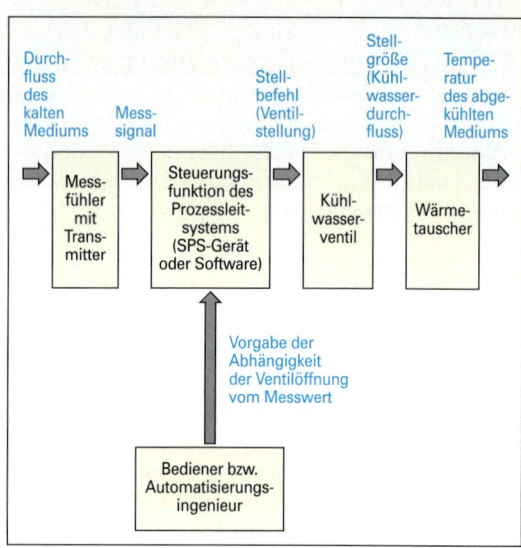

Bild 2: Signalfluss des Steuerungsbeispiels „Wärmetauscher"

Eine solche Steuerung kann die Temperatur des kalten Produktes nur annähernd konstant halten. Abweichungen von der gewünschten kalten Produkttemperatur können sich beispielsweise dadurch ergeben, dass bereits die Temperatur des eintretenden, heißen Produktes schwankt. Darauf kann die gezeigte Struktur nicht reagieren, weil diese Temperatur nicht erfasst wird.

Auch wird es in der Regel nicht so sein, dass eine Verdopplung des Ventilhubes von TV1 eine exakte Verdopplung des Kühlwasserdurchflusses bewirkt (vgl. Kapitel 10.4, Zusammenwirken von Stellventil und Rohrleitung). Deshalb zieht der Anlagenplaner den Einsatz einer Regelung gegenüber dem einer Steuerung meist vor.

Vorwärtssteuerungen sind zum Konstanthalten eines Prozesswertes nur sehr bedingt geeignet, da sie die Vielfalt der Faktoren, die den Prozesswert störend beeinflussen, nur unzureichend berücksichtigen.

> **Merksatz**
>
> Die Faktoren, welche die beabsichtigte Konstanz eines Prozesswertes störend beeinflussen, heißen **Störgrößen**.

Die offene Wirkungskette einer Steuerung kann auch wie in Bild 1 veranschaulicht werden. Dabei wurden die in der Automatisierungstechnik üblichen, allgemeinen Bezeichnungen verwendet:

x: Istwert

w: Sollwert

y: Stellwert

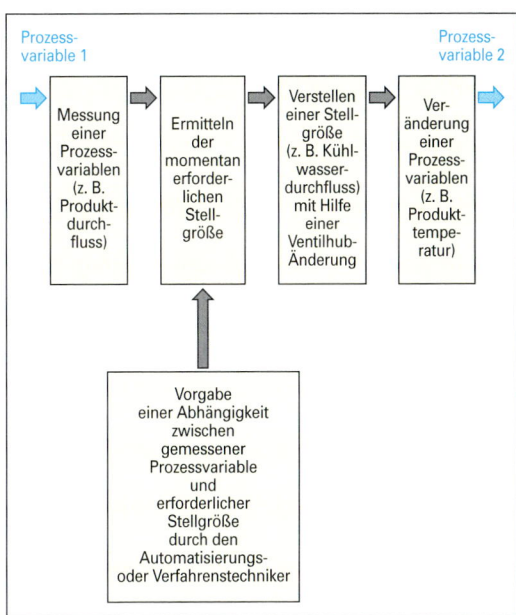

Bild 2: Teilaktivitäten der an der Steuerungsaufgabe beteiligten Elemente

8.3 Verknüpfungssteuerungen

Auch für Verknüpfungssteuerungen gilt, wie für jede Art der Steuerung, dass bestimmte Stellgrößen in Abhängigkeit von Eingangsgrößen auf der Grundlage gespeicherter Algorithmen verändert werden.

Das Ziel der Verknüpfungssteuerung besteht darin, den Prozesszuständen eine bestimmte **innere Logik** zu geben. Die zugehörigen Algorithmen werden in modernen Prozessleitsystemen von einem SPS-Steuerungsgerät (SPS: speicherprogrammierbare Steuerung) oder aber von einer Controller-Baugruppe realisiert.

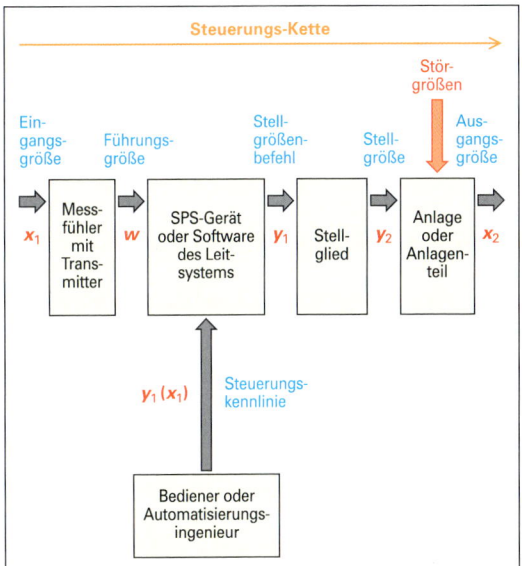

Bild 1: Signalflusskette des Steuerungsbeispiels „Wärmetauscher"

Stellt man in einer solchen Übersicht in den einzelnen Kästen nicht die beteiligten Elemente dar (Messfühler, SPS oder Controller, Stellglied, Bediener, Anlage), sondern deren Aufgaben bzw. Teilaktivitäten, ergibt sich eine Übersicht gemäß Bild 2.

Vorwärtssteuerungen sind in der chemischen Industrie wesentlich seltener als Regelungen zu finden. Eine echte Regelung mit Messung der konstant zu haltenden Prozessvariablen liefert genauere Automatisierungsergebnisse, weil sie die Wirkung mehrerer Störgrößen zu kompensieren vermag.

> **Merksatz**
>
> Im Prozessleitsystem werden **Verknüpfungssteuerungen** in der Regel von den Controllern der prozessnahen Komponente oder von elektrischen bzw. elektronischen Schaltungen realisiert.

Wenn der Algorithmus, also das Steuerungsprogramm des Prozessleitsystems oder des SPS-Gerätes, nicht mit einer einzelnen, sondern mit mehreren Eingangsgrößen arbeitet, müssen diese zweckmäßig verknüpft werden, damit sich logisch sinnvolle Funktionen ergeben.

8 Steuerungen in Chemieanlagen

> **Merksatz**
>
> Das Ziel der Verknüpfungssteuerung besteht darin, den Prozesszuständen, oder auch nur einzelnen Größen, eine bestimmte **innere Logik** zu geben.

Ein typischer Anwendungsfall von Verknüpfungssteuerungen ist die **Verriegelung,** auch **sicherheitsgerichtete Steuerung** genannt. Ihre Aufgabe besteht darin abzusichern, dass gefährliche Prozesszustände nicht auftreten können:

- Mit Verriegelungen kann beispielsweise das Überfüllen oder Leerlaufen von Behältern vermieden werden.

- Ebenso kann mit Verriegelungen das Ein- und Ausschalten von Maschinen und Apparaten verhindert werden solange bestimmte, notwendige Bedingungen nicht erfüllt sind.

- Auch das Verhindern falscher Dosierungsreihenfolgen von Stoffen in einen Apparat bei Fehlbedienungen ist ein möglicher Anwendungsfall von Verriegelungen.

> **Merksatz**
>
> **Verriegelung** eines Stellorgans bedeutet, dass dieses nicht betätigt werden kann, weil eine oder mehrere Bedingungen nicht erfüllt sind.

> **Beispiel**
>
> **Verriegelungen an einem Vorratsbehälter**
>
> Bild 1 zeigt einen Vorratsbehälter mit Verriegelungen, wie sie in der chemischen Industrie häufig vorkommen.

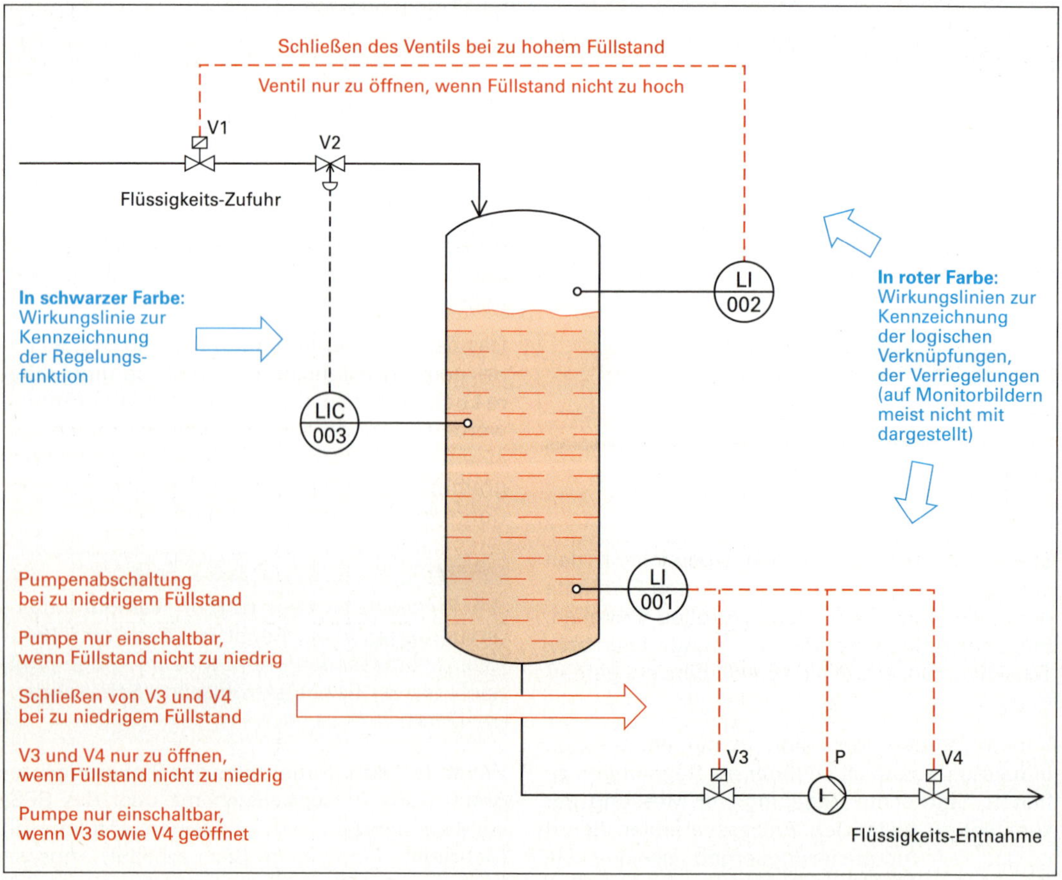

Bild 1: Erforderliche Verriegelungen an einem einfachen Vorratsbehälter (rote gestrichelte Wirklinien)

Darin ist zum einen der Behälter vor Überfüllung zu sichern. Zum anderen muss das Trockenlaufen der Pumpe verhindert werden. Außerdem ist abzusichern, dass die Pumpe nicht gegen das geschlossene Druckventil V4 arbeitet. Insbesondere Hubkolbenpumpen bauen bei Betrieb gegen geschlossene Ventile unzulässig hohe Drücke auf.

Tabelle 1 gibt an, durch welche Verriegelungen die abzusichernden Bedingungen im Beispiel erreicht werden können.

Tabelle 1: Möglichkeit zur Darstellung einer Verriegelungsliste

Zu realisierende Funktion	Erreichbar durch folgende Verriegelungen
Selbsttätiges Schließen des Zulaufventils bei zu hohem Füllstand	V1 gegen LI002
Zulaufventil nur zu öffnen, wenn Füllstand nicht zu hoch ist	V1 gegen LI002
Pumpenabschaltung bei zu niedrigem Füllstand	P gegen LI001
Pumpe nur einschaltbar, wenn Füllstand nicht zu niedrig ist	P gegen LI001
Selbsttätiges Schließen von V3 und V4 bei zu niedrigem Füllstand	V3 gegen LI001 V4 gegen LI001
Ventile V3 und V4 nur zu öffnen, wenn Füllstand nicht zu niedrig ist	V3 gegen LI001 V4 gegen LI001
Pumpe nur einschaltbar, wenn V3 und V4 geöffnet sind	P gegen V3 P gegen V4

Hinweis

In Bild 1, S. 182, wurden die Verriegelungsfunktionen als gestrichelte rote Wirklinien dargestellt. Da in Chemieanlagen eine unüberschaubare Anzahl derartiger Verriegelungen existiert, werden aus Gründen der Übersichtlichkeit diese Wirklinien auf den Bediener-Monitoren nicht mit dargestellt. Auch die Wirklinien der Regelungen werden dort oft weggelassen.

Um die Vielzahl der Verriegelungen zu dokumentieren, wird im Prozessleitsystem die so genannte **Verriegelungsliste** erstellt. Die Verriegelungsliste kann in vielen Systemen auch von dem Bediener eingesehen werden. Sie ist jedoch vor einer unbefugten Änderung geschützt. Statt des Begriffes der Verriegelungsliste ist auch der Begriff **Verriegelungsmatrix** gebräuchlich.

Verriegelungslisten enthalten stets in Tabellenform folgende Angaben:

- die **Stellorgane**, die verriegelt sind,
- die **Bedingungen**, die diese Stellorgane verriegeln oder freigeben.

Tabelle 2 zeigt eine mögliche Alternative zur textlichen Darstellung der Verriegelungsliste aus Tabelle 1.

Tabelle 2: Ausführliche Verriegelungsliste

Ursache \ Wirkung	V1 auf	V1 zu	Pumpe ein	Pumpe aus	V3 auf	V3 zu	V4 auf	V4 zu	Freigabe Pumpenschalter	Sperren Pumpenschalter
LI001=0				×		×		×		
LI001=1			×		×					
LI002=0	×									
LI002=1		×								
Pumpenschalter (Taster) = 0				×		×		×		
Pumpenschalter (Taster) = 1			×		×		×			
Stellungsmelder V3=0 (zu)										×
Stellungsmelder V3=1 (offen)									×	
Stellungsmelder V4=0 (zu)										×
Stellungsmelder V4=0 (offen)									×	

Verknüpfungssteuerungen wurden früher meist durch elektrische Schaltungen mithilfe von Relais realisiert. Auch heute noch gibt man für besonders sicherheitsrelevante Funktionen den konventionellen elektrischen Relaisschaltungen den Vorzug vor computerbasierten Steuerungen. Relaisschaltungen können auch zusätzlich zu den digitalen Steuerungen des Prozessleitsystems eingesetzt werden.

Verknüpfungssteuerungen basieren unabhängig davon, ob sie als elektrische Schaltungen oder als Computerprogramme realisiert werden, auf bestimmten Bausteinen. Diese haben die Aufgabe, die einzelnen Signale logisch zu verknüpfen.

Diese Bausteine können aus Relaisschaltungen, aus transistorisierten Mikrochips oder aus zyklisch abgearbeiteter Software im Computerspeicher bestehen. Sie werden auch als **Logik-Bausteine**, **Funktionsblöcke** oder **logische Grundfunktionen** bezeichnet.

> **Merksatz**
>
> Verknüpfungssteuerungen basieren auf **logischen Grundfunktionen**, die von der PLS-Software oder von elektrischen bzw. elektronischen Schaltungen realisiert werden.

Die wichtigsten logischen Grundfunktionen sind die:

- **UND**-Funktion,
- **ODER**-Funktion,
- **NEGATION**S-Funktion.

Weitere logische Funktionsbausteine sowie deren Funktion werden in Kapitel 12.9 (Logische Funktionen im speicherprogrammierten Steuerungsgerät) näher erläutert.

Für die Realisierung der Verriegelungen des Beispiels von Bild 1, S. 182, sind einige wenige UND-Bausteine ausreichend.

Die Stellorgane sollen schließlich nur dann den Zustand EIN oder AUF annehmen können, wenn sie einen Schaltbefehl erhalten UND bestimmte Bedingungen erfüllt sind.

Dabei ist zu beachten, dass die Betätigung der Stellorgane nur dann erfolgen darf, wenn die Füllstandssensoren anzeigen, dass der Behälter NICHT voll bzw. NICHT leer ist. Die Signale der Füllstandssensoren müssen also negiert werden.

In Bild 1 sind die UND-Bausteine als Rechtecke mit dem kaufmännischen & -Zeichen dargestellt. Die Kreise an einigen Signaleingängen sind das Symbol für die NEGATION des betreffenden Signals.

Bild 1 zeigt, dass die Signale mithilfe der logischen UND-Bausteine so verknüpft werden, dass die geforderten Funktionen realisiert werden.

In Bild 1 wird auch deutlich, dass nicht nur die **Eingangssignale**, wie LI 001, LI 002, oder die Schaltbefehl-Impulse miteinander logisch verknüpft werden, sondern auch die **Ausgangssignale**. Die Schaltzustände von V3 und V4 werden also erneut eine Verknüpfungsbaustein als Eingangssignal geführt.

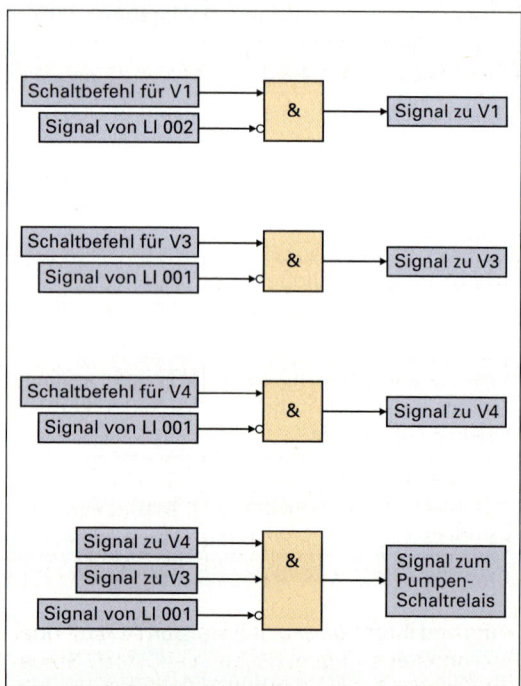

Bild 1: Logische Signalverknüpfungen zur Realisierung der Sicherheitsfunktionen am Vorratsbehälter aus Bild 1, S. 182

Bild 1, S. 185, zeigt ebenfalls eine Darstellung der logischen Funktionen, jedoch enthält es die einzelnen Signalwege in zweckmäßig zusammengefasster Form.

8.4 Ablaufsteuerung

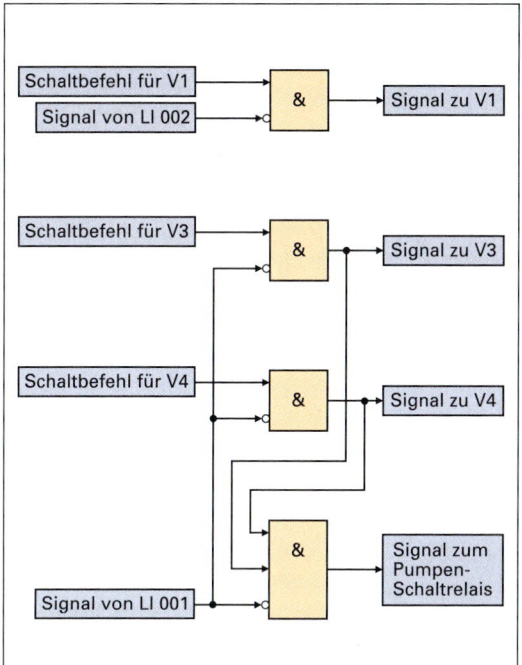

Bild 1: Logische Signalverknüpfungen zur Realisierung der Sicherheitsfunktionen am Vorratsbehälter aus Bild 1, S. 182

Der Vorteil dieser Darstellungsform besteht darin, dass die Mehrfachverwendung einzelner Signale sowie die Rückführung von Ausgangssignalen in die Signal-Eingänge der Logikfunktionen deutlicher erkennbar ist als in Bild 1, S. 184.

8.4 Ablaufsteuerung

> **Merksatz**
>
> **Ablaufsteuerungen** spielen in der stoffwirtschaftlichen Industrie immer dort eine Rolle, wo Prozesse nach vorprogrammierten automatisierten Rezepturen geleitet werden.

Aufgrund ihrer Komplexität werden Ablauf- oder Rezeptursteuerungen, die auch als **Batch-Steuerungen** oder **Batch-Prozesse** bezeichnet werden, in Kapitel 11 (Automatisierte Rezeptursteuerung) ausführlicher behandelt. Der dort enthaltene Lehrstoff baut auf den Grundlagen des vorliegenden Kapitels 8.4 (Ablaufsteuerung) auf.

Für **Ablaufsteuerungen** gilt wie für alle Steuerungen, dass bestimmte Stellgrößen in Abhängigkeit von Eingangsgrößen auf der Grundlage gespeicherter Algorithmen verändert werden.

Das Ziel besteht darin, einen vorbestimmten **Ablauf von Prozesszuständen** zu erreichen.

Bei der Ablaufsteuerung leitet ein vorgefertigtes Programm den Prozess **Schritt für Schritt** zu neuen Zuständen, ähnlich, wie dies vom Waschprogramm der Waschmaschine her bekannt ist.

> **Merksatz**
>
> Bei der **Ablaufsteuerung** leitet ein vorgefertigtes Programm den Prozess nach einer bestimmten Logik Schritt für Schritt zu neuen Zuständen.

Die Stellgrößen werden erst dann verändert, wenn eine bestimmte Bedingung oder eine Verknüpfung mehrerer Bedingungen vom Prozess zurückgemeldet werden. Erst dann schaltet ein vorprogrammierter Prozessablauf automatisch weiter in den nächsten Schritt.

Die zugehörige Steuerungs-Kette zeigt Bild 2.

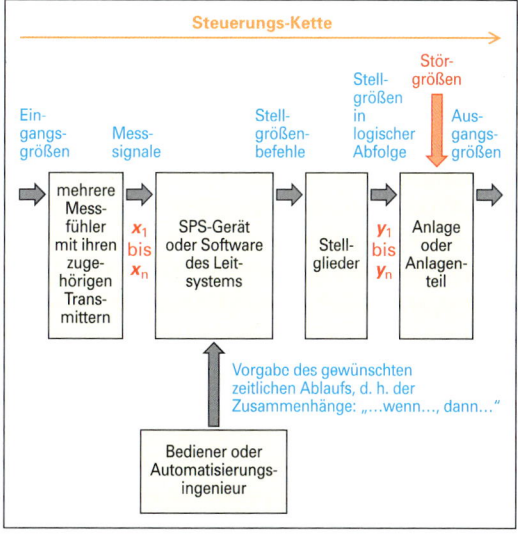

Bild 2: Steuerungs-Signal-Kette einer Ablaufsteuerung

Aus Bild 2 wird ersichtlich, dass auch bei der Ablaufsteuerung die Signalwege unter Berücksichtigung eines vorgegebenen Programms von den Messfühlern zu den Stellgliedern der Anlage verlaufen. Jedoch wird im Gegensatz zur Vorwärtssteuerung, aber ähnlich wie bei der Verknüpfungssteuerung, eine **Vielzahl** von Eingangssignalen zu einem logischen Gesamtwerk verknüpft.

Der Rückmeldesignalweg (z. B. Meldeleitung eines Füllstandsgrenzwertschalters) existiert zwar in Form einer verdrahteten Leitung ständig, das Signal wird jedoch nicht ständig zum Steuergerät geschickt und auch nicht ständig vom Steuergerät zur Verarbeitung benötigt.

Beispielsweise gelangt bei einem Füllstandsgrenzwertschalter nur dann ein Signal zum Steuergerät, wenn der Behälter tatsächlich voll ist. Vom Steuerprogramm wird dieses Signal auch nicht ständig benötigt, sondern nur dann, wenn die Weiterschaltung in den nächsten Programmschritt von genau diesem Füllstandssignal abhängig ist.

Ablaufsteuerungen werden also, ähnlich wie Verknüpfungssteuerungen durch logische Verknüpfung der aus dem Prozess kommenden Signale realisiert.

> **Merksatz**
>
> Im Prozessleitsystem werden **Ablaufsteuerungen** in der Regel von den Controllern der prozessnahen Komponente oder von separaten SPS-Geräten dadurch realisiert, dass Signale miteinander logisch verknüpft werden.

Wenn konkrete Bedingungen erfüllt sind, erfolgt eine bestimmte Aktivität, meist in Form einer Schalthandlung. Daher kann manchmal nicht exakt unterschieden werden, ob eine Verknüpfungssteuerung oder eine Ablaufsteuerung vorliegt.

> **Beispiel**
>
> **Chargenreaktor**
>
> In einem Rührreaktor nach Bild 1 sollen nach dem Befüllen mit dem Ausgangsstoff und nach Inbetriebnahme des Rührers automatisch die Ventile HV 1 und HV 2 für den Kühlkreislauf geöffnet werden. Damit wird die entstehende Wärme bei der von selbst startenden chemischen Reaktion abgeführt.
>
> Die gestrichelten Linien und die Buchstaben **US** symbolisieren gemäß DIN 19227:
>
> - dass eine logische Verknüpfung zwischen dem Signal des Füllstandssensors LIS 001 und den Auf-Zu-Ventilen HV 1 und HV 2 existiert,
> - dass automatisierte Schalthandlungen erfolgen (Erstbuchstabe U: Verknüpfung; Zweitbuchstabe S: Schaltung).

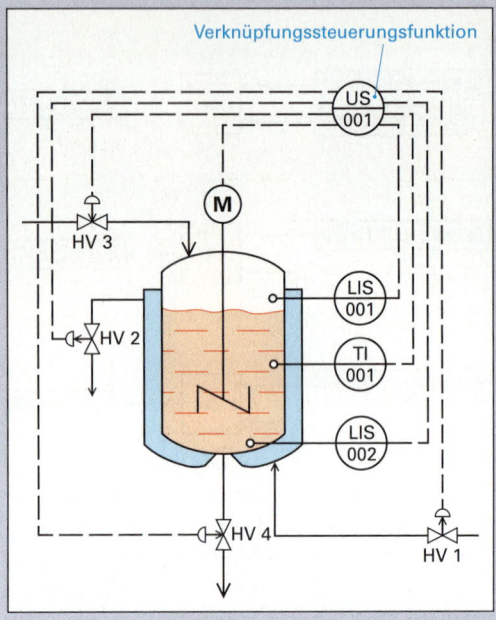

Bild 1: Chargenreaktor mit Verknüpfungssteuerung zur Realisierung eines Ablaufes

Damit ist folgender Ablauf zu realisieren:

1. Dosieren des Ausgangsstoffes
2. Inbetriebnahme des Rührers
3. Inbetriebnahme der Temperaturregelung

Da im Fließbild aus Gründen der Übersichtlichkeit nicht alle logischen Verknüpfungen darstellbar sind, ist beispielsweise nicht ersichtlich, dass das Signal von LIS 001 unter anderem auch zum Schließen des Befüllventils HV 3 führt. Zur Darstellung logischer Verknüpfungen eignen sich spezielle Verknüpfungstabellen oder Verknüpfungsmatrizen besser als R/I-Fließbilder.

> **Beispiel**
>
> **Dosierung mit Grob- und Feindosierventil zu Beginn eines Chargenprozesses**
>
> In Bild 1, S. 187, misst die PLT-Stelle FQIS 001 den Volumenstrom. Sie zeigt ihn aber nicht als Momentanwert an, sondern als Summe der bisher durchgeflossenen Menge, also als Volumen. Beispielsweise ergibt ein Durchfluss von 2 Liter pro Sekunde, summiert über 60 Sekunden, ein Volumen von 120 Liter.

8.4 Ablaufsteuerung

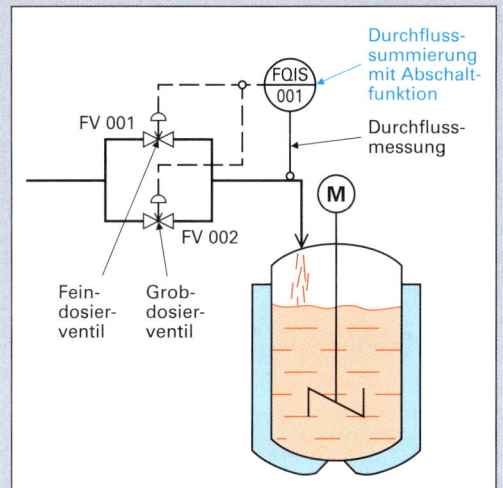

Bild 1: Dosierung eines Stoffes mit Grob- und Feindosierventil an einem Chargenreaktor

Die EMSR-Stellenbezeichnungen bedeuten hier:

- **F** als Erstbuchstabe: Durchfluss (engl. flow: Durchfluss)
- **Q** als Ergänzungsbuchstabe: Summierung von Durchflussteilmengen (engl. quotilization: Portionierung)
- **I** als Folgebuchstabe: Anzeige (engl. indication: Anzeige)
- **S** als Folgebuchstabe: Schaltung (engl.: switch: Schalten)

Die EMSR-Stelle FQIS 001 ist ein Zähler mit Abschaltfunktion. Er kann auf dem Monitor des Prozessleitsystems gestartet werden, nachdem der gewünschte Abschaltwert eingestellt wurde. Dann öffnet er beide Ventile in einem durch eine Logik vorgegebenen Ablauf.

Das Grobdosierventil schließt bereits kurz vor dem Erreichen der gewünschten Menge, sodass dann nur noch das Feindosierventil geöffnet bleibt. Dieses schließt exakt beim Erreichen des gewünschten Volumens.

Durch die Verwendung von Grob- und Feindosierventil lässt sich eine genaue Dosierung realisieren, da sowohl die Ventile als auch das Prozessleitsystem selbst mit gewissen Verzögerungszeiten arbeiten, die zu einer größer dosierten Menge als gewünscht führen können.

Während in der Fertigungstechnik logische Ablaufsteuerungen in der Regel zur bedingten Positionierung von Werkstücken und Werkzeugen verwendet werden, spielen sie in der Verfahrenstechnik und in der chemischen Industrie eine große Rolle bei der Rezeptfahrweise von Chargen-Prozessen.

Beispiel

Rezeptur-Ablauf

Zur Herstellung einer kohlensäurehaltigen Flüssigkeit soll folgendes Rezept in einem Chargenreaktor realisiert werden:

1. Dosieren von 100 Liter Konzentrat in einen Rührapparat.
2. Einschalten des Rührers.
3. Dosieren von 1000 Liter Wasser in den Rührapparat.
4. Pasteurisieren durch Aufheizen auf 85 °C.
5. Eine Stunde bei 85 °C halten.
6. Abkühlung auf 30 °C.
7. Aufdrücken von Kohlendioxid bis zum Druck von 1,5 bar.
8. Zehn Minuten bei diesem Druck halten.
9. CO_2-Druckventil schließen.
10. Rührer ausschalten.

Bei einem solchen Rezept lassen sich exakte **Bedingungen** dafür formulieren, wann das Rezept zum nächsten Schritt springen soll. Solche Bedingungen sind beispielsweise:

- das Erreichen der vorgegebenen Temperatur,
- der Ablauf der voreingestellten Zeit.

In manchen Fällen, zum Beispiel nach dem Einschalten eines Rührers, kann auf eine solche Weiterschaltbedingung verzichtet werden, sodass der Rezeptablauf sofort zum nächsten Schritt übergeht.

Ablaufsteuerungen werden in den Prozessleitsystemen der stoffwandelnden Industrie ebenso wie die offenen Steuerungen und die Verknüpfungssteuerungen von den Controller-Bauelementen der prozessnahen Komponenten realisiert.

Sie können aber auch durch digitale speicherprogrammierbare Steuerungsgeräte (SPS- Geräte) ausgeführt werden, die über Bus-Kabel mit den Controllern zum Informationsaustausch verbunden sind.

Die SPS-Geräte als gesonderte Steuerungsgeräte (z. B. Simatic S5 oder S7 der Firma Siemens) haben ihre Domäne historisch gesehen in der Fertigungstechnik.

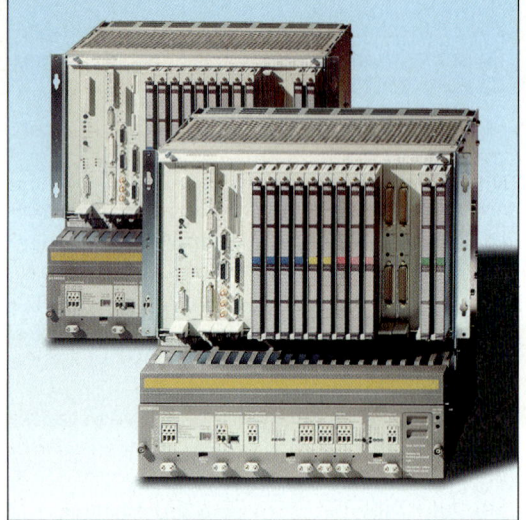

Bild 1: Speicherprogrammierbares Steuerungsgerät SIMATIC S5, ein Meilenstein in der Geschichte der digitalen Steuerungen

Bild 2: Modernes speicherprogrammierbares Steuerungsgerät SIMATIC S7, das nicht nur binäre Schaltsignale, sondern auch stetige Analogsignale, z. B. für Regelungen, verarbeiten kann

In der stoffwandelnden Industrie werden speicherprogrammierbare Steuerungsgeräte heute häufig zur automatisierten Rezeptsteuerung eingesetzt.

Sie sind jedoch hauptsächlich dort zu finden, wo mit Stückgütern gearbeitet wird, beispielsweise beim Abfüllen und Verpacken der Fertigprodukte. Dort spielen Positionierungen und Bewegungen eine Rolle, die von den schnell arbeitenden separaten SPS-Geräten effektiver verarbeitet werden können, als von den etwas langsameren Controllern der Prozessleitsysteme.

Auf die prinzipielle Wirkungsweise einer SPS wird im Kapitel 12.9 (Logische Funktionen im speicherprogrammierten Steuerungsgerät) eingegangen.

Da die Ablaufsteuerungen im Rahmen der automatisierten Rezeptursteuerung von Chargenprozessen eine große Rolle spielen, ist ihnen das separate Kapitel 11 (Automatische Rezeptursteuerung) gewidmet. Dort sind weitergehende Aussagen über Chargenprozesse und ihre Realisierung durch das Prozessleitsystem zu finden.

8.5. Darstellungsformen von Steuerungsaufgaben

Die Darstellungsarten von Steuerungsaufgaben sind in DIN EN 61131 und DIN EN 60848 genormt. Nachstehend werden die wesentlichen Grundsätze der verschiedenen Darstellungsarten kurz erläutert.

Beispiel

Steuerungsaufgaben bei einem Reaktionsbehälter

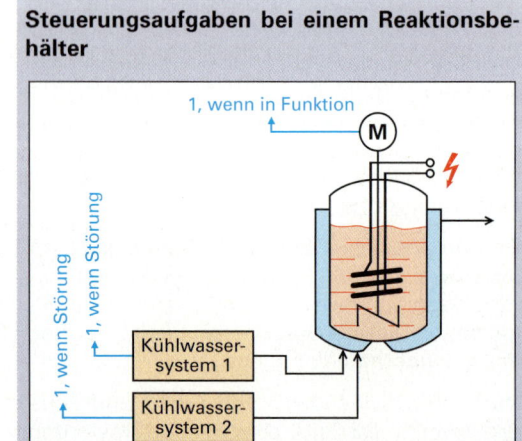

Bild 3: Beispiel eines chemischen Reaktors mit zwei unabhängigen Kühlsystemen

An einem chemischen Reaktor nach Bild 3 sind

aus Sicherheitsgründen zwei Kühlwassersysteme installiert, die bei einem Defekt eine Störungsmeldung (eine logische „Eins", also ein 24 V Signal) liefern.

Der Schritt Nr. 16 der in diesem Reaktor ablaufenden Rezeptur ist eine exotherme chemische Reaktion, also eine chemische Reaktion mit Wärmeentstehung. Sie kommt nach dem Aufheizen von selbst in Gang und beschleunigt sich bei weiterem Temperaturanstieg, z. B. durch ungenügende Wärmeabfuhr.

Die nach dem Aufheizen einsetzende chemische Reaktion liefert so viel Wärme, dass beim Nichtfunktionieren beider Kühlsysteme ein „Durchgehen" des Reaktors zu befürchten ist.

Das elektrische Beheizen des Behälters im Schritt Nr. 16 eines Rezeptes darf bei diesem Reaktor deshalb nur dann möglich sein, wenn mindestens eines der beiden vorhandenen Kühlsysteme funktionstüchtig ist. Damit soll ein Herunterkühlen des Reaktors stets gewährleistet sein.

Anders ausgedrückt: Nur dann soll die Beheizung nicht möglich sein, wenn beide Kühlsysteme eine Störungsmeldung senden.

Solange also wenigstens eines der beiden Kühlsysteme noch eine logische „0" liefert (also „keine Störung"), soll die Beheizung möglich sein.

Zusätzlich („UND") soll die elektrische Beheizung des Reaktors nur dann möglich sein, wenn gleichzeitig der Rührer läuft.

In ungenormter Darstellung sieht die Realisierung dieser logischen Verknüpfung wie in Bild 1 dargestellt aus.

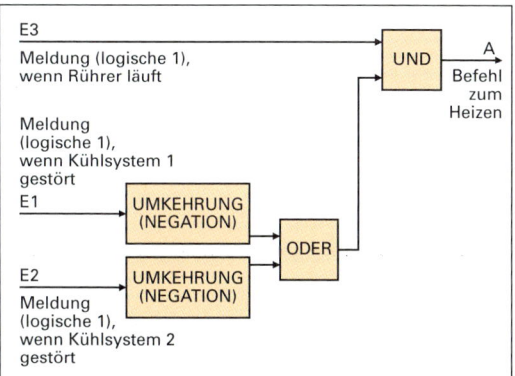

Bild 1: Verbale (ungenormte) Funktionbaustein-Darstellung einer Verknüpfungssteuerung

Bei den dargestellten UND- und ODER-Verknüpfungen kann es sich um elektrische Schaltungen mit Transistoren oder um periodisch abgearbeitete Computerprogramme handeln.
Dargestellt in einer in der Mathematik üblichen Schreibweise, der **Booleschen Logikschreibweise**, sieht die Steuerungsaufgabe dann aus wie in Bild 2 gezeigt.

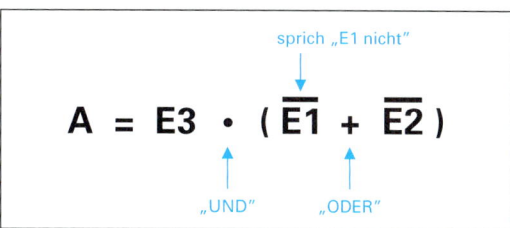

$$A = E3 \cdot (\overline{E1} + \overline{E2})$$

Bild 2: Boolesche Logik-Schreibweise der Verknüpfungssteuerungsaufgabe des Reaktors mit doppeltem Kühlsystem

Dabei bedeuten die Striche über den Ausgängen, dass es sich um eine Signalumkehrung, also eine Negation handelt. Das Zeichen • steht für eine UND-Verknüpfung; das Zeichen + steht für die ODER-Verknüpfung.
Im Rahmen der SPS-Programmierung (heute meist in grafisch-intuitiver Form am Bildschirm realisierbar) bedient man sich der Verwendung von logischen Funktionsbausteinen, die per Mausklick zu einem so genannten **Funktionsplan** zusammengesetzt werden. Eine solche Darstellung kann für den Reaktor mit den zwei Kühlsystemen aussehen wie in Bild 3 gezeigt.

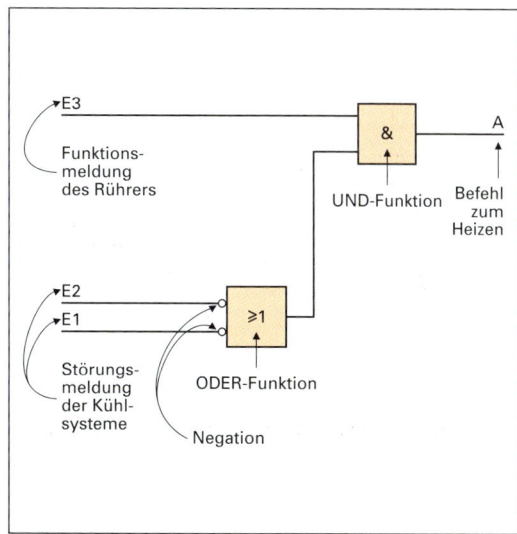

Bild 3: Logische Funktionsblöcke, kombiniert zum Funktionsplan einer Verknüpfungssteuerung (waagerechte Darstellung)

Bild 1 zeigt eine alternative Darstellung mit senkrechtem Signalfluss.

Dabei steht das Zeichen & für eine UND-Verknüpfung sowie das Zeichen ≥ 1 für die ODER-Verknüpfung.

Funktionspläne dienen dem SPS-Programmierer in Papierform zur Dokumentation der Steuerungsaufgabe. Sie sind heute aber auch am Monitor ein anschauliches Hilfsmittel zur Programmierung der SPS-Geräte. Diese war früher nur mit einer speziell zu erlernenden Programmiersprache möglich.

Bild 2 zeigt einen Screenshot im Rahmen der Konfigurierungsphase eines Prozessleitsystems. Darin ist die Verwendung von logischen Funktionsblöcken zur Erstellung der Verriegelung einer Pumpenschaltung erkennbar. Die Schalterstellungen 1 bis 4 sind dabei die Eingangssignale. Beim Pumpenmotor handelt es sich um das Ausgangssignal.

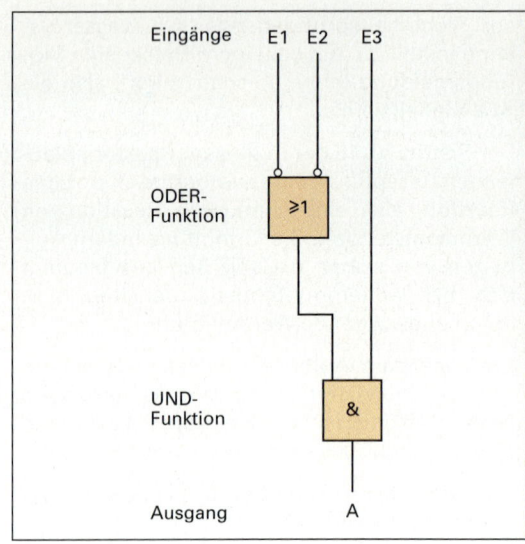

Bild 1: Logische Funktionsblöcke, kombiniert zum Funktionsplan einer Verknüpfungssteuerung (senkrechte Darstellung)

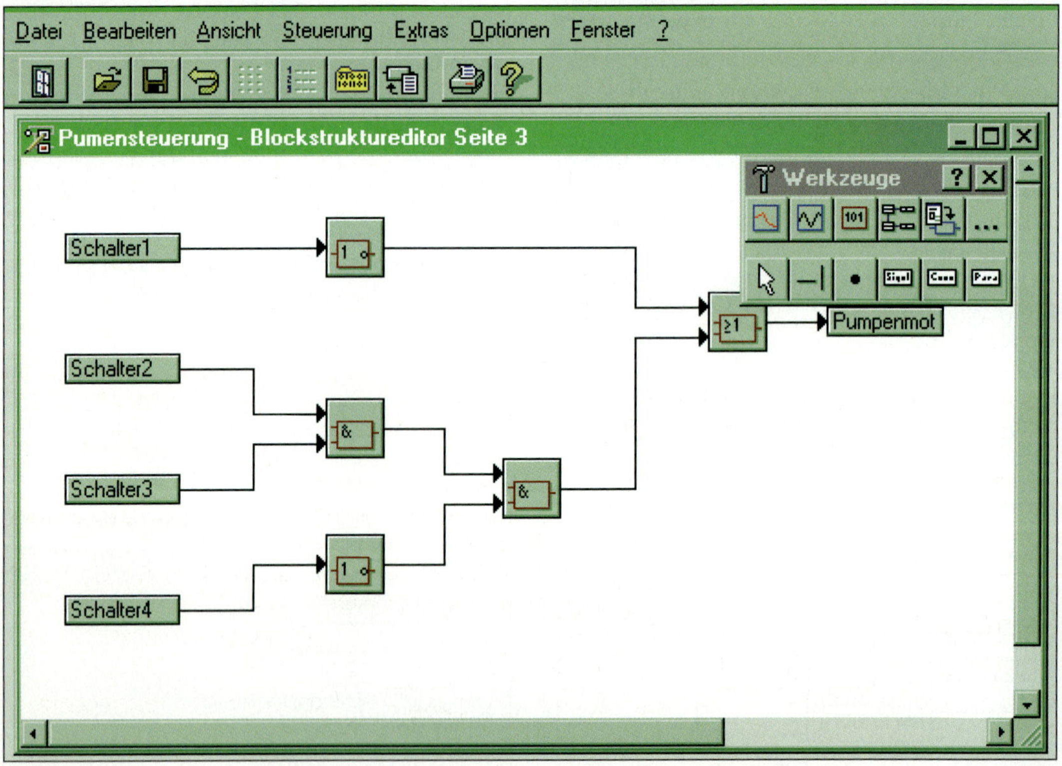

Bild 2: Verwendung von logischen Funktionsblöcken zur Erstellung einer Verriegelung

Eine weitere Darstellungsweise zur Veranschaulichung der Steuerungsaufgabe ist der **Stromlaufplan**, der für das Beispiel des doppelten Kühlsystems die in Bild 1, S. 191, gezeigte Gestalt hätte.

Jedes Eingangssignal wird dabei durch einen Schalter symbolisiert. Das Ausgangssignal kann als einfacher Widerstand oder als Spule dargestellt werden, um den elektrischen Verbraucher zu symbolisieren.

8.5 Darstellungsformen von Steuerungsaufgaben

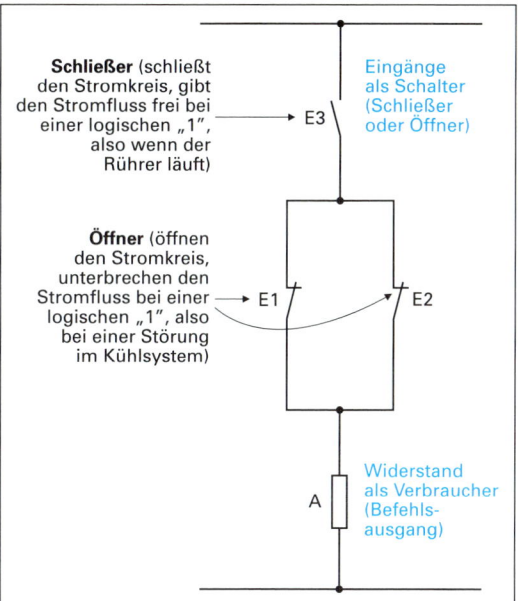

Bild 1: Stromlaufplan einer Verknüpfungssteuerung für das Beispiel des Reaktors mit doppeltem Kühlsystem

Im nicht aktivierten Fall ständig anliegende Signale werden als **Öffner** dargestellt, die den Stromfluss nur im Ausnahmefall unterbrechen und dann eine logische „0" senden.

Die nur im aktivierten Zustand anliegenden Signale sind als **Schließer** dargestellt, die nur dann schließen, also einen Stromfluss realisieren, wenn sie ein Signal abgeben, also eine logische „1" senden.

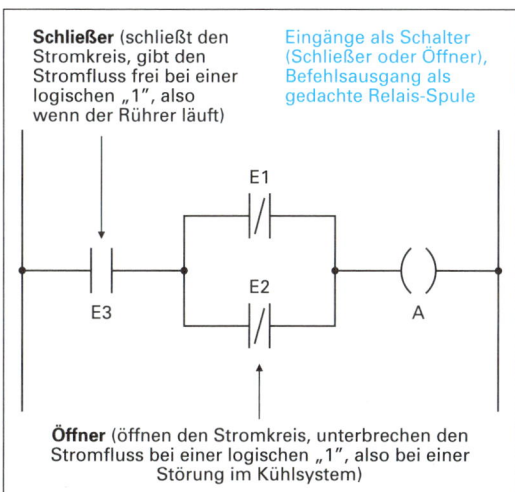

Bild 2: Kontaktplan-Darstellung der Verknüpfungssteuerung für das Beispiel des Reaktors mit doppeltem Kühlsystem

Eine in Deutschland weniger gebräuchliche Darstellungsart von Steuerungsaufgaben ist der so genannte **Kontaktplan**. Dieser unterscheidet sich vom Stromlaufplan in erster Linie durch die Gestalt der Öffner und Schließer.

Bild 2 zeigt das Beispiel der doppelten Reaktorkühlung von Bild 3, S. 188, in der Kontaktplandarstellung.

Um eine ähnliche Darstellungsart wie dieser Kontaktplan handelt es sich bei der speziell im niederländischen Sprachraum üblichen **Ladder-Logic** (Leiter-Logik), so benannt, da umfangreiche Kontaktpläne oft die Gestalt von Leitern mit einer Vielzahl von Sprossen annehmen.

Eine dem Funktionsplan verwandte Darstellung ist die **Schrittkettendarstellung**.

Schrittkettendarstellungen bestehen aus Schritten, die als Rechtecke oder Quadrate symbolisiert werden. Sie sind untereinander durch Linien verbunden, die ihren zeitlichen Ablauf kennzeichnen. An diesen Linien kennzeichnen kleine Striche die Weiterschaltbedingungen, bei deren Erfüllung ein Weiterschalten zum nächsten Schritt erfolgt.

In Planungsunterlagen ist es üblich, die in den Schritten ausgeführten Einzelaktivitäten gemäß DIN EN 60848 seitlich an den Quadraten zu notieren. Die Weiterschaltbedingungen werden ebenfalls in der Nähe der Striche notiert.

Bei Verwendung von Computersoftware hat es sich als zweckmäßig erwiesen, die in den Schritten enthaltenen Einzelaktivitäten erst nach einem Klick auf die Rechtecke in einer separaten Grafik darzustellen. Ebenso werden die Weiterschaltbedingungen erst nach Klick auf ihr Strichsymbol angezeigt. Diese Eigenschaft der Software ist zweckmäßig für den Konfigurierer der Rezepte am Bildschirm. Sie hat sich auch als ergonomisch für den Bediener erwiesen, der den Rezeptablauf auf diese Art übersichtlicher kontrollieren kann.

> **Merksatz**
>
> Schrittkettendarstellungen tragen auch die Bezeichnung **SFC** (engl. **S**equential **F**unction **C**hart: Ablauffunktionsplan). Schrittkettendarstellungen enthalten Schritte und Weiterschaltbedingungen. Die **Schritte** werden auch als **Aktionen** und die **Weiterschaltbedingungen** als **Transitionen** bezeichnet.

8 Steuerungen in Chemieanlagen

Auf ihre Verwendung im Rahmen der Rezepturprogrammierung und -überwachung von Batch-Prozessen wird im Kapitel 11.6 (Batch-Prozesse und Computersoftware) näher eingegangen.

Innerhalb einer Schrittkette zur Rezeptsteuerung hat die Steuerungsaufgabe des doppelten Kühlsystems die Gestalt von Bild 1. Allerdings wird in der Grafik nur der betreffende Ausschnitt gezeigt, der für die Inbetriebnahme der Heizung relevant ist.

Daraus geht hervor, dass der Schritt Nr. 16, also das Einschalten der Heizung, erst dann ausgeführt wird, nachdem in Schritt 15 der Rührer eingeschaltet wurde und wenn mindestens eines der beiden Kühlsysteme nicht gestört ist.

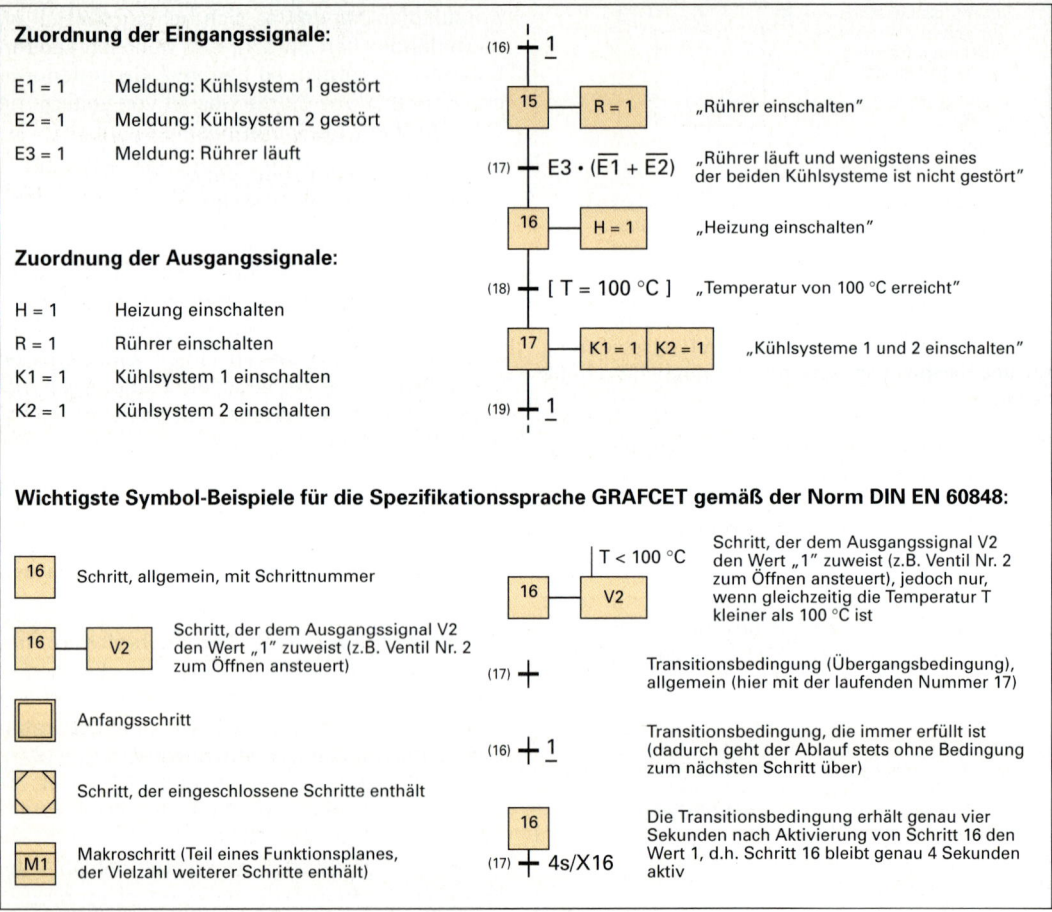

Bild 1: Ausschnitt aus der Funktionsplandarstellung eines Rezeptes

> **Merksatz**
>
> Bei der **Schrittkettendarstellung** handelt es sich um einen vereinfachten Funktionsplan, bei dem auf die Angabe der einzelnen Stellorgan-Aktivitäten verzichtet wurde. Diese Form der Darstellung ist zweckmäßig für übersichtliche Bildschirmanzeigen.

Solche Schrittketten, die in der Regel aus Dutzenden von Schritten bestehen, können sich eventuell in Teilzweige aufteilen. Dabei gibt es wie bei den Funktionsplänen die Möglichkeit der **Parallelverzweigung** (wenn mehrere Teilzweige abgearbeitet werden) oder der **Alternativverzweigung** (wenn nur einer von mehreren möglichen Zweigen abgearbeitet wird). Die Parallelverzweigung ist an der waagerechten Doppellinie erkennbar, während die Alternativverzweigung durch eine einfache Linie symbolisiert wird. Schrittkettenpläne haben prinzipiell eine Gestalt wie in Bild 1, S. 193, dargestellt.

8.5 Darstellungsformen von Steuerungsaufgaben

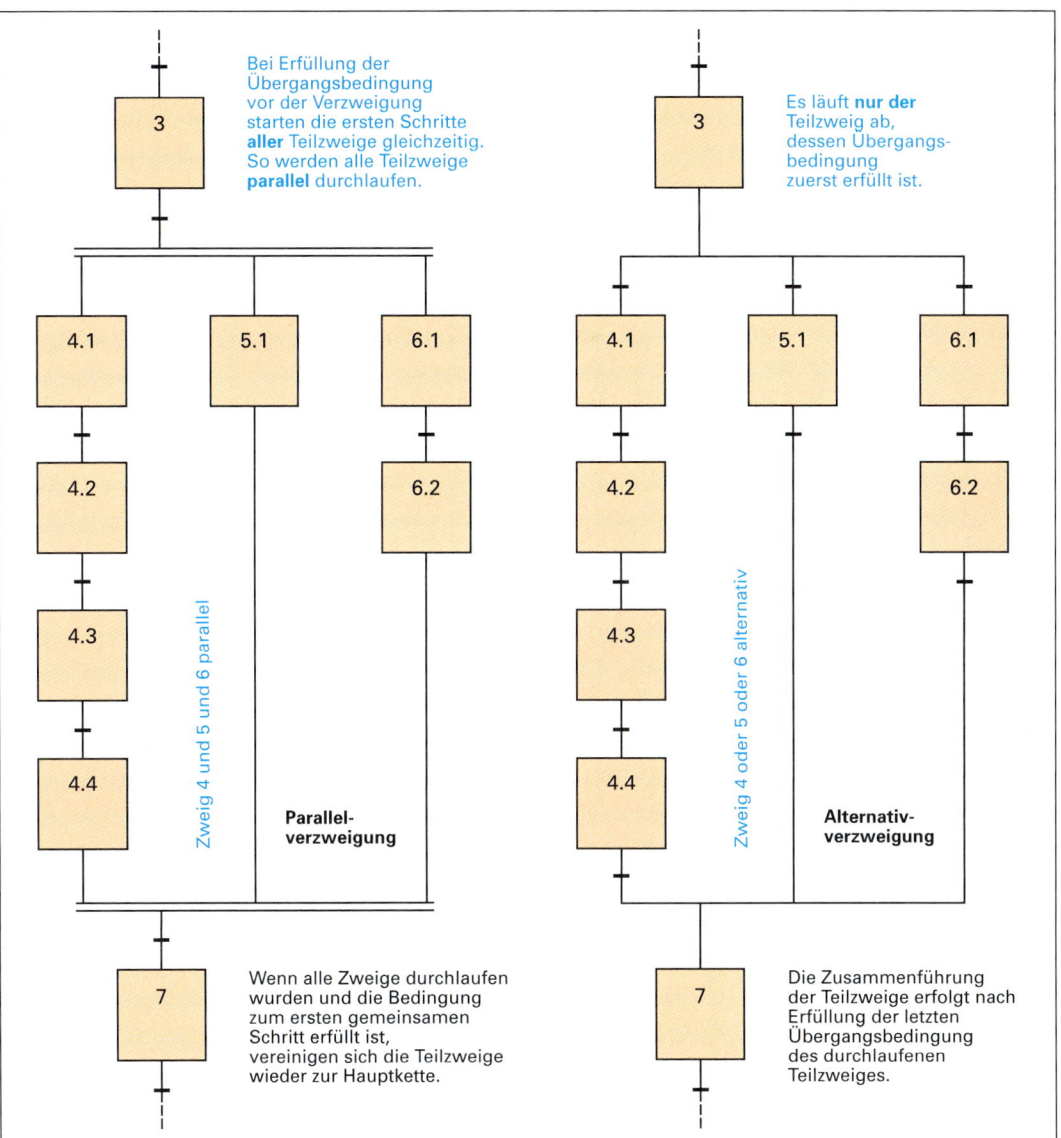

Bild 1: Schrittkettendarstellung mit Parallel- und Alternativverzweigung

---

Merksatz

Funktionsplan und **Schrittkettendarstellung** sind die gebräuchlichsten Darstellungsarten von Ablaufsteuerungen in der chemischen Industrie. Sie werden für Zwecke der Programmierung ebenso verwendet wie für die Beobachtung PLS-gesteuerter Rezepturabläufe am Bildschirm.

Daneben gibt es die **Stromlaufplan-**, **Kontaktplan-** und die **Ladder-Logic-Darstellung**.

Im Beispiel der Funktionsplan-Darstellung von Bild 1, S. 192, gehörte zu jedem der beiden Schritte jeweils nur eine Teilaktivität. Es ist aber auch möglich, mehrere Aktivitäten zusammenfassend zu gruppieren. Bild 1, S. 194, deutet an, dass der Schritt Nr. 26 aus drei elementaren Teilaktivitäten besteht, nämlich:

- dem Öffnen des Zulaufs,
- dem Öffnen des Ablaufventils der Kühlanlage,
- dem Einschalten der Kühlwasserpumpe.

8 Steuerungen in Chemieanlagen

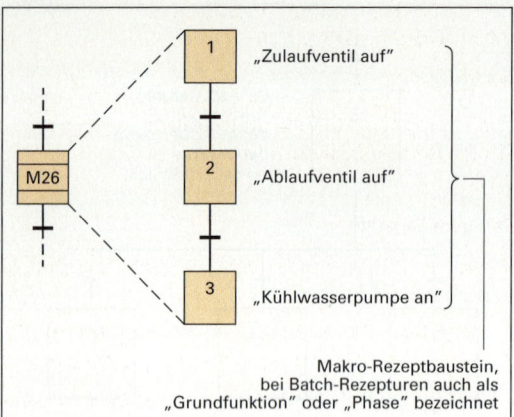

Bild 1: Gruppierung dreier elementarer Teilaktivitäten zu einem Makro

Eine solche sinnvolle Gruppierung von Teilaktivitäten (hier beispielsweise die Inbetriebnahme eines Kühlwassersystems), die bei mehreren Rezepten öfters benötigt wird, wird im Rahmen der Funktionsplandarstellung auch als **Makro** bezeichnet.

> **Merksatz**
>
> Bei **Makros** handelt es sich um Rezeptbausteine, die im gleichen Rezept oder auch in unterschiedlichen Rezepten mehrmals verwendet werden.

Bei mehreren gleichartigen Teilanlagen können diese Rezeptbausteine sogar auf andere Teilanlagen übertragen werden, wenn die Software zur Schrittkettenerstellung dies zulässt. Diese Makro-Rezeptbausteine tragen bei der Erstellung von Batch-Rezepturen auch die Bezeichnung **Grundfunktionen** oder **Phasen** (vgl. Kapitel 11.3, Die Grundfunktionen als Hauptbausteine der Rezepte).

Das in der stoffwandelnden Industrie weniger häufig verwendete **Schaltfolgediagramm** zeigt die zeitliche Abfolge der Steuerbefehle für die binären Ausgangssignale. Diese werden in Form einer Balkengrafik veranschaulicht. So wird erkennbar, in welcher Reihenfolge die schaltenden Eingriffe in das Prozessgeschehen erfolgen.

Um dies zu verdeutlichen, soll das Beispiel des Reaktors für einen rezepturgesteuerten Chargenprozess nach Bild 2 betrachtet werden.

> **Beispiel**
>
> ## Schaltfolgediagramm
>
> Der Reaktor nach Bild 2, besitzt:
>
> - Dosierventile für die beiden Stoffe A und B,
> - eine Split-Range-Regelung (vgl. Kapitel 9.6.12, Split-Range-Druckregelung an einem Tank oder einem Gasspeicher) mit Heiz- und Kühlventil zur Temperierung,
> - drei Füllstandssensoren in den drei charakteristischen Höhen: unten, mitte, oben.
>
>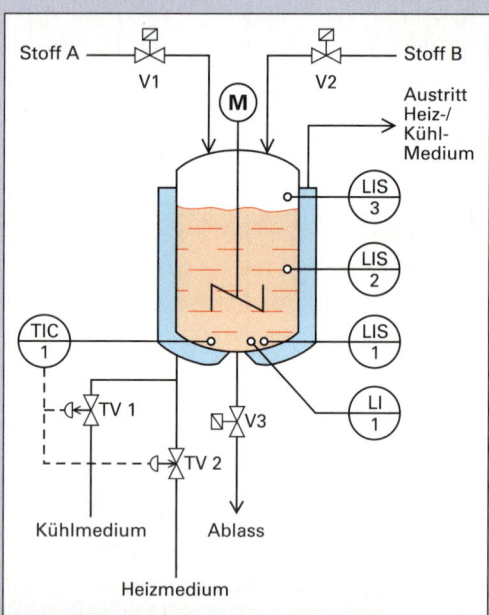
>
> **Bild 2: Beispiel eines Chargenreaktors**
>
> Die Regelventile für die Temperierung sind keine schaltenden Auf-Zu-Ventile, sondern stetige Regelventile, die auch beliebige Zwischenstellungen einnehmen können.
>
> Im Rahmen des Rezepturablaufes sollen die Stoffe A und B in gleichen Teilen dosiert werden. Der exakte Prozessablauf geht aus der Schrittkettendarstellung in Bild 1, S. 195, hervor. Der parallelverzweigte Schritt „Warten" sorgt dabei jeweils dafür, dass der zugehörige Rezeptabschnitt erst dann beendet wird, wenn die vorgegebene Wartezeit abgelaufen ist.

8.5 Darstellungsformen von Steuerungsaufgaben

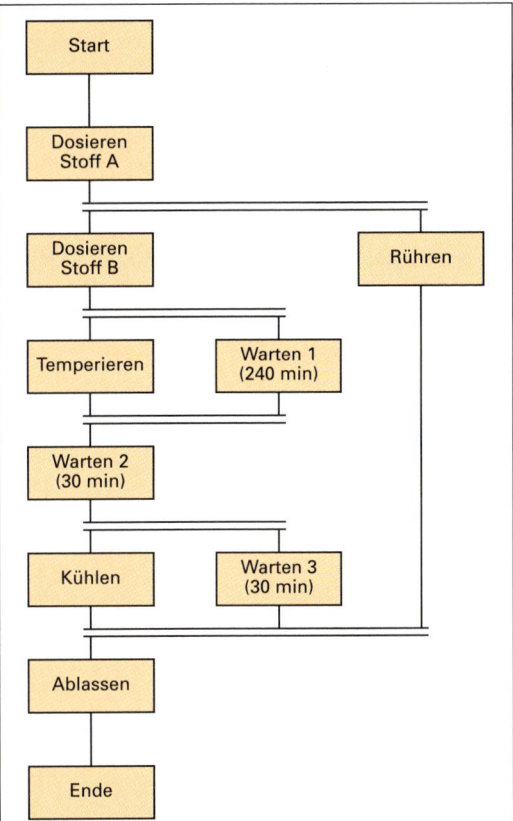

Bild 1: Schrittkette (ungenormte Darstellung) zur Verdeutlichung des Rezeptur- Ablaufes im Chargenreaktor

Die für die Steuerungsaufgabe vom Prozessleitsystem verwendeten Signale sind dann die folgenden:

Eingangssignale

- **Binär**

LIS 1 Grenzstandsensor „Reaktor leer"
LIS 2 Grenzstandsensor „Reaktor halbvoll"
LIS 3 Grenzstandsensor „Reaktor voll"

- **Analog**

TI 1 Temperaturmessung Reaktorinhalt als Grundlage für die Regelungsfunktion TIC01
LI 1 Füllstandsmessung im Reaktionsgefäß

Ausgangssignale

- **Binär**

V1 Dosierventil für Stoff A
V2 Dosierventil für Stoff B
V3 Ablassventil für Reaktorinhalt
M Rührwerksmotor

- **Analog**

TV 1 Regelventil für Kühlmedium
TV 2 Regelventil für Heizmedium

Interne Signale

Start   Startknopf bzw. Startsignal des Bedieners
Timer 1   Zeitzähler für die Funktion „Warten 1"
Timer 2   Zeitzähler für die Funktion „Warten 2"
Timer 2   Zeitzähler für die Funktion „Warten 3"

Neben den **Eingangs-** und **Ausgangssignalen**, über die das Prozessleitsystem mit der Feldtechnik kommuniziert, verwendet die Steuerung auch **interne Signale**. Dazu gehören das Startsignal und die Timer. Dies sind Werte, die im Speicher der SPS oder des Prozessleitsystems zur vorübergehenden Verwendung zwischengespeichert werden.

Das Startsignal wird per Mausklick vom Bediener des Prozessleitsystems auf den Wert „**1**" gesetzt, wenn der Prozessablauf starten soll. Die Timer sind Zeit-Zähler-Funktionen innerhalb des Prozessleitsystems. Während der Zeitablauf wie bei einer Stoppuhr gezählt wird, hat das Timer-Signal im Beispiel den Wert „1".

Wenn die Steuerungsaufgabe zur Realisierung der Chargenrezeptur exakt so ablaufen soll, wie es die Schrittkette in Bild 1 zeigt, sind folgende Schalthandlungen erforderlich:

1. Öffnen des Dosierventils V1 für Stoff A
2. Öffnen des Dosierventils V2 für Stoff B
3. Inbetriebsetzen des Rührermotors
4. Öffnen des Ablassventils V3

Dies wird im Schaltfolgediagramm nach Bild 2 veranschaulicht.

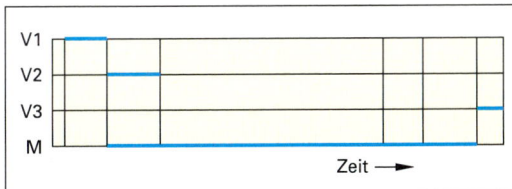

Bild 2: Schaltfolgediagramm für die binären Ausgangssignale des Chargenreaktors aus Bild 1, S. 194

Die innere Logik des Prozessgeschehens, d. h. der Zusammenhang zwischen den Signalen und den Eingriffen in den Prozess, wird erst dann sichtbar, wenn man die Ausgangssignale zusammen mit den Eingangssignalen darstellt, wie in Bild 1 gezeigt.

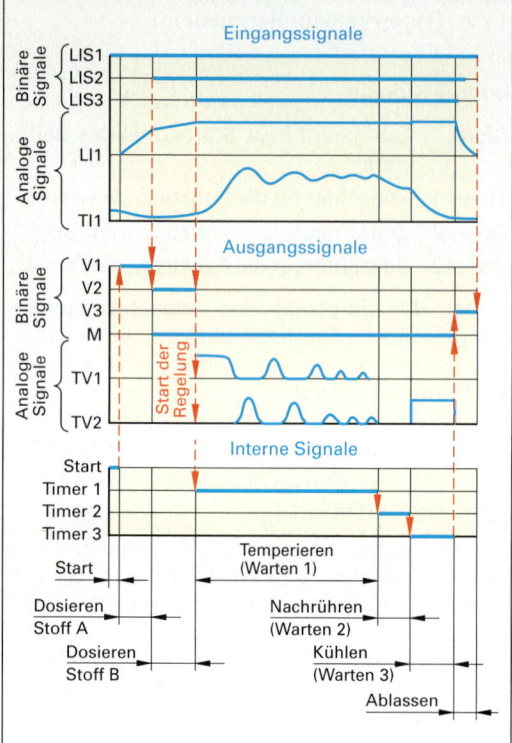

Bild 1: Schaltfolgediagramm für die Eingangs-, Ausgangs- und die internen Signale des Chargenreaktors aus Bild 2, S. 194

Bild 1 veranschaulicht, dass auch die internen Signale eine Rolle für den Ablauf der Schaltfunktionen spielen. So beginnt der Prozess erst dann, wenn aus dem Prozessleitsystem das Start-Signal gegeben wird.

Auch wird beispielsweise das Temperieren erst dann beendet, wenn das Signal von Timer 1 nicht mehr anliegt. Das Nachrühren wird erst dann beendet, wenn das Signal von Timer 2 nicht mehr anliegt. Ebenso endet die Kühlphase erst mit Ablauf des Timers 3.

Zusätzlich gehen also aus der Darstellung die Verläufe der Prozessgrößen und die Änderungen der analogen Messwerte hervor.

Merksatz

Schaltfolgediagramme sind Hilfsmittel für die Planung einfacher Steuerungen.

Bei komplexeren Steuerungsaufgaben werden Schaltfolgediagramme schnell unübersichtlich. Dies gilt insbesondere dann, wenn während des Steuerungsablaufes auch mit Analogsignalen gearbeitet wird, wie zum Beispiel bei stetigen Regelungen.

Deshalb erfolgt die grafische Darstellung von Steuerungsaufgaben auf den Monitoren der Prozessleitsysteme nur selten mit Schaltfolgediagrammen, sondern in der Regel mit den **Funktionsplan-** oder **Schrittkettendarstellungen**.

Eine etwas detailliertere Funktionsplan-Darstellung des Steuerungs-Beispiels Schaltfolgediagramm der Seiten 194 und 195 zeigt abschließend Bild 2.

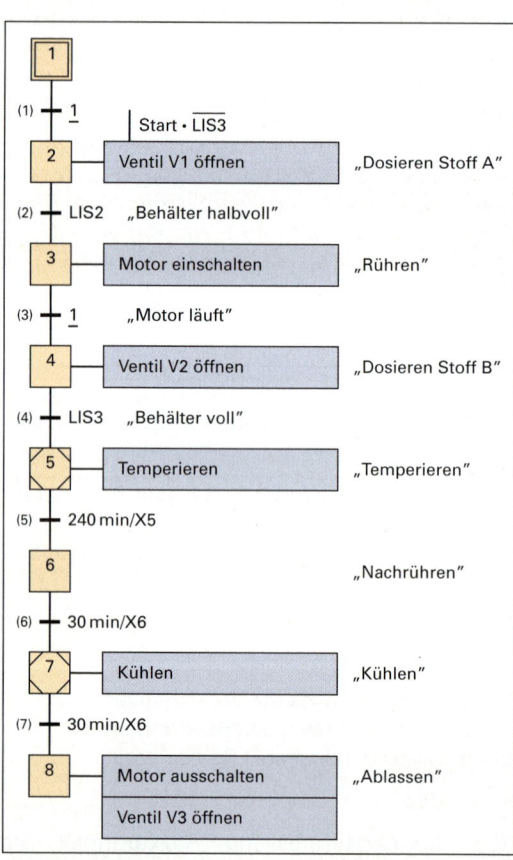

Bild 2: Funktionsplan für den Rezeptur-Ablauf im Chargenreaktor

Die Tatsache, dass in diesem Beispiel der Rührermotor während des Temperierens, während des Nachrührens und während des Kühlens eingeschaltet bleibt, ist aus dem Funktionsplan durch den Leitbuchstaben **S** (speichernd, vgl. Bild 1, S. 192) zu entnehmen.

Dieser Buchstabe **S** bedeutet, dass der Rührermotor auch nach Verlassen des Schrittes Nr. 2, Rühren, eingeschaltet bleibt. Das setzt voraus, dass er in einem der späteren Schritte ausgeschaltet wird. Im Beispiel geschieht das in Schritt Nr. 7, Ablassen.

In der Schrittkettendarstellung (Bild 1, S. 195) ist die fortlaufende Rührfunktion in Form eines eigenen Zweiges besser zu erkennen.

Die zeitverzögernden Phasen **Warten**, die in der Schrittkette als Rechtecke neben den verfahrenstechnischen Funktionen erscheinen, bieten dem Betrachter eine anschaulichere Vorstellung von der Strukturierung des Rezeptes als beim Funktionsplan in Bild 2, S. 196.

Aus dem Funktionsplan sind jedoch im Gegensatz zur Schrittketten-Darstellung auch die elementaren Einzel-Aktionen aller Stellorgane ersichtlich.

Bild 1 zeigt abschließend einen Screenshot aus einer aktiven Schrittkette in einem Prozessleitsystem. Die momentan aktiven Schritte einer Parallelverzweigung sind dort rot umrandet. Das gleichzeitige Füllen und Leeren bei vollem Behälter bewirkt einen Spülvorgang. Statt der Schritte „Start" und „Ende" gibt es darin die entsprechenden Schritte „Init" und „End". Es ist außerdem erkennbar, dass es Schritte gibt, nach denen keine Weiterschaltbedingung erforderlich ist.

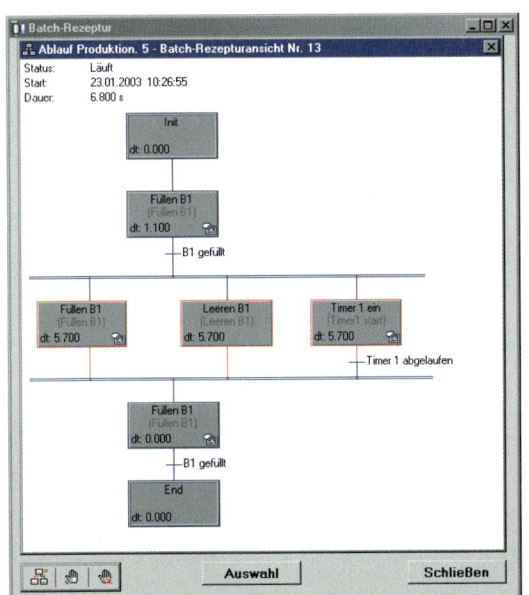

Bild 1: Screenshot einer Schrittkette in einem aktiven Rezeptur-Ablauf

> **Merksatz**
>
> **Funktionsplänen** gibt man dann den Vorzug, wenn vorrangig mit Binärsignalen gearbeitet wird. Sie werden hauptsächlich vom Programmierer von Steuerungsgeräten angewendet.
>
> **Schrittkettendarstellungen** als vereinfachte Funktionspläne eignen sich besonders zur Veranschaulichung des Rezepturablaufes für den Anlagenbediener am Bildschirm.

Zur prinzipiellen Funktionsweise von SPS-Geräten sind weitere Aussagen im Kapitel 12.9 (Logische Funktionen im speicherprogrammierten Steuerungsgerät) enthalten.

Aufgaben

1. Worin besteht das Ziel einer Steuerung?
2. Welche drei Arten von Steuerungen kennen Sie?
3. Beschreiben Sie das Charakteristische für jede Art von Steuerung.
4. Was versteht man unter dem Begriff der Störgrößen?
5. Worin besteht die Aufgabe von Verriegelungen?
6. Zu welcher der drei Arten von Steuerungen zählen die Verriegelungen?
7. Nennen und erläutern Sie die drei wichtigsten logischen Grundfunktionen, auf denen die Verriegelungen basieren.
8. Worin besteht das Wesen einer Ablaufsteuerung?
9. Was haben Ablaufsteuerungen mit den Verknüpfungssteuerungen gemeinsam?
10. Wo spielen logische Ablaufsteuerungen in der chemischen Industrie eine besondere Rolle?
11. Welche Baugruppen realisieren im Prozessleitsystem die Steuerungsaufgaben?
12. Nennen und erklären Sie Darstellungsformen für Steuerungsaufgaben.
13. In welcher Darstellungsform werden Steuerungsaufgaben auf den Monitoren der Prozessleitsysteme meist visualisiert?

9 Regelungen in Chemieanlagen

9.1 Vorbetrachtungen

Das Ziel der Regelungen besteht darin, eine Prozessvariable konstant zu halten, die sich als aktueller Messwert widerspiegelt. Sie konstant zu halten bedeutet, dass die Regelung Einfluss auf das geregelte Objekt nehmen muss, sodass trotz aller störender Einflüsse der Messwert letztlich immer gleich einem vorgegebenen Sollwert bleibt.

Dieser Sollwert kann vom Bediener eingestellt werden oder aber von einem automatisch ablaufenden Rezept vorgegeben werden. Nur in Ausnahmefällen ist dieser Sollwert zeitlich veränderlich oder von einer anderen Messgröße abhängig.

> **Merksatz**
>
> Die **Regelung** hat die Aufgabe, eine Prozessvariable, den Istwert, an einen vorgegebenen Sollwert anzugleichen und danach trotz störender Einflüsse konstant zu halten.

Der vorgegebene Sollwert heißt auch **Führungsgröße** und wird gewöhnlich mit w abgekürzt. Der eigentliche Messwert trägt üblicherweise den Buchstaben x und der Stellwert (meist eine Ventilöffnung) den Buchstaben y. Die Störgrößen, welche die angestrebte Konstanz des Prozesswertes beeinträchtigen, bezeichnet man mit z (vgl. Tabelle 1).

Tabelle 1: Meistverwendete Größenbezeichnungen in der Prozessleittechnik

Abkürzung	Bedeutung	Beispiel
w	Sollwert, Führungsgröße	Gewünschte Temperatur
x	Istwert, Regelgröße	Momentane Temperatur
y	Stellwert, Stellgröße	Öffnung des Kühlwasserventils
z	Störgröße	Schwankende Kühlwassertemperatur

> **Merksatz**
>
> Die Faktoren, welche die beabsichtigte Konstanz eines Prozesswertes störend beeinflussen, heißen **Störgrößen**.

> **Beispiel**
>
> **Konstanthalten der Temperatur bei einem Chargenreaktor**
>
> Der Inhalt des in Bild 1 dargestellten Chargenreaktors soll nach dem Befüllen und dem Zudosieren einer Startsubstanz (Initiator) auf einer konstanten Temperatur gehalten werden.
>
>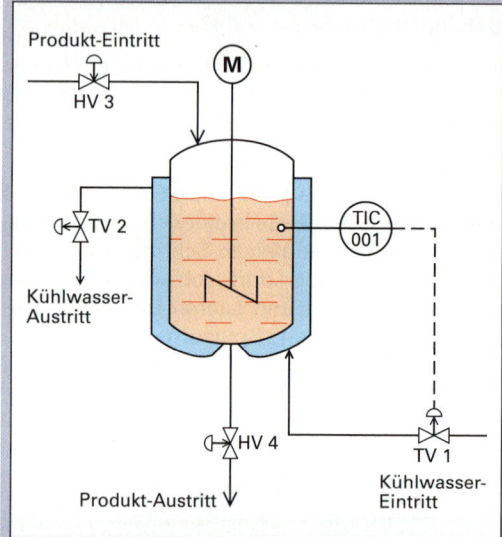
>
> **Bild 1: Chargenreaktor mit Temperaturregelung**
>
> Das Prozessleitsystem aktiviert den Regelkreis nach dem Dosieren des Initiators. Der Regler bzw. die Regelungssoftware des Prozessleitsystems sorgt nun dafür, dass in Abhängigkeit von der Reaktortemperatur mit unterschiedlicher Intensität gekühlt wird.
>
> Dabei wird ständig die Temperatur des Reaktorinhalts gemessen und mit dem vom Bediener eingestellten Sollwert verglichen. Wenn z. B. eine zu schnelle Reaktion (meist am Reaktionsbeginn) oder eine zu hohe Kühlmitteltemperatur für eine Abweichung vom Sollwert sorgt, so öffnet die Regelung das Temperaturventil TV 1 etwas weiter, um mehr Kühlmittel durch den Mantelraum strömen zu lassen.
>
> Im Idealfall werden Temperaturabweichungen vom Sollwert nach möglichst kurzer Zeit wieder **ausgeregelt**. Dies bedeutet, dass die Differenz

zwischen Sollwert und Istwert, also zwischen Führungsgröße und Regelgröße, schließlich gleich Null wird.

Es ist Aufgabe des Reglers, ständig diese Differenz, also die Abweichung der Regelgröße von der Führungsgröße, zu überwachen und bei Abweichungen das Stellorgan so weit und so schnell zu betätigen, dass der Istwert letztlich wieder gleich dem Sollwert wird.

Hat der Bediener zum Beispiel als Sollwert 60 °C eingestellt und liegt der Istwert ebenfalls bei 60 °C, gibt es keine Notwendigkeit für die Regelung einzugreifen. Die Öffnung des Regelventils TV1 bleibt unverändert. Steigt jedoch die Reaktortemperatur von 60 °C auf 62 °C, so stellt die Regelung + 2 °C Abweichung des Istwertes vom Sollwert fest. Dies ist der Anlass dafür, TV1 etwas weiter zu öffnen.

Die Wirkung dieser Regelung kann wie in Bild 1 gezeigt symbolisch dargestellt werden.

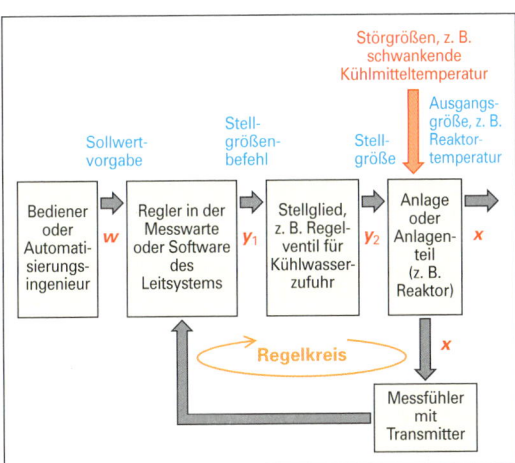

Bild 1: Funktion des geschlossenen Regelkreises

Erkennbar ist im Gegensatz zur offenen Steuerung, dass der Temperaturmesswert zur Regelungssoftware zurückgeführt wird, um dort zur Ermittlung der optimalen Ventilstellung benutzt zu werden. Dies entspricht dem charakteristischen Wesen der Regelung:

> **Merksatz**
>
> Das **Wesen der Regelung** besteht im ständigen Vergleich der gemessenen Prozessvariablen mit einer vorgegebenen Führungsgröße, um daraus eine Stellgröße zu berechnen, mit deren Hilfe die Prozessvariable an die vorgegebene Führungsgröße angeglichen und danach konstant gehalten wird.

Das Ergebnis der Regelung, also die gemessene Prozessvariable, wird ständig zur Neuberechnung der erforderlichen Stellgröße verwendet.

Fasst man die Elemente „Temperaturmessfühler" und das Element „Regelungssoftware des Prozessleitsystems" zu einem gemeinsamen Objekt zusammen, dem so genannten „Regler", und kombiniert man den Reaktor mit dem angebauten Stellventil zu einem weiteren Objekt, dem „geregelten Objekt", so erhält man die in der Automatisierungstechnik übliche Blockdarstellung des Regelkreises. Das geregelte Objekt wird dort auch als **Regelstrecke** bezeichnet (Bilder 2 und 3).

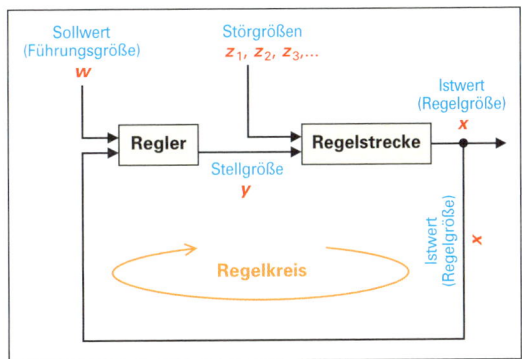

Bild 2: Ständig geschlossener Signalfluss in einer Regelung (Wirkungsplan)

In Büchern zur Prozessleittechnik ist auch die nur räumlich etwas umsortierte Darstellung nach Bild 3 zu finden. Die Bilder 2 und 3 haben gemeinsam, dass sie symbolisieren, wie Istwert und Sollwert als Eingangswerte dem Regler zugeführt werden, der daraus eine Stellgröße berechnet, die schließlich auf die Regelstrecke einwirkt.

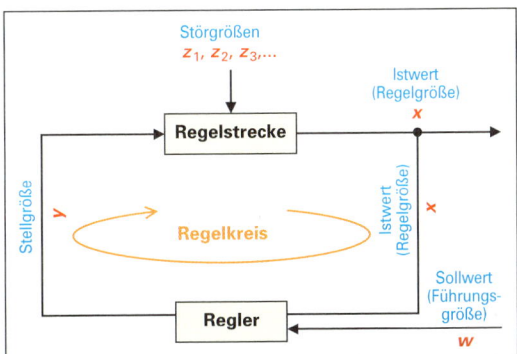

Bild 3: Ständig geschlossener Signalfluss in einer Regelung mit umgeformter Darstellung des Signalflusses (Wirkungsplan)

Im Regler des Regelkreises bzw. in der Regelungssoftware des Prozessleitsystems (lokalisiert im **Controller**) müssen ständig Soll- und Istwert verglichen werden, um daraus den Stellwert y zu berechnen.

Je nach der gewünschten Regelgüte und dem vertretbaren finanziellen Aufwand findet man in der chemischen Industrie bei den verschiedenen Regelkreisen entweder stetige oder auch unstetige Regelungen.

Stetige Regelungen arbeiten mit Regelarmaturen zusammen, die zwischen 0 und 100 % jede denkbare Zwischenstellung einnehmen können. Diese Ventile nennt man **stetige Regelventile**.

> **Merksatz**
>
> Wenn bei der Regelung als Stellorgane **stetige Regelventile** eingesetzt werden, spricht man von **stetigen Regelungen**.

Unstetige Regelungen (meist Zwei- oder Dreipunktregelungen) arbeiten mit Stellorganen zusammen, die nur die Zustände „auf" oder „zu" bzw. „ein" oder „aus" haben können. Wenn es sich bei diesen Stellorganen um Ventile handelt, spricht man von **Auf-Zu-Ventilen** oder von **Binärventilen**.

> **Merksatz**
>
> Wenn bei der Regelung **Binärventile** oder andere **binäre Stellorgane**, z. B. Schaltrelais, eingesetzt werden, spricht man von **unstetigen Regelungen**.

9.2 Stetige Regelungen

Mit stetigen Regelungen lässt sich eine bessere Regelgüte als mit unstetigen Regelungen erreichen, das heißt die Abweichungen des Istwertes vom Sollwert bleiben gering, weil das Stellorgan jede mögliche Zwischenstufe annehmen kann. Messwert und Stellwert nehmen als Analogsignal jede beliebige Zwischenstufe an.

> **Merksatz**
>
> **Stetige Regelungen** arbeiten mit Stellorganen, die jede denkbare Zwischenstellung zwischen einem unteren und einem oberen Grenzwert einnehmen können. Deshalb sind die Stellsignale **analoge Signale**. Auch die zugehörigen Messwerte aus der Anlage sind dabei meistens Analogsignale.

Wovon hängt es nun ab, wie weit oder wie schnell der Regler bzw. die Regelungssoftware im Controller des Leitsystems das Stellorgan öffnet oder schließt?

Dazu soll zunächst wieder das bewährte Standardbeispiel des gekühlten Rührreaktors mit Wärmeentstehung durch chemische Reaktion und einer Solltemperatur von 60 °C betrachtet werden (Bild 1).

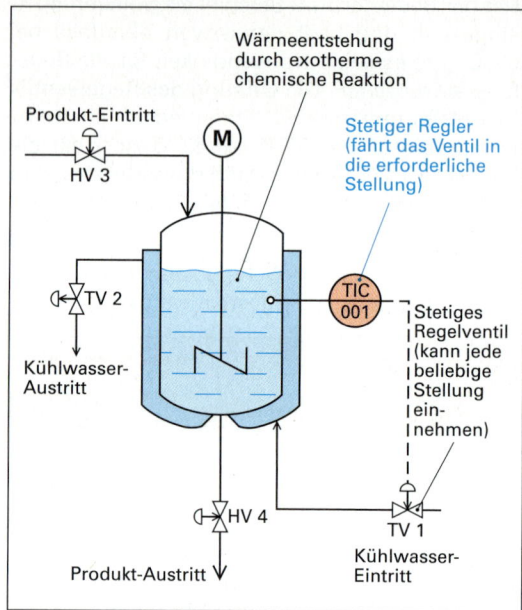

Bild 1: Chargenreaktor mit Temperaturregelung

Die Ventilstellung wird immer dann verändert, wenn der Istwert x vom Sollwert w abweicht. Der Temperaturregler reagiert auf Abweichungen des Istwertes vom Sollwert, indem er die Ventilstellung von TV1 verändert.

> **Merksatz**
>
> Das Signal zur Ansteuerung eines Stellorgans wird auch als **Stellwert** oder **Stellgröße** bezeichnet.

Für eine stetige Regelung gilt ganz allgemein:

- Die Änderung der Ventilstellung hängt davon ab, **wie groß** die Abweichung von Sollwert zum Istwert ist (**Größe der Abweichung**). Je mehr der Istwert vom Sollwert abweicht, desto stärker muss die augenblickliche Ventilstellung verändert werden. Hat sich durch äußere Einflüsse beispielsweise die Temperatur im Reaktor auf 70 °C erhöht, so muss das

9.2 Stetige Regelungen

Kühlwasserventil wesentlich weiter geöffnet werden, als wenn sie sich z. B. nur auf 61 °C erhöht hat.

- Die Änderung der Ventilstellung hängt weiterhin davon ab, **wie lange** der Istwert bereits vom Sollwert abweicht (**Dauer der Abweichung**). Hat sich der Temperaturmesswert zwar nur auf 61 °C erhöht, aber diese Erhöhung hält schon sehr lange an, so ergibt sich für den Regler die Notwendigkeit, das Kühlwasserventil nun doch etwas weiter zu öffnen als bei einer kurzzeitigen Erhöhung.

- Die Änderung der Ventilstellung hängt auch davon ab, **wie schnell** die Abweichung von Ist- und Sollwert eintrat, also von der Geschwindigkeit des Auseinanderdriftens von Ist- und Sollwert (**Geschwindigkeit der Abweichung**). Hat sich die Reaktortemperatur sehr schnell von 60 °C auf 61 °C erhöht, muss der Regler das Kühlwasserventil weiter öffnen als bei einer langsamen Erhöhung.

> **Merksatz**
>
> Die Abweichung des Istwertes x vom Sollwert w wird als **Regelabweichung** („Δx" oder „e") bezeichnet.
>
> | | | | | |
> |---|---|---|---|---|
> | e | = | w | – | x |
> | Δx | = | w | – | x |
> | Regelabweichung | = | Istwert | – | Sollwert |
> | Regelabweichung | = | Führungsgröße | – | Regelgröße |

Damit ist die Änderung der Ventilstellung Δy in ihrer Größe abhängig von:

- der Regelabweichung:

  $\Delta y \sim (w-x)$

  $\Delta y \sim (\Delta x)$

- dem Produkt der Regelabweichung und der Zeit:

  $\Delta y \sim (w-x) \cdot t$

  $\Delta y \sim (\Delta x) \cdot t$

- der Änderung der Regelabweichung pro Zeiteinheit Δt:

  $\Delta y \sim (w-x)/\Delta t$

  $\Delta y \sim (\Delta x)/\Delta t$

Dabei wurden die Abhängigkeiten der Stellgröße von der Regelabweichung durch Gleichungen mit einem Proportionalitätszeichen ausgedrückt. Die Proportionalitätsfaktoren, d. h. Stärke und Geschwindigkeit des Regeleingriffs, hängen von den Eigenschaften des geregelten Objektes ab.

> **Merksatz**
>
> Das von der Regelung zu beeinflussende verfahrenstechnische Objekt trägt den Namen **Regelstrecke**.

Es gibt geregelte Objekte, die sehr schnell reagieren und solche, bei denen Änderungen des Istwertes nur sehr langsam erfolgen.

Eine Destillationskolonne beispielsweise ist eine sehr träge Regelstrecke. Änderungen, beispielsweise der Temperatur, gehen hier sehr langsam vonstatten, unabhängig davon, ob sie als Reaktion auf äußere Störeinflüsse oder aber durch die Stelleingriffe des Reglers erfolgen.

Eine Rohrleitung mit einem Durchflussregler reagiert hingegen sehr spontan auf jegliche Änderungen (z. B. Druckänderungen als Störgröße oder Ventilstellungsänderungen als Stellgröße). Bei Füllstandsregelungen hängt es vom Volumen und vom Verhältnis des Durchmessers zur Behälterhöhe ab, ob Füllstandsänderungen langsam oder schnell erfolgen.

Im Endeffekt bedeutet dies, dass die Geschwindigkeit des Regelereingriffs an die Charakteristik der Regelstrecke angepasst werden muss. Ein schneller Regler bringt Unruhe und zusätzliche Störungen in eine träge Regelstrecke. Umgekehrt ist ein zu langsamer Regler an einer flinken Regelstrecke nahezu wirkungslos. Deshalb hat der Automatisierungstechniker die Möglichkeit, Stärke und Geschwindigkeit des Regelereingriffs einzustellen.

> **Merksatz**
>
> Die Reaktion der Regelung muss durch geeignete Einstellung der **Reglerparameter** an die **Charakteristik der Regelstrecke** angepasst werden.

Als früher noch jeder Regelkreis einen eigenen Regler als selbstständiges Gerät hatte, geschah dies durch Einstellung von drei Justierschrauben am Reglergerät. Die Verstellschrauben sind in Bild 1, S. 202, an einem pneumatischen Regler sichtbar. Seitdem jedoch die Regelungsfunktionen per Computersoftware ausgeführt werden, erfolgt die Einstellung der Reglerparameter per Tastatureingaben am Konfigurierungs-Computer.

9 Regelungen in Chemieanlagen

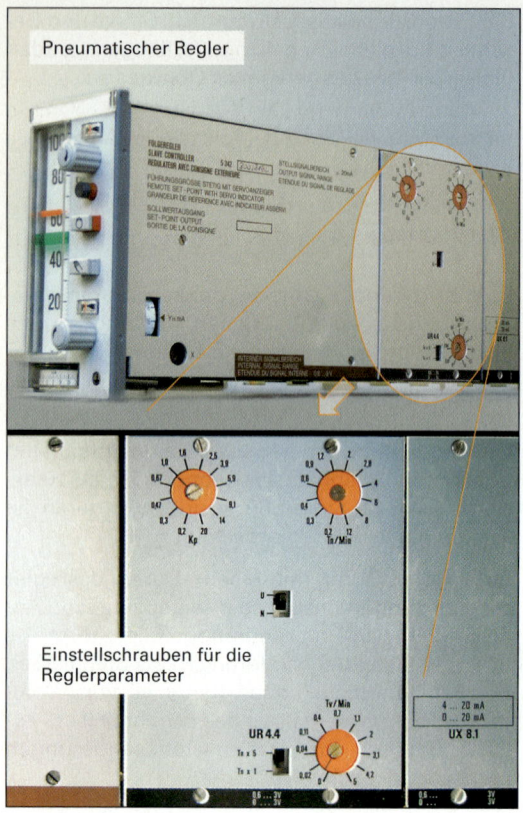

Bild 1: Einstellschrauben für die Reglerparameter an einem herkömmlichen pneumatischen Regler

Die neu eingestellten Werte werden danach über den Systembus in das zuständige Controller-Bauelement geladen und bleiben dort bis auf weiteres gespeichert.

Falls redundante Controller vorhanden sind, werden die Werte allen mehrfach vorhandenen Controllern zugeführt.

Folgende drei Parameter sind auf diese Art einstellbar:

- K_P **(Proportionalbeiwert)**: Verantwortlich hauptsächlich für den **Proportionalanteil**, also für die Reaktion des Reglers auf die **Größe** der Abweichung von Soll- und Istwert.

- T_N **(Nachstellzeit)**: Verantwortlich für den **Integralanteil**, also die Reaktion des Reglers auf die **Dauer** der Existenz einer Abweichung von Soll- und Istwert.

- T_V **(Vorhaltzeit)**: Verantwortlich für den **Differenzialanteil**, also für die Reaktion des Reglers auf die **Geschwindigkeit** der Erhöhung der Abweichung zwischen Soll- und Istwert.

Die drei Anteile der Reaktion des Reglers heißen auch Proportional-, Integral- und Differenzialanteil der Regelung. Dies verdeutlicht die folgende Aufstellung:

$\Delta y \sim K_p \cdot (\Delta x)$ → Proportional-Anteil der Regelung (P), Stärke wird von K_P bestimmt.

$\Delta y \sim \dfrac{1}{T_N} \cdot (\Delta x) \cdot t$ → Integral-Anteil der Regelung (I), Stärke wird von T_N bestimmt.

$\Delta y \sim T_V \cdot \dfrac{\Delta x}{\Delta t}$ → Differenzial-Anteil der Regelung (D), Stärke wird von T_V bestimmt.

Eine Regelung, bei der keiner der drei genannten Anteile ausgeschaltet wurde, heißt auch **PID-Regelung**.

> **Merksatz**
>
> Die **PID-Regelung** ist die Grundform der heute verwendeten Algorithmen für stetige Regelungen.

Bei bestimmten Regelstrecken muss der D-Anteil ausgeschaltet werden. Übrig bleibt dann die **PI-Regelung**. Nach zusätzlichem Ausschalten des I-Anteiles verbleibt nur eine **P-Regelung**.

Das Ausschalten eines der drei Anteile in der Computersoftware bedeutet, den entsprechenden Einstellparameter auf den Wert „0" bzw. „∞" zu setzen.

Zur zweckmäßigen Einstellung der einzelnen Anteile, d. h. der konstanten Werte von K_P, T_N und T_V, stehen dem Automatisierungstechniker Faustformeln oder Tabellen zur Verfügung, z. B. die Regeln von ZIEGLER und NICHOLS oder die Regeln von CHIEN, HRONES und RESWICK.

Statt des Parameters T_N wird oft auch dessen Kehrwert, die Konstante K_I (Integralbeiwert) verwendet. Zusammengefasst stehen demnach folgende Einstellparameter zur Verfügung:

- K_P Proportionalbeiwert
- T_N Nachstellzeit
  $K_I = 1/T_N$ Integrierbeiwert
- T_V Vorhaltzeit

Bei einigen Faustformeln, so auch bei denen nach ZIEGLER und NICHOLS, sind vor der

9.2 Stetige Regelungen

Anwendung Experimente am geregelten Objekt erforderlich. Dabei wird der Prozesswert bei aktivierter Regelung zum **Schwingen** gebracht. Die Reglerparameter werden verändert, bis es zu einer periodischen, sinusförmigen Änderung des Istwertes kommt.

Dies ist durch probeweise Erhöhung des Verstärkungsfaktors K_P in der Regelung möglich, verbietet sich jedoch bei gefährlichen Prozesswerten wie Temperatur oder Druck. In diesen Fällen müssen andere Verfahren zur Parameterermittlung angewendet werden. Oft ist dazu die langjährige Berufspraxis und das Fingerspitzengefühl eines erfahrenen und spezialisierten Regelungstechnikers erforderlich.

Die Einstellregeln nach ZIEGLER/NICHOLS beruhen darauf, nach einem Experiment mit reiner P-Regelung (also ausgeschaltetem I- und D-Anteil durch Nullsetzen der zugehörigen Parameter) die Periodendauer einer einzelnen Schwingung T_{krit} und den Verstärkungsfaktor $K_{P,krit}$ zu notieren. Aus diesen Größen werden die einzustellenden Parameter K_P, T_N und T_V berechnet. Die Faustformeln dazu lauten:

P-Regelung: $\quad K_P = 0{,}5 \cdot K_{P,krit}$

PI-Regelung: $\quad K_P = 0{,}45 \cdot K_{P,krit}$

$\quad\quad\quad\quad\quad\quad T_N = 0{,}85 \cdot T_{krit}$

PID-Regelung: $\quad K_P = 0{,}6 \cdot K_{P,krit}$

$\quad\quad\quad\quad\quad\quad T_N = 0{,}5 \cdot T_{krit}$

$\quad\quad\quad\quad\quad\quad T_V = 0{,}12 \cdot T_{krit}$

Nach der Eingabe dieser Einstellwerte in die PLS-Software (früher nach dem Einstellen dieser Werte an den verdeckten Justierschrauben der pneumatischen Regler) reagiert die Regelung optimal auf Störungen von außen. Dies bedeutet, dass sie später, schnell, aber ohne nennenswertes Überschwingen arbeitet.

Erhöht sich z. B. die Temperatur in einem temperaturgeregelten Reaktor, wird durch eine zügige und so lang wie nötig andauernde Erhöhung des Kühlwasserstromes die Temperatur wieder auf den gewünschten Sollwert abgesenkt, ohne jedoch auch nur kurzzeitig unter den gewünschten Sollwert zu sinken.

Bild 1 zeigt einen solchen Regelungsvorgang bei einer Füllstandsregelung an einem durchflossenen Behälter. Bei einer plötzlichen Änderung des Zuflusses (braune Kurve) muss zum Konstanthalten des Füllstandes ein Ablaufventil verstellt werden. Dabei zeigt die rote Kurve, dass sich der Istwert (rot) ohne nennenswerte Änderung nach einer plötzlichen Störung (braune Kurve) wieder an den Sollwert (grüne Kurve) annähert. Dies geschieht infolge einer zweckmäßigen Verstellung des Stellwertes durch den Regler (schwarze Kurve).

Nach Abschluss des Regelungsvorganges stimmt der Istwert wieder mit dem Sollwert überein. Beide Werte sind dann deckungsgleich.

Ein solcher Regelungsvorgang wird im Idealfall sehr schnell und ohne nennenswertes Überschwingen des Istwerts über oder unter den Sollwert erfolgen. Bei ungünstiger Einstellung der Regelparameter klingt die Schwingung nicht ab, sondern verstärkt sich noch.

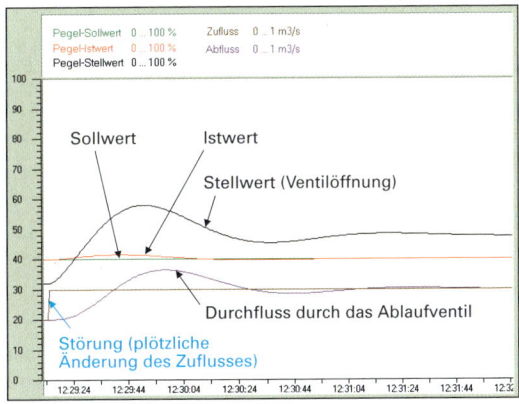

Bild 1: Typischer Regelungsvorgang nach einer Störgrößenänderung

Wenn Experimente mit einer schwingenden Regelstrecke nicht möglich sind, z. B. an einem Druckbehälter oder an einem gekühlten Reaktor, müssen die **Sprungantworten** der Regelstrecken experimentell untersucht werden.

> **Merksatz**
>
> Der zeitliche Verlauf eines gemessenen **Istwertes** einer Regelstrecke nach der sprungförmigen Verstellung des Stellorgans heißt **Sprungantwort der Regelstrecke**.

In dem Rührreaktor von Bild 1, S. 200, kann dies beispielsweise bedeuten, das Stellventil des Kühlwasserstromes plötzlich von 75 % auf 55 % zu verstellen. Das bedeutet einen Stellgrößensprung um 20 %, was beim Reaktor zum Beispiel in einer Aufheizung von 20 °C auf 75 °C resultiert (Bild 1, S. 204).

9 Regelungen in Chemieanlagen

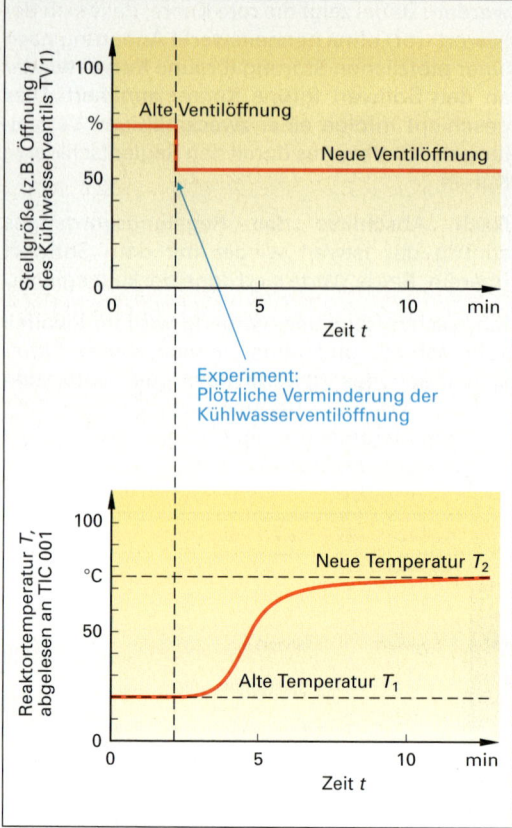

Bild 1: Antwort des durchflossenen Reaktors auf eine plötzliche Verminderung des Kühlwasserstromes bei ausgeschalteter Regelung (Stellgrößensprung)

Bei einem solchen Experiment muss die Regelungsfunktion des Reglers jedoch ausgeschaltet sein, da dieser ansonsten das Regelventil seinerseits automatisch verstellen würde. Der Regler muss demnach auf „manuell" stehen, damit nur die unverfälschte Reaktion der eigentlichen Regelstrecke sichtbar wird.

Das Diagramm zeigt den zeitlichen Verlauf der Reaktortemperatur nach Verstellung des Kühlwasserregelventils TV1. Die ehemalig konstante Reaktortemperatur T_1 geht mit Verzögerung zur neuen Temperatur T_2 über. Deshalb wird die dargestellte Kurve auch als **Übergangsfunktion** bezeichnet.

Aus dem charakteristischen Verlauf können grafisch die zeitlichen Eigenschaften der Regelstrecke ermittelt werden. Sie werden dann verwendet, um die passenden Werte für die Reglereinstellparameter K_P, T_N und T_V zu errechnen.

Die Tatsache, dass **sprunghafte** Änderungen bestimmter Größen zu verzögerten Reaktionen anderer Größen führen, spielt in der Regelungstechnik eine große Rolle.

Im Bild 1 wurde die Reaktion der reinen **Regelstrecke ohne Regler** auf eine sprungförmige Änderung des **Stellwerts** (Ventilöffnung) betrachtet. Die nachfolgenden Darstellungen dürfen damit auf keinen Fall verwechselt werden. Sie zeigen die Reaktion des reinen **Reglers ohne Regelstrecke** auf eine **Sollwertänderung**.

In den Bildern 1, S. 205, bis 1, S. 207, wird dargestellt, wie sich der vom Regler berechnete Stellwert ändert, wenn experimentell ein plötzlicher Sprung der Regelabweichung (Differenz Sollwert minus Istwert, also (w-x)) aufgegeben wird. Dies kann durch eine Verstellung des Sollwertes durch den Bediener oder den Automatisierungstechniker erfolgen.

Da sich im Experiment der gemessene Istwert nicht sprungartig ändern lässt, kann man nur den Sollwert verstellen. Dies geschieht bei konventionellen Leitsystemen am pneumatischen Regler in der Messwarte. Bei den modernen digitalen Leitsystemen wird die Änderung am Bildschirm des Prozessleitsystems vorgenommen. Durch die Sollwertverstellung erhöht sich sofort die Differenz Δx zwischen Sollwert und Istwert. Die plötzlich geänderte Differenz zwischen Sollwert und Istwert bewirkt eine Änderung der vom Regler ausgegebenen Stellgröße. Dessen Aufgabe ist es schließlich, durch eine Stellgrößenänderung diese Abweichung zu beseitigen.

Bei diesem Experiment muss man allerdings dafür sorgen, dass der **gemessene** Temperaturwert, also der Istwert, konstant bleibt. Dies kann bei einer Temperaturregelung zum Beispiel durch Ausbau des Messfühlers und Deponierung in einem Wasserbad erfolgen. Anderenfalls würde man nicht den Verlauf der reinen Reglerreaktion ermitteln, sondern des Zusammenwirkens von Regler und Regelstrecke.

Merksatz

Der zeitliche Verlauf eines **Stellgrößenwertes** an einer Regelstrecke nach der sprungförmigen Verstellung des Sollwertes heißt **Sprungantwort des Reglers**.

Die Sprungantwort des Reglers hängt davon ab, welche Anteile der Regelungsfunktion vom Automatisierungstechniker abgeschaltet wurden.

9.2 Stetige Regelungen

So bleibt bei Einstellung von T_V auf Null und K_I auf Null (das heißt $T_N = 1/K_I$ auf ∞) von der PID-Regelung nur die P-Regelung übrig.

Zu den Zeiten pneumatisch arbeitender Regler griff man aus Preisgründen oft auf die weniger genau arbeitenden P-Regler zurück.

Eine reine **P-Regelung** reagiert im Idealfall wie in Bild 1 dargestellt.

bewirken. Aus diesem Grunde heißt diese Regelung auch **Proportionalregelung**. Die Stärke der Reaktion lässt sich mit dem Parameter K_P, der Proportionalitätskonstante, einstellen.

> **Hinweis**
>
> In der Praxis ist die Kurve der Sprungantwort nicht so exakt rechteckig, wie im Bild 1 gezeigt, sondern es gibt eine leichte Verzögerung, was sich in einer „Abrundung" der Ecken ausdrückt.

Eine reine **I-Regelung** würde reagieren wie in Bild 2 dargestellt. Eine I-Regelung entsteht, wenn K_P auf Null gesetzt wird und T_V ebenfalls auf Null gesetzt wird.

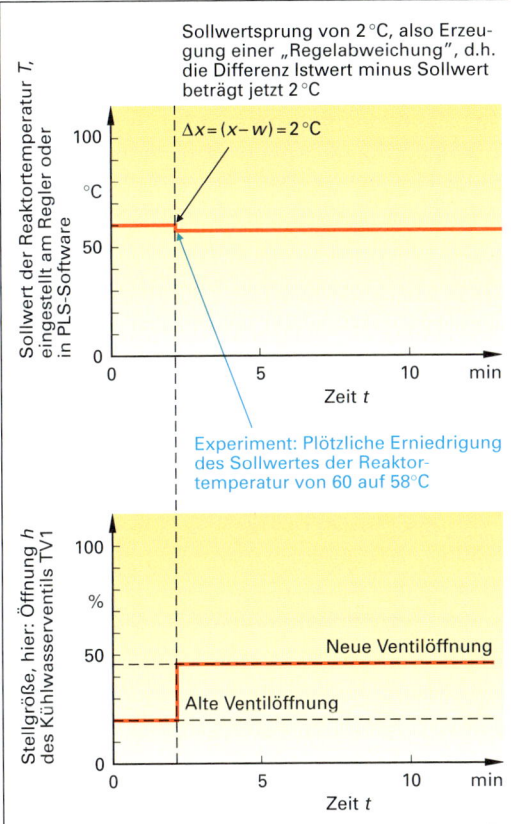

Bild 1: Sprungantwort einer P-Regelung

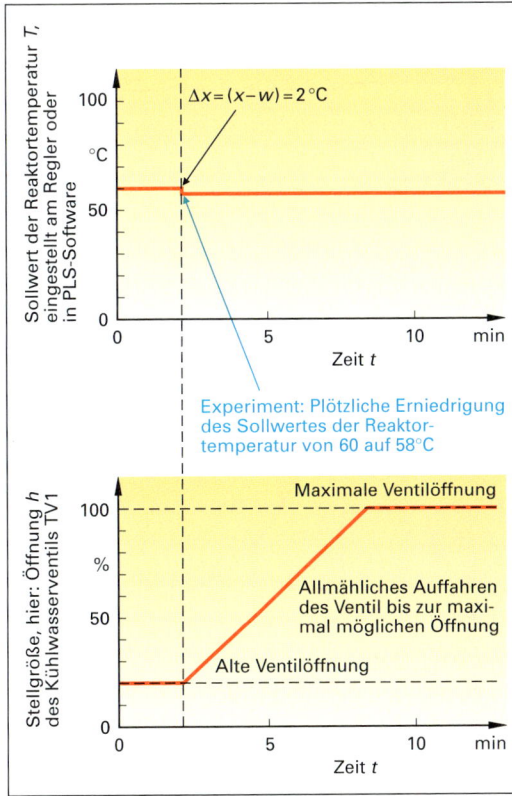

Bild 2: Sprungantwort einer I-Regelung

Der P-Regler öffnet sofort und unmittelbar nach Verstellung des Temperatursollwertes das Regelventil für die Kühlwasserzufuhr weiter. Nachdem der Temperatursollwert um 2 °C von 60 °C auf 58 °C erniedrigt wurde, bleibt das Regelventil jetzt nicht mehr bei 20 %, sondern bei 45 % geöffnet. Die Ventilöffnung ist somit proportional zur Regelabweichung Δx.

Eine Veränderung des Sollwertes um 2 °C hat eine Erhöhung der Ventilöffnung um 15 % zur Folge. Eine Veränderung des Sollwertes um 4 °C würde eine Ventilhubänderung um 30 %

Zum Zeitpunkt der Verstellung des Temperatursollwertes von 60 °C auf 58 °C beginnt die Regelung, das Kühlwasserventil zu öffnen. Je länger die Regelabweichung von 2 °C anhält, desto weiter wird das Ventil geöffnet. Die ansteigende

Gerade zeigt dies. Weiter als 100 % kann das Ventil nicht geöffnet werden, deshalb knickt die Linie dort ab.

Die Geschwindigkeit der Ventilöffnung entspricht dem Anstieg der Geraden. Sie ist über die Parameter T_N bzw. K_I einstellbar.

Die I-Regelung heißt auch **Integralregelung**; sie wird in der Praxis nur in Kombination mit der P-Regelung eingesetzt.

Eine reine **D-Regelung** würde reagieren wie in Bild 1 dargestellt. Eine D-Regelung entsteht, indem K_P auf Null gesetzt wird und K_I ebenfalls auf Null gesetzt wird, das heißt T_N auf unendlich.

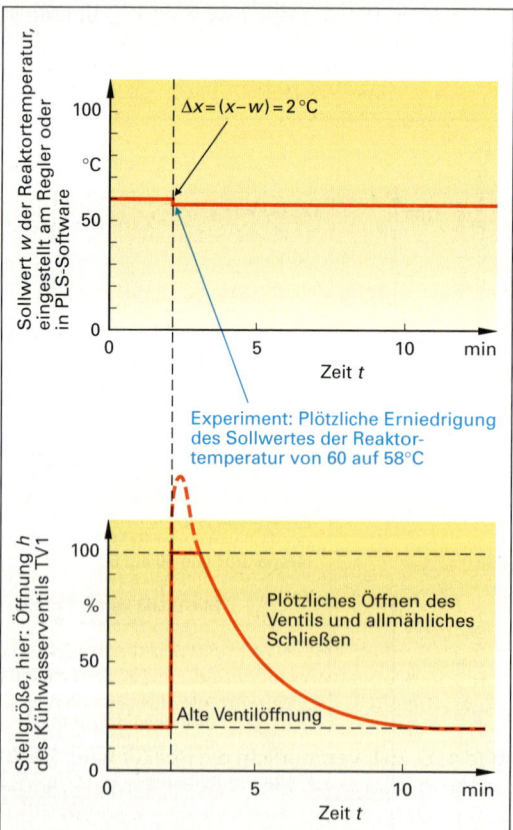

Bild 1: Sprungantwort einer D-Regelung

Zum Zeitpunkt der Verstellung des Temperatursollwertes von 60 °C auf 58 °C öffnet die Regelung sofort und schlagartig das Kühlwasserventil für einen Moment vollständig, um den Reaktor möglichst schnell auf die gewünschte, 2 °C niedrigere Temperatur zu bringen. Dieser Kurvenverlauf wird auch als **Schreckreaktion** der Regelung bezeichnet.

Die Länge der Reaktion lässt sich in erster Linie mit dem Parameter T_V einstellen. Die D-Regelung heißt auch **Differenzialregelung**; sie kommt in der Praxis nur in Kombination mit der P- oder PI-Regelung vor.

Eine Kombination aller drei Regelungstypen, bei der durch die Einstellung der Parameter K_P, T_N und T_V alle drei Anteile vorhanden sind, wird als **PID-Regelung** bezeichnet. Die Sprungantwort einer solchen Regelung auf eine plötzliche Verstellung des Sollwertes w von 60 °C auf 58 °C ergibt sich als Kombination aller drei Regelungen.

Eine **PID-Regelung** reagiert auf eine sprunghafte Verstellung des Sollwertes wie in Bild 2 gezeigt. Bei einer solchen PID-Regelung addieren sich die drei genannten Regelungsanteile zu einer Gesamtreaktion des Reglers.

Ist das Ventil ausreichend lange in maximaler Öffnung verblieben, kehrt es allmählich in die Lage zurück, die erforderlich ist, damit der Messwert dauerhaft so groß wie der Sollwert bleibt.

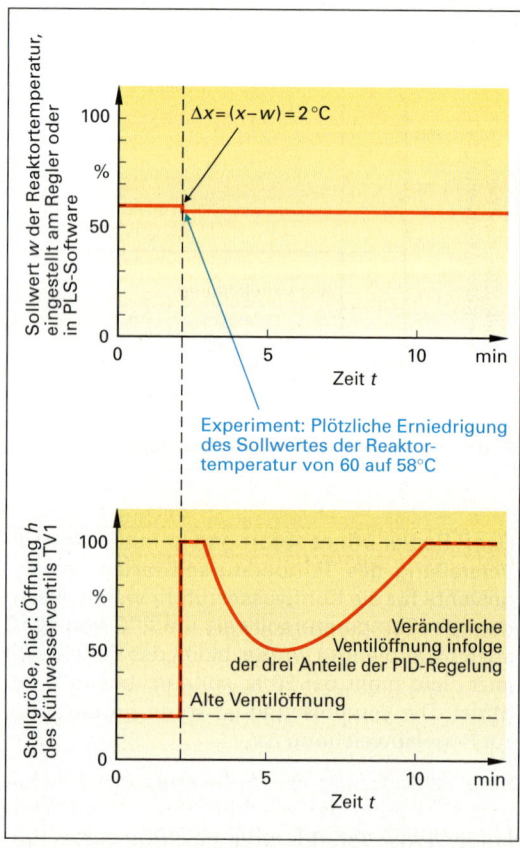

Bild 2: Sprungantwort einer PID-Regelung

Die Kombination von P-, I- und D-Anteil bewirkt zunächst, dass der Stellwert maximal hochschnellt. Er erholt sich von dieser Schreckreaktion jedoch sofort wieder. Für diese beiden Vorgänge ist der **D-Anteil** verantwortlich. Danach befindet sich die Stellgröße kurzzeitig auf einem bestimmten Wert (erkennbar am Bogen nach unten). Dieser Wert ist proportional zum Sollwertsprung und kommt durch den **P-Anteil** zustande. Anschließend steigt der Stellgrößenverlauf linear bis zum 100 %-Wert an, was durch den **I-Anteil** bewirkt wird.

Bild 1 zeigt abschließend, wie eine **PI-Regelung** auf die Verstellung des Sollwertes reagiert.

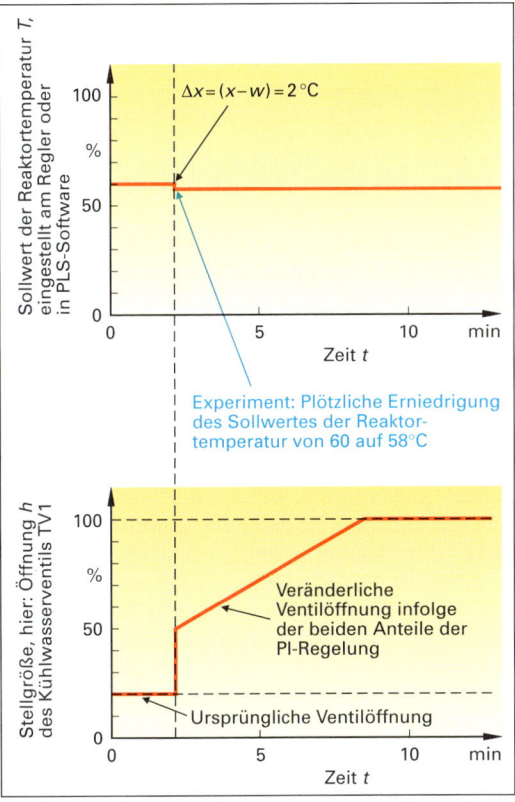

Bild 1: Sprungantwort einer PI-Regelung

In der Praxis findet man meist P-, PI- oder PID-Regler bzw. -Regelungen. Wann der Automatisierungstechniker den D- oder ID-Anteil der Regelung außer Betrieb setzt, hängt von den Eigenschaften der Regelstrecke ab. Bei Füllstandsregelungen ist eine reine P-Regelung besonders gut geeignet, während z. B. Durchflussregelungen meist als PI-Regelungen konfiguriert werden.

> **Hinweis**
>
> Bei allen Regelungen mit I-Anteil ist zu sehen, dass die Regelung nach einiger Zeit stets zum vollständigen Öffnen des Reglerventils führt (**Sättigung**).
>
> Dies kommt jedoch nur in den Fällen vor, bei denen die Regelabweichung sehr lange anhält. Eine Sättigung tritt beispielsweise dann ein, wenn bei Untersuchungen zum Verhalten der Regelstrecke der Regler von der Regelstrecke abgekoppelt wurde.
>
> In der Praxis geht jedoch die Regelabweichung durch den Einfluss des Reglers wieder zurück, sodass das Ventil wieder auf Öffnungsgrade unter 100 % zurückkehrt.

Zusammenfassend zeigt Bild 2 den Unterschied zwischen den Experimenten aus den Bildern 1, S. 204, bis 1, S. 207.

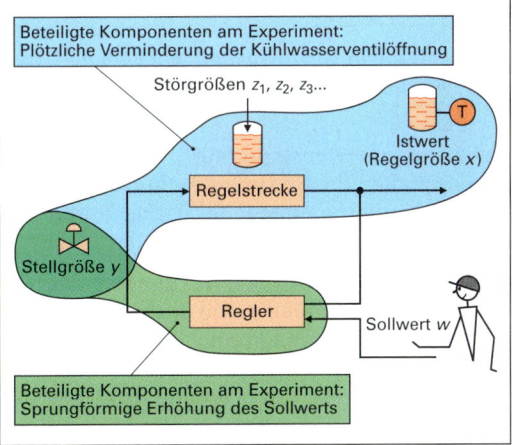

Bild 2: Sprungförmige Veränderung des Sollwertes und sprungförmige Veränderung des Stellwertes als unterschiedliche Experimente

Bild 1, S. 204, verdeutlicht die Reaktion der Reaktortemperatur auf eine sprunghafte Veränderung des **Stellwertes** (Kühlwasserventilöffnung). Die Bilder 1, S. 205, bis 1, S. 207, zeigen hingegen die Reaktion des Reglers bzw. der Regelungssoftware auf eine sprunghafte Veränderung des **Sollwertes**.

> **Hinweis**
>
> Die Sprungantwort der **Regelstrecke** auf eine **Stellwertänderung** darf nicht verwechselt werden mit der Sprungantwort der **Regelung** auf eine **Sollwertänderung**.

Im kompletten Regelkreis wirken jedoch die Regelstrecke und die Regelungssoftware zusammen, wie die Bilder 1 bis 3, S. 199 zeigen. Deshalb kann der Verlauf der Reaktortemperatur nach einer sprungartigen Veränderung des Sollwertes w oder auch einer der Störgrößen z z. B. schließlich aussehen wie in Bild 1 gezeigt.

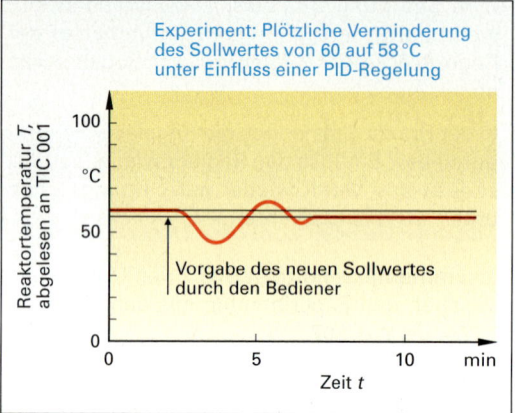

Bild 1: Reaktion einer Regelung auf eine plötzliche Änderung des Sollwertes

Der konkrete Kurvenverlauf hängt von den Eigenschaften der Regelstrecke und der Einstellung der Reglerparameter K_P, T_N und T_V ab.

Reagiert der geregelt gekühlte Reaktor z. B. sehr träge, weil dicke Behälterwandungen das Herunterkühlen verzögern, sind andere Parameter einzustellen, als bei spontaner Reaktion. Man erkennt in Bild 1, dass sich unter Einfluss des Regelungseingriffs zur Kühlung zunächst die Reaktortemperatur sogar etwas unter die gewünschten 58 °C bewegt, um sich dann wieder an die 58 °C anzunähern.

> **Hinweis**
>
> - Die Software einiger der modernsten Prozessleitsysteme bietet seit einiger Zeit die Möglichkeit, selbstständig die besten Parameter für K_P, T_N und T_V zu ermitteln. Es werden jeweils die letzten Parameter automatisch abgespeichert, die in der Vergangenheit zur schnellsten Ausregelung von Störgrößen oder Sollwertsprüngen führten.
> - Bei ungünstiger Einstellung der Regelungsparameter K_P, T_N und T_V kann es passieren, dass die Kurve nicht abklingt, wie in Bild 1 erkennbar ist. Sie behält dann ihre Schwingung bei oder vergrößert sie sogar. Solche Zustände können in einer Chemieanlage sehr gefährlich sein. Sie gilt es deshalb zu vermeiden.
> - Bei einer reinen P-Regelung werden die gewünschten 58 °C auch nach sehr langer Zeit nicht ganz erreicht. Es stellt sich eine **bleibende Regelabweichung** ein, die von der Größe des Parameters K_P abhängt.

Die Änderung der Ventilöffnung, d. h. der Stellgröße y in Abhängigkeit von der Regelabweichung $\Delta x = x - w$ und der Zeit, lässt sich bei der PID-Regelung auch durch folgende mathematische Gleichung beschreiben.

$$\Delta y = K_P \cdot \Delta x + \frac{1}{T_N} \cdot \Delta x \cdot t + T_V \cdot \frac{\Delta x}{\Delta t}$$

(Formelzeichendefinition S. 201, 202).

Die Gleichung besteht aus den Summanden für die drei Anteile der PID-Regelungsfunktion:

- Proportionalanteil,
- Intregralanteil,
- Differenzialanteil.

> **Hinweis**
>
> In der Literatur ist häufig eine Regler-Gleichung zu finden, bei der in jedem der drei Summanden zusätzlich noch der Wert von K_P auftritt. Diese Gleichung gilt für die früher üblichen pneumatischen Regler. Bei ihnen hängt die Größe des I-Anteils nicht nur vom Parameter T_N, sondern auch von K_P, und die Größe des D-Anteils nicht nur vom Parameter T_V, sondern ebenfalls zusätzlich von K_P ab.

> **Merksatz**
>
> Mit einer geeigneten Einstellung der **Reglerparameter** K_P, T_N und T_V lässt sich die Regelung optimal an die Charakteristiken der Regelstrecke anpassen. Damit wird eine zügige Arbeit der Regelung ohne größere Schwingungsvorgänge erreicht.

9.3 Unstetige Regelungen

Von unstetigen Regelungen spricht man, wenn die Stellgröße nur bestimmte Werte annehmen kann. Der Stellwert bewegt sich also nicht stetig zwischen zwei oder mehreren Zuständen.

Im einfachsten Fall verwendet man dafür ein einfaches Auf-Zu-Ventil (Binärventil, z. B. ein Magnetventil) in Kombination mit einer **Zweipunktregelung**, welche das Ventil bei Erfordernis öffnet oder schließt.

Daneben gibt es auch die so genannte **Dreipunktregelung** unter Verwendung mehrerer Ventile oder eines Ventils mit mehreren möglichen Stellungen.

9.3.1 Zweipunktregelung

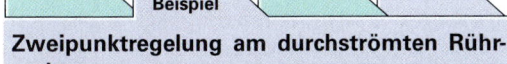

Zweipunktregelung am durchströmten Rührreaktor

Ein kontinuierlich betriebener Rührreaktor nach Bild 1 wird über HV3 ständig mit Ausgangsstoffen versorgt. Über HV4 werden die Reaktionsprodukte ständig abgeführt. Eine nicht dargestellte Füllstandsregelung hält den Füllstand im Reaktor konstant.

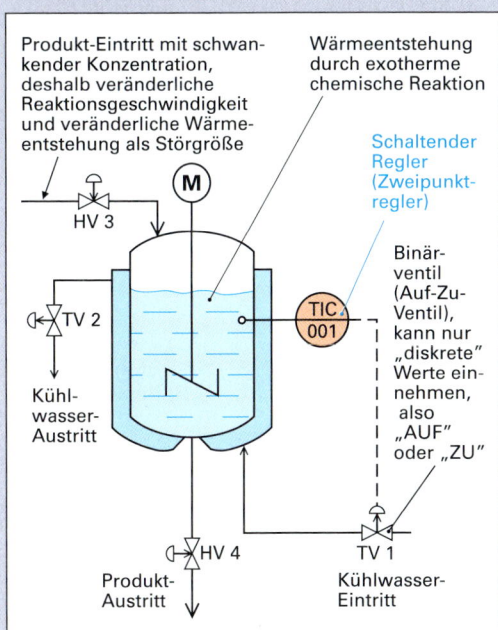

Bild 1: Gekühlter stoffdurchflossener Reaktor mit Zweipunktregelung

Da die Konzentrationen der Ausgangsstoffe und deren Temperaturen schwanken (dies sind die **Störgrößen**), schwankt die Reaktionsgeschwindigkeit und damit die pro Zeit frei werdende Wärmemenge ebenfalls. Der Zweipunktregler TIC 001 hält durch Öffnen und Schließen des Binärventiles TV1 die Temperatur im Bereich von 60 °C ± 2 °C konstant.

TIC 001 schaltet bei 62 °C die Kühlwasserzufuhr ein und bei 58 °C wieder aus, sodass sich die mittlere Temperatur in der Nähe von 60 °C bewegt.

Hinweis:

Zweipunktregler können im Fließbild mit den Kennzeichen TIC oder TIS bezeichnet werden, da sie nicht nur regelnde, sondern auch schaltende Wirkung haben.

Bild 2 enthält die zeitlichen Verläufe von Stellventilöffnung und Reaktor-Innentemperatur. Der obere und untere Grenzwert, d. h die Schalttemperaturen oder deren Schaltdifferenz, sind dabei am Regler einstellbar.

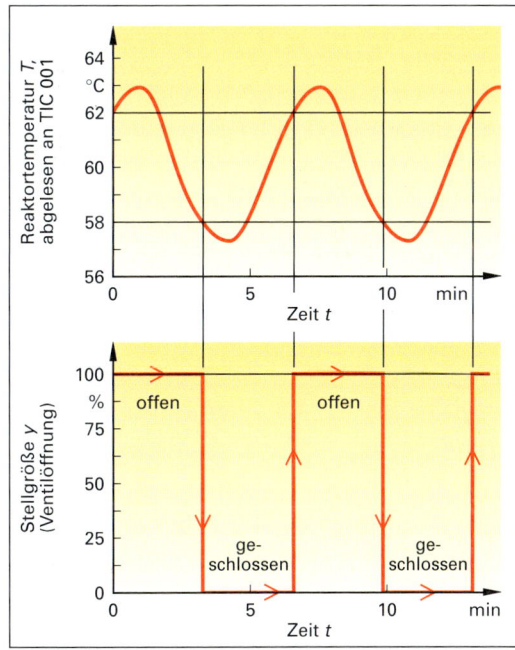

Bild 2: Zeitliche Verläufe von Stellventilöffnung und Reaktor-Innentemperatur am zweipunktgeregelten Reaktor nach Bild 1

Gibt man der Regelung eine größere Schaltdifferenz vor, z. B. einen Bereich zwischen 56 °C und 64 °C, wird die Regelung das Ventil weniger oft betätigen müssen. Dies geht aber zu Lasten der Regelgenauigkeit, wie aus dem Vergleich von Bild 2, S. 209, mit Bild 1, Seite 210, hervorgeht.

9 Regelungen in Chemieanlagen

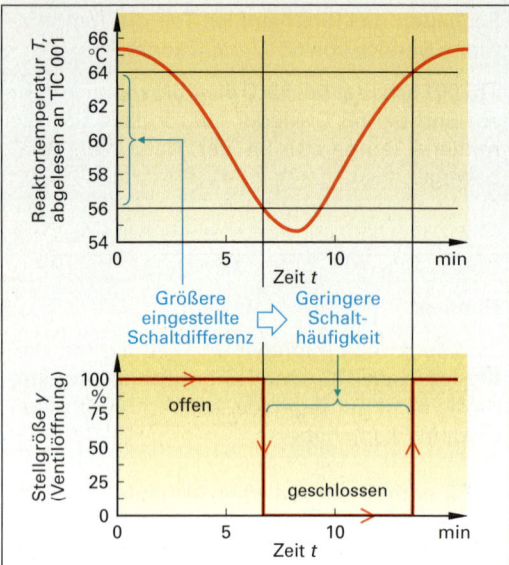

Bild 1: Auswirkung der Schaltdifferenz auf die Schalthäufigkeit

Die Schalthäufigkeit hängt auch von anderen Faktoren ab. Ist z. B. die Kühlmitteltemperatur sehr niedrig, erfolgt das Abkühlen sehr schnell, was ein häufiges Schalten des Reglers zur Folge hat.

Zweipunktregelungen werden eingesetzt, wenn es um Regelungsaufgaben mit nicht so hohen Anforderungen an die Regelgenauigkeit geht. Dies ist dort der Fall, wo eine gewisse Schwankungsbreite der Prozessvariablen zulässig ist.

Als bis vor wenigen Jahren jeder Regler ein eigenes Gerät darstellte, sprachen die günstigen Preise für den Zweipunktregler. In den modernen computergestützten Prozessleitsystemen, bei denen die Regelungsfunktionen von der Software im Controller ausgeführt werden, geben die Planungsingenieure der stetigen Regelung den Vorzug.

> **Merksatz**
>
> **Zweipunktregelungen** arbeiten mit Stellorganen, die lediglich zwei Zustände einnehmen können.
>
> Das Messsignal des Istwertes ist meistens ein Analogsignal. Es kann aber auch als binäres Signal vorliegen, welches Informationen über zwei Grenzwerte gibt, bei denen das Stellorgan geschaltet werden soll.

9.3.2 Dreipunktregelung

Die Zweipunktregelung aus dem vorangegangenen Kapitel hat zwei Schaltzustände des Stellventils: „Auf" und „Zu". Damit schwankt die Intensität der Kühlung zwischen „voll kühlen" und „nicht kühlen". Eine Verbesserung der Regelgenauigkeit lässt sich erzielen, indem man drei Schaltzustände vorsieht, z. B. „stark kühlen", „mäßig kühlen" und „nicht kühlen". Auch kühlen/nicht kühlen/heizen wäre denkbar, wobei allerdings die zusätzliche Zufuhr eines Heizmediums vorgesehen werden müsste.

> **Beispiel**
>
> **Dreipunktregelung am durchströmten Rührreaktor**
>
> Der Reaktor nach Bild 2 ist ein kontinuierlich betriebener Rührreaktor mit einer zweistufig ausgelegten Kühlintensität.
>
> Durch Öffnen von TV1 kann der Kühlmantel mäßig gekühlt werden. Durch gemeinsames Öffnen von TV1 und TV2 wird der Kühlwasserstrom verdoppelt, was eine Erhöhung der Kühlleistung zur Folge hat.
>
>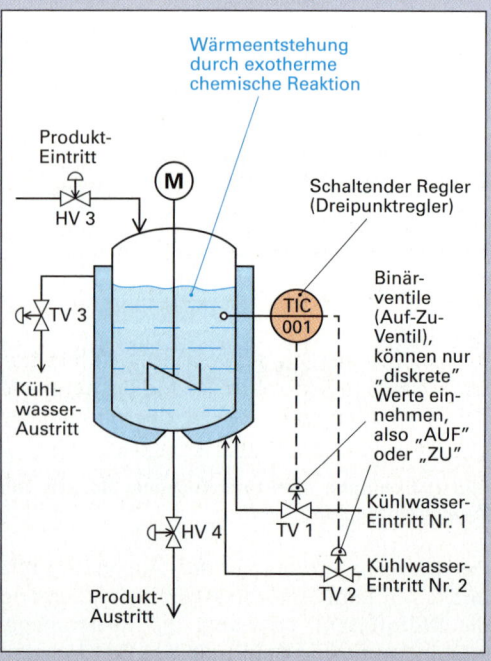
>
> **Bild 2:** Dreipunktregelung an einem gekühlten, durchflossenen Reaktor mit Wärmeentstehung

Die drei möglichen Schaltzustände sind:

1. TV 1 und TV 2 zu,
2. TV 1 offen,
3. TV 1 und TV 2 offen.

Ihnen entsprechen die drei Schaltpunkte 58 °C, 60 °C und 62 °C. So wird bei Erreichen der Temperatur von 62 °C auf volle Kühlung geschaltet, bei 60 °C auf mäßige Kühlung und bei 58 °C die Kühlung außer Betrieb genommen.

Die Funktionsweise einer Dreipunktregelung für den Reaktor aus Bild 2, S. 210, veranschaulicht Bild 1.

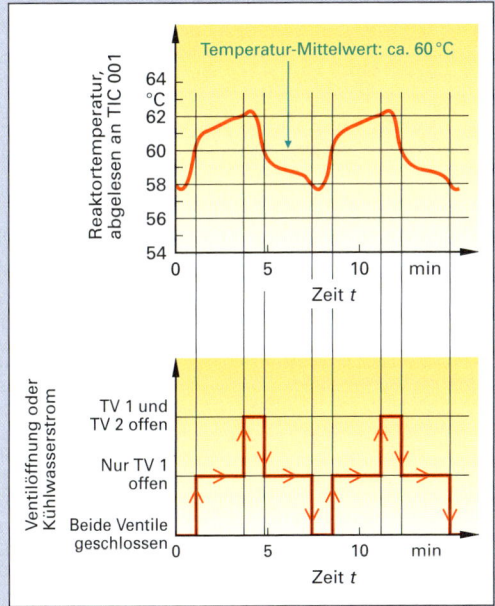

Bild 1: Zeitliche Verläufe von Stellgrößen und Reaktorinnentemperatur beim durchflossenen und gekühlten Reaktor nach Bild 2, S. 210

Bei einem genauen Abgleich der Kühlmittelströme auf die Reaktorgröße und die darin entstehende Wärmemenge, z. B. durch geeignete Ventilauswahl, führt der Dreipunktregler zu einer weniger großen Schalthäufigkeit und damit zu einer verminderten Beanspruchung der Stellorgane. So wird, wie man in Bild 1 sieht, über größere Zeiträume mit mäßiger Heizleistung gefahren, sodass alleine das Ventil TV 1 geöffnet bleibt.

Daneben führt die Dreipunktregelung zu einer gegenüber der Zweipunktregelung verbesserten Regelgüte.

> **Merksatz**
>
> **Dreipunktregelungen** arbeiten mit Stellorganen, die für drei Stellzustände sorgen.
>
> Das Messsignal des Istwertes ist meistens ein Analogsignal. Es kann aber auch als diskretes Signal vorliegen. Dieses gibt Informationen über die drei Grenzwerte, bei denen die Stellorgane geschaltet werden sollen.

> **Hinweis**
>
> **Diskrete Signale** können wie die binären Signale mehrere definierte Größen annehmen. Die Anzahl der möglichen Größen beträgt mehr als zwei. Zwischenwerte wie bei den analogen Signalen sind nicht möglich.

Mit Dreipunktregelungen ist es möglich, die Regelgröße genauer und mit weniger starken Schwankungen an den Sollwert anzugleichen als dies mit Zweipunktreglern möglich ist. Bei beiden Regelungstypen bleibt die Regelgröße im Gegensatz zur stetigen Regelung mit periodischen Schwankungen behaftet.

9.4 Fuzzy-Regelung

In Kapitel 9.1 (Vorbetrachtungen zu den Regelungen) wurde dargestellt, dass es das Ziel jeder Regelung ist, eine Prozessvariabel an einen gegebenen Sollwert anzugleichen und konstant zu halten.

Unabhängig davon, ob es sich um eine Zweipunkt-, Dreipunkt- oder stetige Regelung handelt, wird von der Regelungssoftware in Abhängigkeit von den gemessenen Prozessvariablen die erforderliche Stellgröße berechnet. Auch die Fuzzy-Regelungen tun nichts anderes.

Das Stellorgan der Zweipunktregelung hat nur zwei Stellungen: „Auf" oder „Zu", „Ein" oder „Aus". Die Stellorgane der Dreipunktregelung haben drei Stellungen: „Zu" oder „ca. halbe Leistung" oder „Auf".

Die Stellorgane der stetigen Regelung können zwischen „Auf" und „Zu" auch jede Zwischenstellung einnehmen. Ähnliches gilt für die Signale der Messfühler.

Für die **Zweipunktregelung** sind Messfühler ausreichend, die **zwei** Messwerte liefern, z. B.:

- Zu heiß? Ja/Nein (0/1)
- Zu kalt? Ja/Nein (0/1)

9 Regelungen in Chemieanlagen

Beim **Dreipunktregler** sind Messfühler ausreichend, die Aussagen über **drei** Messwerte treffen, z. B.:

- Zu heiß? Ja/Nein (0/1)
- Mittelmäßig heiß? Ja/Nein (0/1)
- Zu kalt? Ja/Nein (0/1)

Für **stetige Regelungen** benötigt man Messfühler, die in einem bestimmten Bereich kontinuierlich messen, d. h. Aussagen über sehr viele Messwerte treffen (theoretisch **unendlich viele Messwerte**):

- 100 °C? Ja/Nein (0/1)
- 99 °C? Ja/Nein (0/1)
- 98 °C? Ja/Nein (0/1)
.
.
.
- 1 °C? Ja/Nein (0/1)
- 0 °C? Ja/Nein (0/1).

Diese Aussagen veranschaulicht Bild 1.

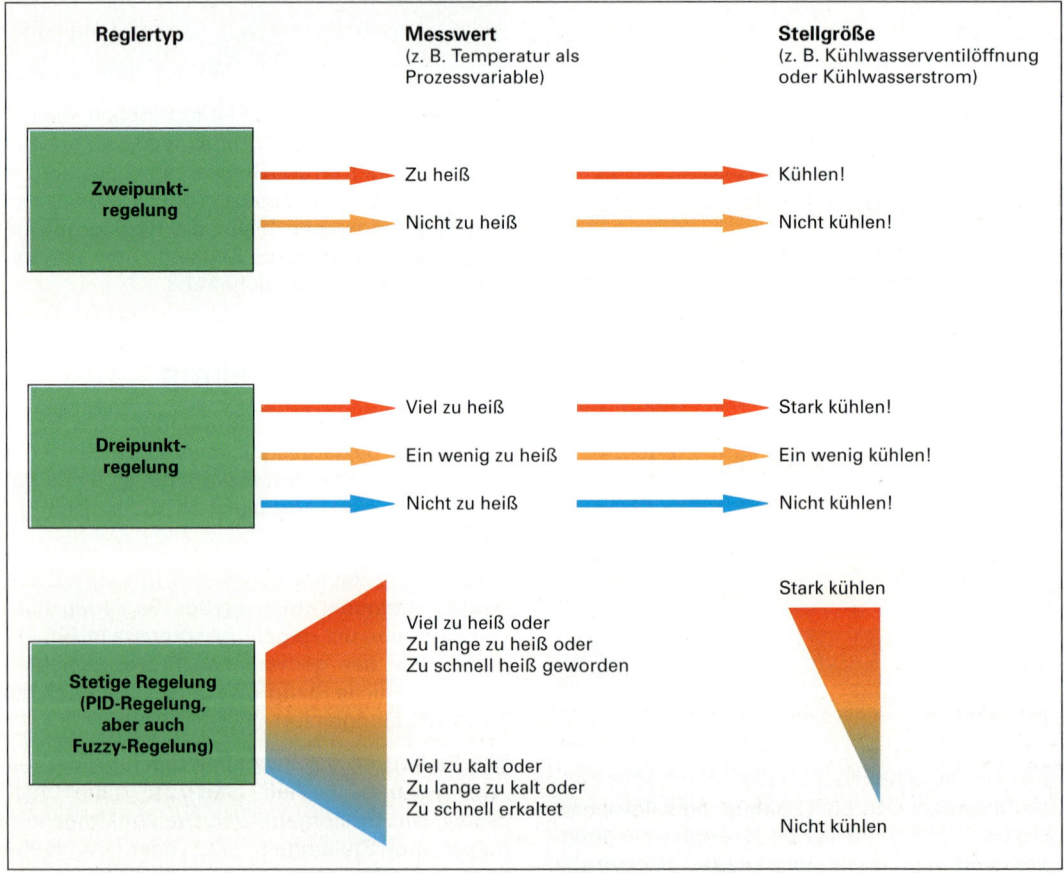

Bild 1: Charakteristik von Messwert und Stellgröße bei verschiedenen Reglertypen

Fuzzy-Regelungen arbeiten mit Gruppen von Messwerthöhen. So könnte man die Temperaturmesswerte zwischen 0 °C und 100 °C z. B. in fünf Bereichsgruppen zu 20 °C einteilen (0 °C ... 20 °C, 20 °C ... 40 °C, 40 °C ... 60 °C, 60 °C ... 80 °C, 80 °C ... 100 °C).

Die Besonderheit der Fuzzy-Logik oder der Fuzzy-Regelung besteht jedoch darin, dass man Bereiche mit verschwommenen oder unscharfen Grenzen verwendet (engl. fuzzy: fusselig, verschwommen).

Die Temperaturmesswerte eines Fuzzy-Reglers könnten dann z. B. in folgenden, unscharf voneinander getrennten Bereichen liegen: kalt, kühl, lauwarm, warm, heiß.

Wären diese Bereiche exakt abgegrenzt, könnte der Messbereich folgendermaßen zerlegt werden:

- 0 °C ... 20 °C (kalt)? Ja/Nein (0/1)
- 20 °C ... 40 °C (kühl)? Ja/Nein (0/1)
- 40 °C ... 60 °C (lauwarm)? Ja/Nein (0/1)
- 60 °C ... 80 °C (warm)? Ja/Nein (0/1)
- 80 °C ... 100 °C (heiß)? Ja/Nein (0/1)

Streng genommen müsste die Trennung noch exakter erfolgen, da z. B. nicht klar ist, ob 40 °C zur Gruppe kühl oder zur Gruppe lauwarm gehört. Das Problem der Zuordnung der Grenzwerte zur einen oder zur anderen Gruppe umgeht die Fuzzy-Logik, indem sie die Bereiche überlappen lässt und auf die Wahrscheinlichkeitsrechnung zurückgreift.

Merksatz

Fuzzy-Regelungen arbeiten meist mit Stellorganen, die jede denkbare Zwischenstellung zwischen einem unteren und einem oberen Grenzwert einnehmen können, seltener mit Stellorganen, die nur bestimmte, diskrete Stellungen einnehmen können. Deshalb sind die Stellsignale meist **analoge Signale**.

Auch die Messwerte sind in der Regel Analogsignale. Beide Signaltypen werden jedoch **fuzzyfiziert**, d. h. in überlappende Bereiche eingeteilt.

Bild 1 zeigt das Prinzip der überlappenden Messbereiche mit den zugehörigen Wahrscheinlichkeiten.

Der Messwert von 55 °C gehört beispielsweise mit einer Wahrscheinlichkeit von 25 % zur Gruppe „warm" und mit einer Wahrscheinlichkeit von 75 % zur Gruppe „lauwarm".

Die Messung der Prozessvariablen erfolgt, wie bei jedem stetigen Regler, stetig, d. h. als Von-Bis-Signal. Die **Fuzzyfizierung**, also die Zerlegung in unscharf getrennte Gruppen (oder Mengen) erfolgt intern in der Rechnersoftware der Fuzzy-Regelung.

Das Ziel der Berechnung besteht in der Ermittlung eines Stellwertes, z. B. einer Ventilöffnung.

Natürlich können neben der Temperatur auch alle anderen Messwerte, wie Durchflüsse, Drücke, Füllstände usw. fuzzifiziert werden.

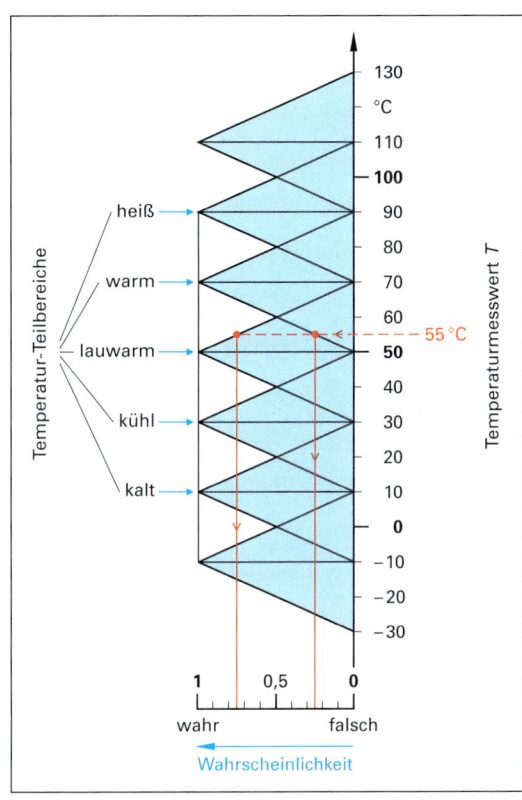

Bild 1: Fuzzyfizierung eines Temperaturmesswertes

Den Stellwert unterteilt das Rechenprogramm ebenfalls in überlappende Teilbereiche, wie Bild 1, S. 214, zeigt.

Die Fuzzyfizierung ist für die interne Software des Fuzzy-Reglers lediglich ein Hilfsmittel zur Berechnung der Stellgröße. Natürlich behalten sowohl die Messwerte als auch die Stellwerte den Charakter von stetigen Signalen. Sie haben damit zu jeder Zeit einen ganz konkreten Wert innerhalb des gesamten Mess- bzw. Stellbereiches.

Die Wahrscheinlichkeiten der Zugehörigkeiten zu den Messwertgruppen werden von der Reglersoftware nach bestimmten Algorithmen der **Wahrscheinlichkeitsrechnung** verarbeitet, um die Stellgrößenwerte zu berechnen. Dazu müssen bestimmte Regeln formuliert werden. Diese Vorgehensweise soll später an einem Beispiel erläutert werden.

Durch Anwendung dieser Regeln ergibt sich schließlich ein Stellgrößenwert, der z. B. mit einer Wahrscheinlichkeit von 60 % zur Gruppe „fast offen" und mit einer Wahrscheinlichkeit von 20 % zur Gruppe „weit geöffnet" gehört. Die zugehörigen beiden Punkte sowie den sich ergebenden Stellgrößenwert von 87 % zeigt Bild 1.

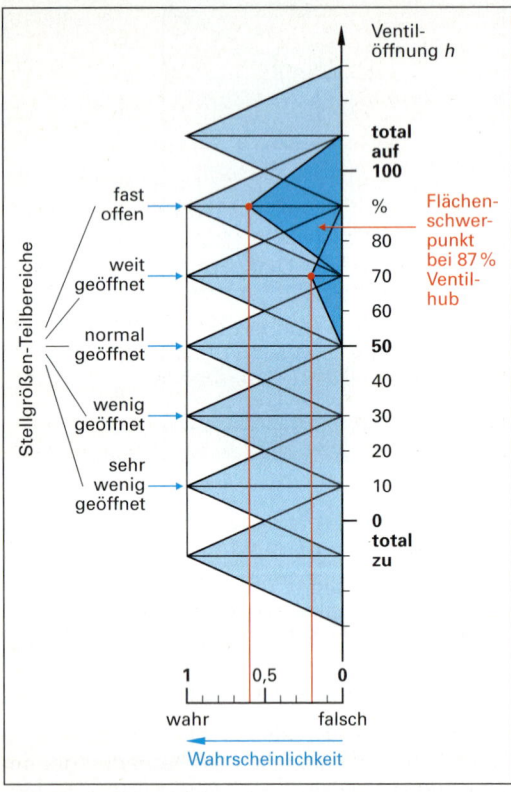

Bild 1: Fuzzyfizierung und Defuzzyfizierung des Stellgrößenwertes

Die Software bildet aus den Wahrscheinlichkeiten mathematisch die im Bild 1 dargestellten Dreiecksflächen und ermittelt den **Flächenschwerpunkt**. Dieser zeigt die konkrete erforderliche Ventilstellung von 87 % an. Seine Ermittlung heißt auch **Defuzzyfizierung**.

> **Merksatz**
>
> Fuzzy-Regelungen zerlegen den Messbereich und den Stellbereich in überlappende Teilbereiche. Der exakte Stellwert wird mit Mitteln der Wahrscheinlichkeitsrechnung berechnet. Dazu werden **Regeln** formuliert.

Beispiel

Ermittlung der Stellgröße unter Zuhilfenahme von Wahrscheinlichkeiten

Bild 2 zeigt eine Fuzzy-Regelung in einem Wärmetauscher. Ein Produkt soll mithilfe von Heißwasser aufgeheizt werden.

Dem Symbol TIC 003 des Rohrleitungs- und Instrumenten-Schemas ist nicht entnehmbar, dass der Regler mit Fuzzy-Logik arbeitet. Ebenso wäre nicht entnehmbar, ob er als P-, PI-, PID-Regler oder als Zweipunktregler arbeitet.

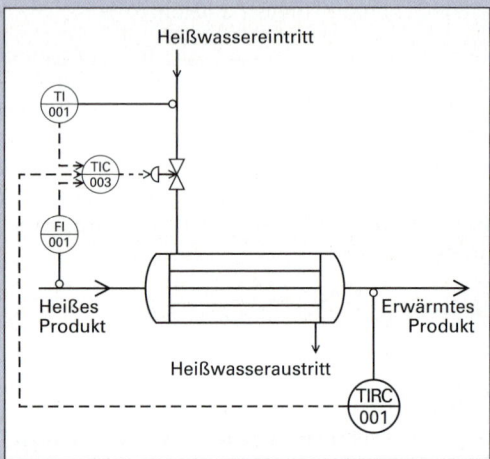

Bild 2: Fuzzy-Regelung am Beispiel eines Wärmetauschers

Der Regler TIC 003 wirkt mit seiner berechneten Stellgröße auf ein stetiges Regelventil. Die erforderliche Ventilstellung wird nicht nur auf der Grundlage des Temperaturmesswertes TI 001 des erwärmten Produktes berechnet, sondern auch unter Berücksichtigung des Produktdurchflusses FI 001 und der Heißwassertemperatur TI 001.

Der veränderliche Produktdurchfluss und die veränderliche Heißwassertemperatur stellen Störgrößen dar, die direkt vom Fuzzy-Regler mit berücksichtigt werden.

Alle drei Eingangsgrößen des Reglers (TI 001, TI 002 und FI 001) werden von seiner Software gemäß Bild 1, S. 213, fuzzyfiziert, d. h. in unscharf abgegrenzte Bereiche eingeteilt. Zusätzlich wird als vierte Regler-Eingangsgröße der vom Bediener vorgegebene Sollwert fuzzyfiziert.

Die fuzzyfizierten Werte sind in Bild 1, S. 215, als beschreibende Worte (**linguistisch**) dargestellt.

Zu beachten ist, dass die Reglersoftware nicht die Produkttemperatur und den Sollwert getrennt fuzzyfiziert, sondern deren **Differenz** in Gruppen eingeteilt.

Damit existieren im Beispiel nur drei Eingangsgrößen mit je fünf Wertebereichen. Es sind 5^3, d. h. 125 Kombinationen der drei Eingangsgrößen denkbar. Für jede dieser Kombinationen hat die Software einen zugehörigen Ventilhub fest gespeichert. Fünf von diesen 125 Möglichkeiten sind im Bild 1 dargestellt.

der Defuzzyfizierung nach Bild 1 ergeben. Von diesen Wahrscheinlichkeiten hängen ja wiederum jene Wahrscheinlichkeiten ab, welche die Software den Stellgrößenbereichen gemäß Bild 1, S. 214, zuordnet.

So könnte sich z. B., wie in Bild 1 dargestellt, ergeben, dass das Heißwasserventil mit 60 %iger Wahrscheinlichkeit zur Gruppe „fast offen" und mit 20 %iger Wahrscheinlichkeit zur Gruppe „weit geöffnet" gehören soll. Bildet man den Flächenschwerpunkt gemäß Bild 1, S. 214, ergibt sich, dass es exakt zu 87 % geöffnet sein soll.

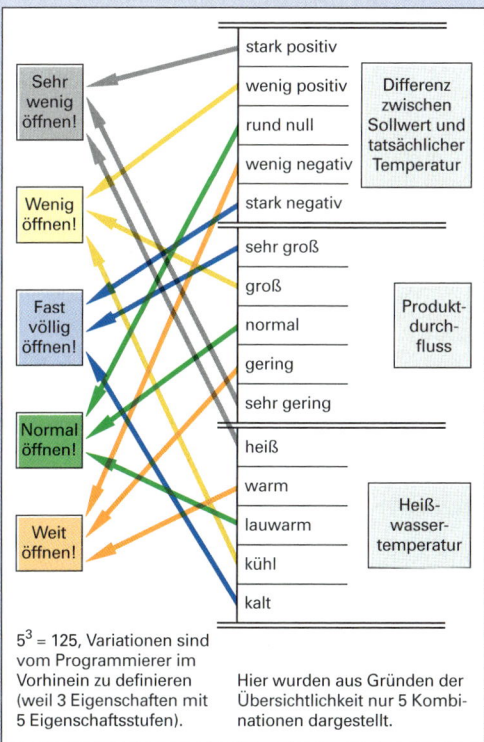

5^3 = 125, Variationen sind vom Programmierer im Vorhinein zu definieren (weil 3 Eigenschaften mit 5 Eigenschaftsstufen).

Hier wurden aus Gründen der Übersichtlichkeit nur 5 Kombinationen dargestellt.

Bild 1: Eine Auswahl der einzuprogrammierenden Regeln für die Fuzzy-Regelung am Wärmetauscher von Bild 2, S. 214

Wenn beispielsweise das Produkt zu warm ist, wenn der Produktdurchfluss sehr gering ist und wenn außerdem die Heißwassertemperatur sehr hoch ist (orange dargestellt), dann sollte das Heißwasserventil nur sehr wenig öffnen.

Wie wenig es öffnen soll, was unter Umständen auch gar keine Öffnung bedeuten kann, hängt von den Wahrscheinlichkeiten ab, die sich aus

Die Algorithmen zur Defuzzyfizierung sowie die fest gespeicherten Regeln (im letzten Beispiel die 125 Kombinationen, von denen nur 5 dargestellt waren) können mithilfe einer geeigneten Software in die Computersprache umgesetzt werden. Dazu sind zwar automatisierungstechnische, aber kaum programmierungstechnische Kenntnisse und Fertigkeiten erforderlich.

Fuzzy-Regelungen konnten die konventionellen Regelungen in der chemischen Industrie bisher nicht verdrängen. Das hat folgende Gründe:

- die Schwierigkeit der Formulierung der Regeln, die meist auf Erfahrungen beruhen,
- die Tatsache, dass die bewährten P-, PI- bzw. PID-Regelungen für nahezu jeden Anwendungsfall mit zufrieden stellender Genauigkeit arbeiten,
- die schwierige Verwirklichung eines befriedigenden Zeitverhaltens, d. h. die Realisierung sehr schneller als auch sehr langsamer Eingriffe in den Prozess.

Aus diesen Gründen werden Fuzzyregelungen in der chemischen Industrie meist kombiniert mit den herkömmlichen P- oder PI-Reglern eingesetzt.

9.5 Charakteristiken von Regelstrecken

Regelstrecken haben bezüglich des zeitlichen Verlaufes des gemessenen Istwertes ein teilweise recht unterschiedliches Verhalten.

Zu ihrer Charakterisierung wird stets, ähnlich wie im Kapitel 9.2 (Stetige Regelungen) auf den Seiten 203 und 204 dargestellt, der Verlauf des gemessenen Istwertes nach einer plötzlichen sprungartigen Verstellung eines Stellorganes betrachtet.

Bei Experimenten ist dazu die eigentliche Regelung außer Betrieb zu setzen (z. B. durch Schalten des Reglers auf „manuell"). Nur der vom Regler unbeeinflusste Messwert ist zu beobachten, nachdem das Stellorgan plötzlich sprungförmig verstellt wird.

Einige typische Regelstrecken sollen im Folgenden analysiert werden.

9.5.1 Durchflussregelstrecke an einer offenen Rohrleitung

In eine Rohrleitung mit einem bestimmten Vordruck ist, wie in Bild 1 zu sehen, ein Ventil eingebaut.

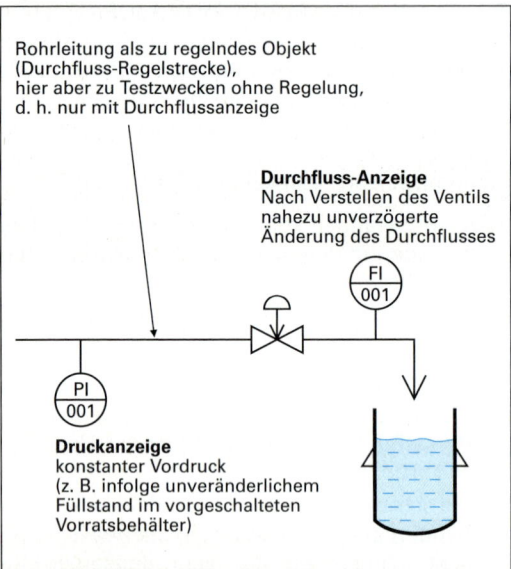

Bild 1: Durchflussregelung an einer offenen Rohrleitung als Beispiel für eine P-Regelstrecke

Wird dieses Ventil plötzlich geöffnet, so erhöht sich ebenso plötzlich und ohne Verzögerung der Durchfluss. Wird das Ventil langsam geöffnet, so erhöht sich der Durchfluss ebenso langsam.

Die Durchflusserhöhung folgt, wie aus Bild 2 ersichtlich, ohne zeitliche Verzögerung der Stellgrößenveränderung, das heißt die Prozessvariable (hier die Durchflussmenge) ist näherungsweise proportional zur Stellgrößenänderung.

Der Zusammenhang muss je nach Ventiltyp nicht unbedingt linear sein, ist aber gleichsinnig und nahezu ohne zeitliche Verzögerung. Deshalb spricht man auch von einer **Proportional-Regelstrecke**, einer **P-Regelstrecke** bzw. vom **Proportionalverhalten** der Regelstrecke.

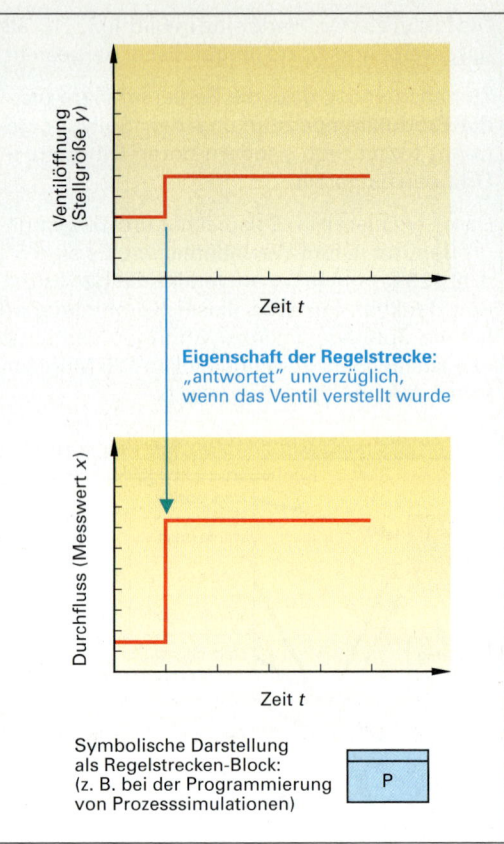

Bild 2: Reaktion einer P-Regelstrecke auf eine Stellgrößenänderung

> **Merksatz**
>
> Durchflussregelungen sind hinsichtlich Strömungsgeschwindigkeit bzw. Volumen- und Massenstrom typische Beispiele für eine **Proportional-Regelstrecke**.

Abweichungen vom theoretisch idealen Proportionalverhalten können sich dann ergeben, wenn das Stellventil nur langsam oder zeitverzögert auf die Reglerbefehle reagiert oder wenn eine zu starke Rohrreibung die Strömung bremst.

9.5.2 Flüssigkeitsspeicher mit Zu- und Abfluss

In einen Flüssigkeitstank nach Bild 1, S. 217, mündet eine Zuflussleitung. Über eine Pumpe kann die gespeicherte Flüssigkeit abgezogen werden. Die Pumpe ist bei der folgenden Betrachtung zunächst ausgeschaltet.

Der Tank ist zu Beginn der Betrachtung leer. Wird nun das Befüllventil HV1 geöffnet, steigt der

9.5 Charakteristiken von Regelstrecken

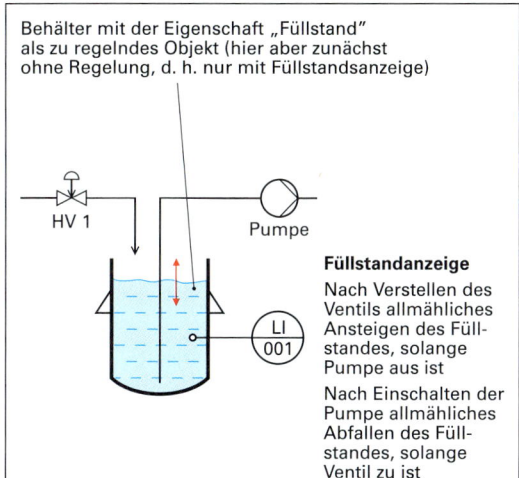

Bild 1: Flüssigkeitstank als Beispiel für eine I-Regelstrecke

nen Mengen. Sie werden von ihm einbehalten oder **integriert**. Deshalb spricht man bei einer solchen Regelstrecke auch vom **Integralverhalten** bzw. **I-Verhalten**.

Nach dem Schließen des Befüllventils und dem Einschalten der Pumpe erfolgt die Umkehrung des Vorganges, nämlich das kontinuierliche und zeitlich lineare Entleeren.

> **Merksatz**
>
> Vorratsbehälter für Flüssigkeiten sind hinsichtlich des Füllstandes typische Vertreter für **Regelstrecken mit Integralverhalten**.

9.5.3 Rührbehälter mit Rohrschlangenheizung

Ein Rührbehälter enthält eine elektrische Heizschlange. Nach dem Einschalten führt die Heizung dem Behälter eine konstante Heizleistung zu. Die Wärmeverluste an die Umgebung sind zunächst gering.

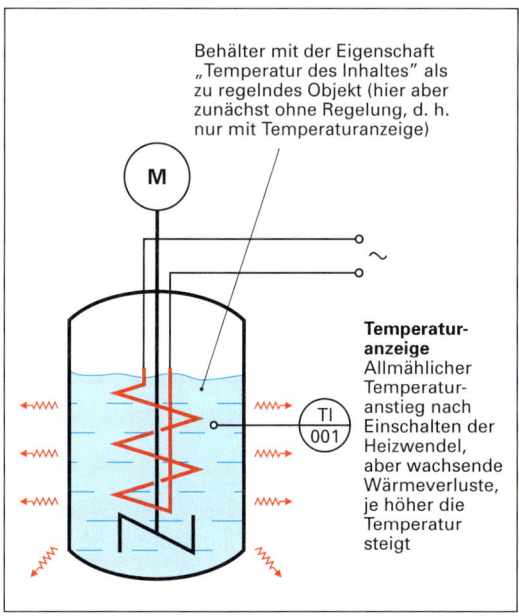

Bild 3: Innenbeheizter Behälter als Beispiel für eine PT_1-Regelstrecke

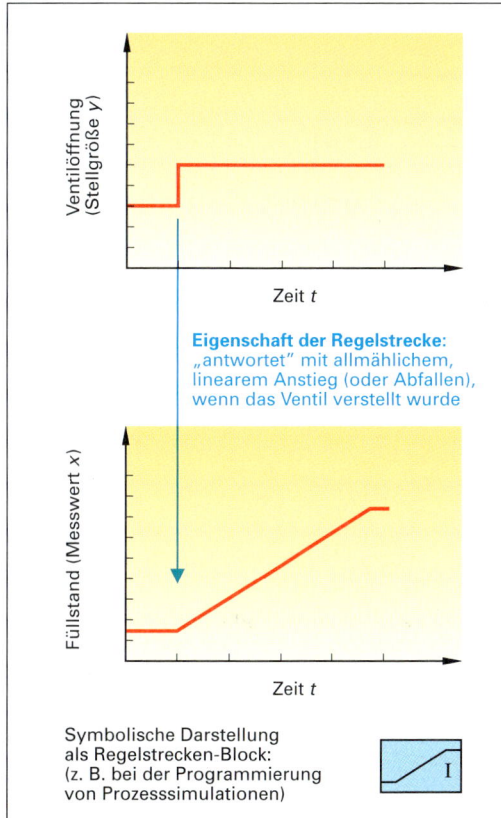

Bild 2: Reaktion einer I-Regelstrecke auf eine Stellgrößenänderung

Füllstand kontinuierlich und linear an. Der Tank speichert bzw. summiert die bisher eingeflosse-

Je höher jedoch die Temperatur im Behälter steigt, desto größer werden die Wärmeverluste pro Zeiteinheit, da der Temperaturunterschied zwischen dem Behälterinneren und der Umgebung immer größer wird. Das System heizt sich so weit auf, bis die zugeführte Wärmemenge pro Zeiteinheit gleich der Verlustwärmemenge pro Zeiteinheit ist.

9 Regelungen in Chemieanlagen

Danach steigt die Temperatur nicht mehr. Ein Gleichgewichtszustand hat sich eingestellt.

Einen solchen Verlauf nennt man **Verzögerungsverhalten erster Ordnung** oder einfach **PT$_1$-Verhalten**. Die Regelstrecke wird als **Regelstrecke erster Ordnung** bezeichnet.

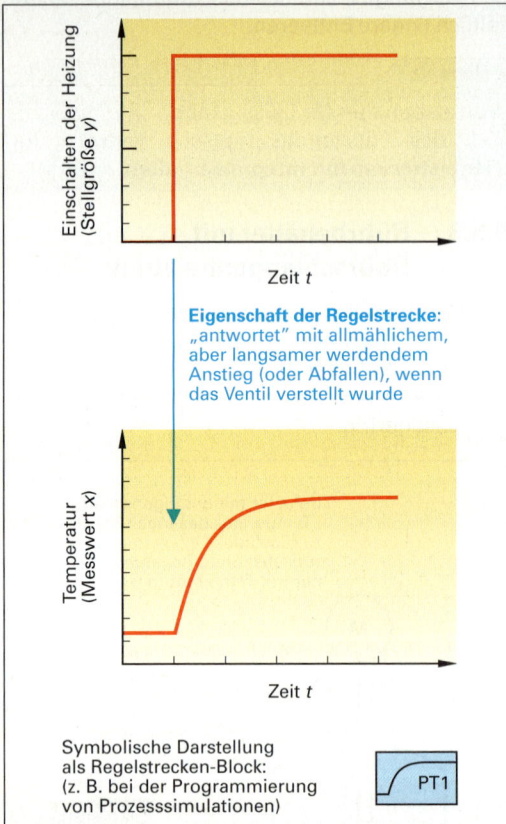

Bild 1: Reaktion einer PT$_1$-Regelstrecke auf eine Stellgrößenänderung

Je nach dem Verhältnis der Heizleistung zum Behältervolumen gestaltet sich der Übergang zur Endtemperatur schneller oder langsamer, die Sprungantwort verläuft gestauchter oder gestreckter. Dies ändert aber nichts an deren prinzipiellem Verlauf.

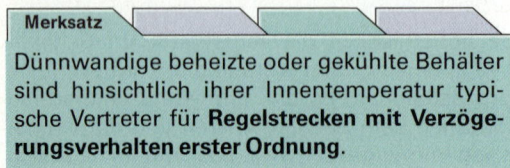

Dünnwandige beheizte oder gekühlte Behälter sind hinsichtlich ihrer Innentemperatur typische Vertreter für **Regelstrecken mit Verzögerungsverhalten erster Ordnung**.

Ein weiterer Vertreter von Regelstrecken ist der durchströmte Druckgasbehälter.

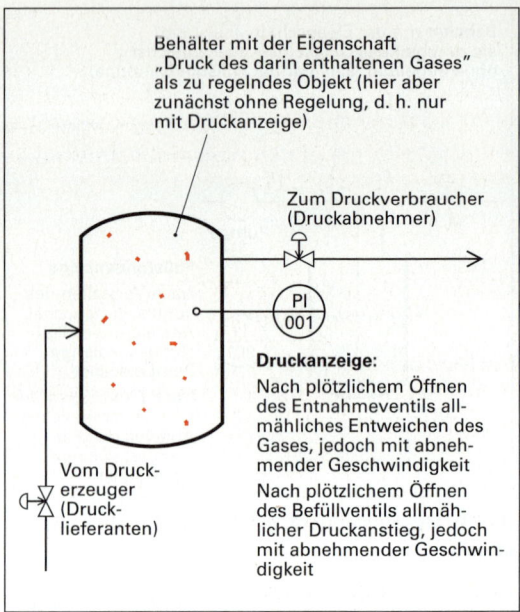

Bild 2: Druckgasspeicher als Vertreter der PT$_1$-Regelstrecken

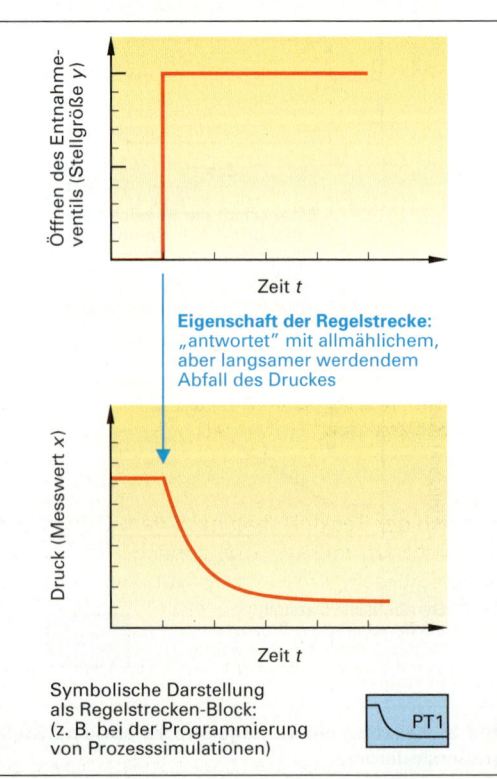

Bild 3: Reaktion des Druckgasspeichers als typische PT$_1$-Regelstrecke auf eine Vergrößerung der Entnahmeventil-Öffnung

Ein plötzliches Öffnen des Zuflussventils oder des Entnahmeventils führt zum Druckanstieg bzw. zum Druckabfall. Die Geschwindigkeit der Druckänderung wird geringer, je leerer bzw. je voller der Behälter wird. Den Druckabfall bei einer plötzlichen Öffnung des Entnahmeventils verdeutlicht Bild 3, S. 218.

9.5.4 Rührbehälter mit Mantelheizung

Ein Rührbehälter nach Bild 1 ist von einem Doppelmantel umgeben, der mit einer Wärmeträgerflüssigkeit beheizt wird.

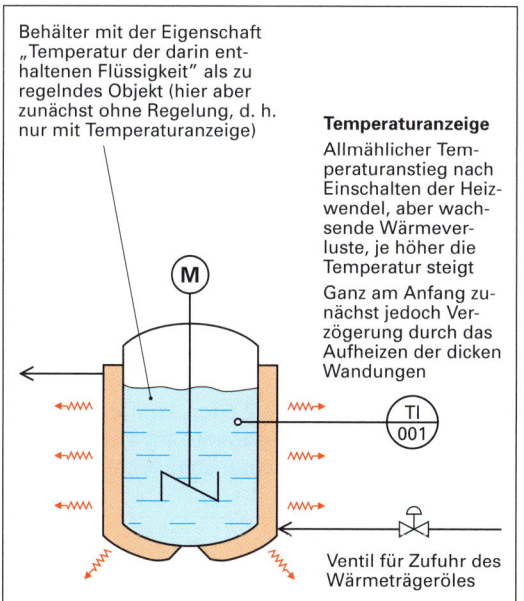

Bild 1: Mantelbeheizter Reaktor als Vertreter der PT$_2$-Regelstrecken

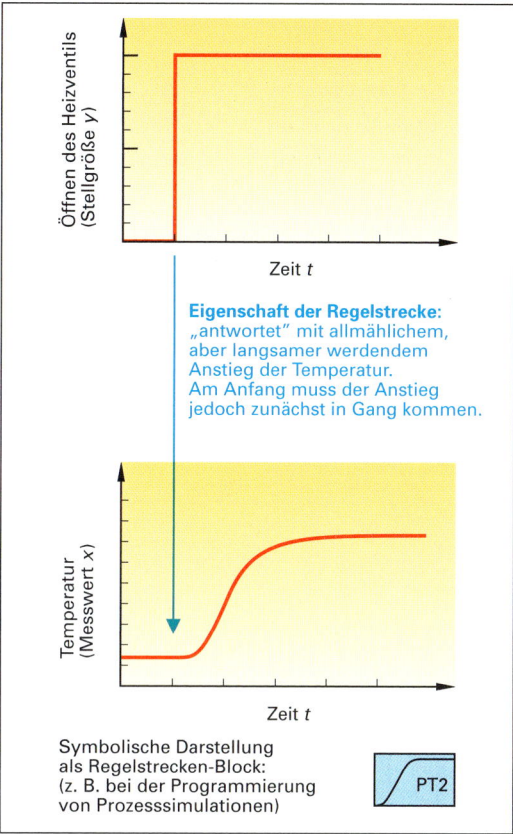

Bild 2: Reaktion einer PT$_2$-Regelstrecke auf eine Stellgrößenänderung

Ehe sich der Reaktorinhalt nach dem Öffnen von HV1 aufheizt, müssen sich zunächst die Behälterwandungen und der Inhalt des Doppelmantels aufheizen. Deshalb ergibt sich zunächst eine zeitliche Verzögerung (Anlaufverzögerung), ehe sich der Behälterinhalt aufzuheizen beginnt (Bild 2).

Der zu beobachtende Verlauf der Temperatur folgt einem **Verzögerungsverhalten zweiter Ordnung** bzw. einem **PT$_2$-Verhalten**, und die Regelstrecke wird als **Regelstrecke zweiter Ordnung** bezeichnet.

Merksatz

Dickwandige beheizte oder gekühlte Behälter sind hinsichtlich ihrer Innentemperatur typische Vertreter für **Regelstrecken mit Verzögerungsverhalten zweiter Ordnung**.

In Bild 1, S. 220, befindet sich das Stellventil für den Strom der Wärmeträgerflüssigkeit etwas entfernt vom Reaktor.

In diesem Fall benötigt die Wärmeträgerflüssigkeit nach dem Öffnen des Stellorganes HV1 einige Zeit, ehe sie die Behälterwandung überhaupt erreicht, um danach die Wandung und den Reaktorinhalt aufheizen zu können. Diese Zeit nennt man **Totzeit**.

Merksatz

Die **Totzeit** ist die Zeit, die nach einer Verstellung des Stellorgans vergeht, bis sich diese auf die Regelstrecke auszuwirken beginnt.

9 Regelungen in Chemieanlagen

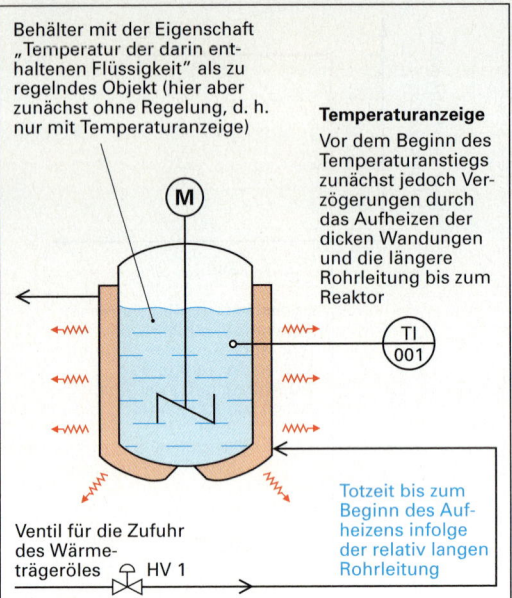

Bild 1: Totzeit in der Behälter-Beheizung durch eine lange Rohrleitung

Die sich ergebende Sprungantwort als Reaktion auf eine Änderung der Heizventilstellung hat die in Bild 2 dargestellte Form. Erkennbar ist die zunächst auftretende Totzeit nach dem Verstellen des Heizventils.

Eine solche Regelstrecke hat demnach ein **Verzögerungsverhalten zweiter Ordnung mit Totzeit**. Die Ursache für die Totzeit besteht in der relativ langen Rohrleitung.

> **Merksatz**
>
> Lange Rohrleitungen oder lange Stofftransportwege können Regelstrecken mit Totzeiten versehen, die deren Regelbarkeit ungünstig beeinflussen.

Streng genommen stellt bereits die Mantelaufheizung auf dem vorangegangenen Beispiel (Bild 2, S. 219) eine Art Totzeit dar. Die Übergänge zwischen Totzeit und Anlaufverzögerung (**Verzugszeit**) sind demnach fließend. Die charakteristischen Zeiten für Regelstrecken sind in Bild 3 gekennzeichnet.

Die charakteristischen Größen der Sprungantwort einer Regelstrecke geben Aufschluss über die Regelbarkeit. Je kleiner die **Verzugszeit** im Vergleich zur **Ausgleichszeit** ist, desto besser ist das System durch Regelungen beherrschbar. Beide charakteristische Zeiten können grafisch durch Anlegen einer Tangente im Wendepunkt ermittelt werden. Dies veranschaulicht Bild 3.

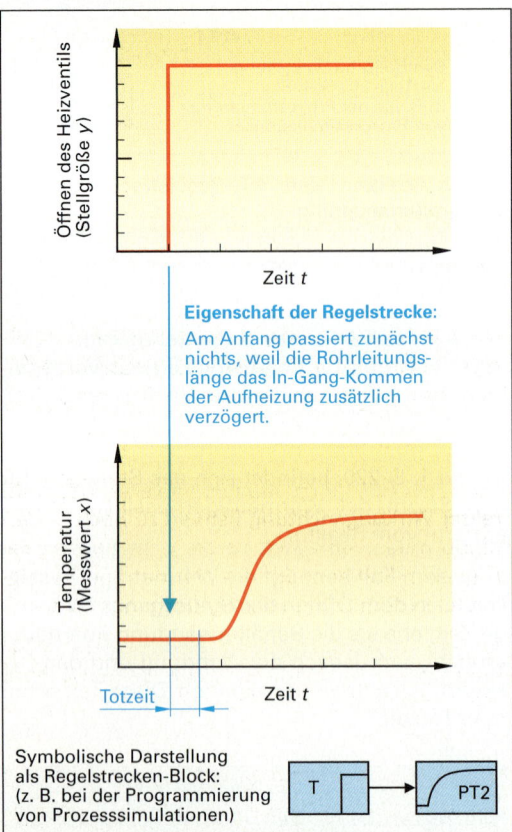

Bild 2: Reaktion einer PT_2-Regelstrecke mit Totzeit auf eine Stellgrößenänderung

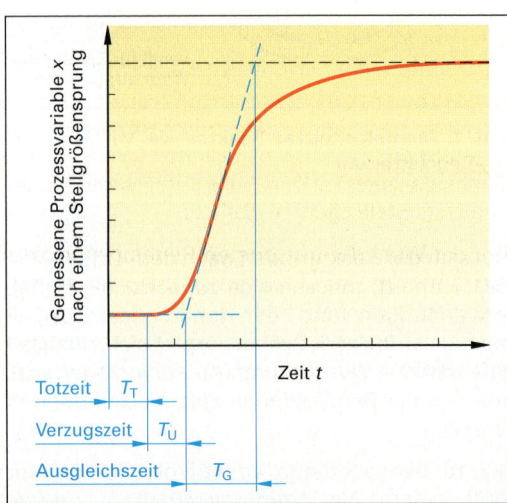

Bild 3: Charakteristische Zeiten bei der Sprungantwort einer Regelstrecke auf das plötzliche Verändern des Stellgrößen-Wertes

> **Hinweis**
>
> Die hier betrachteten Grundtypen von Regelstrecken spielen auch für die Erstellung von Anlagensimulationen (vgl. Kapitel 14) eine Rolle. Jedes Anlagenteil stellt vom Prinzip her einen bestimmten Grundtyp einer Regelstrecke dar.
>
> Bei einem langsam reagierenden Objekt muss lediglich die Zeitachse gestaucht werden, um den Grundtyp erkennen zu können. Am Zeitverhalten, das heißt am Typ der Sprungantwort selbst, ändert dies nichts.

9.6 Beispiele für Regelungsaufgaben in Chemieanlagen

In jeder Chemieanlage existieren zahllose Regelungen für alle Arten von Prozessgrößen. Die typischsten Vertreter von in der Praxis vorkommenden Regelungen, die exemplarisch für viele vergleichbare Beispiele stehen, sollen in den folgenden Kapiteln 9.6.1 bis 9.6.18 vorgestellt werden. Dabei wird auf die häufig anzutreffenden Füllstands-, Temperatur-, Durchfluss- und Druckregelungen eingegangen. Darüber hinaus werden einige komplexere Regelungsstrukturen beschrieben.

9.6.1 Füllstandsregelung eines durchströmten Vorratsbehälters

Der obere Teil a) von Bild 1 zeigt die Struktur einer Füllstandsregelung, wenn sich das Stellorgan im Zufluss des Behälters befindet. Die schwankende Abflussmenge ist in diesem Fall die Störgröße. Eine andere Struktur ist im unteren Teil b) des Bildes dargestellt. Dort befindet sich das Regelventil als Stellorgan im Abfluss.

Bei der Wahl der geeigneten Regelungsstruktur hat der Planungsingenieur zu berücksichtigen, welchen zeitlichen Verlauf der Volumenstrom von der vorgeschalteten bzw. zu der nachgeschalteten Anlage hat bzw. haben darf.

Bei der Konfiguration der Regelungssoftware des Prozessleitsystems ist zu beachten, dass beide Strukturen eine unterschiedliche Wirkungsrichtung des Reglers erfordern. Im oberen Teil a) des Bildes hat der Regler das Stellventil bei zu hohem Füllstand zu schließen. Im unteren Teil b) hat er es weiter zu öffnen.

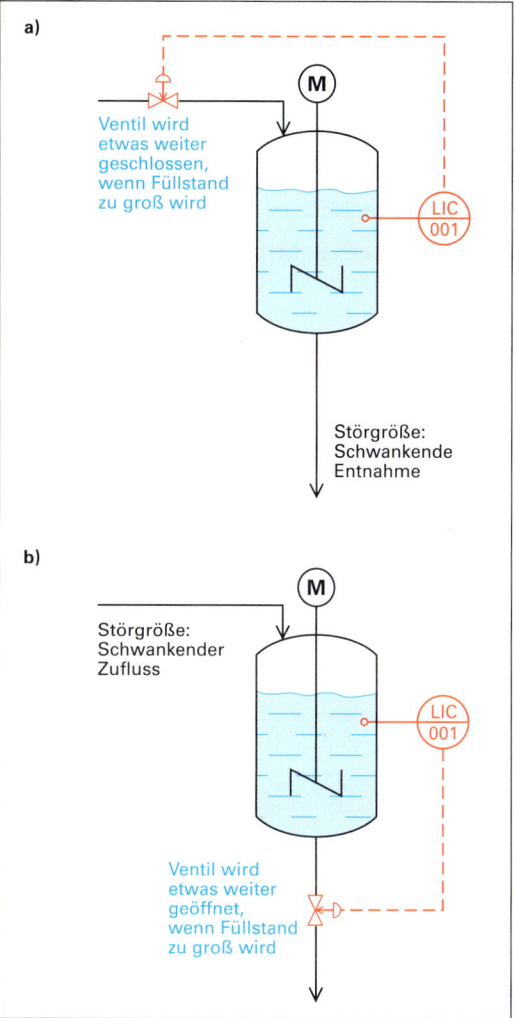

Bild 1: Varianten der Füllstandsregelung an einem durchströmten Vorratsbehälter, a) mit inverser und b) mit direkter Wirkungsrichtung

Im ersten Fall spricht man von **inverser** oder **indirekter Wirkungsrichtung** (Istwert zu hoch → Ventilhub muss verringert werden). Im zweiten Fall liegt eine **direkte Wirkungsrichtung** vor (Istwert zu hoch → Ventilhub muss vergrößert werden).

Ist die Wirkungsrichtung des Reglers falsch konfiguriert, verstärkt er durch seinen Eingriff die Auswirkungen der Störgröße, anstatt sie zu verringern.

Bei der Konfigurierung von digitalen Prozessleitsystemen kann die Einstellung der Wirkungsrichtung in einem Regler-Konfigurierungsfenster durch einen Mausklick in ein vorgesehenes Feld erfolgen.

9.6.2 Druckregelung an einem Gasspeicher

In Bild 1, S. 221, werden Flüssigkeitstanks verwendet, um eine bestimmte Menge eines flüssigen Stoffes zu speichern. Der veränderliche Füllstand ist Ausdruck des gespeicherten Volumens bzw. der gespeicherten Menge.

Sollen in einem Pufferbehälter mit konstantem Volumen Gase gespeichert werden, so ist der Druck im Speicher diejenige Prozessvariable, die ein Maß für die gespeicherte Menge darstellt.

Wenn dieser Druck konstant zu halten ist, gibt es ähnlich wie bei der Füllstandsregelung zwei Varianten des Einbaus des Regelventils:

- in die Befüllleitung,
- in die Entnahmeleitung.

Dies zeigen die Teile a) und b) des Bildes 1. Bei zu hohem Druck ist das Ventil im Bildteil a) weiter zu schließen, im Bildteil b) ist es weiter zu öffnen. Dies ist Aufgabe der Regelung.

Oft finden solche Druckbehälter nicht in erster Linie als Gasspeicher, sondern als Pufferbehälter zum Ausgleich der Druckstöße von Kolbenkompressoren Verwendung. Dann wirken jedoch die Druckregler nicht als stetige Regler auf ein stetiges Stellventil, sondern sie bewirken als Zweipunktregler (vgl. Kapitel 9.3.1, Zweipunktregelung) das Ein- und Ausschalten des Kompressors beim Unter- und Überschreiten der eingestellten Druck-Grenzwerte.

9.6.3 Durchflussregelung durch Drosselung des Volumenstromes

Bild 2 zeigt eine Zentrifugalpumpe (Kreiselpumpe), die infolge des schwankenden Ansaugdruckes durch unterschiedliche Behälterfüllstände im ungeregelten Fall schwankende Volumenströme liefern würde.

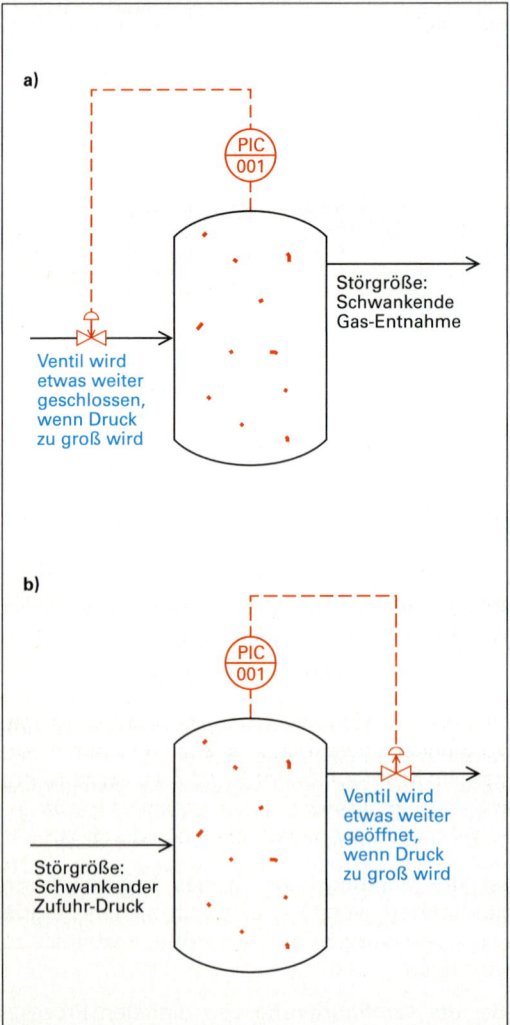

Bild 1: Varianten der Druckregelung an einem durchströmten Gasspeicher, a) mit inverser und b) mit direkter Wirkungsrichtung

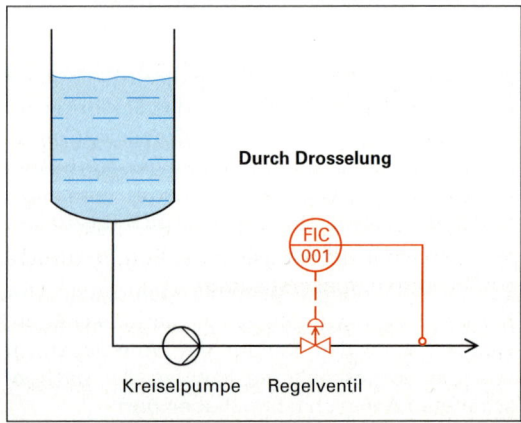

Bild 2: Durchflussregelung durch Druck-Drosselung an der Druckseite einer Kreiselpumpe

Wenn konstante Ströme erwünscht sind, lässt sich dies durch Einbau einer Durchflussmessung und eines Regelventils in die Druckseite der Pumpe erreichen.

Der Durchflussregler sorgt dann durch Öffnen und Schließen des Stellventils für eine Angleichung des Istwertes an den Sollwert.

Das Ventil drosselt streng genommen nicht den Volumenstrom, sondern es verändert den in die Rohrleitung gelangenden Druck, sodass sich dadurch indirekt eine Veränderung des Volumenstromes ergibt.

> **Merksatz**
>
> Der Druckabbau im Ventil kommt einer „Energievernichtung" gleich, das heißt einer Umwandlung von Druckenergie in nicht nutzbare Wärmeenergie.

Aufgrund der energieverbrauchenden Drosselung im Stellventil ist man heute bestrebt, Durchflussregelungen günstiger durch elektronische Drehzahlverstellung der Pumpe zu realisieren.

> **Hinweis**
>
> Bei Schaltungen, wie im Bild 2, S. 222, gezeigt, ist durch richtige Bedienung oder aber durch Sicherheitseinrichtungen dafür zu sorgen, dass die Pumpe nicht längere Zeit gegen das geschlossene Stellventil arbeitet. Dies würde zum Sieden des Inhaltes im Pumpengehäuse und zur Zerstörung der Pumpe führen.

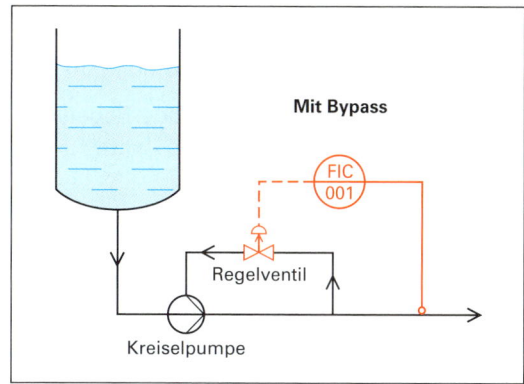

Bild 1: Durchflussregelung durch veränderlichen Rücklaufstrom an einer Kreiselpumpe (Bypassregelung)

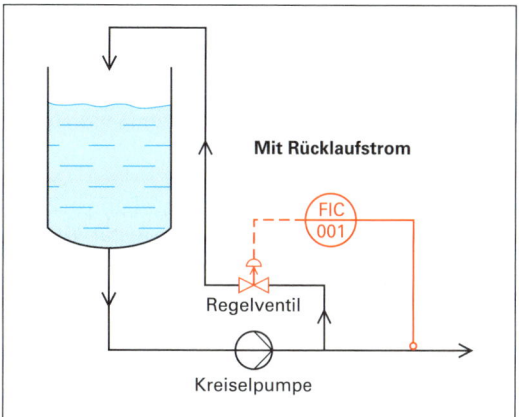

Bild 2: Durchflussregelung mit veränderlichem Rücklaufstrom in den Vorratsbehälter

9.6.4 Durchflussregelung mit Rücklaufstrom

Der Durchflussregler in Bild 1 hält den Volumenstrom an der Messstelle auf dem vorgegebenen Sollwert, indem er durch Öffnen oder Schließen des Stellventils dafür sorgt, dass eine bestimmte Menge wieder zur Saugseite der Pumpe zurückgeführt wird (**Bypassregelung**).

Diese Struktur ist auch dazu geeignet, den Pumpendruck zu regeln, indem statt der Durchflussregelung eine Druckregelung PIC 001 installiert wird.

In diesem Fall ist durch geeignete Maßnahmen dafür zu sorgen, dass keine Aufheizung der im Kreislauf geförderten Menge über die Siedetemperatur hinaus erfolgt. Dies kann z. B. durch Rückführung des Rücklaufstromes in den Vorratsbehälter erfolgen, wie aus Bild 2 ersichtlich wird.

9.6.5 Durchflussregelung mit Drehzahlverstellung

Um die Energieverluste durch Drosselung des Volumenstromes (Bild 2, S. 222) oder durch Fördern im Kreislauf (Bilder 1 und 2) zu vermindern, werden mittlerweile immer öfter Pumpendrehzahl-Regelungen verwendet, die durch Umformung der normalen Netzfrequenz von 50 Hz (3 000 Perioden pro Minute) auf niedrigere, selten auch auf höhere Frequenzwerte realisiert werden.

Dazu werden leistungselektronische Halbleiterbauelemente zur Frequenzumrichtung eingesetzt (vgl. Kapitel 10.6.2.2, Drehzahländerung). Deren hohe Kosten amortisieren sich infolge der Vermeidung von Energieverlusten durch Drosselung.

9 Regelungen in Chemieanlagen

Diese werden von den Ausgangssignalen des Prozessleitsystems angesteuert und sind in Schaltschränken in Pumpennähe untergebracht.

Eine vereinfachte Darstellung des Regelungsprinzips in Form des R&I-Fließschemas ist in Bild 1 gegeben.

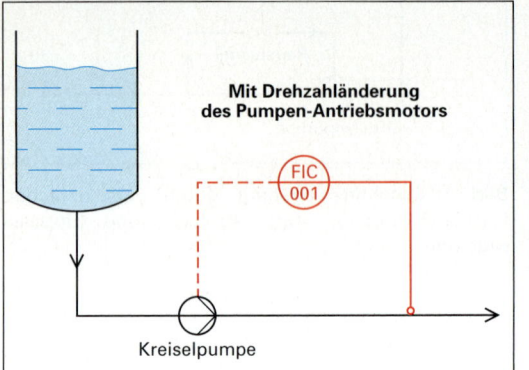

Bild 1: Durchflussregelung mit Pumpendrehzahl-Änderung

Aus der etwas detaillierteren Darstellung in Bild 2 geht hervor, dass der Durchflussregler FIC 001 dem nachgeschalteten Regler SIC 001 vorgibt, auf welchem Drehzahlwert er die Pumpe zu halten hat.

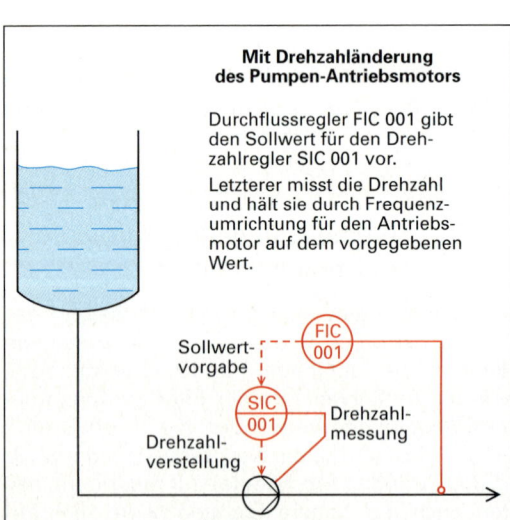

Bild 2: Durchflussregelung mittels Pumpendrehzahl-Änderung (detailliertere Darstellung mit Führungs- und Folgeregler)

Dieser zweite nachgeschaltete Regler misst seinerseits die Pumpendrehzahl und versucht, sie durch Veränderung der Spannungsversorgungsfrequenz an den vorgegebenen Sollwert anzugleichen.

Der erste Regler (der Durchflussregler) gibt also dem zweiten Regler (dem Drehzahlregler) den Sollwert vor. Der erste Regler wird deshalb auch als **Führungsregler** und der zweite als **Folgeregler** bezeichnet.

Diese Struktur der Hintereinanderschaltung zweier Regler nennt man **Kaskadenregelung**.

> **Merksatz**
>
> **Durchflussregelungen mit Drehzahlverstellung einer Pumpe** tragen wesentlich zur Einsparung von Elektroenergie bei, da die energieabbauende Drosselung durch ein Stellventil entfällt

9.6.6 Temperaturregelung an einem Wärmetauscher

Die in Bild 3 dargestellte Temperaturregelung findet man in dieser oder ähnlicher Form sehr häufig in allen Arten von Chemieanlagen.

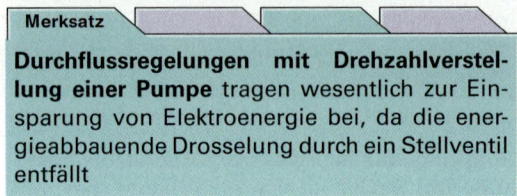

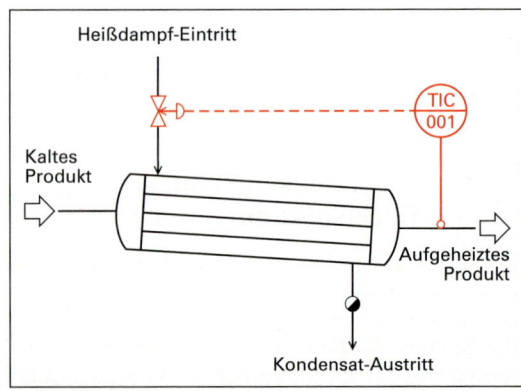

Bild 3: Temperaturregelung an einem Rohrbündel-Wärmetauscher

Die Temperatur des aufgeheizten Produktes wird durch Öffnen oder Schließen des Heizdampfstellventils auf dem Sollwert gehalten. Das flüssige Kondensat sammelt sich im Vorratsgefäß des Kondensatabscheiders. Dort sorgt ein mechanischer Füllstandsregler für eine portionsweise Abgabe des Kondensats in die Kondensat-Sammelleitung, damit diese nicht durch gasförmigen Dampf trocken geblasen wird.

9.6.7 Temperaturregelung an einem Rührreaktor

Im folgenden Beispiel muss an einem kontinuierlich durchströmten Reaktor nicht gekühlt, sondern geheizt werden. Dabei sorgt der Temperaturregler TIC 001 durch mehr oder weniger weites Öffnen der Heizdampfzufuhr für die Angleichung des Temperaturmesswertes an den Sollwert. Da nur kaltes Medium eintritt und durch die chemische Reaktion kaum Wärme frei wird, muss nur geheizt werden. Eine Kühlung ist nicht erforderlich.

Der Verdichter K1 saugt den Gasvolumenstrom aus dem Pufferbehälter B 1 an, der zum Ausgleich des eventuell schwankenden Druckes der vorgeschalteten Anlage sowie zur Aufnahme eines gewissen Gasvolumens beim Öffnen des Rücklaufventils V2 dient. Im Normalbetrieb hält der Druckregler PIC 001 den Lieferdruck des Anlagensystems durch Öffnen oder Schließen des Regelventils V1 konstant.

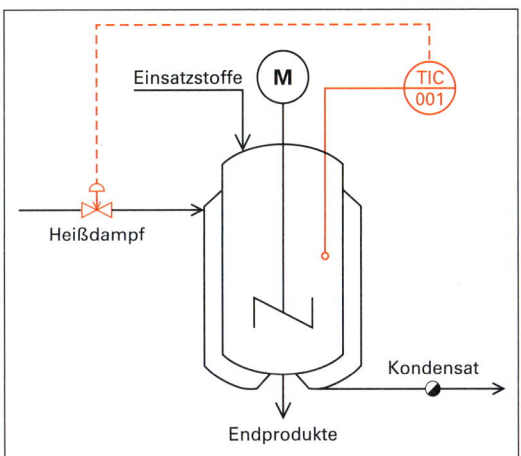

Bild 1: Temperaturgeregelter Reaktor mit Mantelbeheizung

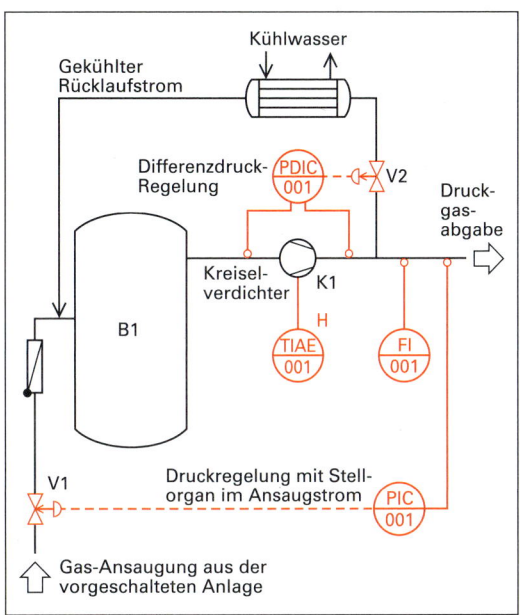

Bild 2: Druckregelung an einem Kreiselverdichter

Ein Kondensatabscheider vermeidet, dass Dampf in die Kondensatleitung eintreten kann.

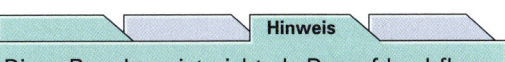

Diese Regelung ist nicht als Dampfdurchflussregelung zu bezeichnen, sondern als Temperaturregelung.

Der exakte Name des Regelkreises richtet sich immer nach dem Charakter von Soll- und Istwert, nicht nach der Art der Stellgröße.

9.6.8 Druckregelung an einem Kreiselverdichter

Bei der nachstehend skizzierten Anlage (Bild 2) bewirkt ein Kreiselradverdichter eine Druckerhöhung und Förderung eines Gases. Da die Druckerhöhung mit der Komprimierung des Volumens einhergeht, ist der Druckgasvolumenstrom geringer als der Sauggasvolumenstrom.

Wenn die nachgeschaltete Anlage einen geringeren Gasstrom entnimmt, registriert PIC 001 einen gestiegenen Förderdruck. Da der Verdichter jetzt weniger Volumenstrom liefern muss, aber mit relativ gleich bleibender Drehzahl und damit Leistung arbeitet, erhöht sich der von ihm bereitgestellte Druck. Dies ergibt sich aus seiner Volumenstrom-Druck-Kennlinie, die an dieser Stelle nicht näher diskutiert werden soll.

Der Druckregler ist bestrebt, den gestiegenen Druck wieder zu verändern, indem er durch Schließen von V1 den vom Verdichter ansaugbaren Gasstrom verringert. Damit ist dieser Regelvorgang abgeschlossen.

Jedoch haben die Kreiselverdichter die konstruktiv bedingte Eigenart, dass bei einer zu extremen Verringerung der Gasabnahme im Inneren strömungstechnische **Instabilitäten** auftreten (**Pumpverhalten**), die bis zur Zerstörung der Verdichterschaufeln, der Lager sowie der Dichtungen führen können.

Dieser Effekt tritt auf, wenn der Lieferdruck zu hoch bzw. die Fördermenge zu gering wird. Das eigentliche Kriterium für das Einsetzen des Pumpverhaltens ist nicht der Enddruck der Gesamtanlage, sondern die Druckerhöhung des Verdichters selbst.

> **Merksatz**
>
> Die Automatisierungsstrukturen an Kreiselrad- und Turboverdichtern müssen vermeiden, dass bei zu geringer Gasabnahme strömungstechnische Instabilitäten entstehen, die zu gefährlichen Situationen führen können.

Deshalb wird diese Druckerhöhung, d. h. die Druckdifferenz zwischen Saugleitung und Druckleitung, unmittelbar vor und hinter dem Verdichter durch PDIC 001 gemessen (P: pressure bzw. Druck, D: Differenz, I: indication bzw. Anzeige, C: control bzw. Regelung).

Der Druckdifferenzregler beginnt erst beim Überschreiten eines bestimmten Maximalwertes das Regelventil V2 (Pumpgrenzventil) zu öffnen. Ein einfacher Zweipunktregler ist dafür nicht geeignet, da er V2 zu plötzlich öffnen würde. Auch ein einfacher stetiger Regler ist dafür wenig geeignet, weil dieser bestrebt wäre, die Druckdifferenz stets auf dem vorgegebenen Sollwert zu halten.

Vielmehr soll der Regler erst bei Überschreitung eines Differenzdruckgrenzwertes das Rücklaufventil V2 mehr oder weniger weit und mehr oder weniger schnell öffnen. Dafür ist ein im Prozessleitsystem speziell zu programmierender Algorithmus oder aber eine Zusammenschaltung von mehreren Reglern zu verwenden.

In der Praxis wird hierzu eine offene Steuerung verwendet, welche das Regelventil V2 bei kritischen Kombinationen von Volumenstrom FI 001 und Druckdifferenz PDIC 001 öffnet. Diese kritischen Kombinationen ergeben sich aus dem beim Hersteller experimentell ermittelten Kennliniendiagramm des Verdichters. Dieses ist im Prozessleitsystem fest eingespeichert.

Ein geöffnetes Ventil V2 hat zur Folge, dass der verdichtete Gasstrom wieder zurück zum Pufferbehälter B1 geführt wird, um danach erneut angesaugt und verdichtet zu werden.

Da sich das Gas bei dieser Kreislaufströmung durch die Verdichtung immer wieder aufs Neue erhitzt, muss das Kreislaufgas in einem Wärmetauscher gekühlt werden. Vom Prinzip her führt der Wärmetauscher dann jene Energie ab, die dem Gas im Verdichter als mechanische Energie zugeführt wurde. Zusätzlich kann der Noteingriff TIAE 001 bei extremer Temperaturerhöhung die Abschaltung des Kompressors veranlassen (T: Temperatur, I: indication bzw. Anzeige, A: Alarm, E: emergency bzw. Noteingriff).

9.6.9 Kaskadenregelung zur Behältertemperierung

Die Temperatur im Behälter nach Bild 1 wird konstant gehalten, indem ein mehr oder weniger großer Strom eines flüssigen Heizmittels (z. B. Wärmeträgeröl oder Heißwasser) den Doppelmantel durchfließt. Da nur kaltes Medium eintritt und durch die chemische Reaktion kaum Wärme frei wird, muss nur geheizt werden. Eine Kühlung ist nicht erforderlich.

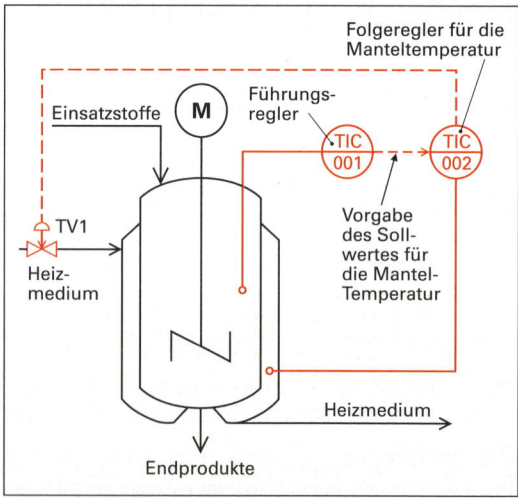

Bild 1: Kaskadenregelung zur Behältertemperierung (Folgeregler als Temperaturregler)

Die Temperatur im Doppelmantel ist ein Maß dafür, ob die Menge des Heizmediums ausreichend ist. Diese Temperatur kann direkt im Behältermantel oder am Austritt aus dem Mantel gemessen werden.

Der Führungsregler TIC 001 misst die Behälterinnentemperatur und gibt dem Folgeregler TIC 002 den Temperatursollwert vor, auf dem er die Manteltemperatur halten soll.

Diese Manteltemperatur misst der Folgeregler TIC 002 nun seinerseits. Er versucht, sie durch Verstellen des Regelventils selbstständig auf dem vorgegebenen Wert zu halten.

Der Folgeregler ist in der Lage, selbstständig auf Störgrößen, wie die Veränderung der Heizmedium-Eintrittstemperatur oder des Heizmedium-Vordrucks, durch Verstellen von TV1 zu reagieren.

Ehe sich diese Störgrößen auf die eigentliche Reaktortemperatur auswirken können, korrigiert TIC 002 bereits die Manteltemperatur auf den von TIC 001 vorgegebenen Sollwert, indem er das Regelventil entsprechend betätigt.

Gelegentlich ist auch eine Struktur wie in Bild 1, zu finden. Der Unterschied zum voranstehenden Beispiel besteht im Charakter des Folgereglers (Durchflussregler statt Temperaturregler).

Hier gibt der Führungsregler TIC 001 dem Folgeregler FIC 001 vor, auf welchem Wert der Durchfluss des Heizmediums durch den Behältermantel zu halten ist.

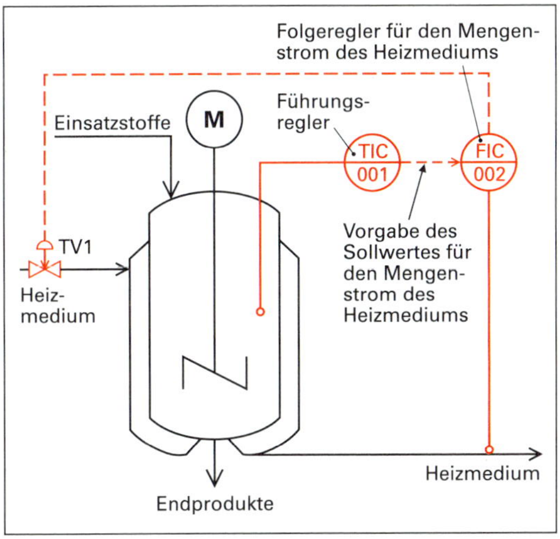

Diese Struktur wird oft dann eingesetzt, wenn als Heizmedium Dampf aus dem Werksnetz Verwendung findet, in dem der Versorgungsdruck häufig schwankt.

9.6.10 Produktqualitätsregelung am Kopf einer Rektifikationskolonne

Mit Rektifikationskolonnen lassen sich flüssige Stoffgemische kontinuierlich in ihre Bestandteile trennen. Die leichtsiedenden Bestandteile werden am Kopf abgezogen; schwersiedende sammeln sich im Sumpf. Auf die verfahrenstechnischen Grundlagen soll hier nicht näher eingegangen werden.

Mit der in die Kolonne zurückgeführten Menge an kondensiertem Kopfprodukt kann die Produktqualität direkt beeinflusst werden. Dies macht man sich bei der automatischen Regelung der Kopfproduktqualität zunutze. Bild 2 zeigt eine übliche regelungstechnische Struktur zu diesem Zweck.

Bild 1: Kaskadenregelung zur Behältertemperierung (Folgeregler als Durchflussregler)

FIC 001 misst diesen Durchfluss und hält ihn selbstständig konstant. Auf eine Verringerung des Drucks des Heizmediums und damit des Durchflusses reagiert er durch Öffnen des Stellventils TV1, noch ehe die Temperatur im Reaktor absinken kann.

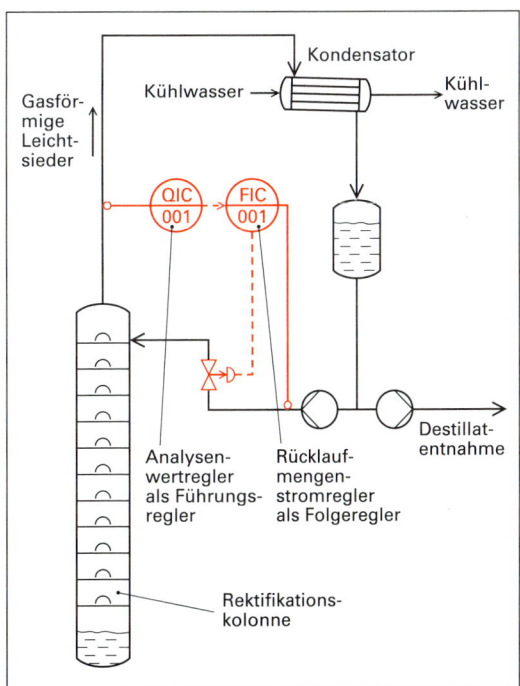

Bild 2: Produktqualitätsregelung am Kopf einer Rektifikationskolonne

Der **Analysenwertregler** QIC 001 (Q: Qualitätskennwert, auch die Bezeichnung XIC 001 wäre möglich; X: sonstige Größen) misst dazu die Konzentration der unerwünschten schwersiedenden Bestandteile des gasförmig abgezogenen Kopfproduktes.

Ist der Anteil von Schwersiedern zu hoch, signalisiert QIC 001 dem nachgeschalteten Folgeregler FIC 001, die Rücklaufmenge zu erhöhen. Er gibt dem Folgeregler einen höheren Sollwert vor.

FIC 001, der ja ständig den gemessenen Istwert der Rücklaufmenge mit dem vorgegebenen Sollwert vergleicht, vergrößert nun die Ventilöffnung, um eine höhere Rücklaufmenge zur Kolonne zu lassen.

Erst, wenn die von QIC 001 gemessene Konzentration unerwünschter Bestandteile nicht höher ist als der vom Bediener vorgegebene Sollwert, belässt FIC 001 das Regelventil in der momentanen Stellung.

Wenn die Analysenmesswerte von QIC 001 durch Messfehler stark schwanken sollten, ermöglicht es diese Struktur, die Rücklaufmenge langzeitig konstant zu halten und nicht hektisch auf geringste Änderungen der Messwerte von QIC 001 und der damit veränderlichen Sollwerte für FIC 001 zu reagieren. Dies kann auch unterstützt werden durch die Wahl geeigneter Reglerparameter für FIC 001, die ihn angemessen träge werden lassen. Schließlich ist die Rektifikationskolonne eine sehr träge Regelstrecke.

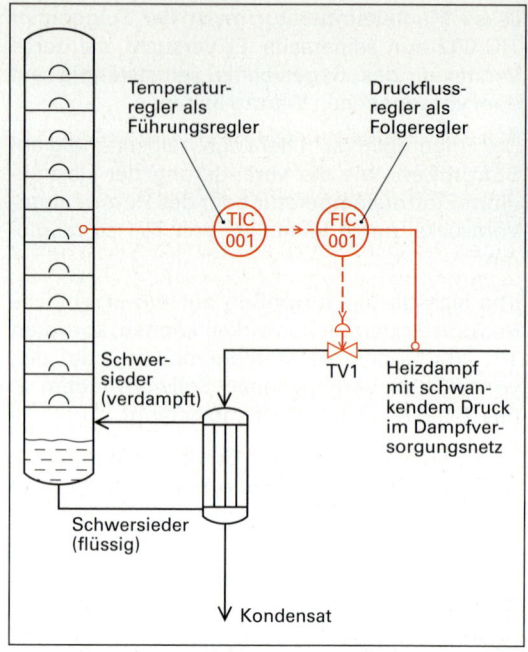

Bild 1: Kaskadenregelung an der Sumpfbeheizung einer Rektifikationskolonne

> **Merksatz**
>
> Bei kontinuierlich arbeitenden Gegenstrom-Destillationskolonnen (Rektifikationskolonnen) regelt man mithilfe der Rückflussmenge zum Kolonnenkopf das Trennergebnis und damit die Produktqualität.

9.6.11 Kaskadenregelung zur Kolonnentemperierung

Am Sumpf einer Rektifikationskolonne werden die Flüssigprodukte verdampft, indem sie in einem Rohrbündelwärmetauscher durch Heizdampf erhitzt werden. Die Kolonnentemperatur wird auf dem konstanten und vom Bediener vorgegebenen Sollwert gehalten, indem das Regelsystem die Heizdampfmenge erhöht oder erniedrigt.

Der Heizdampf wird oft aus dem Werksnetz entnommen, in dem gelegentlich Druckschwankungen vorkommen. Diese haben als Störgröße einen sofortigen Einfluss auf die Heizdampfmenge und damit indirekt auf die Temperatur der Kolonne, was zu einer langfristigen Beeinträchtigung der Produktqualität führt. Die Kaskadenregelung kann hier Abhilfe schaffen.

Der Führungsregler TIC 001 gibt dem Folgeregler FIC 001 als Sollwert vor, welche Heizdampfmenge er realisieren soll. Letzterer misst den Durchfluss des Heizdampfes und hält ihn durch Verstellen von TV1 konstant. Bei Druckabfall im Dampfnetz öffnet der Folgeregler FIC 001 das Heizdampfventil selbstständig („auf kurzem Wege"), sodass sich fast kein Temperaturabfall in der Kolonne einstellen kann, wenn kurzzeitig die Dampfversorgung gestört ist.

> **Merksatz**
>
> Bei **Kaskadenregelungen** gibt ein Regler einem nachgeschalteten Regler den Sollwert vor. Kaskadenregelungen werden oft an besonders trägen Regelstrecken eingesetzt.

9.6.12 Split-Range-Druckregelung an einem Tank oder einem Gasspeicher

Ein Tank enthält eine schwankende Menge an Flüssigkeit. (Eventuell kann der Tank auch mit einer Füllstandsregelung versehen sein.) Das Gaspolster über dem Flüssigkeitsspiegel soll einen möglichst konstanten Druck haben. Steigt dieser Druck, z. B. durch Zusammendrücken des Gaspolsters beim Befüllen, ist er wieder zu verringern.

Fällt der Druck, so ist ein Ausgleich, z. B. durch Einlassen von Gas aus einem externen Pufferbehälter, zu gewährleisten.

Eine ähnliche Regelungsaufgabe besteht dann, wenn es sich um einen reinen Gasspeicher ohne Flüssigkeitsinhalt handelt.

Die Gewährleistung eines möglichst gleichbleibenden Drucks kann mithilfe einer so genannten **Split-Range-Regelung** nach Bild 1 realisiert werden.

> **Merksatz**
>
> Bei **Split-Range-Regelungen** wirkt ein Regler auf zwei Stellorgane, welche gegensätzliche Auswirkungen auf den Istwert haben und die vom Regler wechselseitig betätigt werden.

> **Hinweis**
>
> Im deutschen Sprachgebrauch existiert keine Übersetzung des Begriffes **Split-Range-Regelung**. Der Begriff beinhaltet die Tatsache, dass der Stellwert an zwei Stellorgane ausgegeben wird, dass also der Stellbereich in zwei Teile aufgesplittet ist.

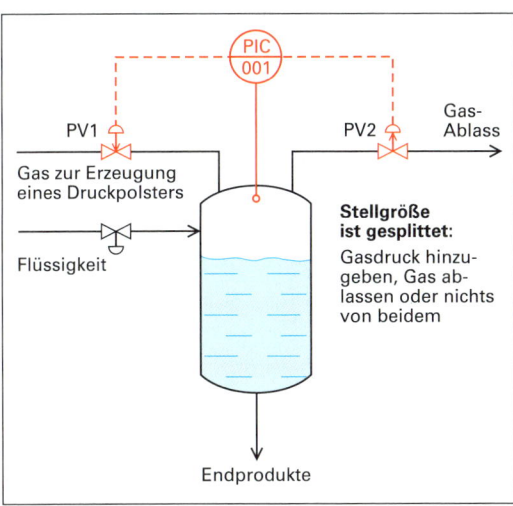

Bild 1: Split-Range-Regelung an einem Gasspeicher oder einem Tank mit Gaspolster

Liegt der Istwert über dem Sollwert (positive Regelabweichung), so wird das Druckregelventil PV2 zum Gasablassen angesprochen. Liegt der Istwert unter dem Sollwert (negative Regelabweichung), wird das Regelventil PV1 zur Druckerhöhung angesprochen. Bei Übereinstimmung von Soll- und Istwert (keine Regelabweichung) bleiben beide Regelventile geschlossen.

9.6.13 Kombinierte Split-Range- und Kaskadenregelung zur Reaktortemperierung

Der diskontinuierlich oder kontinuierlich betreibbare Reaktor in Bild 2 verfügt über ein universelles Heiz-Kühl-System. Heiz- und Kühlmedium sind untereinander mischbar, wie es bei den oft eingesetzten Wärmeträgerölen der Fall ist.

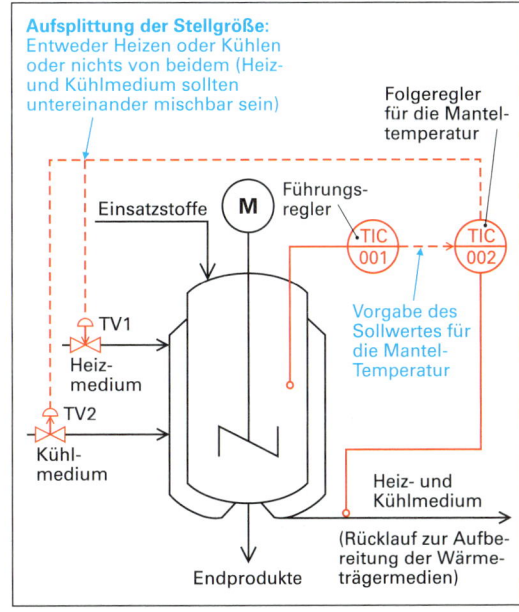

Bild 2: Kombinierte Split-Range- und Kaskadenregelung zur Reaktortemperierung

Der Führungsregler TIC 001 misst die Reaktortemperatur und gibt dem Folgeregler TIC 002 den Sollwert vor, auf den die Manteltemperatur einzustellen ist.

Diese Manteltemperatur wird vom Folgeregler am Mantelaustritt gemessen. Stimmt sie mit dem vom Führungsregler vorgegebenen Sollwert überein, wird keines der beiden Regelventile geöffnet.

Ist die Manteltemperatur zu niedrig, wird durch Öffnen von TV1 Heizmedium in die Behälterwandung gelassen. Ist sie zu hoch, wird das Ventil des Kühlmediums TV2 geöffnet.

Der Fall, dass beide Ventile gleichzeitig geöffnet werden, ist nicht vorgesehen. Entweder spricht bei **negativer Regelabweichung** TV1 an oder aber bei **positiver Regelabweichung** TV2.

> **Merksatz**
>
> Von **positiver Regelabweichung** spricht man, wenn die Differenz zwischen Istwert und Sollwert positiv ist. **Negative Regelabweichung** bedeutet dementsprechend eine negative Differenz zwischen Istwert und Sollwert.
>
> $x - w > 0$ **Positive Regelabweichung** (Istwert zu groß)
>
> $x - w < 0$ **Negative Regelabweichung** (Istwert zu klein)

> **Hinweis**
>
> Da es in der Doppelwandung zur Vermischung von Heiz- und Kühlmedium kommt, ist eine derartige Struktur nur anwendbar, wenn Heiz- und Kühlmedium aus der gleichen Substanz bestehen und im gleichen Aggregatzustand vorliegen. Sie unterscheiden sich dann nur hinsichtlich ihres Temperaturniveaus.
>
> Dies wird in der Praxis oft durch Heiz-/Kühlwasser oder durch Wärmeträgeröle realisiert, die in Nebenanlagen erhitzt bzw. gekühlt werden.
>
> Temperierungssysteme mit Wärmeträgerölen arbeiten oft mit drei Temperaturniveaus und mit drei Stellorganen. Die Temperaturstufen des Öls werden durch drei Wärmetauscher mittels Kühlwasser, Kühlsole und Heißdampf erzeugt. Zum Einstellen der Manteltemperatur ist die Split-Range-Regelung nicht geeignet, sodass komplexere Regelungsalgorithmen Anwendung finden müssen.

9.6.14 Umsatzregelung an einem Gasphasenreaktor

In einem kontinuierlich durchströmten Gasphasendruckreaktor mit einer Schüttung aus Katalysatorkörnern läuft folgende Gasphasenreaktion ab:

$$A + B \rightleftharpoons C$$

Eine Druckerhöhung bewirkt einen höheren Umsatz, d. h. eine höhere Konzentration des Stoffes C im Produktstrom. Die Konzentration des Stoffes C soll aber möglichst konstant gehalten werden. Dieser wird dem Regler als Sollwert vorgegeben.

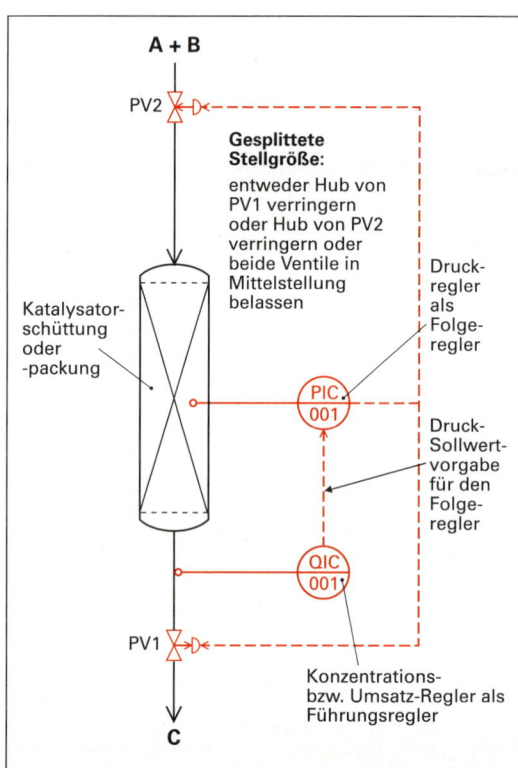

Bild 1: Kombinierte Split-Range- und Kaskadenregelung an einem Festbett-Gasphasenreaktor

Der Analysenwertregler QIC 001 in Bild 1 misst am Austritt der Reaktionsprodukte die Konzentration des Stoffes C. Stimmt diese mit dem vom Bediener vorgegebenen Sollwert überein, nehmen beide Regelventile die Normalstellung von 100 % ein.

Liegt der Istwert unter dem Sollwert, dann ist die Konzentration des Stoffes C zu niedrig (regelungstechnisch negative Regelabweichung). In diesem Fall wird das Ventil PV1 weiter geschlossen, wodurch sich der Druck und damit der Umsatz im Reaktor erhöht. Damit erhöht sich die Konzentration des Stoffes C, bis Soll- und Istwert übereinstimmen.

Liegt der Istwert über dem Sollwert, ist die Konzentration des Stoffes C zu hoch (regelungstechnisch positive Regelabweichung). Deshalb wird die Öffnung des Zustromventils PV2 etwas verringert, was zur Druckabsenkung und zur Umsatzverminderung führt.

9.6.15 Split-Range-Regelung zur kontinuierlichen Neutralisation einer Flüssigkeit

Der Inhalt eines kontinuierlich betriebenen Reaktionsgefäßes soll auf einem konstanten pH-Wert gehalten werden.

jedoch im Beispiel für den prinzipiellen Aufbau der Regelstruktur ohne Belang.

Der pH-Wert-Regler QIC 001 in Bild 1 erfasst den pH-Wert im Behälter mithilfe einer Messelektrode. Bei Gleichheit von Soll- und Istwert erfolgt kein Stelleingriff, d. h. keine der beiden Dosierpumpen wird in Betrieb gesetzt.

Ist der gemessene pH-Wert größer als der Sollwert (d. h. der Gefäßinhalt ist zu basisch), wird die Säurepumpe zur Neutralisation angesteuert.

Liegt der gemessene pH-Wert unter dem Sollwert (d. h. der Gefäßinhalt ist zu sauer), wird die Pumpe zur Förderung der Lauge in Betrieb gesetzt. Je nach Stärke der Abweichung vom Sollwert erfolgt eine mehr oder weniger starke Veränderung der Drehzahl und damit der erfolgenden Pumpenhübe pro Zeiteinheit.

Der Fall, dass beide Pumpen gleichzeitig laufen, ist bei Funktionstüchtigkeit des Regelsystems nicht möglich.

9.6.16 Durchflussverhältnisregelung zweier Stoffströme

In einem kontinuierlich betriebenen Reaktionsapparat sollen zwei Reaktionskomponenten im Verhältnis 1 : 2 eingespeist werden. Dies geschieht durch die Verhältnisregelung FFC 001 (F: flow bzw. Durchfluss, F: Faktor bzw. Verhältnis, C: control bzw. Regelung).

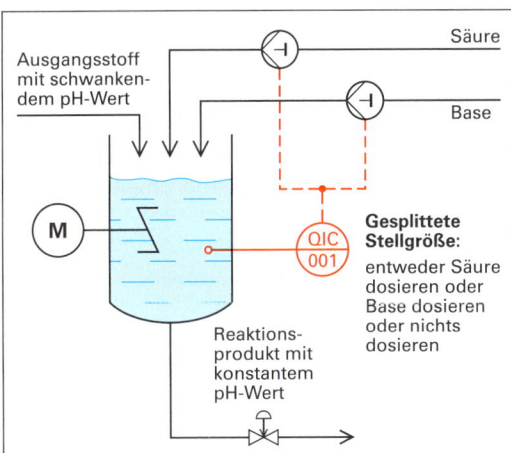

Bild 1: Split-Range-Regelung zur Neutralisation des pH-Wertes in einem durchströmten Apparat

Da der pH-Wert ein logarithmisches und kein lineares Konzentrationsmaß ist (vgl. Kapitel 7.6.2, pH-Wert-Messung), reichen oft wenige Tropfen einer Säure oder einer Base aus, um den pH-Wert einer großen Substanzmenge exakt einzustellen. Die Stellorgane müssen in der Lage sein, sehr unterschiedliche Massenströme zu realisieren.

Deshalb kommen oftmals anstelle der sonst üblichen Regelventile drehzahlveränderliche Präzisions-Hubkolbenpumpen zum Einsatz. Dies ist

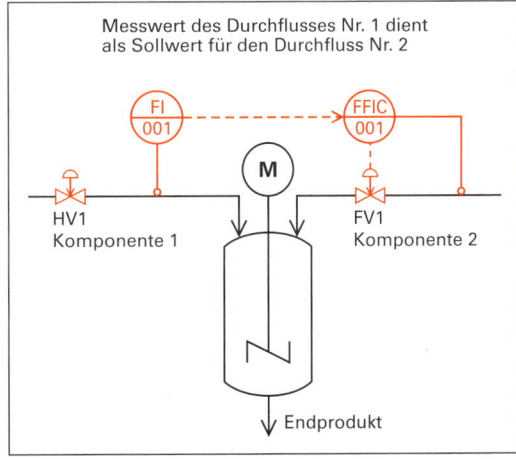

Bild 2: Durchfluss-Verhältnisregelung zweier Stoffströme an einem durchflossenen Reaktionsapparat

Der gewünschte Verhältniswert 1 : 2 wird vom Bediener der PLS-Software im Bildschirm-Faceplate des Verhältnisreglers FFIC 001 eingegeben.

FFIC 001 misst im Automatikmodus ständig den Volumenstrom der Komponente 2 und hält ihn durch Öffnen bzw. Schließen des Durchflussregelventils FV1 konstant.

Auf welchem konkreten Wert dieser Durchfluss gehalten wird, ergibt sich aus dem Wert des Durchflusses der Komponente 1. Dieser Durchflusswert wird von der Messeinrichtung FI 001 gemessen.

Der Messwert FI 001 wird jedoch nicht nur dem Bediener zur Anzeige gebracht, sondern direkt dem Durchflussverhältnisregler FFIC 001 als Sollwert zugeführt. Letzterer multipliziert ihn intern mit dem vom Bediener vorgegebenen Faktor 2. Der von FI 001 extern vorgegebene Sollwert ist demnach für FFIC 001 nur eine Hilfsgröße. Aus ihr wird erst durch die Multiplikation mit dem Faktor 2 der tatsächliche Sollwert, auf den der Durchfluss von Komponente 2 zu bringen ist. FFIC 001 versucht nun durch Verstellen des Regelventils FV1 den Strom der Komponente 2 entsprechend einzuregulieren.

So wird die Komponente 2 stets automatisch in doppelter Menge wie die Komponente 1 dosiert, unabhängig davon, welchen Volumenstrom von Komponente 1 der Bediener an HV1 einstellt.

Diese Verhältnisregelung tritt in abgewandelter Form bei der Regelung des Brenners eines Industrieofens auf.

9.6.17 Folgeregelung eines Gas-Luft-Gemisches an einem Industrieofen

Bei der in Bild 1 dargestellten Regelung einer Gas-Luft-Dosierung zu einem Brenner handelt es sich um eine Verhältnisregelung, ähnlich wie in Kapitel 9.6.16 (Durchflussverhältnisregelung zweier Stoffströme).

Das Brenngas ist dabei die Komponente 1; die Verbrennungsluft ist die Komponente 2, die in doppeltem Volumenstrom wie das Brenngas einzuführen ist.

Auch in diesem Fall wird das Volumenstromverhältnis durch den Verhältnisregler FFIC 001 realisiert. Der Sollwert für FFIC 001 ergibt sich wiederum aus dem Produkt des Messwerts des zugeführten Brenngasstromes und der vom Bediener eingestellten Verhältniszahl.

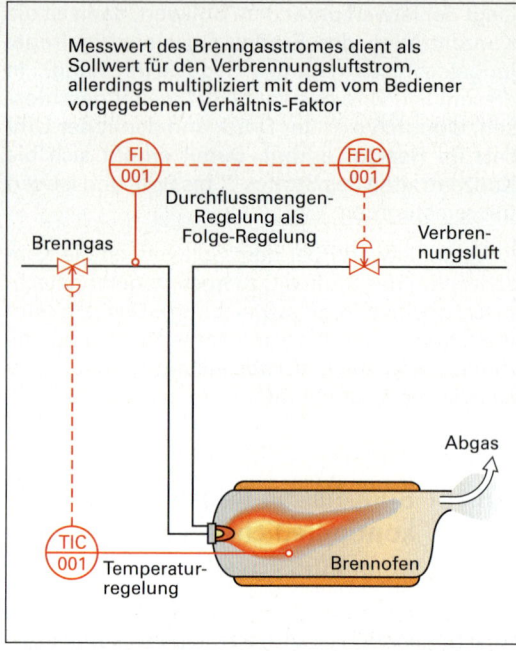

Bild 1: Folgeregelung eines Brenngas-Luft-Gemisches an einem Industrieofen

Der einzige Unterschied zu dem Beispiel in Kapitel 9.6.16 (Durchflussverhältnisregelung zweier Stoffströme) besteht darin, dass die Dosierung der Menge der Komponente 1, des Brenngases, nicht vom Bediener per Hand eingestellt wird. Die Brenngasmenge wird stattdessen vom Temperaturregler TIC 001 bestimmt. Dieser ist bestrebt, die Ofentemperatur durch Erhöhung bzw. Reduzierung der Brenngasmenge an den vom Bediener vorgegebenen Sollwert anzugleichen.

> **Hinweis**
>
> Der Begriff **Folgeregelung** besagt, dass es eine erste und eine zweite Regelung gibt. Die erste Regelung ermittelt ihren Messwert selbstständig. Die zweite Regelung erhält von der ersten Regelung nicht den Sollwert vorgegeben, wie es bei einer Kaskadenregelung der Fall ist.
>
> Deshalb ist der Begriff der **Folgeregelung** nicht zu verwechseln mit dem Folgeregler bei einer **Kaskadenregelung** (vgl. Kapitel 9.6.9., 9.6.11 und 9.6.13), bei der der Führungsregler direkt den Sollwert für den Folgeregler vorgibt. Bei einer Kaskadenregelung sind beide Regler durch eine Signalverbindung zusammengeschaltet.

9.6.18 Komplexe Regelung einer Rektifikationskolonne

Die physikalischen Vorgänge in einer Rektifikationskolonne sollen hier nicht detailliert wiedergegeben werden. Es ist an dieser Stelle ausreichend, folgende Fakten zu wissen:

Bei der Rektifikation handelt es sich um ein destillatives Trennverfahren, das in einer kontinuierlich arbeitenden Kolonne durchgeführt wird. Innerhalb der Kolonne strömt Flüssigkeit von oben nach unten und Gas von unten nach oben.

Die schwersiedenden Komponenten des aufsteigenden Gases sind bestrebt zu kondensieren, während die Leichtsieder der Flüssigkeit mit dieser Kondensationswärme verdampfen. Es gibt einen Stoff- und Energieaustausch zwischen Gas und Flüssigkeit.

> **Merksatz**
>
> Bei der **Rektifikation** handelt es sich um eine kontinuierliche Gegenstromdestillation.

Im Beispiel nach Bild 1, S. 234, wird ein Gemisch aus Leicht- und Schwersieder (Alkohol und Wasser) einer Kolonne mit Füllkörperschüttung ungefähr in der Mitte kontinuierlich zugeführt. Das Gemisch läuft entlang der Füllkörperoberflächen zum Kolonnensumpf.

Im Sumpf wird die Flüssigkeit in einem Wärmetauscher ständig verdampft und der Kolonne gasförmig wieder zugeführt. Dieses Gas strömt in der Kolonne nach oben und tritt an den Füllkörperoberflächen oder in den eingebauten Kolonnenböden in Stoff- und Energieaustausch mit der herabrieselnden Flüssigkeit.

Nach Abschluss der Anfahrvorgänge (wenn die Kolonne „strich läuft", wie der Anlagenbediener im Fachjargon sagt), wird am Kopf ständig das Gas abgezogen, kondensiert und als flüssiger Rücklauf der Kolonne wieder zugeführt.

Nach Abschluss der Anfahrvorgänge enthält das Gas im Kolonnenkopf hauptsächlich Leichtsieder (Alkohol).

Die im Sumpf aufgestaute Flüssigkeit enthält hauptsächlich **Schwersieder** (im Beispiel: Wasser). Im oberen Kolonnenteil reichern sich die **Leichtsieder**, das Destillat, an, während im Kolonnenunterteil die Schwersieder überwiegen.

Die Leichtsieder strömen in gasförmigem Zustand zu einem Wärmetauscher, wo sie gekühlt werden. Dadurch kondensieren sie und fallen als flüssiges Destillat an.

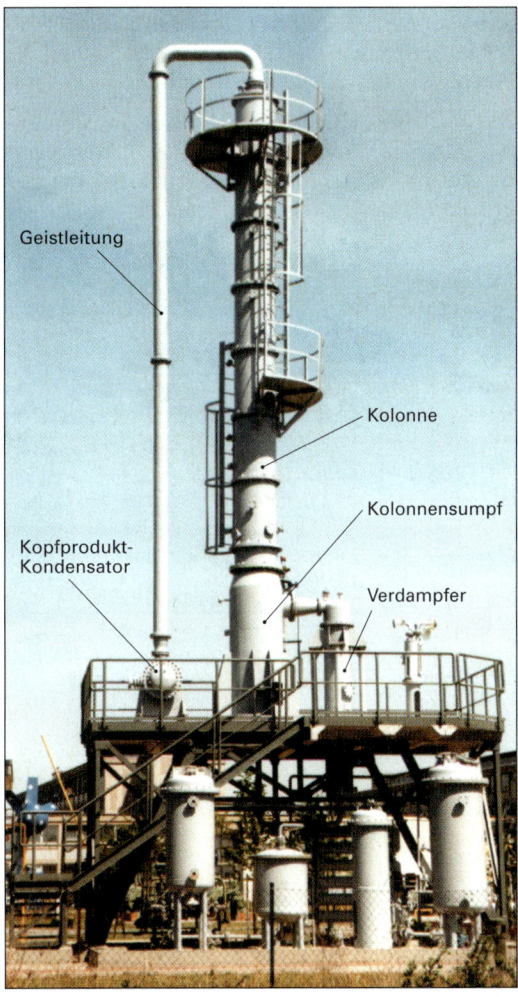

Bild 1: Industrielle Rektifikationsanlage

Die Rektifikationskolonnen arbeiten bei Siedetemperatur. Da diese von der Zusammensetzung der Stoffe abhängt (Leichtsieder haben eine geringere Siedetemperatur als Schwersieder), gibt es eine Temperaturstaffelung in Abhängigkeit von der Höhe der Kolonne (oben kühler, unten heißer).

Wichtig ist es zu wissen, dass sich mit der Rücklaufmenge die Produktreinheit von Kopf- und Sumpfprodukt beeinflussen lässt.

Sind in den am Kolonnenkopf abgezogenen Leichtsiedern noch zu viele Schwersieder enthalten, so hat eine Regelung die Rücklaufmenge so weit zu erhöhen, bis Ist- und Sollwert wieder übereinstimmen. Der Schwersiederanteil am Kolonnenkopf ist direkt als Qualitätskenngröße messbar. Da sich bei steigendem Schwersiederanteil auch die Temperatur des siedenden Gemisches ändert, ist die Kopftemperatur ebenfalls ein Maß für den Schwersiedergehalt.

Auf eine praxisgerechte räumliche Anordnung der Ausrüstungen wurde in Bild 1 kein Wert gelegt, da es nur um die Demonstration des Prinzips geht.

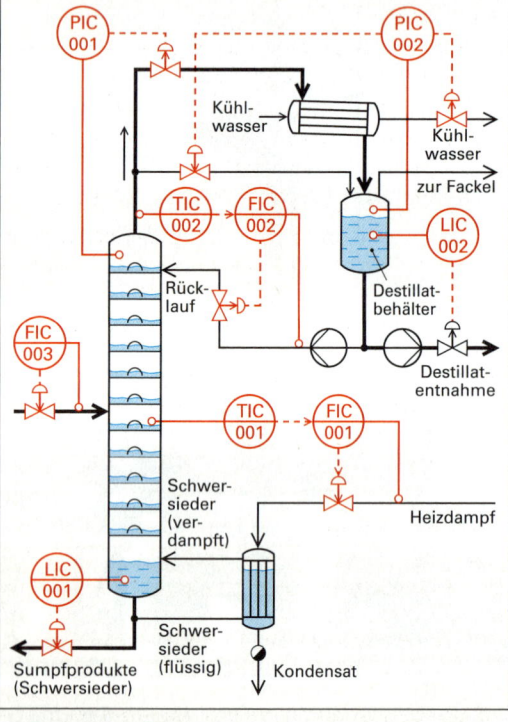

Bild 1: Regelungsfunktionen an einer komplexen Destillationsanlage

Die einzelnen Regelungen haben folgende Aufgaben:

TIC 001: Hält die mittlere Kolonnentemperatur auf dem vom Bediener eingestellten Wert. Gibt den Sollwert für den Heizdampfdurchflussregler FIC 001 vor.

FIC 001: Folgeregler, der die Heizdampfmenge auf dem vom Führungsregler TIC 001 vorgegebenen Sollwert hält.

TIC 002: Temperaturregler, der die Kolonnenkopftemperatur auf dem vom Bediener vorgegebenen Wert hält. Diese Temperatur ist ein Maß für die Schwersiederkonzentration am Kopf, gibt also indirekt Aufschluss über die Produktreinheit, welche die eigentliche Zielgröße des gesamten Kolonnensystems ist. Der Regler gibt den Sollwert für den Rücklaufmengendurchflussregler FIC 002 vor. Die Kombination der veränderlichen Destillatentnahme mit der veränderlichen Rücklaufmenge wirkt ebenso wie die in der Praxis oft eingesetzte Rücklaufverhältnisregelung (FFC ...).

FIC 002: Folgeregler, der den Rücklaufvolumenstrom auf dem vom Führungsregler TIC 002 vorgegebenen Sollwert hält und damit die Produktqualität beeinflusst.

FIC 003: Durchflussregler, der den Zulaufstrom des Ausgangsgemisches auf dem vorgegebenen und vom Bediener eingestellten Wert hält.

LIC 001: Füllstandsregler, der den Füllstand im Kolonnensumpf konstant hält, indem er die Sumpfproduktentnahme erhöht oder vermindert.

LIC 002: Füllstandsregler, der den Füllstand im Destillatbehälter konstant hält, indem er die Destillatentnahme erhöht oder vermindert.

PIC 001: Kolonnendruckregler, der mehr oder weniger Gas vom Kolonnenkopf zur Kondensation in den Kopfkondensator lässt.

PIC 002: Druckregler mit Split-Range-Charakteristik, der den Druck im Destillatbehälter konstant hält, indem er entweder Kolonnendruck zuführt oder Behälterdruck ablässt.

Nach Abschluss der Anfahrvorgänge befindet sich die Kolonne im kontinuierlichen Dauerbetrieb, auch „stationärer Zustand" genannt.

Da Rektifikationskolonnen sehr träge verfahrenstechnische Objekte sind, kann das Anfahren bis zu einigen Tagen in Anspruch nehmen. Die Kolonne fährt danach natürlich nur solange stationär, wie die Regler nicht durch Störgrößen zu Regeleingriffen gezwungen werden.

9.6 Beispiele für Regelungsaufgaben in Chemieanlagen

> **Hinweis**
>
> In computerbasierten Prozessleitsystemen existieren Regler nicht als Einzelgeräte, sondern als einmaliger, einfacher Softwarealgorithmus im Speicher des prozessnahen Controllers.
>
> Dieses Softwareprogramm wird einmal pro Zyklus für jeden der Regler durchlaufen. Dies bedeutet: Ca. einmal pro Sekunde wird dieser Softwareteil mit den unterschiedlichen Soll- und Istwerten und den unterschiedlichen Parametern der einzelnen Regelkreise abgearbeitet, um die einzelnen Stellgrößen zu berechnen.

Auf den folgenden Seiten soll diskutiert werden, wie das Regelungssystem auf eine **Veränderung der Zusammensetzung des Ausgangsgemisches** reagiert.

Eine Veränderung der Zusammensetzung des Ausgangsgemisches ist eine Störgröße, die sich nach Abschluss aller Regelungsvorgänge darin äußert, dass die Kolonne andere Mengenverhältnisse an Leicht- und Schwersiedern am Kopf und Sumpf liefert. Da es sich bei der Destillationskolonne um eine sehr träge Regelstrecke handelt, nehmen die Regelungsvorgänge oft viele Stunden in Anspruch.

Wenn das Ausgangsgemisch plötzlich mehr Schwersieder und weniger Leichtsieder enthält, reagiert das System der Regelungen folgendermaßen:

1. Die Reinheit des Kopfproduktes sinkt, d. h. am Kopf wird ein höherer Schwersiedergehalt gemessen. Da dieser eine höhere Siedetemperatur bewirkt, registriert **TIC 002** eine höhere Temperatur am Kopf der Kolonne.

   Aus diesem Grund befiehlt er seinem Folgeregler **FIC 002**, eine größere Destillatrücklaufmenge zu realisieren. Letzterer erhöht diese nun bis zu dem von **TIC 002** vorgegebenen Sollwert. Mit der Rücklaufmenge lässt sich die Kopfproduktqualität steuern.

2. Durch die erhöhte Rücklaufmenge an flüssigem Destillat, das erst noch verdampft werden muss, sinkt die Kolonnentemperatur. Der Füllstand im Kolonnensumpf steigt leicht an.

3. Auf die gesunkene Kolonnentemperatur reagiert Regler **TIC 001** mit einer Erhöhung des Sollwertes für den Heizdampfstrom.

   Diesen Sollwert schickt er zum Durchflussregler **FIC 001**, der ständig die Heizdampfmenge misst und nun bestrebt ist, durch eine größere Dampfventilöffnung eine höhere Dampfmenge zu realisieren.

   Dadurch ist gewährleistet, dass die erhöhte flüssige Rücklaufmenge auch verdampft werden kann.

4. Der Regler **LIC 001** für den Flüssigkeitsstand im Sumpf reagiert auf den gestiegenen Füllstand mit einer weiteren Öffnung des Sumpfproduktentnahmeventils.

   Dadurch erhöht sich die Schwersiederentnahme der Kolonne. Dies entspricht der geänderten Zusammensetzung des Ausgangsgemisches, denn dieses enthält jetzt mehr schwersiedende Bestandteile.

5. Durch die erhöhte Destillatrücklaufmenge zum Kolonnenkopf sinkt der Füllstand im Destillatbehälter. Deshalb schließt der Füllstandsregler **LIC 002** das Kopfproduktentnahmeventil und vermindert damit die von der Kolonne gelieferte Leichtsiedermenge.

   Auch dies entspricht der geänderten Ausgangsgemisch-Zusammensetzung. Dieses enthält ja jetzt weniger Leichtsieder, dafür aber mehr Schwersieder.

Wenn sich die Kolonne nach Abschluss aller Übergangsvorgänge wieder im stationären Zustand befindet, liefert sie demnach mehr Schwersieder und weniger Leichtsieder.

Es verbleibt eine leicht erhöhte Rücklaufmenge und ein etwas erhöhter Dampfbedarf für die Heizung, andererseits auch ein leicht gestiegener Energiebedarf für die Kühlung im Kopfkondensator. Insgesamt ist somit der Gesamtenergiebedarf für die Realisierung der Trennung gestiegen.

Im Übrigen ist durch die erhöhte Kolonnentemperatur mittlerweile auch der Druck leicht angestiegen, wodurch der Regler **PIC 001** sein zugehöriges Stellventil weiter öffnet. Dadurch wird mehr gasförmiges Kopfprodukt zum Kopfkondensator gelassen. Dies ist sinnvoll, da für den erhöhten Rücklauf dem Destillatbehälter ständig eine größere Flüssigkeitsmenge zur Verfügung gestellt werden muss.

Durch eine geeignete Sollwerteinstellung an **PIC 001** und **PIC 002** muss der Bediener dafür sorgen, dass der Kolonnenkopfdruck etwas größer ist als der Druck im Destillatbehälter. Eine Strömung erfolgt naturgemäß immer vom Ort höheren Druckes zum Ort niedrigeren Druckes.

9 Regelungen in Chemieanlagen

Anhand des betrachteten komplexen Regelungsgeschehens kann man sich eine Vorstellung davon machen, dass detaillierte verfahrenstechnische und automatisierungstechnische Kenntnisse vor allem bei den Anfahrvorgängen notwendig sind, um ein sicheres Prozessgeschehen zu gewährleisten.

Bild 1 zeigt eine Destillationsanlage mit mehreren Kolonnensystemen, deren Prozesszustände voneinander abhängig sind. Dadurch ergeben sich neben den komplexen Zusammenhängen in einer Einzelanlage oft schwer überschaubare Verknüpfungen aller Stoff- und Energieströme.

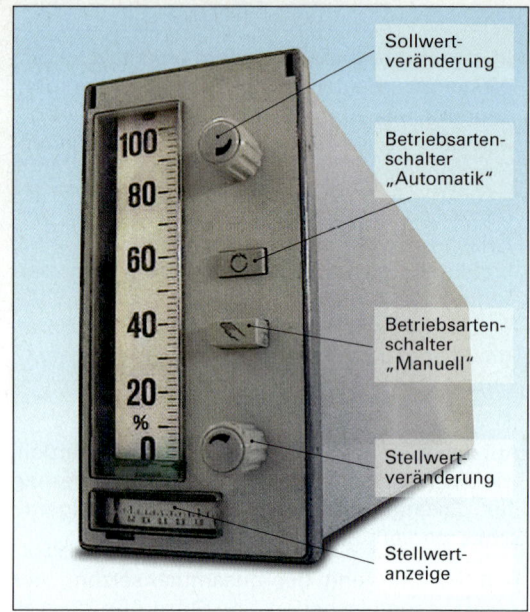

Bild 2: Pneumatischer Regler aus einer Messwartenwand

Bild 1: Teil einer komplexen Erdölraffinerie mit mehreren Destillationskolonnen

> **Merksatz**
>
> **Komplexe verfahrenstechnische Systeme** enthalten zahreiche Regelungen, die zweckmäßig aufeinander abgestimmt sind und dafür sorgen, dass das Gesamtsystem möglichst auch ohne Bediener-Eingriffe eine gleichbleibende Produktqualität sowie maximale Produktmengen mit minimalem Stoff- und Energieverbrauch und mit geringstmöglichen Umweltbelastungen liefert.

Die erforderlichen Regelungsfunktionen wurden in der Zeit vor den digitalen Prozessleitsystemen von pneumatischen Reglern realisiert (Bild 2). Für jeden Regelkreis musste früher ein solcher Regler vorhanden sein.

Bei den modernen digitalen, dezentralen Prozessleitsystemen übernehmen einige wenige Controller die Aufgabe der Regelungen.

Der Vorteil der computerbasierten Leitsysteme besteht unter anderem darin, dass die Regelungen auf Software basieren, die nur ein einziges Mal in den Controllern gespeichert ist. Diese wird mit unvorstellbarer Geschwindigkeit ca. einmal pro Sekunde bzw. einmal pro Zyklus für alle vorhandenen Regelkreise abgearbeitet.

In kleineren Chemieanlagen, die ohne computerbasierte Leitsysteme arbeiten, finden auch digitale Kompaktregler Verwendung, die in Schaltschränken montiert sind (Bild 3, S. 237). Die historischen Vorläufer der Kompaktregler waren die pneumatischen Regler.

Regelungen erleichtern dem Anlagenbediener die verantwortungsvolle Tätigkeit vor allem nach Abschluss der Anfahrvorgänge. Bei der Inbetriebnahme von Anlagen oder Anlagenbereichen wird jedoch oft in Handfahrweise gearbeitet. Dabei besteht die Möglichkeit, dem Regelkreis den Stellwert manuell vorzugeben. Dieser muss nicht immer eine Ventilöffnung sein. Auch Erregerfrequenzen für die Verstellung von Motordrehzahlen, Hublängen von Kolbenpumpen oder verschiedene Schaltzeiträume sind typische Stellwerte.

Zuverlässig funktionierende Regelungen tragen in erheblichem Maße zur Einhaltung konstanter Qualitätsmerkmale bei und haben darüber hinaus auch eine Bedeutung für die Einhaltung der gefahrlosen Prozesswertbereiche.

9.6 Beispiele für Regelungsaufgaben in Chemieanlagen

Bild 1: Digitale Kompaktregler in einem Schaltschrank

Aufgaben

1. Welche Größen in einem Regelkreis symbolisieren die Buchstaben w, x, y, z?

2. Worin besteht die ständige Hauptaufgabe eines Reglers bzw. der Regelungssoftware?

3. Was ist das Charakteristische einer stetigen Regelung gegenüber einer unstetigen Zwei- oder Dreipunktregelung?

4. Welche drei Einstellparameter gibt es bei einer PID-Regelung und wofür sind diese verantwortlich?

5. Erklären Sie den Begriff der Sprungantwort eines Reglers.

6. Welche beiden Arten von unstetigen Regelungen kennen Sie?

7. Erklären Sie, wie sich die Stellgrößenwerte des Zweipunkt- und des Dreipunktreglers voneinander unterscheiden.

8. Worin unterteilt eine Fuzzy-Logik sowohl den Messbereich als auch den Stellbereich?

9. Wie ermittelt ein Fuzzy-Regler nach der Fuzzyfizierung der Eingangsgrößen die erforderliche Stellgröße?

10. Definieren Sie den Begriff der Regelstrecke.

11. Wie kann man experimentell die zeitliche Charakteristik einer Regelstrecke testen?

12. Erläutern Sie anhand von Skizzen, welche Charakteristik die folgenden Regelstrecken haben:

    a) Offene Rohrleitung mit Durchfluss-Stellventil

    b) Flüssigkeitsspeicher mit Zufluss und Abfluss

    c) Rührbehälter mit elektrischer Innenbeheizung

    d) Rührbehälter mit Mantelbeheizung

13. Worin besteht der Nachteil einer Durchflussregelung durch Drosselung gegenüber einer Durchflussregelung mit Pumpendrehzahlverstellung?

14. Erläutern Sie den Begriff Kaskadenregelung.

15. Was versteht man unter einer Split-Range-Regelung?

16. Erklären Sie die Besonderheiten einer Durchflussverhältnisregelung.

17. Skizzieren Sie die Elemente eines Regelkreises als Blöcke und verbinden Sie diese untereinander mit den zutreffenden Linien für den Signalfluss. Beschriften Sie alle Elemente und Signalflüsse.

18. Erläutern Sie, von welchen Größen die Ventilstellung eines PID-Regelkreises abhängig ist. Versuchen Sie, sich davon ausgehend die mathematische Gleichung für den Stellwert eines PID-Regelkreises zu überlegen. Vergleichen Sie Ihr Ergebnis mit den Angaben im Lehrbuch, Seiten 201 und 208.

19. Erklären Sie, mit welchen drei charakteristischen Reglerparametern Einfluss auf die Regelgenauigkeit und -schnelligkeit genommen werden kann.

20. Skizzieren Sie die typischen Verläufe von Sollwert, Istwert und Stellwert einer PID-Regelung nach einer sprungförmigen Verstellung des Sollwertes.

21. Erklären sie den Begriff „Sprungantwort der Regelung". Wie kann man sie experimentell ermitteln?

22. Diskutieren Sie, ob es sich bei einem Heizkörper-Thermostatventil um einen P-Regler, einen Zweipunktregler oder um ein Stellorgan handelt.

10 Typische Aktoren in Anlagen der stoffwandelnden Industrie

10.1 Vorbetrachtungen

Aktoren sind **Stellorgane**, die entweder manuell vom Bediener, automatisch, z. B. von der Reglersoftware, oder aber von einem automatisierten Rezeptablauf betätigt werden. Mit ihnen erfolgt eine Einwirkung auf die Prozessvariablen der Anlage.

> **Merksatz**
>
> Aktoren sind **Stellorgane**. Sie werden in Anlehnung an den englischen Sprachgebrauch auch als **Aktuatoren** bezeichnet.

Bild 1: Pneumatisches Regelventil, eingebaut in einer Rohrleitung neben einem Coriolis-Massendurchflussmesser

Die Signalzuführung zu den Aktoren geschieht aus dem computerbasierten Prozessleitsystem heraus nach einer vorherigen Umwandlung der digitalen Signale in analoge oder binäre Niederspannungssignale (4 mA ... 20 mA oder 0/24 V).

Die Signalzuführung kann aber auch direkt in digitaler Form über eine Feldbusleitung erfolgen.

> **Merksatz**
>
> Die häufigsten **Aktoren** in der chemischen Industrie sind:
>
> - **Armaturen** zur Beeinflussung von Stoffströmen,
> - **Frequenzumrichter** zur Verstellung von Motordrehzahlen,
> - **Relais** und **Schütze** zum Schalten von Elektroenergieverbrauchern.

Im Unterschied zur Fertigungstechnik spielen hydraulisch betätigte Stellorgane und Servo-Motoren zur Positionierung in der stoffwandelnden Industrie eine untergeordnete Rolle. Man unterscheidet prinzipiell:

- **stetig arbeitene Stellorgane**, die alle denkbaren Zwischenstellungen einnehmen können und die meist mit dem Analogsignal von 4 mA bis 20 mA angesteuert werden,
- **binäre Stellorgane**, die nur zwei Positionen einnehmen können und die in der Regel mit dem Binärsignal von 0 oder 24 V angesteuert werden.

Eine große Rolle spielen in der stoffwandelnden Industrie die Stellorgane zum Freigeben oder Sperren von Stoffströmen bzw. zum Einregulieren bestimmter Werte von Stoffströmen. Sie werden als **Armaturen** bezeichnet. Man unterscheidet:

- Armaturen, die **selbsttätig** arbeiten, z. B. Sicherheitsventile,
- Armaturen, die von **Signalen aus dem Prozessleitsystem** angesprochen werden, z. B. pneumatische Regelventile.

> **Merksatz**
>
> **Armaturen** sind Stellorgane zur Beeinflussung von Stoffströmen. Armaturen sind die meistverwendeten Stellorgane in der stoffwandelnden Industrie.

Mithilfe der Armaturen können u. a. auch Drücke, Füllstände und Temperaturen eingestellt werden. Daneben sind zunehmend häufiger Einrichtungen zur Verstellung von Motordrehzahlen (z. B. für Pumpenantriebe) oder zur Drehrichtungsänderung (z. B. an Rührerantrieben) zu finden.

Selbsttätig arbeitende Armaturen arbeiten ohne Hilfsenergie. Dazu gehören die Sicherheitsventile, Rückschlagventile und Berstscheiben.

Die **nicht selbsttätig arbeitenden Armaturen** gibt es prinzipiell:

- mit Bedienung per Hand,
- mit Betätigung durch einen technischen Antrieb mit Hilfsenergie.

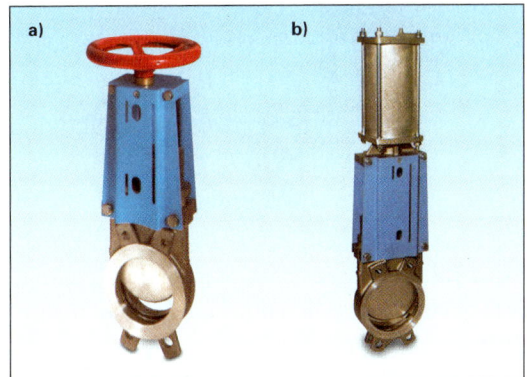

Bild 1: Absperrschieber a) mit Handantrieb und b) mit Pneumatikantrieb

Bild 2 enthält die nach DIN EN ISO 10628 üblichen zeichnerischen Darstellungen der Armaturen-Antriebsarten sowie die Darstellung ihres Verhaltens bei einem Ausfall der Hilfsenergie.

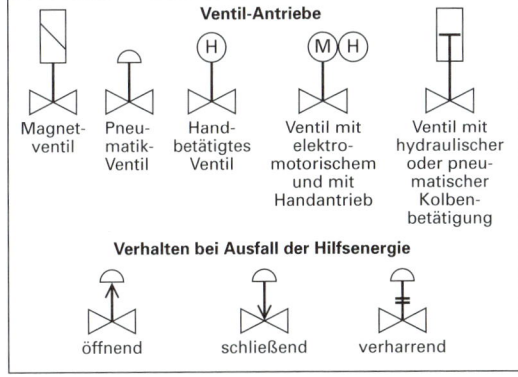

Bild 2: Zeichnerische Darstellung von Absperr- und Stellarmaturen nach DIN EN ISO 10628

Die Bilder 3 und 4 zeigen, wie ein stetiges Regelventil üblicherweise in eine Rohrleitung eingebaut wird.

Das Regelventil mit pneumatischem Antrieb befindet sich dabei zwischen zwei handbetätigten Absperrschiebern, um beim Ausbau des Regelventils im Defektfall den Stoffstrom absperren zu können. Parallel zum pneumatischen Regelventil ist in einem Bypass ein handbetätigtes Regelventil montiert, das zum provisorischen Regulieren des Stoffstromes bei ausgebautem Pneumatikventil dient.

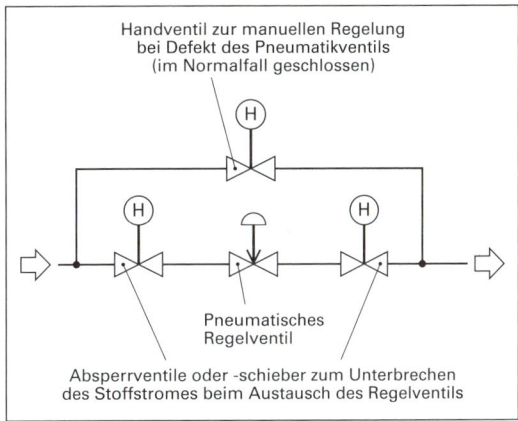

Bild 3: Einbindung eines pneumatischen Stellventils in ein System von handbetätigten Absperr- und Stellarmaturen

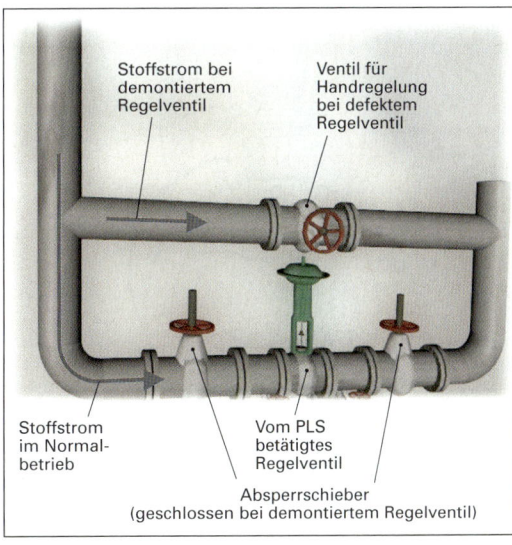

Bild 4: Bypassschaltung zum provisorischen Regulieren eines Stoffstromes bei einem Defekt des Regelventils

> **Merksatz**
>
> Bei den Stellorganen zur Beeinflussung von Stoffströmen unterscheidet man zwischen:
>
> - **Absperrarmaturen** (meist mit Handbetätigung),
> - **Stellarmaturen** (meist mit Betätigung durch Hilfsenergie und Ansteuerung durch das Prozessleitsystem),
> - **Sicherheitsarmaturen** (meist selbsttätig ohne Hilfsenergie arbeitend).

Die wichtigsten in der stoffwandelnden Industrie anzutreffenden Aktoren werden in den folgenden Kapiteln vorgestellt.

Die Ausführungen des nachfolgenden Kapitels 10.2 zu den Armaturen (Stellorganen) beginnen mit Erklärungen prinzipieller Bauformen, um dann auf deren Antriebe einzugehen.

10.2 Stellorgane (Klappen, Hähne, Schieber, Ventile)

Klappen (Bilder 1 und 2) sind Absperrarmaturen, die vorrangig für nichtaggressive Medien eingesetzt werden, da die Lagerung der drehbaren Absperrscheibe direkt dem strömenden Medium ausgesetzt ist.

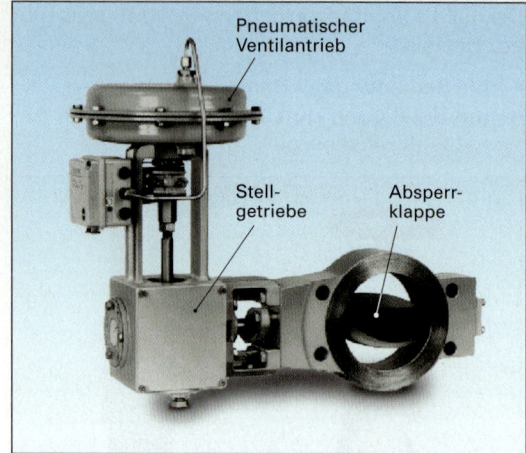

Bild 2: Absperrklappe mit pneumatischem Stellantrieb

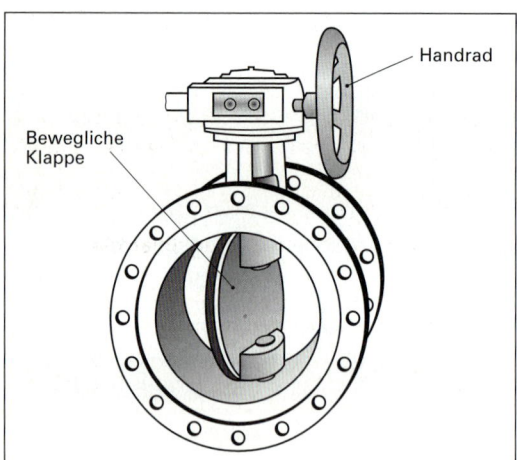

Bild 1: Absperrklappe mit Handbetätigung

> **Merksatz**
>
> **Ventilkennlinien** spiegeln die Abhängigkeit des Durchflusses von der Ventilöffnung wider. Bei vielen Ventilen ist der **Ventilhub** das Maß für die Ventilöffnung. Bei einigen Ventilen ist der **Drehwinkel** das Maß für den Öffnungsgrad.

Bild 3 zeigt eine solche Kennlinie.

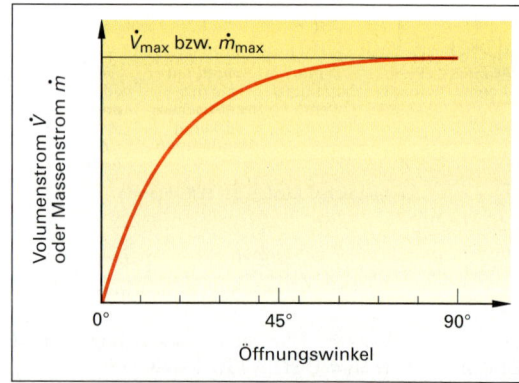

Bild 3: Ventilkennlinie eines Stellorgans

Ihr Vorteil gegenüber Ventilen ist der geringere Preis. In gewissen Grenzen können sie auch für Stell- bzw. Regelzwecke eingesetzt werden.

Einer ihrer Nachteile gegenüber den **Stellventilen** ist die strömungstechnisch nicht optimale Form des Absperrkörpers. Diese führt bei nicht vollständiger Öffnung zu Erosion und Geräuschbildung.

Ein weiterer Nachteil von Absperrklappen ist die nicht veränderbare **Kennlinie**, d. h. die Kurve der Abhängigkeit des Volumenstroms vom Öffnungswinkel. Bei Stellventilen kann diese Kennlinie durch den Einsatz unterschiedlicher Formen von Absperrkörpern konstruktiv verändert werden.

Ebenso wie die Klappen haben auch die **Hähne** unveränderbare Kennlinien.

Die Bilder 1 und 2, S. 241, zeigen **Kugelhähne** industrieller Ausführung als Schnittdarstellung.

Bei Kugelhähnen ist ein kugelförmiger Absperrkörper, meist aus PTFE (Polytetrafluorethen), in einem passend geformten Gehäuse drehbar gelagert. Er enthält eine große Durchgangsbohrung, die sich beim Schließen des Hahnes seitwärts stellt und dadurch den Durchfluss sperrt.

10.2 Stellorgane (Klappen, Hähne, Schieber, Ventile)

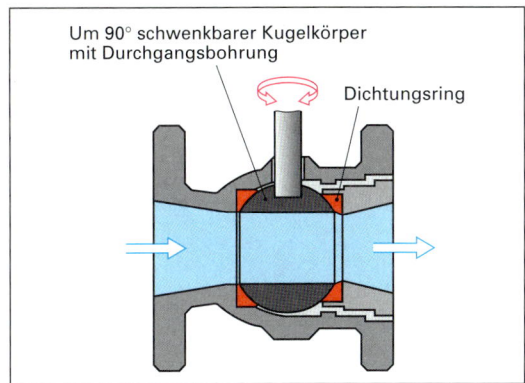

Bild 1: Schnittdarstellung eines Kugelhahnes

Bild 2: Kugelhahn mit pneumatischem Stellantrieb

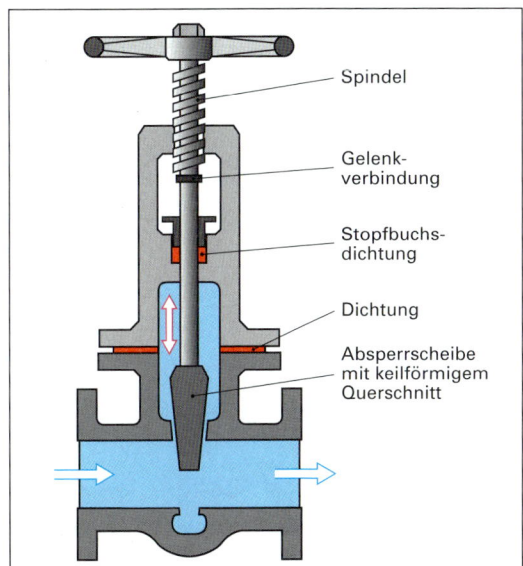

Bild 3: Schnittdarstellung eines Schiebers mit keilförmiger Absperrscheibe

Der **Schieber** (Bild 3) ist ebenfalls ein Stellorgan, das vor allem bei großen Nennweiten zum Absperren und Freigeben von Stoffströmen verwendet wird.

Bei ihm wird ein Keil oder eine Absperrscheibe rechtwinklig zur Strömungsrichtung in das strömende Medium hineingeschoben. Eine Nut im Gehäuseinneren bewirkt die Führung des Keiles bzw. der Absperrscheibe.

> **Merksatz**
>
> **Schieber, Klappen und Hähne** sind Absperrarmaturen, die aufgrund ihrer Bauform nicht zur dauerhaften Regulierung von Stoffströmen geeignet sind.

Ventile gibt es je nach Gehäusegestaltung und Stromrichtung in unterschiedlichen Bauformen (Geradsitz-Durchgangs-Ventil, Schrägsitz-Ventil, Eckventil, Mehrwegeventil).

Je nach der Gestaltung des dichtenden Bauelementes spricht man vom **Kegelsitzventil, Kolbenventil, Membranventil** oder **Drehkegelventil**.

Je nach der Art des Ventilantriebs unterscheidet man **Handventile, Pneumatikventile, Motorventile, Magnetventile** und **Hydraulikventile**.

> **Merksatz**
>
> **Ventile** sind zum dauerhaften Regulieren von Stoffströmen und zum Absperren oder Umschalten von Leitungswegen bestimmt. Sie können auch längere Zeit in nicht voll geöffneter Stellung verbleiben.

Bei den meisten Ventilen wird mit einer **Schubstange** ein speziell geformter **Absperrkörper** gegen einen ringförmigen Ventilsitz mit dichtenden Eigenschaften gepresst. Beim Öffnen wird der Absperrkörper von diesem Ventilsitz abgehoben.

Die Betätigung der Schubstange kann **pneumatisch, hydraulisch, elektromotorisch** oder auch **per Hand** erfolgen. Meist muss dabei eine Drehbewegung in die erforderliche geradlinige (Hin- und Herbewegung) umgeformt werden. Dies geschieht über geeignete Getriebe oder bei Handventilen mithilfe einer Schraubspindel. In Bild 2, S. 240, ist dieses Getriebe deutlich erkennbar.

Eine spezielle Bauform, die gewissermaßen eine Mittelstellung zwischen Kugelhahn und Schieber einnimmt, ist das **Drehkegelventil** nach Bild 1, S. 242. Bei ihm wird eine gekrümmte Scheibe in den Stoffstrom herein- und herausgeschwenkt.

10 Typische Aktoren in Anlagen der stoffwandelnden Industrie

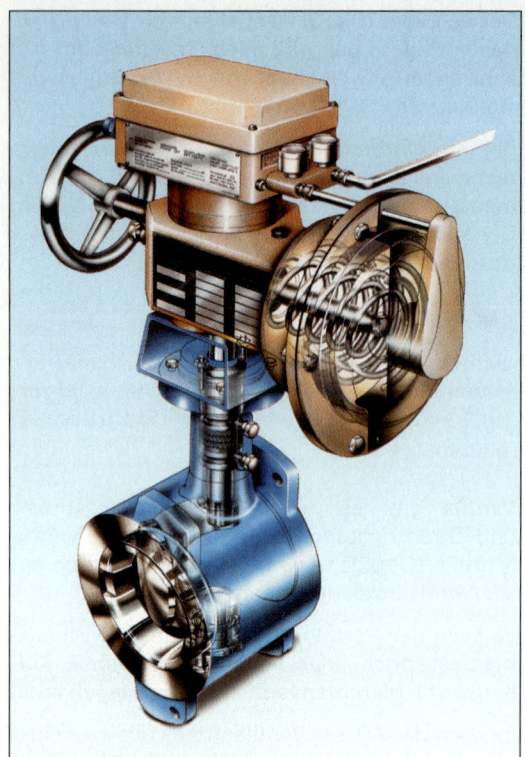

Bild 1: Drehkegelventil mit pneumatischem Stellantrieb

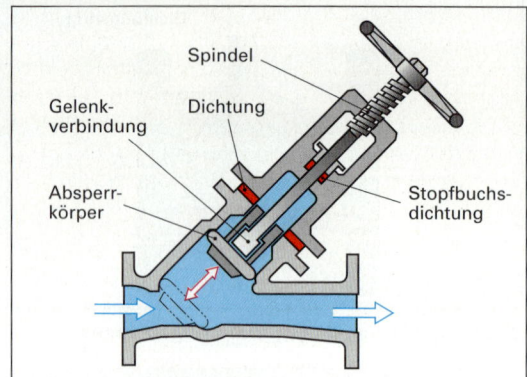

Bild 2: Schnittdarstellung eines Schrägsitzventils mit manuellem Stellantrieb

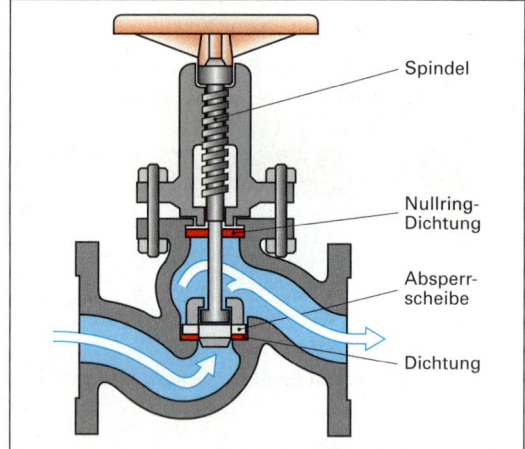

Bild 3: Schnittdarstellung eines Geradsitzventils mit manuellem Stellantrieb

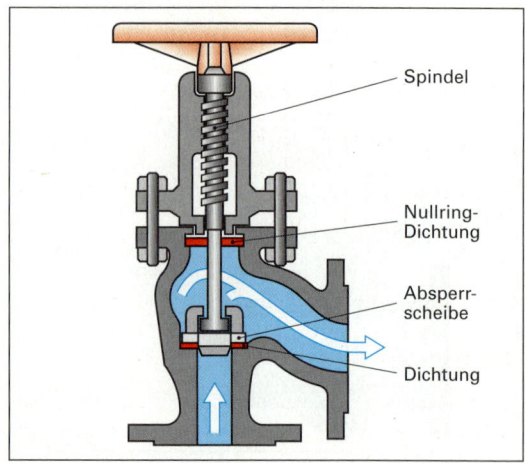

Bild 4: Schnittdarstellung eines Eckventils mit manuellem Stellantrieb

Die Aufgabe der Ventile besteht darin, der Flüssigkeit einen veränderlichen **Durchflussquerschnitt** entgegenzusetzen. Dieser soll bei voll geöffnetem Ventil möglichst groß sein. Im geschlossenen Zustand soll das Ventil eine vollständige Absperrung bewirken.

Beim **Schrägsitzventil** (Bild 2) ist die Forderung nach geringstmöglichem Druckverlust bei voller Öffnung am besten zu realisieren. Die Schubstange und der Absperrkörper sitzen schräg zur Strömungsrichtung. Die Strömung passiert das Ventil geradlinig nahezu ohne Richtungsumlenkung.

Eine Richtungsumlenkung bewirkt einen großen Druckverlust. Dieser kommt durch die verstärkte Reibung zwischen der Gehäusewand und dem strömenden Medium sowie durch die Reibung im Medium selbst infolge der Verwirbelung zustande. Besonders ausgeprägt ist dieser Effekt beim **Geradsitzventil** (Bild 3) und beim **Eckventil** (Bild 4).

Beim vollständig geschlossenem Ventil soll selbstverständlich der Stoffstrom vollständig unterbrochen sein. Dies wird durch eine entsprechende Werkstoffpaarung zwischen Ventilsitz und Absperrkörper erreicht.

10.2 Stellorgane (Klappen, Hähne, Schieber, Ventile)

Die Hauptprobleme der Ventilkonstrukteure liegen zum einen in der Abdichtung der beweglichen Teile gegenüber dem Ventilkörper, denn an der Berührungsfläche zwischen eintauchendem Körper und dem Ventilgehäuse darf auch bei hohem Druck kein Medium austreten. Zum anderen sind Ablagerungen, Kavitation und Erosionen zu vermeiden. Letzteres kann durch geeignete strömungstechnisch optimale Gestaltung des Gehäuseinneren erreicht werden.

Deshalb ist die Durchströmungsrichtung beim Einbau des Ventils zu beachten. Sie ist als Pfeil am Gehäuse angegeben. Bei falscher Strömungsrichtung ergeben sich:

- verstärkte Erosion im Inneren,
- nicht vollständige Dichtheit,
- unerwünschte Ablagerungen,
- vorzeitiger Verschleiß der Dichtungen,
- verstärkte Strömungsgeräusche.

Bild 1 zeigt den Pfeil zur Angabe der Strömungsrichtung auf einem Ventilgehäuse.

der strömenden Flüssigkeit in Berührung kommen. Der Antrieb der Hubspindel kann elektrisch, pneumatisch, hydraulisch oder per Hand erfolgen.

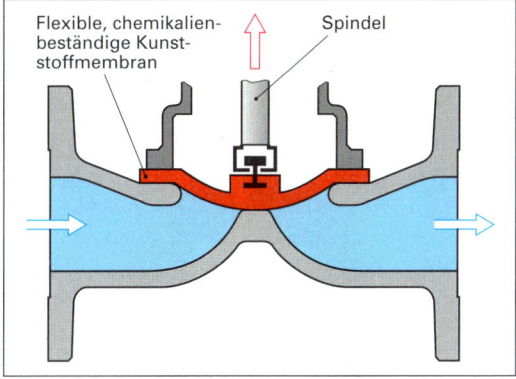

Bild 2: Funktionsprinzip eines Membranventils

Bild 1: Angabe der Strömungsrichtung auf einem Ventilgehäuse

> **Merksatz**
>
> Die **Strömungsrichtung** ist auf den Ventilgehäusen mit einem Pfeil angegeben.

Ein relativ unempfindliches Ventil gegenüber aggressiven und verunreinigten Flüssigkeiten ist das **Membranventil** (Bilder 2 und 3).

Der bei anderen Ventilen übliche Absperrkörper ist beim Membranventil als Verdrängungskörper ausgebildet, der eine dicke elastische Membran gegen eine Dichtkante des Gehäuses drückt. Dadurch können die bewegten Ventilteile nicht mit

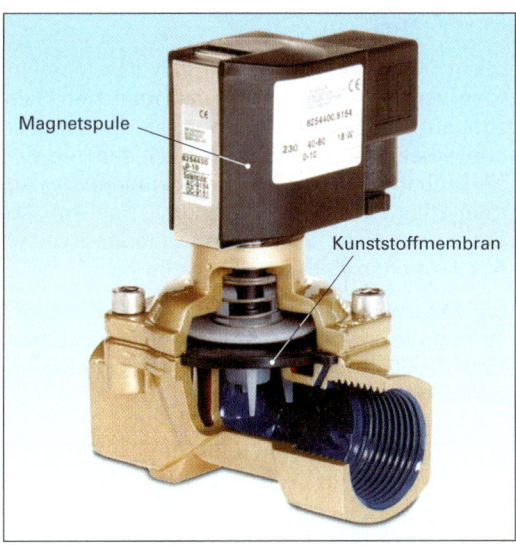

Bild 3: Membranventil mit elektromagnetischem Stellantrieb (Magnetventil)

> **Hinweis**
>
> Das Membranventil mit einer Membran als absperrendem Bauteil darf nicht verwechselt werden mit den Ventilen, die eine Membran im pneumatischen Ventilantrieb besitzen. Diese werden als Membranregelventil bezeichnet.

Die Membran muss aus einem geeigneten Elastomer (Kunststoffmaterial) bestehen, das auch langfristig elastisch bleibt und beständig gegen die chemische Wirkung des strömenden Mediums ist.

Eine seltener anzutreffende Ventilbauform ist das **Drehschieberventil** (Bild 1), bei dem der Ventilsitz viertelkreisförmig gelocht ist. Auf diesen wird mit Federkraft eine ebenso gelochte Steuerscheibe gepresst.

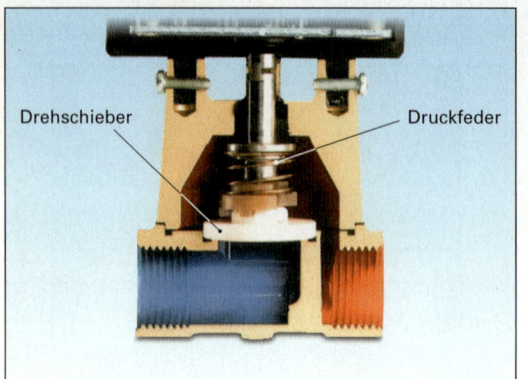

Bild 1: Drehschieberventil mit elektromotorischem Servo-Antrieb

Diese Steuerscheibe kann durch den Ventilantrieb verdreht werden (wie bei manchen Salzstreuern), sodass die Öffnungen freigegeben oder verschlossen werden, je nach dem, ob sich die Durchbrüche überdecken oder nicht. Der Antrieb erfolgt demnach nicht durch eine Auf-/Ab-Bewegung einer Schubstange, sondern durch das Verdrehen einer Antriebswelle.

Mit **Mehrwegeventilen** können mehrere Stoffströme gleichzeitig beeinflusst werden. Zudem kann die Fließrichtung eines Stoffstromes geändert werden.

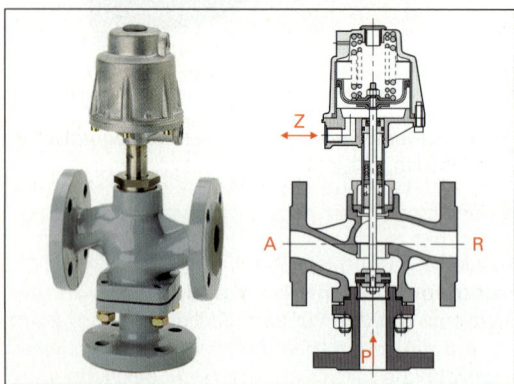

Bild 2: Ansicht und Schnittzeichnung eines Dreiwegeventils

Bild 2 zeigt ein **Dreiwegeventil** als Binärventil, d. h. der Absperrkörper bewegt sich durch den Ventilantrieb entweder in die obere Endlage oder in die untere Endlage. Dementsprechend fließt das Medium entweder von P nach A oder von A nach R.

10.3 Antriebe für Stellorgane

Zur Fernbetätigung durch das Prozessleitsystem enthalten die am häufigsten benötigten Stellorgane Antriebe, die eine Drehbewegung oder eine lineare Bewegung für die Schubstange oder das entsprechende zu bewegende Bauelement erzeugen.

Einige Stellorgane, speziell solche zum Absperren von Stoffströmen bei eventuellen Reparaturen, sind auch bei voll automatisierten Anlagen nur für Handbetätigung ausgelegt.

> **Merksatz**
>
> Zu jedem Stellorgan mit **Handbetätigung** gibt es ein entsprechendes Stellorgan mit Betätigung durch eine **Hilfsenergie**.

Die Stellantriebe werden mit Stellbefehlen aus den Ausgangskarten des Prozessleitsystems versorgt (4 mA ... 20 mA oder 0/24 V), bei Feldbussen eventuell auch direkt mit den digitalen Signalen aus dem Buskabel.

Diese Signale im Niederspannungsbereich sind nicht in der Lage, die zum Verstellen nötigen Kräfte und Leistungen zu liefern. Sie stellen vom Charakter her nur Steuerinformationen dar.

Zum Erzeugen der erforderlichen Stellkräfte, d. h. zur Bereitstellung der benötigten Leistung, sind deshalb zusätzliche Hilfsenergiequellen an den Antrieb heranzuführen.

Nur einige wenige Stellorgane im Labor- und Technikumsbereich, wie z. B. binäre Magnetventile, können direkt mit dem 24 V Schaltsignal aus den binären Ausgangskarten des Prozessleitsystems versorgt werden.

Als Hilfsenergie kommt in Betracht:

- **pneumatische Hilfsenergie** (Druckluft),
- **hydraulische Hilfsenergie** (Hydrauliköldruck),
- **elektrische Hilfsenergie** (elektrische Spannung).

Die **pneumatische Hilfsenergie** wird in Chemieanlagen durch Kompressoren-Systeme erzeugt und durch ein Druckluftrohrleitungsnetz den Verbrauchern (Stellantrieben) zugeführt.

10.3 Antriebe für Stellorgane

Diese Luft wird vorher von Öltröpfchen, die aus dem Kompressor stammen, sowie von der enthaltenen Feuchtigkeit und dem mitgeführten Staub befreit. Die so aufbereitete Luft wird auch als **Instrumentenluft** bezeichnet.

Die **hydraulische Hilfsenergie** ist in Anlagen der stoffwandelnden Industrie weniger häufig anzutreffen. Ist sie vorhanden, so wird der benötigte hydraulische Öldruck oft in dezentralen Nebenanlagen durch elektrische Hydraulikpumpen, meist Zahnradpumpen, erzeugt, und in Leitungen, ähnlich den Bremsleitungen an Kraftfahrzeugen, zu den Antrieben geleitet.

Es existieren jedoch auch Konstruktionen von Stellantrieben, die selbstständig einen Hydraulköldruck mithilfe von sehr kleinen eingebauten Hydraulikpumpen erzeugen.

Elektrische Hilfsenergie wird aus dem öffentlichen oder einem firmeneigenen Netz bezogen. Gelegentlich wird sie in standortzugehörigen Kraftwerken erzeugt, um aus Preisgründen oder aus Gründen der Versorgungssicherheit unabhängig vom öffentlichen Netz zu sein. Es gibt sie in unterschiedlichen Spannungsebenen.

Die Stellantriebe arbeiten meist mit 230 V oder 400 V, kleinere auch mit 24 V. Die Verteilung der Elektroenergie ist mit Kabeln, Leitungen und Klemmkästen besonders unproblematisch zu realisieren.

> **Merksatz**
>
> **Druckluft**, hydraulischer **Öldruck** und **Elektroenergie** sind die Hilfsenergiequellen zur Erzeugung der Verstellkräfte für Armaturen.

Nach der Form der Bewegung, welche die Stellantriebe auf den Absperrkörper übertragen, unterscheidet man nach DIN ISO 5210:

- **Drehantriebe**,
- **Schwenkantriebe**,
- **Schubantriebe**.

Drehantriebe übertragen ihr abgegebenes Drehmoment mindestens im Laufe einer vollen Umdrehung (>360°) auf den Absperrkörper.
Schwenkantriebe übertragen ihr abgegebenes Drehmoment nur über weniger als eine volle Umdrehung auf den Absperrkörper (oft nur 90°).
Schubantriebe übertragen eine lineare Bewegung auf den Absperrkörper oder auf ein vorgeschaltetes Hebelsystem.

10.3.1 Pneumatische Stellantriebe

> **Merksatz**
>
> **Pneumatische Stellantriebe** verwenden die in Form eines **Gasdrucks** gespeicherte mechanische Energie als Hilfsenergiequelle. Bei dem Gas handelt es sich in der Regel um gereinigte, getrocknete und staubfreie Luft, die **Instrumentenluft**.

Die in der stoffwandelnden Industrie am häufigsten anzutreffenden Ventilantriebe arbeiten mit dem Druck der Instrumentenluft als Hilfsenergiequelle. Die meistverwendeten Funktionsprinzipien sind der **Kolbenantrieb** und der **Membranantrieb**.

Pneumatische **Kolbenantriebe** werden meist dort eingesetzt, wo der Absperrkörper eine Drehbewegung ausführen muss. Dies ist beispielsweise bei Klappen der Fall. Bild 1 zeigt den Aufbau und das Funktionsprinzip eines pneumatischen Kolbenantriebs.

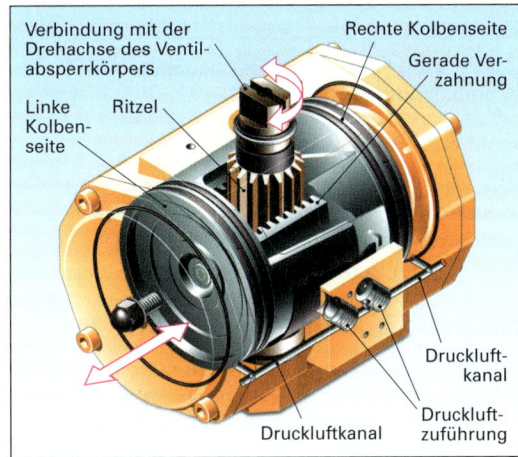

Bild 1: Funktionsprinzip des pneumatischen Kolbenantriebs

Der Druck der Instrumentenluft wird wechselseitig zur einen oder zur anderen Seite eines Kolbens geführt. Dieser Kolben ist in einem zylindrischen Gehäuse verschiebbar gelagert. Sein Mittelteil enthält eine gerade Verzahnung, die in die Verzahnung eines drehbar gelagerten Ritzels eingreift. Die hin- und hergehende Bewegung des Kolbens resultiert somit in einer Drehbewegung des Ritzels. Dieses ist direkt mit der Drehachse des Ventilabsperrkörpers gekoppelt. Der Drehwinkel beträgt meist nur 90°.

245

Das Prinzip der pneumatischen **Membranantriebe** zeigen die Bilder 1 und 2, sowie Bild 3, S. 248.

Bild 1 veranschaulicht das Funktionsprinzip eines pneumatischen Stellantriebs mit Membran. Eine aufwärts oder abwärts bewegliche Schubstange ist am oberen Ende mit einer dicken flexiblen Kunststoffmembran verbunden, die zur Verstärkung in der Mitte einen starren Metallteller enthält.

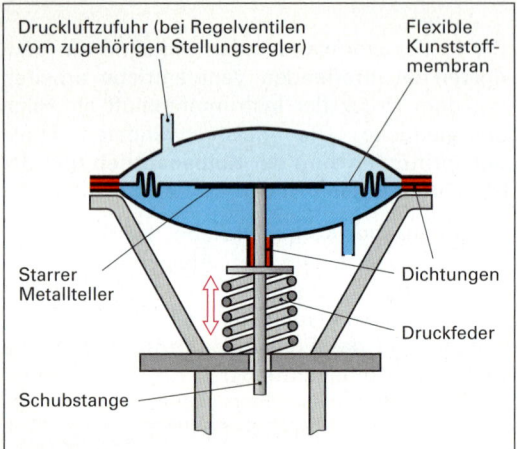

Bild 1: Funktionsprinzip des pneumatischen Membranantriebs

Die Membran ist zwischen zwei gewölbten Gehäusehälften druckdicht verschraubt, sodass sich zwei separate Kammern bilden. Die Durchführung der Schubstange durch das Gehäuse ist mit einer Dichtung versehen, durch welche die Schubstange gleiten kann.

An der Schubstange ist der Metallteller mit der Membran befestigt. Zwischen dem Ventilgehäuse und dieser Scheibe befindet sich eine Schraubenfeder, welche die Schubstange im Ausgangszustand **nach oben** drückt.

Diese Feder kann sich auch im Inneren einer der Druckkammern befinden. Bei manchen Ventilen ist sie so montiert, dass sie die Schubstange im Ausgangszustand **nach unten** drückt. Die gewählte Bauform hängt davon ab, ob das Ventil bei Ausfall der Hilfsenergie **öffnend** oder **schließend** sein soll.

Die Bauform in Bild 1 ist bei Ausfall der Hilfsenergie öffnend. Bei einem Ausfall des pneumatischen Druckes hebt der Federdruck die Schubstange mit dem daran befestigten (nicht dargestellten) Absperrkörper vom Ventilsitz ab.

Im laufenden Betrieb des Ventiles in Bild 1 wird die Druckluft der oberen Kammer zugeführt. Der Druck wirkt auf die große Membrantellerfläche. Er erzeugt eine Kraft, die stärker als die Federkraft ist und die Schubstange nach unten drückt. Das Ventil wird geschlossen.

Bild 2 vermittelt in Form einer dreidimensionalen Schnittdarstellung eine besonders anschauliche räumliche Vorstellung vom Aufbau eines pneumatischen Stell- und Regelventils.

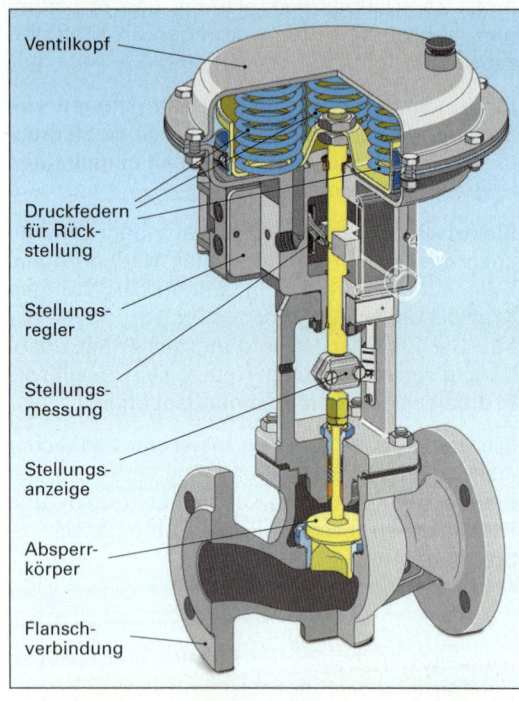

Bild 2: Schnittdarstellung eines pneumatischen Stellventils

Die in Bild 1 dargestellte Bauform ist zunächst nur für Auf-Zu-Ventile tauglich. Eine Zwischenstellung, z. B. mit 50 %iger Öffnung ist nicht möglich, weil der Druck aus dem Instrumentenluftnetz einen konstanten Wert hat (meist ca. 3,5 bar Überdruck). Er ist so bemessen, dass seine Kraft ausreicht, das Ventil vollständig zu schließen.

Um bei einem Stellventil mit veränderlichem Ventilhub auch Zwischenstellungen zu erzielen, muss das Verhältnis von Federkraft und Pneumatikdruck verändert werden. Da die Federkraft nicht veränderlich ist, muss der Pneumatikdruck variiert werden.

Für Zwischenstellungen muss der Druck somit auf niedrigere Werte als die üblichen 3,5 bar des Instrumentenluftnetzes verringert werden.

10.3 Antriebe für Stellorgane

Üblich sind Werte zwischen 0,2 und 1,0 bar (0,2 bar → geöffnet; 1,0 bar → geschlossen oder umgekehrt; 0,6 bar → halbe Stellung).

Diesen genormten Druckbereich bezeichnet man als **pneumatisches Einheitssignal**. Bei diesem Druck handelt es sich um einen Überdruck.

> **Merksatz**
>
> Den Druckbereich zwischen 0,2 und 1,0 bar Überdruck bezeichnet man als **pneumatisches Einheitssignal**, da es sich um einen genormten Wertebereich handelt.

Die Druckverringerung erfolgt durch komplizierte feinmechanische Systeme aus Düsen und Prallplatten, die gemeinsam mit einigen elektronischen Bauelementen dafür sorgen, dass beispielsweise bei einem elektrischen Einheitssignal von 4 mA aus dem Prozessleitsystem die Druckkammer im Ventilkopf mit **0,2 bar** Überdruck zum **Öffnen** beaufschlagt wird, und bei 20 mA mit **1,0 bar** Überdruck zum **Schließen** beaufschlagt wird. Bei 12 mA wird die Druckkammer mit 0,6 bar Überdruck beaufschlagt, sodass das Ventil in Mittelstellung geht.

Diese Regelungsaufgabe wird meist nicht durch das Prozessleitsystem ausgeführt, sondern in dem am Ventil angebrachten Stellungsregler auf feinmechanischer Basis.

> **Merksatz**
>
> Wenn Stellorgane als stetige **Regelventile** eingesetzt werden, sind die Stellungen „Auf" und „Zu" nicht ausreichend. Sie müssen dann auch Zwischenstellungen einnehmen können. Dabei findet ein **Stellungsregler** Verwendung, welcher die aktuelle Ventilstellung misst, mit dem Vorgabewert vergleicht und den Verstelldruck variiert.
>
> In der chemischen Industrie ist die Druckluft in Form der **Instrumentenluft** die am häufigsten verwendete Hilfsenergiequelle zur Erzeugung der Verstellkräfte für Armaturen.

Dadurch kann sich die Ventilstellung im laufenden Anlagenbetrieb verändern. Dies hat unbeabsichtigte Durchflussschwankungen zur Folge.

Im Instrumentenluftnetz gibt es häufig Druckschwankungen, die das Düse-Prallplatte-System zur Druckverminderung stören. Auch das strömende Medium selbst beeinflusst die Wirkung von Federkraft und Membrandruck, da es mit hoher Geschwindigkeit von unten gegen den Ventilkörper drückt.

Deshalb muss dafür gesorgt werden, dass die Schubstange trotz dieser Störungen in der gewünschten Stellung verbleibt.

Dazu ist es erforderlich, die Stellung laufend zu messen. Stellungsänderungen müssen eine Veränderung des Beaufschlagungsdruckes bewirken.

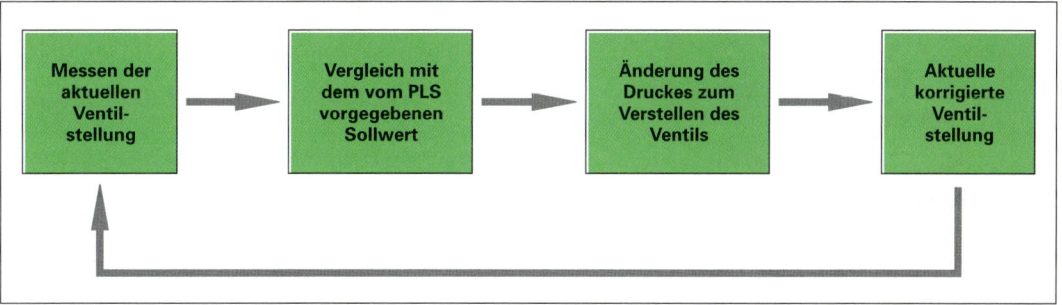

Bild 1: Geschlossener Regelkreis des Stellungsreglers

Dies ist eine typische Regelungsaufgabe, wie sie bereits in Kapitel 9.2 (Stetige Regelungen) besprochen wurde. Die Teilaktivitäten bei dieser Regelungsaufgabe sind in Bild 1 schematisch dargestellt.
Die Bilder 1 und 2, Seite 248, gewähren einen Blick in das feinmechanisch arbeitende Innere eines pneumatischen Stellungsreglers. Ein solcher Stellungsregler ist in Bild 3, S. 248, als grauer Kasten erkennbar. Der schräg stehende Hebel dient dabei zur Messung und Anzeige der aktuellen Ventilstellung. Er bewirkt im Inneren des Stellungsreglers das Verstellen der geometrischen Verhältnisse in einem Düsensystem. Dadurch wird der Luftstrom zur Druckluftkammer im Ventilkopf verändert. Ist die vorgegebene Position der Schubstange erreicht, wird die Druckluftzufuhr unterbunden.

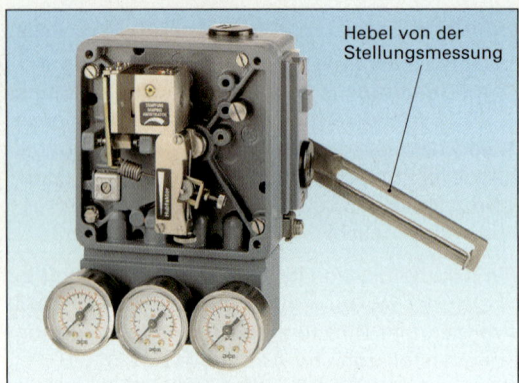

Bild 1: Das feinmechanisch basierte Innere des Stellungsreglers eines Pneumatikventils

Bild 2: Geöffneter Stellungsregler an einem Ventilkopf

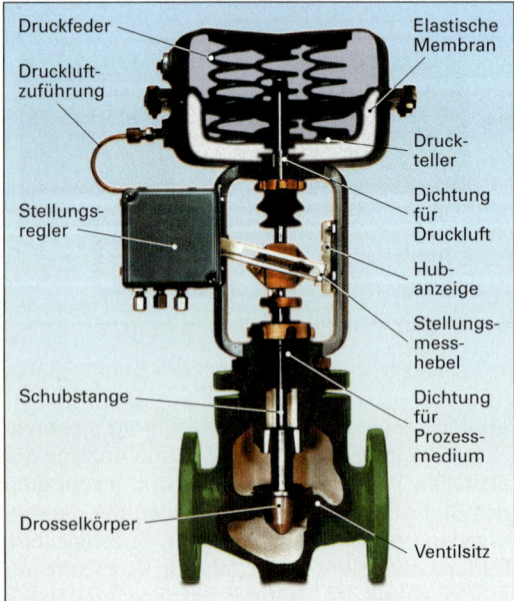

Bild 3: Hauptbauteile eines pneumatischen Stellventils

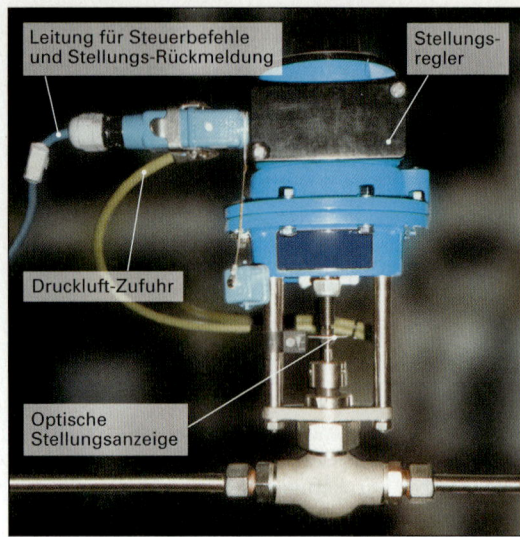

Bild 4: Stetiges Regelventil mit integriertem Stellungsregler

Beim pneumatischen Membranventil in Bild 4 ist der Stellungsregler im blauen Ventilgehäuse direkt integriert.

Die Stellungsregelung bewirkt ein Verharren der Schubstange in der Position, die dem in den Stellungsregler eingeführten elektrischen Einheitssignal entspricht.

Bei Störungen kehrt sie automatisch in diese Position zurück. Bei Ausfall der Instrumentenluftversorgung als Hilfsenergiequelle öffnet sich das Ventil bzw. schließt sich bei anderen Bauformen.

Bild 5 zeigt ein schweres Regelventil für Medien unter hohem Druck.

Bild 5: Pneumatisches Regelventil für Medien, die unter hohem Druck stehen

10.3.2 Hydraulische Stellantriebe

> **Merksatz**
>
> **Hydraulische Stellantriebe** verwenden die in Form eines **Flüssigkeitsdrucks** gespeicherte mechanische Energie als Hilfsenergiequelle. Bei der Flüssigkeit handelt es sich in der Regel um **Hydrauliköl**.

Hydraulische Stellantriebe werden in erster Linie dort eingesetzt, wo sehr große Stellkräfte erforderlich sind. Die Druckerzeugung erfolgt mithilfe von geeigneten Pumpen, die von Elektromotoren angetrieben werden. Der Druck des Hydrauliköls kann zentral oder dezentral erzeugt werden.

Existieren in der Chemieanlage sehr viele hydraulische Stellorgane, lohnt sich die zentrale Druckerzeugung. Bild 1 zeigt eine Hydraulikeinheit zur zentralen Druckerzeugung.

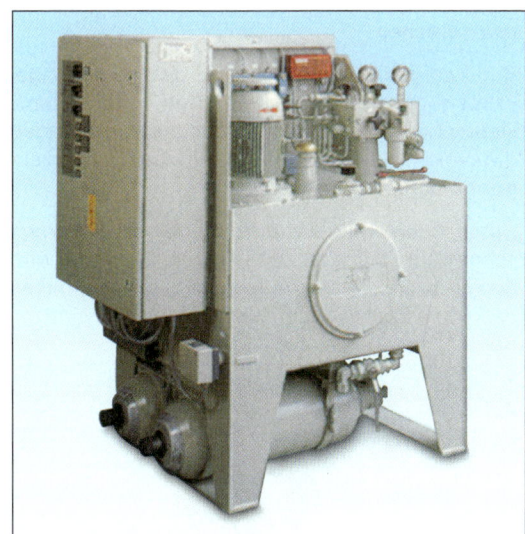

Bild 1: Hydraulikeinheit zur zentralen Druckerzeugung

Für die Betätigung einzelner Stellorgane mit hydraulischem Öldruck gibt es spezielle Stellantriebe, die selbst einen Öldruckerzeuger enthalten. Dort treibt ebenfalls ein Elektromotor eine Hydraulikpumpe an. Beide Teile sind von ihrer Größe her so dimensioniert, dass sie direkt auf den Stellantrieb aufgesetzt werden können. Die Hydraulikeinheit enthält zusätzlich eine Steuerelektronik sowie ein elektronisches und mechanisches Sicherheitssystem zum Schutz vor Überlastung. Eine solche Baugruppe zeigt Bild 2.

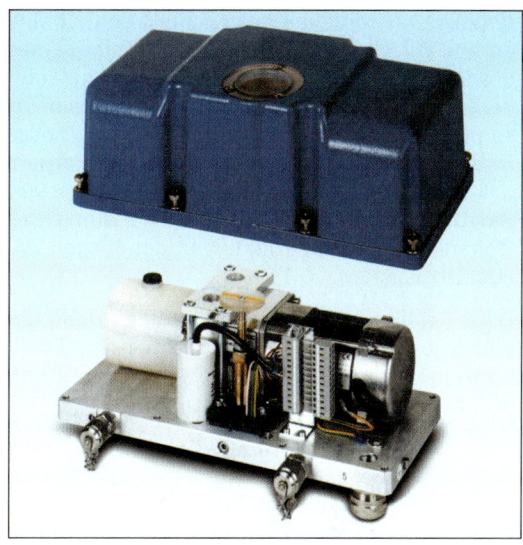

Bild 2: Miniaturisierte Hydraulikeinheit zur direkten Montage auf dem hydraulischen Stellantrieb

Der Druck des Hydrauliköls lässt sich mithilfe von Rohrleitungen oder Druckschläuchen sehr einfach von einer zentralen Druckerzeugungsstation zu den Stellorganen fortleiten. Dort wird die in Form von Druck gespeicherte mechanische Energie genutzt, um das Stellorgan zu bewegen. In der Regel finden zu diesem Zweck **Kolbenantriebe** Verwendung.

Bei hydraulischen Kolbenantrieben für Stellorgane ist ein Arbeitskolben im Arbeitszylinder so gelagert, dass er darin hin- und hergleiten kann. Seine Bewegungsrichtung hängt davon ab, von welcher Seite er mit dem Öldruck beaufschlagt wird. Bild 3 zeigt die Funktionsweise.

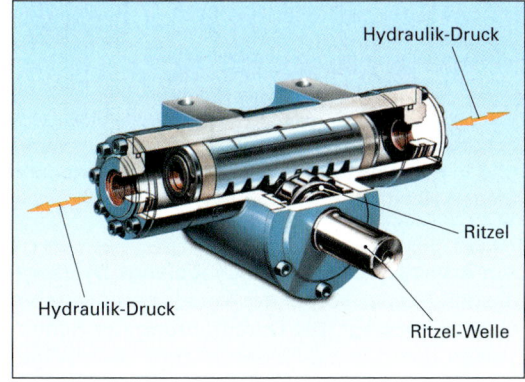

Bild 3: Funktionsprinzip des hydraulischen Kolbenantriebs

Der Druck des Hydrauliköls wird wechselseitig zur einen oder zur anderen Seite eines Kolbens geführt. Das Mittelteil des Kolbens enthält eine gerade Verzahnung, die in die Verzahnung eines drehbar gelagerten Ritzels eingreift. Die hin- und hergehende Bewegung des Kolbens resultiert somit in einer Drehbewegung des Ritzels. Dieses ist direkt mit der Drehachse des Absperrkörpers gekoppelt. Der Drehwinkel beträgt meist nur 90°. Die Durchführung der Ritzel-Achse durch das Gehäuse ist mit Spezialdichtungen gegen Ölaustritt gesichert.

Dieser Aufbau ist für solche Ventilantriebe geeignet, bei denen der Absperrkörper eine Drehbewegung zum Öffen oder Sperren des Stoffstromes ausführen muss.

Dort, wo mithilfe von Hydraulikdruck eine Schubstange geradlinig hin oder her bewegt werden muss, kann das Funktionsprinzip nach Bild 1 zur Anwendung kommen. Dabei ist wiederum ein Arbeitskolben im Arbeitszylinder so gelagert, dass er darin hin- und hergleiten kann. Die Bewegungsrichtung des Kolbens hängt auch hier davon ab, von welcher Seite er mit dem Öldruck beaufschlagt wird.

Steuerkolbens bewirkt ein Freischalten des Ölstromes und des Öldrucks zum oberen Teil des Arbeitszylinders oder zum unteren Teil. In Mittelstellung erfolgt ein Verschluss beider Hydraulikleitungen zum Arbeitszylinder, sodass die Schubstange in ihrer Stellung verharrt.

Die Kraft zum Antrieb des Steuerkolbens ist gering, sodass dessen Betätigung durch einen Elektromagneten oder durch einen kleinen Elektrogetriebemotor erfolgen kann.

Wenn hydraulisch betätigte Stellorgane als **stetige Regelventile** eingesetzt werden, sind die Stellungen „Auf" und „Zu" nicht ausreichend. Dann muss, ebenso wie bei den pneumatischen Regelventilen, ein **Stellungsregler** verwendet werden.

Dieser muss eine Messeinrichtung für die momentane Ventilstellung enthalten. Nur so kann er dafür sorgen, dass bei Erreichen der gewünschten vom Prozessleitsystem vorgegebenen Ventilstellung der Steuerkolben in Mittelstellung geht, um die Ölzufuhr für den Arbeitskolben zu unterbrechen.

Bild 2 zeigt die Ansicht eines in der Praxis eingesetzten hydraulisch betätigten Stellorgans. Deutlich ist erkennbar, dass auf den Ventilantrieb die elektrohydraulische Einheit zur Druckerzeugung aufgesetzt ist.

Durch baureihengleiche Verbindungsstücke zwischen dem Stellorgan mit seinem Stellantrieb wird gewährleistet, dass unterschiedliche Einheiten nach dem Baukastenprinzip kombinierbar sind.

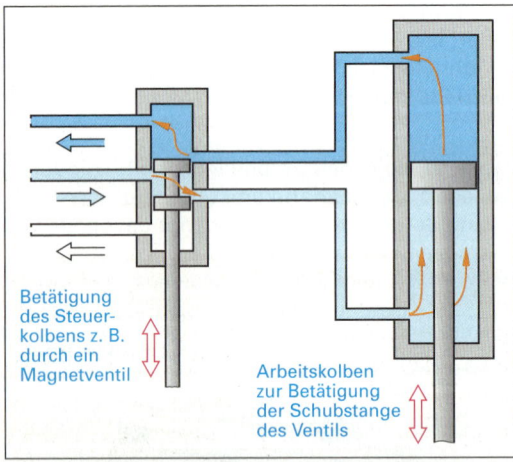

Bild 1: Hydraulischer Ventilantrieb mit Arbeits- und Steuerkolben

Am Arbeitskolben ist die Schubstange befestigt, die den Absperrkörper des Ventils geradlinig hin oder her bewegt. Die Durchführung der Schubstange durch das Zylindergehäuse ist mit Spezialdichtungen gegen Ölaustritt gesichert.

Zur Umschaltung der Wirkungsrichtung des Öldruckes ist dem Arbeitskolben ein kleinerer Steuerkolben vorgeschaltet, der in einem Steuerzylinder gelagert ist. Die Bewegung dieses

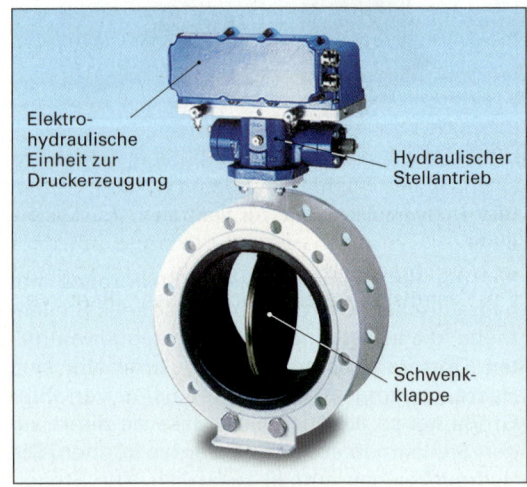

Bild 2: Hydraulisch betätigte Absperrklappe mit aufgesetzter elektrohydraulischer Einheit zur Druckerzeugung

10.3.3 Elektrische Stellantriebe

> **Merksatz**
>
> **Elektrische Stellantriebe** verwenden die **elektrische Energie** als Hilfsenergiequelle.

Elektrische Stellantriebe werden in der stoffwandelnden Industrie als **motorische** oder als **magnetische** Antriebe eingesetzt.

Bei **motorischen Antrieben** erfolgt eine Drehbewegung der Antriebswelle eines Elektromotors. Meist wird diese durch ein Schneckengetriebe in eine lineare Bewegung der Schubstange umgeformt. Sie überträgt diese Bewegung auf den Absperrkörper.

Bei **magnetischen Antrieben** erfolgt von vornherein eine lineare Bewegung des Absperrkörpers.

Diese Einteilung erfolgt, obwohl bei den elektromotorischen Antrieben ebenfalls magnetische Kräfte eine Rolle spielen.

Die typischen Vertreter elektrischer Stellantriebe sind die Magnetventile mit Tauchspulen und die Motorventile mit Servo-Motoren. Auch das einfache Relais bzw. der Schütz sind elektrische Stellantriebe im weitesten Sinn.

10.3.3.1 Elektromagnetische Stellantriebe

Magnetische Ventilantriebe werden nur bei Binärventilen eingesetzt.

> **Merksatz**
>
> **Magnetventile** sind in der Regel Auf-Zu-Ventile, d. h. Stellorgane, die vom Prozessleitsystem mit Binärsignalen angesteuert werden.

Die Schnittdarstellung in Bild 1 zeigt, dass ein zylindrischer Eisenkern in das Innere einer hülsenförmigen Spulenwicklung eintaucht. Dieser Eisenkern ist über eine Schubstange mit dem Absperrkörper verbunden, der im Normalfall auf den Ventilsitz drückt und diesen dicht verschließt.

Die Kraft zum Andrücken des Absperrkörpers auf den Ventilsitz resultiert aus der Kraft einer vorgespannten Feder.

Wird die Wicklung der Tauchspule vom elektrischen Strom durchflossen, entsteht eine **Magnetkraft**, die den Tauchkörper ins Innere der Spule zieht. Dadurch wird der Absperrkörper vom Ventilsitz abgehoben sodass er den Weg des Fluids freigibt. Somit ergeben sich nur zwei mögliche Ventilstellungen: Ventil geöffnet und Ventil geschlossen.

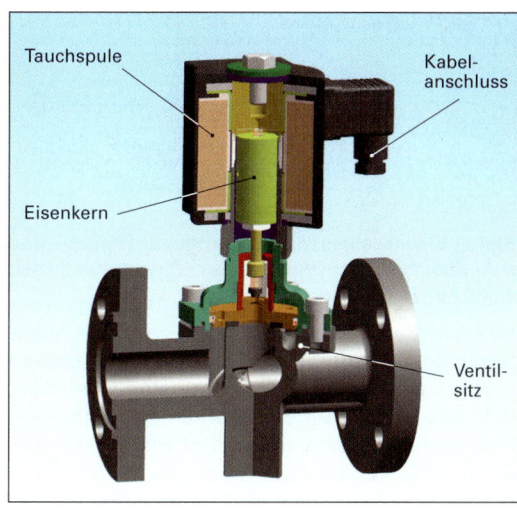

Bild 1: Blick in das Innere eines Magnetventils

Die Hersteller bieten zwei Varianten von Magnetventilen an: Solche, bei denen der Produktweg im spannungslosen Zustand geöffnet ist, und solche, bei denen er im spannungslosen Zustand geschlossen ist.

Der Planungsingenieur muss die Version auswählen, die der beabsichtigten Prozessführung und den Sicherheitsanforderungen entspricht. Bei einem Ausfall der elektrischen Hilfsenergie darf in der dann eingenommenen Stellung kein gefährlicher Zustand entstehen.

Magnetventile zeichnen sich infolge ihres schnell schaltenden Magnetantriebs dadurch aus, dass sie sehr plötzlich öffnen und schließen. Das unterscheidet sie von den pneumatischen und hydraulischen Stellorganen. Man spricht von einem **harten Öffnungs- und Schließverhalten**, das nicht immer vorteilhaft ist, da es in manchen Anlagen unerwünschte, plötzliche Druckstöße hervorruft.

Einer der möglichen Einsatzgebiete von Magnetventilen ist die Freigabe oder Sperrung des Druckluftweges zum Schalten von pneumatischen Binärventilen. Bild 1, S. 252, zeigt das Wirkprinzip.

10 Typische Aktoren in Anlagen der stoffwandelnden Industrie

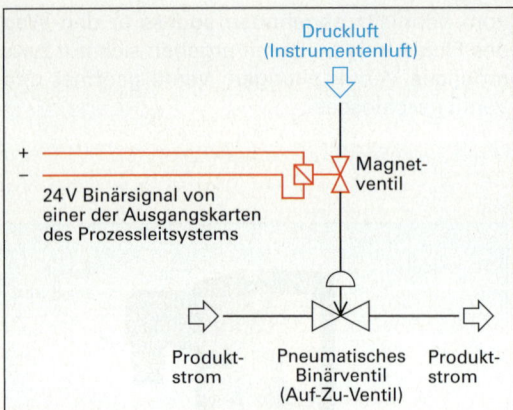

Bild 1: Einsatz eines Magnetventils zur Freigabe und zum Absperren der Druckluft zum Pneumatikantrieb eines Auf-Zu-Ventils

Sind in einer Chemieanlage mehrere pneumatische Binärventile vorhanden, werden Batterien von vorgeschalteten Magnetventilen montiert.

Ein solches Beispiel zeigt Bild 3. Dabei führen Druckschläuche von jedem Magnetventil zum zugehörigen Auf-Zu-Ventil in der Anlage.

Durch das 24 V Binärsignal aus dem Prozessleitsystem wird das Magnetventil angesprochen, d. h. das Ventil wird geöffnet. Es gibt dann den Weg der Instrumentenluft zum pneumatischen Binärventil frei. Dieses öffnet den gewünschten Produktweg, solange das Magnetventil geöffnet ist.

Spezielle Magnetventilkonstruktionen sind so ausgeführt, dass sie nur einen kurzen Stromimpuls zum Umschalten benötigen und danach allein durch die Kraft der Druckluft geöffnet bleiben.

Bild 2 zeigt ein Magnetventil, das direkt am Ventilteller eines Binärventils montiert ist.

Bild 3: Anordnung einer Vielzahl von Magnetventilen zum Freischalten von Druckluftwegen für pneumatische Auf-Zu-Ventile

10.3.3.2 Elektromotorische Stellantriebe

> **Merksatz**
>
> **Elektromotorisch betätigte Ventile** sind Stellorgane, die vom Prozessleitsystem mit Binärsignalen oder mit analogen Signalen angesteuert werden. Dies hängt davon ab, ob es sich um Auf-Zu-Ventile oder um stetige Stellventile handelt. Charakteristisch für elektromotorisch betätigte Ventile ist die **Drehbewegung** der Welle des elektrischen Antriebsmotors.

Bild 1, S. 253, zeigt die Ansicht einer Absperrklappe mit elektromotorischem Stellantrieb.

Bild 2, S. 253, verdeutlicht den Aufbau des Antriebs eines kleineren **Drehschieberventils**. Hier bewirkt der Ventilantrieb durch seine Drehbewegung das Öffnen und Schließen zweier viertelkreisförmiger Durchbrüche in zwei gegeneinander verdrehbaren Scheiben.

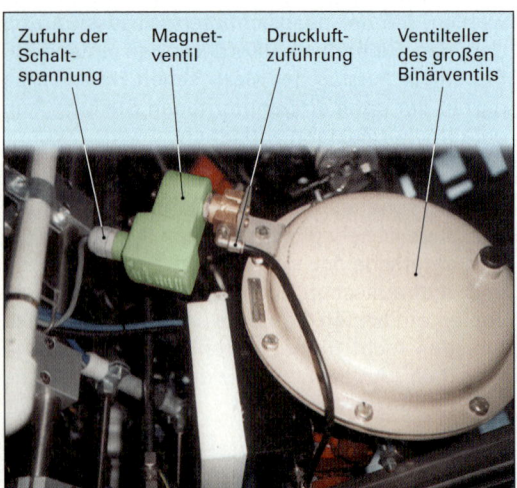

Bild 2: Ventilteller mit seitlich montiertem, vorgeschalteten Magnetventil

10.3 Antriebe für Stellorgane

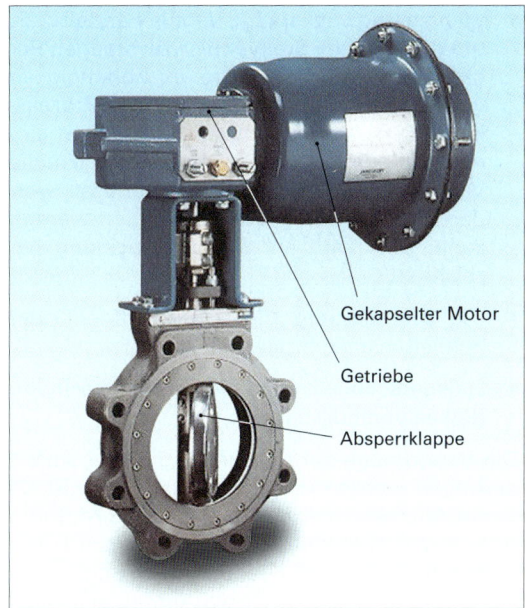

Bild 1: Absperrklappe mit elektromotorischem Stellantrieb

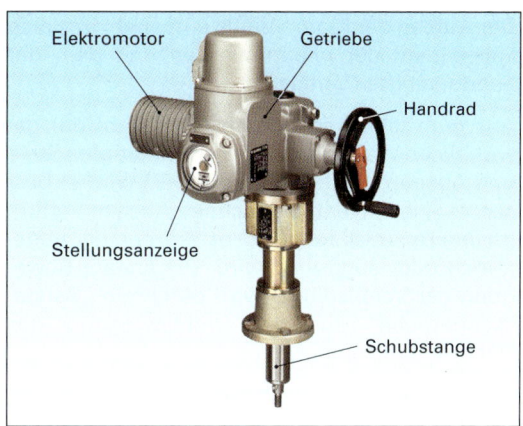

Bild 3: Kompletter Stellantrieb für ein Regelventil

Bild 4 gibt einen Einblick in das Innere einer elektrischen Antriebseinheit für ein Regelventil. Deutlich erkennbar sind dabei der Antriebsmotor, das Getriebe und die Notbetätigung per Hand.

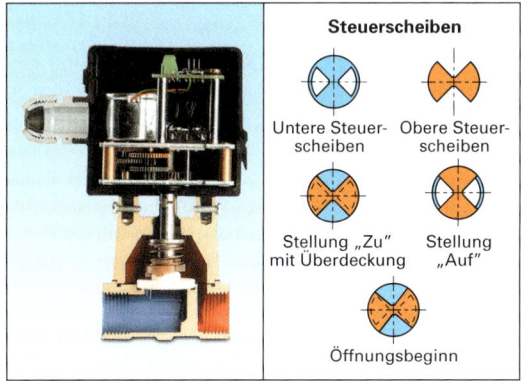

Bild 2: Aufgeschnittener Motorantrieb eines kleinen Drehschieberventils

Das typische Motorventil der stoffwandelnden Industrie besitzt eine Ventilspindel mit Gewinde und Gegengewinde im Ventilgehäuse, die durch die Drehbewegung mitsamt dem Absperrkörper herausgeschraubt werden. Die Drehbewegung wird durch einen Elektromotor mit Schneckenradgetriebe erzeugt.

Es gibt auch Getriebe, die eine lineare Bewegung einer Ventil-Schubstange bewirken. Einen solchen Ventilantrieb zeigt Bild 3. Im unteren Teil ist deutlich der Flansch für die Verbindung zum eigentlichen Ventilgehäuse sichtbar.

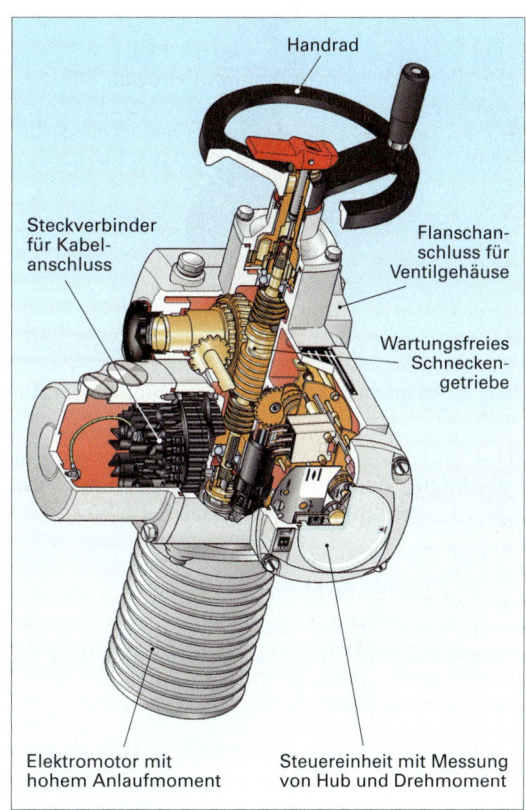

Bild 4: Elektromotorischer Drehantrieb für ein Regelventil

Der Aufbau der Motorventile entspricht in vielen Fällen dem der pneumatischen und dem der handbetätigten Ventile.

Aus dem täglichen Umgang ist jedem der gewöhnliche Wasserhahn als handbetätigtes Stell- und Absperrventil bekannt. Korrekt wird er besser als Auslaufventil bezeichnet. Auch er verfügt im Inneren über einen Absperrkörper, der angehoben oder abgesenkt wird. Die lineare Bewegung der Ventilspindel wird durch ein „Schneckengetriebe" aus der Drehbewegung des Handrades erzeugt.

Bild 1 zeigt eine motorbetätigte Absperrklappe, die sich von den motorbetätigten Regelventilen dadurch unterscheidet, dass ihr Absperrorgan vom Elektroantrieb aus nur um eine 90°-Umdrehung geschwenkt wird.

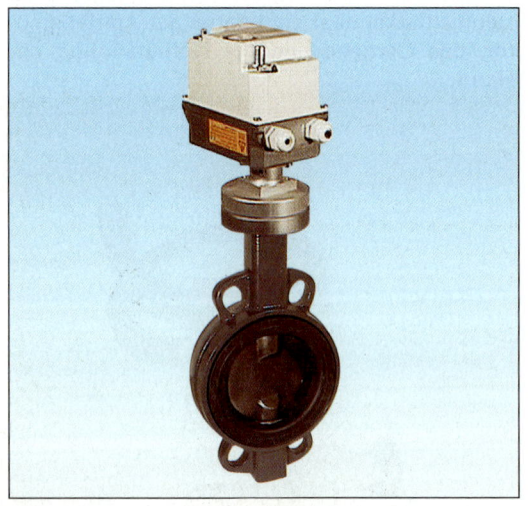

Bild 1: Absperrklappe mit elektromotorischem Antrieb

Alle Bauformen von Motorantrieben haben folgende Eigenschaften gemeinsam:

- Die Verstellkraft (das Drehmoment) wird durch einen **Elektromotor** erzeugt.
- Zwischen dem Elektromotor und der Drehwelle des Stellorgans sorgt ein **Getriebe** für die Drehzahlverringerung und dadurch für eine Drehmomenterhöhung, d. h. für eine Vergrößerung der abgegebenen Verstellkraft.
- Beim Erreichen der Ventil-Endlagen (auf oder zu) muss der Motorantrieb abgeschaltet werden. Dies wird als **Endlagenabschaltung** bezeichnet.

- Wenn es sich um stetige Ventile handelt, z. B. um die üblichen Stellventile von stetigen Regelkreisen, müssen diese in Abhängigkeit vom zugeführten Analogsignal des Prozessleitsystems auch jede Zwischenstellung einnehmen können. Dazu muss die aktuelle Ventilstellung messtechnisch erfasst werden, damit sie vom Motor korrigiert werden kann. Dies wird als **Stellungsregelung** bezeichnet.
- Die **Drehrichtung** muss zum Öffnen oder Schließen umkehrbar sein.
- Gelegentlich soll auch die **Verstellgeschwindigkeit** veränderbar sein.

Die Baugruppen zur Realisierung dieser Anforderungen werden in der Umgangssprache als **Servo-Antriebe** oder einfach als **Servo-Motoren** bezeichnet. Das Wort **Servo** (lat. servus: Diener) bedeutet auf deutsch ebenso wie im Englischen sinngemäß dienen. Der Servo-Antrieb dient also gewissermaßen dem eigentlichen Stellorgan als Helfer. Charakteristisch für den Servo-Antrieb sind demnach die folgenden funktionellen Eigenschaften:

Im Inneren einer Servo-Antriebsbaugruppe befindet sich stets eine Steuerelektronik, die für die **Endlagenabschaltung** sowie für die **Stellungsregelung** verantwortlich ist. Die Steuerelektronik schützt den Elektromotor unter anderem auch vor Überlastung beim Klemmen des Ventils. Dabei wird die elektrische Stromstärke als Maß für das abgegebene Motordrehmoment herangezogen.

Die Stellungsmessung wird meist einfach und elegant unter Verwendung einer Loch- oder Schlitzscheibe im Getriebe realisiert.

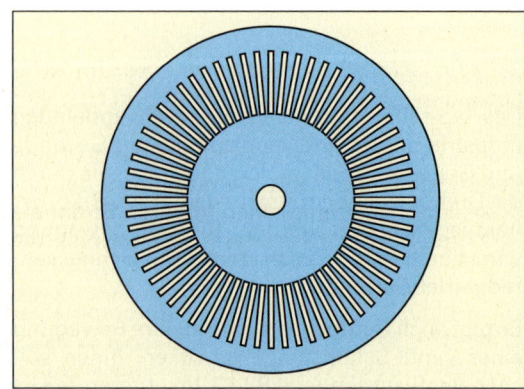

Bild 2: Schlitzscheibe zum Messen des Verdrehwinkels eines Servo-Antriebs

Die im Bild 2, S. 254, dargestellte Schlitzscheibe sitzt auf einer der Wellen im Getriebeinneren. Sie dreht sich mit, sobald das Ventil bewegt wird.

Die Schlitze werden von einer Leuchtdiode durchstrahlt. Die durch die Drehung der Scheibe hervorgerufenen Unterbrechungen werden von einer Fotodiode mit Auswerteelektronik gezählt. Eine Ventilbewegung von „voll geöffnet" bis „voll geschlossen" entspricht damit einer bestimmten Impulsanzahl.

Durch fortwährendes Zählen während der Motordrehbewegung ist die Elektronik in der Lage, die aktuelle Getriebe- bzw. Ventilstellung zu ermitteln. Sie „weiß" dann auch, wie viele Impulse zu zählen sind, wenn das Ventil z. B. um 1% weiter geschlossen werden soll. Nach dem Einschalten des Motors wird diese Impulszahl „durchgezählt" und nach deren Erreichen wird der Verstellmotor abgeschaltet.

Selbst wenn dieser nach dem Abschalten noch einen kurzen Moment bis zum Stillstand benötigt, wird die Zahl der dann noch eintreffenden Impulse bestimmt. Daraus wird die aktuelle Stellung ermittelt. Wenn nötig, sorgt die Elektronik selbstständig nochmals für ein kurzes Zurückfahren des Motors durch Drehrichtungsumkehr. So erfolgt eine exakte Positionierung der Ventilstellung.

Die Endlagenabschaltung des Motors wird durch Mikroschalter realisiert, die von Stiften oder Nocken an den Getrieberädern oder an der Antriebswelle betätigt werden.

> **Merksatz**
>
> Motorventile enthalten Bauteile zur **Endlagenabschaltung** und zur **Stellungsregelung**.

Es gibt darüber hinaus auch elektronische Lösungen zur Endabschaltung. Sie nutzen den Effekt, dass der Antriebsmotor für einen kurzen Moment überlastet wird, wenn das Ventil in eine der Endstellungen fährt. Damit braucht der Antriebsmotor kurzzeitig einen höheren Strom als im Normalbetrieb. Dies erfasst die Elektronik, die dann für das Abschalten sorgt.

Die Getriebe im Inneren von Motorantrieben sind oft Schneckengetriebe, welche die schnelle Motorbewegung in eine extrem langsame und mit der Steuerscheibe exakt messbare Drehwinkeländerung umformen. Auch mehrstufige Zahnradgetriebe sind üblich.

10.4 Zusammenwirken von Stellventil und Rohrleitung

Die Aufgabe des Stellventils besteht darin, in Abhängigkeit vom Hub des Absperrkörpers der Strömung einen veränderlichen Widerstand entgegenzusetzen.

> **Merksatz**
>
> Die **Ventilöffnung** wird auch als **Ventilstellung** oder **Ventilhub** bezeichnet.

Der Strömungswiderstand in einem Ventil entsteht infolge einer verstärkten Reibung im Medium selbst und zwischen dem Medium und der Wandung, so wie in der Elektrotechnik ein Widerstand in einem Leiter einen Spannungsabfall erzeugt. Dieser Spannungsabfall über dem elektrischen Widerstand bewirkt eine Verringerung des elektrischen Stromes.

Ebenso bewirkt der Druckverlust Δp_V des Ventils eine Verringerung des Volumenstroms Q in der Rohrleitung.

Den Druckverlust durch die Wirkung des Ventils kann man mit Manometern auf einem Prüfstand ermitteln. Bild 1 zeigt einen solchen Ventilprüfstand.

Bild 1: Prüfstand zur Ermittlung von Ventilkennlinien

Bild 1, S. 256, veranschaulicht eine der auf diese Art ermittelbaren Kurven. Sie zeigt die Abhängigkeit des Druckverlustes vom Volumenstrom.

10 Typische Aktoren in Anlagen der stoffwandelnden Industrie

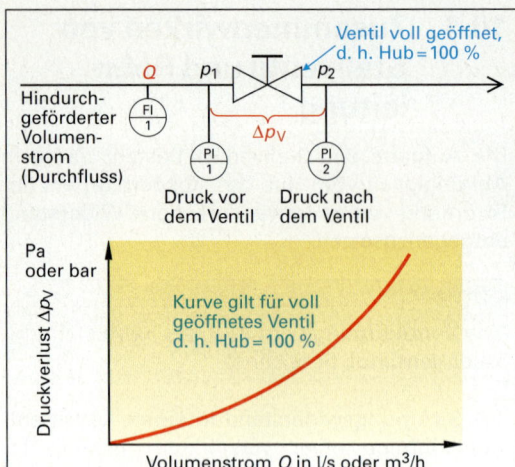

Bild 1: Prüfstandsversuch an einem Stellventil zur Aufnahme einer Ventilkennlinie

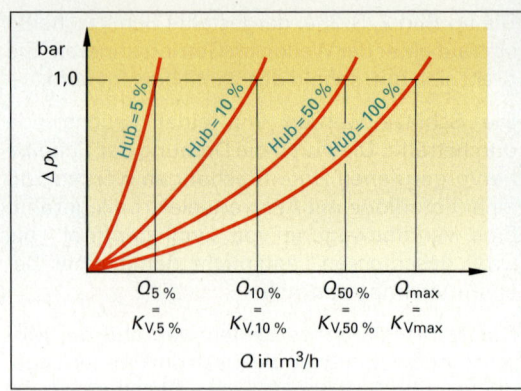

Bild 3: Ausgewählte Durchflusswerte einer jeden Kennlinie bei genau 1,0 bar Druckabfall als charakteristische Kennwerte des Ventils (K_V-Werte)

Die verschiedenen Volumenströme sind durch unterschiedliche Rohrleitungsdrücke p_1 realisierbar. Es ergibt sich eine parabelförmige Kurve, weil der Druckverlust nicht linear vom Volumenstrom abhängt, sondern von seinem Quadrat.

Führt man diese Versuche bei unterschiedlichen Ventilöffnungen durch, ergeben sich die in Bild 2 dargestellten Kurven.

Für Berechnungszwecke wird nicht die vollständige Kurvenschar verwendet, sondern nur der Volumenstrom jeder Kennlinie bei 1,0 bar Druckabfall über dem Ventil (Bild 3).

Diese Volumenströme bei verschiedenen Hüben, aber stets bei 1,0 bar Druckabfall über dem Ventil, werden auch als K_V-Werte bezeichnet. Sie haben die Maßeinheit m³/h.

Der Volumenstrom bei voll geöffnetem Ventil ist der Wert K_{Vmax}. In den Prospekten der Hersteller ist dies der wichtigste Parameter zur Ventilauswahl.

Oft wird der Index „max" weggelassen. Dann ist mit dem angegebenen K_V-Wert der Wert K_{Vmax} bei voll geöffnetem Ventil gemeint.

Die einzelnen K_V-Werte, d. h. die Volumenströme durch ein Ventil, lassen sich in Abhängigkeit vom Hub auch in einem Diagramm darstellen (Bild 4). Die y-Achse enthält hier die einzelnen K_V-Werte bei unterschiedlichen Ventilstellungen, aber stets bei 1,0 bar Druckabfall.

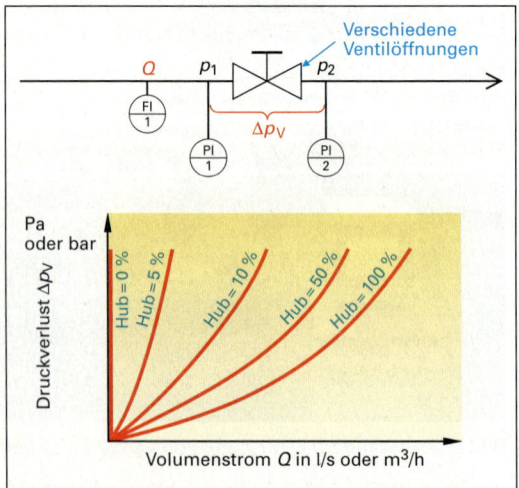

Bild 2: Am Prüfstand aufgenommene Schar von Ventilkennlinien bei verschiedenen Ventilstellungen

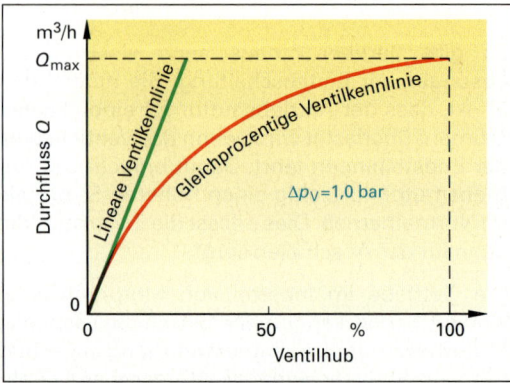

Bild 4: Ventil-Durchflusswerte bzw. K_V-Werte zweier Ventile in Abhängigkeit von deren Stellung

Die Gestalt dieser Kurven hängt davon ab, wie die Paarungen Absperrkörper/Ventilkörper ausgebildet sind. Handelt es sich um eine einfache Absperrscheibe, ergibt sich eine meist **lineare Kennlinie**. Hat der Absperrkörper eine konische Form, ergibt sich eine so genannte **gleichprozentige Kennlinie**. Mit speziell geformten Absperrkörpern kann der Ventilkonstrukteur bestimmte Kennlinienformen erzielen.

> **Merksatz**
>
> **Ventilkennlinien** zeigen die Abhängigkeit des Durchflusses vom Hub. Die Form der Ventilkennlinie hängt von der Gestalt von **Ventilsitz** und **Absperrkörper** ab.

Bild 1 zeigt einen konischen Absperrkörper zur Ausbildung einer gleichprozentigen Kennlinie.

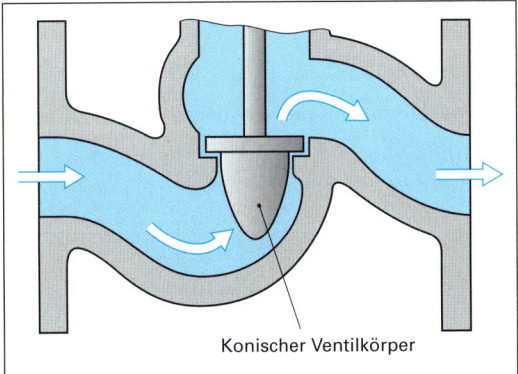

Bild 1: Ventil mit konischem Absperrkörper zur Realisierung einer gleichprozentigen Kennlinie

Die bisherigen theoretischen Betrachtungen beziehen sich auf ein einzelnes, separates Ventil auf dem Prüfstand. Montiert man eine Rohrleitung an das Ende des Ventils, wie es in Bild 2 veranschaulicht wird, so wird der Volumenstrom durch die Reibungsverluste gebremst, d. h. vermindert.

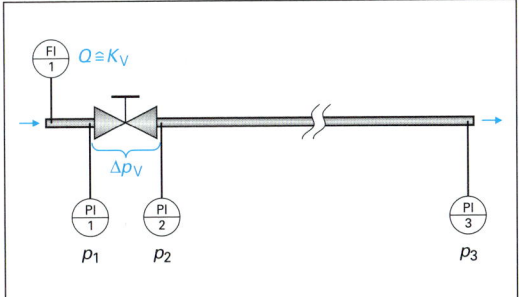

Bild 2: Zusammenschaltung von Ventil und Rohrleitung

Die angeschlossene Rohrleitung stellt einen zusätzlichen Strömungswiderstand dar. Selbst bei voll geöffnetem Ventil kann der ursprüngliche Volumenstrom nicht mehr erreicht werden. Der bremsende Einfluss der Rohrreibung ist bei voll geöffnetem Ventil am größten.

Die Abhängigkeit des Volumenstroms vom Ventilhub sieht in diesem Fall nicht mehr aus, wie im Bild 4, S. 256, dargestellt, sondern es ergeben sich verformte Kurven (Bild 3).

Der K_V-Wert des eigentlichen, alleinstehenden Ventils hat sich zwar nicht verändert, wohl aber der Volumenstrom durch das Gesamtsystem Ventil plus Rohrleitung.

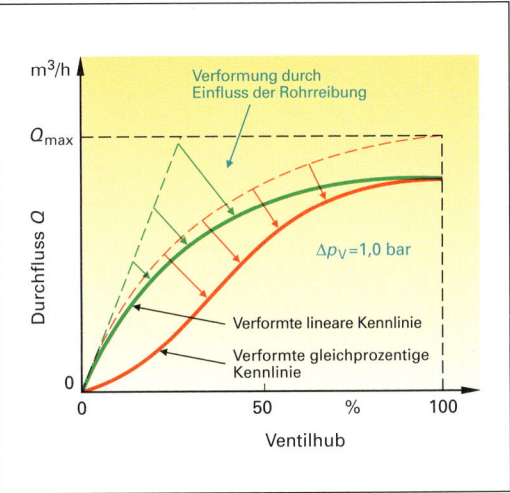

Bild 3: Verformung der Ventilkennlinien durch den Strömungswiderstand bzw. den Druckverlust der angeschlossenen Rohrleitung

Aus der ursprünglich linearen Kennlinie ist eine gebogene Kurve geworden. Aus der ursprünglich gleichprozentigen Kurve hat sich ein S-förmiger Kurvenverlauf ergeben, der im mittleren Teil nahezu linear verläuft.

> **Merksatz**
>
> Die vom Ventilhersteller auf den Prüfstand ermittelte Ventilkennlinie (Abhängigkeit des Durchflusses vom Ventilhub) wird durch die angebaute Rohrleitung verformt. Die Verformung ist bei voll geöffnetem Ventil am größten.

Wenn die beiden betrachteten Ventile mit ihren unterschiedlichen Kennlinien zur Regelung, d. h. zum Konstanthalten eines mittleren Volumenstromes Q_m in den Grenzen zwischen Q_1 und Q_2 eingesetzt werden, ergibt sich Folgendes:

Das Ventil mit ehemals linearer Kennlinie regelt bei höheren Volumenströmen sehr genau, denn in der Nähe von Q_2 sind große Hubänderungen erforderlich, um geringe Volumenstromänderungen zu bewirken. Die Kennlinie verläuft in diesem Bereich relativ flach.

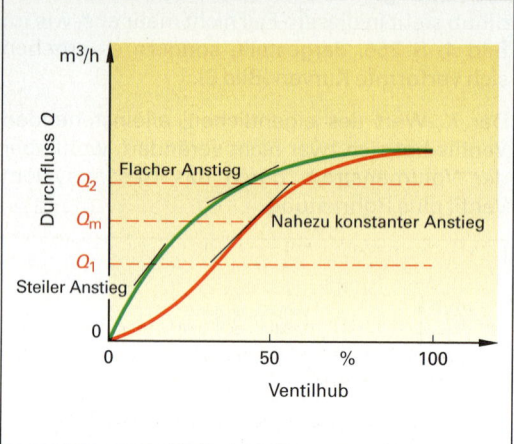

Bild 1: Unterschiedliche Empfindlichkeiten der Volumenströme auf Hubänderungen

Dagegen bewirken im unteren Bereich, in der Nähe von Q_1, geringere Hubänderungen schon sehr große Volumenstromänderungen. Der Anstieg der Kennlinie verläuft in diesem Bereich relativ steil.

Diese Charakteristik ist in der Praxis vom Wasserhahn her bekannt. Dort ist ebenfalls eine Rohrleitung mit einem Ventil zusammengeschaltet.

Eine Umdrehung des Handrades (geringe Hubänderung) genügt, um den Wasserfluss zügig in Gang zu bringen. Für eine weitere Verdopplung des Flusses sind jedoch mehrere weitere Umdrehungen (große Hubänderungen) erforderlich. Im letzten Teil des Stellbereiches bringt eine Umdrehung der Spindel kaum noch einen Volumenstromzuwachs.

Ein Stellventil mit linearer Kennlinie ist somit aufgrund seiner Charakteristik für eine genaue Regelgüte im gesamten Stellbereich weniger gut geeignet als ein Ventil mit gleichprozentiger Kennlinie.

Die Kennlinie des gleichprozentigen Ventils verläuft im Bereich zwischen Q_1 und Q_2 nahezu linear. Gleiche Hubänderungen bewirken beim Ventil mit gleichprozentiger Kennlinie somit fast im gesamten Stellbereich annähernd gleiche Volumenstromänderungen.

> **Merksatz**
>
> Ein präzises Regelungsverhalten eines Ventils ergibt sich, wenn die verformte Ventilkennlinie im gewünschten Stellbereich annähernd linear verläuft.

In der Praxis sind Stellventile exakt an die Eigenschaften der Rohrleitungen anzupassen. Dies gilt insbesondere dann, wenn sie als Regelventile eingesetzt werden. Dann sind sie auf die Eigenschaften der Regelstrecke und auf die Betriebsbedingungen abzustimmen.

Dabei ist zu berücksichtigen, dass der Druckverlust der Rohrleitung und damit der Verformungseffekt für die Ventilkennlinie von folgenden Faktoren abhängt:

- Rohrrauigkeit,
- Rohrlänge,
- Nennweite,
- Volumenstrom des strömenden Mediums,
- Stoffeigenschaften des strömenden Mediums, wie z. B. Viskosität.

> **Merksatz**
>
> Stellventile müssen im Rahmen der Anlagenplanung exakt auf die Eigenschaften der Rohrleitungen abgestimmt werden. Dies gilt insbesondere dann, wenn sie als Ventile für Regelungsaufgaben eingesetzt werden.

10.5 Relais und Schütze

Relais und Schütze sind aus der Sicht der Prozessleittechnik Schalter, die von elektrischen Signalen niedriger Leistung betätigt werden und den Weg einer Elektroenergie höherer Leistung freischalten oder sperren. Höhere Leistungen können dabei bedeuten:

- höherer Stromfluss oder
- höhere Spannung.

Die Leistung ergibt sich als Produkt aus Spannung und Stromstärke:

$$P = U \cdot I$$

Die häufig in der Prozessleittechnik verwendeten Relais werden mit einem 0/24 V Binärsignal aus den binären Ausgangskarten des Prozessleitsystems angesteuert. Sie schalten die

10.5 Relais und Schütze

Spannungszufuhr, z. B. zu den 230 oder 400 V Verbrauchern, ein oder aus.

Relais und Schütze bezeichnet man deshalb auch als **Signalverstärker** oder **Schaltverstärker** bezeichnet. Das 24 V Signal wird durch sie z. B. in ein 400 V Signal verstärkt.

Das Relais verstärkt jedoch nicht die Spannung selbst, sondern es gibt nur das eigentliche Signal zur Änderung des Zustandes von „Aus" nach „Ein" an einen anderen Stromkreis weiter.

Von einem **Relais** spricht man, wenn mindestens eine der beiden Spannungsebenen unter 230 V liegt. Als **Schütze** werden Relais bezeichnet, bei denen beide Spannungsebenen bei mindestens 230 V oder höher liegen.

> **Merksatz**
>
> Um mit den schwachen elektrischen Signalen des Prozessleitsystems leistungsstarke elektrische Verbraucher schalten zu können, sind **Relais** und **Schütze** als Schaltverstärker erforderlich.

Relais oder Schütze arbeiten in der Regel mit Spulen, die ein Magnetfeld erzeugen. Abhängig von der Konstruktion wird ein beweglich gelagertes Metallplättchen, der **Anker**, zum Bewegen der Schaltkontakte umgeklappt, oder es wird ein Eisenkörper in eine hohle Tauchspule hineingezogen. Eine typische Relais-Schaltung zeigt Bild 1.

Die Spule K1 sowie die zugehörigen Schaltkontaktpaare 1 bis 4 befinden sich gemeinsam im Relaiskörper. Dieser ist Bestandteil eines Schaltschrankes in der Nähe des Motors M.

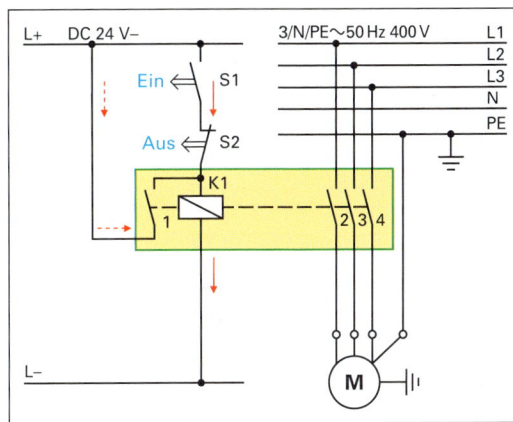

Bild 1: Motorschaltung über handbetätigte Relais

Ein kurzer Tastendruck auf S1 bewirkt das Anziehen der Spule K1 einschließlich des Umschaltens der Kontaktpaare 1 bis 4.

Ab jetzt bleibt das Relais angezogen, denn es versorgt sich selbst über das Kontaktpaar 1 mit Spannung (Selbsthaltung), bis ein Tastendruck auf S2 diese Spannungsversorgung wieder unterbricht.

Im Prozessleitsystem wird das Freischalten und Unterbrechen der 24 V Spannungsversorgung der Spule von den binären Ausgangskarten realisiert.

Bild 2 enthält den Stromlaufplan für eine Motorschaltung. Dabei ist zu beachten, dass die 24 V Signale für die Schaltrelais aus dem Prozessleitsystem kommen.

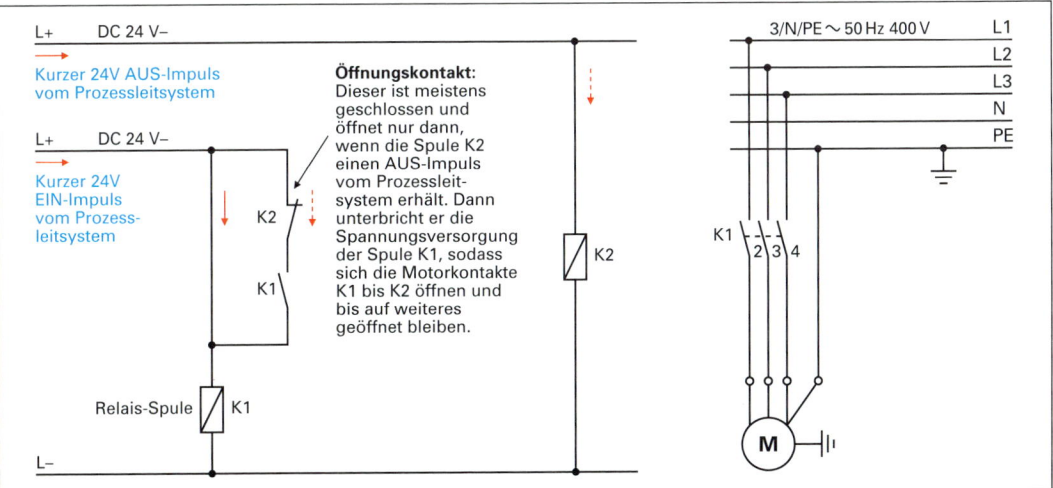

Bild 2: Relais-basierte Motorschaltung mit 24 V Signalen aus den Ausgangskarten des Prozessleitsystems zur Ansteuerung der Relaisspulen

10 Typische Aktoren in Anlagen der stoffwandelnden Industrie

Die Aufgabe der handbetätigten Schalter S1 und S2 übernimmt somit die Elektronik der Systemschränke des Leitsystems. Sie gibt beim Schaltvorgang kurze Spannungsimpulse auf eine der beiden dargestellten Magnetspulen. Letztere betätigen dann beim Einschalten den Schließkontakt K1 und zum Ausschalten den Öffnungskontakt K2.

10.6 Antriebsmotoren

Antriebsmotoren dienen in der chemischen Industrie zur Umwandlung elektrischer Energie in mechanische Energie, die in den verfahrenstechnischen Prozess eingetragen wird.

Darüber hinaus finden Antriebsmotoren an elektromotorisch betätigten Stellorganen Verwendung, um die elekrische Energie zur Erzeugung einer Verstellkraft zu nutzen.

> **Merksatz**
>
> Motoren dienen dem mechanischen Leistungseintrag in den verfahrenstechnischen Prozess sowie dem Antrieb von elektromotorisch betätigten Stellorganen.

Die Prozessleittechnik hat die Aufgabe, das manuelle oder automatische Ein- oder Aus-Schalten dieser Antriebsmotoren sowie deren Drehzahl-, Drehrichtungs- oder Leistungsverstellung zu ermöglichen.

Die charakteristischen Motortypen werden in den folgenden Abschnitten kurz vorgestellt.

10.6.1 Wichtigste Motortypen

Der in der chemischen Industrie am häufigsten eingesetzte Antriebsmotor ist der **Drehstrom-Asynchronmotor**. Weniger häufig ist der **Drehstrom-Synchronmotor** sowie der **Gleichstrommotor** anzutreffen.

Bild 1 enthält eine Übersicht über zur Verfügung stehenden Typen von Elektromotoren zur Erzeugung von Drehbewegungen.

Elektromotoren zur Erzeugung von translatorischen Bewegungen (Linearmotoren) sind in der stoffwandelnden Industrie kaum zu finden. Sie finden hauptsächlich in der Fertigungstechnik Anwendung.

Für die Auswahl des für eine Antriebsaufgabe passenden Motors spielen die Drehmoment-Drehzahl-Abhängigkeit sowie das Anfahr- und Drehzahlverstellverhalten eine wesentliche Rolle.

> **Hinweis**
>
> In der Umgangssprache wird statt des exakten Begriffes der Spannung oft der Begriff des Stromes verwendet. So wird beispielsweise die Gleichspannung gern als Gleichstrom bezeichnet und der Gleichspannungsmotor als Gleichstrommotor.

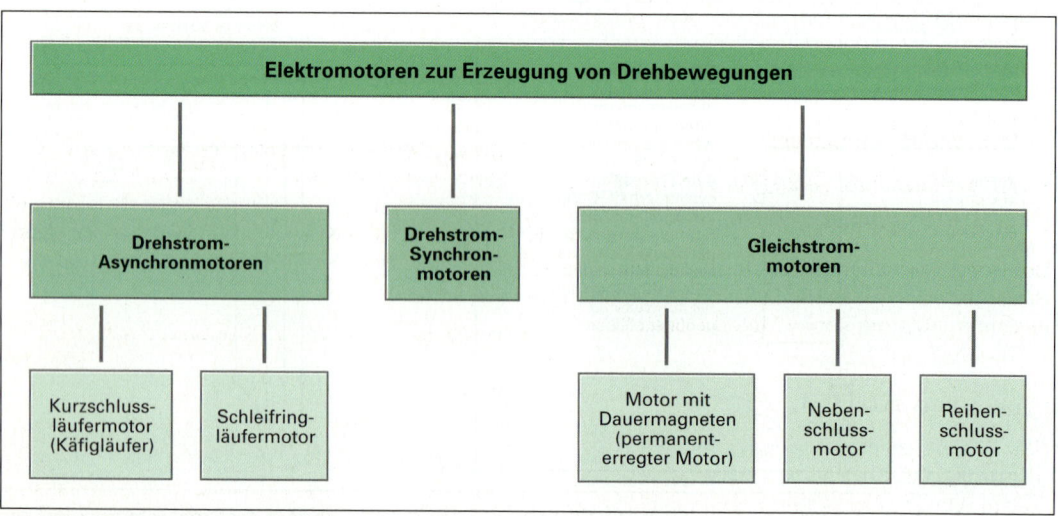

Bild 1: Übersicht zu den existierenden Motortypen zur Erzeugung einer Drehbewegung

10.6.1.1 Drehstrom-Asynchronmotor

Der Drehstrom-Asynchronmotor ist der meistverwendete Motor in fast allen Industriezweigen. Das Gehäuse des Drehstrom-Asynchronmotores enthält feststehende flache Spulenwicklungen, die an die drei Phasen des Drehstromes angeschlossen sind. Durch den Stromfluss erzeugen die Spulen ein Magnetfeld, das auf den innen liegenden, drehbar gelagerten **Läufer** wirkt.

Beim **Kurzschlussläufermotor** (Bild 2, sowie Bild 1, S. 262) sind im Läufer, d. h. im sich drehenden Rotor, Aluminiumstäbe, Kupferstäbe oder Kupferwicklungen parallel zur Rotorwelle angebracht. Diese werden in speziell dafür vorgesehene Nuten des Rotors so eingebracht, dass sie nicht durch Fliehkräfte nach außen geschleudert werden können.

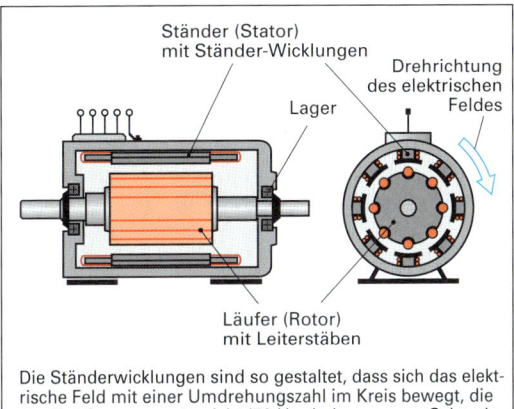

Die Ständerwicklungen sind so gestaltet, dass sich das elektrische Feld mit einer Umdrehungszahl im Kreis bewegt, die der Netzfrequenz entspricht (50 Umdrehungen pro Sekunde bzw. 3000 Umdrehungen pro Minute).

Bild 1: Isolationsprüfung an einem Drehstrom-Asynchronmotor

Bild 2: Aufbau eines Drehstrom-Kurzschlussläufermotors

Die Spannung an jeder der drei zugeführten Phasen ist nicht konstant. Sie ändert sich sinusförmig periodisch genau 50-mal pro Sekunde bzw. 3000-mal pro Minute. Die Änderungen erfolgen in jedem Leiter etwas später als im benachbarten. Dadurch bewegt sich das Magnetfeld vorwärts, d. h. ständig im Kreis.

Den Drehstrom-Asynchronmotor gibt es in Abhängigkeit von der Bauart des Rotors in zwei Ausführungen, nämlich als:

- **Kurzschlussläufer-(Käfigläufer-)Motor,**
- **Schleifringläufer-Motor.**

Der Rotor wird auch als Läufer bezeichnet. Interessanterweise muss der Läufer nicht unbedingt aus einem magnetischen Material bestehen.

> **Merksatz**
>
> Der **Drehstrom-Kurzschlussläufermotor** ist der in der chemischen Industrie am meisten eingesetzte Motor zum Antrieb von Pumpen, Verdichtern, Gebläsen und Rührwerken.

In diesen Stäben wird durch das sich außen vorbeibewegende Magnetfeld ein Strom induziert. Dies resultiert aus der physikalischen Gesetzmäßigkeit, dass eine Relativbewegung zwischen Leiter und Magnetfeld einen Stromfluss im Leiter induziert.

Ein durch einen elektrischen Leiter fließender Strom erzeugt seinerseits wiederum ein Magnetfeld.

So entstehen im Inneren des Motors zwei rotierende Magnetfelder. Eines dieser Magnetfelder ist das rotierende Feld in der festen Spulenwicklung, der Ständerwicklung. Das zweite dieser Felder ist das ebenfalls rotierende Magnetfeld in der Nähe der Stäbe des Rotors.

Das Feld des Rotors entsteht mit einer gewissen zeitlichen Verzögerung und örtlichen Verschiebung.

Dieser Versatz beider Magnetfelder ist die Ursache dafür, dass das eine Feld eine Mitnahmekraft auf das andere Feld ausüben kann. Diese lässt den Läufer mit fast der gleichen Drehzahl wie das Magnetfeld der Ständerwicklung rotieren.

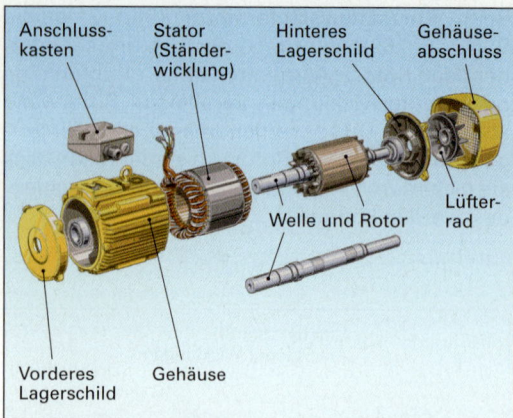

Bild 1: Explosivdarstellung eines Drehstrom-Asynchronmotors in der Ausführung als Kurzschlussläufer (Quelle: VEM motors GmbH)

Abhängig von der Belastung des Motors liegt die Rotordrehzahl z. B. bei 2 800 bis 2 900 min^{-1}, statt 3 000 min^{-1}, der Drehzahl, die das äußere Magnetfeld aufgrund der Netzfrequenz hat; daher auch der Name **Asynchronmotor**.

> **Merksatz**
>
> Der Drehzahlunterschied zwischen dem rotierenden Magnetfeld im Stator und der Drehzahl des Rotors trägt die Bezeichnung **Schlupf**. Sein Auftreten ist die Ursache für die Bezeichnung Asynchronmotor.

Beim **Schleifringläufer-Motor** versorgen drei Schleifkontakte aus Graphit die Wicklungen des Rotors separat mit einer zusätzlichen Spannung (Bild 2). Diese kann zur Drehzahlsteuerung verändert werden.

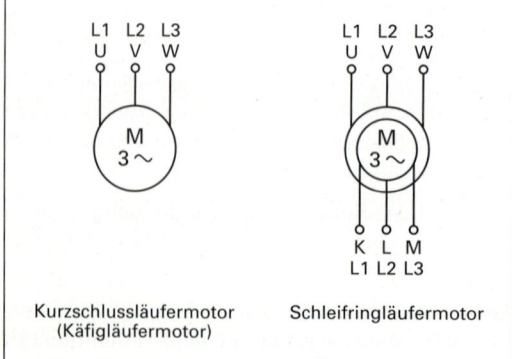

Bild 2: Anschlusspläne von Drehstrom-Asynchronmotoren

Die dreigeteilten Wicklungen können mehrfach aufgeteilt längs im feststehenden Gehäuse des Motors angebracht werden. Je nach angeschlossener Polzahl ergeben sich dann unterschiedliche Drehzahlen.

Die elektrischen Schaltungen zur Polumschaltung sind auf Grund der Zahl der umzuschaltenden Leiterpaare recht unübersichtlich. Sie sollen deshalb im Rahmen dieser Einführung nicht näher diskutiert werden.

Zur Änderung der Drehzahl kann beim Schleifringläufer-Motor die am Rotor (Läufer) angelegte Spannung variiert werden. Beim Kurzschlussläufer ist dies nicht möglich, sodass dort nur die Möglichkeit der Frequenzumrichtung (vgl. Kapitel 10.6.2.2, Drehzahländerung) verbleibt. Die Drehrichtung lässt sich relativ einfach durch das Vertauschen zweier Phasen realisieren. Dies kann z. B. durch die in Kapitel 10.6.2.1 (Drehrichtungsänderung) dargestellte Wendeschützschaltung erfolgen.

10.6.1.2 Drehstrom-Synchronmotor

Im vorangegangenen Kapitel wurde dargestellt, dass sich zwischen der Magnetfelddrehzahl und der Rotordrehzahl ein Schlupf ergibt (z. B. 2 850 min^{-1} statt 3 000 min^{-1}). Das führte zum Namen **Drehstrom-Asynchronmotor**.

Beim **Drehstrom-Synchronmotor** wird die Rotorwicklung über Kohlenbürsten mit einer Gleichspannung versorgt, die in externen Schaltgeräten erzeugt wird. Es gibt auch Bauformen mit Permanentmagneten. Damit wird der Rotor **schlupffrei**, d. h. synchron, mit dem magnetischen Drehfeld mitgenommen. Die Drehzahl ändert sich im Gegensatz zu allen anderen Motortypen selbst bei extrem hoher Belastung nicht.

Nachteilig bei den Synchronmotoren ist, dass der Rotor erst dann vom magnetischen Drehfeld mitgenommen wird und eine Kraft abgeben kann, wenn er zunächst auf die Synchrondrehzahl von 3 000 min^{-1} gebracht wurde. Dazu sind spezielle Anlassschaltungen nötig.

> **Merksatz**
>
> Zur Inbetriebsetzung des **Drehstromsynchronmotors** ist eine elektronische Anlassschaltung erforderlich.

Ausgerüstet mit moderner Leistungselektronik ist der Motor dann mit kurzen Reaktionszeiten, extrem hoher Drehmomentbelastbarkeit und einem hohen Drehzahlverstellbereich der ideale Antriebsmotor in der Fertigungstechnik zur Steuerung von Werkzeugmaschinen und Robotern.

Als Maschinenantrieb in der stoffwandelnden Industrie konnte er sich bisher nicht durchsetzen, weil der einfachere und preisgünstigere Drehstrom-Asynchronmotor die dortigen Anforderungen optimal erfüllt.

10.6.1.3 Gleichstrommotor

Der Gleichstrommotor (Gleichspannungsmotor) enthält mehrere, entlang der Gehäusewandung angebrachte Magneten sowie ein im Rotor zweckmäßig gewickeltes Spulensystem.

Die Magnete können Dauermagnete (Permanentmagnete) oder Elektromagnete sein. Falls es sich um Elektromagnete handelt, werden sie auch als **Erregerwicklung** bzw. **Feldwicklung** bezeichnet.

Das Spulensystem des Rotors wird während seiner Rotation durch Schleifkontakte aus Grafit mit Spannung versorgt, die an einem in Segmente geteilten Kupferring, dem **Kollektor**, entlang gleiten.

In Bild 1 ist das Funktionsprinzip des Gleichstrommotors schematisch dargestellt.

Der in der Spulenwicklung fließende Strom erzeugt ein Magnetfeld, das im Zusammenwirken mit dem Feld der feststehenden Gehäusemagnete eine Kraft erzeugt. Diese in Bild 1 als Pfeile dargestellte Kraft zieht die Leiterzüge nach oben bzw. unten.

Sind die Leiterzüge bei ihrer Bewegung oben und unten an ihren Umkehrpunkten angekommen, muss eine Umschaltung ihrer Stromdurchflussrichtung erfolgen. Dies geschieht selbsttätig dadurch, dass die Kohleschleifkontakte auf Kontaktflächen aufliegen, die in Segmente gegliedert sind. Diese Segmente sind mit den Drahtenden der Spulen verlötet.

So wird sichergestellt, dass der Stromfluss durch die Drahtwicklung im richtigen Moment umgeschaltet wird.

> **Merksatz**
>
> **Gleichstrommotoren** sind an ihren Schleifkontakten erkennbar. Sie werden mit Gleichspannung betrieben, die dem Rotor über Schleifenkontakte zugeführt wird.

In der Praxis ist der Rotor nicht nur mit einer Spule bewickelt, sondern mit einer Vielzahl von Spulen, sodass der Motor nicht ruckelt und in jeder Stellung ein zuverlässiger Anlauf gewährleistet ist.

Eine Drehrichtungsumkehr kann durch einfaches Umtauschen der Stromversorgungspole erreicht werden.

Dazu kann eine Schaltung wie die im Kapitel 10.6.2.1 (Drehrichtungsänderung) beschriebene **Wendeschützschaltung** verwendet werden. Statt der dort dargestellten drei Leitungen des Hauptstromkreises sind beim Gleichstrommotor nur zwei Versorgungsleitungen erforderlich.

Alternativ zu Permanentmagneten kann das äußere Magnetfeld auch durch eine Erregerwicklung erzeugt werden. Ist die Erregerwicklung parallel zur Rotorwicklung geschaltet, spricht man von einem Gleichstrom-**Nebenschlussmotor**. Liegt hingegen eine Reihenschaltung der beiden Wicklungen vor, wird der Motor als Gleichstrom-**Reihenschlussmotor** bezeichnet. Bild 1, S. 264, enthält Prinzipdarstellungen beider Schaltungen.

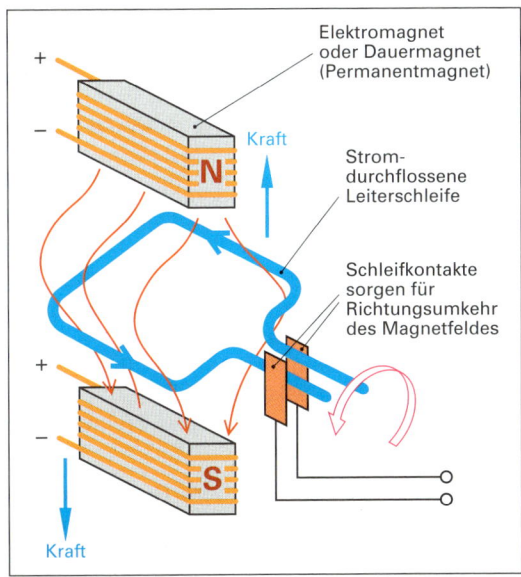

Bild 1: Funktionsprinzip des Gleichstrommotors

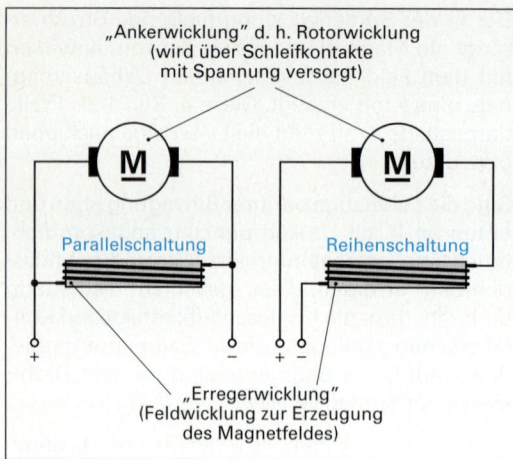

Bild 1: Schaltung der elektrischen Erregerwicklungen, a) beim Gleichstrom-Nebenschlussmotor, b) beim Gleichstrom-Reihenschlussmotor

Diese unterschiedlichen Schaltungsformen haben verschiedene Drehmoment-Drehzahl-Abhängigkeiten zur Folge. Das Drehmoment kennzeichnet dabei die Motorkraft in einem bestimmten Abstand vom Mittelpunkt der Welle. Mathematisch stellt es das Produkt aus Kraft und Weg dar.

Da in der stoffwandelnden Industrie als Antriebsmaschinen ausschließlich Drehstrom-Asynchronmotoren und Gleichspannungsmotoren zu finden sind, soll im folgenden Kapitel ein Vergleich nur dieser beiden Motortypen erfolgen.

10.6.1.4 Vergleich von Drehstrom-Asynchron- und Gleichstrommotor

Drehstrom-Asynchronmotoren werden in der stoffwandelnden Industrie überall dort eingesetzt, wo größere elektrische Leistungen in mechanische Energieformen umgewandelt werden sollen.

Der Vorteil speziell des **Kurzschlussläufermotors** ist sein einfacher Aufbau, u. a. durch die bürstenlose und damit funken- und wartungsfreie Stromzufuhr, sowie sein guter Wirkungsgrad (75 % ... 95 %). Damit ist der Kurzschlussläufermotor störungsunanfällig, preisgünstig und langlebig.

> **Merksatz**
>
> Der asynchrone Drehstrom-Kurzschlussläufermotor ist der am häufigsten verwendete Elektromotor in der chemischen Industrie.

Eine typische Drehmoment-Drehzahl-Kennlinie des **Drehstrom-Asynchronmotors** bei konstanter Spannung zeigt Bild 2. Die schwarzen Pfeile an den Kennlinien kennzeichnen wiederum die Änderung der sich einstellenden Drehzahl, wenn sich die Belastung des Motors vergrößert.

Im Gegensatz zu den Gleichstrommotoren ist das maximal abgegebene Drehmoment auch bei niedrigen Drehzahlen und hoher Belastung fast konstant und relativ hoch. Auch im Fast-Stillstand ist das maximal abnehmbare Drehmoment noch relativ hoch.

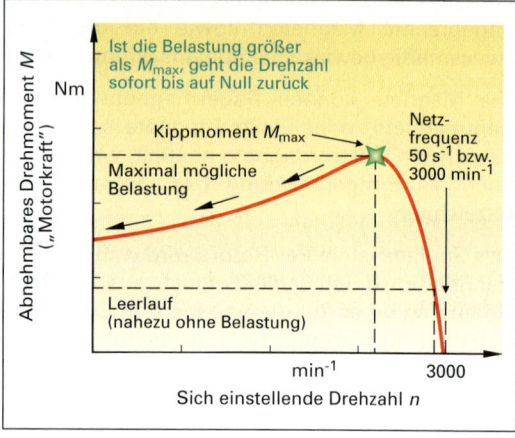

Bild 2: Drehmoment des Drehstrom-Asynchronmotors in Abhängigkeit von der Drehzahl

In der Regel liegt die tatsächlich abgenommene Kraft, d. h. das vom Motor gelieferte Drehmoment, unter dem **Kippmoment**.

Als waagerechte, gestrichelte schwarze Linien sind zwei Belastungsfälle in Bild 2 eingezeichnet. An ihren Schnittpunkten mit der Motorkennlinie kann man die sich einstellende Drehzahl ablesen.

Je nach Motorbelastung variiert diese. Ohne Last liegt sie bei ca. 2850 min^{-1}. Ist das abgenommene Drehmoment höher als das Kippmoment (beispielsweise beim Rührermotor durch ein zu zäh gewordenes Reaktionsprodukt), bleibt der Motor stehen, da er kein höheres Drehmoment liefern kann.

Weil der vom Motor aus dem Netz gezogene elektrische Strom zum Drehmoment proportional ist, lassen sich mit einem geeigneten Motorschutzschalter solche Überlastungssituationen vermeiden.

Die Drehzahlen der Drehstrom-Asynchronmotoren lassen sich mit Spannungsveränderungen nicht regulieren, da die Drehzahl hauptsächlich von der Netzfrequenz und der mechanischen Motorbelastung abhängt. Durch Veränderung der Spannung ist lediglich das Drehmoment beeinflussbar. Dies wird gelegentlich zur **Sanft-Anlauf-Steuerung** genutzt.

> **Merksatz**
>
> Die Drehzahl des **Drehstrom-Asynchronmotors** lässt sich nicht durch Spannungsänderungen beeinflussen. Spannungserhöhungen würden beim Drehstrom-Asynchronmotor lediglich eine Erhöhung des abnehmbaren Drehmoments und des aus dem Netz gezogenen Stromflusses bewirken. Zur Drehzahlregulierung ist ein elektronischer **Frequenzumrichter** erforderlich.

Gleichstrommotoren werden in der stoffwandelnden Industrie nur als Hilfsmotoren eingesetzt, beispielsweise für kleinere Motorventilantriebe oder für Lüfter.

Gelegentlich findet man sie beim Antrieb von drehzahlveränderlichen Rührern oder Fördereinrichtungen, da die Drehzahl der Gleichstrommotoren relativ einfach durch Spannungsänderung zu beeinflussen ist. Dabei ist zu beachten, dass sich mit einer Drehzahländerung auch die Antriebskraft, d. h. das Drehmoment, ändert.

Bild 1 zeigt die lineare Abhängigkeit der Drehzahl von der Spannung bei **Gleichstrommotoren** allgemein. Die Drehzahl ist darin über weite Bereiche proportional zur Versorgungsspannung.

Bild 2 zeigt hingegen die Abhängigkeit des maximal abnehmbaren Drehmomentes von der Drehzahl eines laufenden **Gleichstrom-Nebenschlussmotors**. Die schwarzen Pfeile an den Kennlinien kennzeichnen die Änderung der sich einstellenden Drehzahl, wenn sich die Belastung des Motors vergrößert.

Bild 2 enthält relativ steile Kennlinien. Dies bedeutet, dass beim Betrieb mit einer konstanten Spannung, z. B. 24 V, das Drehmoment stark ansteigt, sobald die Drehzahl nur geringfügig abfällt. Solche Drehzahlabfälle können beispielsweise an einem Rührwerksmotor durch einen starken Antriebswiderstand infolge zähflüssig werdenden Mediums hervorgerufen werden.

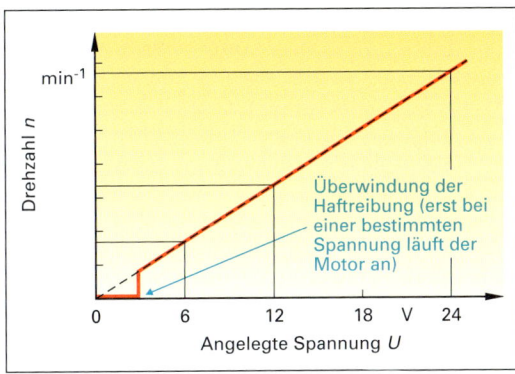

Bild 1: Zusammenhang zwischen Drehzahl und Versorgungsspannung beim Gleichstrommotor

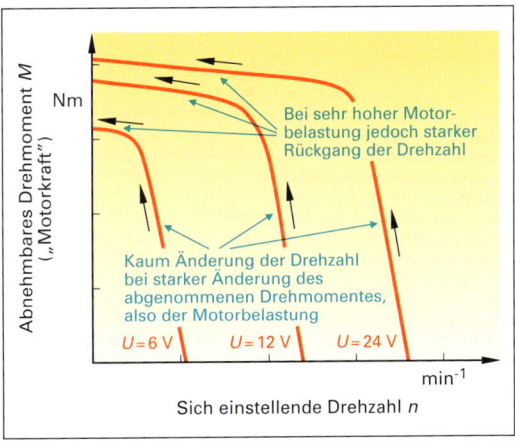

Bild 2: Drehmoment des Gleichstrom-Nebenschlussmotors in Abhängigkeit von der Drehzahl

Dies ist ein bei chemischen Reaktionen gelegentlich auftretender Effekt. Falls sich die gewünschten Reaktionsbedingungen z. B. durch Ausfall des Heiz- oder Kühlsystems ändern, kann es zur Erstarrung der Substanz im Reaktor kommen. Bekannt sind auch Fälle, wo durch Ausfall von Rohr-Begleitheizungen das zu fördernde Medium erstarrte, was zu einer Drehmoment-Erhöhung an den Pumpen führte.

Bei einem hohen Drehmoment zieht der Motor entsprechend mehr Strom aus dem Versorgungsnetz. Die Drehzahl ändert sich bei unterschiedlicher Motorbelastung nur wenig. Die Drehzahl ist demnach hauptsächlich von der Spannung abhängig, weniger von der Motorbelastung.

Die Steilheit der Kennlinien beim Gleichstrom-Nebenschlussmotor begünstigt eine fein gestufte Drehzahlverstellung mittels Spannungsänderungen, z. B. bei Fördermaschinen.

Bei **Gleichstrom-Reihenschlussmotoren** laufen die Drehmoment-Drehzahl-Kennlinien (Bild 1) flacher als beim Nebenschlussmotor. Die schwarzen Pfeile an den Kennlinien kennzeichnen die Änderung der sich einstellenden Drehzahl, wenn sich die Belastung des Motors vergrößert. Die Kennlinien zeichnen sich dadurch aus, dass sich unter hoher Belastung die Drehzahl stark vermindert. Dies verdeutlichen die schwarzen Pfeile in Bild 1. Höhere abgenommene Drehmomente bewirken niedrigere Drehzahlen.

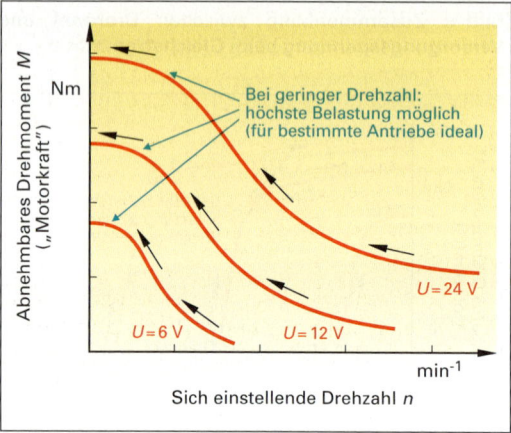

Bild 1: Drehmoment des Gleichstrom-Reihenschlussmotors in Abhängigkeit von der Drehzahl

Vermindert sich durch Belastungsänderung das abgenommene Drehmoment, so erhöht sich die Drehzahl.

Gleichstrom-Reihenschlussmotoren haben deshalb hohe Anzugsmomente. Diese Charakteristik prädestiniert sie mehr für den Einsatz im Fahrzeugbau als in der stoffwandelnden Industrie. Gleichstrommotoren haben darüber hinaus generell die Eigenschaft, beim plötzlichen Einschalten nicht so schnell anzulaufen, wie Drehstrom-Asynchronmotoren. Die Ursache dafür liegt in dem anfänglich hohen erforderlichen Drehmoment zur Überwindung der Trägheit der angetriebenen Maschinenteile.

> **Merksatz**
>
> Gleichstrommotoren, speziell **die Gleichstrom-Nebenschlussmotoren**, werden in der stoffwandelnden Industrie dort eingesetzt, wo eine fein gestufte Drehzahlverstellung mittels Spannungsänderungen erforderlich ist, z. B. beim Antrieb bestimmter Fördermaschinen.

10.6.2 Drehrichtungs- und Drehzahländerung von Elektromotoren

Drehzahl- und Drehrichtungsänderungen spielen in der stoffwandelnden Industrie für folgende Anwendungen eine Rolle:

- Veränderung des Leistungseintrags in zu mischende Medien (Antrieb von Rührwerksmotoren),
- Veränderung der Förderleistung von Pumpen und Verdichtern,
- Veränderung des Öffnungsgrades von motorisch betriebenen Stellorganen.

Während es beim Öffnen oder Schließen von Stellorganen nur auf die Beeinflussung der **Drehrichtung** ankommt, spielt bei den beiden erstgenannten Anwendungsfällen vorrangig die **Drehzahlverstellung** eine Rolle.

Früher geschah die Drehzahlverstellung meist mechanisch unter Nutzung von **Verstellgetrieben**. Diese Getriebe werden mithilfe von Hilfsmotoren verstellt.

Bei den schnell laufenden Antrieben von Pumpen und Verdichtern sind die Verstellgetriebe nur bedingt einsetzbar. Deshalb werden auch heute noch in vielen Fällen Fördermengen nicht durch Drehzahländerung, sondern durch Drosselung mit Ventilen verstellt.

Eine **Drosselung des Förderdruckes** zur Volumenstromverminderung gegenüber dem maximal von der Pumpe lieferbaren Druckwert bedeutet jedoch einen erheblichen Druckverlust und damit einen Energieverlust im Ventil, in dem sich ein Großteil der mechanischen Energie des strömenden Mediums in Wärme umwandelt. Dies ist mit hohen Verlustkosten verbunden.

Deshalb ist man heute bestrebt, dort wo es möglich ist, Fördermengen direkt am Ort ihrer Entstehung durch Drehzahlverstellung der Fördereinrichtung zu regulieren.

Bild 1, S. 267, enthält in Fließbildform eine Ansicht der konventionellen Volumenstromregulierung durch Drosselung und durch Pumpendrehzahlverstellung.

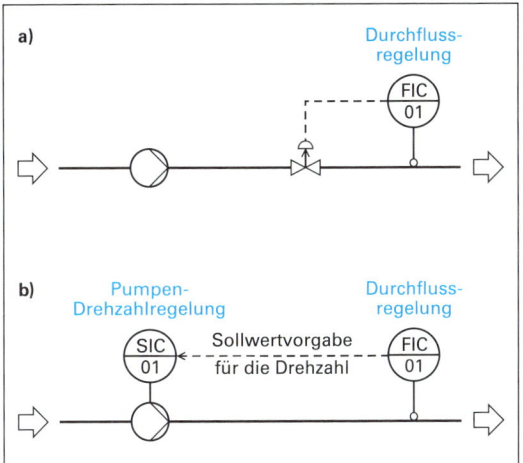

Bild 1: Volumenstromregulierung
a) durch Drosselung
b) durch Drehzahlverstellung

Drehzahl- oder Drehrichtungsänderungen erfordern in jedem Fall Vorschaltgeräte mit Relais oder leistungselektronischen Bauelementen, wie:

- **Leistungstransistoren,**
- **Tyristoren,**
- **Dioden.**

Diese Vorschaltgeräte haben je nach angesteuerter Motorleistung unterschiedliche Größen und werden vom Hersteller passend zur Ausführung des Antriebsmotors angeboten. Bild 2 zeigt einen Frequenzumrichter als Vorschaltgerät zur Drehzahlverstellung für einen Drehstrom-Asynchronmotor.

Bild 2: Frequenzumrichter zur Drehzahlverstellung für einen Drehstrom-Asynchronmotor

Die Vorschaltgeräte verfügen über Anschlussmöglichkeiten für die aus dem Prozessleitsystem kommenden genormten Signale (4 mA ... 20 mA, 0/24 V oder digitale Feldbussignale).

Einige wichtige Grundprinzipien der Drehzahl- und Drehrichtungsänderung werden in den nachfolgenden Kapiteln vereinfacht dargestellt. Das zur Anwendung kommende Prinzip hängt vom jeweiligen Typ des Motors ab.

10.6.2.1 Drehrichtungsänderung

Drehrichtungsänderungen sind sowohl bei Gleichstrommotoren als auch bei den Drehstrommotoren relativ einfach durch Vertauschen zweier Spannungsversorgungsleitungen zu bewerkstelligen.

Bei den Gleichstrommotoren vertauscht man den Plus- und den Minuspol. Bei den Drehstrommotoren werden zwei der drei Leitungen gegeneinander vertauscht.

Das Vertauschen geschieht fernbedient vom Prozessleitsystem aus durch Relais bzw. Schütze, die sich in Schaltschränken nahe der Anlage befinden. Sie sind mithilfe von Steuerkabeln in blauer oder grauer Farbe mit den Ausgangsmodulen des digitalen Prozessleitsystems verbunden.

> **Merksatz**
>
> **Drehrichtungsänderungen** werden durch Vertauschen zweier Leiter realisiert. Dies wird auch als **Phasenumkehr** bezeichnet. Sicherheitsschaltungen sorgen dafür, dass eine Phasenumkehr erst nach dem Motorstillstand erfolgen kann.

Eine prinzipielle Möglichkeit zur Phasenumkehr ist die **Wendeschützschaltung**. Bild 1, S. 268, verdeutlicht das Wirkprinzip durch farbige Erläuterungen an den Elementen der Schaltung.

Die Wendeschützschaltung ist durch einfaches Weglassen des Leiters L1 sinngemäß auch auf Gleichstrommotoren übertragbar. Die gestrichelten Linien im Bild bedeuten jeweils eine mechanische Verbindung der Kontakte.

Der Schütz K1 schaltet beim Anziehen den Motor in Rechtslauf, während ihn K2 in Linkslauf schaltet. Betätigt werden die Schütze jeweils durch die Taster S2 oder S3.

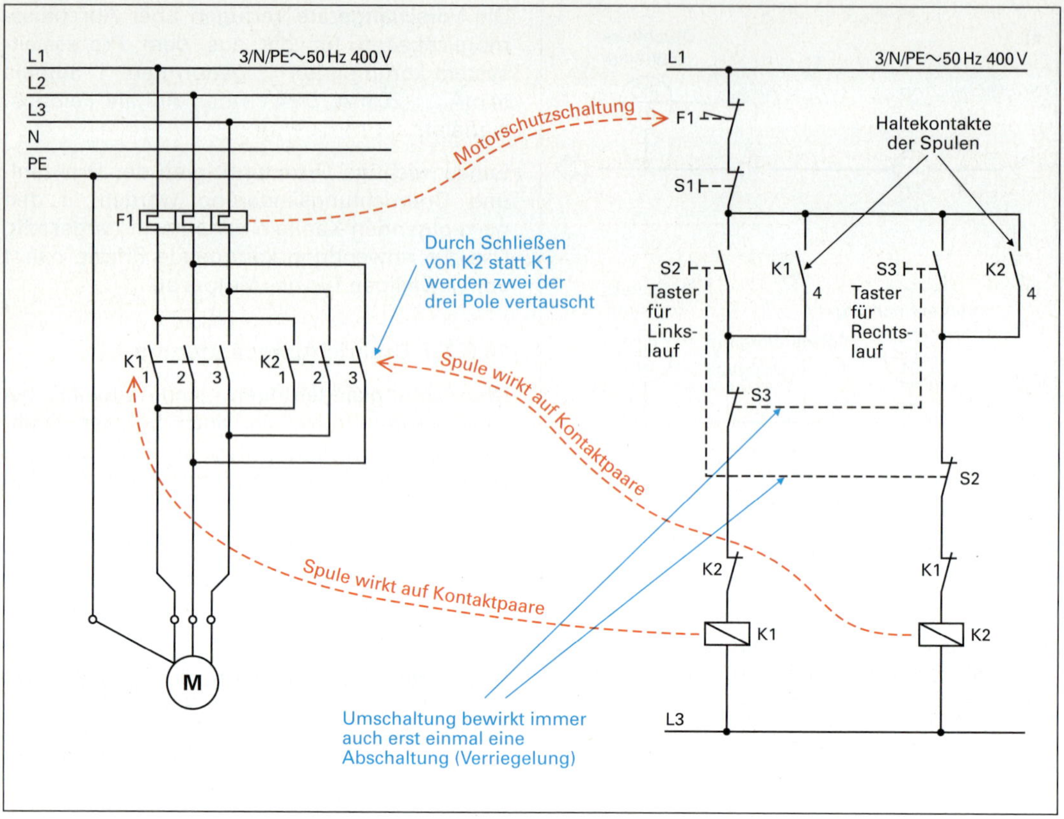

10 Typische Aktoren in Anlagen der stoffwandelnden Industrie

Bild 1: Wendeschützschaltung zum Vertauschen zweier Pole zur Drehrichtungsänderung eines Motors

Nachdem einer der beiden Schütze geschaltet wurde, versorgt er seine eigene Spulen-Wicklung über den Hilfskontakt mit dem erforderlichen Haltestrom, der mit dem Austaster S1 wieder unterbrochen werden kann.

Beim Betätigen des Tasters S2 wird zwar der Rechtslauf eingeleitet, aber gleichzeitig wird der Stromfluss für die Spule des Linkslaufschützes unterbrochen.

Ebenso zieht beim Betätigen von S3 zwar der Linkslaufschütz an, aber gleichzeitig wird der Stromfluss zum Rechtslaufschütz unterbrochen. Damit sind beide Schütze gegeneinander logisch verriegelt.

Außerdem sorgt der Motorwächter F1 mit seinem zugehörigen Kontakt F1 im Hilfsstromkreis dafür, dass bei Überlastung des Motors jegliche Spannungszufuhr zu den Spulen der Schütze unterbrochen wird.

Durch Einbringung von Zeitverzögerungsschaltungen kann zusätzlich erreicht werden, dass der Motor zuerst zum Stillstand kommt, ehe er erneut gestartet werden kann.

Bild 2: Schütze im Schaltschrank zur Motorsteuerung

10.6.2.2 Drehzahländerung

Bild 1 zeigt eine Übersicht zu den Prinzipien der Drehzahländerung bei den unterschiedlichen Motortypen.

Diese Möglichkeiten sollen im Folgenden näher erklärt werden.

Zur Drehzahländerung gibt es nur drei prinzipielle Möglichkeiten:

- Polpaarumschaltung,
- Spannungserniedrigung,
- Frequenzerniedrigung.

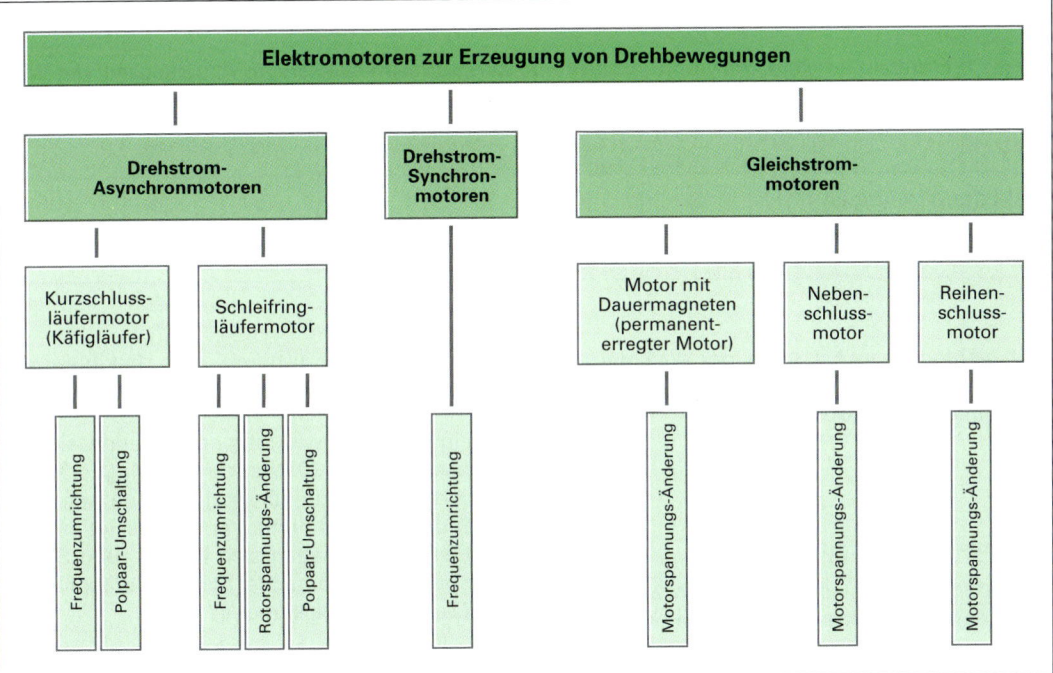

Bild 1: Prinzipien der Drehzahlverstellung bei Elektromotoren

Polpaarumschaltung

Die Polpaarumschaltung findet nur bei Schleifringläufermotoren Verwendung. Im feststehenden Gehäuse befinden sich nicht nur 3, sondern 6, 9 oder 12 zweckmäßig angebrachte Spulenwicklungen. Sind es z. B. 6 Spulen, heißen die entsprechenden aus dem Gehäuse herausgeführten Anschlüsse: 1U, 2U, 1V, 2V, 1W, 2W.

Drei der möglichen Varianten der Zusammenschaltung von 6 Teilspulen sind schematisch im Bild 2 dargestellt.

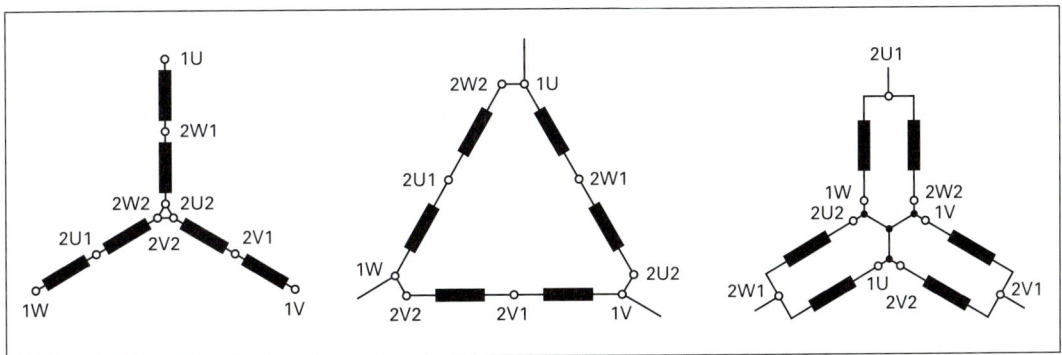

Bild 2: Zusammenschaltung von Teilspulen zur Drehzahländerung von Elektromotoren

Die Theorie der Wicklungsschaltungen ist sehr anspruchsvoll und sprengt den Rahmen dieses Buches. Aus diesem Grund werden auch die zugehörigen Relaisschaltungen nicht angeführt.

Wesentlich ist aber die Erkenntnis, dass durch geeignete Reihen- und Parallelschaltung der Teilspulen eine Drehzahlabstufung erfolgen kann.

Die folgende Tabelle zeigt die sich ergebende Drehfelddrehzahl in Abhängigkeit von der Wicklungszahl und der Polzahl. Die Nenndrehzahl liegt beim Asynchronmotor je nach Belastung um ca. 0,5 bis 5 % darunter.

Tabelle 1: Felddrehzahl eines Drehstrom-Asynchronmotors (Schleifringläufers) in Abhängigkeit von Wicklungs- und Polzahl

Polzahl	2	4	6	8	10	12	24
Zahl der Wicklungen	3	6	9	12	15	18	36
Drehfelddrehzahl in min^{-1}	3 000	1 500	1 000	750	600	500	250

Man sieht, dass es bei 36-teiliger Wicklung und geeigneter Verschaltung der Pole möglich ist, Drehzahlen bis hinab zu ca. 250 min^{-1} zu realisieren.

Spannungserniedrigung

Die Spannungserniedrigung ist entweder mithilfe von **Verstelltransformatoren** oder aber elektronisch mit **Spannungsteilerschaltungen** zu bewerkstelligen. Bild 1 zeigt die Prinzipdarstellung eines nicht verstellbaren Transformators.

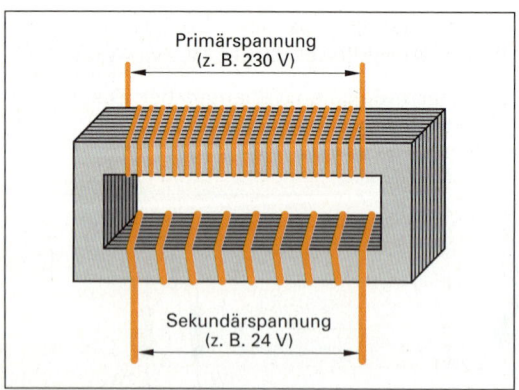

Bild 1: Konventionelle Bauform eines Transformators

Auf einem gemeinsamen Eisenkern sind eine Primärwicklung (Antriebsseite) und eine Sekundärwicklung (Abtriebsseite) aufgebracht. Die Spulendrähte sind durch eine flexible Lackschicht voneinander isoliert.

Das in der Primärwicklung entstehende, sich periodisch z. B. mit 50 Hz ändernde Magnetfeld induziert in der Sekundärwicklung eine sich ebenso ändernde Spannung. Vernachlässigt man die Verluste, so verhalten sich Primär- und Sekundärspannung zueinander wie die entsprechenden Zahlen der Wicklungen:

$U_1 / U_2 = W_1 / W_2$

Transformatoren sind nur für Wechselspannungen geeignet, da eine Induktion von Strömen nicht durch das Magnetfeld selbst, sondern nur durch seine Änderung zustande kommt.

Zur Verringerung der Übertragungsverluste, die vorrangig durch das ungenutzt nach außen austretende Magnetfeld (Streufeld) zustande kommen, werden in der Praxis die Primär- und die Sekundärwicklung direkt übereinander gewickelt. Daneben gibt es eine Vielzahl spezieller Bauformen.

Will man bei **Verstelltransformatoren** an der Sekundärseite eine veränderliche Spannung abgreifen, gibt es zwei prinzipielle Möglichkeiten:

- Verschieben von Elektrokohlebürsten oder -rollen entlang der Außenseite der Wicklung (Bilder 1 und 2, S. 271),

- Umschalten zwischen verschiedenen Wicklungsanzapfungen.

10.6 Antriebsmotoren

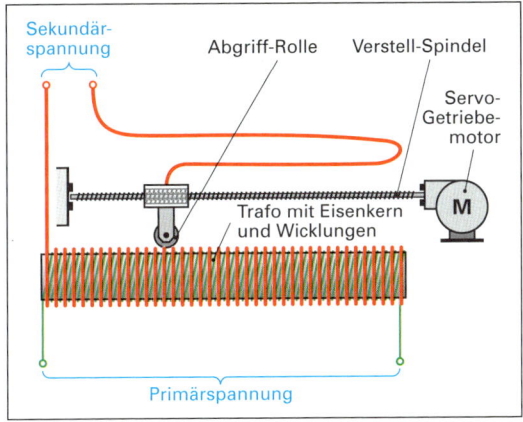

Bild 1: Stufenloser Stelltransformator mit verstellbarer Abgriffrolle

Dazu wird im Herstellungsprozess an der Wicklungsoberseite die Lackisolierung abgeschliffen. An den Berührungsflächen der Drähte untereinander bleibt sie dabei erhalten.

Die Verstellung des Abgriffs wird durch einen Servo-Motor in Verbindung mit einer Schneckenspindel realisiert. Transformatoren für Drehstrom haben mindestens drei Primärspulen und drei Sekundärspulen.

Eine industrielle Ausführung eines Verstelltransformators mit drei Abgriffrollen für Drehstrom zeigt Bild 2.

Bild 2: Drehstrom-Stelltransformator mit drei Abgriffrollen

Bild 3 zeigt die Prinzipdarstellung eines Drehstromverstelltransformators mit mehreren Sekundärwicklungsanzapfungen. Bei einer genügend großen Anzahl von Anzapfungen ist es in Verbindung mit den geeigneten Umschaltungen möglich, eine fast stufenlose Spannungsveränderung zu erzielen.

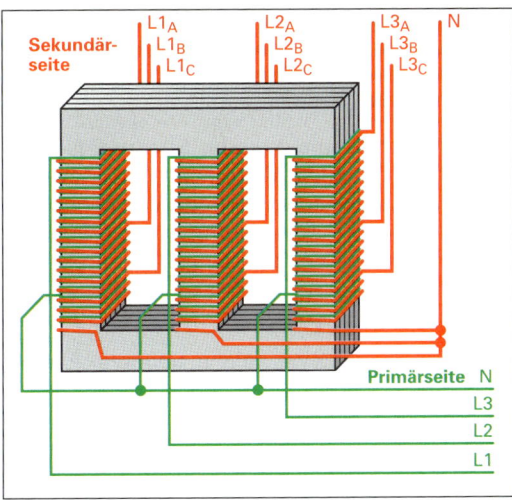

Bild 3: Drehstrom-Stelltransformator mit Abgriff dreier Spannungsgrößen

In bestimmten Grenzen können Spannungen statt mit Transformatoren auch mithilfe von Verstellwiderständen verändert werden. Eine einfache **Spannungsteilerschaltung** mit Verstellwiderstand zur Spannungsänderung ist in Bild 4 dargestellt.

Das Hauptbauteil ist ein veränderlicher Widerstand, der im Kleinformat als **Drehpotenziometer** oder **Schieberegler** bekannt ist. Größere Bauformen sind als **Schiebewiderstand** ausgebildet und bestehen aus einer Spule aus geeignetem Widerstandsdraht.

Da dabei keine magnetischen Induktionseffekte genutzt werden sollen, ist der Widerstandsdraht um einen nicht magnetischen und nicht leitenden Körper gewickelt. Der Schiebewiderstand hat einen verstellbaren Abgriff. Bild 4 zeigt das Schaltprinzip.

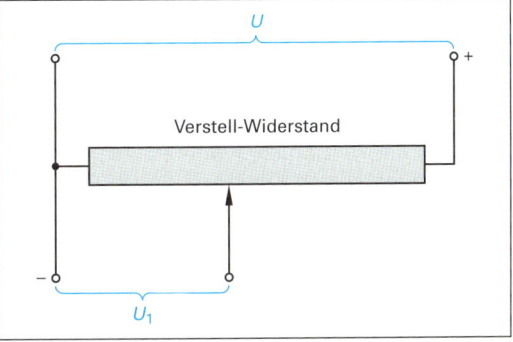

Bild 4: Prinzip des Verstell-Widerstandes in einer Spannungsteiler-Schaltung

Der Widerstandsdraht wird zwischen Plus- und Minuspol von der hohen Spannung U durchflossen. Die hohe und die niedrige Spannungsebene haben den gleichen Minuspol.

Den Pluspol der niedrigeren Spannungsebene bildet der verstellbare Abgriff am Schiebewiderstand. An der Niederspannungsseite liegt somit eine niedrigere Teilspannung U_1 der höheren Spannung U an. Die Spannung U_1 ist direkt vom Verhältnis der Teilwiderstände R_1 und R_2 abhängig.

Bild 1 zeigt, wie eine solche Spannungsteilerschaltung zur Drehzahlverstellung eines Gleichstrommotors Verwendung finden kann. Der Gleichstrommotor stellt dabei den Verbraucher M dar. Er hat ebenfalls einen elektrischen Widerstand.

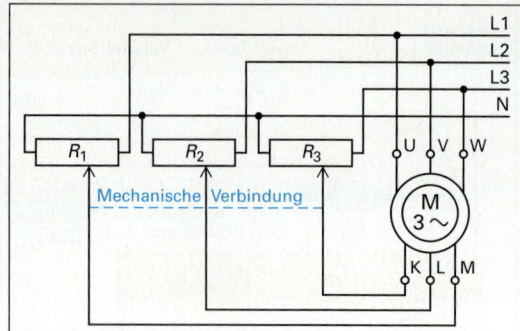

Bild 2: Mechanisch gekoppelte Verstellwiderstände in einer dreifachen Spannungsteilerschaltung zur spannungsbasierten Drehzahländerung

Dabei ist zu berücksichtigen, dass die Verstelleinrichtung mit Servo-Motor und Schneckengetriebe so konzipiert ist, dass ihre Steuerelektronik durch die Signale aus dem Prozessleitsystem, meist 4 mA ... 20 mA, ansprechbar ist.

Frequenzumrichtung

Die Frequenzumrichtung ist möglich geworden, seitdem es Halbleiterbauelemente wie Transistoren, Dioden und Tyristoren auch für höhere Spannungen und Stromstärken, also für höhere Leistungen gibt.

Die Frequenzumrichtung ist stets an Baugruppen der Leistungselektronik gebunden.

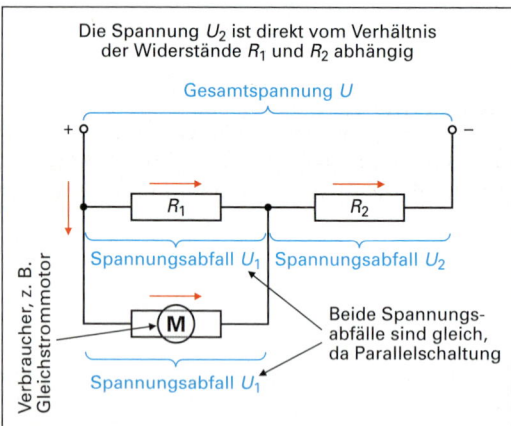

Bild 1: Gleichstrommotor in einer Spannungsteilerschaltung zur Drehzahlverstellung

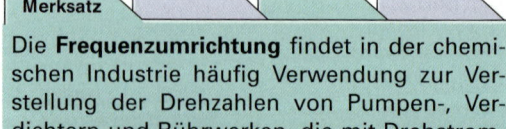

Merksatz

Die **Frequenzumrichtung** findet in der chemischen Industrie häufig Verwendung zur Verstellung der Drehzahlen von Pumpen-, Verdichtern und Rührwerken, die mit Drehstrom-Asynchronmotoren angetrieben werden.

Man sieht, dass ein Teilstrom auch durch den Verbraucher M selbst fließt. Deshalb ist die Spannung U_1 nicht nur von den Widerstandsgrößen R_1 und R_2 abhängig, sondern auch vom Widerstand des Verbrauchers M selbst.

Um eine exakte Spannungsteilung im Verhältnis der Teilwiderstände R_1 zu R_2 zu erreichen, sollte deshalb der Verbraucherwiderstand groß sein im Verhältnis zu den Teilwiderständen R_1 und R_2. Der Verstellwiderstand sollte folglich wesentlich kleinere Ohmzahlen haben als der Verbraucher.

Bild 2 zeigt, wie mit drei mechanisch gekoppelten Widerständen eine Drehstromspannung, z. B. zur Steuerung der Spannung für die Läuferwicklung eines Schleifringläufermotors, verstellt werden kann.

Bild 3: Elektro-Getriebemotor mit direkt angebautem Frequenzumrichter

10.6 Antriebsmotoren

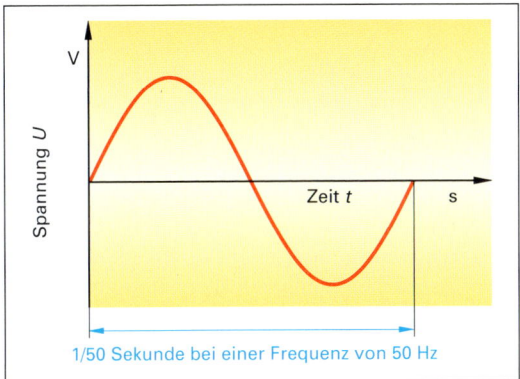

Bild 1: Sinusförmiger Spannungsverlauf in jedem der drei Leiter des Drehstromnetzes

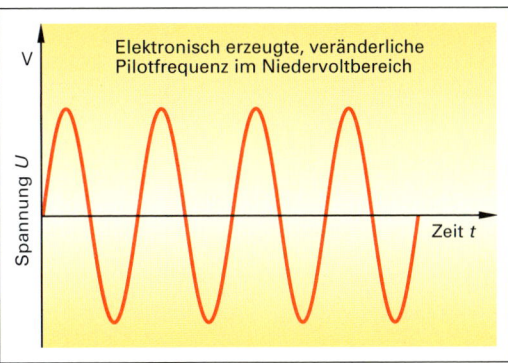

Bild 2: Von der Steuerschaltung erzeugte Pilotfrequenz im Niedervoltbereich

Der Spannungsverlauf in jedem der drei Leiter des Drehstromes folgt prinzipiell einer Sinuskurve nach Bild 1. Die Sinuskurve ist durch eine periodische Spannungsänderung gekennzeichnet. Jeder Nulldurchgang entspricht einer Umkehr der Polarität der Spannung und einer Richtungsumkehr des Stromflusses im Stromkreis. Die Zeit zwischen zwei Nulldurchgängen heißt **Periodendauer**. Sie beträgt 1/50 s bei einer Frequenz von 50 vollständigen Schwingungen pro Sekunde (50 Hz).

Der Frequenzumrichter hat die Aufgabe, diese Kurve für jeden der drei Leiter zusammenzustauchen oder zu strecken. Die dafür eingesetzte Elektronik besteht aus folgenden Baugruppen:

1. Gleichrichterschaltung,
2. Glättungsschaltung,
3. Steuerschaltung (Pilotfrequenz-Generierungsschaltung),
4. Pulsweitenschaltung,
5. Verstärkerschaltung.

Die **Gleichrichterschaltung** wandelt mit Dioden die Wechselspannung eines jeden der drei Leiter in eine pulsierende Gleichspannung um. Diese wird durch die **Glättungsschaltung** mit Spulen und Kondensatoren in eine zeitlich konstante, nicht mehr pulsierende Gleichspannung umgeformt (vgl. Kapitel 6.10, Gleichrichten und Glätten einer Wechselspannung).

Die Gleichspannung bildet die Basis für die weitere Umformung. Deshalb spricht man auch von einer **Frequenzumrichtung mit Gleichstromzwischenkreis**.

Daneben existiert eine **Steuerschaltung** zur Erzeugung einer Sinusschwingung im Schwachstrombereich (Pilotfrequenz).

Zum Erzeugen der sinusförmigen Pilotfrequenz ist eine elektrische Schwingkreis-Schaltung erforderlich. Sie besteht im Wesentlichen aus der Zusammenschaltung eines Kondensators und einer Spule mit geeigneten elektrischen Kennwerten. Die Frequenz der erzeugten Sinusschwingung lässt sich mit einem veränderlichen Widerstand verstellen.

Diese Sinusschwingung (Bild 2) hat die gleiche Frequenz wie die später von der Verstärkerschaltung zu liefernde Frequenz des Drehstromes hoher Leistung. Letztlich sind es die Bauelemente in der Pilotfrequenzbaugruppe, die von den analogen Signalen des Prozessleitsystems angesteuert werden, um die Motordrehzahl zu verändern.

Die Sinusschwingung der Pilotfrequenz signalisiert der Verstärkerbaugruppe, eine Sinusschwingung mit gleicher Frequenz, aber höheren Strom- und Spannungswerten, für den Motor zu erzeugen.

Dies geschieht in der **Verstärkerbaugruppe** mithilfe von IGBT-Leistungstransistoren (**I**nsulated **G**ate **B**ipolar **T**ransistor). Dies sind Halbleiterbauelemente, die wie eine Diode den Strom nur in einer Richtung hindurchlassen. Zusätzlich zum Stromeingang (Anode) und dem Stromausgang (Kathode) haben sie noch einen dritten Anschluss (Gate).

Ein extrem kurzer positiver Spannungsimpuls auf diesen Anschluss bewirkt das Freischalten des Stromflusses von der Anode zur Kathode.

Ein negativer Spannungsimpuls bewirkt das Sperren, also das Ausschalten des Stromflusses.

Die schematische Darstellung des IGBT-Transistors zeigt Bild 1, S. 274. Der IGBT-Transistor wird nachstehend auch als **Thyristor** bezeichnet.

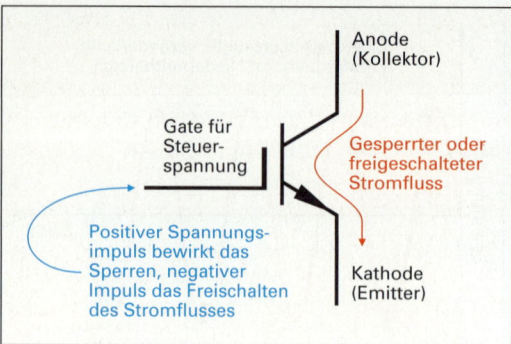

Bild 1: Thyristor zum Ein- und Ausschalten einer höheren Spannung durch einen Niederspannungsimpuls

Bild 2 zeigt verschiedene Bauformen von Thyristoren.

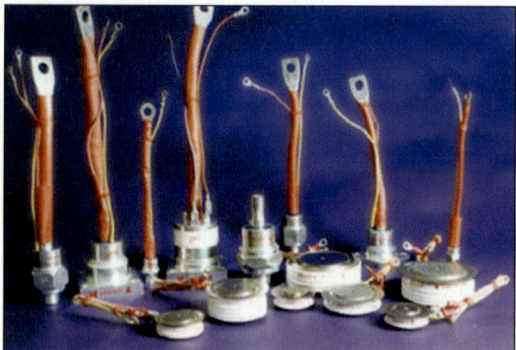

Bild 2: Thyristoren verschiedener Baugrößen

Führt man die von einem Tyristor plötzlich zugeschaltete Spannung nicht einem Ohmschen Widerstand, sondern einer induktiven Last (Spule) zu, so baut sich die Spannung erst langsam bis zum Maximalwert auf. Die Spule verzögert also den Spannungsaufbau (Bilder 3 und 4).

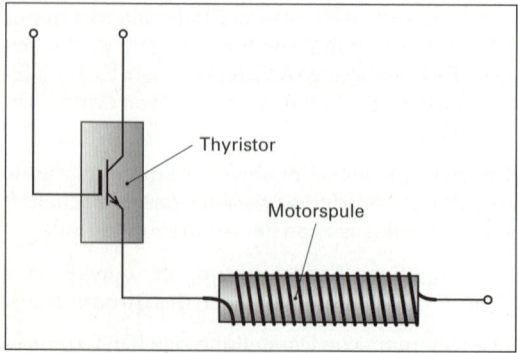

Bild 3: Zusammenschaltung des Thyristors als Schalter und der Motorspule als Verbraucher

Auch die Spulen im Drehstrommotor verzögern den Spannungsaufbau. Der Grund dafür ist der zeitverzögernde Effekt der Induktivität der Spule: Bei jeder Spannungsänderung muss sich erst ein Magnetfeld aufbauen oder abbauen.

Den Spulen des Motors wird mit den Thyristoren in schneller Folge die Gleichspannung zugeschaltet und wieder weggeschaltet. Die volle Gleichspannungshöhe liegt an den Spulen also jeweils erst nach einigen Millisekunden an.

Mit anderen Worten: Ein plötzliches Zuschalten der vollen Gleichspannung zu den Motorspulen führt zu einem langsamen Spannungsanstieg. Dies wird in Bild 4 veranschaulicht.

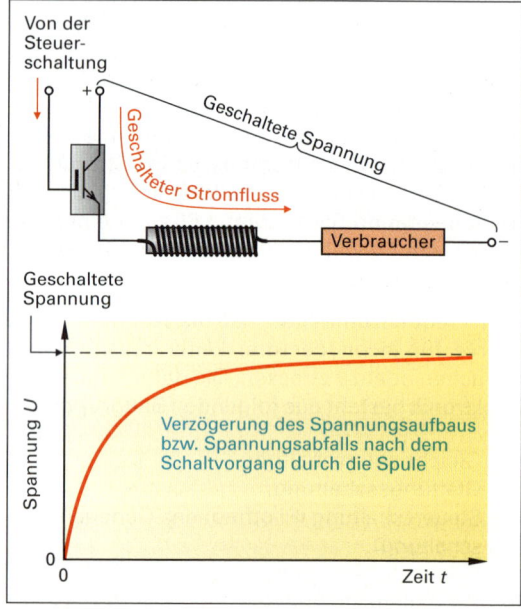

Bild 4: Verzögerung des Spannungsaufbaus nach dem Zuschalten der Spannung an einer Spule

Dementsprechend führt ein Abschalten der Gleichspannung zu einem langsamen Spannungsabfall. Ein zu langes Abschalten würde nach einigen Millisekunden einen Spannungsabfall auf den Spannungswert 0 bewirken. Ein nur kurzes Abschalten führt nur zu einem leichten Absinken der Spannung.

Ebenso führt ein langes Einschalten nach einigen Millisekunden zum vollen Gleichspannungswert an der Spule. Ein kurzes Einschalten bewirkt nur eine leichte Erhöhung der Spulenspannung.

10.6 Antriebsmotoren

Diese Effekte nutzt man in der Verstärkerbaugruppe zur gezielten Spannungserhöhung und -erniedrigung. Mit den Thyristoren ist es möglich, bis zu ca. 20 000 Mal pro Sekunde den Gleichstrom aus dem Gleichstromzwischenkreis auf die Motorspulen aufzuschalten und wieder wegzuschalten.

Mit dem Verhältnis von Ein- und Ausschaltdauer lässt sich die augenblicklich nötige Spannungserhöhung steuern, um eine Sinuskurve für den Leistungsstromkreis der Motorspulen nachzubilden (Bild 1).

Man spricht auch von **Pulsweiten-Steuerung** oder Pulsweiten-Modulation (PWM).

Im Bereich des starken Anstiegs ist die Einschaltdauer bzw. die Pulsweite im Verhältnis zur Ausschaltdauer sehr groß.

> **Merksatz**
>
> **Frequenzumrichter** schalten die Spannung einer jeden der drei Motor-Zuleitungen mit variabler Dauer zu und wieder ab, sodass eine Sinuskurve nachgebildet wird.

Die Zeitdauer der jeweiligen Ein- und Ausschalt-Vorgänge wird durch die **Pulsweitenschaltung** bestimmt. Sie nutzt die von der Pilotfrequenzschaltung erzeugte Schwachspannungspilotfrequenz und vergleicht sie mit dem intern erzeugten Verlauf einer Dreieckspannung (Bild 3).

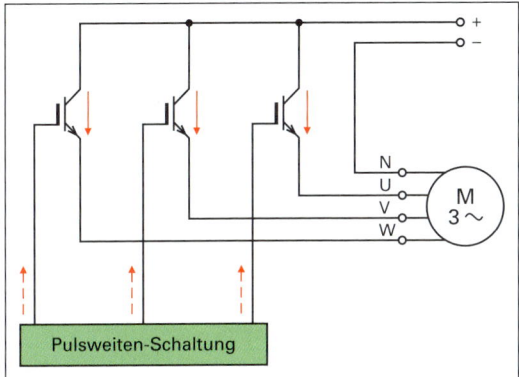

Bild 1: Ansteuerung der Ein- und Ausschaltdauer der Motorspulen durch die Pulsweitenschaltung

Jedes Einschalten stellt einen Spannungsimpuls dar, der durch die Motorspule zeitlich verzögert wird. Seine Dauer, die **Pulsweite**, bestimmt den Anstieg oder den Abfall der Sinuskurve, wie Bild 2 zeigt.

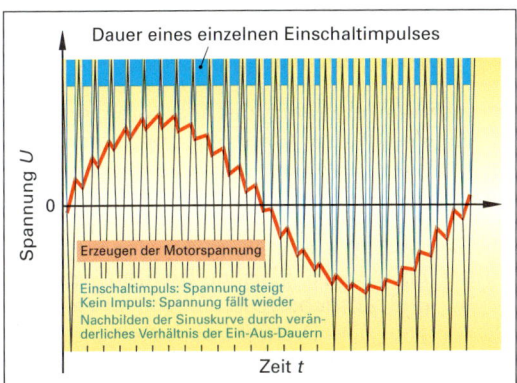

Bild 2: Nachbildung einer Sinuskurve durch Ein- oder Ausschalten der Motorspulen mit veränderlichen Pulsweiten

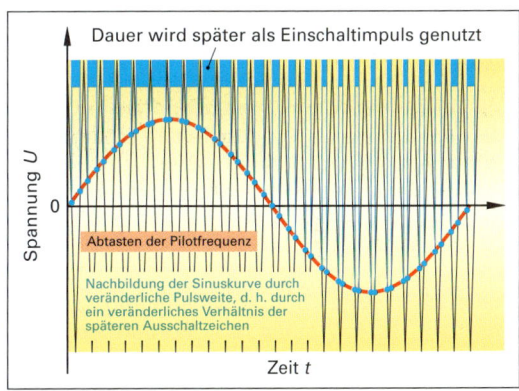

Bild 3: Auslösen eines Schaltvorganges jeweils bei Gleichheit der erzeugten Pilotspannung und der erzeugten Dreieckspannung

Immer dann, wenn Dreieckspannungen und Sinusspannungen gleich sind, erfolgt ein Umschalten der Thyristoren von Durchgang auf Sperren oder umgekehrt.

Mit drei Thyristoren und drei gleichfrequenten, aber gegeneinander verschobenen, Pilotfrequenzen lässt sich somit das für die Spulenansteuerung des Drehstrommotors erforderliche Drehfeld mit der gewünschten Drehzahl erzeugen.

Zusammenfassend enthält Bild 1, S. 276, ein Schema der Baugruppen eines Frequenzumrichters mit Pulsweitenmodulation.

10 Typische Aktoren in Anlagen der stoffwandelnden Industrie

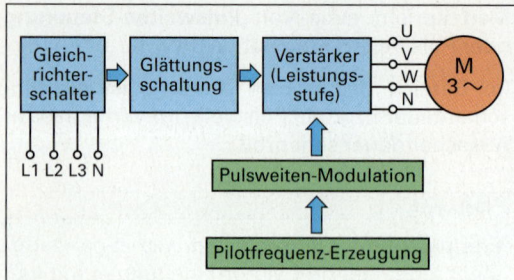

Bild 1: Baugruppen eines Frequenzumrichters

Getriebeverstellung

Verstellgetriebe zur Drehzahländerung werden in der stoffwandelnden Industrie häufig zur Rührerdrehzahlverstellung oder zur Fördermengenregulierung von Hubkolbenpumpen eingesetzt. Mit der Änderung der Drehzahl ändert sich auch das Drehmoment. Eine Drehzahlerniedrigung bewirkt eine Drehmomenterhöhung. Eine Drehzahlerhöhung bewirkt eine Drehmomenterniedrigung.

> **Merksatz**
>
> **Verstellgetriebe zur Drehzahländerung** werden in der stoffwandelnden Industrie häufig zur Rührerdrehzahlverstellung oder zur Fördermengenregulierung von Hubkolbenpumpen eingesetzt.

Für eine häufige Drehzahlverstellung, z. B. im Rahmen einer laufenden Fördermengenregelung, sind die Verstellgetriebe aufgrund der mechanischen Wirkprinzipien und des damit verbundenen Verschleißes weniger gut geeignet als die elektronischen Drehzahlverstellungen.

Verstellgetriebe gibt es in zwei Hauptbauformen:

- **Reibradgetriebe**,
- **Kegelradriemengetriebe**.

Gelegentlich werden auch **hydraulische Getriebe** eingesetzt. Diese haben jedoch meist geringere Wirkungsgrade.

Zur Verstellung der Getriebe werden diese zusätzlich zum **Antriebsmotor** mit einem **Verstellmotor** versehen. In jedem Fall ist der Einsatz von **Vorschaltgeräten** erforderlich, welche die schwachen Signale aus dem Prozessleitsystem (4 mA ... 20 mA, 0/24 V oder aber digitale Feldbussignale) in die Leistungssignale zur Ansteuerung der Verstellmotoren umsetzen.

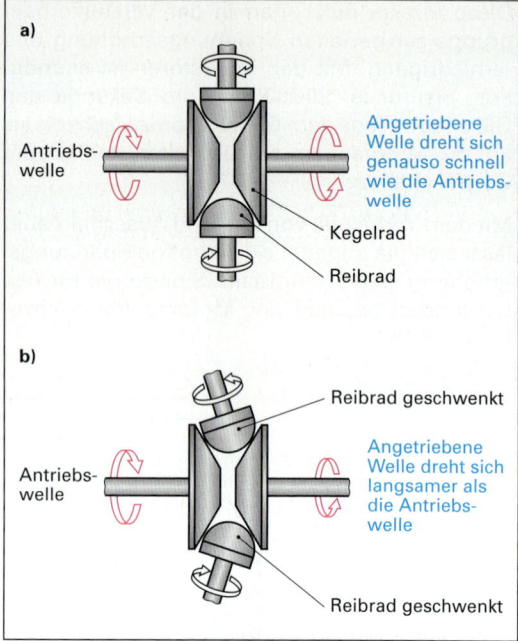

Bild 2: Funktionsprinzip eines Reibradgetriebes
a) Übersetzung 1:1
b) Übersetzung ins Langsame

Bild 2 zeigt schematisch den typischen Aufbau eines stufenlos verstellbaren **Reibradgetriebes**.

Zwei winkelverstellbare, halbkugelförmige Übertragungskörper haben kraftschlüssige Verbindungen zu zwei Kegelscheiben, die in bestimmtem Abstand zueinander rotieren.

Das linke Kegelrad ist mit der Antriebswelle, das rechte mit der Abtriebswelle fest verbunden. Die Berührungsflächen sind mit einem verschleißfesten Reibwerkstoff belegt oder aber mit einer komplizierten Verzahnung versehen.

Je nach Winkelstellung der ansonsten frei drehbaren und nur vom Antriebsrad bewegten Halbkugelkörper ergeben sich unterschiedliche Drehzahlen der Abtriebswelle.

Teilbild a) zeigt die Stellung der Übertragungskörper bei nahezu gleicher Drehzahl von Antriebs- und Abtriebswelle. Teilbild b) zeigt die Stellung bei einer Drehzahlreduzierung.

Reibradgetriebe unterliegen einer hohen Verschleißbeanspruchung. Viele ihrer Bauformen dürfen nicht während des Stillstandes verstellt werden.

10.6 Antriebsmotoren

Bild 1 veranschaulicht die Wirkungsweise eines **Kegelradriemengetriebes**. Es besteht aus zwei Kegelradpaaren, die auf der Antriebs- und der Abtriebswelle befestigt sind.

Im Bild ist die obere Welle die Antriebswelle. Die untere Welle ist die Abtriebswelle.

Mindestens ein Kegelrad des jeweiligen Paares ist auf der Welle verschiebbar gelagert, sodass der Abstand der Kegelradpaare geändert werden kann. Dies kann hydraulisch oder mechanisch geschehen.

Zwischen den Kegelradpaaren läuft ein Keilriemen. Bei größeren zu übertragenden Leistungen werden auch verschleißfeste metallene Rollen- oder Lamellenketten eingesetzt, die sich dann in einer ölgefüllten Kapselung bewegen.

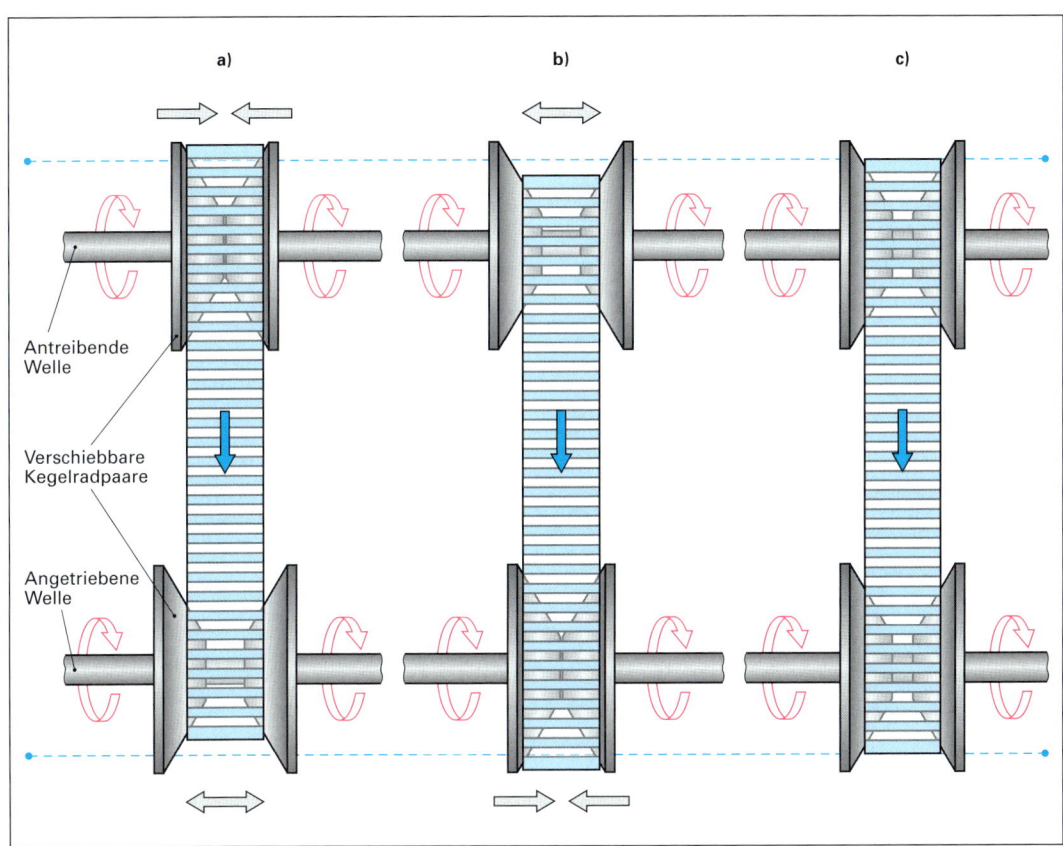

Bild 1: Funktionsprinzip des Kegelrad-Riemengetriebes

Durch einen geeigneten Stellantrieb wird der Abstand beider Kegelradpaare verändert. Im selben Maße, wie der Abstand des oberen Paares erniedrigt wird, wird gleichzeitig der Abstand des unteren Scheibenpaares erhöht.

Diese Verstellung darf nur während des Laufes des Getriebes erfolgen, weil sich dabei gleichzeitig die Position des Treibriemens auf den Scheibenpaaren verändert.

Im Bildteil a) beispielsweise hat der Treibriemen bzw. die Treibkette am oberen Kegelradpaar Kontakt (Kraftschluss) mit dem großen Durchmesser, am unteren Paar jedoch mit dem kleineren Durchmesser, sodass sich von der oberen Welle zur unteren eine Drehzahlerhöhung ergibt.

Bildteil b) zeigt den Fall einer Drehzahlerniedrigung: Der Berührungsdurchmesser ist am antreibenden, oberen Kegelradpaar kleiner als am angetriebenen unteren Paar.

Bildteil c) zeigt schließlich die Riemenstellung beim Übersetzungsverhältnis 1:1.

Die Abstandsverstellung wird mittels komplizierter hydraulischer oder elektromotorischer

Verstelleinrichtungen bewirkt. Deren Steuerelektronik ist so konzipiert, dass sie durch die Signale aus dem Prozessleitsystem angesprochen werden kann.

Aufgaben

1. Mit welchen Signalarten werden Aktoren vom Prozessleitsystem aus angesteuert?
2. Welche Arten von Stellorganen spielen in der stoffwandelnden Industrie die größte Rolle?
3. Nennen Sie die vier wichtigsten Typen von Stellorganen zur Beeinflussung von Stoffströmen.
4. Führen Sie die Vorteile und Nachteile von Kugelhähnen, Schiebern, Klappen sowie Schrägsitzventilen gegenüber Geradsitzventilen und Eckventilen auf.
5. Von welchen Hilfsenergiequellen kommen die erforderlichen großen Leistungen zum Verstellen von Stellorganen?
6. Warum sind pneumatische Stellventile meist an einem „großen Kopf" erkennbar?
7. Welche Baugruppe enthält ein pneumatisches Regelventil, damit es vom Druck der Instrumentenluft nicht bis in die Endstellung bewegt wird?
8. Auf welche Ventilart ist der Einsatz von Magnetantrieben beschränkt?
9. Mit welchem Hilfsmittel wird die Ventilstellung bei einem Ventil mit Motorantrieb vom internen Stellungsregler gemessen?
10. Warum ist ein Regelventil mit linearer Kennlinie für Regelaufgaben weniger gut geeignet als ein Ventil mit gleichprozentiger Kennlinie?
11. Warum werden Relais und Schütze auch als Signalverstärker bezeichnet?
12. Beschreiben Sie Aufbau und Funktion des meist verwendeten Motortyps für Antriebe von Maschinen und beweglichen Apparateteilen in der stoffwandelnden Industrie.
13. In welchen beiden Grundformen gibt es den Drehstrom-Asynchronmotor? Welche Form wird häufiger eingesetzt?
14. Wie wird dem sich drehenden Rotor eines Gleichstrommotores die Spannung zugeführt?
15. Welche beiden Grundtypen gibt es bei den Gleichstrommotoren, die nicht mit Dauermagneten arbeiten?
16. Nennen Sie je zwei Vorteile und zwei Nachteile der selten anzutreffenden Drehstromsynchronmotoren gegenüber den Drehstromasynchronmotoren.
17. Wie heißt die elektrische Schaltung zur Richtungsänderung eines Drehstromasynchronmotors?
18. Erläutern Sie die prinzipiellen Möglichkeiten der Drehzahländerung bei Elektromotoren.
19. Welche historisch relativ neue Möglichkeit der Drehzahländerung bietet die Halbleiter-Leistungselektronik?
20. Nennen Sie die beiden prinzipiellen Möglichkeiten der Spannungsänderung für Motordrehzahlverstellungen.
21. Welche leistungselektronischen Bauelemente bilden das Herzstück der Frequenzumrichter?
22. Erläutern Sie die Funktionsweise der drei grundlegenden Bauformen von stufenlosen Verstellgetrieben.
23. Warum ändert sich das von einer Motor-Getriebe-Baugruppe abgegebene Drehmoment, wenn die Drehzahl am Getriebe verstellt wird?
24. Nennen Sie die Maßeinheiten der physikalischen Größen Kraft, Drehzahl, Drehmoment und Leistung.
25. Schlagen Sie in einem Tabellenbuch nach, wie die Leistung eines Motors oder einer Motor-Getriebe-Baugruppe aus Drehmoment und Drehzahl berechnet werden kann.
26. Welchem Zweck dient die Stopfbuchsdichtung an einem Ventil zur Regulierung von Stoffströmen?
27. Welches Bauteil ersetzt bei einem Wasserauslaufventil im privaten Haushalt die Stopfbuchse bei einem Ventil für den Industrieeinsatz?
28. Skizzieren und erläutern Sie Aufbau und Funktion der an Regelventilen häufig vorhandenen Bypassleitung mit den zugehörigen Handventilen.

11 Automatisierte Rezeptursteuerung (Batch-Prozesse)

11.1 Vorbetrachtungen

Unter **Batch-Prozessen** versteht man computergesteuerte **diskontinuierliche Prozesse** in der stoffwandelnden Industrie (engl. batch: absatzweise). Die Steuerung kann von den Controllern des Prozessleitsystems oder von einer speicherprogrammierbaren Steuerung ausgeführt werden.

Das vorliegende Kapitel baut daher auf den Kapiteln 3.5.2 (Logische Ablaufsteuerung) und 8.5 (Darstellungsformen von Steuerungsaufgaben) auf. Dort wurde am Beispiel eines chemischen Reaktors aufgezeigt, dass bestimmte Elementarschritte des Rezeptablaufes zusammengefasst werden können. Häufig wiederkehrende Abschnitte eines Rezeptablaufs können aus mehreren Elementarschritten zusammengesetzt werden.

> **Merksatz**
>
> Die Zusammenfassung von Elementarschritten zu **Rezeptabschnitten** und deren Zusammenfassung zu nächst höheren Rezeptabschnitten ist einer der Kerngedanken der **computerbasierten Rezeptursteuerung**.

11.2 Von der Teilaktivität zum Rezeptabschnitt

Die Zusammenfassung von Elementarschritten zu einem Rezeptabschnitt soll zunächst anhand eines Beispiels erklärt werden.

> **Beispiel**
>
> **Rezeptabschnitt**
>
> Der Chargenreaktor in Bild 1 muss während eines Rezeptablaufes gekühlt werden.
>
> Im Rahmen der Rezeptprogrammierung am Computer ist es deshalb zweckmäßig, einen Rezeptabschnitt „KÜHLEN" zu programmieren.
>
> Dieser Rezeptabschnitt besteht aus den Teilaktivitäten: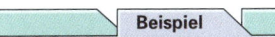
>
> 1. Öffnen von V1,
> 2. Öffnen von V2,
> 3. Inbetriebnahme der Pumpe P1.

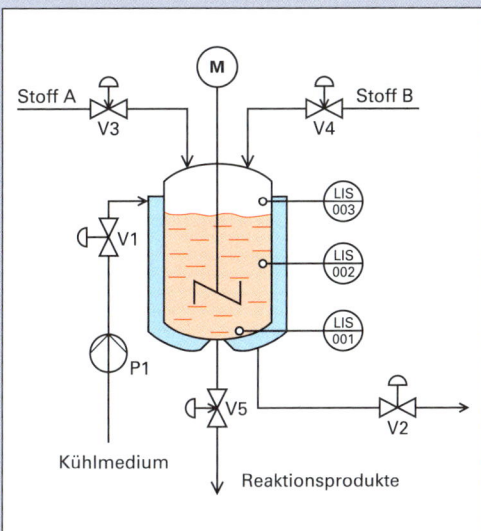

Bild 1: Rezepturgesteuerter Chargenreaktor

Immer dann, wenn im Rahmen des Rezeptablaufes gekühlt werden muss, wird später vom Computernetzwerk oder vom externen Controller aus dieser Rezeptabschnitt „KÜHLEN" gestartet. Natürlich ist darüber hinaus noch ein zweiter Abschnitt „KÜHLEN AUS" oder „KÜHLEN ENDE" zu programmieren, der V1 und V2 wieder schließt sowie die Pumpe P1 ausschaltet. Dieser Rezeptabschnitt wird gestartet, wenn das Kühlen beendet werden soll.

Ausgehend von diesen Betrachtungen sind noch andere solche Rezeptabschnitte denkbar, z. B. das Dosieren von gleichen Teilen der Stoffe A und B.

Ein dafür erforderlicher Rezeptabschnitt „DOSIEREN" setzt sich dann aus folgenden Teilabschnitten zusammen:

1. Wenn der Teilabschnitt „DOSIEREN" gestartet wurde: Öffnen von V3.
2. Wenn der Füllstandssensor LIS 002 ein Signal gibt: Schließen von V3.
3. Wenn V3 geschlossen ist: Öffnen von V4.
4. Wenn der Füllstandssensor LIS 003 ein Signal gibt: Schließen von V4.

5. Wenn V4 geschlossen ist: Rückmeldung zum Controller oder zum PC-Netzwerk, dass der Programmabschnitt „DOSIEREN" erfolgreich beendet wurde.

Der Rezeptabschnitt „RÜHREN" enthält zwei Teilaktivitäten:

1. Wenn der Rezeptabschnitt „RÜHREN" gestartet wurde: Einschalten des Rührers.
2. Wenn der Rührer eingeschaltet worden ist: Rückmeldung zum Controller.

Der Rezeptabschnitt „RÜHREN ENDE" enthält ebenfalls zwei Teilaktivitäten:

1. Wenn der Rezeptabschnitt „RÜHREN ENDE" gestartet wurde: Ausschalten des Rührers.
2. Wenn der Rührer ausgeschaltet worden ist: Rückmeldung zum Controller.

Die Elementarschritte, aus denen jeder Rezeptabschnitt besteht, werden auch **Steps** genannt (engl. step: Schritt). Dies sind die einzelnen Aktionen der Stellorgane, aber auch zum Beispiel die vom Rezept aus automatisch erfolgende Verstellung des Sollwerts eines Regelkreises. Auch das Öffnen bzw. Schließen von Ventilen und das Ein- bzw. Ausschalten eines Rührwerks- oder Pumpenmotors gehören zu den typischen Elementarschritten.

> **Merksatz**
>
> Rezeptabschnitte setzen sich aus **Elementaraktivitäten** bzw. **Elementarschritten** zusammen, wie beispielsweise das Öffnen eines Ventils oder das Ausschalten eines Motors.

Oftmals sind diese Rezeptabschnitte so programmiert, dass sie ihren Ablauf zwischenzeitlich unterbrechen und auf eine zusätzliche Bedienereingabe warten.

So kann zum Beispiel der Abschnitt „DOSIEREN" die Eingabe einer konkreten Menge vom Bediener verlangen oder der Abschnitt „AUFHEIZEN UND TEMPERIEREN" die Vorgabe der Endtemperatur fordern, die das Programm einstellen und danach konstant halten soll.

Die Rezeptabschnitte werden entweder von den **Controller-Bauelementen** des Prozessleitsystems realisiert oder aber von einem **speicherprogrammierbaren Steuerungsgerät** (SPS). Dort sind die erforderlichen Einzelaktivitäten in digitaler Form gespeichert.

> **Merksatz**
>
> Die Rezepturabläufe werden von den **Controllern** der Prozessleitsysteme oder von separaten **SPS-Geräten** realisiert.

Das Hineinladen des digitalen Programms in den Controller oder in das SPS-Gerät erfolgt über die Bus-Verbindung von einem Konfigurierungs-PC aus. Dort werden die Rezepte erstellt und bearbeitet. Sie sind dann im Arbeitsspeicher oder auf einer der Festplatten gespeichert und stehen zum Abruf, d. h. zum Laden in den Controller oder in die SPS bereit.

11.3 Die Grundfunktionen als Hauptbausteine der Rezepte

Die in Kapitel 11.2 als Rezeptabschnitte bezeichneten Gruppen von Elementarschritten tragen gemäß dem amerikanischen Standard ANSI/ISA S88.01 sowie der deutschen NAMUR-Empfehlung NE33 die Bezeichnung **Grundfunktion** oder **Phase**. (ANSI/ISA: **A**merican **N**ational **S**tandards **I**nstitute/**I**nstrument **S**ociety of **A**merica; NAMUR: Interessengemeinschaft Prozessleittechnik in der Chemischen und Pharmazeutischen Industrie, früherer Name, dessen Kurzform heute noch verwendet wird: **N**ormen-**A**rbeitsgemeinschaft **M**ess- **u**nd **R**egelungstechnik).

Sowohl der amerikanische Standard als auch die deutsche NAMUR-Empfehlung sind in den 80er und 90er Jahren als Folge der Einführung der objektorientierten Programmierung in die Prozessleitsysteme entstanden.

Der amerikanische Standard ist dabei konsequenter, detaillierter und verständlicher als die deutsche NAMUR-Empfehlung. Deshalb findet er auch in Deutschland Anwendung, zumal mittlerweile auch amerikanische Leitsysteme in Deutschland große Marktanteile haben.

Hinsichtlich der Realisierung im Computer ist das in Bild 1, Seite 281, dargestellte Reaktorsystem mit seinen Ventilen und dem Rührwerk ein Hardwaresystem, auf dem die beschriebenen Grundfunktionen ablaufen können.

11.3 Die Grundfunktionen als Hauptbausteine der Rezepte

> **Merksatz**
>
> Die Rezeptabschnitte, die aus einzelnen Elementaraktivitäten bestehen, heißen **Grundfunktionen**. Bei manchen Leitsystem-Anbietern werden sie auch als **Phasen** bezeichnet. Sie dürfen nicht mit den logischen Grundfunktionen der Digitaltechnik (vgl. S. 311 ff.) verwechselt werden.

In Betrieben der Chargenchemie sind gleichartige Teilanlagen sehr häufig mehrfach vorhanden.

Ausgehend vom Beispiel aus Bild 1, S. 279, könnte dieses mehrfache Vorhandensein von Teilanlagen etwa so aussehen, wie in Bild 2 dargestellt. Das Bild 1 gewährt einen Blick in eine Mehrprodukteanlage, die mehrere identische Reaktoren enthält. In den Reaktoren können gleichartige oder unterschiedliche Stoffe produziert werden.

Bild 1: Identische Reaktoren in einer Anlage zur Chargenproduktion

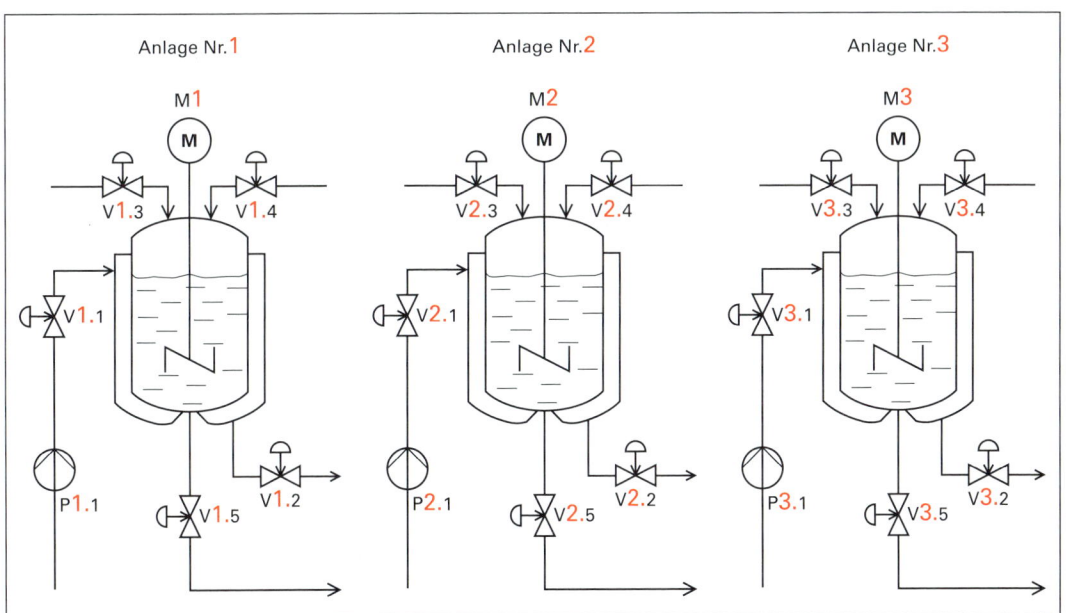

Bild 2: Drei gleiche Teilanlagen in einer Anlage der Chargenchemie

Die Grundfunktion „FÜLLEN" kann demnach in der Teilanlage 3 ebenso angewendet werden wie in den Teilanlagen 1 und 2. Die Voraussetzung dafür besteht darin, dass die Anlagen exakt identisch sind, also zum gleichen Anlagentyp, der so genannten **Klasse** von Anlagen, gehören.

Die Grundfunktion „FÜLLEN" muss somit als Computerprogramm nur einmal geschrieben werden. Es ist aber auf mehrere Anlagen anwendbar.

Nach den Grundsätzen der objektorientierten Programmierung ist jede Anlage von der Struktur her ein **Objekt**. Die drei Objekte gehören zur gleichen **Klasse**, d. h. zum gleichen Anlagentyp. Auch die softwareseitig programmierten Rezeptabschnitte, die Grundfunktionen „FÜLLEN", „RÜHREN", „DOSIEREN" usw. haben etwas gemeinsam: Sie sind auf jede der drei Anlagen anwendbar. Deshalb werden sie auch als **Methoden** bezeichnet. Bild 1, S. 282, soll dies veranschaulichen.

11 Automatisierte Rezeptursteuerung (Batch-Prozesse)

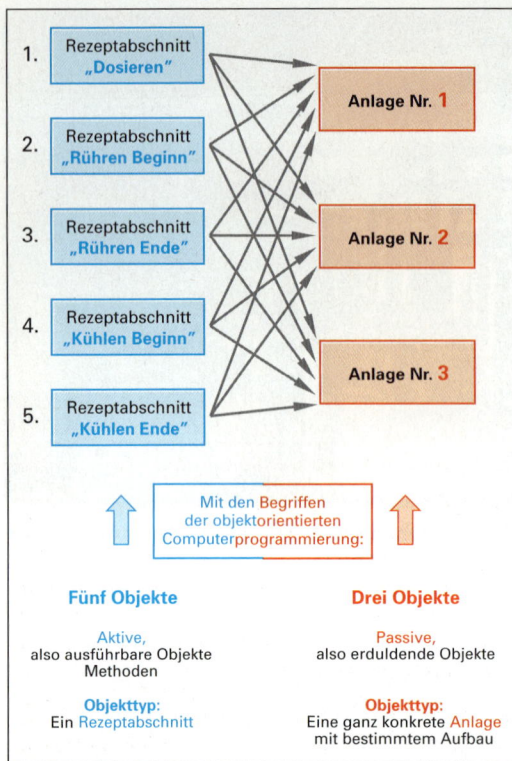

Bild 1: Rezeptabschnitte, anwendbar auf gleichartige Teilanlagen

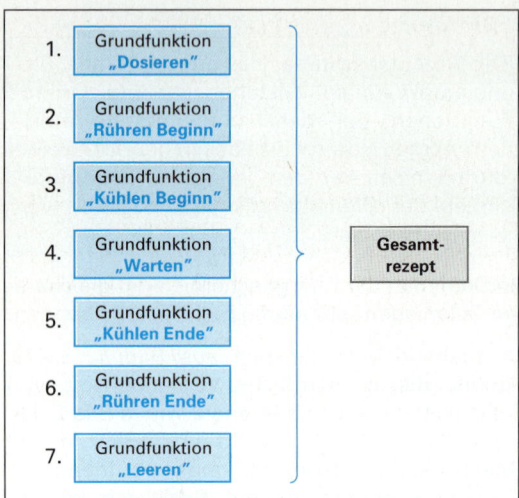

Bild 2: Gesamtrezept als Ablauf von Grundfunktionen

Die nächsthöhere Einheit, zu der die Grundfunktionen üblicherweise zusammengesetzt werden, heißt **Grundoperation**.

Man kann bei der Rezepturprogrammierung softwareseitig also mehrere **Grundfunktionen** zu einer **Grundoperation** zusammenfassen. Mehrere solcher Grundoperationen können dann zum eigentlichen **Gesamtrezept** kombiniert werden (Bild 3).

> **Merksatz**
>
> Das **Gesamtrezept** trägt auch den Namen **Grundrezept**.

11.4 Zusammensetzen der Grundfunktionen zu größeren Rezeptbausteinen

So, wie mehrere elementare Schritte, z. B. der zeitliche Ablauf von Ventilöffnungen oder Motorschaltungen, zu den so genannten **Grundfunktionen** gruppiert werden, kann man auch mehrere Grundfunktionen zu einer größeren Einheit zusammensetzen.

Die gesamte Rezeptur kann beispielsweise ein serieller Ablauf einer Vielzahl von Grundfunktionen sein. Dies verdeutlicht Bild 2.

Es ist üblich, aus den Grundfunktionen nicht direkt das Gesamtrezept zusammenzusetzen, sondern zunächst einmal eine nächsthöhere Einheit zu bilden. Sie stellt gewissermaßen einen Rezeptabschnitt dar, der sich aus Grundfunktionen zusammensetzt, und aus dem seinerseits die Gesamtrezepte gebildet werden.

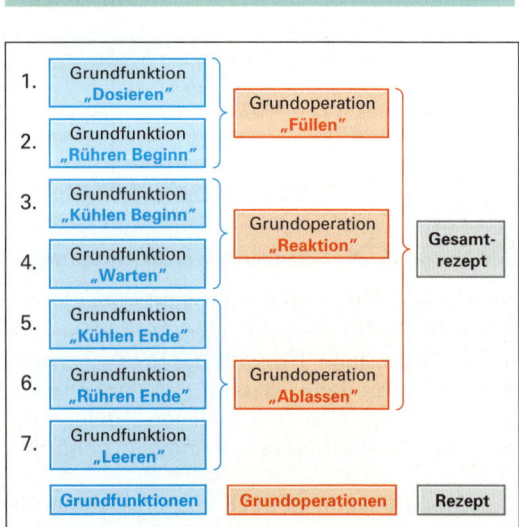

Bild 3: Gesamtrezept als Ablauf von Grundoperationen, die aus Grundfunktionen bestehen

11.4 Zusammensetzen der Grundfunktionen zu größeren Rezeptbausteinen

Damit existieren drei Stufen von Rezeptbausteinen:

- Grundfunktionen,
- Grundoperationen,
- Gesamtrezept.

Der Standard ANSI/ISA S88.01 sieht keine drei-, sondern eine vierstufige Kombinierbarkeit der Rezeptbausteine vor (Bild 1). Im Standard sind als weitere Zwischenebene die **Teilrezepturen** vorgesehen.

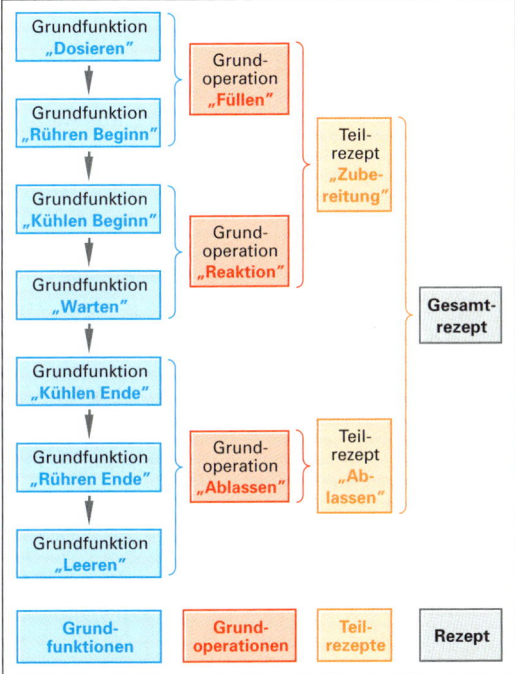

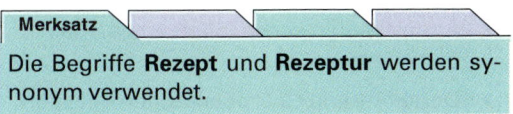

Bild 1: Hierarchie der Bestandteile eines Gesamtrezepts nach ANSI/ISA S88.01

Merksatz

Die Begriffe **Rezept** und **Rezeptur** werden synonym verwendet.

Im Bild 2, S. 282, sind sieben Grundfunktionen direkt zu einem Gesamtrezept kombiniert. In Bild 1 gibt es hingegen drei Grundoperationen, die aus jeweils zwei bzw. drei Grundfunktionen bestehen. Die drei Grundoperationen sind ihrerseits zu Teilrezepten zusammengesetzt, die gemeinsam ein Gesamtrezept ergeben.

Dieses Strukturierungsprinzip verdeutlicht Bild 2. Es bietet Vorteile für die universelle Programmierbarkeit von komplexen Rezepturen und für später universelle Änderungsmöglichkeiten.

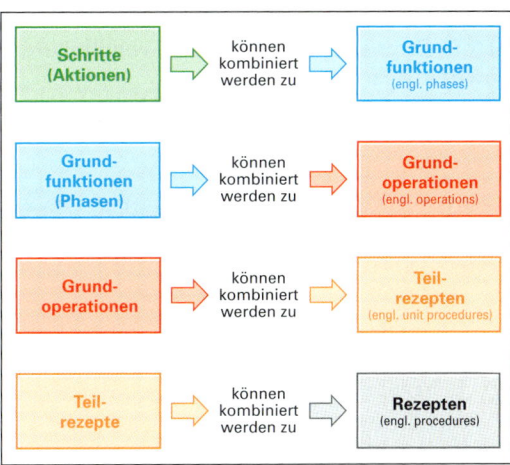

Bild 2: Zusammenfügung von Rezeptabschnitten zur jeweils nächsthöheren Ebene

Die **Grundoperationen** sind als Teil des Gesamtrezeptes prinzipiell auf jeder Teilanlage lauffähig, ebenso wie die **Grundfunktionen**, das **Teilrezept** und das **Gesamtrezept**.

Somit hat man bei der objektorientierten Computerrezeptur-Programmierung vier **Rezeptklassen (Methodenklassen)**:

- die Klasse der **Grundfunktionen**,
- die Klasse der **Grundoperationen**,
- die Klasse der **Teilrezepte**,
- die Klasse der **Gesamtrezepte**.

Diese Strukturierung geht einher mit einer Unterteilung der Chemieanlage in Anlagenteile. So kann man zweckmäßigerweise die in Bild 3 dargestellte Einteilung treffen.

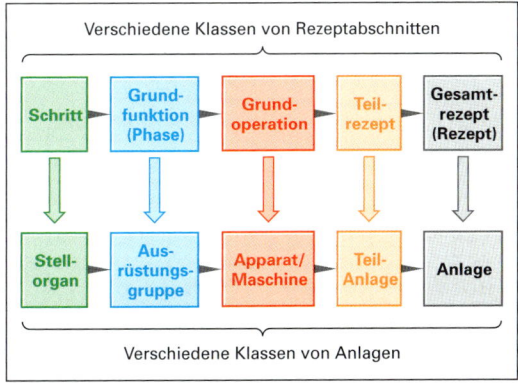

Bild 3: Rezeptur- und Anlagenhierarchie nach ANSI/ISA S88.01

So wie ein einzelner Programmschritt ein einzelnes Stellorgan betrifft, so betrifft das Gesamtrezept die Gesamtanlage. Eine Grundfunktion betrifft demnach nur eine Gruppe von Stellorganen bzw. Ausrüstungen.

> **Merksatz**
>
> Die Rezepthierarchie nach dem Standard ANSI/ISA S88.01 und der Empfehlung NAMUR NE33 gliedert die Rezepturen in die Rezeptklassen:
>
> - Elementarschritte,
> - Grundfunktionen,
> - Grundoperationen,
> - Teilrezepte,
> - Gesamtrezept.
>
> Die Gliederung geht einher mit einer Anlagenklassifizierung in die Anlagenklassen:
>
> - Stellorgane,
> - Ausrüstungsgruppen,
> - Apparate,
> - Teilanlagen,
> - Gesamtanlage.

Der einfache chemische Reaktor aus Bild 1, S. 279, wurde bei den vorangegangenen Betrachtungen als „Anlage" eingestuft. Er ist in der Praxis jedoch kein allzu komplexes Objekt, sodass er im Rahmen der Rezepturprogrammierung eigentlich nur als Maschine bzw. Apparat eingestuft werden sollte.

Eine Unterteilung der in ihm ablaufenden Rezepte in die **vier** Ebenen Rezept, Teilrezept, Grundoperation, Grundfunktion ist deshalb programmierungstechnisch nicht erforderlich.

Es ist ausreichend, auf dem Reaktor ein Rezept laufen zu lassen, das aus einem einzigen Teilrezept besteht, und das seinerseits nur eine einzige Grundoperation enthält. Diese Grundoperation kann, wie weiter oben beschrieben, aus mehreren Grundfunktionen bestehen.

Tabelle 1 fasst nochmals die wichtigsten Grundzüge der Rezepturstrukturierung nach ANSI/ISA S88.01 und NAMUR NE33 zusammen. Die rechte Spalte der Tabelle enthält typische Beispiele für die einzelnen Rezepthierarchien.

Tabelle 1: Grundzüge der Rezepthierarchie nach ANSI/ISA S88.01 und NAMUR NE33

Rezeptklasse	Beschreibung	Typische Beispiele
Elementarschritte (engl. steps)	Einzelne Schritte in der logischen Ablaufsteuerung	• Öffnen eines Ventils • Einschalten des Rührermotors • Starten der Zentrifuge
Grundfunktionen (engl. phases)	Zweckmäßig gruppierte Abfolge von Elementarschritten	• Eindosieren bestimmter Mengen in einen Apparat • Entleeren eines Apparates • Inbetriebsetzen der Reaktorkühlung • Inbetriebnahme einer Kolonnenheizung
Grundoperationen (engl. operations)	Abfolge von Grundfunktionen	• Abdestillieren eines Drittels eines Stoffgemisches • Durchführung einer chemischen Reaktion in einem Reaktor, bestehend aus dem Befüllen bzw. Leeren, dem Rühren und der eigentlichen Reaktion
Teilrezepte (engl. unit procedures)	Abfolge von Grundoperationen	• Herstellung eines Zwischenproduktes in einer Teilanlage • Durchführung einer chemischen Reaktion mit Zwischenlagern des Produktes in einem Teilstrang der Gesamtanlage
Gesamtrezept (engl. procedure)	Abfolge von Teilrezepten	• Herstellung eines Hauptproduktes in einer komplexen Großanlage

11.5 Komplexbeispiel

Bei komplexeren Anlagen erhöht eine zweckmäßige Strukturierung die Übersichtlichkeit der zu programmierenden Rezepte. Das folgende Beispiel einer typischen Anlage der Chargenchemie soll dies veranschaulichen. Die Beschreibung bezieht sich auf das Bild auf den Seiten 286/287.

Eine chemische Reaktion wird in den **Reaktoren C1 bis C4** durchgeführt. In diese können flüssige Ausgangsstoffe aus den **Behältern A bis E** sowie pulverförmige Ausgangsstoffe aus den **Andocksystemen 1, 2 oder 3** dosiert werden. Die Stoffe rutschen nach Öffnen der zugehörigen Schieber selbstständig portionsweise in den Reaktor.

Die fertigen, flüssigen Reaktionsprodukte werden in einem der **Behälter B1 bis B4** unter Rühren zwischengelagert, um danach einer Stofftrennung unterzogen zu werden. Je nachdem, welches Produkt gerade hergestellt wurde, kommt dafür ein Filtrieren im **Vakuumfilter F**, eine Schleudertrennung in den **Zentrifugen S1 bzw. S2** oder aber eine Destillation in der **Kolonne K** in Frage.

In der Anlage befindet sich weiterhin ein **Trockenofen T**, der jedoch nicht über das Prozessleitsystem, sondern manuell beschickt, entleert und bedient wird. Nutsche und Zentrifugen sind so konzipiert, dass der Feststoff automatisch ausgetragen und dem Schneckenförderer zugeführt wird. Dies wird durch eine elektronische Steuerung realisiert, die sich in den Geräten selbst befindet.

Die festen Endprodukte werden in den **Behältern B5 bis B9**, die flüssigen in **B10 bis B12** aufgefangen. Das R&I-Schema auf den Seiten 286 und 287 enthält nur die wichtigsten Ausrüstungen.

Der Ingenieur, der das Prozessleitsystem konfiguriert, muss gemeinsam mit dem Chemiker, der die konkreten Verfahren kennt, festlegen, wie die automatisierten Rezepte im Computer zu strukturieren sind. Dabei ist es wichtig, dass zweckmäßige Bausteine entstehen, die immer wieder verwendet werden können. Folgende Vorgehensweise bietet sich an.

Zunächst sollten die Grundoperationen notiert werden, die in den Apparaten ablaufen sollen. Dies sind:

- **In den Reaktoren C1 bis C4:**

  Chemische Reaktion eines Ansatzes inklusive Befüllen und Entleeren

- **In den Zwischenlagerbehältern B1 bis B4:**

  Lagerung der Reaktionsprodukte inklusive Rühren, Befüllen und Entleeren

- **Im Vakuumfilter** („Nutsche"):

  Abfiltrieren der Feststoffe einer Charge, die danach in einem der Zwischenlager gelagert werden, sowie Produktzufuhr und Produktabfuhr

- **In den Zentrifugen:**

  Abschleudern der Feststoffe einer Charge, die danach in einem der Zwischenlager gelagert werden, sowie Produktzufuhr und Produktabfuhr

- **Im Destillationsapparat:**

  Destillative Trennung einer Charge in einzelne Bestandteile, die in einem der Zwischenlager gelagert werden, sowie Produktzufuhr und -abfuhr

- **In den Behältern B5 bis B12:**

  Keine separaten Grundoperationen, weil die Produktzufuhr identisch ist mit der Produktabfuhr aus den vorgeschalteten Trennapparaten, sowie manuelle Steuerung der Produktabfuhr

- **In den Lagerbehältern für die Stoffe A bis E sowie an den Andockstationen 1 bis 3:**

  Keine separaten Grundoperationen, weil die Produktzufuhr manuell erfolgen soll und weil die Entnahme von Feststoffen aus den Andockstationen identisch ist mit dem Befüllen der Reaktionsbehälter

11 Automatisierte Rezeptursteuerung (Batch-Prozesse)

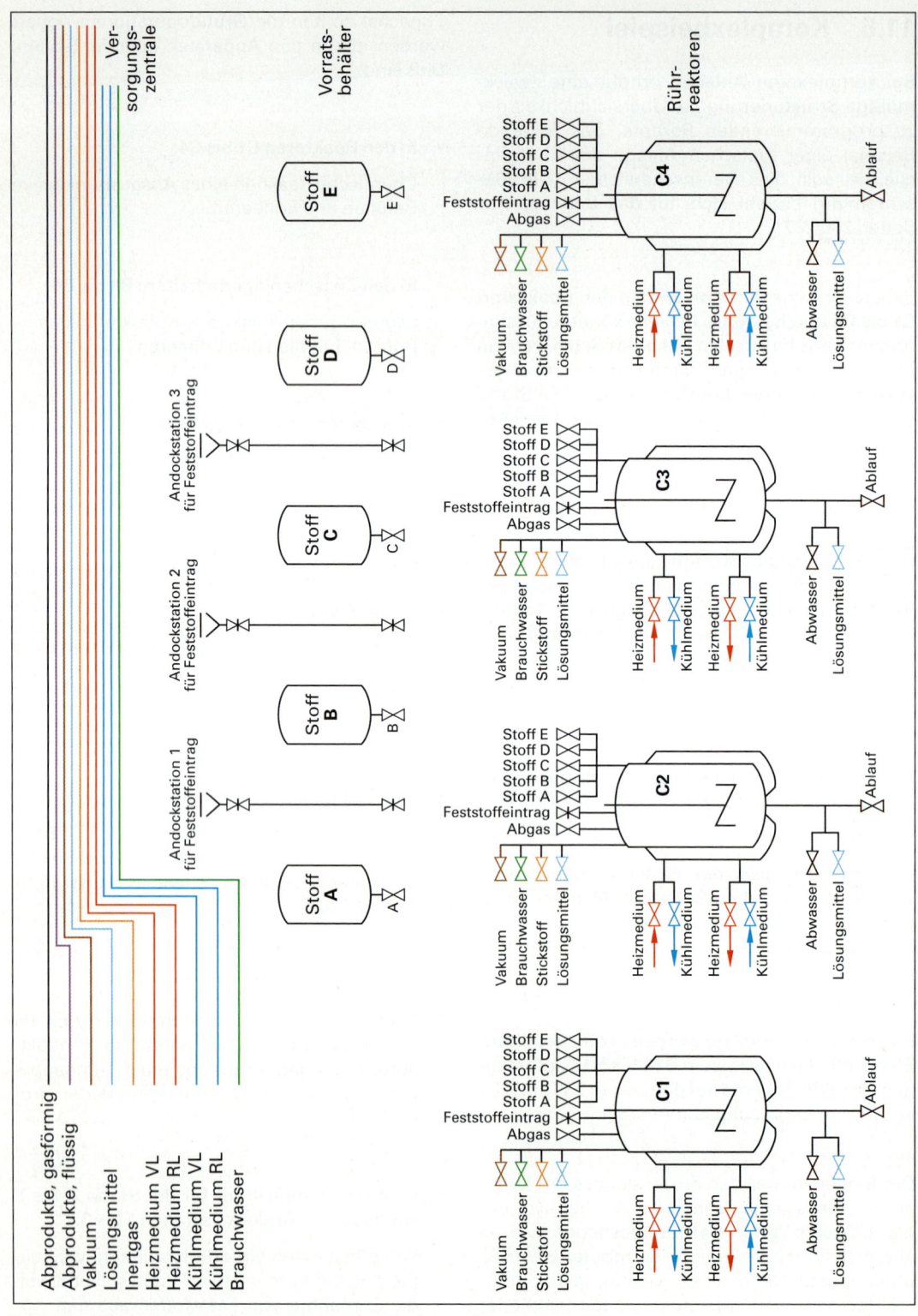

Bild 1: Komplexbeispiel zur Strukturierung von Batch-Rezepturen (1. Teil)

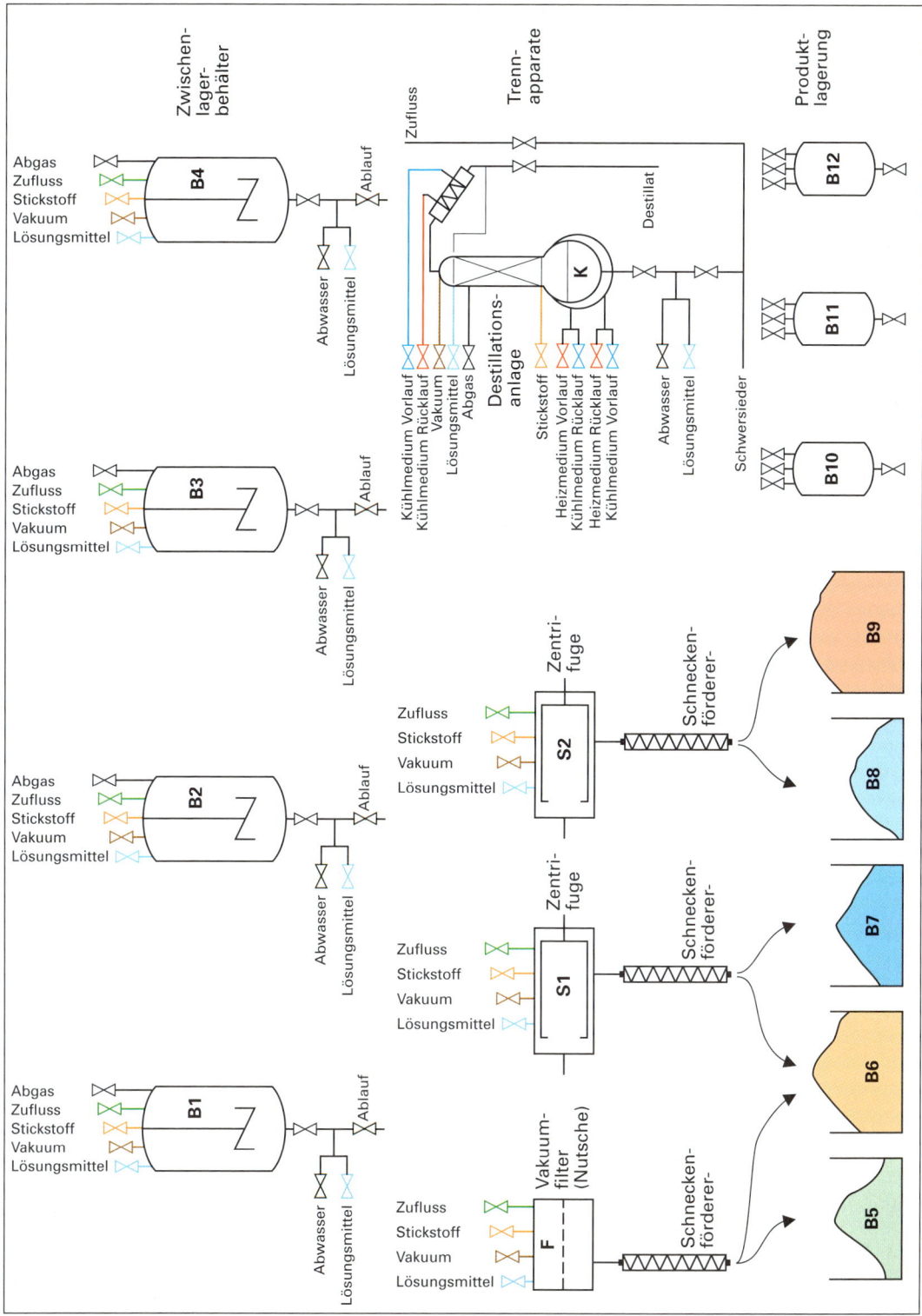

Bild 1: Komplexbeispiel zur Strukturierung von Batch-Rezepturen (2. Teil)

Welche Namen könnten die **Grundoperationen** in der Computerkonfiguration erhalten und in welche **Grundfunktionen** sollten die Grundoperationen zweckmäßig untergliedert werden?

Tabelle 1 zeigt eine der Möglichkeiten eines kompletten Satzes von zweckmäßigen Rezepturbausteinen.

Die Namen der Rezepturbausteine sollen einerseits ausreichend kurz sein, da sie im Computersystem als Dateinamen wiederzufinden sind, andererseits sollen sie den Inhalt des Rezeptabschnittes möglichst eindeutig widerspiegeln. Dadurch ergeben sich teilweise die etwas eigenartig klingenden Namensgebilde.

Die Reaktanden durchlaufen auf dem Weg durch die Produktionsanlage jeweils einen Teil der appartiven Ausrüstung in einer vorbestimmten Reihenfolge.

Bild 1 veranschaulicht dies grafisch. In der Beispielanlage gibt es dazu vorrangig Lagerbehälter, Reaktions- und Trennapparate sowie Fördereinrichtungen.

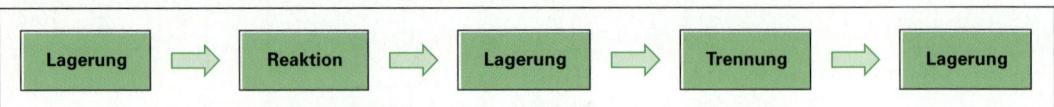

Bild 1 Verfahrensstufen in der Beispielanlage

Tabelle 1: Grundoperationen und Grundfunktionen für das Komplexbeispiel (Seiten 286/287)

Name des Apparates oder der Maschine	Name der dort ablaufenden Grundoperation in der Software des Prozessleitsystems	Grundfunktionen als Bestandteile der Grundoperationen
C1 C2 C3 C4	REAK	BEFUELLEN_REAK RUEHREN_REAK ABLASSEN_REAK
B1 B2 B3 B4	LAG	BEFUELLEN_LAGER RUEHREN_LAGER ABLASSEN_LAGER
K	DESTILL	BEFUELLEN_DESTILLE KOCHEN_DESTILLE LEEREN_DESTILLE
F	VAKUUMFILTERN	VAKUUM_ANLEGEN ZUDOSIEREN_NUTSCHE FILTERN_BEENDEN
S1 S2	ZENTRIFUGIEREN	BEFUELLEN_ZENT SCHLEUDERN ABSCHAELEN
Zusätzliche Grundoperationen und Grundfunktionen, z. B. für das Spülen der Behälter:		
C1 C2 C3 C4	SPUEL_REAK	WASSERFUELLEN_REAK RUEHREN_REAK LEEREN_REAK
S1 S2	SPUEL_LAGER	SPUELWASSERFUELLEN_L RUEHREN_LAGER LEEREN_LAGER

Das Befüllen bzw. Entleeren der Zwischenlagerbehälter B1 bis B4 ist identisch mit dem Leeren der Reaktoren bzw. dem Befüllen der Trennapparate.

Deshalb ist es eigentlich nicht erforderlich, zum Befüllen und Entleeren von B1 bis B4 separate Grundfunktionen vorzusehen. Dennoch ist es zweckmäßig, diese Grundfunktionen für besondere Fahrweisen vom Prinzip her zu programmieren und auf der Festplatte zu speichern.

Zusätzliche Grundoperationen könnten z. B. für das Spülen vorbereitet werden. Jedoch könnte für das Spülen statt einer **Grundoperation**, die aus drei **Grundfunktionen** besteht, auch eine einzige Grundfunktion geschrieben werden, die alle erforderlichen Teilschritte bereits enthält.

> **Merksatz**
>
> Eine zweckmäßige Strukturierung der Gesamtanlage sowie des Systems der Rezeptabschnitte erleichtern dem Automatisierungsingenieur das Erstellen von Rezepten sowie die spätere Änderung bereits bestehender Rezepturen.

Eine zweckmäßige Strukturierung der Rezepturbausteine ist im Bild 1, S. 290, dargestellt. Dabei sind einige Vereinfachungen gegenüber der Praxis vorgenommen wurden, jedoch wird damit das Prinzip der gesamten Idee der Batch-Prozesse anschaulich gemacht und die Hauptaussagen des Kapitels 11.5 zusammengefasst.

Es ist erkennbar, dass beispielsweise die Grundfunktion „RUEHREN_REAK" sowohl in der Grundoperation zum Spülen des Reaktors, als auch während der chemischen Reaktion Verwendung findet.

Die Grundfunktion „ABLASSEN_REAK" und „LEEREN_REAK" unterscheiden sich darin, dass bei „LEEREN_REAK" das Schmutzwasser-Ventil geöffnet wird und bei „ABLASSEN_REAK" das Ventil zum Lagerbehälter. Die Grundfunktion „LEEREN_REAK" ist eine Grundfunktion, die nur im Rahmen des Spülens Verwendung findet.

Die einzelnen Grundfunktionen enthalten die elementaren Teilaktivitäten. So wird z. B. die Grundfunktion „BEFUELLEN_REAK" eines der Zulaufventile öffnen, bis sich eine bestimmte Menge im Reaktor befindet. Außerdem wird eine bestimmte Menge Feststoff dosiert.

Wie diese Mengen gemessen werden, d. h., wann eine Teilaktivität beendet ist und zur nächsten übergegangen wird, soll in diesem Rahmen nicht betrachtet werden, da die Vielzahl von MSR-Stellen bei der Rezeptprogrammierung zu berücksichtigen wäre.

Prinzipiell wird zunächst durch die Menge und Art der eingefüllten Produkte bestimmt, welcher Stoff hergestellt wird. Daher muss vom Bediener vor dem Start der Gesamtrezeptur eingegeben werden, welches Produkt in der nächsten Charge herzustellen ist. Nur so können während des Ablaufes der Grundfunktion „BEFUELLEN_REAK" automatisch die richtigen Einsatzstoffe dosiert werden.

Nachdem nun vom Automatisierungsingenieur in Zusammenarbeit mit den Chemikern entschieden wurde, in welche Grundoperationen und Grundfunktionen das Gesamtverfahren zu strukturieren ist, muss geklärt werden, zu welchen größeren Einheiten mehrere Grundoperationen zusammengefasst werden können.

Hier bietet sich an, die Reaktion und das Lagern zu einem Teilrezept zusammenzufassen (REAGIEREN_UND_LAGERN). Es wäre auch möglich, das separate Anlegen von Teilrezepten zu überspringen und die Grundoperationen direkt zum Gesamtrezept zu kombinieren.

Teilrezepte machen vor allem dann Sinn, wenn in ihnen verschiedene Zwischenprodukte (in Teilen der Gesamtanlage) hergestellt werden, die schließlich zur Fertigung eines Endproduktes Verwendung finden. Bei kleineren Anlagen verzichten die Ingenieure oft auf die Nutzung der Teilrezept-Ebene. Dann werden die Grundoperationen direkt zum Gesamtrezept zusammengefasst.

Im folgenden Kapitel 11.6 wird angenommen, dass im Laufe der Zeit auf der Gesamtanlage nach und nach die drei folgenden Rezepte gefahren werden sollen:

- Aus A und C sowie einem pulverförmigen Feststoff wird eine Aufschlämmung von Stoff X. Stoff X eignet sich nur zur Abtrennung in der Nutsche.

- Aus B und D wird Stoff Y. Stoff Y wird destillativ abgetrennt. Aufgrund der Anlagenstruktur ist dabei ein vorheriges Zwischenlagern nur im Behälter B3 möglich.

- Aus A und E wird Stoff Z. Stoff Z wird durch Zentrifugieren am effektivsten und schnellsten abgetrennt.

11 Automatisierte Rezeptursteuerung (Batch-Prozesse)

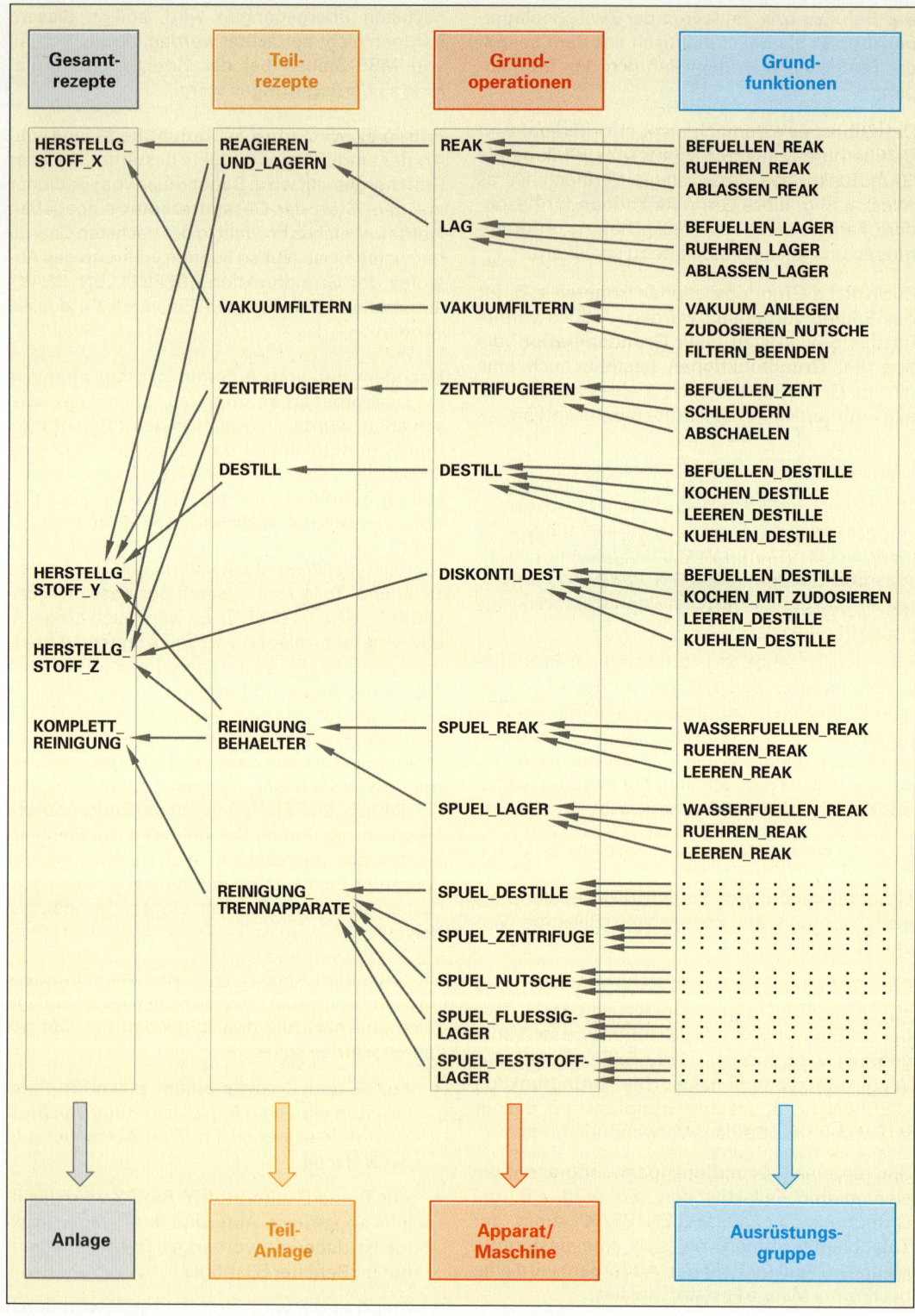

Bild 1: Komplette Rezeptur-Strukturierung für das Komplexbeispiel der Seiten 286 bis 287

11.6 Batch-Prozesse und Computersoftware

Die einzelnen Rezepte und ihre Bestandteile sind im Computerprogramm, meist auf der Engineeringstation, als Dateien in digitaler Form auf Festplatte gespeichert. Dort ist auch gespeichert, welches Rezeptur-Unterbausteins sich jeder Rezeptbaustein bedienen soll.

Die folgenden Ausführungen beziehen sich weiterhin auf das Komplexbeispiel des vorangegangenen Kapitels 11.5.

Startet der Bediener der Anlage von Bild 1 S. 286/287 z. B. das Rezept zur Herstellung des Stoffes Y, so werden nur die Teilrezepte „REAGIEREN_UND_LAGERN" sowie „DESTILL" benötigt. Dementsprechend spielen im Rezeptablauf auch nur die Grundoperationen „REAK", „LAG" und „DESTILL" eine Rolle.

In diesen Grundoperationen werden eine ganze Reihe von Grundfunktionen benötigt, jedoch z. B. nicht die Grundfunktion „VAKUUM_ANLEGEN", „SPUELWASSERFUELLEN_L" und „SCHLEUDERN".

Dass im Beispiel sowohl eine Grundfunktion als auch ein Teilrezept die Bezeichnung „DESTILL" trägt, ist für den späteren Rezeptablauf kein Problem.

Im Rahmen einer konsequent am Standard ANSI/ISA S88.01 orientierten Prozessleitsystem-Software setzen sich die Rezepte aus Bausteinen und Unterbausteinen zusammen, die bei der Konfigurierung am Computer ihrerseits zu neuen Rezepten zusammengefügt werden können oder um neue Bausteine ergänzt werden können.

Für gleichartige Apparate einer Klasse muss jede Grundoperation und jede Grundfunktion nur einmal geschrieben werden. Auch für gleichartige Teilanlagen muss ein Teilrezept nur einmal erstellt werden.

In der Computersoftware verschiedener Prozessleitsystemanbieter werden die Rezepturbausteine grafisch als Rechtecke symbolisiert, die in der Richtung ihrer Abarbeitung durch Striche oder Pfeile miteinander verbunden sind. Dies ist die Bildschirm-Darstellung der Schrittketten, wie sie in Kapitel 8.5 (Darstellungsformen von Steuerungsaufgaben) eingeführt wurde.

Demnach sieht der Rezeptablauf des Beispiels wie in Bild 1 dargestellt aus.

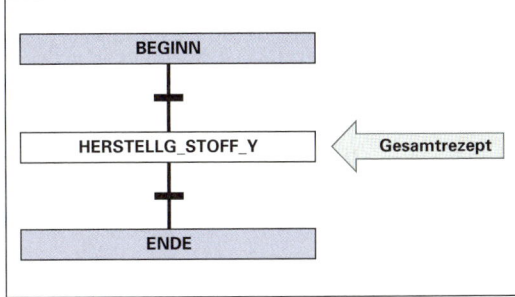

Bild 1: Anklicken eines Gesamtrezeptes

Nach Doppelklick auf die Box „HERSTELLG_STOFF_Y" stellt der Bildschirm dar, welche Bausteine sich in dieser Box, also im Gesamtrezept befinden. Dies sind im vorliegenden Fall die beiden Teilrezepte „REAGIEREN_UND_LAGERN" sowie „DESTILL" (Bild 2).

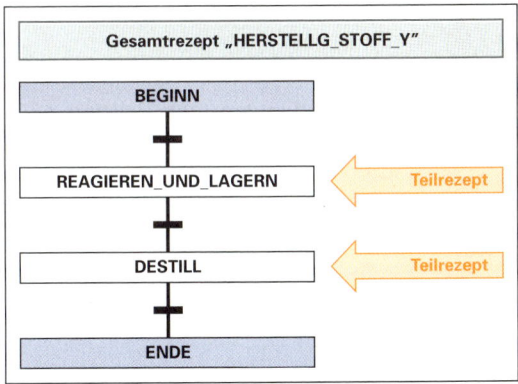

Bild 2: Auswahl eines der Teilrezepte durch Anklicken

Ein Doppelklick auf das Teilrezept „REAGIEREN_UND_LAGERN" zeigt dessen Bausteine, nämlich die Grundoperationen „REAK" und „LAG".

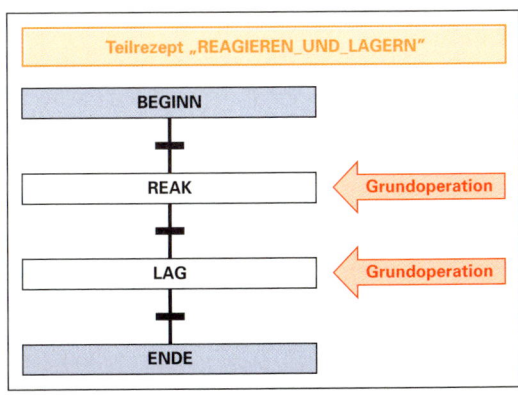

Bild 3: Auswahl einer Grundoperation durch Anklicken

11 Automatisierte Rezeptursteuerung (Batch-Prozesse)

Schließlich führt ein Doppelklick auf die Grundoperation „REAK" auf deren Bestandteile. Dies sind die Grundfunktionen „BEFUELLEN_REAK", „RUEHREN_REAK" sowie „ABLASSEN_REAK".

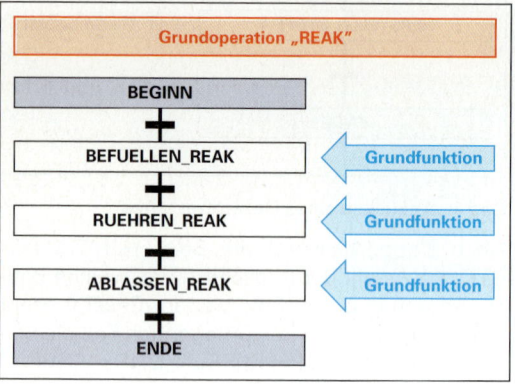

Bild 1: Auswahl einer der drei Grundfunktionen durch Anklicken

Die in den Bildern 1, S. 291, bis 2, auf dieser Seite, enthaltenen Darstellungsformen werden auch **SFC** (**S**equential **F**unction **C**hart: Ablauffunktionsplan) genannt. Sie stellen lediglich eine Form der in Kapitel 8.5 (Darstellungsformen von Steuerungsaufgaben) behandelten **Schrittketten** dar und erleichtern das Eindringen in die Unterebenen der Rezeptur-Bausteine.

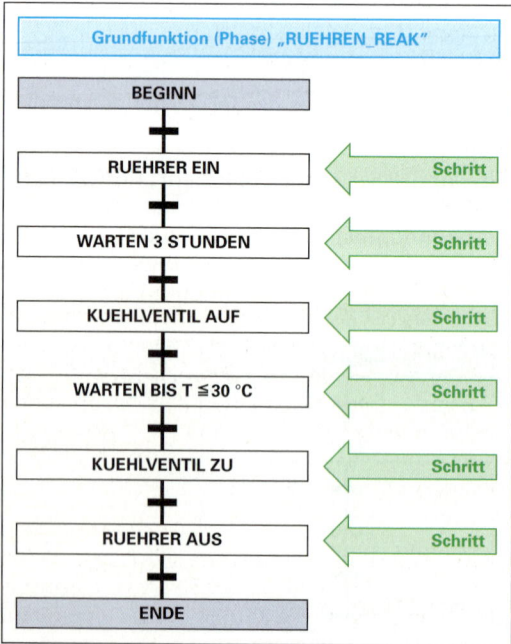

Bild 2: Inneres einer Grundfunktion mit den enthaltenen Elementarschritten

Ein Doppelklick (je nach Software auch ein Rechtsklick oder eine andere Aktivität) öffnet den Blick in das Innere einer einzelnen Grundfunktion. Dies kann im Beispiel für die Grundfunktion „RUEHREN_REAK" so aussehen wie in Bild 2. Gezeigt wird der normale, unbeeinträchtigte Ablauf der Einzelaktivitäten im Inneren der Grundfunktion „RUEHREN_REAK".

Die reale Bildschirmgestaltung sieht oft etwas detaillierter und unübersichtlicher aus, da meist eine Vielzahl von weitergehenden Teilinformationen angeboten werden.

Die Bilder 3 und 4 zeigen zwei Screenshots von SFC-Darstellungen realer Prozessleitsysteme.

In den Bildern 3 und 4 sind die momentan aktiven Schritte für den Anlagenbediener farbig (hier: grün) dargestellt, um die Orientierung im Prozessablauf zu erleichtern.

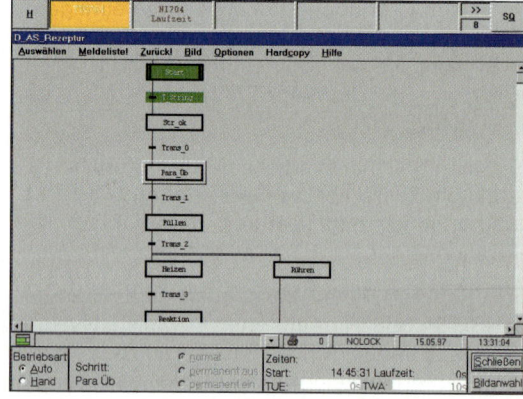

Bild 3: Screenshot einer Rezeptursteuerung, Beispiel 1

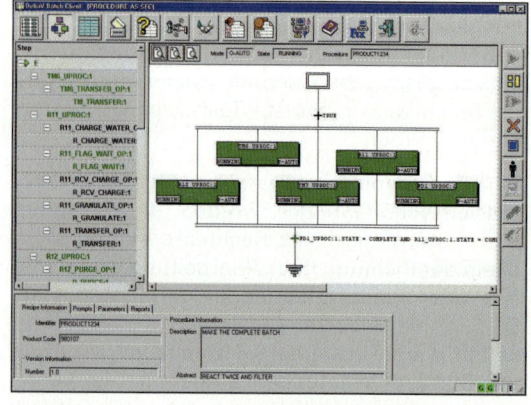

Bild 4: Screenshot einer Rezeptursteuerung, Beispiel 2

Wie man in Kapitel 11.7 (Die innere Logik der Grundfunktionen) an einem anderen Beispiel sehen wird, sind im Inneren einer Grundfunktion noch spezielle Bausteine enthalten, die besondere logische Abläufe für vom Normalbetrieb abweichende Situationen darstellen.

Nach einem Klick auf eine Grundfunktion gelangt man jedoch zunächst in eine Box **Normalbetrieb**, nach deren Anklicken die elementaren Schritte dargestellt werden.

Alle Rezepturbausteine sind so erstellt, dass jeder von ihnen auf gleichartigen Ausrüstungsgruppen, Apparaten oder Teilanlagen lauffähig ist.

Das Rezept bzw. die Rezeptur enthält im engeren Sinn nur Angaben über den Ablauf der Produktion, also über das Nacheinander der Rezepturbausteine. Die Angaben zum beabsichtigten Anlagenteil, zu den Mengen der Stoffe und zu den Prozessbedingungen sind zunächst noch frei variierbar.

Beim Start eines **Rezeptes** bzw. einer **Rezeptur** wird der Bediener vom System gefragt:

- auf welchen konkreten Apparaten er arbeiten will (**Produktweg**),
- mit welchen konkretisierten Mengen, Temperaturen, Drücken usw. er die konkrete Charge herstellen will (**Parametersatz**).

Das Computerprogramm kombiniert danach automatisch das ursprüngliche Rezept und die Konkretisierungen für die aktuelle Charge zur **Steuerrezeptur**, also zum konkreten detaillierten digital verschlüsselten Ablauf. Dies zeigt schematisch Bild 1.

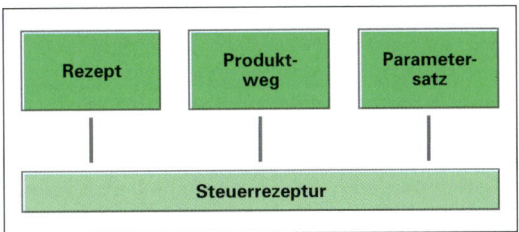

Bild 1: Zusammenfügen der wichtigsten Rezept-Informationen zur Steuerrezeptur

> **Merksatz**
>
> Vom Computerprogramm werden die Informationen
>
> - **Rezept, Produktweg, Parametersatz**
>
> zu einer **Steuerrezeptur** zusammengefügt, die digital verschlüsselt wird.

Im Beispiel könnten die Produktwege zur Herstellung des Stoffes X z. B. aussehen wie im folgenden Bild 2.

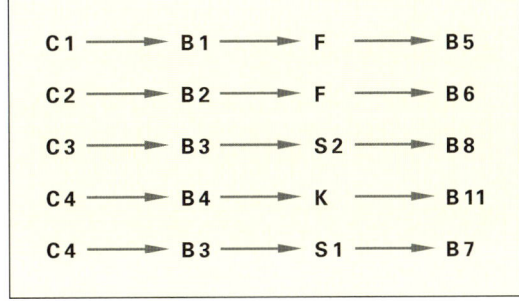

Bild 2: Mögliche Produktwege für das Komplexbeispiel der Seiten 286/287

Vor dem Start der Rezeptur muss vom Bediener oder der technologisch verantwortlichen Person der konkrete Produktweg vorgegeben werden. Es ist darüber hinaus auch möglich, dass die Fabrikation bestimmter Stoffe zwingend an bestimmte Produktwege gebunden ist. Dann besteht keine Auswahlmöglichkeit.

Erst nach der Kombination dieser Informationen und der Eingabe einer Identitätsnummer ist die Produktion einer konkreten Charge am Computer startbereit.

In den einzlnen stoffwandelnden Betrieben gibt es unterschiedliche Vorschriften, von welchen verantwortlichen Personen die Produktwege und die Produktionsparameter festgelegt werden dürfen. Alle qualitätsrelevanten Chargenkennzahlen unterliegen darüber hinaus einem strengen System der Protokollierung und Dokumentation.

> **Merksatz**
>
> Unter dem Begriff **Charge** versteht man eine abgegrenzte, in einem diskontinuierlichen Verfahren hergestellte Menge einer produzierten Substanz. Mehrere im Rahmen der Produktionsorganisation zusammengehörige gleichartige Chargen werden als **Kampagne** oder als **Partie** bezeichnet.

Bild 1, S. 294, zeigt, wie durch die Kombination der Informationen Rezept, Produktweg, Produktionsparameter und Chargen-Identitätsnummer eine produktionsbereite Charge entsteht. Mehrere Chargen sind dann gemeinsam Bestandteil einer Kampagne.

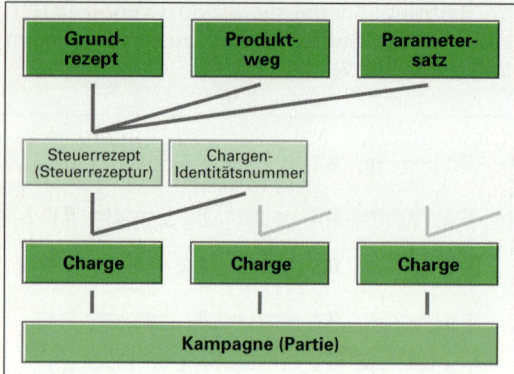

Bild 1: Zusammenführung verschiedener Informationen zur digitalen Steuerung der Chargenproduktion

Das digital verschlüsselte Steuerrezept wird vom **Batch-Server** abgearbeitet. Dies ist ein Softwareteil auf einem der PCs des Computernetzwerks. Diese Software koordiniert in Zusammenarbeit mit den Controllern die Abarbeitung der Rezeptur. Sie ist unter anderem für das Laden der Steuerrezeptur in den Controller verantwortlich.

In jedem Fall prüft das Computerprogramm vor dem Start der Rezeptur, ob die gewählten Behälter eventuell bereits durch eine andere Charge belegt sind. In einer Vielzahl von stoffwirtschaftlichen Betrieben wird die Behälter-Belegungsplanung von spezialisierten Softwaresystemen durchgeführt, welche die Daten mit den Batch-Servern abgleichen.

11.7 Die innere Logik der Grundfunktionen

Den Grundfunktionen kommt im Rahmen der Rezepte eine besondere Funktion zu. Sind sie einmal programmiert, können aus ihnen sehr einfach die nächsthöheren Rezeptstufen zusammengesetzt werden.

Natürlich müssen sie ohne logische Widersprüche nahtlos aneinander anschließen. Gibt es z. B. eine Grundfunktion „CHEMISCHE REAKTION", die unter anderem auch zum Befüllen des Reaktors und zum Einschalten des Rührers dient, dann sollte die nach dem Ende der Reaktion ablaufende Grundfunktion in jedem Falle das Ausschalten des Rührers beinhalten.

Eine der Grundfunktionen muss eine Bedingung enthalten, aus der hervorgeht, wie lange die Reaktion dauert. Dazu gibt es folgende Möglichkeiten:

- Eine feste Wartezeit ist einprogrammiert.
- Der Abbruch der Reaktion erfolgt nach Erreichen eines ständig gemessenen Umsatzes.
- Durch eine der Grundfunktionen erfolgt eine Unterbrechung mit Befragung des Bedieners nach einer einzugebenden Reaktionszeit.

Die Grundfunktionen enthalten, wie bereits dargelegt wurde, die gesamte logische Ablaufkette der Einzelaktivitäten. Sie beinhalten die Abfolge der Schalthandlungen, wie Ventilöffnungen und deren Weiterschaltbedingungen. Dies ist der normale Ablauf der Grundfunktion, welcher abgearbeitet wird, wenn keine Unregelmäßigkeiten auftreten.

Beispiel

Bestandteile der Grundfunktionen

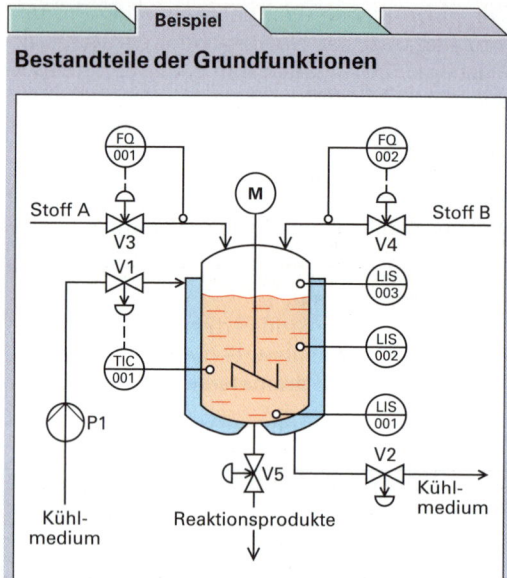

Bild 2: Chargenreaktor mit zwei Dosiereinrichtungen

Eine **Grundoperation** zur Durchführung einer chemischen Reaktion ist so programmiert, dass im Reaktor nach Dosierung der beiden Komponenten A und B eine stark exotherme Reaktion abläuft. Die dazu gebildete Grundoperation „REAKTION" besteht programmierungsseitig aus den drei **Grundfunktionen**:

- DOSIEREN/BEFUELLEN
- REAKTION inklusive Temperieren und Rühren
- ENTLEEREN

Die Grundfunktion „REAKTION" beinhaltet zu Beginn unter anderem die Inbetriebnahme des Rührers und des Kühlsystems. Vor ihrem Ende wird die Außerbetriebnahme von Rührer und

11.7 Die innere Logik der Grundfunktionen

Kühlsystem veranlasst. Man könnte dafür auch jeweils eine einzelne separate Grundfunktion erstellen. Nach normaler Beendigung der Grundfunktion „REAKTION" startet automatisch die Grundfunktion „ENTLEEREN".

In außergewöhnlichen, unerwünschten Situationen, wie Ausfällen der Hilfsenergie, Defekten und Fehlfunktionen von Ausrüstungen, oder beim beabsichtigten Abbruch des Rezeptablaufes wird in der Regel nicht der ursprünglich vorgesehene Ablauf zu Ende geführt, sondern ein **Notprogramm** gestartet.

Im Beispiel besteht die Grundfunktion „REAKTION" aus den folgenden Elementaraktionen, die in Kästchenform zu einem Ablaufplan (Function Chart) zusammengefügt wurden (Bild 1).

Zur besseren Verständlichkeit wurde der Text in den Bausteinen nicht symbolhaft gekürzt, wie in den Computerprogrammen üblich, sondern in Wortgruppen ausgeschrieben.

Komfortabel gestaltete Softwareprogramme geben dem Bediener während des Rezeptablaufes die Möglichkeit, per Mausklick auf bestimmte Buttons, die denen der gebräuchlichen HiFi-Geräte ähnlich sind, den Normalablauf:

- **abzubrechen**,
- zu **stoppen**,
- zu **unterbrechen** (zu „halten"), und danach
- **fortzusetzen** oder wieder
- **neu** zu **starten**.

Tabelle 1 zeigt diese Möglichkeiten zusammen mit den üblichen Buttons auf den Bediener-Monitoren.

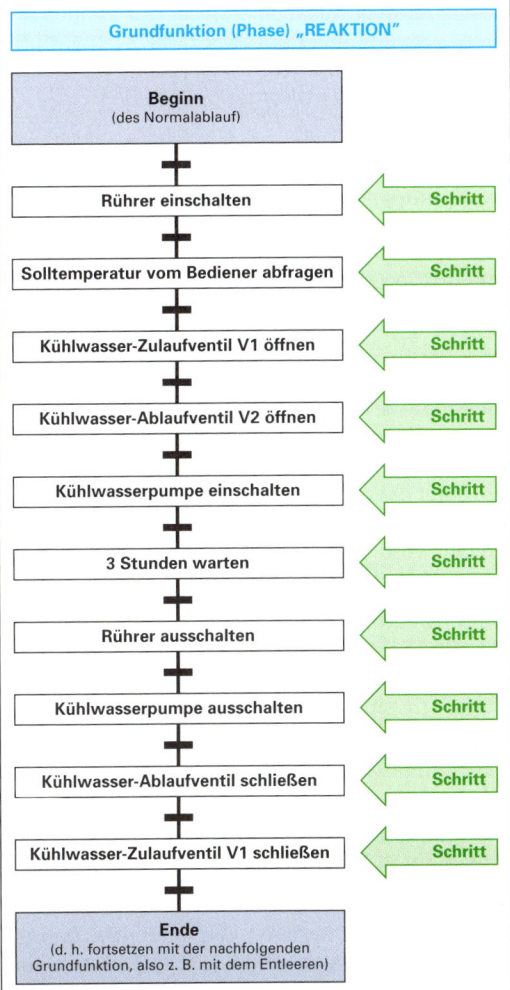

Bild 1: Normaler Ablauf der Grundfunktion REAKTION für den Chargenreaktor nach Bild 2, S. 294

Tabelle 1: Möglichkeiten der Grundfunktionssteuerung durch den Anlagenbediener

Button	Ausgelöste Aktion (startende Teil-Logik)
✕	Der Normalablauf wird **abgebrochen**, das Produkt verworfen und zur Sammelleitung befördert. (engl. abort: abbrechen)
■	Der Normalablauf wird **gestoppt**, um ihn später wieder neu starten zu können oder die Charge später zu verwerfen. Der Normalablauf befindet sich danach in einer Art Leerlaufzustand. (engl. idle: Leerlauf)
‖	Der Normalablauf wird **unterbrochen** (**angehalten**). Dies bedeutet, dass der Zustand verlängert wird, in dem sich der Reaktor gerade befindet (z. B. Fortsetzen des momentanen Kühlvorganges). (engl. hold: halten)
▌▶	Der Normalablauf wird am derzeitigen Stand der Abarbeitung nahtlos **fortgesetzt**. (engl. continue: fortsetzen)
▶	Nach einem Stoppen aus dem Leerlaufzustand heraus wird völlig **neu gestartet**. Dies führt dann wieder zum Normalbetrieb von Anfang an. (engl. restart: Neustart)

Per Mausklick sind somit vom Bediener des Prozessleitsystems Teil-Logiken aktivierbar, die bei Abweichungen vom gewünschten Normalzustand besondere Rezepturabläufe beinhalten. Im Rahmen der Rezeptur-Programmierung kann festgelegt werden, dass das Leitsystem bei Fehlfunktionen oder Defekten der Leitsystem-Geräte oder bei Softwarefehlern selbstständig bestimmte Logiken aktiviert.

Der Automatisierungsingenieur muss in Zusammenarbeit mit den Chemikern sauber programmieren, d. h. konfigurieren, was konkret passieren soll, wenn diese Sonderzustände vom Bediener angewählt oder durch das Leitsystem u. U. automatisch gestartet werden.

Speziell solche Chargen, die sich durch starke Temperatur- und Druckerhöhungen auszeichnen, müssen von den aktivierten Teil-Logiken im Problemfall gefahrlos „heruntergefahren" werden.

Die Ablaufpläne der Halte- und Stopp-Logik enthalten die auszuführenden Elementaraktionen nach einer Unterbrechung der Grundfunktion:

- Nach dem **Stoppen** ist eine Weiterbearbeitung der Grundfunktion nur von Beginn an möglich.
- Nach dem **Halten** ist eine Weiterarbeit an genau der Stelle möglich, an welcher der Befehl erfolgte.
- Nach einem **Abbruch** ist kein Neustart der Grundfunktion möglich.

Die tatsächlichen Aktivitäten der Rezeptur sind allerdings immer davon abhängig, was von den planenden Verfahrensingenieuren vorgesehen und von den Automatisierungsingenieuren programmiert wurde.

Bild 1 zeigt schematisch die prinzipiellen Grundgedanken einer solchen Chargensteuerung. Folgende Einzelheiten sind daraus zu entnehmen:

- die **Zustände**, die ein Chargenprozess aufweisen kann (Normalbetrieb, pausierend, abbrechend, stoppend, beendet),
- die **Übergänge** zwischen den verschiedenen Zuständen als gepfeilte Linien mit quadratischen Bedien-Buttons.

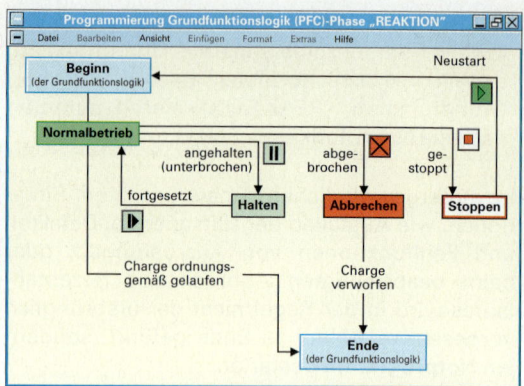

Bild 1: Chargen-Zustandsdiagramm auf dem Bediener-Monitor (vereinfachte Prinzipdarstellung)

Diese Darstellung ist eine Sonderform eines **SFC** (engl. **S**equential **F**unction **C**hart: Ablauffunktionsplan). Er zeigt die Prozesszustände in Kästchenform und die Übergänge in Pfeilform.

Seine Besonderheit besteht darin, dass sich hinter jedem Prozesszustand wiederum ein bestimmter Ablauf, eine Prozedur, verbirgt. Deshalb spricht man auch von einem **PFC** (engl. **P**rocedural **F**unction **C**hart: prozedurenorientierter Funktionsplan).

Darüber hinaus besteht die Besonderheit dieses SFC darin, dass der Ablauf der Schritte keine lineare Kette darstellt, sondern dass diese untereinander vernetzt sind. Somit ist es dem Rezepturablauf unter Umständen möglich, mehrfach zwischen bestimmten Zuständen zu wechseln. Ein solcher Wechsel kann zum Beispiel durch die links angeführten Befehle des Bedieners ausgelöst werden, z. B. zum Stoppen, Halten oder Abbruch des Chargenablaufes.

Dafür existieren in einer ergonomisch gestalteten Software bestimmte Bedien-Buttons. Das Design in Tabelle 1, S. 295, orientiert sich an den Schaltern eines Kassettenrecorders und findet sich u. a. in der vertikalen Bedienleiste im Leitsystem-Screenshot, Bild 4, S. 292, wieder.

Die **Zustände**, die eine Chargensteuerung außerhalb des Normalbetriebes haben kann, sowie deren **Übergänge**, sind gemäß ANSI/ISA S88.01 genormt.

In diesem Standard ist die folgende Darstellungsform enthalten (Bild 1, S. 297). Darin sind die möglichen Zustände nicht als Rechtecke, sondern als Ellipsen, sowie die Übergänge als Pfeile gekennzeichnet.

11.7 Die innere Logik der Grundfunktionen

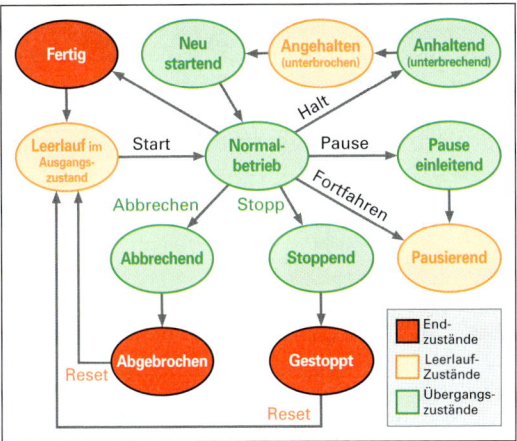

Bild 1: Chargen-Zustandsdiagramm nach dem Standard ANSI/ISA S88.01

Eine aus diesem Standard abgeleitete Bildschirmdarstellung von Chargenzuständen und -übergängen zeigt Bild 2. Dabei handelt es sich um einen Screenshot aus der Software eines Prozessleitsystem-Anbieters, der den ANSI/ISA S88.01-Standard in seinem Leitsystem konsequent umgesetzt hat.

Bedauerlicherweise weicht die äußere Gestaltung der Bedienfunktionen auf den Monitoren der verschiedenen Leitsystem-Anbieter stark voneinander ab. Jeder Anbieter vertritt eigene berechtigte Philosophien, die aus seinen spezifischen Erfahrungen heraus gewachsen sind.

Das Umlernen vom Umgang mit einem Leitsystem zu einem anderen Typ fällt dem Bediener umso leichter, je besser er die grundlegenden Funktionsprinzipien kennt.

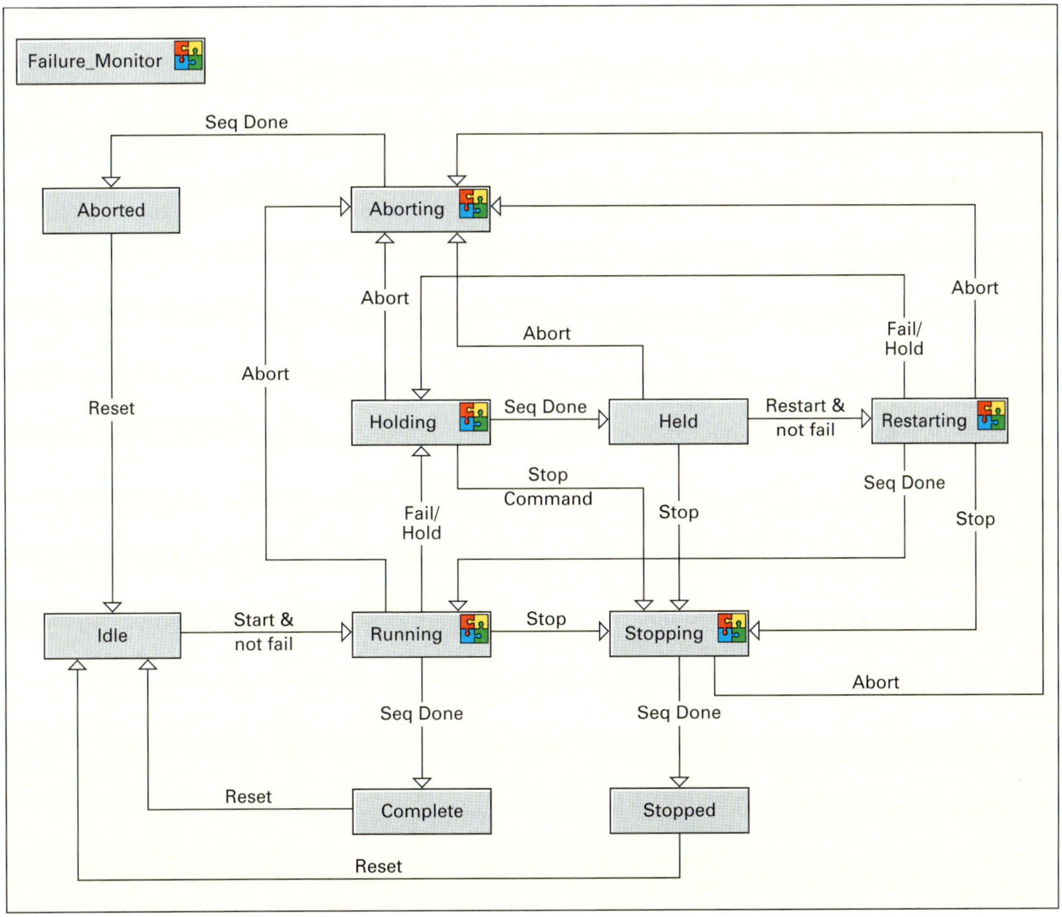

Bild 2: Chargen-Zustandsdiagramm auf dem Bediener-Monitor eines Leitsystem-Anbieters

297

11 Automatisierte Rezeptursteuerung (Batch-Prozesse)

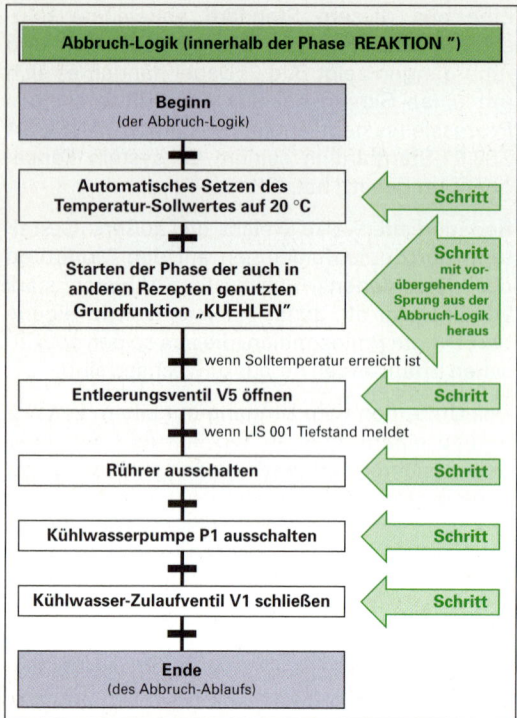

Bild 1: Abbruch-Logik der Grundfunktion REAKTION für den Chargenreaktor nach Bild 1, S. 279

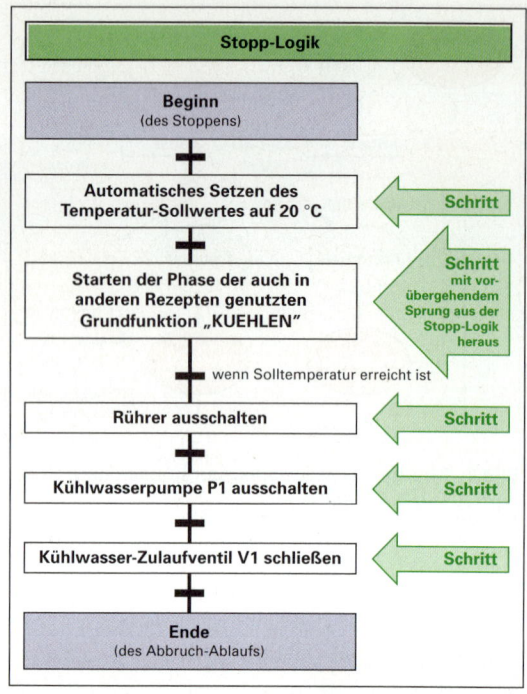

Bild 2: Stopp-Logik der Grundfunktion REAKTION für den Chargenreaktor nach Bild 1, S. 279

Eine Logik zum **Abbruch** eines Rezepturablaufs kann für das Beispiel des Chargenreaktors von Bild 1, S. 279, z. B. die in Bild 1 dargestellte Gestalt haben.

Da es im praktischen Betrieb möglich ist, dass die Abbruch-Logik vom Bediener aktiviert wird, während im Normalbetrieb der Rührer noch nicht oder nicht mehr läuft, sollte die Abbruch-Logik nach ihrem Beginn besser ein nochmaliges Einschalten des Rührers enthalten, um die Kühlung mit Sicherheit gewährleisten zu können.

Welche Aktivitäten in den einzelnen Teil-Logiken konkret erforderlich sind, hängt unter Berücksichtigung der erforderlichen Sicherheitsaspekte natürlich von den Besonderheiten des konkreten Stoffsystems in dem programmierten Rezept ab.

Die Logik zum **Stoppen** kann ähnlich aussehen wie die Logik zum Abbrechen. Der Unterschied besteht darin, dass beim Stoppen im Gegensatz zum Abbrechen der Reaktorinhalt noch nicht entleert wird (Bild 2). Nach dem **Abbruch** ist die Charge in jedem Fall unbrauchbar, während nach einem **Stoppen** die Entscheidung über das weitere Vorgehen noch offen bleibt.

Nach dem Stoppen soll ein Neustart der Grundfunktion von Beginn an möglich sein.

Die **Halte-Logik** zum Unterbrechen der Grundfunktion „REAKTION" sollte so aussehen, dass der vor ihrer Anwahl aktuelle Zustand beibehalten wird. Damit sollte die Logik das Weiterschalten in einen neuen Prozesszustand verhindern. Daher hat die Monitordarstellung der angeklickten Halte-Logik wenig Informationsgehalt (Bild 3).

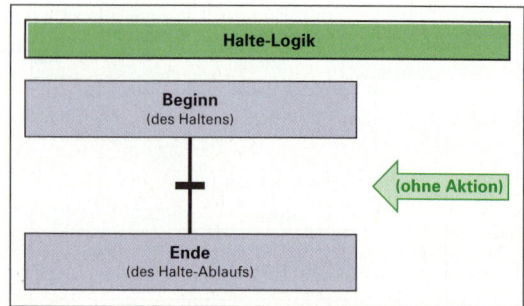

Bild 3: (An-)Halte-Logik der Grundfunktion REAKTION für den Chargenreaktor nach Bild 1, S. 279

11.7 Die innere Logik der Grundfunktionen

Im Rahmen anderer Grundfunktionen, z. B. des Befüllens, muss eine dort programmierte Halte-Logik z. B. die Befüllventile schließen, wenn die gewünschten Mengen erreicht sind. Eine Haltelogik ohne jegliche Aktivitäten würde dort zum Überlaufen des Behälters führen.

> **Hinweis**
>
> Der Begriff des Haltens oder Anhaltens im Rahmen der Rezepturprogrammierung beinhaltet das anhaltende Fortsetzen des momentan aktiven Prozessschrittes. Er ist nicht zu verwechseln mit dem Stoppen.

Damit während des Laufens einer Grundfunktion auch noch andere Logiken als der Normalablauf gestartet werden können, setzt sich eine programmierte Grundfunktion in komfortablen Computerprogrammen nicht direkt aus den Einzelschritten zusammen, sondern erst einmal aus Teil-Logiken, in denen dann die Einzelschritte enthalten sind.

Diese Teil-Logiken heißen auch **Prozeduren**. In den Bildern 1 bis 3, S. 298, wurden diese Prozeduren in vereinfachter Schrittkettendarstellung veranschaulicht.

> **Merksatz**
>
> Das Innere einer Grundfunktion besteht nach ANSI/ISA S88.01 nicht unmittelbar aus Elementaraktivitäten zum Betätigen der Stellorgane, sondern aus Teilabläufen – den Teil-Logiken. Als wichtigste Teil-Logiken existieren:
> - der **Normalbetrieb**,
> - die **Abbruch-Logik**,
> - die **Stopp-Logik**,
> - die **Unterbrechungs-Logik** (auch als Halte-Logik bezeichnet).
>
> Die Teil-Logiken tragen den Namen **Prozedur**.

Stellt man diese Prozeduren grafisch dar, so ähneln sie dem normalen SFC. Aus den Grafiken kann stets entnommen werden, aus welchen Teilbausteinen sich der aktivierte Baustein jeweils zusammensetzt.

Die grafische Veranschaulichung dieser Teil-Logiken im Inneren der Grundfunktionen trägt die Bezeichnung **PFC** (**P**rocedural **F**unction **C**hart: prozeduren-orientierter Funktionsplan). Der PFC unterscheidet sich hinsichtlich der Darstellungsform nicht wesentlich von dem auf Seite 191 bis 193 als Schrittkettendarstellungen beschriebenen **SFC** (**S**equential **F**unction **C**hart).

Der PFC ist eigentlich nichts anderes als ein SFC im Inneren einer Grundfunktion.

Beide Pläne sind funktionsplanähnliche Darstellungsformen von Rezepturabläufen, bei denen die einzelnen Schritte in Rechteckform symbolisiert werden. Zwischen den Schritten gibt es Übergangsbedingungen. Wenn sie erfüllt sind, wird der vorhergehende Schritt beendet und der folgende gestartet.

> **Merksatz**
>
> Der makroskopische Rezeptablauf wird als **SFC** bezeichnet. Der mikroskopische Ablauf, also die Prozeduren im Inneren der Grundfunktionen, werden als **PFC** bezeichnet.

Die gesamte Grundfunktionslogik muss vor dem Start des Gesamtrezeptes in digitaler Form von einer Festplatte des Computernetzwerkes über den Systembus in den bzw. die Controller oder in ein speicherprogrammierbares Steuerungsgerät geladen werden. Dort bleibt sie auch dann noch gespeichert, wenn das Rezept beendet ist.

Im Verlaufe der Rezeptabarbeitung wird dem Controller bzw. der SPS vom Computersystem lediglich vorgegeben,

- welcher Grundfunktionsbaustein als nächstes die weitere Rezeptsteuerung übernimmt,
- auf welchem Anlageteil er ausgeführt werden soll,
- mit welchen Parametern (Temperatur, Druck, Mengen usw.) er arbeiten soll.

Dadurch wird aus Grundfunktionslogik, Produktweg und Parametersatz Schritt für Schritt die **Steuerrezeptur** zusammengesetzt.

> **Merksatz**
>
> Die Grundfunktionen als Rezeptbausteine der untersten Ebene sind digital verschlüsselt in den Controllern oder den SPS-Baugruppen der Prozessleitsysteme gespeichert. Sie werden während der Rezepturausführung vom Computernetzwerk aus zum Start aufgerufen.

11 Automatisierte Rezeptursteuerung (Batch-Prozesse)

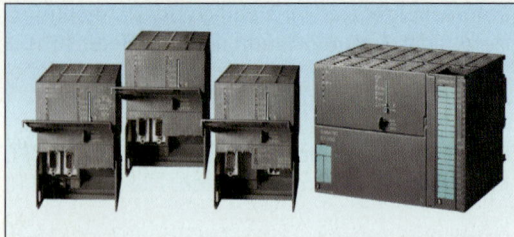

Bild 1: Module eines speicherprogrammierbaren Steuerungsgerätes zur Ablaufsteuerung von Batch-Rezepturen

Mit den in Kapitel 11 erworbenen Kenntnissen lässt sich der Begriff des Batch-Prozesses aus Sicht der Prozessleittechnik folgendermaßen definieren:

> **Merksatz**
>
> Ein PLS-geleiteter **Batch-Prozess** ist der diskontinuierliche Ablauf einer stoffwandelnden Rezeptur, der computerbasiert und apparateübertragbar erstellt wurde.

Einen typischen Reaktor in einer Mehrprodukt-Anlage für rezepturgesteuerte Batch-Fahrweisen zeigt Bild 2. Deutlich erkennbar sind die zahlreichen Rohrleitungen für die Zufuhr der Haupt- und Hilfsstoffe.

Bild 2: Chemischer Reaktor für Rezepturfahrweisen

Aufgaben

1. Nennen Sie die Rezeptabschnitte, zu denen die elementaren Teilaktivitäten, also die Einzelschritte des Rezeptablaufes zusammengefasst werden können, wenn die Software des Prozessleitsystems dies ermöglicht.

2. Welchen Vorteil bietet die heute übliche objektorientierte Computerprogrammierung, wenn mehrere gleichartige Anlagen vorliegen, auf denen die gleichen Rezepte oder solche Rezepte ablaufen, die sich nur geringfügig in einigen Parametern unterscheiden?

3. Welche Rezepthierarchie ergibt sich, wenn man die Grundfunktionen zu nächstgrößeren Bausteinen gruppiert, und diese wiederum zu noch größeren Bausteinen usw.? Geben Sie die vier Namen der Bausteine an und erläutern Sie, welche Vorteile eine solche Strukturierung bietet.

4. Welchen Elementen einer Chemieanlage sind die in ANSI/ISA S88.01 und NE 33 definierten Rezepturbausteine jeweils zweckmäßigerweise zuzuordnen?

5. Welche Vorteile bietet die Programmierung und Verwendung der Grundfunktionen mit ihrer komplizierten inneren Logik der Abbruch-, Halte-, Stopp- und Neustart-Optionen?

6. Skizzieren Sie einen Chargenreaktor mit den wesentlichen zugehörigen Ausrüstungen. Notieren Sie stichpunktartig eine Rezeptur zum Mischen einer Limonade in diesem Reaktor, die pasteurisiert und anschließend gekühlt werden soll. Erstellen Sie dafür ein Rezept mit einem zweckmäßigen System von Rezept-Abschnitten.

7. Erläutern Sie die Bedeutung der logischen Funktionen im Rahmen der Programmierung von Grundfunktionen für Batch-Prozesse.

8. Erklären Sie den Unterschied zwischen den logischen Grundfunktionen „UND", „ODER" bzw. „NEGATION" und den Grundfunktionen als Abschnitte einer digital programmierten Rezeptur für Batch-Prozesse.

12 Grundlagen der Digitaltechnik

12.1 Vorbetrachtungen

Das Prozessleitsystem stellt das Bindeglied zwischen dem Bediener auf der einen Seite und dem verfahrenstechnischen Prozess auf der anderen Seite dar. Deshalb besteht seine Hauptaufgabe darin, Informationen in beide Richtungen zu übertragen und zu verarbeiten.

Zur Weiterleitung und zum Zwischenspeichern der Informationen werden diese in elektrische Signale umgeformt.

Die typischerweise verwendeten elektrischen Signale sind:

- das **Analogsignal** (Von-Bis-Signal, z. B. **0 V ... 10 V** oder **4 mA ... 20 mA**),
- das **Binärsignal** (Ja-Nein-Signal, z. B. **0 oder 24 V**).

Die Signale vom und zum Prozess müssen zur Verarbeitung im computerbasierten Teil der Prozessleitsysteme in eine digitale Form verschlüsselt werden. Die Verarbeitung der Signale beinhaltet auch deren Transport und Speicherung.

> **Merksatz**
>
> Die Verarbeitung aller **prozessbezogenen Signale** sowie aller weiteren Informationen geschieht in computerbasierten Prozessleitsystemen stets in **digitaler Form**.

12.2 Die Bedeutung des Begriffes „digital"

Digitale Signale sind vom Prinzip her Binärsignale. Charakteristisch für diese Sonderform der binären Signale in der elektronischen Informationsverarbeitung ist:

- Digitale Signale werden in extrem schneller Abfolge von einem Ort zum anderen transportiert (meist einige Millionen Ein- und Aus-Impulse pro Sekunde).
- Dementsprechend müssen zum Speichern von digitalen Signalen Millionen von Speicherzellen in den Datenverarbeitungsgeräten vorhanden sein.
- Durch die Vielzahl der Ein-/Aus-Signale lassen sich Informationen (Messwerte oder Stellbefehle) in geeigneter Art und Weise durch Codes verschlüsseln.

Wenn die digitalen Signale **transportiert** werden sollen, haben sie meist den Charakter von Spannungs- oder Stromimpulsen mit einer Dauer im Bereich von Millionstel Sekunden. Die in digitalen Geräten genutzte elektrische Spannung hat meist den Wert von 5,0 V oder 6,0 V.

Sollen die digitalen Signale **gespeichert** werden, so werden die Millionen Ein-/Aus-Signale verwendet, um in den Millionen Speicherzellen der informationsverarbeitenden Geräte die Schaltzustände von „Durchgang" auf „Sperrung" zu ändern.

> **Merksatz**
>
> **Transportierte** digitale Signale bestehen meist aus **Spannungsimpulsen**, während **gespeicherte** digitale Signale den **Schaltzuständen** von elektronischen Speicherschaltungen entsprechen.

Zeitlich unveränderliche elektrische Größen, wie eine Gleichspannung oder eine Wechselspannung mit konstanter Frequenz, können keine Informationen transportieren. Erst durch die **Veränderung** einer elektrischen Größe, wie **Strom**, **Spannung** oder **Frequenz**, wird es möglich, Informationen zu transportieren. Durch die Bindung der Information an einen dieser drei elektrischen Parameter und dessen zeitliche Änderung wird aus der Information ein Signal, das an einen anderen Ort geleitet werden kann.

> **Merksatz**
>
> Ein elektrisches **Signal** ist ein zeitlich veränderter elektrischer Parameter (Strom, Spannung oder Frequenz) zum Zweck des **Informationstransportes**.

Kann die elektrische Größe nur zwei Zustände annehmen, handelt es sich um ein **binäres Signal**.

Kann sie mehr als zwei, aber eine abzählbare Anzahl von Zuständen annehmen, handelt es sich um ein **diskretes Signal**.

Kann die elektrische Größe stufenlos jeden beliebigen Wert annehmen, spricht man von einem **analogen Signal**.

Kann die elektrische Größe nur zwei Zustände annehmen, die sich aber in zeitlicher Folge schnell ändern, spricht man von einem **digitalen Signal**.

> **Merksatz**
>
> Bei **digitalen**, elektrischen **Signalen** handelt es sich um eine **schnelle Abfolge von binären Signalen** zur Informationsübertragung.

Bild 1 zeigt die zeitliche Abfolge der Spannungsimpulse beim Transport eines Digitalsignals durch eine Datenleitung.

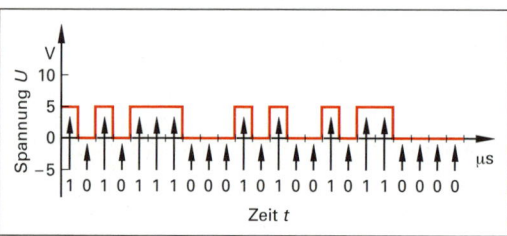

Bild 1: Folge von Spannungsimpulsen zum Transport eines digitalen Signals (idealisierte Form)

Je nach Spannungshöhe werden die Impulse als Einsen oder Nullen bezeichnet. Bei vielen elektronischen Schaltungen wird nicht die Spannungshöhe selbst als „1" oder „0" gewertet, sondern deren Änderungsrichtung. Damit entspricht der Spannungsanstieg nach oben (die **steigende Flanke**) dem Wert 1; der Spannungsabfall nach unten (die **fallende Flanke**) entspricht dem Wert 0 (Bild 2).

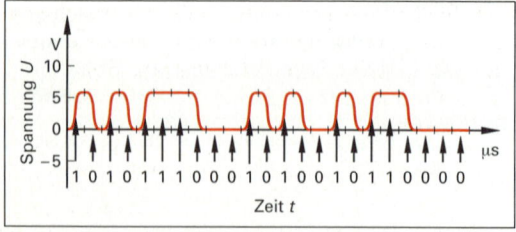

Bild 2: Folge von Spannungsimpulsen zum Transport eines digitalen Signals (reale Form)

Bild 2 verdeutlicht, dass die theoretisch rechteckigen Spannungsverläufe in der Praxis von der Idealform des Rechtecks abweichen.

Die Verwendung digitaler Signale in elektronischen Informationsverarbeitungsgeräten bietet folgende Vorteile:

- einfache Speicherung,
- störungsunanfälliger Transport,
- vielseitige Verwendbarkeit.

Diese Vorteile resultieren aus dem Charakter des Digitalsignals: Der **Ja-/Nein-** bzw. **Ein-/Aus-Charakter** des Signals entspricht den mit **Transistoren** und **Dioden** einfach zu realisierenden Schaltzuständen „Durchgang" oder „Sperrung". Die Ein/Aus-Signale können zur Schaltung anderer Ein-/Aus-Signale benutzt werden.

> **Merksatz**
>
> Das **Transistor-Bauelement** mit seinen beiden Schaltzuständen bildet die Grundlage zur Speicherung digitaler Signale.

> **Hinweis**
>
> Als technischer Vorläufer der digitalen Datenübertragungsverfahren ist der Fernschreiber anzusehen. In ihm wurden per Tastatur eingegebene Buchstaben und Zahlen durch ausgeklügelte feinmechanische Konstruktionen in eine Folge von Spannungsimpulsen umgewandelt.
>
> Die Vorläufer der digitalen Informationsverarbeitungsgeräte findet man in den programmierbaren Rechenmaschinen von Conrad Zuse aus den Jahren um 1940, die mit hölzernen Hebelsystemen, später mit elektrischen Relais, arbeiteten.

Vom Begriff der digitalen Signale ist der Begriff der digitalen Daten zu unterscheiden. Beim Signalbegriff steht der Informationstransport einzelner Informationen im Vordergrund. Der Datenbegriff umfasst verschiedene Behandlungsformen komplexer Informationen.

> **Merksatz**
>
> Bei digitalen **Daten** handelt es sich um eine Aneinanderreihung von digitalen **Signalen** zum Zweck der Verschlüsselung komplexer Informationen. Diese Daten können **transportiert, gespeichert oder verarbeitet** werden.

Eine einzelne „0" oder „1" ist die kleinste Einheit, aus der eine Folge von aneinandergereihten Signalen besteht. Diese Einheit heißt **Bit** (engl. **bi**nary dig**it**: binäre Zähleinheit).

> **Merksatz**
>
> Das **Bit** ist die kleinste, hinsichtlich des Informationsgehaltes nicht mehr teilbare, Einheit einer digital verschlüsselten Information.

Die digitale Informationsübertragung und -verarbeitung geschieht in der Regel in **Gruppen zu acht Bit**. Auch die Speicherung der Informationen in den Speicherzellen der Mikrochips geschieht in Gruppen zu je acht Bit.

Deshalb besteht jeder Speicherplatz in digitalen Geräten aus acht gleichartigen Speicherzellen. Eine Gruppe von acht Bit heißt **Byte**.

Dass ausgerechnet **acht** Bit ein Byte sind, ist auf historische Gründe zurückzuführen. Als die digitale Technik noch nicht in der Prozessleittechnik Einzug gehalten hatte, diente sie in erster Linie zur Verarbeitung von Texten und Ziffern. Acht Bit waren zunächst völlig ausreichend, um 2^8, also 256 Buchstaben, Ziffern und Befehlscodes zu verschlüsseln.

> **Merksatz**
>
> Ein **Byte** ist eine Gruppe von acht Bit. Eine andere Bezeichnung für die Anzahl der Bits ist der Begriff **Wortlänge**.

Die zeitlichen Abstände zwischen den einzelnen Bits beim Informationstransport sind immer gleichbleibend. Transportiert man z. B. eine Million Bit pro Sekunde, beträgt der Abstand eine Millionstel Sekunde. Die so genannte **Taktfrequenz** liegt dann bei 1 Mega-Hertz (MHz).

Taktfrequenzen über 100 MHz lassen sich bei größeren Entfernungen mithilfe von Kabelverbindungen nur eingeschränkt verwenden, da die Kabel durch ihre Induktivität und Kapazität das Signal zu sehr verfälschen. Parallele Leiter stellen gleichzeitig einen Kondensator und eine abgewickelte Spule dar, die sich ständig aufladen und wieder entladen, oder ein Magnetfeld bilden und wieder zusammenbrechen lassen. Sie behindern und verfälschen damit den Stromfluss.

Dieses Problem existiert allerdings nicht bei Verwendung von **Glasfaserkabeln**, in denen die digitalen Signale als schnelle Lichtblitz-Folge übertragen werden.

Innerhalb der Computer-Hardware mit ihren sehr kurzen Stromwegen auf den elektronischen Leiterplatten und im Inneren der Mikroprozessoren lassen sich digitale Signale auch mit Taktfrequenzen bis hin zu mehreren Giga-Hertz (1000 MHz = 1 GHz) transportieren und verarbeiten.

12.3 Paralleler und serieller Transport digitaler Daten

Schickt man digitale Signale durch eine zweiadrige Leitung, erfolgt der Transport relativ langsam, Bit für Bit in zeitlicher Folge (Bild 1). Diese Übertragungsform heißt **seriell** (nacheinander).

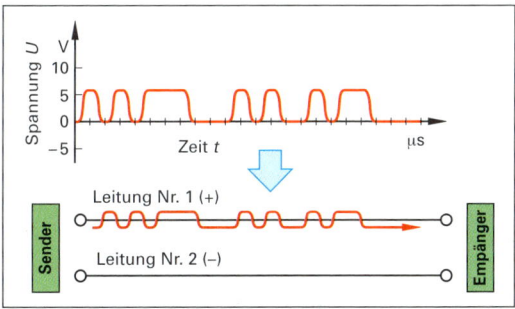

Bild 1: Serielle Datenübertragung über eine Plus- und eine Minus-Leitung

Verwendet man z. B. eine 9-adrige Leitung (8 Pluspole und 1 Minuspol (vgl. Kapitel 6.2.3, Zusammenfassung von Minuspolen), so lassen sich in einem einzigen Takt acht Bit, also ein Byte, gleichzeitig transportieren (Bild 2).

Werden hingegen 17-adrige Leitungen verwendet (16 Pluspole und 1 Minuspol), lassen sich zwei Byte gleichzeitig transportieren. Diese Übertragungsformen heißt **parallel** (gleichzeitig).

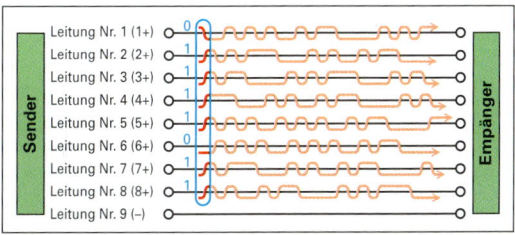

Bild 2: Parallele Datenübertragung über 8 Plus-Leitungen und 1 Minus-Leitung

12 Grundlagen der Digitaltechnik

Die Durchlassfähigkeit einer parallelen Datenübertragungsleitung ist größer als die einer seriellen. Dies ist vergleichbar mit der größeren Durchlassfähigkeit einer mehrspurigen Straße gegenüber einer einspurigen. Die parallele Datenübertragung ermöglicht gegenüber der seriellen Übertragung eine 8-fach größere Geschwindigkeit.

Jeder einzelne Pluspol überträgt auch bei der parallelen Datenübertragung eine Abfolge von Bits. Diese gehören jedoch zu unterschiedlichen Bytes.

Da die schnell erfolgenden Spannungsänderungen in den Leitungen wechselnde Magnetfelder erzeugen, die in der Nachbarleitung Störimpulse induzieren, lässt sich die parallele Datenübertragung jedoch nur über kurze Entfernungen realisieren (bis zu einigen Metern).

Die elektrischen Wege der digitalen Daten, also die Kabel oder aber die entsprechenden Leiterzüge auf den elektronischen Leiterplatten in den Geräten, werden als **Bus-Verbindungen**, oder kurz als **Busse** bezeichnet.

> **Merksatz**
>
> Der Begriff **Bus** kennzeichnet die Gesamtheit von Übertragungsleitungen und Verschlüsselungsverfahren zum digitalen Datentransport. In der Umgangssprache bezieht sich der Begriff nur auf die Leitungswege zum Datentransport.

Als Bus-Kabel für längere Entfernungen finden Koaxialkabel (Bild 1), Twisted- Pair- Kabel (Bild 2) oder Lichtleiter aus Glasfasern (Bild 3) Verwendung. In ihnen erfolgt ein serieller Datentransport.

Bild 2: RJ45-Westernstecker an einem Twisted-Pair-Kabel zum seriellen Datentransport

Bild 3: ODT-Toslink-Verbinder an einem Glasfaserkabel zum seriellen Datentransport

Im Inneren der elektronischen Geräte, d. h. auf den Leiterplatten und in den elektronischen Bauteilen, findet ein paralleler Datentransport statt. Die Leiterzüge und die Bauelemente sind dort demzufolge mindestens 8-fach vorhanden.

Heute sind sie sogar meist 32-fach ausgeführt, im Inneren der Rechnerchips auch 64-fach, sodass sich 32 bzw. 64 Bit gleichzeitig in einem Takt übertragen lassen. Dies entspricht der gleichzeitigen Übertragung und Verarbeitung von 4 bzw. 8 Byte in einem Takt (8 Bit pro Byte · 4 Byte pro Takt = 32 Bit pro Takt; 8 Bit pro Byte · 8 Byte pro Takt = 64 Bit pro Takt). Man spricht dann von einer **Busbreite** von 32 bzw. 64 Bit.

> **Merksatz**
>
> Der **digitale Datentransport** über längere Entfernungen erfolgt **seriell**. Über kürzere Entfernungen sowie innerhalb der digitalen Geräte erfolgt er in der Regel **parallel**.

Die Spezialkabel zum parallelen Datentransport können nur eine kurze Länge haben, da die schnellen Spannungsänderungen im benachbarten Leiterzug Verfälschungen bewirken, die auf den Effekten der Induktion beruhen.

Bild 1: BNC-Stecker an einem koaxialen Buskabel zum seriellen Datentransport

12.4 Nullen und Einsen zum Verschlüsseln

Eine genormte Steckverbindung für den parallelen Datentransport zeigt Bild 1. Dabei handelt es sich um einen CENTRONICS-Stecker, der u. a. zum Anschluss von Druckern an einen PC Verwendung findet.

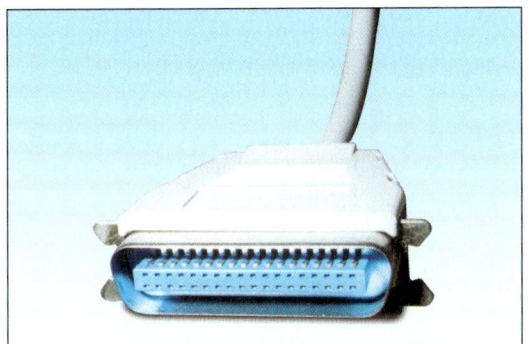

Bild 1: Centronics-Stecker an einem 25-poligen Kabel zum parallelen Datentransport

Auch die Verbindungsleitungen zwischen den in einen Baugruppenträger des PLS-Systemschranks gesteckten Leiterplatten sind digitale Bus-Leitungen. Man spricht vom **Baugruppenträgerbus**. Manche Hersteller verwenden 64 Bit breite Bauträgergruppenbusse (64 Leiterzüge), einige Hersteller jedoch aber auch nur 1 Bit breite Leiterzüge. Die Abkürzung für den Begriff Baugruppenträgerbus lautet **BGT-Bus**.

> **Merksatz**
>
> Die Leiterzüge, welche die digitalen Baugruppen innerhalb eines Schaltschrankes des Prozessleitsystems miteinander verbinden, heißen **Baugruppenträgerbus (BGT-Bus)**.

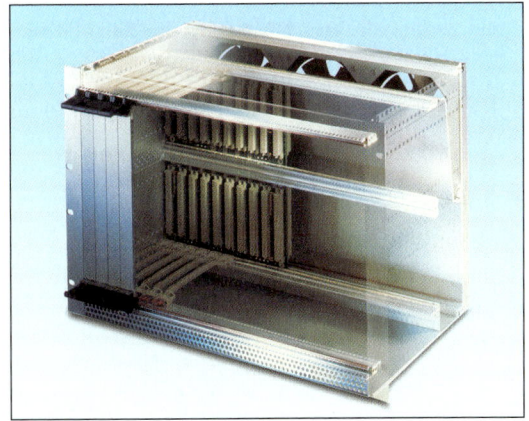

Bild 2: Baugruppenträgerbus zur parallelen Datenübertragung im Inneren eines Schaltschrank-Einschubes

Bei den „Nullen" und „Einsen" handelt es sich entweder um Speicherzustände in der Vielzahl von Speicherzellen der Computerelektronik, oder aber um Spannungsimpulse in einer Leitungsverbindung zum Signaltransport.

Mithilfe der „Nullen" und „Einsen" werden verschiedenste Informationen verschlüsselt, z. B.:

- Texte, bestehend aus Buchstaben und Ziffern,
- Zahlen, wie Messwerte oder Stellbefehle für bestimmte Ventilöffnungsgrade,
- Speicherplatznummern des internen Speichers eines Computers (Adressen),
- interne Anweisungen für den Prozessor des Computers, z. B. zum Adressieren oder zum Vergleichen zweier Werte,
- Farbe und Helligkeit von einzelnen Bildschirm-Pixeln.

> **Hinweis**
>
> Nummerierungen innerhalb der Computerhardware und -software werden als **Adressen** bezeichnet. Beispielsweise erfolgt die laufende Nummerierung aller Speicherplätze mithilfe von Adressen. Zur Identifizierung der digitalen Baugruppen, die an einen Bus angeschlossen sind, werden ebenfalls Adressen verwendet.

Zum Verschlüsseln von Buchstaben wird üblicherweise eine international genormte Zuordnung der Buchstaben zu bestimmten Kombinationen von Einsen und Nullen verwendet, der sogenannte **ASCII-Code** (ASCII engl. **A**merican **S**tandard **C**ode for **I**nformation **I**nterchange: amerikanischer Standardcode zum Informationsaustausch).

Der ASCII-Code ist ein ursprünglich amerikanischer und seit langem auch weltweiter Standard, nach dem den gebräuchlichsten Buchstaben, Ziffern und Sonderzeichen die Zahlen zwischen 0 und 255 zugeordnet werden. Er unterscheidet Groß- und Kleinbuchstaben, Ziffern und Sonderzeichen. Danach sind folgende Zeichen, wie in Tabelle 1, S. 306, angegeben, darstellbar.

12 Grundlagen der Digitaltechnik

Tabelle 1: Ausgewählte ASCII-Zeichen

Zeichen	ASCII-Code	Dualzahl
A	065	1000001
B	066	1000010
a	097	1100001
b	098	1100010

Bild 1 enthält eine Aufstellung genormter ASCII-Zeichen und ihre Erscheinungsweise am Bildschirm im Textmodus. Auch andere Codes als der ASCII-Code sind gelegentlich üblich. Dazu gehört der ANSI-Code (ANSI: American National Standards Institute).

048	0	074	J	100	d	
049	1	075	K	101	e	
050	2	076	L	102	f	
051	3	077	M	103	g	
052	4	078	N	104	h	
053	5	079	O	105	i	
054	6	080	P	106	j	
055	7	081	Q	107	k	
056	8	082	R	108	l	
057	9	083	S	109	m	
058	:	084	T	110	n	
059	;	085	U	111	o	
060	<	086	V	112	p	
061	=	087	W	113	q	
062	>	088	X	114	r	
063	?	089	Y	115	s	
064	@	090	Z	116	t	
065	A	091	[	117	u	
066	B	092	\	118	v	
067	C	093	]	119	w	
068	D	094	∧	120	x	
068	E	095	–	121	y	
070	F	096	`	122	z	
071	G	097	a	123	{	
072	H	098	b	124	|	
073	I	099	c	125	}	

Bild 1: Auszug aus dem ASCII-Zeichensatz

Zur Darstellung der üblichen Dezimalzahlen als Folge von Einsen und Nullen werden diese rechnerintern in Dualzahlen umgewandelt.

Dazu werden sie in eine Summe aus **Zweierpotenzen** zerlegt. Die Dualzahlen bestehen dann aus Nullen und Einsen, die angeben, ob eine bestimmte Zweierpotenz in der Summe vorhanden ist oder ob nicht.

Die Zweierpotenzen sind die Zahlen $2^0 = 1$, $2^1 = 2$, $2^2 = 4$, $2^3 = 8$, $2^4 = 16$, $2^5 = 32$ usw.

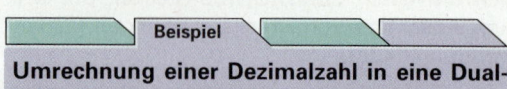

Beispiel

Umrechnung einer Dezimalzahl in eine Dualzahl

Die Zahl 29 ist darstellbar als:

$$
\begin{aligned}
& 16 && (2^4) \\
+ & 8 && (2^3) \\
+ & 4 && (2^2) \\
+ & 1 && (2^0) \\
\hline
& \text{Summe: } 29
\end{aligned}
$$

Die Zweierpotenz 2^1 ($= 2$) findet bei der Zahl 29 keine Verwendung. Ausführlich geschrieben gilt:

$$
\begin{aligned}
& 1 \cdot 2^0 &&= 1 \cdot 1 &&= 1 \\
+ & 0 \cdot 2^1 &&= 0 \cdot 2 &&= 2 \\
+ & 1 \cdot 2^2 &&= 1 \cdot 4 &&= 4 \\
+ & 1 \cdot 2^3 &&= 1 \cdot 8 &&= 8 \\
+ & 1 \cdot 2^4 &&= 1 \cdot 16 &&= 16 \\
+ & 0 \cdot 2^5 &&= 0 \cdot 32 &&= 0 \\
+ & 0 \cdot 2^6 &&= 0 \cdot 64 &&= 0 \\
+ & 0 \cdot 2^7 &&= 0 \cdot 128 &&= 0 \\
\hline
& \text{Summe: } 29
\end{aligned}
$$

Es ergibt sich die Folge **00011101**. Diese wird über ein Bus-Kabel in der Form eines Bytes übertragen (Bild 2).

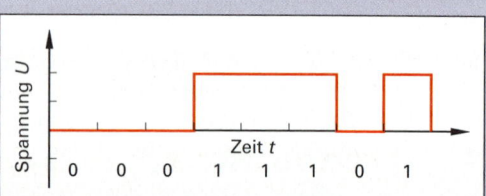

Bild 2: Digitale Verschlüsselung der Zahl 29 mit Rechteck-Impulsen

Gespeichert in einer 8-stelligen Speicherzelle für ein einzelnes Byte kann man sich die Zahl dann vorstellen wie in Bild 3 veranschaulicht.

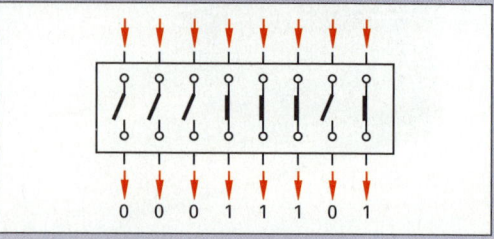

Bild 3: Speicherung der Dezimalzahl 29 in Form der 8-stelligen Dualzahl 00011101

Jeder „1" entspricht ein auf Durchgang geschalteter Schalter, d. h. ein auf Durchgang geschaltetes Bauelement, z. B. ein Transistor, in einem Speichermikrochip.

Mit dualen Zahlen können alle Rechenoperationen durchgeführt werden, die auch mit den vertrauten Dezimalzahlen möglich sind. Auch Vergleiche (größer/kleiner/gleich) sind möglich. Aus der Vielzahl der Rechenoperationen soll hier nur die **Addition** kurz vorgestellt werden.

Beispiel

Addition einer Dualzahl

Die Summe der Zahlen 29 und 29 soll berechnet werden. Dies entspricht der Multiplikationsaufgabe $29 \cdot 2 = ?$:

```
  0 0 0 1 1 1 0 1
  0 0 0 1 1 1 0 1
= ?
```

Für die Addition von Dualzahlen gilt:

1 + 0	= 1
0 + 1	= 1
0 + 0	= 0
1 + 1	= 10, d. h. 0, Übertrag 1
1 + 1 + 1	= 11, d. h. 1, Übertrag 1

So ergibt sich für die Rechnung 29 + 29, wenn man die Überträge über die oberste Zahl der nächsten Spalte schreibt:

```
      1 1 1   1
  0 0 0 1 1 1 0 1
  0 0 0 1 1 1 0 1
= 0 0 1 1 1 0 1 0
```

Das Ergebnis **00111010** lässt sich wieder als Dezimalzahl darstellen:

$$
\begin{aligned}
& 0 \cdot 2^0 &&= 0 \cdot && 1 &&= 0 \\
+ & 1 \cdot 2^1 &&= 1 \cdot && 2 &&= 2 \\
+ & 0 \cdot 2^2 &&= 0 \cdot && 4 &&= 0 \\
+ & 1 \cdot 2^3 &&= 1 \cdot && 8 &&= 8 \\
+ & 1 \cdot 2^4 &&= 1 \cdot && 16 &&= 16 \\
+ & 1 \cdot 2^5 &&= 1 \cdot && 32 &&= 32 \\
+ & 0 \cdot 2^6 &&= 0 \cdot && 64 &&= 0 \\
+ & 0 \cdot 2^7 &&= 0 \cdot && 128 &&= 0 \\
\end{aligned}
$$

Summe: 58

Auch die Addition der beiden Dezimalzahlen 29 und 29 ergibt die Dezimalzahl 58, die Rechnung mit den Dualzahlen ist somit korrekt.

Merksatz

Da digitale Geräte mit Dualzahlen arbeiten, werden die gebräuchlichen Dezimalzahlen als **Dualzahlen** dargestellt. Diese Dualzahlen bestehen aus einer Folge von binären Informationen, der eine Summe von Zweierpotenzen zugeordnet ist.

Das Verschlüsseln der Speicherplatznummern, der so genannten **Adressen**, die oft auch zusammen mit den Daten über die Busse transportiert werden, geht in gleicher Weise vor sich wie die Verschlüsselung der dezimalen Zahlen.

Beim Durchnummerieren von Speicherplätzen ergeben sich folgende einfache Dualzahlenfolgen.

Speicherplatz Nr. 1 :	0
Speicherplatz Nr. 2 :	1
Speicherplatz Nr. 3 :	10
Speicherplatz Nr. 4 :	11
Speicherplatz Nr. 5 :	100
Speicherplatz Nr. 6 :	101
Speicherplatz Nr. 7 :	110
Speicherplatz Nr. 8 :	111
Speicherplatz Nr. 9 :	1000
Speicherplatz Nr. 10 :	1001
Speicherplatz Nr. 11 :	1010
Speicherplatz Nr. 12 :	1011
.	.
.	.
.	.
usw.	usw.

Merksatz

Die Adressen der Speicherplätze in einem digitalen Computersystem haben das duale Zahlensystem zur Grundlage.

Die internen Anweisungen für den Prozessor eines Computers oder eines Controllers im Systemschrank des Prozessleitsystems werden nach einer vom Prozessorhersteller festgelegten Tabelle verschlüsselt. Zum Beispiel könnte eine Additionsanweisung einfach heißen:
...**01110011**...

Für das Verständnis dieser Befehle sind tiefere Einblicke in die Funktionsweise von Mikroprozessoren erforderlich. Im Rahmen dieses Buches soll es genügen festzustellen, dass auch elementare Rechen- und Vergleichsbefehle sowie eine Vielzahl von Daten (z. B. Farbsättigung und Helligkeit von Bildschirmpixeln sowie Töne) digital verschlüsselt werden.

Stets gibt es spezielle, meist auch genormte Verschlüsselungsverfahren.

> **Merksatz**
>
> In den Computern der Prozessleitsysteme liegen nicht nur die Prozessdaten, sondern auch andere Informationen, wie Rechenbefehle und Speicherplatznummern, digital verschlüsselt vor.

Bild 1: Integrierte Schaltkreise (Mikrochips) der Leiterplatten eines Prozessleitsystems

12.5 Busse und Speicherzellen

Digitale Geräte enthalten integrierte Schaltkreise als wichtigste elektronische Bauelemente. Sie werden auch als Mikrochips bezeichnet.

Man findet Mikrochips unter anderem:

- in den Leitstationen des Prozessleitsystems,
- in den Signalwandlerbaugruppen,
- in den Controllerkarten.

Die Mikrochips enthalten in erster Linie Schaltungen zum Speichern und Addieren von dualen Zahlen. Bild 1 zeigt das Foto einer Leiterplatte mit Mikrochips aus einem Prozessleitsystem.

> **Merksatz**
>
> **Mikrochips** sind miniaturisierte elektronische Schaltkreise, in die in erster Linie **Speicher- und Addierschaltungen** für duale Zahlen integriert sind.

Die integrierten Schaltkreise enthalten Tausende Dioden, Transistoren und Widerstände, die in einem komplizierten fotografischen und chemischen Verfahren auf ein Silizium-Trägerplättchen aufgebracht werden. Man unterscheidet zwei grundlegende Arten von Chips:

- **Prozessor-Chips** zum Durchführen von Rechenoperationen, insbesondere von Additionen,
- **Speicher-Chips** zur kurz- oder langfristigen Aufbewahrung von Daten.

Die in den Prozessor-Chips ablaufenden Computerprogramme sind Folgen von Bytes, die dauerhaft auf der Festplatte oder vorübergehend in den Speicherchips gespeichert sind.

Beim Start eines Programms werden diese von der Festplatte in den Hauptspeicher des Computers kopiert. Kopieren bedeutet in diesem Zusammenhang:

1. Lesen,
2. Transportieren,
3. Speichern am Ziel.

Im Rahmen eines Prozessleitsystems fungieren die Computer als Leitstationen zum Bedienen und Beobachten eines verfahrenstechnischen Prozesses.

Der Datentransport im Inneren eines Computers geschieht über das PC-interne Bus-System. Über ein 32 bit breites Bussystem können in einem Takt gleichzeitig vier Byte an Dateninformationen übertragen werden.

Über das gleiche Bus-System werden beim Lauf des Programms die Daten Byte für Byte aus den Speicherzellen des Hauptspeichers in den Prozessorchip transportiert und dort abgearbeitet. Dies ist möglich, weil ein Teil der Bytes Rechenbefehle für den Prozessor darstellt, während ein anderer Teil die Zahlenwerte verkörpert.

An das Bus-System im Inneren eines Computers sind alle Teilnehmer, d. h. alle wichtigen Hardware-Komponenten, parallel angeschlossen. Die wichtigsten dieser Hardware-Komponenten sind:

12.5 Busse und Speicherzellen

- der **Hauptprozessor**,
- die **Festplattenlaufwerke**,
- die **Disketten-** und **CD-ROM-Laufwerke**,
- die **Speicherzellen** des Hauptspeichers.

Der Hauptprozessor steuert, welche Daten wohin gesendet werden. Dazu besitzt jeder Bus-Teilnehmer seine eigene „Hausnummer", die **Adresse**.

Dieses grundlegende Prinzip wurde bereits in Kapitel 4 (Aufbau und Funktion von computerbasierten Prozessleitsystemen) erläutert. Auch dort sind alle Teilnehmer, in diesem Fall die kompletten Rechner mit ihren Netzwerkkarten sowie die Controller, an ein Bus-System angeschlossen.

Die Netzwerkkarte eines der Rechner steuert den Datenaustausch von Adresse zu Adresse. Sie ist der **Master** im Datenverkehr. Die Besonderheit besteht lediglich darin, dass sich dieses externe Bus-System einer seriell arbeitenden Zwei-Draht-Leitung bedient.

Im Inneren eines jeden Computers findet man dieses Bus-Prinzip vom steuernden Master und parallel geschalteten Teilnehmern ebenfalls vor, jedoch hier mit einer 32- oder 64-poligen, parallel verdrahteten Verbindung, die 32 oder 64 Bit auf einmal parallel übertragen kann. Dies entspricht einem gleichzeitigen Transport von 4 bzw. 8 Byte.

Der **Hauptprozessor** wird auch **CPU** genannt (engl. **C**entral **P**rozessing **U**nit: Zentrale Recheneinheit). Er befindet sich auf der Hauptplatine, dem Motherboard, eines jeden PCs und verfügt über eine Bus-Verbindung zu den Speicherzellen. Er ist als Rechen- oder Prozessor-Chip auch im Inneren eines jeden Controllers im Systemschrank des Leitsystems enthalten. Sein Zusammenwirken mit den Speicherzellen soll im Folgenden näher betrachtet werden (Bild 1).

> **Merksatz**
>
> Der Haupt-Mikrochip einer digitalen Baugruppe zur Durchführung von Berechnungen heißt **Hauptprozessor** oder **CPU (Central Processing Unit)**.

Zur besseren Anschaulichkeit sind die Speicherzellen im Bild 1 als Häuser gezeichnet worden. Die „Einwohner" sind die zu speichernden Bits, also die Einsen und Nullen. Die Häuser haben Hausnummern. Das sind die digitalen Adressen.

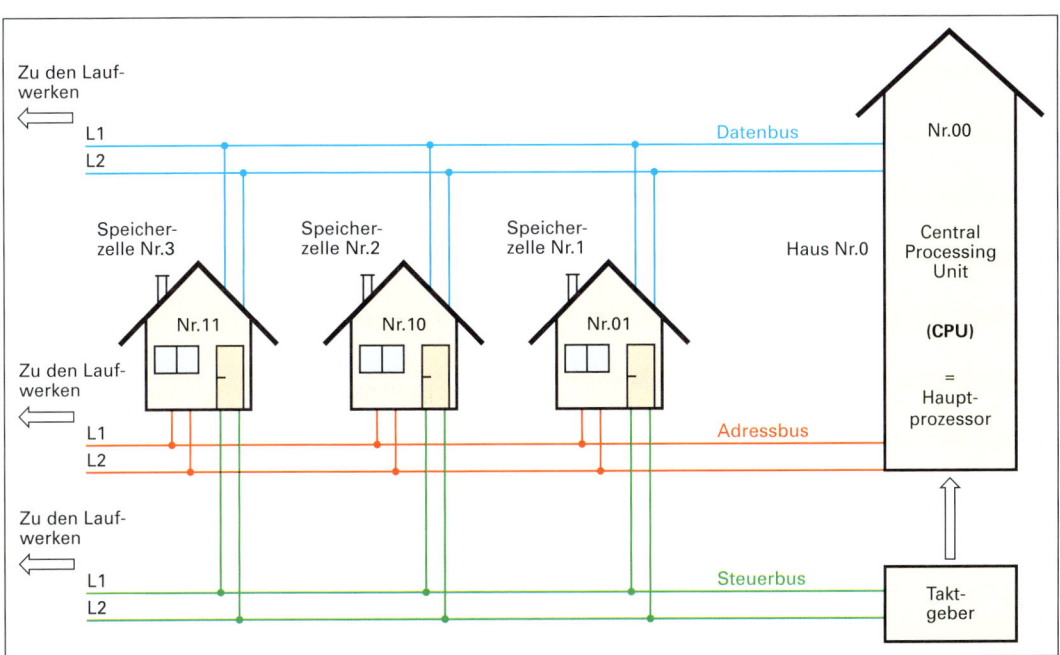

Bild 1: Veranschaulichung des Systems von Prozessor (CPU), Speicher und Bussen in digitalen Geräten

Bild 1, S. 309, veranschaulicht jedoch nicht das übliche 32 Bit breite Bus-System, sondern nur ein 2 Bit breites. Der Minuspol wurde nicht mit eingezeichnet.

Alle Aktionen im Bus-System geschehen gleichzeitig und taktgesteuert. Den Takt gibt ein spezieller **Taktgenerator** allen Bus-Teilnehmern vor. Dieser hat über den **Steuerbus** Verbindung zu allen Teilnehmern.

Der Steuerbus dient darüber hinaus dem Transport anderer Informationen, z. B.:

- dem Befehl, ob ein bestimmter Teilnehmer senden oder empfangen soll,
- den Befehlen zur Umschaltung der Transportwege der digitalen Signale.

Daraus wird ersichtlich, dass es im Inneren der digitalen Geräte mehrere Busse geben muss.

Über das nur 2 Bit breite Bus-System können in jedem Takt nur 2 Bit zu den Speicherzellen gesendet oder empfangen werden. Auch kann jede Speicherzelle nur 2 Bit an Informationen speichern.

Wenn die CPU z. B. das Signal **11** zur Speicherzelle **01** zum Zwischenspeichern senden möchte, realisiert sie dies über den **Datenbus**. Ein einziger Takt reicht dazu aus.

Da alle 4 Speicherzellen (wie übrigens auch die weiter entfernt liegende Festplatte) parallel geschaltet sind, empfangen **alle Teilnehmer gleichzeitig** das gesendete Signal. Dieses Signal ist jedoch nur für die Speicherzelle **01** bestimmt. Dies ist ein Adressierungsproblem.

Zur Lösung gibt es 2 Möglichkeiten:

- Entweder wird vor dem zu sendenden Signal die Bestimmungsadresse gesendet. Dann wissen die anderen Teilnehmer, dass das Signal nicht für sie bestimmt ist.
- Oder es wird noch ein drittes Bus-System verwendet, der sogenannte **Adressbus**. Diese Möglichkeit wird im Inneren der Computer-Hardware realisiert. Bild 1, S. 309, zeigt das angewendete Schaltungsprinzip, wenn der Adressbus nur 2 Bit breit ist.

Ehe die CPU das Signal **1 – 1** über den Datenbus schicken kann, sendet sie über den Adressbus die Kombination **01**. Dies bedeutet: „Die nächste über den Datenbus gesendete Information ist nur für den Teilnehmer Nr. **01** bestimmt."

Gleichzeitig sendet sie über den Steuerbus eine festgelegte Zahlenkombination, die besagt: „Der angesprochene Teilnehmer Nr. **01** soll jetzt Signale über den Datenbus empfangen und selbst nichts senden".

So kann sich die Speicherzelle **01** bereit machen, die Daten der CPU aufzunehmen.

Die Praxis ist im Detail noch etwas komplizierter. Dies ändert aber nichts an der dargestellten prinzipiellen Wirkungsweise von Adress-, Daten- und Steuerbus im Inneren der Leitstationen und im Inneren des Controllers.

> **Merksatz**
>
> Die PCs und die Controller der Prozessleitsysteme enthalten Prozessor-Chips (CPUs), die über **Datenbus, Adressbus und Steuerbus** mit dem Speicher, mit der Festplatte und mit den anderen Hauptbaugruppen verbunden sind.

12.6 Logische Grundschaltungen ohne Speicherverhalten

Rechteckimpulse, wie im Bild 1, S. 302, dargestellt, entstehen durch Ein- oder Aus-Schalten eines Stromes oder einer Spannung.

Dafür, dass dies im richtigen Takt geschieht, sorgt der Taktgenerator. Dies ist eine separate elektronische Schaltung, die ihre taktgebenden Impulse zu allen wichtigen Schaltungen in den elektronischen Baugruppen schickt.

Das Schalten selbst geschieht mithilfe von Transistoren. Diese gibt es sowohl als Einzelstücke, die auf eine Leiterplatte auflötbar sind, oder als Bestandteil der Mikrochips. Dort haben sie den Charakter von millionenfach mikroskopisch in die Tiefe geätzten Halbleiterdotierungen (im Intel-Pentium-Chip ca. 3 Millionen Transistoren).

Transistoren bilden die Basis für die schaltungstechnische Realisierung der logischen Grundfunktionen.

> **Merksatz**
>
> Unter dem Begriff der **logischen Grundfunktionen** versteht man die Erzeugung eines binären Ausgangssignals in Abhängigkeit von binären Eingangssignalen nach einem Gesetz der Logik.

12.5 Logische Grundschaltungen ohne Speicherverhalten

Die logischen Grundfunktionen können von **elektronischen Schaltungen** realisiert werden. Sie dürfen nicht mit den Grundfunktionen im Rahmen der Programmierung von Batch-Rezepturen verwechselt werden (vgl. S. 281).

Die **logischen Grundfunktionen** und ihre Realisierung mithilfe von elektronischen Schaltungen soll im Folgenden näher erklärt werden.

Die logischen Grundfunktionen sind:

- die **NEGATION**, realisiert durch eine Negationsschaltung bzw. durch ein NEGATIONS-Glied,
- die **UND**-Funktion, realisiert durch eine UND-Schaltung bzw. durch ein UND-Glied,
- die **ODER**-Funktion, realisiert durch eine ODER-Schaltung bzw. durch ein ODER-Glied,

Aus der Vielzahl der **weiteren logischen Funktionen** sind von besonderer Bedeutung:

- die **NAND**-Funktion (NICHT-UND),
- die **NOR**-Funktion (NICHT-ODER),
- die **Verzögerungs**-Funktion.

> **Merksatz**
>
> Alle logischen Funktionen werden in den elektronischen Schaltungen mithilfe von **Transistoren** realisiert. Neben den logischen Grundfunktionen gibt es weitere logische Funktionen, die sich aus den Grundfunktionen zusammensetzen lassen.

Bild 1 zeigt einen Vergleich zwischen einem Relais als elektromechanischem Schalter und einem Transistor als elektronischem Schalter. Es ist erkennbar, dass in jedem Fall durch einen Stromfluss 1 vom Anschluss L_1+ zum Anschluss „–" auch ein Stromfluss vom Anschluss L_2+ zum Anschluss „–" zustande kommt. Beide Ströme fließen dem gemeinsamen Minuspol (–) zu.

Bei der Transistorschaltung in Bild 1 werden die Anschlüsse mit den Ziffern 1, 2 und 3 bezeichnet. Die Anschlüsse 1, 2 und 3 beim Transistor heißen auch Basis, Kollektor und Emitter.

Das alleinige Anlegen einer Spannung an den Anschluss 1 reicht aus, um einen Stromfluss von 2 nach 3 in Gang zu setzen. Der von 1 nach 3 fließende Strom ist um Größenordnungen geringer als der von 2 nach 3 fließende.

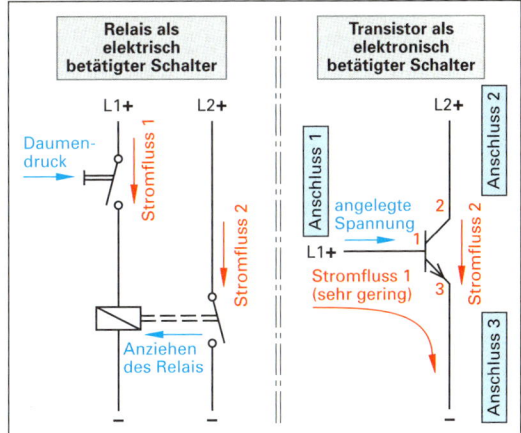

Bild 1: Vergleich zwischen Relais und Transistor als fernbetätigte Schalter

Deshalb wird der Transistor auch als **Signalverstärker** bezeichnet.

Der Transistor wird stets gemeinsam mit Widerständen in elektronischen Schaltungen verwendet. Bild 2 zeigt dazu ein Beispiel. Die Summe der beiden Spannungsabfälle U_1 und U_2 ist dabei gleich der Gesamtspannung U_{ges}:

$$U_1 + U_2 = U_{ges}$$

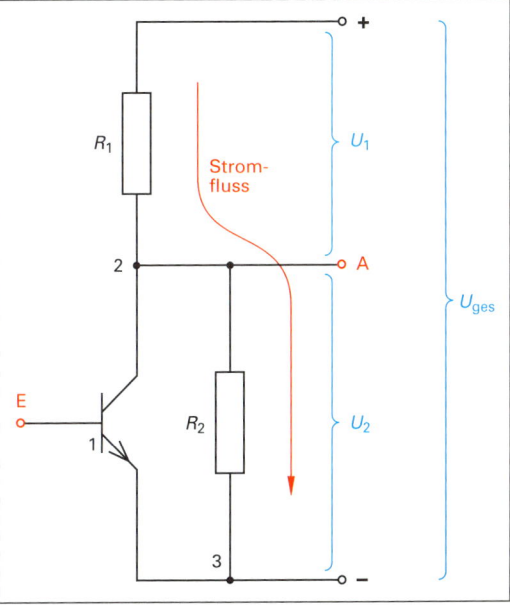

Bild 2: Schaltplan einer einfachen Transistorschaltung zum Verstärken einer ein- und ausschaltbaren Spannung

12 Grundlagen der Digitaltechnik

Wird zunächst keine Spannung an den Eingang E der Gesamtschaltung angelegt, so sperrt der Transistor den Stromfluss von Plus nach Minus. Der Strom muss über die Widerstände R_1 und R_2 fließen. Durch den Widerstand R_2 entsteht ein Spannungsabfall. Deshalb ist zwischen A und dem Minuspol eine Spannungsdifferenz messbar. Man sagt: „An A liegt eine Spannung an."

Wird an den Eingang E eine Spannung angelegt, so lässt der Transistor den Strom von 2 nach 3 hindurch. Der Strom nimmt jetzt den „einfacheren Weg". Statt durch den Widerstand R_2 zu fließen, nimmt er den Weg direkt durch den Transistor, denn dieser setzt ihm fast keinen Widerstand entgegen.

Weil infolgedessen kein Strom durch R_2 fließt, gibt es auch keinen Spannungsabfall zwischen A und dem Minuspol. An A liegt keine Spannung an. Die gezeigte Schaltung negiert somit das Eingangssignal.

Das bedeutet: Aus der logischen 0 erzeugt die Schaltung eine logische 1. Aus der logischen 1 macht sie eine logische 0.

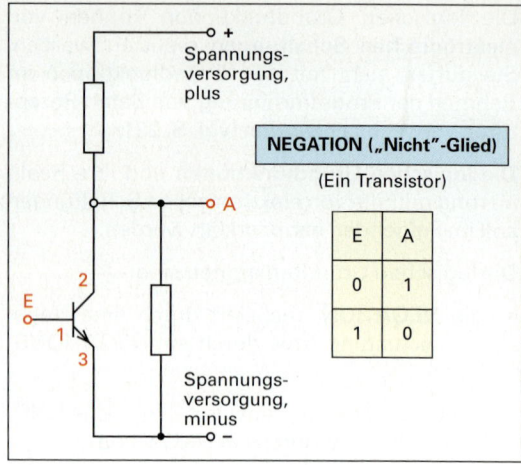

Bild 2: Schaltplan der und Funktionstabelle logischen Grundfunktion NEGATION

Mit drei Transistoren lassen sich andere logische Schaltungen aufbauen, z. B. das UND-Glied und das ODER-Glied. Diese Schaltungen haben jeweils mindestens 2 Eingänge.

- Beim **UND-Glied** (Bild 3) liefert der Ausgang nur dann eine Spannung, wenn an beiden Eingängen eine Spannung anliegt. Dies symbolisiert die Funktionstabelle in Bild 3.

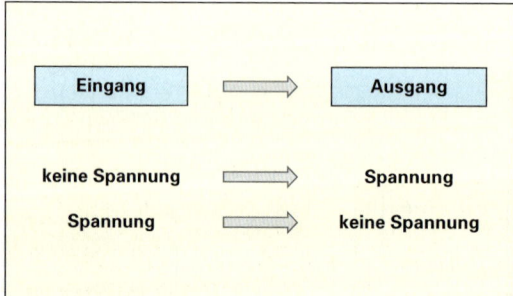

Bild 1: Wirkung der NEGATION

Deshalb wird sie auch als **Negationsschaltung**, **Negations-Glied** oder einfach als **NEGATION** bezeichnet.

- Beim **Negations-Glied** liefert der Ausgang immer ein Ausgangssignal, das den gegensätzlichen Betrag des Eingangssignals hat.

Ihren Schaltungsaufbau und ihre Funktionstabelle, d. h. die Abhängigkeit der Ausgangsspannung (A) von der Eingangsspannung (E), ist in Bild 2 dargestellt.

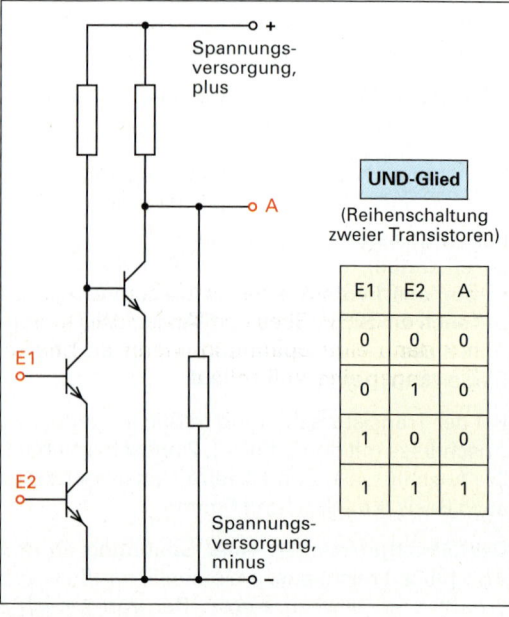

Bild 3: Schaltplan und Funktionstabelle der logischen Grundfunktion UND

- Beim **ODER-Glied** liefert der Ausgang ein Signal, wenn an einem der beiden Eingänge oder an beiden eine Spannung anliegt (Bild 1).

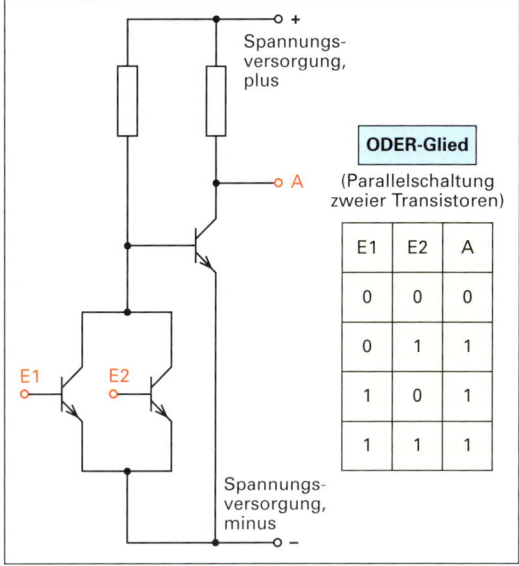

Bild 1: Schaltplan und Funktionstabelle der logischen Grundfunktion ODER

Aus den Bildern 3, S. 312, und 1, auf dieser Seite, kann man entnehmen, dass das UND-Glied auf der Reihenschaltung zweier Transistoren basiert, während das ODER-Glied mit einer Parallelschaltung zweier Transistoren arbeitet.

Mit weiteren Schaltungen lassen sich das **NAND-Glied** und das **NOR-Glied** realisieren:

- Beim **NAND-Glied** führt der Ausgang A nur dann eine Spannung, wenn an einem der beiden Eingänge oder an beiden ein „Null-Signal" anliegt.
- Beim **NOR-Glied**, einer Hintereinanderschaltung von ODER-Glied und NEGATION, führt A nur dann eine Spannung, wenn an beiden Eingängen eine Null anliegt.

Merksatz

Die logischen Grundfunktionen **UND**, **ODER** sowie die **NEGATION** können mit elektronischen Schaltungen realisiert werden.

Diese Schaltungen sind die Grundlage für die Funktion der älteren festverdrahteten speicherprogrammierten Steuerungen, aber auch die für den Aufbau jedes modernen Prozessor- oder Speicherchips.

Die Grundfunktionsschaltungen bilden die Basis für den schaltungstechnischen Aufbau weiterer logischer Funktionen.

Das nachstehende Bild 2 enthält eine Zusammenstellung der Schaltbelegungstabellen der wichtigsten logischen Funktionen und ihr zugehöriges Funktionssymbol.

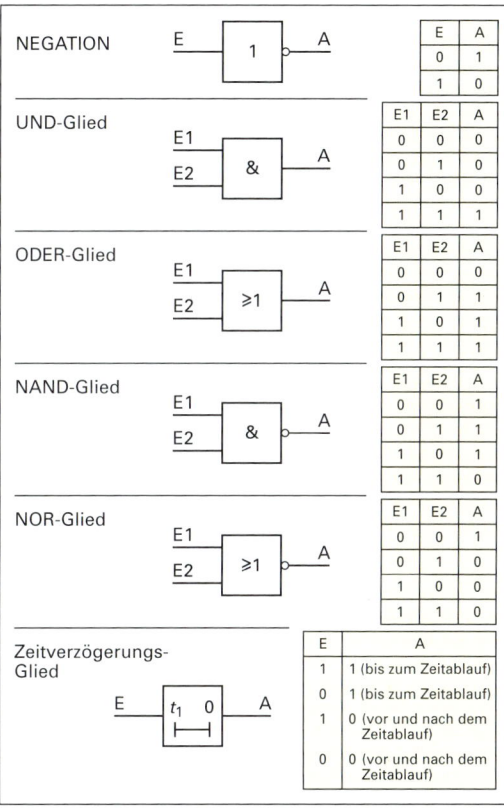

Bild 2: Wichtige logische Funktionen mit Funktionssymbol und Funktionstabelle

12.7 Schaltungen mit Speicherverhalten

Bei den bisher betrachteten Schaltungen liefert der Ausgang den logisch zugehörigen Wert jeweils nur solange, wie die Eingangsspannungen an den Eingängen anliegen.

Um zu erreichen, dass ein kurzer Spannungsimpuls zu einer Umschaltung führt, die auch nach

12 Grundlagen der Digitaltechnik

dem Impuls erhalten bleibt, nutzt man die so genannte **Flip-Flop-Schaltung**, die mit einer Rückführung des Ausgangssignales zum Schaltungseingang arbeitet.

Bei den Schaltungen von Kapitel 6.15 (Relais-Schaltungen) existiert dazu der von der Spule umgeschaltete Hilfskontakt, der **Haltekontakt**, der die Spule nach deren Anziehen weiter mit Spannung versorgt.

Auch bei der Flip-Flop-Schaltung gibt es eine solche Rückführung des Ausgangssignals zur Versorgung des Einganges mit Spannung. Bild 1 zeigt das Ersatzschaltbild einer solchen Schaltung, die aus zwei NOR-Gliedern besteht. Je ein ODER-Glied und eine NEGATION bilden zusammen ein solches NOR-Glied.

Beim Studium des Signalflusses ist die Hauptaufmerksamkeit nur auf die blauen Signalleitungen zu legen. Die schwarzen Leitungen symbolisieren lediglich die Spannungsversorgung. Die Signale der eigentlichen Schaltimpulse nehmen die blauen Wege.

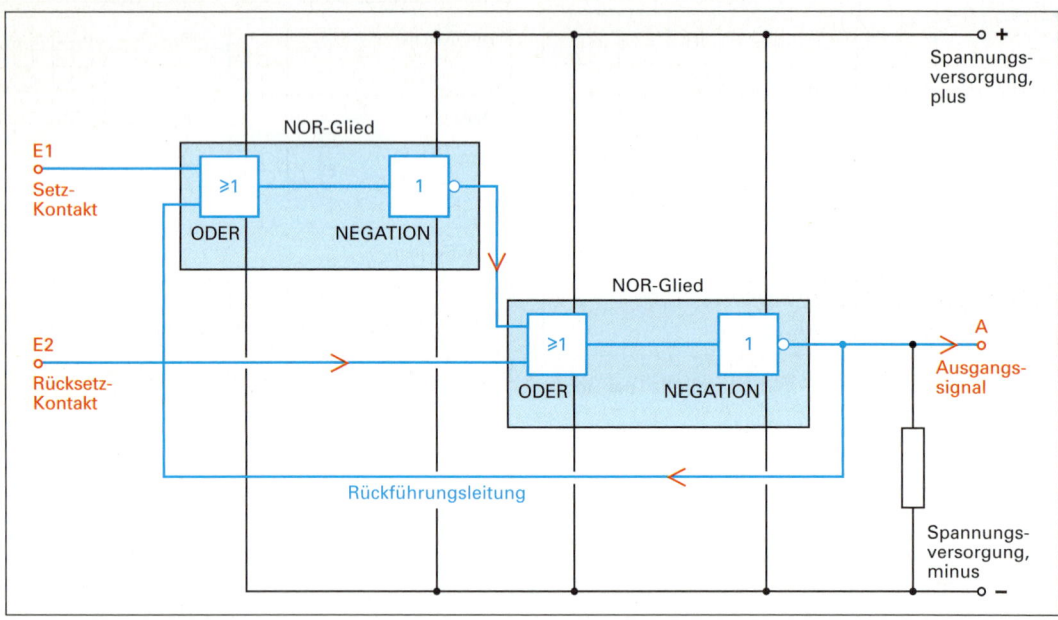

Bild 1: Schaltbild einer Flip-Flop-Schaltung, bestehend aus zwei ODER- und zwei NEGATION-Funktionen

Nachdem die gesamte Schaltung zunächst stromlos war, führt durch einen kurzen Impuls an E_1 der Ausgang A eine Spannung.

Man sagt: Der **Setz-Impuls** wurde **durchgeschaltet**. A bleibt auch weiterhin spannungsführend, solange nicht ein kurzer Impuls auf E_2 erfolgt. Dafür sorgt die Rückführungsleitung. Sie entspricht gewissermaßen dem Halte-Kontakt der Relais-Schaltung.

Ein **Rücksetz-Impuls** bewirkt schließlich das Spannungslosschalten des Ausgangs A. A bleibt auch danach spannungslos. Deshalb bezeichnet man diese Schaltung als **Flip-Flop-Schaltung** (Hin- und Her-Schaltung) oder aber als Schaltung mit Speicherverhalten. Sie speichert den Schaltzustand, in den sie soeben versetzt wurde.

Baut man diese Schaltung aus den weiter oben angeführten Schaltbildern der logischen Grundfunktionen auf, so enthält sie 8 Transistoren.

> **Merksatz**
>
> **Flip-Flop-Schaltungen** bilden die Grundlage für jegliche Speicherung von Daten in digitalen Geräten, so auch in den Speicherchips der Komponenten des Prozessleitsystems.

Eine Flip-Flop-Schaltung kann durch ihr Umschalten lediglich ein einzelnes Bit speichern. In den integrierten Schaltkreisen sind jedoch mit Millionen von integrierten Transistoren auch Millionen von Bits speicherbar.

Das Umschalten von 0 auf 1 oder umgekehrt geschieht stets taktgesteuert, also synchron. Dazu enthält die Flip-Flop-Schaltung zusätzliche Bauelemente mit Verbindungen zur Takterzeuger-Schaltung, dem Taktgenerator.

Merksatz

Eine einzelne Flip-Flop-Schaltung bildet die Grundlage für die Speicherung eines einzelnen Bits in digitalen Geräten.

12.8 Die Addition eines Bits

Die Prozessorchips in digitalen Geräten wie auch in den Komponenten eines Prozessleitsystems führen ständig Millionen von Rechenoperationen pro Sekunde durch.

Nicht nur die Berechnungen, z. B. der Stellgrößen in den einzelnen Regelkreisen, bestehen aus Rechenoperationen. Auch die grafischen Darstellungen auf dem Bildschirm oder das Abspielen von Sound-Dateien, z. B. zur Wiedergabe von Alarmtönen über die Lautsprecher, sind auf Rechenoperationen zurückzuführen.

Selbst beim nacheinander erfolgenden Abruf der einzelnen gespeicherten Bytes aus den Speicherzellen müssen Rechenoperationen durchgeführt werden. So ergibt sich die Adresse der nächsten abzurufenden Speicherzelle aus der vorherigen, nur um Eins erhöhten Adresse. Es muss also jeweils eine Eins addiert werden.

Mit den Rechenregeln für Dualzahlen lassen sich Rechenoperationen wie die Multiplikation, die Subtraktion, die Division, das Wurzelziehen und das Logarithmieren auf einfache Additionen von Nullen und Einsen zurückführen.

Deshalb bestehen die elektronischen Komponenten im Inneren der Prozessoren in erster Linie aus **Additionsschaltungen** und einer Reihe von **Speicherschaltungen** zum vorübergehenden Merken der Zwischenergebnisse. Für die Addition von Dualzahlen gelten folgende Rechenregeln:

1 + 0 = 1

0 + 1 = 1

0 + 0 = 0

1 + 1 = 10, d. h. 0, Übertrag 1

1 + 1 + 1 = 11, d. h. 1, Übertrag 1

Basis für diese Additionen bildet das UND-Glied, kombiniert mit einem ODER- und einem NEGATIONS-Glied.

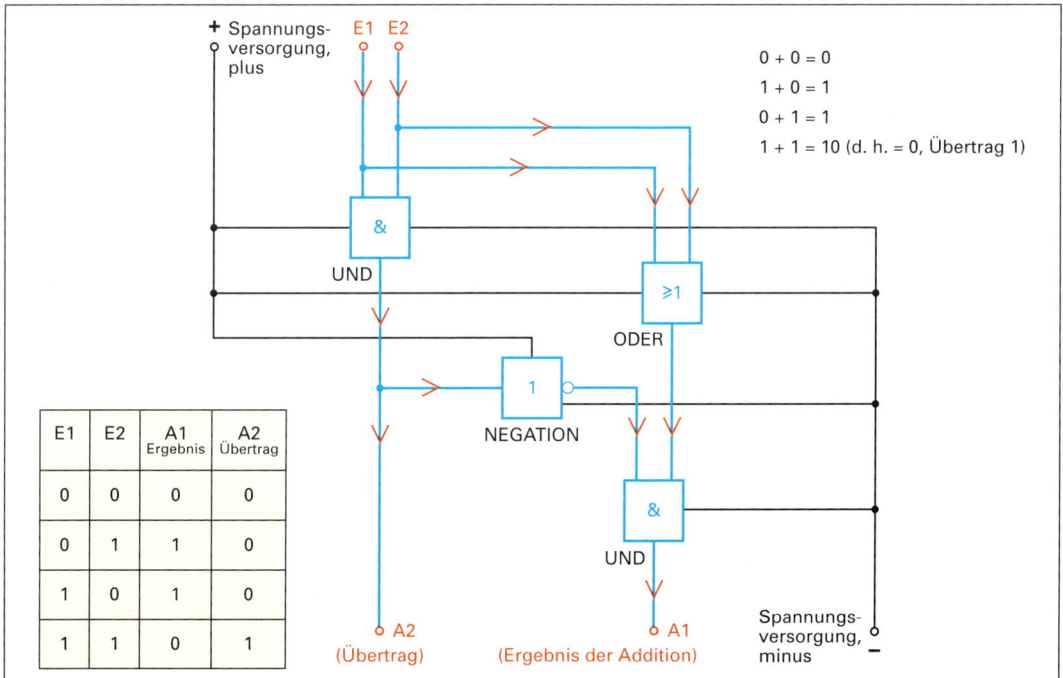

Bild 1: Schaltbild und Funktionstabelle einer Additionsschaltung

12 Grundlagen der Digitaltechnik

Bild 1, S. 315, zeigt, wie diese Schaltungen zu einer **Additionsschaltung** kombiniert werden können.

Die **Eingänge** der Gesamtschaltung werden, **taktgesteuert** vom Taktgenerator, **gleichzeitig** für eine kurze Zeit mit den Eingangswerten versorgt. Je nach Taktfrequenz dauert ein solcher Impuls nur Bruchteile einer Millionstel Sekunde (bei 1 GHz nur eine Tausendmillionstel Sekunde).

Die Additionsschaltung hat, abgesehen vom stromversorgenden Plus- und Minuspol, zwei Eingänge für die Summanden und je einen Ausgang für das einstellige Rechenergebnis und den Übertrag.

Verfolgt man den Signalfluss und berücksichtigt die logischen Funktionen, kommt man zu dem Ergebnis, dass beim gleichzeitigen Anliegen einer Spannung an E_1 und E_2 am Ausgang A_1 keine Spannung anliegt, dass jedoch am Ausgang A_2 eine Spannung anliegt.

Dies entspricht der Rechenoperation:

1 + 1 = 10, also **0**, Übertrag **1**

Liegt an nur einem Eingang eine Spannung an, so liefert der Ausgang A_1 eine Spannung, der Ausgang A_2 jedoch nicht. Dies ist die Rechenoperation: **1 + 0 = 01** (also **1**, Übertrag **0**).

Für alle denkbaren Varianten von Eingangssignalen ergibt sich die in Bild 1 dargestellte Schaltbelegungstabelle der Additionsschaltung.

ADDITIONS-Schaltung			
(für zwei einzelne Bits)			
E1	E2	A1 Ergebnis	A2 Übertrag
0	0	0	0
0	1	1	0
1	0	1	0
1	1	0	1

⇐ 0 + 0 = 0
⇐ 0 + 1 = 1
⇐ 1 + 0 = 1
⇐ 1 + 1 = 10, d. h. = 0, Übertrag 1

Bild 1: Funktionstabelle einer Additionsschaltung mit zugehöriger Rechenoperation für jede Signalkombination

Zur Addition mehrstelliger Dualzahlen benötigt man eine Aneinanderreihung von mehreren Additionsschaltungen. Gewöhnlich enthalten die Prozessoren 16 oder 32 solcher Additionsschaltungen nebeneinander. Man spricht dann von 16 oder 32 Bit breiten **Registern**.

Die betrachtete Additionsschaltung aus Bild 1, S. 315, liefert zwar für ein einzelnes Bit einen Übertrag, jedoch ist sie, wenn sie in ein komplettes Addierwerk eingebaut wird, nicht in der Lage, den Übertrag aus einer der benachbarten Additionsschaltungen zu berücksichtigen.

Sie ist somit nicht in der Lage, folgende Rechenoperationen durchzuführen:

1 + 1 + 1 = 11, Übertrag **1**

Dazu ist eine Erweiterung der Additionsschaltung erforderlich, auf deren Erläuterung hier verzichtet wird.

Eine solche erweiterte Schaltung addiert nicht nur die Werte der beiden Eingänge E_1 und E_2, sondern zusätzlich den Wert eines dritten Eingangs E_3, des Übertrags der vorherigen Additionsschaltung.

> **Merksatz**
>
> Ein **Additionsregister** ist eine komplexe elektronische Schaltung zur Addition einer mehrstelligen Dualzahl.
>
> Ein Additionsregister besteht aus mehreren erweiterten Additionsschaltungen, von denen jede eine einstellige Dualzahl unter Berücksichtigung des Übertrags addieren kann.

Bild 1, S. 317, zeigt den prinzipiellen Aufbau eines kompletten **Additionsregisters** in einem Mikroprozessor.

Jede einzelne der 6 dargestellten Additionsschaltungen addiert 1 Bit des Eingangs E_1 mit 1 Bit des Eingangs E_2 sowie dem Übertrag aus der rechts benachbarten Additionsschaltung. Sie gibt das Ergebnis am Ausgang A aus und übergibt den Übertrag zur links benachbarten Additionsschaltung.

Der Steuerbus sorgt dafür, dass taktgenau immer gleichzeitig zwei komplette Bit-Folgen an die Reihe der Additionsschaltungen angelegt werden.

Spezielle schaltungstechnische Feinheiten sorgen dafür, dass keine Rechenfehler auftreten, wenn die zu addierenden Zahlen zu groß sind, d. h. wenn ein **Überlauf** erfolgt.

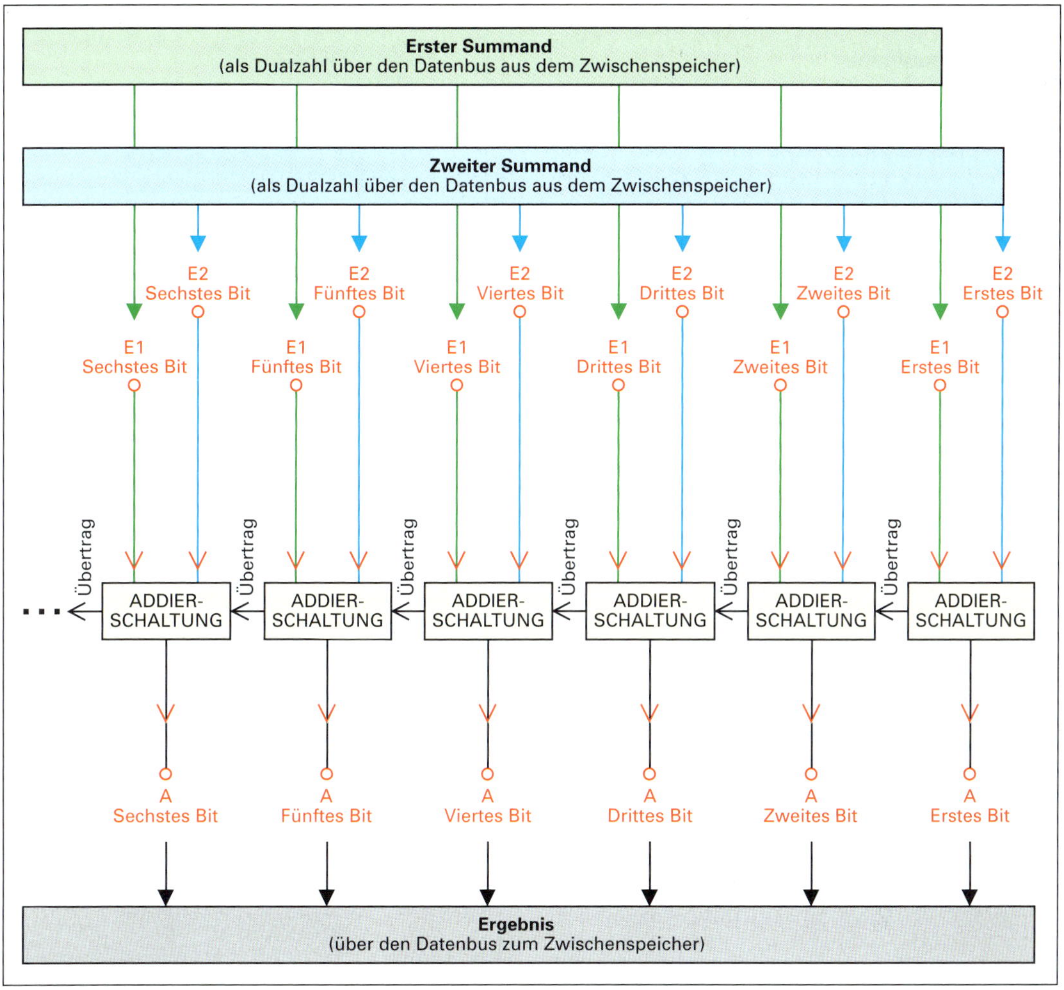

12.9 Logische Funktionen im speicherprogrammierbaren Steuerungsgerät (SPS-Gerät)

[Diagramm: Sechsstelliges Additionsregister mit Erstem und Zweitem Summanden, Eingängen E1/E2 (Erstes bis Sechstes Bit), Addier-Schaltungen mit Übertrag, Ausgang A (Erstes bis Sechstes Bit), Ergebnis über Datenbus zum Zwischenspeicher]

Bild 1: Sechsstelliges Additionsregister als Bestandteil eines Mikroprozessors

Additionsregister-Schaltungen sind im Prozessleitsystem in erster Linie in den Hauptprozessoren der Leitstationen, aber auch in den Prozessoren der Controller im Systemschrank zu finden. Auch in den Bus-Koppler- bzw. Netzwerkkarten und in vielen anderen Baugruppen der digitalen Komponenten werden prozessorgestützte Rechenoperationen durchgeführt.

> **Merksatz**
>
> **Additions-Schaltungen** bilden die Grundlage für alle Rechenoperationen mit Daten in digitalen Geräten, so auch in den Prozessor-Chips der Komponenten des Prozessleitsystems.

12.9 Logische Funktionen im speicherprogrammierbaren Steuerungsgerät (SPS-Gerät)

Im Kapitel 8.4 (Ablaufsteuerung) wurden bereits die Aufgaben einer SPS beleuchtet.

> **Merksatz**
>
> Die Steuerungsaufgaben, die eine SPS zu realisieren hat, folgen stets einer **Wenn-Dann-Logik**. Sie bestehen daher aus **Aktionen**, die mit **Übergangsbedingungen (Transitionen)** verknüpft sind.

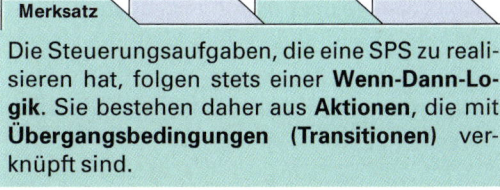

Beispiel

Steuerungsaufgabe

Bild 1 zeigt einen Chargenreaktor mit Zulauf- und Ablaufventil, mit zwei Füllstands-Grenzwertgebern und einem Rührwerk.

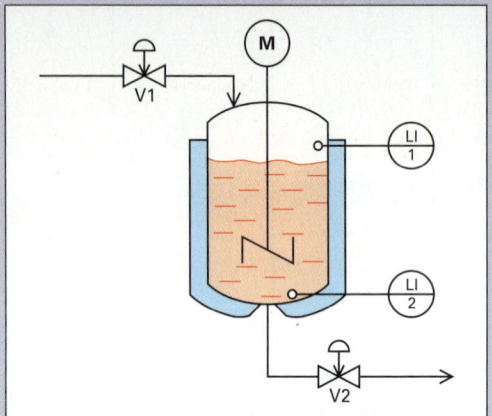

Bild 1: Chargenreaktor als Steuerungsobjekt

Wenn zu Beginn des Ablaufs des Steuerprogramms beispielsweise der Startknopf gedrückt wird und der Reaktor leer ist, **dann** soll sich Ventil V1 zur Befüllung öffnen.

Wenn der Grenzwertschalter LI 1 anzeigt, dass der Reaktor befüllt ist, **dann** soll das Ventil geschlossen werden und das Rührwerk eingeschaltet werden.

Wenn die zur Reaktion erforderliche Rührzeit von einer Stunde vorüber ist, **dann** soll der Reaktor über V2 entleert werden.

Wenn der Grenzwertschalter LI 2 anzeigt, dass der Reaktor leer ist, **dann** soll V2 wieder geschlossen werden.

Als Funktionsplan, der aus Kapitel 8.5 (Darstellungsformen von Steuerungsaufgaben) bereits bekannt ist, wird die Steuerungsaufgabe wie in Bild 2 dargestellt.

In Abhängigkeit von verschiedenen Eingangswerten (gedrückter Startknopf, Signal von LI 1, Signal von LI 2) werden vom SPS-Gerät stets bestimmte Ausgangswerte ausgegeben (Ventilöffnung V1, Rührermotorsteuerung, Ventilöffnung V2).

Dazu werden die Eingangswerte nach den gewünschten Regeln logisch untereinander verknüpft.

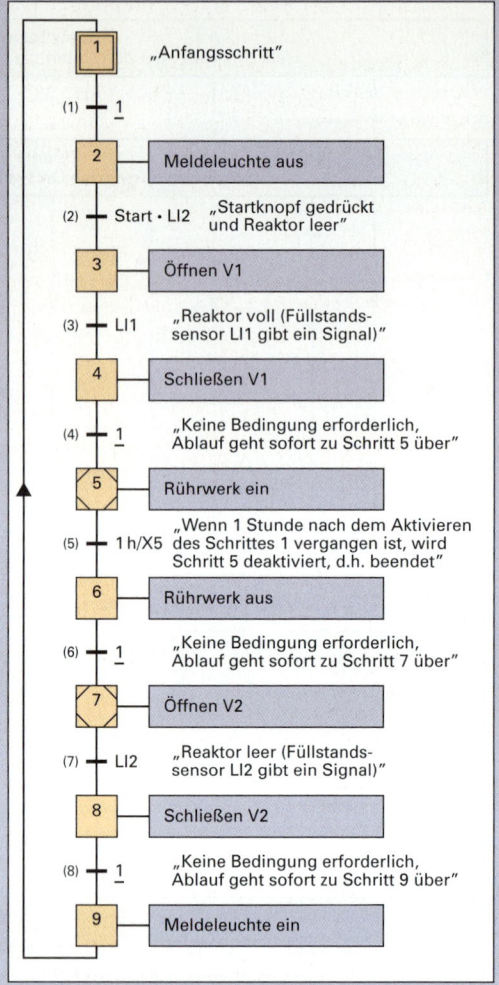

Bild 2: Funktionsplan einer einfachen Steuerungsaufgabe für den Reaktor in Bild 1

Merksatz

Steuerungen verknüpfen die Prozess-Signale mithilfe von **logischen Funktionen**. Dadurch entstehen **Verknüpfungssteuerungen** und bei geeigneter Signalverknüpfung auch **Ablaufsteuerungen**.

Für eine zeitliche Verzögerung bei der Abarbeitung der Wenn-Dann-Bedingungen sorgen entweder der technische Prozess selbst (das Füllen oder Ablassen dauert einige Zeit) oder aber Zeitverzögerungsschaltungen innerhalb des SPS-Gerätes (die fest vorgegebene Reaktionszeit von einer Stunde).

12.9 Logische Funktionen im speicherprogrammierbaren Steuerungsgerät (SPS-Gerät)

Zur Realisierung können im einfachsten Fall **fest verdrahtete**, also nicht programmierbare **elektronische Schaltungen** aus den logischen Funktionsgliedern (UND-, ODER-, NEGATION, NOR- oder NAND- sowie Zeitverzögerungsschaltungen) eingesetzt werden. In diesem Fall spricht man von einer **verbindungsprogrammierten Steuerung (VPS)**.

An den **Eingängen** dieser Schaltungen liegen ständig die aus dem Prozess kommenden Eingangssignale an. Die **Ausgänge** der Schaltungen liefern für den Prozess ständig die zur Ansteuerung der Aktoren erforderlichen Signale.

Für das Beispiel der Steuerungsaufgabe „Chargenreaktor" aus Bild 1, S. 318, könnte eine solche Schaltung aussehen wie in Bild 1. Die Grafik enthält die erforderlichen logischen Grundfunktionen, ihre logischen bzw. verdrahteten Verbindungen sowie eine Erläuterung der Funktion der Schaltungselemente.

Als eine besondere logische Funktion ist ein **Zeitablauf-Glied** enthalten, welches für die Realisierung der gewünschten Reaktionsdauer verantwortlich ist.

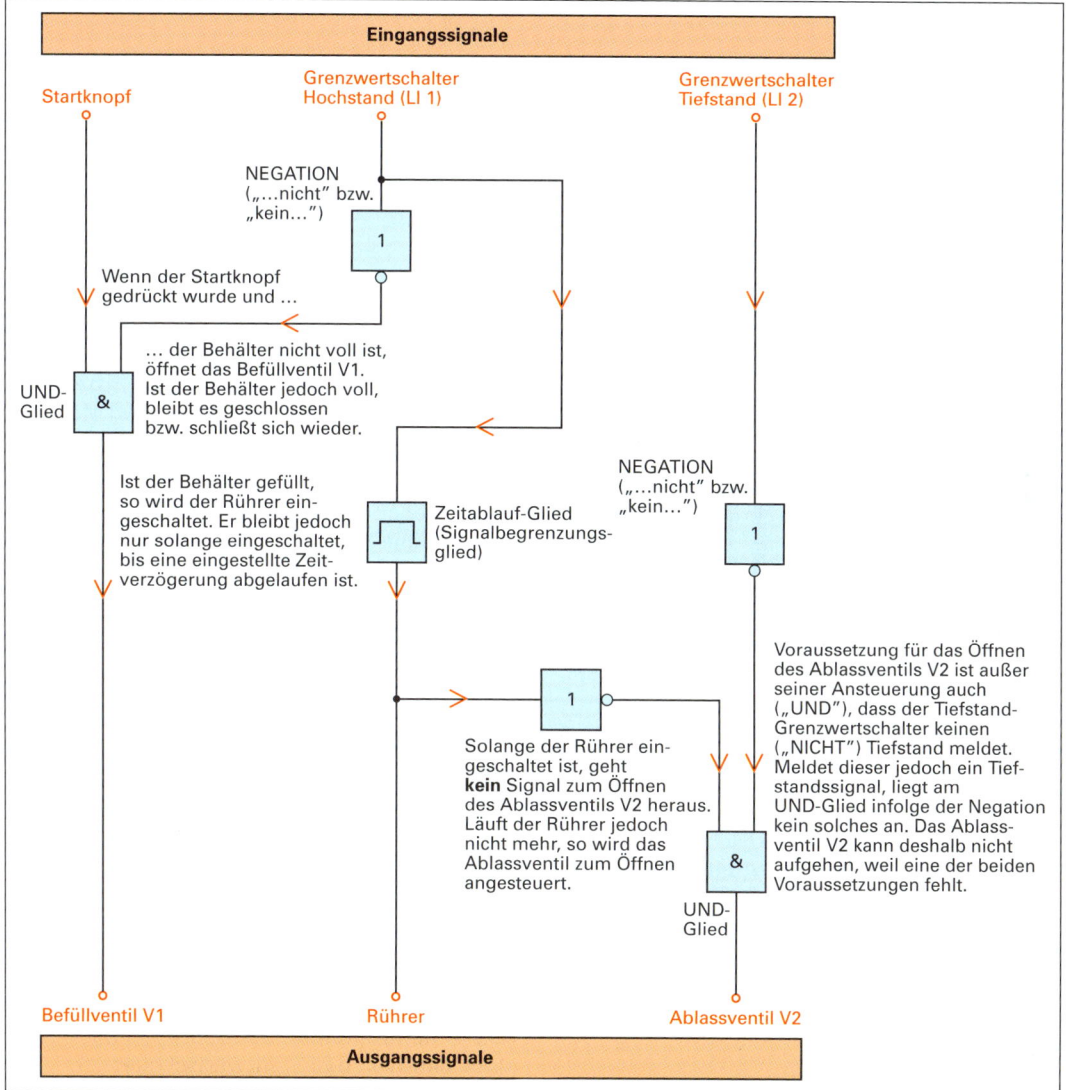

Bild 1: Einsatz von logischen Funktionen zur Realisierung der Steuerungsaufgabe gemäß den Bildern 1 und 2, S. 318

12 Grundlagen der Digitaltechnik

> **Merksatz**
>
> Bei **traditionellen Steuerungen** werden die logischen Funktionen durch **fest verdrahtete elektronische Schaltungen** realisiert, an deren Ein- und Ausgängen die Signale **ständig** anliegen. Solche Steuerungen sind nicht oder nur begrenzt programmierbar.

Der Nachteil einer solchen fest auf eine Leiterplatte gelöteten elektronischen Schaltung besteht darin, dass sie kaum erweitert oder geändert werden kann. Die Zahl der Eingangs- und Ausgangswerte sowie die enthaltene Logik ist fest vorgegeben.

Moderne speicherprogrammierbare Steuerungen arbeiten deshalb unter Nutzung eines vom Programmierer erstellten Programms. Sie sind ähnlich einem Personalcomputer frei programmierbar.

Mit diesen Computerprogrammen arbeiten sowohl die nur für SPS-Aufgaben gefertigten Geräte (z. B. Simatic S7) als auch die Rezeptursteuerungen, die von einem modernen Prozessleitsystem ausgeführt werden und die jeweils vorübergehend in den Controllern der Leitsysteme gespeichert sind.

Bild 1: Modernes speicherprogrammierbares Steuerungsgerät

Anstelle der auf einer Leiterplatte verdrahteten Baugruppen von UND- oder ODER-Gliedern oder anderer logischer Funktionen gibt es innerhalb der SPS, ähnlich wie im Personalcomputer einen Prozessorchip, der die Rechenprogramme ausführt.

Jede der logischen Funktionen stellt ein kurzes „Miniaturrechenprogramm" dar, ein **Unterprogramm**.

In einer fest verdrahteten Schaltung liegen im Gegensatz zur computerbasierten SPS alle Eingangs- und Ausgangssignale ständig an den logischen Funktionsschaltungen an. Der Prozessor einer SPS im Prozessleitsystem kann jedoch nicht alle Unterprogramme gleichzeitig abarbeiten.

Für die Werte der Eingangs- und Ausgangssignale sind deshalb in den Speicherchips der SPS oder im Controller eines Prozessleitsystems **Speicherplätze** reserviert.

In diesen Speicherplätzen sind die Eingangs- und Ausgangssignale zwar ständig vorhanden, jedoch werden sie vom Prozessor-Chip nur zyklisch für die Abarbeitung des Steuerprogramms benutzt.

> **Merksatz**
>
> Bei **speicherprogrammierbaren Steuerungen** werden die logischen Funktionen durch **Programme und Unterprogramme** in einem digitalen Prozessor-Chip realisiert, welche die an den Ein- und Ausgängen ständig anliegenden Signale **zyklisch** zur Verarbeitung nutzen.

Im Beispiel des Chargenreaktors von Bild 1, S. 318, wären 6 Speicherplätze erforderlich, nämlich 3 für die Eingangssignale LI 1, LI 2 und den Startknopf, sowie 3 für die zum Prozess geschickten Ausgangssignale V1, V2 und M.

Natürlich müssen die Eingangssignale vor dem Speichern in digitale Signale umgewandelt werden. Ebenso werden die Ausgangssignale in konventionelle Analog- oder Binär-Signale zurückverwandelt, ehe sie wieder zum Prozess geschickt werden.

Die Unterprogramme werden nun zyklisch, d. h. einige Male pro Sekunde, abgearbeitet.

Das SPS-Programm für das Beispiel von Seite 318 beginnt mit dem in Bild 1, S. 319, links oben gezeichneten UND-Glied. Es holt sich zunächst mehrmals pro Sekunde die Werte der Startknopfbetätigung (0 oder 1) sowie den Wert des Grenzwertschalters (0 oder 1) aus dem Speicher. Diese Werte werden durch das Unterprogramm „UND-GLIED" miteinander verglichen. Sind sie zu einem Zeitpunkt gleich, stellt das Unterprogramm dies fest und steuert das Befüllventil V1 an.

Das Unterprogramm „UND-Glied" holt sich jedoch den Wert des Grenzwertschalters LI 1 nicht direkt aus dem zugehörigen Speicherplatz, sondern aus einem Unterprogramm „NEGATION", das vorher abgearbeitet wurde.

Dieses hatte sich den Wert des Grenzwertschalters (0 oder 1) aus dem Speicher geholt, ihn negiert und zur Übergabe an das nachfolgende Unterprogramm zwischengespeichert.

Der Grund für diese Vorgehensweise liegt darin, dass das Befüllventil V1 nur dann öffnen soll, wenn der Behälter nicht voll ist. Auch die anderen Unterprogramme prüfen mehrmals pro Sekunde die Werte der Eingangssignale, um daraus die Werte der Ausgangssignale zu berechnen, indem sie durch die logischen Funktionen verknüpft werden.

Die Abarbeitung der Programmteile erfolgt in Bruchteilen einer Sekunde. Ebenso oft werden die Werte der Eingänge abgefragt und die Werte der Ausgänge berechnet.

Die Speicherzellen der Eingänge sind über Signalwandler elektrisch mit den Sensoren am Prozess verbunden. Ebenso sind die Speicherzellen der Ausgänge elektrisch über Signalwandler mit den Stellorganen in der Chemieanlage verbunden.

> **Merksatz**
>
> Speicherprogrammierbare Steuerungen lesen die Signale in den **Speicherzellen der Eingänge** zyklisch ein und überschreiben ebenso zyklisch die **Speicherzellen der Ausgänge** durch die zyklisch neu berechneten Ausgangswerte. Ein Zyklus dauert nur Bruchteile einer Sekunde.

Die elektronischen Schaltungen der Signalwandler sorgen dafür, dass die Spannungen oder Stromstärken der Sensoren auf die genormten elektrischen Anschlusskennwerte der SPS oder auf die Eingangsbaugruppen des Prozessleitsystems abgestimmt sind.

> **Merksatz**
>
> Die Gesamtheit der mit den konkreten Messwerten gefüllten Speicherzellen für die Eingänge wird auch als **Prozessabbild der Eingänge** bezeichnet. Dementsprechend heißen die vom SPS-Programm angesteuerten Speicherzellen für die Ausgangsgrößen auch **Prozessabbild der Ausgänge**.

Abschließend soll noch einmal Bild 1 auf Seite 319 betrachtet werden. Man sieht, dass es dort mehrere UND-Glieder und mehrere NEGATIONS-Glieder gibt.

Ein frei programmierbares digitales SPS-Gerät verwendet dafür intern jedoch nicht mehrere Unterprogramme, sondern für jeden Glied-Typus nur ein einziges Unterprogramm, das lediglich mehrmals mit unterschiedlichen, „hereingeholten" Werten abgearbeitet wird.

Diese Werte können die verschiedenen Eingangssignale sein oder aber die berechneten Ergebnisse der vorher durchlaufenen, anderen Unterprogramme.

Diese Technik macht die frei programmierbaren SPS bzw. die Rezeptsteuerungsprogramme im Prozessleitsystem gegenüber den „fest verdrahteten" Systemen nicht nur flexibler, sondern im Endeffekt auch wesentlich preiswerter.

12.10 Analog-Digital-Umsetzer

In Kapitel 4 (Aufbau und Funktion von computerbasierten Prozessleitsystemen) wurde ausgeführt, dass die analogen Eingangskarten des Prozessleitsystems die Aufgabe haben, die Von-bis-Messwerte (z. B. 4 mA ... 20 mA) in computertaugliche digitale Signale umzusetzen.

Bei digitalen Sensoren für Feldbussysteme erfolgt diese Umsetzung in den Sensoren, die in diesem Fall selbst über die erforderlichen elektronischen Schaltungen verfügen. Zur Umsetzung der Messwerte in digitale Signale sind verschiedene Schaltungen üblich. Eines der möglichen Prinzipien wird in diesem Kapitel vorgestellt.

Der Grundgedanke des Digitalisierens besteht darin, das sich zeitlich ändernde analoge Signal in **Stufen** einzuteilen. Je mehr Stufen vorgesehen sind, desto genauer lässt sich das Signal digitalisieren, aber umso mehr Speicherplatz benötigt das digitale Signal dann auch.

> **Merksatz**
>
> Der Grundgedanke des Digitalisierens besteht in der Einteilung des analogen elektrischen Signals in **Stufen** und einer anschließenden Zuweisung einer **Dualzahl** zu jeder Stufenhöhe.

Bild 1 auf der folgenden Seite zeigt ein zeitlich veränderliches Analog-Signal, das in bestimmten zeitlichen Abständen digitalisiert wird. Man sagt: Das Signal wird **abgetastet**.

In Bild 1, S. 322, gibt es 21 mögliche Stufen im Signalbereich von 0 mA bis 20 mA. Die

12 Grundlagen der Digitaltechnik

vorgesehenen Stufen sind mit einer Genauigkeit von 1,0 mA voneinander zu unterscheiden.

Das analoge Signal wird in Säulen mit gleichen zeitlichen Abständen zerlegt. Jeweils nach einer Sekunde ergibt sich eine neue messwertabhängige Säulenhöhe. Die elektronische Schaltung zur Realisierung dieser Aufgabe heißt Analog-Digital-Umsetzer. Für die entsprechenden Baugruppen wird oft auch der umgangssprachliche Ausdruck Analog-Digital-Wandler verwendet.

Der **Analog-Digital-Umsetzer (ADU)** hat die Aufgabe, einmal pro Sekunde den Wert der Säulenhöhe in eine Dualzahl umzurechnen. Mit dieser zyklischen Umrechnung ist das Analogsignal digitalisiert. Die Ergebnisse sind im Bild 1 bereits in die Säulen eingetragen.

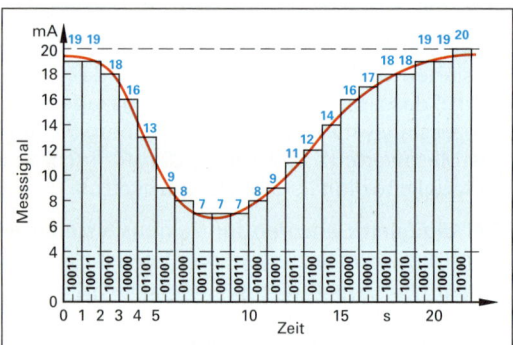

Bild 1: Prinzip der Digitalisierung eines zeitlich veränderlichen Analog-Signals

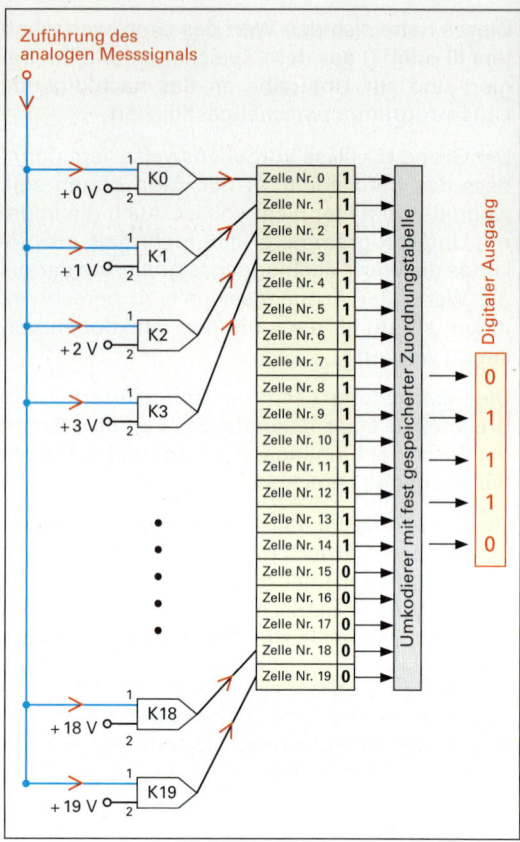

Bild 2: Arbeitsprinzip eines Analog-Digital-Umsetzers mit Komparatorschaltungen

Eine der schaltungstechnischen Möglichkeiten zur Analog-Digital-Umsetzung besteht im Einsatz von **Komparatorschaltungen**.

Als elektronische Gesamt-Schaltung zur Wandlung muss der Analog-Digital-Umsetzer mehrere Komparatorschaltungen (Vergleichsschaltungen) enthalten.

Bild 2 zeigt den prinzipiellen Aufbau eines Analog-Digital-Umsetzers mit 20 Komparatorschaltungen als Blockschaltbild und ohne detaillierte Darstellung der einzelnen Bauelemente. Die verwendeten Teil-Schaltungen sind jeweils nur als Black-Box dargestellt.

Jede der 20 Komparatorschaltungen enthält eine Hilfsschaltung, die jeweils eine Vergleichspannung in den Stufen 0, 1, 2, 3, 4 ... V erzeugt. Alle Schaltungen haben einen einzigen gemeinsamen Minuspol, der nicht durchgängig mitgezeichnet wurde.

Die 20 vorhandenen Komparatorschaltungen K_0 bis K_{19} vergleichen jeweils die zwei angelegten Spannungen. Nur wenn die angelegte Spannung des Analogsignals größer ist, als die von den Hilfsschaltungen kommenden Vergleichsspannungen, sendet der Komparator ein Signal, eine logische „1", zu der mit ihm verbundenen Speicherzelle.

Weil die Komparatoren nur Spannungen vergleichen können, muss vorher das Messsignal von einem Stromsignal im mA-Bereich in ein Spannungssignal im mV-Bereich umgeformt werden. Dies ist mit speziellen Schaltungen möglich.

Einmal pro Verarbeitungszyklus wird allen Komparatoren das Analogsignal zugeführt. Damit können diese einmal pro Sekunde den Messwert mit der angelegten Vergleichsspannung vergleichen.

Falls der Messwert größer ist als der vom vorhergehenden Zyklus, füllen sie die digitalen Speicherzellen frisch auf, d. h. sie überschreiben die alten Werte. Dies bedeutet, dass die Komparatorschaltungen die Speicherzellen Nr. 0 bis 20 einmal pro Zyklus aktualisieren.

Beispielsweise enthalten die Speicherzellen nach einem angelegten Analogsignal von 14 V die Werte 1 – 1 – 1 – 1 – 1 – 1 – 1 – 0 – 0 – 0, weil die ersten 14 Komparatoren feststellen, dass das Analogsignal größer ist als die angelegte Vergleichsspannung.

Die so entstandene Folge von Einsen und Nullen beschreibt zwar die Größe des Analogsignals, das für die Dauer einer Sekunde zugeführt wurde, sie stellt jedoch noch keine Dualzahl dar. Dargestellt als Dualzahl hat die Dezimalzahl 14 den Wert 01110 ($0 \cdot 2^4 + 1 \cdot 2^3 + 1 \cdot 2^2 + 1 \cdot 2^1 + 0 \cdot 2^0 = 0 \cdot 16 + 1 \cdot 8 + 1 \cdot 4 + 1 \cdot 2 + 0 \cdot 1$).

Die dazu erforderliche **Umcodierung** erfolgt mithilfe einer in Hilfsspeicherzellen unlöschbar gespeicherten Zuordnungstabelle. Zu jeder 0-1-Kombination, die die Komparator-Schaltung liefert, ist dort die zugehörige Dualzahl gespeichert. Diese wird dann, wiederum einmal pro Sekunde, an ein zusätzliches, dafür reserviertes Speicherregister geschickt, um dort auf ihre Abholung zur weiteren Verarbeitung zu warten.

12.11 Digital-Analog-Umsetzer

Zur Ansteuerung von analog arbeitenden Aktoren, beispielsweise von Regelventilen mit beliebig verstellbarem Hub, werden Von-Bis-Signale benötigt.

In Prozessleitsystemen wird heute meist das genormte Einheitssignal von 4 mA ... 20 mA verwendet. Deshalb müssen die digitalen Signale, die das Prozessleitsystem in Richtung Feldtechnik verlassen, in Analogsignale umgewandelt werden.

Diese Aufgabe übernehmen die Ausgangskarten, die sich in den digitalen Systemschränken befinden. Bei digital ansteuerbaren Aktoren verfügen die Aktoren selbst über integrierte Baugruppen mit den erforderlichen elektronischen Umsetzerschaltungen. Den Umsetzerbaugruppen des Prozessleitsystems werden die digitalen Signale über den Baugruppenträgerbus von den Controllern zugeführt.

Eines der möglichen Umsetzerprinzipien eines **Digital-Analog-Umsetzers** (DAU) wird im Folgenden vorgestellt:

Die digitalen Signale zur Aktor-Ansteuerung werden vom Prozessleitsystem ca. 1 Mal pro Sekunde geliefert. Die Aktoren müssen jedoch kontinuierlich mit einem Ansteuerungsstrom bzw. mit einer Ansteuerungsspannung versorgt werden.

Bild 1 veranschaulicht die Aufgabe, aus dem periodisch einmal pro Sekunde anfallenden digitalen Stellbefehl ein innerhalb von 15 Sekunden ansteigendes Signal zur langsamen Ventilöffnung zu machen. Die Säulen zeigen das ursprüngliche gestufte Signal, während die rote Gerade das daraus gebildete analoge Signal veranschaulicht.

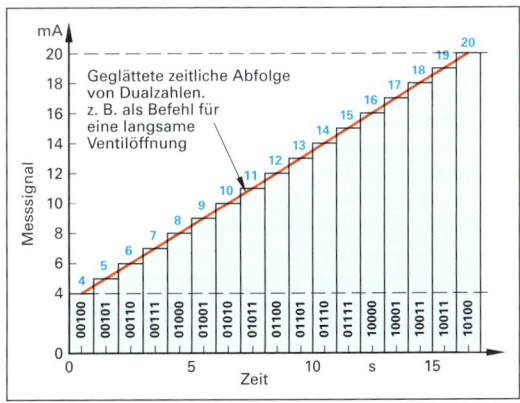

Bild 1: Prinzip der Entdigitalisierung eines zeitlich langsam veränderten digitalen Signals, das von seiner digitalen Natur her gestuft vorliegt

Dieses sich nach der Umsetzung ergebende Analogsignal ist dann zwar ebenso wie das ursprüngliche digitale Signal leicht gestuft. Es lässt sich jedoch mit Spezialschaltungen **glätten**, sodass sich ein näherungsweise stetiger Verlauf ergibt, der mit dem ursprünglichen Analogsignal nahezu identisch ist.

> **Merksatz**
>
> Der Grundgedanke des Entdigitalisierens besteht darin, eine Dualzahl in ein analoges elektrisches Signal umzusetzen, deren Stufenhöhe dem Wert der Dualzahl entspricht.

12 Grundlagen der Digitaltechnik

Die Art und Weise, wie eine Dualzahl in ein Stromsignal umgeformt wird, soll am Beispiel der umzusetzenden Dualzahl **0101** (Dezimalzahl 5) verdeutlicht werden. Eine der möglichen Prinzipschaltungen der dazu erforderlichen Digital-Analog-Umsetzung zeigt Bild 1a).

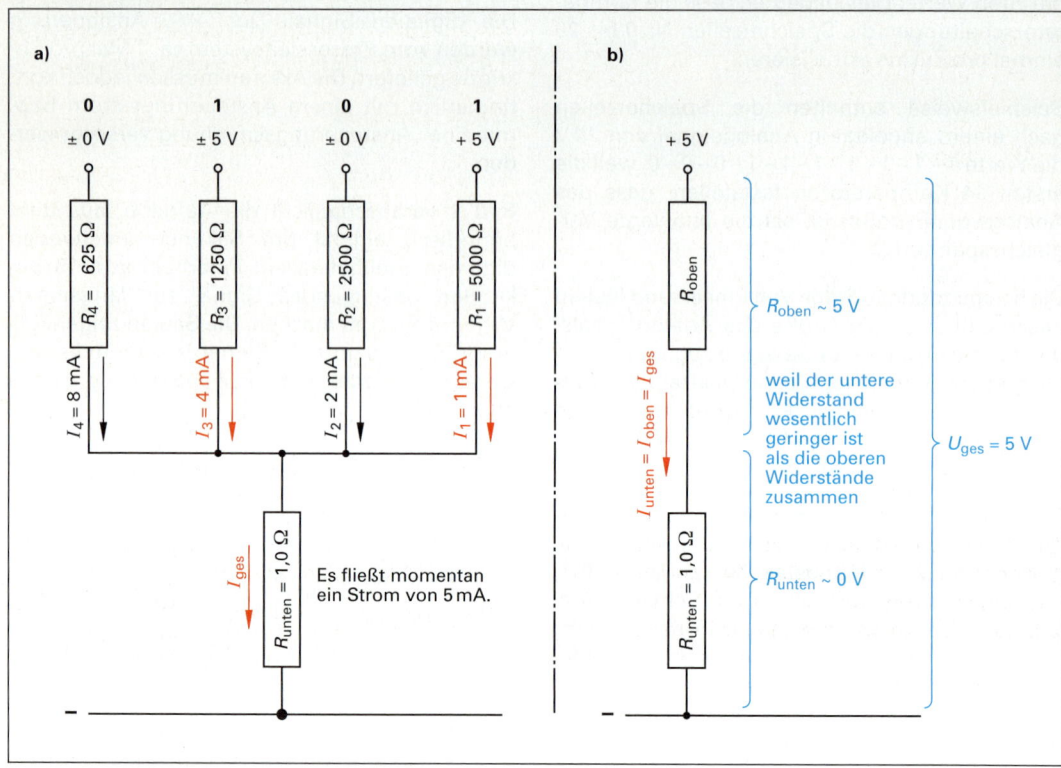

Bild 1: Prinzipschaltung eines Digital-Analog-Umsetzers mit gestuften Widerständen
a) Schaltungsprinzip, b) Ersatzschaltung

Bildteil b) enthält eine Ersatzschaltung, welche die vier oberen Widerstände aus Bildteil a) zu einem einzigen zusammenfasst.

Im Zentrum der Schaltung a) stehen die **vier Widerstände** R_1 bis R_4. Es sind deshalb **vier** Widerstände, weil das digitale Beispielsignal aus vier Stellen, also aus vier Bit, besteht. Der Trick dabei ist, dass jeder Widerstandswert halb so groß wie der vorhergehende bemessen ist.

Die Eingänge der Schaltung werden periodisch für einen kurzen Moment mit dem digitalen Signal aus der Speicherzelle für das Ausgangssignal versorgt.

Dies bedeutet, dass gleichzeitig an jeden der vier Eingänge ein Bit, (eine logische 1 oder eine logische 0) angelegt wird. Eine 0 bedeutet 0 V Spannung, eine 1 bedeutet 5 V Spannung.

Bild 1 zeigt den Zustand beim Anlegen der Dualzahl **0101**.

Das im Bild 1, Teil b) dargestellte Ersatzschaltbild zeigt, dass die Parallelschaltung der Widerstände R_1 bis R_4 zusammengefasst werden kann zu einem einzigen Widerstand R_{oben}. Dieser ist dann in Reihe geschaltet mit dem Widerstand R_{unten}.

Durch diese Reihenschaltung fließt der Gesamtstrom I_{ges}. Dessen Größe wird bestimmt durch die Größe beider Widerstände, denn diese „bremsen" den Stromfluss.

Da der Widerstand R_{unten} mit 1 Ω wesentlich kleiner ist als sämtliche oberen Widerstände mit Werten zwischen 625 und 5 000 Ω, bremst er den Stromfluss kaum. Der Stromfluss I_{ges} wird fast nur durch den Widerstand R_{oben} bestimmt, bzw. durch die 4 Widerstände R_1 bis R_4. Deshalb beträgt auch der Spannungsabfall U_{oben} ca. 4,99 V, also praktisch 5 V, und der Spannungsabfall U_{unten} nur ca. 0,01 V, also praktisch 0 V. In der folgenden Rechnung kann demnach näherungsweise mit einem Wert von 5,0 V für U_{oben} gerechnet werden.

12.11 Digital-Analog-Umsetzer

Die Stromstärken durch die Teilzweige lassen sich nach dem Ohmschen Gesetz berechnen als Quotient aus der anliegenden Spannung und dem entsprechenden Widerstandswert. Es gilt:

$$I = \frac{U_{oben}}{R} \text{ mit } U_{oben} \approx 5\,V$$

$$I_1 = \frac{5\,V}{5000\,\Omega} = 0{,}001\,A = 1\,mA$$

$$I_2 = \frac{5\,V}{2500\,\Omega} = 0{,}002\,A = 2\,mA$$

$$I_3 = \frac{5\,V}{1250\,\Omega} = 0{,}004\,A = 4\,mA$$

$$I_4 = \frac{5\,V}{625\,\Omega} = 0{,}008\,A = 8\,mA$$

Diese Ströme sind aufgrund der Widerstandsbemessung so gestuft wie die Zweierpotenzen 2^0, 2^1, 2^2, 2^3.

Die Teilströme addieren sich, da sie gemeinsam zum schwachen Widerstand R_{unten} fließen. Der maximale Stromwert, wenn an allen vier Eingängen eine Spannung anliegt, beträgt somit 1 mA + 2 mA + 4 mA + 8 mA = 15 mA. Damit wäre die digitale Dualzahl 1111 decodiert in den analogen Wert 15 mA.

In dem in Bild 1, S. 324, dargestellten Fall soll jedoch nicht der Maximalwert, sondern die konkrete Dualzahl 0101 in einen Analogwert umgesetzt werden.

Da hier die Widerstände R_4 und R_2 nicht mit einem Spannungssignal beaufschlagt werden, fließen keine Ströme I_4 und I_2 in den Zweigen 2 und 4. Der Wert des Stromes ist dort Null.

Lediglich durch die Zweige von R_3 und R_1 fließen Ströme. Es ergeben sich die Stromstärken:

$I_1 = 1\,mA$ $I_3 = 4\,mA$
$I_2 = 0\,mA$ $I_4 = 0\,mA$

Die Stromstärken addieren sich zu $I_{ges} = 5\,mA$. Damit ist die Dualzahl decodiert zum Analogwert 5 mA.

Im nächsten Zyklus kann die nächste Dualzahl den Eingängen zugeführt und von der Schaltung decodiert werden.

Damit sich das mit den entdigitalisierten Werten angesteuerte Regelventil nicht in Sprüngen bewegt, wird der stufenförmige Verlauf des Analogsignals noch durch Spezialschaltungen zeitlich geglättet.

> **Merksatz**
>
> Die einfachste Schaltung zum Entdigitalisieren ist die Schaltung mit gestuften Widerständen. In ihr wird eine Reihe von Einsen und Nullen in eine Summe von Stromflüssen an parallelgeschalteten, gestuften Widerständen umgewandelt.

Aufgaben

1. Worin besteht die Besonderheit der digitalen Signale gegenüber den Binärsignalen?
2. Wozu eignen sich die digitalen Signale aufgrund des mit heutiger Elektronik möglich gewordenen millionenfachen Wechsels pro Sekunde besonders gut?
3. Erklären Sie den Begriff „Byte".
4. Warum überträgt man digitale Daten über längere Strecken in zweiadrigen Kabelverbindungen Bit-weise seriell und nicht Byte-weise parallel in 8-poligen Leitungen?
5. Wo werden digitale Daten 32-fach oder 64-fach parallel übertragen?
6. Wodurch sind im Inneren eines digitalen Rechners die Prozessorchips und die Speicherchips miteinander verbunden?
7. Welches millionenfach auf den Speicher- und Prozessorchips enthaltene Halbleiterbauelement ist unerlässlich zur Verarbeitung und Speicherung digitaler Daten?
8. Nennen Sie die wichtigsten logischen Grundschaltungen und gehen Sie auf ihre Verwendung ein.
9. Wie heißt die wichtigste logische Grundschaltung mit Speicherverhalten? Erläutern Sie ihre Besonderheiten.
10. Wie viele Additionsschaltungen enthält ein heute üblicher Rechnerprozessor nebeneinander in einem Additionsregister?
11. Worin besteht der Nachteil einer fest verdrahteten Schaltung zur speicherprogrammierbaren Steuerung?
12. Erläutern Sie das Charakteristische an der Funktionsweise eines digitalen SPS-Computerprogrammes gegenüber der Arbeitsweise einer als Schaltung fest verdrahteten VPS?
13. Erklären Sie die Grundlagen der Digitalisierung eines Analogsignals mithilfe eines Analog-Digital-Umsetzers.

13 Planung, Konfigurierung und Inbetriebnahme von Prozessleitsystemen

13.1 Vorbetrachtungen

Ein dezentrales Prozessleitsystem besteht aus vier Hauptteilen:

- **Feldtechnik**, d. h. Sensoren und Aktoren
- **Schaltschränke** mit den Transmittern, mit Relais, galvanischen Trennungsbaugruppen und Spannungsversorgung für die prozessleittechnischen Feldgeräte
- **Prozessnahe Komponente** mit den Controllern und den Eingangs- und Ausgangskarten
- **Computernetzwerk** zum Bedienen, Beobachten und zum Konfigurieren

Bevor die Planung und Konfigurierung des Prozessleitsystems beginnen kann, muss die apparatetechnische Planung der Anlage weitgehend abgeschlossen sein. Die Inbetriebnahme des Prozessleitsystems erfolgt später parallel zur Inbetriebnahme der Verfahrenstechnik.

Die Planung, Konfigurierung und Inbetriebnahme eines Prozessleitsystems und der damit verzahnten Aktivitäten erfolgt in zehn Schritten, die in den folgenden Unterkapiteln näher erläutert werden:

1. Fließbilderstellung
2. Apparatedimensionierung
3. Ermittlung von Anzahl und Typ der I/Os
4. Auswahl der Feldtechnik
5. Wahl des Marktanbieters des digitalen Systems
6. Leistungsabschätzung
7. Detailplanung
8. Anpassungsprogrammierung (Konfigurierung)
9. Laden der Software
10. Loop-Check

13.2 Fließbilderstellung

Im Rahmen der verfahrenstechnischen Anlagenplanung hat ein Team von Chemikern, Verfahrenstechnikern, Konstrukteuren und Baufachleuten aufbauend auf dem **Grundfließbild**, ein **Verfahrensfließbild** und abschließend ein **Rohrleitungs- und Instrumentenfließbild (R&I-Schema)** zu erstellen.

> **Beispiel**
>
> **Beispiele: Fließbilder als Ergebnis der verfahrenstechnischen Anlagenplanung**
>
> Das Bild 1 (diese Seite) bis Bild 2, S. 327, zeigen an einem Beispiel einige Ergebnisse der einzelnen Planungsstufen. Dabei wird auf eine Darstellung der Nebenanlagen zur Heizung, Kühlung und Reinigung der Apparate verzichtet. Bild 1 enthält das **Grundfließbild** für das Verfahren.
>
>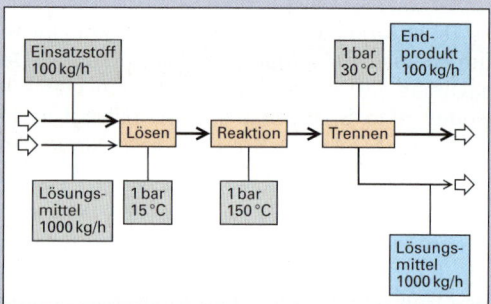
>
> **Bild 1: Grundfließbild für ein Beispiel-Verfahren**
>
> Aus einem aufzulösenden Ausgangsstoff wird durch chemische Reaktion bei 150 °C ein Produkt hergestellt, das im Reaktor kristallin in einem Lösungsmittel ausfällt. Das Lösungsmittel wird durch Zentrifugieren abgetrennt. Der Prozess wird diskontinuierlich durchgeführt, d. h. chargenweise mit folgenden Rezeptabschnitten:
>
> 1. Auflösen
> 2. Fördern
> 3. Aufheizen
> 4. Reaktion
> 5. Abkühlen
> 6. Fördern
> 7. Zentrifugieren
> 8. Zentrifuge entleeren und reinigen

13.2 Fließbilderstellung

Bild 1 zeigt das zugehörige **Verfahrensfließbild**. Hieraus sind im Gegensatz zum Grundfließbild die apparatetechnischen Anlagenteile entnehmbar. Im **Rohrleitungs- und Instrumenten**fließbild (**R&I-Schema**, Bild 2) werden zusätzlich noch die Armaturen und die PLT-Stellen eingezeichnet. Die Regeln zur Gestaltung der Fließbilder sind in DIN EN ISO 10628 zu finden.

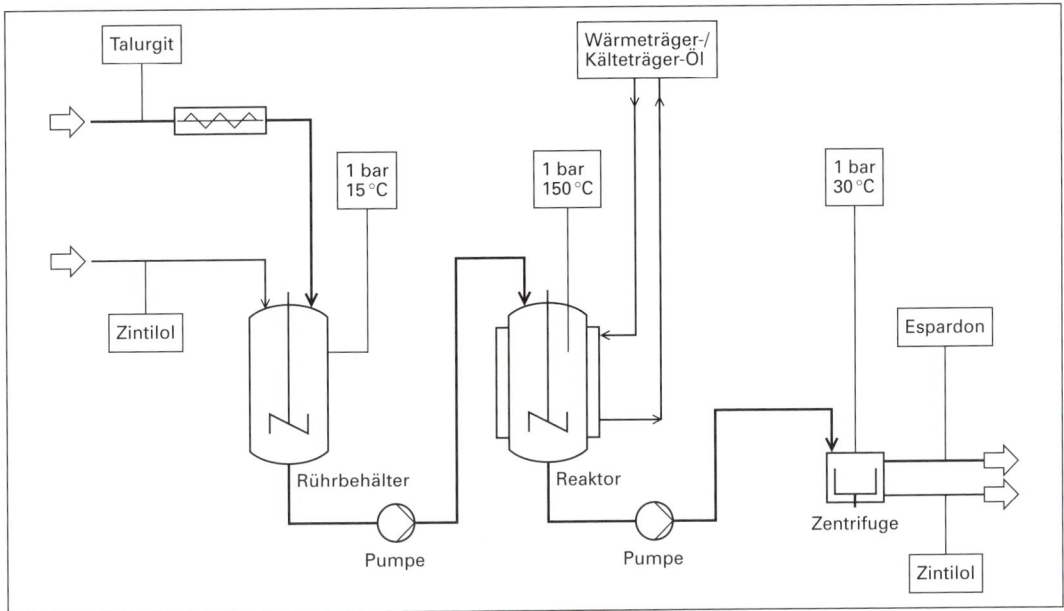

Bild 1: Verfahrensfließbild des Beispiel-Prozesses

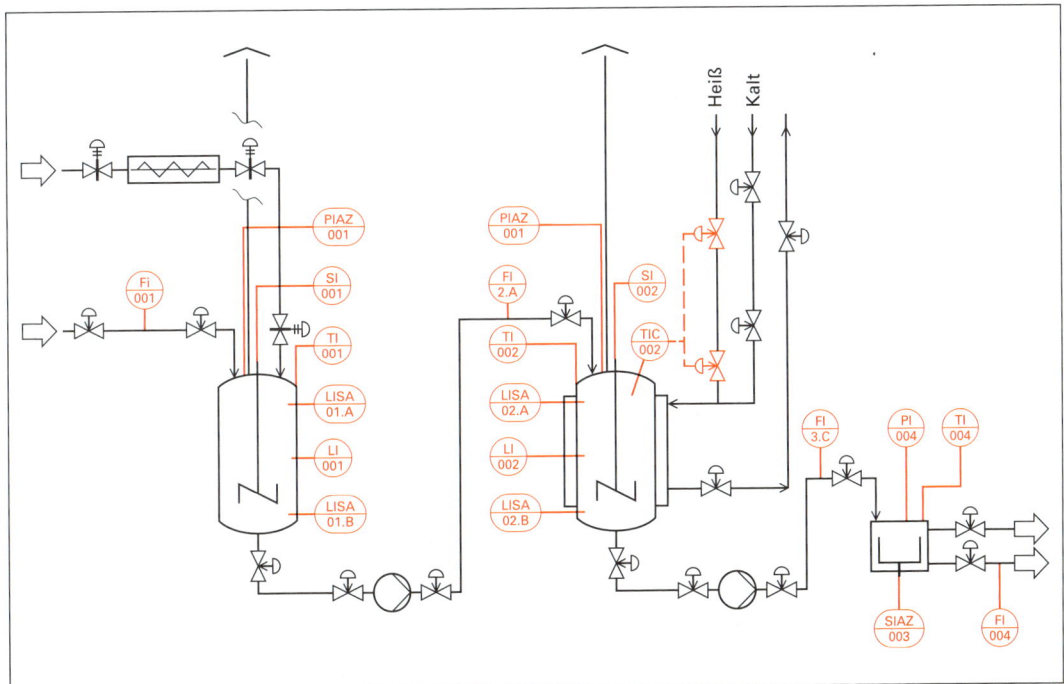

Bild 2: Rohrleitungs- und Instrumentenfließbild des Beispiel-Prozesses

Die darauf folgenden Schritte bei der Planung der verfahrenstechnischen Anlage werden teils in zeitlicher Abfolge, teils aber auch parallel bearbeitet.

Die Arbeiten zur Planung, Konfigurierung und Inbetriebnahme der Prozessleittechnik sind integraler Bestandteil des Gesamtprojekts. Deshalb sind sie fachlich und zeitlich eng verzahnt mit dem Fortschritt der anderen Fachgebiete, wie Verfahrenstechnik, Sicherheitstechnik, Elektrotechnik sowie mit der stets eng bemessenen Finanzkalkulation.

Planung, Konfigurierung und Inbetriebnahme der Prozessleittechnik sind Aktivitäten, die das Zusammenwirken von Spezialisten unterschiedlicher Fachrichtungen erfordern.

> **Merksatz**
>
> Planung, Konfigurierung und Inbetriebnahme der Prozessleittechnik ist ein in das Gesamtprojekt eingebundener und mit diesem eng verzahnter Bestandteil. Er erfordert das Wirken eines interdisziplinär zusammengesetzten Teams.

In den folgenden Kapiteln werden die Arbeitsschritte bei der Planung, Konfigurierung und Inbetriebnahme erläutert. Soweit möglich, wurde die Reihenfolge der Schritte entsprechend ihrem zeitlichen Ablauf gestaltet.

13.3 Apparatedimensionierung

Ausgehend von den vorgegebenen Daten der herzustellenden oder zu verarbeitenden Produktmengen werden im Arbeitsschritt der Apparatedimensionierung die Typen und erforderlichen Größen der Apparate ermittelt.

Darüber hinaus ist die Leistungsfähigkeit der Maschinen (Pumpen, Verdichter, Rührwerke) zu berechnen und die Leistungsfähigkeit der Nebenanlagen abzuschätzen.

Zwar sind diese Aktivitäten nicht die Domäne der Prozessleittechniker, sondern der Verfahrens- und Apparate-Ingenieure, jedoch bilden diese Daten später die Grundlage für die Auswahl der Messeinrichtungen und der Stellorgane.

13.4 Ermittlung von Anzahl und Typ der I/Os

> **Merksatz**
>
> Die verbindliche Apparateauswahl muss abgeschlossen sein, um die erforderliche Prozessleittechnik näher spezifizieren zu können.

Anhand des R&I-Schemas wird die Anzahl der Eingänge (engl. **input**) und der Ausgänge (engl. **output**) für den computerbasierten Teil des Prozessleitsystems ermittelt. Die Input/Output-Kanäle und die zugehörigen Wandler-Bauelemente werden umgangssprachlich als **I/Os** bezeichnet.

Bild 1: I/Os einer Chemieanlage

Bevor die Anzahl der I/Os ermittelt werden kann, muss ihr Typ mit dem Typ vorhandener Signale bzw. Kanäle abgeglichen werden. Man unterscheidet:

- Messwerte und Meldesignale als **Eingangssignale** für das Prozessleitsystem,
- Stellgrößenwerte und Schaltbefehle als **Ausgangssignale** für das Prozessleitsystem,
- Von-Bis-Signale, wie Temperaturmesswerte oder Regelventilöffnungsgrade, als **analoge Signale**,
- Ein/Aus- bzw. Ja/Nein-Signale als **binäre Signale**, z. B. die Schaltsignale für die einfachen Auf-Zu-Ventile sowie verschiedene Meldesignale.

In der Beispielanlage von Bild 2, S. 327, sind das konkret:

- 16 analoge Eingangssignale (davon eines für die Temperaturregelung),
- 4 binäre Eingangssignale (die vier „Grenzstandsgeber LISA 1 ... 4), die eine Meldung liefern, wenn die Behälter leer sind (LISA 1 und LISA 3) oder wenn sie gefüllt sind (LISA 2 und LISA 4),
- 2 analoge Ausgangssignale (zum Ansteuern der beiden Regelventile für das Kühl- bzw. Heizmedium),
- 17 binäre Ausgangssignale (davon 12 zum Öffnen und Schließen der einfachen Binärventile und 5 zum Ein- und Ausschalten von Pumpen, Rührwerk und Zentrifuge).

Zwischen der Feldtechnik und der prozessnahen Kompomente sind also später mindestens 16 + 4 + 2 + 17 = 39 Signalkabel zu verlegen. Bei Verwendung der digitalen Feldbustechnik reduziert sich die Kabelzahl erheblich.

Bild 1 zeigt, dass ein pneumatisches Kolbenventil bereits mindestens zwei Kanäle erfordert. Mit einem Kanal erfolgt die Ansteuerung des vorgeschalteten Magnetventils, das den Druckluftweg zum Kolbenventil freischaltet. Mit einem weiteren Kanal erfolgt die Stellungs-Rückmeldung zum Prozessleitsystem. Ein dritter Kanal kann zur Meldung von Störungen vorgesehen werden.

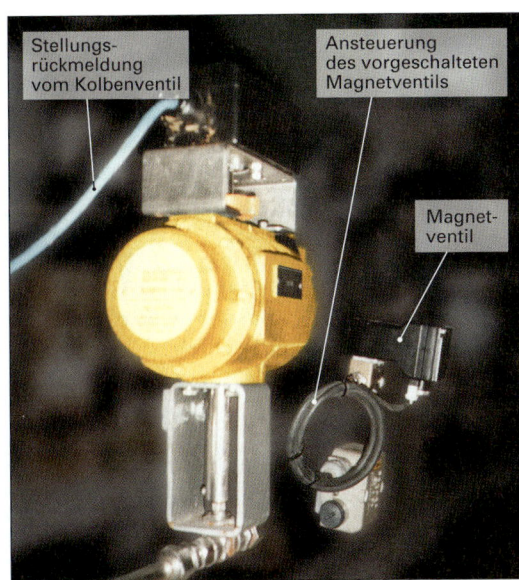

Bild 1: Kolbenventil mit zwei Signalkanälen

Wenn Anzahl und Typ der Eingangs- und Ausgangssignale feststehen, kann die Anzahl der erforderlichen I/O-Karten festgelegt werden. Sie setzen die Eingangswerte in Digitalsignale und die Ausgangssignale von Digitalsignalen in die standardisierten Ausgangssignale um.

Wenn der gewählte Hersteller z. B. 8-kanalige Karten anbietet, ist mindestens die folgende Anzahl vorzusehen:

- 2 analoge Eingangskarten (dies ergibt 16 Kanäle),
- 1 binäre Eingangskarte (8 Kanäle),
- 1 analoge Ausgangskarte (8 Kanäle),
- 3 binäre Ausgangskarten (ergibt 24 Kanäle; 2 Karten à 8 Kanäle wären für 17 Binärsignale nicht ausreichend).

Dabei ist zu bedenken, dass es im Laufe des Lebens einer Chemieanlage stets Änderungen der Automatisierungsstruktur gibt, die zu einer Erweiterung der Zahl der Kanäle führen. Eine gewisse Reserve an Kanälen vereinfacht die spätere Erweiterung des Systems.

Moderne Prozessleitsysteme bieten stets die Möglichkeit des nachträglichen Aufrüstens der Hardware.

> **Merksatz**
>
> **Anzahl und Typ der I/Os** als Eingangs- und Ausgangsmodule richten sich in erster Linie nach Anzahl und Typ der vorgesehenen Messungen bzw. Meldungen sowie nach Anzahl und Typ der vorgesehenen Stellorgane.
>
> Die Zahl der I/Os ist also abhängig von der Anzahl der Kanäle und der herstellerabhängigen Kanalzahl pro Modul.

13.5 Auswahl der Feldtechnik

Im Laufe der Planung des gesamten Leitsystems muss die eingesetzte **Feldtechnik**, d. h. die **Messfühler** und die **Stellorgane**, aus der Vielzahl der Marktanbieter ausgewählt werden.

Dabei sind unter anderem folgende Faktoren zu berücksichtigen:

- **technische Parameter** wie Messbereich und Stellbereich,
- **Stoffeigenschaften** der Medien, mit denen diese Ausrüstungsteile in Berührung kommen

(z. B. Korrossivität, Aggressivität, Neigung zum Verkrusten),

- **Hilfsenergien** (aus den Informationen des gewählten Herstellers sind diese bekannt, z. B. 24 V, 230 V, 3,5 bar Druckluft usw.),
- **Kabelanschlüsse** (Anzahl und Typ),
- **externe Transmitter**, die in den Interface-Schränken zu montieren sind,
- **Baugröße** und **Platzbedarf**.

Nicht zuletzt spielen der **Preis** sowie die guten oder schlechten **Erfahrungen**, die bisher mit einem bestimmten Hersteller gemacht wurden, eine Rolle.

Gelegentlich werden Mess- und Stellgeräte sehr unterschiedlicher Hersteller eingesetzt, da es für einige spezielle Anwendungsfälle (spezielle Medientypen oder extreme Mess- und Stellbereiche) manchmal nur einen bestimmten spezialisierten Marktanbieter gibt.

> **Merksatz**
>
> Die Auswahl der Feldtechnik erfordert umfangreiche Recherchen bei zahlreichen Anbietern. Die genormten elektrischen Einheitssignale und die internationalen Feldbusstandards sorgen für universelle Passfähigkeit der elektronischen Signalsysteme.

13.6 Wahl des digitalen Teils des Prozessleitsystems

Als nächster Schritt wird das eigentliche Prozessleitsystem aus der Vielzahl von Marktanbietern ausgewählt. Damit ist das Prozessleitsystem im engeren Sinn gemeint, d. h. der digitale Teil des Gesamtsystems. Dazu gehören:

- die Hardware der Bedienstationen,
- die Hardware des Systemschranks (Controllerkarten),
- die zugehörigen I/O-Karten,
- die komplette Software.

Das reibungslose Zusammenspiel der angebotenen Hard- und Software wird vom Anbieter des Prozessleitsystems vor dem Marktauftritt ausgiebig getestet.

Die renommierten Anbieter verwenden in den Gerätekomponenten Elektronik der obersten Güteklasse sowie Steckkarten, bei denen sich mit höchster Wahrscheinlichkeit keine Probleme im Zusammenwirken untereinander sowie mit der eingesetzten Software ergeben. Besteht der Käufer auf der Lieferung preislich günstigerer Komponenten, erfolgt seitens der PLS-Lieferanten aus berechtigtem Grund oft keine Garantieleistung für spätere Softwareprobleme.

Bei der Auswahl des Prozessleitsystems spielen folgende Faktoren eine wesentliche Rolle:

- Stabilität (Absturzsicherheit),
- ergonomische Bedienbarkeit,
- Fähigkeiten zur Rezepturbearbeitung („Batch-Unterstützung"),
- Preis.

Auch subjektive Faktoren, wie die Erfahrungen, welche die Entscheidungsträger mit anderen Systemen gemacht haben, oder die Wirkung der Herstellerwerbung fließen in die Entscheidung mit ein.

Die Prozessleittechnik macht bei modernen Anlagen bis zu einem Drittel des Investitionsvolumens aus. Zudem entwickeln sich die Möglichkeiten der Software mit rasanter Geschwindigkeit. Daher muss die Auswahl des Anbieters sehr sorgfältig erfolgen.

> **Merksatz**
>
> Funktionalität, Zuverlässigkeit, Ergonomie und Preis sind die Hauptkriterien für die Auswahl des Anbieters des digitalen Teils des Leitsystems.

Bild 1: Bediener am fertig konfigurierten Monitorbild

13.7 Leistungsabschätzung des Bus-Systems und der Controller

Der ausgewählte digitale Teil des Prozessleitsystems besteht aus Komponenten, die untereinander durch ein Bussystem verbunden sind.

Der **Systembus** verbindet die Bedienstationen sowohl untereinander als auch mit den Controllern im Systemschrank.

Sofern vorhanden, verbindet ein peripherer Bus die Controller mit den **Remote-I/O-Karten** oder direkt mit den Sensoren/Aktoren, wenn digitale Feldbus-Sensoren/Aktoren eingesetzt werden.

Die Entscheidung, ob die moderne **Feldbustechnik** (vgl. Kapitel 4.7, Prozessleitsysteme mit Feldbus) eingesetzt wird oder aber die konventionelle Signalübertragung gewählt wird, hängt von folgenden Faktoren ab:

- Preis,
- Sicherheitserfordernisse der Anlage,
- vertretbarer Verkabelungsaufwand,
- räumliche Situation,
- subjektiv vom Vertrauen, das die Entscheidungsträger dieser relativ jungen Technik entgegenbringen.

Daten, wie z. B. Messwerte, Stellsignale und Alarmmeldungen, werden in jedem Bus-System seriell (nacheinander) übertragen. Deshalb ist im Laufe der Planungsarbeiten zu klären, welche Zeit erforderlich ist, um alle diese Daten über das Buskabel zu übertragen. Die **Leistungsfähigkeit des Bus-Systems** ist daher einer Prüfung zu unterziehen.

Als typisches digitales System arbeitet das Prozessleitsystem **zyklisch** (taktgesteuert). Unter anderem sind folgende Aktivitäten einmal pro Zyklus auszuführen:

- Erfassung der Messwerte durch den Controller,
- Weiterleitung der Messwerte zu den Bedienstationen,
- Erfassung der Bedienereingaben durch den Controller,
- Vergleich von gespeichertem Sollwert und aktuellem Messwert zur Berechnung des Stellwertes für jeden Regelkreis,
- Vergleich von gespeichertem Sollwert und aktuellem Messwert zur Erzeugung von Alarmen oder zur Auslösung automatischer Noteingriffe.

Dies bedeutet, dass in einem Zyklus vom Controller eine Vielzahl von Werten zu den Bedienerplätzen weitergeleitet werden. Je nach Hersteller liegt die Zykluszeit zwischen 0,1 und 1,0 Sekunden.

Die Bus-Systeme sind im Zusammenspiel mit den Netzwerkkarten und der so genannten Treibersoftware so intelligent, dass nur die Werte übertragen werden, die sich gegenüber dem letzten Zyklus nennenswert geändert haben.

In **kritischen Situationen** ändern sich aber in der Anlage eine Vielzahl von Werten sehr schnell, sodass die von den Bus-Systemen zu übertragende Datenmenge rapide ansteigt. In solchen Situationen darf das System nicht „verstopfen", sondern muss immer noch zuverlässig arbeiten.

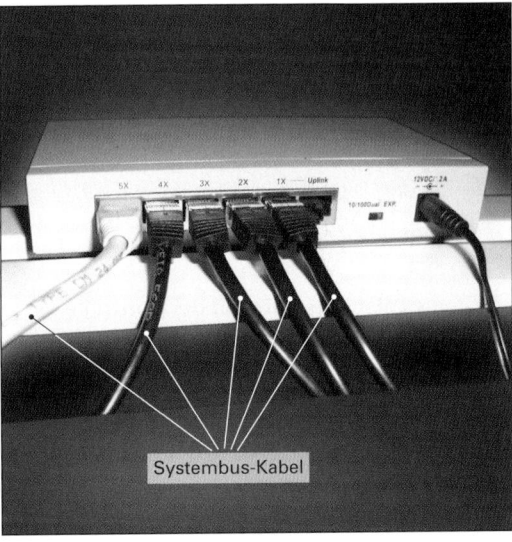

Bild 1: Kabelverbindung eines Systembusses zwischen PC-Netzwerk und den Controllern

Die zeitliche Abfolge der Datenübertragung darf nicht beeinträchtigt werden. Ansonsten gelangen die Daten gewissermaßen in eine „Warteschlange". Das System arbeitet dann nicht mehr in Echtzeit, da es einen Datenstau gibt. Solche Zustände gilt es zu vermeiden.

Daher muss der Planungsingenieur gewährleisten, dass auch im Extremfall hinreichend viele Kanäle pro Zyklus übertragen werden können.

Für seine Beurteilung der Leistungsgrenzen benötigt er folgende Informationen:

- Wie hoch ist die Datenrate des Busses? Folgende Werte sind gebräuchlich:
  - 5 Mbit/s (Control Net)
  - 10 Mbit/s (Ethernet)
  - 100 Mbit/s (High Speed Ethernet)
- Wie lang ist die Zykluszeit?
- Wie hoch ist der Bit-Bedarf eines einzelnen Mess- oder Stellwertes?
- Wie groß ist aus verfahrenstechnischer Sicht die maximale Änderungsgeschwindigkeit der kritischen Messwerte?

Falls die sichere Übertragung nicht gewährleistet ist, können leistungsfähigere Bus-Systeme eingesetzt werden. Gelegentlich müssen größere Anlagen in kleinere Anlagen mit separaten, unabhängigen Prozessleitsystemen oder Prozessleitsystemteilen aufgeteilt werden.

> **Merksatz**
>
> Die Bussysteme innerhalb des Leitsystems können nur eine bestimmte Zahl von Daten pro Zyklus übertragen. Deshalb dürfen deren **Leistungsgrenzen** nicht überschritten werden. Das betrifft den Systembus ebenso wie den Feldbus.

Auch die **Leistungsfähigkeit der Controller** ist zu überprüfen. Der Hersteller gibt vor, wie viele Eingänge und Ausgänge ein Controller pro Zyklus verarbeiten kann und wie viele Stellgrößen von Regelkreisen er in dieser Zeit zu berechnen vermag. In der Praxis sind dies einige Hundert.

Übersteigt die gewünschte Anzahl einen dieser Werte, so sind weitere Controller einzusetzen. Dazu muss die Anlage in Anlagenbereiche aufgeteilt werden.

> **Merksatz**
>
> Die Funktionalität eines einzelnen Controllers ist beschränkt. Deshalb werden, falls erforderlich, mehrere Controller für abgegrenzte Teilanlagen eingesetzt.

Die Controller sind durch das Systembus-Kabel miteinander verbunden. Sie werden dadurch zu gleichberechtigten Teilnehmern am Datenverkehr des Systembusses, über den sie ihre Informationen untereinander austauschen.

So existieren beispielsweise Regelungen, die auf einen Messwert aus der Teilanlage 1 zugreifen, um eine Stellgröße zu berechnen, deren Stellorgan sich in der Teilanlage 2 befindet. Dazu gibt es einen Datenaustausch auch zwischen den einzelnen Controllern. Er wird als Querverkehr bezeichnet.

Der Systembus muss auch im Störungsfall genügend Kapazität haben, um diesen Querverkehr sicher zu gewährleisten.

> **Merksatz**
>
> Der Datenaustausch der Controller untereinander heißt **Querverkehr**. Er wird in der Regel über den Systembus realisiert. Bei einigen Leitsystem-Anbietern ist dafür ein separater Bus vorhanden.

13.8 Detailplanung

Im Zusammenhang mit der Abschätzung der Leistungsfähigkeit der Baugruppen wird die Anzahl der erforderlichen Baugruppen festgelegt. Anschließend kann die Detailplanung für den Aufbau der Schränke (Systemschränke, Interface-Schränke, Relais-Schränke und eventuell auch separate Verteilerschränke) ausgeführt werden.

Dabei wird festgelegt, an welcher Stelle (Etage und Steckplatz) sich die einzelnen Baugruppen befinden. Darüber hinaus wird projektiert, wie viele und welche Relais zum Ansteuern von Motoren und Ventilen benötigt werden, in welchen Schaltschränken oder Schaltkästen sie montiert werden und wie sie verdrahtet werden.

Eine Skizze für einen möglichen Schrankaufbau zeigt Bild 1.

Bild 1: Leerer Baugruppenträger für eine einzelne Etage eines digitalen Systemschrankes

Die konkrete Gestalt hängt von der Größe und Bauform der ausgewählten Bauelemente ab. Heute sind nicht nur die elektrischen Anschlusswerte, sondern auch die räumlichen Montagemöglichkeiten der erforderlichen Elektronik und Elektrotechnik genormt. Dennoch gibt es gewisse herstellerabhängige Unterschiede.

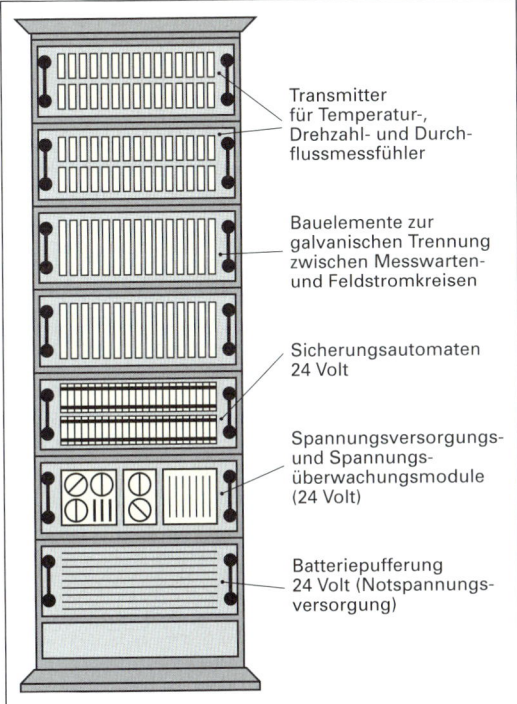

Bild 1: Skizze des möglichen Schrank-Aufbaus für einen Interface-Schrank

Diese betreffen die Anzahl der Etagen sowie die mechanischen und elektrischen Verbindungen der Steckelemente. Gegenwärtig dominieren die 19 Zoll breiten Baugruppenträger.

Für die Verdrahtung und den räumlichen Aufbau gibt es genormte und allgemein gebräuchliche Darstellungsarten. Die Verdrahtungspläne größerer Anlagen füllen meist eine Vielzahl von Aktenordnern. Nur wenn diese bei späteren Änderungen gewissenhaft aktualisiert werden, können Wartung, Instandhaltung, Fehlersuche und Reparatur durch den Automatisierungs- oder Prozessleitelektroniker später problemlos erfolgen.

Diese Phase der Planung des Leitsystems berührt sehr stark den Bereich der Elektrotechnik, da es jetzt festzulegen gilt, über welche Baugruppen die höheren Spannungsebenen vom Leitsystem aus angesteuert werden. Daher entstehen im Rahmen der Detailplanung eine Vielzahl von elektrotechnischen Schaltungsunterlagen und Verdrahtungsplänen.

Im Rahmen der Detailplanung gilt es unter anderem zu klären, welche Sicherheitsschaltungen von Seiten der Elektrotechnik gewissermaßen „fest verdrahtet" realisiert werden und welche Aufgaben man der Software überlässt.

Bild 2: Schützbasierte Schalteinrichtung für Pumpen- und Rührwerksmotoren in einem 380 V Schaltschrank

> **Merksatz**
>
> Die **Detailplanung** des Prozessleitsystems betrifft den Aufbau der Schaltschränke und die Verkabelung aller Elemente des Leitsystems.

13.9 Konfigurierung der Software

Zunächst besteht der beim Hersteller bezogene computerbasierte Teil des Prozessleitsystems aus einer Anzahl von PC-ähnlichen Bedienstationen mit Monitor, Tastatur, Maus und Netzwerkkarte sowie den Controllern in den Systemschränken und einer Anzahl von Softwarepaketen auf CD-ROM.

Bei der Software der digitalen Prozessleitsysteme handelt es sich um vorgefertigte Programme, die vom Hersteller so erstellt wurden, dass sie in allen denkbaren Anlagen der stoffwandelnden Industrie verwendet werden können.

Die Programmteile können genutzt werden, um daraus, wie aus den Steinen eines Baukastens, ein funktionsfähiges System zusammenzusetzen. Diesen Vorgang bezeichnet man auch als **Anpassungsprogrammierung** oder als **Konfigurierung**.

Das Konfigurieren wird meist nicht vom Hersteller oder Vertreiber des Prozessleitsystems selbst durchgeführt, sondern von mittelständischen Unternehmen der Automatisierungstechnik-Branche.

> **Merksatz**
>
> Die Software des Prozessleitsystems wird vom Anbieter zunächst als „rohes System" geliefert. Es besteht aus **Softwarebausteinen** für die erforderliche Anpassungsprogrammierung an das konkrete Vorhaben. Diese Anpassungsprogrammierung wird als **Konfigurierung** bezeichnet.

Zunächst entsteht das angepasste und konkretisierte System am Einzelplatz-PC im Büro eines Automatisierungsingenieurs oder aber an einer nicht in der späteren Messwarte befindlichen **Engineering-** oder **Konfigurierungsstation**.

Bild 1: Konfigurierung eines Prozessleitsystems durch den Automatisierungsingenieur am Einzelplatz-PC

Die Teilprogramme, mit deren Hilfe die später bedienbare Software entsteht, sind in der Regel die folgenden (abhängig vom PLS-Lieferanten werden sie oft mit bestimmten geschützten Markennamen bezeichnet):

- Zeichenprogramm zur Erstellung der später bedienbaren **Fließbilder**, einschließlich der Möglichkeit, bereits vorher mit anderer Software erstellte Grafiken zu importieren,

- Konfigurierungsprogramm zum Festlegen von Anzahl, Typ und Verwendung der erforderlichen **Eingangs- und Ausgangssignale**,

- Programm zum Erstellen von rezepturbasierten **Ablaufsteuerungen** für Chargenprozesse (Batch-Prozesse),

- Konfigurierungsprogramm zur Vergabe von **Adressen** für die Teilnehmer am Busverkehr (in der Regel die einzelnen Bedienstationen mit ihren Netzwerkkarten sowie die Controller),

- vorgefertigte Programme, z. B. **Softwarebausteine**, für bestimmte, öfter wiederkehrende Rechen- oder Vergleichsoperationen, wie:

  - PID-Regler (Regelungssoftware),
  - Zweipunktregler,
  - Verhältnisregelung,
  - SPS-Steuerung,

- spezielle Bausteine für die **Darstellung** bestimmter Informationen, wie z. B.:

  - das **Alarmfenster**,
  - die **Trenddarstellung** (Kurven der Prozessvariablen),
  - **Faceplates** der Messungen, der Regler, der Stellorgane,
  - **Protokolldarstellung** der Schalthandlungen der Bediener,
  - Meldungen über **Fehler** im Computersystem,
  - **Gruppendarstellung** mehrerer Faceplates auf einem Bildschirm.

Ein Teil der letztgenannten Darstellungen kann vom Konfigurierer abgeändert und an die Wünsche des späteren Betreibers angepasst werden, ein anderer Teil ist unveränderlich.

13.9 Konfigurierung der Software

Aus Gründen der Zweckmäßigkeit wird meist zunächst das später bedienbare **R&I-Fließbild** gezeichnet. Meist handelt es sich um mehrere Bilder von Teilanlagen, zwischen denen unter Nutzung einer Menüsteuerung umgeschaltet werden kann. Bild 1 zeigt ein solches R&I-Fließbild.

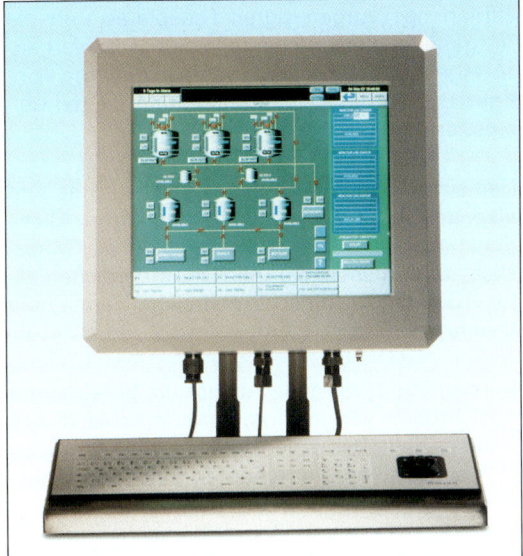

Bild 1: Beispiel für die Bildschirmgestaltung eines R&I-Fließbildes

Bei der Bildschirmdarstellung des R&I-Fließbildes weicht man gelegentlich von der DIN EN ISO 10628 ab, um eine intuitive Bedienbarkeit zu ermöglichen. Dabei werden die Apparate in grafischer Form so dargestellt wie sie in der Anlage tatsächlich aussehen.

> **Merksatz**
>
> Die R&I-Fließbild-Darstellung auf dem Monitor ist die Ausgabe-Schnittstelle des Leitsystems zum Bediener.

Da es für die Gestaltung der Fließbilder nahezu keine Beschränkungen durch die Software gibt, spricht man auch von **frei konfigurierbaren Grafiken**. Im Gegensatz dazu handelt es sich bei den Faceplate-Darstellungen für die stetigen Regelungen und für die Ein/Aus- oder Auf/Zu-Schaltungen um **vorkonfektionierte Grafiken**. Bei diesen ist der Konfigurierer verbindlich an die vorgefertigte äußere Gestalt gebunden. Er kann die Faceplates lediglich hinsichtlich der PLT-Stellenbezeichnung und hinsichtlich ihrer Signal-Anbindung verändern.

> **Merksatz**
>
> Hinsichtlich der freien Gestaltung der Monitor-Teilbilder unterscheidet man **frei konfigurierbare** und **vorkonfektionierte Grafiken**.

Nach der Gestaltung der R&I-Fließbilder für den Bildschirm sind vom Konfigurierer **Anzahl und Typ** der in der Anlage verwendeten **Signale** festzulegen (analog/binär, Eingang/Ausgang) und zu nummerieren. In dem Beispiel von Bild 2 auf Seite 327 sind dies 16 analoge und 4 binäre Eingänge sowie 2 analoge und 17 binäre Ausgänge.

> **Merksatz**
>
> Alle Mess-, Melde- und Stellsignale müssen im Leitsystem definiert werden. Damit werden für die entsprechenden Prozesswerte u. a. digitale Speicherplätze reserviert.

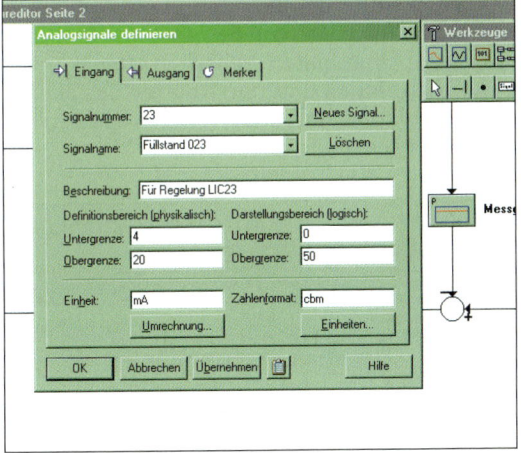

Bild 2: Bearbeitungsfenster zum Definieren eines Signals

Für die spätere Funktion des Prozessleitsystems ist außerdem die **Konfigurierung des Bus-Systems** von elementarer Wichtigkeit. Bei dieser Konfigurierung wird festgelegt, wie viele Bus-Teilnehmer am Systembus angeschlossen sind und unter welchen digitalen **Adressen** sie sich untereinander ansprechen werden, um ihre Daten auszutauschen.

Dabei ist zu beachten, dass alle Busteilnehmer parallel geschaltet sind und deshalb die gesendeten Daten gleichzeitig empfangen. Jedoch verarbeiten nur die Teilnehmer, deren Adresse an das Datenpaket angehängt ist, das Signal weiter. Diese Adressen werden bei der Konfigurierung den Bus-Teilnehmern zugesandt. Sie bleiben dort fest gespeichert.

Nach der Konfigurierung der Bus-Systeme „wissen" alle Bedienstationen und der bzw. die Controller, wie viele Signale zu verarbeiten sind und welches Signal welche Nummer hat.

Diese Informationen spielen u. a. eine Rolle bei der Reservierung von Speicherplatz in den einzelnen Leitstationen und im Controller, denn jedes Signal muss während des Prozesslaufes zwischengespeichert werden, und sei es nur für die kurze Dauer eines einzelnen Zyklus.

> **Merksatz**
> Die an den Buskabeln angeschlossene Hardware muss in ihren Speichern über die einprogrammierten **Teilnehmeradressen** verfügen.

Das Fließbild soll später „anklickbar" sein. Beim Klicken auf eine Messstelle öffnet sich ein Faceplate zum Ablesen des Messwertes. Beim Mausklick auf einen Regler soll sich ein Faceplate zum Einstellen von Sollwert und Stellgröße, zum Umschalten zwischen Hand- bzw. Automatikbetrieb und zum Ablesen des aktuellen Messwertes öffnen. Der Bereich des Reglers soll maus-sensibel sein.

Hinter den entsprechenden Bildschirmbereichen liegen also **interne Funktionen**, die ständig ausgeführt werden.

So liegt hinter der Anzeige einer Temperaturmessstelle auf dem Bildschirm die Funktion, ständig das zugehörige analoge Eingangssignal anzuzeigen. Eine weitere solche Funktion ist das Öffnen des vorgefertigten Faceplates und die Aufgabe, in diesem ebenfalls den Messwert anzuzeigen. Dabei soll die Anzeige in der vom Konfigurierer vorgesehenen Maßeinheit „Grad Celsius" erfolgen.

Den sichtbaren Bereichen des Bildschirmes sind also unsichtbare Funktionen überlagert. Diese Funktionen sind vom Bediener später per Mausklick auf vorgesehenen Bildschirmbereichen aktivierbar. Diese Bildschirmbereiche nennt man **Overlays**.

Bei den Overlays handelt es sich um Bereiche mit unsichtbarer Begrenzung, nach deren Anklicken sich spezielle Bedienfenster öffnen. Diese Overlays sind zu konfigurieren. Ein Beispiel für eine solche Konfigurierung zeigt Bild 1.

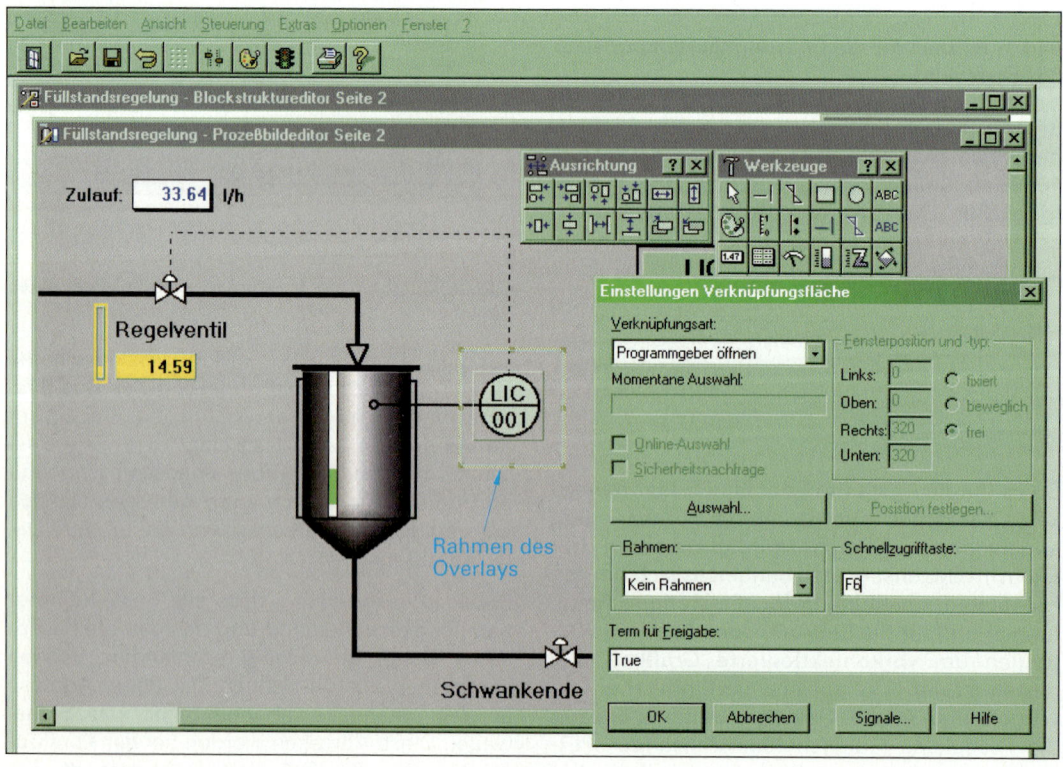

Bild 1: Bearbeitungsfenster zum Definieren eines Overlays

13.9 Konfigurierung der Software

Bei allen Konfigurierungsarbeiten unterstützen den Ingenieur bedienerfreundliche Unterprogramme, die ihn in Fenstertechnik zur Eingabe der erforderlichen Informationen auffordern.

Die später mausklickempfindlichen Bereiche werden bei der Konfigurierung mit einem für den Bediener später unsichtbaren Rechteck umrandet.

> **Merksatz**
>
> In den Bildschirmdarstellungen der Fließbilder gibt es Bereiche, bei deren Anklicken bestimmte Aktionen ausgeführt werden. Die unsichtbaren Begrenzungen dieser Bereiche heißen **Overlays**.

Spätestens mit der Overlay-Gestaltung ist zu definieren, **welche** Eingangs- und Ausgangssignale **wo** verwendet werden. Beispielsweise kann eine Temperaturmessung, also das Eingangssignal eines konkreten analogen Eingangskanals, in einem PID-Regler dazu verwendet werden, das Heiz- und Kühlventil anzusteuern. Die beiden Ventile gehören z. B. zu zwei konkreten Ausgangskanälen.

Im Rahmen der Konfigurierung werden die Eingangssignale auf dem Bildschirm der Konfigurierungssoftware links als kleine Rechtecke oder Kreise dargestellt. Die Ausgangssignale werden als Rechtecke oder Kreise im rechten Teil des Bildschirmes angeordnet.

Der Konfigurierer setzt per Mausklick dazwischen ein PID-Reglerbauelement und erzeugt durch Ziehen der Maus entsprechende Verbindungslinien. Dieses in Bild 1 gezeigte Vorgehen ist hier stark vereinfacht dargestellt, spiegelt aber das Prinzip wider.

Da hunderte von Signalwegen im Prozessleitsystem nicht auf einen einzigen Bildschirm passen, gibt es eine Umschaltung zwischen verschiedenen Bildschirmseiten. Die eben skizzierte Tätigkeit ist der diffizilste Teil der Konfigurierung, da er Sachverstand, Detailkenntnis und Konzentration erfordert. Die Realisierung ist sehr zeitintensiv.

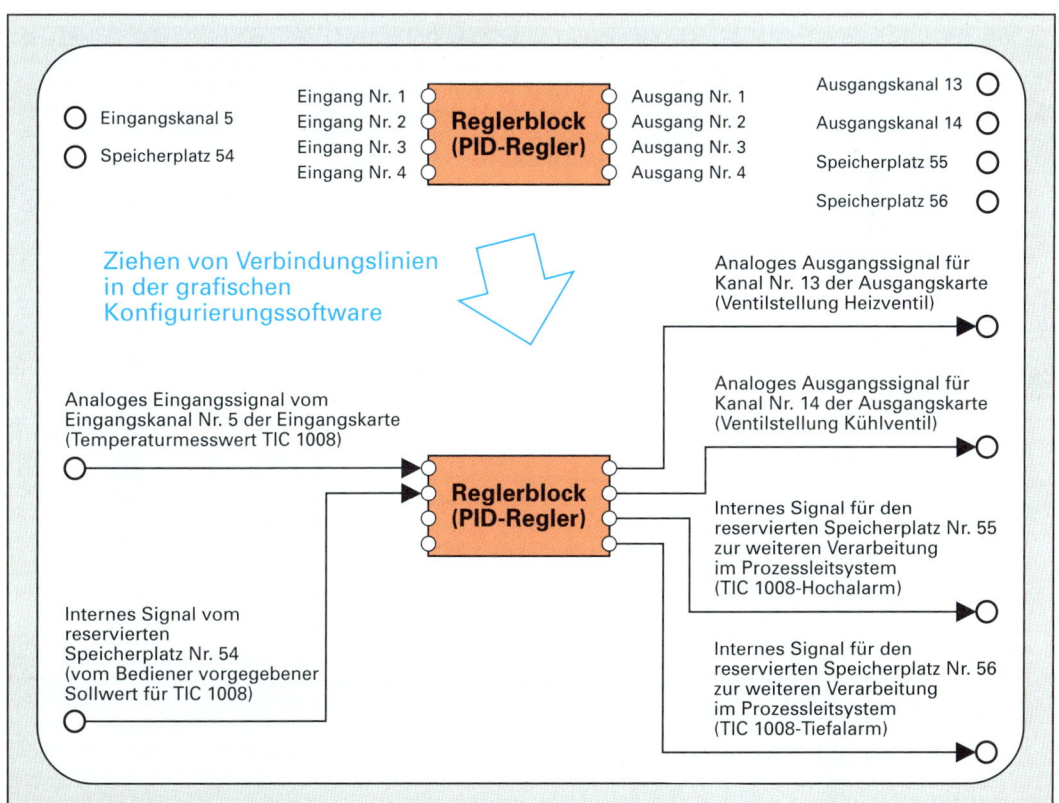

Bild 1: Stark vereinfachte Darstellung der Konfigurierung einer PID-Regelung

13 Planung, Konfigurierung und Inbetriebnahme von Prozessleitsystemen

Hinweis

Die logischen Verknüpfungen zur Verarbeitung der Signale werden vom Konfigurierer heute grafisch-intuitiv vorgenommen. Früher geschah dies ausschließlich in Tabellenform.

Die so entstehenden Pläne tragen den Namen **Continuous Function Chart** (kontinuierlicher Funktionsplan). In der Fachsprache wird die Abkürzung **CFC** verwendet. Der analoge deutsche Begriff lautet **Funktionsbausteinsprache (FBS)**.

CFCs spiegeln die im Prozessleitsystem kontinuierlich abgearbeiteten logischen Funktionen wider. Mit diesen Funktionen werden die Eingangs- und Ausgangssignale miteinander verknüpft. Kontinuierlich bedeutet in diesem Zusammenhang: 1 Mal in jedem Bearbeitungszyklus. Die Zykluszeit liegt üblicherweise in der Größenordnung einiger Zehntelsekunden.

CFCs können am laufenden Prozessleitsystem auch beim Auffinden von Störungen helfen. Dazu bietet die Software moderner Leitsysteme die Möglichkeit der farblichen Darstellung von aktiven Signalflüssen.

Merksatz

CFCs (**C**ontinuous **F**unction **C**harts) sind Engineering-Tools der Konfigurierungssoftware zur Gestaltung der kontinuierlich abzuarbeitenden Signalverknüpfungen. In begrenztem Umfang dienen sie auch der Störungssuche im laufenden Prozessleitsystem.

Bild 1 zeigt den Screenshot der Konfigurierung einer PID-Regelung in Form eines CFCs an einem Prozessleitsystem. Erkennbar ist in der Mitte der PID-Reglerblock sowie links im Bild in Blockdarstellung das analoge Eingangssignal AI1 und rechts im Bild das analoge Ausgangssignal AO1. Dazwischen gibt es Verbindungslinien zur Charakterisierung des Signalflusses.

Bei der Festlegung der zu konfigurierenden Signalwege sind auch die **Sicherheitsanforderungen** in die Konfigurierung mit einzubeziehen.

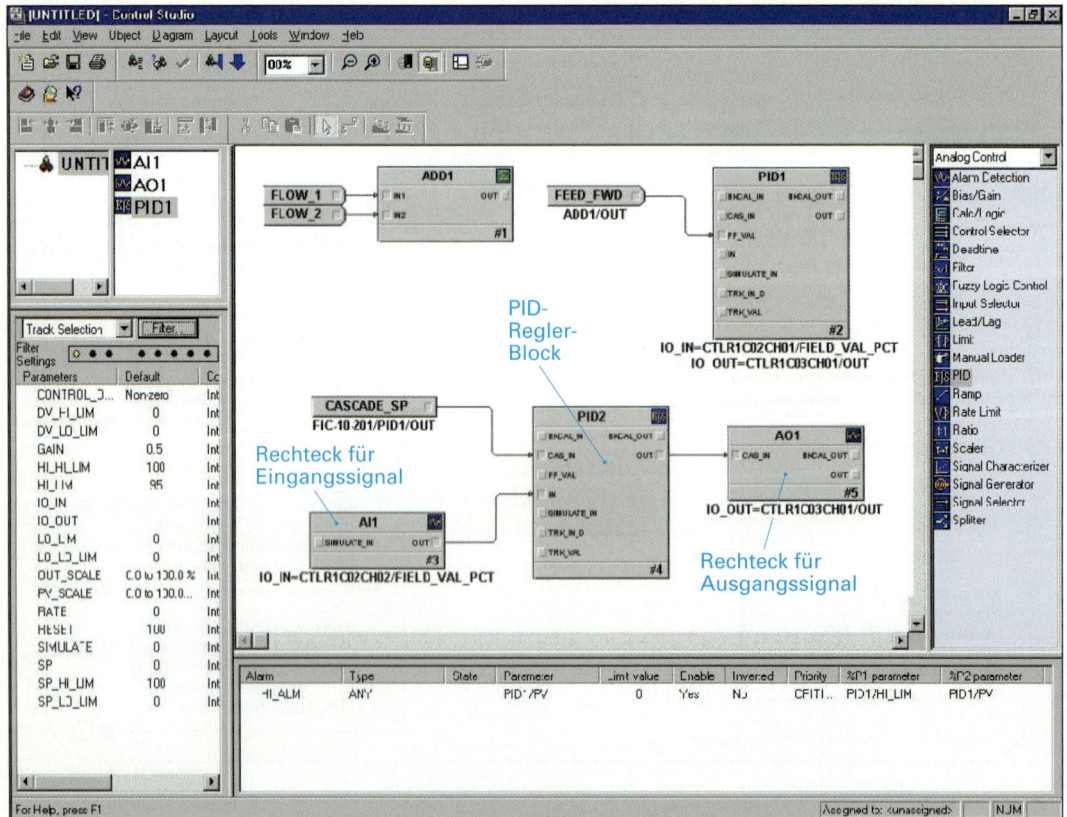

Bild 1: Konfigurierung einer PID-Regelung in Form eines CFCs an einem Prozessleitsystem

13.9 Konfigurierung der Software

Die sicherheitsrelevanten Aspekte wurden bereits bei der verfahrenstechnischen Planung mit von den Anlagenplanern vorgegeben. Im Prozessleitsystem sind deren Vorgaben bezüglich der **Alarmgrenzen**, der **Verriegelungsbedingungen**, der **Sicherheitsabschaltungen** und der **Noteingriffe** programmtechnisch umzusetzen.

> **Merksatz**
>
> Das komplette System der logischen Signalverknüpfungen zur Gewährleistung der Anlagensicherheit heißt **sicherheitsgerichtete Steuerung**.
>
> Die sicherheitsgerichtete Steuerung wird teils vom digitalen Prozessleitsystem und teils von konventionellen elektrotechnischen Einrichtungen realisiert.

Zur Verdeutlichung der sicherheitsrelevanten Funktionen eines Prozessleitsystems soll nochmals auf das R&I-Schema in Bild 2, S. 327, zurückgegriffen werden.

Dort sollen beispielsweise die Grenzschalter LISA 01.A und LISA 02.A ein automatisches Abschalten der Zulaufventile beim Erreichen bestimmter Füllstände bewirken. Danach ist eine weitere Befüllung ausgeschlossen. Dies ist das typische Beispiel einer **Verriegelung**.

Ebenso sollten LISA 01.B und LISA 02.B die Pumpen bei Behältertiefstand abschalten, um deren Trockenlauf zu vermeiden. Dies stellt eine so genannte **Notabschaltung** dar. Danach soll die Pumpe erst dann wieder einschaltbar sein, wenn kein Tiefstandsignal mehr anliegt.

Je nach der vom Hersteller bereitgestellten Konfigurierungssoftware wird die Programmierung der logischen Verknüpfungen zur Verriegelung oder Notabschaltung für den Konfigurierer in Tabellenform zur Verfügung gestellt oder aber grafisch visualisiert.

In Bild 1 ist vereinfacht dargestellt, wie die Konfigurierung einer manuellen Schaltfunktion für eine Pumpe aussehen kann.

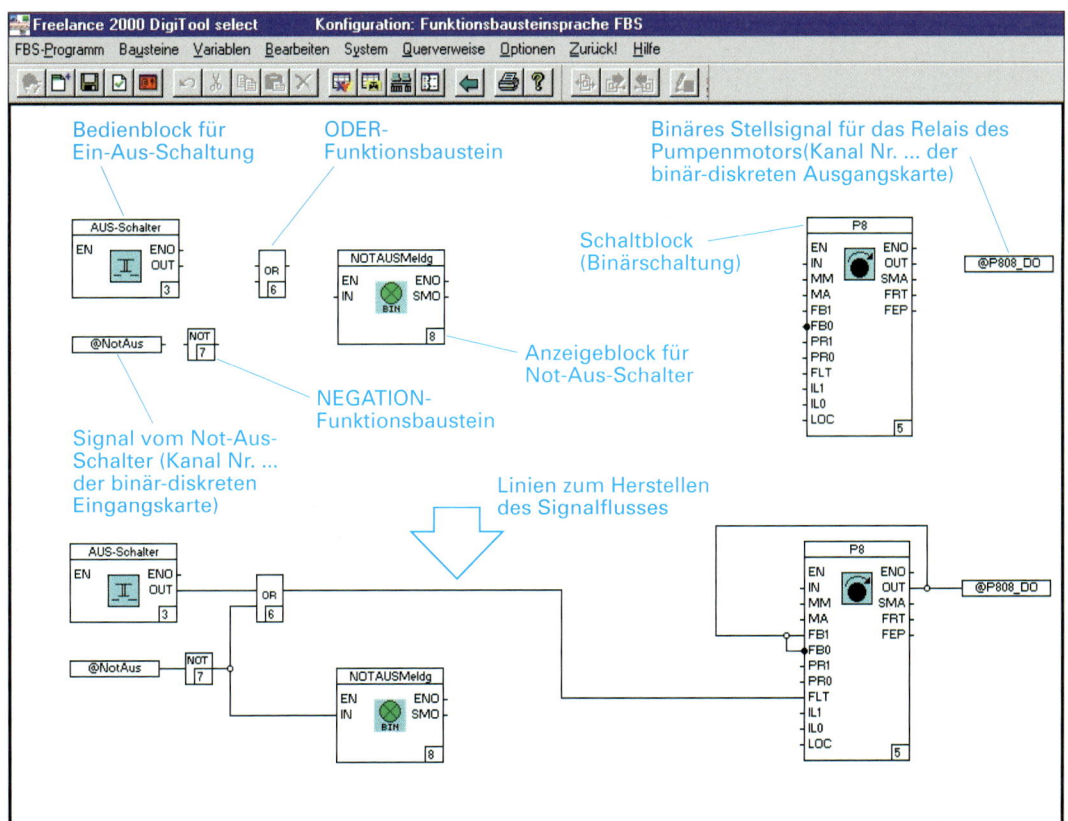

Bild 1: Stark vereinfachte Darstellung der Konfigurierung der Ein-Aus-Schaltung einer Pumpe

Das Faceplate, das sich bei der späteren Schaltung durch den Bediener nach dem Anklicken der Pumpe öffnet, ist bei der Konfigurierung zunächst nicht sichtbar. Vorerst wird nur auf die Funktion der Schaltung Wert gelegt, d. h. darauf, welche Signale durch das spätere Anklicken umgeschaltet werden sollen.

Der in Bild 1, S. 339, gezeigte Schaltblock ermöglicht gleichzeitig die Eingabe von Verriegelungsbedingungen. Dafür sind in den Herstellerunterlagen die Belegungen der Eingänge und Ausgänge des zugehörigen Blockes zu studieren. Die einzelnen Prozessleitsystem-Anbieter gehen dabei von abweichenden Strategien aus.

Der Schaltblock ist ein grafisch vorgefertigtes Bauelement mit zwei Eingängen und einem Ausgang. Er stellt im Prinzip einen Block zur Durchführung einer mathematischen Vergleichsoperation dar. Die Schalthandlung zum Einschalten der Pumpe ist danach z. B. nur möglich, wenn gleichzeitig der zugehörige untere Füllstandssensor signalisiert, dass der zugehörige Behälter nicht leer ist.

In der Praxis haben diese vorgefertigten Blöcke eine Vielzahl weiterer Eingänge und Ausgänge. Deren konkrete Aufgabe sowie ihre logische Verknüpfung kann der Konfigurierer aus den Handbüchern der PLS-Software-Hersteller entnehmen.

Bild 1 zeigt einen CFC zur Realisierung einer Signalverknüpfung für einen Pumpenmotor. Als Funktionsblöcke finden UND- und ODER-Glieder Verwendung. Der Pumpenmotor (Ausgangssignal) ist nur bei einer bestimmten Kombination von Schaltern (Eingangssignale) funktionsbereit.

> **Merksatz**
>
> Die Konfiguration der **sicherheitsgerichteten Steuerung** kann im digitalen Teil des Prozessleitsystems unter anderem mithilfe von Continous Function Charts (CFCs) erfolgen.

Sonderfunktionen, die bestimmte Gruppen von Stellorganen nach einem vorgegebenen Algoritmus betätigen, werden bei manchen Prozessleitsystemherstellern als **Equipmentmodule** bezeichnet.

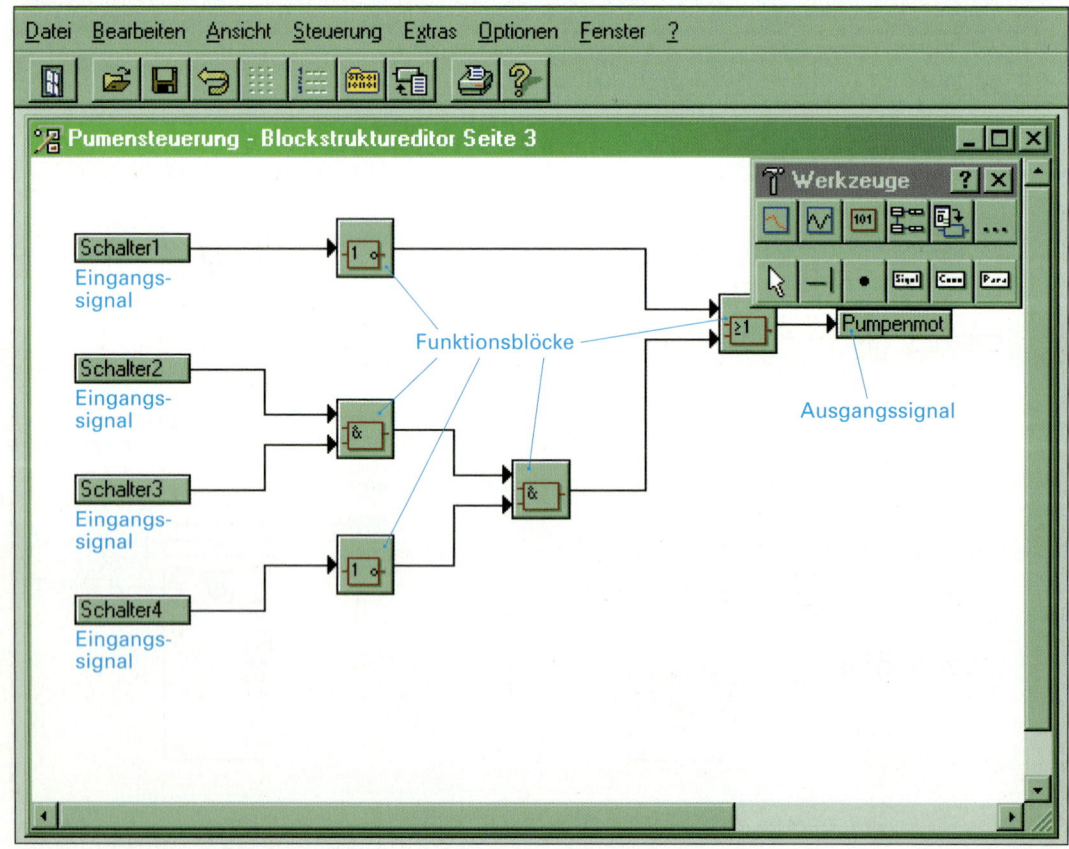

Bild 1: Konfigurierung einer logischen Signalverknüpfung mithilfe eines CFC

13.9 Konfigurierung der Software

Bei den Equipmentmodulen kann es sich beispielsweise um Dreipunktregelungen, um Dosiervorgänge mit Umschaltungen zwischen mehreren Ventilgrößen, um Verriegelungen oder auch um kurze Rezepturen handeln. Zur Konfigurierung derartiger Sonderfunktionen werden meist ebenfalls CFCs benutzt.

Zusätzlich zu den Verriegelungen und Notabschaltungen müssen dem Leitsystem auch die späteren **Alarmgrenzen** vorgegeben, d. h. parametriert, werden. Darunter sind jene Prozessparameter zu verstehen, bei denen Alarmmeldungen erzeugt und dem Bediener angezeigt werden.

> **Merksatz**
>
> Die Eingabe von Grenzwerten, Alarmparametern, Reglerparametern und anderer, vom späteren Bediener nicht änderbaren Werten in die Leitsystem-Software heißt **Parametrieren**. Das Parametrieren ist Teil der Konfigurierung.

Beträgt z. B. die normale Reaktionstemperatur 150 °C, wäre es sinnvoll, einen Alarmgrenzwert von 160 °C für den Hochalarm einzuprogrammieren, eventuell angeführt von einem Voralarm bei 155 °C. Diese Werte können später vom Bediener nicht geändert werden, jedoch jederzeit von einer autorisierten Person mit entsprechendem Passwort neu parametriert werden.

Weitere durchzuführende Aktivitäten im Rahmen der Leitsystem-Konfigurierung sind die Festlegung der Werte für Protokollierung und Registrierung im Rahmen der späteren Dokumentation.

Bild 1 zeigt ein Konfigurierungsfenster zum Hinzufügen eines Prozesswertes zur periodischen Aufzeichnungsfunktion eines Leitsystemes.

Prinzipiell ist es möglich, alle Messwerte, Stellgrößen, Soll-Werte sowie sämtliche Bedienereingaben vom Prozessleitsystem **protokollieren** bzw. **registrieren** zu lassen.

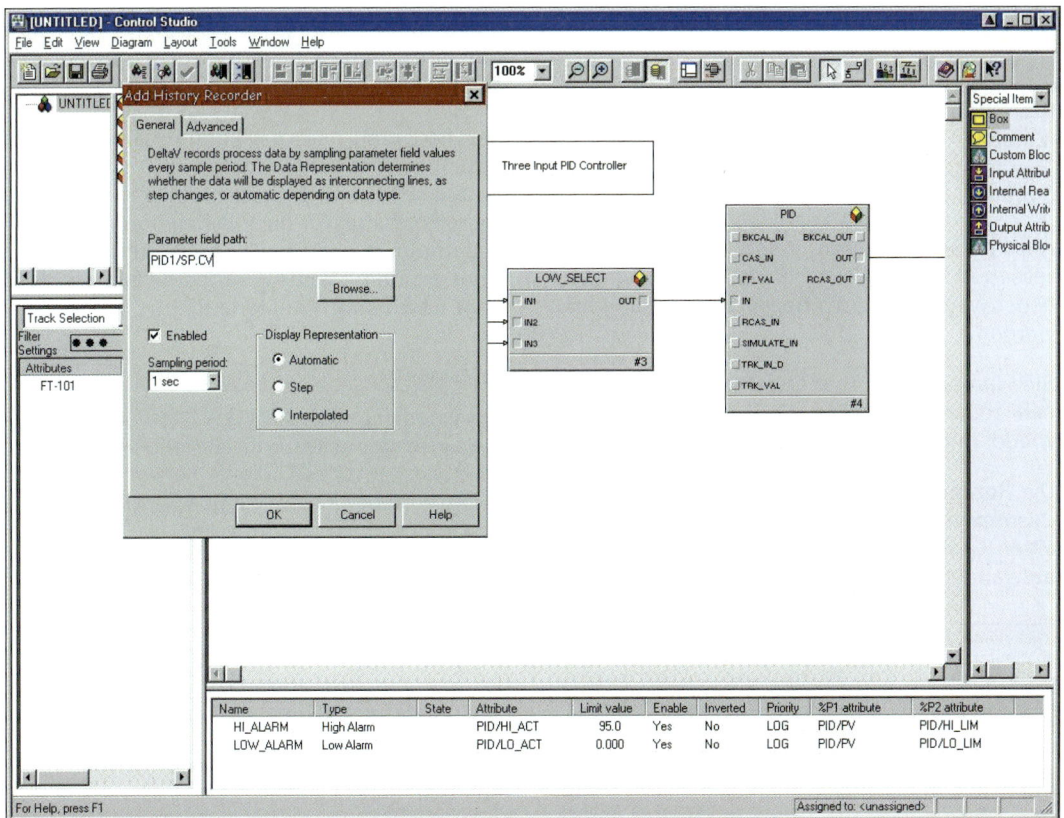

Bild 1: Bearbeitungsfenster zum Hinzufügen eines Prozesswertes zur periodischen Aufzeichnungsfunktion eines Leitsystems

Zum Einsparen von Speicherplatz und aus Gründen der Übersichtlichkeit beschränkt man sich in der Praxis jedoch auf die wichtigsten Werte. Diese auszuwählen ist Aufgabe des Planungsteams in Zusammenarbeit mit dem späteren Betreiber der Anlage. Sie in die Software einzubringen, ist Aufgabe des Konfigurierers.

> **Merksatz**
>
> **Protokollierung** heißt Speichern der wichtigsten manuellen oder automatischen Werteänderungen und bestimmter Ereignisse, z. B. Alarmmeldungen.
>
> **Registrieren** beinhaltet das Speichern der zeitlichen Verläufe von Prozesswerten. Dadurch ergeben sich die **Trends**.
>
> Protokollierung und Registrierung sind Bestandteil der Dokumentationsfunktion des Prozessleitsystems.
>
> **Trends** sind zeitliche Verläufe von analogen Werten. Für alle für eine Trenddarstellung vorgesehenen Variablen ist Festplatten-Speicherplatz erforderlich.

Die Gestaltung der Bildschirmfenster für Meldungen, Alarme und für Ereignisse sowie für die Trends ist in gewissen Grenzen frei wählbar und umprogrammierbar.

Abschließend müssen, wenn mit Chargenprozessen in automatischer Batch-Fahrweise gearbeitet werden soll, die **Rezepturen** geschrieben werden.

Sie werden aus vorher erstellten **Grundfunktionen** zusammengesetzt. So können sie später wieder mit wenig Aufwand geändert werden.

Die Rezepturerstellung kann in bestimmten Industriezweigen, wie z. B. in der Pharmaindustrie, einen Großteil des gesamten Konfigurierungsaufwandes ausmachen.

> **Merksatz**
>
> Das Erstellen von **Rezepturen** ist Bestandteil der Konfigurierung des Prozessleitsystems.

Beim Test in der Praxis stellt sich später oft heraus, dass bestimmte Dinge in der Konfigurierung der Rezepturen übersehen wurden. Deshalb bietet die Konfigurierungssoftware heute komfortable Möglichkeiten der späteren Änderung von Rezepturen.

13.10 Kopieren und Laden

Wenn die apparatetechnische Montage der Anlage abgeschlossen ist und die Aufstellung und Verkabelung der Bedienstationen in der Messwarte mit den zugehörigen Controllern beendet und erfolgreich getestet wurde, kann die fertig konfigurierte Software auf allen Bedienstationen „eingespielt", d. h. auf deren Festplatte gespeichert werden.

Vom Prinzip her wird von den CDs der Hersteller die Basissoftware kopiert. Danach werden die vom Konfigurierer spezifizierten Änderungen per Diskette oder CD übertragen. Verglichen mit dem Speicherplatzbedarf der Basissoftware ist die Menge der vom Konfigurierer eingebrachten anlagenspezifischen Daten sehr gering.

Bevor jedoch eine erstmalige Inbetriebnahme der Anlage mit dem neuen Prozessleitsystem erfolgen kann, müssen verschiedene Teile der Software in den bzw. die Controller geladen werden.

Dies bedeutet, dass die konfigurierte Zahl der Mess- und Stellgrößen, deren Typ und Nummerierung sowie einige Softwareteile, wie z. B. das Unterprogramm für die PID-Regelung, über den Systembus in den Speicher des Controllers gesandt werden. Dieser Vorgang heißt **Download** (engl. download: hinunterladen).

> **Merksatz**
>
> Vor einem Funktionstest des Leitsystems muss die Software in die Controller **geladen** werden. Dies beinhaltet das Kopieren der konfigurierten Daten von einer Festplatte über den Systembus in den Speicher der Controller.

In den Controllern bleiben diese Softwareteile erhalten, solange die Anlage läuft und solange die Spannungsversorgung nicht ausfällt bzw. keine Änderungen hineingeladen werden.

Zu den in die Controller hineingeladenen Informationen gehört auch das komplette digital verschlüsselte System der sicherheitsgerichteten Steuerung, sowie bei Batch-Anlagen die Rezepturbausteine (Grundfunktionen).

13.11 Der Loop-Check

Nach der Montage von Feldtechnik und Hardware sowie nach dem Einspielen der fertig konfigurierten Software kann entsprechend einem zweckmäßigen, vorher zu planenden Ablauf die Funktionsfähigkeit einer jeden einzelnen Messung, eines jeden Stellorgans sowie eines jeden Regelkreises getestet werden. Dieser Test wird Loop-Check genannt.

> **Merksatz**
>
> Der **Loop-Check** beinhaltet die durchzuführenden Funktionstests aller Signalwege und PLT-Stellen. Dazu gehören:
> - die Messungen,
> - die Stellorgan-Funktionen,
> - die Regelkreisfunktionen,
> - die Alarmmeldungen,
> - die Sicherheitsfunktionen.

Dabei ist auf das Eintreffen sinnvoller Messwerte und Meldesignale sowie auf die Reaktion der Stellorgane besonderes Augenmerk zu legen.

Daneben wird ein Abgleich der Null- und Endpunkte aller Messstellen vorgenommen. Dies kann experimentell unter Verwendung realer Stoffe in den Apparaten oder mittels Kalibratoren durchgeführt werden, die z. B. exakt 4 oder 20 mA Signalstrom bzw. 0 oder 10 V Signalspannung liefern.

> **Hinweis**
>
> Das englische Wort **Loop** bedeutet auf Deutsch „Schleife". Der Loop-Check bezieht aber auch jene PLT-Stellen ein, die keinen geschlossenen Signalweg, also keine „Schleife" haben. Dies betrifft neben den Regelkreisen und den Notabschaltungen auch die einfachen Messungen und die Signalgeber sowie die Funktion der Schaltungen per Hand.

Als Testmedien für die Loop-Checks werden zunächst nur Wasser, Luft, Stickstoff oder andere ungefährliche Hilfsstoffe eingesetzt, später aber auch die in der Anlage verwendeten Stoffsysteme. Parallel zum Loop-Check erfolgt meist ein Funktionstest der verfahrenstechnischen Ausrüstungen mit ungefährlichen Stoffen. Für diese Phase der Inbetriebnahme einer Anlage gibt es den Begriff **Wasserfahrten**.

In den diskontinuierlichen Anlagen für Chargenprozesse erfolgt schließlich ein Testen der programmierten Rezepte.

Besonders ist dabei auf folgende Funktionen zu achten:
- Überlauf- und Trockenlaufsicherungen,
- Überhitzungs- und Unterkühlungsschutz,
- Mechanismen zum Schutz vor unzulässigen Druckerhöhungen.

Eventuelle Korrekturen der Software und Hardware sind dabei unbedingt zur späteren Verfügbarkeit zu dokumentieren.

13.12 Zusammenfassung der Teilschritte

Abschließend sollen die erforderlichen Schritte im Rahmen der Planung, Konfigurierung und Inbetriebnahme eines Prozessleitsystems noch einmal zusammengefasst werden:

1. **Fließbilderstellung** durch die verfahrenstechnischen Anlagenplaner,
2. **Apparatedimensionierung** durch die verfahrenstechnischen Anlagenplaner,
3. Ermittlung von Anzahl und Typ der **I/Os**,
4. Auswahl der **Feldtechnik**,
5. Wahl des Prozessleitsystems und des damit verbundenen **Marktanbieters**,

Bild 1: Fehlersuche im Rahmen eines Loop-Checks

6. **Leistungsabschätzung** des Bus-Systems und des Controllers,

7. **Detailplanung** (Schrankaufbau und Verdrahtung),

8. **Konfigurierung** der Software,
   - Zeichnen der **R&I-Schemata** für die Bildschirmdarstellung,
   - Konfigurierung der **Adressen** des Bus-Systems,
   - **Definition** und Nummerierung der verwendeten **Eingangs-** und **Ausgangssignale** einschließlich ihrer Maßeinheiten,
   - Festlegen der **Overlays** (der Funktionen, die sich hinter anklickbaren Bildschirmbereichen verbergen),
   - Festlegen der **Signalwege** und der **Signalverwendung** innerhalb der Software,
   - Programmierung der **Sicherheitslogik** wie **Verriegelungen**, Sicherheitsabschaltungen und Alarmgrenzen,
   - Einschränkung der zu protokollierenden und in **Trends** zu erfassenden Daten,
   - **Rezepturerstellung**,

9. **Kopieren** der konfigurierten Software in die Bedienstationen und **Laden** von Teilen der Konfiguration in den bzw. die Controller,

10. **Loop-Check** und Wasserfahrten.

Aufgaben

1. Was muss abgeschlossen sein, ehe die Projektierung des Prozessleitsystems beginnen kann?

2. Welche drei Fließbildtypen unterscheidet man? Erläutern Sie die Unterschiede.

3. Was ist unter den Kanälen eines Prozessleitsystems zu verstehen?

4. Ein für eine geplante Anlage vorgesehenes Stellventil (Motorventil) hat laut Hersteller folgende elektrische Anschlusspaare:
   - Ansteuerungsklemmen für das Einheitssignal vom Prozessleitsystem,
   - Rückmeldung bei voller Öffnung,
   - Rückmeldung bei voll geschlossenem Zustand,
   - Rückmeldung bei einer mechanischen Antriebsstörung,
   - 230 V Hilfsenergieversorgung,
   - 24 V Hilfsenergieversorgung.

   Wie viele Kanäle des Prozessleitsystems werden von diesem Ventil mindestens und wie viele höchstens in Anspruch genommen?

5. Durch welche intelligente Eigenschaft wird das Bus-System bei der Datenübertragung entlastet?

6. In welchen Situationen wird das Bus-System als „Flaschenhals" des Prozessleitsystems besonders belastet?

7. In welchem Fall ist ein einziger Controller für das Prozessleitsystem der Chemieanlage nicht ausreichend?

8. In welcher Weise sind mehrere Controller untereinander zum Datenaustausch verbunden?

9. Erläutern Sie die Inhalte der Detailplanung eines Prozessleitsystems.

10. Was versteht man unter der Konfigurierung des Prozessleitsystems?

11. Beschreiben Sie die Aktivitäten innerhalb des Loop-Checks.

12. a) Notieren Sie alle Schritte der Prozessleitsystem-Konfigurierung.
    b) Sortieren Sie diese in einer Ihnen als sinnvoll erscheinenden Reihenfolge.
    c) Erläutern Sie kurz jeden einzelnen Schritt.

13. Überlegen Sie sich zwei Möglichkeiten zum Funktionstest eines Pumpen-Trockenlaufschutzes im Rahmen des Loop-Checks.

14. Erläutern Sie, warum die Bussysteme als „Flaschenhals" des Prozessleitsystems bezeichnet werden.

15. Erklären Sie die Begriffe „Konfigurieren" und „Parametrieren" des Prozessleitsystems.

16. Nennen und erläutern Sie die Faktoren, von denen die Wahl des digitalen Teils des Prozessleitsystems abhängt.

17. Legen Sie dar, welche Aktivitäten zur Detailplanung des Prozessleitsystems gehören.

14 Erstellung von Anlagensimulationen

14.1 Vorbetrachtungen

In größeren Anlagen der stoffwandelnden Industrie wird oft die Möglichkeit der Bedienerschulung an speziellen Simulatoren vorgesehen. Dies empfiehlt sich speziell in solchen Anlagen, von denen ein Gefährdungspotenzial ausgeht, sowie in Anlagen, die hinsichtlich ihrer Dimensionen und ihrer Überschaubarkeit besonders hohe Anforderungen an das Bedienpersonal stellen.

Ähnlich den bekannten Flugsimulatoren bieten Anlagensimulatoren die Möglichkeit, das reale Verhalten der Technik am Bildschirm nachzubilden und die Reaktion des Bedieners speziell bei **gefahrdrohenden Zuständen** zu trainieren.

Dabei können kritische Situationen mehrfach wiederholt werden, ohne dass Gefährdungen für die Umwelt auftreten können. Auch ist es möglich, im Zeitrafferverfahren zu arbeiten, um die Reaktionsschnelligkeit zu trainieren oder einfach nur, um kostbare Ausbildungszeit zu sparen. Einige Grundgedanken, auf denen die Erstellung von Anlagensimulationen oder aber die Gestaltung von einfachen Lernprogrammen zum Operatortraining basiert, sollen im Folgenden grob skizziert werden.

14.2 Vorgehensweise bei der Erstellung von Simulationen

Bei der Erstellung einer Simulationssoftware geht man von den bereits gefertigten Fließbildern mit ihren Overlays aus.

Beispiel

Temperaturregler an einem Rührreaktor

Für den in Bild 1 dargestellten Rührreaktor ist im Prozessleitsystem eine Temperaturregelung zu simulieren.

Der am Reaktor vorhandene Temperaturregler TIC 001 erscheint auf dem im **Monitor-Fließbild** anders als auf dem **Faceplate** zum Bedienen, und wiederum völlig anders im CFC der geöffneten **Konfigurierungssoftware**.

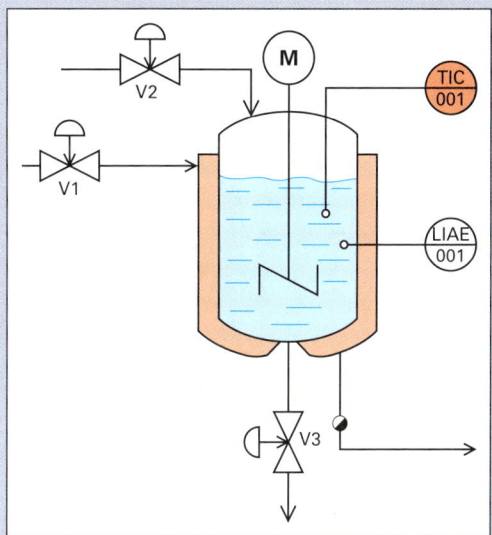

Bild 1: Zur Temperatursimulation vorgesehener Reaktor

Die Fließbilddarstellung zeigt den Temperaturregler als PLT-Stellen-Kreis und die Faceplatedarstellung als Bedienfenster. Im CFC der Konfigurierungssoftware ist der Regler als ein Funktionsblock visualisiert.

Bei einem solchen Block handelt es sich um die symbolische Darstellung der Regelungsfunktion in Rechteckform. Er wird auch als Funktionsbaustein bezeichnet.

Bild 1, S. 347, zeigt den Funktionsblock eines PID-Reglers als Screenshot in der Konfigurierungssoftware eines Prozessleitsystems.

Bei der Gestalt von Funktionsblöcken gibt es zwischen den einzelnen Leitsystem-Anbietern erhebliche Unterschiede. Deshalb kann hier nur die prinzipielle Herangehensweise diskutiert werden.

Aufgabe des Regler-Blockes ist die Berechnung der Stellgröße, d. h. der Ventilstellung auf der Grundlage des gemessenen Ist-Wertes und des vorgegebenen Soll-Wertes.

Nach welchen mathematischen Prinzipien diese Berechnung erfolgt, geht aus der Darstellung in der Konfigurierungssoftware nicht hervor. Es ist lediglich ersichtlich, mithilfe **welcher Signale** aus der Anlage diese Berechnung erfolgt und **wohin**, also zu welchem Anlagenteil, die berechnete Stellgröße geschickt wird.

14 Erstellung von Anlagensimulationen

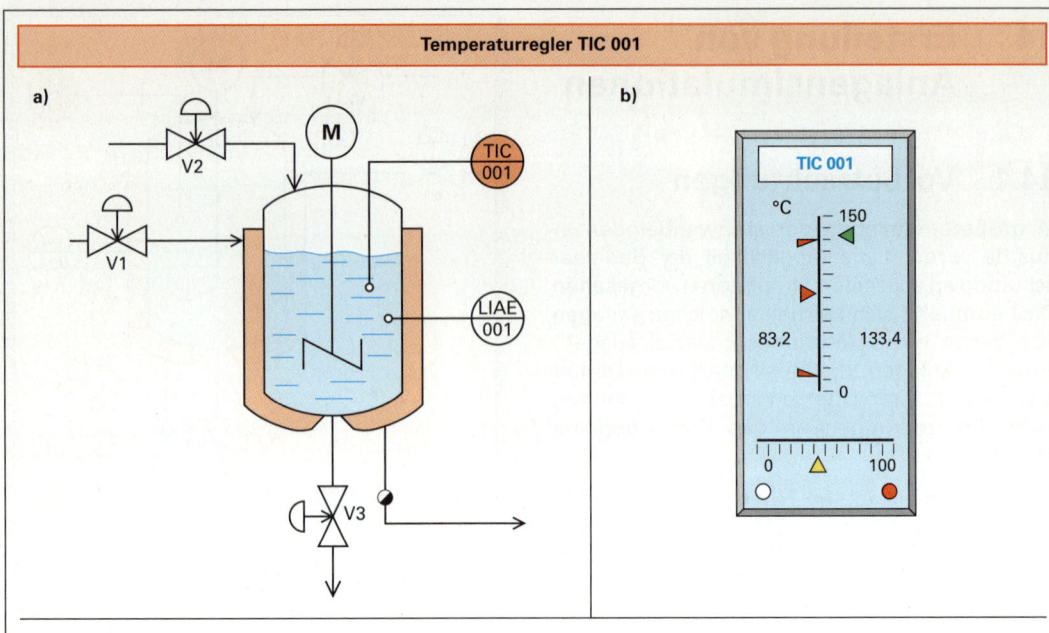

Bild 1: Verschiedene Visualisierungsarten einer Regelungsfunktion
a) Fließbilddarstellung
b) Faceplate-Darstellung
c) Darstellung in der Konfigurierungssoftware

14.2 Vorgehensweise bei der Erstellung von Simulationen

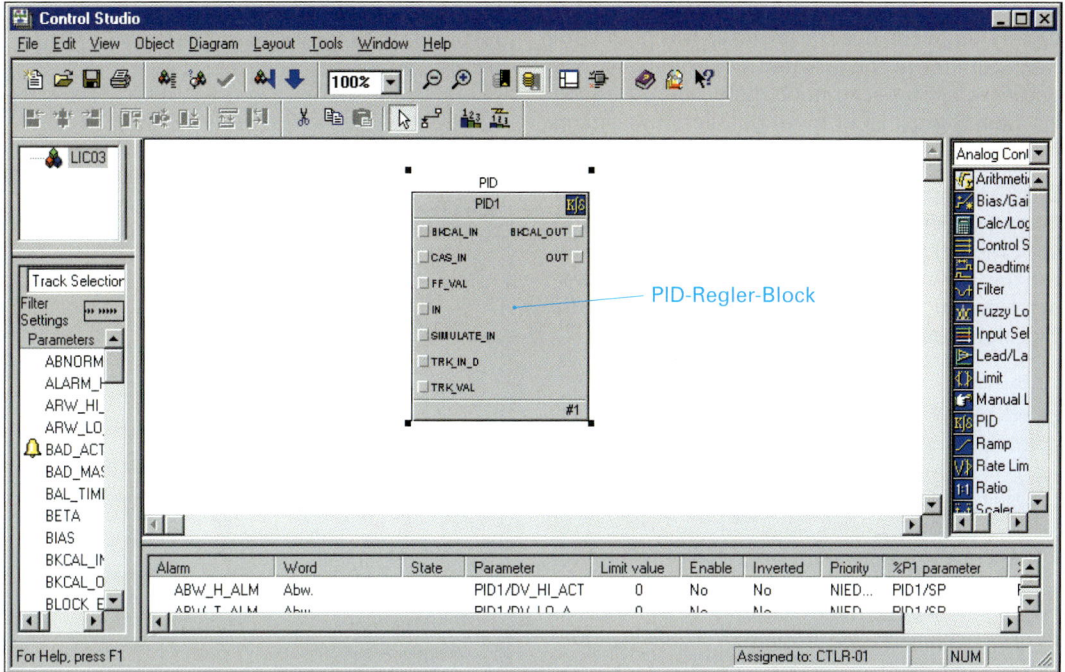

Bild 1: Funktionsblock eines PID-Reglers in der Konfigurierungssoftware eines Prozessleitsystems

Die einfache Anzeige LIAE 001 (Bild 2) hat, wie man aus den Darstellungen des CFCs in der Konfigurierungssoftware ersehen kann, einen von der Regelung TIC 001 (Bild 1c), S. 346, abweichenden Aufbau. Bild 2 zeigt, dass der Füllstandsmesswert von LIAE 001 einerseits einem einfachen Anzeigeblock und andererseits einem Vergleichsblock zugeführt wird. Hinter dem Anzeigeblock verbirgt sich die spätere Funktion der Istwert-Anzeige.

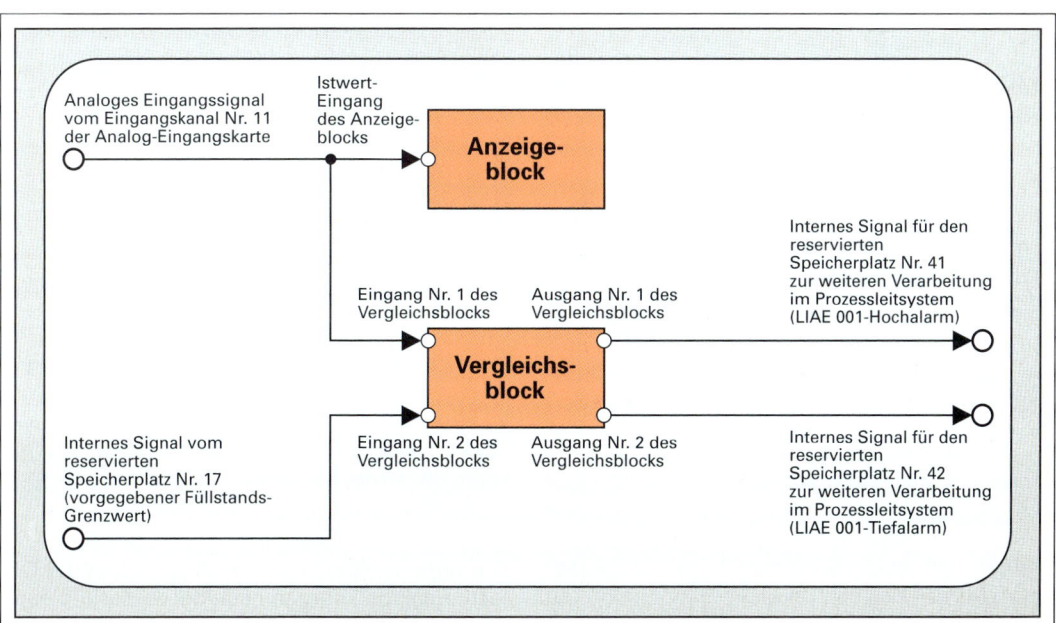

Bild 2: Prinzipielle Möglichkeit der Visualisierung einer Füllstandsanzeige in einer Konfigurierungssoftware

Der Vergleichsblock hat die Aufgabe eines ständigen Vergleichs des Messwertes mit dem vom Konfigurierer vorgegebenen Grenzwert. Ist das gemessene Signal zu hoch, liefert der Ausgang Nr. 1 ein Signal, ist er niedriger, liefert Ausgang Nr. 2 ein Signal.

Die Ausgangssignale können beispielsweise zur Erzeugung einer Alarmmeldung verwendet werden. Die dargestellten programmierten Strukturen für die Automatisierung eines **realen Prozesses** können nahezu unverändert auch in die **Simulationssoftware** übernommen werden.

Hinweis:

Die zur Verfügung stehenden Blöcke und die vom Konfigurierer zu realisierende Blockstruktur sind stark von der Software abhängig.

Auch die Anlagensimulationen arbeiten mit Funktionsblöcken wie Regler-, Vergleichs- oder Anzeigeblöcken.

Der grundlegende Unterschied zwischen der realen Anlagenfunktion und der Anlagensimulation besteht darin, dass die reale Anlage auf die Veränderungen der Stellgrößen mit einer zeitlichen Änderung von konkreten Prozessvariablen (Messwerten) reagiert.

Merksatz

Bei Anlagensimulationen muss die **zeitliche Reaktion** der realen Anlage mit geeigneten Mitteln nachgebildet werden.

Beispiel

Temperaturregler an einem Rührreaktor (Fortsetzung von Seite 345)

Öffnet man am Reaktor von Bild 1, S. 345, z. B. plötzlich das Zulaufventil V2, so ist nahezu unverzögert an FI 001 ein bestimmter Durchfluss ablesbar (Bild 1a). Dadurch erhöht sich der Messwert des Füllstandes LIAE 001 nach einer linearen Funktion (Bild 1b), bis bei maximaler Füllung (Hochstand) eine Abschaltung oder der Überlauf erfolgt.

Öffnet man bei gefülltem Behälter hingegen manuell das Heizdampfventil V1, so steigt die Temperatur im Reaktor. Je größer die Temperatur wird, desto größer werden jedoch die Wärmeverluste, sodass sich der Temperaturanstieg mit zunehmender Temperatur verringert.

Wenn der Regler im manuellen Modus steht, sodass er das Heizventil V1 nicht wieder schließt, ergibt sich ein Temperaturverlauf nach Bild 2.

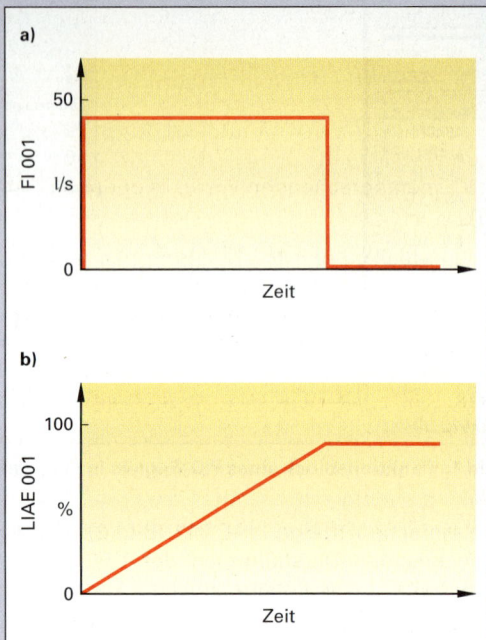

Bild 1: Reaktion a) des Durchflusses und b) des Füllstands auf eine plötzliche Öffnung des Befüllventils V2

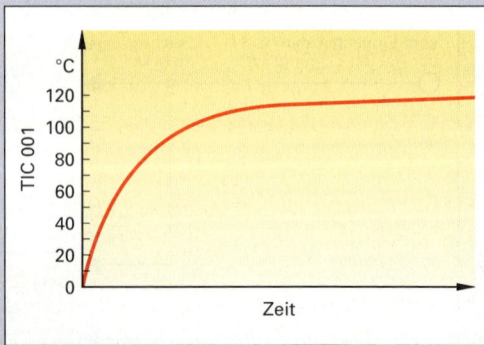

Bild 2: Temperaturverlauf im befüllten Reaktor nach Öffnen des Heizdampfventils V1

Die verfahrenstechnischen Objekte, hier das Objekt „Reaktor", sorgen nach der Änderung einer Stellgröße für eine Änderung bestimmter Messwerte nach **charakteristischen Zeitverläufen**.

14.2 Vorgehensweise bei der Erstellung von Simulationen

Dies ist die **Regelstreckencharakteristik** des verfahrenstechnischen Objektes (vgl. Kapitel 9.5, Charakteristiken von Regelstrecken).

Wenn man in den Prozessleitsystem-Simulationen keine reale Anlage ansteuert, sondern nur mit berechneten Werten arbeiten will, muss man dafür sorgen, dass den Eingängen der bereits vorhandenen Regler-, Anzeige-, Vergleichs- und sonstigen Softwareblöcken solche Signale zugeführt werden, die in der Software selbst erzeugt werden. Diese müssen im Normalbetrieb die Größe der Normalwerte der Anlage haben und sich bei einer Veränderung der Stellgrößen nach einem ebensolchen Zeitverlauf verändern, wie die entsprechenden Werte in der realen Anlage.

Die Möglichkeit der Nachbildung des zeitlichen Verlaufes der Prozesswerte mithilfe von Berechnungssoftware liefern die Prozessleitsystem-Hersteller in ihrer Software meist bereits mit. So gibt es Unterprogramme für P- oder I- Regelstrecken sowie für PT_1-, PT_2- oder PT_N-Regelstrecken.

Im Zentrum der Simulations-Konfiguration von Bild 1 steht ein so genannter **limitierter I-Block**, d. h. ein Block, dessen Ausgangssignal bis zu einem Maximalwert linear zunimmt bzw. bis zu einem Minimalwert linear abnimmt.

Ein solcher Block lässt sich beispielsweise einsetzen, um den Füllstand eines überlaufenden bzw. leerlaufenden Behälters zu simulieren. Dessen Füllstandsänderung ist abhängig von der Differenz zwischen Zufluss und Abfluss. Zufluss und Abfluss wiederum hängen von den Ventilstellungen ab (Stellung „Zu" oder Stellung „Auf").

Bei der Konfigurierung der Simulationsprogramme werden die Regelstrecken vom Konfigurierer grafisch in einfacher Weise als vorgefertigte Blöcke neben den Regler gesetzt. Da manche Regelstrecken schneller oder langsamer reagieren, ist lediglich noch durch die Eingabe eines Streckungs- bzw. Stauchungsparameters für das richtige Zeitverhalten zu sorgen, das dem der realen Anlage entspricht. Die grundsätzliche Form des Verlaufes der Reaktion der verfahrenstechnischen Parameter entspricht trotz der Stauchung und Streckung immer den bekannten Grundtypen.

> **Merksatz**
>
> Die **Blöcke** werden auch als **Funktionsbausteine** bezeichnet. Das Software-Engineering-Tool, sowohl für Simulationen, als auch zur Konfigurierung von Leitsystemen allgemein, heißt **Funktionsbausteinsprache (FBS)**. Der daraus erstellte Plan ist ein **Continuous Function Chart (CFC)** der oft auch vereinfacht als **Blockstruktur** bezeichnet wird. Die Bezeichnungen variieren bei den einzelnen PLS-Herstellern.

Das Wesentliche bei der Erstellung von Anlagensimulationen ist das Auftrennen der Verbindungen zur realen Anlage in der **Blockstruktur des CFCs**. In die CFCs werden dann Rechenblöcke (**Simulationsblöcke**) eingefügt, die das reale Anlagenverhalten nachbilden.

Die Eingangssignale des Reglers kommen somit nicht mehr von der Eingangskarte der prozessnahen Komponente, d. h. vom Schaltschrank in Anlagennähe, sondern aus dem Simulationsblock. Ebenso gehen die Ausgangssignale des Reglers nicht zur Ausgangskarte der Anlage, sondern zum Simulationsblock.

Die Konfiguration der Simulation des Temperaturregelkreises aus Bild 1, S. 346, könnte schematisiert dargestellt so aussehen, wie in Bild 1, S. 350, gezeigt. Für die Simulation werden die Verbindungen zum realen Prozess durch Verbindungen zum Rechenblock ersetzt. An die Stelle der realen Signale treten berechnete, simulierte Signale.

Betrachtet man die Darstellung von Bild 1 näher, so fällt auf, dass zur Simulation des Temperatur-Zeit-Verhaltens ein PT_1-Block enthalten ist. Damit wird ein Verzögerungsverhalten erzielt, wie es Bild 2, S. 348, zeigt. Außerdem wurde die Verbindung zur Anlage „aufgetrennt".

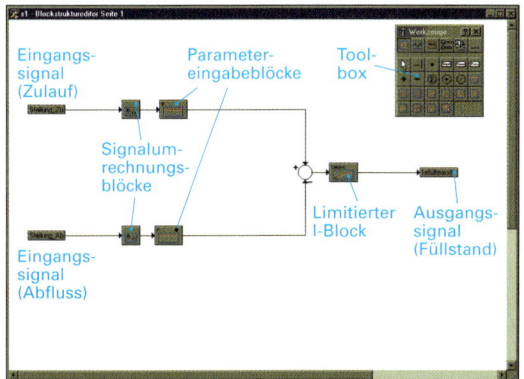

Bild 1: Limitierter I-Block zur Nachbildung eines Behälterfüllstandes in Abhängigkeit der Differenz aus Zulauf und Abfluss

14 Erstellung von Anlagensimulationen

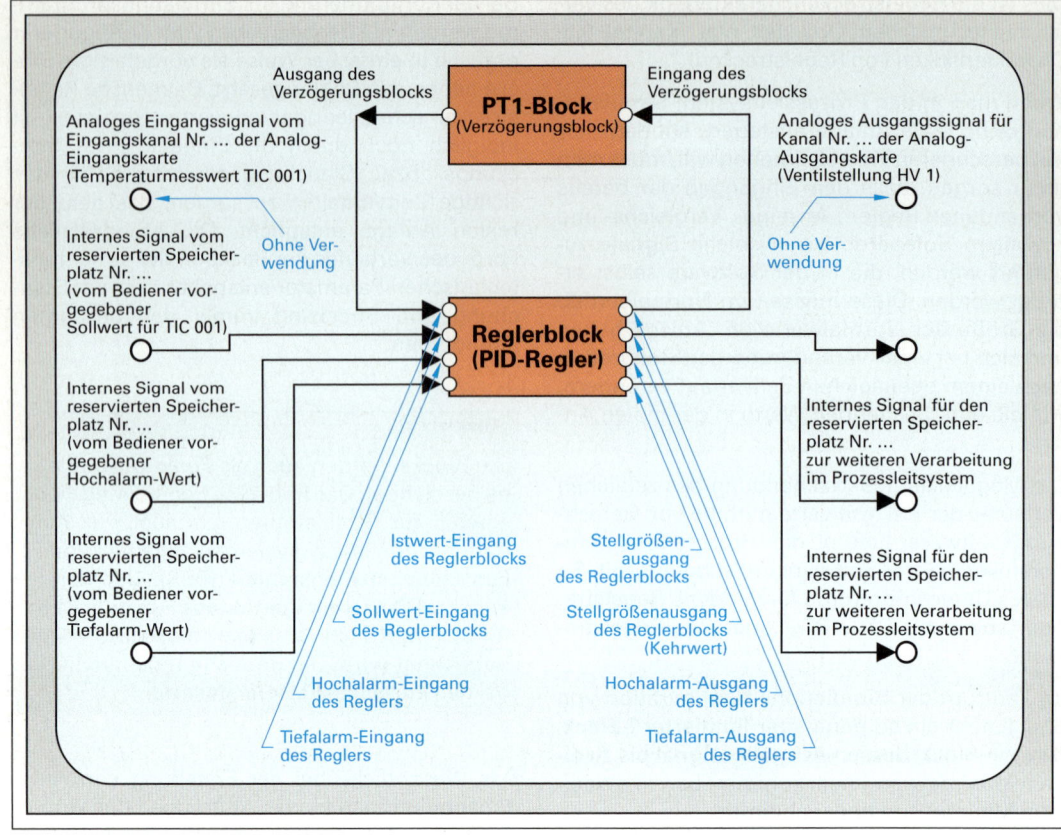

Bild 1: Visualisierung einer simulierten Temperaturregelung in einer Konfigurierungssoftware (konkrete Darstellung ist anbieterabhängig)

So wird Folgendes erreicht: Bei der späteren Bedienung der Simulation, ändert sich der Temperaturmesswert nach einer Verstellung des Soll-Wertes genau nach demselben charakteristischen Verlauf, wie an der realen Anlage. Reglerblock und Simulationsblock arbeiten nun in gleicher Weise als geschlossener Wirkungskreis zusammen, wie Regler und Regelstrecke im realen Fall zusammenarbeiten.

Anstatt die zeitliche Reaktion der Anlage mithilfe von Zeitverzögerungsblöcken, wie dem PT$_1$-Block, zu simulieren, können auch spezielle Rechenblöcke eingefügt werden, die das Zeitverhalten mithilfe von Differenzialgleichungen berechnen.

Stets besteht die Aufgabe des Konfigurierers – sowohl bei realen als auch bei den simulationsbasierten Prozessleitsystemen – darin, geeignete Funktionsblöcke auszuwählen und deren Verbindung untereinander sowie mit den Ein- und Ausgangssignalen zu realisieren. Dies wird auch in Bild 1, S. 351, deutlich. Es enthält den Screenshot einer simulierten Fuzzy-Regelung in der Software eines modernen Prozessleitsystems.

Simulationen können die Realität stets nur bis zu gewissen Grenzen richtig widerspiegeln. Die Vielzahl der vorhandenen Prozessvariablen und deren komplexe Wechselwirkungen lassen sich oft sehr schwer nachbilden. Manchmal sind nicht einmal alle Effekte und Wechselwirkungen bekannt.

Oft verzichtet man aufgrund des erforderlichen Aufwandes auf die Einprogrammierung bestimmter Effekte. Beispielsweise könnte sich in einem chemischen Reaktor die Temperatur nach der Inbetriebnahme des Rührwerkes geringfügig ändern, da plötzlich eine Vermischung des vorher nicht gleichförmig temperierten Reaktorinhaltes erfolgt.

14.2 Vorgehensweise bei der Erstellung von Simulationen

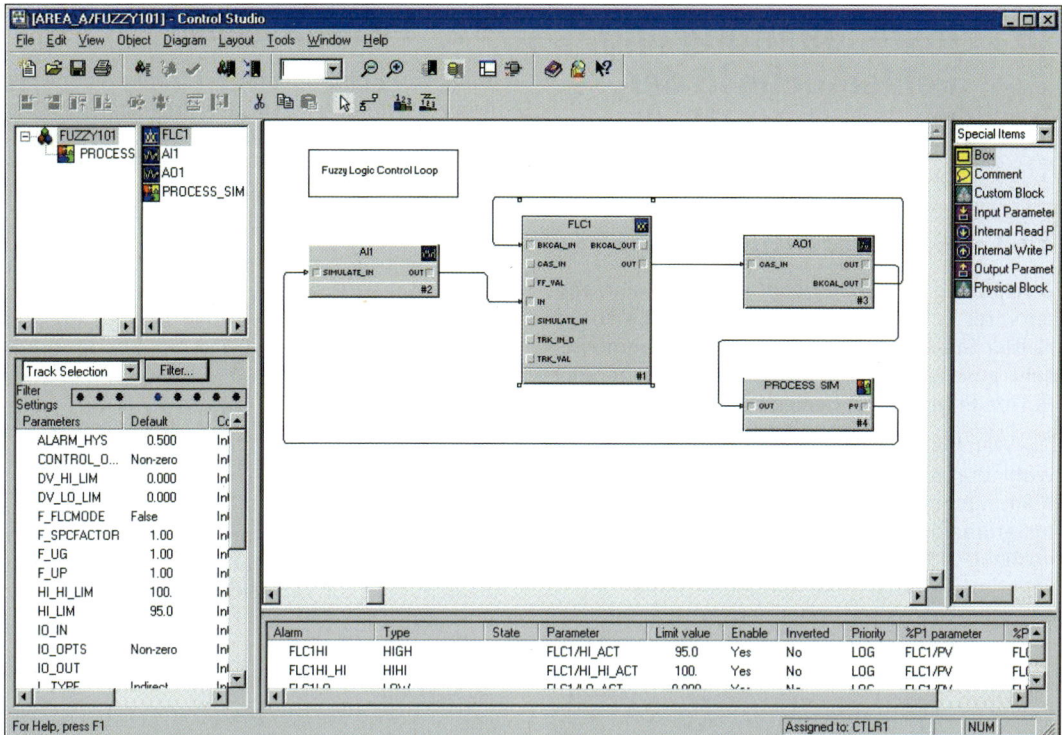

Bild 1: Konfigurierung einer simulierten Fuzzy-Regelung in der Software eines modernen Prozessleitsystems

Trotz dieser im Programmieraufwand begründeten Grenzen bieten Simulationen heute erstklassige Möglichkeiten für ein qualifiziertes Bedienertraining in der stoffwandelnden Industrie. Durch die Erstellung und Anwendung geeigneter Simulationsprogramme lässt sich die Qualifikation des Bedienpersonals und damit letztlich auch die Anlagensicherheit erhöhen.

Aufgabe

1. Erläutern Sie, wozu Anlagensimulationen in erster Linie verwendet werden. Beschreiben Sie den damit erreichbaren Effekt.

2. Welches sind die wichtigsten Overlay-Module, die eine PLT-Stelle unsichtbar auf dem R&I-Schema des Bildschirms überlagern?

3. Erklären Sie, wie die zeitlichen Verläufe der Prozessvariablen einer verfahrenstechnischen Anlage in Simulationsprogrammen nachgebildet werden.

4. Welche beiden Softwareblöcke arbeiten bei der Simulation eines Regelkreises zusammen bzw. gegeneinander?

5. Diskutieren Sie, inwieweit Anlagensimulationen auch für Zwecke der Forschung eingesetzt werden könnten.

6. Legen Sie dar, was Sie unter dem Begriff „Simulation" verstehen. In welchen Bereichen der Technik und der Wirtschaft werden Simulationen eingesetzt und welche Ziele werden damit verfolgt?

7. Diskutieren Sie die Vorteile und die Nachteile des Einsatzes von Simulationen zur Schulung des Bedienpersonals.

8. Erläutern Sie, warum die Kenntnis der Regelstreckencharakteristik die Grundlage für die Erstellung von Anlagensimulationen bildet.

9. Wie wirken sich unterschiedliche Wandstärken auf den Abkühlvorgang eines Behälters aus? Wie kann man solche Unterschiede in einer Simulation berücksichtigen?

10. Erklären sie, weshalb ein CFC (Continuous Function Chart) trotz seiner Bezeichnung keinen kontinuierlichen Signalfluss aufweist.

15 Instandhaltung und Fehlersuche in der Prozessleittechnik

15.1 Vorbetrachtungen

Obwohl die Prozessleittechnik in den Jahrzehnten ihrer Entwicklung einen mittlerweile ausgereiften Stand erreicht hat und im Allgemeinen sehr zuverlässig arbeitet, gibt es gelegentlich PLT-bedingte Störungen oder Fehlern.

Die Wahrscheinlichkeit ihres Auftretens kann sowohl durch sachgerechte Vorbereitung in der Planungsphase als auch durch vorbeugende Instandhaltung minimiert werden. Für diese vorbeugende Instandhaltung ist auch der englische und mittlerweile eingedeutschte Begriff **Maintenance** gebräuchlich.

> **Merksatz**
>
> Die kleineren Reparaturen und Instandhaltungsarbeiten, die auch von Nichtfachleuten ausgeführt werden können, werden mit dem Begriff **First-Level-Maintenance** bezeichnet.

Die Arbeiten zur vorbeugenden Instandhaltung im **computerbasierten Teil eines Prozessleitsystems** beschränken sich auf einige wenige Handgriffe, wie z. B. das Auswechseln von Filtermatten in Lüfterbausteinen. Die elektronischen Teile sind praktisch wartungsfrei.

Die **feldseitigen Bauelemente** wie Sensoren und Aktoren sind einer regelmäßigen Inspektion zu unterziehen. In Abhängigkeit von den chemischen Substanzen, mit denen sie in Kontakt kommen, sind sie periodisch zu reinigen, auszutauschen oder zu regenerieren. Dafür gibt es anlagenspezifische Wartungsintervalle, die auf Erfahrungswerten basieren.

Eichpflichtige Messgeräte, die vor allem für betriebswirtschaftlich relevante Mengenabrechnungen von Bedeutung sind, müssen darüber hinaus von amtlichen Stellen regelmäßig geprüft werden.

In den nachfolgenden Kapiteln soll untersucht werden, welche Arten von Störungen und Fehlern innerhalb der Prozessleittechnik auftreten können.

15.2 Fehlerursachen

Fehler von PLT-Einrichtungen können zunächst ohne Auswirkungen auf das Prozessgeschehen bleiben. Dies ist dann der Fall, wenn es sich um Einrichtungen handelt, die nicht in jedem Betriebszustand des Prozesses aktiv werden, wie beispielsweise ein Pumpen-Trockenlaufschutz.

Andererseits können Fehler von PLT-Einrichtungen erhebliche Beeinträchtigungen des Prozessgeschehens hervorrufen. Dies ist zum Beispiel dann der Fall, wenn Prozesswerte wie Temperaturen oder Drücke verfälscht gemessen werden oder ihre Werte überhaupt nicht zur Verfügung stehen. Auch das öfter zu beobachtende Klemmen einer automatisierten Ventilbetätigung zählt zu diesen Fehlern.

Fehler haben stets klar definierbare Ursachen. Kennt man die häufigsten Ursachen, hat man Ansatzpunkte zur Vermeidung der Störungen in der Hand.

> **Merksatz**
>
> Bei **Fehlern** handelt es sich um anormale Zustände, die eine Einschränkung oder den Verlust der Funktion eines Ausrüstungsteils verursachen können.
>
> Als **Ausfall** wird die Beendigung der Fähigkeit eines Ausrüstungsteils bezeichnet, eine geforderte Funktion zu erfüllen (VDI/VDE 2180).
>
> Ein Fehler wird dann als **Störung** bezeichnet, wenn erwartet wird, dass er voraussichtlich von **kurzer Dauer** sein wird.

Fehler und Ausfälle innerhalb des **konventionellen und des digitalen Teils** der Prozessleittechnik können allmählich oder spontan auftreten, und dabei folgende unterschiedliche Ursachen haben:

- prozessbedingt,
- verschleißbedingt,
- alterungsbedingt.

Fehler und Ausfälle im **digitalen Teil** der Prozessleittechnik können darüber hinaus folgenden Charakter haben:

- Hardwarefehler,
- Softwarefehler,
- subjektive Fehler.

> **Hinweis**
>
> Eine **Störung** bedeutet keineswegs, dass auch ein **Störfall** vorliegt. Der Störfall hat in jedem Fall schädliche Auswirkungen auf Personen und/oder die Umwelt (VDI/VDE 3699, Blatt 1).

Entsprechend dieser Klassifizierung sollen die Fehlertypen im Folgenden näher diskutiert werden.

15.2.1 Prozessbedingte Fehler

Prozessbedingte Fehler haben ihre Ursache in einer Schädigung der PLT-Einrichtungen durch Einflüsse aus dem Prozess. Dazu zählt auch die Überlastung oder Fehlbelastung durch Prozessparameter jenseits der Auslegungsgrenzen der Anlage.

> **Beispiel**
>
> **Prozessbedingte Fehler**
>
> - Das Verkrusten einer Durchflussmessblende durch ein aggressives strömendes Medium führt zu einer typischen prozessbedingten Fehlfunktion.
> - Das Klemmen eines Ventils durch Ablagerungen aus dem strömenden Medium, vor allem dann, wenn es lange Zeit nicht bewegt wurde, lässt sich als prozessbedingte Störung klassifizieren.
> - Die Zerstörung der Dichtung an der Montagestelle eines Messfühlers infolge des Einfüllens eines nicht zugelassenen Mediums ist ein prozessbedingter Fehler, da es sich bei einem Produktaustritt an der Messstelle um ein Funktionieren handelt, das so nicht beabsichtigt ist.

> **Merksatz**
>
> **Prozessbedingte Fehler** haben ihre Ursache in einer Schädigung der PLT-Einrichtungen durch Einflüsse aus dem Prozess.

15.2.2 Verschleißbedingte Fehler

Verschleißbedingte Fehler haben ihre Ursache in einer Schädigung der PLT-Einrichtungen durch lang andauernde mechanische Belastung.

Solchen Störungen kann durch rechtzeitigen Ersatz oder durch frühzeitige Regenerierung der Bauelemente vorgebeugt werden.

> **Beispiel**
>
> **Verschleißbedingte Fehler**
>
> - Erosion (Abtragung) einer Durchflussmessblende mit der Folge falscher Messwerte
> - Undichtheit eines Ventiles nach Millionen von Stellhubänderungen
> - Ausfall oder kreischendes Geräusch von Lüftern innerhalb elektronischer Geräte

> **Merksatz**
>
> **Verschleißbedingte Fehlfunktionen** haben ihre Ursache in einer Schädigung der PLT-Einrichtungen durch lang andauernde mechanische Belastung. Im Gegensatz zu alterungsbedingten Fehlern ist der Verschleiß immer mit einer Abtragung von Material verbunden.

15.2.3 Alterungsbedingte Fehler

Alterungsbedingte Fehler haben ihre Ursache in einer Schädigung der PLT-Einrichtungen infolge einer langfristigen Änderung von Werkstoff- oder Materialeigenschaften.

Diese Änderungen, zu denen auch die Korrosion und die Gefügeänderung durch Materialermüdung zählen, sind oftmals nicht vorhersehbar und deshalb schwer zu vermeiden. Gefügeveränderungen finden langfristig auch im Inneren der elektronischen Bauelemente statt. Daher ist ihre Lebensdauer nicht unbeschränkt.

> **Beispiel**
>
> **Alterungsbedingte Fehler**
>
> - Plötzlicher Ausfall von elektronischen Baugruppen nach Überschreiten einer bestimmten Arbeitsdauer
> - „Wackelkontakt" in Folge von Ermüdung der Federspannung von Kontakten
> - Korrosion von Steckerstiften, die besonders dann auftritt, wenn sich unterschiedliche Metalle berühren

Alterungsbedingte Fehler lassen sich meist nur durch Austausch von Bauelementen beheben. In bestimmten Fällen helfen jedoch kleine Tricks, wie z. B. ein Sprühstoß mit Kontaktreinigerspray, um die Funktionsfähigkeit zu erhalten.

> **Merksatz**
>
> **Alterungsbedingte Fehler** haben ihre Ursache in einer Schädigung der PLT-Einrichtungen infolge einer langfristigen Änderung von Werkstoff- oder Materialeigenschaften.

15.2.4 Hardwarefehler

Hardwarefehler sind Gerätefehler innerhalb einer digitalen Baugruppe der Prozessleittechnik.

Diese können bereits produktionsbedingt sein oder ihre Ursache in unsachgemäßen Reparaturen haben. In der Regel sind jedoch Hardwarefehler auf Alterung oder Verschleiß zurückzuführen, sodass die Abgrenzung zu den anderen Fehlerursachen oft schwer fällt.

> **Beispiel**
>
> **Hardwarefehler**
>
> - Nicht oder nur teilweise funktionsfähige Leiterplatte in einem Computer
> - Mechanisch beschädigter Sektor auf der Festplatte eines Computers (z. B. durch Vibration)
> - Absturz eines Computer aus unerklärlicher Ursache
> - nicht berücksichtigt, dass der Rührer weiterlaufen muss, da das Produkt zum Erhärten neigt.
> - Ein Messfühler liefert trotz intakter Signalwege falsche Werte, da er über einen nachgeschalteten Analog-Digital-Umsetzer verfügt, der nicht hundertprozentig kompatibel mit dem vorhandenen Bus-System ist.
> - Ein Computer stürzt aus unerklärlicher Ursache ab. Dieser Effekt kann seine Ursachen sowohl im Bereich der Hardware als auch in der Software haben.

Softwarefehler in der Form von **Programmierfehlern** sind subjektiver Natur und haben ihre Ursache letztlich in der explosiv gewachsenen Komplexität der heutigen Software.

Weniger häufig entstehen Softwarefehler in der Prozessleittechnik sekundär als **Folge von Hardwarefehlern** oder durch Computerviren.

Zum Beheben solcher Fehler sind die Fähigkeiten und das Spezialwissen des Netzwerkadministrators oder des Automatisierungsingenieures erforderlich. Diese Mitarbeiter sind in der Lage, eine Softwareänderung vorzunehmen oder eine Umkonfigurierung durchzuführen. Softwarefehler treten meist bereits während der Inbetriebnahmephase auf.

Wenn die Ursache der Störung diagnostiziert ist, hilft oft nur ein Ersatz der defekten Bauelemente.

> **Merksatz**
>
> **Softwarefehler** sind Fehler innerhalb von digitalen Programmen, die meist auf subjektiven Ursachen beruhen. Meist handelt es sich dabei um Programmierfehler.

> **Merksatz**
>
> **Hardwarefehler** sind Gerätefehler innerhalb einer digitalen Baugruppe der Prozessleittechnik, deren Ursache manchmal subjektiver Natur ist oder aber auf Verschleiß oder Alterung beruht.

15.2.5 Softwarefehler

Softwarefehler sind Fehler innerhalb von digitalen Programmen. Sie entstehen in der Regel im Rahmen des Programmierungs- oder Konfigurierungsvorganges durch den oder die Programmierer bzw. Konfigurierer.

> **Beispiel**
>
> **Softwarefehler**
>
> - Bei der Programmierung der Not-Aus-Logik eines diskontinuierlichen Prozesses wurde

15.2.6 Subjektive Fehler

Subjektive Fehler sind Fehler, die auf Irrtümern oder fahrlässigem Verhalten von Menschen beruhen. Dabei kann es sich um das Wartungs-, Instandhaltungs- oder Bedienpersonal ebenso handeln, wie um die Mitarbeiter der Planung, Konfigurierung oder des Managements.

> **Beispiel**
>
> **Subjektive Fehler**
>
> - Nach einer Änderung von Reglerparametern an einer Leitstation wurde vergessen, die Änderung auf der Festplatte abzuspeichern.

- Die Rechner des Prozessleitsystems wurden in einer falschen Reihenfolge hochgefahren.
- Ein Regelventil reagiert nicht auf die vom Bediener vorgegebene Öffnung, da dieser vergessen hat, den zugehörigen Regler von Automatik- auf Handbetrieb umzuschalten.
- Ein Filtertuch vor einem Lüfter wurde nicht rechtzeitig ausgetauscht, was zur Verschmutzung und Überhitzung von elektronischen Bauelementen führte.
- Aus Kostengründen werden die Mitarbeiter nicht zu den notwendigen Schulungen delegiert. Dies erhöht die Wahrscheinlichkeit menschlichen Fehlverhaltens.

Subjektive Fehler lassen sich durch Schulung und Training des verantwortlichen Personals minimieren.

Infolge der beschleunigten Technikentwicklung und der zunehmenden Vielfalt der am Markt vorhandenen Geräte und Systeme kommt dem Faktor „Qualifizierung des Anlagenpersonals" eine oft unterschätzte Bedeutung zu.

> **Merksatz**
>
> **Subjektive Fehler** sind Fehler, die auf Irrtümern oder fahrlässigem Verhalten von Menschen beruhen. Ihre Häufigkeit lässt sich mit geeigneten Maßnahmen minimieren, sie lassen sich jedoch nicht 100-prozentig ausschließen.

15.3 Eingrenzung der Fehlerursachen

Um die mögliche Ursache eines aufgetretenen Fehlers einzugrenzen, ist nicht immer das Spezialwissen des Prozessleitelektronikers erforderlich. Oft kann schon der Bediener eine Einschränkung vornehmen, wo die Ursache liegen könnte. Eine Checkliste kann dabei helfen.

CHECKLISTE

- Tritt die Störung nur zeitweise oder ständig auf?
- Ist die Störung an bestimmte Ereignisse, z. B. Schalthandlungen gekoppelt?
- Ist die Störung reproduzierbar?
- Betrifft die Störung nur das in das Computersystem hineinkommende Signal, nur das herausgehende Signal, oder aber beide Signale?
- Funktioniert z. B. ein Regelkreis normal weiter und ist eventuell nur die Monitoranzeige gestört?
- Kann die Störung Ursachen haben, an die man zunächst gar nicht denkt, z. B. ein Hilfsenergie-Ausfall?
- Deutet der Charakter der Störung auf ein Software-Problem hin oder mehr auf ein Problem mit der angebundenen konventionellen Automatisierungstechnik?
- Betrifft die Störung nur einen begrenzten Anlagenteil oder vielleicht nur eine einzelne Messung bzw. Regelung?
- Ist die Störung plötzlich aufgetreten oder hat sie sich langsam verstärkt?
- Bietet die Software ein Diagnosesystem oder wenigstens eine Hilfefunktion an?
- Tritt die Störung auch bei anderen Bedienern auf?
- Gibt es Wechselbeziehungen mit anderen Ausrüstungsteilen oder anderen Funktionen, wie z. B. mit Verriegelungen, welche die gewünschte Aktion verhindern?

Nach dem Abwägen dieser Aspekte fällt das Lokalisieren der Ursache oft leichter. Manchmal muss das Problem dann an den Automatisierungselektroniker, Prozessleitelektroniker bzw. MSR-Mechaniker weitergegeben werden. Dieser sollte über fachübergreifende Kenntnisse und Erfahrungen verfügen, die es ihm ermöglichen, eine abschließende Diagnose der Fehlerursache zu treffen.

> **Merksatz**
>
> Vor einer Übergabe der Störungsbearbeitung an den PLT-Spezialisten sollten alle Möglichkeiten der Fehlereingrenzung mit den Mitteln des Anlagenbedieners ausgeschöpft sein.
>
> Wenn zeitliche Gründe oder sicherheitsrelevante Aspekte dies verbieten, muss der Spezialist sofort hinzugezogen werden.

Die Komplexität der heute verwendeten Software, das Zusammenwirken von unterschiedlichen Programmen von teils konkurrierenden

Anbietern und der durch den Markt vorgegebene Zeitdruck zur Entwicklung immer neuer Produkte können in manchen Fällen in einer nicht vollständigen Kompatibilität an den Schnittstellen der unterschiedlichen eingesetzten Programmpakete führen.

Es soll deshalb nicht verschwiegen werden, dass es im Bereich der Computertechnik und der Software gelegentlich auch Störungen gibt, die sich nur durch Ausprobieren und auf der Grundlage von langjährigen Erfahrungen beheben lassen. In der Regel wird jedoch ein systematisches Vorgehen zum Ziel führen.

Für die zügige Diagnose und Behebung von Fehlern ist es ohne Frage von Vorteil, wenn sich der Automatisierungs- oder Prozessleitelektroniker in den folgenden Teilgebieten fachübergreifend auskennt:

- **Verfahrenstechnik,**
- **Elektrotechnik,**
- **Sensor- und Aktortechnik,**
- **Mess- und Regeltechnik,**
- **Digitale Computertechnik,**
- **Softwareaufbau und -bedienung.**

Zur Fehlerdiagnose stehen oft auch softwaregestützte Möglichkeiten zur Verfügung. Dazu haben die Leitsystem-Programmierer bereits **Diagnose-Routinen** für Fehlermeldungen in die laufende Bediener-Software eingearbeitet. In vielen Fällen liefern die Hersteller auch separate Diagnoseprogramme zusätzlich zu den anderen Programmpaketen des Prozessleitsystems.

Bild 1 zeigt den Diagnosemonitor eines modernen Prozessleitsystems. In dieser Software symbolisieren die Fragezeichen auf gelbem Grund, dass es Fehler bei den PLT-Stellen FIC01 und FISE_01 gibt. Deshalb wird auch beim Controller CTLR-01, der diese PLT-Stellen bearbeitet, ein Fehler angezeigt.

Aus dem linken Teil des Diagnosemonitors geht hervor, dass die softwareseitigen Funktionen des Prozessleitsystems in einer computertypischen Verzeichnisstruktur gegliedert sind.

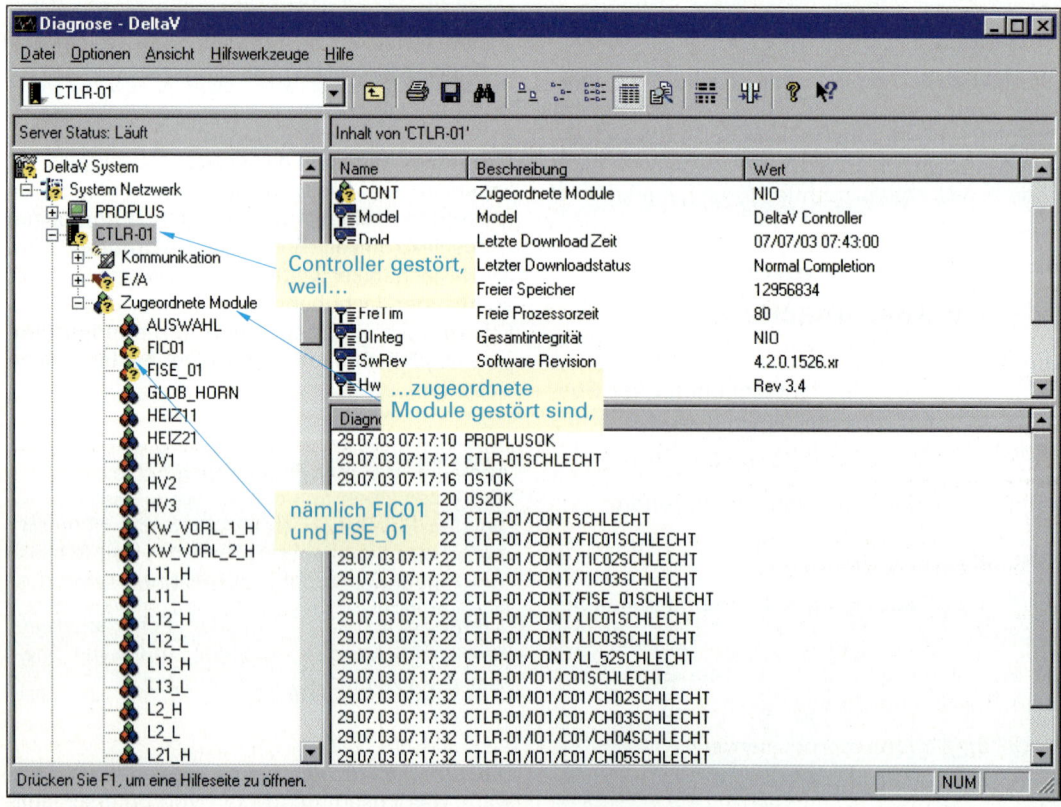

Bild 1: Diagnosemonitor in der Software eines modernen Leitsystems

Die konkreten Darstellungsmöglichkeiten sind bei den einzelnen Leitsystem-Anbietern sehr unterschiedlich.

Die Möglichkeiten zur digital basierten Fehlerdiagnose haben ihre Grenzen bei der Fehlersuche im fest verdrahteten Teil des Prozessleitsystems. Dort muss mit den konventionellen Mitteln der Durchgangsprüfung, Strom- und Spannungsmessung und der Sichtkontrolle gearbeitet werden.

Die softwarebasierten Methoden zur Fehler-Eingrenzung hängen sehr stark vom jeweiligen Leitsystem-Anbieter ab. Aus diesem Grund sollen hier keine Aussagen zur herstellerspezifischen, softwarebasierten Fehlersuche getroffen werden.

Einige Möglichkeiten zur Fehlerdiagnose mit konventionellen Mitteln werden im folgenden Kapitel beschrieben.

> **Merksatz**
>
> Eine erste Eingrenzung von PLT-bedingten Fehlfunktionen oder Fehlern kann mithilfe von **Diagnoseprogrammen** des Leitsystem-Anbieters erfolgen.

15.4 Fehlersuche unter Nutzung der Loop-Darstellung

Wenn es sich um kein eindeutiges Softwareproblem handelt und wenn die Störung nur einen einzelnen Regelkreis oder eine einzelne Messstelle betrifft (was bei den meisten Störungen der Fall ist), dann verfolgt der Elektroniker den Signalfluss Stück für Stück. Dabei hilft ihm die vom Planer erstellte **Loop-Darstellung** der PLT-Stelle, d. h. die Darstellung des Signalflusses:

- einer einzelnen Messung,
- einer einzelnen Meldung,
- eines einzelnen Stellorgans,
- einer einzelnen Regelung.

Zu jeder PLT-Stelle gehört mindestens ein Kanal zum Informationstransport. Im konventionellen Teil des Leitsystems entspricht ein solcher Kanal im einfachsten Fall einem Drahtpaar mit den zugehörigen Elektronik-Baugruppen. Im digitalen Teil des Prozessleitsystems entspricht einem Kanal ein mithilfe von mehreren Bytes verschlüsselter Messwert, ein Stellbefehl, eine Alarmmeldung oder andere Daten, die zeitlich nacheinander über eine Busleitung transportiert werden.

Aus der Loop-Darstellung geht der gesamte Signalfluss einschließlich der Signalumwandlungen und der Klemmstellen hervor.

> **Merksatz**
>
> Die **Loop-Darstellung** zeigt den **Signalfluss** für die zu einer PLT-Stelle gehörenden Informationskanäle mit besonderer Berücksichtigung der **Verdrahtung** und der **Klemmstellen**.

Der Grundaufbau der Loop-Darstellung ist relativ einfach zu verstehen, wenn man über Grundkenntnisse vom Signalfluss im prozessleittechnischen System verfügt.

> **Hinweis**
>
> Loop ist die englische Bezeichnung für Schleife. Damit ist ursprünglich ein geschlossener Wirkungskreis gemeint. Jedoch werden mit einer Loop-Darstellung nicht nur geschlossene Regelkreise (Messwertverarbeitung und Stellwertausgabe) dargestellt, sondern auch simple Stellsignalwege mit Rückmeldesignalen oder aber sogar einzelne Messsignal- oder Stellsignalwege. Diese sind kein Loop im ursprünglichen Sinn, sondern veranschaulichen den Signalfluss nur in einer Richtung. Die bildliche Darstellung wird aber dennoch als Loop-Darstellung bezeichnet.

Bild 1, S. 358, zeigt eine Loop-Darstellung zur Ansteuerung eines Pneumatikventils.

Im linken Zweig ist die Ansteuerung eines kleinen Magnetventils dargestellt, das einem pneumatischen Binärventil vorgeschaltet ist. Das Magnetventil wird vom Prozessleitsystem aus geschaltet. Es gibt den Weg der pneumatischen Hilfsenergie zum großen Binärventil frei oder verschließt ihn wieder.

Das große pneumatische Binärventil meldet auf den beiden rechten Signalzweigen seine momentane Stellung an das Prozessleitsystem zurück.

15 Instandhaltung und Fehlersuche in der Prozessleittechnik

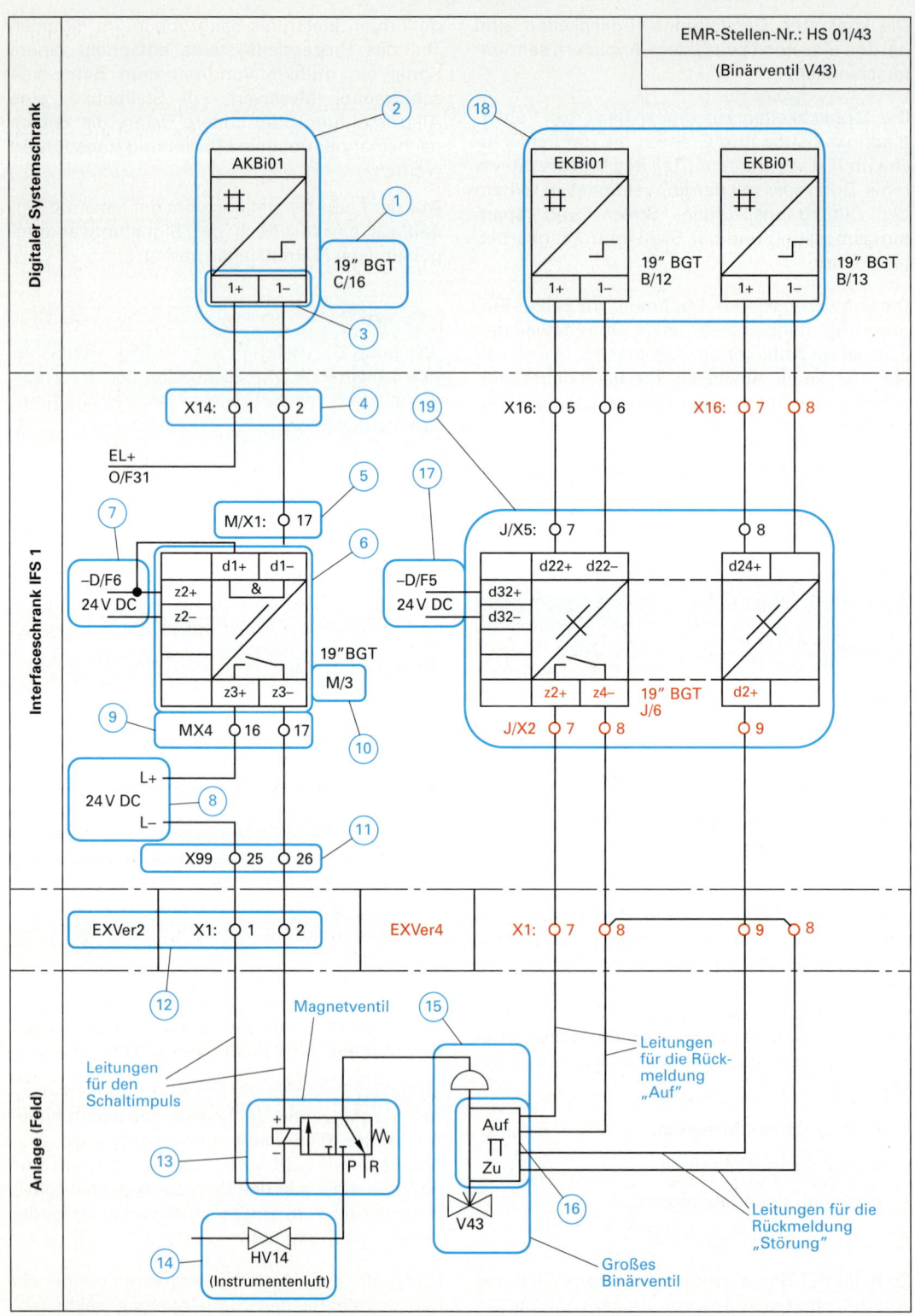

Bild 1: Loopdarstellung zur Ansteuerung eines Pneumatikventils mit einem Schaltimpulskanal und zwei Rückmeldekanälen

15.4 Fehlersuche unter Nutzung der Loop-Darstellung

Damit beansprucht das Binärventil allein bereits drei Kanäle des Prozessleitsystems:

- den Schaltimpulskanal,
- den Rückmeldekanal **Auf**,
- den Rückmeldekanal **Störung**.

Wenn das Prozessleitsystem die Rückmeldung **Auf** empfängt, hinterlegt die Software das Ventil auf dem Bildschirm farbig. Ansonsten bleibt das Ventil in seiner Grundfarbe hinterlegt. Wenn das Störungssignal empfangen wird, zeigen die Monitore diese in der dafür vorgesehenen Form an.

Im Folgenden werden die wichtigsten Bildinhalte von Bild 1, S. 358, näher erläutert.

① 19 Zoll breiter Baugruppenträger zur Aufnahme der Ausgangskarte in Etage C, Steckplatz Nr. 16.

② Ausgangskarte (Output-Board), die das digitale Computerschaltsignal in ein binäres 0/24 V Signal umwandelt. Ein digitaler Impuls bewirkt ein Einschalten bzw. Ausschalten der 24 V Spannung für das Magnetventil im Feld.

③ Bezeichnungen der für den Schaltstromkreis verwendeten Klemmen an der Ausgangskarte.

④ Steckverbinder Nummer X14 im Interfaceschrank, davon die Steckkontakte 1 und 2.

⑤ Steckverbinder Nummer X1 in Etage M des Interfaceschrankes, davon der Steckkontakt Nummer 17.

⑥ Karte zur Trennung der 24 V Stromkreise in einen computerseitigen und einen feldseitigen Teil aus Explosionsschutzgründen.

⑦ 24 V Spannungsversorgung für den messwartenseitigen Teil des ex-geschützten Stromkreises.

⑧ 24 V Spannungsversorgung für den feldseitigen Teil des ex-geschützten Stromkreises.

⑨ Klemmennummern an der Rückseite des Gehäuses, in der Etage M. Die Klemmen haben die Nummern 16 und 17 am Stecker Nummer X4 in der Etage 0 des Interfaceschrankes.

⑩ Die Trennkarte befindet sich in der Etage M des Interfaceschrankes, im dritten Steckplatz von links.

⑪ Das feldseitige Signal geht über einen weiteren Steckverbinder Nummer X99 und belegt in diesem Steckverbinder die Drahtklemmen Nummer 25 und 26.

⑫ Im explosionsgeschützten Klemmkasten EXVer2 sind die Drähte am Klemmplatz X1 an den Klemmen 1 und 2 miteinander verbunden.

⑬ Wenn ein 24 V Signal anliegt, schaltet ein kleines Magnetventil den Weg der Druckluft (Hilfsenergie) frei, sodass diese das Pneumatikventil zum Umschalten bringt. Die aufgeschaltete Pneumatik-Hilfsenergie sorgt auch im Inneren des Magnetventiles dafür, dass dieses bis auf weiteres, d.h. bis zum nächsten 24 V Impuls aus dem Prozessleitsystem, angezogen bleibt und damit bis auf weiteres das große Pneumatikventil mit Druckluft versorgt.

⑭ Absperrung der Steuerluftversorgung.

⑮ Pneumatisches Binärventil (Auf-Zu-Ventil).

⑯ Das pneumatische Binärventil hat Rückmeldekontakte, die dem Prozessleitsystem zurückmelden, ob das Ventil momentan geöffnet oder in seiner Funktion gestört ist.

⑰ 24 V Spannungsversorgung für die Rückmeldung der Ventilstellung. Diese Spannungsversorgung wird sowohl für den messwartenseitigen Teil als auch für den feldseitigen Teil der aus Explosionsschutzgründen getrennten Stromkreise verwendet.

⑱ Die beiden 24 V Rückmeldesignale für die Stellung Auf und Zu gelangen in zwei separate Eingangskarten (Input-Boards) für Binärsignale, wo sie digitalisiert und dem Computernetzwerk zugeführt werden.

⑲ Karten zur Trennung der feld- und messwartenseitigen Stromkreise.

> **Hinweis**
>
> Für die Signalarten gelten nach DIN 19227 die in Bild 1 dargestellten Symbole.

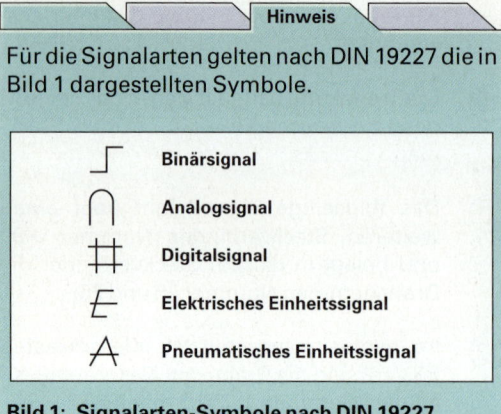

Bild 1: Signalarten-Symbole nach DIN 19227

Bild 1 zeigt einen Automatisierungselektroniker bei der Überprüfung eines Messgerätes direkt in der Anlage. Erkennbar sind die rote und die schwarze Messelektrode, die in die Prüfklemmen eines Drucktransmitters eingeführt wird.

Bild 2: Automatisierungselektroniker bei der Fehlersuche an einem Transmitter mithilfe eines modernen Diagnosegerätes der Fa. Honeywell

Die Planungsunterlagen enthalten neben der zweckmäßigen und recht übersichtlichen Loop-Darstellung des Signalflusses auch spezielle **Klemmenpläne**. Diese werden auch als **Anschlusspläne** oder **Verdrahtungspläne** bezeichnet. Sie geben zusätzliche Informationen über die Nummern der Kabel, die oft eine Vielzahl von Einzeldrähten enthalten. Anfangs- und Endpunkt der Kabel sind ebenso ablesbar wie die Farbe der enthaltenen Adern.

> **Merksatz**
>
> Die **Klemmenpläne** geben dem Instandhalter zusätzliche, über die Loop-Darstellung hinausgehende Informationen zur Verdrahtung und zu den Klemmstellen.
>
> Die Klemmenpläne werden auch als **Anschlusspläne** oder **Verdrahtungspläne** bezeichnet.

Zwei Auszüge aus Klemmenplänen zeigen die Bilder 1, S. 361, und 1, S. 362. Sie enthalten einen Teil der Rückmeldesignalwege aus der vorherigen Loop-Darstellung.

Die für den Instandhalter wesentlichen Informationen, die sich auch in der Loop-Darstellung wiederfinden, sind in beiden Bildern rot hinterlegt. Beide sind als Bestandteil der Planungsunterlagen in ihrer Gesamtheit zu betrachten.

Der Klemmenplan Nr. 1 (Bild 1, S. 361) zeigt die feldseitige Verkabelung. Man kann aus ihm entnehmen, dass sich im Schrank, und zwar im **Baugruppenträger J** (Etage J), am **Platz Nr. 7** (7. Steckplatz von links), ein Gerät mit 6 Anschlussklemmen befindet. Drei davon gehören zur Ventilstellungsanzeige **GI01/43**. Intern im Gerät haben die Anschlussklemmen die Bezeichnungen **z4, z2 und d2**. Dies ist eine herstellerspezifische Festlegung.

An der Rückseite des Baugruppenträgers gibt es 30 Steckverbinderkontakte; diese bilden das **Kontaktfeld X2**. Auf die Kontakte sind die Stecker des 30-poligen **Kabels Nr. 16** aufgesteckt, das direkt zum Elektroverteilerkasten **EXVer4** im Feldbereich der Chemieanlage führt.

Die Rückmeldeleitungen belegen dort die **Drähte Nr. 7, 8** und **9**, die von den **Klemmen-Nummern 7, 8 und 9** kommen und als Ziel wieder die **Klemmen-Nummern 7, 8** und **9** im Elektroverteilerkasten haben. Die Klemmen-Nummern von Beginn und Ziel müssen nicht unbedingt übereinstimmen.

Bis auf die Kabel-Nummer 16 und die Poligkeit des Kabels sind diese Informationen auch aus der Loop-Darstellung ablesbar.

15.4 Fehlersuche unter Nutzung der Loop-Darstellung

Mst.- Kennzeichen	Komm.	BGT J Platz	BGT J Anschl.	J / X2	Kabel Nr. 16	Ziel: EXVer4, Leiste	Ziel: EXVer4, Anschl.
LI 01 / 10		6	z4	1		X 1	1
LI 01 / 10			z2	2		X 1	2
LI 01 / 10			d2	3		X 1	3
LI 01 / 11			z10	4		X 1	4
LI 01 / 11			z8	5		X 1	5
LI 01 / 11			d8	6		X 1	6
GI 01 / 43		7	z2	7		X 1	7
GI 01 / 43			z4	8		X 1	8
GI 01 / 43			d2	9		X 1	9
GI 01 / 44			z10	10		X 1	10
GI 01 / 44			z8	11		X 1	11
GI 01 / 44			d8	12		X 1	12
GI 01 / 45		8	z4	13		X 1	13
GI 01 / 45			z2	14		X 1	14
GI 01 / 45			d2	15		X 1	15
GI 01 / 46			z10	16		X 1	16
GI 01 / 46			z8	17		X 1	17
GI 01 / 46			d8	18		X 1	18
TIC 01 / 10		9	z4	19		X 1	19
TIC 01 / 10			z2	20		X 1	20
TIC 01 / 10			d2	21		X 1	21
TI 01 / 001			z10	22		X 1	22
TI 01 / 001			z8	23		X 1	23
TI 01 / 001			d8	24		X 1	24
FQS 01 /001		10	z4	25		X 1	25
FQS 01 /001			z2	26		X 1	26
FQS 01 /001			d2	27		X 1	27
TI 01 / 47			z10	28		X 1	28
TI 01 / 47			z8	29		X 1	29
TI 01 / 47			d8	30		X 1	30

Übungsanlage PLS 2004	Datum: 04.01.2004	Schr1 - J ANSCHLUSSPLAN	Interface-Schrank	Revision 1
	Name: Huber	Projekt: 08 - 15 Schulhausen - Übungsanlage		Blatt 117

Bild 1: Beispiel für einen Klemmenplan, der die Verkabelung zwischen einem Schaltschrank (internes Ziel: Schaltschrank BGT J) und dem Feld (externes Ziel: Anschlusskasten EXVer4 im Feld) beschreibt

15 Instandhaltung und Fehlersuche in der Prozessleittechnik

Draht 0,5 mm²	Ziel intern: Schr1, Leiste	Mst.- Kennzeichen	- X 16: 1 -		Ziel extern: Schr2, Anschluss	Ader	Kabel Nr.
gr	J / X6: 7	LI 01 / 11	1	1 A 1	- X B / 13.1	ws	114
	- 24 V		2	1 B 1		rt	
		frei	3	1 A 2		br	
			4	1 B 2		sw	
	J / X5: 7	GI 01 / 43	5	1 A 3		gn	
	- 24 V		6	1 B 3		vi	
	J / X5: 8	GI 01 / 43	7	1 A 4		ge	
	- 24 V		8	1 B 4		grrs	
	J / X5: 9	GI 01 / 44	9	1 A 5		gr	
	- 24 V		10	1 B 5		rtbl	
	J / X5: 10	GI 01 / 44	11	1 A 6		rs	
	- 24 V		12	1 B 6		wsgn	
	J / X5: 13	GI 01 / 45	13	1 A 7		bl	
	- 24 V		14	1 B 7		brgn	
	J / X5: 14	GI 01 / 45	15	1 C 1		wsge	
	- 24 V		16	1 C 2		gebr	
		frei	17	1 C 3		wsgr	
			18	1 C 4		grbr	
	J / X5: 15	TIC 01 / 10	19	2 A 1	- X B / 13.2	ws	115
	- 24 V		20	2 B 1		rt	
	J / X5: 16	TIC 01 / 10	21	2 A 2		br	
	- 24 V		22	2 B 2		sw	
	J / X5: 19	TI 01 / 001	23	2 A 3		gn	
	- 24 V		24	2 B 3		vi	
	J / X5: 20	TI 01 / 001	25	2 A 4		ge	
	- 24 V		26	2 B 4		grrs	
	J / X5: 21	FQS 01 / 001	27	2 A 5		gr	
	- 24 V		28	2 B 5		rtbl	
	J / X5: 22	FQS 01 / 001	29	2 A 6		rs	
	- 24 V		30	2 B 6		wsgn	
		frei	31	2 A 7		bl	
			32	2 B 7		brgn	
	J / X5: 26	GI 01 / 46	33	2 C 1		wsge	
	- 24 V		34	2 C 2		gebr	
	J / X5: 27	GI 01 / 46	35	2 C 3		wsgr	
	- 24 V		36	2 C 4		grbr	

Übungsanlage PLS 2004	Datum: 04.01.2004	Schr1 - X16 ANSCHLUSSPLAN	Interface-Schrank	Revision 1
	Name: Huber	Projekt: 08 - 15 Schulhausen - Übungsanlage		Blatt 93

Bild 1: Beispiel für einen Klemmenplan, der die Verkabelung zwischen zwei Schaltschränken beschreibt (internes Ziel: Schaltschrank Schr1, externes Ziel: Schaltschrank Schr2)

15.4 Fehlersuche unter Nutzung der Loop-Darstellung

Der Klemmenplan Nr. 2 (Bild 1, S. 362) zeigt den messwartenseitigen Verkabelungsteil in einer etwas anderen Art und Weise.

Vom Kontaktfeld **X5** in der **Etage J** gehen die 18-poligen **Kabel Nr. 114** und **115** ab (rechte Tabellenspalte). Innerhalb von **Kabel Nr. 114** gehören die **Adern 5, 6, 7** und **8** zu den Stellungsrückmeldern **GI01/43**. Die **Adern 5** und **7** kommen von den Steckerstiften (**Pins**) **Nr. 7** und **8** des Kontaktfeldes X5. Die **Adern 6** und **8** sind mit einer Sammelschiene für den Minuspol (**–24V**) verbunden.

Die Drähte 5 bis 8 haben die **Farben: gn, vi, ge** und **grrs** (grün, violett, gelb und grau/rosa). Sie führen am anderen Ende zum benachbarten digitalen Systemschrank **Schr 2** und von dort zum Baugruppenträger in Etage B (**BGT B**), zum Steckfeld **XB**, **Stecker Nr. 1** des 13. Steckplatzes (**-XB/13.1**).

> **Merksatz**
>
> Aus **Loop-Darstellungen** und **Klemmenplänen** kann der Instandhalter entnehmen, mit welchen Punkten er seine Diagnosegeräte verbinden muss, um Aussagen zur Störung zu erhalten.

Die Bilder 1 und 2 zeigen Klemmen-Felder zur Verbindung von Signaldrähten innerhalb der festen Verdrahtung eines Prozessleitsystems.

Bild 1: Kontaktfeld im Schaltschrank eines Prozessleitsystems

Wenn derartige Klemmen-Felder vorrangig der Verteilung von Signalwegen im Sinne einer Umsortierung dienen, spricht man auch von einem **Rangierverteiler**. Bild 2 zeigt den Rangierverteiler in einem Schaltschrank.

> **Merksatz**
>
> Klemmenfelder zum Umsortieren von Signalwegen in den Schaltschränken der Prozessleitsysteme heißen **Rangierverteiler**.

Bild 2: Rangierverteiler im Schaltschrank eines Prozessleitsystems

Aus der Loop-Darstellung in Verbindung mit den Klemmenplänen kann der Automatisierungselektroniker exakt entnehmen, welche Verbindungsleitungen er prüfen muss, wenn ein Mess- oder Stellweg oder ein einzelner Regelkreis gestört ist. Dabei wendet er folgende Grundprinzipien der Fehlersuche an:

- **Abklemmen** der Geräte durch Lösen der Schraub- oder Steckverbindung,
- Prüfen der Kabelverbindungen auf **Durchgang**,
- Prüfen der Kabelverbindungen auf **Kurzschluss**,
- **Messen** der Versorgungsspannung (meist 24 V),
- **Aufschalten** eines simulierten Messsignals zwischen 4 und 20 mA oder zwischen 0 und 10 V,
- **Einbringen** eines simulierten digitalen Signals in digitale Geräte mithilfe eines Notebooks über die serielle Schnittstelle,
- **Auslesen** von digitalen Signalen aus digitalen Geräten, ebenfalls mithilfe eines Notebooks über die serielle Schnittstelle,
- **Funktionstest** der herausgezogenen oder ausgebauten Geräte.

15 Instandhaltung und Fehlersuche in der Prozessleittechnik

Für die Funktionstests stehen dem Elektroniker folgende Geräte zur Verfügung:

- **Universalmessgeräte** zur Strom-, Spannungs- und Widerstandsmessung sowie zur Durchgangsprüfung (Bilder 1 und 2),
- **Kalibrator** zum Simulieren eines Messsignales im Bereich zwischen 4 und 20 mA sowie zwischen 0 und 10 V (Bild 3),
- **Laptop** mit herstellerspezifischer Diagnosesoftware,
- in Ausnahmefällen auch ein herstellerspezifischer **Diagnoseprüfstand** für bestimmte Geräte (Sensoren, Messumformer, Aktoren).

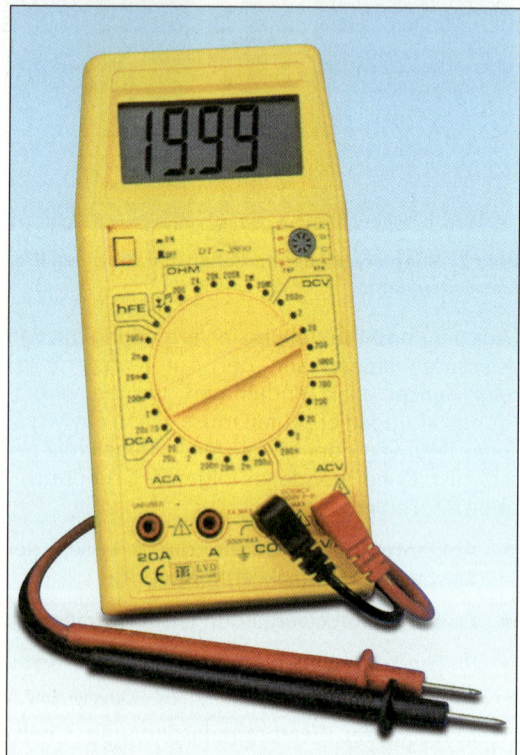

Bild 1: Universalmessgerät zum Messen und Prüfen elektrischer Größen

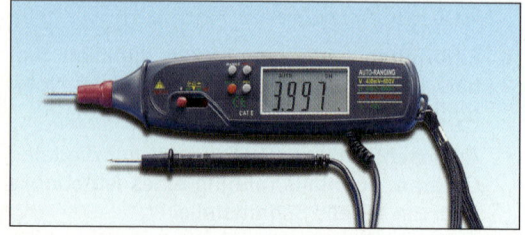

Bild 2: Universalmess- und Universalprüfgerät in besonders kompakter Bauform

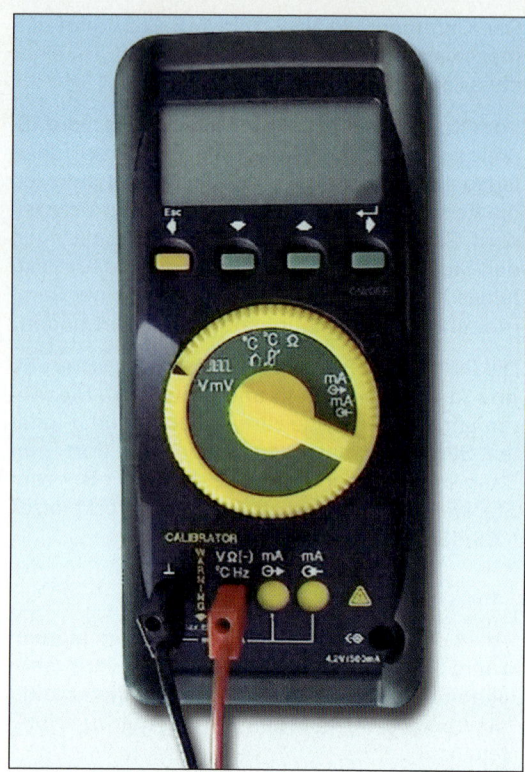

Bild 3: Kalibrator zum Simulieren von elektrischen Messsignalen

Die nachfolgenden Beispiele sollen die prinzipielle Vorgehensweise beim Prüfen und Testen bestimmter Signalflüsse und Funktionen des Prozessleitsystems verdeutlichen.

> **Beispiel**
>
> **Prüfen auf Durchgang**
>
> Im Normalfall hat ein intaktes Kabel **Durchgang**, d. h. einen nur geringen elektrischen Widerstand. Der vom Messgerät in Richtung Gerät Nr. 1 fließende Strom fließt nahezu ungehindert hin und wieder zurück. Der Widerstand beträgt nur einige Ohm. Dies ist am Messgerät ablesbar oder als Hupton hörbar.
>
> Der konkrete, abzulesende Wert des Widerstandes richtet sich unter anderem nach der Leitungslänge und nach dem Leitungsquerschnitt.
>
> Bei der Messung ist auf einen guten Kontakt zwischen der Messspitze und den Messstellen zu achten. Korrodierte Oberflächen können das Messergebnis beeinträchtigen, indem sie einen zu hohen Widerstandswert liefern.

15.4 Fehlersuche unter Nutzung der Loop-Darstellung

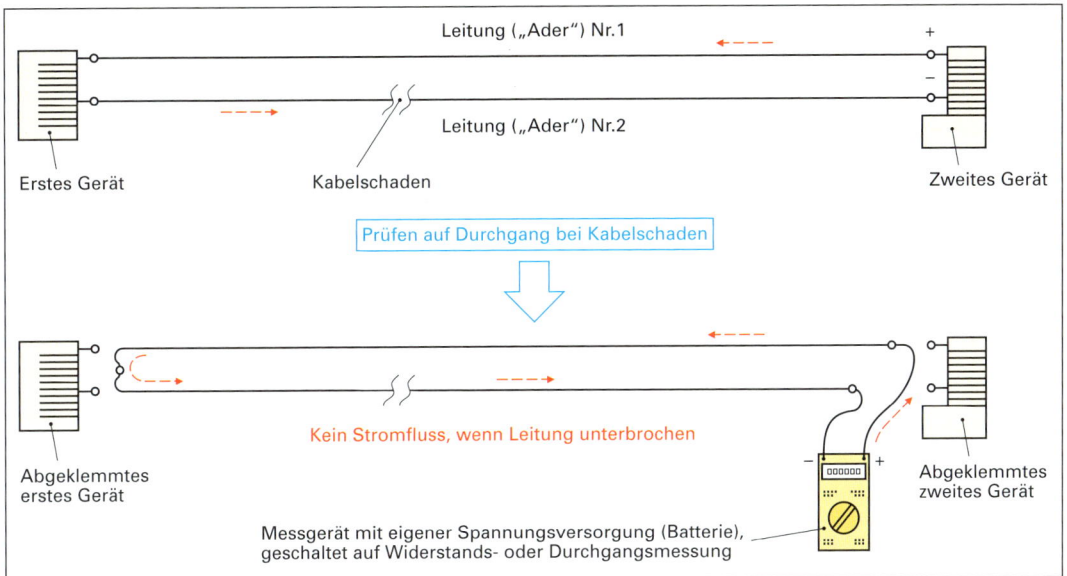

Bild 1: Prinzip des Prüfens auf Durchgang bei einem vermuteten Kabelschaden

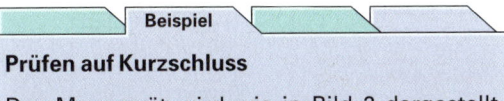

Prüfen auf Kurzschluss

Das Messgerät wird wie in Bild 2 dargestellt angeschlossen. Bei einem intakten Kabel ist bei dieser Messanordnung kein Durchgang vorhanden, d. h. es kann kein Strom vom Messgerät durch die Leitungen und wieder zurück fließen. Demnach ertönt kein Hupton, bzw.

es wird ein sehr hoher Widerstand vom Messgerät angezeigt.

Ist ein Kurzschluss vorhanden (beide Adern der Leitung berühren sich), fließt Strom vom Messgerät über die obere Ader bis hin zur Kurzschlussstelle und von dort wieder zurück bis zum Messgerät. Ein Piepton ist hörbar, und es wird ein Widerstand von nur einigen wenigen Ohm angezeigt.

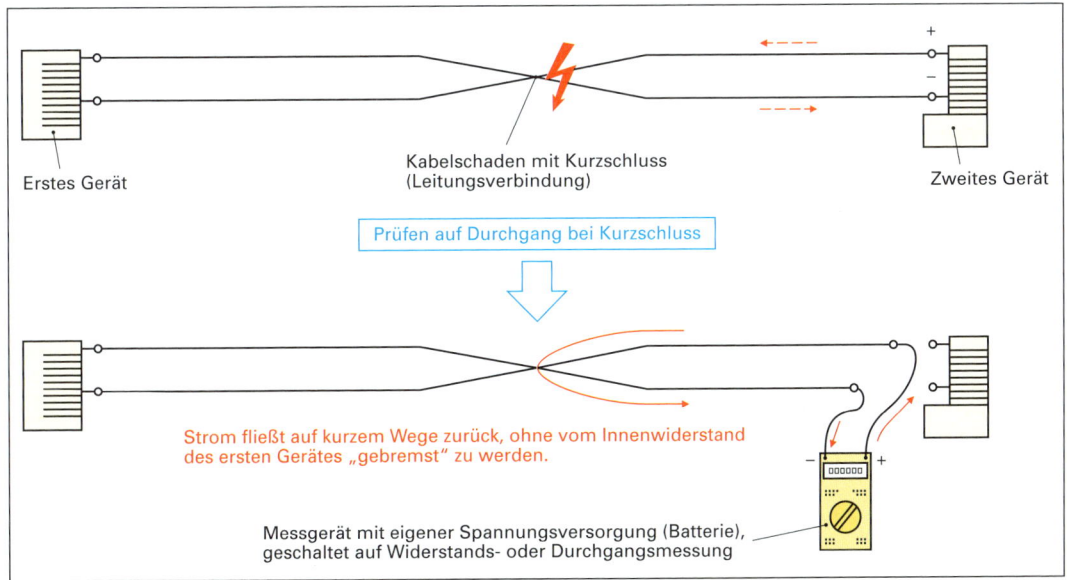

Bild 2: Prinzip des Prüfens auf Durchgang bei einem vermuteten Kurzschluss

Beispiel

Prüfen oder Messen der Versorgungsspannung

Bild 1 verdeutlicht die Schaltung des Messgerätes für das Prüfen oder Messen der Spannung. Es ist parallel zur Spannungsquelle anzuschließen und darf nicht auf Strommessung geschaltet sein. Beim Prüfen der 24 V Versorgungsspannung muss am Messgerät eine Spannung von exakt 24 V ablesbar sein. Ist dies nicht der Fall, ist vermutlich Ader 1, Ader 2 oder aber das Spannungsversorgungsgerät selbst defekt.

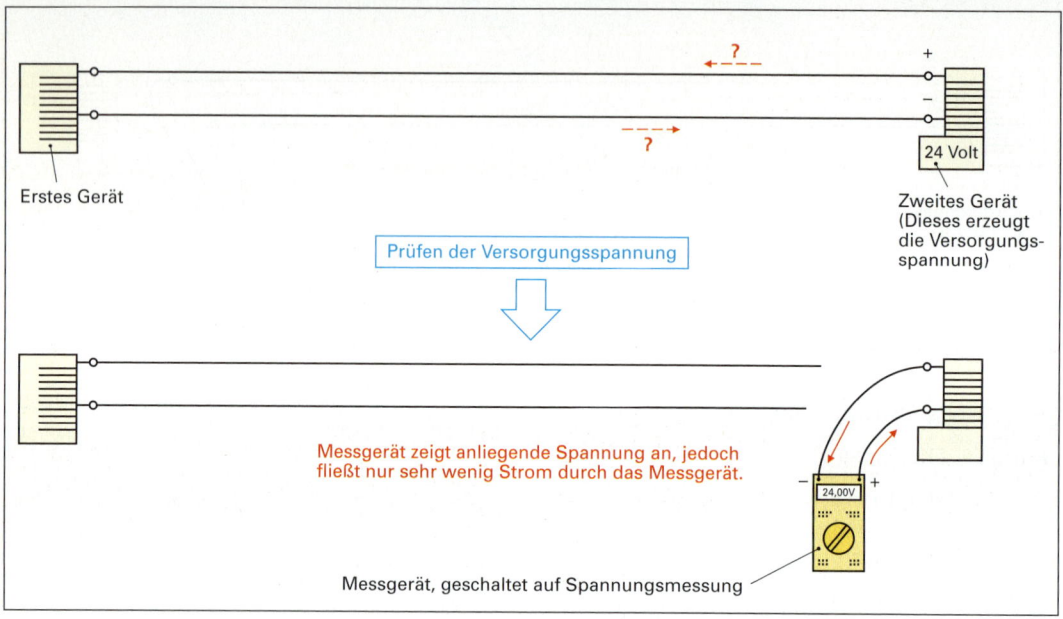

Bild 1: Prinzip der Spannungsprüfung und -messung bei einer vermuteten Störung der Spannungsversorgung

Beispiel

Aufschalten eines simulierten Mess-Signals auf I/O-Bauelemente

Wenn eine Fehlfunktion des Messfühlers oder des zugehörigen Transmitters vermutet wird, kann die Funktionsfähigkeit der anderen Baugruppen getestet werden, um die Vermutung zu bestätigen. Dazu findet der **Kalibrator** Verwendung.

Dieser kann auch zum Abgleich der richtigen Lage von Nullpunkt und Endpunkt der gesamten Messkette eingesetzt werden, indem er anstelle des Messfühlers und dessen Transmitters an die Eingangskarten des Leitsystems angeschlossen wird.

Das Anschlussprinzip des Kalibrators an eine Eingangsbaugruppe zum Digitalisieren des analogen Messwertes veranschaulicht Bild 1, S. 367.

Statt des Transmitters, der das vom Sensor aufgenommene Signal in ein 4...20 mA Signal umformt, sendet in der in Bild 1, S. 367, dargestellten Schaltung der Kalibrator dieses Signal zum Prozessleitsystem.

Wenn der Messbereich z. B. zwischen 0 und 150 °C eingestellt war, zeigt das Prozessleitsystem nun 0 °C, wenn man am Kalibrator 4 mA einstellt. Das Prozessleitsystem zeigt hingegen 150 °C an, wenn man 20 mA am Kalibrator einstellt. Diese Aussagen gelten natürlich nur dann, wenn keine Ausfälle oder Fehlfunktionen vorliegen.

Bei derartigen Tests ist vorher die Spannungsfreiheit der untersuchten Anlagenteile zu überprüfen. Keinesfalls darf der Kalibrator auf elektrische oder elektronische Baugruppen aufgeschaltet werden, die bereits ihrerseits als Spannungsquelle wirken.

15.4 Fehlersuche unter Nutzung der Loop-Darstellung

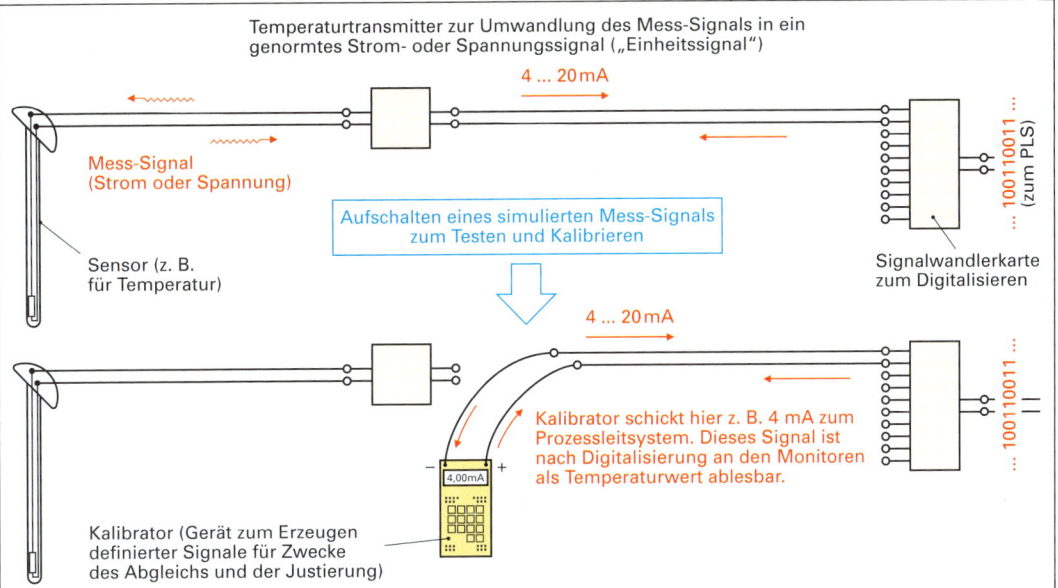

Bild 1: Prinzip des Aufschaltens eines simulierten Messsignals auf die Eingangskarten des Prozessleitsystems

> **Beispiel**
>
> **Aufschalten eines simulierten Ansteuerungs-Signals auf ein Stellorgan**
>
> Zum Testen der ordnungsgemäßen Funktion eines Regelventils kann dieses ebenfalls vom Kalibrator mit einem Strom- oder Spannungssignal versorgt werden. Er übernimmt dann, wie in Bild 2 gezeigt, die Funktion der signalliefernden Ausgangskarte des Prozessleitsystems. Stellt man den Kalibrator auf 4 mA, sollte das Ventil schließen. Sendet er 20 mA, muss es öffnen.
>
> In ähnlicher Weise lassen sich binäre Stellorgane, wie Auf-Zu-Ventile und einfache Schaltrelais, testen. Schaltrelais sind mit einer Gleichspannung von 24 V bzw. 0 V zu versorgen. Wenn der Kalibrator nicht in der Lage ist, die erforderliche Leistung zu liefern, verwendet man dazu Akkumulatoren oder stationäre Spannungsquellen.

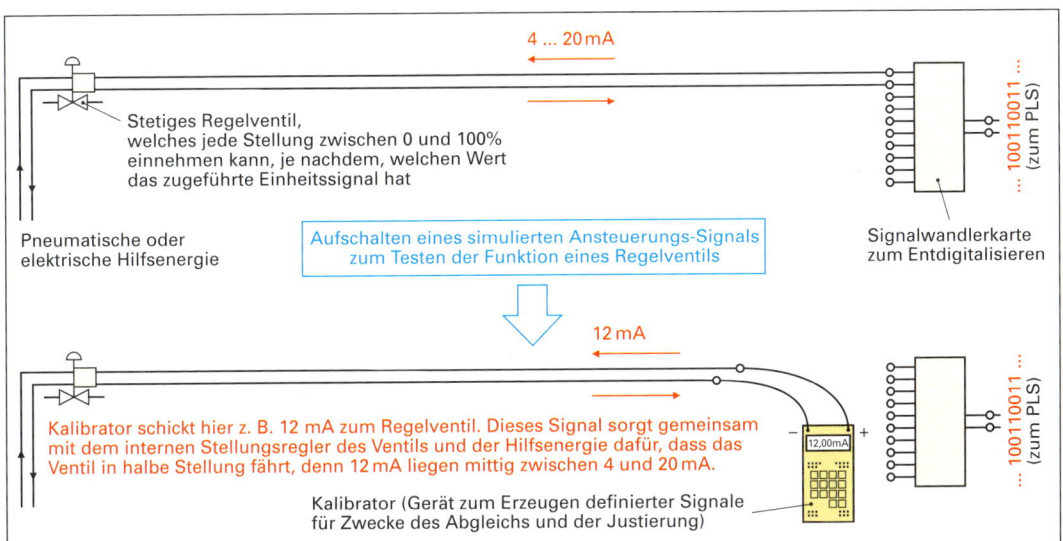

Bild 2: Prinzip des Aufschaltens eines Ansteuerungs-Signals für ein Stellorgan

15 Instandhaltung und Fehlersuche in der Prozessleittechnik

> **Beispiel**
>
> **Auslesen von digitalen Signalen aus einem Transmitter mit digitaler Schnittstelle**
>
> Messfühler, die statt der herkömmlichen Einheitssignale digitale Signale senden, sowie Stellorgane, die statt mit den herkömmlichen Einheitssignalen mit digitalen Signalen angesteuert werden, werden als **busfähige Sensoren** bzw. **Aktoren** bezeichnet.
>
> Eine Kommunikation mit ihnen ist mittels Personalcomputern oder tragbaren Notebooks möglich. Die Kopplung erfolgt üblicherweise mithilfe der genormten Schnittstelle RS232C (Bild 1). Eine Kommunikation zwischen Laptop und digitalem Gerät setzt die Verwendung einer herstellerspezifischen Software voraus.

Bild 1: Genormte Schnittstellenverbindung RS232C zur seriellen Übertragung digitaler Daten zwischen Computer und peripherem Gerät

Das Prinzip der Kopplung von Notebook und busfähigem Transmitter zeigt Bild 2.

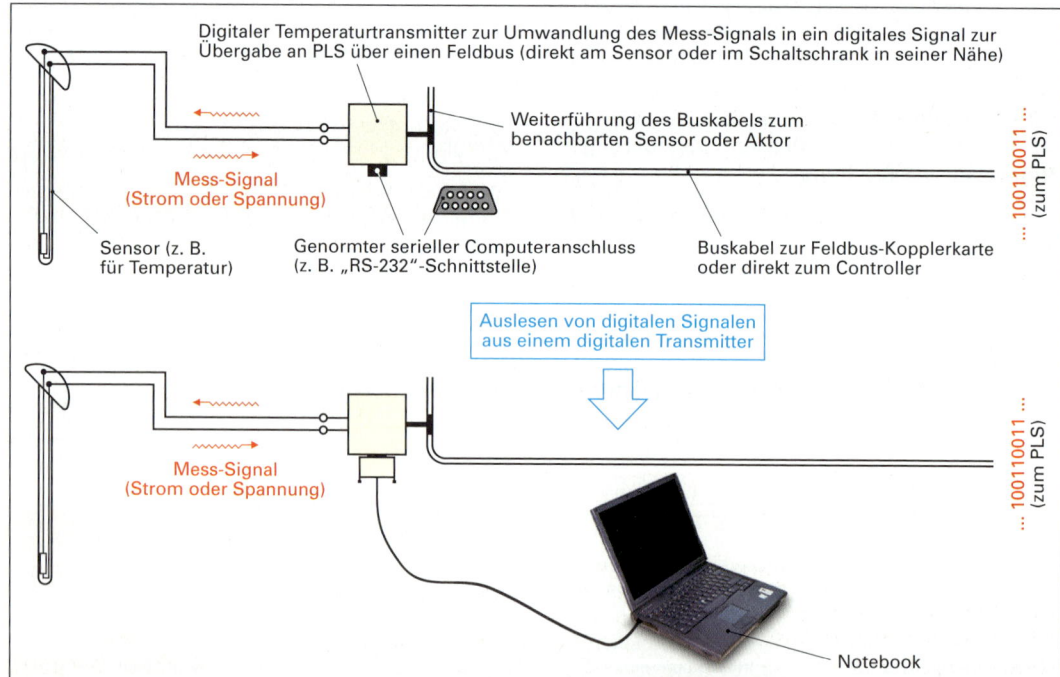

Bild 2: Auslesen und Hineinsenden von digitalen Signalen bei einem busfähigen Transmitter

> **Aufgaben**
>
> 1. Mit welchem englischen Begriff werden Instandhaltungsarbeiten auch bezeichnet?
>
> 2. Nennen und erläutern Sie die häufigsten Fehlerursachen, die bei der Funktion eines Prozessleitsystems auftreten können.
>
> 3. In welchen Fachgebieten sollten sich der Prozessleitelektroniker sehr gut und der Chemikant zumindest ansatzweise auskennen, um Fehler schnell und selbstständig finden zu können?
>
> 4. Was ist aus der Loop-Darstellung ablesbar?
>
> 5. Welche transportablen Geräte verwendet der Prozessleitelektroniker zur Fehlersuche?

16 Sicherheitsaspekte der Prozessleittechnik

16.1 Vorbetrachtungen

Zu den Teilaufgaben der Prozessleittechnik gehört, wie im Kapitel 3.6 (Überwachungsfunktion) bereits ausgeführt wurde, die Gewährleistung einer höchstmöglichen Anlagensicherheit.

Das Ziel der Überwachungsfunktion des Prozessleitsystems besteht darin, durch Verhinderung gefährlicher Zustände:

- die **Gesundheit** des Menschen zu schützen,
- die **Umwelt** vor Schäden zu bewahren,
- die materiellen, vom Menschen geschaffenen **Werte** zu erhalten.

Das gilt nicht nur für die Technik und die Mitarbeiter, die innerhalb der Werktore mit dem Betrieb der Anlage betraut sind, sondern auch für die Personen, die Umwelt und für die materiellen Werte außerhalb und abseits des Betriebsgeländes.

> **Merksatz**
>
> In Chemieanlagen müssen Gefährdungen für Mensch, Umwelt und materielle Werte ausgeschlossen werden.

In vielen Anlagen der Chemieindustrie werden gesundheitsgefährdende Substanzen verarbeitet oder hergestellt, deren Austritt in die Umgebung eine unmittelbare oder mittelbare Gefahr darstellt. Auch durch die Prozessbedingungen selbst (z. B. hohe Drücke und Temperaturen) sind Gefährdungspotenziale gegeben.

> **Hinweis**
>
> **Störfälle** haben im Gegensatz zu **Störungen** oder Havarien immer Auswirkungen auf Personen und/oder die Umwelt (VDI/VDE 3699). Der Begriff **Havarie** entstammt ursprünglich der Schiffstechnik und ist für Industrieanlagen nicht exakt definiert.

Die denkbaren Havarie- und Störfallereignisse lassen sich zu folgenden prinzipiellen Möglichkeiten zusammenfassen:

- Austritt **giftiger Stoffe** und deren Übergang in Boden, Grundwasser oder Atmosphäre,
- **Brand**,
- **Explosion** oder **Detonation**.

Die Wahrscheinlichkeit des Eintritts solcher Ereignisse gilt es zu minimieren. Die Praxis zeigt leider auch außerhalb der chemischen Industrie, z. B. im Luftverkehr, dass menschliches und technisches Versagen selbst mit höchstem Aufwand nicht 100-prozentig ausschließbar ist.

Jedoch ist es die Aufgabe der Konstrukteure, Planer und Betreiber von Chemieanlagen, alle denkbaren Möglichkeiten zu nutzen, um dem Ziel einer 100-prozentigen Vermeidung von Störfällen so nahe wie möglich zu kommen.

> **Merksatz**
>
> Die Gesamtheit aller Maßnahmen zur Vermeidung von Gefährdungen für Mensch, Umwelt und materielle Werte wird mit dem Begriff **Anlagensicherung** bezeichnet.

Bild 1: Zerstörung einer Chemieanlage infolge eines Störfalls

Die Begriffe Anlagensicherung und Erhöhung der Anlagensicherheit können synonym verwendet werden.

Die Vielzahl der Maßnahmen zur Erhöhung der Anlagensicherheit lässt sich in folgende Hauptgruppen einteilen:

Konstruktive Maßnahmen, z. B.:

- stärkere Ausführung der Apparate-Wandungen als erforderlich,
- stärkere Auslegung der Kühlsysteme als erforderlich,
- mehrfaches Vorhandensein wichtiger Aggregate, z. B. Pumpen, Rohrleitungen und Ventile mit der Möglichkeit der Umschaltung auf Reserveaggregate bei Ausfällen,

16 Sicherheitsaspekte der Prozessleittechnik

- Einsatz verschleißfester, alterungsbeständiger Werkstoffe,

- Verwendung explosionsgeschützter elektrischer und elektronischer Baugruppen,

- Vorsehen zusätzlicher Sicherheitssysteme, z. B. Stopper-Dosiereinrichtungen in Reaktoren,

- Einsatz von Stellorganen, die sich bei Ausfall von Hilfsenergie in einen sicheren Zustand bewegen (dieser sichere Zustand kann abhängig von der Aufgabe des Stellorgans im offenen, geschlossenen oder verharrenden Zustand des Stellorgans bestehen),

- Einsatz hochwertiger und zuverlässiger Bauteile in mechanischen und elektronischen Komponenten,

- Schutz von mechanischen und elektronischen Komponenten vor schädigenden Umwelteinflüssen, z. B. aggressiven Dämpfen, Witterung und Vibrationen,

- Einsatz von Sicherheitseinrichtungen, wie z. B. Glasscheiben, Sicherheitsventilen und Flammenrückschlagklappen.

Maßnahmen zur Verhaltensoptimierung des Bedienpersonals, z. B.:

- **Bedienerschulungen** zur Erhöhung der theoretischen Kenntnisse über den konkreten Prozess, aber auch zum Training von Persönlichkeitseigenschaften wie Teamfähigkeit und Reaktionsschnelligkeit,

- **Arbeitsschutzunterweisungen** und -belehrungen einschließlich eines Systems von Weisungen zu Verhaltensnormen und von Zwangsmaßnahmen bei Verstößen gegen die Sicherheitsregeln,

- **Sicherheitstraining** zur Erhöhung der Reaktionssicherheit, Zielstrebigkeit und Besonnenheit bei der Meisterung kritischer Situationen,

- Anfahren von Anlagen nach erprobten **Checklisten**.

Maßnahmen zur regelmäßigen Wartung und Instandhaltung, z. B.:

- regelmäßige **Funktionskontrollen** der Sicherheitssysteme,

- vorbeugender **Wechsel** von Verschleißteilen.

Maßnahmen zur Anlagensicherung mit den gerätetechnischen und softwareseitigen Mitteln der Prozessleittechnik, z. B.:

- **Überwachung** wichtiger Prozessvariablen, wie Temperatur, Druck sowie Konzentration, und selbsttätiger Eingriff bei gefahrdrohenden Zuständen (Notabschaltung, Ingangsetzen einer Zusatzkühlung, Dosieren einer Stopper-Substanz usw.),

- Einsatz zusätzlicher **Überwachungssensoren** zusätzlich zu den Messfühlern für den Normalbetrieb im Sinne einer Mehrfachauslegung (zusätzlicher Füllstands-Grenzwertgeber, zweiter Temperatur- oder Drucksensor usw.),

- Verwendung einer **separaten Verdrahtung** für den elektrischen Teil der besonders wichtigen Schutzeinrichtungen,

- **Mehrfachauslegung** von Teilen der Gerätetechnik des Prozessleitsystems mit selbstständiger Funktionsüberwachung und automatischer Umschaltung auf das Reservegerät bei Defekt des Hauptgerätes (Redundanz; das Redundanzprinzip wird vor allem bei den „Herzstücken" des Prozessleitsystems, den Controllern verwirklicht, welche die Regelungen und die Rezeptursteuerung selbsttätig realisieren),

- **Abschirmung** der elektronischen Baugruppen des Prozessleitsystems vor Störspannungen aus dem Stromnetz, Blitzschlag und digitalen Fremdeinflüssen, wie Handys,

- **Erweiterung** der Messbereiche über den Bereich des „Normalbetriebs" hinaus,

- Erfassung und **Langzeitspeicherung** sicherheitsrelevanter Daten auf den Festplatten des Prozessleitsystems,

- **Verriegelung** von Stellgrößen und Messwerten gegeneinander (z. B. kein Rührerbetrieb bei leerem Reaktor, kein Füllen bei vollem Behälter, kein Pumpen oder Verdichten gegen geschlossene Ventile, Stoff B nicht dosieren, wenn Stoff A gerade dosiert wird),

- **kein** selbsttätiges **Wiedereinschalten** von Anlagenteilen nach Auslösen einer Schutzfunktion,
- durchdachtes System von Meldungen, wie **Vor-** und **Hauptalarm** für die wichtigsten Prozesswerte, jedoch ohne Überbelastung des Personals durch zu hohe Informationsflut,
- **Schutz** der korrekten Einstellung der Grenzwerte in der Bedienersoftware vor unbeabsichtigter oder unautorisierter Verstellung,
- **Gestaltung** der Bedienersoftware in einfach erfassbarer und leicht nachvollziehbarer äußerer Form auf dem Monitor.

> **Merksatz**
>
> Die **prozessleittechnischen Maßnahmen** zur Gewährleistung einer höchstmöglichen Anlagensicherheit sind **Teil des gesamten Sicherheitskonzeptes** der Anlage.

Die Sicherheitsbetrachtungen werden im interdisziplinären Team von Verfahrenstechnikern, Chemikern, Sicherheitstechnikern und PLT-Spezialisten in Zusammenarbeit mit Sicherheitsbehörden geführt. Das Ziel besteht stets in der Verminderung des Restrisikos, das von der Anlage ausgeht.

Auf einige Aspekte, die in der Prozessleittechnik im Zusammenhang mit dem Konzept der Anlagensicherheit von Bedeutung sind, soll im Folgenden näher eingegangen werden.

16.2 Die Prozessleittechnik im Sicherheitskonzept der Anlage

Die Prozessleittechnik hat im Rahmen des gesamten Sicherheitskonzeptes der Anlage die Last der ersten Ebene zu tragen. Dies bedeutet, dass erst beim Versagen der prozessleittechnischen Sicherheitseinrichtungen die anlagenseitigen Sicherheitsmechanismen wie Berstscheiben, Sicherheitsventile und nicht PLT-gestützte Notabschaltungen ansprechen.

Bild 1 veranschaulicht den zeitlichen Ablauf beim Verlassen des Gutbereichs einer Prozessvariablen. Dies kann eine Temperatur, ein Druck oder auch ein Füllstand sein. Es wird deutlich, dass unterschiedliche prozessleittechnische Einrichtungen, aber auch verschiedene anlagentechnische Einrichtungen wirksam werden. Der Zeitpunkt ihres Eingreifens richtet sich nach der aktuellen Höhe der Prozessvariablen. Darunter ist der augenblickliche Messwert zu verstehen.

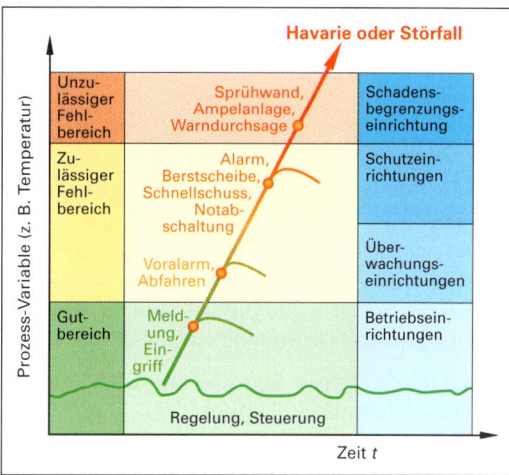

Bild 1: Zeitlicher Ablauf beim Verlassen des Gutbereichs einer Chemieanlage

Die **prozessleittechnischen Einrichtungen** (PLT-Einrichtungen) lassen sich gemäß NAMUR-Empfehlung NE31 („Anlagensicherung mit Mitteln der Prozessleittechnik") sowie gemäß VDI/VDE 2180 („Sicherung von Anlagen der Verfahrenstechnik mit Mitteln der Prozessleittechnik") in vier Hauptgruppen klassifizieren:

- **Betriebseinrichtungen**,
- **Überwachungseinrichtungen**,
- **Schutzeinrichtungen**,
- **Schadensbegrenzungseinrichtungen**.

Dabei werden die Überwachungs- und Schutzeinrichtungen auch zum Begriff **Sicherheitseinrichtungen** zusammengefasst (Bild 1, S. 372).

> **Merksatz**
>
> Unter dem Begriff **PLT-Einrichtung** ist das Zusammenwirken der Gerätetechnik, wie Sensoren, Controller, Bedienstationen, Aktoren und Anschlussbaugruppen, sowie deren Software für jede einzelne EMSR- bzw. PLT-Stelle zu verstehen.
>
> Neben den PLT-Einrichtungen existieren auch anlagentechnische und elektrotechnische Einrichtungen.

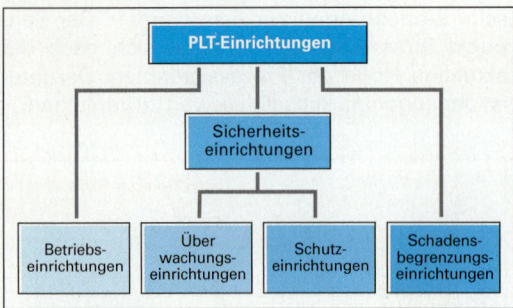

Bild 1: Unterteilung der PLT-Einrichtungen an einer Chemieanlage

Nicht alle PLT-Einrichtungen dienen der Anlagensicherung. Die so genannten **PLT-Betriebseinrichtungen** dienen der Anlage im bestimmungsgemäßen Normalbetrieb des Prozesses.

Hinter den einzelnen Begriffen aus Bild 1 verbergen sich folgende Funktionen:

- PLT-Betriebseinrichtungen

Sie dienen dem Betrieb der Anlage im Normalbereich, dem so genannten **Gutbereich**. Hierzu gehören die zur Produktion erforderlichen Regelkreise, die automatischen Rezeptsteuerungen aber auch das Equipment zur Prozessdokumentation.

- PLT-Überwachungseinrichtungen

Die PLT-Überwachungseinrichtungen melden den Anlagenfahrern erste unkritische Abweichungen vom Normalzustand, d. h. Prozessgrößen, die noch innerhalb eines **zulässigen Fehlbereichs** liegen. Die Anlagenfahrer werden dadurch dazu veranlasst, manuell korrigierend in das Prozessgeschehen einzugreifen. Zu den PLT-Überwachungseinrichtungen zählen beispielsweise Füllstands-Grenzwertsensoren und Durchflussmelder mit den zugehörigen Signalübertragungswegen.

- PLT-Schutzeinrichtungen

Sie verhindern einen sicherheitstechnisch nicht mehr akzeptablen, also **unzulässigen Fehlzustand** einer oder mehrerer Prozessvariablen, indem sie bei Überschreitung der zulässigen Werte einen Schaltvorgang direkt auslösen und gleichzeitig das Betriebspersonal durch eine dringende Meldung zur Durchführung weiterer Maßnahmen veranlassen. Beispiele sind das automatische Öffnen von Druckentlastungsventilen, die Not-Entleerungsfunktion oder das Einbringen einer Stopper-Substanz. PLT-Schutzeinrichtungen werden wirksam, bevor Beeinträchtigungen der Technik, der Umwelt oder der menschlichen Gesundheit auftreten können.

In neueren Prozessanlagen werden die PLT-Schutzeinrichtungen in eine von vier Zuverlässigkeitsstufen, die **SIL-Klassen** (SIL: Safety Integrity Level) eingeordnet. Schutzeinrichtungen der Kategorie SIL 4 verfügen über den höchsten Grad an Zuverlässigkeit.

- PLT-Schadensbegrenzungseinrichtungen

Sie vermindern bei einem nicht mehr mit Schutzeinrichtungen verhinderbaren Fehlzustand, also bei einer **Havarie**, die schadensverursachenden Auswirkungen auf die Technik, den Menschen und die Umwelt. Dazu gehören u. a.:

- die Auslösung eines Wasservorhanges, z. B. zur Niederschlagung von Ammoniak,
- die Auslösung eines Dampfschleiers, z. B. zur Bindung von Chlordämpfen,
- die Inbetriebnahme einer Sprinkleranlage zur Brandlöschung,
- die Inbetriebnahme eines Schaumsystems zur Brandlöschung oder zur Verdrängung eines explosiven Gasgemisches.

> **Hinweis**
>
> Die Havarie ist ein unerwünschtes Ereignis innerhalb der Chemieanlage. Als **unerwünschtes Ereignis** wird laut VDI/VDE-Richtlinie 2180 ein Ereignis angesehen, das unmittelbar Personenschäden, Umweltschäden oder Sachschäden verursachen kann, oder durch das eine ernste Gefahr im Sinne der Störfallverordnung entstehen kann.

Ein Teil der Schadensbegrenzungseinrichtungen wird durch das Prozessleitsystem in Gang gesetzt. Ein anderer Teil ist anlagentechnischer oder elektrotechnischer Natur und arbeitet unabhängig von der Prozessleittechnik. Dazu zählen Schutzmauern und -wälle, Auffangwannen sowie Warndurchsagen per Lautsprecher.

> **Merksatz**
>
> Die prozessleittechnischen Sicherheitseinrichtungen unterteilt man in **Überwachungseinrichtungen** und **Schutzeinrichtungen**.

Bild 1, S. 373, gibt einen Überblick über die möglichen Anlagenzustände und verdeutlicht die Zuordnung der aktiven PLT-Einrichtungen.

16.2 Die Prozessleittechnik im Sicherheitskonzept der Anlage

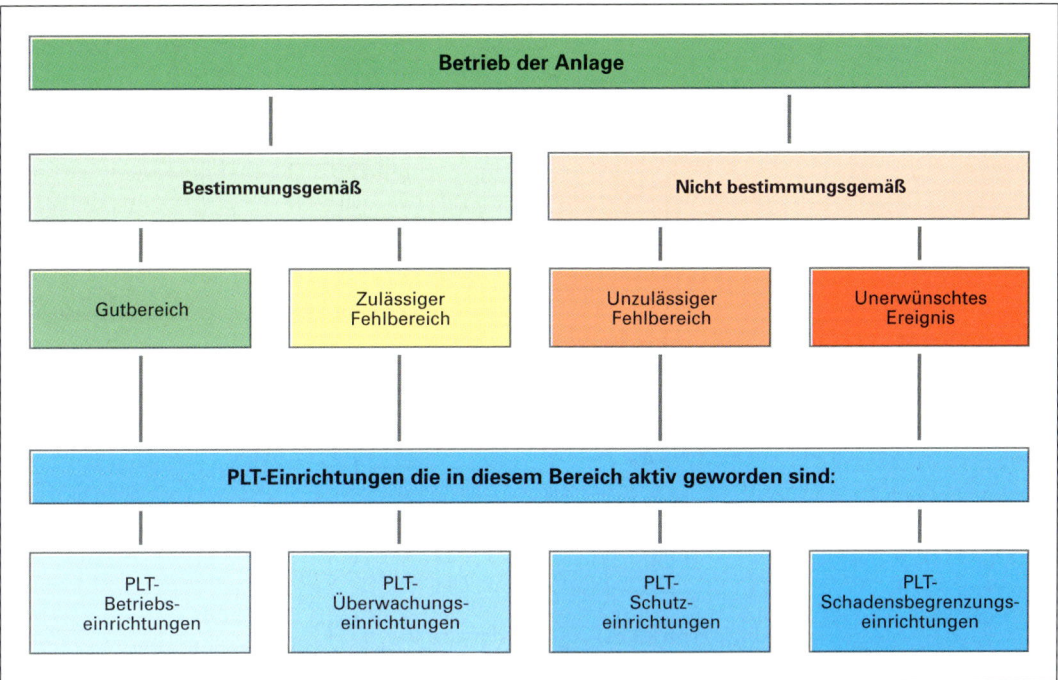

Bild 1: Sicherheitsrelevante Bereiche des Anlagenbetriebes

Im Folgenden soll die Funktion der PLT-Einrichtungen an einem Beispiel erläutert werden.

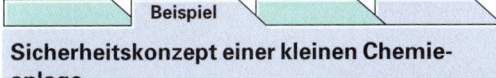

Sicherheitskonzept einer kleinen Chemieanlage

Bild 1, S. 374, zeigt einen chemischen Reaktor, in dem eine stark exotherme Reaktion durchgeführt wird. Die Stoffe A und B werden darin zum Produkt C umgesetzt. Der Reaktor wird kontinuierlich betrieben.

Im Normalbetrieb hält die Regelung TICA 001 die Reaktortemperatur im Gut-Bereich, indem sie die Kühlwasserzufuhr entsprechend einstellt. TICA 001 ist deshalb eine **PLT-Betriebseinrichtung**. Auch der Füllstandsregler LIC 001 ist eine solche PLT-Betriebseinrichtung.

Verlässt die sicherheitstechnisch bedeutsame Reaktortemperatur den Gut-Bereich, so erzeugt TICA 001 eine Meldung für den Bediener, der nun die Pflicht hat, die Ursache zu untersuchen und Gegenmaßnahmen einzuleiten. TICA 001 ist also gleichzeitig eine **PLT-Überwachungseinrichtung**. Die Anzeige der Kühlwassertemperatur TIA 001 ist ebenfalls eine typische PLT-Einrichtung zur Überwachung.

Der Kennbuchstabe A deutet auf die Alarmierungs-Funktion hin.

Verlässt die Kühlwassertemeperatur den Gut-Bereich, d. h. liegt sie über dem für eine effektive Kühlung erforderlichen Wert, spricht TIA 001 an und erzeugt eine Meldung für den Bediener. TICA 001 greift jedoch nicht in den Prozess ein.

Nähert sich die Reaktortemperatur einem sicherheitsbedenklichen, also gefährlichen Zustand, tritt TISAE 001 in Aktion. Zusätzlich zu einer Alarmmeldung an den Bediener erfolgt ein automatischer Noteingriff (engl. **e**mergency: Noteingriff), indem eine **Stopper-Flüssigkeit** zudosiert wird, also eine chemische Substanz, die die Reaktion zum Erliegen bringt. TISAE 001 ist deshalb eine **PLT-Schutzeinrichtung**.

Zusätzlich existiert noch die PLT-Stelle TAE 001, welche die Raumtemperatur misst und bei Überschreiten eines bestimmten Wertes, beispielsweise im Brandfall, ein Schaumsystem zur Flutung des Raumes mit brandlöschendem und Sauerstoff verdrängendem Schaum in Gang setzt. TAE 001 ist deshalb eine **PLT-Schadensbegrenzungseinrichtung**.

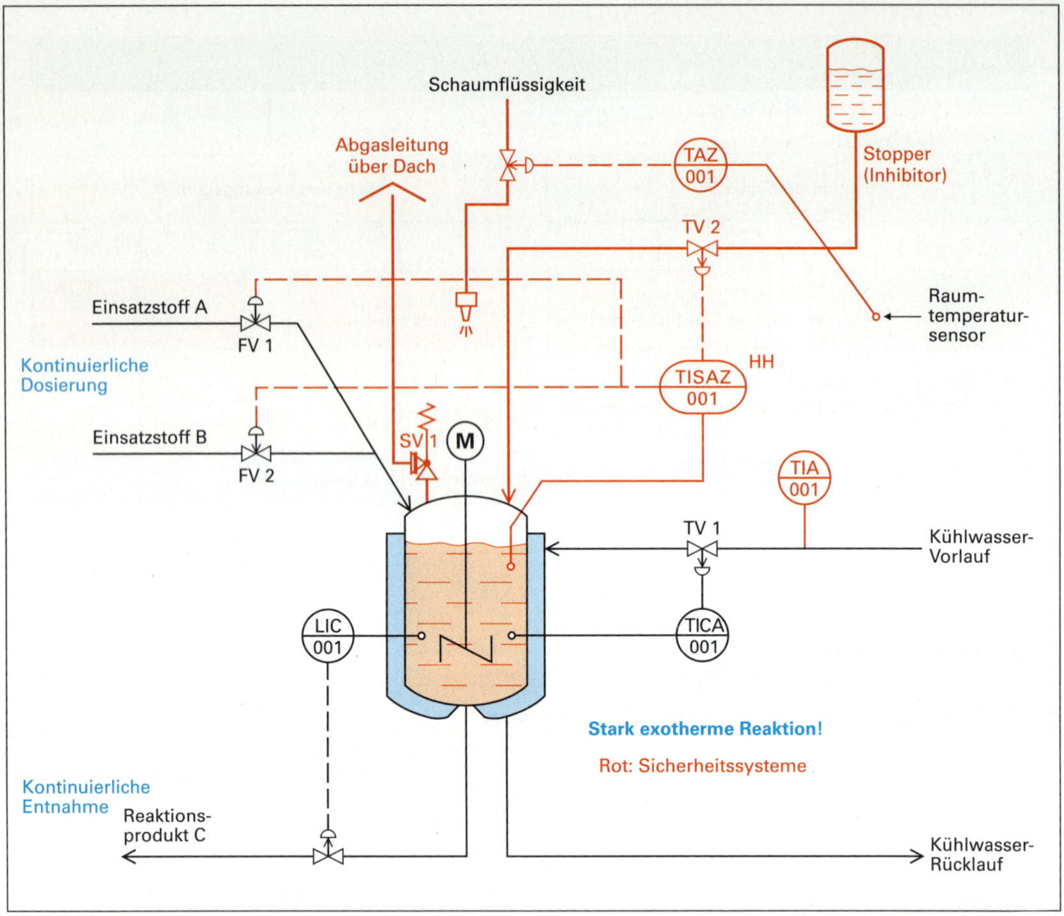

16 Sicherheitsaspekte der Prozessleittechnik

Bild 1: Anlagensicherungssystem an einem Chargenreaktor für Batch-Prozesse

Außer den Maßnahmen der **Anlagensicherung mithilfe der Prozessleittechnik** gibt es weitere Möglichkeiten, das Gefahrenpotenzial des Anlagenbetriebs zu verringern: Durch die Gestaltung des Prozesses selbst sowie durch die konstruktive Anlagenausführung. Dies sind Maßnahmen zur **Anlagensicherung mithilfe der Verfahrenstechnik**.

Verfahrenstechnische und prozessleittechnische Maßnahmen realisieren also gemeinsam eine gefahrlose Prozessführung und einen sicheren Anlagenbetrieb. Dies verdeutlicht Bild 2.

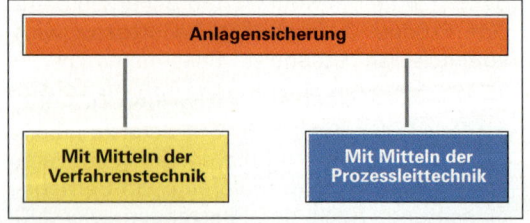

Bild 2: Unterteilung der Maßnahmen zur Anlagensicherung

Zu den **verfahrenstechnischen Mitteln** zur Anlagensicherung zählen in erster Linie **konstruktive Maßnahmen** wie:

- Einsatz von Berstscheiben und Druckentlastungsventilen,
- Vorsehen von Not-Entleerungen und Not-Kühlsystemen.

> **Merksatz**
>
> Neben der **Anlagensicherung** mit **Mitteln der Prozessleittechnik** gibt es die Anlagensicherung mit **Mitteln der Verfahrenstechnik**.

Zu den verfahrenstechnischen Mitteln zur Anlagensicherung zählen aber auch **prozessorganisatorische Maßnahmen** wie:

- Verringerung von reagierenden Mengen durch Veränderung der Anlagengröße,
- Wahl von sicheren Rezepturen,
- Substitution von gefährlichen Stoffen durch ungefährlichere Substanzen.

Die Elemente eines Prozessleitsystems sind stets so konstruiert, dass die Anlage im Fehlerfall einen sicheren Zustand einnimmt. So werden z. B. die Regelventile eines Kühlwasserkreislaufs bei Ausfall der Hilfsenergie (z. B. Instrumentenluft) durch Federkraft selbstständig geöffnet. Dieses Prinzip nennt man „**Fail-Safe-Prinzip**".

Im Inneren des Prozessleitsystems gibt es darüber hinaus Strukturen, mit denen die Sicherheit der **Prozessleittechnik** selbst gewährleistet wird. Dabei geht es vor allem um die Zuverlässigkeit des Systems selbst, also die Verhinderung von **Fehlfunktionen** und die Minimierung von **Ausfallzeiten**. Die Zuverlässigkeit von Prozessleitsystemen ist Gegenstand des folgenden Kapitels.

16.3 Zuverlässigkeit von Prozessleitsystemen

Unter der Zuverlässigkeit eines technischen Systems versteht man die Fähigkeit, seine Aufgabe innerhalb eines Zeitraumes mit wenig oder gar keinen Ausfällen zu erfüllen. Die Zuverlässigkeit des gesamten Prozessleitsystems wird maßgeblich von der Zuverlässigkeit seiner Komponenten bestimmt. Bekanntlich ist die stärkste Kette nur so stark wie ihr schwächstes Glied.

Dementsprechend könnte z. B. ein Prozessleitsystem seine Funktion völlig einstellen, wenn nur für kurze Augenblicke die Stromzufuhr unterbrochen war. Auch ein Hardware-Defekt an einem Controller kann unter Umständen zur Havarie einer Teilanlage führen. Dem muss durch besondere konstruktive und softwaretechnische Maßnahmen vorgebeugt werden.

Bild 1 zeigt die Funktionsdauer zweier störungsanfälliger Prozessleitsysteme. Bei beiden Systemen gab es zwei Ausfälle im betrachteten Zeitraum. Die **Ausfallrate** beträgt deshalb: „zwei pro Jahr". Auch die **Zuverlässigkeit** ist bei beiden

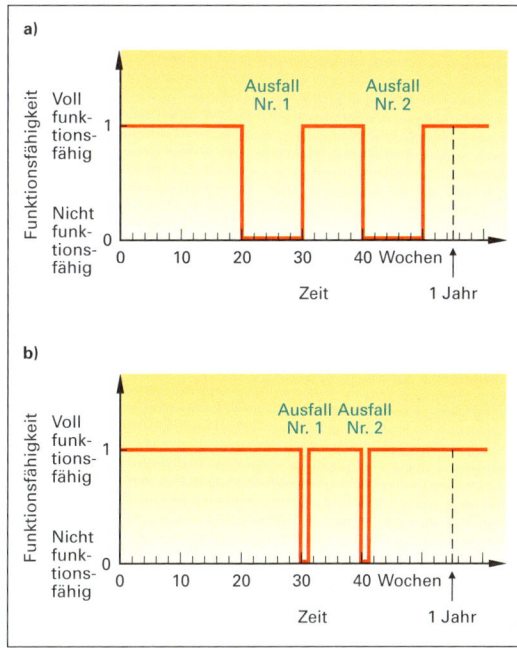

Bild 1: Zwei Prozessleitsysteme mit je zwei Ausfällen

hinsichtlich der Anzahl der **Funktionsperioden** gleich, nämlich ebenfalls „zwei pro Jahr". Dennoch scheint System b) das Bessere zu sein, da es über einen längeren Zeitraum funktionsfähig war. Diese Tatsache wird mit dem Begriff **Verfügbarkeit** charakterisiert. Sie beträgt beim System b) z. B. 50 Wochen von 52 Wochen, also 96 %. Beim System a) beträgt die Verfügbarkeit hingegen nur 32 Wochen von 52 Wochen, also 61,5 %.

> **Merksatz**
>
> Der Begriff **Zuverlässigkeit** kennzeichnet die Anzahl der Ausfälle und damit die **Häufigkeit** des Funktionierens.
>
> Der Begriff **Verfügbarkeit** bezieht sich hingegen auf die **Zeitdauer** der Funktionsfähigkeit.
>
> In der Umgangssprache wird meist nicht zwischen den Begriffen Zuverlässigkeit und Verfügbarkeit unterschieden.

Es gilt demnach beide Größen, Zuverlässigkeit und Verfügbarkeit des gesamten prozessleittechnischen Systems, zu maximieren.

PLT-Schutzeinrichtungen müssen einen besonders hohen Grad an Zuverlässigkeit aufweisen. Bei neueren Prozessanlagen wird ihnen eine Zuverlässigkeitskennzahl, der **Safety Integrity Level (SIL)** zugeordnet (vgl. S. 372).

16.4 Redundanz bei den Schlüsselbaugruppen des Prozessleitsystems

Das meist angewendete Prinzip zur Erhöhung von Zuverlässigkeit und Verfügbarkeit ist die **Redundanz**.

Merksatz

Unter **Redundanz** versteht man die Mehrfachauslegung von Baugruppen zum Zweck der Erhöhung von Sicherheit, Zuverlässigkeit und Verfügbarkeit.

Zunächst soll betrachtet werden, welche Baugruppen eines Prozessleitsystems so wichtig sind, dass der Preis einer Mehrfachauslegung gerechtfertigt ist.

In erster Linie ist dies das „Herzstück" des Prozessleitsystems, der **Controller** (bei größeren Anlagen auch mehrere Controller).

Die Controller führen die Rechenoperationen zur Ermittlung der Stellgrößen aus Sollwert und Istwert durch und halten die automatischen Rezeptabläufe aufrecht. Sie leiten die Messwerte aus der Anlage zum Bediener weiter und sie leiten die Stellbefehle des Bedieners zur Feldtechnik weiter.

Sie vergleichen außerdem die wichtigsten Prozesswerte mit den vorgegebenen Alarmgrenzen, erzeugen Alarmmeldungen und initiieren die automatischen Noteingriffe.

Damit sind sie die Schlüsselbaugruppen des Prozessleitsystems und werden deshalb oft redundant ausgelegt, wie in Bild 1 gezeigt. Fehlfunktionen eines Controllers können zu Fehlfunktionen ganzer Teilanlagen führen.

Merksatz

Die **Controller** sind die wichtigsten Baugruppen des digitalen Prozessleitsystems. Sie werden deshalb oft redundant ausgelegt.

Daneben gibt es die **I/Os als Wandlerbaugruppen** (Analog-Digital-Umsetzer und Digital-Analog-Umsetzer), ohne der die Computerteil des Prozessleitsystems die analogen Messsignale vom Feld nicht verstehen würde und ohne die das Computersystem die Stellorgane nicht ansprechen könnte.

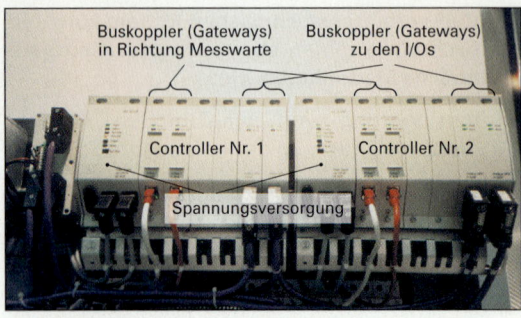

Bild 1: Redundante Controller

Die Wandlerbaugruppen sind nur in Ausnahmefällen redundant ausgelegt. Hardware-Defekte betreffen meist nur einen Kanal, d. h. einen einzelnen Messfühler oder ein einzelnes Stellorgan. Dies kann in der Regel durch die Aktionen von Sicherheitssystemen kompensiert werden.

Messfühler und **Stellorgane** sind nur in den seltensten Fällen mehrfach ausgelegt (abgesehen von besonders gefährdeten Anlagen, wie z. B. Anlagen der Explosivstoffherstellung oder der Radiochemie).

Fehlfunktionen einzelner Messfühler oder Stellorgane können meist ebenfalls von Sicherheitssystemen so ausgeglichen werden, dass keine gefährlichen Zustände auftreten.

Auch die **Interface-Bauelemente**, wie die **Transmitter** oder die **galvanischen Trennungsbaugruppen**, sind in der Regel nicht redundant ausgelegt, da jedes von ihnen nur für wenige Sensoren und Aktoren zuständig ist.

Die Erfahrung zeigt auch hier, dass nach Fehlfunktionen eines einzelnen Messfühlers oder Stellorgans durch PLT-Überwachungs- und -Schutzeinrichtungen gefährliche Zustände verhindert werden können.

Das konkrete Sicherheitskonzept muss natürlich in der Planungsphase auf den konkreten Prozess abgestimmt werden. Je nach Gefährdungspotenzial kann unter Umständen ein Stellorgan bzw. ein Messfühler inklusive seiner Interface-Baugruppe auch redundant ausgelegt werden.

Die **Anzeige- und Bedienkomponenten** bzw. Operator- oder Leitstationen sind meist von vornherein mehrfach vorhanden. Über das Systembuskabel werden sie von den Controllern alle gleichzeitig mit den Messwerten und den sonstigen Informationen aus dem Feld versorgt. Im Falle des Nichtfunktionierens einer der Leitsta-

16.4 Redundanz bei den Schlüsselbaugruppen des Prozessleitsystems

tionen, z. B. nach einem Computerabsturz, stehen die anderen Stationen weiterhin zur Prozessbeobachtung und -bedienung zur Verfügung.

Das **Systembus-kabel** und die **Feldbus-Kabel** stellen gemeinsam mit den Buskopplerbaugruppen, wie Netzwerkkarten oder Optokopplern, die Flaschenhälse der Informationsübertragung dar, da die Daten aller PLT-Stellen nacheinander, ca. einmal pro Sekunde, hierüber übertragen werden.

Eine altersbedingte Oxydation eines Steck-Kontaktes ist bereits ausreichend, um eine komplette Teilanlage lahm zu legen. Deshalb wird zumindest die Bus-Verkabelung des Prozessleitsystems meist redundant ausgelegt.

Die Aufgabe der fest in den Kopplerbaugruppen gespeicherten Software besteht darin, bei einem Defekt ein automatisches und schnelles Umschalten auf das Reserve-Buskabel vorzunehmen. Der Vorgang sollte möglichst innerhalb eines Zyklus, also vor Ablauf von ca. einer Sekunde geschehen. Dies wird auch als **Lebenszeichenüberwachung** bezeichnet.

Gibt das Hauptbussystem kein „Lebenszeichen" mehr von sich, wird auf Reserve umgeschaltet und eine Alarmmeldung für das Bedienpersonal erzeugt. Die Rückschaltung auf das Hauptbussystem erfolgt dann wieder automatisch, wenn der Fehler behoben ist.

> **Merksatz**
> Zusätzlich zu den Controllern des digitalen Prozessleitsystems werden die **Buskabel** zur seriellen Datenübertragung oft redundant ausgelegt. Dies betrifft die Verbindung zwischen der Messwarte und der prozessnahen Komponente (**Systembus**) sowie, falls vorhanden, die Verbindung zwischen der prozessnahen Komponente und dem Feld (**Feldbus**).

Bild 1 zeigt eine Baueinheit mit zwei redundanten Controllern, die je ein messwartenseitiges und ein feldseitiges Gateway besitzen. Von den Gateways geht jeweils ein redundant ausgelegtes Bussystem ab. Das messwartenseitige Bussystem führt zum Computernetzwerk. Das feldseitige Bussystem verbindet die Controller mit den Remote-I/Os. Zwischen beiden Controllern gibt es einen Lichtwellenleiter zur gegenseitigen Lebenszeichenüberwachung.

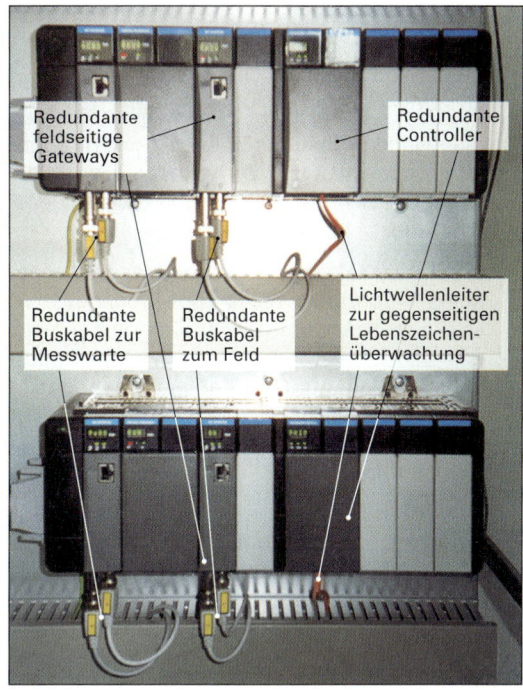

Bild 1: Redundanzprinzip an einem modernen leistungsfähigen Controller-System

Da die Controller jene Baugruppen sind, denen die Hauptarbeit im laufenden Anlagenbetrieb obliegt, soll die Umschaltung zwischen defekten Controllern im Folgenden etwas näher beleuchtet werden.

Die Hersteller von Prozessleitsystemen verfolgen beim Aufbau von redundanten Controllersystemen geringfügig abweichende Philosophien. Die folgenden Betrachtungen gehen von dem Fall aus, dass ein einzelner Controller für einen abgegrenzten Anlagenteil zuständig ist.

Folgende Prinziplösungen sind in der Praxis zu finden:

- Ein Reservecontroller ist für mehrere Controller zuständig und kann die Aufgaben eines von ihnen übernehmen.

- Ein besonders leistungsfähiger Controller ist für mehrere Controller zuständig und kann für zwei oder maximal vier von ihnen „einspringen".

- Für jeden Controller gibt es einen Reservecontroller, der dessen Aufgaben übernehmen kann.

Auch für die Rückschaltung nach der Fehlerbehebung am defekten Controller gibt es bei den Herstellern unterschiedliche Ansätze:

- Die Rückschaltung auf den nach einem Ausfall wieder funktionsfähigen Controller erfolgt automatisch. Der Reservecontroller „übergibt" seine Arbeit wieder an den Hauptcontroller.
- Die Rückschaltung auf den wieder funktionsfähigen Controller muss vom Bediener bzw. vom autorisierten Instandhaltungsingenieur erfolgen. Dieser bestätigt die erfolgte Fehlerbehebung per Mausklick an einer der Leitstationen und gibt damit dem Hauptcontroller den Befehl zur Rückübernahme seiner Steuerungsaufgaben.

Eines der Hauptprobleme bei der Umschaltung zum Reservecontroller und zurück ist die Übergabe und Übernahme der Messdaten aus dem Prozess sowie der vom Bediener vorgegebenen oder vom Controller selbst berechneten Stellwerte.

Alle Messwerte werden nach ihrer Digitalisierung zum Controller transportiert. Bei mehreren Controllern gelangen die Messwerte jeder Teilanlage in den für sie zuständigen Controller. Pro Bearbeitungszyklus werden alle von ihnen einmal aktualisiert.

Im digitalen Speicher des Controllers werden sie zwischengespeichert, ehe sie über den Systembus nacheinander zu den Bedienstationen gesendet werden oder im Controller selbst weiterverarbeitet werden. Die Gesamtheit der im Controller gespeicherten Messwerte eines Zyklusses wird als **Prozessabbild der Eingänge** bezeichnet.

> **Merksatz**
>
> Der komplette Satz der Messwerte eines Zyklusses heißt **Prozessabbild der Eingänge**.

Fällt der Controller aus, kann der Reservecontroller nur dann einspringen, wenn er ebenfalls ständig, also einmal in jedem Zyklus, die Messwerte aus dem Prozess erhält und in seinem digitalen Speicher auf Vorrat hält.

Diese Daten bekommt er, ebenso wie der Hauptcontroller, über den Baugruppenträgerbus von den Eingangswandlerkarten. Stellt er durch die ständige wechselseitige Lebenszeichenüberwachung fest, dass der Hauptcontroller nicht oder fehlerhaft arbeitet, kann er mit dem auf Vorrat gehaltenen Datensatz sofort weiterarbeiten, d. h. Stellgrößen berechnen bzw. die Messwerte zu den Bedienstationen senden.

Im Speicher eines jeden im Normalbetrieb arbeitenden Hauptcontrollers befindet sich neben dem Prozessabbild der Eingänge auch das **Prozessabbild der Ausgänge**. Dieses besteht aus den digitalen Signalen zur Ansteuerung aller Stellsignale.

> **Merksatz**
>
> Der komplette Satz der Stellwerte eines Zyklusses heißt **Prozessabbild der Ausgänge**.

Diese Werte werden ebenfalls vom Controller einmal pro Zyklus, also einmal pro Sekunde, aktualisiert. Sie stammen entweder aus der einmal pro Zyklus erfolgenden Neuberechnung aller Regelkreise, aus der automatischen Rezeptabarbeitung innerhalb des Controllers oder sie wurden vom Bediener direkt per Tastatur oder Mausklick vorgegeben.

Alle diese Stellgrößen müssen vom Hauptcontroller in jedem Zyklus auch an den Reservecontroller übergeben und dort zwischengespeichert werden. Der erforderliche Datentransport erfolgt wiederum über den Baugruppenträgerbus genau einmal pro Zyklus.

> **Merksatz**
>
> Falls redundante Controller vorhanden sind, muss der redundante Controller in seinem digitalen Speicher u. a. ständig die kompletten Prozessabbilder der Eingänge und die Prozessabbilder der Ausgänge bevorraten, damit er im Defektfall des Hauptcontrollers nahtlos dessen Funktion übernehmen kann.

Falls eine automatische **Rezeptabarbeitung**, also ein Batch-Betrieb, erfolgt, muss der Reservecontroller ständig die Rezeptbausteine und den Stand ihrer momentanen Abarbeitung von Hauptcontroller übergeben erhalten, damit er im Defektfall auch die Rezeptursteuerung nahtlos übernehmen kann.

Darüber hinaus muss er über eine Vielzahl weiterer wichtiger Größen in seinem Speicher verfügen, z. B. über:

- alle **Alarmgrenzen**,
- die momentanen **Sollwerte**,
- die komplette **Verriegelungsliste**.

16.4 Redundanz bei den Schlüsselbaugruppen des Prozessleitsystems

Bild 1 zeigt schematisch die Funktionsweise des Datenaustausches, die digitalen Speicherbereiche sowie die per Software realisierten Hauptfunktionen von Haupt- und Reservecontroller.

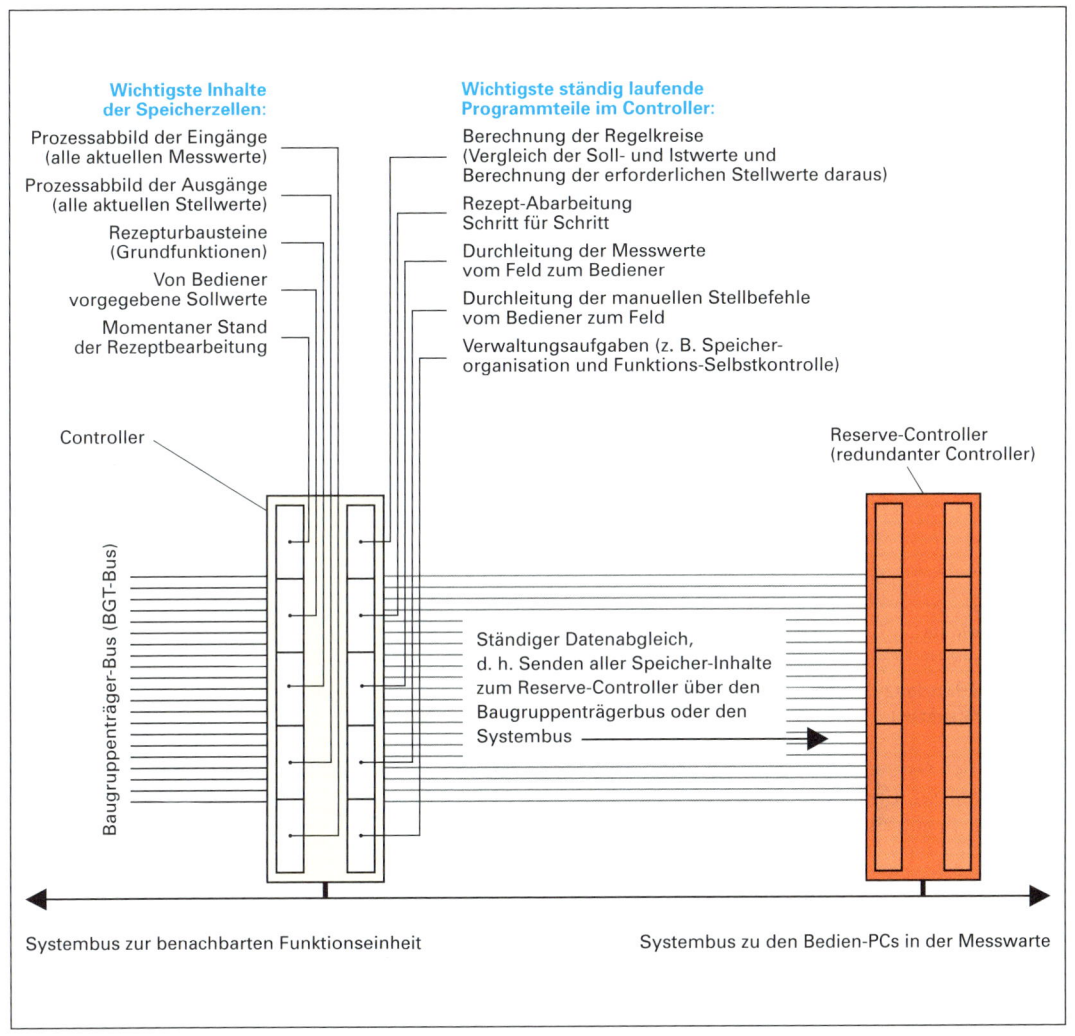

Bild 1: Datenabgleich zwischen Haupt- und Reservecontroller

In Bild 1 ist der Reservecontroller für genau einen Hauptcontroller zuständig. Diese Struktur heißt auch **1-von-2-Struktur**, da ständig ein Controller von zwei vorhandenen aktiv arbeitet.

Haben beispielsweise vier Controller einen gemeinsamen Reservecontroller, wie in Bild 1, S. 380, spricht man von einer **4-von-5-Struktur**. Dies bedeutet, dass stets 4 von 5 Controllern aktiv sind. Die Differenz von 4 und 5 ist 1, also existiert ein einziger Reservecontroller. Deshalb kann der Reserve-Controller im Bild für maximal einen defekten Controller einspringen.

Bild 2, S. 380, zeigt eine weitere Struktur, bei der jeder Controller seinen ihm zugewiesenen, eigenen Reserve-Controller neben sich hat. Jeder der vier Reserve-Controller kann im Defektfall die Funktion seines benachbarten Haupt-Controllers übernehmen. Dabei handelt es sich um jeweils eine **1-von-2-Struktur**.

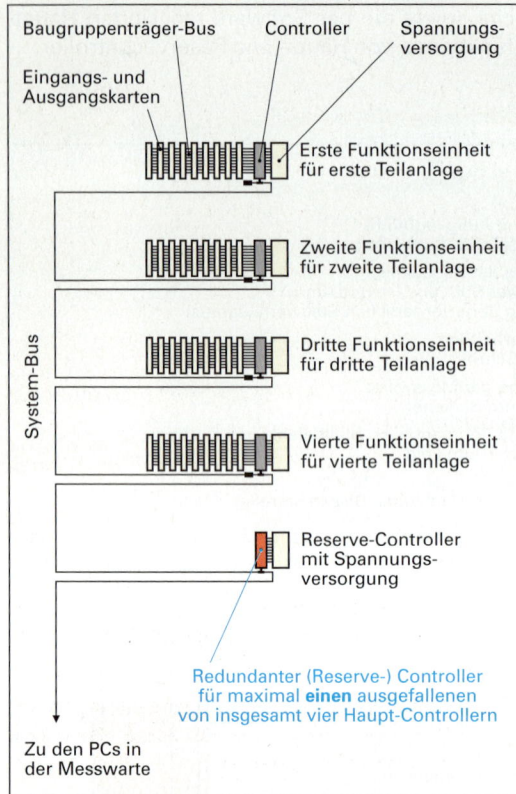

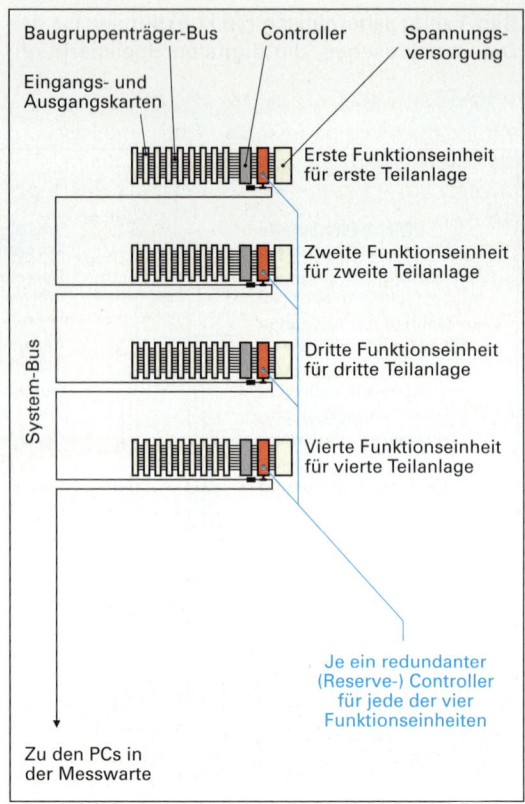

Bild 1: Redundanz-Strukturen von Controllern (4-von-5-Struktur)

Bild 2: Redundante Controller mit mehrfacher 1-von-2-Struktur

Es gibt auch spezielle Strukturen, bei denen zwei oder mehrere Controller gleichzeitig arbeiten und ihre Ergebniswerte untereinander abgleichen.

Wenn dabei die berechneten Ausgangssignale, also die Stellgrößen, nicht übereinstimmen, wird ein Reservecontroller einbezogen und dessen Ergebnisse mit den voneinander abweichenden Werten verglichen. Der Controller mit den falschen Werten wird dann vom Netz genommen, d. h. seine Rechenwerte werden vorerst nicht weiter berücksichtigt.

Solche Strukturen, die auch in der Luft- und Raumfahrt angewendet werden, findet man besonders bei Anlagen mit besonders hohem Risikopotenzial. Bei Fehlfunktionen mehrerer Controller wird die Anlage dann durch weitere Sicherheitsmaßnahmen in einen sicheren Zustand gefahren.

Der Schutz von Leben und Gesundheit des Menschen hat in jeder Prozessanlage oberste Priorität. Diesem Ziel dienen letztlich alle der aufgeführten Redundanzstrukturen.

16.5 Prozessleittechnik und Explosionsschutz

In vielen Chemieanlagen werden brennbare oder explosive Substanzen als Ausgangsstoffe bzw. Hilfsstoffe verwendet oder aber als Zwischen- oder Endprodukte produziert. Diese können einen gasförmigen Aggregatzustand haben, aber auch in flüssiger (Nebel) oder in fester Form (Staub) vorliegen. Nachfolgend werden sie der Einfachheit halber nur „Gasgemische" genannt.

Beispiele für explosive Stoffe sind:

- Wasserstoff, Propan, Butan (bei Normaldruck **gasförmig**),
- Aceton, Toluol, Diethylether, Benzin (bei Normaldruck **flüssig**),
- Kohlenstaub, Mehlstaub (bei Normaldruck **fest**).

Aufgrund der zerstörerischen Auswirkungen von Explosionen gibt es ein umfangreiches technisches und juristisches Regelwerk zur Minimierung des Risikos einer Explosion.

16.5.1 Voraussetzungen für Explosionen

Wichtigste Voraussetzung für das Entstehen einer Explosion ist, dass das explosive Medium als **Gemisch mit Sauerstoff** vorliegt. Diese Voraussetzung ist in der Praxis meistens durch die Anwesenheit des Luftsauerstoffs gegeben.

Wenn flüssige oder feste Medien an ihrer Oberfläche mit dem Luftsauerstoff exotherme chemische Reaktionen eingehen, spricht man von einem **Brand**.

> **Merksatz**
>
> Eine **Explosion** ist die schnelle chemische Reaktion eines Gemisches aus einem explosiven Stoff mit Luft oder mit reinem Sauerstoff. Als explosive Stoffe kommen **Gase**, **Flüssigkeitsdämpfe** oder auch **Staub** in Frage.
>
> Bei bestimmten Chemikalien können auch ohne Sauerstoff Zersetzungsreaktionen erfolgen, die in ihrer Wirkung den sauerstoffbasierten Explosionen und Detonationen gleichen.

Die Voraussetzungen für das Entstehen einer Explosion sind:

- das Vorhandensein eines explosiven **Gases**, **Flüssigkeitsdampfes** oder **Staubs**,
- dessen fein verteilte Mischung mit dem **Sauerstoff** der Luft oder mit reinem Sauerstoff,
- das Vorhandensein einer **Zündquelle**, d. h. eines Zündfunkens oder einer heißen Oberfläche.

Die Explosivität des Gasgemisches hängt vom Mischungsverhältnis ab. Zu **magere Gemische** sind nicht explosiv. Ebenso sind zu **fette Gemische** nicht explosiv.

Bild 1: Beginnender Brand in einer Chemieanlage

Erfolgt diese chemische Reaktion mit Medien, die im gasförmigen Sauerstoff fein verteilt vorliegen (als Gasgemische, als Flüssigkeitströpfchen oder als Staubwolke), spricht man von einer **Explosion**. Vom Brand unterscheidet sich die Explosion durch ihre deutlich höhere Reaktionsgeschwindigkeit.

Die zerstörerische Wirkung der Explosion beruht sowohl auf der Verbrennungstemperatur als auch auf der Druckwirkung. Die Druckwelle breitet sich mit Schallgeschwindigkeit aus.

Bei einer **Detonation** ist die Druckausbreitungsgeschwindigkeit wesentlich größer als bei der Explosion. Sie liegt über der Schallgeschwindigkeit und beträgt oft mehr als 1 km/s. Detonationen kommen meist nicht durch chemische Reaktionen von Gas-, Dampf- oder Staubgemischen zustande, sondern sie werden in erster Linie von Sprengstoffen oder besonders instabilen Verbindungen ausgelöst.

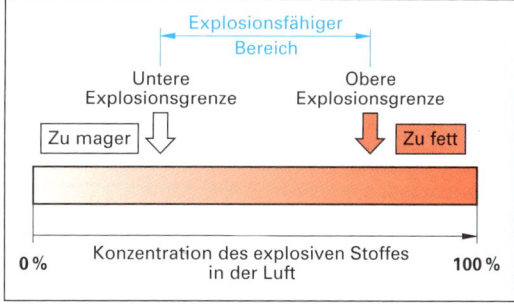

Bild 2: Explosionsgrenzen eines Stoffgemisches

> **Merksatz**
>
> Zu magere und zu fette Gemische sind nicht explosiv. Jedes Stoffgemisch besitzt bestimmte **Explosionsgrenzen**, die experimentell ermittelt werden.

Bereits bei der Planung einer Anlage müssen Art, Umfang und Wahrscheinlichkeit der Explosionsgefährdung berücksichtigt werden.

16.5.2 Einführung wichtiger Begriffe

Explosionsgefährdete Anlagen werden räumlich in **Gefährdungszonen** eingeteilt. Die Gefährdungszonen-Nummerierung erstreckt sich von 0 bis 2. Falls es sich bei den explosiven Stoffen um Stäube handelt, wird vor die Zonen-Nummer noch eine „2" gesetzt. Je nach dem Gefährdungsgrad und der Gefährdungsdauer gibt es folgende Gefährdungszonen, in denen jeweils unterschiedliche konstruktive und verhaltensorientierte Maßnahmen vorgeschrieben sind:

- **Zone 0** (bei Stäuben **Zone 20**)
  Ständige, langzeitige oder häufige Gefährdung durch explosionsfähige Atmosphäre

- **Zone 1** (bei Stäuben **Zone 21**)
  Gelegentliche Gefährdung durch explosionsfähige Atmosphäre

- **Zone 2** (bei Stäuben **Zone 22**)
  Normalerweise keine oder aber nur kurzzeitige Gefährdung durch explosionsfähige Atmosphäre

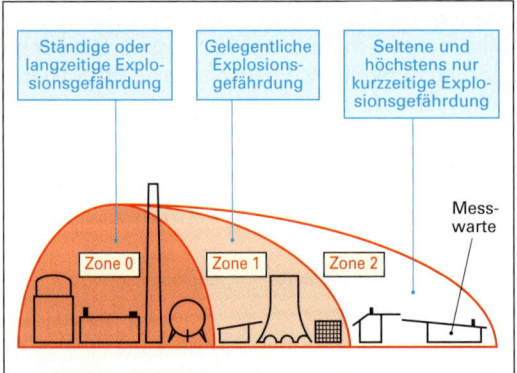

Bild 1: Explosionsschutz-Zonen einer Chemieanlage („Ex-Zonen")

Nicht nur die Räumlichkeit der Anlage sowie das Innere von Apparaten, sondern auch die **explosiven Stoffe** selbst, d. h. deren Gemische mit der Luft, werden hinsichtlich ihrer Gefährlichkeit klassifiziert. Die dabei berücksichtigten **Stoffeigenschaften** sind:

- **Zündtemperatur (in Grad Celsius)**

Sie gibt an, welche Temperatur zur Entzündung mindestens erforderlich ist. Zur Veranschaulichung dieses Sachverhalts enthält Bild 2 eine Temperaturskala mit genormten, charakteristischen Temperaturen. Die Zündtemperaturen werden in definierte Bereiche, die Temperaturklassen, eingeteilt.

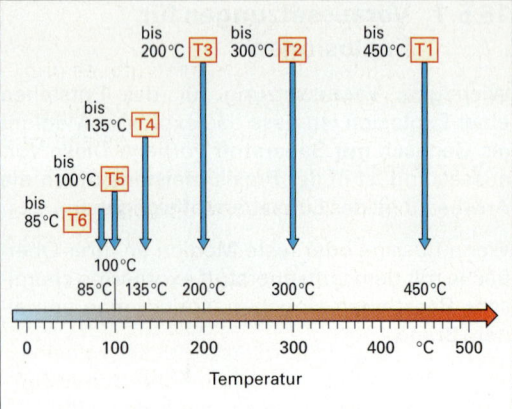

Beispiele:
- Ein Medium, das mit einer Oberflächentemperatur über 150 °C entzündlich ist, wird in die Temperaturklasse T3 (135 bis 200 °C) eingeordnet.
- Ein elektrisches Feldgerät (z. B. ein Elektromotor), dessen Oberfläche sich nicht über 85 °C erwärmt, wird in die Temperaturklasse T6 (bis 85 °C) eingeordnet.

Bild 2: Temperaturklassen der Entzündungstemperaturen von Stoffgemischen und Oberflächentemperaturen von Betriebsmitteln

- **Temperaturklasse (T1 bis T6)**

Sie stellt eine Gruppierung der Zündtemperatur des zu erwartenden explosiven Gemisches in bestimmte Bereiche dar. Gehört ein Stoffgemisch zur Temperaturklasse T3, so ist es mit einer Oberflächentemperatur über 135 °C entzündlich. Dementsprechend müssen alle eingesetzten Geräte und Maschinen ebenfalls zur Klasse T3 gehören, denn ihre Oberfläche darf sich in Betrieb nicht über 135 °C erwärmen, um keine Explosion zu provozieren.

- **Zünddurchschlagfestigkeit durch enge Spalten (Explosionsgruppen A, B oder C)**

Sie spiegelt die spezifische Zündenergie eines Stoffgemisches wider, sowie sein Vermögen, in die Dichtungen von Geräten einzudringen. Die gefährlichsten Stoffe werden in die Explosionsgruppe C eingeordnet. In Anlagenbereichen, wo solche Stoffe auftreten, sind nur PLT-Geräte der Kategorie C zulässig.

Tabelle 1: Zünddurchschlagsfestigkeiten und Gerätekategorien (Explosionsgruppen)

Explosionsgruppe	Typisches Gas	Zündenergie in µJ	Erforderliche Gerätekategorie
A	Propan	> 180	A
B	Ethen	60 … 180	B
C	Wasserstoff	< 60	C

16.5.3 Explosionsschutz

Zur Vermeidung von Explosionen gibt es prinzipiell die folgenden Möglichkeiten:

- Verhinderung der Entstehung gefährlicher **Gemische**,
- Vermeidung des Entstehens von **Zündquellen**,
- Verhinderung des **Zusammenkommens** gefährlicher Gemische mit Zündquellen.

Durch konkrete Maßnahmen des Explosionsschutzes lässt sich die **gefährliche Gemischbildung** verhindern. Einige Beispiele dafür sind:

- Durch den Gasraum eines chemischen Reaktors lässt man ständig Stickstoff als chemisch inertes (nicht reaktionsfähiges) Gas strömen, oder man bringt mehrmals Stickstoff unter Druck hinein und lässt ihn wieder ab (**Inertisierung**).
- In Fabrikhallen wird für eine ausreichende **Zwangslüftung** gesorgt.
- Temperaturen und Drücke werden durch **Prozessüberwachung** mit PLT-Mitteln und **Sicherheitsarmaturen** im sicheren Bereich gehalten.
- Gefährliche Anlagenteile werden **im Freien** errichtet und lediglich mit einer Überdachung versehen.

Durch geeignete Maßnahmen lässt sich die **Entstehung von Zündquellen** oder das **Zusammenkommen von Zündquellen und Gasgemischen** wirkungsvoll verhindern.

Prinzipiell können Zündquellen **elektrischer** oder **nichtelektrischer Natur** sein.

> **Merksatz**
>
> **Zündquellen** im Allgemeinen können elektrischer oder nichtelektrischer Natur sein.
>
> **Zündfunken** sind besonders häufig auftretende Zündquellen. Sie können ebenfalls einen elektrischen oder nichtelektrischen Ursprung haben.
>
> Heiße Oberflächen von elektrischen Geräten zählen zu den **elektrischen Zündquellen**.
>
> Heiße Oberflächen von verfahrenstechnischen Ausrüstungen oder von nicht elektrisch betriebenen Anlagenteilen zählen zu den **nichtelektrischen Zündquellen**.

In Tabelle 1 sind Beispiele für die Entstehung von Zündquellen zusammengestellt.

Tabelle 1: Zündquellen in Chemieanlagen

Nichtelektrische Zündquellen	Beispiele/Erklärung
Heiße Oberflächen	Dampfleitungen, heiße Geräteoberflächen
Flammen, heiße Gase	Verbrennungsanlagen, Heißluftgebläse
Mechanisch verursachte Funken	Trennschleifen von Metallen
Sonnenlicht	Bündelung durch Glassplitter
Kompressoren	Unzureichende Kühlung
Blitzschlag	Gewitter
Elektrische Zündquellen	**Beispiele/Erklärung**
Elektrische Funken	Schalten von elektrischen Stromkreisen
Elektrische Lichtbogen	Lichtbogenschweißen
Ausgleichsströme	Potenzialdifferenzausgleich zwischen unterschiedlich leitfähigen Teilchen
Elektrostatische Entladungen	Abfüllen von elektrisch schlecht leitenden Flüssigkeiten oder Schüttgütern
Elektromagnetische Wellen	Hochfrequente Sender

Der Ausschluss **nichtelektrischer Zündquellen** lässt sich durch konstruktive Maßnahmen erreichen, z. B.:

- konsequente **Wärmeisolierung** von Geräte- und Anlagenteilen,
- geeignete **Rohrleitungsführung** und Apparateaufstellung,
- Vorsehen von **Blitzschutzanlagen**.

16 Sicherheitsaspekte der Prozessleittechnik

Auch Maßnahmen der Arbeitssicherheit und des organisatorischen Sicherheitsmanagementes tragen dazu bei, die Entstehung nichtelektrischer Zündquellen zu verhindern.

Der Ausschluss **elektrischer Zündquellen** erfordert konstruktive Maßnahmen im Bereich der Anlagenplanung und -konstruktion sowie bei den Zulieferern der Elektrotechnik und der Prozessleittechnik. Diese Maßnahmen betreffen die Bereiche:

- der **Anlagenausführung**,
- der Konstruktion der **Elektrotechnik und Elektronik des Prozessleitsystems**,
- der Konstruktion der **elektrischen Verbraucher höherer Leistungen**.

Eine der Maßnahmen zur Verhinderung der Funkenbildung durch Entladung statischer Aufladungen ist der **Potenzialausgleich**. Er ist dadurch zu erreichen, dass sowohl die Gehäuse aller elektrischen Geräte, Apparate und sonstigen elektrischen Baugruppen als auch alle anderen metallenen Teile der Anlage miteinander elektrisch verbunden und geerdet werden.

Dies betrifft auch die Baukonstruktion, Gerüste, Rohrleitungen, Behälter und Maschinengehäuse. Damit haben alle Gehäuse und Oberflächen das gleiche elektrische Potenzial, ihre Spannungsdifferenz untereinander beträgt 0 V. Die Verbindungen werden durch starke grün-gelb isolierte Kupferleitungen realisiert (Bilder 1 und 2).

Zum vorübergehenden Potenzialausgleich an transportablen Betriebsmitteln können robuste Erdungsklemmen mit flexiblem Kabelanschluss Verwendung finden (Bild 3).

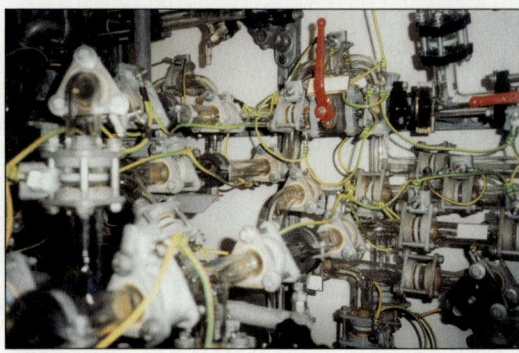

Bild 2: Potenzialausgleich durch grün-gelbe Leitungsverbindungen zwischen den Teilen einer Glas-Anlage

Auf diese Art kann bei Schüttgut- und Flüssigkeitsbehältern oder bei Tankwagen eine Erdung erfolgen, da bei Entlade- und Befüllvorgängen Ladungstrennungen mit Funkenbildung auftreten können.

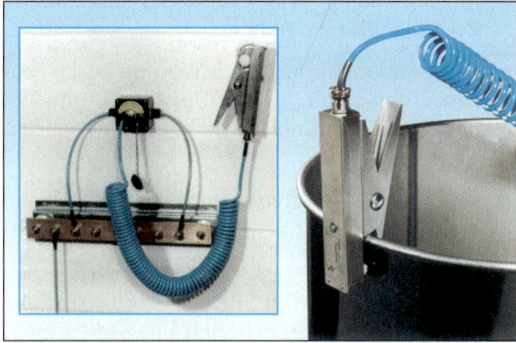

Bild 3: Erdungsklemme zum Potenzialausgleich an einem mobilen Schüttgutbehälter

> **Merksatz**
>
> Die wesentlichen Ansätze des Explosionsschutzes sind:
>
> - Verhinderung der **Gemischbildung,**
> - Vermeidung von **Zündquellen,**
> - Verhinderung des **Zusammenkommens** von Zündquelle und Zündgemisch.

Die in der explosionsgefährdeten Anlage eingesetzten elektrischen Geräte und Maschinen, aber auch die prozessleittechnischen Einrichtungen, wie Stellorgane, Sensoren und Transmitter, müssen gemäß einem umfangreichen System von Normungen und Vorschriften so beschaffen sein, dass sie keine Entzündung explosiver Gemische hervorrufen können.

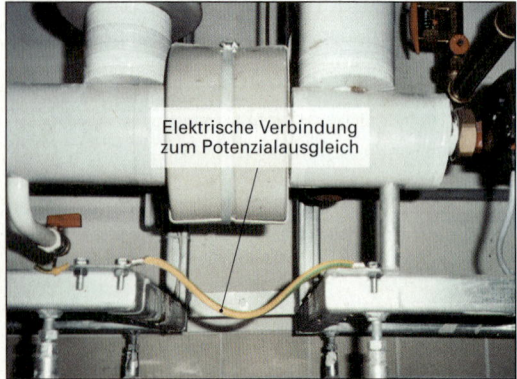

Bild 1: Potenzialausgleich zwischen metallenen Anlagenteilen durch grün-gelbe Leiter

> **Merksatz**
>
> Die elektrisch betriebenen verfahrenstechnischen Ausrüstungen und die Teile der elektrisch betriebenen Prozessleittechnik werden, soweit sie sich im Feld befinden, als **elektrische Betriebsmittel** bezeichnet. Dazu gehören z. B. Motoren MSR-Geräte, Analysengeräte und elektrische Begleitheizungen.
>
> Elektrische Betriebsmittel in explosionsgeschützten Anlagen müssen einem umfangreichen **Normen- und Regelwerk** des Explosionsschutzes entsprechen.

Alle Betriebsmittel werden entsprechend ihrer Wahrscheinlichkeit, im Defektfall als Zündquelle zu wirken, in 3 Kategorien eingeteilt:

Kategorie 1: zugelassen für Zonen 2, 1 und 0
Kategorie 2: zugelassen nur für Zonen 2 und 1
Kategorie 3: zugelassen nur für Zone 2

16.5.4 Zündschutzarten

Die elektrischen und nichtelektrischen Betriebsmittel werden in verschiedene **Zündschutzarten** eingeteilt. Die Zuordnung einer Zündschutzart ist abhängig von den realisierten konstruktiven Maßnahmen zur Vermeidung von Entzündungen explosiver Gemische.

> **Merksatz**
>
> Die **Zündschutzart** gibt an, mit welchen Maßnahmen bei einem Betriebsmittel erreicht wird, dass es nicht zur Zündquelle werden kann.

Bei den elektrischen Geräten, Verteiler- oder Schaltanlagen in explosionsgefährdeten Anlagenteilen muss vermieden werden, dass diese zur Zündquelle werden können.

Dabei sind zum einen die Oberflächentemperaturen durch konstruktive Maßnahmen zu beschränken, und zum anderen gilt es zu vermeiden, dass elektrische Funken entstehen können.

Bei vielen elektrischen Betriebsmitteln lässt sich das Entstehen elektrischer Zündquellen, speziell von Zündfunken, nicht ausschließen. Dies betrifft vor allem Motoren, Relais und Schalter, bei Defekten jedoch im Prinzip auch alle anderen elektrischen Baugruppen.

Diese können jedoch so gestaltet werden, dass Gasgemische nicht in den Funkenraum oder in den Betriebsraum mit hoher Temperatur eindringen können.

Die eleganteste Maßnahme zur Vermeidung einer Zündung ist natürlich die Gestaltung der elektrischen Betriebsmittel in der Art und Weise, dass sie von sich aus gar nicht erst in der Lage sind, Funken oder heiße Betriebsoberflächen entstehen zu lassen. Diese Maßnahme zum Zündschutz heißt **Eigensicherheit**.

Die sieben wichtigsten Maßnahmen zur Vermeidung der Entzündung explosiver Gasgemische durch elektrische Betriebsmittel zeigt Tabelle 1.

Die in der konkreten Baugruppe angewandte Maßnahme wird auf dem Typenschild jeweils durch Kennbuchstaben vermerkt.

Tabelle 1: Wichtigste Zündschutzarten und Kennbuchstaben nach DIN EN 50014 bis 50039

Zündschutzart	Kennbuchstabe
Konstruktive Sicherheit (engl. **c**onstructive: konstruktiv)	c
Druckfeste Kapselung	d
Erhöhte Sicherheit (engl. **e**nhanced: erhöht)	e
Eigensicherheit (engl. **i**ntrinsic: innerlich)	i
Vergusskapselung (engl. **m**ould: gießen)	m
Ölkapselung (engl. **o**il: Öl)	o
Überdruck-Kapselung (engl. **p**ressure: Druck)	p
Sandkapselung (**Q**uarzsand-Kapselung)	q

Das Telefon in Bild 1, S. 386, ist z. B. ein elektrisches Betriebsmittel, das die Zündschutzarten „erhöhte Sicherheit" und „druckfeste Kapselung" erfüllt. Es ist in der Zone 0 einer explosionsgefährdeten Anlage einsetzbar. Die Kombination von Monitor, Tastatur und Maus (örtlicher Leitstand) in Bild 2, S. 386, ist ein Betriebsmittel, bei dessen Konstruktion ebenfalls die Zündschutzart „druckfeste Kapselung" angewandt wurde.

> **Merksatz**
>
> Die am häufigsten anzutreffenden Zündschutzarten sind die **erhöhte Sicherheit**, die **Eigensicherheit** sowie die **druckfeste Kapselung**.

16 Sicherheitsaspekte der Prozessleittechnik

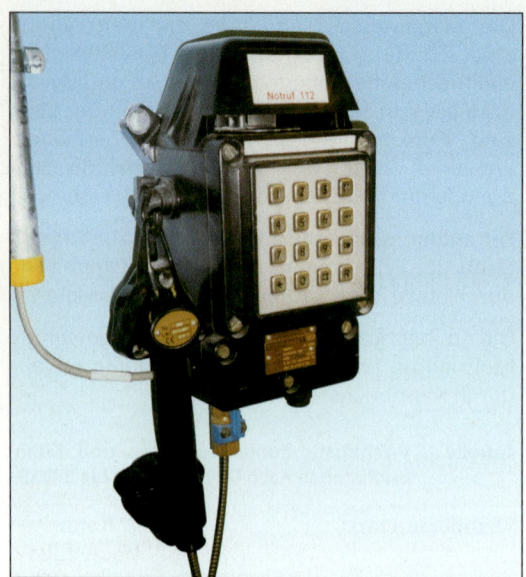

Bild 1: Telefon als elektrisches Betriebsmittel mit druckfester Kapselung

bei elektrischen Betriebsmitteln im explosionsgefährdeten Feldbereich besonders häufig eingesetzt und stellt vom Wesen her die Ausschöpfung aller konstruktiven Möglichkeiten für besonders hohe Qualitätsmerkmale dar.

Um eine erhöhte Sicherheit der prozessleittechnischen Betriebsmittel zu gewährleisten, müssen diese u. a. folgende Forderungen erfüllen:

- Die maximal auftretende Oberflächentemperatur ist zu begrenzen.

- Die Anschlussklemmen müssen besondere Anforderungen erfüllen und gegen Selbstlockerung gesichert sein.

- Innere Leitungsverbindungen dürfen nicht unzulässig mechanisch beansprucht werden.

- Innere Leitungsverbindungen dürfen keine metallisch blanken Teile berühren.

- Die verwendeten elektrischen Isolierwerkstoffe dürfen bestimmte Widerstandswerte nicht unterschreiten, um Kriechströme zu vermeiden.

- Die Luftstrecken zwischen spannungsführenden Teilen, also deren Abstände, müssen bestimmte Mindestgrößen haben, da auch die Luftfeuchtigkeit zu Kriechströmen führen kann.

- Die Betriebsmittel müssen berührungs- und spritzwassergeschützt und gegen Eindringen von Stäuben gesichert sein. Über den Grad dieses Schutzes geben die am Typenschild ablesbaren zweistelligen IP-Werte Auskunft. So bedeutet bei IP64 die 6: vollständige Staubdichtheit einschließlich vollständigem Berührungsschutz. Die 4 bedeutet: Schutz gegen Spritzwasser aus allen Richtungen. Eine Aufstellung dieser **Schutzarten** enthält Tabelle 1 auf Seite 393.

- Die Betriebsmittel müssen einer bestimmten, in verschiedenen Normen festgelegten, mechanischen Stoßbeanspruchung sowie einer von außen einwirkenden Wärmebelastung standhalten.

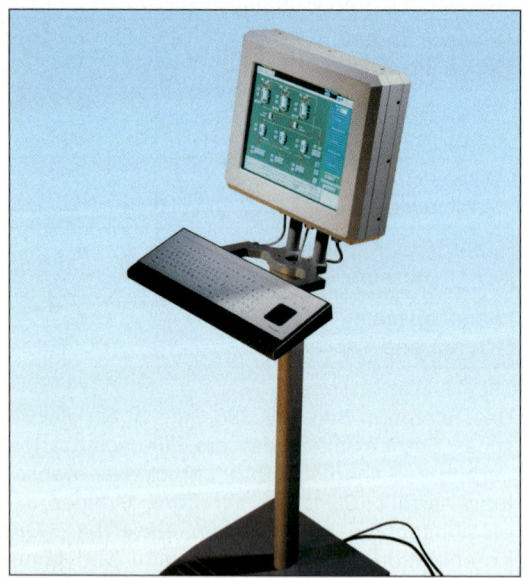

Bild 2: Örtlicher Leitstand als elektrisches Betriebsmittel mit druckfester Kapselung

16.5.5 Die Zündschutzart „Erhöhte Sicherheit"

Eine der in Tabelle 1, S. 385, aufgeführten Zündschutzarten ist die **erhöhte Sicherheit**. Sie wird

> **Hinweis**
> Messgeräte mit beweglichen Spulen sind wegen der Gefahr des Kabelbruches in den explosionsgefährdeten Zonen 0 und 1 nicht zulässig.

16.5.6 Die Zündschutzart „Eigensicherheit"

Die Zündschutzart **Eigensicherheit** ist die am meisten angewandte Maßnahme, um zu verhindern, dass ein elektrisches Betriebsmittel im explosionsgefährdeten Feld zur Zündquelle wird.

Bei eigensicheren Betriebsmitteln wird die Energie in den zugehörigen Stromkreisen so gering gehalten, dass ein explosionsfähiges Gasgemisch weder durch Öffnen des Stromkreises, noch durch elektrische Fehler wie Kurzschlüsse, Masseschlüsse oder Erdschlüsse entzündet werden kann.

Dazu sind nicht nur Ströme oder Spannungen in den Stromkreisen gering zu halten, sondern auch die Induktivitäten von Spulen und die Kapazitäten von Kondensatoren. In ihnen ist in Form von elektrischen bzw. magnetischen Feldern Energie gespeichert, die sich beim Ein- oder Ausschalten von Stromkreisen in Elektroenergie zurückverwandeln und Funken erzeugen kann.

Bei geeigneter Dimensionierung von Spulen, Kondensatoren und Widerständen innerhalb der Elektronik heben sich deren Wirkungen auf und eine Funkenbildung wird auch im Fehlerfall vermieden (Bild 1).

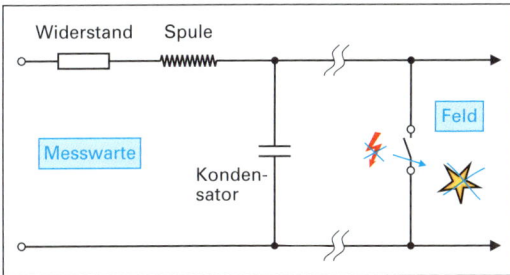

Bild 1: Kompensation der gespeicherten elektrischen Ladung eines Kondensators durch die Induktivität einer Spule

Eigensichere Baugruppen und Stromkreise sind so konstruiert, dass auch bei Ausfall ihrer elektronischen Bauelemente (z. B. Trafos, Widerstände, Dioden, Transistoren, Spulen und Kondensatoren) die Eigensicherheit nicht eingeschränkt oder aufgehoben wird.

Eigensichere Baugruppen enthalten spezielle Sicherheitsschaltungen, die eine Abblockung zu hoher Spannungen und Ströme aus den nicht eigensicheren Stromkreisen in Richtung der eigensicheren Stromkreise bewirken.

Die wichtigsten Bauelemente in diesen Schaltungen sind:

- Dioden als Strombarrieren,
- Trenntransformatoren,
- induktive Spulenkoppler,
- Optokoppler,
- einfache Schmelzsicherungen.

> **Merksatz**
>
> **Eigensichere Baugruppen** sind elektrische Betriebsmittel, die so konstruiert sind, dass ihre Stromkreise auch im Fehlerfall keine Funken bilden können.

Eine ideale Trennung von eigensicheren und nicht eigensicheren Stromkreisen lässt sich mit **Optokopplern** erreichen. Dabei gehört zum ersten Stromkreis eine Leuchtdiode, deren emittiertes Licht von einem lichtempfindlichen Fotosensor aufgefangen wird. Dadurch sind beide Stromkreise nur über den Weg des Lichts miteinander gekoppelt. Der Informationsgehalt des übertragenen Signals muss im Inneren des Optokopplers einen nichtelektrischen Weg nehmen.

Bild 2 zeigt Bauelemente zur galvanischen Trennung, die gleichzeitig der eigensicheren Spannungsversorgung der Feldgeräte dienen.

Bild 2: Eigensichere Bauelemente zur galvanischen Trennung und zur Spannungsversorgung von Feldgeräten

16 Sicherheitsaspekte der Prozessleittechnik

Ein Beispiel für den Einsatz von eigensicheren Baugruppen im Prozessleitsystem ist in Bild 1 dargestellt.

Man erkennt in Bild 1, dass die 4 … 20 mA Einheitssignale von der Ausgangskarte zunächst in Bauelemente zur galvanischen Trennung eingeführt werden, ehe sie zu den Stellventilen gelangen.

Für keines der Ventile gibt es also einen durchgängigen Stromkreis von der Ausgangskarte zum Feld.

Vielmehr stellt der Signalweg zum Feld ab den Trennbaugruppen einen separaten und sicheren Stromkreis dar.

Ebenso sind die Stromkreise der Eingangssignale in einen feldseitigen (eigensicheren) und einen messwartenseitigen (nicht eigensicheren) Teil getrennt.

Dabei sind in Bild 1 die Bauelemente zur galvanischen Trennung räumlich in Schaltschränken nahe der Messwarte untergebracht, die auch **Interface-Schränke** genannt werden (engl. interface: Schnittstelle).

Die Stromkreise aus der Richtung der Automatisierungseinheit und die Stromkreise in Richtung Feld sind elektrisch voneinander getrennt und nur indirekt, durch Kleintransformatoren, Kondensatoren, Spulen oder Optokoppler, miteinander gekoppelt.

Obwohl die Bauelemente selbst die Forderungen der Eigensicherheit erfüllen, müssen sie sich im nicht explosionsgefährdeten Bereich befinden, da in sie auch solche Stromkreise eingespeist werden, die im Gegensatz zur Feldseite nicht eigensicher sind.

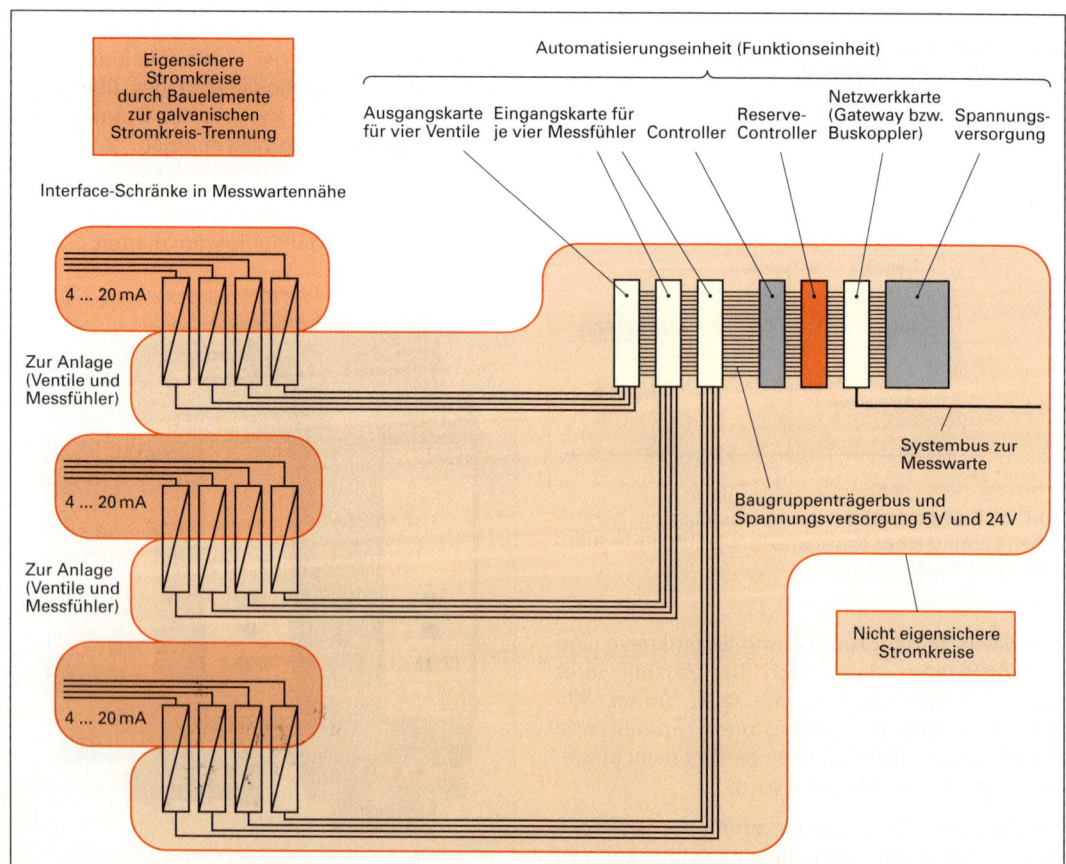

Bild 1: Galvanische Trennung bei Parallelverdrahtung zwischen Feld und Messwarte mithilfe separater Trennungs-Baugruppen

16.5 Prozessleittechnik und Explosionsschutz

Bild 1: Schaltschrank zur galvanischen Trennung einer Vielzahl von Stromkreisen

Bild 2 zeigt eine Variante der galvanischen Stromkreistrennung, bei der bereits die Eingangs- und Ausgangskarten in den Automatisierungseinheiten in Messwartennähe **feldseitig** eigensicher sind und die deshalb ohne zusätzliche galvanische Trennung auskommen.

Wenn die Wandlerkarten (Ausgangs- und Eingangskarten) die entsprechenden Anforderungen erfüllen, sind keine zusätzlichen Baugruppen erforderlich. Die Wandlerkarten in Bild 2 sind Bestandteil der Automatisierungseinheiten und befinden sich in Systemschränken in Messwartennähe.

Bild 1, S. 390, zeigt das eigensichere Trennungs-Prinzip bei Einsatz von Remote-I/Os. Ein peripheres Bussystem verbindet die Automatisierungseinheit in Messwartennähe mit dem Gateway der Remote-I/Os in Feldnähe. Die I/Os neben jedem Gateway realisieren die galvanische Trennung. Ins Feld führen bzw. aus dem Feld kommen nur eigensichere Stromkreise. Das periphere Bussystem zwischen den Automatisierungseinheiten und den Remote-I/Os ist nicht eigensicher.

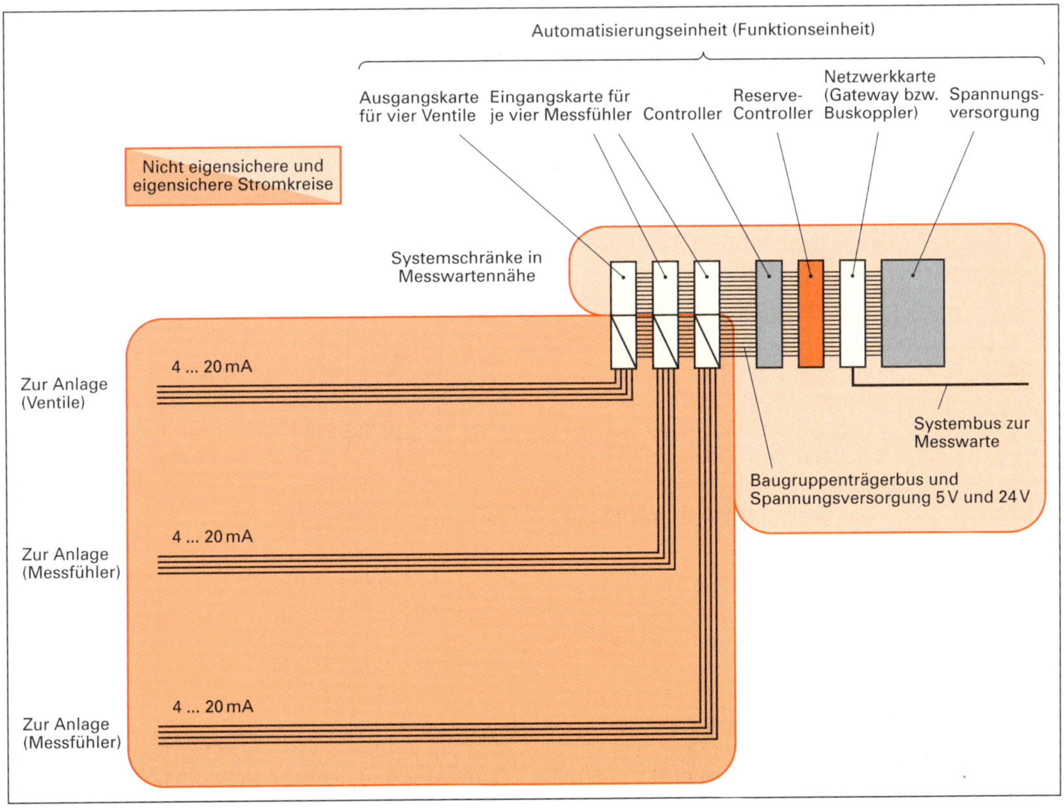

Bild 2: Galvanische Trennung bei Vorhandensein eines peripheren Busses zwischen Feld und Messwarte mithilfe eigensicherer Ein- und Ausgangskarten

16 Sicherheitsaspekte der Prozessleittechnik

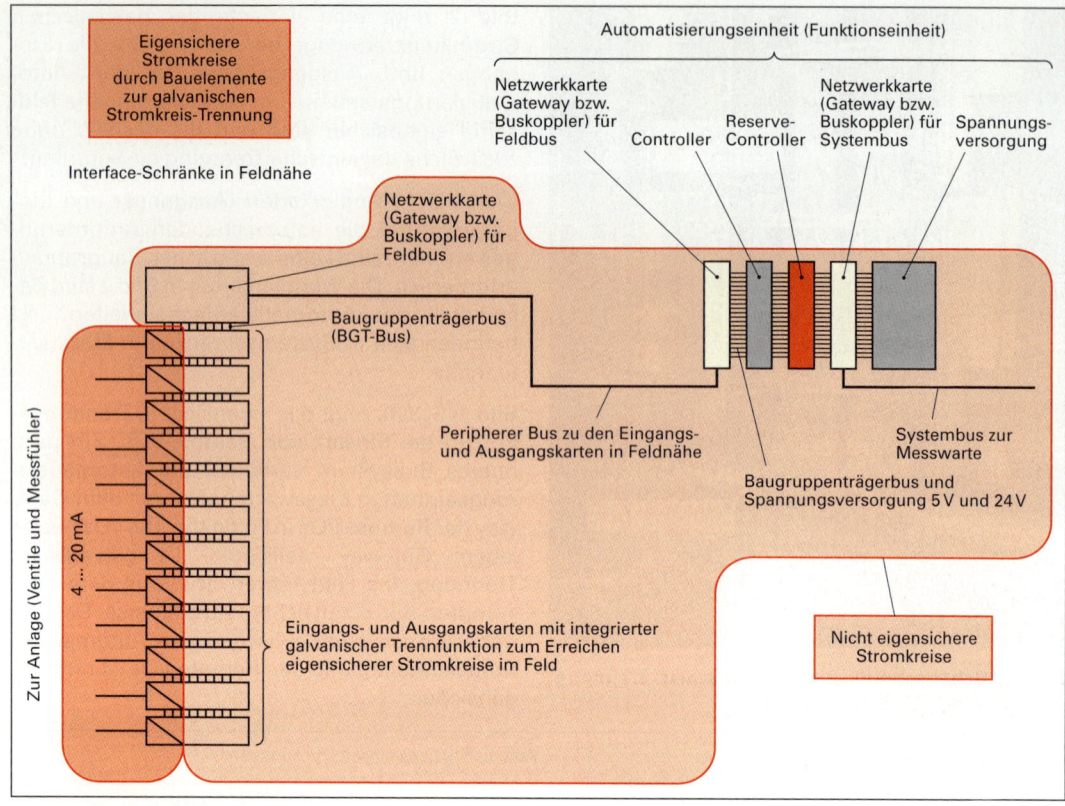

Bild 1: Galvanische Trennung bei Parallelverdrahtung zwischen Feld und Messwarte mit eigensicheren Remote-I/Os

Bild 3, S. 391, zeigt ein Feldbussystem, bei dem der Hauptteil des Feldbusses von der Automatisierungseinheit zum Gateway der Feldbussegmentkoppler nicht eigensicher ist.

Die von jedem Segmentkoppler ins Feld gehende Busleitung zu den Sensoren und Aktoren stellt jedoch einen eigensicheren Stromkreis dar. Nach dem Stand der heutigen Technik ist dabei die Zahl der parallel geschalteten, an jeden Feldbusstrang angeschlossenen, Sensoren und Aktoren zahlenmäßig auf 10 Stück beschränkt, um die Forderungen der Eigensicherheit erfüllen zu können.

In jedem der Bilder 1, S. 388, bis 1, S. 391, trennen also die eigensicheren Bauelemente das Prozessleitsystem in einen eigensicheren und einen nicht sicheren Teil.

Die Stromkreise, die aus eigensicheren I/O-Baugruppen in die explosionsgefährdeten Anlagenteile hineinführen, sind **eigensicher**.

Die Stromkreise, mit denen die I/Os messwartenseitig verbunden sind, sind meist **nicht eigensicher**.

Deshalb befinden sich die I/Os stets entfernt vom explosionsgefährdeten Anlagenteil.

Natürlich müssen die Sensoren und Aktoren selbst ebenfalls die Anforderungen der Eigensicherheit erfüllen. Zusätzlich sind sie in der Regel mit einer weiteren Maßnahme des Explosionsschutzes versehen. Oft haben sie die Zündschutzart „e" (erhöhte Sicherheit) oder „d" (druckfeste Kapselung).

> **Merksatz**
> Eigensichere Stromkreise können durch eigensichere I/Os oder durch separate eigensichere Trennungs-Bauelemente realisiert werden.

> **Merksatz**
> Sensoren und Aktoren in explosionsgefährdeten Anlagenteilen der Zone 0 müssen die Forderungen der Eigensicherheit erfüllen.

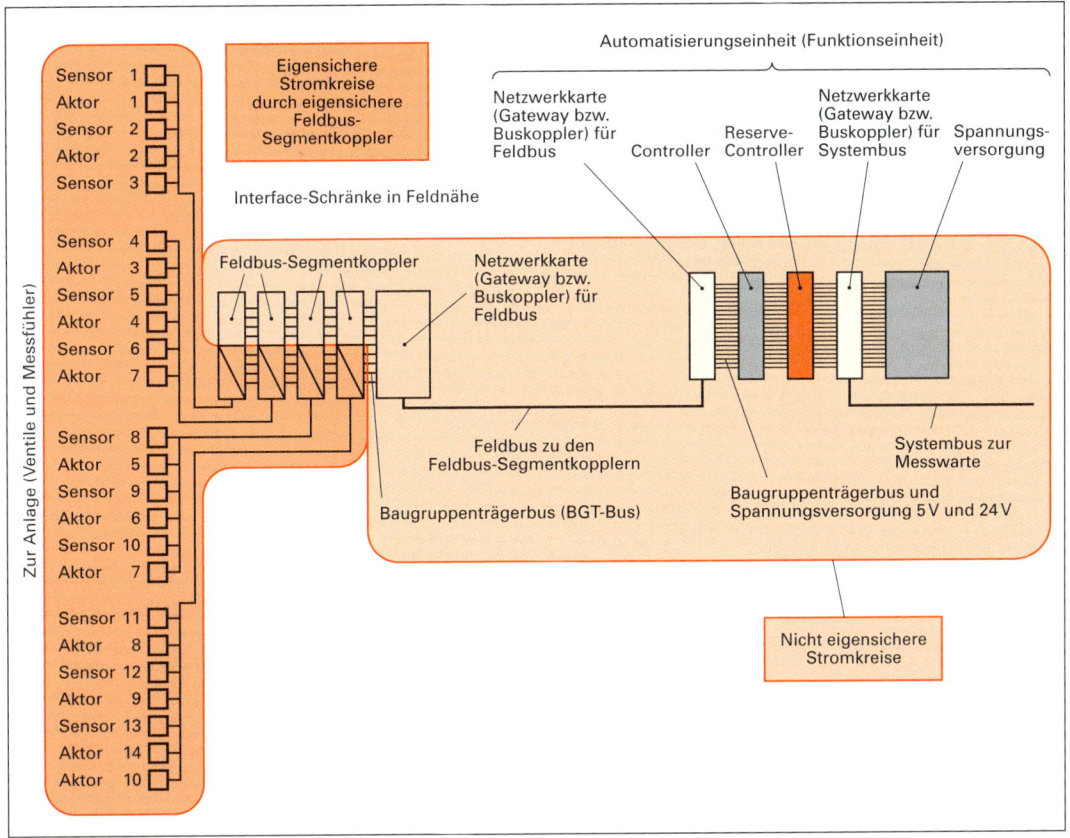

Bild 1: Galvanische Trennung bei Einsatz von vier Feldbussen zwischen Feld und Messwarte

16.5.7 Kennzeichnung von Betriebsmitteln hinsichtlich des Explosionsschutzes

Betriebsmittel in explosionsgefährdeten Bereichen, so auch alle Baugruppen der Prozessleittechnik, sind auf dem Typenschild mit Kennzeichen und Abkürzungen versehen, die Auskunft über den Grad des Explosionsschutzes geben (Bild 1, S. 392). Dies betrifft sowohl die elektrischen als auch die nichtelektrischen Betriebsmittel. Zum Explosionsschutz gibt es wegen seiner großen Bedeutung für die Anlagensicherheit eine Vielzahl von DIN-Normen (DIN: Deutsches Institut für Normung), VDE-Vorschriften (VDE: Verband Deutscher Elektroingenieure), EN-Normen (EN: Europanorm) und EU-Richtlinien, die auf den ersten Blick unüberschaubar erscheinen.

Eine wichtige Rolle spielt dabei die EU-Richtlinie 94/9/EG (**Atex-Richtlinie**, frz. **at**mosphère **ex**plosible: explosionsfähige Atmosphäre), mit der eine europaweite Angleichung des elektrischen und nichtelektrischen Explosionsschutzes angestrebt wird. Diese Richtlinie gilt auch für den Bereich des Bergbaus unter Tage. Dort können Explosionsgefährdungen durch austretende Grubengase (Methan) entstehen. Die Atex-Richtlinie behandelt insbesondere auch den Explosionsschutz durch nichtelektrische Betriebsmittel. So können heiße Oberflächen beispielsweise auch an dem nichtelektrischen Equipment auftreten.

Die Bezeichnungen einiger wichtiger Normen sind im Anhang enthalten.

Aus dem Normen- und Vorschriftenwerk sind unter anderem die vorgeschriebenen Typenkennzeichnungen und die dazugehörigen Anforderungen ersichtlich.

Bild 1, S. 392, zeigt ein Typenschild zur Kennzeichnung eines Stellventils zum Einsatz in einem explosionsgefährdeten Anlagenbereich.

16 Sicherheitsaspekte der Prozessleittechnik

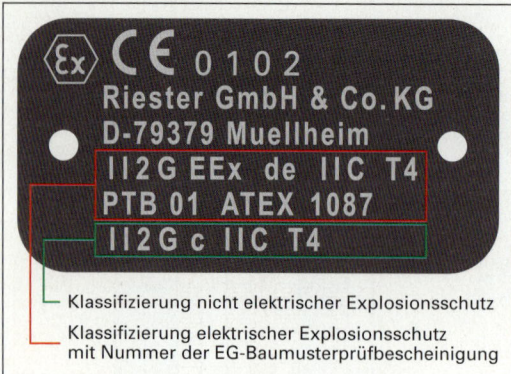

Bild 1: Typenschild eines Ventil-Stellantriebs

Elektrische Betriebsmittel werden darüber hinaus mit Kennbuchstaben charakterisiert, die Auskunft über ihre äußere Gehäusekonstruktion geben. Dabei geht es sowohl um Eigenschaften, die den Berührungsschutz durch Personen betreffen, als auch um die Möglichkeiten des Eindringens von Gasen, Stäuben und Wasser.

Die letztgenannte Eigenschaft ist auch maßgebend für die Verwendbarkeit des elektrischen Betriebsmittels zum Einsatz in explosionsgefährdeten Anlagen.

Durch die Vereinigung der Berührungs- und Eindringschutz-Kennziffer mit der Wasserschutz-Kennziffer entsteht die Schutzart-Kennzeichnung.

Bild 2 zeigt die „Übersetzung" einer solchen Typenschildkennzeichnung für ein elektrisches Betriebsmittel.

> **Merksatz**
>
> Die **Schutzart** ist eine zweistellige Buchstabenkombination zur Kennzeichnung eines elektrischen Betriebsmittels hinsichtlich seines **Berührungs- und Fremdkörper-Eindringschutzes** (erster Buchstabe) und seines **Wasserschutzes** (zweiter Buchstabe).
>
> Insbesondere der Eindringschutz gegen Gase und Stäube ist für die Explosionssicherheit des Betriebsmittels von Bedeutung.

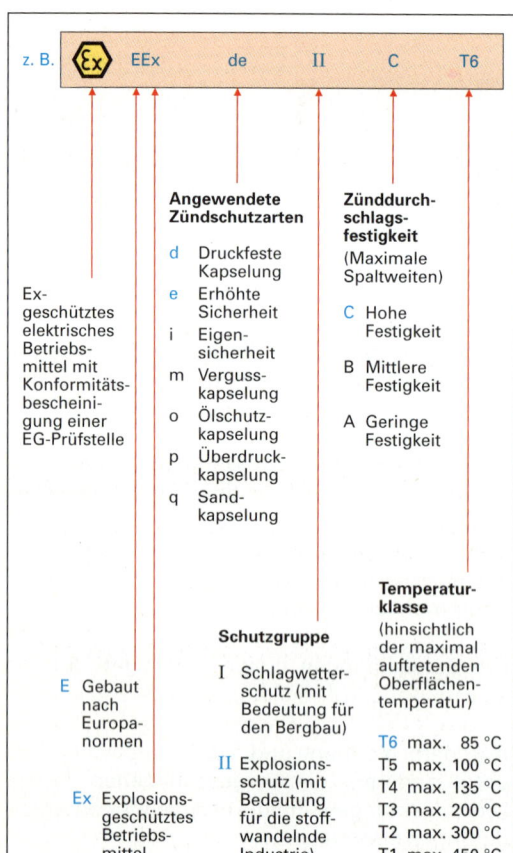

Bild 2: Kennzeichnung elektrischer Betriebsmittel in explosionsgefährdeten Anlagen

Bild 3: Anlagen der Petrolchemie, prinzipiell als explosionsgefährdete Anlagen eingestuft

Tabelle 1, S. 393, enthält eine Aufstellung dieser Schutzarten-Kennbuchstaben gemäß DIN 40050. Der Eindringschutz vor Stäuben fällt dabei mit unter den Begriff **Fremdkörperschutz**.

Tabelle 1: Schutzarten von elektrischen Betriebsmitteln hinsichtlich Berührungs- und Fremdkörper-Eindringschutz sowie Wasser-Eindringschutz

Erste Ziffer	Bedeutung
0	Kein besonderer Schutz
1	Schutz gegen Eindringen von festen **Fremdkörpern** mit einem Durchmesser von mehr als **50 mm**. Kein Schutz gegen absichtlichen Zugang, z. B. mit der Hand, jedoch Fernhalten großer Körperflächen.
2	Schutz gegen Eindringen von festen **Fremdkörpern** mit einem Durchmesser von mehr als **12 mm** (mittelgroße Fremdkörper). Fernhalten von Fingern oder ähnlichen Gegenständen.
3	Schutz gegen Eindringen von festen **Fremdkörpern** mit einem Durchmesser von mehr als **2,5 mm** (kleine Fremdkörper). Fernhalten von Werkzeugen, Drähten oder Ähnlichem mit einer Größe von mehr als 2,5 mm.
4	Schutz gegen Eindringen von festen **Fremdkörpern** mit einem Durchmesser von mehr als **1,0 mm** (kornförmige Fremdkörper). Fernhalten von Werkzeugen, Drähten oder Ähnlichem mit einer Größe von mehr als 1,0 mm.
5	**Staubgeschützt**. Schutz gegen schädliche Staubablagerungen. Das Eindringen von Staub ist nicht vollkommen verhindert, aber der Staub darf nicht in solchen Mengen eindringen, dass die Arbeitsweise des Betriebsmittels beeinträchtigt wird. Vollständiger Berührungsschutz.
6	**Staubdicht**. Schutz gegen Eindringen von Staub. Vollständiger Berührungsschutz.
Zweite Ziffer	Bedeutung
0	Kein besonderer Schutz.
1	**Tropfwasserschutz**. Schutz gegen tropfendes Wasser, das **senkrecht** fällt. Es darf keine schädliche Wirkung haben.
2	Schutz gegen **schräg** fallendes **Tropfwasser**. Senkrecht fallendes Tropfwasser darf bei einem bis zu 15° gegenüber seiner normalen Lage geneigten Betriebsmittel keine schädliche Wirkung haben.
3	**Sprühwasserschutz**. Schutz gegen Wasser, das sich in einem beliebigen Winkel bis zu 60° zur Senkrechten bewegt. Dieses darf keine schädliche Wirkung auf das elektrische Betriebsmittel haben.
4	**Spritzwasserschutz**. Schutz gegen Wasser, das aus allen Richtungen gegen das Betriebsmittel (Gehäuse) spritzt. Es darf keine schädliche Wirkung haben.
5	**Strahlwasserschutz**. Schutz gegen einen Wasserstrahl aus einer Düse, der aus allen Richtungen gegen das Betriebsmittel (Gehäuse) gerichtet wird. Es darf keine schädlichen Wirkungen haben.
6	**Überflutungsschutz**. Schutz gegen schwere See oder starken Wasserstrahl. Wasser darf nicht in schädlichen Mengen in das Betriebsmittel (Gehäuse) eindringen.
7	**Eintauch-Schutz**. Schutz gegen Wasser, wenn das Betriebsmittel (Gehäuse) unter festgelegten Druck- und Zeitbedingungen in Wasser getaucht wird. Wasser darf nicht in schädlichen Mengen eindringen.
8	**Dauer-Tauchschutz**. Das Betriebsmittel (Gehäuse) ist geeignet zum dauernden Untertauchen in Wasser bei Bedingungen, die durch den Hersteller zu beschreiben sind.
	Beispiel: **IP64** bedeutet: Staubdicht und berührungssicher sowie spritzwassergeschützt

16.6 Datensicherheit, Datenschutz und Bedienberechtigung

Die vom Prozessleitsystem verarbeiteten und intern gespeicherten Daten stellen Informationen dar, die außer zu ihrem eigentlichen Zweck, der Prozesssteuerung, -planung und -auswertung, auch missbräuchlich verwendbar sind oder unberechtigterweise geändert werden könnten. Dies kann beabsichtigt oder unbeabsichtigt erfolgen.

Diese Gefahr resultiert u. a. daher, dass der digitale Teil des Prozessleitsystems ein **Computernetzwerk** darstellt, das über Netzwerkkabel oft auch mit den Abteilungen der Betriebsverwaltung verbunden ist und von dort aus theoretisch sogar mit überbetrieblichen Netzwerken kommunizieren könnte.

Im Folgenden werden Beispiele für Gefahren durch unbeabsichtigte Aktivitäten oder gar gezielte kriminelle Einwirkungen genannt:

- Durch einen Bediener werden Alarmgrenzwerte unberechtigterweise verstellt, was zum Ausbleiben von Alarmmeldungen bei kritischen Zuständen führt.
- Durch einen unbeabsichtigten „Fehlklick" bei der selbstständigen Einarbeitung eines neuen Bedieners könnte ein Verstellen sicherheitsrelevanter Einstellungen im Leitsystem oder ein Löschen von wichtigen Prozessdaten erfolgen.
- Der digitale Uhrmaster des Systems wird versehentlich auf ein falsches Datum gestellt, sodass Rezeptabschnitte zu unpassenden Zeiten beendet werden.
- Durch einen kurzen Spannungsausfall oder durch Überspannungen bei Gewitter erfolgt eine Hardwarebeschädigung im Prozessleitsystem. Dadurch gehen fest gespeicherte Daten verloren.
- Durch Einlegen fremder Datenträger, z. B. Disketten, gelangt ein Virus in das System, der das Netzwerk des Prozessleitsystems lahm legt.
- Durch unberechtigtes Einloggen in das Prozessleitsystem könnte ein Auskundschaften des betriebsinternen Know-Hows im Sinne der Industriespionage erfolgen.
- Vom Prozessleitsystem aus erfolgt über die Netzwerkanbindungen ein Zugriff auf personenbezogene Daten der Personalabteilung.
- Vom Prozessleitsystem aus oder von einem über das Netzwerk verbundenen PC in der Verwaltung erfolgen Zugriffe auf die Anlage in zerstörerischer Absicht. Seit den New Yorker Anschlägen vom September 2001 sind auch extremistische Aktivitäten denkbar, vor denen die Chemieanlage verstärkt zu schützen ist.

Diese zugegebenermaßen – teils spekulativen – Möglichkeiten zeigen das Problem der digitalen Vernetzung: Bei der Arbeit mit digitalen Werten, Daten und Informationen müssen stets die berechtigten Interessen von den an der Produktion beteiligten und nicht beteiligten Personen und Unternehmen geschützt und gesichert werden.

Diese zu schützenden Interessen bestehen in erster Linie in der Verhinderung folgender Szenarien:

- Verlust materieller Werte,
- Verlust gespeicherter Daten und Programme,
- Havarien durch prozesstechnische Falschfunktionen,
- unberechtigte Einsichtnahme, Veränderung oder Weitergabe personenbezogener Daten.

16.6.1 Datensicherheit und Bedienberechtigung

> **Merksatz**
>
> **Datensicherheit** ist gegeben, wenn ausreichende **Vorkehrungen** zum Schutz von Daten vor **Verlust** oder unberechtigter oder versehentlicher **Änderung** getroffen wurden.

Im Prozessleitsystem werden u. a. folgende Daten gespeichert:

- Informationen zur Fließbildgestaltung,
- Alarmgrenzen,
- Messwertverläufe,
- Stellwerte,
- Sollwerte,
- Trenddaten,
- Alarmmeldungen,
- Rezepturabläufe und Produktionsmengen,
- Informationen zu erfolgten Bedienereingriffen.

Die unberechtigte Änderung solcher Daten ist durch ein System von Passwörtern für die verschiedenen Mitarbeiterhierarchien im Unternehmen vermeidbar, wobei Maßnahmen zur strikten Unterbindung der Passwortweitergabe zu treffen sind. Eine regelmäßige Änderung der Passwörter erhöht die Sicherheit. Voraussetzung für das Funktionieren des Passwortschutzes ist das fehlerfreie Funktionieren der damit zu schützenden Software. Den **Passwortsystemen** gleichgestellt sind **Schlüsselsysteme, Kartenlesesysteme** und **Biometriedatensysteme** (z. B. Fingerprintsysteme).

Beispiel

Komplexes Passwortsystem

Ebene 1:

Bediener-Passwort: BDXJL

Der Bediener darf Sollwerte verändern, Ventile öffnen und schließen, Hand-/Automatikschaltungen vornehmen, Rezepte starten und unterbrechen.

Ebene 2:

Schichtleiterpasswort: SLHIJ

Der Schichtleiter darf wie der Bediener Sollwerte verändern, Ventile öffnen und schließen, Hand-/Automatikschaltungen vornehmen, Rezepte starten und unterbrechen sowie zusätzlich Alarmgrenzen ändern und Rezepte abbrechen.

Ebene 3:

Chemieingenieur-Passwort: CIZTOP

Der Chemieingenieur oder ihm Gleichgestellte dürfen wie der Schichtleiter Sollwerte verändern, Ventile öffnen und schließen, Hand-/Automatikumschaltungen vornehmen, Rezepte starten und unterbrechen, Alarmgrenzen ändern, Rezepte abbrechen und zusätzlich Chargen-ID-Nummern vergeben, Rezepte verändern und erstellen.

Ebene 4:

Automatisierungsingenieur-Passwort: AITUV

Der Automatisierungsingieur darf Alarmgrenzen ändern, Reglerparameter ändern, die Automatisierungsstrukturen verändern (z. B. neue PLT-Stellen konfigurieren), Rezepturen verändern.

Ebene 5:

Systemadministrator-Passwort: SA8BA

Der Systemadministrator darf neue Programmteile einspielen, neue Benutzerpasswörter für das Leitsystem einrichten, jedoch keine Soll-Werte verändern, Ventile öffnen und schließen, keine Rezepte starten oder abbrechen und keine Alarmgrenzen ändern sowie keine Rezepte erstellen oder ändern.

Ebene 6:

Controlling- Mitarbeiter für Planung- und Auswertung, Passwort: CR965

Die Controlling-Mitarbeiter dürfen gespeicherte Verbrauchszahlen und Produktionsergebnisse ansehen und herauskopieren, jedoch keinerlei Änderungen oder Bedienaktivitäten irgendeiner Art im Prozessleitsystem vornehmen.

Ebene 7:

Mitarbeiter der Betriebsleitung Passwort: BL590

Die Mitarbeiter der Betriebsleitung dürfen Verbrauchsdaten und Produktionsergebnisse bei den Controllingmitarbeitern einsehen und auch direkt aus dem Prozessleitsystem herauskopieren, bestimmte personenbezogene Daten von Mitarbeitern einsehen (die allerdings nicht im Prozessleitsystem gespeichert sind), jedoch keinerlei Änderungen oder Bedienaktivitäten irgendeiner Art im Prozessleitsystem vornehmen.

Das Passwort-System wird betriebsintern festgelegt, kann also in jedem Unternehmen andere Ebenen mit anderen Rechten enthalten. Das vorstehende Beispiel soll nur das Prinzip verdeutlichen.

Innerhalb der Unternehmensverwaltung gibt es darüber hinaus eine Vielzahl von Einzelberechtigungen für streng abgegrenzte Aktivitäten.

Die modernen Computernetzwerk-Betriebssysteme, wie WINDOWS NT, LINUX oder UNIX sowie OPEN VMS ermöglichen einen universellen und sicheren Passwortschutz, der selbst dem Systemadministrator die Einsicht in geschützte Bereiche verwehrt. Es sind darüber hinaus Prozessleitsysteme bekannt, die zusätzlich zum Passwortschutz mit Tastaturen arbeiten, die mit Sicherheitsschlössern verriegelbar sind.

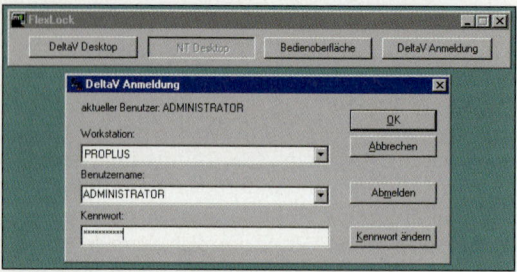

Bild 1: Anmelde-Fenster eines modernen Prozessleitsystems mit flexiblem Passwortschutz

Ein geeignetes Passwortsystem stellt jedoch nur eine der Maßnahmen zum Erreichen einer maximalen Datensicherheit dar. Bei einer versehentlichen Änderung von Daten oder Programmen **durch berechtigte** Personen oder durch Gerätefehler hilft auch der Passwortschutz nicht.

Deshalb werden von den Programmen und den Daten des Prozessleitsystems regelmäßig **Sicherheitskopien** auf Backup-Datenträgern erstellt, da auch bei laufender Anlage gelegentlich Änderungen vorgenommen werden.

Meist verwendet man dazu Magnetbandlaufwerke (Streamer) oder externe Festplatten sowie CD-ROM-Brennerlaufwerke. Bei Bedarf kann dann relativ einfach eine Rücksicherung vorgenommen werden.

Vor Softwareveränderungen durch **Computerviren** lassen sich Prozessleitsysteme am besten schützen, indem **verriegelbare Disketten-** und **CD-ROM-Laufwerke** oder besser nur extern anschließbare Laufwerke eingesetzt werden.

Auch durch eine **Zugangskontrolle** zu den Rechnereinheiten oder deren Verschluss kann die unberechtigte Einbringung von externen Datenträgern und damit ein Einschleppen von Computerviren verhindert werden.

> **Merksatz**
>
> Zweckmäßige **Zugangskontrolle** und ein geeignetes **Passwortsystem** sind grundlegende und wirkungsvolle Maßnahmen zur Gewährleistung der Datensicherheit in Prozessleitsystemen.

Oft wird der Zugriff zu den Laufwerken zusätzlich erst durch Passwörter freigegeben. Werden diese Maßnahmen konsequent verwirklicht, kann auf die in PCs üblichen Virensuch- und Virenschutzprogramme verzichtet werden.

Die Praxis zeigt leider, dass die Gefahr durch Einschleppen von Computerviren in Prozessleitsysteme häufig unterschätzt wird.

16.6.2 Datenschutz

Die Vorkehrungen zum Schutz von personenbezogenen Daten vor unberechtigter Einsichtnahme, Veränderung und Weitergabe werden als **Datenschutz** bezeichnet.

> **Merksatz**
>
> **Datenschutz** ist gewährleistet, wenn ausreichende Vorkehrungen zum Schutz von **personenbezogenen Daten** vor **unberechtigter Einsichtnahme**, vor **Verlust** oder **Änderung** getroffen wurden.

Alle Unternehmen sind durch das Datenschutzgesetz verpflichtet, wirksame Zugangskontrollen einzurichten, um den Datenschutz zu gewährleisten.

In Prozessleitsystemen werden personenbezogene Daten nur insofern gespeichert, indem festgehalten wird, wann welcher Bediener welche Bedienhandlung oder Alarmquittierung ausgeführt hat. Dadurch wird der Bediener angehalten und gezwungen, verantwortungsvoll und pflichtbewusst mit der anvertrauten Technik umzugehen.

Das Einverständnis mit der Speicherung dieser Daten gehört zu den Duldungspflichten, die der Bediener im Rahmen seines Arbeitsverhältnisses ebenso eingehen muss, wie die Speicherung seiner persönlichen Daten in der Personalabteilung.

Vor missbräuchlicher Verwendung sind die personenbezogenen Daten ebenfalls durch Passwörter zu schützen. Zum Zwecke der Aufklärung von Fehlbedienungen, Störungen und Havarien dürfen diese Daten verwendet werden, da dies selbstverständlich keinen Missbrauch darstellt.

Durch die heute mögliche Vernetzung des Prozessleitsystems mit dem PC-System der Verwaltung ist ein Zugriff vom Prozessleitsystem aus auf personenbezogene Daten der Personalabteilung theoretisch denkbar. Dies erfordert außer tiefgründigen Spezialkenntnissen auch die Überwindung mehrerer Hardware- und Passwortbarrieren, deren Aufwand sicher in keinem Verhältnis zum Nutzen für den Täter steht.

16.6 Datensicherheit, Datenschutz und Bedienberechtigung

Ein gut durchdachtes Passwortsystem ist nach dem heutigen Stand der Technik eine der verlässlichsten und daher meist angewendeten Maßnahmen zum Datenschutz und zur Datensicherheit.

Leider haben kriminelle Täter in der Vergangenheit immer wieder Wege zur Verwirklichung ihrer Machenschaften gefunden. Glücklicherweise gibt es in der chemischen Industrie bis jetzt kaum Beispiele von digitaler Sabotage und Spionage.

Von den Konstrukteuren und Programmierern wird alles getan, um die Prozessleittechnik so sicher zu gestalten, dass sie jegliche Absichten solcher Art erschwert und vereitelt.

Aufgaben

1. Erklären Sie, warum Havarien oder Störfälle eine Gefährdung darstellen.

2. Welche vier Havarie- oder Störfallereignisse stellen eine Gefahr für den Menschen, die Umwelt und die Technik der Anlage dar?

3. Durch welche drei Maßnahmegruppen lässt sich die Anlagensicherheit erhöhen?

4. Was bedeutet es, wenn man davon spricht, dass die Prozessleittechnik im Rahmen des gesamten Sicherheitskonzeptes der Anlage die Last der ersten Ebene zu tragen hat?

5. Welche vier Gruppen von prozessleittechnischen Sicherheitseinrichtungen werden in der NAMUR-Empfehlung NE 31 klassifiziert?

6. Erklären Sie den grundlegenden Unterschied zwischen den Begriffen Zuverlässigkeit und Verfügbarkeit.

7. Was versteht man unter dem Begriff Redundanz?

8. Welche Baugruppen eines Prozessleitsystems werden am häufigsten redundant ausgelegt?

9. Beschreiben Sie die Abläufe beim reibungslosen Umschalten auf einen Reserve-Controller nach dem Ausfall des aktiven Controllers.

10. Welche drei Voraussetzungen müssen für die Entstehung einer Explosion zusammenkommen?

11. Erläutern Sie die Bedeutung der Gefährdungszonen 0 bis 2, in die eine Chemieanlage hinsichtlich der Ex-Gefährdung räumlich eingeteilt wird.

12. Hinsichtlich welcher Stoffeigenschaft werden explosive Stoffgemische bei den Temperaturklassen T1 bis T6 eingeteilt? Was bedeutet es, wenn ein elektrisches Gerät zu einer solchen Temperaturklasse gehört?

13. Nennen und erläutern Sie die drei wichtigsten Ansatzpunkte für den Explosionsschutz.

14. Zu welchen der drei prinzipiellen Möglichkeiten des Explosionsschutzes sind die Zündschutzarten „Druckfeste Kapselung" und „Eigensicherheit" zu zählen?

15. Erklären Sie die Grundgedanken bei der Konstruktion eigensicherer Baugruppen und Stromkreise.

16. Welche Baugruppen des Prozessleitsystems müssen in explosionsgefährdeten Anlagen unbedingt eigensicher sein, da deren Stromkreise in der Zone 0 liegen oder in diese hineinführen?

17. Erklären Sie die Bedeutung der Ziffern der IP-Schutzgrade bei elektrischen Geräten und Bauteilen.

18. Geben Sie Beispiele dafür an, aus welchen Richtungen Gefahren für die im Prozessleitsystem gespeicherten Daten, aber auch für die Funktion des Prozessleitsystems selbst kommen können.

19. Mit welcher Hauptmaßnahme werden nach dem heutigen Stand der Technik die Datensicherheit sowie die Einhaltung der Bedienberechtigungen bei Prozessleitsystemen gewährleistet?

20. Wie lässt sich die Software von Prozessleitsystemen nahezu 100-prozentig vor einem Befall durch Computerviren schützen?

17 Die Verantwortung der Beschäftigten der Chemieindustrie

Die Anlagen der chemischen Industrie verkörpern stets einen großen materiellen Wert, der sich in den Investitionskosten widerspiegelt.

Wenngleich die Anlagen aus rechtlicher Sicht Privateigentum der Investoren darstellen, so sind sie doch ideell den Fachkräften zuzuschreiben, die an der Erschaffung dieser Werte beteiligt waren. Dazu zählen nicht nur die ausführenden Gewerke, wie Tief- und Hochbau, Anlagen- und Elektrotechnik sowie PLT/MSR, sondern auch die vorher aktiv gewordenen Gebiete der Forschung und Planung.

Bild 1: Chemieanlage bei Nacht

Die Chemieanlage wird nach ihrer Errichtung ein technischer Bestandteil der natürlichen Umwelt des Menschen. Sie verarbeitet Rohstoffe und Hilfsstoffe aus der natürlichen Umwelt des Menschen, um daraus Produkte oder Zwischenprodukte herzustellen.

Dieser Prozess ist mit Abfallprodukten und Energieverlusten verbunden, die oft unvermeidbar sind. Trotz aller verfahrenstechnischen und energetischen Maßnahmen gibt es deshalb stoffliche und thermische Belastungen für das Mikroklima in Wasser, Luft und Boden. Bei Havarien steigen diese Belastungen über das vertretbare Maß hinaus.

Die Chemieanlage ist zudem Aufenthalts- und Beschäftigungsort des zugehörigen Bedien- und Verwaltungspersonals. Oft steht sie auch in Nachbarschaft zu Wohn- und Gewerbegebieten. Bei Störfällen, wie Stoffaustritten und Explosionen, kann deshalb eine nachhaltige Schädigung der Gesundheit von Anwohnern und Mitarbeitern erfolgen. Dieses Gefahrenpotenzial besteht vor allem dann, wenn Stoffe mit gesundheitsschädigenden Eigenschaften verarbeitet oder hergestellt werden oder mit extremen Prozessbedingungen gearbeitet wird.

Aus den drei Aspekten

- materieller **Anlagenwert**,
- unvermeidbare **Umweltbelastungen** und
- **Gefährdungspotenzial** für die Gesundheit von Menschen

ergibt sich die direkte Verantwortung des Beschäftigten der Chemieindustrie, die er neben seiner Verantwortung für die Qualität der Produkte wahrzunehmen hat.

Bild 2: Automatisierungselektroniker bei der Inbetriebnahme eines Durchfluss-Messgerätes

17 Die Verantwortung der Beschäftigten der Chemieindustrie

Jeder Beschäftigte, unabhängig von seiner Stellung im Unternehmen, muss bestrebt sein, die von seinen Produkten und Anlagen ausgehenden Risiken für Sicherheit, Umwelt und Gesundheit so gering wie möglich zu halten. Ob als Mitarbeiter in Verwaltung und Controlling, als Planungs- oder Betriebsingenieur, als Instandhalter oder in vorderster Front als Bediener, stets tragen die Beschäftigten der Chemieindustrie Verantwortung für die ihnen anvertraute Technik, für die Erhaltung der natürlichen Umwelt und für die Gesundheit der Mitmenschen.

Voraussetzung für ein verantwortungsbewusstes Handeln ist die ständige Erweiterung des Wissens über mögliche Wirkungen von Produkten und Stoffen, die vorbeugende, systematische Auseinandersetzung mit allen Sicherheitsaspekten der konkreten Anlage und das regelmäßige Training der praktischen Fertigkeiten.

Die Verbände der chemischen Industrien haben unter dem Namen **Responsible Care** (Verantwortliches Handeln) eine weltweite Initiative gestartet, deren Kerngedanke die **Selbstverpflichtung** zum Schutz von Mensch und Umwelt ist. Inhaltlicher Schwerpunkt im Rahmen dieser Initiative ist es, bei allen Mitarbeitern das persönliche **Verantwortungsbewusstsein** für die Umwelt zu stärken und den Blick für mögliche Umweltbelastungen durch ihre Produkte und den Betrieb ihrer Anlagen zu schärfen.

Wenn der Beschäftigte in der chemischen Industrie seine Arbeit nicht aus materiellen Gründen ausübt, sondern sich mit seiner Aufgabe identifiziert, erfüllt er die Initiative **Responsible Care** mit Leben. Der Anlagenbediener ist so direkt und unmittelbar mit dem Betrieb der Chemieanlage verbunden, wie keine andere Mitarbeitergruppe. Deshalb trägt er eine große Verantwortung bei der Vermeidung von Gefährdungsrisiken.

Die moderne Prozessleittechnik entlastet ihn dabei von körperlich schwerer Arbeit und kann ihm einen Teil der monotonen Überwachungsarbeit abnehmen. Gefahrdrohende Zustände können jedoch auch beim Einsatz modernster Leittechnik entstehen. Insofern wird ihm die Last der Verantwortung und die Pflicht zum schnellen und flexiblen Handeln bei Störungen nicht abgenommen.

Zudem stellt die Prozessleittechnik durch die Vielzahl der angebotenen und abrufbaren Teilinformationen neuartige Anforderungen speziell an die Konzentrationsfähigkeit des Bedienpersonals.

Deshalb wird vom Bediener die Bereitschaft erwartet, seine Belastbarkeit ständig zu trainieren und mit lebenslanger Bildung und Qualilfizierung seine persönlichen Voraussetzungen zu verbessern, moderne Technik zu verstehen, zu beherrschen und mit hoher Sicherheit zum Nutzen der Allgemeinheit zu steuern.

Bild 1: Logo der Initiative Responsible Care

Verantwortungsbewusstes Handeln kann durch Schulung und Training herausgebildet werden, aber auch durch praktischen Teamgeist und Beispielwirkung von Vorbildern verinnerlicht werden.

Aufgaben

1. Womit ist der Produktionsprozess trotz aller Bemühungen stets verbunden?
2. Woraus ergibt sich ein erhöhtes Gefahrenpotenzial von Chemieanlagen?
3. Aus welchen drei Aspekten ergibt sich die hohe Verantwortung des Beschäftigten der Chemieindustrie?
4. Wie nennt sich die weltweite Initiative der Verbände der chemischen Industrien, die auf die Stärkung des Verantwortungsbewusstseins der Beschäftigten der chemischen Industrie gerichtet ist?
5. Wozu ist die Prozessleittechnik trotz modernster Geräte und zukunftsträchtigster Methoden der Informationstechnologie nicht in der Lage?

Englische Fachbegriffe

Abort: Abbruch
Begriff, der in der Prozessleittechnik das Abbrechen von automatisierten Rezepturabläufen kennzeichnet.

Batch-Prozess: Diskontinuierlicher Prozess bzw. Chargenprozess
Die Abläufe von Batch-Prozessen werden heute meist von Prozessleitsystemen gesteuert. Die vorprogrammierten Rezepturen sind auf Festplatte gespeichert und werden vor dem Start der Rezeptur in die Controller oder in das speicherprogrammierbare Steuerungsgerät geladen. Digitale Batch-Rezepturen können nach ihrer Programmierung auch auf andere, gleichartige Teilanlagen angewendet werden.

CFC (Continuous Function Chart): Kontinuierlicher Funktionsplan
Funktionsplan, der die kontinuierlich erfolgende Signalverarbeitung im digitalen Teil des Prozessleitsystems veranschaulicht. Er dient als Instrument zur Konfigurierung des Leitsystems sowie zur Fehlersuche am Monitor.
Im CFC werden die Funktionen in Form von Funktionsblöcken am Bildschirm veranschaulicht. Die Blöcke sind durch Linien mit den Symbolen verbunden, welche die Eingangs- und Ausgangssignale kennzeichnen. Mithilfe der Linien lassen sich der Signalfluss und die Signalverwendung gut kontrollieren.

Controller: Steuerer, Regler
Spezialisierte und separat montierte Baugruppe eines dezentralen Prozessleitsystems, die für die Messwert- und Stellwertweiterleitung verantwortlich ist. Die Hauptaufgaben des Controllers bestehen in der Durchführung der Regelungsfunktionen für alle Regelungen des zugehörigen Anlagenteils, in der Rezeptursteuerung und in der Alarmbildung bei gefährlichen Prozesswerten.

CPU (Central Processing Unit): Zentrale Recheneinheit
Die CPU ist identisch mit dem Zentralprozessor im Inneren eines PCs oder eines Controllers des Prozessleitsystems. Sie ist der Mikrochip, der die Rechenoperationen ausführt. Selten wird der Begriff CPU auch für eine komplette Baugruppe verwendet, die einen Zentralprozessor enthält.

Download: Herunterladen
Laden von digital verschlüsselten Informationen von der Engineering-Station eines Prozessleitsystems in die Controller. Bei manchen PLS-Anbietern wird dieser Vorgang auch als „Upload" (Herauflanden) bezeichnet. Die Bezeichnung hängt von der räumlichen Vorstellung ab, ob sich der Konfigurierer hierarchisch über oder unter dem Controller befindet.

Engineering-Station: Ingenieur-Station
Die Engineering-Station ist ein Personalcomputer des Prozessleitsystems, der ebenso wie die PCs in der Messwarte über den Systembus mit den Controllern der prozessnahen Komponente verbunden ist. Die Engineering-Station dient jedoch nicht in erster Linie der Bedienung einer Anlage, sondern der Konfigurierung des digitalen Teils des Prozessleitsystems. Deshalb befindet sie sich meist räumlich getrennt von der Messwarte in einem separaten Raum.

Equipmentmodul: Ausrüstungsmodul
Bestimmte Sonderfunktionen, die Gruppen von Stellorganen nach einem vorgegebenen Algorithmus betätigen, werden bei manchen Prozessleitsystemherstellern als Equipmentmodule bezeichnet. Sie werden meist mithilfe von CFCs konfiguriert. Bei den Equipmentmodulen kann es sich z. B. um Dreipunktregelungen, um Dosiervorgänge mit Umschaltungen zwischen mehreren Ventilgrößen, um Verriegelungen oder auch um kurze Rezepturen handeln. Auch Split-Range-Regelungen werden häufig in Form von Equipmentmodulen realisiert.

Ethernet: Standard für Bussysteme mit max. 10 Mbit/s Übertragungsgeschwindigkeit
Das Ethernet ist der von den PLS-Herstellern meist angewendete Standard für das messwartenseitige PC-Netzwerk, den Systembus. Die zugehörigen ebenfalls genormten Ethernet-Verbindungskabel bestehen aus Twisted-Pair-Leitungen mit einem RJ45-Stecker. Der etwas langsamere Vorläufer des Ethernet, das Control Net, verwendet Koaxialkabel mit BNC-Verbindungssteckern.

Faceplate: „Gesichtsplatte", Angesicht
Bedienfenster eines Reglers, eines manuell betätigten Stellorgans oder des Beobachtungsfensters einer Messstelle auf den Monitoren des Prozessleitsystems.

First Level Maintenance: Instandhaltung der ersten Ebene
Laufende Instandhaltung der Ausrüstungen einer Anlage mit den Mitteln des nichtspezialisierten Anlagenpersonals.

Fuzzy-Regelung: Unscharfe Regelung
Regelungsalgoritmus, der anstelle von zeitlichen Änderungen der Abweichung des Messwertes vom Sollwert von der tatsächlichen Abweichung ausgeht. Er verändert den Stellwert nach einem vordefinierten Regelwerk. Der Regelalgoritmus arbeitet mit überlappenden Bereichen von Größen und mit bestimmten Wahrscheinlichkeitswerten.

Gateway: Torweg
Spezialisierte digitale Baueinheit, die mit einem Buskabel verbunden ist und die Verteilung der vom Bus eintreffenden Daten auf mehrere neben ihr montierte digitale Geräte organisiert. Die Verteilung geschieht unter Zuhilfenahme der an den Daten anhängenden Adressen.
Ebenso organisiert das Gateway die Zusammenführung der von den digitalen Geräten kommenden Daten zur nacheinander erfolgenden Übertragung per Buskabel.
Ein Gateway ist erforderlich, wenn es zwei unterschiedliche Bussysteme gibt, die mit unterschiedlichen Protokollen arbeiten.

HART-Protokoll (**H**ighway **A**dressable **R**emote **T**ransducer): Per Datenkabel ansprechbarer ferngesteuerter Transmitter
Das HART-Protokoll stellt ein Verfahren dar, um in die Transmitter von Messfühlern spezielle Informationen digital einzuprogrammieren oder aus ihnen abzurufen. Die bit-weise zu übertragenden Signale werden als Frequenzumschaltungen im 1000 Hz Bereich verschlüsselt. Die Frequenzen werden den konventionellen 4 ... 20 mA Einheitssignalen zusätzlich aufgeprägt.

High-Speed Ethernet: Hochgeschwindigkeits-Ethernet
Weiterentwickelter Ethernet-Standard mit max. 100 Mbit/s Übertragungsgeschwindigkeit.

Hold: Unterbrechen, Anhalten
Begriff, der in der Prozessleittechnik das Unterbrechen von automatisierten Rezepturabläufen zur späteren Weiterführung des Ablaufs kennzeichnet.

Hub: Nabe
Gerät zur Verbindung von Buskabeln bei Anwendung der Stern-Topologie

I/Os: Input/Output-Baugrupen oder Input/Output-Module
I/Os sind Eingangs- bzw. Ausgangsbaugruppen, die eine Signalwandlung vornehmen. Input-Module setzen Messwerte oder Meldungen in digitale Computersignale um. Output-Module setzen digitale Computersignale in Stellbefehle oder Schaltimpulse um. Ein einzelnes Modul hat meist die Form einer Leiterplatte, die in einen Baugruppenträger eingesteckt ist.

Idle: Leerlauf
Begriff, der in der Prozessleittechnik den Leerlauf von automatisierten Rezepturabläufen zur späteren Weiterführung des Ablaufs kennzeichnet. Welche verfahrenstechnischen Zustände die automatische Rezeptursteuerung im Leerlauf realisieren soll, hängt vom konkreten Prozess ab.

Ladder Logic: Leiter-Logik
Mit dem Kontaktplan verwandte Darstellungsart für Ablaufsteuerungen.

Loop Check: Schleifenprüfung
Funktionsprüfung aller PLT-Stellen vor der Inbetriebnahme einer neu errichteten Chemieanlage.

Loop: Schleife
Mit dem Begriff Loop wird der Signalfluss einer PLT-Stelle aus dem Feld und zurück ins Feld bezeichnet.
Bei Regelungen kommt z. B. ein Messsignal aus dem Feld, das zu einem ins Feld geschickten Stellbefehl verarbeitet wird. Bei Ventil-Ansteuerungen gibt es außer dem Stellbefehl in Richtung Feld meist auch eine Rückmeldung aus dem Feld. Auch die Signalflüsse einzelner Messwertanzeigen oder Meldungen werden als Loop bezeichnet, obwohl der Signalfluss bei ihnen nur in einer Richtung vonstatten geht.

Loop-Darstellung: Schleifendarstellung
Zeichnerische Darstellung des Signalflusses einer PLT-Stelle in den Planungsunterlagen eines Prozessleitsystems. Aus der Loop-Darstellung gehen insbesondere das Verdrahtungsprinzip und die Klemmenverbindungen hervor.

Maintenance: Instandhaltung
Pflege, Wartung und kleinere Reparaturen an den Ausrüstungen einer Chemieanlage.

PFC (**P**rocedural **F**unction **C**hart): Prozedurenorientierter Funktionsplan
Ablauffunktionsplan in der äußeren Gestalt eines SFCs. Die einzelnen Schritte sind in Rechteckform dargestellt.

Hinter jedem Schritt verbirgt sich wiederum ein vollständiger separater SFC und damit ein vorprogrammierter Ablauf.
Die als Rechteck dargestellten Teilschritte müssen nicht unbedingt linear untereinander dargestellt sein. Wenn die Übergänge von einem Schritt zum anderen nach unterschiedlichen Bedingungen erfolgen, kann eine netzartige Darstellung sinnvoll sein.
Ein solcher vernetzter PFC wird für die Programmierung der Prozesszustände bei außergewöhnlichen Situationen während der Rezepturabarbeitung verwendet.

Remote-I/Os: fernbediente Eingangs- und Ausgangsbaugruppen
Im Gegensatz zu den herkömmlichen I/Os befinden sich Remote-I/Os nicht direkt neben dem Controller und sind nicht mit diesem über den Baugruppenträgerbus verbunden.
Remote-I/Os befinden sich in Anlagennähe und sind mit dem Controller über ein Buskabel verbunden. Dieses wird als Feldbus bezeichnet. Es ist nicht zu verwechseln mit dem „echten" Feldbus, der direkt zu den digital arbeitenden Messfühlern und Stellorganen modernster Bauart führt.
Die Remote-I/Os und der Controller besitzen je ein Gateway, an welches das Feldbuskabel zum Signaltransport in beide Richtungen angeschlossen ist.

Responsible Care: Verantwortliches Handeln
Weltweite Initiative der internationalen Vereinigungen der chemischen Industrie, die auf die Stärkung des Verantwortungsbewusstseins eines jeden Beschäftigten der chemischen Industrie gerichtet ist.
Ziel ist der bewusste und pflegliche Umgang mit der natürlichen Umwelt des Menschen.

Restart: Neustart
Begriff, der in der Prozessleittechnik den erneuten Beginn von unterbrochenen automatisierten Rezepturabläufen kennzeichnet.
Welche verfahrenstechnischen Zustände die automatische Rezeptursteuerung nach dem Neustart realisieren soll, hängt vom konkreten Prozess ab.

SFC (**S**equential **F**unction **C**hart): Ablauffunktionsplan
Zeichnerische Darstellung in den Planungsunterlagen und auf den Monitoren zur Veranschaulichung der Teilschritte und der Weiterschaltbedingungen für eine Ablaufsteuerung. Jeder Teilschritt ist als Rechteck dargestellt.
Der SFC kann auch einzelne logische Funktionen enthalten, wie sie im einfachen Funktionsplan dargestellt sind.
Der für den Bediener vereinfachte SFC wird auch als Schrittkettendarstellung bezeichnet.

SMART-Transmitter: Intelligenter Signalwandler
Signalwandler, die sich mithilfe des HART-Protokolls digital programmieren lassen. Ihr digitaler Charakter ermöglicht spezielle Funktionalitäten, die herkömmliche Signalwandler nicht beherrschen. Dazu gehören Kennlinienkorrekturen, digitale Messbereichsbegrenzung und Fehlerspeicherung. Trotz ihrer digitalen Arbeitsweise dürfen SMART-Transmitter nicht mit den busfähigen Feldbus-Transmittern verwechselt werden.

Split-Range-Regelung: Regelung mit aufgeteiltem Stellbereich
Bei Split-Range-Regelungen wirkt ein Regler auf zwei Stellorgane. So kann er z. B. bei positiver Abweichung vom Sollwert das Ventil Nr. 1 öffnen und bei negativer Abweichung vom Sollwert das Ventil Nr. 2. Gibt es keine Abweichung zwischen Sollwert und Istwert, bleiben beide Ventile geschlossen.

Step: Schritt
Einzelne Aktivität im Rahmen eines vorprogrammierten Rezepturablaufs, z. B. das Einschalten eines Rührermotors.

Twisted-Pair-Kabel: Kabel mit verdrillten Drahtpaaren
Twisted-Pair-Kabel mit RJ45-Westernsteckern sind die standardmäßig einzusetzenden Kabel für das messwartenseitige Ethernet-Bussystem. Die Ausführung mit Drahtverdrillung und zusätzlicher Abschirmung im Außenmantel macht die Kabel unempfindlich gegenüber äußeren Störeinflüssen und ermöglicht eine hohe Datenübertragungsgeschwindigkeit bis 100 Mbit/s.

Verzeichnis der für das Fachgebiet wichtigsten Normen und Standards

ANSI ISA S88.01
Batch Control – Models and Terminology

Atex-Richtlinie
Direktive 94/9/EG des Rates der Europäischen Union vom 23. März 1994 zur Angleichung der Gesetze der Mitgliedsländer hinsichtlich der Ausrüstungen und der Schutzsysteme für den Einsatz in explosionsgefährdeten Bereichen

DIN EN 13463
Nicht-elektrische Geräte für den Einsatz in explosionsgefährdeten Bereichen

DIN 19221
Leittechnik; Regelungstechnik und Steuerungstechnik; Formelzeichen
(Ersatz durch DIN 1304 vorgesehen)

DIN V 19222
Leittechnik – Begriffe

DIN 19226
Leittechnik; Regelungstechnik und Steuerungstechnik; Begriffe

DIN 19227
Leittechnik; Graphische Symbole und Kennbuchstaben für die Prozessleittechnik

DIN (Vornorm) 19233
Leittechnik – Prozessautomatisierung – Automatisierung mit Prozessrechensystemen, Begriffe

DIN (Vornorm) 19256
Leittechnik – Einrichtungen der Prozessleittechnik (PLT) für industrielle Anlagen – Leitfaden für Planung, Erstellung und Betrieb

DIN 2429-1
Graphische Symbole für technische Zeichnungen; Rohrleitungen; Allgemeines

DIN EN ISO 10628
Fließschemata für verfahrenstechnische Anlagen – Allgemeine Regeln

DIN 40050-9
IP-Schutzarten; Schutz gegen Fremdkörper, Wasser und Berühren; Elektrische Ausrüstung

DIN 40719-11
Schaltungsunterlagen; Zeitablaufdiagramme, Schaltfolgediagramme

DIN 43722
Thermopaare – Teil 3: Thermoleitungen und Ausgleichsleitungen; Grenzabweichungen und Kennzeichnungssystem

DIN EN ISO 5210
Industriearmaturen – Anschlüsse von Drehantrieben für Armaturen

DIN 57165
Errichten elektrischer Anlagen in explosionsgefährdeten Bereichen

DIN EN IEC 60382
Analoges Pneumatik-Signal für Prozess-, Mess-, Steuer- und Regeleinrichtungen

DIN EN IEC 60534
Stellventile für die Prozessregelung

DIN EN IEC 60584
Thermopaare – Teil 1: Grundwerte der Thermospannungen

DIN EN IEC 60751
Industrielle Platin-Widerstandsthermometer und Platin-Messwiderstände

DIN EN 60848
GRAFCET, Spezifikationssprache für Funktionspläne der Ablaufsteuerung

DIN EN 13463
Nicht-elektrische Geräte für den Einsatz in explosionsgefährdeten Bereichen

DIN EN 61131
Speicherprogrammierbare Steuerungen

DIN EN IEC 61158
Feldbus für industrielle Leitsysteme

DIN VDE 0165
Errichten elektrischer Anlagen in explosionsgefährdeten Bereichen

DIN EN 50014 bis 50039 und VDE 0170/0171
Elektrische Betriebsmittel für explosionsgefährdete Bereiche

IEC 1131
Programmable Controllers. Part 3: Programming Languages

DIN EN IEC 61512-1
Chargenorientierte Fahrweise – Teil 1: Modelle und Terminologie

NAMUR-Empfehlung NE31
Anlagensicherung mit Mitteln der Prozessleittechnik

Verzeichnis der Normen und Standards

NAMUR-Empfehlung NE33
Anforderungen an Systeme zur Rezeptfahrweise

NAMUR-Arbeitsblatt NA35
Abwicklung von PLT-Projekten

VDI/VDE 2180
Sicherung von Anlagen der Verfahrenstechnik mit Mitteln der Prozessleittechnik (PLT)

VDI/VDE 3517
Validierung in der Prozessleittechnik

VDI/VDE 3546
Konstruktive Gestaltung von Prozessleitwarten

VDI/VDE 3699
Prozessführung mit Bildschirmen

Abkürzungen:

ANSI	American National Standards Institute
DIN	Deutsches Institut für Normung e. V.
IEC	International Electrotechnical Commission
ISA	International Society for Measurement and Control
NAMUR	Interessengemeinschaft Prozessleittechnik der chemischen und pharmazeutischen Industrie
VDE	Verband Deutscher Elektroingenieure
VDI	Verein Deutscher Ingenieure

Stichwortverzeichnis

1-von-2-Struktur, Redundanz 379
4-von-5-Struktur, Redundanz 379

Abbrechen, Abbruch, Batch-Prozesse 296, 298
Abgeleitetes Messverfahren 152
Ablaufsteuerung 39, **185,** 318
Ablaufsteuerung, logische 40
Abort, Batch-Prozesse 400
Abschlusswiderstand 58
Absperrarmaturen 239
Absperrkörper, Ventil 241
Absperrschieber 241
Abtasten, zum Digitalisieren 321/322
Acknowledge, Alarm 98
Addition, Dualzahl 307
Addition eines Bits 315
Additionsregister 316/317
Additionsschaltung 308, 316
Adressbus 310
Adressen **307,** 309, 335, 336
ADU, Analog- Digital- Umsetzer 50, **321**
Aktionen, Steuerung 191, 317
Aktoren 51, 238 ff
Aktualisieren, Eingabewerte 102
Alarmdarstellung 96
Alarm-Display 97
Alarmgrenzen 46, 341
Alarmmeldungen 46, 97, 371
Algorithmen, Fuzzy-Regelung 213
Algorithmen, Steuerung 39, **179**
Alternativverzweigung, Steuerung 193
Amperemeter 130
Analog-Digital-Umsetzer, ADU 50, **321**
Analoge Signale **54,** 125, 138, 301/302
Analysenmessverfahren 173 ff
Anemometer, Durchflussmessung 168
Anhalten, Halten, Batch-Prozesse 296, 298
Anker, Relais 259
Anlage, Batch-Prozesse 281
Anlagensicherheit 369
Anlagensicherung 45, 374
Anlagensimulationen, Erstellung 345 ff
Anlagentyp, Anlagenklasse 281
Anlagenübersichtsdarstellung 80
Anlaufverzögerung 220
Anlassschaltung, Synchronmotor 262
Anode, Thyristor 274
Anschlusspläne 360
ANSI/ISA S88.01, Standard 280
Ansteuerungssignal, simuliertes 367
Antriebe für Stellorgane 244 ff
Antriebsmotoren 260 ff
Anzahl und Typ von I/Os 328

Anzeige- und Bedienstation 55
Anzeige- und Bedienkomponenten 376
Apparatedimensionierung, Planung 328
Armaturen 238
ASCII-Code, Zeichensatz 305/306
AS-i- Bus 72
Asynchronmotor 261, 264
Aufbau, PLS, Zusammenfassung 50 ff; **77** (
Aufgaben, PLT 27
Aufgabenverteilung, Prozessleitsystem 67
Aufheizen nach Rampe 33
Ausfall, Computernetzwerk, 59
Ausfallrate, PLS 375
Ausfälle 352
Ausfilterung, Extremwerte 33
Ausgabe 27, **101**
Ausgangskanal 78
Ausgangskarten 50, **54**
Ausgangssignale 195
Ausgleichsleitung 143
Ausgleichszeit 220
Auslesen, digitale Signale 368
Austritt giftiger Stoffe 369
Auswahl, Feldtechnik 329
Auswahl, PLS 330
Automatikbetrieb, Regler 91
Automatikmodus, Regler 91
Automatisierungseinheit **61,** 78
Automatisierungstechnik 16

Backup-Datenträger 396
Bandwaage 170
Base, pH-Wert 175
Batch-Prozesse 279 ff, **300,**400
Batch-Prozesse, Software 291-293
Batch-Server 294
Batteriepufferung 115
Baugruppenträger 332
Baugruppenträgerbus 53, **64,** 78, **305**
Bausteine, Batch-Prozesse 280
Bedienaktivitäten 101
Bedienberechtigung 394/395
Bediendialog 88
Bedienen und Beobachten 80, **101**
Bedienereingaben 46, 102
Bedingung, Steuerung 187
Behälter-Wägung, Füllstandsmessung 151
Behältertemperierung, Kaskadenregelung 226
Berührungsschutz, elektr. Betriebsmittel 392/393
Bestimmungsgemäßer Betrieb 373
Betriebsarten, Regler 91
Betriebseinrichtungen, Sicherheit 372
Betriebsleitebene 76

405

Betriebsmittel, elektrische 385
Betriebssysteme 25, 395
Bezugselektrode, pH-Wert 176
BGT-Bus, Baugruppenträgerbus 53, **64, 305**
Binärsignale **54,** 124, 139, 301/302
Binärsteller 88
Binärventile, Auf-Zu-Ventile 246, 251
Birotorzähler 160
Bit 303
Bit, Addition 315
Bleibende Regelabweichung 208
Blendenmessverfahren, Durchfluss 163/164
Blindleistung 115
Blindströme 115
Blöcke, Regler 337/338
Blockstruktur, Simulationserstellung 348
BNC-Stecker, Bajonet Nut Connector 304
Bodendruckmessung, Füllstandsmessung 152
Boolesche Logikschreibweise 189
Brand 369
Brenner 32
Brückenschaltung 110
Bürde, elektrische 114
Bus 304
Bus-Breite 304
Buskopplerkarten 53
Bus-Protokoll 57
Bus-Segment 73
Bus-System, Leistungsabschätzung 73, 331
Bus-Topologie 58
Byte 303
Bypassregelung, Durchfluss 222
Bypassrohr, Füllstandsmessung 153

Casc-Modus, Regler 92
Central Processing Unit 309, 400
Centronics-Stecker, Schnittstelle 305
CFC, Continuous Function Chart **338,** 349, 400
Charakteristiken, Regelstrecken 201, **215 ff,** 349
Charge 293
Chargenprozesse 279 ff, 318
Chargenreaktor 279, 318
Chargen-Zustandsdiagramm 297
Checkliste Fehlerursachen 355
Codierung 323
Comp-Betrieb, Regler 92
Computer-Software, Batch-Prozesse 291-293
Computermodul, Controller 55, **60/61**
Computernetzwerk 56
Computerviren 396
Continuous Function Chart, CFC 338, 349, 400
Controller 34, 55, **60/61,** 78, 280, 376, 400
Controller, externer 60
Controller, Leistungsabschätzung, 331
Control Prozessor 60

CONTROLNET 52, 57
Coriolis-Massenstrommessung 169/170
CPU, Central Processing Unit 309, 400

D-Regelung 205
Dampf 36
Daten, digitale 302
Daten, personenbezogene 396
Datenbank 94, 100
Datenbus 309/310
Datenpakete 54
Datenschutz 396
Datensicherheit und Bedienberechtigung 394
Daten-Verwaltung 94
Darstellungsformen, Steuerungsaufgaben 188
DAU, Digital-Analog-Umsetzer 50, **323**
Diagnoseprüfstand 364
Dichtemessung 177
Dedigitalisierung 30, **323**
Defuzzyfizierung 214
Dehnungsmessstreifen, DMS 149/150
Destillationskolonne 36
Detaildarstellung 92
Detailplanung, PLS 332
Detektoren, Gaschromatografie 174
Detonation 381
DEVICENET – Bus 72
Dezentrale Prozessleitsysteme 24, **67,** 79
Dielektrikum 154
Differenzdruckmessung 148/149
Differenzdrucktransmitter 148
Differenzialanteil der Regelung 202
Digital, Begriff 301
Digital-Analog-Umsetzer, DAU 50, **323**
Digitale Signale 126/127, 139
Digitalisierung 25
Digitaltechnik, Grundlagen 301 ff
Diode 120
Diskontinuierliche Prozesse 279
Diskrete Signale **54,** 138/139, 211, 301/302
Dissoziation, pH-Wert 175
DMS, Dehnungsmessstreifen 149/150
Dokumentationsfunktion 46
Dokumentieren 27
Doppelklick 101
Dosierung 186
Download, in den Controller 63, 400
Drag-and-Drop 25, 101
Drehantrieb, Ventile 245
Drehkolbengaszähler 160
Drehpotenziometer 271
Drehrichtungsänderung, Motoren 267
Drehschiebergaszähler 160
Drehstrom 106
Drehstrom- Asynchronmotor **261/262,** 264/265

Drehstrommotoren 260, **261/262**
Drehstrom-Synchronmotor 262
Drehzahländerung, Motoren 269
Drehzahlverstellung, Durchflussregelung 223
Dreipunktregelung 210
Drosselung, Durchflussregelung 222
Druckfeste Kapselung, Explosionsschutz 385
Druckmessdosen, Dehnungsmessstreifen 149
Druckmessdosen, piezoresistive Sensoren 150/151
Druckmessung 146 ff
Druckregelung 37, 222, 225
Drucktransmitter 148
Druckverlust, Rohrleitung 257
Duales Zahlensystem 127, 306/307
Dualzahlen, Addition 307
Durchflussmessung 158 ff
Durchflussmesszellen, pH-Wert 176/177
Durchflussregelung 222-224
Durchflussregulierung 223/224, 267
Durchfluss- Verhältnisregelung 231
Durchgangsprüfung 129, 364
Düse-Prallplatte-System 247
Dynamische Darstellung, Trend 94
D-Regelung 205

Ebenenmodell der PLT 74
Echo 155, 166
Echtes Feldbussystem 70 ff
Echtzeitverarbeitung 27, 97
Effektivwert, Spannung 105, 107
Eichpflichtige Messgeräte 352
Eigensicherheit, Explosionsschutz 121, 385, 387-391
Ein-Aus-Modulation 123/124
Eingabe 27, **101**
Eingangskanal 78
Eingangskarten 50, **54**
Eingangssignale 195
Eingrenzung, Fehlerursache 355
Einheitssignale 138
Einperlung, Füllstandsmessung 152
Einplatz-System 50
Einschwingen, Regler 208
Einsen und Nullen 302, **305**
Elektrische Einheitssignale 23
Elektrische Kleinspannung 117
Elektrischer Strom 104
Elektrische Signale 301
Elektrische Stellantriebe 251 ff
Elekromagnetische Stellantriebe 251
Elektrische Verbraucher, allgemein 105/106
Elektrische Verbraucher, im PLS 115
Elektrische Zündquellen 383
Elektroenergie 104

Elektromotorische Stellantriebe 252
Elementarschritte 280
Elementaraktivitäten 280
EMSR-Technik 19
Endlagenabschaltung, Stellorgane 254, 255
Endpunktverstellung 29
Engineering-Station 55, 94, 334, 400
Entdigitalisierung 323
Entwicklung, historische PLT 21 ff
Equipmentmodule 340/341, 400
Erde, elektrisch 107
Erdschluss 118
Ereignisse 46, 99
Ereignis-Monitor 46, **100**
Ergänzungsbuchstaben 34, 83, **85**
Erhöhte Sicherheit, Explosionsschutz 385, 386
Erregerwicklung, Gleichstrommotoren 263
Erstbuchstaben 34, 82, **85**
Erstellung von Simulationen 345 ff
ETHERNET, Systembus 52, **57**, 400
EVA-Prinzip 27
Explosion 381
Explosion, Voraussetzungen 381
Explosionsgrenzen 381
Explosionsgruppen 382
Explosionsschutz 380 ff, 383, 384
Explosive Stoffe 380
Externer Betrieb, Regler 92
Externer Controller 60
Extremwerte, Ausfilterung 33
Ex-Zonen, Gefährdungszonen 382

Faceplate **88**, 89, 400
Faceplate-Darstellung 88
Fail-Safe-Prinzip 375
Faktor 33
Faustformeln, Reglerparametrierung 203
Federmanometer 147
Fehlbereich, Anlagensicherheit 373
Fehlchargen 46
Fehler, allgemein 352
Fehler, alterungsbedingte 353
Fehler, Hardware 354
Fehler, prozessbedingte 353
Fehler, Software 354
Fehler, subjektive 354
Fehler, verschleissbedingte 353
Fehlerstrom-Schutzschaltung 118
Fehlersuche 352 ff
Fehlersuche, mit Loopdarstellung 357
Fehlerursachen 352 ff
Fehlerursachen, Eingrenzung 355
Fehlfunktion 352
Feld 21, **22**, 50
Feldbus 68, **70**, 78, 377, 390
Feldbussegment 73

Feldbus-Technologie 26
Feldebene 75
Feldtechnik, Auswahl bei Planung 329
Feldwicklung, Gleichstrommotoren 263
Fertigungstechnik 16/**17**, 18
Fertigungstechnische Abläufe 17
Festplatte 46
Feuchtemessung 177
Field Controller 60
Field Control Station 61
First-Level-Maintenance 352, 400/401
FI-Schutzschaltung 118
Flaschenhals, Buskabel 53
Flächenschwerpunkt, Fuzzy-Regelung 214
Fließbilddarstellung 82
Fließbilderstellung, Planungsschritt 326 ff
Fließbildsymbole, verfahrenstechnische 83
Flip-Flop-Schaltung 314
Flügelradzähler 161
Folgebuchstaben 34, 82, **85**
Folgeregelung, Gas-Luft-Gemisch 232
Folgeregler 37, 38, 224, 226
Folgeregelung, Industrieofen 232
FOUNDATION FIELDBUS 72
Fremdkörper-Eindringschutz, elektr. Betriebsmittel 392/393
Frequenz, elektrische 115, **132**
Frequenzmodulation 127
Frequenzumrichter 238, 265, 267, **272-275**
Frequenzumrichtung 272-275
Frequenzmessung 132
Führungsgröße 198
Führungsregler 37, 38, 224, 226
Fühlschwimmer, Fühlgewicht 157
Füllstands-Grenzwertüberwachung 158
Füllstandsmessung 151 ff
Füllstandsmessung mit mechanischen Lotsystemen 157
Füllstandsregelung 36, 221
Füllstandssensoren 158
Funkenbildung 73
Funktion, PLS 50 ff
Funktionsebene 75
Funktionseinheit **61**, 78
Funktionsplan 42, **189**, 193, 318
Fuzzyfizierung 213
Fuzzy-Regelung 211 ff, 401

Galvanische Stromkreistrennung 121, 123, 387, 388 ff
Gaschromatografie, GC 173/174
Gasphasenreaktor, Umsatzregelung 230
Gasspeicher 37
Gate, Thyristor 273/274
Gateway 53, 401

Geiger-Müller-Zähler 155
Gefährdungen 43
Gefährdungspotenzial 369, 398
Gefährdungszonen, Explosionsschutz 382
Gefährliche Zustände 22
Gehäuseschluss 118
Gemischbildung, Explosionsschutz 383
Generator 105
Gerätekategorie 382
Gesamtrezept 282
Geschlossener Wirkungskreis 35
Gesundheit 369
Gesundheitsgefährdung 369
Getriebeverstellung, Drehzahl 276
Glasfaserkabel 303
Glättung, Messwertverlauf 33
Glätten, Wechselspannung **120,** 273
Gleichprozentige Ventilkennlinie 256
Gleichrichten, Wechselspannung **120**, 273
Gleichspannung 104
Gleichstrom 104
Gleichstrommotoren **263**, 265
Gleichstrom-Nebenschlussmotor 264, 265
Gleichstrom-Reihenschlussmotor 264, 266
GMP-Richtlinien 48
Grafiken, frei konfigurierbare 335
Grafiken, vorkonfektionierte 335
Grenzschalter, Füllstand 158
Grenzwertüberwachung, Füllstand 158
Grundfließbild, Konfigurierung PLS 326
Grundfunktionen, Batch-Prozesse 194, **280/281**, 294
Grundfunktionen, innere Logik 294-297
Grundfunktionen, logische 184/185, 311
Grundoperationen 282
Grundrezept 283
Grundschaltungen, logische 310 ff
Grundstruktur, Prozessleitsystem 77
Gruppendarstellung 93
Gutbereich 371

Hähne 240
Haltekontakt 135, 314
Halten, Anhalten, Batch-Prozesse 296, 298
Handbetrieb, Regler 91
Hauptalarm 97
Hauptaufgaben, Controller 61
Hauptbestandteile, Prozessleitsystem 15
Hauptfunktionen, Prozessleitsystem 27
Hauptprozessor 309
Hardwarefehler 354
Hardware-Komponenten, Computer 308/309
HART-Protokoll 74, 127, 401
Havarien 98
Heizdampfnetz 37
Heiz- Kühl- Kreislauf 38

Stichwortverzeichnis

High-Speed Ethernet 401
Hilfsenergie 244/245
Historie 46, **100**
Historische Darstellung 99, **100**
Historische Entwicklung der PLT 21
Historische Ereignisse 99/100
Hitzdraht, Durchflussmessung 168
Hold, Batch-Prozesse 401
Hub, Computernetzwerk 59, 66, 401
Hub, Ventil 255
Hupe, Alarm 98
Hutschiene 133
Hydraulische Stellantriebe 249
Hydrostatischer Druck, Füllstandsmessung 152

I-Regelstrecke 217
I-Regelung 205
I/O-Module 51, **54**
I/Os 51, **54,** 78, 376, 401
IBM-Standard 55
Idle, Batch-Prozesse 41
IGBT-Transistor, Frequenzumrichter 273
Impedanz 115
Inbetriebnahme, PLS 326 ff
Induktive Drucksensoren 149
Induktive Lasten 115
Induktivität 115, 274
Inertisierung, Explosionsschutz 383
Information, Begriff 124
Initiative Responsible Care 399
Innenwiderstand, elektrisches Messgerät 130
Innere Logik, Batch-Grundfunktionen 294-297
Innere Logik, Verknüpfungssteuerung 181
Input-Output-Module 51
Instandhaltung und Fehlersuche 352
Instrumentenluft 247
Integralanteil der Regelung 202
Integralbeiwert 203
Integralregelstrecke 217
INTERBUS 72
Interface-Bauelemente 376
Interne Signale 195
IP-Schutzarten 386, 393
Istwert 35, 91 198

Käfigläufermotor 261
Kalibrator 30, 364
Kalibrieren 29
Kampagne, Batch-Prozesse 293
Kanal, Kanäle 52, 64, 328
Kapazität, elektrische 148, 154
Kapazitive Drucksensoren 147/148
Kapazitive Füllstandsmessung 154
Kapazitive Lasten 115
Kapselfedermanometer 147
Kapselung, Geräte- 121

Kaskaden-Modus, Regler 92
Kaskadenregelung **37,** 38, 226, 228/229
Kategorie, Explosionsschutz 385
Kathode (Thyristoren) 273/274
Kavitation 45
Kegelrad-Riemengetriebe 277
Kennbuchstaben, Bedienung **34,** 91, 198
Kennbuchstaben, Explosionsschutz 385
Kennbuchstaben,PLT-Stellen 34, 82, **85**
Kennbuchstaben, Regelung 35, 91, 198
Kennbuchstaben, Steuerung 181
Kennlinie, Ventil 257
Kennlinie, Steuerung 40, 179
Kennlinien, Motoren 264 ff
Kennlinienkorrektur, als PLT- Funktion 31/32
Kenntnisnahme, Alarme 98
Kennzeichnung, Betriebsmittel, Ex-Schutz 391/392
Kernzerfälle 155
Kippmoment 264
Klappen 240
Klasse, Anlagentyp 281
Kleinspannung 117
Klemmenpläne 360, 361/362, 363
Koaxialkabel 57
Kohlebürsten, Grafit-Schleifkontakte 263
Kolbenantrieb, Ventile 245, 249
Kolonne 36, 227, 228, 233
Kolonnentemperierung, Kaskadenregelung 228
Kollektor, Gleichstrommotor 263
Kontaktkette, Füllstandsmessung 153
Kompaktregler 236
Komparator-Schaltung 322
Komplexbeispiel, Batch-Prozesse 285 ff
Komplexbeispiel, Regelung 233-235
Komponenten, Prozessleitsystem 77
Kondensatableiter, Kondensatabscheider 11, 225
Kondensatoren, elektrische 120
Konfigurierung, PLS-Software 333
Konfigurierung, PLS 326 ff
Konfigurierungsstation 55, 334
Konsole 80
Konstruktive Sicherheit, Explosionsschutz 385
Kontaktplan, Steuerung 191
Konzentrationsmessungen **173,** 177
Kopieren und Laden 342
Kopplung, Stromkreise 121/122, 387 ff
Kraftstrom 107
Korrektur, Messwerte 31
Kreiselverdichter, Druckregelung 225
Kugelhahn 240/241
Kurzschluss 117, 365
Kurzschlussprüfung 365
Kurzschlussläufermotor 261, 264
K_v – Wert, Ventil 256
Kurzzeit-Trend 94

Ladder-Logic, Steuerung 191, 401
Laden, Controller 342
Laden, nach Konfigurierung 342
Langzeit-Trend 94
Laser, Füllstandsmessung 155-157
Last, elektrische 114
Läufer, Motoren 261
Laufzeitverfahren 156, 166/167
Lebender Nullpunkt 126
Lebenszeichenüberwachung 377
Leistung, elektrische 112, **114**
Leistungsabschätzung, Bus und Controller 331
Leistungsgrenze, Controller 64, 332
Leistungsgrenze, Bus 73
Leistungsmessung, elektrische 131
Leiten 12
Leiterplatten 123
Leitfähigkeit, elektrische 114
Leitfähigkeitsmessung 177
Leitstation 55
Leitstand, örtlicher 21
Leitungsschutzschalter 116
Leitungsunterbrechung 130, 365
Leitwert, elektrischer 114
Limitierter I-Block 349
Linearisieren, Transmitterkennlinie 31
Linearität, Ventilkennlinie 258
Linearmotoren 260
Linien-Topologie 58
Linksklick 24
LINUX, Betriebssystem 25, 395
Lochscheibe, Durchflussmessung 164
Logische Ablaufsteuerung 40
Logische Funktionen, SPS 317 ff
Logische Grundschaltungen 310-313
Loop 401
Loop-Check 343, 401
Loop-Darstellung, Fehlersuche 357, 363
Loop-Detail 88
Loop-Darstellung 401

Magnetische Stellantriebe 251
Magnetisch-induktive Durchflussmessung, MID 167
Magnetoresistive Füllstandsmessung 153
Magnetventile 251
Maintenance 401
Makro, Steuerung 194
Managementstation 55
Manometer 146
Manueller Modus, Regler 91
Master 53, 61, 309
Massenstrommessung, Durchfluss 158 ff
Massenstrommessung, Coriolisprinzip 169/170
Maßeinheiten, Messgrößen 138

Maßnahmen, Erhöhung der Zuverlässigkeit und Verfügbarkeit 376
Maßnahmen, Anlagensicherheit 369 ff
Maßnahmen, elektrischer Leitungsschutz 116
Maßnahmen, elektrischer Personenschutz 117
Maßnahmen, Explosionsschutz 383
Maßnahmen, Leiten 13
Mausklick 101
Materielle Produktion 16
Mech. Lotsysteme, Füllstandsmessung 157
Mehrfachauslegung, Redundanz 376
Mehrplatzsystem 60
Meldesignale 139, 371
Membranantrieb, Ventile 245
Mensch, Stellung zur PLT 15
Messbereich 29
Messblende 31, **163/164**
Messdrossel 164
Messdüse 164
Messelektrode, pH-Wert 176
Messen 137 ff
Messen, elektrische Größen 129
Messfühler 140 ff, 376
Messsignal, simuliertes 366
Messtechnik 137 ff
Messumformer 29, **139/140**
Messwandler **139/140**
Messwarte 22
Methoden, Rezepte für Anlagen 281
Methodenkompetenz 3, **26**
MID-Messverfahren, Durchfluss 167/168
Mikrochips, integrierte Schaltkreise 308
Miniaturisierung 25
Minuspol 104
Minuspole, Zusammenfassung 106
Mittelwertberechnung 32
Mod-Bus 72
Modulation, elektrische Größen **123/124**
Motortypen 260 ff
MSR-Technik 19
Multimeter 130, 364

Nachstellzeit 202
NAMUR **19**, 280
NAND-Funktion 311, 313
NE 31, NAMUR-Empfehlung 371
NE 33, NAMUR-Empfehlung 280
Nebenschlussmotoren, Gleichstrom- 264, 265
NEGATION-Funktion 184/185, 311, 312
Netzwerkkarte 53
Netzwerktopologien 58
Neutralisation, pH-Wert 175/176, 231
NICHT-Funktion, Negation 184/185, 311, 312
Nichtelektrische Zündquellen 383
NODEBUS 52

Stichwortverzeichnis

NOR-Funktion 311, 313
Normalbetrieb, Batch-Prozesse 293
Normalzustand, Prozessgrößen 98
Normalbereiche, Messgrößen 96
Normblende, Durchflussmessung 164
Normdüse, Durchflussmessung 164
Notabschaltung 339
Notstromaggregate 115
Notebook 364
Nullen und Einsen 302, 305
Null-Leiter 106, 107
Nullpunktverstellung 29

Objekt, Regelung, Regelstrecke **201,** 215 ff
Objekte, gleichartige Anlagen 281
ODER-Funktion 184/185, 311, 313
ODT-Toslink-Verbinder 304
Offene Steuerung 39, 40, **179**
Öffner 133, 191
Ohmsches Gesetz 113
Ölkapselung, Explosionsschutz 385
OPEN VMS, Betriebssystem 395
Operator Station 55
Optokoppler, Explosionsschutz 387
Oszilloskop 132
Ovalradzähler 159
Overlays 336/337

Pakete, Daten 54
Papierschreiber 34, 46
Parallele Verarbeitung 79
Paralleler Datentransport 303
Parallelschaltung 109
Parallelverkabelung 52, 71
Parallelverzweigung, Steuerung 192
Parameter, Regler 202
Parametersatz, Batch-Prozesse 293
Parametrierung, PLS 341
Partie, Batch-Prozesse 293
Passwortsystem 395
Peaks, Gaschromatografie 174
Peripheres Bussystem **68**
Personenbezogene Daten 396
PFC, Procedural Function Chart 42, **296,** 299, 401/402
pH-Wert-Messung 175 ff
pH-Wert-Regelung 231
Phasen, Batch-Prozesse 194, 281
Phasen, Batch-Prozesse, innere Logik 294-297
Phasen, elektrische 108
Phasenumkehr, Drehrichtung 267
Physikalische Größen, Messtechnik 138
PI-Regelung 202, 207
PID-Regelung 202, 206
PID-Reglerblock 337/338

PID-Reglerblock, Simulation 346/347
Piezoresistive Drucksensoren 150
Pilotfrequenz, Frequenzumrichter 273, 275
Planung, Anlage 326
Planung, PLS 326 ff
Plattenfedermanometer 147
PLS, Prozessleitsystem, Begriffsdefinition 14, 15
PLS, Auswahl bei Planung 330
PLS, Sicherheitsaspekte 369
PLS, Zuverlässigkeit 375
PLT-Betriebseinrichtung 371, 372
PLT-Einrichtung 371, 372
PLT, Schadensbegrenzungseinrichtungen 371, 372
PLT, Schutzeinrichtungen **372,** 371, 375
PLT, Überwachungseinrichtungen 371, 372
PLT, Sicherheitseinrichtungen 370 ff
PLT-Stelle **82,** 85/86
PLT-Stellen-Kreis 34, 82, 85, **86**
Pluspol 104
Pneumatische Stellantriebe 245
Pneumatische Signale 139
Pneumatisches Einheitssignal 23, 247
Pneumatisches Stellventil 246
PNK, Prozessnahe Komponente 24, 77
Polpaarumschaltung 269
Potenzial, elektrisches 108, 384
Potenzial, Gefährdung 369, 398
Potenzialausgleich, Explosionsschutz 384
Potenzialausgleichsschiene 108
Potenzialfreie Erde, PE 108
P-Regelung 202, 205
P-Regelstrecke 216
Primärwicklung 119
Prioritäten, Alarme 97
Procedural Function Chart, PFC 42, **296,** 299, 401/402
Produktion, materielle 16
Produktqualität 36, 227
Produktweg, Batch-Prozesse 293
PROFIBUS DP 52, 57
PROFIBUS PA 72
Proportionalanteil der Regelung 202
Proportionalbeiwert 202
Proportional-Regelstrecke 216
Protokoll 21, 46, **99/100**
Protokollierung 342
Prozentskala 95
Prozess 11
Prozessabbild, Ausgänge und Eingänge 321, 378
Prozessalarme 99
Prozessautomatisierung 16
Prozessgaschromatograf 175
Prozessgrößen, Prozessvariablen 137/138
Prozessindustrie 16

Prozessleitebene 75
Prozessleitsystem, Begriffsdefinition 14/15
Prozessleittechnik, Begriffsdefinition 11, **14,**19
Prozessleittechnik, Sicherheitskonzept 371 ff
Prozessleittechnik und Explosionsschutz 380 ff
Prozessleittechnische Maßnahmen, Anlagensicherheit 370
Prozessnahe Komponente (PNK) 24, **77**
Prozessor-Chips 308
Prozessrechner 24
Prozessstation 61
Prozessvariablen, Prozessgrößen 137/138
Prozesswertbegrenzung 43/44
Prüfen, Bedienereingaben 102
Prüfen, elektrische Größen **129,** 364, 365, 366
Pt 100, Widerstandsthermometer **145,** 177
PT_1 – Regelstrecke 218
PT_2 – Regelstrecke 219
Pulsweitenschaltung, Thyristor 275
Pumpen, Durchflussregelung 222-224
Pyrometer 146

Querverkehr 332
Quittieren, Hupe 98
Quittieren, Alarme 98

R&I-Fließbild **82,** 327, 335
R3, SAP 75
Radar, Füllstandsmessung 155/156
Radiometrische Füllstandsmessung 155
Radizieren 31, **165**
Rampe, Aufheizen 33
Rangierverteiler 363
Reaktortemperierung, Kaskadenregelung 226
Rechte, Bedienung 395
Rechtsklick 25
Redundanz 69, 376
Reed-Kontakte 153
Regelabweichung 201, 230
Regeldifferenz 201, 230
Regeln 27
Regelobjekt 35
Regelstrecke 35, 199, **201**
Regelstreckencharakteristiken 201, **215 ff,** 349
Regelstrecke, Blockdarstellung 199, 207
Regelung 39, 198 ff
Regelungsaufgabe 34, 62
Regelungsfunktion 33
Regelungsverhalten, Ventil 257/258
Register, digitale Addition 317
Registrieren 342
Regler 22,
Regelkreis, Blockdarstellung 199
Regelparameter 202/203, 208
Regler, stetiger 35

Regler, Zweipunkt- 35
Reibradgetriebe 276
Reibungsverluste, Ventil und Rohr 257
Reihenschaltung 110
Reihenschlussmotoren, Gleichstrom- 264
Rektifikationskolonne 36, 227, 228, 233
Relais 132, 238, **258/259,** 311
Relais-Schaltungen 132, **258/259**
Remote-I/Os **68,** 402
Remote-Modus, Regler 92
Reserve, Redundanz 376
Responsible Care 399, 402
Restart, Batch-Prozesse 402
Rezept 283, 342
Rezeptabschnitt 279
Rezeptursteuerung 62, **279 ff**
Rezepturen, Rezepte 283, 342
Rezeptklassen 283
Riemengetriebe 277
Ring-Topologie, 59/60
Ringwaage 22
RJ45-Westernstecker 304
Rohrfedermanometer 147
Rohrleitungs- und Instrumentenfließbild **82,** 327, 335
Rohrwaage 172
Roots-Gebläse 161
Rotameter, Durchflussmessung 165
Routinen 54
Rücklauf, Destillation 227/228, 233/234
Rückmeldesignal, -kanal 88
Rücksetz-Impuls 314

Salzgehalt, Messung 177
Sanft-Anlauf-Steuerung 265
Sauerstoffgehalt 177
Sandkapselung, Explosionsschutz 385
SAP-R3 75
Säule, Gaschromatografie 173, 174
Säure, pH-Wert 175
Schadensbegrenzungseinrichtungen 371, 372
Schallgeschwindigkeit 23, 124, 381
Schaltimpuls 133, 251, 259
Schaltfolgediagramm 194, 196
Schaltkontakte 133, 259
Schaltschränke 78
Schaltungen mit Speicherverhalten 314
Schaltungen ohne Speicherverhalten 310
Schieber 241
Schiebewiderstand 271
Schleifkontakte 263
Schleifringläufer-Motor 262
Schließer 133, 191
Schlitzscheibe 254/255
Schlupf, Elektromotor 262

Stichwortverzeichnis

Schmelzsicherungen 116
Schneckengetriebe 253
Schnittstellen 25
Schritt 280
Schrittkettendarstellung, Steuerung 191/192
Schubantrieb, Ventile 245
Schutzeinrichtungen, PLT-, Sicherheit **372**, 371, 375
Schutzarten, elektr. Explosionsschutz 386, 392, 393
Schutzisolierung 117
Schutzkontakt 109
Schutzmaßnahmen, elektrische 116-118
Schütz 133, 259
Schwebekörpermessverfahren 165/166
Schwenkantrieb, Ventile 245
Schwimmer-Grenzschalter, Füllstand 158
Schwimmermessverfahren 153
Schwingschleife, Durchflussmessung (CORIOLIS- Prinzip) 169/170
Segment, Feldbus 73
Sekundärwicklung 119
Sensoren 51
Sequential Function Chart, SFC 191, 292, 296, 299, 402
Serieller Datentransport 303
Server 94
Servo-Antriebe 254
Setz-Impuls 314
SFC, Sequential Function Chart 191, 292, 296, 299, 402
Sicherheitsaspekte, PLS 369
Sicherheitseinrichtungen 45
Sicherheitsgerichtete Steuerung 182, 339
Sicherheitskopien 396
Sicherungen, anlagentechnische 369/370
Sicherungen, elektrische 116
Sicherungsmaßnahmen, Leitungsschutz 116
Sicherungsmaßnahmen, Personenschutz 117
Signal, Begriff **123/124**, 138/139, 301
Signalaufbereitungsfunktion 31
Signalaufnahme- und –wandlungsfunktion 28
Signalausgabefunktion 48
Signalfluss, Prozessleitsystem 54, 66, **71**
Signalfluss, Regelung 199
Signalfolgeprotokoll 100
Signalverarbeitung 27
Signalverstärker 259
Signalwandlung 28, 49
Signalweg 54, 66, **71**
SIL (Safety Integrity Level) 372, 375
Simulationen, Erstellung 345 ff
Simulationsblöcke 349
Simulationsmodus, Regler 92
Slave 53

SMART-Transmitter 127/128, 402
Software, PLS 334
Softwarefehler 354
Sollwert 35, 91, 198
Sonstige Messverfahren 177
Spannung, elektrische 104
Spannungsabfall 110
Spannungsausfall 115
Spannungsebenen, im Leitsystem 116
Spannungserniedrigung, Drehzahländerung 270/271
Spannungsimpulse 302
Spannungsmessung 130
Spannungsprüfung 129, 366
Spannungsteilerschaltung 270-272
Speicher-Chips 308
Speicherplätze 309, 321, 378
Speicherzellen, Hauptspeicher 308/309
Speicherprogrammierbare Steuerung 188, 280, 320
Split-Range-Regelung 38/39, 229, 230, 231, 402
Sprudelmessung, Einperlung, Füllstand 152
Sprungantwort, Regelstrecke 203/204
Sprungantwort, Regler 204 ff
SPS 188, 280, 320
SPS, festverdrahtete, Beispiel 318/319
SPS, Funktionsplan 42, 189, 193, **318**
SPS, logische Grundfunktionen 184/185, 311
SPS, Prozessabbild der Ein- und Ausgänge 321, 378
SPS, zyklische Programmbearbeitung 329
Stab-Erder 107
Stationärer Zustand 234
Statische Darstellung, Trend 94
Staubschutz, elektr. Betriebsmittel 392/393
Stellbefehl, simulierter 367
Stellgröße 35, 91, 198, 200
Stellorgane 240 ff, 376
Stelltransformator 271
Stellungsregler, Ventil **247/248,** 250, 254
Stellventile 240
Stellventil u. Rohrleitung, Zusammenwirken 255–257
Stellwert 35, 91, 198, 200
Step 280, 402
Stern-Topologie 59
Stetige Regelungen 200 ff
Stetige Regler 35
Steuerbus 310
Steuern 27, 39 ff
Steuerrezeptur, Batch-Prozesse 293, 299
Steuerschaltung, Frequenzumrichter 273-275
Steuerspannung 135
Steuerungsfunktion 39 ff, 179 ff
Stoffwandelnde Prozesse 17

Stoppen, Batch-Prozesse 296, 298
Störgröße 35, **181**, 198
Störungen 98/99, 352
Stoßfreies Umschalten, Regler 91
Strahlungspyrometer 146
Strom, elektrischer 104
Stromfluss, Stromstärke 104
Stromkreis 105/106
Stromlaufplan 106, 191
Strommessung 130
Strommodulation 125
Stromstärke 104
Strömungsrichtung, Ventil 243
Strömungsüberwachung 172
Strömungswächter 172
Strömungswiderstand, Rohrleitung 257
Stromverbraucher, im Leitsystem 115
Struktur, PLS 77
Strukturierung, Batch-Prozesse 289
Synchronmotor 262
Systemalarme 99
Systembus 52, 78, 377
Szintilationszähler 155

Taktfrequenz 303
Taktgenerator 310
Tauchelektrode, pH-Wert 176
Technik 14
Teilaktivitäten, Steuerung 194
Teilanlagen, Anlagendarstellung 80
Teilanlagen, Batch-Prozesse 281
Teilaufgaben der PLT 14
Teilgebiete, Prozessleittechnik 19
Teil-Logiken, Batch-Prozesse 296
Teilnehmer, Busverkehr 58, 59, 64-66, 69
Teilrezepturen, Teilrezepte 283
Teilschritte, Konfigurierung des PLS 343
Temperaturklassen, Explosionsschutz 382
Temperaturmessung 140 ff
Temperaturregelung 39, 224, 225, 226, 228, 229
Temperaturtransmitter 142
Thermische Durchflussmessung 168
Thermistor, Durchflussmessung 168
Thermoelement 114, **140**
Thermopaare 141
Thermospannungsreihe 141
Thyristor 273/274
Timer 195
Topologien 58 ff
Totzeit 219
Trägerfrequenz, HART-Protokoll 127
Trägergas, Gaschromatografie 173
Transformator 108, **119**
Transistor 310 ff
Transitionen, Steuerung 191, 317

Transmitter **139/140**
Transport, Informationen 124, 138, 301
Trend 46, 342
Trenddarstellung 46, **94**
Trendfenster 46, 94
Trendmonitor 46
Trendstation 46, 94
Trübungsmessung 177
Turbinenradzähler 161/162
Twisted-Pair-Kabel 57, 402
Typenschild, Betriebsmittel, Ex-Schutz 392

Überdruckkapselung, Explosionsschutz 385
Überfüll-Sicherung 182
Übergänge, Batch-Prozesse 296
Übersichtsdarstellung 80/81
Übertragungskapazität 54
Überwachen 27
Überwachungseinrichtungen, PLT 371, 372, 373
Überwachungsfunktion 43
Ultraschall, Durchflussmessung 166
Ultraschall, Füllstandsmessung 155/156
Umcodierung, Analog-Digital-Wandler 323
Umsatzregelung 230
Umschalten, Reglerbetriebsart 91
Umwelt 369, 398
UND-Funktion 184/185, 311, 312
Universalmessgerät 130, 364
UNIX, Betriebssystem 25, 395
Unstetige Regelungen 208 ff
Unternehmensleitebene 76
Unterprogramm, SPS 320

Ventile 240-244
Ventilhub 255
Ventilkennlinien 255-257
Ventilöffnung 255
Venturidüse, Durchflussmessung 164
Verantwortliches Handeln 399
Verantwortung 398
Verarbeitung, Daten 27
Verbindungsprogrammierte Steuerung, VPS 319, 320
Verbraucher, elektrische, im PLS 115
Verdichter, Druckregelung 225
Verdrahtungspläne 360, 363
Verfahrensfließbild, Konfigurierung PLS 327
Verfahrenstechnik 16/**17**, 18
Verformung, Ventilkennlinie 256/257
Verfügbarkeit, PLS 375
Vergleichsschaltung, Komperator- 322
Vergleichsspannung, Analog-Digital-Umsetzer 322
Vergusskapselung, Explosionsschutz 385
Verhaltensoptimierung, Anlagensicherheit 370

Verhältnisregelung, Durchflüsse 32/33, 231
Verknüpfen, Messwerte 32
Verknüpfungssteuerung 181, 318
Verlaufsdarstellung 94
Verriegelung 45, **182/183**, 339, 370
Verschlüsselung, digitale 306
Verstärkerbaugruppe, Frequenzumrichter 273-275
Verstellen des Endpunktes 29
Verstellen des Nullpunktes 29
Verstellgetriebe 276
Verstelltransformatoren 270/271
Verstopfen, Bus 73
Verteilte Prozessleitsysteme 24, 67, 79
Verwaltung 75, 394/395
Verzögerungsverhalten 1./2. Ordnung 218/219
Verzugszeit 220
Vibrations-Grenzschalter 158
Vielfachmessgerät 130
Vierwegemischer 39
Viren 396
Viskositätsmessung 177
Voltmeter 130/131, 366
Volumenstrommessung 158 ff
Volumenstrom-Regulierung 223/224, 267
Volumenstrom-Verhältnisregelung 33
Voralarm 97
Vorhaltzeit, Regelung 202
Vorratsbehälter, Füllstandsregelung 223
Vortex-Zähler, Wirbelzähler 162
Vorwärtssteuerung 39, **179**
VPS, Verbindungsprogrammierte Steuerung 319, 320

Wahrscheinlichkeit, Ausfall 375
Wahrscheinlichkeiten, Fuzzy-Regelung 213-215
Wandler, Leistungsmessung 131
Wandreflexionen, Ultraschall 167
Wartung/Instandhaltung, Anlagensicherheit 370
Wärmetauscher, Wärmeübertrager 224
Wärmetauscher, Temperaturregelung 11, 224
Wasser-Eindringschutz, elektr. Betriebsmittel 392/393
Wasserfahrten 343
Wasserhahn 254, 258
Wechselspannung 105
Wechselstrom 105

Wechselstromwiderstand 115
Weiterschaltbedingung, Steuerung 187, 191
Wendeschützschaltung 263, 267/268
Wenn-Dann-Logik 317
Wheatstonesche Brückenschaltung 110
Widerstand, elektrischer 110, **112**
Widerstände, gestufte zum Entdigitalisieren 323
Widerstandsmessungen 129
Widerstandsthermometer 114, **144**
Windkessel 37
WINDOWS, Betriebssystem 25
WINDOWS NT, Betriebssystem 395
Wirbelstraße 163
Wirbelzähler, Vortex-Zähler 162
Wirkdruckmessverfahren 163
Wirkungskreis, geschlossener 35
Wirkungskreis, offener 40
Wirkungsrichtung, Regelung **36**, 38, 221
Woltmannzähler 161/162
Workstation 55
Wurzelziehen 31, **165**

Zähler, elektrischer 131
Zähler, Durchflussmessung **160 ff**, 187
Zeitablaufglied 319
Zeitlicher Verlauf 46, 342
Zeitverzögerungsglied 195, **319/320**
Zentrale Messwarten 22
ZIEGLER/NICHOLS-Einstellregeln 203
Ziehen, Mausaktivitäten 25, 101
Zonen, Gefährdungs-, Explosionsschutz 382
Zugangskontrolle 396
Zünddurchschlagsfestigkeit 382
Zündfunken 121, 383
Zündquelle 381, 383
Zündschutzarten 385
Zündtemperatur 382
Zusammenfassung, Minuspole 106
Zusammenwirken, Stellventil u. Rohrleitung 255-258
Zustände, Batch-Prozesse 296
Zuverlässigkeit, PLS **375**, 372
Zwangslüftung, Explosionsschutz 383
Zweierpotenzen, Dualzahlen 306
Zweipunktregelung 35, **209**
Zyklus 52/53, 78, 236
Zykluszeit **52/53**, 78

Bildquellenverzeichnis

Autor und Verlag danken den folgenden Unternehmen, Institutionen und Privatpersonen, die durch das Bereitstellen von Fotos und Grafiken zur Gestaltung des Buches beigetragen haben:

ABB Automation Products GmbH, Mannheim: 53/1, 55/1, 55/2, 68/1, 69/2, 82/1, 84/3, 93/2, 95/1, 99/1, 100/2, 141/1, 237/1, 292/3, 328/1, 376/1

ABB Kent GmbH, Meerbusch: 162/2

auma Riester GmbH & Co. KG, Hamburg: 253/3, 253/4

BARTEC GmbH, Bad Mergentheim: 335/1, 386/2

Bayer AG und Dynevo Fotoservice, Leverkusen: 23/2, 23/4, 24/2, 24/4

Binder Engineering GmbH, Ulm: 157/2

CELSA Messgeräte GmbH, Kandel: 132/2

Danfoss GmbH, Offenbach/M.: 272/3

ELV Elektronik AG, PSF 1000, 26787 Leer: 364/1, 364/2

EMERSON Process Management / BETTIS / EL-O-MATIC, Willich: 245/1

EMERSON Process Management / Fisher-Rosemount GmbH & Co., Haan, in Verbindung mit Fa. Werbung und Druck Kroeber, Linsengericht: 25/3, 26/2, 51/3, 52/1, 61/1, 63/1, 67/1, 70/3, 74/1, 101/1, 170/2, 261/1, 292/4, 297/2, 330/1, 334/1, 338/1, 341/1, 347/1, 351/1, 356/1, 398/2

End-Armaturen, Bad Oeynhausen: 241/2, 254/1

Endress + Hauser Messtechnik GmbH+Co., Weil/Rh.: 165/1, 168/1, 343/1

www.hse.gov.uk/comah (public report): 369/1

FMS Force Measuring Systems AG, Oberglatt und Fa. Triathlondesign, Stühlingen: 171/2, 171/3

Foxboro Deutschland GmbH Düsseldorf und Foxboro-Eckardt GmbH Stuttgart: 17/1, 102/1, 248/1, 248/3, 248/5, 387/2

GE Panametrics GmbH, Hofheim/Ts. und MBK Kuchenmeister GmbH, Würzburg-Höchberg: 167/2

GWT Global Weighing Technologies GmbH, Hamburg: 151/2, 151/3

Hitachi Europe GmbH, Düsseldorf: 68/2, 320/1

Honeywell ACS Industry Solutions, Brüssel/Belgien: 25/4, 69/3, 360/2, 377/1

Hirect (Hind Rectifiers Ltd.), Mumbai/Indien: 274/2

IMI Norgren Buschjost GmbH + Co. KG, Bad Oeynhausen: 243/3, 244/1, 244/2, 251/1, 253/2

Ingenieurbüro Schoop, Hamburg: 335/2, 336/1, 340/1, 349/1

Institut FAW an der Johannes-Kepler-Universität Linz: 239/4, 381/1

KFG Level AG, Baar/Schweiz: 154/1

KOBOLD Messring GmbH, Hofheim/Ts.: 121/1, 132/3, 133/2, 142/1 (Montage), 144/2, 146/2, 147/2, 153/2, 153/3, 156/1, 158/2, 159/2, 161/3, 162/3, 163/1, 164/3, 166/1, 168/2, 169/1, 170/3, 172/1, 176/3, 177/3, 239/1

Mettler-Toledo GmbH, Gießen: 177/1

Ingo Dieckmeyer, Halle/Sa.: 169/2

Paul Prengel & Sohn GmbH, Düsseldorf: 271/2

Phoenix Contact GmbH & Co. KG, Blomberg: 70/1, 389/1

Pleiger Maschinenbau GmbH & Co. KG, Witten: 249/1, 249/2, 249/3, 250/2

Quelle unbekannt: 240/2

Rittal GmbH & Co. KG, Herborn: 305/2, 332/1

RMG Messtechnik GmbH, Butzbach, Kassel: 163/2, 175/2

RMG-GASELAN Regel + Messtechnik GmbH, Fürstenwalde: 161/1

SAMSON AG Mess- und Regeltechnik, Franfurt/Main: 246/2, 248/2, 255/1

SCHIRM AG Division Hermania, Schönebeck: 281/1, 300/2

Sea-Port Controls Inc., Vancouver/Kanada: 253/1

SEW-EURODRIVE GmbH & Co., Bruchsal: 267/2

Siemens AG, Nürnberg: 78/1, 188/1, 188/2, 300/1

STEAG AG, Essen: 56/1

Sachzeugen der Chemischen Industrie e.V., Merseburg / Deutsches Chemie Museum Merseburg: 21/2, 22/1, 22/3, 233/1

Shimadzu Deutschland GmbH, Vertretung Jena: 175/1

VEGA Grieshaber KG, Schiltach: 157/1

VEM motors GmbH, Dresden: 262/1

VETEC Ventiltechnik GmbH, Speyer/Rh.: 242/1

Volkswagen AG, Wolfsburg: 18/1

WeSiTec (Weber Sicherheitstechnik, Inh. Peter Weber), Remscheid: 384/3

YOKOGAWA Deutschland GmbH, Ratingen: 50/1 (Montage mit ABB), 50/1 (Montage mit ABB), 61/2, 148/3, 150/3, 152/1, 177/2

YOKOGAWA-nbn GmbH, Herrsching: 132/4

Titelbildmontage unter Nutzung von freundlicherweise bereitgestellten Fotos der Firmen ABB GmbH, Fisher-Rosemount GmbH & Co., Pleiger Maschinenbau GmbH & Co. KG, Samson AG.